소방설비산업기사

필기 기계 | 과년도 7개년

소방원론 / 소방유체역학 / 소방관계법규
소방기계시설의 구조 및 원리

초격차가 추천하는 "3회독 Self Study-Plan"

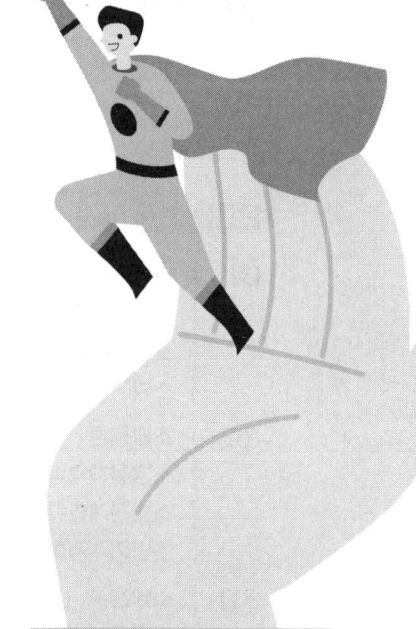

2025

초超 **격**格 **차**差

황모아 · 이지원 · 오민정

CONTENTS

2024년

1회
- 소방원론 6
- 소방유체역학 13
- 소방관계법규 21
- 소방기계시설의 구조 및 원리 ... 30

2회
- 소방원론 39
- 소방유체역학 46
- 소방관계법규 56
- 소방기계시설의 구조 및 원리 ... 66

3회
- 소방원론 74
- 소방유체역학 81
- 소방관계법규 90
- 소방기계시설의 구조 및 원리 ... 99

2023년

1회
- 소방원론 110
- 소방유체역학 118
- 소방관계법규 128
- 소방기계시설의 구조 및 원리 ... 138

2회
- 소방원론 148
- 소방유체역학 156
- 소방관계법규 164
- 소방기계시설의 구조 및 원리 ... 174

4회
- 소방원론 184
- 소방유체역학 191
- 소방관계법규 200
- 소방기계시설의 구조 및 원리 ... 209

2022년

1회
- 소방원론 220
- 소방유체역학 227
- 소방관계법규 236
- 소방기계시설의 구조 및 원리 ... 244

2회
- 소방원론 252
- 소방유체역학 259
- 소방관계법규 267
- 소방기계시설의 구조 및 원리 ... 276

4회
- 소방원론 284
- 2022년 4회 284
- 소방유체역학 290
- 소방관계법규 300
- 소방기계시설의 구조 및 원리 ... 308

2021년

1회
- 소방원론 320
- 소방유체역학 327
- 소방관계법규 336
- 소방기계시설의 구조 및 원리 ... 344

2회
- 소방원론 352
- 소방유체역학 359
- 소방관계법규 367
- 소방기계시설의 구조 및 원리 ... 376

4회
- 소방원론 384
- 소방유체역학 390
- 소방관계법규 398
- 소방기계시설의 구조 및 원리 ... 407

2020년

1,2회
- 소방원론 ... 418
- 소방유체역학 ... 425
- 소방관계법규 ... 433
- 소방기계시설의 구조 및 원리 ... 441

3회
- 소방원론 ... 450
- 소방유체역학 ... 456
- 소방관계법규 ... 465
- 소방기계시설의 구조 및 원리 ... 473

4회
- 소방원론 ... 481
- 소방유체역학 ... 488
- 소방관계법규 ... 495
- 소방기계시설의 구조 및 원리 ... 503

2019년

1회
- 소방원론 ... 514
- 소방유체역학 ... 521
- 소방관계법규 ... 529
- 소방기계시설의 구조 및 원리 ... 538

2회
- 소방원론 ... 547
- 소방유체역학 ... 554
- 소방관계법규 ... 562
- 소방기계시설의 구조 및 원리 ... 571

4회
- 소방원론 ... 579
- 소방유체역학 ... 586
- 소방관계법규 ... 594
- 소방기계시설의 구조 및 원리 ... 602

2018년

1회
- 소방원론 ... 612
- 소방유체역학 ... 619
- 소방관계법규 ... 627
- 소방기계시설의 구조 및 원리 ... 636

2회
- 소방원론 ... 644
- 소방유체역학 ... 651
- 소방관계법규 ... 659
- 소방기계시설의 구조 및 원리 ... 668

4회
- 소방원론 ... 677
- 소방유체역학 ... 685
- 소방관계법규 ... 693
- 소방기계시설의 구조 및 원리 ... 703

격차를 뛰어넘어 **압도적인 격차**를 만들다

※ 소방기본법 내용 중 '문화재'라는 용어는 타법 개정(2024.5.7.)에 따라 '문화유산' 및 '국가유산'으로 변경·통일하였습니다. 학습에 참고바랍니다.

2024

▶ 세부구성

|1회| 소방원론
　　　소방유체역학
　　　소방관계법규
　　　소방기계시설의 구조 및 원리

|2회| 소방원론
　　　소방유체역학
　　　소방관계법규
　　　소방기계시설의 구조 및 원리

|3회| 소방원론
　　　소방유체역학
　　　소방관계법규
　　　소방기계시설의 구조 및 원리

2024년 1회
소방원론

01 ★★★

화학적 소화방법에 해당하는 것은?

① 모닥불에 물을 뿌려 소화한다.
② 모닥불을 모래로 덮어 소화한다.
③ 유류화재를 할론 1301로 소화한다.
④ 지하실 화재를 이산화탄소로 소화한다.

해설 부촉매소화(억제소화)

1) 할론 1301의 소화
  (1) 화학적 소화
  (2) 연쇄반응을 차단하여 소화
  (3) 활성기의 생성을 억제하는 소화
2) 소화의 형태

소화	내용
냉각소화	열 흡수, 발화점 이하로 낮추어 소화
질식소화	산소농도 15 [%] 이하로 낮춤
제거소화	가연물을 차단, 격리
억제소화	연쇄반응을 차단, 부촉매소화

보충 물리적 소화 : 냉각, 질식, 제거
화학적 소화 : 억제소화(부촉매소화)

02 ★★★

분말소화약제 중 A급, B급, C급 화재에 모두 사용할 수 있는 것은?

① Na_2CO_3
② $NH_4H_2PO_4$
③ $KHCO_3$
④ $NaHCO_3$

해설 제1인산암모늄($NH_4H_2PO_4$)

1) 제3종 분말소화약제($NH_4H_2PO_4$)
  (1) 열분해 시 생성되는 메타인산(HPO_3)이 가연물 표면에 부착해 피막을 형성하여 산소 차단
  (2) 차고, 주차장에 설치하는 분말소화설비의 소화약제는 제3종 분말로 해야 함
  (3) 적응 화재 : A·B·C급 화재
2) 분말소화약제

종별	소화약제	약제색	적응화재
1종	탄산수소나트륨 ($NaHCO_3$)	**백색**	BC급
2종	탄산수소칼륨 ($KHCO_3$)	**담자색** (담회색)	BC급
3종	제1인산암모늄 ($NH_4H_2PO_4$)	**담홍색**	ABC급
4종	탄산수소칼륨 + 요소 ($KHCO_3$+$(NH_2)_2CO$)	**회**(백)색	BC급

암기 백담사 홍어회

정답 01 ③ 02 ②

03 ★

다음 중 이산화탄소의 삼중점에 가장 가까운 온도는?

① -48 [℃]   ② -57 [℃]
③ -62 [℃]   ④ -75 [℃]

해설 이산화탄소의 물성

이산화탄소의 삼중점은 고체, 액체, 기체가 공존하는 지점으로 압력 0.53 [MPa], 온도 -56.7 [℃]에 해당한다.

분자량	44 [g/mol]	임계온도	31.35 [℃]
증기비중	1.529	임계압력	7.38 [MPa]
증발열	137 [cal/g]	융해열	45.2 [cal/g]
삼중점	-56.7 [℃]	비점	-78 [℃]

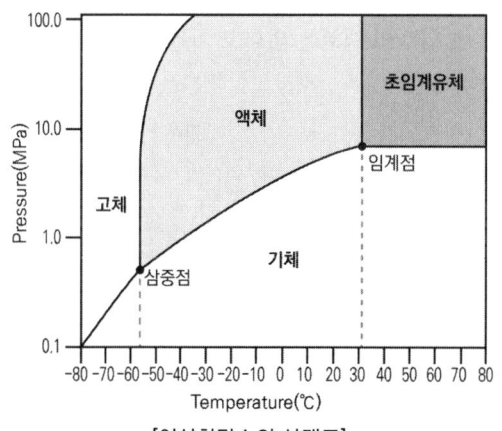

[이산화탄소의 상태도]

04 ★★★

황린의 보관방법으로 옳은 것은?

① 물속에 보관
② 이황화탄소 속에 보관
③ 수산화칼륨 속에 보관
④ 통풍이 잘 되는 공기 중에 보관

해설 위험물의 저장

위험물	저장장소
황린 이황화탄소(CS₂)	물속
나이트로셀룰로오스 (**니**트로셀룰로오스)	**알**코올 속
칼**륨**(K) 나트**륨**(Na) 리**튬**(Li)	석**유**류(등유) 속

암기 황물 나이알 ㅠㅠ

05 ★★★

건물화재 시 패닉(Panic)의 발생원인과 직접적인 관계가 없는 것은?

① 연기에 의한 시계 제한
② 유독가스에 의한 호흡 장애
③ 외부와 단절되어 고립
④ 불연내장재의 사용

해설 패닉의 발생원인

1) 연기에 의한 가시거리 제한
2) 유독가스에 의한 호흡 장애
3) 외부와 단절된 심리적인 고립감

TIP 불연성 내장재의 사용 : 화재 확대 방지
보충 시계(視界) : 시력이 미치는 범위

정답 03 ② 04 ① 05 ④

06 ★★★

목조건축물에서 발생하는 옥외출화 시기를 나타낸 것으로 옳은 것은?

① 창, 출입구 등에 발염 착화한 때
② 천장 속, 벽 속 등에서 발염 착화한 때
③ 가옥구조에서는 천장면에 발염 착화한 때
④ 불연 천장인 경우 실내의 그 뒷면에 발염 착화한 때

> **해설** 옥내출화와 옥외출화

분류	내용
옥내출화	• 실내 천장 속, 벽 내부에서 발염착화 • 준불연성, 난연성으로 피복된 내부의 목재에 착화
옥외출화	• 건축물 외부의 가연물질에 발염착화 • **창, 출입구 등의 개구부 등에 착화** • 목재사용 가옥 벽, 추녀 밑 판자나 목재에 발염착화

07 ★★★

증기비중의 정의로 옳은 것은? (단, 보기에서 분자, 분모의 단위는 모두 [g/mol]이다)

① $\dfrac{분자량}{22.4}$ ② $\dfrac{분자량}{29}$

③ $\dfrac{분자량}{44.8}$ ④ $\dfrac{분자량}{100}$

> **해설** 증기비중

1) 증기비중 $= \dfrac{분자량}{29(공기\ 분자량)}$

2) 공기에 대한 가스의 무게비

증기비중	공기에 대한 무게
증기비중 > 1	공기보다 무거움
증기비중 < 1	공기보다 가벼움

보충 원자량(H : 1, C : 12, N : 14, O : 16)

08 ★★★

건물 내에서 화재가 발생하여 실내온도가 20 [℃]에서 600 [℃]까지 상승했다면 온도 상승으로 건물 내의 공기 부피는 처음의 약 몇 배 정도 팽창하는가? (단, 화재로 인한 압력의 변화는 없다고 가정한다.

① 3배   ② 9배
③ 15배 ④ 30배

> **해설** 보일-샤를의 법칙

$$\text{보일-샤를의 법칙}\quad \dfrac{P_1 V_1}{T_1} = \dfrac{P_2 V_2}{T_2}$$

기체를 이상기체로 가정하면 보일-샤를의 법칙을 만족한다.

여기서, 압력의 변화는 없다고 가정하므로

$\dfrac{V_1}{T_1} = \dfrac{V_2}{T_2}$

$\therefore \dfrac{V_2}{V_1} = \dfrac{T_2}{T_1} = \dfrac{(600+273)[K]}{(20+273)[K]} = 2.98 ≒ 3$

정답 06 ① 07 ② 08 ①

09 ★★★

가연성 가스가 아닌 것은?

① 일산화탄소 ② 프로페인
③ 수소   ④ 아르곤

해설 가연성 가스와 조연성 가스

구분	가연성 가스	조연성 가스
정의	자기 자신이 연소하는 가스	자기 자신은 타지 않고 연소를 도와주는 가스
종류	**일산화탄소(CO)** **수소(H_2)** 메테인(메탄, CH_4) **프로페인(프로판, C_3H_8)** 암모니아(NH_3) 뷰테인(부탄, C_4H_{10})	오존(O_3) 공기 산소(O_2) 염소(Cl) 불소(F)

※ 아르곤 : 불활성 가스

10 ★★★

화재 최성기 때의 농도로 유도등이 보이지 않을 정도의 연기농도는? (단, 감광계수로 나타낸다)

① 0.1 [m^{-1}] ② 1 [m^{-1}]
③ 10 [m^{-1}]   ④ 30 [m^{-1}]

해설 감광계수

감광계수 [m^{-1}]	가시거리 [m]	내용
0.1	20 ~ 30	연기감지기 작동할 때
0.3	5	건물에 익숙한 사람이 피난에 지장을 느낄 때
0.5	3	어두움을 느낄 때
1	1 ~ 2	거의 앞이 보이지 않음
10	0.2 ~ 0.5	최성기 때 연기농도
30	–	출화실에서 연기 분출

11 ★★★

위험물안전관리법령상 위험물 유별에 따른 성질이 잘못 연결된 것은?

① 제1류 위험물 - 산화성 고체
② 제2류 위험물 - 가연성 고체
③ 제4류 위험물 - 인화성 액체
④ 제6류 위험물 - 자기반응성 물질

해설 위험물의 분류

구분	개요
제1류	**산**화성 고체
제2류	**가**연성 고체
제3류	**자**연발화성·금수성 물질
제4류	**인**화성 액체
제5류	**자**기반응성 물질
제6류	**산**화성 액체

암기 산가자 인자산

12 ★ 난이도 상

MOC(Minimum Oxygen Concentration : 최소산소농도)가 가장 작은 물질은?

① 메테인   ② 에테인
③ 프로페인 ④ 뷰테인

해설 최소산소농도(MOC)

1) MOC(최소산소농도, 한계산소농도)
   MOC = LFL(연소하한계) × 산소몰수

2) 연소하한계

종류	메테인 (메탄)	에테인 (에탄)	프로페인 (프로판)	뷰테인 (부탄)
연소범위 [vol%]	5 ~ 15	3 ~ 12.4	2.1 ~ 9.5	1.8 ~ 8.4

정답 09 ④ 10 ③ 11 ④ 12 ①

3) 연소반응식

메테인(메탄)	$CH_4 + 2O_2 \rightarrow CO_2 + 2H_2O$
에테인(에탄)	$C_2H_6 + 3.5O_2 \rightarrow 2CO_2 + 3H_2O$
프로페인(프로판)	$C_3H_8 + 5O_2 \rightarrow 3CO_2 + 4H_2O$
뷰테인(부탄)	$C_4H_{10} + 6.5O_2 \rightarrow 4CO_2 + 5H_2O$

① 메테인 = 5 × 2 [mol] = 10 [%]
② 에테인 = 3 × 3.5 [mol] = 10.5 [%]
③ 프로페인 = 2.1 × 5 [mol] = 10.5 [%]
④ 뷰테인 = 1.8 × 6.5 [mol] = 11.7 [%]

∴ 메테인 < 에테인 = 프로페인 < 뷰테인

보충 MOC : 화염 전파를 위해 필요한 최소한의 산소 농도 (연료와 공기의 혼합기 중 산소의 부피[%])

13 ★★★

가연성 가스나 산소의 농도를 낮추어 소화하는 방법은?

① 질식소화
② 냉각소화
③ 제거소화
④ 억제소화

해설 소화의 형태

소화	내용
냉각소화	열 흡수, 발화점 이하로 낮추어 소화
질식소화	산소농도 15 [%] 이하로 낮추어 소화
제거소화	가연물을 차단, 격리하여 소화
억제소화	연쇄반응을 차단하여 소화(부촉매소화)

14 ★★★

위험물안전관리법령상 제4류 위험물의 화재에 적응성이 있는 것은?

① 옥내소화전설비
② 옥외소화전설비
③ 봉상수 소화기
④ 물분무소화설비

해설 제4류 위험물(인화성 액체)의 소화

소화	내용
질식소화	CO_2, 포, 분말 소화약제를 이용한 소화
유화소화 (에멀전효과)	물·미분무를 이용한 소화
희석소화	수용성 위험물에 알코올포(내알콜포)를 이용한 소화

보충 제4류 위험물은 유면이 확대되는 위험성이 크므로 봉상형태 주수소화는 절대금지

15 ★★

무창층 여부를 판단하는 개구부로서 갖추어야 할 조건으로 옳은 것은?

① 개구부 크기가 지름 30 [cm]의 원이 내접할 수 있는 것
② 해당 층의 바닥면으로부터 개구부 밑부분까지의 높이가 1.5 [m]인 것
③ 내부 또는 외부에서 쉽게 파괴 또는 개방할 수 있을 것
④ 창에 방범을 위하여 40 [cm] 간격으로 창살을 설치한 것

해설 무창층과 개구부의 기준

1) 무창층(無窓層)

    지상층 중 다음의 요건을 모두 갖춘 개구부의 면적의 합계가 해당 층의 바닥면적의 30분의 1 이하가 되는 층

2) 개구부

    (1) 크기는 지름 50 [cm] 이상의 원이 통과할 수 있을 것
    (2) 해당 층의 바닥면으로부터 개구부 밑부분까지의 높이가 1.2 [m] 이내일 것
    (3) 도로 또는 차량이 진입할 수 있는 빈터를 향할 것
    (4) 화재 시 건축물로부터 쉽게 피난할 수 있도록 창살이나 그 밖의 장애물이 설치되지 않을 것
    (5) 내부 또는 외부에서 쉽게 부수거나 열 수 있을 것

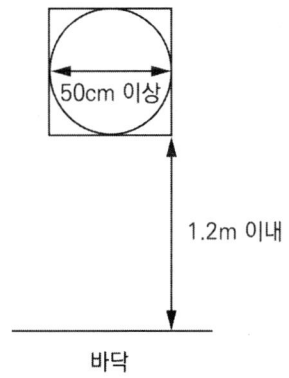

해설 자연발화 방지대책

1) 가연성 물질 제거
2) 통풍이나 환기를 통한 열 축적 방지
3) 저장실의 온도를 낮출 것
4) 습도 높은 곳 피할 것(수분 : 촉매작용)
5) 열전도성 좋게 할 것

17 ★★★

공기 중의 산소의 농도는 약 몇 [vol%]인가?

① 10
② 13
③ 17
④ 21

해설 대기의 구성성분

- 산소(O_2) : 21 [%]
- 질소(N_2) : 78 [%]
- 아르곤(Ar) : 0.93 [%]
- 이산화탄소(CO_2) : 0.04 [%]
- 기타 : 0.03 [%]

16 ★★★

일반적인 자연발화의 방지법으로 틀린 것은?

① 습도를 높일 것
② 저장실의 온도를 낮출 것
③ 정촉매작용을 하는 물질을 피할 것
④ 통풍을 원활하게 하여 열축적을 방지할 것

18 ★★★

공기 중에서 수소의 연소범위로 옳은 것은?

① 0.4 ~ 4 [vol%]
② 1 ~ 12.5 [vol%]
③ 4 ~ 75 [vol%]
④ 67 ~ 92 [vol%]

정답 16 ① 17 ④ 18 ③

해설 | 주요 물질 연소범위

가스	하한계 [vol%]	상한계 [vol%]
이황화탄소	1.2	44
아세틸렌	2.5	81
수소	4	75
일산화탄소	12.5	74
에틸렌	2.7	36
암모니아	15	28
메테인(메탄)	5	15
에테인(에탄)	3	12.4
프로페인(프로판)	2.1	9.5
뷰테인(부탄)	1.8	8.4

🔖암기 (이황)일이사사, (아)이고팔아파, (수)사치료, (일산)이리와 칠사, (에틸)이찌삼육, (메)오싫오, (프)이하나구오, (뷰)십팔팔사

20 ★★★

화재 발생 시 주수소화가 적합하지 않은 물질은?

① 적린
② 마그네슘분말
③ 과염소산칼륨
④ 황

해설 | 금수성 물질

물과 접촉하여 발화, 가연성 가스 발생

구분	현상
무기과산화물	산소(O_2) 발생
금속분 **마그네슘(Mg)** 나트륨(Na) 칼륨(K) 리튬(Li)	**수소(H_2) 발생**
탄화칼슘(칼슘카바이드)	아세틸렌(C_2H_2) 발생

19 ★★★

화재 발생 시 건축물의 화재를 확대시키는 주요 원인이 아닌 것은?

① 비화
② 복사열
③ 화염의 접촉(접염)
④ 기화열

해설 | 화재 확산 요인

접염, 비화, 복사열

정답 19 ④ 20 ②

소방유체역학

2024년 1회

21 ★★★

수두 100 [mmAq]로 표시되는 압력은 몇 [Pa]인가?

① 0.098 ② 0.98
③ 9.8   ④ 980

해설 압력단위 환산

[풀이 1] 표준대기압을 이용한 단위환산

$P = 100[mmAq] \times \dfrac{101325[Pa]}{10332[mmAq]}$

$= 980[Pa]$

[풀이 2] $P = \gamma h$를 이용한 단위환산

$P = \gamma[N/m^3] \times h[m]$

$= 9800[N/m^3] \times 0.1[mAq]$

$= 980[Pa]$

22 ★★★

안지름 50 [mm]인 관에 동점성계수 2×10^{-3} [cm²/s]인 유체가 흐르고 있다. 층류로 흐를 수 있는 최대량은 약 얼마인가? (단, 임계레이놀즈수는 2100으로 한다)

① 16.5 [cm³/s]
② 33 [cm³/s]
③ 49.5 [cm³/s]
④ 66 [cm³/s]

해설 층류로 흐를 수 있는 최대 유량

레이놀즈수 $Re = \dfrac{\rho VD}{\mu} = \dfrac{VD}{\nu}$

ρ : 밀도 [kg/m³], V : 유속 [m/s]
D : 직경 [m], μ : 점성계수 [N·s/m²]
ν : 동점성계수 [m²/s]

1) 최대 유속 V

$V = \dfrac{Re \cdot \nu}{D} = \dfrac{2100 \times (2 \times 10^{-3})[cm^2/s]}{5[cm]}$

$= 0.84[cm/s]$

⇒ 층류는 $Re < 2100$ 이므로 층류로 흐를 수 있는 최대 유속은 0.84 [cm/s]이다.

2) 최대 유량 Q

$Q = A \times V = \dfrac{\pi}{4}D^2 \times V$

$= \left(\dfrac{\pi}{4} \times 5^2\right)[cm^2] \times 0.84[cm/s] = 16.5[cm^3/s]$

23 ★★★

Newton의 점성법칙에 대한 옳은 설명으로 모두 짝지은 것은?

㉮ 전단응력은 점성계수와 속도기울기의 곱이다.
㉯ 전단응력은 점성계수에 비례한다.
㉰ 전단응력은 속도기울기에 반비례한다.

① ㉮, ㉯
② ㉯, ㉰
③ ㉮, ㉰
④ ㉮, ㉯, ㉰

정답 21 ④ 22 ① 23 ①

해설 뉴턴의 점성법칙(전단응력)

$$\text{전단응력 } \tau[N/m^2] = \mu \frac{du}{dy}$$

1) 점성계수(μ)와 속도기울기($\frac{du}{dy}$)의 곱
2) 속도기울기($\frac{du}{dy}$)에 비례
3) 점성계수(μ)에 비례
4) 속도구배($\frac{du}{dy}$)가 0이면 전단응력(τ)은 0

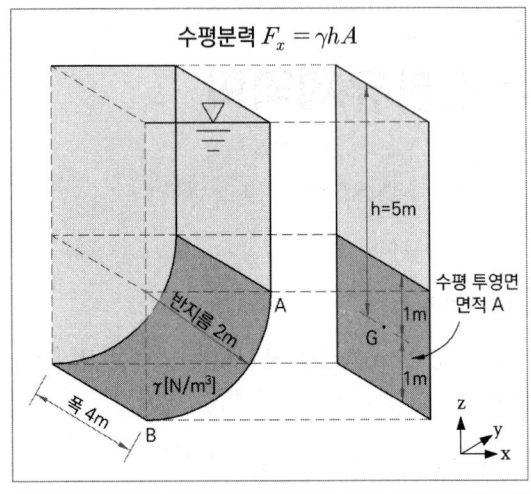

24 ★★★

그림과 같이 반경 2 [m], 폭(y방향) 4 [m]의 곡면 AB가 수문으로 이용된다. 이 수문에 작용하는 물에 의한 힘의 수평성분(x방향)의 크기는 약 얼마인가?

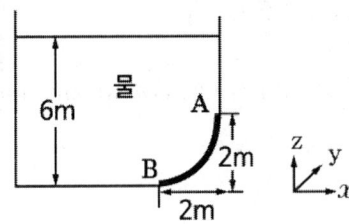

① 337 [kN]
② 392 [kN]
③ 437 [kN]
④ 492 [kN]

해설 수평분력

1) 도심점까지의 거리 $h = \left(6 - \frac{2}{2}\right)[m] = 5[m]$
2) 수문의 수평투영면의 면적 $A = 2 \times 4 = 8[m^2]$
3) 수평분력 $F_x = \gamma h A$
$\quad = 9.8[kN/m^3] \times 5[m] \times 8[m^2]$
$\quad = 392[kN]$

25 ★★★

경사진 관로의 유체흐름에서 수력기울기선의 위치로 옳은 것은?

① 언제나 에너지선보다 위에 있다.
② 에너지선보다 속도수두만큼 아래에 있다.
③ 항상 수평이 된다.
④ 개수로의 수면보다 속도수두만큼 위에 있다.

해설 에너지선과 수력기울기선

1) 에너지선 = 속도수두 + 압력수두 + 위치수두
2) 수력기울기선 = 압력수두 + 위치수두

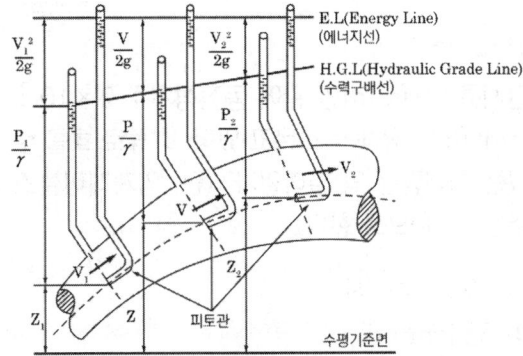

보충 수력기울기선(수력구배선)은 에너지선보다 속도수두만큼 아래 있다.

정답 24 ② 25 ②

26 ★

그림과 같이 속도 V인 유체가 정지하고 있는 곡면 깃에 부딪혀 그림의 각도로 유동 방향이 바뀐다. 유체가 곡면에 가하는 힘의 x, y 성분의 크기를 |Fx|와 |Fy|라 할 때 |Fy| / |Fx|는? (단, 유동 단면적은 일정하고, 0° < θ < 90°이다)

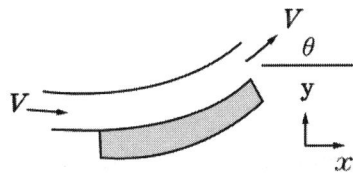

① $\dfrac{1-\cos\theta}{\sin\theta}$ ② $\dfrac{\sin\theta}{1-\cos\theta}$

③ $\dfrac{1-\sin\theta}{\cos\theta}$ ④ $\dfrac{\cos\theta}{1-\sin\theta}$

해설 곡면에 가하는 힘

| 힘의 x성분 크기 $F_x = \rho QV(1-\cos\theta)$ |
| 힘의 y성분 크기 $F_y = \rho QV\sin\theta$ |

$$\dfrac{|F_y|}{|F_x|} = \dfrac{\rho QV\sin\theta}{\rho QV(1-\cos\theta)} = \dfrac{\sin\theta}{(1-\cos\theta)}$$

ρ : 밀도 $[kg/m^3]$
Q : 유량 $[m^3/s]$, V : 유속 $[m/s]$

해설 펌프 수동력

| 펌프의 수동력 $P = \gamma QH_P$ |

(1) 펌프 전양정 $H_P[m]$

$$\dfrac{P_1}{\gamma} + \dfrac{V_1^2}{2g} + Z_1 + H_P = \dfrac{P_2}{\gamma} + \dfrac{V_2^2}{2g} + Z_2 \quad (Z_1 = Z_2)$$

$$H_P = \dfrac{P_2}{\gamma} - \dfrac{P_1}{\gamma} + \dfrac{V_2^2}{2g} - \dfrac{V_1^2}{2g}$$

$$= \dfrac{260}{9.8}m - \left(-25mmHg \times \dfrac{10.332mAq}{760mmHg}\right)$$

$$+ \dfrac{8.49^2}{2 \times 9.8} - \dfrac{4.77^2}{2 \times 9.8}$$

$$= 29.387 ≒ 29.39[m]$$

(2) 유속 $V(Q=AV)$

$0.15 = \dfrac{\pi}{4} \times 0.2^2 \times V_1, \therefore V_1 = 4.77[m/s]$

$0.15 = \dfrac{\pi}{4} \times 0.15^2 \times V_2, \therefore V_2 = 8.49[m/s]$

(3) 동력 P

$P = \gamma QH_P = 9.8 \times 0.15 \times 29.39 = 43.2[kW]$

중요 이 문제는 토출 측 배관과 흡입 측 배관의 직경이 다르기 때문에 토출 측과 흡입 측 배관 내 유속이 서로 다르다. 따라서 반드시 **베르누이방정식**을 통해 **펌프의 전양정**을 구해야 한다.

27 ★ (난이도 상)

펌프의 입구 및 출구 측에 연결된 진공계와 압력계가 각각 25 [mmHg]와 260 [kPa]을 가리켰다. 이 펌프의 배출 유량이 0.15 [m³/s]가 되려면 펌프의 동력은 약 몇 [kW]가 되어야 하는가? (단, 펌프의 입구와 출구의 높이 차는 없고, 입구 측 안지름은 20 [cm], 출구 측 안지름은 15 [cm]이다)

① 3.95 ② 4.32
③ 39.5 ④ 43.2

28 ★★★

A, B 두 원관 속을 기체가 미소한 압력차로 흐르고 있을 때 이 압력차를 측정하려면 다음 중 어떤 압력계를 쓰는 것이 가장 적절한가?

① 간섭계
② 오리피스
③ 마이크로마노미터
④ 부르돈압력계

정답 26 ② 27 ④ 28 ③

해설 유체의 측정

구분	측정기기
유량	벤추리미터, 오리피스, 로터미터, 위어
압력(정압)	피에조미터, 정압관, 부르돈(관)압력계, 마노미터, **마이크로마노미터**
유속(동압)	피토관, 피토정압관, 시차액주계, 열선풍속계

[마이크로마노미터]

29 ★★★

기체의 체적탄성계수에 관한 설명으로 옳지 않은 것은?

① 체적탄성계수는 압력의 차원을 가진다.
② 체적탄성계수가 큰 기체는 압축하기가 쉽다.
③ 체적탄성계수의 역수를 압축률이라 한다.
④ 이상기체를 등온 압축시킬 때 체적탄성계수는 절대압력과 같은 값이다.

해설 체적탄성계수

$$체적탄성계수\ K = -\frac{\Delta P}{\Delta V/V_1} = -\frac{\Delta P}{\frac{(V_2 - V_1)}{V_1}}$$

(체적변화율에 대한 압력변화)

1) 체적탄성계수($K[N/m^2]$)는 압력의 차원을 가짐
2) 비압축성의 척도로 체적탄성계수(K)가 클수록 압축이 어려움

3) 체적탄성계수와 압축률은 반비례 관계

$$압축률\ \beta = \frac{1}{K}$$

4) 이상기체 등온 압축 시 체적탄성계수는 절대압력과 같은 값

30 ★★★

물의 압력파에 의한 수격작용을 방지하기 위한 방법으로 옳지 않은 것은?

① 펌프의 속도가 급격히 변화하는 것을 방지한다.
② 관로 내의 관경을 축소시킨다.
③ 관로 내 유체의 유속을 낮게 한다.
④ 밸브 개폐시간을 가급적 길게 한다.

해설 수격작용(Water Hammering)

1) 개념

펌프나 밸브를 갑작스럽게 조작하면 관속에 흐르는 유체의 속도가 급격히 변하면서 운동에너지가 압력에너지로 바뀌게 됨. 이때 고압이 발생하여 배관이나 관 부속품에 무리한 충격파가 전달되는 현상

2) 방지대책
   (1) 배관 구경을 크게 하여 관 내 유속을 낮춤
   (2) 밸브를 서서히 개폐
   (3) 펌프에 플라이 휠(Fly Wheel)을 설치하여 펌프의 급격한 속도변화를 방지
   (4) 조압수조(Surge Tank)를 관선에 설치
   (5) 수격방지기를 설치
   (6) 밸브를 송출구 가까이 설치하고 적당히 제어

보충 조압수조 : 압력을 조절하는 수조

31 ★★★

지름 0.7 [m]의 관 속에 5 [m/s]의 평균 속도로 물이 흐르고 있을 때 관의 길이 700 [m]에 대한 마찰손실수두는 약 몇 [m]인가? (단, 관 마찰계수는 0.03이다)

① 19 ② 27
③ 30 ④ 38

해설 달시 – 바이스바하 공식

$$\text{손실수두 } h[m] = f\frac{L}{D}\frac{V^2}{2g}$$

$$h = f\frac{L}{D}\frac{V^2}{2g}$$
$$= 0.03 \times \frac{700[m]}{0.7[m]} \times \frac{(5[m/s])^2}{2 \times 9.8[m/s^2]}$$
$$= 38.265[m]$$
$$\fallingdotseq 38[m]$$

32 ★

관의 단면적이 0.6 [m²]에서 0.2 [m²]로 감소하는 수평 원형 축소관으로 공기를 수송하고 있다. 관 마찰손실은 없는 것으로 가정하고 7.26 [N/s]의 공기가 흐를 때 압력 감소는 몇 [Pa]인가? (단, 공기 밀도는 1.23 [kg/m³]이다)

① 4.96 ② 5.58
③ 6.20 ④ 9.92

해설 압력 감소(베르누이 방정식)

$$\frac{P_1}{\gamma} + \frac{V_1^2}{2g} + Z_1 = \frac{P_2}{\gamma} + \frac{V_2^2}{2g} + Z_2$$

1) 비중량
$$\gamma = \rho g = 1.23 \times 9.8 = 12.054[N/m^3]$$

2) 유속 V_1, V_2 (중량유량 이용)
$$G = \gamma A_1 V_1 = \gamma A_2 V_2$$

① $V_1 = \dfrac{G}{\gamma A_1} = \dfrac{7.26[N/s]}{12.054[N/m^3] \times 0.6[m^2]}$
$= 1.004[m/s]$

② $V_2 = \dfrac{G}{\gamma A_2} = \dfrac{7.26[N/s]}{12.054[N/m^3] \times 0.2[m^2]}$
$= 3.011[m/s]$

3) 베르누이 방정식에 의한 압력 차 $P_1 - P_2 (\triangle P)$

$$\frac{P_1}{\gamma} + \frac{V_1^2}{2g} + Z_1 = \frac{P_2}{\gamma} + \frac{V_2^2}{2g} + Z_2$$

($Z_1 = Z_2$ 이므로)

$$\frac{P_1}{\gamma} + \frac{V_1^2}{2g} = \frac{P_2}{\gamma} + \frac{V_2^2}{2g}$$

$$\frac{P_1 - P_2}{\gamma} = \frac{V_2^2 - V_1^2}{2g}$$

$$\therefore P_1 - P_2 = \gamma \frac{V_2^2 - V_1^2}{2g}$$
$$= 12.054 \times \frac{3.011^2 - 1.004^2}{2 \times 9.8}$$
$$= 4.96[Pa]$$

33 ★★★

관로 내 물이 30 [m/s]로 흐르고 있으며 그 지점의 정압이 100 [kPa]일 때 정체압은 몇 [kPa]인가?

① 0.45 ② 100
③ 450 ④ 550

해설 정체점 압력

정체점의 압력(전압)
= 정압 + 동압
$= P_{정압} + \gamma \dfrac{V^2}{2g}$ $\left(\because P_{동압} = \gamma h = \gamma \dfrac{V^2}{2g}\right)$
$= 100[kPa] + \left(9.8[kN/m^3] \times \dfrac{(30[m/s])^2}{2 \times 9.8[m/s^2]}\right)$
$= 550[kPa]$

34 ★★★

대기 중으로 방사되는 물 제트에 피토관의 흡입구를 갖다 대었을 때 피토관의 수직부에 나타나는 수주의 높이가 0.6 [m]라고 하면 물 제트의 유속은 약 몇 [m/s]인가? (단, 모든 손실은 무시한다)

① 0.25
② 1.55
③ 2.75
④ 3.43

해설 물 제트의 유속(토리첼리 식)

관 내 유속(토리첼리 식) $V = \sqrt{2gh}$

유속 $V = \sqrt{2gh}$
$= \sqrt{2 \times 9.8 \times 0.6} = 3.43 \,[m/s]$

g : 중력가속도 [m/s^2]
h : 피토관 수직부 유체의 높이(속도수두) [m]

35 ★★★

온도 80 [℃]인 고체표면을 40 [℃]의 공기로 강제 대류 열전달에 의해서 냉각한다. 대류 열전달 계수를 20 [W/m²·K]라고 할 때 고체 표면의 열유속 [W/m²]인가?

① 785
② 790
③ 795
④ 800

해설 고체 표면의 열유속

열유속(Heat Flux) : 단위시간, 단위면적당 흐르는 열의 양
$\dot{q}'' = h(T_1 - T_2)$
$= 20[W/m^2 \cdot K] \times \{(273+80) - (273+40)\}[K]$
$= 800 \,[W/m^2]$

36 ★★★

어떤 밸브가 장치된 지름 20 [cm]인 원관에 4 [℃]의 물이 2 [m/s]의 평균속도로 흐르고 있다. 밸브와 앞과 뒤에서의 압력차이가 7.6 [kPa]일 때 이 밸브의 부차적 손실계수 K와 등가길이 L_e은? (단, 관의 마찰계수는 0.02이다)

① K = 3.8, L_e = 38 [m]
② K = 7.6, L_e = 38 [m]
③ K = 38, L_e = 3.8 [m]
④ K = 38, L_e = 7.6 [m]

해설 밸브의 부차적 손실과 등가길이

$$\text{부차적 손실 } h_L = K\frac{V^2}{2g}$$

1) 손실계수 K

$$h_L = \frac{P}{\gamma} = K\frac{V^2}{2g}$$

$$K = \frac{2gP}{\gamma V^2}$$

$$= \frac{2 \times 9.8[m/s^2] \times 7.6[kN/m^2]}{9.8[kN/m^3] \times (2[m/s])^2}$$

$$= 3.8$$

2) 배관의 상당(등가)길이 L_e

$$L_e = \frac{KD}{f} = \frac{3.8 \times 0.2[m]}{0.02} = 38[m]$$

37 ★★★

안지름이 15 [cm]인 소화용 호스에 물이 질량유량 100 [kg/s]로 흐르는 경우 평균유속은 약 몇 [m/s]인가?

① 1 ② 1.41
③ 3.18 ④ 5.66

해설 연속방정식(질량유량)

$$\text{질량유량 } M = \rho A V$$

$$M = \rho \cdot A \cdot V = \rho \cdot \frac{\pi}{4}D^2 \cdot V$$

$$\text{유속 } V = \frac{M}{\rho\frac{\pi}{4}D^2} = \frac{100}{1000 \times \frac{\pi}{4} \times 0.15^2}$$

$$= 5.66[m/s]$$

38 ★★

안지름 30 [cm]인 원관 속을 절대압력 0.32 [MPa], 온도 27 [℃]인 공기가 4 [kg/s]로 흐를 때 이 원관 속을 흐르는 공기의 평균속도는 약 몇 [m/s]인가? (단, 공기의 기체상수 R = 287 [J/kg·K]이다)

① 15.2 ② 20.3
③ 25.2 ④ 32.5

해설 공기의 유속(질량 유량)

$$\text{질량유량 } M = \rho A V$$

$$V = \frac{M}{\rho A}$$

1) 밀도 ρ

$$PV = nRT = \frac{W}{M}RT = W\overline{R}T \text{ 이므로}$$

$$\text{밀도 } \rho = \frac{P}{\overline{R}T}$$

$$= \frac{320[kPa]}{0.287[kJ/kg \cdot K] \times (273 + 27)[K]}$$

$$= 3.716[kg/m^3]$$

2) 유속 V

$$V = \frac{M}{\rho\left(\frac{\pi}{4}D^2\right)} = \frac{4}{3.716 \times \left(\frac{\pi}{4} \times 0.3^2\right)} = 15.2[m/s]$$

정답 37 ④ 38 ①

39 ★★

국소대기압이 102 [kPa]인 곳의 기압을 비중 1.59, 증기압 13 [kPa]인 액체를 이용한 기압계로 측정하면 기압계에서 액주의 높이는?

① 5.71 [m] ② 6.55 [m]
③ 9.08 [m] ④ 10.4 [m]

해설 기압계 액주의 높이

1) 액체의 비중량 γ

$$\gamma = S\gamma_w = 1.59 \times 9.8 [kN/m^3]$$
$$= 15.582 [kN/m^3]$$

2) 기압계 압력 P

   P = 대기압 - 액체 증기압
   = 102 - 13 = 89 [kPa]

3) 액주의 높이 H

$$H = \frac{P}{\gamma} = \frac{89[kPa]}{15.582[kN/m^3]} = 5.71[m]$$

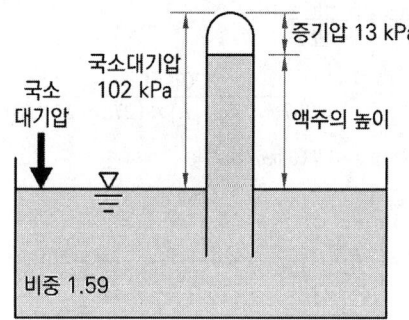

[액주의 높이]

40 ★

이상기체 1 [kg]를 35 [℃]로부터 65 [℃]까지 정적과정에서 가열하는 데 필요한 열량이 118 [kJ]이라면 정압비열은? (단, 이 기체의 분자량은 4 [kg/kmol]이고, 일반기체상수는 8.314 [kJ/kmol · K]이다)

① 2.11 [kJ/kg · K]
② 3.93 [kJ/kg · K]
③ 5.23 [kJ/kg · K]
④ 6.01 [kJ/kg · K]

해설 정압비열과 정적비열 관계

$$C_P - C_V = \overline{R}$$

$\overline{R}$: 기체상수 [kJ/kg · K]
C_P : 정압비열 [kJ/kg · K]
C_V : 정적비열 [kJ/kg · K]

1) 정적비열(C_V)

   $Q = mC_V \triangle T$ 이므로

$$C_V = \frac{Q}{W \cdot \triangle T} = \frac{118[kJ]}{1[kg] \times (65-35)[K]}$$
$$= 3.933 [kJ/kg \cdot K]$$

2) 기체상수($\overline{R}$)

$$\overline{R} = \frac{R}{M} = \frac{8.314[kJ/kmol \cdot K]}{4[kg/kmol]}$$
$$= 2.078 [kJ/kg \cdot K]$$

3) 정압비열(C_P)

$$C_P = \overline{R} + C_V$$
$$= 2.078[kJ/kg \cdot K] + 3.933[kJ/kg \cdot K]$$
$$= 6.01[kJ/kg \cdot K]$$

정답 39 ① 40 ④

2024년 1회
소방관계법규

41 ★★★ 난이도 상

소방기본법에서 정의하는 "소방본부장"으로 알맞지 않은 것을 고르시오.

① 특별시
② 광역시
③ 특례시
④ 특별자치시

해설 소방기본법

제2조(정의) 이 법에서 사용하는 용어의 뜻은 다음과 같다.

1. "소방대상물"이란 건축물, 차량, 선박(「선박법」 제1조의2 제1항에 따른 선박으로서 항구에 매어둔 선박만 해당한다), 선박 건조 구조물, 산림, 그 밖의 인공 구조물 또는 물건을 말한다.
2. "관계지역"이란 소방대상물이 있는 장소 및 그 이웃 지역으로서 화재의 예방·경계·진압, 구조·구급 등의 활동에 필요한 지역을 말한다.
3. "관계인"이란 소방대상물의 소유자·관리자 또는 점유자를 말한다.
4. "소방본부장"이란 특별시·광역시·특별자치시·도 또는 특별자치도(이하 "시·도"라 한다)에서 화재의 예방·경계·진압·조사 및 구조·구급 등의 업무를 담당하는 부서의 장을 말한다.
5. "소방대"(消防隊)란 화재를 진압하고 화재, 재난·재해, 그 밖의 위급한 상황에서 구조·구급 활동 등을 하기 위하여 다음 각 목의 사람으로 구성된 조직체를 말한다.
   가. 「소방공무원법」에 따른 소방공무원
   나. 「의무소방대설치법」 제3조에 따라 임용된 의무소방원(義務消防員)
   다. 「의용소방대 설치 및 운영에 관한 법률」에 따른 의용소방대원(義勇消防隊員)
6. "소방대장"(消防隊長)이란 소방본부장 또는 소방서장 등 화재, 재난·재해, 그 밖의 위급한 상황이 발생한 현장에서 소방대를 지휘하는 사람을 말한다.

42 ★★ 난이도 상

소방청장 또는 관할 소방본부장은 평가단원을 해임하거나 해촉(解囑)할 수 있는데, 그 경우로 알맞지 않은 것을 고르시오.

① 심신장애로 직무를 수행할 수 없게 된 경우
② 직무와 관련된 비위사실이 있는 경우
③ 직무태만, 품위손상이나 그 밖의 사유로 평가단원으로 적합하지 않다고 인정되는 경우
④ 직무를 수행하기 어렵다고 다른 평가단원이 요청하는 경우

해설 소방시설설치 및 관리에 관한 법률 시행규칙

제13조(평가단원의 해임·해촉) 소방청장 또는 관할 소방본부장은 평가단원이 다음 각 호의 어느 하나에 해당하는 경우에는 해당 평가단원을 해임하거나 해촉(解囑)할 수 있다.

1. 심신장애로 직무를 수행할 수 없게 된 경우
2. 직무와 관련된 비위사실이 있는 경우
3. 직무태만, 품위손상이나 그 밖의 사유로 평가단원으로 적합하지 않다고 인정되는 경우

정답 41 ③ 42 ④

4. 제12조 제1항 각 호의 어느 하나에 해당하는 데도 불구하고 회피하지 않은 경우
5. 평가단원 스스로 직무를 수행하기 어렵다는 의사를 밝히는 경우

⑩ 다음 각 항목의 어느 하나에 해당하는 사람
  가. 특급 소방안전관리대상물의 소방안전관리자로 2년 이상 근무한 실무경력이 있는 사람
  나. 1급 소방안전관리대상물의 소방안전관리자로 3년 이상 근무한 실무경력이 있는 사람
  다. 2급 소방안전관리대상물의 소방안전관리자로 5년 이상 근무한 실무경력이 있는 사람
  라. 3급 소방안전관리대상물의 소방안전관리자로 7년 이상 근무한 실무경력이 있는 사람
  마. 10년 이상 소방실무경력이 있는 사람

43 ★★ (난이도 상)

다음 중 소방시설관리사 응시 자격이 아닌 것은?

① 소방기술사
② 건축사
③ 위험물기능장
④ 건설안전기술사

해설 소방시설관리사 응시 자격

① 소방기술사, 위험물기능장, 건축사, 건축기계설비기술사, 건축전기설비기술사, 공조냉동기계기술사
② 소방설비기사 자격을 취득한 후 + 2년 이상 소방청장이 정하여 고시하는 소방 실무경력이 있는 사람
③ 소방설비산업기사 자격 취득 후 + 3년 이상 소방실무경력이 있는 사람
④ 「국가과학기술 경쟁력 강화를 위한 이공계지원 특별법」 제2조 제1호에 따른 이공계 분야를 전공한 사람
⑤ 소방안전공학(소방방재공학, 안전공학을 포함) 전공 후 다음 각 목의 어느 하나에 해당하는 사람
⑥ 위험물산업기사 또는 위험물기능사 자격을 취득 후 + 3년 이상 소방실무경력이 있는 사람
⑦ 소방공무원으로 5년 이상 근무한 경력이 있는 사람
⑧ 소방안전 관련 학과의 학사학위를 취득 후 + 3년 이상 소방실무경력이 있는 사람
⑨ 산업안전기사 자격을 취득 후 + 3년 이상 소방실무경력이 있는 사람

44 ★★

소방기본법령상 소방안전교육사의 배치대상별 배치기준으로 틀린 것은?

① 소방청 : 2명 이상 배치
② 소방서 : 1명 이상 배치
③ 소방본부 : 2명 이상 배치
④ 한국소방안전원(본회) : 1명 이상 배치

해설 소방안전교육사

소방안전교육의 기획·진행·분석 및 교수업무를 수행

(1) 소방안전교육사 시험 실시 및 자격부여 : 소방청장
(2) 소방안전교육사 시험 관련 필요사항 : 대통령령
(3) 시험 주기 : 2년마다 1회 시행 원칙. 다만 소방청장이 필요하다고 인정하는 때에는 그 횟수를 증감
(4) 소방안전교육사 배치대상 및 배치기준

배치대상	배치기준(이상)
소방청	2명
소방본부	2명
소방서	1명
한국소방안전원	본회 : 2명 시·도지부 : 1명
한국소방산업기술원	2명

정답 43 ④ 44 ④

45 ★★★

소방기본법령상 소방의 날 제정과 운영 등에 관한 사항으로 틀린 것은?

① 국민의 안전의식과 화재에 대한 경각심을 높이고 안전문화를 정착시키기 위한 목적이다.
② 소방의 날은 매년 11월 9일이다.
③ 소방의 날 행사에 관하여 필요한 사항은 소방청장 또는 시·도지사가 따로 정하여 시행할 수 있다.
④ 시·도지사는 소방행정 발전에 공로가 있다고 인정되는 사람을 명예직 소방대원으로 위촉할 수 있다.

해설 소방의 날 제정과 운영 등

1. 국민의 안전의식과 화재에 대한 경각심을 높이고 안전문화를 정착시키기 위하여 매년 11월 9일을 소방의 날로 정하여 기념행사를 한다.
2. 소방의 날 행사에 관하여 필요한 사항은 소방청장 또는 시·도지사가 따로 정하여 시행할 수 있다.
3. <u>소방청장은 다음에 해당하는 사람을 명예직 소방대원으로 위촉할 수 있다.</u>
   ① 「의사상자등 예우 및 지원에 관한 법률」에 따른 의사상자에 해당하는 사람
   ② 소방행정 발전에 공로가 있다고 인정되는 사람

46 ★★★

화재예방강화지구의 지정대상이 아닌 것은?

① 공장·창고가 밀집한 지역
② 목조건물이 밀집한 지역
③ 농촌지역
④ 시장지역

해설 화재예방강화지구

1) 지정권자 : 시·도지사
2) 화재예방강화지구 지정 요청 : 소방청장
3) 화재예방강화지구
   (1) 시장지역
   (2) 공장·창고가 밀집한 지역
   (3) 목조건물이 밀집한 지역
   (4) 노후·불량건축물이 밀집한 지역
   (5) 위험물의 저장 및 처리시설이 밀집한 지역
   (6) 석유화학제품을 생산하는 공장이 있는 지역
   (7) 산업입지 및 개발에 관한 법률에 따른 산업단지
   (8) 소방시설·소방용수시설·소방출동로가 없는 지역
   (9) 물류단지
   (10) (1) ~ (9)까지 준하는 지역으로서 소방관서장이 화재예방강화지구로 지정할 필요가 있다고 인정하는 지역

정답 45 ④ 46 ③

47 ★★★

소방기본법령상 소방업무의 응원에 대한 설명 중 틀린 것은?

① 소방본부장이나 소방서장은 소방활동을 할 때에 긴급한 경우에는 이웃한 소방본부장 또는 소방서장에게 소방업무의 응원을 요청할 수 있다.
② 소방업무의 응원 요청을 받은 소방본부장 또는 소방서장은 정당한 사유 없이 그 요청을 거절하여서는 아니 된다.
③ 소방업무의 응원을 위하여 파견된 소방대원은 응원을 요청한 소방본부장 또는 소방서장의 지휘에 따라야 한다.
④ 시·도지사는 소방업무의 응원을 요청하는 경우를 대비하여 출동 대상지역 및 규모와 필요한 경비의 부담 등에 관하여 필요한 사항을 대통령령으로 정하는 바에 따라 이웃하는 시·도지사와 협의하여 미리 규약으로 정하여야 한다.

> **해설** 소방업무 응원
> - 소방본부장·소방서장은 긴급 시 이웃 소방본부장·소방서장에게 소방업무 응원 요청
> - 응원 요청 받은 소방본부장·소방서장은 정당한 사유 없이 요청 거절 금지
> - 응원 위해 파견된 소방대원은 응원 요청한 소방본부장·소방서장의 지휘를 따라야 함
> - 시·도지사는 출동 대상지역과 규모, 필요 경비 부담 등 필요사항을 <u>행정안전부령</u>에 따라 협의하여 미리 규약으로 정해야 함

48 ★★★

위험물안전관리법령상 제조소등의 관계인은 위험물의 안전관리에 관한 직무를 수행하게 하기 위하여 제조소등마다 위험물의 취급에 관한 자격이 있는 자를 위험물안전관리자로 선임하여야 한다. 이 경우 제조소등의 관계인이 지켜야 할 기준으로 틀린 것은?

① 제조소등의 관계인은 안전관리자를 해임하거나 안전관리자가 퇴직한 때에는 해임하거나 퇴직한 날부터 15일 이내에 다시 안전관리자를 선임하여야 한다.
② 제조소등의 관계인이 안전관리자를 선임한 경우에는 선임한 날부터 14일 이내에 소방본부장 또는 소방서장에게 신고하여야 한다.
③ 제조소등의 관계인은 안전관리자가 여행·질병 그 밖의 사유로 인하여 일시적으로 직무를 수행할 수 없는 경우에는 국가기술자격법에 따른 위험물의 취급에 관한 자격취득자 또는 위험물 안전에 관한 기본지식과 경험이 있는 자를 대리자로 지정하여 그 직무를 대행하게 하여야 한다. 이 경우 대행하는 기간은 30일을 초과할 수 없다.
④ 안전관리자는 위험물을 취급하는 작업을 하는 때에는 작업자에게 안전관리에 관한 필요한 지시를 하는 등 위험물의 취급에 관한 안전관리와 감독을 하여야 하고, 제조소등의 관계인은 안전관리자의 위험물안전관리에 관한 의견을 존중하고 그 권고에 따라야 한다.

> **해설** 위험물안전관리자
> - 안전관리자 선임 : 관계인
> - 안전관리자 해임, 퇴직 시
>   <u>해임, 퇴직한 날부터 30일 이내 재선임</u>
> - 선임 신고기간 : 소방본부장·소방서장에게 선임한 날부터 14일 이내 신고
> - 직무대행기간 : 30일 이내

정답 47 ④ 48 ①

49 ★★★

시장지역에서 화재로 오인할 만한 우려가 있는 불을 피우거나 연막소독을 하려는 자가 신고를 하지 아니하여 소방자동차를 출동하게 한 자에 대한 과태료 부과·징수권자는?

① 국무총리
② 시·도지사
③ 행정안전부 장관
④ 소방본부장 또는 소방서장

해설 20만 원 이하의 과태료

화재로 오인할 만한 우려가 있는 불을 피우거나 연막 소독을 하기 전에 신고를 하지 않아 소방자동차를 출동하게 한 자
- 부과권자 : <u>소방본부장, 소방서장</u>
- 과태료 : 20만 원 이하

50 ★★ (난이도 상)

소방시설공사업법령상 소방시설공사업을 등록하려는 자는 금융회사 또는 소방산업공제조합이 자본금 기준금액의 100분의 20 이상에 해당하는 금액의 담보를 제공받거나 현금의 예치 또는 출자를 받은 사실을 증명하여 발행하는 확인서를 누구에게 제출해야 하는가?

① 국무총리
② 시·도지사
③ 행정안전부 장관
④ 소방본부장 또는 소방서장

해설 소방시설업의 등록기준 및 영업범위

소방시설공사업법 시행령
제2조(소방시설업의 등록기준 및 영업범위)
② 소방시설공사업의 등록을 하려는 자는 별표 1의 기준을 갖추어 소방청장이 지정하는 금융회사 또는 「소방산업의 진흥에 관한 법률」 제23조에 따른 소방산업공제조합이 별표 1에 따른 자본금 기준금액의 100분의 20 이상에 해당하는 금액의 담보를 제공받거나 현금의 예치 또는 출자를 받은 사실을 증명하여 발행하는 확인서를 특별시장·광역시장·특별자치시장·도지사 또는 특별자치도지사(이하 "시·도지사"라 한다)에게 제출하여야 한다.

51 ★★★

위험물안전관리법령상 인화성액체위험물(이황화탄소를 제외)의 옥외탱크저장소의 탱크주위에 설치하여야 하는 방유제의 기준 중 틀린 것은?

① 방유제의 용량은 방유제 안에 설치된 탱크가 하나인 때에는 그 탱크 용량의 110 [%] 이상으로 할 것
② 방유제의 용량은 방유제 안에 설치된 탱크가 2기 이상인 때에는 그 탱크 중 용량이 최대인 것의 용량의 110 [%] 이상으로 할 것
③ 방유제는 높이 1 [m] 이상 2 [m] 이하, 두께 0.2 [m] 이상, 지하매설 깊이 0.5 [m] 이상으로 할 것
④ 방유제 내의 면적은 80000 [m^2] 이하로 할 것

정답 49 ④ 50 ② 51 ③

해설 방유제

(1) 방유제 용량
   ① 탱크 1기 : 탱크용량 110 [%] 이상
   ② 탱크 2기 이상 : 최대 탱크 용량 110 [%] 이상
(2) 방유제 높이 : 0.5 [m] 이상 3 [m] 이하
(3) 방유제 두께 : 0.2 [m] 이상
(4) 지하매설길이 : 1 [m] 이상
(5) 방유제 면적 : 80000 [m²] 이하
(6) 방유제 내에 설치하는 옥외저장탱크 수 : 10기 이하
(7) 방유제 재질 : 철근콘크리트, 흙담

구분	기준
2급	• 지하구, 공동주택(옥내, SP설치), 보물·국보로 지정된 목조건축물 • 가연성 가스 100톤 이상 1000톤 미만 저장·취급 시설 • 옥내소화전, 스프링클러, 간이, 물분무등소화설비 설치대상(호스릴 방식 물분무등소화설비만을 설치한 경우 제외)
3급	• 간이스프링클러설비 또는 자동화재탐지설비를 설치하여야 하는 특정소방대상물
비고	동·식물원, 철강 등 불연성 물품 저장·취급 창고, 위험물 제조소등, 지하구는 특급 및 1급 소방안전관리대상물에서 제외

52 ★★

화재의 예방 및 안전관리에 관한 법령상 1급 소방안전관리 대상물에 해당하는 건축물은?

① 지하구
② 가연성 가스 1000톤 이상 저장 시설
③ 연면적 15000 [m²] 이상인 동물원
④ 층수가 20층이고, 지상으로부터 높이가 100 [m]인 아파트

해설 소방안전관리대상물

구분	기준
특급	• 50층 이상(지하층 제외), 높이 200 [m] 이상 아파트 • 30층 이상(지하층 포함), 높이 120 [m] 이상 특정소방대상물(아파트 제외) • 연면적 100000 [m²] 이상 특정소방대상물(아파트 제외)
1급	• 30층 이상(지하층 제외), 높이 120 [m] 이상 아파트 • 11층 이상 특정소방대상물(아파트 제외) • 연면적 15000 [m²] 이상 특정소방대상물(아파트 및 연립주택 제외) • 가연성 가스 1000톤 이상 저장·취급 시설

53 ★★★

제4류 위험물을 저장·취급하는 제조소에 "화기엄금"이란 주의사항을 표시하는 게시판을 설치할 경우 게시판의 색상은?

① 청색바탕에 백색문자
② 적색바탕에 백색문자
③ 백색바탕에 적색문자
④ 백색바탕에 흑색문자

해설 위험물제조소 게시판 설치기준

분류	주의사항	색상
• 제1류 위험물 중 알칼리금속의 과산화물 • 제3류 위험물 중 금수성물질	물기엄금	**청색바탕** 백색문자
• 제2류 위험물 (인화성고체 제외)	화기주의	
• 제2류 위험물 중 인화성고체 • 제3류 위험물 중 자연발화성 물질 • 제4류 위험물 • 제5류 위험물	화기엄금	**적색바탕** 백색문자
• 제6류 위험물	별도 표시 안함	

🔑 암기: 물청바, 화적바

정답 52 ② 53 ②

54 ★★★

위험물안전관리법령상 제조소등이 아닌 장소에서 지정수량 이상의 위험물 취급할 수 있는 기준 중 다음 ( ) 안에 알맞은 것은?

> 시·도의 조례가 정하는 바에 따라 관할 소방서장의 승인을 받아 지정수량 이상의 위험물을 ( )일 이내의 기간 동안 임시로 저장 또는 취급하는 경우

① 15
② 30
③ 60
④ 90

해설 위험물 임시저장

1) 위치·구조·설비 기준 : 시·도 조례
2) 제조소등이 아닌 장소에서 지정수량 이상 위험물 취급할 수 있는 경우
   - 관할 소방서장의 승인 받아 지정수량 이상 위험물 90일 이내로 임시 저장·취급
   - 군부대는 지정수량 이상 위험물 군사 목적으로 임시 저장·취급

55 ★★★

제조소등의 위치·구조 또는 설비의 변경 없이 당해 제조소등에서 저장하거나 취급하는 위험물의 품명·수량 또는 지정수량의 배수를 변경하고자 할 때는 누구에게 신고해야 하는가?

① 국무총리
② 시·도지사
③ 관할 소방서장
④ 행정안전부장관

해설 제조소 설치 및 변경

1) 설치허가자 : 시·도지사(행정안전부령)
2) 변경신고 : 변경하고자 하는 날의 1일 전
3) 허가제외 장소
   - 주택의 난방시설(공동주택 중앙난방시설 제외)을 위한 저장소·취급소
   - 농예용·축산용·수산용으로 필요한 난방·건조시설을 위한 지정수량 20배 이하의 저장소

56 ★★★

소방기본법상 소방활동구역의 설정권자로 옳은 것은?

① 소방본부장
② 소방서장
③ 소방대장
④ 시·도지사

해설 소방활동구역 설정

구분	권한
소방청장	• 소방박물관 설립 • 한국소방안전원 감독 • 소방력 동원 요청
소방청장, 소방본부장, 소방서장	• 소방활동
소방본부장, 소방서장	• 소방업무 응원요청 • 지리조사
소방본부장, 소방서장, 소방대장	• 소방활동 종사명령 • 강제처분 • 피난명령 • 위험시설 긴급조치
소방대장	• 소방활동구역 설정

정답 54 ④ 55 ② 56 ③

57 ★★★

화재의 예방 및 안전관리에 관한 법령에 따른 소방안전 특별관리시설물의 안전관리 대상 전통시장의 기준 중 다음 (   ) 안에 알맞은 것은?

> 전통시장으로서 대통령령으로 정하는 전통점포가 (   )개 이상인 전통시장

① 100
② 300
③ 500
④ 600

해설 소방안전 특별관리시설물

(1) 공항시설
(2) 철도시설·도시철도시설
(3) 항만시설
(4) 지정문화유산 및 천연기념물등인 시설
(5) 산업기술단지·산업단지
(6) 초고층 건축물·지하연계 복합건축물
(7) 수용인원 1000명 이상 영화상영관
(8) 전력용·통신용 지하구
(9) 석유비축시설
(10) 천연가스 인수기지 및 공급망
(11) <u>대통령령으로 정하는 점포가 500개 이상인 전통시장</u>
(12) 그 밖의 대통령령으로 정하는 시설물
   ① 발전소
   ② 물류창고로서 연면적 10만 [m²] 이상
   ③ 가스공급시설

58 ★★★

소방시설설치 및 관리에 관한 법령상 지하가 중 터널로서 길이가 1000 [m]일 때 설치하지 않아도 되는 소방시설은?

① 인명구조기구
② 옥내소화전설비
③ 연결송수관설비
④ 무선통신보조설비

해설 터널길이에 따른 소방시설

터널길이	적용설비
500 [m] 이상	• 비상경보설비 • 비상조명등설비 • 비상콘센트설비 • 무선통신보조설비
1000 [m] 이상	• <u>옥내소화전설비</u> • <u>연결송수관설비</u> • 자동화재탐지설비

정답 57 ③ 58 ①

59 ★★★

소방시설공사업법령상 소방시설공사의 하자보수 보증기간이 3년이 아닌 것은?

① 자동소화장치
② 무선통신보조설비
③ 자동화재탐지설비
④ 간이스프링클러설비

해설 소방시설 하자보수 보증기간

소방시설	기간
• **피**난기구 · 유도등 · 유도표지 • **비**상경보설비 • **비**상조명등 • **비**상방송설비 • **무**선통신보조설비	2년
• 자동소화장치 • 옥내 · 외소화전설비 • 스프링클러 · 간이스프링클러설비 • 물분무등소화설비 • 자동화재탐지설비 • 상수도소화용수설비 • 소화활동설비(무선통신보조설비 제외)	3년

암기 이년 피비무

60 ★★★

소방시설설치 및 관리에 관한 법령상 수용인원 산정방법 중 침대가 없는 숙박시설로 해당 특정소방대상물 종사자의 수는 5명, 복도, 계단 및 화장실의 바닥면적을 제외한 바닥면적 158 [m²]인 경우 수용인원은 약 몇 명인가?

① 37
② 45
③ 58
④ 84

해설 수용인원 산정방법

1) 숙박시설이 있는 특정소방대상물
   • 침대 있는 경우 : 종사자 수 + 침대 수
   • 침대 없는 경우
   $$종사자\ 수 + \frac{바닥면적\ 합계}{3\,m^2}$$

2) 수용인원 = $5 + \frac{158}{3}$ → 반올림하여 58명

※ 숙박시설 이외의 특정소방대상물

• 강의실 · 교무실 · 상담실 · 실습실 · 휴게실 용도로 쓰이는 특정소방대상물
  : 바닥면적 합계 / 1.9 [m²]
• 강당 · 문화집회시설 · 운동시설 · 종교시설
  : 바닥면적 합계 / 4.6 [m²]
• 관람석에 고정식 의자가 있는 경우 : 의자 수
• 관람석에 긴 의자가 있는 경우
  : 의자의 정면너비 / 0.45 [m]
• 그 밖의 대상물 : 바닥면적 합계 / 3 [m²]

2024년 1회
소방기계시설의 구조 및 원리

61 ★★★
스프링클러설비 배관의 설치기준으로 틀린 것은?

① 급수배관의 구경은 수리계산에 따르는 경우 가지배관의 유속은 6 [m/s], 그 밖의 배관의 유속은 10 [m/s]를 초과할 수 없다.
② 수직배수배관의 구경은 50 [mm] 이상으로 해야 한다.
③ 지하매설배관은 소방용 합성수지배관으로 설치할 수 있다.
④ 교차배관의 최소 구경은 65 [mm] 이상으로 해야 한다.

해설 스프링클러설비 배관 설치기준

1) 급수배관의 구경은 수리계산에 따르는 경우 가지배관의 유속은 6 [m/s], 그 밖의 배관의 유속은 10 [m/s]를 초과할 수 없다.
2) 수직배수배관 : 50 [mm] 이상
3) 교차배관 : 40 [mm] 이상
4) 소방용 합성수지배관으로 설치 가능한 경우
   (1) 배관을 지하에 매설하는 경우
   (2) 다른 부분과 내화구조로 구획된 덕트 또는 피트의 내부에 설치하는 경우
   (3) 천장과 반자를 불연재료 또는 준불연재료로 설치하고 소화배관 내부에 항상 소화수가 채워진 상태로 설치하는 경우

62 ★★★
액화천연가스(LNG)를 사용하는 아파트 주방에 주방용 자동소화장치를 설치할 경우 탐지부의 설치위치로 옳은 것은?

① 바닥면으로부터 30 [cm] 이하의 위치
② 천장면으로부터 30 [cm] 이하의 위치
③ 가스차단장치로부터 30 [cm] 이상의 위치
④ 소화약제 분사노즐로부터 30 [cm] 이상의 위치

해설 주거용 주방자동소화장치 탐지부

1) 공기보다 가벼운 가스(LNG)
   천장면으로부터 30 [cm] 이하의 위치에 설치
2) 공기보다 무거운 가스(LPG)
   바닥면으로부터 30 [cm] 이하의 위치에 설치

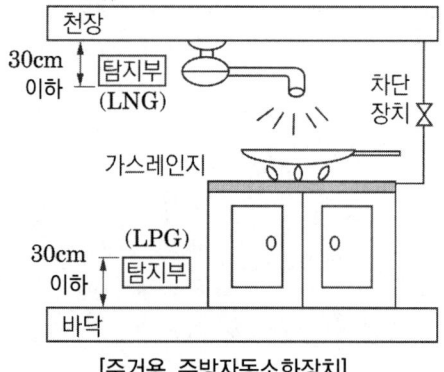

[주거용 주방자동소화장치]

정답 61 ④ 62 ②

63 ★★★

지하구의 화재안전기술기준에 따라 연소방지설비전용헤드를 사용할 때 배관의 구경이 65 [mm]인 경우 하나의 배관에 부착하는 살수헤드의 최대 개수로 옳은 것은?

① 2　　　　② 3
③ 5　　　　④ 6

해설 연소방지설비 살수헤드 개수

헤드개수	1개	2개	3개	4개 또는 5개	6개 이상
배관구경 (mm)	32	40	50	65	80

64 ★★★

옥외소화전설비의 화재안전성능기준상 옥외소화전설비에는 옥외소화전마다 그로부터 몇 [m] 이내의 장소에 소화전함을 설치해야 하는가?

① 5　　　　② 8
③ 6　　　　④ 7

해설 옥외소화전설비의 소화전함 설치기준

옥외소화전설비에는 옥외소화전마다 그로부터 5 [m] 이내의 장소에 소화전함을 설치해야 한다.

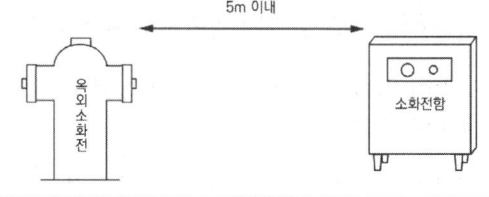

65 ★★★

포소화설비에서 포소화약제를 혼합하는 방식이 아닌 것은?

① 라인 프로포셔너 방식
② 펌프 프로포셔너 방식
③ 리퀴드펌핑 프로포셔너 방식
④ 프레셔사이드 프로포셔너 방식

해설 포소화설비 포혼합장치의 종류

1) **라인 프로포셔너 방식** : 벤추리관의 벤추리작용에 따라 소화약제를 흡입·혼합하는 방식
2) **프레셔 프로포셔너 방식** : 벤추리관의 벤추리작용과 포소화약제 저장탱크압력에 따라 소화약제를 흡입·혼합하는 방식
3) **펌프 프로포셔너 방식** : 흡입기에 물 일부를 보내고, 농도 조정밸브에서 조정된 포소화약제의 필요량을 소화약제 탱크에서 펌프 흡입 측으로 보내는 방식
4) **프레셔사이드 프로포셔너 방식** : 압입기 설치하여 소화약제 압입용 펌프로 소화약제를 압입시켜 혼합하는 방식
5) **압축공기포 믹싱챔버방식** : 물, 포 소화약제 및 공기를 믹싱챔버로 강제주입시켜 챔버 내에서 포수용액을 생성한 후 포를 방사하는 방식

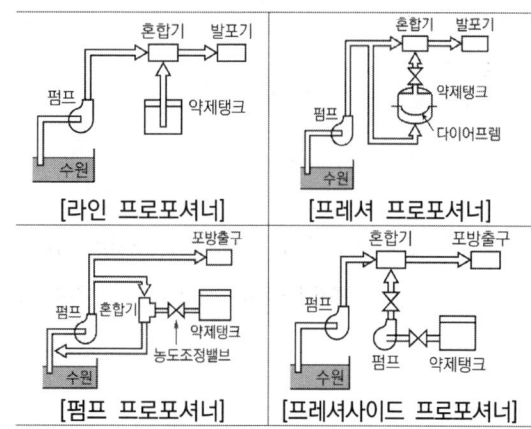

66 ★★★

물분무소화설비의 화재안전기술기준상 물분무소화설비 가압송수장치의 1분당 토출량에 대한 최소 기준으로 옳은 것은? (단, 특수가연물을 저장 취급하는 특정소방대상물 및 차고 주차장의 바닥면적은 50 [m²] 이하인 경우는 50 [m²]를 적용한다)

① 차고 또는 주차장의 바닥면적 1 [m²]당 10 [L]를 곱한 양 이상
② 특수가연물을 저장·취급하는 특정소방대상물의 바닥면적 1 [m²]당 20 [L]를 곱한 양 이상
③ 케이블트레이, 케이블덕트는 투영된 바닥면적 1 [m²]당 10 [L]를 곱한 양 이상
④ 절연유봉입변압기는 바닥면적을 제외한 표면적을 합한 면적 1 [m²]당 10 [L]를 곱한 양 이상

해설 물분무소화설비 수원의 저수량

소방대상물	토출량	비고
특수가연물을 저장·취급하는 특정소방대상물	10 [L/min·m²]	최소 바닥면적 50 [m²]
절연유봉입 변압기·컨베이어벨트	10 [L/min·m²]	-
케이블트레이·케이블덕트	12 [L/min·m²]	-
차고·주차장	20 [L/min·m²]	최소 바닥면적 50 [m²]

- 저수량 = 면적 × 토출량 × 방수시간(20 [min])

암기 특절컨 10, 케이트 12, 차주 20

67 ★★★

제연방식에 의한 분류 중 아래의 장·단점에 해당하는 방식은?

- 장점 : 화재 초기에 화재실의 내압을 낮추고 연기를 다른 구역으로 누출시키지 않는다.
- 단점 : 연기 온도가 상승하면 기기의 내열성에 한계가 있다.

① 제1종 기계제연방식
② 제2종 기계제연방식
③ 제3종 기계제연방식
④ 밀폐제연방식

해설 기계제연방식 종류

- 제1종 기계제연 : 송풍기 + 배출기
- 제2종 기계제연 : 송풍기
- 제3종 기계제연 : 배출기
  → 제3종 기계제연은 급기는 자연급기, 배기는 기계제연이기 때문에 화재실의 내압 낮춰 다른 구역으로 연기를 누출시키지 않는 장점이 있음

68 ★★★

예상제연구역 바닥면적 400 [m²] 미만 거실의 공기유입구와 배출구 간의 직선거리 기준으로 옳은 것은? (단, 제연경계에 의한 구획을 제외한다)

① 2 [m] 이상 또는 구획된 실의 장변의 4분의 1 이상으로 할 것
② 3 [m] 이상 또는 구획된 실의 장변의 4분의 1 이상으로 할 것
③ 5 [m] 이상 또는 구획된 실의 장변의 2분의 1 이상으로 할 것
④ 10 [m] 이상 또는 구획된 실의 장변의 2분의 1 이상으로 할 것

정답 66 ④ 67 ③ 68 ③

> **해설** 공기유입구와 배출구 간 이격거리

1) 바닥면적 400 [m²] 미만의 거실
   공기유입구와 배출구 간의 직선거리는 5 [m] 이상 또는 구획된 실의 장변의 2분의 1 이상으로 할 것
2) 바닥면적이 400 [m²] 이상의 거실
   바닥으로부터 1.5 [m] 이하의 높이에 설치하고 그 주변은 공기의 유입에 장애가 없도록 할 것

69 ★★★

분말소화설비에서 사용하지 않는 밸브는?

① 드라이밸브 ② 클리닝밸브
③ 안전밸브   ④ 배기밸브

> **해설** 분말소화설비 사용 밸브
> - 분말소화설비에서 사용하는 밸브
>   클리닝밸브, 안전밸브, 배기밸브
> - 스프링클러설비에서 사용하는 밸브
>   드라이밸브(건식유수검지장치)

70 ★★★

피난기구의 설치 및 유지에 관한 사항 중 옳지 않은 것은?

① 피난기구를 설치하는 개구부는 서로 동일 직선상의 위치에 있을 것
② 설치장소에는 피난기구의 위치를 표시하는 발광식 또는 축광식 표지와 그 사용방법을 표시한 표지(외국어 및 그림병기)를 부착할 것
③ 피난기구는 소방대상물의 기둥, 바닥, 보, 기타 구조상 견고한 부분에 볼트조임·매입·용접 기타의 방법으로 견고하게 부착할 것
④ 피난기구는 계단·피난기구 기타 피난 시설로부터 적당한 거리에 있는 안전한 구조로 된 피난 또는 소화활동상 유효한 개구부에 고정하여 설치할 것

> **해설** 피난기구의 설치 및 유지에 관한 사항

피난기구를 설치하는 개구부는 서로 동일직선상이 아닌 위치에 있을 것

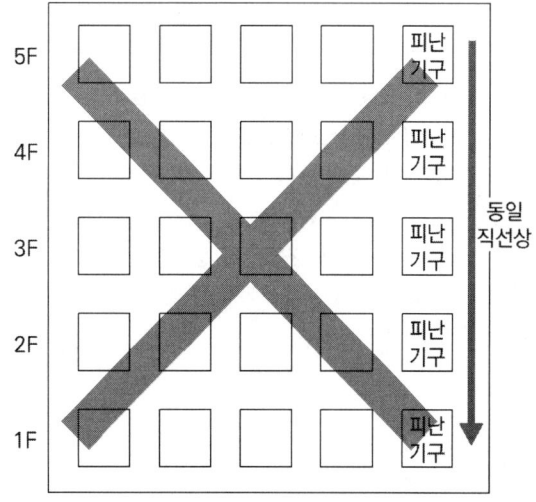

71 ★★

연결송수관설비의 화재안전기술기준상 17층의 사무소 건축물로 11층 이상에 쌍구형 방수구가 설치된 경우 14층에 설치된 방수기구함에 요구되는 길이 15 [m]의 호스 및 방사형 관창의 설치 개수는?

① 호스는 5개 이상, 방사형 관창은 2개 이상
② 호스는 3개 이상, 방사형 관창은 1개 이상
③ 호스는 단구형 방수구의 2배 이상의 개수, 방사형 관창은 2개 이상
④ 호스는 단구형 방수구의 2배 이상의 개수, 방사형 관창은 1개 이상

해설 연결송수관설비 방수기구함 설치기준

1) 방수기구함은 피난층과 가장 가까운 층을 기준으로 <u>3개 층마다 설치</u>하되, 그 층의 <u>방수구마다 보행거리 5 [m] 이내</u>에 설치할 것
2) 방수기구함에는 길이 15 [m]의 호스와 방사형 관창을 다음의 기준에 따라 비치할 것
   (1) <u>호스</u>는 방수구에 연결하였을 때 그 방수구가 담당하는 구역의 각 부분에 유효하게 물이 뿌려질 수 있는 개수 이상을 비치할 것. 이 경우 **쌍구형 방수구는 단구형 방수구의 2배 이상의 개수를 설치해야 한다.**
   (2) **방사형 관창**은 단구형 방수구의 경우에는 1개, **쌍구형 방수구의 경우에는 2개 이상 비치할 것**

72 ★★★

경사강하식 구조대의 구조에 대한 설명으로 틀린 것은?

① 구조대 본체는 강하방향으로 봉합부가 설치되어야 한다.
② 입구틀 및 취부틀의 입구는 지름 60 [cm] 이상의 구체가 통과할 수 있어야 한다.
③ 손잡이는 출구 부근에 좌우 각 3개 이상 균일한 간격으로 견고하게 부착하여야 한다.
④ 구조대 본체의 활강부는 낙하방지를 위해 포를 2중 구조로 하거나 또는 망목의 변의 길이가 8 [cm] 이하인 망을 설치하여야 한다.

해설 경사강하식구조대 구조

1) 연속하여 활강할 수 있고, 안전하고 쉽게 사용할 수 있는 구조일 것
2) <u>입구틀 및 취부틀의 입구는 지름 60 [cm] 이상의 구체가 통과할 수 있는 것이어야 함</u>
3) 포지는 사용 시에 수직방향으로 현저하게 늘어나지 않을 것
4) 포지, 지지틀, 취부틀 그 밖의 부속장치 등은 견고하게 부착되어야 함
5) <u>구조대 본체는 강하방향으로 봉합부가 설치되지 않을 것</u>
6) <u>구조대 본체의 활강부는 낙하방지를 위해 포를 2중구조로 하거나 또는 망목의 변의 길이가 8 [cm] 이하인 망을 설치해야 함</u>
7) 본체의 포지는 하부지지장치에 인장력이 균등하게 걸리도록 부착해야 하며, 하부지지장치는 쉽게 조작할 수 있어야 함
8) <u>손잡이는 출구부근에 좌우 각 3개 이상 균일한 간격으로 견고하게 부착해야 함</u>
9) 구조대본체의 끝부분에는 길이 4 [m] 이상, 지름 4 [mm] 이상의 유도선을 부착하여야 하며, 유도선 끝에는 중량 3 [N](300 [g]) 이상의 모래주머니 등을 설치해야 함
10) 땅에 닿을 때 충격을 받는 부분에는 완충장치로서 받침포 등을 부착해야 함

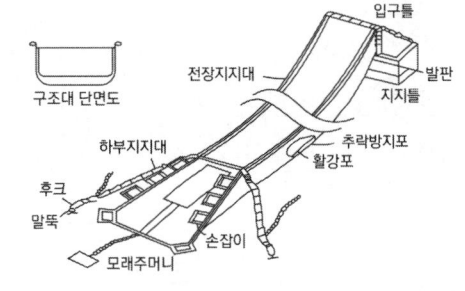

73 ★★

분말소화설비 배관의 설치기준으로 옳지 않은 것은?

① 배관은 전용으로 할 것
② 배관은 모두 스케줄 40 이상으로 할 것
③ 동관을 사용할 경우는 고정압력 또는 최고사용압력의 1.5배 이상의 압력에 견딜 수 있는 것으로 할 것
④ 밸브류는 개폐위치 또는 개폐방향을 표시한 것으로 할 것

해설 분말소화설비 배관

1) 배관은 전용으로 할 것
2) 강관 사용 배관 : 아연도금에 따른 배관용탄소강관이나 이와 동등 이상의 강도·내식성 및 내열성을 가진 것으로 할 것 (단, 축압식 분말소화설비에 사용하는 것 중 20 [℃]에서 압력이 2.5 [MPa] 이상 4.2 [MPa] 이하인 것은 압력배관용탄소강관 중 이음이 없는 스케줄 40 이상의 것 또는 이와 동등 이상의 강도를 가진 것으로서 아연도금으로 방식 처리된 것을 사용해야 함)
3) 동관 사용 배관 : 고정압력 또는 최고사용압력의 1.5배 이상의 압력에 견딜 수 있는 것을 사용할 것
4) 밸브류는 개폐위치 또는 개폐방향을 표시한 것
5) 배관의 관부속 및 밸브류는 배관과 동등 이상의 강도 및 내식성이 있는 것으로 할 것

74 ★★★

옥내소화전이 하나의 층에는 6개, 또 다른 층에는 3개, 나머지 모든 층에는 4개씩 설치되어 있다. 수원의 최소 수량 [m³] 기준은? (단, 30층 미만의 특정소방대상물이며, 창고시설이 아니다)

① 5.2
② 10.4
③ 13
④ 15.6

해설 옥내소화전 수원

• 수원량 [m³] = N × 2.6 [m³]
     = 2개 × 2.6 [m³] = 5.2 [m³]
  여기서, N : 옥내소화전의 설치개수가 가장 많은 층의 설치개수(29층 이하 : 최대 2개)

75 ★

할론소화설비의 국소방출방식 소화약제의 양 산출과 관련된 공식 $Q = \left(X - Y\dfrac{a}{A}\right)$에서 할론 1301 소화약제에 해당하는 X와 Y의 수치로 옳은 것은?

① X : 8, Y : 6
② X : 4, Y : 3
③ X : 3.2, Y : 2.4
④ X : 2, Y : 1.5

정답 73 ② 74 ① 75 ②

해설 방호공간 1 [m³]당의 약제량

$$Q = \left(X - Y\frac{a}{A}\right)$$

- Q : 방호공간 1 [m³]에 대한 소화약제의 양 [kg/m³]
- a : 방호대상물 주위에 설치된 벽 면적의 합계 [m²]
- A : 방호공간의 벽 면적(벽이 없는 경우에는 벽이 있는 것으로 가정한 당해 부분의 면적)의 합계 [m²]
- X 및 Y : 다음 표의 수치

소화약제의 종류	X의 수치	Y의 수치
할론 2402	5.2	3.9
할론 1211	4.4	3.3
할론 1301	4	3

76 ★★★

이산화탄소소화설비에서 방출되는 가스압력을 이용하여 배기덕트를 차단하는 장치는?

① 방화셔터
② 피스톤릴리져 댐퍼
③ 가스체크밸브
④ 방화댐퍼

해설 피스톤릴리져 댐퍼(PRD)

1) 소화약제가 방출되는 가스압력을 이용하여 피스톤을 동작시켜 개구부(환기팬, 덕트 등)를 폐쇄하는 장치
2) 방호구역 내 소화약제가 방출될 때 소화 효과를 높이기 위하여 외부로 소화약제가 빠져나갈 수 있는 개구부를 닫는다.

[피스톤릴리져댐퍼]

77 ★★

포소화설비의 화재안전기술기준에 따라 포소화약제의 저장량 계산 시 가장 먼 탱크까지의 송액관에 충전하기 위한 필요량을 계산에 반영하지 않는 경우는?

① 송액관의 내경이 75 [mm] 이하인 경우
② 송액관의 내경이 80 [mm] 이하인 경우
③ 송액관의 내경이 85 [mm] 이하인 경우
④ 송액관의 내경이 100 [mm] 이하인 경우

해설 포소화약제의 저장량 - 고정포방출구 방식

가장 먼 탱크까지의 송액관(내경 75 [mm] 이하의 송액관을 제외한다)에 충전하기 위하여 필요한 양

$$Q = V \times S \times 1000 [L/m^3]$$

Q : 포 소화약제의 양[L]
V : 송액관 내부의 체적[m³]
S : 포 소화약제의 사용농도[%]

78 ★★★

특고압의 전기시설을 보호하기 위한 수계소화설비로 물분무소화설비의 사용이 가능한 주된 이유는?

① 물분무소화설비는 다른 물 소화설비에 비해서 신속한 소화를 보여주기 때문이다.
② 물분무소화설비는 다른 물 소화설비에 비해서 물의 소모량이 적기 때문이다.
③ 분무상태의 물은 전기적으로 비전도성이기 때문이다.
④ 물분무입자 역시 물이므로 전기전도성이 있으나 전기시설물을 젖게 하지 않기 때문이다.

해설 물분무소화설비 특징

물분무소화설비는 분무상태의 작은 입자로 비전도성을 가져 C급(전기) 화재에 적응성 있다.

79 ★★

( ) 안에 들어갈 내용으로 알맞은 것은?

> 이산화탄소소화설비, 이산화탄소 소화약제의 저압식 저장용기에는 용기 내부의 온도가 (㉠)에서 (㉡)의 압력을 유지할 수 있는 자동냉동장치를 설치할 것

① ㉠ 0 [℃] 이상, ㉡ 4 [MPa]
② ㉠ -18 [℃] 이하, ㉡ 2.1 [MPa]
③ ㉠ 20 [℃] 이하, ㉡ 2 [MPa]
④ ㉠ 40 [℃] 이하, ㉡ 2.1 [MPa]

해설 이산화탄소 소화약제의 저장용기 설치기준

1) 저장용기의 충전비
   (1) 고압식 : 1.5 이상 1.9 이하
   (2) 저압식 : 1.1 이상 1.4 이하
2) 저압식 저장용기에는 내압시험압력의 0.64배부터 0.8배의 압력에서 작동하는 안전밸브와 내압시험압력의 0.8배부터 내압시험압력에서 작동하는 봉판을 설치할 것
3) 저압식 저장용기에는 액면계 및 압력계와 2.3 [MPa] 이상 1.9 [MPa] 이하의 압력에서 작동하는 압력경보장치를 설치할 것
4) <u>저압식 저장용기에는 용기 내부의 온도가 섭씨 영하 18 [℃] 이하에서 2.1 [MPa]의 압력을 유지할 수 있는 자동냉동장치를 설치할 것</u>
5) 저장용기는 고압식은 25 [MPa] 이상, 저압식은 3.5 [MPa] 이상의 내압시험압력에 합격한 것으로 할 것

80 ★★★

스프링클러설비 또는 옥내소화전설비에 사용되는 밸브에 대한 설명으로 옳지 않은 것은?

① 펌프의 토출 측 체크밸브는 배관 내 압력이 가압송수장치로 역류되는 것을 방지한다.
② 가압송수장치의 풋밸브는 펌프의 위치가 수원의 수위보다 높을 때 설치한다.
③ 입상관에 사용하는 스윙체크밸브는 아래에서 위로 송수하는 경우에만 사용된다.
④ 펌프의 흡입 측 배관에는 버터플라이밸브의 개폐표시형 밸브를 설치하여야 한다.

해설 수계소화설비에 사용되는 밸브

1) **체크밸브**
   역류 방지의 목적으로 사용되는 밸브(유체의 흐름방향이 한쪽 방향으로만 흐르도록 하는 밸브)
   (1) 스윙체크밸브
      힌지 핀을 중심으로 디스크가 유체의 흐름량(유속)에 따라 디스크가 열림으로 밸브가 개방되고, 유체가 정지함에 따라 밸브 출구의 압력과 디스크의 무게에 의해 닫히는 구조이다.
   (2) 스모렌스키체크밸브
      리프트체크밸브의 일종으로 해머리스 체크밸브라 한다. 스프링으로 자동폐쇄시켜 수격작용을 방지하는 구조이다. 바이패스 밸브가 부착되어 있어 필요시 바이패스 밸브를 개방하면 2차 측 물을 1차 측으로 보낼 수 있다.

스윙형 체크밸브	스모렌스키체크밸브

2) **풋밸브**
   펌프의 위치가 수원의 수위보다 높을 때 설치하며 이물질을 걸러주고 역류 방지의 기능이 있다.

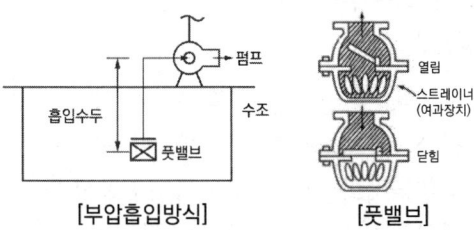

[부압흡입방식]   [풋밸브]

3) **개폐표시형 밸브**
   밸브의 개폐 여부를 외부에서 식별이 가능한 밸브
   (1) 급수배관에 설치되어 급수를 차단할 수 있는 개폐밸브는 개폐표시형으로 할 것
   (2) 펌프의 흡입 측 배관에는 버터플라이밸브 외의 개폐표시형 밸브를 설치해야 한다.

버터플라이밸브

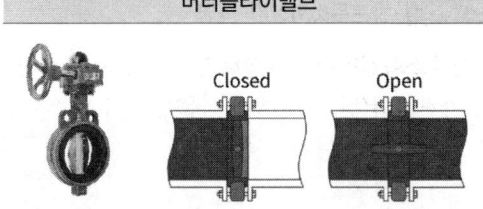

밸브 몸체 속에 축을 기준으로 디스크(평판)가 회전함으로써 개폐되는 밸브이다. 완전 개방 시에도 유로 상에 디스크(평판)가 존재하므로 마찰저항이 커서 소화펌프의 흡입 측 배관에는 사용할 수 없다.

2024년 2회 소방원론

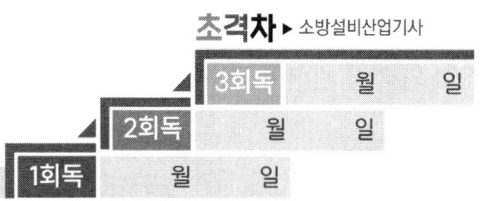

01 ★
황린의 연소생성물은 무엇인가?

① SO_2
② P_2O_5
③ PH_3
④ P_2S_5

해설 황린(P_4)

황린은 연소 시 오산화인(P_2O_5)의 흰 연기를 낸다.

$P_4 + 5O_2 \rightarrow 2P_2O_5$

보충 황린은 제3류 위험물이며, 자연발화성이 있어 물속에 저장한다.

02 ★★★
목재 화재 시 다량의 물을 뿌려 소화하고자 한다. 이때 가장 큰 소화효과는?

① 제거소화효과
② 냉각소화효과
③ 부촉매소화효과
④ 희석소화효과

해설 냉각소화

열을 흡수하여 발화점 이하로 낮추는 소화
[예시] 목재 화재 시 다량의 물을 뿌려 소화

03 ★★★
피난대책의 일반적인 원칙이 아닌 것은?

① 피난경로는 간단명료하게 한다.
② 피난설비는 고정식 설비보다 이동식 설비를 위주로 설치한다.
③ 간단한 그림이나 색채를 이용하여 표시한다.
④ 두 방향의 피난통로를 확보한다.

해설 피난대책 일반원칙

피난 대책은 Fail - Safe와 Fool - Proof 원칙에 따른다.

1) Fail - Safe
   (1) 하나의 수단이 고장으로 실패하여도 다른 수단을 이용할 수 있도록 할 것
   (2) 양방향 피난경로를 상시 확보해 둘 것
   (3) 부분화, 다중화할 것

2) Fool - Proof
   (1) 피난수단은 조작이 간편한 원시적 방법으로 할 것
   (2) 비상시 판단능력 저하를 대비하여 누구나 알 수 있도록 간단한 그림이나 색채를 이용하여 표시할 것
   (3) 피난설비는 <u>고정식 설비</u>로 설치할 것
   (4) 피난경로는 간단명료하게 할 것

정답 01 ② 02 ② 03 ②

04 ★★★

연소와 가장 관련이 있는 화학반응은?

① 산화반응 ② 환원반응
③ 치환반응 ④ 중화반응

> **해설** 연소
>
> 가연물이 공기 중의 산소와 결합하여 빛과 열을 수반하는 산화반응

05 ★★★

다음 중 주된 연소형태가 표면연소인 것은 어느 것인가?

① 알코올
② 숯
③ 목재
④ 에터(에테르)

> **해설** 연소의 형태(고체의 연소)
>
> | 구분 | 내용 | 종류 |
> |---|---|---|
> | 표면연소 | 불꽃이 없고 표면에서 연소 | **숯, 코크스, 목탄, 금속분** |
> | 분해연소 | 고체 가연물이 온도 상승 시 열분해를 통해 발생하는 가연성 가스가 연소 | 목재, 석탄, 종이, 플라스틱 |
> | 증발연소 | 열분해 없이 증발하여 연소 | 황(유황), 나프탈렌, 파라핀(양초) |
> | 자기연소 | 물질 내부에 산소를 함유하고 있어 별도의 산소 공급 없이 연소 | 나이트로셀룰로오스 (니트로셀룰로오스), 나이트로글리세린 (니트로글리세린), 유기과산화물 |

06 ★★

화재에서 눈부신 백색(휘백색)의 불꽃 온도는 약 몇 [℃]인가?

① 500
② 950
③ 1300
④ 1500

> **해설** 연소 시 불꽃의 색과 온도
>
> | 색 | 온도 [℃] |
> |---|---|
> | 암적색 | 700 ~ 750 |
> | 적색 | 850 |
> | 휘적색 | 900 ~ 950 |
> | 황적색 | 1100 |
> | 백색 | 1200 ~ 1300 |
> | 휘백색 | 1500 |
>
> **암기** 암적적 휘황백 휘백

07 ★★

일반적으로 실내의 화재하중이 가장 많은 곳은?

① 주택
② 사무실
③ 도서관
④ 병원

> **해설** 화재하중
>
> 1) 화재하중이란 화재실의 단위면적당 등가가연물(목재)의 양으로 건물화재 시 발열량 및 화재위험성 척도가 된다.
> 2) 화재구획실 내에 존재하는 가연물은 각각 단위 중량당 발열량[kcal/kg]이 다르기 때문에 목재의 발열량으로 환산하여 화재하중을 산정한다.

정답 04 ① 05 ② 06 ④ 07 ③

(예) 종이 : 4000 [kcal/kg], 고무 : 9000 [kcal/kg])

3) 화재 시 주수시간을 결정하는 주요인이다.

4) 화재하중 $q = \dfrac{\Sigma GH_i}{HA} = \dfrac{\Sigma Q}{4500A}$ [kg/m²]

  G : 가연물의 양 [kg]
  H_i : 단위중량당 발열량 [kcal/kg]
  H : 목재의 단위중량당 발열량 [4500 kcal/kg]
  A : 화재실의 바닥면적 [m²]
  ΣQ : 화재실 내 가연물의 전발열량 [kcal]

5) 소방대상물의 용도별 화재하중

대상물의 용도	화재하중 [kg/m²]
호텔	5 ~ 15
병원	**10 ~ 15**
사무실	10 ~ 20
주택	30 ~ 60
백화점	100 ~ 200
도서관	**250**
창고	200 ~ 1000

TIP 화재가혹도 = 화재강도 × 화재하중

보충 화재하중이 크다 = 가연물의 양 대비 화재구획의 공간이 좁다

08 ★★

황린, 적린이 서로 동소체라는 것을 증명하는 데 가장 효과적인 것은?

① 비중을 비교한다.
② 착화점을 비교한다.
③ 유기용제에 대한 용해도를 비교한다.
④ 연소생성물을 확인한다.

해설 동소체

황린(P_4)과 적린(P)은 인(P)으로 구성된 동소체로 연소시 오산화인(P_2O_5)을 생성한다. 동소체는 **연소생성물을 확인**해보면 알 수 있다.

1) 적린(P)의 연소
  $4P + 5O_2 \rightarrow 2P_2O_5$

2) 황린(P_4)의 연소
  $P_4 + 5O_2 \rightarrow 2P_2O_5$

보충 동소체 : 한 종류의 원소로 이루어졌으나 그 원자들의 배열순서나 배열구조가 달라 그 성질이 서로 다른 물질들

09 ★★★

Halon 1301의 증기비중은 약 얼마인가? (단, 원자량은 C 12, F 19, Br 80, Cl 35.5이고, 공기의 평균분자량은 29이다)

① 4.14
② 5.14
③ 6.14
④ 7.14

해설 증기비중

$$\text{증기비중} = \dfrac{\text{분자량}}{29(\text{공기 분자량})}$$

1) 할론 1301(CF_3Br)의 분자량
  분자량 = 12 + 19 × 3 + 80 = 149

2) 할론 1301(CF_3Br)의 증기비중
  $\text{증기비중} = \dfrac{\text{분자량}}{29(\text{공기 분자량})} = \dfrac{149}{29} ≒ 5.14$

보충 원자량(C : 12, F : 19, Cl : 35.5, Br : 80)

10 ★★★

가연물질의 종류에 따라 화재를 분류하였을 때 섬유류 화재가 속하는 것은?

① A급 화재
② B급 화재
③ C급 화재
④ D급 화재

해설 화재의 분류

등급	화재	표시색	가연물
A급	**일**반화재	백색	나무, **섬유**, 종이, 고무, 플라스틱류
B급	**유**류화재	황색	인화성 액체, 가연성 액체, 석유 그리스, 타르, 오일, 유성도료, 솔벤트, 래커, 알코올 및 인화성 가스 등
C급	**전**기화재	청색	전류가 흐르고 있는 전기기기, 배선 등
D급	**금**속화재	무색	마그네슘 합금 등 가연성 금속
K급	**주**방화재	-	주방에서 동식물유를 취급하는 조리기구

11 ★★★

피난계획의 일반원칙 중 Fool Proof 원칙이란 무엇인가?

① 한 가지가 고장이 나도 다른 수단을 이용할 수 있도록 하는 원칙
② 두 방향의 피난동선을 항상 확보하는 원칙
③ 피난수단을 이동식 시설로 하는 원칙
④ 피난수단을 조작이 간편한 원시적 방법으로 하는 원칙

해설 피난 대책 일반원칙

피난 대책은 Fail - Safe와 Fool - Proof 원칙에 따른다.

1) Fail - Safe
   (1) 하나의 수단이 고장으로 실패하여도 다른 수단을 이용할 수 있도록 할 것
   (2) 양방향 피난경로를 상시 확보해 둘 것
   (3) 부분화, 다중화할 것

2) Fool - Proof
   (1) 피난수단은 조작이 간편한 <u>원시적 방법</u>으로 할 것
   (2) 비상시 판단능력 저하를 대비하여 누구나 알 수 있도록 간단한 그림이나 색채를 이용하여 표시할 것
   (3) 피난설비는 <u>고정식 설비</u>로 설치할 것
   (4) 피난경로는 간단명료하게 할 것

12 ★★

가스 A가 40 [vol%], 가스 B가 60 [vol%]로 혼합된 가스의 연소하한계는 몇 [vol%]인가? (단, 가스 A의 연소하한계는 4.9 [vol%]이며, 가스 B의 연소하한계는 4.15 [vol%]이다)

① 1.82
② 2.02
③ 3.22
④ 4.42

해설 르 샤틀리에 법칙

$$\text{르 샤틀리에 법칙} \quad \frac{100}{L} = \frac{V_1}{L_1} + \frac{V_2}{L_2} + \cdots + \frac{V_n}{L_n}$$

르 샤틀리에 법칙으로 혼합가스의 폭발하한계 및 상한계를 계산할 수 있다.

$$\frac{100}{L} = \frac{40}{4.9} + \frac{60}{4.15}$$

$$L = \frac{100}{\frac{40}{4.9} + \frac{60}{4.15}}$$

$$\therefore L ≒ 4.42 \, [\%]$$

L : 혼합가스 폭발하한계 [vol%]
$L_1 \sim L_n$: 가연성 가스 폭발하한계 [vol%]
$V_1 \sim V_n$: 가연성 가스 용량 [vol%]

13 ★★★

건축물 화재에서 플래시 오버(Flash Over) 현상이 일어나는 시기는?

① 초기에서 성장기로 넘어가는 시기
② 성장기에서 최성기로 넘어가는 시기
③ 최성기에서 감쇠기로 넘어가는 시기
④ 감쇠기에서 종기로 넘어가는 시기

해설 실내화재 발생현상

1) 플래시 오버
   (1) 온도가 급격히 상승하여 화재가 순간적으로 실내 전체에 확산되는 현상
   (2) 발생 시기 : 성장기 ~ 최성기 직전
2) 백 드래프트
   (1) 훈소상태일 때 신선한 공기 유입으로 실내의 축적된 가스가 단시간 연소, 폭발하여 실외로 분출
   (2) 발생 시기 : 감쇠기(최성기 이후)

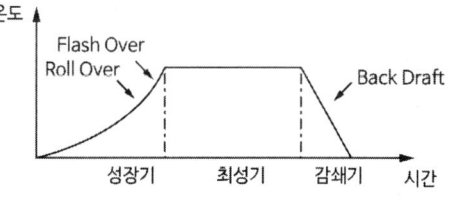

14 ★★★

방화구조의 기준으로 틀린 것은?

① 철망모르타르로서 그 바름두께가 2 [cm] 이상인 것
② 심벽에 흙으로 맞벽치기한 것
③ 시멘트모르타르 위에 타일을 붙인 것으로서 그 두께의 합계가 1.5 [cm] 이상인 것
④ 석고판 위에 두께 2.5 [cm] 이상의 회반죽을 바른 것

해설 방화구조 설치기준

[두께 : 이상]

구분	두께
철망모르타르	2 [cm]
• 석고판 위에 시멘트모르타르를 바른 것 • 석고판 위에 회반죽을 바른 것 • **시멘트모르타르 위에 타일을 붙인 것**	2.5 [cm]
심벽에 흙으로 맞벽치기 한 것	모두 해당

산업표준화법에 의한 한국산업표준에 따라 시험한 결과 방화2급 이상에 해당하는 것

15 ★★★

표면온도가 300 [℃]에서 안전하게 작동하도록 설계된 히터의 표면온도가 360 [℃]로 상승하면 300 [℃]에 비하여 약 몇 배의 열을 방출할 수 있는가?

① 1.1배 ② 1.5배
③ 2.0배 ④ 2.5배

정답 13 ② 14 ③ 15 ②

해설 | 스테판 볼츠만의 법칙

$$단위\ 면적당\ 복사열량\ Q\,[W/m^2] = \sigma T^4$$

복사 : 열전달 매질 없이 전자파 형태로 열이 전달. 스테판 볼츠만의 법칙에 의해 복사열은 **절대온도의 4승에 비례**한다.

📌 보충 ▶ 매질 : 파동을 전달시키는 물질

$$\frac{Q_2}{Q_1} = \frac{(273+t_2)^4}{(273+t_1)^4} = \frac{(273+360)^4}{(273+300)^4} ≒ 1.5배$$

σ : 스테판 볼츠만 상수 $[W/m^2 \cdot K^4]$
T : 절대온도 [K]

17 ★★★

건축물의 주요 구조부에 해당되지 않는 것은?

① 기둥
② 작은 보
③ 지붕틀
④ 바닥

해설 | 건물의 주요구조부

1) 바닥(최하층 바닥 제외)
2) 보(작은 보 제외)
3) 지붕틀(차양 제외)
4) 내력벽(비내력벽 제외)
5) 주계단(옥외계단 제외)
6) 기둥(사잇기둥 제외)

☆암기 ▶ 바보지내주기

16 ★★★

자연발화에 대한 예방책으로 적당하지 않은 것은?

① 열의 축적을 방지한다.
② 황린은 물속에 저장한다.
③ 주위 온도를 낮게 유지한다.
④ 가능한 한 물질을 분말상태로 저장한다.

해설 | 자연발화 방지대책

1) 가연성 물질 제거
2) 통풍이나 환기를 통한 열 축적 방지
3) 저장실의 온도를 낮출 것
4) 습도 높은 곳 피할 것(수분 : 촉매작용)
5) 열전도성 좋게 할 것
6) 물질의 표면적이 넓지 않게 할 것
  → ④ 가능한 한 물질의 표면적을 작게 저장한다.

18 ★★★

다음 중 연소의 3요소가 아닌 것은?

① 가연물
② 촉매
③ 산소공급원
④ 점화원

해설 | 연소의 3요소, 4요소

연소의 3요소	연소의 4요소
• **가연물** • **산소공급원** • **점화원**	• 가연물 • 산소공급원 • 점화원 • 연쇄반응

☆암기 ▶ 연소의 3요소 : 가산점

정답 | 16 ④ 17 ② 18 ②

19 ★★★

화재가혹도에 대한 설명 중 틀린 것은?

① 화재가혹도란 화재 시 당해 건물과 그 내부의 수용재산 등을 파괴하거나 손상을 입히는 정도를 뜻한다.
② 화재강도가 높을수록 화재가혹도가 커진다.
③ 화재가혹도는 손실과 반비례한다.
④ 화재하중이 같더라도 물질의 상태에 따라 가혹도는 달라진다.

해설 화재가혹도

1) 화재가혹도란 화재 시 당해 건물과 그 내부의 수용재산 등을 파괴하거나 손상을 입히는 정도를 뜻한다.
  ⇨ 화재가혹도는 손실과 비례한다.
2) 화재가혹도 = 화재강도 × 화재하중
  ⇨ 화재강도가 높을수록 화재가혹도가 커진다.
3) 가연물의 비표면적, 가연물의 배열 상태, 가연물의 발열량, 화재실의 구조(단열성), 공기(산소)의 공급 상황 등이 화재강도에 영향을 미치므로 이에 따라 화재가혹도도 달라진다.
  ⇨ 화재하중이 같더라도 물질의 상태에 따라 가혹도는 달라진다.
4) 최고온도(화재강도)가 높을수록 지속시간(화재하중)이 길수록 화재가혹도가 커진다.
5) 방호공간 안에서 화재의 세기를 나타내고 화재가 진행되는 과정에서 온도에 따라 변하는 것으로 **온도 – 시간 곡선으로 표시할 수 있다.**

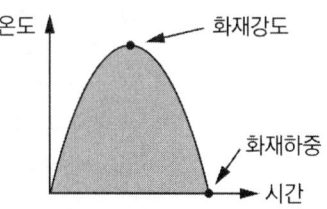

TIP 화재가혹도는 손실과 비례한다.

20 ★★★

조연성 가스로만 나열되어 있는 것은?

① 질소, 불소, 수증기
② 산소, 불소, 염소
③ 산소, 이산화탄소, 오존
④ 질소, 이산화탄소, 염소

해설 가연성 가스와 조연성 가스

구분	가연성 가스	조연성 가스
정의	자기 자신이 연소하는 가스	자기 자신은 타지 않고 연소를 도와주는 가스
종류	일산화탄소(CO) 수소(H_2) 메테인(메탄, CH_4) 프로페인(프로판, C_3H_8) 암모니아(NH_3) 뷰테인(부탄, C_4H_{10})	**오존(O_3)** **공기** **산소(O_2)** **염소(Cl)** **불소(F)**

암기 조 오공산 염불

2024년 2회
소방유체역학

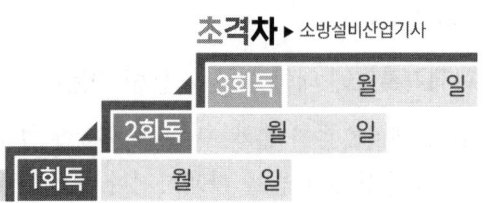

21 ★★

밀폐된 용기 1 [m³]에 이상기체를 압력 400 [kPa], 온도 20 [℃]의 상태로 담았을 때 기체의 질량은 몇 [kg]인가? (단, 정압비열은 0.9309 [kJ/kg·K] 이고, 정적비열은 0.6661 [kJ/kg·K]이다)

① 75.53 ② 5.16
③ 7.55   ④ 51.6

해설 이상기체상태방정식

이상기체상태방정식 $PV = W\overline{R}T$

1) 기체상수 $\overline{R}$ [kJ/kg·K]

$\overline{R} = C_P - C_V$

$\overline{R}$: 기체상수 [kJ/kg·K]
C_P : 정압비열 [kJ/kg·K]
C_V : 정적비열 [kJ/kg·K]

2) 기체의 질량 W [kg]

$$W[kg] = \frac{PV}{\overline{R}T} = \frac{PV}{(C_P - C_V)T}$$

$$= \frac{400[kPa] \times 1[m^3]}{(0.9309 - 0.6661)[kJ/kg\cdot K] \times (273 + 20)[K]}$$

$= 5.155 ≒ 5.16 [kg]$

P : 절대압력 [kPa]
V : 부피 [m³]
W : 기체의 질량 [kg]
$\overline{R}$: 특정기체상수 [kJ/kg·K]
T : 절대온도 [K] (273 + [℃])

22 ★★★

동일 펌프 내에서 회전수를 변경시켰을 때 유량과 회전수의 관계로서 옳은 것은?

① 유량은 회전수에 비례한다.
② 유량은 회전수 제곱에 비례한다.
③ 유량은 회전수 세제곱에 비례한다.
④ 유량은 회전수 제곱근에 비례한다.

해설 펌프의 상사법칙

① 유량 $Q_2 = \left(\dfrac{N_2}{N_1}\right)^1 \times \left(\dfrac{D_2}{D_1}\right)^3 \times Q_1$

② 양정 $H_2 = \left(\dfrac{N_2}{N_1}\right)^2 \times \left(\dfrac{D_2}{D_1}\right)^2 \times H_1$

③ 동력 $L_2 = \left(\dfrac{N_2}{N_1}\right)^3 \times \left(\dfrac{D_2}{D_1}\right)^5 \times L_1$

변경 후 유량 Q_2

$Q_2 = \left(\dfrac{N_2}{N_1}\right) \times Q_1$

⇨ 유량은 회전수에 비례한다.

Q_1, Q_2 : 유량 [m³/min]
H_1, H_2 : 양정 [m]
L_1, L_2 : 동력 [kW]
N_1, N_2 : 임펠러의 회전수 [rpm]
D_1, D_2 : 임펠러의 직경 [m]

정답 21 ② 22 ①

23 ★

반경 5 [cm]인 실린더에 담겨진 물이 실린더의 중심축에 대하여 일정한 속도 1800 [rpm]으로 회전하고 있다. 실린더에서 물이 넘쳐흐르지 않을 경우 물의 중심점과 실린더 벽면 사이의 수면의 수직 최고거리는 몇 [m]인가?

① 0.5 [m] ② 0.48 [m]
③ 4.53 [m] ④ 9.06 [m]

해설 등속회전운동을 받는 유체

$$\text{액면 상승 높이 } h = \frac{r^2 w^2}{2g}$$

만약 $r \Rightarrow r_0$이면, $h \Rightarrow h_0$이므로 $h_0 = \frac{r_0^2 w^2}{2g}$

$h_0 = \frac{r_0^2 w^2}{2g} = \frac{r_0^2 \left(\frac{2\pi N}{60}\right)^2}{2g} = \frac{0.05^2 \times \left(\frac{2\pi \times 1800}{60}\right)^2}{2 \times 9.8}$

$= 4.531 ≒ 4.53 [m]$

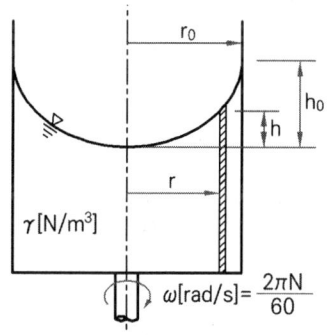

h : 임의의 반경 r에서의 액면 상승 높이 [m]
$w\left(=\frac{2\pi N}{60}\right)$: 각속도 $[m/s]$
N : 회전수 [rpm]
g : 중력가속도 $[m/s^2]$

24 ★

어느 일정 길이의 배관 속을 매분 200 [L]의 물이 흐르고 있을 때의 마찰손실압력이 0.02 [MPa]이었다면 물 흐름이 매분 300 [L]로 증가할 경우 마찰손실압력은 얼마가 될 것인가? (단, 마찰손실 계산은 하겐 윌리엄스 공식을 따른다고 한다)

① 0.031 [MPa] ② 0.042 [MPa]
③ 0.540 [MPa] ④ 0.061 [MPa]

해설 하겐 윌리엄스 공식을 이용한 마찰손실 계산

$$\text{하겐 윌리엄스 공식}$$
$$\triangle P_m [MPa/m] = 6.053 \times 10^4 \times \frac{Q^{1.85}}{C^{1.85} \times D^{4.87}}$$

$\triangle P_m [MPa/m] = 6.053 \times 10^4 \times \frac{Q^{1.85}}{C^{1.85} \times D^{4.87}}$에서

마찰손실 $\triangle P_m \propto Q^{1.85}$이므로

비례식으로 풀이하면

$\triangle P_1 : Q_1^{1.85} = \triangle P_2 : Q_2^{1.85}$

$0.02 [MPa] : (200 [L/min])^{1.85} = \triangle P_2 : (300 [L/min])^{1.85}$

$\therefore \triangle P_2 = \frac{(300 [L/min])^{1.85}}{(200 [L/min])^{1.85}} \times 0.02 [MPa] ≒ 0.042 [MPa]$

$\triangle P_m$: 1 [m]당 마찰손실압력 [MPa/m]
Q : 유량 [L/min], C : 조도
D : 직경 [mm]

정답 23 ③ 24 ②

25 ★★★

지름이 5 [cm]인 소방노즐에서 물제트가 40 [m/s]의 속도로 건물 벽에 수직으로 충돌하고 있다. 벽이 받는 힘은 약 몇 [N]인가?

① 320
② 2451
③ 2570
④ 3141

해설 판에 작용하는 충격력

고정평판에 작용하는 힘 $F = \rho QV = \rho AV^2$

$F[N] = \rho QV = \rho AV^2$
$= 1000[N \cdot s^2/m^4] \times \dfrac{\pi}{4}0.05^2[m^2] \times (40[m/s])^2$
$≒ 3141.59[N]$

ρ : 유체의 밀도 [kg/m³, N·s²/m⁴]
Q : 노즐에서의 유량 [m³/s]
(유량 $Q = AV$: 노즐의 단면적 × 절대속도)
V : 노즐에서의 유출 유속 [m/s]
A : 노즐의 단면적 [m²]

26 ★★

펌프 중심으로부터 2 [m] 아래에 있는 물을 펌프중심 위 15 [m] 송출 수면으로 양수하려 한다. 관로의 전 손실수두가 6 [m]이고, 송출수량이 1 [m³/min]이라면 필요한 펌프의 동력은 약 몇 [W]인가? (단, 물의 비중량은 9800 [N/m³]이다)

① 2777
② 3103
③ 3430
④ 3757

해설 펌프의 동력

$$P[W] = \dfrac{\gamma[N/m^3] \times Q[m^3/s] \times H[m]}{\eta} \times K$$

※ 동력을 구할 때 조건상 효율(η)이나 전달계수(K)가 주어져 있지 않다면, 효율과 전달계수를 제외하고 산출한다.

동력 $P = \gamma QH$
$= 9800[N/m^3] \times \dfrac{1}{60}[m^3/s] \times 23[m]$
$= 3756.66 ≒ 3757[W]$

(1) 전양정 H [m]
  $H = 2 + 15 + 6 = 23$ [m]

(2) 유량 $Q = 1 [m^3/min] = \dfrac{1}{60} [m^3/s]$

γ : 비중량 [N/m³]
Q : 유량 [m³/s]
H : 전양정 [m]
η : 효율
K : 전달계수

27 ★★★

배관 속의 물에 압력을 가하였더니 물의 체적이 0.5 [%] 감소하였다. 이때 가해진 압력은 몇 [MPa]인가? (단, 물의 체적탄성계수는 2 [GPa]이다)

① 10
② 98
③ 100
④ 980

해설 체적탄성계수

$$체적탄성계수\ K = -\frac{\Delta P}{\Delta V/V_1} = -\frac{P_2 - P_1}{\frac{(V_2 - V_1)}{V_1}}$$

$$K = -\frac{P_2 - P_1}{\frac{(V_2 - V_1)}{V_1}}$$

$$2000[MPa] = -\frac{\Delta P[MPa]}{\frac{(-0.5)}{100}}$$

$$\therefore \Delta P = 10\ [MPa]$$

※ $\frac{\Delta V}{V_1}$가 (-)인 이유 : 체적이 감소하기 때문

보충 1 [GPa] = 1000 [MPa]
G[기가] : 10^9, M[메가] : 10^6, k[킬로] : 10^3

28 ★★★

가역단열과정에서 엔트로피 변화 $\triangle S$는?

① $\triangle S > 1$
② $0 < \triangle S < 1$
③ $\triangle S = 1$
④ $\triangle S = 0$

해설 가역단열과정

가역단열과정은 엔트로피가 일정한 과정
1) $\triangle S = 0$
2) $S_2 - S_1 = 0$
3) $S_1 = S_2$

29 ★★★

커다란 탱크의 밑면에서 물이 0.05 [m³/s]로 일정하게 흘러나가고, 위에서는 단면적 0.025 [m²], 분출속도 8 [m/s]의 노즐을 통하여 탱크로 유입되고 있다. 탱크 내 물은 몇 [m³/s]로 늘어나는가?

① 0.15
② 0.0145
③ 0.3
④ 0.03

해설 탱크 내 늘어난 물의 양

$$체적유량\ Q[m^3/s] = A[m^2] \times V[m/s]$$

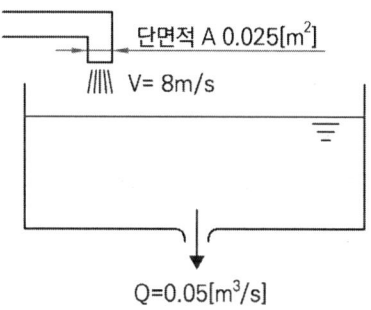

탱크 내 늘어난 물의 양

$= Q_1 - Q_2 = A_1 V_1 - Q_2$

$= 0.025[m^2] \times 8[m/s] - 0.05[m^3/s]$

$= 0.15[m^3/s]$

Q : 유량 [m³/s]
A : 노즐 단면적 [m²]
V : 유속 [m/s]

정답 27 ① 28 ④ 29 ①

30 ★

견고한 밀폐 용기 안에 공기가 압력 100 [kPa], 체적 1 [m³], 온도 20 [℃] 상태로 있다. 이 용기를 가열하여 압력이 150 [kPa]이 되었다. 공기는 이상기체로 취급하며, 정적비열은 0.717 [kJ/kg·K], 기체 상수는 0.289 [kJ/kg·K]이다. 최종 온도와 가열량은 약 얼마인가?

① 303 [K], 98 [kJ]
② 303 [K], 117 [kJ]
③ 440 [K], 105 [kJ]
④ 440 [K], 124 [kJ]

해설 정적변화 시 최종 온도와 가열량

견고한 밀폐 용기이므로 정적변화($V = C$)
즉, $dV = 0$이기 때문에 $\delta Q = dU + PdV = dU$
$Q = mC_v \Delta T = mC_v(T_2 - T_1)$

1) 나중 온도(최종 온도) T_2 [K]

$\frac{P_1}{T_1} = \frac{P_2}{T_2}$에서

$T_2 = T_1 \times \frac{P_2}{P_1} = (273+20)[K] \times \frac{150[kPa]}{100[kPa]}$

$= 439.5[K]$

∴ 최종 온도 $T_2 = 440[K]$

2) 질량 W [kg]

$P_1 V = W\overline{R} T_1$

$W = \frac{P_1 V}{RT_1} = \frac{100 \times 1}{0.289 \times (273+20)} = 1.18[kg]$

3) 가열량 Q

$Q = mC_v \Delta T = mC_v(T_2 - T_1)$
$= 1.18 \times 0.717 \times (439.5 - 293)$
$≒ 123.95[kJ]$

∴ 가열량 $Q = 124[kJ]$

Q : 가열량 [kJ]
U : 내부에너지 [kJ], m : 질량 [kg]
C_v : 정적비열 [kJ/kg·K], ΔT : 온도 차 [K]

31 ★★

다음 중 증기압에 대한 설명 중 틀린 것은?

① 기압계에 수은을 이용하는 것이 적합한 이유는 증기압이 높기 때문이다.
② 쉽게 증발하는 휘발성 액체는 증기압이 높다.
③ 증기압은 밀폐된 용기 내의 액체 표면을 탈출하는 증기의 양이 액체 속으로 재침투하는 증기의 양과 같을 때의 압력이다.
④ 유동하는 액체 내부에서 압력이 증기압보다 낮아지면 액체가 기화하는 공동현상(Cavitation)이 발생한다.

해설 증기압

1) 기압계에 수은을 이용하는 것이 적합한 이유는 수은의 증기압이 낮기 때문이다.
2) 쉽게 증발하는 휘발성 액체는 증기압이 높다.
3) 증기압은 밀폐된 용기 내의 액체 표면을 탈출하는 증기의 양이 액체 속으로 재침투하는 증기의 양과 같을 때의 압력이다.
4) 유동하는 액체 내부에서 압력이 증기압보다 낮아지면 액체가 기화하는 공동현상(Cavitation)이 발생한다.
5) 증기분자의 질량이 작을수록 큰 증기압이 나타난다.
6) 분자의 운동이 커지면 증기압이 증가한다.
7) 같은 물질이라도 온도가 상승하면 증기압이 증가한다.
8) 밀폐된 용기에서는 어느 한도에 이르면 증발이 일어나지 않고, 안에 있는 용액은 그 이상 줄어들지 않는 것처럼 보인다. 그 이유는 같은 시간 동안 증발하는 액체나 고체 분자의 수와 응축되는 기체분자의 수가 같아져서 증발도 응축도 일어나지 않는 것처럼 보이기 때문이며, 이 상태를 동적 평형 상태라 하고, 이 상태에 있을 때 기체를 그 액체의 포화증기, 그 기체의 압력을 포화증기압이라 한다.
9) 증기압력이 클수록 증기가 된 입자 수가 많다.

32 ★★★

다음 중 뉴턴의 점성법칙을 기초로 한 점도계는?

① 맥 미첼(MacMichael) 점도계
② 오스트발트(Ostwald) 점도계
③ 낙구식 점도계
④ 세이볼트(saybolt) 점도계

해설 점도계

구분	원리	점도계 종류
뉴턴의 점성법칙	**회**전 원통법	• **스**토머 점도계 • **맥**미셀(맥미첼) 점도계
스토크스 법칙	**낙**구법	• **낙**구식 점도계
하겐 포아젤의 법칙	세관법	• **오**스왈트(오스트발트) 점도계 • **세**이볼트 점도계 • 앵글러 점도계 • 바베이 점도계 • 레드우드 점도계

암기 뉴회스맥, 스낙, 하오세

33 ★★

진공계기압력이 19 [kPa], 20 [℃]인 기체가 계기압력 800 [kPa]로 등온압축되었다면 처음 체적에 대한 최후의 체적비는? (단, 대기압은 100 [kPa]이다)

① $\dfrac{1}{11.1}$ ② $\dfrac{1}{9.8}$
③ $\dfrac{1}{8.4}$ ④ $\dfrac{1}{7.8}$

해설 이상기체를 등온 압축할 때 체적의 변화

$$보일-샤를의 법칙 \quad \frac{P_1 V_1}{T_1} = \frac{P_2 V_2}{T_2}$$

$\dfrac{P_1 V_1}{T_1} = \dfrac{P_2 V_2}{T_2}$ 에서 온도가 일정하므로 ($T_1 = T_2$)

$P_1 V_1 = P_2 V_2$

$\dfrac{V_2}{V_1} = \dfrac{P_1}{P_2}$

여기서 P_1, P_2를 절대압력으로 구하면

$P_1 =$ 대기압 - 진공압
$\quad = 100[kPa] - 19[kPa]$
$\quad = 81[kPa]$

$P_2 =$ 대기압 + 계기압
$\quad = 100[kPa] + 800[kPa]$
$\quad = 900[kPa]$

$\dfrac{V_2}{V_1} = \dfrac{P_1}{P_2} = \dfrac{81}{900} \fallingdotseq \dfrac{1}{11.1}$

정답 32 ① 33 ①

34 ★★★

안지름 10 [cm]의 관로에서 마찰손실수두가 속도수두와 같다면 그 관로의 길이는 약 몇 [m] 인가? (단, 관 마찰계수는 0.03이다)

① 1.58
② 2.54
③ 3.33
④ 4.52

해설 관로의 길이(달시 방정식)

$$\text{손실수두 } H_L[m] = f \times \frac{L}{D} \times \frac{V^2}{2g}$$

1) 마찰손실수두 $H_L = f \frac{L}{D} \frac{V^2}{2g}$

2) 속도수두 $H_v = \frac{V^2}{2g}$

3) 조건상 '마찰손실수두 H_L = 속도수두 H_v'이므로

$$f \frac{L}{D} \frac{V^2}{2g} = \frac{V^2}{2g}$$

$$f \frac{L}{D} = 1$$

∴ 관로의 길이 $L = \frac{D}{f} = \frac{0.1}{0.03} = 3.333 \, [m]$

35 ★★★

다음 중 무차원수의 물리적 의미로 틀린 것은?

① 레이놀즈수(Re) = 관성력/점성력
② 프루드수(Fr) = 관성력/중력
③ 웨버수(We) = 관성력/탄성력
④ 오일러수(Eu) = 압력힘/관성력

해설 무차원수

1) 차원, 즉 단위가 없는 수
2) 어떠한 2가지 특성을 비교하여 그 정도를 숫자로 표시

무차원수	물리적 의미
레이놀즈수	$\frac{관성력}{점성력}$
프루드수	$\frac{관성력}{중력}$
웨버수	$\frac{관성력}{표면장력}$
오일러수	$\frac{압축력}{관성력}$
마하수	$\frac{관성력}{탄성력}$

정답 34 ③ 35 ③

36 ★

그림과 같은 수문이 열리지 않도록 하기 위하여 그 하단 A점에서 받쳐 주어야 할 최소 힘 F_P는 몇 [kN]인가? (단, 수문의 폭 1 [m], 유체의 비중량 9800 [N/m³]이다)

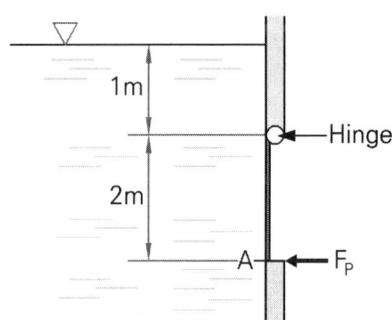

① 43
② 27
③ 23
④ 13

해설 수문이 열리지 않기 위한 최소 힘

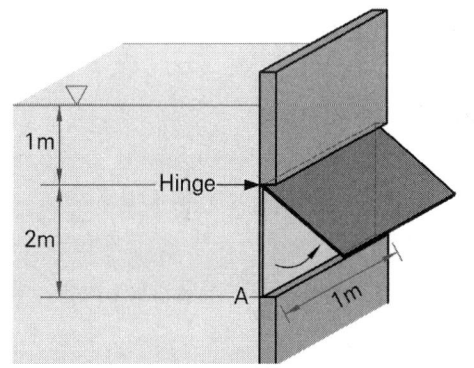

[수문이 열린 상태]

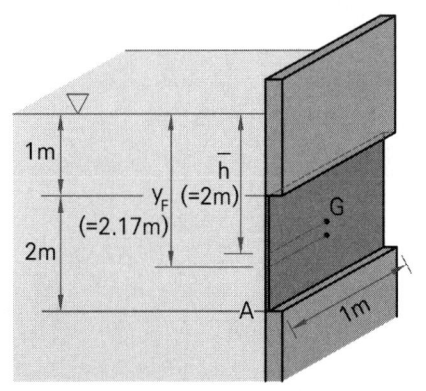

[수문의 도심점(G)과 작용점의 위치(y_F)]

1) 수문에 작용하는 유체의 전압력 F_1

$$F_1 = \gamma \bar{h} A$$
$$= 9.8[kN/m^3] \times (1[m] + \frac{2}{2}[m]) \times (2 \times 1)[m^2]$$
$$= 39.2[kN]$$

2) 작용점의 위치 y_F

$$y_F = \bar{y} + \frac{I_G}{A \times \bar{y}} = \bar{y} + \frac{\frac{bh^3}{12}}{A \times \bar{y}}$$
$$= 2 + \frac{\frac{1 \times 2^3}{12}}{(2 \times 1) \times 2} = 2.17[m]$$

3) 수문의 개방력

$F_1 \times L_1 = F_2 \times L_2$ 이므로

$$F_2 = \frac{F_1 \times L_1}{L_2} = \frac{39.2[N] \times (2.17 - 1)[m]}{2[m]}$$
$$\fallingdotseq 23[kN]$$

$\bar{h}$: 수면에서 수문의 도심점까지 수직거리
$\bar{y}$: 수면에서 수문의 도심점까지 직선거리
I_G : 단면 2차모멘트(사각형 : $bh^3/12$)
L_1 : 힌지에서 작용점의 위치까지 거리
L_2 : 힌지에서 힘을 가할 지점까지 거리
A : 수문의 단면적

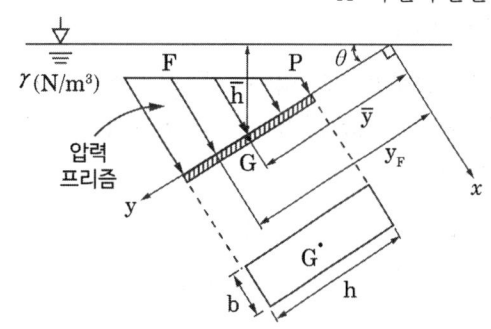

[경사면에 작용하는 유체의 전압력]

정답 36 ③

37 ★★★

파이프 내의 흐름에 있어서 마찰계수 f에 대한 설명으로 옳은 것은?

① f는 파이프의 조도와 레이놀즈에 관계있다.
② f는 파이프의 조도에는 전혀 관계없고 압력에만 관계있다.
③ 레이놀즈에는 관계없고 조도에만 관계있다.
④ 레이놀즈와 마찰손실수두에 의하여 결정된다.

해설 관 마찰계수 영향인자

1) 층류 : 레이놀즈수
2) 천이영역 : 레이놀즈수와 상대조도
3) 난류
   (1) 거친 관에서 : 상대조도
   (2) 매끈한 관에서 : 레이놀즈수

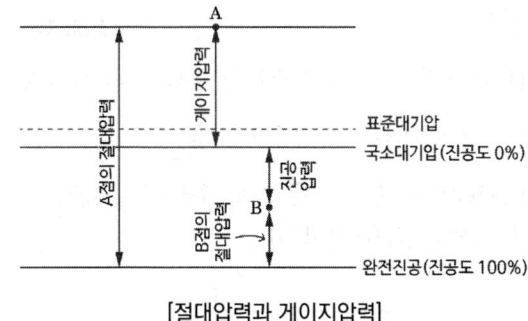

[절대압력과 게이지압력]

38 ★★★

게이지압력이 1225 [kPa]인 용기에서 대기의 압력이 105 [kPa]였다면, 이 용기의 절대압력 [kPa]은?

① 1250
② 1330
③ 1142
④ 1450

해설 절대압력

절대압 = 대기압 + 계기압
= 105 + 1225 = 1330 [kPa]

보충 절대압력 : 완전진공을 기준으로 측정한 압력
(1) 절대압력 = 대기압 + 게이지압력
(2) 절대압력 = 대기압 − 진공압

39 ★★★

무게가 44.1 [kN]인 어떤 기름의 체적이 5.36 [m³]이다. 이 기름의 비중량은 얼마인가?

① 119 [kN/m³]
② 8.23 [kN/m³]
③ 1190 [kN/m³]
④ 8230 [kN/m³]

해설 액체의 비중량

$$비중량\ \gamma = \frac{W}{V}$$

비중량 $\gamma = \dfrac{W}{V} = \dfrac{44.1\,[kN]}{5.36\,[m^3]} ≒ 8.23\,[kN/m^3]$

정답 37 ① 38 ② 39 ②

40 ★★★

펌프로서 지하 5 [m]에 있는 물을 지상 50 [m]의 물 탱크까지 1분간에 1.8 [m³]을 올리려면 펌프의 동력이 몇 [kW] 필요한가? (단, 펌프의 효율 60 [%], 관로의 전손실수두(全損失水頭)를 10 [m], 동력전달계수를 1.1이라 한다)

① 35.04   ② 25.85
③ 31.85   ④ 21.02

해설 펌프의 동력

$$P[kW] = \frac{\gamma[kN/m^3] \times Q[m^3/s] \times H[m]}{\eta} \times K$$

※ 동력을 구할 때 조건상 효율(η)이나 전달계수(K)가 주어져 있지 않다면, 효율과 전달계수를 제외하고 산출한다.

1) 전양정 H = 실양정(높이) + 손실
   = (5+50) + 10 = 65 [m]

   (∵ 문제에 방사압과 관련된 조건이 없으므로)

2) 동력 $P = \dfrac{\gamma QH}{\eta} \times K$

   $= \dfrac{9.8 \times \dfrac{1.8}{60} \times 65}{0.6} \times 1.1 = 35.04 [kW]$

   γ : 물의 비중량 [9.8 kN/m³]
   Q : 유량 [m³/s]
   H : 전양정 [m]
   η : 효율
   K : 전달계수

   보충 전양정 H = 실양정 + 마찰손실 + 방사압
   (단, 문제 조건에 나와 있지 않은 것은 무시한다)

정답 40 ①

소방관계법규

2024년 2회

41 ★ 난이도 상

소방시설설치 및 관리에 관한 법령상 소방시설관리업자가 등록기준에 미달하게 된 경우 2차 위반하였을 때의 행정처분기준을 고르시오. (단, 기술인력이 퇴직하거나 해임되어 30일 이내에 재선임하여 신고한 경우는 제외한다)

① 경고(시정명령)
② 영업정지 3개월
③ 영업정지 6개월
④ 등록취소

해설 소방시설관리업자에 대한 행정처분기준

[소방시설설치 및 관리에 관한 법률 시행규칙]
[별표 8] 행정처분기준
나. 소방시설관리업자에 대한 행정처분기준

위반사항	행정처분기준		
	1차 위반	2차 위반	3차 이상 위반
1) 거짓이나 그 밖의 부정한 방법으로 등록을 한 경우	등록취소		
2) 점검을 하지 않거나 거짓으로 한 경우			
가) 점검을 하지 않은 경우	영업정지 1개월	영업정지 3개월	등록취소
나) 거짓으로 점검한 경우	경고(시정명령)	영업정지 3개월	등록취소
3) 등록기준에 미달하게 된 경우. 다만 기술인력이 퇴직하거나 해임되어 30일 이내에 재선임하여 신고한 경우는 제외한다.	경고(시정명령)	영업정지 3개월	등록취소
4) 법 제30조 각 호의 어느 하나의 등록의 결격사유에 해당하게 된 경우. 다만 제30조 제5호에 해당하는 법인으로서 결격사유에 해당하게 된 날부터 2개월 이내에 그 임원을 결격사유가 없는 임원으로 바꾸어 선임한 경우는 제외한다.	등록취소		
5) 등록증 또는 등록수첩을 빌려준 경우	등록취소		
6) 점검능력 평가를 받지 않고 자체점검을 한 경우	영업정지 1개월	영업정지 3개월	등록취소

42 ★★

소방시설설치 및 관리에 관한 법령 상 특정소방대상물 중 운수시설에 해당하지 않는 것을 고르시오.

① 여객자동차터미널
② 철도 정비창
③ 공항시설
④ 물류터미널

정답 41 ② 42 ④

해설 소방시설설치 및 관리에 관한 법률 시행령

[별표 2] 특정소방대상물
- 운수시설
  가. 여객자동차터미널
  나. 철도 및 도시철도 시설[정비창(整備廠) 등 관련 시설을 포함한다]
  다. 공항시설(항공관제탑을 포함한다)
  라. 항만시설 및 종합여객시설
- 창고시설(위험물 저장 및 처리시설 또는 그 부속용도에 해당하는 것은 제외한다)
  가. 창고(물품저장시설로서 냉장·냉동 창고를 포함한다)
  나. 하역장
  다. 「물류시설의 개발 및 운영에 관한 법률」에 따른 물류터미널
  라. 「유통산업발전법」 제2조 제15호에 따른 집배송시설

해설 기술원 위탁 업무

(1) 탱크성능검사 중 다음에 해당하는 것
  ① 용량이 100만 [L] 이상인 액체위험물을 저장하는 탱크
  ② 암반탱크
  ③ 지하탱크저장소의 위험물탱크 중 이중벽탱크
(2) 완공검사 중 다음에 해당하는 것
  ① 지정수량의 1천 배 이상의 위험물을 취급하는 제조소 일반취급소의 설치 또는 변경(사용 중인 제조소 또는 일반취급소의 보수 또는 부분적인 증설 제외)에 따른 완공검사
  ② 옥외탱크저장소(저장용량이 50만 [L] 이상인 것만 해당) 암반탱크저장소의 설치 또는 변경에 따른 완공검사
(3) 운반용기 검사

43 ★

위험물안전관리법령에 따른 소방청장, 시·도지사, 소방본부장 또는 소방서장이 한국 소방산업기술원에 위탁할 수 있는 업무의 기준 중 틀린 것은?

① 시·도지사의 탱크안전성능검사 중 암반탱크에 대한 탱크안전성능검사
② 시·도지사의 탱크안전성능검사 중 용량이 100만 [L] 이상인 액체위험물을 저장하는 탱크에 대한 탱크안전성능검사
③ 시·도지사의 완공검사에 관한 권한 중 저장용량이 30만 [L] 이상인 옥외탱크저장소 또는 암반탱크저장소의 설치 또는 변경에 따른 완공검사
④ 운반용기 검사

44 ★★

소방시설공사업법령에 따른 소방시설공사의 착공신고 대상으로 해당하지 않는 것을 고르시오.

① 호스릴옥내소화전설비를 포함한 옥내소화전설비를 신설하는 경우
② 상·하수도설비공사업자가 공사하는 경우는 제외한 소화용수설비를 신설하는 경우
③ 정보통신공사업자가 소방용 외의 용도와 겸용되는 무선통신보조설비를 신설하는 경우
④ 스프링클러설비의 방호구역을 증설하는 경우

정답 43 ③ 44 ③

해설 소방시설공사의 착공신고 대상

1. 특정소방대상물에 다음 각 목의 어느 하나에 해당하는 설비를 신설하는 공사
   가. 옥내소화전설비(호스릴옥내소화전설비를 포함한다. 이하 같다), 옥외소화전설비, 스프링클러설비·간이스프링클러설비(캐비닛형 간이스프링클러설비를 포함한다. 이하 같다) 및 화재조기진압용 스프링클러설비(이하 "스프링클러설비등"이라 한다), 물분무소화설비·포소화설비·이산화탄소소화설비·할론소화설비·할로겐화합물 및 불활성기체 소화설비·미분무소화설비·강화액소화설비 및 분말소화설비(이하 "물분무등소화설비"라 한다), 연결송수관설비, 연결살수설비, 제연설비(소방용 외의 용도와 겸용되는 제연설비를 「건설산업기본법 시행령」 별표 1에 따른 기계설비·가스공사업자가 공사하는 경우는 제외한다), 소화용수설비(소화용수설비를 「건설산업기본법 시행령」 별표 1에 따른 기계설비·가스공사업자 또는 상·하수도설비공사업자가 공사하는 경우는 제외한다) 또는 연소방지설비
   나. 자동화재탐지설비, 비상경보설비, 비상방송설비(소방용 외의 용도와 겸용되는 비상방송설비를 「정보통신공사업법」에 따른 정보통신공사업자가 공사하는 경우는 제외한다), 비상콘센트설비(비상콘센트설비를 「전기공사업법」에 따른 전기공사업자가 공사하는 경우는 제외한다) 또는 무선통신보조설비(소방용 외의 용도와 겸용되는 무선통신보조설비를 「정보통신공사업법」에 따른 정보통신공사업자가 공사하는 경우는 제외한다)
2. 특정소방대상물에 다음 각 목의 어느 하나에 해당하는 설비 또는 구역 등을 증설하는 공사
   가. 옥내·옥외소화전설비
   나. 스프링클러설비·간이스프링클러설비 또는 물분무등소화설비의 방호구역, 자동화재탐지설비의 경계구역, 제연설비의 제연구역(소방용 외의 용도와 겸용되는 제연설비를 「건설산업기본법 시행령」 별표 1에 따른 기계설비·가스공사업자가 공사하는 경우는 제외한다), 연결살수설비의 살수구역, 연결송수관설비의 송수구역, 비상콘센트설비의 전용회로, 연소방지설비의 살수구역
3. 특정소방대상물에 설치된 소방시설등을 구성하는 다음 각 목의 어느 하나에 해당하는 것의 전부 또는 일부를 개설(改設), 이전(移轉) 또는 정비(整備)하는 공사. 다만 고장 또는 파손 등으로 인하여 작동시킬 수 없는 소방시설을 긴급히 교체하거나 보수하여야 하는 경우에는 신고하지 않을 수 있다.
   가. 수신반(受信盤)
   나. 소화펌프
   다. 동력(감시)제어반

45 ★★★

소방시설설치 및 관리에 관한 법령상 간이스프링클러설비를 설치하여야 하는 특정소방대상물의 기준으로 옳은 것은?

① 근린생활시설로 사용하는 부분의 바닥면적 합계가 1000 [m²] 이상인 것은 모든 층
② 교육연구시설 내에 있는 합숙소로서 연면적 500 [m²] 이상인 것
③ 정신병원과 의료재활시설을 제외한 요양병원으로 사용되는 바닥면적의 합계가 300 [m²] 이상 600 [m²] 미만인 시설
④ 정신의료기관 또는 의료재활시설로 사용되는 바닥면적의 합계가 600 [m²] 미만인 시설

정답 45 ①

해설 간이스프링클러설비 설치대상

설치대상	기준
근린생활시설	• 바닥면적 합계 1000 [m²] 이상인 것은 모든 층 • 의원, 치과의원, 한의원으로서 입원실이 있는 것 • 조산원 및 산후조리원 연면적 600 [m²] 미만 시설
교육시설 내 합숙소	연면적 100 [m²] 이상인 경우에는 모든 층
의료시설 (종합병원, 병원, 치과병원, 요양병원)	바닥면적 합계 600 [m²] 미만
• 정신의료기관, 의료재활시설 • 노유자시설	• 바닥면적 합계 300 [m²] 이상 600 [m²] 미만 • 바닥면적 합계 300 [m²] 미만, 창살 설치
복합건축물	연면적 1000 [m²] 이상 전 층
연립주택 및 다세대주택	–
숙박시설	바닥면적 합계 300 [m²] 이상 600 [m²] 미만

46 ★★★

소방기본법령상 소방의 날 제정과 운영 등에 관한 사항으로 틀린 것은?

① 국민의 안전의식과 화재에 대한 경각심을 높이고 안전문화를 정착시키기 위한 목적이다.
② 소방의 날은 매년 11월 9일이다.
③ 소방의 날 행사에 관하여 필요한 사항은 소방청장 또는 시·도지사가 따로 정하여 시행할 수 있다.
④ 시·도지사는 소방행정 발전에 공로가 있다고 인정되는 사람을 명예직 소방대원으로 위촉할 수 있다.

해설 소방의 날 제정과 운영 등

1. 국민의 안전의식과 화재에 대한 경각심을 높이고 안전문화를 정착시키기 위하여 매년 11월 9일을 소방의 날로 정하여 기념행사를 한다.
2. 소방의 날 행사에 관하여 필요한 사항은 소방청장 또는 시·도지사가 따로 정하여 시행할 수 있다.
3. 소방청장은 다음에 해당하는 사람을 명예직 소방대원으로 위촉할 수 있다.
    ① 「의사상자등 예우 및 지원에 관한 법률」에 따른 의사상자에 해당하는 사람
    ② 소방행정 발전에 공로가 있다고 인정되는 사람

47 ★★★

위험물안전관리법령상 위험물취급소의 구분에 해당하지 않는 것은?

① 이송취급소
② 관리취급소
③ 판매취급소
④ 일반취급소

해설 위험물 취급소 구분

• 주유취급소 : 자동차·항공기·선박 등의 연료탱크에 직접 주유
• 판매취급소 : 지정수량 40배 이하
• 이송취급소 : 위험물 이송
• 일반취급소 : 주유취급소, 판매취급소, 이송취급소 외의 장소

48 ★★★

위험물안전관리법령상 제조소등이 아닌 장소에서 지정수량 이상의 위험물 취급할 수 있는 기준 중 다음 ( ) 안에 알맞은 것은?

> 시·도의 조례가 정하는 바에 따라 관할 소방서장의 승인을 받아 지정수량 이상의 위험물을 ( )일 이내의 기간 동안 임시로 저장 또는 취급하는 경우

① 15
② 30
③ 60
④ 90

해설 위험물 임시저장

1) 위치·구조·설비 기준 : 시·도 조례
2) 제조소등이 아닌 장소에서 지정수량 이상 위험물 취급할 수 있는 경우
   - 관할 소방서장의 승인 받아 지정수량 이상 위험물 90일 이내로 임시 저장·취급
   - 군부대는 지정수량 이상 위험물 군사 목적으로 임시 저장·취급

49 ★★★

피난시설, 방화구획 또는 방화시설을 폐쇄·훼손·변경 등의 행위를 3차 이상 위반한 경우에 대한 과태료 부과기준으로 옳은 것은?

① 200만 원
② 300만 원
③ 500만 원
④ 1000만 원

해설 과태료

1. 피난시설, 방화구획 또는 방화시설을 폐쇄·훼손·변경하는 등의 행위를 한 경우
   - 1차 : 100만 원
   - 2차 : 200만 원
   - 3차 : 300만 원
2. 점검기록표를 기록하지 아니하거나 특정소방대상물의 출입자가 쉽게 볼 수 있는 장소에 게시하지 아니한 관계인
   - 1차 : 100만 원
   - 2차 : 200만 원
   - 3차 : 300만 원

50 ★★★

소방기본법령에 따른 소방대원에게 실시할 교육·훈련 횟수 및 기간의 기준 중 다음 ( ) 안에 알맞은 것은?

횟수	기간
(㉠)년마다 1회	(㉡)주 이상

① ㉠ 2, ㉡ 2
② ㉠ 2, ㉡ 4
③ ㉠ 1, ㉡ 2
④ ㉠ 1, ㉡ 4

해설 소방대원에게 실시할 교육·훈련

소방업무를 전문적이고 효과적으로 수행하기 위하여 소방대원에게 필요한 교육·훈련을 실시하여야 함

횟수	기간
2년마다 1회	2주 이상

(1) 횟수 : 2년마다 1회
(2) 기간 : 2주 이상
(3) 교육·훈련 실시자 : 소방청장·본부장·서장

(4) 교육·훈련의 종류 및 대상자

종류	대상자
화재진압훈련	소방공무원(화재진압 업무), 의무소방원, 의용소방대원
인명구조훈련	소방공무원(구조 업무), 의무소방원, 의용소방대원
응급처치훈련	소방공무원(구급 업무), 의무소방원, 의용소방대원
인명대피훈련	소방공무원(모든 업무), 의무소방원, 의용소방대원
현장지휘훈련	소방공무원 : 지방소방정, 지방소방령, 지방소방경, 지방소방위

2) 방법

종별	타종신호	사이렌신호
경계신호	1타, 연2타 반복	5초 간격 30초씩 3회
발화신호	난타	5초 간격 5초씩 3회
해제신호	상당한 간격 1타씩 반복	1분간 1회
훈련신호	연 3타 반복	10초 간격 1분씩 3회

51 ★★★

다음 중 소방기본법령에 따른 소방신호의 종류가 아닌 것은?

① 경계신호
② 발화신호
③ 진압신호
④ 훈련신호

해설 소방신호

1) 종류
  (1) <u>경계신호</u> : 화재예방상 필요하다고 인정되거나 화재위험경보 시 발령
  (2) 발화신호 : 화재가 발생한 때 발령
  (3) 해제신호 : 소화활동이 필요 없다고 인정되는 때 발령
  (4) 훈련신호 : 훈련상 필요하다고 인정되는 때 발령

52 ★★★

화재의 예방 및 안전관리에 관한 법령상 특정소방대상물의 관계인이 수행하여야 하는 소방안전관리 업무가 아닌 것은?

① 소방훈련의 지도/감독
② 화기 취급의 감독
③ 피난시설, 방화구획 및 방화시설의 관리
④ 소방시설이나 그 밖의 소방 관련 시설의 관리

해설 특정소방대상물 소방안전관리자와 관계인의 업무

1) <u>소방안전관리자의 업무</u>
  (1) 피난계획 관련 사항과 대통령령으로 정하는 사항이 포함된 소방계획서 작성 및 시행
  (2) 자위소방대 및 초기대응체계 구성·운영·교육
  (3) 피난시설, 방화구획, 방화시설의 관리
  (4) <u>소방훈련 및 교육</u>
  (5) 소방시설이나 그 밖의 소방 관련 시설의 관리
  (6) 화기 취급의 감독
  (7) 소방안전관리에 관한 업무수행에 관한 기록·유지((3), (5), (6)항 업무)
  (8) 화재발생 시 초기대응
  (9) 그 밖에 소방안전관리에 필요한 업무

정답 51 ③ 52 ①

2) 특정소방대상물 소방관계인의 업무
  (1) 피난시설, 방화구획, 방화시설의 관리
  (2) 소방시설이나 그 밖의 소방 관련 시설의 관리
  (3) 화기 취급의 감독
  (4) 화재발생 시 초기대응
  (5) 그 밖에 소방안전관리에 필요한 업무

54 ★★★

국가가 시·도의 소방업무에 필요한 경비의 일부를 보조하는 국고보조 대상이 아닌 것은?

① 소방용수시설
② 소방전용통신시설
③ 소방자동차
④ 소방관서용 청사의 건축

해설 국고보조

1) 국고보조
  (1) 국가는 시·도 소방장비구입 등의 경비를 일부 보조함
  (2) 국가보조 대상사업의 범위와 기준 보조율 : 대통령령인 「보조금관리에 관한 법률 시행령」
  (3) 소방활동장비 및 설비의 종류와 규격 : 행정안전부령
2) 국고보조 대상사업의 범위
  (1) 소방활동장비와 설비의 구입 및 설치
    ① 소방자동차
    ② 소방헬리콥터 및 소방정
    ③ 소방전용통신설비 및 전산설비
    ④ 그 밖에 방화복 등 소방활동에 필요한 소방장비
  (2) 소방관서용 청사의 건축

53 ★★★

소방시설공사업법령상 소방시설공사의 하자보수 보증기간이 3년이 아닌 것은?

① 자동소화장치
② 무선통신보조설비
③ 자동화재탐지설비
④ 간이스프링클러설비

해설 소방시설 하자보수 보증기간

소방시설	기간
• **피**난기구·유도등·유도표지 • **비**상경보설비 • **비**상조명등 • **비**상방송설비 • **무**선통신보조설비	**2년**
• 자동소화장치 • 옥내·외소화전설비 • 스프링클러·간이스프링클러설비 • 물분무등소화설비 • 자동화재탐지설비 • 상수도소화용수설비 • 소화활동설비(무선통신보조설비 제외)	3년

암기 이년 피비무

55 ★★★

소방시설설치 및 관리에 관한 법령상 방염대상물품이 아닌 것은?

① 제조·가공 공정에서 방염처리한 두께 2[mm] 미만인 종이벽지를 제외한 벽지류
② 제조·가공 공정에서 방염처리한 카펫
③ 건축물 내부의 벽에 부착하는 암막
④ 제조·가공 공정에서 방염처리한 무대막

해설 방염대상물품

1) 제조·가공 공정에서 방염처리한 물품(합판·목재류 설치현장에서 방염처리한 것 포함)
   (1) 창문에 설치하는 커튼류(블라인드 포함)
   (2) 카펫
   (3) 벽지류(두께 2[mm] 미만인 종이벽지 제외)
   (4) 전시용 합판·목재 또는 섬유판, 무대용 합판·목재 또는 섬유판(합판·목재류의 경우 불가피하게 설치 현장에서 방염처리한 것을 포함한다)
   (5) 암막·무대막(영화상영관 스크린, 가상체험체육시설의 스크린 포함)
   (6) 섬유류, 합성수지류 등을 원료로 하여 제작된 소파·의자(단란주점영업, 유흥주점, 노래연습장업의 영업장에 설치하는 것만 해당)
2) 건축물 내부의 천장이나 벽에 부착하거나 설치하는 것, 다만 가구류(옷장·찬장·식탁·식탁용 의자·사무용 책상·사무용 의자·계산대 등)와 너비 10[cm] 이하 반자돌림대 등과 내부 마감재료는 제외
   (1) 종이류(두께 2[mm] 이상)·합성수지류·섬유류를 주원료로 한 물품
   (2) 합판, 목재
   (3) 공간 구획하는 간이 칸막이
   (4) 흡음·방음을 위하여 설치하는 흡음재, 방음재

56 ★★★

소방체험관의 설립·운영권자는?

① 국무총리
② 소방청장
③ 시·도지사
④ 소방본부장 및 소방서장

해설 소방박물관, 소방체험관

소방박물관	소방체험관
소방청장	시·도지사
행정안전부령	시·도 조례
① 국내·외의 소방의 역사 ② 소방공무원의 복장 및 소방장비 등의 변천 및 발전에 관한 자료를 수집·보관 및 전시	① 재난·안전사고 유형에 따른 예방, 대처, 대응 등에 관한 체험교육 ② 체험교육 프로그램의 개발 및 국민 안전의식 향상을 위한 홍보·전시 ③ 체험교육 인력의 양성 및 유관기관·단체 등과 협력 ④ 시·도지사가 인정하는 사업
① 소방박물관장 1인 (소방공무원 중 소방청장이 임명), 부관장 1인 ② 운영위원회 : 7인 이내	-

정답 55 ③ 56 ③

57 ★★★

화재의 예방 및 안전관리에 관한 법령상 화재예방강화지구의 지정대상이 아닌 것은? (단, 소방청장 소방본부장 또는 소방서장이 화재예방강화지구로 지정할 필요가 있다고 인정하는 지역은 제외한다)

① 위험물의 저장 및 처리시설이 밀집한 지역
② 소방시설·소방용수시설·소방출동로가 없는 지역
③ 노후·불량건축물이 밀집한 지역
④ 공장 창고가 있는 지역

해설 화재예방강화지구 지정

1) 지정권자 : 시·도지사
2) 화재예방강화지구 지정 요청 : 소방청장
3) 화재예방강화지구
   (1) 시장지역
   (2) 공장·창고가 밀집한 지역
   (3) 목조건물이 밀집한 지역
   (4) 노후·불량건축물이 밀집한 지역
   (5) 위험물의 저장 및 처리시설이 밀집한 지역
   (6) 석유화학제품을 생산하는 공장이 있는 지역
   (7) 산업입지 및 개발에 관한 법률에 따른 산업단지
   (8) 소방시설·소방용수시설·소방출동로가 없는 지역
   (9) 물류단지
   (10) (1) ~ (9)까지 준하는 지역으로서 소방관서장이 화재예방강화지구로 지정할 필요가 있다고 인정하는 지역

58 ★★★

소방용수시설 저수조의 설치기준으로 틀린 것은?

① 지면으로부터의 낙차가 4.5 [m] 이하일 것
② 흡수부분의 수심이 0.3 [m] 이상일 것
③ 흡수관의 투입구가 사각형의 경우에는 한 변의 길이가 60 [cm] 이상일 것
④ 흡수관의 투입구가 원형의 경우에는 지름이 60 [cm] 이상일 것

해설 소방용수시설 설치기준

1) 소화전
   - 상수도와 연결, 지하식·지상식 구조
   - 연결금속구 구경 : 65 [mm]
2) 급수탑
   - 급수배관 구경 : 100 [mm] 이상
   - 개폐밸브 : 지상 1.5 [m] 이상 1.7 [m] 이하
3) 저수조
   - 지면으로부터의 낙차 : 4.5 [m] 이하
   - <u>흡수부분 수심 : 0.5 [m] 이상일 것</u>
   - 흡수관 투입구 : 사각형 한 변 60 [cm], 원형 지름 60 [cm] 이상

정답 57 ④ 58 ②

59 ★★

화재의 예방 및 안전관리에 관한 법령상 소방안전 특별관리시설물의 대상기준 중 틀린 것은?

① 수련시설
② 항만시설
③ 전력용 및 통신용 지하구
④ 지정문화유산

해설 소방안전 특별관리시설물

1) 소방안전 특별관리 : 소방청장
2) 소방안전 특별관리시설물
   (1) 공항시설
   (2) 철도시설·도시철도시설
   (3) 항만시설
   (4) 지정문화유산 및 천연기념물등인 시설(시설이 아닌 지정문화유산 및 천연기념물등을 보호하거나 소장하고 있는 시설을 포함한다)
   (5) 산업기술단지·산업단지
   (6) 초고층 건축물·지하연계 복합건축물
   (7) 수용인원 1000명 이상 영화상영관
   (8) 전력용·통신용 지하구
   (9) 석유비축시설
   (10) 천연가스 인수기지 및 공급망
   (11) 대통령령으로 정하는 점포가 500개 이상인 전통시장
   (12) 그 밖의 대통령령으로 정하는 시설물
      ① 발전소
      ② 물류창고로서 연면적 10만 [m^2] 이상
      ③ 가스공급시설

60 ★★★

대통령령으로 정하는 특정소방대상물의 소방시설 중 내진설계 대상이 아닌 것은?

① 옥내소화전설비
② 스프링클러설비
③ 미분무소화설비
④ 연결살수설비

해설 내진설계 소방시설

- 옥내소화전설비
- 스프링클러설비
- 물분무등소화설비

정답 59 ① 60 ④

2024년 2회
소방기계시설의 구조 및 원리

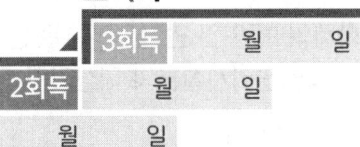

61 ★★★

소화수조 및 저수조의 화재안전기술기준에 따라 소화용수설비에 설치하는 흡수관투입구의 수는 소요수량이 80 [m³]인 경우 최소 몇 개를 설치해야 하는가?

① 1
② 2
③ 3
④ 4

해설 소화수조 및 저수조 흡수관투입구 설치기준

1) 지하에 설치하는 흡수관투입구 : 한 변이 0.6 [m] 이상이거나 직경이 0.6 [m] 이상인 것

2) 설치개수

소요수량	80 [m³] 미만	80 [m³] 이상
흡수관투입구 수	1개 이상	2개 이상

62 ★

분말소화설비의 화재안전기술기준상 배관에 관한 기준으로 틀린 것은?

① 배관은 전용으로 할 것
② 배관은 모두 스케줄 40 이상으로 할 것
③ 동관을 사용하는 경우의 배관은 고정압력 또는 최고사용압력의 1.5배 이상의 압력에 견딜 수 있는 것을 사용할 것
④ 밸브류는 개폐위치 또는 개폐방향을 표시한 것으로 할 것

해설 분말소화설비 배관

1) 배관은 전용으로 할 것
2) 강관 사용 배관 : 아연도금에 따른 배관용탄소강관이나 이와 동등 이상의 강도·내식성 및 내열성을 가진 것으로 할 것(단, 축압식 분말소화설비에 사용하는 것 중 20 [℃]에서 압력이 2.5 [MPa] 이상 4.2 [MPa] 이하인 것은 압력배관용탄소강관 중 이음이 없는 스케줄 40 이상의 것 또는 이와 동등 이상의 강도를 가진 것으로서 아연도금으로 방식 처리된 것을 사용해야 함)
3) 동관 사용 배관 : 고정압력 또는 최고사용압력의 1.5배 이상의 압력에 견딜 수 있는 것을 사용할 것
4) 밸브류는 개폐위치 또는 개폐방향을 표시한 것
5) 배관의 관부속 및 밸브류는 배관과 동등 이상의 강도 및 내식성이 있는 것으로 할 것

정답 61 ② 62 ②

63 ★★★

상수도소화용수설비에서 소화전의 호칭지름 100 [mm] 이상을 연결할 수 있는 상수도 배관의 호칭지름은 몇 [mm] 이상이어야 하는가?

① 50　　② 75
③ 80　　④ 100

해설 상수도소화용수설비 설치기준

1) 호칭지름 75 [mm] 이상의 수도배관에 호칭지름 100 [mm] 이상의 소화전을 접속할 것
2) 소화전은 소방자동차 등의 진입이 쉬운 도로변 또는 공지에 설치할 것
3) 소화전은 특정소방대상물의 수평투영면의 각 부분으로부터 140 [m] 이하가 되도록 설치할 것

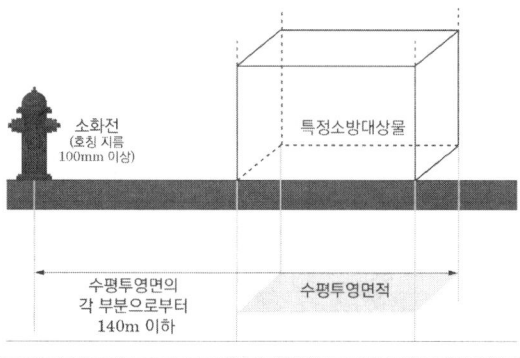

64 ★★★

포소화설비의 화재안전기술기준에 따라 포헤드의 설치기준 중 다음 괄호 안에 알맞은 것은?

> 포워터스프링클러헤드는 특정소방대상물의 천장 또는 반자에 설치하되, 바닥면적 (　　) [m²]마다 1개 이상으로 하여 해당 방호대상물의 화재를 유효하게 소화할 수 있도록 할 것

① 6　　② 7
③ 8　　④ 9

해설 포소화설비 포헤드 설치기준

구분	설치기준
포워터스프링클러헤드	바닥면적 8 [m²]마다 1개 이상
포헤드	바닥면적 9 [m²]마다 1개 이상

[포헤드]　　[포워터스프링클러헤드]

65 ★★★

미분무소화설비의 화재안전성능기준에 따른 용어의 정의 중 다음 (　) 안에 알맞은 것은?

> 미분무란 물만을 사용하여 소화하는 방식으로 최소설계압력에서 헤드로부터 방출되는 물입자 중 (㉠) [%]의 누적체적분포가 (㉡) [μm] 이하로 분무되고 A, B, C급 화재에 적응성을 갖는 것을 말한다.

① ㉠ 30, ㉡ 200　　② ㉠ 50, ㉡ 200
③ ㉠ 60, ㉡ 400　　④ ㉠ 99, ㉡ 400

해설 미분무소화설비 미분무 정의

물만을 사용하여 소화하는 방식으로 최소설계압력에서 헤드로부터 방출되는 물입자 중 <u>99 [%]</u>의 누적체적분포가 <u>400 [μm] 이하</u>로 분무되고 A, B, C급 화재에 적응성을 갖는 것을 말한다.

[여러 개의 오리피스에서 방사되는 미분무헤드]

66 ★★★

연결살수설비의 화재안전기술기준에 따른 건축물에 설치하는 연결살수설비의 헤드에 대한 기준 중 다음 (   ) 안에 알맞은 것은?

> 천장 또는 반자의 각 부분으로부터 하나의 살수헤드까지의 수평거리가 연결살수설비 전용헤드의 경우에는 (㉠) [m] 이하, 스프링클러헤드의 경우에는 (㉡) [m] 이하로 할 것. 다만 살수헤드의 부착면과 바닥과의 높이가 (㉢) [m] 이하인 부분은 살수헤드의 살수분포에 따른 거리로 할 수 있다.

① ㉠ 3.7, ㉡ 2.3, ㉢ 2.1
② ㉠ 3.7, ㉡ 2.3, ㉢ 2.3
③ ㉠ 2.3, ㉡ 3.7, ㉢ 2.3
④ ㉠ 2.3, ㉡ 3.7, ㉢ 2.1

해설 연결살수설비의 헤드에 대한 기준

천장 또는 반자의 각 부분으로부터 하나의 살수헤드까지의 수평거리가 연결살수설비 전용헤드의 경우에는 3.7 [m] 이하, 스프링클러헤드의 경우에는 2.3 [m] 이하로 할 것. 다만 살수헤드의 부착면과 바닥과의 높이가 2.1 [m] 이하인 부분은 살수헤드의 살수분포에 따른 거리로 할 수 있다.

67 ★★★

옥내소화전설비에서 펌프의 성능시험배관에 대한 분기 위치는?

① 펌프의 토출 측에 설치된 개폐밸브 이전
② 펌프의 토출 측에 설치된 체크밸브 이전
③ 펌프 흡입 측 배관의 여과장치 이후
④ 펌프 흡입 측 배관의 개폐밸브 이후

해설 펌프의 성능시험배관 설치기준

성능시험배관은 펌프의 토출 측에 설치된 개폐밸브 이전에서 분기하여 직선으로 설치하고, 유량측정장치를 기준으로 전단 직관부에는 개폐밸브를 후단 직관부에는 유량조절밸브를 설치할 것. 이 경우 개폐밸브와 유량측정장치 사이의 직관부 거리 및 유량측정장치와 유량조절밸브 사이의 직관부 거리는 해당 유량측정장치 제조사의 설치사양에 따르고, 성능시험배관의 호칭지름은 유량측정장치의 호칭지름에 따른다.

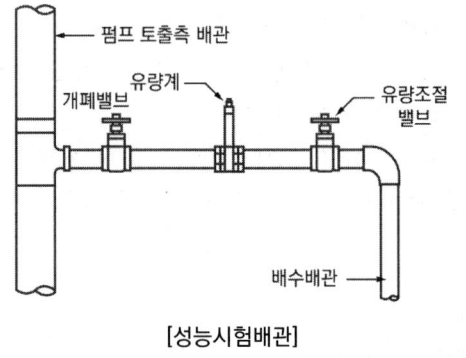

[성능시험배관]

68 ★★★

인명구조기구를 설치해야 하는 특정소방대상물과 인명구조기구의 설치수량이 옳지 않은 것은?

① 지하층을 포함하는 층수가 8층인 관광호텔에 방열복 또는 방화복과 인공소생기를 각 2개 이상 비치할 것
② 운수시설 중 지하역사에 공기호흡기를 층마다 2개 이상 비치할 것
③ 판매시설 중 대규모점포에 공기호흡기를 층마다 2개 이상 비치할 것
④ 물분무등소화설비 중 이산화탄소소화설비를 설치해야 하는 특정소방대상물에 공기호흡기를 이산화탄소소화설비가 설치된 장소의 출입구 외부 인근에 1개 이상 비치할 것

해설 용도 및 장소별로 설치해야 할 인명구조기구

특정소방대상물	인명구조기구	설치 수량
지하층을 포함하는 **층수가 7층 이상인 관광호텔** 및 5층 이상인 병원	• 방열복 또는 방화복 • 공기호흡기 • 인공소생기	**각 2개 이상** 비치할 것 (다만 병원의 경우 인공소생기를 설치하지 않을 수 있다)
• 문화 및 집회시설 중 수용인원 100명 이상의 영화상영관 • 판매시설 중 대규모 점포 • 운수시설 중 지하역사 • 지하가 중 지하상가	공기호흡기	층마다 2개 이상 비치할 것
물분무등소화설비 중 이산화탄소소화설비를 설치해야 하는 특정소방대상물	공기호흡기	이산화탄소소화설비가 설치된 장소의 출입구 외부 인근에 1개 이상 비치할 것

[방열복]　[방화복]　[공기호흡기]　[인공소생기]

69 ★★★

화재조기진압용 스프링클러설비를 설치할 장소의 구조기준으로 틀린 것은?

① 해당 층의 높이가 13.7 [m] 이하일 것
② 천장의 기울기가 1000분의 168을 초과하지 않아야 하고 이를 초과하는 경우에는 반자를 지면과 수평으로 설치할 것
③ 천장은 평평하여야 하며 철재나 목재의 돌출부분이 102 [mm]를 초과하지 아니할 것
④ 보로 사용되는 목재·콘크리트 및 철재 사이의 간격이 0.8 [m] 이상 1.5 [m] 이하일 것

해설 화재조기진압용 S/P 설치장소 구조

1) 해당 층의 높이가 13.7 [m] 이하일 것. 다만 2층 이상일 경우에는 해당 층의 바닥을 내화구조로 하고 다른 부분과 방화구획할 것
2) 천장 기울기 168/1000 초과하지 않아야 하고, 이를 초과하는 경우에는 반자를 지면과 수평으로 설치할 것
3) 천장은 평평해야 하며 철재나 목재트러스 구조인 경우, 철재나 목재의 돌출 부분이 102 [mm]를 초과하지 않을 것
4) <u>보로 사용되는 목재·콘크리트 및 철재 사이의 간격이 0.9 [m] 이상 2.3 [m] 이하일 것</u>
5) 창고 내 선반 등의 형태는 하부로 물이 침투되는 구조로 할 것

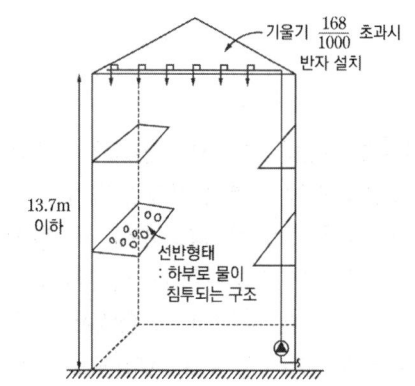

정답 69 ④

70 ★★

다음 중 완강기의 주요 구성요소가 아닌 것은?

① 디딤판
② 속도조절기
③ 연결금속구
④ 벨트

해설 완강기 구성

1) 속도조절기
2) 속도조절기의 연결부
3) 로프
4) 연결금속구
5) 벨트

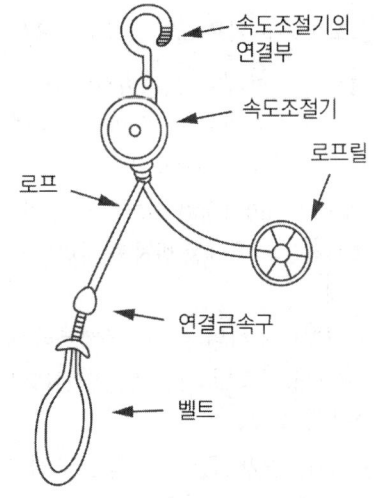

71 ★

소방대상물 주변의 설치된 벽면적의 합계가 20 [m²], 방호공간의 벽면적 합계가 50 [m²], 방호공간 체적이 30 [m³]인 장소에서 국소방출방식의 분말 소화설비를 설치할 때 저장할 소화약제량은 약 몇 [kg]인가? (단, 소화약제의 종별에 따른 X, Y의 수치에서 X의 수치는 5.2, Y의 수치는 3.9로 하며 여유율(K)는 1.1로 한다)

① 120
② 199
③ 314
④ 349

해설 국소방출방식 약제량

$$W = V \times \left(X - Y\frac{a}{A}\right) \times 1.1$$
$$= 30 \times \left(5.2 - 3.9 \times \frac{20}{50}\right) \times 1.1$$
$$= 120.12 [kg]$$

V : 방호공간의 체적 [m³]
a : 방호대상물 주변에 설치된 벽면적의 합계 [m²]
A : 방호공간의 벽면적의 합계 [m²]

72 ★★★

다음 중 지하층이나 무창층 또는 밀폐된 거실로서 그 바닥면적이 20 [m²] 미만의 장소에 설치할 수 있는 소화기구는? (단, 배기를 위한 유효한 개구부가 없는 장소인 경우이다)

① 이산화탄소를 방출하는 소화기구
② 할론자동확산소화기로 약제를 방출하는 소화기구
③ 할론 1211을 방출하는 소화기구
④ 할론 2402를 방출하는 소화기구

해설 이산화탄소 또는 할로겐화합물을 방출하는 소화기구 설치 불가 장소

이산화탄소 또는 할로겐화합물을 방출하는 소화기구(자동확산소화기를 제외)는 지하층이나 무창층 또는 밀폐된 거실로서 그 바닥면적이 20 [m²] 미만의 장소에는 설치할 수 없다. 다만 배기를 위한 유효한 개구부가 있는 장소인 경우에는 그렇지 않다.

73 ★

특정소방대상물의 보가 있는 부분의 포헤드 설치기준 중 포헤드와 보 하단의 수직거리가 0.2 [m]일 경우 포헤드와 보의 수평거리 기준으로 옳은 것은?

① 0.75 [m] 미만
② 0.75 [m] 이상 1 [m] 미만
③ 1 [m] 이상 1.5 [m] 미만
④ 1.5 [m] 이상

해설 보가 있는 부분의 포헤드

포헤드와 보 하단의 수직거리	포헤드와 보의 수평거리
0	0.75 [m] 미만
0.1 [m] 미만	0.75 [m] 이상 1 [m] 미만
0.1 [m] 이상 0.15 [m] 미만	1 [m] 이상 1.5 [m] 미만
0.15 [m] 이상 0.3 [m] 미만	1.5 [m] 이상

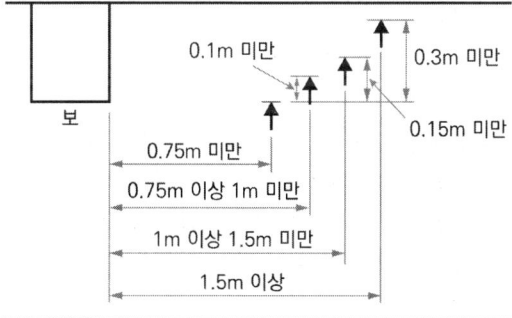

74 ★★★

제연구역의 선정방식 중 계단실 및 그 부속실을 동시에 제연하는 것의 방연풍속은 몇 [m/s] 이상이어야 하는가?

① 0.4   ② 0.5
③ 0.6   ④ 0.7

해설 제연구역에 따른 방연풍속

제연구역		방연풍속
계단실 및 그 부속실을 동시에 제연하는 것 또는 계단실만 단독으로 제연하는 것		0.5 [m/s] 이상
부속실만 단독으로 제연하는 것	부속실 또는 승강장이 면하는 옥내가 거실인 경우	0.7 [m/s] 이상
	부속실이 면하는 옥내가 복도로서 그 구조가 방화구조(내화시간이 30분 이상인 구조를 포함한다)인 것	0.5 [m/s] 이상

보충 방연풍속 : 옥내로부터 제연구역 내로 연기의 유입을 유효하게 방지할 수 있는 풍속

75 ★★★

이산화탄소소화설비의 화재안전기술기준상 배관의 설치기준 중 다음 ( ) 안에 알맞은 것은?

> 고압식의 1차 측(개폐밸브 또는 선택밸브 이전) 배관부속의 최소사용설계압력은 (㉠) [MPa]로 하고, 고압식의 2차 측과 저압식의 배관부속의 최소사용설계압력은 (㉡) [MPa]로 할 것

① ㉠ 4.0, ㉡ 2.0
② ㉠ 9.5, ㉡ 4.5
③ ㉠ 9.5, ㉡ 2.0
④ ㉠ 4.5, ㉡ 9.5

정답 73 ④ 74 ② 75 ②

해설 이산화탄소소화설비의 배관

구분		설치조건
강관 (압력배관용 탄소강관)	고압식	스케줄 80 이상 (20 [mm] 이하 : 스케줄 40 이상인 것)
	저압식	스케줄 40 이상
동관 (이음이 없는 동 및 동합금관)	고압식	16.5 [MPa] 이상의 압력에 견딜 수 있는 것
	저압식	3.75 [MPa] 이상의 압력에 견딜 수 있는 것
배관부속	고압식 1차 측	최소사용설계압력 : **9.5 [MPa]**
	고압식 2차 측과 저압식	최소사용설계압력 : **4.5 [MPa]**

76 ★★★

할론소화설비의 분사헤드 설치기준 중 전역방출방식 할론 1211 분사헤드의 방출압력은 최소 몇 [MPa] 이상이어야 하는가?

① 0.1
② 0.2
③ 0.7
④ 0.9

해설 할론소화설비 분사헤드 방출압력

- 할론 2402 : 0.1 [MPa] 이상
- **할론 1211 : 0.2 [MPa] 이상**
- 할론 1301 : 0.9 [MPa] 이상

77 ★★

할로겐화합물 및 불활성기체소화설비의 배관 설치기준으로 틀린 것은?

① 배관은 전용으로 할 것
② 배관부속 및 밸브류는 강관 또는 동관과 동등 이상의 강도 및 내식성이 있는 것으로 할 것
③ 배관의 구경은 해당 방호구역에 할로겐화합물 소화약제는 10초 이내에, 불활성기체 소화약제는 A·C급 화재 2분, B급 화재 1분 이내에 방출되도록 하여야 한다.
④ 강관을 사용하는 경우, 압력배관용 탄소강관 또는 이와 동등 이상의 강도를 가진 것으로서 구리 등에 따라 방식처리된 것을 사용할 것

해설 할로겐화합물 및 불활성기체소화설비 배관

1) 배관은 전용으로 할 것
2) 배관·배관부속 및 밸브류는 저장용기의 방출 내압을 견딜 수 있어야 함
   (1) 강관을 사용하는 경우의 배관은 압력배관용 탄소강관 또는 이와 동등 이상의 강도를 가진 것으로서 **아연도금** 등에 따라 방식처리된 것을 사용할 것
   (2) 동관을 사용하는 경우의 배관은 이음이 없는 동 및 동합금관의 것을 사용할 것
3) 배관부속 및 밸브류는 강관 또는 동관과 동등 이상의 강도 및 내식성이 있는 것으로 할 것
4) 배관과 배관, 배관과 배관 부속 및 밸브류의 접속은 나사접합, 용접접합, 압축접합 또는 플랜지접합 등의 방법을 사용해야 한다.
5) 배관의 구경은 해당 방호구역에 할로겐화합물소화약제는 10초 이내에, 불활성기체소화약제는 A·C급 화재 2분, B급 화재 1분 이내에 방호구역 각 부분에 최소설계농도의 95 [%] 이상에 해당하는 약제량이 방출되도록 해야 한다.

78 ★★★

제연설비를 설치하기 위해서는 하나의 제연구역의 면적은 몇 [m²] 이내로 하여야 하는가?

① 1000
② 1500
③ 2000
④ 2500

해설 제연설비의 제연구역 구획 기준

1) 하나의 제연구역 면적 : 1000 [m²] 이내
2) 거실과 통로(복도 포함)는 각각 제연구획할 것
3) 통로상의 제연구역은 보행중심선의 길이가 60 [m]를 초과하지 않을 것
4) 하나의 제연구역은 직경 60 [m] 원 내에 들어갈 수 있을 것
5) 하나의 제연구역은 2 이상 층에 미치지 않도록 할 것

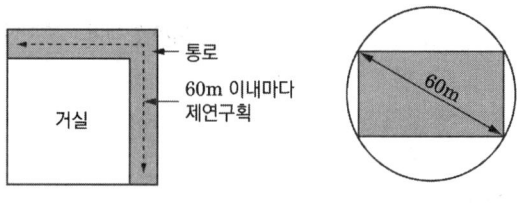

79 ★

연결송수관설비의 화재안전기술기준에 따라 배관을 습식으로 설치해야 하는 특정소방대상물은 무엇인가?

① 지면으로부터의 높이가 40 [m], 지상 7층인 판매시설
② 지면으로부터의 높이가 30 [m], 지상 9층인 오피스
③ 지면으로부터의 높이가 20 [m], 지상 6층인 오피스텔
④ 지면으로부터의 높이가 10 [m], 지상 8층인 숙박시설

해설 연결송수관설비의 배관

지면으로부터의 높이가 31 [m] 이상인 특정소방대상물 또는 지상 11층 이상인 특정소방대상물에 있어서는 습식설비로 할 것

80 ★★★

개방형 스프링클러설비에서 하나의 방수구역을 담당하는 헤드의 개수는 몇 개 이하로 해야 하는가? (단, 방수구역은 나누어져 있지 않고 하나의 구역으로 되어 있다)

① 50
② 40
③ 30
④ 20

해설 개방형 스프링클러설비의 방수구역

1) 하나의 방수구역은 2개 층에 미치지 않도록 할 것
2) 방수구역마다 일제개방밸브 설치해야 함
3) 하나의 방수구역을 담당하는 헤드의 개수 : 50개 이하(단, 2개 이상의 방수구역으로 나눌 경우 : 하나의 방수구역을 담당하는 헤드의 개수는 25개 이상으로 해야 함)

정답 78 ① 79 ① 80 ①

2024년 3회
소방원론

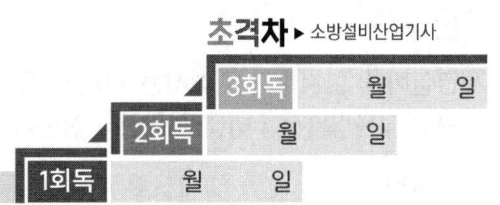

01 ★★★

다음 중 연소의 3요소가 아닌 것은?

① 연료
② 촉매
③ 공기
④ 점화원

해설 연소의 3요소, 4요소

① 연료 ⇒ 가연물
③ 공기 ⇒ 산소공급원
④ 점화원

연소의 3요소	연소의 4요소
• 가연물 • 산소공급원 • 점화원	• 가연물 • 산소공급원 • 점화원 • 연쇄반응

암기 연소의 3요소 : 가산점

02 ★★★

제2종 분말소화약제의 주성분으로 옳은 것은?

① NaH_2PO_4
② KH_2PO_4
③ $NaHCO_3$
④ $KHCO_3$

해설 분말소화약제

종별	소화약제	약제색	적응화재
1종	탄산수소나트륨 ($NaHCO_3$)	**백**색	BC 급
2종	탄산수소칼륨 ($KHCO_3$)	**담자**색 (담회색)	BC 급
3종	제1인산암모늄 ($NH_4H_2PO_4$)	담**홍**색	ABC 급
4종	탄산수소칼륨 + 요소 ($KHCO_3+(NH_2)_2CO$)	**회**(백)색	BC 급

암기 백담사 홍어회

03 ★★★

소화에 필요한 CO_2의 이론소화농도가 공기 중에서 37 [vol%]일 때 한계산소농도는 약 몇 [vol%]인가?

① 13.2
② 14.5
③ 15.5
④ 16.5

해설 이산화탄소의 농도

$$CO_2 \text{ 농도 [vol\%]} = \frac{21 - O_2[vol\%]}{21} \times 100$$

$$37 = \frac{21 - O_2}{21} \times 100$$

$$\therefore O_2 = 13.23 \,[vol\%]$$

정답 01 ② 02 ④ 03 ①

04 ★★★

제6류 위험물에 속하지 않는 것은?

① 질산
② 과산화수소
③ 과염소산
④ 과염소산염류

📚 해설 제6류 위험물(산화성 액체)

품명	지정수량
과염소산	
과산화수소	300 [kg]
질산	

🔍 보충 과염소산염류 : 제1류 위험물

구분	내용
물리적 성질	• 상온에서 물은 무겁고 안정된 액체 • 융해잠열 : 80 [kcal/kg] (= 334 [kJ/kg]) • 증발잠열 : 539.6 [kcal/kg] 　　　　　(= 2257 [kJ/kg]) • 비열 : 1 [kcal/kg·℃] = 1 [cal/g·℃] 　　　(= 4.18 [kJ/kg·K]) • 잠열, 비열, 표면장력이 크다 • **증발 시 체적 약 1650배(1600 ~ 1700배) 증가**
화학적 성질	• **수소 2 원자, 산소 1 원자(H_2O)** • **물은 극성 분자, 수소결합**

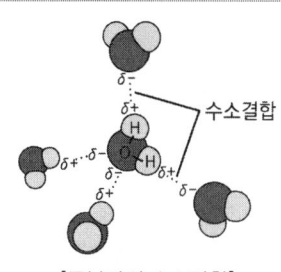

[물분자의 수소결합]

05 ★★★

물의 물리·화학적 성질로 틀린 것은?

① 분자 간 결합은 쌍극자 - 쌍극자 상호작용의 일종인 수소결합에 의해 이루어진다.
② 대기압하에서 100 [℃]의 물이 액체에서 수증기로 바뀌면 체적은 약 1600배 정도 증가한다.
③ 유류화재에 물을 무상으로 주수하면 질식효과 이외에 유탁액에 생성되어 유화효과가 나타난다.
④ 수소 1 분자와 산소 1/2 분자로 이루어져 있으며 이들 사이의 화학결합은 비극성 이온결합이다.

📚 해설 물의 물리·화학적 성질

④ 수소 1 분자와 산소 1/2 분자로 이루어져 있으며 이들 사이의 화학결합은 극성 공유결합이다.

06 ★★★

물과 반응하여 가연성 기체를 발생하지 않는 것은?

① 칼륨　　　　② 인화아연
③ 산화칼슘　　④ 탄화알루미늄

📚 해설 분진폭발을 일으키지 않는 물질

물과 반응하여 가연성 기체를 발생하지 않는 것
• 시멘트
• 석회석
• 탄산칼슘($CaCO_3$)
• 생석회(CaO) = 산화칼슘
• 소석회

⭐암기 분시석 탄생소

정답 04 ④　05 ④　06 ③

07 ★★★

화재의 소화원리에 따른 소화방법의 적용으로 틀린 것은?

① 냉각소화 : 스프링클러설비
② 질식소화 : 이산화탄소소화설비
③ 제거소화 : 포소화설비
④ 억제소화 : 할로겐화합물소화설비

해설 소화방법

소화원리	소화방법
냉각소화	• 스프링클러설비 • 옥내 · 외 소화전 설비
질식소화	• 이산화탄소소화설비 • **포소화설비** • 불활성기체소화설비 • 마른모래 · 팽창질석 · 팽창진주암
억제소화	• 할로겐화합물소화설비 • 분말소화설비

08 ★★★

실내 화재 시 발생한 연기로 인한 감광계수 [m^{-1}]와 가시거리에 대한 설명 중 틀린 것은?

① 감광계수가 0.1일 때 가시거리는 20 ~ 30 [m]이다.
② 감광계수가 0.3일 때 가시거리는 15 ~ 20 [m]이다.
③ 감광계수가 1.0일 때 가시거리는 1 ~ 2 [m]이다.
④ 감광계수가 10일 때 가시거리는 0.2 ~ 0.5 [m]이다.

해설 감광계수

감광계수 [m^{-1}]	가시거리 [m]	내용
0.1	20 ~ 30	연기감지기 작동할 때
0.3	5	건물에 익숙한 사람이 피난에 지장을 느낄 때
0.5	3	어두움을 느낄 때
1	1 ~ 2	거의 앞이 보이지 않음
10	0.2 ~ 0.5	최성기 때 연기농도
30	-	출화실에서 연기 분출

09 ★★★

제4류 위험물의 물리 · 화학적 특성에 대한 설명으로 틀린 것은?

① 증기는 공기보다 가볍다.
② 대부분은 물보다 가볍다.
③ 인화성 액체이다.
④ 인화점이 낮을수록 증기 발생이 용이하다.

해설 제4류 위험물의 특성

1) 상온에서 액체 상태이다.
2) 인화성 액체이다(인화의 위험이 높다).
3) 인화점이 낮을수록 증기 발생이 용이하다.
4) 정전기에 의한 화재 발생위험이 있음
5) 대부분 물보다 가볍고 물에 녹지 않는다.
6) **증기는 공기보다 무겁다.**
   (증기비중이 공기보다 크다)
7) 비교적 낮은 착화점을 가지고 있다.

10 ★★★

자연발화 방지대책에 대한 설명 중 틀린 것은?

① 저장실의 온도를 낮게 유지한다.
② 저장실의 환기를 원활히 시킨다.
③ 촉매물질과의 접촉을 피한다.
④ 저장실의 습도를 높게 유지한다.

해설 자연발화 방지대책

1) 가연성 물질 제거
2) 통풍이나 환기를 통한 열 축적 방지
3) 저장실의 온도를 낮출 것
4) 습도 높은 곳 피할 것(수분 : 촉매작용)
5) 열전도성 좋게 할 것

11 ★★★

할론소화설비에서 할론 1301 약제의 분자식은?

① CBr_2ClF　② CF_3Br
③ CCl_2BrF　④ BrC_2ClF

해설 할론소화약제

종류	분자식	상온·상압
할론 1211	CF_2ClBr	기체
할론 1301	CF_3Br	기체
할론 1011	CH_2ClBr	액체
할론 2402	$C_2F_4Br_2$	액체

12 ★

내화구조 기준에 적합한 지붕의 구조로 옳지 않은 것은?

① 철골철근콘크리트조
② 무근콘크리트조
③ 철재로 보강된 콘크리트블록조
④ 철재로 보강된 유리블록

해설 내화구조 기준에 적합한 지붕

1) 철근콘크리트조 또는 철골철근콘크리트조
2) 철재로 보강된 콘크리트블록조·벽돌조 또는 석조
3) 철재로 보강된 유리블록 또는 망입유리로 된 것

보충 건축법 제50조에 따라 주요구조부와 지붕을 내화(耐火)구조로 해야 한다.

13 ★★★

전기화재의 원인으로 거리가 먼 것은?

① 단락　② 과전류
③ 누전　④ 절연 과다

해설 전기화재 원인

1) 과전류(과부하)에 의한 발화
2) 단락(합선)에 의한 발화
3) 누전에 의한 발화
4) 낙뢰에 의한 발화
5) 전기불꽃에 의한 발화
6) 정전기로 인한 스파크 발생에 의한 발화

보충
• 절연 : 전기 또는 열을 통하지 않게 하는 것
• 단락 : 전기 회로의 두 점 사이의 절연이 잘 안되어서 두 점 사이가 접속되는 일
• 누전 : 절연이 불완전하거나 시설이 손상되어 전기가 전깃줄 밖으로 새어 흐름

정답 10 ④　11 ②　12 ②　13 ④

14 ★★★

주된 연소 형태가 표면연소인 가연물로만 나열된 것은?

① 숯, 목탄
② 석탄, 종이
③ 나프탈렌, 파라핀
④ 니트로셀룰로오스, 질화면

해설 연소의 형태(고체의 연소)

구분	내용	종류
표면 연소	불꽃이 없고 표면에서 연소	**숯, 코크스, 목탄, 금속분**
분해 연소	고체 가연물이 온도 상승 시 열분해를 통해 발생하는 가연성 가스가 연소	목재, 석탄, 종이, 플라스틱
증발 연소	열분해 없이 증발하여 연소	황(유황), 나프탈렌, 파라핀(양초)
자기 연소	물질 내부에 산소를 함유하고 있어 별도의 산소 공급 없이 연소	나이트로셀룰로오스 (니트로셀룰로오스), 나이트로글리세린 (니트로글리세린), 유기과산화물

15 ★★★

화재에서 눈부신 백색(휘백색)의 불꽃 온도는 약 몇 [℃]인가?

① 500   ② 950
③ 1300   ④ 1500

해설 연소 시 불꽃의 색과 온도

색	온도 [℃]
암적색	700 ~ 750
적색	850
휘적색	900 ~ 950
황적색	1100
백색	1200 ~ 1300
휘백색	1500

암기 암적적 휘황백 휘백

16 ★★★

물체의 표면온도가 250 [℃]에서 650 [℃]로 상승하면 열 복사량은 약 몇 배 정도 상승하는가?

① 2.5   ② 5.7
③ 7.5   ④ 9.7

해설 스테판 볼츠만의 법칙

$$단위 면적당 복사열량\ Q\ [W/m^2] = \sigma T^4$$

복사 : 열전달 매질 없이 전자파 형태로 열이 전달. 스테판 볼츠만의 법칙에 의해 복사열은 **절대온도의 4승에 비례**한다.

보충 매질 : 파동을 전달시키는 물질

$$\frac{Q_2}{Q_1} = \frac{(273+t_2)^4}{(273+t_1)^4} = \frac{(273+650)^4}{(273+250)^4} \fallingdotseq 9.7배$$

σ : 스테판 볼츠만 상수 $[W/m^2 \cdot K^4]$
T : 절대온도 [K]

17 ★★

물의 소화력을 증대시키기 위하여 첨가하는 첨가제 중 물의 유실을 방지하고 건물, 임야 등의 입체 면에 오랫동안 잔류하게 하기 위한 것은?

① 침투제
② 강화액
③ 증점제
④ 유화제

해설 물의 소화력 증대를 위한 첨가제

종류	특성
증점제	산림에 장시간 부착(점도 증가)
침투제	계면활성제 첨가
부동액	물의 동결방지 위해 첨가
유화제	분무주수하면 효과적(에멀전 형성)
강화액	염류를 첨가하여 물의 소화효과와 강화액의 부촉매효과 이용

18 ★★

폭연에서 폭굉으로 전이되기 위한 조건에 대한 설명으로 틀린 것은?

① 정상연소속도가 작은 가스일수록 폭굉으로 전이가 용이하다.
② 배관 내에 장애물이 존재할 경우 폭굉으로 전이가 용이하다.
③ 배관의 관경이 가늘수록 폭굉으로 전이가 용이하다.
④ 배관 내 압력이 높을수록 폭굉으로 전이가 용이하다.

해설 폭연(Deflagration), 폭굉(Detonation)

1) 폭연과 폭굉의 비교

가스폭발은 물적 조건과 에너지조건이 만족되면 화염이 발생하여 일정한 속도로 전파되는데, 음속 이하를 폭연(Deflagration), 음속 이상을 폭굉(Detonation)이라고 한다.

구분	폭연	폭굉
전파 속도	음속 이하 (0.1 ~ 10 [m/s])	음속 이상 (1000 ~ 3500 [m/s])
특징	폭굉으로 전이 될 수 있음	압력 상승이 폭연의 10배 이상
에너지 전달	전도, 대류, 복사 (열에 의한 연소파)	충격파

2) 폭굉 유도거리
  (1) 폭굉 유도거리란 정상적인 연소에서 폭굉으로 전이되는 데 필요한 거리를 말한다.
  (2) 폭굉 유도거리가 짧을수록 위험성이 크다.
  (3) 폭굉유도거리가 짧아지는 조건
    ① 점화원의 에너지가 클수록 (+)
    ② 연소속도가 클수록 (+)
    ③ 주위 온도가 높을수록 (+)
    ④ 배관의 압력이 클수록 (+)
    ⑤ 배관 내 장애물이 많을수록 (+)
    ⑥ 배관의 관경이 가늘수록(작을수록) (-)

① 정상연소속도가 **큰** 가스일수록 폭굉으로 전이가 용이하다.

19 ★★

위험물안전관리법령에서 정하는 제3류 위험물에 해당하는 것이 아닌 것은?

① 인화칼슘 ② 황린
③ 칼륨   ④ 황화인

해설 제2류 위험물 및 제3류 위험물

구분	종류
제2류 위험물	• **황화인(황화린)**, 적린, 황(유황) • 철분, 마그네슘, 금속분(Al, Zn 등), 인화성 고체
제3류 위험물	• **황린, 칼륨(K)**, 나트륨(Na), 알칼리금속(Li 등) 및 알칼리토금속(Ca 등) • 유기금속화합물, 금속의 수소화물(수소화리튬, 수소화나트륨, 수소화칼슘) • **금속의 인화물(인화칼슘)** • 칼슘 또는 알루미늄의 탄화물(탄화칼슘, 탄화알루미늄)

※ 제3류 위험물의 특징 및 소화
 (1) 자연발화성 물질 및 금수성 물질
 (2) 물과 접촉하면 발열·발화함
 (3) 건조사, 팽창진주암, 팽창질석 등에 의한 질식소화(주수소화 절대엄금)

암기 제2류 위험물 : 황화인
       제3류 위험물 : 황린

20 ★★★

할론소화약제의 주된 소화효과 및 방법에 대한 설명으로 옳은 것은?

① 소화약제의 증발잠열에 의한 소화방법이다.
② 산소의 농도를 15 [%] 이하로 낮게 하는 소화방법이다.
③ 소화약제의 열분해에 의해 발생하는 이산화탄소에 의한 소화방법이다.
④ 자유활성기(Free Radical)의 생성을 억제하는 소화방법이다.

해설 할론소화약제

1) 연쇄반응 차단하여 부촉매 소화
2) 라디컬포착제로 자유활성기 생성 억제
3) 할로겐족 원소 사용(F, Cl, Br, I 등)
4) 부식성이 낮음
5) 전기의 부도체로 전기화재에 효과적
6) 적응성 : 통신기기실, 미술관, 전산실 등

정답 19 ④ 20 ④

소방유체역학

2024년 3회

21 ★★★

관내를 흐르고 있는 유체에 대해 체적 유량으로 표시하기 곤란한 경우는?

① 물이 관내를 흐를 때
② 기름이 관내를 흐를 때
③ 탄산가스가 관내를 흐를 때
④ 단면적이 변하는 관 속을 물이 흐를 때

해설 압축성유체와 비압축성유체

1) 탄산가스는 **압축성유체**이므로 관의 단면적이 축소하게 되면 압력 변화가 발생하고 이에 따른 유체의 체적 변화가 발생하므로 탄산가스가 관내를 흐를 때는 체적유량보다 질량유량으로 표시하는 것이 바람직하다.

2) 물, 기름은 대표적인 **비압축성유체**로 압력변화에 따른 체적 변화가 무시할 수 있을 정도로 미미하기 때문에 체적유량으로 표시 가능하다.

보충 압축성유체 : 압력변화에 대하여 변수[밀도, 비중량, 체적 등]의 변화를 무시할 수 없는 유체

22 ★★★

수평으로 설치된 안지름 D, 길이 L의 곧은 원관 내에 체적유량 Q의 유체가 흐를 때 손실 수두는? (단, 관 마찰계수는 f이고, 중력 가속도는 g이다)

① $\dfrac{4fLQ^2}{\pi^2 g D^4}$
② $\dfrac{8fLQ^2}{\pi^2 g D^4}$
③ $\dfrac{4fLQ^2}{\pi^2 g D^5}$
④ $\dfrac{8fLQ^2}{\pi^2 g D^5}$

해설 달시 – 바이스바하 공식

$$\text{손실수두 } h[m] = f\dfrac{L}{D}\dfrac{V^2}{2g}$$

$$h = f\dfrac{L}{D}\dfrac{V^2}{2g} = f\dfrac{L}{D}\dfrac{\left(\dfrac{Q}{\frac{\pi}{4}D^2}\right)^2}{2g} = f\dfrac{L}{D}\dfrac{\dfrac{Q^2}{\frac{\pi^2}{4^2}D^4}}{2g}$$

$$= f\dfrac{L}{D}\dfrac{Q^2}{2g \times \dfrac{\pi^2}{4^2}D^4}$$

$$= f\dfrac{L}{D}\dfrac{4^2 \times Q^2}{2g \times \pi^2 D^4}$$

$$= \dfrac{8fLQ^2}{\pi^2 g D^5}$$

23 ★★★

뉴턴의 점성법칙을 나타내는 식으로 옳은 것은?

① $\rho_1 A_1 V_1 = \rho_2 A_2 V_2$
② $\tau = \mu \dfrac{du}{dy}$
③ $\dfrac{P_1}{\gamma} + \dfrac{V_1^2}{2g} + Z_1 = \dfrac{P_2}{\gamma} + \dfrac{V_2^2}{2g} + Z_2$
④ $PV = nRT$

정답 21 ③ 22 ④ 23 ②

해설 뉴턴의 점성법칙

① $\rho_1 A_1 V_1 = \rho_2 A_2 V_2$ ⇒ 연속방정식

② $\tau = \mu \dfrac{du}{dy}$ ⇒ 뉴턴의 점성법칙

③ $\dfrac{P_1}{\gamma} + \dfrac{V_1^2}{2g} + Z_1 = \dfrac{P_2}{\gamma} + \dfrac{V_2^2}{2g} + Z_2$
⇒ 베르누이 방정식

④ $PV = nRT$ ⇒ 이상기체상태방정식

24 ★★★

그림과 같이 수조차의 탱크 측벽에 안지름이 25 [cm]인 노즐을 설치하여 노즐로부터 물이 분사되고 있다. 노즐 중심은 수면으로부터 3 [m] 아래에 있다고 할 때 수조차가 받는 추력 F는 약 몇 [kN]인가? (단, 노면과의 마찰은 무시한다)

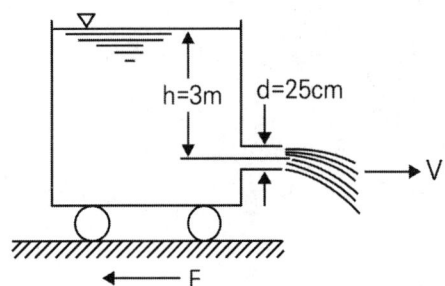

① 1.77 ② 2.89
③ 4.56 ④ 5.21

해설 물탱크가 받는 추진력

$$\text{추력 } F = \rho A V^2 = \rho A (\sqrt{2gh})^2$$

1) 유속 V
   $V = \sqrt{2gh} = \sqrt{2 \times 9.8 \times 3} = 7.67 [m/s]$

2) 추력 F
   $F = \rho A V^2$
   $= 1000 \times \dfrac{\pi}{4}(0.25)^2 \times 7.67^2$
   $\fallingdotseq 2887.76 [N] = 2.89 [kN]$

25 ★★★

그림과 같이 수조의 밑 부분에 구멍을 뚫고 물을 유량 Q로 방출시키고 있다. 손실을 무시할 때 수위가 처음 높이의 1/2로 되었을 때 방출되는 유량은 어떻게 되는가?

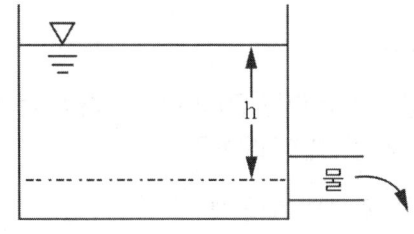

① $\dfrac{1}{\sqrt{2}}Q$ ② $\dfrac{1}{2}Q$

③ $\dfrac{1}{\sqrt{3}}Q$ ④ $\dfrac{1}{3}Q$

해설 수조의 방출 유량

$$\text{유출 유속 } V = \sqrt{2gh}$$

유량 $Q = AV = A\sqrt{2gh}$

따라서 $Q \propto \sqrt{h}$ 이므로

(1) 수위가 h일 때 방출 유량 : Q

(2) 나중 수위가 $\dfrac{h}{2}$ 로 되었을 때 방출 유량 : Q_2로 하면

$Q : \sqrt{h} = Q_2 : \sqrt{h_2}$

$Q : \sqrt{h} = Q_2 : \sqrt{\dfrac{h}{2}}$

$Q_2 = \sqrt{\dfrac{1}{2}}\, Q_1 = \dfrac{1}{\sqrt{2}} Q_1$

$\therefore Q_2 = \dfrac{1}{\sqrt{2}} Q$

26 ★★★

열전달 면적이 A이고, 온도 차이가 △T, 벽의 열전도율이 k, 두께 x인 벽을 통한 열류량은 Q이다. 동일한 열전달 면적에서 온도 차이가 2배, 벽의 열전도율이 4배가 되고 벽의 두께가 2배가 되는 경우 열전달률은 몇 배가 되는가?

① 4배 ② 8배
③ 16배 ④ 32배

해설 푸리에 열전도 법칙

전도열량 $\dot{Q}[W] = \dfrac{k \times A \times \Delta T}{l}$,

k : 열전도율(열전도계수) [W/m·K]
A : 열전달 면적 [m²]
ΔT : 온도 차 [K]
l : 전열체의 두께 [m]

$Q = \dfrac{kA\Delta T}{x}$ 에서

동일한 열전달 면적에서 온도 차이가 2배, 벽의 열전도율이 4배가 되고 벽의 두께가 2배가 되는 경우

$Q_2 = \dfrac{(4 \times k) \times A \times (2 \times \Delta T)}{(2 \times x)}$

$= 4 \times \dfrac{kA\Delta T}{x} = 4Q$

∴ 4배

27 ★★

Carnot 사이클이 800 [K]의 고온 열원과 500 [K]의 저온 열원 사이에서 작동한다. 이 사이클에 공급하는 열량이 사이클당 800 [kJ]이라 할 때, 한 사이클 당 외부에 하는 일은 약 몇 [kJ]인가?

① 200 ② 300
③ 400 ④ 500

해설 카르노사이클

카르노사이클의 열효율
$\eta_c = \dfrac{W}{Q_H} = \dfrac{Q_H - Q_L}{Q_H} = 1 - \dfrac{Q_L}{Q_H} = 1 - \dfrac{T_L}{T_H}$

$W = Q_H \times \eta$
$= Q_H \times \left(1 - \dfrac{T_L}{T_H}\right)$
$= 800 \times \left(1 - \dfrac{500}{800}\right)$
$= 300 \, [kJ]$

W : 외부에 하는 일 [kJ]
T_L : 저온[K], T_H : 고온[K]
Q_L : 저온 열량 [kJ], Q_H : 고온 열량 [kJ]

28 ★★★

배관 속의 기름에 압력을 가하였더니 기름의 체적이 1/50 감소하였다. 이때 가해진 압력은 몇 [MPa]인가? (단, 기름의 체적탄성계수는 2.086 [GPa]이다)

① 4.172×10^7 ② 4.172×10^4
③ 4.172×10^3 ④ 4.172×10^2

해설 체적탄성계수

체적탄성계수 $K = -\dfrac{\Delta P}{\Delta V/V_1} = -\dfrac{P_2 - P_1}{\dfrac{(V_2 - V_1)}{V_1}}$

$2.086 \times 10^9 [Pa] = -\dfrac{\Delta P}{\left(-\dfrac{1}{50}\right)}$

∴ $\Delta P = 4.172 \times 10^7 [Pa]$

※ $\dfrac{\Delta V}{V_1}$가 (-)인 이유 : 체적이 감소하기 때문

보충 1 [GPa] = 1000 [MPa]
G[기가] : 10⁹, M[메가] : 10⁶, k[킬로] : 10³

정답 26 ① 27 ② 28 ①

29 ★★★

원심펌프가 전양정 120 [m]에 대해 6 [m³/s]의 물을 공급할 때 필요한 축동력이 9530 [kW]이었다. 이때 펌프의 체적효율과 기계효율이 각각 88 [%], 89 [%]라고 하면 이 펌프의 수력효율은 약 몇 [%]인가?

① 74.1   ② 84.2
③ 88.5   ④ 94.5

해설 펌프의 효율 계산

$$축동력\ P[kW] = \frac{\gamma[kN/m^3] \times Q[m^3/s] \times H[m]}{\eta}$$

1) 축동력 $P = \dfrac{\gamma QH}{\eta}$

  $9530 = \dfrac{9.8 \times 6 \times 120}{\eta}$

  ∴ 전효율 $\eta = 0.74$

2) $\eta_{수력}$

  전효율 $\eta = \eta_{수력} \times \eta_{체적} \times \eta_{기계}$

  $0.74 = \eta_{수력} \times 0.88 \times 0.89$

  ∴ $\eta_{수력} = 0.9454 = 94.5\%$

  γ : 물의 비중량 [9.8 kN/m³]
  Q : 유량 [m³/s]
  H : 전양정 [m]
  η : 효율

30 ★★

이상기체의 폴리트로픽 변화 $PV^n = C$에서 n이 대상 기체의 비열비(Ratio of Specific Heat)인 경우는 어떤 변화인가? (단, P는 압력, V는 부피, C는 상수(Constant)를 나타낸다)

① 단열 변화   ② 정압 변화
③ 등온 변화   ④ 정적 변화

해설 폴리트로픽 지수(n)

폴리트로픽 지수	n = 0	n = 1	n = k	n = ∞
변화	등압	등온	단열	정적

k : 비열비

31 ★★★

글로브 밸브에 의한 손실을 지름이 10 [cm]이고 관 마찰계수가 0.025인 관의 길이로 환산하면 상당길이가 40 [m]가 된다. 이 밸브의 부차적 손실계수는?

① 0.25   ② 1
③ 2.5   ④ 10

해설 관의 상당길이

$$K = f\frac{L_e}{D} = 0.025 \times \frac{40}{0.1} = 10$$

보충 상당길이(등가길이) :
관 부속물에 유체가 흐를 때 발생되는 마찰 손실과 같은 크기의 마찰 손실을 가지는 동일 구경의 직관의 길이

32 ★★★

베르누이 방정식을 적용할 수 있는 기본 전제조건으로 옳은 것은?

① 비압축성 흐름, 점성 흐름, 정상 유동, 유선을 따라
② 압축성 흐름, 비점성 흐름, 정상 유동, 유선을 따라
③ 비압축성 흐름, 비점성 흐름, 비정상 유동, 유선을 따라
④ 비압축성 흐름, 비점성 흐름, 정상 유동, 유선을 따라

정답 29 ④ 30 ① 31 ④ 32 ④

해설 베르누이 방정식의 조건

1) 유체입자는 유선을 따라 흐름
2) 정상류
3) 비점성 유체(유체입자는 마찰이 없다)
4) 비압축성 유체

33 ★★★

다음 중 금속의 탄성변형을 이용하여 기계적으로 압력을 측정할 수 있는 것은?

① 부르돈관 압력계
② 수은 기압계
③ 맥라우드 진공계
④ 마노미터 압력계

해설 유체의 측정

구분	측정기기
유량	벤추리미터, 오리피스, 로터미터, 위어, 노즐
압력 (정압)	피에조미터, 정압관, 부르돈(관) 압력계, 마노미터
유속 (동압)	피토관, 피토정압관, 시차액주계, 열선풍속계

※ 부르돈(관) 압력계

1) 압력의 차이를 측정하는 장치로 계기 내 부르돈관의 신축을 계기판에 나타내는 장치
2) 배관 등의 관로 또는 탱크에 구멍을 뚫어 유체의 압력과 대기압의 차를 나타낸다.
3) 정압(+)을 측정한다.

[내부사진]

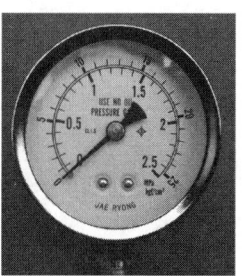
[외부사진]

34 ★★★

그림과 같이 점성계수가 $0.26\ [N \cdot s/m^2]$인 기름위에 판을 수평으로 $4\ [m/s]$의 속도로 잡아당길 때 필요한 힘은 몇 [N]인가? (단, 속도분포는 선형이다)

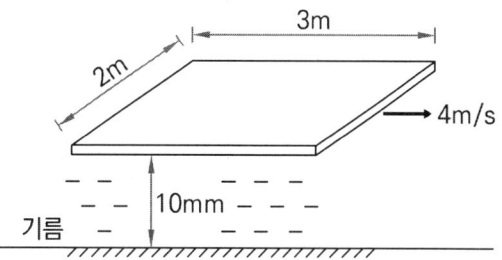

① 54
② 127
③ 341
④ 624

해설 뉴턴의 점성법칙(전단응력)

$$\text{전단응력 } \tau[N/m^2] = \mu \frac{du}{dy}$$

$$F = \tau \times A = \mu \frac{du}{dy} \times A$$

$$= \left(0.26[N \cdot s/m^2] \times \frac{4[m/s]}{0.01[m]}\right) \times (2[m] \times 3[m])$$

$$= 624[N]$$

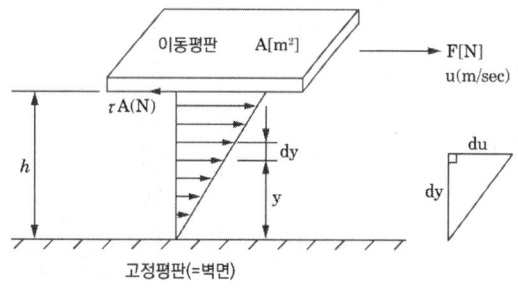

35 ★★★

그림과 같이 비중량이 γ_1, γ_2, γ_3인 세 가지 유체로 채워진 마노미터에서 A점과 B점의 압력차이 $(P_A - P_B)$는?

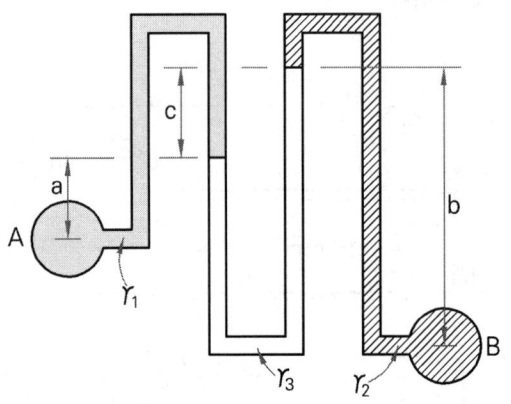

① $-a\gamma_1 - b\gamma_2 + c\gamma_3$
② $a\gamma_1 + b\gamma_2 - c\gamma_3$
③ $a\gamma_1 - b\gamma_2 + c\gamma_3$
④ $a\gamma_1 - b\gamma_2 - c\gamma_3$

해설 시차액주계

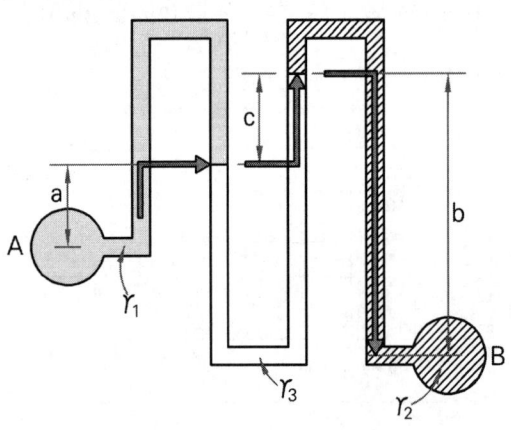

$P_A - \gamma_1 a - \gamma_3 c + \gamma_2 b = P_B$
$P_A - P_B = \gamma_1 a + \gamma_3 c - \gamma_2 b$
$\quad\quad\quad = a\gamma_1 - b\gamma_2 + c\gamma_3$

36 ★★★

성능이 같은 2대의 펌프를 병렬로 연결하였을 경우 양정과 유량은 얼마인가? (단, 펌프 1대에서 유량은 Q, 양정은 H라고 한다)

① 유량은 4Q, 양정은 H
② 유량은 4Q, 양정은 2H
③ 유량은 2Q, 양정은 2H
④ 유량은 2Q, 양정은 H

해설 펌프 2대의 직/병렬 운전

구분	직렬 운전	병렬 운전
개념도	(P)-(P)	(P) / (P)
$H-Q$ 곡선	양정 H, 2대운전/1대운전, 유량 Q	양정 H, 1대운전/2대운전, 유량 Q
특징	① 유량: Q ② 양정: $2H$	① 유량: $2Q$ ② 양정: H

정답 35 ③ 36 ④

37 ★   난이도 상

그림과 같이 한쪽은 힌지로 연결된 수문에서 공기압력이 균등하게 작용할 때 h = 1.5 [m], H = 3 [m]라면 수문이 열리지 않을 공기의 최소 계기압력은 몇 [Pa]인가? (단, 수문의 폭은 1 [m]이고, 물의 밀도는 980 [kg/m³]이다)

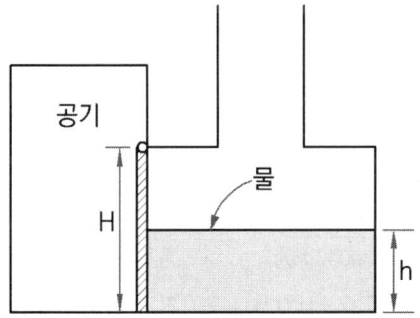

① 4564
② 3452
③ 6125
④ 6002.5

해설 수문이 열리지 않기 위한 최소 압력

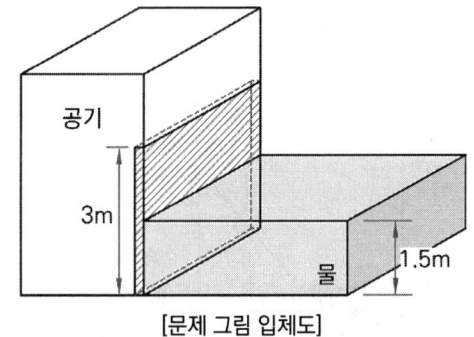

[문제 그림 입체도]

1) 수직면에 작용하는 유체의 전압력 F_1

$$F_1 = \gamma \bar{h} A = \rho g \bar{h} A$$
$$= 980\,[kg/m^3] \times 9.8\,[m/s^2] \times \frac{1.5}{2}\,[m]$$
$$\quad \times (1.5 \times 1)\,[m^2]$$
$$= 10804.5\,[N]$$

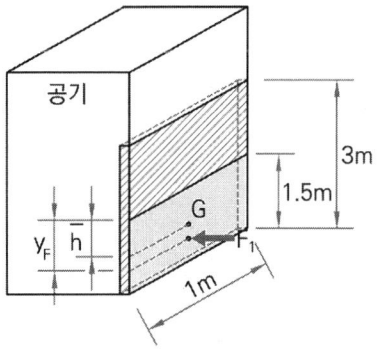

[수직면에 작용하는 전압력(F_1)과 작용점]

2) 작용점의 위치 y_F

경사면이 90°이므로
$$\bar{h} = \bar{y} \times \sin\theta = \bar{y} \times \sin 90 = \bar{y}$$

따라서

$$y_F = \bar{y} + \frac{I_G}{A \times \bar{y}} = \bar{y} + \frac{\frac{bh^3}{12}}{A \times \bar{y}}$$

$$= \frac{1.5}{2} + \frac{\frac{1 \times 1.5^3}{12}}{(1.5 \times 1) \times \frac{1.5}{2}} = 1\,[m]$$

3) 수문 중심에 작용하는 힘 F_2

$F_1 \times L_1 = F_2 \times L_2$ 이므로

$$F_2 = \frac{F_1 \times L_1}{L_2} = \frac{10804.5\,[N] \times (1.5+1)\,[m]}{1.5\,[m]}$$
$$= 18007.5\,[N]$$

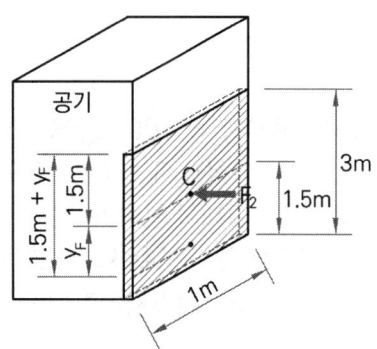

[수문 중심에 작용하는 힘(F_2)]

정답 37 ④

4) 공기의 압력 P

공기 압력에 의한 힘 = 수문에 작용하는 힘 F_2

공기 압력 × 수문의 면적 = 수문에 작용하는 힘 F_2

$P \times A = F_2$

$P = \dfrac{F_2}{A}$

$= \dfrac{18007.5 [N]}{(1 \times 3)[m^2]} = 6002.5 [N]$

※ 경사면에 작용하는 전압력

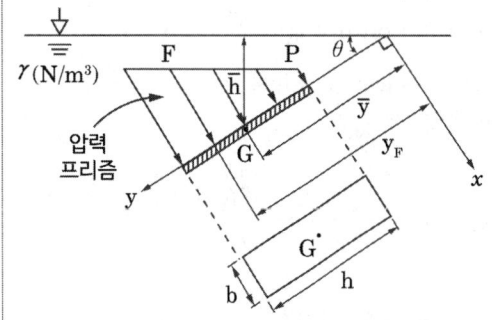

[경사면에 작용하는 유체의 전압력]

$\bar{h}$: 수면에서 경사평판의 도심점까지 수직거리
$\bar{y}$: 수면에서 경사평판의 도심점까지 직선거리
I_G : 단면 2차모멘트(사각형 : $bh^3/12$)
A : 경사평판의 단면적

38 ★★★

1기압 상태에서, 20 [℃] 물 100 [kg]을 200 [℃]의 수증기로 기화시켰을 때 필요한 열량은 몇 [kJ]인가? (단, 대기압에서 물의 비열은 4.2 [kJ/kg·℃], 증발잠열은 2300 [kJ/kg]이고, 수증기의 정압비열은 1.85 [kJ/kg·℃]이다)

① 267200　　② 282100
③ 225300　　④ 258700

해설 물 상태변화에 필요한 열량

$\boxed{20℃ \text{ 물}} \underset{Q_1}{\to} \boxed{100℃ \text{ 물}} \underset{Q_2}{\to} \boxed{100℃ \text{ 수증기}}$

$\to \boxed{200℃ \text{ 수증기}}$
$\quad Q_3$

1) 현열량 Q_1 (20 [℃] 물 → 100 [℃] 물)

$Q_1 = m C_물 \Delta T$
$= 100 [kg] \times 4.2 [kJ/kg·℃] \times (100-20)[℃]$
$= 33600 [kJ]$

2) 잠열량 Q_2 (100 [℃] 물 → 100 [℃] 수증기)

$Q_2 = mr$
$= 100 [kg] \times 2300 [kJ/kg]$
$= 230000 [kJ]$

3) 현열량 Q_3 (100 [℃] 수증기 → 200 [℃] 수증기)

$Q_3 = m C_{수증기} \Delta T$
$= 100 [kg] \times 1.85 [kJ/kg·℃] \times (200-100)[℃]$
$= 18500 [kJ]$

3) 총 필요한 열량 Q

$Q = Q_1 + Q_2 + Q_3$
$= 33600 + 230000 + 18500$
$= 282100 [kJ]$

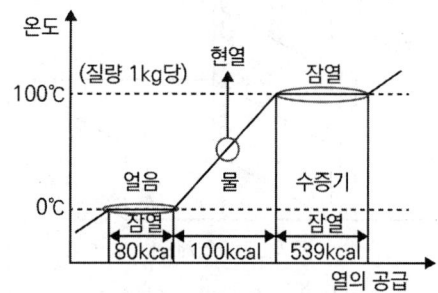

[물의 상태변화]

m : 질량 [kg], C : 물의 비열 [kJ/kg·℃]
ΔT : 온도 차 [℃], r : 물의 증발잠열 [kJ/kg]

39 ★

압력 200 [kPa], 온도 400 [K]의 공기가 10 [m/s]의 속도로 흐르는 지름 10 [cm]의 원관이 지름 20 [cm]인 원관이 연결된 다음 압력 180 [kPa], 온도 350 [K]로 흐른다. 공기가 이상기체라면 정상 상태에서 지름 20 [cm]인 원관에서의 공기의 속도 [m/s]는?

① 2.43
② 2.50
③ 2.67
④ 4.50

해설 공기의 속도

$$질량유량\ M = \rho A V$$

$M_1 = M_2$
$\rho_1 A_1 V_1 = \rho_2 A_2 V_2$

따라서 지름 10 [cm]의 원관에서의 밀도와 지름 20 [cm]의 원관에서의 밀도를 각각 구하면

1) 지름 10 [cm]의 원관에서의 밀도 ρ_1

$$\rho_1 = \frac{P_1 M}{R T_1} = \frac{200 \times 29}{8.314 \times 400} = 1.744\ [kg/m^3]$$

2) 지름 20 [cm]의 원관에서의 밀도 ρ_2

$$\rho_2 = \frac{P_2 M}{R T_2} = \frac{180 \times 29}{8.314 \times 350} = 1.794\ [kg/m^3]$$

따라서
$\rho_1 A_1 V_1 = \rho_2 A_2 V_2$에 위의 값을 대입하면

$1.744 \times \frac{\pi}{4} 0.1^2 \times 10 = 1.794 \times \frac{\pi}{4} 0.2^2 \times V_2$

$$\therefore V_2 = \frac{0.1^2 \times 10 \times 1.744}{0.2^2 \times 1.794} = 2.43\ [m/s]$$

보충 공기의 평균 분자량 : 29 [kg/kmol]

40 ★★★

펌프의 캐비테이션을 방지하기 위한 방법으로 틀린 것은?

① 펌프의 설치 위치를 낮추어서 흡입 양정을 작게 한다.
② 흡입관을 크게 하거나 밸브, 플랜지 등을 조정하여 흡입 손실수두를 줄인다.
③ 펌프의 회전속도를 높여 흡입 속도를 크게 한다.
④ 2대 이상의 펌프를 사용한다.

해설 공동현상(Cavitation)

1) 개념
펌프 흡입 측 배관의 손실이 증가하여 소화수의 정압이 증기압 이하로 낮아져서 기포가 발생하는 현상이다.

2) 방지대책
⑴ 펌프의 위치를 수원보다 낮게 한다.
⑵ 흡입배관의 구경을 크게 한다.
⑶ 펌프의 회전수를 낮춘다.
⑷ 양흡입펌프를 사용한다.
⑸ 2대 이상의 펌프를 사용한다.
⑹ 펌프의 흡입 측을 가압한다.
⑺ 입형펌프를 사용하고, 회전차를 수중에 완전히 잠기게 한다.
⑻ 흡입관의 길이를 줄이거나 밸브, 플랜지 등을 조정하여 흡입 손실수두를 줄인다.

정답 39 ① 40 ③

2024년 3회 소방관계법규

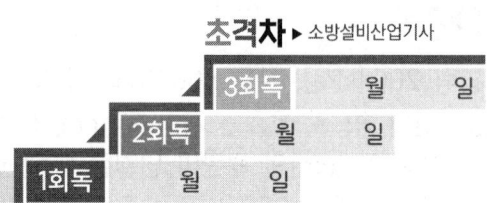

41 ★★

소방기본법령상 소방안전교육사의 배치대상별 배치기준으로 틀린 것은?

① 소방청 : 2명 이상 배치
② 소방서 : 1명 이상 배치
③ 소방본부 : 2명 이상 배치
④ 한국소방안전원(시·도지부) : 2명 이상 배치

해설 소방안전교육사

보육시설 영유아, 유치원의 유아, 학교 학생들을 대상으로 해서 화재예방 및 화재발생 시에 인명, 재산 피해를 줄이기 위해 소방안전 교육과 훈련을 실시하는 인력. 소방안전교육을 기획하고 진행, 분석, 평가, 교육 등의 업무

배치대상	배치기준(이상)
소방청	2명
소방본부	2명
소방서	1명
한국소방안전원	본회 : 2명, 시·도지부 : 1명
한국소방산업기술원	2명

42 ★★★

다음 중 소방기본법에서 정의하는 용어의 뜻으로 틀린 것을 고르시오.

① "소방대상물"이란 건축물, 차량, 선박(「선박법」제1조의2 제1항에 따른 선박으로서 항구에 매어둔 선박만 해당한다), 선박 건조 구조물, 산림, 그 밖의 인공 구조물 또는 물건을 말한다.
② "관계인"이란 소방대상물의 소유자·관리자 또는 점유자를 말한다.
③ "소방본부장"이란 특별시·광역시·특별자치시·도 또는 특별자치도(이하 "시·도"라 한다)에서 화재의 예방·경계·진압·조사 및 구조·구급 등의 업무를 담당하는 부서의 장을 말한다.
④ "소방대"(消防隊)란 화재를 진압하고 화재, 재난·재해, 그 밖의 위급한 상황에서 구조·구급 활동 등을 하는 사람으로서 소방공무원, 의무소방원, 자체소방대원이다.

해설 소방대

1. 의무소방원 : 병역 의무 기간동안 군 복무 대신 소방관서에서 업무를 보조하는 현역 군인(군사훈련을 마친 후 소방업무를 보조하며 화재의 경계 및 진압 업무와 구조 및 구급활동 등의 소방업무를 수행 → 2023년도에 폐지)
2. 의용소방대원 : 일반인으로 구성되어있으며 소방 업무를 보조. 화재 등 재난상황 발생 시 복무
3. 자체소방대 : 위험물안전관리법에 따른 설치대상에 편성
4. 자위소방대 : 화재의 예방 및 안전관리에 관한 법률에 따르며 특정소방대상물에 자율적으로 구성

정답 41 ④ 42 ④

43 ★★★

소방기본법령상 소방의 날 제정과 운영 등에 관하여 소방행정 발전에 공로가 있다고 인정되는 사람을 누가 명예직 소방대원으로 위촉할 수 있는지 고르시오.

① 소방본부장　　② 소방청장
③ 시도지사　　　④ 소방서장

📖 해설　소방의 날 제정과 운영 등

1. 국민의 안전의식과 화재에 대한 경각심을 높이고 안전문화를 정착시키기 위하여 매년 11월 9일을 소방의 날로 정하여 기념행사를 한다.
2. 소방의 날 행사에 관하여 필요한 사항은 소방청장 또는 시·도지사가 따로 정하여 시행할 수 있다.
3. <u>소방청장은 다음에 해당하는 사람을 명예직 소방대원으로 위촉할 수 있다.</u>
    ① 「의사상자등 예우 및 지원에 관한 법률」에 따른 의사상자에 해당하는 사람
    ② 소방행정 발전에 공로가 있다고 인정되는 사람

44 ★★

소방시설공사업법령상 소방시설공사의 하자보수 보증기간이 3년이 아닌 것은?

① 자동소화장치
② 비상조명등
③ 자동화재탐지설비
④ 간이스프링클러설비

📖 해설　소방시설 하자보수 보증기간

소방시설	기간
• **피**난기구·유도등·유도표지 • **비**상경보설비 • **비**상조명등 • **비**상방송설비 • **무**선통신보조설비	2년
• 자동소화장치 • 옥내·외소화전설비 • 스프링클러·간이스프링클러설비 • 물분무등소화설비 • 자동화재탐지설비 • 상수도소화용수설비 • 소화활동설비(무선통신보조설비 제외)	3년

🔑 암기 | 이년 피비무

45 ★★★

자동화재탐지설비를 설치하여야 하는 특정소방대상물의 기준으로 틀린 것은?

① 교정 및 군사시설로서 연면적 2000 [m²] 이상인 것
② 목욕장으로서 연면적 2000 [m²] 이상인 것
③ 근린생활시설로서 연면적 600 [m²] 이상인 것
④ 지하가 중 터널로서 길이 1000[m] 이상인 것

📖 해설　자동화재탐지설비 설치대상

설치대상	기준
• 교육연구시설(교육시설 내에 있는 기숙사 및 합숙소를 포함한다), 수련시설(기숙사·합숙소 포함, 숙박시설 제외) • 동·식물 관련 시설, 교정 및 군사시설 • 자원순환 관련 시설 • 교정 및 군사시설 • 묘지 관련 시설	연면적 2000 [m²] 이상인 경우에는 모든 층

정답　43 ②　44 ②　45 ②

설치대상	기준
목욕장, 문화 및 집회시설, 종교시설, 판매시설, 운동시설, 운수시설, 업무시설, 창고시설, 공장, 지하가(터널 제외), 위험물 저장 및 처리시설, 항공기 및 자동차 관련 시설, 교정 및 군사시설 중 국방·군사시설, 방송통신시설, 발전시설, 관광 휴게시설	연면적 1000 [m²] 이상인 경우에는 모든 층
• 근린생활시설(목욕장 제외) • 의료시설(정신의료기관, 요양병원 제외) • 위락시설, 장례시설 및 복합건축물	연면적 600 [m²] 이상인 경우에는 모든 층
정신의료기관, 의료재활시설	• 바닥면적합계 300 [m²] 이상 • 바닥면적 합계 300 [m²] 미만, 창살 설치
지하가 중 터널	길이 1000 [m] 이상
공장 및 창고시설	500배 이상 특수가연물
요양병원, 지하구, 전통시장, 조산원, 산후조리원	-
전기저장시설, 노유자생활시설	-
공동주택 중 아파트등·기숙사, 숙박시설, 6층 이상인 건축물	-
노유자시설	연면적 400 [m²] 이상인 경우에는 모든 층
숙박시설이 있는 수련시설	수용인원 100명 이상인 경우에는 모든 층

46 ★★

화재의 예방 및 안전관리에 관한 법령상 특정소방대상물의 관계인이 수행하여야 하는 소방안전관리 업무가 아닌 것은?

① 소방훈련 및 교육
② 화기 취급의 감독
③ 피난시설, 방화구획 및 방화시설의 관리
④ 화재발생 시 초기대응

해설 특정소방대상물 소방안전관리자와 관계인의 업무

1) 소방안전관리자의 업무
   (1) 피난계획 관련 사항과 대통령령으로 정하는 사항이 포함된 소방계획서 작성 및 시행
   (2) 자위소방대 및 초기대응체계 구성·운영·교육
   (3) 피난시설, 방화구획, 방화시설의 관리
   (4) <u>소방훈련 및 교육</u>
   (5) 소방시설이나 그 밖의 소방 관련 시설의 관리
   (6) 화기 취급의 감독
   (7) 소방안전관리에 관한 업무수행에 관한 기록·유지((3), (5), (6)항 업무)
   (8) 화재발생 시 초기대응
   (9) 그 밖에 소방안전관리에 필요한 업무

2) 특정소방대상물 소방관계인의 업무
   (1) 피난시설, 방화구획, 방화시설의 관리
   (2) 소방시설이나 그 밖의 소방 관련 시설의 관리
   (3) 화기 취급의 감독
   (4) 화재발생 시 초기대응
   (5) 그 밖에 소방안전관리에 필요한 업무

정답 46 ①

47 ★★

위험물안전관리법령상 인화성액체위험물(이황화탄소를 제외)의 옥외탱크저장소의 탱크주위에 설치하여야 하는 방유제의 기준 중 틀린 것은?

① 방유제의 용량은 방유제 안에 설치된 탱크가 하나인 때에는 그 탱크 용량의 110 [%] 이상으로 할 것
② 방유제의 용량은 방유제 안에 설치된 탱크가 2기 이상인 때에는 그 탱크 중 용량이 최대인 것의 용량의 110 [%] 이상으로 할 것
③ 방유제는 높이 1 [m] 이상 2 [m] 이하, 두께 0.2 [m] 이상, 지하매설 깊이 0.5 [m] 이상으로 할 것
④ 방유제 내의 면적은 80000 [m^2] 이하로 할 것

해설 방유제

(1) 방유제 용량
 ① 탱크 1기 : 탱크용량 110 [%] 이상
 ② 탱크 2기 이상 : 최대 탱크 용량 110 [%] 이상
(2) 방유제 높이 : 0.5 [m] 이상 3 [m] 이하
(3) 방유제 두께 : 0.2 [m] 이상
(4) 지하매설길이 : 1 [m] 이상
(5) 방유제 면적 : 80000 [m^2] 이하
(6) 방유제 내에 설치하는 옥외저장탱크 수 : 10기 이하
(7) 방유제 재질 : 철근콘크리트, 흙담

48 ★★★

소방기본법령상 소방활동구역의 출입자에 해당되지 않는 자는?

① 의사·간호사 그 밖의 구조·구급업무 종사자
② 소방활동구역 밖에 있는 소방대상물의 소유자·관리자·점유자
③ 수사업무 종사자
④ 취재인력 등 보도업무에 종사하는 자

해설 소방활동구역

1) 설정
 (1) 설정권자 : 소방대장
 (2) 소방활동구역을 정하여 소방활동에 필요한 사람으로서 대통령령으로 정하는 사람 외에는 그 구역에 출입하는 것을 제한
2) 출입자
 (1) 소방활동구역 안에 있는 소방대상물의 소유자·관리자·점유자
 (2) 전기·가스·수도·통신·교통의 업무 종사자로서 소방활동을 위해 필요한 사람
 (3) 의사·간호사 그 밖의 구조·구급업무 종사자
 (4) 취재인력 등 보도업무 종사자
 (5) 수사업무 종사자
 (6) 그 밖에 소방대장이 소방활동을 위해 출입을 허가한 사람
3) 경찰공무원은 소방대가 소방활동구역에 있지 않거나, 소방대장의 요청이 있을 때에는 출입제한 조치를 할 수 있음

정답 47 ③ 48 ②

49 ★★★

소방시설 설치 및 관리에 관한 법령에 따른 방염성능기준 이상의 실내 장식물 등을 설치하여야 하는 특정소방대상물의 기준 중 틀린 것은?

① 교육연구시설 중 합숙소
② 층수가 11층 이상인 아파트
③ 의료시설
④ 방송통신시설 중 방송국

해설 방염

1) 방염성능기준 : 대통령령
2) 방염성능기준 이상의 실내장식물 등을 설치해야 하는 특정소방대상물
   (1) 근린생활시설 중 의원, 조산원, 산후조리원, 체력단련장, 공연장 및 종교집회장
   (2) 건축물의 옥내에 있는 시설
      ① 문화 및 집회시설
      ② 종교시설
      ③ 운동시설(수영장 제외)
   (3) 의료시설
   (4) 교육연구시설 중 합숙소
   (5) 노유자시설
   (6) 숙박이 가능한 수련시설
   (7) 숙박시설
   (8) 방송통신시설 중 방송국 및 촬영소
   (9) 다중이용업소
   (10) 층수가 11층 이상인 것(아파트 제외)

※ 소방본부장 또는 소방서장은 방염대상물품 외에 다음의 물품은 방염처리된 물품을 사용하도록 권장할 수 있다.
  1) 다중이용업소, 의료시설, 노유자 시설, 숙박시설 또는 장례식장에서 사용하는 침구류·소파 및 의자
  2) 건축물 내부의 천장 또는 벽에 부착하거나 설치하는 가구류

50 ★★★

소방시설 설치 및 관리에 관한 법령상 종합점검 실시 대상이 되는 특정소방대상물의 기준 중 다음 (   ) 안에 알맞은 것은?

> - 물분무등소화설비[호스릴방식의 물분무등소화설비만을 설치한 경우는 제외]가 설치된 연면적 (㉠) [m²] 이상인 특정소방대상물(위험물 제조소등은 제외)
> - 다중이용업의 영업장이 설치된 특정소방대상물로서 연면적이 (㉡) [m²] 이상인 것

① ㉠ 2000, ㉡ 2000
② ㉠ 2000, ㉡ 5000
③ ㉠ 5000, ㉡ 2000
④ ㉠ 5000, ㉡ 5000

해설 종합점검 대상

가. 최초점검 대상물
나. 스프링클러설비가 설치된 특정소방대상물
다. 물분무등소화설비[호스릴 방식의 물분무등소화설비만을 설치한 경우는 제외]가 설치된 연면적 5000 [m²] 이상인 특정소방대상물(위험물 제조소등은 제외)
라. 다중이용업의 영업장이 설치된 특정소방대상물로서 연면적이 2000 [m²] 이상인 것(단란주점과 유흥주점, 영화상영관, 비디오물감상실업, 복합영상물제공업, 노래연습장, 산후조리원, 고시원, 안마시술소)
마. 제연설비가 설치된 터널
바. 공공기관 중 연면적(터널·지하구의 경우 그 길이와 평균폭을 곱하여 계산된 값)이 1000 [m²] 이상인 것으로서 옥내소화전설비 또는 자동화재탐지설비가 설치된 것(소방대가 근무하는 공공기관은 제외)

51 ★★★

소방본부장 또는 소방서장은 건축허가 등의 동의요구서류를 접수한 날부터 최대 며칠 이내에 건축허가 등의 동의 여부를 회신하여야 하는가? (단, 허가 신청한 건축물은 지상으로부터 높이가 200 [m]인 아파트이다)

① 5일 ② 7일
③ 10일 ④ 15일

해설 건축허가 동의요구

- 승인자 : 소방본부장, 소방서장
- 회신 : 동의요구서류 접수한 날로부터 5일(특급소방안전관리대상물 10일) 이내
- 동의요구서·첨부서류 보완 : 4일 이내
- 건축허가 취소 사실 통보 : 7일 이내

보충 200 [m] 이상 아파트 : 특급소방안전관리대상물

52 ★★★

소방시설공사업법령상 특정소방대상물에 설치된 소방시설등을 구성하는 것의 전부 또는 일부를 개설, 이전 또는 정비하는 공사의 경우 소방시설공사의 착공신고 대상이 아닌 것은? (단, 고장 또는 파손 등으로 인하여 작동시킬 수 없는 소방시설을 긴급히 교체하거나 보수하여야 하는 경우는 제외한다)

① 수신반 ② 소화펌프
③ 동력(감시)제어반 ④ 압력챔버

해설 착공신고

특정소방대상물에 설치된 소방시설등을 구성하는 다음에 해당하는 것의 전부 또는 일부를 개설, 이전, 정비하는 공사. 다만 고장·파손 등으로 인하여 작동시킬 수 없는 소방시설을 긴급히 교체하거나 보수하여야 하는 경우에는 신고하지 않을 수 있음

① 수신반
② 소화펌프
③ 동력(감시)제어반

53 ★★★ 난이도 상

소방시설 설치 및 관리에 관한 법령상 종합점검을 할 수 있는 기술인력으로 알맞은 것을 고르시오.

① 소방설비기사와 소방설비산업기사 자격증 취득자
② 위험물기능장 자격증 취득자
③ 소방안전관리자로 선임된 소방시설관리사 및 소방기술사
④ 관계인

해설 종합점검

[대상]

가. 최초점검 대상물
나. 스프링클러설비가 설치된 특정소방대상물
다. 물분무등소화설비[호스릴 방식의 물분무등소화설비만을 설치한 경우는 제외]가 설치된 연면적 5000 [m²] 이상인 특정소방대상물(위험물 제조소등은 제외)
라. 다중이용업의 영업장이 설치된 특정소방대상물로서 연면적이 2000 [m²] 이상인 것(단란주점과 유흥주점, 영화상영관, 비디오물감상실업, 복합영상물제공업, 노래연습장, 산후조리원, 고시원, 안마시술소)
마. 제연설비가 설치된 터널
바. 공공기관 중 연면적(터널·지하구의 경우 그 길이와 평균폭을 곱하여 계산된 값)이 1000 [m²] 이상인 것으로서 옥내소화전설비 또는 자동화재탐지설비가 설치된 것(소방대가 근무하는 공공기관은 제외)

정답 51 ③ 52 ④ 53 ③

[기술인력]
가. 관리업에 등록된 소방시설관리사
나. 소방안전관리자로 선임된 소방시설관리사 또는 소방기술사

54 ★★★

소방시설관리사의 결격사유에 해당하지 않는 것을 고르시오.

① 피성년후견인
② 금고 이상의 형의 집행유예를 선고받고 유예기간이 끝난 자
③ 자격이 취소된 날부터 2년이 지나지 않은 자
④ 금고 이상의 실형을 선고받고 그 집행이 끝나거나(집행이 끝난 것으로 보는 경우를 포함한다) 면제된 날부터 2년이 지나지 않은 자

해설 소방시설관리사 결격사유

1) 피성년후견인
2) 금고 이상의 실형을 선고받고 그 집행이 끝나거나(집행이 끝난 것으로 보는 경우를 포함한다) 면제된 날부터 2년이 지나지 않은 자
3) 금고 이상의 형의 집행유예를 선고받고 그 유예기간 중에 있는 자
4) 자격이 취소된 날부터 2년이 지나지 않은 자

55 ★★★

건축허가 등을 함에 있어서 미리 소방본부장 또는 소방서장의 동의를 받아야 하는 건축물 등의 범위기준이 아닌 것은?

① 모든 수련시설로서 수용인원 100인 이상인 건축물
② 지하층 또는 무창층이 있는 건축물로서 바닥면적이 150 [m²] 이상인 층이 있는 것
③ 차고·주차장으로 사용되는 바닥면적이 200 [m²] 이상인 층이 있는 건물이나 주차시설
④ 장애인 의료재활시설로서 연면적 300 [m²] 이상인 건축물

해설 건축허가 동의대상물 범위

구분	기준
학교시설	연면적 100 [m²] 이상
노유자(老幼者) 시설 및 수련시설	연면적 200 [m²] 이상
지하층·무창층이 있는 건축물	바닥면적 150 [m²](공연장 100 [m²]) 이상
정신의료기관, 장애인 의료재활시설	연면적 300 [m²] 이상
일반용도의 특정소방대상물	연면적 400 [m²] 이상
차고, 주차장 또는 주차용도로 사용되는 시설	바닥면적 200 [m²] 이상
	기계식 주차시설 자동차 20대 이상
• 노인 관련 시설 중 노인주거복지시설, 노인의료복지시설, 재가노인복지시설, 학대피해노인 전용쉼터 • 아동복지시설(아동상담소, 아동전용시설 및 지역아동센터는 제외한다) • 장애인 거주시설	단독주택, 공동주택에 설치되는 시설 제외

구분	기준
• 정신질환자 관련 시설(공동생활가정을 제외한 재활훈련시설과 종합시설 중 24시간 주거를 제공하지 않는 시설은 제외한다) • 노숙인 관련 시설 중 노숙인자활시설·노숙인재활시설·노숙인요양시설 • 결핵환자나 한센인이 24시간 생활하는 노유자시설	
• 6층 이상 건축물 • 항공기격납고, 관망탑, 항공관제탑, 방송용송수신탑 • 요양병원(의료재활시설 제외) • 위험물 저장 및 처리시설, 지하구, 전기저장시설, 풍력발전소 • 조산원, 산후조리원, 의원 (입원실 있는 것) • 공장 또는 창고시설로서 지정수량의 750배 이상의 특수가연물을 저장·취급하는 것 • 가스시설로서 지상에 노출된 탱크의 저장용량의 합계가 100톤 이상인 것	-

56 ★★★

위험물안전관리법령상 제조소등이 아닌 장소에서 지정수량 이상의 위험물 취급할 수 있는 기준 중 다음 ( ) 안에 알맞은 것은?

> 시·도의 조례가 정하는 바에 따라 관할 소방서장의 승인을 받아 지정수량 이상의 위험물을 ( )일 이내의 기간 동안 임시로 저장 또는 취급하는 경우

① 15 ② 30
③ 60 ④ 90

해설 위험물 임시저장

1) 위치·구조·설비 기준 : 시·도 조례
2) 제조소등이 아닌 장소에서 지정수량 이상 위험물 취급할 수 있는 경우
   • 관할 소방서장의 승인 받아 지정수량 이상 위험물 90일 이내로 임시 저장·취급
   • 군부대는 지정수량 이상 위험물 군사 목적으로 임시 저장·취급

57 ★★

위험물안전관리법령상 위험물별 성질로서 틀린 것은?

① 제1류 : 산화성 고체
② 제2류 : 가연성 액체
③ 제4류 : 인화성 액체
④ 제6류 : 산화성 액체

해설 위험물의 분류

구분	개요
제1류	**산**화성 고체
제2류	**가**연성 고체
제3류	**자**연발화성·금수성 물질
제4류	**인**화성 액체
제5류	**자**기반응성 물질
제6류	**산**화성 액체

암기 산가자 인자산

정답 56 ④ 57 ②

58 ★★★

화재의 예방 및 안전관리에 관한 법령상 관리의 권원이 분리된 특정소방대상물의 소방안전관리자를 선임해야 할 대상인 것은?

① 판매시설 중 도매시장
② 복합건축물로서 층수가 8층 이상인 것
③ 지하층을 제외한 층수가 7층 이상인 고층건축물
④ 복합건축물로서 연면적이 12000 [m²] 이상인 것

> **해설** 관리의 권원이 분리된 특정소방대상물의 소방안전관리자 선임 대상
> - 복합건축물(지하층 제외한 층수가 11층 이상 또는 연면적 3만 [m²] 이상)
> - 지하가(지하 인공구조물 안에 설치된 상점 및 사무실, 그 밖에 이와 비슷한 시설이 연속하여 지하도에 접하여 설치된 것과 그 지하도를 합한 것)
> - 판매시설 중 도매시장, 소매시장 및 전통시장

59 ★★★

소방기본법령상 국고보조 대상사업의 범위 중 소방활동장비와 설비에 해당하지 않는 것은?

① 소방자동차
② 소방헬리콥터
③ 소방전용 외의 통신설비
④ 방화복 등 소방활동에 필요한 소방장비

> **해설** 국고보조
> 1) 국고보조
>   (1) 국가는 시·도 소방장비구입 등의 경비를 일부 보조함
>   (2) 국가보조 대상사업의 범위와 기준 보조율 : 대통령령인 「보조금관리에 관한 법률 시행령」
>   (3) 소방활동장비 및 설비의 종류와 규격 : 행정안전부령
> 2) 국고보조 대상사업의 범위
>   (1) 소방활동장비와 설비의 구입 및 설치
>   ① 소방자동차
>   ② 소방헬리콥터 및 소방정
>   ③ 소방전용통신설비 및 전산설비
>   ④ 그 밖에 방화복 등 소방활동에 필요한 소방장비
>   (2) 소방관서용 청사의 건축

60 ★★★

위험물안전관리법상 업무상 과실로 제조소등에서 위험물을 유출·방출 또는 확산시켜 사람의 생명·신체 또는 재산에 대하여 위험을 발생시킨 자에 대한 벌칙 기준으로 옳은 것은?

① 5년 이하의 금고 또는 2000만 원 이하의 벌금
② 5년 이하의 금고 또는 7000만 원 이하의 벌금
③ 7년 이하의 금고 또는 2000만 원 이하의 벌금
④ 7년 이하의 금고 또는 7000만 원 이하의 벌금

> **해설** 위험물법 벌칙
> - 5년 이하 징역 또는 1억 원 이하 벌금
>   제조소등의 설치허가를 받지 아니하고 제조소등을 설치한 자
> - 7년 이하 금고 또는 7천만 원 이하 벌금
>   업무상 과실로 위험물 유출·방출시켜 생명·신체·재산에 위험을 발생시킨 자
> - 10년 이하 금고 또는 1억 원 이하 벌금
>   업무상 과실로 위험물 유출·방출시켜 사람을 사상에 이르게 한 자

2024년 3회
소방기계시설의 구조 및 원리

61 ★★★

하나의 층에 바닥면적 400 [m²]인 거실, 300 [m²]인 복도가 있을 때 최소 제연구역의 수는 몇 개인가?

① 1개　　　② 2개
③ 3개　　　④ 4개

해설 제연설비의 제연구역 구획기준

거실과 복도는 각각 제연구획해야 하므로
바닥면적 400 [m²]인 거실, 300 [m²]인 복도는 각각 제연구획해야 한다.
여기서 거실과 복도 모두 바닥면적이 각각 1000 [m²]이내이므로
거실 1개 + 복도 1개 = 2개
따라서 제연구역의 최소 수는 2개이다.

※ 제연설비의 제연구역 구획기준
1) 하나의 제연구역 면적 : 1000 [m²] 이내
2) 거실과 통로(복도 포함)는 각각 제연구획할 것
3) 통로상의 제연구역은 보행중심선의 길이가 60 [m]를 초과하지 않을 것
4) 하나의 제연구역은 직경 60 [m] 원 내에 들어갈 수 있을 것
5) 하나의 제연구역은 2 이상 층에 미치지 않도록 할 것

62 ★★★

소화기구 및 자동소화장치의 화재안전성능기준에 따라 대형소화기를 설치할 때 특정소방대상물의 각 부분으로부터 1개의 소화기까지의 보행거리가 최대 몇 [m] 이내가 되도록 배치하여야 하는가?

① 20　　　② 25
③ 30　　　④ 40

해설 소화기의 보행거리 기준

1) 소형소화기 : 보행거리 20 [m] 이내
2) 대형소화기 : 보행거리 30 [m] 이내

[소형소화기]　　　[대형소화기]

63 ★★★

소화수조 및 저수조의 화재안전기술기준에 따라 소화용수설비에 설치하는 흡수관투입구의 수는 소요수량이 80 [m³]인 경우 최소 몇 개를 설치해야 하는가?

① 1
② 2
③ 3
④ 4

해설 소화수조 및 저수조 흡수관투입구 설치기준

1) 지하에 설치하는 흡수관투입구 : 한 변이 0.6 [m] 이상이거나 직경이 0.6 [m] 이상인 것

2) 설치개수

소요수량	80 [m³] 미만	80 [m³] 이상
흡수관투입구 수	1개 이상	2개 이상

64 ★★

간이스프링클러설비의 화재안전성능기준에 따라 가장 먼 가지배관에서 2개의 간이헤드를 동시에 개방할 경우 각각의 간이헤드 선단 방수압력과 방수량은 얼마 이상이어야 하는가? (단, 간이스프링클러설비를 설치하는 특정소방대상물은 근린생활시설, 숙박시설, 복합건축물인 경우가 아니다. 또한 주차장에 표준반응형 스프링클러헤드를 사용하는 경우는 제외한다)

① 0.1 [MPa], 80 [L/min]
② 0.1 [MPa], 50 [L/min]
③ 0.2 [MPa], 50 [L/min]
④ 0.2 [MPa], 80 [L/min]

해설 간이스프링클러헤드 방수압력

방수압력(상수도직결형의 상수도압력)은 가장 먼 가지배관에서 2개의 간이헤드를 동시에 개방할 경우 각각의 간이헤드 선단 방수압력은 0.1 [MPa] 이상, 방수량은 50 [L/min] 이상이어야 한다. 다만 주차장에 표준반응형스프링클러헤드를 사용할 경우 헤드 1개의 방수량은 80 [L/min] 이상이어야 한다.

65 ★★

소방대상물 주변의 설치된 벽면적의 합계가 20 [m²], 방호공간의 벽면적 합계가 50 [m²], 방호공간 체적이 30 [m³]인 장소에서 국소방출방식의 분말 소화설비를 설치할 때 저장할 소화약제량은 약 몇 [kg]인가? (단, 소화약제의 종별에 따른 X, Y의 수치에서 X의 수치는 5.2, Y의 수치는 3.9로 하며 여유율(K)는 1.1로 한다)

① 120
② 199
③ 314
④ 349

해설 분말소화설비의 국소방출방식 소화약제량

$$W = V \times \left(X - Y\frac{a}{A}\right) \times 1.1$$
$$= 30 \times \left(5.2 - 3.9 \times \frac{20}{50}\right) \times 1.1$$
$$= 120.12 [kg]$$

V : 방호공간의 체적 [m³]
a : 방호대상물 주변에 설치된 벽면적의 합계 [m²]
A : 방호공간의 벽면적의 합계 [m²]

66 ★★★

물분무소화설비의 화재안전기술기준상 물분무소화설비 가압송수장치의 1분당 토출량에 대한 최소 기준으로 옳은 것은? (단, 특수가연물을 저장 취급하는 특정소방대상물 및 차고 주차장의 바닥면적은 50 [m²] 이하인 경우는 50 [m²]를 적용한다)

① 차고 또는 주차장의 바닥면적 1 [m²]당 10 [L]를 곱한 양 이상
② 특수가연물을 저장·취급하는 특정소방대상물의 바닥면적 1 [m²]당 20 [L]를 곱한 양 이상
③ 케이블트레이, 케이블덕트는 투영된 바닥면적 1 [m²]당 10 [L]를 곱한 양 이상
④ 절연유봉입변압기는 바닥면적을 제외한 표면적을 합한 면적 1 [m²]당 10 [L]를 곱한 양 이상

해설 물분무소화설비 수원의 저수량

소방대상물	토출량	비고
특수가연물을 저장·취급하는 특정소방대상물	10 [L/min·m²]	최소 바닥면적 50 [m²]
절연유봉입 변압기· **컨**베이어벨트	10 [L/min·m²]	-
케이블트레이· **케이블덕트**	12 [L/min·m²]	-
차고·주차장	20 [L/min·m²]	최소 바닥면적 50 [m²]

• 저수량 = 면적 × 토출량 × 방수시간(20 [min])

암기 특절컨 10, 케이트 12, 차주 20

67 ★★★

스프링클러설비를 설치해야 할 특정소방대상물에 있어서 스프링클러헤드를 설치하지 않을 수 있는 장소가 아닌 장소는?

① 목욕실
② 통신기기실
③ 발전실
④ 사무실

해설 스프링클러헤드의 설치제외 장소

1) 천장 및 반자의 재료에 따른 기준으로서 다음 어느 하나에 해당하는 경우

천장 및 반자의 재료	천장과 반자 사이의 거리
양쪽 모두 불연재료 + 벽이 불연재료 (그 사이에 가연물이 존재 ×)	2 [m] 이상
양쪽 모두 불연재료	2 [m] 미만
천장·반자 중 한쪽이 불연재료	1 [m] 미만
양쪽 모두 불연재료 외의 것	0.5 [m] 미만

2) 계단실·경사로·승강기의 승강로·비상용승강기의 승강장·파이프덕트 및 덕트피트·**목욕실**·수영장(관람석부분 제외)·화장실·직접 외기에 개방되어 있는 복도
3) **통신기기실**·전자기기실·기타 이와 유사한 장소
4) **발전실**·변전실·변압기·기타 이와 유사한 전기설비가 설치되어 있는 장소
5) 병원의 수술실·응급처치실·기타 이와 유사한 장소
6) 펌프실·물탱크실 엘리베이터 권상기실 그 밖의 이와 비슷한 장소
7) 현관 또는 로비 등으로서 바닥으로부터 높이가 20 [m] 이상인 장소
8) 영하의 냉장창고의 냉장실 또는 냉동창고의 냉동실
9) 고온의 노가 설치된 장소 또는 물과 격렬하게 반응하는 물품의 저장 또는 취급장소

10) 실내 테니스장·게이트볼장·정구장 또는 이와 비슷한 장소로서 실내 바닥·벽·천장이 불연재료 또는 준불연재료로 구성되어 있고 가연물이 존재하지 않는 장소로서 관람석이 없는 운동시설(지하층은 제외)
11) 공동주택 중 아파트의 대피공간 [공동주택의 화재안전기술기준(NFTC 608)에 명시되어 있음]

68 ★★★

대형 이산화탄소 소화기의 소화약제 충전량은 얼마인가?

① 20 [kg] 이상
② 30 [kg] 이상
③ 50 [kg] 이상
④ 70 [kg] 이상

해설 대형소화기에 충전하는 소화약제량

소화기 구분	충전량
물	80 [L] 이상
강화액	60 [L] 이상
포	20 [L] 이상
이산화탄소	50 [kg] 이상
할로겐화물	30 [kg] 이상
분말	20 [kg] 이상

암기 물강포 이할분 / 862 532

69 ★★★

스프링클러설비의 수직배수배관의 구경은 얼마 이상으로 해야 하는가? (다만 수직배관의 구경이 50 [mm] 미만인 경우는 제외한다)

① 40
② 50
③ 100
④ 125

해설 스프링클러헤드 수직배수배관 구경

수직배수배관의 구경은 50 [mm] 이상으로 해야 한다. 다만 수직배관의 구경이 50 [mm] 미만인 경우에는 수직배관과 동일한 구경으로 할 수 있다.

70 ★

위험물안전관리에 관한 세부기준상 아래에서 설명하는 포방출구는 무엇인가?

> 고정지붕구조 또는 부상덮개부착 고정지붕구조(옥외저장탱크의 액상에 금속제의 플로팅, 팬 등의 덮개를 부착한 고정지붕구조의 것을 말한다)의 탱크에 상부포주입법을 이용하는 것으로서 방출된 포가 탱크 옆판의 내면을 따라 흘러내려 가면서 액면 아래로 몰입되거나 액면을 뒤섞지 않고 액면상을 덮을 수 있는 반사판 및 탱크 내의 위험물 증기가 외부로 역류되는 것을 저지할 수 있는 구조·기구를 갖는 포방출구

① Ⅰ형 방출구
② Ⅱ형 방출구
③ 특형 방출구
④ Ⅳ형 방출구

해설 포방출구 - II형 방출구

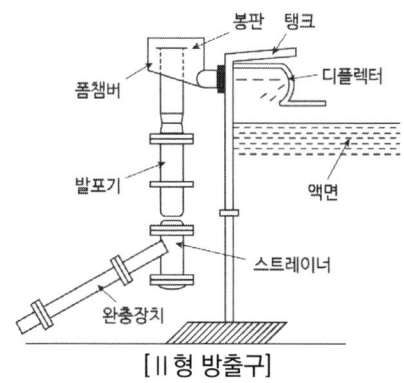

[II형 방출구]

1) Cone Roof Tank에 설치하는 방식으로 **상부포주입법**을 이용
2) 방출된 포가 탱크 옆판의 내면을 따라 흘러내려 가면서 액면에 전개되도록 반사판이 있는 포방출구

※ 포방출구의 종류

탱크구조		포방출구
고정지붕구조 (콘루프 탱크)	상부포주입법	I, II형
	저부포주입법	III, IV형
부상지붕구조 (플로팅루프 탱크)	상부포주입법	특형

71 ★★★

상수도소화용수설비의 화재안전기술기준상 소화전은 구경(호칭지름)이 최소 얼마 이상의 수도배관에 접속하여야 하는가?

① 50 [mm] 이상의 수도배관
② 75 [mm] 이상의 수도배관
③ 85 [mm] 이상의 수도배관
④ 100 [mm] 이상의 수도배관

해설 상수도소화용수설비의 설치기준

1) 호칭지름 75 [mm] 이상의 수도배관에 호칭지름 100 [mm] 이상의 소화전을 접속할 것
2) 소화전은 소방자동차의 진입이 쉬운 도로변 또는 공지에 설치할 것
3) 소화전은 특정소방대상물의 수평투영면의 각 부분으로부터 140 [m] 이하가 되도록 설치할 것

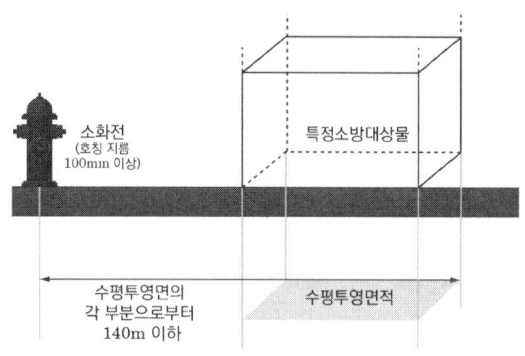

72 ★★★

완강기의 형식승인 및 제품검사의 기술기준상 완강기의 최대사용하중은 최소 몇 [N] 이상의 하중이어야 하는가?

① 800
② 1000
③ 1200
④ 1500

해설 완강기 최대사용하중

최대사용하중 : 1500 [N] 이상

보충 최대사용하중 :
완강기, 간이완강기 및 지지대를 사용함에 있어서 당해 완강기, 간이완강기 및 지지대에 가할 수 있는 최대하중

정답 71 ② 72 ④

73 ★

연결송수관설비의 화재안전기술기준상 방수구의 호스접결구에 대한 높이 기준으로 옳은 것을 고르시오.

① 바닥으로부터 높이 0.5[m] 이상 1[m] 이하의 위치에 설치할 것
② 바닥으로부터 1.5[m] 이하의 위치에 설치할 것
③ 바닥으로부터 높이 0.8[m] 이상 1.5[m] 이하의 위치에 설치할 것
④ 바닥으로부터 1[m] 이하의 위치에 설치할 것

해설 연결송수관설비 방수구

방수구의 호스접결구는 바닥으로부터 높이 0.5 [m] 이상 1 [m] 이하의 위치에 설치할 것

74 ★★★

이산화탄소소화설비의 화재안전기술기준에 따른 이산화탄소소화설비 기동장치의 설치기준으로 맞는 것은?

① 가스압력식 기동장치 기동용 가스용기의 용적은 3 [L] 이상으로 한다.
② 수동식 기동장치는 전역방출방식에 있어서 방호대상물마다 설치한다.
③ 수동식 기동장치의 부근에는 소화약제의 방출을 지연시킬 수 있는 방출지연스위치를 설치해야 한다.
④ 전기식 기동장치로서 5병의 저장용기를 동시에 개방하는 설비는 2병 이상의 저장용기에 전자개방밸브를 부착해야 한다.

해설 이산화탄소소화설비 기동장치

1) 가스압력식 기동장치
   (1) 기동용 가스용기 및 해당 용기에 사용하는 밸브는 25 [MPa] 이상의 압력에 견딜 수 있는 것으로 할 것
   (2) 기동용 가스용기에는 내압시험압력의 0.8배부터 내압시험압력 이하에서 작동하는 안전장치를 설치할 것
   (3) 기동용 가스용기의 체적은 5 [L] 이상으로 하고, 해당 용기에 저장하는 질소 등의 비활성기체는 6.0 [MPa] 이상(21 [℃] 기준)의 압력으로 충전할 것
   (4) 기동용 가스용기에는 충전 여부를 확인할 수 있는 압력게이지를 설치할 것
2) 전기식 기동장치로서 7병 이상의 저장용기를 동시에 개방하는 설비는 2병 이상의 저장용기에 전자개방밸브를 부착할 것
3) **수동식 기동장치 부근에는 소화약제의 방출을 지연시킬 수 있는 방출지연스위치를 설치해야 함**
4) 수동식 기동장치는 **전역방출방식은 방호구역마다, 국소방출방식은 방호대상물마다 설치할 것**

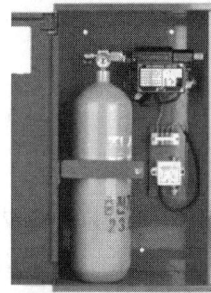

[기동용 가스용기함 내부]

75 ★★★

옥내소화전의 화재안전성능기준상 소방자동차부터 그 설비에 송수할 수 있는 송수구의 설치기준으로 틀린 것은?

① 송수구로부터 주배관에 이르는 연결배관에는 개폐밸브를 설치하지 않을 것
② 지면으로부터 높이가 0.8 [m] 이상 1.5 [m] 이하의 위치에 설치할 것
③ 구경 65 [mm]의 쌍구형 또는 단구형으로 할 것
④ 송수구의 가까운 부분에 자동배수밸브(또는 직경 5 [mm]의 배수공) 및 체크밸브를 설치할 것

해설 옥내소화전설비의 송수구

옥내소화전설비에는 소방자동차부터 그 설비에 송수할 수 있는 송수구를 다음의 기준에 따라 설치해야 한다.

1) 송수구는 송수 및 그 밖의 소화작업에 지장을 주지 않도록 설치할 것
2) 송수구로부터 주배관에 이르는 연결배관에는 개폐밸브를 설치하지 않을 것
3) **지면으로부터 높이가 0.5 [m] 이상 1 [m] 이하의 위치에 설치할 것**
4) 구경 65 [mm]의 쌍구형 또는 단구형으로 할 것
5) 송수구의 가까운 부분에 자동배수밸브(또는 직경 5 [mm]의 배수공) 및 체크밸브를 설치할 것
6) 송수구에는 이물질을 막기 위한 마개를 씌울 것

76 ★★★

할론소화설비의 분사헤드 설치기준 중 전역방출방식 할론 1301 분사헤드의 방출압력은 최소 몇 [MPa] 이상이어야 하는가?

① 0.1   ② 0.2
③ 0.7   ④ 0.9

해설 할론소화설비 분사헤드 방출압력

- 할론 2402 : 0.1 [MPa] 이상
- 할론 1211 : 0.2 [MPa] 이상
- 할론 1301 : 0.9 [MPa] 이상

77 ★★★

포소화설비의 화재안전기술기준상 포소화설비의 자동식 기동장치에 폐쇄형 스프링클러헤드를 사용하는 경우에 대한 설치기준 중 다음 ( ) 안에 알맞은 것은? (단, 자동화재탐지설비의 수신기가 설치된 장소에 상시 사람이 근무하고 있고, 화재 시 즉시 해당 조작부를 작동시킬 수 있는 경우는 제외한다)

- 표시온도가 (㉠) [℃] 미만인 것을 사용하고 1개의 스프링클러헤드의 경계 면적은 (㉡) [m²] 이하로 할 것
- 부착면의 높이는 바닥면으로부터 (㉢) [m] 이하로 하고 화재를 유효하게 감지할 수 있도록 할 것

① ㉠ 60, ㉡ 10, ㉢ 7
② ㉠ 60, ㉡ 20, ㉢ 7
③ ㉠ 79, ㉡ 10, ㉢ 5
④ ㉠ 79, ㉡ 20, ㉢ 5

정답 75 ② 76 ④ 77 ④

> **해설** 포소화설비 자동식 기동장치 - 폐쇄형 S/P헤드

1) 표시온도 : 79 [℃] 미만
2) 1개의 스프링클러헤드의 경계면적 : 20 [m²] 이하
3) 부착면의 높이 : 바닥으로부터 5 [m] 이하
4) 하나의 감지장치 경계구역은 하나의 층이 되도록 할 것

78 ★

완강기의 속도조절기에 관한 설명으로 틀린 것은?

① 견고하고 내구성이 있어야 한다.
② 강하 시 발생하는 열에 의해 기능에 이상이 생기지 아니하여야 한다.
③ 속도조절기의 풀리(Pulley) 등으로부터 로프가 노출되지 아니하는 구조이어야 한다.
④ 평상시에는 분해, 청소 등을 하기 쉽게 만들어져 있어야 한다.

> **해설** 완강기의 속도조절기

1) 견고하고 내구성이 있어야 한다.
2) 평상시에 분해, 청소 등을 하지 아니하여도 작동할 수 있어야 한다.
3) 강하 시 발생하는 열에 의하여 기능에 이상이 생기지 아니하여야 한다.
4) 속도조절기는 사용 중에 분해·손상·변형되지 아니하여야 하며, 속도조절기의 이탈이 생기지 아니하도록 덮개를 하여야 한다.
5) 강하 시 로프가 손상되지 아니하여야 한다.
6) 속도조절기의 풀리(Pulley) 등으로부터 로프가 노출되지 아니하는 구조이어야 한다.

79 ★★★

전동기 또는 내연기관에 따른 펌프를 이용하는 옥외소화전설비의 가압송수장치의 설치기준 중 다음 (   ) 안에 알맞은 것은?

> 해당 특정소방대상물에 설치된 옥외소화전(2개 이상 설치된 경우에는 2개의 옥외소화전)을 동시에 사용할 경우 각 옥외소화전의 노즐선단에서의 방수압력이 (㉠) [MPa] 이상이고, 방수량이 (㉡) [L/min] 이상이 되는 성능의 것으로 할 것

① ㉠ 0.17, ㉡ 350
② ㉠ 0.25, ㉡ 350
③ ㉠ 0.17, ㉡ 130
④ ㉠ 0.25, ㉡ 130

> **해설** 옥외소화전설비 설치기준

1) 방수압력 : 0.25 [MPa] 이상, 0.7 [MPa] 이하
2) 방수량 : 350 [L/min] 이상
3) 호스 구경 : 65 [mm]
4) 옥외소화전설비의 수원[m³] :
   N × 7 [m³] (N : 최대 2개)

80 ★★★

할로겐화합물 및 불활성기체소화설비의 화재안전기술기준에 따른 할로겐화합물 및 불활성기체소화설비의 수동식 기동장치의 설치기준에 대한 설명으로 틀린 것은?

① 50 [N] 이상의 힘을 가하여 기동할 수 있는 구조로 할 것
② 전기를 사용하는 기동장치에는 전원표시등을 설치할 것
③ 기동장치의 방출용 스위치는 음향경보장치와 연동하여 조작될 수 있는 것으로 할 것
④ 해당 방호구역의 출입구 부근 등 조작을 하는 자가 쉽게 피난할 수 있는 장소에 설치할 것

해설 할로겐화합물 및 불활성기체소화설비의 수동식 기동장치

수동식 기동장치 부근에는 소화약제의 방출을 지연시킬 수 있는 방출지연스위치를 설치해야 한다.

1) 방호구역마다 설치할 것
2) 해당 방호구역의 출입구 부분 등 조작을 하는 자가 쉽게 피난할 수 있는 장소에 설치할 것
3) 기동장치의 조작부는 바닥으로부터 높이 0.8 [m] 이상 1.5 [m] 이하 위치에 설치하고, 보호판 등에 따른 보호장치를 설치할 것
4) 기동장치 인근의 보기 쉬운 곳에 "할로겐화합물 및 불활성기체소화설비 수동식 기동장치"라는 표지를 할 것
5) 전기를 사용하는 기동장치에는 전원표시등을 설치할 것
6) 기동장치의 방출용 스위치는 음향경보장치와 연동하여 조작될 수 있는 것으로 할 것
7) 50 [N] 이하의 힘을 가하여 기동할 수 있는 구조로 할 것
8) 기동장치에는 보호장치를 설치해야 하며, 보호장치를 개방하는 경우 기동장치에 설치된 부저 또는 벨 등에 의하여 경고음을 발할 것
9) 기동장치를 옥외에 설치하는 경우 빗물 또는 외부 충격의 영향을 받지 아니하도록 설치할 것
〈시행 2024.8.1.〉

격차를 뛰어넘어 압도적인 격차를 만들다

※ 소방기본법 내용 중 '문화재'라는 용어는 타법 개정(2024.5.7.)에 따라 '문화유산' 및 '국가유산'으로 변경·통일하였습니다. 학습에 참고바랍니다.

2023

▶ 세부구성

|1회| 소방원론
    소방유체역학
    소방관계법규
    소방기계시설의 구조 및 원리

|2회| 소방원론
    소방유체역학
    소방관계법규
    소방기계시설의 구조 및 원리

|4회| 소방원론
    소방유체역학
    소방관계법규
    소방기계시설의 구조 및 원리

2023년 1회 소방원론

01 ★★★

화재 표면온도(절대온도)가 2배로 되면 복사에너지는 몇 배로 증가되는가?

① 2
② 4
③ 8
④ 16

해설 스테판 볼츠만의 법칙

단위 면적당 복사열량 $Q\,[W/m^2] = \sigma T^4$

복사 : 열전달 매질 없이 전자파 형태로 열이 전달. 스테판 볼츠만의 법칙에 의해 복사열은 <u>절대온도의 4승에 비례</u>한다.

보충 매질 : 파동을 전달시키는 물질

[풀이 1]
- T [K]일 때 : $Q_1 = \sigma T^4$
- 2T [K]일 때 : $Q_2 = \sigma(2T)^4 = 16\sigma T^4$

$$\frac{Q_2}{Q_1} = \frac{16\sigma T^4}{\sigma T^4} = 16$$

∴ $Q_2 = 16 \times Q_1$

[풀이 2]

$Q = \sigma T^4$

따라서 $Q \propto T^4$이므로

$Q_1 : T^4 = Q_2 : (2T)^4$

$Q_2 \times T^4 = Q_1 \times (2T)^4$

∴ $Q_2 = 16 \times Q_1$

Q : 복사에너지 $[W/m^2]$
σ : 스테판 볼츠만 상수 $[W/m^2 \cdot K^4]$
T : 절대온도 [K]

02 ★★

어떤 기체가 0 [℃], 1기압에서 부피가 11.2 [L], 기체 질량이 22 [g]이었다면 이 기체의 분자량은? (단, 이상기체로 가정한다)

① 22
② 35
③ 44
④ 56

해설 이상기체상태방정식

이상기체상태방정식 $PV = nRT = \dfrac{W}{M}RT$

분자량 $M = \dfrac{WRT}{PV} = \dfrac{22 \times 0.082 \times 273}{1 \times 11.2}$

≒ 44 [g/mol]

P : 절대압력 [atm]
n : 몰수 [mol]
T : 절대온도 [K] (273 + [℃])
W : 기체의 질량 [g]
V : 부피 [L]
R : 기체상수 (0.082 [atm·L/mol·K])
M : 분자량 [g/mol]

03 ★★★

철근콘크리트조, 연와조, 벽돌조 등과 같은 구조로 화재 시 상당시간 동안 변화를 일으키지 않으며 화재 후에도 수리하여 재사용할 수 있는 구조는?

① 방화구조
② 내화구조
③ 난연구조
④ 방열구조

정답 01 ④ 02 ③ 03 ②

해설 내화구조

1) 내화구조
   (1) 화재 시 건축물의 강도 및 성능을 일정시간 유지할 수 있는 구조
   (2) 철근 콘크리트조, 연와조, 기타 이와 유사한 구조
2) 방화구조
   (1) 일정시간 동안 일정구획에서 화재를 한정시킬 수 있는 구조
   (2) 철망모르타르, 회반죽 바르기 기타 이와 유사한 구조로서 화재에 대한 내력은 없고 화재 시 건축물의 인접부분으로 연소되는 것을 방지할 수 있는 정도의 구조

구분	거실 각 부분으로부터 계단에 이르는 보행거리
일반건축물	30 [m] 이하
건축물의 주요구조부가 내화구조, 불연재료로 된 건축물	**50 [m] 이하** (층수가 16층 이상인 공동주택의 경우 16층 이상인 층 : 40 [m] 이하)
자동화 생산시설에 스프링클러 등 자동식 소화설비를 설치한 공장	75 [m] 이하 (무인화 공장 : 100 [m] 이하)

04 ★★★

주요구조부가 내화구조로 된 건축물에서 거실 각 부분으로부터 하나의 직통계단에 이르는 보행거리는 피난자의 안전상 몇 [m] 이하이어야 하는가?

① 50
② 60
③ 70
④ 80

해설 직통계단의 설치

건축물의 피난층 외의 층에서는 피난층 또는 지상으로 통하는 직통계단을 거실의 각 부분으로부터 계단에 이르는 보행거리가 30 [m] 이하가 되도록 설치해야 한다. 다만 **건축물의 주요구조부가 내화구조 또는 불연재료로 된 건축물**은 그 보행거리가 50 [m](층수가 16층 이상인 공동주택의 경우 16층 이상 층에 대해서는 40 [m]) 이하가 **되도록 설치**할 수 있으며, 자동화 생산시설에 스프링클러 등 자동식 소화설비를 설치한 공장으로서 국토교통부령으로 정하는 공장인 경우에는 그 보행거리가 75 [m] (무인화 공장인 경우에는 100 [m]) 이하가 되도록 설치할 수 있다.

[건축법 시행령 제34조 ①항]

05 ★ 난이도 상

다음 위험물 중 물과 접촉 시 위험성이 가장 높은 것은?

① $NaClO_3$
② P
③ Na_2O_2
④ TNT

해설 물과 접촉 시 위험성이 큰 물질

위험물	분류	소화
$NaClO_3$ (염소산나트륨)	제1류 (염소산염류)	주수소화
P(인)	제2류 (적린) 또는 제3류 (황린) ※ 적린과 황린은 동소체	주수소화
Na_2O_2 (과산화나트륨)	1류 위험물 **(무기과산화물)**	**마른 모래로 피복소화**
TNT (트라이나이트로톨루엔)	제5류 위험물 (나이트로화합물)	주수소화

※ 무기과산화물은 물과 접촉 시 산소발생
따라서 주수소화 절대엄금
$2Na_2O_2 + 2H_2O \rightarrow 4NaOH + O_2 \uparrow$

정답 04 ① 05 ③

06 ★★★

폭굉(Detonation)에 관한 설명으로 틀린 것은?

① 연소속도가 음속보다 느릴 때 나타난다.
② 온도의 상승은 충격파의 압력에 기인한다.
③ 압력 상승은 폭연의 경우보다 크다.
④ 폭굉의 유도거리는 배관의 지름과 관계가 있다.

해설 폭연(Deflagration), 폭굉(Detonation)

1) 폭연과 폭굉의 비교

가스폭발은 물적 조건과 에너지조건이 만족되면 화염이 발생하여 일정한 속도로 전파되는데, 음속 이하를 폭연(Deflagration), 음속 이상을 폭굉(Detonation)이라고 한다.

구분	폭연	폭굉
전파 속도	음속 이하 (0.1~10 [m/s])	**음속 이상** (1000~3500 [m/s])
특징	폭굉으로 전이 될 수 있음	**압력 상승이 폭연의 10배 이상**
에너지 전달	전도, 대류, 복사 (열에 의한 연소파)	**충격파**

2) 폭굉 유도거리
   (1) 폭굉 유도거리란 정상적인 연소에서 폭굉으로 전이되는 데 필요한 거리를 말한다.
   (2) 폭굉 유도거리가 짧을수록 위험성이 크다.
   (3) 폭굉유도거리가 짧아지는 조건
      ① 점화원의 에너지가 클수록 (+)
      ② 연소속도가 클수록 (+)
      ③ 주위 온도가 높을수록 (+)
      ④ 배관의 압력이 클수록 (+)
      ⑤ 배관 내 장애물이 많을수록 (+)
      ⑥ 배관의 관경이 가늘수록(작을수록) (-)

07 ★★★

플래시 오버(Flash Over)에 대한 설명으로 옳은 것은?

① 도시가스의 폭발적 연소를 말한다.
② 휘발유 등 가연성 액체가 넓게 흘러서 발화한 상태를 말한다.
③ 옥내화재가 서서히 진행하여 열 및 가연성 기체가 축적되었다가 일시에 연소하여 화염이 크게 발생하는 상태를 말한다.
④ 화재층의 불이 상부층으로 올라가는 현상을 말한다.

해설 실내화재 발생현상

1) 플래시 오버
   (1) 온도가 급격히 상승하여 화재가 순간적으로 실내 전체에 확산되는 현상
   (2) 발생 시기 : 성장기 ~ 최성기 직전
2) 백 드래프트
   (1) 훈소상태일 때 신선한 공기 유입으로 실내의 축적된 가스가 단시간 연소, 폭발하여 실외로 분출
   (2) 발생 시기 : 감쇠기(최성기 이후)

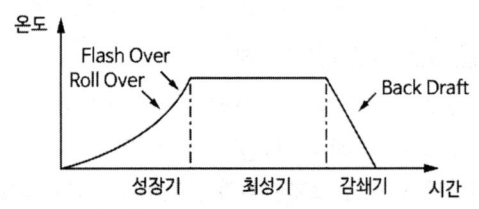

08 ★★★

전기화재의 원인으로 거리가 먼 것은?

① 단락   ② 과전류
③ 누전   ④ 절연 과다

해설 전기화재 원인

1) 과전류(과부하)에 의한 발화
2) 단락(합선)에 의한 발화
3) 누전에 의한 발화
4) 낙뢰에 의한 발화
5) 전기불꽃에 의한 발화
6) 정전기로 인한 스파크 발생에 의한 발화

보충
- 절연 : 전기 또는 열을 통하지 않게 하는 것
- 단락 : 전기 회로의 두 점 사이의 절연이 잘 안되어서 두 점 사이가 접속되는 일
- 누전 : 절연이 불완전하거나 시설이 손상되어 전기가 전깃줄 밖으로 새어 흐름

09 ★★★

인화점이 낮은 것부터 높은 순서로 옳게 나열된 것은?

① 에틸알코올 < 이황화탄소 < 아세톤
② 이황화탄소 < 에틸알코올 < 아세톤
③ 에틸알코올 < 아세톤 < 이황화탄소
④ 이황화탄소 < 아세톤 < 에틸알코올

해설 인화점

물질	인화점 [℃]
다이에틸에테르(디에틸에테르)	-45
가솔린(휘발유)	-43
산화프로필렌	-37
이황화탄소	-30
아세톤	-18
메틸알코올	11
에틸알코올	13
등유	39
경유	41

- 이황화탄소 < 아세톤 < 에틸알코올

암기 인가산이아 / 메에 / 등경

10 ★

1기압 상태에서, 22 [℃] 물 1 [kg]이 소화 시 모두 기화되었을 때 필요한 열량은 몇 [kJ]인가? (단, 1 [kcal] = 4.18 [kJ]이다)

① 2672
② 2580
③ 2253
④ 2587

해설 물 상태변화에 필요한 열량

$$\boxed{22℃\ 물} \xrightarrow{Q_1} \boxed{100℃\ 물} \xrightarrow{Q_2} \boxed{100℃\ 수증기}$$

- 물의 비열 [kJ/kg·K]
  $1\ [kcal/kg \cdot ℃] = 4.18\ [kJ/kg \cdot K]$

- 물의 증발잠열 [kJ/kg]

$$539\ [kcal/kg] = 539\ [kcal/kg] \times \frac{4.18\ [kJ]}{1\ [kcal]}$$
$$= 2253.02\ [kJ/kg]$$

1) 현열량 Q_1 (22 [℃] 물 → 100 [℃] 물)

$Q_1 = mC\Delta T$
$= 1\ [kg] \times 4.18\ [kJ/kg \cdot K] \times (100-22)\ [K]$
$= 326.04\ [kJ]$

2) 잠열량 Q_2 (100 [℃] 물 → 100 [℃] 수증기)

$Q_2 = mr$
$= 1\ [kg] \times 2253.02\ [kJ/kg]$
$= 2253.02\ [kJ]$

3) 총 필요한 열량 Q

$Q = Q_1 + Q_2 = 326.04 + 2253.02 = 2579.06\ [kJ]$

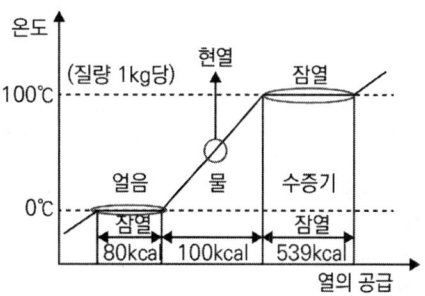

[물의 상태변화]
m : 질량 [kg], C : 물의 비열 $[kJ/kg \cdot K]$
ΔT : 온도 차 [K], r : 물의 증발잠열 $[kJ/kg]$

정답 09 ④ 10 ②

11 ★★★

공기와 할론 1301의 혼합기체에서 할론 1301에 비해 공기의 확산속도는 약 몇 배인가? (단, 공기의 평균 분자량은 29, 할론 1301의 분자량은 149이다)

① 2.27배 ② 3.85배
③ 5.17배 ④ 6.46배

해설 그레이엄의 확산 속도 법칙

그레이엄의 확산 속도 법칙 $\dfrac{V_1}{V_2} = \sqrt{\dfrac{\rho_2}{\rho_1}} = \sqrt{\dfrac{m_2}{m_1}}$

$$\dfrac{V_{공기}}{V_{할론1301}} = \sqrt{\dfrac{m_{할론1301}}{m_{공기}}} = \sqrt{\dfrac{149}{29}} = 2.266 ≒ 2.27$$

V_1, V_2 : 기체 1, 2 확산속도 [m/s]
ρ_1, ρ_2 : 기체 1, 2 밀도 [kg/m³]
m_1, m_2 : 기체 1, 2 분자량 [kg/kmol]

12 ★★★

일반적인 플라스틱 분류상 열경화성 플라스틱에 해당하는 것은?

① 폴리에틸렌 ② 폴리염화비닐
③ 페놀수지   ④ 폴리스티렌

해설 합성수지의 화재성상

열가소성 수지 (열에 의해 변형)	열경화성 수지 (열에 변형되지 않음)
PVC (폴리염화비닐수지) 폴리에틸렌수지 폴리스티렌수지	멜라민수지 페놀수지 요소수지

암기 가피폴폴 멜페요

13 ★★★

내화건축물의 화재에서 공기의 유통이 원활하고 연소는 급속히 진행되어 개구부에는 진한 매연과 화염이 분출하고 실내는 순간적으로 화염이 충만한 시기는?

① 성장기 ② 초기
③ 최성기 ④ 중기

해설 구획화재의 진행

1) 발화 : 가연물이 공기 중에서 산소와 반응해 열과 빛을 내는 초기 단계
2) 성장기 : 화재 초기에는 화염이 크지 않고 백색연기 발생하다가 점차 개구부에 진한 흑색연기 분출, 플래시 오버가 발생할 수 있는 최성기 직전의 상태로 화염이 순간적으로 번지는 플래시 오버가 발생하면 바로 최성기가 됨
3) 최성기 : 플래시 오버 현상이 진행된 뒤 온도가 최고에 이르러 천장 등이 녹고 무너져 내려앉는 단계로 산소가 급격히 줄어 다량의 불완전가스가 발생함
4) 감쇄기 : 산소 소진으로 화재가 부분적으로 소멸되고 연기 발생 정지

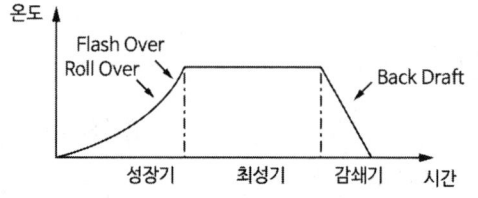

14 ★★★

분말소화약제에 관한 설명 중 틀린 것은?

① 차고, 주차장에는 제3종 분말소화약제를 사용할 수 없다.
② 최적의 소화를 나타내는 분말의 입도는 20 ~ 25 [μm] 정도이다.
③ CDC(Compatible Dry Chemical)는 포와 함께 사용할 수 있다.
④ 제1인산염을 주성분으로 한 분말은 담홍색으로 착색되어 있다.

해설 분말소화약제

1) 제3종 분말소화약제(제1인산염)는 차고, 주차장에 적응성이 있으며, 담홍색으로 착색되어 있음
2) 20 ~ 30 [μm] 범위 분말입도가 가장 효과적
3) 미세도의 분포가 골고루 되어 있어야 함
4) CDC 소화약제란 포와 함께 사용할 수 있는 분말소화약제를 말함

보충 수성막포와 제3종 분말소화약제를 겸용하여 사용하면 소화성능이 향상되며, 이를 트윈에이전트시스템(Twin Agent System)이라 한다.

15 ★★★

화재의 유형별 특성에 관한 설명으로 옳은 것은?

① A급 화재는 무색으로 표시하며, 감전의 위험이 있으므로 주수소화를 엄금한다.
② B급 화재는 황색으로 표시하며, 질식소화를 통해 화재를 진압한다.
③ C급 화재는 백색으로 표시하며, 가연성이 강한 금속의 화재이다.
④ D급 화재는 청색으로 표시하며, 연소 후에 재를 남긴다.

해설 화재별 소화방법

등급	화재	표시색	소화방법
A급	일반화재	백색	냉각소화
B급	유류화재	황색	질식소화
C급	전기화재	청색	질식소화
D급	금속화재	무색	마른모래, 팽창질석, 팽창진주암 D급 소화기
K급	주방화재	-	K급 소화기

16 ★★★

할로겐화합물 및 불활성기체 소화약제 계열 중 HCFC - 22를 82 [%] 포함하고 있는 것은?

① IG - 541
② HFC - 227ea
③ IG - 55
④ HCFC BLEND A

해설 할로겐화합물 및 불활성기체 소화약제 계열

계열	소화약제	상품명	기타
FC	FC - 3 - 1 - 10	CEA - 410	C_4F_{10}
HFC	HFC - 23	FE - 13	CHF_3
	HFC - 125	FE - 25	CHF_2CF_3
	HFC - 227ea	FM - 200	CF_3CHFCF_3
HCFC	HCFC - 124	FE - 241	$CHClFCF_3$
	HCFC BLEND A	NAF - S - Ⅲ	HCFC-22 : 82 [%] HCFC-123 : 4.75 [%] HCFC-124 : 9.5 [%] $C_{10}H_{16}$: 3.75 [%]
IG	IG - 541	Inergen	N_2, Ar, CO_2

정답 14 ① 15 ② 16 ④

17 ★★★

건물의 주요구조부가 아닌 것은?

① 작은 보 ② 기둥
③ 내력벽 ④ 주계단

해설 건물의 주요구조부

1) 바닥(최하층 바닥 제외)
2) 보(작은 보 제외)
3) 지붕틀(차양 제외)
4) 내력벽(비내력벽 제외)
5) 주계단(옥외계단 제외)
6) 기둥(사잇기둥 제외)

☆암기 바보지내주기

18 ★★★

연면적이 1000 [m²] 이상인 건축물에 설치하는 방화벽이 갖추어야 할 기준으로 틀린 것은?

① 내화구조로서 홀로 설 수 있는 구조일 것
② 방화벽이 양쪽 끝과 위쪽 끝을 건축물의 외벽면 및 지붕면으로부터 0.1 [m] 이상 튀어나오게 할 것
③ 방화벽에 설치하는 출입문의 너비는 2.5 [m] 이하로 할 것
④ 방화벽에 설치하는 출입문의 높이는 2.5 [m] 이하로 할 것

해설 방화벽 설치기준

구분	설치 및 구조 기준
대상 건축물	주요구조부가 내화구조이거나 불연재료인 건축물이 아닌 연면적 1000 [m²] 이상인 건축물
구획	각 구획된 바닥면적의 합계 : 1000 [m²] 미만
구조	• 내화구조로서 홀로 설 수 있는 구조일 것 • **방화벽 양쪽 끝과 위쪽 끝을 건축물의 외벽면 및 지붕면으로부터 0.5 [m] 이상 튀어나오게 할 것** • 출입문 너비와 높이 : 2.5 [m] 이하 • 출입문 : 60분+ 방화문 또는 60분 방화문

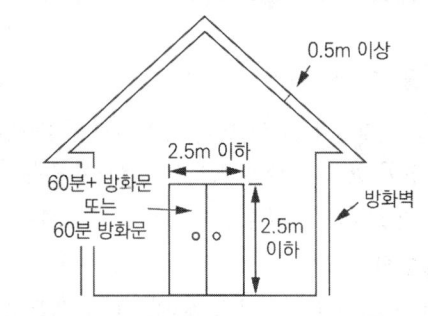

19 ★★★

다음 중 점화원이라고 할 수 없는 것은?

① 정전기 ② 충격
③ 증발열 ④ 마찰열

해설 점화원 형태에 의한 분류

구분	종류
기계열	압축열, **마찰열**, 마찰스파크, 충격열, 단열압축
전기열	유도열, 유전열, 저항열, 아크열, **정전기열**, 낙뢰에 의한 열
화학열	연소열, 분해열, 용해열, 생성열, 자연발화열

※ 점화원이 될 수 없는 것 : 기화열(증발열), 용해열, 단열팽창 등

정답 17 ① 18 ② 19 ③

20 ★ 난이도 상

다음 가연성 기체 1몰이 완전 연소하는 데 필요한 이론공기량으로 틀린 것은? (단, 체적비로 계산하며 공기 중 산소의 농도를 21 [vol%]로 한다)

① 수소 - 약 2.38몰
② 메테인 - 약 9.52몰
③ 아세틸렌 - 약 16.91몰
④ 프로페인 - 약 23.81몰

해설 연소에 필요한 이론공기량

1) 수소 : $H_2 + \frac{1}{2}O_2 \rightarrow H_2O$

∴ 이론공기량 = $\frac{0.5\ 몰}{0.21(21\%)}$ ≒ 2.38몰

2) 메테인(메탄) : $CH_4 + 2O_2 \rightarrow CO_2 + 2H_2O$

∴ 이론공기량 = $\frac{2\ 몰}{0.21(21\%)}$ ≒ 9.52몰

3) 아세틸렌 : $C_2H_2 + \frac{5}{2}O_2 \rightarrow 2CO_2 + H_2O$

∴ 이론공기량 = $\frac{2.5\ 몰}{0.21(21\%)}$ ≒ 11.9몰

4) 프로페인(프로판) : $C_3H_8 + 5O_2 \rightarrow 3CO_2 + 4H_2O$

∴ 이론공기량 = $\frac{5\ 몰}{0.21(21\%)}$ ≒ 23.81몰

∴ 필요한 공기량 $x[mol] = \frac{\frac{1}{2}[mol] \times 100[vol\%]}{21[vol\%]}$

$= \frac{\frac{1}{2}[mol]}{0.21}$

※ 가연성 기체 1몰이 완전 연소하는 데 필요한 **이론공기량** $x[mol]$:
$\frac{완전\ 연소하는\ 데\ 필요한\ 산소\ 몰수[mol]}{0.21}$

※ 참고

수소의 완전연소반응식은 $H_2 + \frac{1}{2}O_2 \rightarrow H_2O$이다. 따라서 수소 1 [mol]이 완전연소하기 위해서 필요한 산소가 $\frac{1}{2}$ [mol]이다. 이때 필요한 이론공기량 [mol]을 구할 때, 전체 공기를 100 [vol%], 공기 중 산소를 21 [vol%]라고 가정하면 다음과 같은 비례식을 세울 수 있다.

$\frac{1}{2}$ [mol] (필요한 산소) : x [mol] (필요한 공기량)
= 21 [vol%] (공기 중 산소) : 100 [vol%] (전체 공기)

정답 20 ③

2023년 1회 소방유체역학

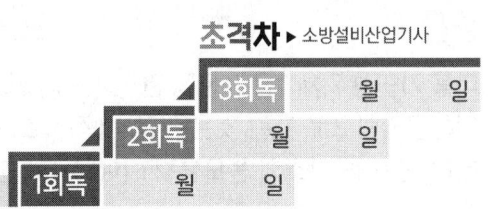

21 ★★★

관 내의 액주 높이로 압력을 측정할 수 있는데 모세관 현상은 측정하고자 하는 압력의 오차를 유발한다. 물을 사용하여 모세관 현상에 의한 액주의 상승 높이를 2 [mm] 이하로 유지하려고 하면 관의 내경은 최소 몇 [mm] 이상으로 해야 하는가? (단, 물의 표면장력은 0.08 [N/m], 밀도는 1000 [kg/m³], 접촉각은 0°이다)

① 16.3 ② 4.1
③ 2.8   ④ 6.7

해설 모세관 현상

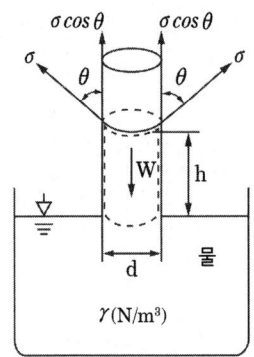

상승높이 $h\,[m] = \dfrac{4\sigma\cos\theta}{\gamma d}$

σ : 표면장력 [N/m]
θ : 각도 [°]
γ : 비중량 [N/m³]
d : 관의 내경 [m]

$2 \times 10^{-3}\,[m] = \dfrac{4 \times 0.08\,[N/m] \times \cos 0°}{9800\,[N/m^3] \times d\,[m]}$

$d = 0.01632\,[m] = 16.32\,[mm]$

22 ★★★

바닷속에 잠수함이 정지해 있고 그 위에 빙산이 떠 있다. 잠수함의 해치(출입문)가 받는 정수력에 미치는 빙산의 효과는?

① 빙산이 없을 때와 같다.
② 빙산이 있으면 정수력이 커진다.
③ 물 위에 떠오른 빙산의 체적에 따라 다르다.
④ 빙산이 있으면 정수력이 작아진다.

해설 정수력과 부력

1) 정수력(= 전압력)

$F = \gamma h A$

유체 내에서 물체가 잠긴 깊이가 깊어질수록 정수력은 증가한다(깊이에 따른 압력의 증가로 정수력이 증가함).

2) 부력 F_B

$F_B = \gamma_{유체} V_{잠긴체적}$

부력은 물체가 밀어낸 부피만큼의 액체 무게이다.

3) 해치가 받는 정수력에 미치는 빙산의 효과

잠수함 위에 빙산이 떠 있으나, 그 위에 빙산이 없으나 마찬가지로 자유표면으로부터 잠수함의 해치까지의 거리는 같다. 따라서 **전압력(= 정수력)**은 빙산이 바로 위에 떠 있으나, 그 위에 없으나 일정하다.

보충 자유표면 : 액체가 기체에 접하고 있는 표면

정답 21 ① 22 ①

23 ★

안지름 25 [mm], 길이 10 [m]의 수평 파이프를 통해 비중 0.8, 점성계수는 5 × 10⁻³ [kg/m·s]인 기름을 유량 0.2 × 10⁻³ [m³/s]로 수송하고자 할 때 필요한 펌프의 최소 동력은 약 몇 [W]인가?

① 0.21
② 0.58
③ 0.77
④ 0.81

해설 펌프의 동력

$$P[W] = \frac{\gamma[N/m^3] \times Q[m^3/s] \times H[m]}{\eta} \times K$$

※ 동력을 구할 때 조건상 효율(η)이나 전달계수(K)가 주어져 있지 않다면, 효율과 전달계수를 제외하고 산출한다.

[풀이 1] (달시 - 웨버 공식 풀이)

동력 $P = \gamma Q H_L = S \gamma_w Q H_L$

여기서

1) 양정 H_L(달시 - 웨버 공식 풀이)

$$H_L[m] = f\frac{L}{D}\frac{V^2}{2g} = 0.039 \frac{10}{0.025} \frac{0.407^2}{2 \times 9.8} = 0.1318$$

(1) $f = \frac{64}{Re} = \frac{64}{1628} = 0.039$

(2) $Re = \frac{\rho V D}{\mu} = \frac{S \rho_w V D}{\mu}$
$= \frac{(0.8 \times 1000) \times 0.407 \times 0.025}{5 \times 10^{-3}} = 1628$

(3) $V = \frac{Q}{A} = \frac{0.2 \times 10^{-3}}{\frac{\pi}{4} \times 0.025^2} = 0.407 [m/s]$

따라서

2) 동력 $P = \gamma Q H_L = S \gamma_w Q H_L$
$= 0.8 \times 9800 \times 0.2 \times 10^{-3} \times 0.1318$
$= 0.2066 ≒ 0.21 [W]$

[풀이 2] (하겐 - 포아젤 공식 풀이)

동력 $P = \gamma Q H_L = S \gamma_w Q H_L$

여기서, 층류 유동으로 가정하고 [하겐 - 포아젤 공식]을 사용한다.

1) 양정 H_L (하겐 - 포아젤 공식 풀이)

$$H_L[m] = \frac{128 \times \mu \times L \times Q}{\gamma \times \pi \times D^4} = \frac{128 \mu L Q}{(S\gamma_w)\pi D^4}$$

$$= \frac{128 \times (5 \times 10^{-3}) \times 10 \times (0.2 \times 10^{-3})}{(0.8 \times 9800) \times \pi \times 0.025^4}$$

$$= 0.133 [m]$$

따라서

2) 동력 $P[W] = \gamma[N/m^3] \times Q[m^3/s] \times H_L[m]$
$= S \gamma_w Q H_L$
$= (0.8 \times 9800) \times 0.2 \times 10^{-3} \times 0.133$
$= 0.2085 ≒ 0.21 [W]$

γ : 비중량 [N/m³]
Q : 유량 [m³/s]
H : 전양정 [m]
η : 효율
K : 전달계수

24 ★★★

관로에서 관마찰에 의한 손실 수두가 속도수두와 같게 될 때의 관로의 길이는 약 몇 [m]인가? (단, 관의 지름은 400 [mm]이고, 관 마찰계수는 0.041이다)

① 9.75
② 10.45
③ 10.05
④ 10.24

정답 23 ① 24 ①

해설 관로의 길이(달시 방정식)

$$손실수두\ H_L[m] = f \times \frac{L}{D} \times \frac{V^2}{2g}$$

1) 마찰손실수두 $H_L = f \frac{L}{D} \frac{V^2}{2g}$

2) 속도수두 $H_v = \frac{V^2}{2g}$

3) 조건상 '마찰손실수두 H_L = 속도수두 H_v'이므로

$$f \frac{L}{D} \frac{V^2}{2g} = \frac{V^2}{2g}$$

$$f \frac{L}{D} = 1$$

$$\therefore 관로의\ 길이\ L = \frac{D}{f} = \frac{0.4}{0.041} = 9.756\,[m]$$

25 ★★★

그림과 같이 크기가 다른 관이 연결된 수평 배관 내에 화살표의 방향으로 물이 정상상태로 흐른다. 압력계 A, B에서 지시하는 압력을 각각 P_A, P_B라고 할 때 P_A와 P_B의 관계로 옳은 것은? (단, A와 B지점 사이의 마찰손실은 없다고 가정한다)

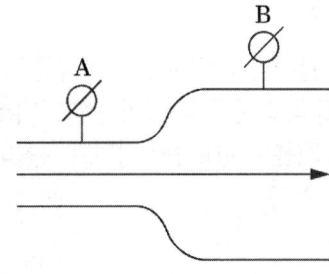

① $P_A > P_B$
② $P_A < P_B$
③ $P_A = P_B$
④ 이 조건만으로는 판단할 수 없다.

해설 베르누이 방정식

$$베르누이\ 방정식$$
$$\frac{P_A}{\gamma} + \frac{V_A^2}{2g} + Z_A = \frac{P_B}{\gamma} + \frac{V_B^2}{2g} + Z_B$$

1) 배관 내 모든 위치에서 속도수두, 압력수두, 위치수두의 합은 일정하다.

2) 조건상 수평 배관이므로 A지점과 B지점의 위치수두는 서로 같다($Z_A = Z_B$). 그러나 B지점의 관경이 A지점보다 크므로 B지점의 유속이 A지점보다 작다. 따라서 B지점의 압력수두가 A지점보다 크다.

$$\frac{P_A}{\gamma} + \frac{V_A^2}{2g} + Z_A = \frac{P_B}{\gamma} + \frac{V_B^2}{2g} + Z_B$$

압력 증가   유속 감소

• 구경이 커질 때($D_A < D_B$) : $V_A > V_B$, $P_A < P_B$

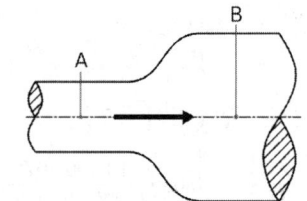

• 구경이 작아질 때($D_A > D_B$) : $V_A < V_B$, $P_A > P_B$

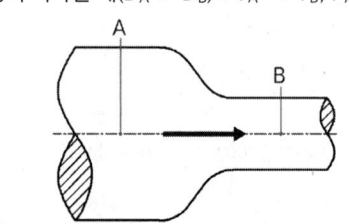

정답 25 ②

26 ★

100 [kPa], 4 [℃]의 물을 3000 [kg/h]의 500 [kPa]로 공급하기 위하여 소요되는 펌프의 동력은 약 몇 [kW]인가? (단, 펌프의 효율은 70 [%]이다)

① 0.33 [kW]　　② 0.48 [kW]
③ 1.32 [kW]　　④ 2.48 [kW]

해설 펌프의 동력

$$P[kW] = \frac{\gamma[kN/m^3] \times Q[m^3/s] \times H[m]}{\eta} \times K$$

1) 소요양정 H

$$H = \frac{(500-100)[kPa]}{9.8[kN/m^3]} = 40.816[m]$$

2) 유량 Q

$Q = 3000[kg/h] = 3000[L/h]$
(∵ 물 1 [kg] = 1 [L]이므로)

여기서 Q는 $[m^3/s]$단위이므로
$3000[L/h]$를 $[m^3/s]$로 단위 변환하면

$$3000[L/h] = 3000[L/h] \times \frac{1[m^3]}{1000[L]} \times \frac{1[h]}{3600[s]}$$

$$= \frac{3}{3600}[m^3/s]$$

3) 동력 P

$$P = \frac{\gamma QH}{\eta} \times K$$

$$= \frac{9.8 \times \frac{3}{3600} \times 40.816}{0.7}$$

$$= 0.476[kW]$$

※ 참고
유체가 물일 때, 1 [kg] = 1 [L]임을 유의한다.

γ : 비중량 [kN/m³]
Q : 유량 [m³/s]
H : 전양정 [m]
η : 효율
K : 전달계수

27 ★★★

직경이 18 [mm]인 노즐을 사용하여 방사 압력 147 [kPa]로 옥내소화전으로부터 방수하면 방수속도는 약 몇 [m/s]인가? (단, 방사 유체의 비중은 1이다)

① 17.1　　② 10.3
③ 16.3　　④ 14.7

해설 유체의 유출 속도

$$유속 \ V = \sqrt{2gh}$$

$유속 \ V = \sqrt{2gh} = \sqrt{2g(\frac{P}{\gamma})} \ (\because P = \gamma h)$

$$= \sqrt{2 \times 9.8[m/s^2] \times \frac{147[kPa]}{9.8[kN/m^3]}}$$

$$= 17.146[m/s]$$

28 ★

30 [℃], 100 [kPa]의 물을 이상적인 가역 단열 펌프를 이용하여 3000 [kPa]까지 가압한다. 이 펌프를 구동하기 위해 단위질량당 필요한 공업일은 몇 [kJ/kg]인가? (단, 물의 비체적은 0.001 [m³/kg]이다)

① 29　　② 30
③ 3.0　　④ 2.9

해설 공업일(압축일)

$$공업일 \ W_t = -\int V dP$$

$W_t = -V(P_2 - P_1)$

$= -0.001[m^3/kg] \times (3000-100)[kN/m^2]$

$= -2.9[kJ/kg]$

※ 공업일 W_t의 (-)부호는 일의 방향성을 나타냄

정답　26 ②　27 ①　28 ④

29 ★

그림과 같은 면적 A_1인 원형관의 출구에 노즐이 볼트로 연결되어 있으며 물이 분출되고 있다. 노즐 끝의 면적이 $A_2 = 0.2A_1$, 1지점에서의 압력(절대압력)이 P_1이고, 속도가 V_1일 때 전체 볼트에 작용하는 힘의 크기로 옳은 것은? (단, 대기압은 P_{atm}, 물의 밀도는 ρ이다)

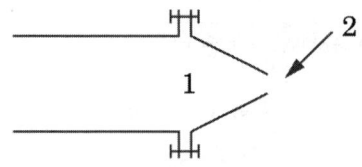

① $P_1 A_1 - P_{atm} A_2 - 4\rho A_1 V_1^2$
② $(P_1 - P_{atm}) A_1 - 4\rho A_1 V_1^2$
③ $P_1 A_1 - P_{atm} A_2 + 4\rho A_1 V_1^2$
④ $(P_1 - P_{atm}) A_1 + 4\rho A_1 V_1^2$

해설 플랜지볼트에 작용하는 힘 F_x

플랜지볼트에 작용하는 힘 F_x
$$F_x = P_{1g} A_1 - \rho Q \triangle V$$

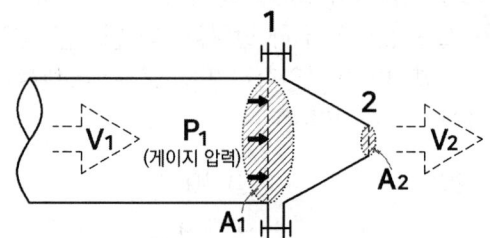

1) V_1과 V_2의 관계
$$Q = A_1 V_1 = A_2 V_2$$
$$V_2 = \frac{A_1}{A_2} V_1 = \frac{A_1}{0.2A_1} V_1 = 5V_1$$
$$\therefore V_2 = 5V_1$$

2) 플랜지볼트에 작용하는 힘 F_x
$$\begin{aligned} F_x &= P_{1g} A_1 - \rho Q \triangle V \\ &= (P_1 - P_{atm}) A_1 - \rho (A_1 V_1)(V_2 - V_1) \\ &= (P_1 - P_{atm}) A_1 - \rho (A_1 V_1)(5V_1 - V_1) \\ &= (P_1 - P_{atm}) A_1 - \rho (A_1 V_1)(4V_1) \\ &= (P_1 - P_{atm}) A_1 - 4\rho A_1 V_1^2 \end{aligned}$$

Q : 유량
$\triangle V$: 유속 차($V_2 - V_1$)
P_{1g} : 1 지점(원형관)에서의 게이지압력

TIP 문제에 언급된 기호로만 F_x(힘의 크기)를 나타낸다.

30 ★★

유체의 형상에 관한 설명으로 옳은 것은?

① 점성계수는 온도에 비례한다.
② 실제 유체는 점성으로 인하여 유동손실이 발생된다.
③ 동점성계수는 온도의 함수이며 단위는 포아즈(Poise)를 쓴다.
④ 기체의 점성은 주로 분자 간의 결합력 때문에 생긴다.

해설 유체의 점성

1) 점성계수는 온도에 비례하지 않는다.
2) 동점성계수는 액체인 경우 온도만의 함수이고, 기체인 경우는 온도와 압력의 함수이다.
3) 동점성계수의 단위 : $stokes\,[cm^2/s]$
4) 기체의 점성은 온도가 상승하면 증가한다(온도상승에 따라 분자의 운동량이 증가하여 분자 간의 충돌이 증가하기 때문).
5) 액체의 점성은 온도가 상승하면 감소한다(온도상승에 따라 분자의 응집력이 감소하기 때문).

정답 29 ② 30 ②

31 ★★★

직각으로 굽어진 유리관의 한 쪽은 정지한 수면 밑에 넣고 다른 한 쪽은 연직으로 세워 수면 위로 나오게 하였다. 이 관을 수평으로 0.98 [m/s]의 속도로 운동시킬 때 다음 중 옳은 것은?

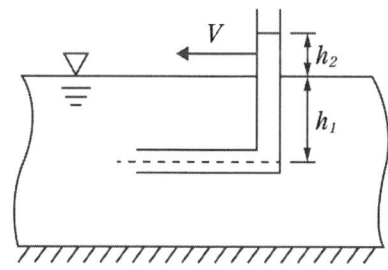

① $h_1 - h_2 = 24.5 [mm]$
② $h_1 = 24.5 [mm]$
③ $h_1 - h_2 = 49 [mm]$
④ $h_2 = 49 [mm]$

해설 피토관

$$유속\ V = \sqrt{2gh}$$

관을 좌측 수평으로 0.98 [m/s]로 운동시키는 것은 관이 정지한 상태에서 관 내 유체가 우측 수평으로 0.98 [m/s]로 운동하는 것과 같다.

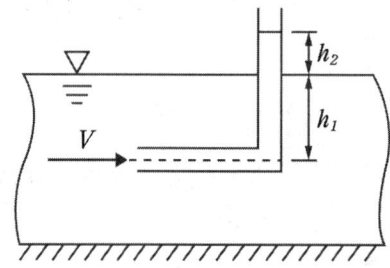

따라서
관 내 유속 $V = \sqrt{2gh}$
$0.98 = \sqrt{2 \times 9.8 \times h_2}$
$h_2 = 0.049 [m] = 49 [mm]$

32 ★★★

다음은 열의 이동을 막기 위해 쓰이는 방법의 예시이다. 각 방법이 어떤 열전달 방식을 줄이기 위한 것인지 바르게 짝지어진 것은?

> ㄱ. 맑은 날에 햇빛을 막기 위해 밝은 색의 양산을 사용한다.
> ㄴ. 주전자의 손잡이는 나무 또는 플라스틱으로 만든다.

① ㄱ. 복사   ㄴ. 대류
② ㄱ. 대류   ㄴ. 전도
③ ㄱ. 복사   ㄴ. 전도
④ ㄱ. 전도   ㄴ. 대류

해설 열전달

1) 복사에너지
전자기파 또는 광자의 형태로 물체로부터 방사되는 에너지. 최대로 복사에너지를 방사하는 이상적인 표면을 흑체(Black Body)라고 함. 실제 표면에서 방사되는 복사에너지는 동일한 온도의 흑체 표면에서 방사되는 복사에너지보다 작음(밝은 색은 복사열을 반사함)

2) 전도
물체 내에서 또는 물체 간의 직접적인 접촉을 통하여 열이 전달되는 것. 입자들이 위치는 바뀌지 않으면서 서로의 충돌에 의해 에너지가 한 곳에서 다른 곳으로 이동하는 것임

3) 대류
기체나 액체와 같이 유동성이 있는 유체 내에서 일어나는 열전달방법. 대류는 온도차에 의해서 생겨난 유체의 흐름에 의해서 열이 전달되는 것임

정답 31 ④ 32 ③

33 ★★

질량 2 [kg]의 이상 기체로 구성된 밀폐계가 600 [kJ]의 열을 받아 350 [kJ]의 일을 하였다. 이 기체의 온도는 몇 [℃] 상승하였는가? (단, 이 기체의 정적비열은 5 [kJ/kg·K], 정압비열은 6 [kJ/kg·K]이다)

① 95.0　　② 20.8
③ 79.2　　④ 25.0

해설　밀폐계의 열량

$_1Q_2 = \triangle U +\, _1W_2$

$_1Q_2 = mC_V \triangle T +\, _1W_2$

$600[kJ] = 2[kg] \times 5[kJ/kg \cdot K] \times \triangle T[K]$
$\qquad\qquad + 350[kJ]$

$\therefore \triangle T = 25[K] = 25[℃]$

※ 온도 차($\triangle T$)는 절대온도[K]를 섭씨온도[℃]로 변환하여도 수치 값이 같다.

$_1Q_2$: 열량 [kJ]
$\triangle U$: 내부에너지 [kJ], m : 질량 [kg]
C_V : 정적비열 [kJ/kg·K], $\triangle T$: 온도 차 [K]

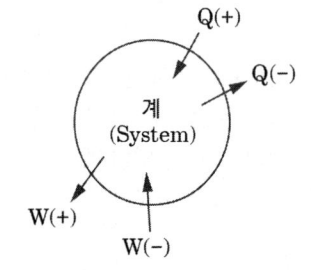

34 ★★★

반지름이 같은 4분원 모양의 두 수문 AB와 CD에 작용하는 단위 폭당 수직 정수력의 크기의 비는? (단, 대기압은 무시하며 물속에서 A와 C의 압력은 같다)

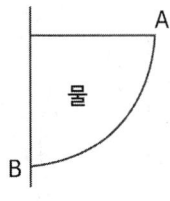 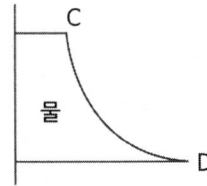

① $1 : \dfrac{2}{3}$　　② $1 : 1$

③ $1 : \left(1 - \dfrac{\pi}{4}\right)$　　④ $\left(1 - \dfrac{\pi}{4}\right) : 1$

해설　곡면에 작용하는 전압력(수직분력)

$$\text{수직분력 } F_y = \gamma V$$

곡면에 작용하는 전압력의 수직분력은 곡면의 연직상방향에 실린 액체의 무게와 같다. 만약에 액체가 곡면의 연직상방향에 실려 있지 않으면, 곡면 연직상방향에 실린 **가상의 액체 무게**와 같다(곡면이 액체 위에 있을 때, 액체의 무게와 전압력의 수직 성분은 반대 방향으로 작용하므로).

따라서 두 수문 AB와 CD에 작용하는 단위 폭당 정수력의 크기는 같다.

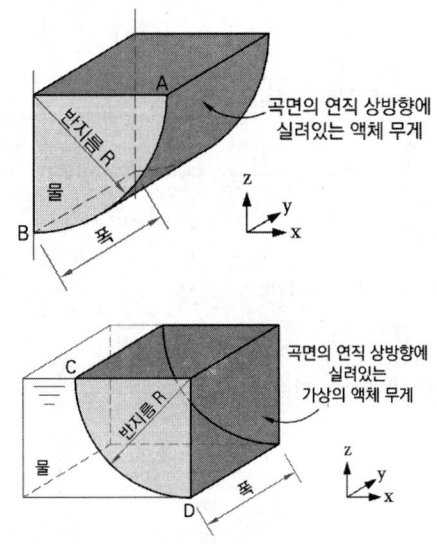

정답　33 ④　34 ②

35 ★★★

그림의 역U자관 마노미터에서 압력 차($P_x - P_y$)는 약 몇 Pa인가?

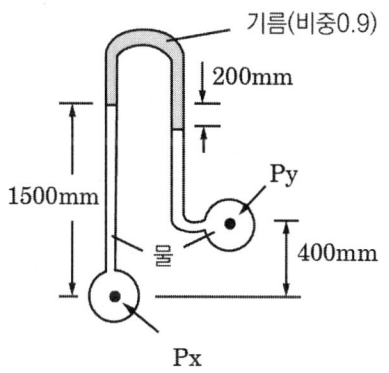

① 3215
② 4115
③ 5045
④ 6825

해설 역U자관 마노미터 압력차

$P_X - \gamma_1 h_1 = P_Y - \gamma_2 h_2 - \gamma_3 h_3$

$P_X - P_Y = \gamma_1 h_1 - \gamma_2 h_2 - \gamma_3 h_3$

$= \gamma_w h_1 - S_2 \gamma_w h_2 - \gamma_w h_3$

$= (9800[N/m^3] \times 1.5[m])$
$\quad - (0.9 \times 9800[N/m^3] \times 0.2[m])$
$\quad - (9800[N/m^3] \times 0.9[m])$

$= 4116 [Pa]$

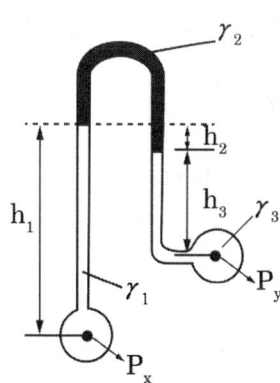

보충 $\gamma = S \times \gamma_w$, $\rho = S \times \rho_w$

36 ★★★

물이 배관 내에 유동하고 있을 때 흐르는 물속 어느 부분의 정압이 그때 물의 온도에 해당하는 증기압 이하로 되면 부분적으로 기포가 발생하는 현상을 무엇이라고 하는가?

① 와류현상
② 수격현상
③ 공동현상
④ 서징현상

해설 펌프의 이상현상

1) 맥동현상(Surging) : 압력계가 흔들리고 송출유량이 주기적으로 변하는 현상
2) 공동현상(Cavitation) : 관 내 유체의 정압이 포화수증기압보다 낮아져 유체에 기포가 발생하는 현상
3) 수격현상(Water Hammering) : 유체가 흐를 때 급격한 속도변화로 내부압력에 급변화가 생기는 현상

37 ★★★

다음 중 절대단위계(MLT계)에서 힘의 차원을 바르게 표현한 것은? (단, M : 질량, L : 길이, T : 시간)

① $ML^{-1}T^{-2}$
② MLT^2
③ MLT^{-2}
④ MLT

해설 힘의 차원

- $F = ma [N = kg \cdot m/s^2]$
- 힘의 차원 : $[MLT^{-2}]$

m : 질량 [kg]
a : 가속도 [m/s²]

정답 35 ② 36 ③ 37 ③

38 ★

물탱크의 자유표면으로부터 10 [m] 아래에 지름 2 [cm], 길이 40 [m]의 수평 파이프를 연결하고 끝에 지름 1 [cm]인 수도꼭지를 달아 물을 배출할 때 수도꼭지 출구 유속은 약 몇 [m/s]인가? (단, 파이프 내 마찰계수는 0.025, 수도꼭지에서의 부차적 손실계수는 50으로 하고 다른 손실은 모두 무시한다)

① 3.9　② 1.9
③ 2.9　④ 0.9

해설 베르누이 방정식을 통한 유속 계산

1) 파이프 내의 유속 V_1과 수도꼭지 유출 유속 V_2과의 관계

$$Q_1 = Q_2 \rightarrow A_1 V_1 = A_2 V_2$$

$$V_1 = \frac{A_2}{A_1} V_2 = \frac{1^2}{2^2} V_2 = \frac{1}{4} V_2$$

$$\therefore V_1 = \frac{1}{4} V_2$$

2) 손실수두 h_L

① 파이프 내 마찰손실 $h_1 = f \frac{L_1}{D_1} \frac{V_1^2}{2g}$

② 수도꼭지의 부차적 손실 $h_2 = K \frac{V_2^2}{2g}$

③ 손실수두 $h_L = h_1 + h_2$

$$\therefore h_L = 0.025 \times \frac{40}{0.02} \times \frac{\left(\frac{1}{4} V_2\right)^2}{2 \times 9.8}$$
$$+ 50 \times \frac{V_2^2}{2 \times 9.8} = 2.71 V_2^2$$

3) 베르누이 방정식을 통한 유속(V_2) 계산

$$\frac{P_0}{\gamma} + \frac{V_0^2}{2g} + Z_0 = \frac{P_2}{\gamma} + \frac{V_2^2}{2g} + Z_2 + h_L$$

(여기서, $P_0 = P_2 = 0$[대기압], $V_0 \fallingdotseq 0$)

$$Z_0 = \frac{V_2^2}{2g} + Z_2 + h_L$$

$$\frac{V_2^2}{2g} = Z_0 - Z_2 - h_L$$

$$V_2 = \sqrt{2 \times 9.8 \times (Z_0 - Z_2 - h_L)}$$
$$= \sqrt{2 \times 9.8 \times (10 - 2.71 V_2^2)} \quad (\because Z_0 - Z_2 = 10)$$

$$\therefore V_2 = 1.903 [m/s]$$

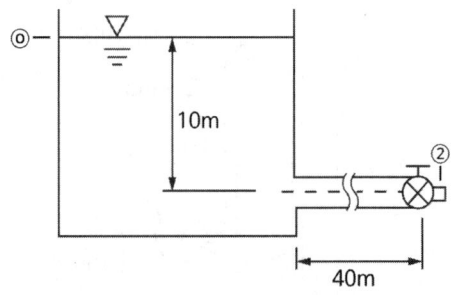

보충 자유표면 : 액체가 기체에 접하고 있는 표면

39 ★★★

온도가 20 [℃]인 이산화탄소 6 [kg]이 체적 0.3 [m³]인 용기에 가득 차 있다. 가스의 압력은 약 몇 [kPa]인가? (단, 이산화탄소의 기체상수는 189 [J/kg·K]인 이상기체로 가정한다)

① 189　② 1108
③ 75.6　④ 554

해설 이상기체상태방정식

이상기체상태방정식 $PV = nRT = \frac{W}{M} RT = W\overline{R}T$

$$P[kPa] = \frac{W\overline{R}T}{V}$$

$$= \frac{6 [kg] \times 0.189 [kJ/kg \cdot K] \times (273 + 20) [K]}{0.3 [m^3]}$$

$$= 1107.54 [kPa]$$

P : 절대압력 [kPa]
V : 부피 [m³]
M : 분자량 [kg/kmol]
W : 기체의 질량 [kg]
R : 기체상수 [kPa·m³/kmol·K]
$\overline{R}$: 특정기체상수 [kJ/kg·K]
T : 절대온도 [K] (273 + [℃])

40 ★★★

비중량이 9880 [N/m³]인 유체가 소화설비 배관 내를 1분당 50 [kN]의 중량으로 흐른다. 관의 안지름이 150 [mm]라면 평균 유속은 약 몇 [m/s]인가?

① 4.77
② 3.1
③ 283.8
④ 83.3

해설 평균 유속(중량유량)

$$\text{중량유량 } \dot{G}[N/s] = \gamma A V$$

유속 $V = \dfrac{\dot{G}}{\gamma A} = \dfrac{\dfrac{50 \times 10^3}{60}[N/s]}{9880[N/m^3] \times \dfrac{\pi}{4} \times 0.15^2[m^2]}$

$= 4.77 [m/s]$

γ : 비중량 [N/m³]
A : 배관 단면적 [m²]
V : 유속 [m/s]

정답 40 ①

2023년 1회 소방관계법규

41 ★★★

소방시설설치 및 관리에 관한 법령상 특정소방대상물에 실내장식 등의 목적으로 설치 또는 부착하는 물품으로서 제조 또는 가공공정에서 방염처리를 한 방염대상물품이 아닌 것은? (단, 합판·목재류의 경우에는 설치현장에서 방염처리를 한 것을 말한다)

① 창문에 설치하는 커튼류
② 암막·무대막
③ 전시용 합판·목재 또는 섬유판
④ 종이벽지

해설 방염대상물품

1) 제조·가공 공정에서 방염처리한 물품
   (1) 창문에 설치하는 커튼류(블라인드 포함)
   (2) 카펫
   (3) 벽지류(두께 2 [mm] 미만인 종이벽지 제외)
   (4) 전시용 합판·목재 또는 섬유판, 무대용 합판·목재 또는 섬유판(합판·목재류의 경우 불가피하게 설치 현장에서 방염처리한 것을 포함한다)
   (5) 암막·무대막(영화상영관 스크린, 가상체험체육시설의 스크린 포함)
   (6) 섬유류, 합성수지류 등을 원료로 하여 제작된 소파·의자(단란주점영업, 유흥주점, 노래연습장업의 영업장에 설치하는 것만 해당)

2) 건축물 내부의 천장이나 벽에 부착하거나 설치하는 것, 다만 가구류(옷장·찬장·식탁·식탁용 의자·사무용 책상·사무용 의자·계산대 등)와 너비 10 [cm] 이하 반자돌림대 등과 내부 마감재료는 제외

(1) 종이류(두께 2 [mm] 이상)·합성수지류·섬유류를 주원료로 한 물품
(2) 합판, 목재
(3) 공간 구획하는 간이 칸막이(접이식 등 이동 가능한 벽체나 천장 또는 반자가 실내에 접하는 부분까지 구획하지 않는 벽체를 말한다)
(4) 흡음(吸音)을 위하여 설치하는 흡음재(흡음용 커튼을 포함한다)
(5) 방음(防音)을 위하여 설치하는 방음재(방음용 커튼을 포함한다)

보충 시·도지사 : 설치현장 방염처리 합판·목재

42 ★★

위험물안전관리법령상 제조소 또는 일반 취급소의 위험물취급탱크 노즐 또는 맨홀을 신설하는 경우, 노즐 또는 맨홀의 직경이 몇 [mm]를 초과하는 경우 변경허가를 받아야 하는가?

① 250
② 300
③ 400
④ 600

정답 41 ④ 42 ①

> **해설** 제조소등의 설치 및 변경

1) 설치허가자 : 시·도지사(행정안전부령)
2) 위험물 품명·수량·지정수량의 배수 변경신고 : 변경하고자 하는 날의 1일 전
3) 제조소·일반취급소 변경허가를 받아야 하는 경우
   (1) 제조소·일반취급소 위치 이전
   (2) 배출설치 또는 불활성기체 봉입장치 신설
   (3) 위험물취급탱크 신설·교체·철거·보수
   (4) 위험물취급탱크 노즐 또는 맨홀 신설(노즐 또는 맨홀 직경 250 [mm] 초과하는 경우)
   (5) 위험물취급탱크 탱크전용실 증설 또는 교체
4) 변경허가·변경신고 제외 장소
   (1) 주택의 난방시설(공동주택의 중앙난방시설 제외)을 위한 저장소·취급소
   (2) 농예용·축산용·수산용으로 필요한 난방시설 또는 건조시설을 위한 지정수량 20배 이하의 저장소

43 ★★★

특수가연물의 저장 및 취급기준을 2회 위반한 경우 과태료 부과기준은?

① 100   ② 200
③ 300   ④ 400

> **해설** 과태료 부과기준(200만 원 이하)

1. 불을 사용할 때 지켜야 하는 사항 및 특수가연물의 저장 및 취급 기준을 위반한 경우
2. 소방설비등의 설치 명령을 정당한 사유 없이 따르지 아니한 경우
3. 기간 내에 선임신고를 하지 아니하거나 소방안전관리자의 성명 등을 게시하지 아니한 경우
4. 기간 내에 선임신고를 하지 아니한 자
5. 기간 내에 소방훈련 및 교육 결과를 제출하지 아니한 경우

※ 특수가연물의 저장 및 취급 기준 위반 : 횟수에 상관없이 200만 원

44 ★★★

다음 중 중급기술자의 학력·경력자에 대한 기준으로 옳은 것은?

① 박사학위를 취득한 후 1년 이상 소방 관련 업무를 수행한 자
② 석사학위를 취득한 후 2년 이상 소방 관련 업무를 수행한 자
③ 학사학위를 취득한 후 6년 이상 소방 관련 업무를 수행한 자
④ 전문학사학위를 취득한 후 10년 동안 소방 관련 업무를 수행한 자

> **해설** 소방기술자 학력·경력에 따른 기술등급

등급	소방 관련 학과 학력 경력자	소방 관련 학과 이외 경력자
특급	• 박사 + 3년 이상 • 석사 + 7년 이상 • 학사 + 11년 이상 • 전문학사학위 + 15년 이상	–
고급	• 박사 + 1년 이상 • 석사 + 4년 이상 • 학사 + 7년 이상 • 전문학사학위 + 10년 이상 • 고등학교 소방학과 + 13년 • 고등학교 졸업 + 15년 이상	• 학사 + 12년 이상 • 전문학사학위 + 15년 이상 • 고등학교 졸업 + 18년 이상 • 22년 이상 소방 관련 업무
중급	• 박사 • **석사 + 2년 이상** • **학사 + 5년 이상** • 전문학사학위 + 8년 이상 • 고등학교 소방학과 + 10년 • 고등학교 졸업 + 12년 이상	• 학사 + 9년 이상 • 전문학사학위 + 12년 이상 • 고등학교 졸업 + 15년 이상 • 18년 이상 소방 관련 업무

정답 43 ② 44 ②

등급	소방 관련 학과 학력 경력자	소방 관련 학과 이외 경력자
초급	• 석사, 학사 • 관련 학과 졸업 • 전문학사학위 + 2년 이상 • 고등학교 소방학과 + 3년 • 고등학교 졸업 +5년 이상	• 학사 + 3년 이상 • 전문학사학위 + 5년 이상 • 고등학교 졸업 + 7년 이상 • 9년 이상 소방 관련 업무

45 ★★★

화재의 예방 및 안전관리에 관한 법령에 따른 특수가연물의 기준 중 다음 ( ) 안에 알맞은 것은?

품명	수량
나무껍질 및 대팻밥	(㉠) [kg] 이상
면화류	(㉡) [kg] 이상

① ㉠ 200, ㉡ 400
② ㉠ 200, ㉡ 1000
③ ㉠ 400, ㉡ 200
④ ㉠ 400, ㉡ 1000

📖 **해설** 특수가연물

품명		수량
면화류		200 [kg] 이상
나무껍질 및 대팻밥		400 [kg] 이상
넝마 및 종이부스러기		1000 [kg] 이상
사류, **볏**짚류		1000 [kg] 이상
가연성 **고**체류		3000 [kg] 이상
석탄·**목**탄류		10000 [kg] 이상
가연성 **액**체류		2 [m³] 이상
목재가공품 및 나무부스러기		10 [m³] 이상
고무류·**플**라스틱류	발포시킨 것	20 [m³] 이상
	그 밖의 것	3000 [kg] 이상

🔑 **암기** 면이 나대싸 넘사벽 천 가고삼 가액이 석목만 고발이

46 ★★★

소방기본법령상 출동한 소방대원에게 폭행 또는 협박을 행사하여 화재진압·인명구조 또는 구급활동을 방해한 사람에 대한 벌칙 기준은?

① 500만 원 이하의 과태료
② 1년 이하의 징역 또는 1000만 원 이하의 벌금
③ 3년 이하의 징역 또는 3000만 원 이하의 벌금
④ 5년 이하의 징역 또는 5000만 원 이하의 벌금

📖 **해설** 5년 이하 징역 또는 5000만 원 이하 벌금

(1) 위력을 사용하여 출동한 소방대의 화재진압·인명구조·구급활동을 방해하는 행위
(2) 소방대가 화재진압·인명구조·구급활동을 위하여 현장에 출동하거나 현장에 출입하는 것을 고의로 방해하는 행위
(3) 출동한 소방대원에게 폭행·협박을 행사하여 화재진압·인명구조·구급활동 방해(음주 또는 약물로 인한 심신장애 상태에서 위반 시 형법의 감경 미적용)
(4) 출동한 소방대의 소방장비를 파손하거나 그 효용을 해하여 화재진압·인명구조·구급활동 방해하는 행위
(5) 소방자동차의 출동을 방해한 사람
(6) 사람을 구출하는 일 또는 불을 끄거나 불이 번지지 않도록 하는 일을 방해한 사람
(7) 정당한 사유 없이 소방용수시설·비상소화장치를 사용하거나 소방용수시설·비상소화장치의 효용을 해치거나 그 정당한 사용을 방해한 사람

47 ★★   (난이도 상)

소방시설설치 및 관리에 관한 법령상 스프링클러설비를 설치하여야 하는 특정소방대상물의 기준으로 틀린 것은? (단, 위험물 저장 및 처리 시설 중 가스시설 또는 지하구는 제외한다)

① 복합건축물로서 연면적 3500 [m²] 이상인 경우에는 모든 층
② 창고시설(물류터미널은 제외)로서 바닥면적 합계가 5000 [m²] 이상인 경우에는 모든 층
③ 숙박이 가능한 수련시설 용도로 사용되는 시설의 바닥면적의 합계가 600 [m²] 이상인 것은 모든 층
④ 판매시설, 운수시설 및 창고시설(물류터미널에 한정)로서 바닥면적의 합계가 5000 [m²] 이상이거나 수용인원이 500명 이상인 경우에는 모든 층

해설 스프링클러설비 설치대상

설치대상	기준
• 문화 및 집회시설(동·식물원 제외) • 종교시설 • 운동시설(물놀이형 시설 및 바닥이 불연재료이고 관람석이 없는 운동시설은 제외)	• 수용인원 100명 이상 • 영화상영관 바닥면적 : 지하층·무창층 500 [m²] (그 외 1000 [m²]) 이상 • 무대부 : 지하층·무창층, 4층 이상 300 [m²] (그 외 500 [m²]) 이상
• 판매시설, 운수시설 • 창고시설(물류터미널)	• 수용인원 500명 이상 • 바닥면적 합계 5000 [m²] 이상
6층 이상인 특정소방대상물	전 층
• 의료시설(정신의료기관, 종합병원, 병원, 치과병원, 한방병원, 요양병원) • 노유자시설 • 숙박 가능한 수련시설 • 숙박시설 • 산후조리원, 조산원	바닥면적 합계 600 [m²] 이상인 것은 모든 층
지하가(터널 제외)	연면적 1000 [m²] 이상

설치대상	기준
기숙사(교육연구시설·수련시설 내에 있는 학생 수용을 위한 것), 복합건축물	연면적 5000 [m²] 이상인 모든 층
특수가연물 저장·취급 시설	지정수량 1000배 이상
랙식 창고의 높이가 10 [m]를 초과	바닥면적 또는 랙이 설치된 부분의 합계가 1500 [m²] 이상인 경우 모든 층
전기저장시설, 교정 및 군사시설 중 보호감호소, 교도소, 구치소 및 그 지소, 보호관찰소, 갱생보호시설, 치료감호시설, 소년원 및 소년분류심사원의 수용거실, 보호시설(외국인보호소의 경우에는 보호대상자의 생활공간으로 한정), 유치장	-

48 ★★

아파트로 층수가 20층인 특정소방대상물에서 스프링클러 설비를 하여야 하는 층수는? (단, 아파트는 신축을 실시하는 경우이다)

① 전 층   ② 15층 이상
③ 11층 이상 ④ 6층 이상

해설 스프링클러설비 설치대상

47번 문제 해설 참조

49 ★★

제3류 위험물 중 금수성 물품에 적응성이 있는 소화약제는?

① 이산화탄소   ② 물
③ 팽창진주암   ④ 인산염류분말

정답 47 ① 48 ① 49 ③

> **해설** 금수성 물질
> - 물과 접촉하여 발화, 가연성 가스 발생
> - 종류 : 칼륨, 나트륨, 알킬알루미늄, 알킬리튬
> - 질식소화 : 마른 모래, <u>팽창질석</u>, 팽창진주암

50 ★★

화재의 예방 및 안전관리에 관한 법령상 일반음식점에서 조리를 위하여 불을 사용하는 설비를 설치하는 경우 지켜야 하는 사항 중 다음 ( ) 안에 알맞은 것은?

> - 주방설비에 부속된 배기덕트는 (㉠) [mm] 이상의 아연도금 강판 또는 이와 동등 이상의 내식성 불연재료로 설치할 것
> - 열을 발생하는 조리기구로부터 (㉡) [m] 이내의 거리에 있는 가연성 주요 구조부는 석면판 또는 단열성이 있는 불연 재료로 덮어 씌울 것

① ㉠ 0.5, ㉡ 0.15
② ㉠ 0.5, ㉡ 0.6
③ ㉠ 0.6, ㉡ 0.15
④ ㉠ 0.6, ㉡ 0.5

> **해설** 음식조리를 위하여 설치하는 설비
> - 주방설비에 부속된 <u>배출덕트는 0.5 [mm] 이상</u> 아연도금강판 또는 동등 이상의 내식성 불연재료로 설치
> - 동·식물 기름 제거 가능한 필터 설치
> - 열 발생 조리기구는 반자 또는 선반으로부터 0.6 [m] 이상 떨어지게 할 것
> - <u>열 발생 조리기구로부터 0.15 [m] 이내</u> 거리의 가연성 주요구조부는 석면판 또는 단열성 있는 불연재료로 덮어씌울 것

51 ★★★

소방공사업법령상 공사감리자 지정대상 특정소방대상물의 범위가 아닌 것은?

① 캐비닛형 간이스프링클러설비를 신설·개설하거나 방호·방수 구역을 증설할 때
② 물분무등소화설비(호스릴 방식의 소화설비는 제외)를 신설·개설하거나 방호·방수구역을 증설할 때
③ 제연설비를 신설·개설하거나 제연구역을 증설할 때
④ 연소방지설비를 신설·개설하거나 살수구역을 증설할 때

> **해설** 공사감리자 지정대상 특정소방대상물 범위
> ① 옥내소화전설비 신설·개설·증설
> ② <u>스프링클러설비등(캐비닛형 간이SP 제외) 신설·개설하거나 방호·방수 구역을 증설</u>
> ③ 물분무등소화설비(호스릴 제외) 신설·개설하거나 방호·방수 구역을 증설
> ④ 옥외소화전설비 신설·개설·증설
> ⑤ 자동화재탐지설비 신설·개설
> ⑥ 비상방송설비 신설·개설
> ⑦ 통합감시시설 신설·개설
> ⑧ 비상조명등 신설·개설
> ⑨ 소화용수설비 신설·개설
> ⑩ 다음 각 목에 따른 소화활동설비에 대하여 각 목에 따른 시공을 할 때
>   ㉠ 제연설비 신설·개설하거나 제연구역 증설
>   ㉡ 연결송수관설비 신설·개설
>   ㉢ 연결살수설비 신설·개설하거나 송수구역 증설
>   ㉣ 비상콘센트설비 신설·개설하거나 전용회로 증설
>   ㉤ 무선통신보조설비 신설·개설
>   ㉥ 연소방지설비를 신설·개설하거나 살수구역 증설

52 ★★★

소방시설공사업법령상 상주 공사감리 대상 기준 중 다음 ( ) 안에 알맞은 것은?

- 연면적 (㉠) [m²] 이상의 특정소방대상물 (아파트 제외)에 대한 소방시설의 공사
- 지하층을 포함한 층수가 (㉡)층 이상으로서 (㉢)세대 이상인 아파트에 대한 소방시설의 공사

① ㉠ 10000, ㉡ 11, ㉢ 600
② ㉠ 10000, ㉡ 16, ㉢ 500
③ ㉠ 30000, ㉡ 11, ㉢ 600
④ ㉠ 30000, ㉡ 16, ㉢ 500

해설 공사감리 대상

종류	대상	방법
상주 감리	• 연 3만 [m²] 이상 (아파트 제외) • 16층(지하층 포함) 이상으로 500세대 이상 아파트	• 정한기간에 현장 상주 • 감리업무 수행, 감리일지 작성 • 1일 이상 일탈 시 발주확인·업무대행
일반 감리	• 상주감리 이외 공사 현장	• 배치기간에 현장 업무, 주 1회 이상 • 감리업무 수행, 감리일지 작성 • 14일 이내 수행 불가 시 대행자 지정 • 대행자 주 2회 이상 배치, 업무내용통보

53 ★★★

소방용수시설 급수탑 개폐밸브의 설치기준으로 옳은 것은?

① 지상에서 1.0 [m] 이상 1.5 [m] 이하
② 지상에서 1.5 [m] 이상 1.7 [m] 이하
③ 지상에서 1.2 [m] 이상 1.8 [m] 이하
④ 지상에서 1.5 [m] 이상 2.0 [m] 이하

해설 소방용수시설의 설치기준

1) 소화전
   • 상수도와 연결, 지하식·지상식 구조
   • 연결금속구 구경 : 65 [mm]
2) 급수탑
   • 급수배관 구경 : 100 [mm] 이상
   • 개폐밸브 : 지상 1.5 [m] 이상 1.7 [m] 이하
3) 저수조
   • 지면으로부터의 낙차 : 4.5 [m] 이하
   • 흡수부분 수심 : 0.5 [m] 이상일 것
   • 흡수관 투입구 : 사각형 한 변 60 [cm] 원형 지름 60 [cm] 이상

54 ★★★

고급감리원 이상의 소방공사감리원의 소방시설공사 배치 현장기준으로 옳은 것은?

① 연면적 5000 [m²] 이상 30000 [m²] 미만인 특정소방대상물의 공사 현장
② 연면적 30000 [m²] 이상 200000 [m²] 미만인 아파트의 공사 현장
③ 연면적 30000 [m²] 이상 200000 [m²] 미만 특정소방대상물(아파트 제외) 공사 현장
④ 연면적 200000 [m²] 이상인 특정소방대상물의 공사 현장

정답 52 ④　53 ②　54 ②

해설 감리원 배치기준

감리원 배치기준	소방시설공사 현장기준
특급감리원 중 소방기술사	• 연면적 200000 [m²] 이상 특정소방대상물 공사현장 • 지하층을 포함한 층수가 40층 이상 특정소방대상물 공사현장
특급감리원 이상 소방공사 감리원 (기계분야 및 전기분야)	• 연면적 30000 [m²] 이상 200000 [m²] 미만 특정소방대상물 공사현장 (아파트 제외) • 지하층 포함한 층수가 16층 이상 40층 미만 특정소방대상물 공사현장
고급감리원 이상 소방공사 감리원 (기계분야 및 전기분야)	• 물분무등소화설비(호스릴 방식 제외) 또는 제연설비 설치되는 특정소방대상물 공사현장 • 연면적 30000 [m²] 이상 200000 [m²] 미만 아파트 공사현장

55 ★★★

소방시설기준 적용의 특례 중 특정소방대상물의 관계인이 소방시설을 갖추어야 함에도 불구하고 관련 소방시설을 설치하지 아니할 수 있는 소방시설의 범위로 옳은 것은? (단, 화재 위험도가 낮은 특정소방대상물로서 석재, 불연성금속, 불연성 건축재료 등의 가공공장·기계조립공장·주물공장 또는 불연성 물품을 저장하는 창고이다)

① 옥외소화전 및 연결살수설비
② 연결송수관설비 및 연결살수설비
③ 자동화재탐지설비, 상수도소화용수설비 및 연결살수설비
④ 스프링클러설비, 상수도소화용수설비 및 연결살수설비

해설 화재위험도 낮은 특정소방대상물

구분	특정소방대상물	소방시설
화재 위험도가 낮은 특정소방대상물	석재, 불연성금속, 불연성 건축 재료 등의 가공공장, 기계조립공장, 불연성물품 저장 창고	옥외소화전설비, 연결살수설비
화재안전기준 적용 어려운 특정소방대상물	펄프공장의 작업장, 음료수 공장의 세정·충전 작업장 등	스프링클러설비, 상수도소화용수설비, 연결살수설비
	정수장, 수영장, 목욕장, 농예·축산·어류 양식용시설 등	자동화재탐지, 상수도소화용수, 연결살수설비
화재안전기준을 달리 적용하여야 하는 특수한 용도·구조의 특정소방대상물	• 원자력발전소 • 중·저준위방사성 폐기물의 저장시설	연결송수관설비, 연결살수설비
위험물안전관리법에 따라 자체소방대 설치된 특정소방대상물	자체소방대가 설치된 위험물 제조소등에 부속된 사무실	옥내소화전설비, 소화용수설비, 연결살수설비 및 연결송수관설비

56 ★★★

우수품질인증을 받지 아니한 제품에 우수품질인증 표시를 하거나 우수품질인증 표시를 위조 또는 변조하여 사용한 자에 대한 벌칙기준은?

① 100만 원 이하의 벌금
② 200만 원 이하의 벌금
③ 300만 원 이하의 벌금
④ 1000만 원 이하의 벌금

📖 **해설** 1년 1000만 원 이하의 벌금

1. 자체점검을 하지 않거나 관리업자에게 정기 점검하게 하지 아니한 자
2. 소방시설관리사증을 빌려주거나 빌리거나 이를 알선한 자
3. 동시에 둘 이상의 업체에 취업한 자
4. 자격정지처분을 받고 자격정지기간 중에 관리사의 업무를 한 자
5. 관리업 등록증, 등록수첩을 다른 자에게 빌려주거나 빌리거나 이를 알선한 자
6. 영업정지처분을 받고 영업정지기간 중에 관리업의 업무를 한 자
7. 제품검사 합격표시 허위·위조·변조한 자
8. 형식승인의 변경승인을 받지 아니한 자
9. 제품검사에 합격하지 아니한 소방용품에 성능인증을 받았다는 표시 또는 제품검사에 합격하였다는 표시를 하거나 성능인증을 받았다는 표시 또는 제품검사에 합격하였다는 표시를 위조 또는 변조하여 사용한 자
10. 성능인증의 변경인증을 받지 아니한 자
11. <u>우수품질 표시 허위·위조·변조하여 사용한 자</u>
12. 관계인의 업무 방해하거나 출입·검사 시 알게 된 비밀을 누설한 자

57 ★★★

소방의 역사와 안전문화를 발전시키고 국민의 안전의식을 높이기 위하여 ㉠ 소방박물관과 ㉡ 소방체험관을 설립 및 운영할 수 있는 사람은?

① ㉠ 소방청장, ㉡ 소방청장
② ㉠ 소방청장, ㉡ 시·도지사
③ ㉠ 시·도지사, ㉡ 시·도지사
④ ㉠ 소방본부장, ㉡ 시·도지사

📖 **해설** 설립 및 운영 소방박물관, 체험관

소방박물관	소방체험관
소방청장	시·도지사
행정안전부령	시·도 조례
① 국내·외의 소방의 역사 ② 소방공무원의 복장 및 소방장비 등의 변천 및 발전에 관한 자료를 수집·보관 및 전시	① 재난·안전사고 유형에 따른 예방, 대처, 대응 등에 관한 체험교육 ② 체험교육 프로그램의 개발 및 국민 안전의식 향상을 위한 홍보·전시 ③ 체험교육 인력의 양성 및 유관기관·단체 등과 협력 ④ 시·도지사가 인정하는 사업
① 소방박물관장 1인 (소방공무원 중 소방청장이 임명), 부관장 1인 ② 운영위원회 : 7인 이내	–

58 ★★★

소방시설설치 및 관리에 관한 법령상 형식승인을 받지 아니한 소방용품을 판매하거나 판매목적으로 진열하거나 소방시설공사에 사용한 자에 대한 벌칙 기준은?

① 3년 이하의 징역 또는 3000만 원 이하의 벌금
② 2년 이하의 징역 또는 1500만 원 이하의 벌금
③ 1년 이하의 징역 또는 1000만 원 이하의 벌금
④ 1년 이하의 징역 또는 500만 원 이하의 벌금

💡 **정답** 57 ②   58 ①

해설 3년 이하 징역 또는 3000만 원 이하 벌금

1. 조치명령 위반사항에 대한 명령을 정당한 사유 없이 위반
2. 관리업 등록을 하지 않고 영업을 한 자
3. 소방용품 형식승인 받지 아니하고 제조·수입 또는 거짓이나 그 밖의 부정한 방법으로 형식승인을 받은 자
4. 제품검사를 받지 아니한 자 또는 거짓이나 그 밖의 부정한 방법으로 제품검사를 받은 자
5. 소방용품을 판매·진열하거나 소방시설공사에 사용한 자
6. 거짓이나 그 밖의 부정한 방법으로 성능인증 또는 제품검사를 받은 자
7. 제품검사를 받지 아니하거나 합격표시를 하지 아니한 소방용품을 판매·진열하거나 소방시설공사에 사용한 자
8. 구매자에게 명령을 받은 사실을 알리지 아니하거나 필요한 조치를 하지 아니한 자
9. 거짓이나 그 밖의 부정한 방법으로 전문기관으로 지정을 받은 자

59 ★★★

소방기본법에서 정의하는 소방대상물에 해당하지 않는 것은?

① 산림
② 차량
③ 건축물
④ 항해 중인 선박

해설 소방용어 정의

1) 소방대상물
   (1) 건축물
   (2) 차량
   (3) 선박(항구에 매어 둔 것)
   (4) 산림, 그 밖의 인공구조물 또는 물건

2) 관계지역
   소방대상물이 있는 장소 및 그 이웃 지역으로 화재의 예방·경계·진압, 구조·구급 등의 활동에 필요한 지역

3) 관계인
   소방대상물의 소유자·관리자·점유자

4) 소방대
   화재 진압 및 화재, 재난·재해, 그 밖의 위급한 상황에서 구조·구급 활동
   (1) 소방공무원
   (2) 의무소방원
   (3) 의용소방대원

   암기 공무용

5) 소방본부장
   특별시·광역시·특별자치시·도 또는 특별자치도(이하 "시·도"라 한다)에서 화재의 예방·경계·진압·조사 및 구조·구급 등의 업무를 담당하는 부서의 장

6) 소방대장
   소방본부장 또는 소방서장 등 화재, 재난·재해, 그 밖의 위급한 상황이 발생한 현장에서 소방대를 지휘하는 사람

60 ★★★

소방기본법령상 소방력의 동원에 대한 설명으로 틀린 것은?

① 소방청장은 해당 시·도의 소방력만으로는 소방활동을 효율적으로 수행하기 어려운 화재, 재난·재해, 그 밖의 구조·구급이 필요한 상황이 발생하거나 특별히 국가적 차원에서 소방활동을 수행할 필요가 인정될 때에는 각 시·도지사에게 행정안전부령으로 정하는 바에 따라 소방력을 동원할 것을 요청할 수 있다.

② 소방청장은 시·도지사에게 동원된 소방력을 화재, 재난·재해 등이 발생한 지역에 지원·파견하여 줄 것을 요청하거나 필요한 경우 직접 소방대를 편성하여 화재진압 및 인명구조 등 소방에 필요한 활동을 하게 할 수 있다.

③ 동원된 소방대원이 다른 시·도에 파견·지원되어 소방활동을 수행할 때에는 특별한 사정이 없으면 화재, 재난·재해 등이 발생한 지역을 관할하는 소방본부장 또는 소방서장의 지휘에 따라야 한다. 다만 소방청장이 직접 소방대를 편성하여 소방활동을 하게 하는 경우에는 소방청장의 지휘에 따라야 한다.

④ 소방활동을 수행하는 과정에서 발생하는 경비 부담에 관한 사항에 따라 소방활동을 수행한 민간 소방 인력이 사망하거나 부상을 입었을 경우의 보상주체·보상기준 등에 관한 사항, 그 밖에 동원된 소방력의 운용과 관련하여 필요한 사항은 행정안전부령으로 정한다.

해설 소방력의 동원

1) 소방청장 → 시·도지사에게 요청
2) 동원요청 인정사항
   (1) 시·도 소방력으로 소방활동이 어려운 화재
   (2) 재난·재해
   (3) 그 밖에 구조구급 필요사항
   (4) 국가적 차원의 소방활동 필요
3) 동원요청 방법 : 소방청장은 시·도지사에게 동원 요청 사실과 다음의 요청사항을 팩스 또는 전화 등의 방법으로 통지(단, 긴급을 요하는 경우 시·도 소방본부 또는 소방서의 종합실장에게 직접 요청)
   (1) 동원을 요청하는 인력 및 장비
   (2) 소방력 이송 수단 및 집결장소
   (3) 소방활동을 수행하게 될 재난의 규모, 원인 등 소방활동에 필요한 정보
4) 요청을 받은 시·도지사는 정당한 사유 없이 요청을 거절하여서는 아니 됨
5) 소방청장은 필요한 경우 직접 소방대를 편성하여 소방에 필요한 활동을 하게 할 수 있음
6) 동원된 소방력은 지역 관할하는 소방본부장·서장의 지휘에 따라야 함. 다만 소방청장이 직접 소방대를 편성하여 소방활동을 하는 경우에는 소방청장의 지휘에 따라야 함
7) <u>소방활동을 수행하는 과정에서 발생하는 경비 부담, 보상주체, 보상기준, 소방력 운용에 관한 사항 : 대통령령</u>
   (1) 동원된 소방력의 소방활동 수행과정에서 발생하는 경비 : 시·도지사
   (2) 동원된 민간 소방인력이 소방활동 수행 중 사망하거나 부상 입은 경우의 보상 : **시·도지사**

정답 60 ④

2023년 1회
소방기계시설의 구조 및 원리

61 ★★★

분말소화설비의 화재안전성능기준상 소화약제의 종별과 호스릴방식의 분말소화설비의 하나의 노즐마다 1분당 방출하는 소화약제의 최소량으로 틀린 것은?

① 제2종 분말 : 27 [kg]
② 제4종 분말 : 20 [kg]
③ 제3종 분말 : 27 [kg]
④ 제1종 분말 : 45 [kg]

해설 호스릴방식의 분말소화설비

소화약제의 종별	1종	2·3종	4종
1분당 방출하는 소화약제의 양	45 [kg]	27 [kg]	18 [kg]

62 ★★

특별피난계단의 계단실 및 부속실 제연설비의 화재안전성능기준상 제연설비의 시험 등에 대한 기준으로 틀린 것은?

① 제연구역의 모든 출입문 등의 크기와 열리는 방향이 설계 시와 동일한지 여부를 확인한다.
② 제연구역의 출입문 및 복도와 거실(옥내가 복도와 거실로 되어 있는 경우에 한한다)사이의 출입문마다 제연설비가 작동하고 있는 상태에서 그 폐쇄력을 측정한다.
③ 층별로 화재감지기(수동기동장치를 포함)를 동작시켜 제연설비가 작동하는지 여부를 확인한다.
④ 기준에 따라 제연설비가 작동하는 경우 제연구역의 출입문이 모두 닫혀 있는 상태에서 제연설비를 가동시킨 후 출입문의 개방에 필요한 힘을 측정하여 규정에 따른 개방력에 적합한지 여부를 확인한다.

해설 부속실 제연설비의 시험·측정 및 조정 (TAB)

제연설비는 설계목적에 적합한지 검토하고 제연설비의 성능과 관련된 건물의 모든 부분(건축설비를 포함한다)이 완성되는 시점에 맞추어 시험·측정 및 조정(이하 "시험 등"이라 한다)을 해야 한다.

1) 제연구역의 모든 출입문 등의 크기와 열리는 방향이 설계 시와 동일한지 여부를 확인할 것
2) 제연구역의 출입문 및 복도와 거실(옥내가 복도와 거실로 되어 있는 경우에 한한다) 사이의 출입문마다 <u>제연설비가 작동하고 있지 아니한 상태에서</u> 그 폐쇄력을 측정할 것
3) 층별로 화재감지기(수동기동장치를 포함한다)를 동작시켜 제연설비가 작동하는지 여부를 확인할 것
4) 3)의 기준에 따라 <u>제연설비가 작동하는 경우</u> 다음의 기준에 따른 시험 등을 실시할 것
   (1) 부속실과 면하는 옥내 및 계단실의 출입문을 동시에 개방할 경우, 규정에 따른 방연풍속에 적합한지 여부를 확인하고, 적합하지 아니한 경우에는 급기구의 개구율과 송풍기의 풍량조절댐퍼 등을 조정하여 적합하게 할 것

정답 61 ② 62 ②

(2) (1)에 따른 시험 등의 과정에서 출입문을 개방하지 않은 제연구역의 실제 차압이 기준에 적합한지 여부를 출입문 등에 차압측정공을 설치하고 이를 통하여 차압측정기구로 실측하여 확인·조정할 것
(3) 제연구역의 출입문이 모두 닫혀 있는 상태에서 제연설비를 가동시킨 후 출입문의 개방에 필요한 힘을 측정하여 규정에 따른 개방력에 적합한지 여부를 확인하고, 적합하지 아니한 경우에는 급기구의 개구율 조정 및 플랩댐퍼(설치하는 경우에 한한다)와 풍량조절용댐퍼 등의 조정에 따라 적합하도록 조치할 것
(4) (1)에 따른 시험 등의 과정에서 부속실의 개방된 출입문이 자동으로 완전히 닫히는지 여부를 확인하고, 닫힌 상태를 유지할 수 있도록 조정할 것

63 ★★★

인명구조기구의 화재안전성능기준상 특정소방대상물의 용도 및 장소별로 설치해야 할 인명구조기구 설치기준 중 ( )에 들어갈 내용은?

물분무등소화설비 중 (㉠)소화설비를 설치하는 특정소방대상물에는 (㉠)소화설비가 설치된 장소의 출입구 외부 인근에 (㉡)개 이상의 (㉢)을/를 비치할 것

① ㉠ 할론, ㉡ 1, ㉢ 방열복
② ㉠ 이산화탄소, ㉡ 2, ㉢ 방화복
③ ㉠ 할론, ㉡ 2, ㉢ 공기호흡기
④ ㉠ 이산화탄소, ㉡ 1, ㉢ 공기호흡기

해설 용도 및 장소별로 설치해야 할 인명구조기구

특정소방대상물	인명구조기구	설치수량
지하층을 포함하는 층수가 7층 이상인 관광호텔 및 5층 이상인 병원	• 방열복 또는 방화복 • 공기호흡기 • 인공소생기	각 2개 이상 비치할 것 (단, 병원의 경우 인공소생기 설치 제외 가능)
• 문화 및 집회시설 중 수용인원 100명 이상의 영화상영관 • 판매시설 중 대규모 점포 • 운수시설 중 지하역사 • 지하가 중 지하상가	공기호흡기	층마다 2개 이상 비치할 것
물분무등소화설비 중 **이산화탄소소화설비**를 설치해야 하는 특정소방대상물	공기호흡기	이산화탄소 소화설비가 설치된 장소의 **출입구 외부 인근에 1개 이상** 비치할 것

[방열복] [방화복] [공기호흡기] [인공소생기]

64 ★★★

제연설비의 화재안전성능기준에 따라 예상제연구역의 각 부분으로부터 하나의 배출구까지의 수평거리는 최대 몇 [m] 이내가 되어야 하는가?

① 5
② 10
③ 15
④ 20

정답 63 ④ 64 ②

해설 | 제연설비의 배출구 수평거리

예상제연구역의 각 부분으로부터 하나의 배출구까지의 수평거리는 10 [m] 이내가 되도록 해야 한다.

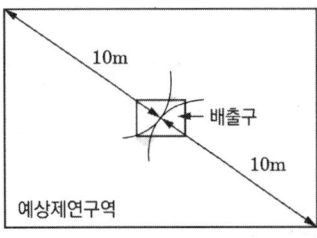

65 ★★★

소화수조 및 저수조의 화재안전성능기준상 가압송수장치 설치기준 중 다음 (   ) 안에 알맞은 것은?

> 소화수조가 옥상 또는 옥탑의 부분에 설치된 경우에는 지상에 설치된 채수구에서의 압력이 (   ) [MPa] 이상이 되도록 해야 한다.

① 0.1
② 0.15
③ 0.17
④ 0.25

해설 | 소화수조가 옥상 또는 옥탑에 설치된 경우

소화수조가 옥상 또는 옥탑의 부분에 설치된 경우에는 지상에 설치된 채수구에서의 압력이 0.15 [MPa] 이상이 되도록 할 것

66 ★★★

할로겐화합물 및 불활성기체소화설비의 화재안전기술기준에 따른 할로겐화합물 및 불활성기체소화설비의 수동식 기동장치의 설치기준에 대한 설명으로 틀린 것은?

① 50 [N] 이상의 힘을 가하여 기동할 수 있는 구조로 할 것
② 전기를 사용하는 기동장치에는 전원표시등을 설치할 것
③ 기동장치의 방출용 스위치는 음향경보장치와 연동하여 조작될 수 있는 것으로 할 것
④ 해당 방호구역의 출입구 부근 등 조작을 하는 자가 쉽게 피난할 수 있는 장소에 설치할 것

해설 | 할로겐화합물 및 불활성기체소화설비의 수동식 기동장치

수동식 기동장치 부근에는 소화약제의 방출을 지연시킬 수 있는 방출지연스위치를 설치해야 한다.

1) 방호구역마다 설치할 것
2) 해당 방호구역의 출입구 부분 등 조작을 하는 자가 쉽게 피난할 수 있는 장소에 설치할 것
3) 기동장치의 조작부는 바닥으로부터 높이 0.8 [m] 이상 1.5 [m] 이하 위치에 설치하고, 보호판 등에 따른 보호장치를 설치할 것
4) 기동장치 인근의 보기 쉬운 곳에 "할로겐화합물 및 불활성기체소화설비 수동식 기동장치"라는 표지를 할 것
5) 전기를 사용하는 기동장치에는 전원표시등을 설치할 것
6) 기동장치의 방출용 스위치는 음향경보장치와 연동하여 조작될 수 있는 것으로 할 것
7) 50 [N] 이하의 힘을 가하여 기동할 수 있는 구조로 할 것
8) 기동장치에는 보호장치를 설치해야 하며, 보호장치를 개방하는 경우 기동장치에 설치된 부저 또는 벨 등에 의하여 경고음을 발할 것

⟨시행 2024.8.1.⟩

정답 65 ② 66 ①

9) 기동장치를 옥외에 설치하는 경우 빗물 또는 외부 충격의 영향을 받지 아니하도록 설치할 것 〈시행 2024.8.1.〉

67 ★★★

소화기구 및 자동소화장치의 화재안전성능기준에 따른 수동으로 조작하는 대형소화기 B급의 능력단위 기준은 몇 단위 이상인가?

① 10
② 15
③ 20
④ 25

해설 소화기의 능력단위

1) 소형소화기 : 능력단위가 1단위 이상이고, 대형소화기의 능력단위 미만인 소화기
2) 대형소화기 : 화재 시 사람이 운반할 수 있도록 운반대와 바퀴가 설치되어 있고, 능력단위가 A급 10단위 이상, B급 20단위 이상인 소화기

[소형소화기]　　　[대형소화기]

68 ★★★

포소화설비의 화재안전기술기준상 특정소방대상물에 따라 적용하는 포소화설비의 설치기준 중 특수가연물을 저장·취급하는 공장 또는 창고에 적응성을 갖는 포소화설비가 아닌 것은?

① 포헤드설비
② 고정포방출설비
③ 압축공기포소화설비
④ 호스릴포소화설비

해설 특수가연물을 저장·취급하는 장소에 적응성이 있는 포소화설비

- 포워터스프링클러설비
- 포헤드설비
- 고정포방출설비
- 압축공기포소화설비

암기 포포고압

69 ★★★

물분무소화설비의 화재안전기술기준상 물분무소화설비의 가압송수장치로 압력수조의 필요한 압력을 산출할 때 필요한 것이 아닌 것은?

① 낙차의 환산수두압
② 물분무헤드의 설계압력
③ 배관의 마찰손실수두압
④ 소방용 호스의 마찰손실수두압

해설 물분무소화설비의 압력수조에 필요한 압력

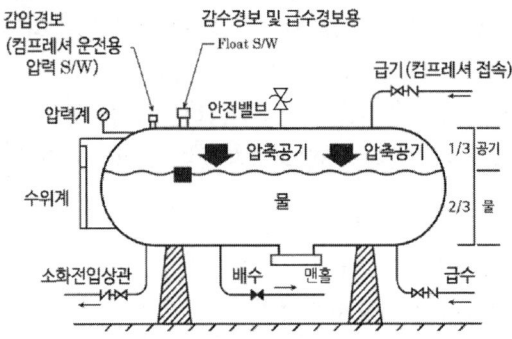

필요압력 $P = P_1 + P_2 + P_3$

P_1 : 물분무헤드의 설계압력 [MPa]
P_2 : 배관의 마찰손실수두압 [MPa]
P_3 : 낙차의 환산수두압 [MPa]

물분무소화설비에는 호스가 사용되지 않으므로 '④ 소방용 호스의 마찰손실수두압'은 압력수조의 필요한 압력을 산출할 때 필요하지 않다.

해설 분말소화설비 가압용 가스용기와 가압·축압용 가스

1) 가압용 가스용기
  (1) 가스용기는 분말소화약제의 저장용기에 접속하여 설치할 것
  (2) 가압용 가스 용기를 3병 이상 설치한 경우에는 2개 이상의 용기에 전자개방밸브를 부착해야 함
  (3) 가압용 가스 용기에는 2.5 [MPa] 이하의 압력에서 조정이 가능한 압력조정기를 설치해야 함

2) 분말소화설비 가압·축압용 가스
  (1) 가압용 가스 또는 축압용 가스는 질소가스 또는 이산화탄소로 할 것
  (2) 소화약제 1 [kg]당(35 [℃], 1기압으로 환산)

구분	가압식	축압식
질소	40 [L] 이상	10 [L] 이상
이산화탄소	20 [g] 이상 + 배관청소에 필요한 양	

  (3) 저장용기 및 배관의 청소에 필요한 양의 가스는 별도의 용기에 저장할 것

70 ★★★

분말소화설비의 화재안전성능기준상 분말소화약제의 가압용 가스 용기에 대한 설명으로 틀린 것은?

① 가압용 가스 용기를 3병 이상 설치한 경우에는 2개 이상의 용기에 전자개방밸브를 부착할 것
② 가압용 가스 용기에는 2.5 [MPa] 이하의 압력에서 조정이 가능한 압력조정기를 설치할 것
③ 가압용 가스에 질소가스를 사용하는 것의 질소가스는 소화약제 1 [kg]마다 20 [L] (35 [℃]에서 1기압의 압력상태로 환산한 것) 이상으로 할 것
④ 축압용 가스에 질소가스를 사용하는 것의 질소가스는 소화약제 1 [kg]마다 10 [L] (35 [℃]에서 1기압의 압력상태로 환산한 것) 이상으로 할 것

71 ★★★

스프링클러설비의 화재안전기술기준상 스프링클러설비의 배관에 대한 내용으로 틀린 것은?

① 수직배수배관의 구경은 65 [mm] 이상으로 하여야 한다.
② 급수배관 중 가지배관의 배열은 토너먼트 방식이 아니어야 한다.
③ 교차배관의 청소구는 교차배관 끝에 개폐밸브를 설치한다.
④ 습식 스프링클러설비 또는 부압식 스프링클러설비 외의 설비에는 헤드를 향하여 상향으로 가지배관의 기울기를 $\frac{1}{250}$ 이상으로 한다.

해설 　스프링클러설비의 배관 설치기준

1) 수직배수배관 : 50 [mm] 이상
2) 가지배관의 배열은 토너먼트 배관방식이 아닐 것
3) 교차배관은 가지배관과 수평으로 설치하거나 또는 가지배관 밑에 설치하고, 최소구경이 40 [mm] 이상이 되도록 할 것
4) 청소구는 교차배관 끝에 40 [mm] 이상 크기의 개폐밸브를 설치하고, 호스접결이 가능한 나사식 또는 고정배수 배관식으로 할 것
5) 습식 스프링클러설비 또는 부압식 스프링클러설비 외의 설비에는 헤드를 향하여 상향으로 수평주행배관의 기울기를 500분의 1 이상, 가지배관의 기울기를 250분의 1 이상으로 할 것

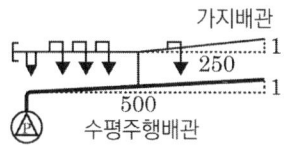

72 ★★★

포소화약제의 혼합장치에 대한 설명 중 옳은 것은?

① 라인 프로포셔너 방식이란 펌프의 토출관과 흡입관 사이의 배관 도중에 설치한 흡입기에 펌프에서 토출된 물의 일부를 보내고, 농도 조정밸브에서 조정된 포소화약제의 필요량을 포소화약제 탱크에서 펌프 흡입 측으로 보내어 이를 혼합하는 방식을 말한다.
② 프레셔사이드 프로포셔너 방식이란 펌프의 토출관에 압입기를 설치하여 포소화약제 압입용 펌프로 포소화약제를 압입시켜 혼합하는 방식을 말한다.
③ 프레셔 프로포셔너 방식이란 펌프와 발포기 중간에 설치된 벤추리관의 벤추리작용에 따라 포소화약제를 흡입 · 혼합하는 방식을 말한다.
④ 펌프 프로포셔너 방식이란 펌프와 발포기의 중간에 설치된 벤추리관의 벤추리작용과 펌프 가압수의 포소화약제 저장탱크에 대한 압력에 따라 포소화약제를 흡입 · 혼합하는 방식을 말한다.

해설 　포소화설비 포혼합장치의 종류

1) **라인 프로포셔너 방식** : 벤추리관의 벤추리작용에 따라 소화약제를 흡입 · 혼합하는 방식
2) **프레셔 프로포셔너 방식** : 벤추리관의 벤추리작용과 포소화약제 저장탱크압력에 따라 소화약제를 흡입 · 혼합하는 방식
3) **펌프 프로포셔너 방식** : 흡입기에 물 일부를 보내고, 농도 조정밸브에서 조정된 포소화약제의 필요량을 소화약제 탱크에서 펌프 흡입 측으로 보내는 방식
4) **프레셔사이드 프로포셔너 방식** : 압입기 설치하여 소화약제 압입용 펌프로 소화약제를 압입시켜 혼합하는 방식
5) **압축공기포 믹싱챔버방식** : 물, 포 소화약제 및 공기를 믹싱챔버로 강제주입시켜 챔버 내에서 포수용액을 생성한 후 포를 방사하는 방식

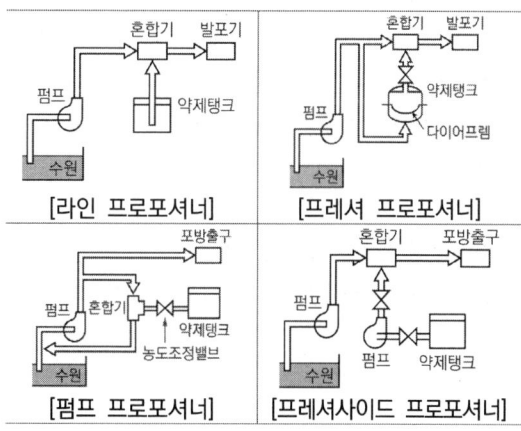

정답 72 ②

73 ★

지하구의 화재안전성능기준상 지하구에 설치하는 연소방지설비 송수구의 설치기준으로 틀린 것은?

① 송수구로부터 주배관에 이르는 연결배관에는 개폐밸브를 설치하지 않을 것
② 지면으로부터 높이가 0.5 [m] 이상 1 [m] 이하의 위치에 설치할 것
③ 구경 65 [mm]의 쌍구형으로 할 것
④ 송수구로부터 3 [m] 이내에 살수구역 안내표지를 설치할 것

해설 지하구의 연소방지설비 송수구

1) 소방차가 쉽게 접근할 수 있는 노출된 장소에 설치하되, 눈에 띄기 쉬운 보도 또는 차도에 설치할 것
2) 송수구는 구경 65 [mm]의 쌍구형으로 할 것
3) **송수구로부터 1 [m] 이내에 살수구역 안내표지를 설치할 것**
4) 지면으로부터 높이가 0.5 [m] 이상 1 [m] 이하의 위치에 설치할 것
5) 송수구의 가까운 부분에 자동배수밸브(또는 직경 5 [mm]의 배수공)를 설치할 것. 이 경우 자동배수밸브는 배관 안의 물이 잘 빠질 수 있는 위치에 설치하되, 배수로 인하여 다른 물건 또는 장소에 피해를 주지 않아야 한다.
6) 송수구로부터 주배관에 이르는 연결배관에는 개폐밸브를 설치하지 않을 것
7) 송수구에는 이물질을 막기 위한 마개를 씌울 것

74 ★★★

이산화탄소소화설비의 화재안전기술기준상 배관의 설치기준 중 다음 ( ) 안에 알맞은 것은?

> 고압식의 1차 측(개폐밸브 또는 선택밸브 이전) 배관부속의 최소사용설계압력은 (㉠) [MPa]로 하고, 고압식의 2차 측과 저압식의 배관부속의 최소사용설계압력은 (㉡) [MPa]로 할 것

① ㉠ 4.0, ㉡ 2.0
② ㉠ 9.5, ㉡ 4.5
③ ㉠ 9.5, ㉡ 2.0
④ ㉠ 4.5, ㉡ 9.5

해설 이산화탄소소화설비의 배관

구분		설치조건
강관 (압력배관용 탄소강관)	고압식	스케줄 80 이상 (20 [mm] 이하 : 스케줄 40 이상인 것)
	저압식	스케줄 40 이상
동관 (이음이 없는 동 및 동합금관)	고압식	16.5 [MPa] 이상의 압력에 견딜 수 있는 것
	저압식	3.75 [MPa] 이상의 압력에 견딜 수 있는 것
배관부속	고압식 1차 측	최소사용설계압력 : **9.5 [MPa]**
	고압식 2차 측과 저압식	최소사용설계압력 : **4.5 [MPa]**

75 ★★★

스프링클러설비의 화재안전성능기준상 스프링클러설비의 교차배관에서 분기되는 지점을 기점으로 한쪽 가지배관에 설치하는 간이헤드의 개수는 최대 몇 개 이하인가?

① 8 ② 10
③ 12 ④ 15

해설 간이SP 가지배관에 설치되는 헤드의 개수

교차배관에서 분기되는 지점을 기점으로 한쪽 가지배관에 설치되는 간이헤드의 개수는 8개 이하로 할 것

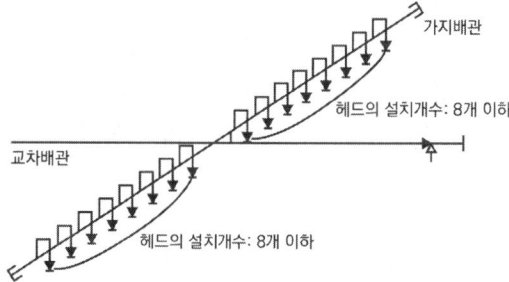

[가지배관에 설치하는 헤드 수]

76 ★★★

스프링클러설비의 화재안전기술기준상 급수배관의 구경을 수리계산에 따르는 경우 가지배관의 유속은 최대 몇 [m/s] 이하여야 하는가?

① 6 ② 8
③ 10 ④ 4

해설 스프링클러설비 급수배관의 구경

급수배관의 구경은 수리계산에 따르는 경우 가지배관의 유속은 6 [m/s], 그 밖의 배관의 유속은 10 [m/s]를 초과할 수 없다.

77 ★★★

소화기구 및 자동소화장치의 화재안전기술기준상 특정소방대상물에 따른 소화기구의 능력단위 외에 부속용도별로 추가해야 할 소화기구 및 자동소화장치의 설치기준 중 다음 ( )에 들어갈 내용은?

건조실·세탁소·대량화기취급소:
1. 해당 용도의 바닥면적 (㉠) [m²]마다 능력단위 (㉡)단위 이상의 소화기로 할 것
2. 자동확산소화기는 해당 용도의 바닥면적을 기준으로 (㉢) [m²] 이하는 1개, (㉢) [m²] 초과는 2개 이상을 설치하되 방호대상에 유효하게 분사될 수 있는 위치에 배치될 수 있는 수량으로 설치할 것

① ㉠ 20, ㉡ 2, ㉢ 10
② ㉠ 25, ㉡ 2, ㉢ 30
③ ㉠ 25, ㉡ 1, ㉢ 10
④ ㉠ 20, ㉡ 1, ㉢ 20

해설 부속용도별 추가해야 할 소화기구 및 자동소화장치

용도별	소화기구의 능력단위
1. 다음 각목의 시설(다만 스프링클러설비·간이스프링클러설비·물분무등소화설비 또는 상업용 주방자동소화장치가 설치된 경우에는 자동확산소화기를 설치하지 않을 수 있다) 가) 보일러실·**건조실·세탁소·대량화기취급소** 나) 음식점·다중이용업소·호텔·기숙사·노유자시설·의료시설·업무시설·공장·장례식장·교육연구시설·교정 및 군사시설의 주방 다) 관리자의 출입이 곤란한 변전실·송전실·변압기실 및 배전반실	1. **소화기** 해당 용도의 바닥면적 **25 [m²]마다 능력단위 1단위 이상**의 소화기[주방에 설치하는 소화기 중 1개 이상은 주방화재용 소화기 (K급)로 설치] 2. **자동확산소화기:** 해당 용도의 바닥면적 **10 [m²] 이하는 1개, 10 [m²] 초과는 2개 이상**을 설치 [방호대상에 유효하게 분사될 수 있는 위치에 배치될 수 있는 수량으로 설치할 것]

정답 75 ① 76 ① 77 ③

용도별	소화기구의 능력단위
2. 발전실·변전실·송전실·변압기실·배전반실·통신기기실·전산기기실 기타 이와 유사한 시설이 있는 장소(관리자의 출입이 곤란한 장소 제외)	해당 용도의 바닥면적 50 [m²]마다 적응성이 있는 소화기 1개 이상
3. 마그네슘 합금 칩을 저장 또는 취급하는 장소 〈시행 2024.7.25.〉	금속화재용 소화기(D급) 1개 이상을 금속재료로부터 보행거리 20 [m] 이내로 설치할 것

78 ★★

옥외소화전설비의 화재안전성능기준상 옥외소화전설비에는 옥외소화전마다 그로부터 몇 [m] 이내의 장소에 소화전함을 설치해야 하는가?

① 5 ② 8
③ 6 ④ 7

해설 옥외소화전설비의 소화전함 설치기준

옥외소화전설비에는 옥외소화전마다 그로부터 5 [m] 이내의 장소에 소화전함을 설치해야 한다.

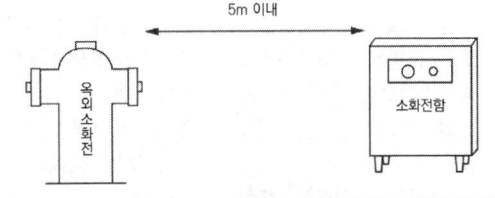

79 ★★★

피난기구의 화재안전기술기준에 따른 피난기구의 설치 및 유지에 관한 사항 중 틀린 것은?

① 피난기구를 설치하는 개구부는 서로 동일 직선상의 위치에 있을 것
② 피난기구를 설치한 장소에는 가까운 곳의 보기 쉬운 곳에 피난기구의 위치를 표시하는 발광식 또는 축광식 표지와 그 사용방법을 표시한 표지를 부착할 것
③ 피난기구는 특정소방대상물의 기둥, 바닥, 보, 기타 구조상 견고한 부분에 볼트조임·매입·용접 기타의 방법으로 견고하게 부착할 것
④ 피난기구는 계단·피난기구 기타 피난 시설로부터 적당한 거리에 있는 안전한 구조로 된 피난 또는 소화활동상 유효한 개구부에 고정하여 설치할 것

해설 피난기구의 설치 및 유지에 관한 사항

피난기구를 설치하는 개구부는 서로 동일직선상이 아닌 위치에 있을 것

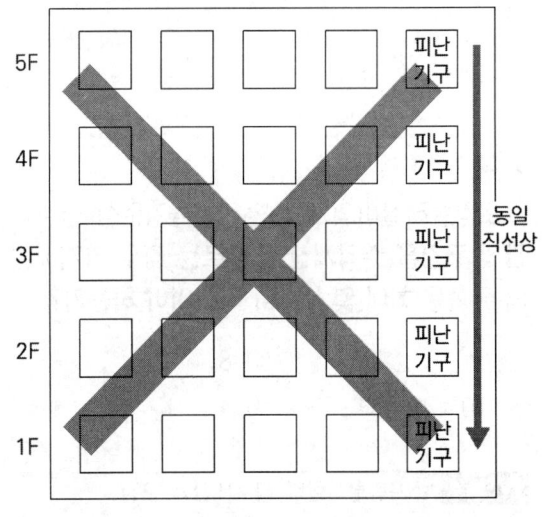

80 ★

미분무소화설비의 화재안전기술기준상 감시제어반은 기준에 따른 전용실 안에 설치해야 한다. 미분무소화설비의 감시제어반 설치기준 중 다음 ( ) 안에 들어갈 내용은?

> 감시제어반은 다음의 기준에 따른 전용실 안에 설치할 것. 다른 부분과 방화구획을 할 것. 이 경우 전용실의 벽에는 기계실 또는 전기실 등의 감시를 위하여 두께 (㉠) [mm] 이상의 망입유리(두께 16.3 [mm] 이상의 접합유리 또는 두께 28 [mm] 이상의 복층유리를 포함한다)로 된 (㉡) [m²] 미만의 붙박이창을 설치할 수 있다.

① ㉠ 7, ㉡ 1
② ㉠ 7, ㉡ 4
③ ㉠ 3.5, ㉡ 1
④ ㉠ 3.5, ㉡ 4

해설 미분무소화설비 감시제어반 설치기준

다른 부분과 방화구획을 할 것. 이 경우 전용실의 벽에는 기계실 또는 전기실 등의 감시를 위하여 두께 7 [mm] 이상의 망입유리(두께 16.3 [mm] 이상의 접합유리 또는 두께 28 [mm] 이상의 복층유리를 포함한다)로 된 4 [m²] 미만의 붙박이창을 설치할 수 있다.

정답 80 ②

2023년 2회

소방원론

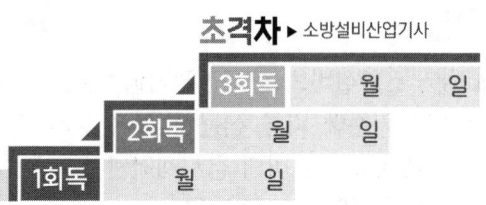

01 ★★★

1 [kcal]의 열은 약 몇 [Joule]에 해당하는가?

① 5262 ② 4186
③ 3943 ④ 3330

해설 열량의 관계

- 1 [kcal] = 4186 [J]

02 ★★

수소 1 [kg]이 완전연소할 때 필요한 산소량은 몇 [kg]인가?

① 4 ② 8
③ 16 ④ 32

해설 수소의 완전연소반응식

$2H_2 + O_2 \rightarrow 2H_2O + Q$ [kcal]

수소(H_2) 2 [kmol]이 산소(O_2) 1 [kmol]과 반응하여 완전연소하게 된다.

여기서,
- 수소(H_2)의 분자량 : 2 [kg/kmol]
- 산소(O_2)의 분자량 : 32 [kg/kmol]

이므로
- 수소 2 [kmol]의 질량 :
  $2[kmol] \times 2[kg/kmol]$ = 4 [kg]
- 산소 1 [kmol]의 질량 :
  $1[kmol] \times 32[kg/kmol]$ = 32 [kg]

이다.

즉, 수소 4 [kg]이 완전연소할 때 필요한 산소량은 32[kg]이다. 따라서 수소 1 [kg]이 완전연소할 때 필요한 산소량은 $32 \times \frac{1}{4}$ = 8 [kg]이다.

4 [kg] : 32 [kg] = 1 [kg] : x [kg]

∴ $x = 32 \times \frac{1}{4} = 8 \, [kg]$

03 ★★★

위험물의 저장 방법으로 틀린 것은?

① 금속나트륨 - 석유류에 저장
② 이황화탄소 - 수조 물탱크에 저장
③ 알킬알루미늄 - 벤젠액에 희석하여 저장
④ 산화프로필렌 - 구리 용기에 넣고 불연성 가스를 봉입하여 저장

해설 산화프로필렌, 아세트알데하이드의 저장 및 취급

산화프로필렌, 아세트알데하이드(아세트알데히드)는 구리, 마그네슘, 은, 수은 및 그 합금과 저장 시 폭발성 아세틸라이드를 생성하므로 구리, 마그네슘, 은, 수은 및 그 합금과 저장 금지

04 ★★★

촛불의 주된 연소형태에 해당하는 것은?

① 표면연소   ② 분해연소
③ 증발연소   ④ 자기연소

해설 연소의 형태(고체의 연소)

구분	내용	종류
표면연소	불꽃이 없고 표면에서 연소	숯, 코크스, 목탄, 금속분
분해연소	고체 가연물이 온도 상승 시 열분해를 통해 발생하는 가연성 가스가 연소	목재, 석탄, 종이, 플라스틱
증발연소	열분해 없이 증발하여 연소	황(유황), 나프탈렌, 파라핀(양초)
자기연소	물질 내부에 산소를 함유하고 있어 별도의 산소 공급 없이 연소	나이트로셀룰로오스(니트로셀룰로오스), 나이트로글리세린(니트로글리세린), 유기과산화물

05 ★   난이도 상

내화구조 기준에 적합한 지붕의 구조로 옳지 않은 것은?

① 철근콘크리트조
② 샌드위치 패널
③ 철재로 보강된 벽돌조
④ 철재로 보강된 유리블록

해설 내화구조 기준에 적합한 지붕

건축법 제50조에 따라 주요구조부와 지붕을 내화구조로 해야 한다.
내화구조의 지붕의 경우에는 다음 어느 하나에 해당하는 것

(가) 철근콘크리트조 또는 철골철근콘크리트조
(나) 철재로 보강된 콘크리트블록조·벽돌조 또는 석조
(다) 철재로 보강된 유리블록 또는 망입유리로 된 것

보충 샌드위치 패널 : 양면에 강판과 내부 심재인 단열재로 구성된 복합패널

06 ★★★

다음 물질 중 물과 반응하여 발생하는 가스의 연결이 틀린 것은?

① 탄화칼슘 - 아세틸렌
② 인화칼슘 - 포스핀
③ 탄화알루미늄 - 이산화황
④ 수소화리튬 - 수소

해설 물과 반응 시 발생가스

물질	가스
탄화칼슘(CaC_2)	아세틸렌(C_2H_2)
탄화알루미늄(Al_4C_3)	메테인(메탄, CH_4)
인화칼슘(Ca_3P_2)	포스핀(PH_3)
인화알루미늄(AlP)	
수소화리튬(LiH)	수소(H_2)

암기 탄칼아, 탄알메, 인포

정답 04 ③ 05 ② 06 ③

07 ★★★

방호공간 안에서 화재의 세기를 나타내고 화재가 진행되는 과정에서 온도에 따라 변하는 것으로 온도-시간 곡선으로 표시할 수 있는 것은?

① 화재저항 ② 화재가혹도
③ 화재하중 ④ 화재플럼

해설 화재가혹도

1) 화재가혹도란 화재 시 당해 건물과 그 내부의 수용재산 등을 파괴하거나 손상을 입히는 정도를 뜻한다.
2) 화재가혹도 = 화재강도 × 화재하중
3) 가연물의 비표면적, 가연물의 배열 상태, 가연물의 발열량, 화재실의 구조(단열성), 공기(산소)의 공급 상황 등이 화재강도에 영향을 미치므로 이에 따라 화재가혹도도 달라진다.
4) 최고온도(화재강도)가 높을수록 지속시간(화재하중)이 길수록 화재가혹도가 커진다.
5) 방호공간 안에서 화재의 세기를 나타내고 화재가 진행되는 과정에서 온도에 따라 변하는 것으로 온도-시간 곡선으로 표시할 수 있다.

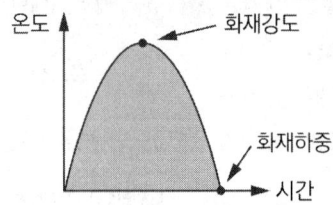

08 ★★★

유류탱크의 화재 시 탱크 저부의 물이 뜨거운 열류층에 의하여 수증기로 변하면서 급작스런 부피 팽창을 일으켜 유류가 탱크 외부로 분출하는 현상은?

① 슬롭 오버(Slop Over)
② 블레비(BLEVE)
③ 보일 오버(Boil Over)
④ 파이어 볼(Fire Ball)

해설 유류탱크 화재 재해현상

현상	설명
보일 오버	중질유 탱크 저부의 에멀전(물)이 증발하면서 부피가 팽창하여 기름이 탱크 밖으로 화재를 동반하며 방출하는 현상
슬롭 오버	고온 기름 표면에 물 살수 시 급격한 수분 증발로 기름이 팽창되어 탱크 밖으로 분출하는 현상
프로스 오버	고온 아스팔트가 물이 존재하는 탱크에 옮겨지면서 화재를 수반하지 않고 기름을 분출하는 현상
블레비	비등액체 증기폭발, 주변 화재로 탱크 내 액체가 비등하고 압력이 상승하여 탱크가 파열되는 현상, 파이어 볼 발생 ※ 파이어 볼 : 인화성 액체가 대량 기화되어 갑자기 발화될 때 발생하는 공 모양 화염

09 ★★★

인화점이 낮은 것부터 높은 순서로 옳게 나열된 것은?

① 에틸알코올 < 이황화탄소 < 아세톤
② 이황화탄소 < 에틸알코올 < 아세톤
③ 에틸알코올 < 아세톤 < 이황화탄소
④ 이황화탄소 < 아세톤 < 에틸알코올

📖 **해설** 인화점

물질	인화점 [℃]
다이에틸에터(디에틸에테르)	-45
가솔린(휘발유)	-43
산화프로필렌	-37
이황화탄소	-30
아세톤	-18
메틸알코올	11
에틸알코올	13
등유	39
경유	41

• 이황화탄소 < 아세톤 < 에틸알코올

✿암기 인가산이아 / 메에 / 등경

10 ★★★

건물의 피난동선에 대한 설명으로 옳지 않은 것은?

① 피난동선은 가급적 단순한 형태가 좋다.
② 피난동선은 가급적 상호 반대방향으로 다수의 출구와 연결되는 것이 좋다.
③ 피난동선은 수평동선과 수직동선으로 구분된다.
④ 피난동선은 복도, 계단을 제외한 엘리베이터와 같은 피난전용의 통행구조를 말한다.

📖 **해설** 건물의 피난동선

1) 피난동선은 가급적 단순해야 한다.
2) 피난동선은 상호 반대방향으로 다수의 출구와 연결되어야 한다.
3) 피난동선은 병목 현상이 발생하지 않도록 수평동선과 수직동선으로 구분하여 동선계획을 수립한다.
4) 피난수단으로 엘리베이터를 이용하지 않는 것이 좋다.

11 ★★★

A가스 60 [vol%], B가스 40 [vol%]로 이루어진 혼합 가스의 폭발하한계는 약 몇 [vol%]인가? (단, A가스의 폭발하한계는 4.5 [vol%], B가스는 4.12 [vol%]이다)

① 4.26
② 4.34
③ 4.45
④ 4.21

📖 **해설** 르 샤틀리에 법칙

$$\text{르 샤틀리에 법칙} \quad \frac{100}{L} = \frac{V_1}{L_1} + \frac{V_2}{L_2} + \cdots + \frac{V_n}{L_n}$$

르 샤틀리에 법칙으로 혼합가스의 폭발하한계 및 상한계를 계산할 수 있다.

$$\frac{100}{L} = \frac{60}{4.5} + \frac{40}{4.12}$$

$$L = \frac{100}{\frac{60}{4.5} + \frac{40}{4.12}}$$

$$\therefore L \fallingdotseq 4.34 \, [\%]$$

L : 혼합가스 폭발하한계 [vol%]
$L_1 \sim L_n$: 가연성 가스 폭발하한계 [vol%]
$V_1 \sim V_n$: 가연성 가스 용량 [vol%]

12 ★★★

제거소화의 예가 아닌 것은?

① 유류화재 시 다량의 포를 방사한다.
② 전기화재 시 신속하게 전원을 차단한다.
③ 가연성 가스 화재 시 가스의 밸브를 닫는다.
④ 산림화재 시 확산을 막기 위하여 산림의 일부를 벌목한다.

정답 10 ④ 11 ② 12 ①

해설 제거소화

방법	내용
격리	• 바람을 일으켜 가연물과 불꽃을 격리
소멸	• 가스 밸브를 차단하여 가스 공급을 소멸 (전기화재 시 전원을 차단) • 드레인 밸브(배출 밸브)를 개방하여 기름 배출 • 가연물을 다른 지역으로 이동
파괴	• 산불 화재 시 맞불, 벌목

보충 유류화재 시 다량의 포 방사 : 질식소화

13 ★★★

표준상태에 있는 메테인가스의 밀도는 몇 [g/L]인가?

① 0.21
② 0.41
③ 0.71
④ 0.91

해설 표준상태의 기체 밀도

$$\text{표준상태의 기체 밀도} = \frac{\text{분자량}[g/mol]}{22.4[L/mol]}$$

$$\text{표준상태의 기체 밀도} = \frac{\text{분자량}}{22.4}$$
$$= \frac{16[g/mol]}{22.4[L/mol]} = 0.71[g/L]$$

보충 메테인(메탄, CH_4)의 분자량 : 16 [g/mol]
보충 원자량(C : 12, H : 1)

14 ★★★

화재 시 이산화탄소를 사용하여 화재를 진압하려고 할 때 산소의 농도를 11 [vol%]로 낮추어 화재를 진압하려면 공기 중 이산화탄소의 농도는 약 몇 [vol%]가 되어야 하는가?

① 0.91 [%]
② 0.4762 [%]
③ 90.91 [%]
④ 47.62 [%]

해설 이산화탄소의 농도

$$CO_2 \text{ 농도 [vol\%]} = \frac{21 - O_2[vol\%]}{21} \times 100$$

$$CO_2 \text{ 농도} = \frac{21 - O_2}{21} \times 100$$
$$= \frac{21 - 11}{21} \times 100 ≒ 47.62 [vol\%]$$

15 ★★★

연면적이 1000 [m²] 이상인 건축물에 설치하는 방화벽이 갖추어야 할 기준으로 옳은 것은?

① 방화구조로서 홀로 설 수 있는 구조일 것
② 방화벽의 양쪽 끝과 위쪽 끝을 건축물의 외벽면 및 지붕면으로부터 0.5 [m] 이상 튀어나오게 할 것
③ 방화벽에 설치하는 출입문의 너비 및 높이는 3 [m] 이하로 할 것
④ 방화벽에 설치하는 출입문에는 60분 방화문 또는 30분 방화문을 설치할 것

해설 방화벽 설치기준

구분	설치 및 구조 기준
대상 건축물	주요구조부가 내화구조이거나 불연재료인 건축물이 아닌 연면적 1000 [m²] 이상인 건축물
구획	각 구획된 바닥면적의 합계 : 1000 [m²] 미만
구조	• **내화구조**로서 홀로 설 수 있는 구조일 것 • 방화벽 양쪽 끝과 위쪽 끝을 건축물의 외벽면 및 지붕면으로부터 **0.5 [m] 이상** 튀어나오게 할 것 • 출입문 너비와 높이 : **2.5 [m] 이하** • 출입문 : **60분+ 방화문 또는 60분 방화문**

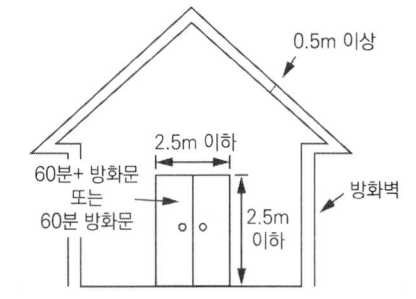

16 ★★★

건축물의 내화구조 바닥이 철근콘크리트조인 경우 두께가 몇 [cm] 이상이어야 하는가?

① 5 [cm]
② 10 [cm]
③ 19 [cm]
④ 7 [cm]

해설 내화구조 바닥 기준

[두께 : 이상]

구조	두께
철근콘크리트조 또는 철골철근콘크리트조	10 [cm]
철재로 보강된 콘크리트블록조·벽돌조·석조로서 철재에 덮은 콘크리트블록등	5 [cm]
철재의 양면을 철망모르타르 또는 콘크리트로 덮은 것	5 [cm]

17 ★★★

건물의 주요구조부가 아닌 것은?

① 작은 보
② 기둥
③ 내력벽
④ 주계단

해설 건물의 주요구조부

1) 바닥(최하층 바닥 제외)
2) 보(작은 보 제외)
3) 지붕틀(차양 제외)
4) 내력벽(비내력벽 제외)
5) 주계단(옥외계단 제외)
6) 기둥(사잇기둥 제외)

암기 바보지내주기

정답 16 ② 17 ①

18 ★★★

위험물안전관리법령에서 정하는 제3류 위험물에 해당하는 것이 아닌 것은?

① Al   ② Ca
③ K   ④ Na

해설 제2류 위험물 및 제3류 위험물

구분	종류
제2류 위험물	• 황화인(황화린), 적린, 황(유황) • 철분, 마그네슘, 금속분(Al, Zn 등), 인화성 고체
제3류 위험물	• 황린, 칼륨(K), 나트륨(Na), 알칼리금속(Li 등) 및 알칼리토금속(Ca 등) • 유기금속화합물, 금속의 수소화물(수소화리튬, 수소화나트륨, 수소화칼슘) • 금속의 인화물(인화칼슘) • 칼슘 또는 알루미늄의 탄화물(탄화칼슘, 탄화알루미늄)

• 제3류 위험물의 특징 및 소화
  (1) 자연발화성 물질 및 금수성 물질
  (2) 물과 접촉하면 발열·발화함
  (3) 건조사, 팽창진주암, 팽창질석 등에 의한 질식소화(주수소화 절대엄금)

19 ★

액화석유가스(LPG)에 대한 성질로 틀린 것은?

① LPG를 액화하면 물보다 가볍다.
② LPG는 프로페인이 주성분이다.
③ LPG는 특이취가 없어 부취제를 사용하지 않는다.
④ LPG가 기화되면 공기보다 무겁다.

해설 액화석유가스(Liquefied Petroleum Gas)

1) 액화하면 물보다 가볍다.
2) 상온에서는 기체로 존재하고, 공기보다 무겁다. 따라서 LPG가 누출되었을 때 창문 열어 환기로 빼내는 건 불가능하다.
3) LPG의 주성분은 프로페인(프로판, C_3H_8), 뷰테인(부탄, C_4H_{10})이다. 프로페인(프로판)은 가정용, 뷰테인(부탄)은 자동차용으로 주로 쓰인다.
4) LPG는 원래 무색, 무취이나 누설 시 쉽게 알 수 있도록 **부취제를 넣는다.**
5) LPG는 독성은 없으나 마취성이 있다.
6) LPG는 물에 녹지 않으나 휘발유 등의 유기용매에 용해된다.
7) 천연고무를 잘 녹인다.

20 ★★

할로겐화합물 및 불활성기체소화설비에서 심장의 역반응(심장 장애현상)이 나타나는 최저 농도를 무엇이라 하는가?

① ODP
② NOAEL
③ GWP
④ LOAEL

해설 소화약제 관련 용어

1) NOAEL
   - No Observed Adverse Effect Level
   - 심장 독성 시험에서 심장에 영향을 미치지 않는 농도
2) LOAEL
   - Lowest Observed Adverse Effect Level
   - 심장 독성 시험에서 심장에 영향을 미칠 수 있는 최소 농도
3) ODP
   - Ozone Depletion Potential
   - 어떤 물질의 오존 파괴능력을 상대적으로 나타내는 지표

$$ODP = \frac{\text{물질 1}[kg]\text{에 의해 파괴되는 오존량}}{CFC-11\ 1[kg]\text{에 의해 파괴되는 오존량}}$$

4) GWP
   - Global Warming Potential
   - 어떤 물질이 기여하는 온난화 정도를 상대적으로 나타내는 지표

$$GWP = \frac{\text{물질 1}[kg]\text{이 영향을 주는 지구온난화 정도}}{CO_2\ 1[kg]\text{이 영향을 주는 지구온난화 정도}}$$

정답 20 ④

2023년 2회 소방유체역학

21 ★★

초기 상태에서 압력 100 [kPa]인 공기가 있다. 공기의 부피가 초기 부피의 절반이 될 때까지 가역단열 압축할 때 나중 압력은 약 몇 [kPa]인가? (단, 공기의 비열비는 1.4, 공기의 기체상수는 287 [J/kg·℃]이다)

① 236.5 ② 263.9
③ 189.7 ④ 176.5

해설 가역단열변화 관계식

$$\text{단열 지수 관계} \quad \frac{T_2}{T_1} = \left(\frac{V_1}{V_2}\right)^{k-1} = \left(\frac{P_2}{P_1}\right)^{\frac{k-1}{k}}$$

$$\left(\frac{V_1}{V_2}\right)^{k-1} = \left(\frac{P_2}{P_1}\right)^{\frac{k-1}{k}}$$

$$\left(\frac{V_1}{0.5 \times V_1}\right)^{1.4-1} = \left(\frac{P_2}{100}\right)^{\frac{1.4-1}{1.4}}$$

$$\left(\frac{1}{0.5}\right)^{1.4-1} = \left(\frac{P_2}{100}\right)^{\frac{1.4-1}{1.4}}$$

$P_2 = 263.901 [kPa]$

T : 절대온도 [K]
V : 체적 [m³]
P : 압력 [kPa]
k : 비열비

22 ★★

유체가 평판 위를 u [m/s] = 1−e^{1-2y}의 속도분포로 흐르고 있다. 이때 y [m]는 평판 면으로부터 측정된 수직거리일 때 평판에서의 전단응력은 약 몇 [N/m²]인가? (단, 점성계수는 2.63 × 10^{-2} [Pa·s]이다)

① 0.7 ② 7
③ 1.4 ④ 0.14

해설 전단응력

$$\text{전단응력} \ \tau[N/m^2] = \mu \frac{du}{dy}$$

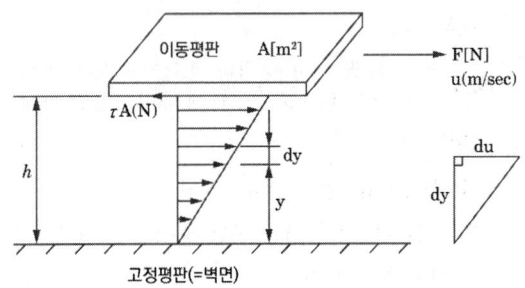

1) 속도구배 $\dfrac{du}{dy} = \dfrac{d}{dy}(1-e^{1-2y}) \Big|_{y=0}$

$= 5.436$

(∵ 평판에서의 전단응력이므로 $y=0$)

2) 전단응력 $\tau = \mu \dfrac{du}{dy} [N/m^2]$

$= 2.63 \times 10^{-2} [N \cdot s/m^2] \times 5.436 [1/s]$

$= 0.14 [N/m^2]$

보충 점성계수(μ)의 단위 : $[Pa \cdot s] = [N \cdot s/m^2]$

정답 21 ② 22 ④

23 ★★★

전양정이 60 [m], 유량이 6 [m³/min], 효율이 60 [%]인 펌프를 작동시키는 데 필요한 동력 [kW]는?

① 44 ② 60
③ 98 ④ 117

해설 펌프의 동력

$$P[kW] = \frac{\gamma[kN/m^3] \times Q[m^3/s] \times H[m]}{\eta} \times K$$

$$P = \frac{\gamma QH}{\eta} = \frac{9.8 \times \frac{6}{60} \times 60}{0.6} = 98[kW]$$

γ : 물의 비중량 [9.8 kN/m³]
Q : 유량 [m³/s]
H : 전양정 [m]
η : 효율
K : 전달계수

보충 동력을 구할 때 조건상 효율(η)이나 전달계수(K)가 주어져 있지 않다면, 효율과 전달계수를 제외하고 산출한다.

24 ★★★

그림의 U자형 차압 액주계에서 A점과 B점의 압력의 차이($P_A - P_B$) [Pa]는 무엇인가? (단, γ_1, γ_2, γ_3는 유체의 비중량 [N/m³]이고, h_1, h_2, h_3는 그림상의 높이 [m]이다)

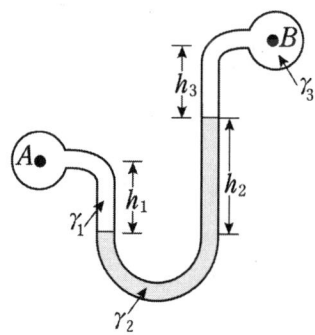

① $\gamma_1 h_1 + \gamma_2 h_2 - \gamma_3 h_3$
② $\gamma_1 h_1 - \gamma_2 h_2 + \gamma_3 h_3$
③ $-\gamma_1 h_1 + \gamma_2 h_2 + \gamma_3 h_3$
④ $-\gamma_1 h_1 - \gamma_2 h_2 + \gamma_3 h_3$

해설 U자형 시차액주계

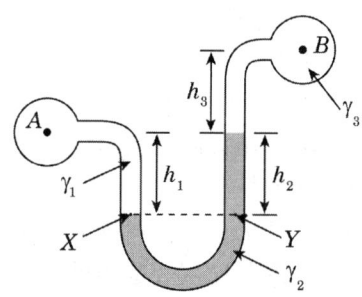

$P_X = P_Y$
$P_X = P_A + \gamma_1 h_1$
$P_Y = P_B + \gamma_2 h_2 + \gamma_3 h_3$
$P_A + \gamma_1 h_1 = P_B + \gamma_2 h_2 + \gamma_3 h_3$
$\therefore P_A - P_B = -\gamma_1 h_1 + \gamma_2 h_2 + \gamma_3 h_3$

25 ★★★

펌프의 캐비테이션을 방지하기 위한 방법으로 틀린 것은?

① 펌프의 설치 위치를 낮추어서 흡입 양정을 작게 한다.
② 흡입관을 크게 하거나 밸브, 플랜지 등을 조정하여 흡입 손실수두를 줄인다.
③ 펌프의 회전속도를 높여 흡입 속도를 크게 한다.
④ 2대 이상의 펌프를 사용한다.

해설 공동현상(Cavitation)

1) 개념
  펌프 흡입 측 배관의 손실이 증가하여 소화수의 정압이 증기압 이하로 낮아져서 기포가 발생하는 현상이다.

2) 방지대책
  (1) 펌프의 위치를 수원보다 낮게 한다.
  (2) 흡입배관의 구경을 크게 한다.
  (3) **펌프의 회전수를 낮춘다.**
  (4) 양흡입펌프를 사용한다.
  (5) 2대 이상의 펌프를 사용한다.
  (6) 펌프의 흡입 측을 가압한다.
  (7) 입형펌프를 사용하고, 회전차를 수중에 완전히 잠기게 한다.
  (8) 흡입관의 길이를 줄이거나 밸브, 플랜지 등을 조정하여 흡입 손실수두를 줄인다.

26 ★★★

베르누이 방정식을 적용할 수 있는 기본 전제조건으로 옳은 것은?

① 비압축성 흐름, 점성 흐름, 정상 유동, 유선을 따라
② 압축성 흐름, 비점성 흐름, 정상 유동, 유선을 따라
③ 비압축성 흐름, 비점성 흐름, 비정상 유동, 유선을 따라
④ 비압축성 흐름, 비점성 흐름, 정상 유동, 유선을 따라

해설 베르누이 방정식의 조건

1) 유체입자는 유선을 따라 흐름
2) 정상류
3) 비점성 유체(유체입자는 마찰이 없다)
4) 비압축성 유체

27 ★★★

이상기체에 적용하는 보일 – 샤를의 법칙에 대한 그래프로 틀린 것은?

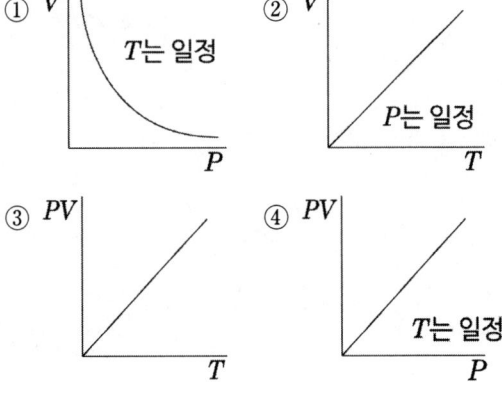

정답 25 ③ 26 ④ 27 ④

해설 보일-샤를의 법칙

1) 보일의 법칙

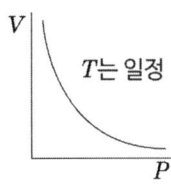

$P_1 V_1 = P_2 V_2$

기체의 온도가 일정할 때 기체의 체적은 절대압력에 반비례

2) 샤를의 법칙

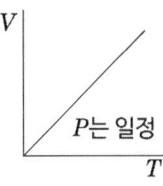

$\dfrac{V_1}{T_1} = \dfrac{V_2}{T_2}$

기체의 압력이 일정할 때 기체의 체적은 절대온도에 비례

3) 보일-샤를의 법칙

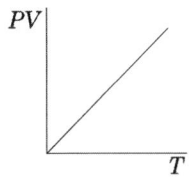

$\dfrac{P_1 V_1}{T_1} = \dfrac{P_2 V_2}{T_2}$

기체의 체적은 절대압력에 반비례하고 절대온도에 비례

암기 보온샤압
(보일의 법칙은 온도가 일정, 샤를의 법칙은 압력이 일정)

28 ★★

구리판의 열전달 면적이 가로 5 [cm], 세로 10 [cm]이다. 이때 한 면의 온도가 280 [℃], 다른 한 면의 온도는 30 [℃]이고, 판의 두께는 50 [mm]이다. 구리판의 열전도율이 370 [W/m·K]일 때 단위면적당 전달된 열의 양[kW]은 얼마인가?

① 1850
② 9.25
③ 185
④ 9250

해설 푸리에의 열전도 법칙

전도열량 $\dot{Q}[W] = \dfrac{k \times A \times \triangle T}{l}$,

k : 열전도율(열전도계수) [W/m·K]
A : 열전달 면적 [m²]
$\triangle T$: 온도 차 [K]
l : 전열체의 두께 [m]

단위면적당 전도열량 $\dot{Q}''[W/m^2] = \dfrac{k \times \triangle T}{l}$

$\dot{Q}'' = \dfrac{370 \times (280 - 30)}{0.05}$
$= 1850000 [W/m^2]$
$= 1850 [kW/m^2]$

29 ★★★

안지름이 각각 2 [cm], 3 [cm]인 두 파이프를 통하여 속도가 같은 물이 유입되어 하나의 파이프로 합쳐져서 흘러나간다. 유출되는 속도가 유입속도와 같다면 유출 파이프의 안지름은 약 몇 [cm]인가?

① 3.61
② 4.24
③ 5.00
④ 5.85

해설 연속방정식

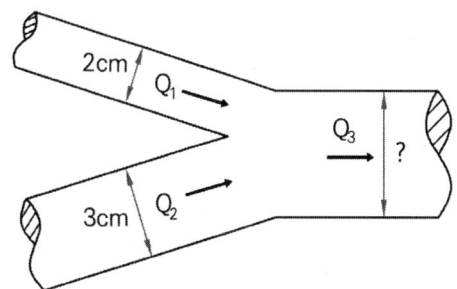

$Q_1 + Q_2 = Q_3$ 에서

$A_1 V_1 + A_2 V_2 = A_3 V_3$

여기서 $V_1 = V_2 = V_3$ 이므로

$A_1 + A_2 = A_3$

$\dfrac{\pi \times 2^2}{4} + \dfrac{\pi \times 3^2}{4} = \dfrac{\pi \times d_3^2}{4}$

$\therefore d_3 = 3.61 [cm]$

Q : 유량
A : 배관 단면적, V : 유속

30 ★★★

원통 속의 물이 중심축에 대하여 ω의 각속도로 강체와 같이 등속회전하고 있을 때 가장 압력이 높은 지점은?

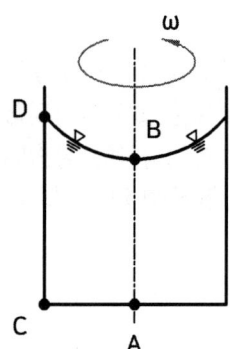

① 액체 표면의 가장자리 D
② 바닥면의 가장자리 C
③ 액체 표면의 중심점 B
④ 바닥면의 중심점 A

해설 | 압력

$P = \gamma h$ 에서 h가 클수록 압력이 크다.
따라서 연직 상방향으로 가장 h값이 큰 "C점"의 압력이 가장 높다.

31 ★★★

양정 220 [m], 유량 0.025 [m³/s], 회전수 2900 [rpm]인 4단 원심 펌프의 비교회전도(비속도) [m³/min · m · rpm]는 얼마인가?

① 176
② 167
③ 45
④ 23

해설 | 비속도(비교회전도)

$$N_s = \dfrac{N\sqrt{Q}}{\left(\dfrac{H}{n}\right)^{\frac{3}{4}}}$$

비속도란 1 [m³/min]의 유량을 1 [m] 송수하는 데 필요한 펌프의 회전수이다.

비속도 $N_s = \dfrac{N\sqrt{Q}}{\left(\dfrac{H}{n}\right)^{\frac{3}{4}}} = \dfrac{2900\sqrt{0.025 \times 60}}{\left(\dfrac{220}{4}\right)^{\frac{3}{4}}}$

$= 175.86 \ [m^3/\min \cdot m \cdot rpm]$

N_s : 비속도(비교회전도) [m³/min · m · rpm]
N : 회전수 [rpm]
Q : 유량 [m³/min]
H : 양정 [m]
n : 단수

32 ★★★

체적탄성계수가 2.086 [GPa]인 기름의 체적을 1 [%] 감소시키려면 가해야 할 압력은 몇 [Pa]인가?

① 2.086×10^7
② 2.086×10^4
③ 2.086×10^3
④ 2.086×10^2

정답 30 ② 31 ① 32 ①

해설 체적탄성계수

$$체적탄성계수\ K = -\frac{\Delta P}{\Delta V/V_1} = -\frac{\Delta P}{\frac{(V_2-V_1)}{V_1}}$$

$$2.086 \times 10^9 Pa = -\frac{\Delta P}{\left(\frac{-0.1}{100}\right)}$$

$$\therefore \Delta P = 2.086 \times 10^7 Pa$$

※ $\frac{\Delta V}{V_1}$가 (-)인 이유 : 체적이 감소하기 때문

보충 1 [GPa] = 1000 [MPa]
G[기가] : 10^9, M[메가] : 10^6, k[킬로] : 10^3

33 ★★

관로 내 물이 30 [m/s]로 흐르고 있으며 그 지점의 정압이 100 [kPa]일 때 정체압은 몇 [kPa]인가?

① 0.45
② 100
③ 450
④ 550

해설 정체점 압력

정체점의 압력(전압)
= 정압 + 동압
= $P_{정압} + \gamma\frac{V^2}{2g}$ ($\because P_{동압} = \gamma h = \gamma\frac{V^2}{2g}$)
= $100[kPa] + \left(9.8[kN/m^3] \times \frac{(30[m/s])^2}{2 \times 9.8[m/s^2]}\right)$
= $550[kPa]$

34 ★★

수평으로 놓인 지름 10 [cm], 길이 200 [m]인 파이프에 완전히 열린 글로브 밸브가 설치되어 있고, 흐르는 물의 평균속도는 2 [m/s]이다. 파이프의 관 마찰계수가 0.02이고, 전체 수두 손실이 10 [m]이면 글로브 밸브의 손실계수는?

① 0.4
② 1.8
③ 5.8
④ 9

해설 수두 손실

$$배관의\ 손실수두\ H_L[m] = f \times \frac{L}{D} \times \frac{V^2}{2g}$$

$$부차적\ 손실수두\ H_L[m] = K \times \frac{V^2}{2g}$$

전체손실 $h_L = \left(f\frac{L}{D}\frac{V^2}{2g}\right) + \left(K\frac{V^2}{2g}\right) = \left(f\frac{L}{D} + K\right)\frac{V^2}{2g}$

$10 = \left(0.02 \times \frac{200}{0.1} + K\right) \times \frac{2^2}{2 \times 9.8}$

$\therefore K = 9$

35 ★★★

유량 측정 장치 중 관의 단면에 축소부분이 있어서 유체를 그 단면에서 가속시킴으로써 생기는 압력강하를 이용하여 측정하는 것이 있다. 다음 중 이러한 방식을 사용한 측정 장치가 아닌 것은?

① 노즐
② 오리피스
③ 로터미터
④ 벤투리미터

정답 33 ④ 34 ④ 35 ③

해설 유량측정장치

1) 관의 단면에 축소 부분이 있는 유량측정장치

유량 측정 장치	내용
노즐	
오리피스	
벤추리미터	

2) 로터미터

투명관과 계측용 부자(플로트)로 구성된 유량계로, 이 투명관의 눈금을 읽어서 직접 유량을 측정하게 되어 있다. 유량이 클수록 위쪽으로 부자(플로트)를 올려 밀게 된다.

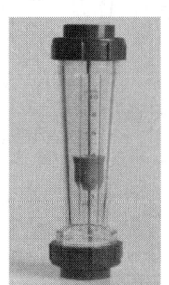
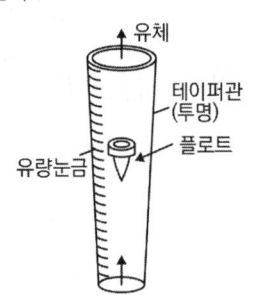

36 ★★★

물이 5 [m/s]로 흐르는 관에서 에너지선(E.L.)과 수력기울기선(H.G.L.)의 높이 차이는 약 몇 [m]인가?

① 1.27　　② 2.24
③ 3.82　　④ 6.45

해설 에너지선과 수력구배선

1) 수력기울기선(수력구배선)은 에너지선보다 속도수두만큼 아래에 있다.
   (1) 에너지선 = 속도수두 + 압력수두 + 위치수두
   (2) 수력구배선 = 압력수두 + 위치수두

2) $E.L. - H.G.L. = \dfrac{V^2}{2g} = \dfrac{5^2}{2 \times 9.8} = 1.27\,[m]$

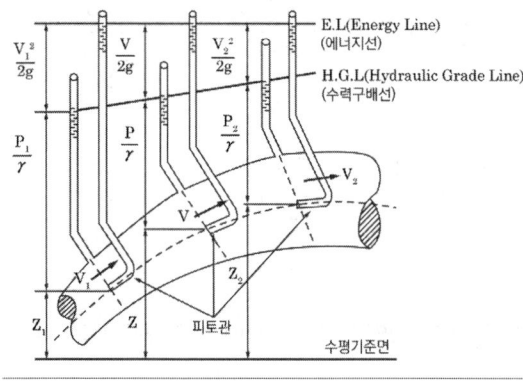

37 ★★★

산 정상에서의 기압은 93.8 [kPa]이고, 온도는 11 [℃]이다. 이때 공기의 밀도는 약 몇 [kg/m³]인가? (단, 공기의 기체상수는 287 [J/kg·℃]이다)

① 0.00012　　② 1.15
③ 29.7　　　 ④ 1150

해설 공기의 밀도

$$\text{이상기체상태방정식 } PV = nRT = \dfrac{W}{M}RT = W\overline{R}T$$

$PV = W\overline{R}T \Rightarrow \dfrac{W}{V} = \dfrac{P}{\overline{R}T}$

$\rho = \dfrac{P}{\overline{R}T} = \dfrac{93.8 \times 10^3\,[Pa]}{287\,[J/kg\cdot K] \times (273+11)\,[K]}$
$= 1.15\,[kg/m^3]$

ρ : 밀도 [kg/m³]
P : 절대압력 [Pa]
V : 부피 [m³]
W : 기체의 질량 [kg]
$\overline{R}$: 특정기체상수 [J/kg·K]
T : 절대온도 [K] (273 + [℃])

38 ★★★

물질의 열역학적 변화에 대한 설명으로 틀린 것은?

① 마찰은 비가역성의 원인이 될 수 있다.
② 열역학 제1법칙은 에너지 보존에 대한 것이다.
③ 이상기체는 이상기체상태방정식을 만족한다.
④ 가역단열과정은 엔트로피가 증가하는 과정이다.

해설 가역단열과정

가역단열과정은 엔트로피가 일정한 과정

39 ★★★

점성계수의 단위로 사용되는 푸아즈(Poise)의 환산 단위로 옳은 것은?

① cm^2/s
② $N \cdot s^2/m^2$
③ $dyne/cm \cdot s$
④ $dyne \cdot s/cm^2$

해설 점성계수 단위

1) 점성계수 μ

   $1\,[poise] = 1\,[g/cm \cdot s] = 1\,[dyne \cdot s/cm^2]$

2) 동점도(= 동점성계수) ν

   $1\,[stokes] = 1\,[cm^2/s]$

40 ★★★

다음 중 열역학 제1법칙에 관한 설명으로 옳은 것은?

① 열은 그 자신만으로 저온에서 고온으로 이동할 수 없다.
② 일은 열로 변환시킬 수 있고 열은 일로 변환시킬 수 있다.
③ 사이클 과정에서 열이 모두 일로 변화할 수 없다.
④ 열평형 상태에 있는 물체의 온도는 같다.

해설 열역학 법칙

열역학 법칙	내용
제0법칙	• 열평형의 법칙 • 온도는 높은 곳에서 낮은 곳으로 흐름 • 온도계의 원리
제1법칙	• 에너지보존의 법칙(엔탈피의 법칙) • 가역법칙 • **열량은 일량으로, 일량은 열량으로 변환 가능**
제2법칙	• 손실의 법칙(엔트로피의 법칙) • 에너지의 방향성과 비가역설을 설명 • 열은 저온에서 고온으로 흐르지 않음 • 열을 완전히 일로 바꿀 수 있는 열기관은 만들 수 없음
제3법칙	• 물체의 온도를 절대영도까지 내릴 수 없음

정답 38 ④ 39 ④ 40 ②

2023년 2회
소방관계법규

41 ★★

소방청장, 소방본부장 또는 소방서장은 관할구역에 있는 소방대상물에 대해 화재안전조사를 실시할 수 있다. 화재안전조사를 실시하는 경우로 알맞지 않은 것은?

① 국가적 행사 등 주요 행사가 개최되는 장소 및 그 주변의 관계 지역에 대해 소방안전관리 실태를 점검할 필요가 있는 경우
② 화재가 자주 발생하였거나 발생할 우려가 뚜렷한 곳에 대한 점검이 필요한 경우
③ 관계인이 실시하는 자체점검 등이 불성실하거나 불완전하다고 인정되는 경우
④ 소방청장, 소방본부장, 소방서장이 토의로 화재안전조사를 실시해야 한다고 결정한 경우

해설 화재안전조사 대상

1) 조사권자 : 소방관서장
2) 개인의 주거에 대한 화재안전조사는 관계인의 승낙이 있거나 화재발생의 우려가 뚜렷하여 긴급한 필요가 있는 때로 한정
3) 화재안전조사 실시할 수 있는 경우
   (1) 관계인이 실시하는 자체점검 등이 불성실하거나 불완전하다고 인정되는 경우
   (2) 화재예방강화지구 등 법령에서 화재안전조사를 하도록 규정되어 있는 경우
   (3) 화재예방안전진단이 불성실하거나 불완전하다고 인정되는 경우
   (4) 국가적 행사 등 주요 행사가 개최되는 장소 및 그 주변의 관계 지역에 대하여 소방안전관리 실태를 점검할 필요가 있는 경우
   (5) 화재가 자주 발생하였거나 발생할 우려가 뚜렷한 곳에 대한 점검이 필요한 경우
   (6) 재난예측정보, 기상예보 등을 분석한 결과 소방대상물에 화재의 발생 위험이 높다고 판단되는 경우
   (7) 그 밖의 긴급한 상황이 발생한 경우 인명 또는 재산 피해의 우려가 현저하다고 판단되는 경우
   ① 화재안전조사의 항목 : 대통령령
   ② 소방관서장은 화재안전조사를 실시하는 경우 다른 목적을 위해 조사권을 남용하지 않은 것

42 ★ 난이도 상

위험물안전관리법령상 위험물을 취급함에 있어서 정전기가 발생할 우려가 있는 설비에 설치할 수 있는 정전기 제거방법이 아닌 것은?

① 접지에 의한 방법
② 자동적으로 압력의 상승을 정지시키는 방법
③ 공기를 이온화하는 방법
④ 공기 중의 상대습도를 70 [%] 이상으로 하는 방법

해설 정전기 방지대책

- 배관 내 유속 제한
- 접지 및 본딩
- 상대습도 70 [%] 이상
- 대전 방지제 사용
- 공기의 이온화

정답 41 ④ 42 ②

43 ★★

위험물안전관리법령상 제조소 또는 일반 취급소의 위험물취급탱크 노즐 또는 맨홀을 신설하는 경우, 노즐 또는 맨홀의 직경이 몇 [mm]를 초과하는 경우 변경허가를 받아야 하는가?

① 200
② 250
③ 300
④ 450

해설 제조소등의 설치 및 변경

1) 설치허가자 : 시·도지사(행정안전부령)
2) 위험물 품명·수량·지정수량의 배수 변경신고 : 변경하고자 하는 날의 1일 전
3) 제조소·일반취급소 변경허가를 받아야 하는 경우
   (1) 제조소·일반취급소 위치 이전
   (2) 배출설치 또는 불활성기체 봉입장치 신설
   (3) 위험물취급탱크 신설·교체·철거·보수
   (4) 위험물취급탱크 노즐 또는 맨홀 신설(노즐 또는 맨홀 직경 250 [mm] 초과하는 경우)
   (5) 위험물취급탱크 탱크전용실 증설 또는 교체
4) 변경허가·변경신고 제외 장소
   (1) 주택의 난방시설(공동주택의 중앙난방시설 제외)을 위한 저장소·취급소
   (2) 농예용·축산용·수산용으로 필요한 난방시설 또는 건조시설을 위한 지정수량 20배 이하의 저장소

44 ★★

소방시설설치 및 관리에 관한 법령상 스프링클러설비를 설치하여야 하는 특정소방대상물의 기준으로 옳은 것은?

① 6층 이상인 특정소방대상물로서 전 층
② 지하가(터널 제외)로서 연면적 500 [m²] 이상
③ 정신병원과 의료재활시설을 제외한 요양병원으로 사용되는 바닥면적의 합계가 300 [m²] 이상 600 [m²] 미만인 시설
④ 정신의료기관으로 사용되는 바닥면적의 합계가 600 [m²] 미만인 시설

해설 스프링클러설비 설치대상

설치대상	기준
• 문화 및 집회시설(동·식물원 제외) • 종교시설 • 운동시설(물놀이형 시설 및 바닥이 불연재료이고 관람석이 없는 운동시설은 제외)	• 수용인원 100 명 이상 • 영화상영관 바닥면적 : 지하층·무창층 500 [m²] (그 외 1000 [m²]) 이상 • 무대부 : 지하층·무창층, 4층 이상 300 [m²] (그 외 500 [m²]) 이상
• 판매시설, 운수시설 • 창고시설(물류터미널)	• 수용인원 500명 이상 • 바닥면적 합계 5000 [m²] 이상
6층 이상인 특정소방대상물	전 층
• 의료시설(정신의료기관, 종합병원, 병원, 치과병원, 한방병원, 요양병원) • 노유자시설 • 숙박 가능한 수련시설 • 숙박시설 • 산후조리원, 조산원	바닥면적 합계 600 [m²] 이상인 것은 모든 층
지하가(터널 제외)	연면적 1000 [m²] 이상
기숙사(교육연구시설·수련시설 내에 있는 학생 수용을 위한 것), 복합건축물	연면적 5000 [m²] 이상인 모든 층
특수가연물 저장·취급 시설	지정수량 1000배 이상

정답 43 ② 44 ①

설치대상	기준
랙식 창고의 높이가 10 [m]를 초과	바닥면적 또는 랙이 설치된 부분의 합계가 1500 [m²] 이상인 경우 모든 층
전기저장시설, 교정 및 군사시설 중 보호감호소, 교도소, 구치소 및 그 지소, 보호관찰소, 갱생보호시설, 치료감호시설, 소년원 및 소년분류심사원의 수용거실, 보호시설(외국인보호소의 경우에는 보호대상자의 생활공간으로 한정), 유치장	-

45 ★ (난이도 상)

특정소방대상물의 소방시설등에 대한 자체점검 기술자격자의 범위에서 행정안전부령으로 정하는 기술자격자는?

① 소방안전관리자로 선임된 위험물산업기사
② 소방안전관리자로 선임된 소방시설관리사 및 소방기술사
③ 소방안전관리자로 선임된 소방설비산업기사
④ 소방안전관리자로 선임된 소방설비기사

해설 종합점검 대상

대상	기준
가. 최초점검 대상물
나. 스프링클러설비가 설치된 특정소방대상물
다. 물분무등소화설비[호스릴 방식의 물분무등소화설비만을 설치한 경우는 제외]가 설치된 연면적 5000 [m²] 이상인 특정소방대상물(위험물 제조소등은 제외)
라. 다중이용업의 영업장이 설치된 특정소방대상물로서 연면적이 2000 [m²] 이상인 것(단란주점과 유흥주점, 영화상영관, 비디오물감상실업, 복합영상물제공업, 노래연습장, 산후조리원, 고시원, 안마시술소)
마. 제연설비가 설치된 터널
바. 공공기관 중 연면적(터널·지하구의 경우 그 길이와 평균폭을 곱하여 계산된 값)이 1000 [m²] 이상인 것으로서 옥내소화전설비 또는 자동화재탐지설비가 설치된 것(소방대가 근무하는 공공기관은 제외)	가. 관리업에 등록된 소방시설관리사
나. <u>소방안전관리자로 선임된 소방시설관리사 또는 소방기술사</u>

46 ★★

소방기본법령상 소방의 날 제정과 운영 등에 관한 사항으로 틀린 것은?

① 국민의 안전의식과 화재에 대한 경각심을 높이고 안전문화를 정착시키기 위한 목적이다.
② 소방의 날은 매년 11월 9일이다.
③ 소방의 날 행사에 관하여 필요한 사항은 소방청장 또는 시·도지사가 따로 정하여 시행할 수 있다.
④ 시·도지사는 소방행정 발전에 공로가 있다고 인정되는 사람을 명예직 소방대원으로 위촉할 수 있다.

📖 해설　소방의 날 제정과 운영 등

1. 국민의 안전의식과 화재에 대한 경각심을 높이고 안전문화를 정착시키기 위하여 매년 11월 9일을 소방의 날로 정하여 기념행사를 한다.
2. 소방의 날 행사에 관하여 필요한 사항은 소방청장 또는 시·도지사가 따로 정하여 시행할 수 있다.
3. 소방청장은 다음에 해당하는 사람을 명예직 소방대원으로 위촉할 수 있다.
   ① 「의사상자등 예우 및 지원에 관한 법률」에 따른 의사상자에 해당하는 사람
   ② 소방행정 발전에 공로가 있다고 인정되는 사람

47 ★   난이도 상

위험물안전관리법령상 경보설비에 대한 기준으로 틀린 것은?

① 지정수량의 10배 이상의 위험물을 저장 또는 취급하는 제조소등(이동탱크저장소를 제외한다)에는 화재발생 시 이를 알릴 수 있는 경보설비를 설치하여야 한다.
② 경보설비는 자동화재탐지설비·자동화재속보설비·비상경보설비(비상벨장치 또는 경종을 포함한다)·확성장치(휴대용확성기를 포함한다) 및 비상방송설비로 구분한다.
③ 자동신호장치를 갖춘 스프링클러설비 또는 물분무등소화설비를 설치한 제조소등에 있어서는 자동화재탐지설비를 설치한 것으로 본다.
④ 제조소 및 일반취급소에 있어서 연면적 1000 [m²] 이상인 것은 자동화재탐지설비를 설치한다.

📖 해설　경보설비 설치기준

1) 제조소등별 설치해야 하는 경보설비

특정소방대상물	소방시설
• 연면적 500 [m²] 이상 • 옥내에서 지정수량 100배 이상 취급 • 일반취급소로 사용되는 부분 외의 부분이 있는 건축물에 설치된 일반취급소	자동화재탐지설비
• 지정수량 10배 이상 저장 또는 취급(**이동탱크저장소 제외**)	• 자동화재탐지설비 • 비상경보설비 • 비상방송설비 • 확성장치 중 1종 이상

2) 자동신호장치 갖춘 스프링클러설비 또는 물분무등소화설비 설치한 제조소등은 자동화재탐지설비 설치한 것으로 봄
3) 자동화재탐지설비·비상경보설비(비상벨장치 또는 경종 포함)·확성장치(휴대용 확성기 포함) 및 비상방송설비로 구분

48 ★★

소방시설관리사증을 빌려주거나 둘 이상의 업체에 취업한 자에 대한 벌칙 기준으로 옳은 것은?

① 6개월 이하의 징역 또는 1000만 원 이하의 벌금
② 1년 이하의 징역 또는 1000만 원 이하의 벌금
③ 3년 이하의 징역 또는 1500만 원 이하의 벌금
④ 3년 이하의 징역 또는 3000만 원 이하의 벌금

정답　47 ④　48 ②

해설 1년 1000만 원 이하의 벌금

1. 자체점검을 하지 않거나 관리업자에게 정기 점검 하게 하지 아니한 자
2. 소방시설관리사증을 빌려주거나 빌리거나 이를 알선한 자
3. 동시에 둘 이상의 업체에 취업한 자
4. 자격정지처분을 받고 자격정지기간 중에 관리사의 업무를 한 자
5. 관리업 등록증, 등록수첩을 다른 자에게 빌려주거나 빌리거나 이를 알선한 자
6. 영업정지처분을 받고 영업정지기간 중에 관리업의 업무를 한 자
7. 제품검사 합격표시 허위·위조·변조한 자
8. 형식승인의 변경승인을 받지 아니한 자
9. 제품검사에 합격하지 아니한 소방용품에 성능인증을 받았다는 표시 또는 제품검사에 합격하였다는 표시를 하거나 성능인증을 받았다는 표시 또는 제품검사에 합격하였다는 표시를 위조 또는 변조하여 사용한 자
10. 성능인증의 변경인증을 받지 아니한 자
11. 우수품질 표시 허위·위조·변조하여 사용한 자
12. 관계인의 업무 방해하거나 출입·검사 시 알게 된 비밀을 누설한 자

49 ★★★

자동화재탐지설비를 설치하여야 하는 특정소방대상물의 기준으로 틀린 것은?

① 지하구
② 지하가 중 터널로서 길이 700 [m] 이상인 것
③ 교정시설로서 연면적 2000 [m²] 이상인 것
④ 복합건축물로서 연면적 600 [m²] 이상인 것

해설 자동화재탐지설비 설치대상

설치대상	기준
• 교육연구시설(교육시설 내에 있는 기숙사 및 합숙소를 포함한다), 수련시설(기숙사·합숙소 포함, 숙박시설 제외) • 동·식물 관련 시설, 교정 및 군사시설 • 자원순환 관련 시설 • 교정 및 군사시설 • 묘지 관련 시설	연면적 2000 [m²] 이상인 경우에는 모든 층
목욕장, 문화 및 집회시설, 종교시설, 판매시설, 운동시설, 운수시설, 업무시설, 창고시설, 공장, 지하가(터널 제외), 위험물 저장 및 처리시설, 항공기 및 자동차 관련 시설, 교정 및 군사시설 중 국방·군사시설, 방송통신시설, 발전시설, 관광 휴게시설	연면적 1000 [m²] 이상인 경우에는 모든 층
• 근린생활시설(목욕장 제외) • 의료시설(정신의료기관, 요양병원 제외) • 위락시설, 장례시설 및 복합건축물	연면적 600 [m²] 이상인 경우에는 모든 층
정신의료기관, 의료재활시설	• 바닥면적합계 300 [m²] 이상 • 바닥면적 합계 300 [m²] 미만, 창살 설치
지하가 중 터널	길이 1000 [m] 이상
공장 및 창고시설	500배 이상 특수가연물
요양병원, 지하구, 전통시장, 조산원, 산후조리원	-
전기저장시설, 노유자생활시설	-
공동주택 중 아파트등·기숙사, 숙박시설, 6층 이상인 건축물	-
노유자시설	연면적 400 [m²] 이상인 경우에는 모든 층
숙박시설이 있는 수련시설	수용인원 100명 이상인 경우에는 모든 층

50 ★★★

소방기본법령상 소방용수시설에서 저수조의 설치기준으로 틀린 것은?

① 소방펌프자동차가 쉽게 접근할 수 있도록 할 것
② 지면으로부터의 낙차가 4.5 [m] 이하일 것
③ 흡수부분의 수심이 6 [m] 이상일 것
④ 흡수관의 투입구가 원형의 경우에는 지름이 60 [cm] 이상일 것

해설   소방용수시설 설치기준

1) 소화전
   - 상수도와 연결, 지하식·지상식 구조
   - 연결금속구 구경 : 65 [mm]
2) 급수탑
   - 급수배관 구경 : 100 [mm] 이상
   - 개폐밸브 : 지상 1.5 [m] 이상 1.7 [m] 이하
3) 저수조
   - 지면으로부터의 낙차 : 4.5 [m] 이하
   - 흡수부분 수심 : 0.5 [m] 이상일 것
   - 흡수관 투입구 : 사각형 한 변 60 [cm]
                     원형 지름 60 [cm] 이상

51 ★★★

소방시설공사업법령에 따른 성능위주설계를 할 수 있는 자의 설계범위 기준 중 틀린 것은?

① 연면적 30000 [m²] 이상인 특정소방대상물로서 공항시설
② 연면적 200000 [m²] 이상인 특정소방대상물(공동주택 중 주택으로 5층 이상 제외)
③ 지하층을 포함한 층수가 30층 이상인 특정소방대상물(단, 아파트등은 제외)
④ 하나의 건축물에 영화상영관이 5개 이상인 특정소방대상물

해설   성능위주설계 특정소방대상물

1) 연면적 200000 [m²] 이상 특정소방대상물 - 다만 아파트등(공동주택 중 주택으로 쓰이는 층수가 5층 이상인 주택) 제외
2) 50층 이상(지하층 제외)이거나 지상으로부터 높이가 200 [m] 이상인 아파트등
3) 30층 이상(지하층 포함)이거나 지상으로부터 높이가 120 [m] 이상인 특정소방대상물(아파트등은 제외)
4) 연면적 30000 [m²] 이상 특정소방대상물
   - 철도 및 도시철도 시설
   - 공항시설
5) 하나의 건축물에 영화상영관 10개 이상
6) 지하연계 복합건축물
7) 연면적 10만 [m²] 이상이거나 지하 2층 이하이고 지하층의 바닥면적의 합이 3만 [m²] 이상인 창고시설
8) 터널 중 수저(水底)터널 또는 길이가 5000 [m] 이상인 것

52 ★★★

소방시설의 하자가 발생한 경우 통보를 받은 공사업자는 며칠 이내에 이를 보수하거나 보수 일정을 기록한 하자보수계획을 관계인에게 서면으로 알려야 하는가?

① 3일
② 5일
③ 14일
④ 30일

해설   하자보수

1) 관계인은 하자보수 보증기간 이내에 소방시설 하자 발생 시 공사업자에게 그 사실을 알려야 한다.
2) 통보받은 공사업자는 3일 이내 하자보수 또는 하자보수계획을 관계인에게 서면으로 알려야 한다.

정답 50 ③ 51 ④ 52 ①

3) 관계인은 공사업자가 다음 각 호의 어느 하나에 해당하는 경우에는 소방본부장·서장에게 그 사실을 알릴 수 있음
   (1) 3일 이내에 하자보수를 이행하지 아니한 경우
   (2) 3일 이내에 하자보수계획을 서면으로 알리지 아니한 경우
   (3) 하자보수계획이 불합리하다고 인정되는 경우

   (3) 의사·간호사 그 밖의 구조·구급업무 종사자
   (4) 취재인력 등 보도업무 종사자
   (5) 수사업무 종사자
   (6) 그 밖에 소방대장이 소방활동을 위해 출입을 허가한 사람
3) 경찰공무원은 소방대가 소방활동구역에 있지 않거나, 소방대장의 요청이 있을 때에는 출입제한 조치를 할 수 있음

53 ★★★

소방기본법령상 소방대장은 화재, 재난·재해 그 밖의 위급한 상황이 발생한 현장에 소방활동 구역을 정하여 소방활동에 필요한 자로서 대통령령으로 정하는 사람 외에는 그 구역에의 출입을 제한할 수 있다. 다음 중 소방활동구역에 출입할 수 없는 사람은?

① 소방활동구역 안에 있는 소방대상물의 소유자·관리자 또는 점유자
② 전기·가스·수도·통신·교통의 업무에 종사하는 사람으로서 원활한 소방활동을 위하여 필요한 사람
③ 자원봉사자
④ 의사·간호사 그 밖에 구조·구급업무에 종사하는 사람

해설 소방활동구역 출입자

1) 설정
   (1) 설정권자 : 소방대장
   (2) 소방활동구역을 정하여 소방활동에 필요한 사람으로서 대통령령으로 정하는 사람 외에는 그 구역에 출입하는 것을 제한
2) 출입자
   (1) 소방활동구역 안에 있는 소방대상물의 소유자·관리자·점유자
   (2) 전기·가스·수도·통신·교통의 업무 종사자로서 소방활동을 위해 필요한 사람

54 ★

소방시설설치 및 관리에 관한 법령상 소화설비를 구성하는 제품 또는 기기에 해당하지 않는 것은?

① 가스누설경보기
② 소방호스
③ 스프링클러헤드
④ 분말자동소화장치

해설 소방용품

1) 소화설비 구성 제품·기기
   • 소화기구(소화약제 외의 것 제외)
   • 자동소화장치
   • 소화전, 관창, 소방호스, 스프링클러헤드, 기동용 수압개폐장치, 유수제어밸브 및 가스관선택밸브
2) 경보설비 구성 제품·기기
   • 누전경보기 및 가스누설경보기
   • 발신기, 수신기, 중계기, 감지기, 경종
3) 피난구조설비 구성 제품·기기
   • 피난사다리, 구조대, 완강기(간이완강기 및 지지대 포함)
   • 공기호흡기(충전기 포함)
   • 피난구유도등, 통로유도등, 객석유도등 및 예비전원 내장된 비상조명등
4) 소화용 제품·기기
   • 소화약제(소화설비용만 해당)
   • 방염제(방염액·방염도료·방염성물질)

정답 53 ③ 54 ①

55 ★★★

소방시설공사업법령상 하자보수를 하여야 하는 소방시설 중 하자보수 보증기간이 3년이 아닌 것은?

① 자동소화장치
② 비상방송설비
③ 스프링클러설비
④ 상수도소화용수설비

📘 **해설** 소방시설 하자보수 보증기간

소방시설	기간
• **피**난기구·유도등·유도표지 • **비**상경보설비 • **비**상조명등 • **비**상방송설비 • **무**선통신보조설비	**2년**
• 자동소화장치 • 옥내·외소화전설비 • 스프링클러·간이스프링클러설비 • 물분무등소화설비 • 자동화재탐지설비 • 상수도소화용수설비 • 소화활동설비(무선통신보조설비 제외)	**3년**

☆암기 | 이년 피비무

56 ★★★

화재의 예방 및 안전관리에 관한 법령상 화재의 예방상 위험하다고 인정되는 행위를 하는 사람에게 행위의 금지 또는 제한 명령을 할 수 있는 사람은?

① 소방본부장
② 시·도지사
③ 의용소방대원
④ 소방대상물의 관리자

📘 **해설** 화재의 예방조치

1. 누구든지 화재예방강화지구 및 이에 준하는 대통령령으로 정하는 장소에서는 다음에 해당하는 행위를 하여서는 아니 된다. 다만 행정안전부령으로 정하는 바에 따라 안전조치를 한 경우에는 그러하지 아니한다.
   (1) 모닥불, 흡연 등 화기의 취급
   (2) 풍등 등 소형열기구 날리기
   (3) 용접·용단 등 불꽃을 발생시키는 행위
   (4) 그 밖에 대통령령으로 정하는 화재발생 위험이 있는 행위
2. 소방관서장은 화재발생 위험이 크거나 소화 활동에 지장을 줄 수 있다고 인정되는 행위나 물건에 대하여 행위 당사자나 그 물건의 소유자, 관리자 또는 점유자에게 다음의 명령을 할 수 있다. 다만 다음에 해당하는 물건의 소유자, 관리자 또는 점유자를 알 수 없는 경우 소속 공무원으로 하여금 그 물건을 옮기거나 보관하는 등 필요한 조치를 하게 할 수 있다.
   (1) 다음 어느 하나에 해당하는 행위의 금지 또는 제한
   (2) 목재, 플라스틱 등 가연성이 큰 물건의 제거, 이격, 적재 금지 등
   (3) 소방차량의 통행이나 소화 활동에 지장을 줄 수 있는 물건의 이동
3. 2.의 단서에 따라 옮긴 물건 등에 대한 보관기간 및 보관기간 경과 후 처리 등에 필요한 사항은 대통령령으로 정한다.
4. 보일러, 난로, 건조설비, 가스·전기시설, 그 밖에 화재발생 우려가 있는 대통령령으로 정하는 설비 또는 기구 등의 위치·구조 및 관리와 화재 예방을 위하여 불을 사용할 때 지켜야 하는 사항은 대통령령으로 정한다.
5. 화재가 발생하는 경우 불길이 빠르게 번지는 고무류·플라스틱류·석탄 및 목탄 등 대통령령으로 정하는 특수가연물(特殊可燃物)의 저장 및 취급 기준은 대통령령으로 정한다.

정답 55 ② 56 ①

57 ★★★

소방청장, 소방본부장 또는 소방서장이 화재안전조사 조치명령서를 해당 소방대상물의 관계인에게 발급하는 경우가 아닌 것은?

① 소방대상물의 신축
② 소방대상물의 개수
③ 소방대상물의 이전
④ 소방대상물의 제거

해설 화재안전조사 결과에 따른 조치명령

1) 명령권자 : 소방관서장
2) 관계인에게 그 소방대상물의 <u>개수·이전·제거, 사용의 금지 또는 제한, 사용폐쇄, 공사의 정지 또는 중지, 그 밖에 필요한 조치</u>
   (1) 소방대상물의 위치·구조·설비 또는 관리에 보완 필요시
   (2) 화재발생 시 인명 또는 재산 피해가 클 것으로 예상될 때
3) 관계인에게 조치를 명령 또는 관계 행정기관의 장에게 필요한 조치 요청
   (1) 법령을 위반하여 건축 또는 설비
   (2) 소방시설등, 피난시설·방화구획, 방화시설 등이 법령에 적합하게 설치·관리되지 않은 경우

58 ★★★

옥내저장소의 위치·구조 및 설비의 기준 중 지정수량의 몇 배 이상의 저장창고(제6류 위험물의 저장창고 제외)에 피뢰침을 설치해야 하는가? (단, 저장창고 주위의 상황이 안전상 지장이 없는 경우는 제외한다)

① 10배   ② 20배
③ 30배   ④ 40배

해설 위험물 제조소 피뢰설비

<u>지정수량 10배</u> 이상인 옥외탱크저장소 피뢰침 설치 (제6류 위험물 제조소 제외)

59 ★★★

행정안전부령으로 정하는 연소 우려가 있는 구조에 대한 기준 중 다음 ( ) 안에 알맞은 것은?

> 건축물대장의 건축물 현황도에 표시된 대지 경계선 안에 2 이상의 건축물이 있는 경우로서 각각의 건축물이 다른 건축물의 외벽으로부터 수평거리가 1층의 경우에는 (㉠) [m] 이하, 2층 이상의 경우에는 (㉡) [m] 이하이고 개구부가 다른 건축물을 향하여 설치된 구조를 말한다.

① ㉠ 3, ㉡ 5
② ㉠ 5, ㉡ 8
③ ㉠ 6, ㉡ 8
④ ㉠ 6, ㉡ 10

해설 연소우려가 있는 구조

- 대지경계선 안 2 이상의 건축물
- 다른 건축물 외벽으로부터 수평거리가 <u>1층 6 [m] 이하, 2층 이상 10 [m] 이하</u>
- 개구부가 다른 건축물 향하여 설치

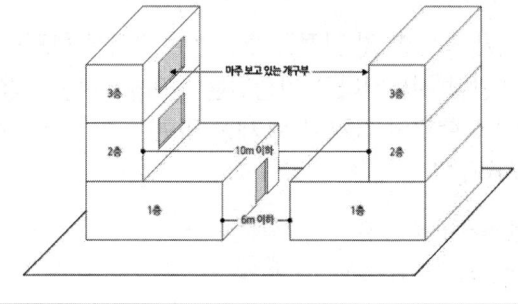

60 ★★★

화재예방강화지구의 지정대상이 아닌 것은?

① 공장·창고가 밀집한 지역
② 목조건물이 밀집한 지역
③ 농촌지역
④ 시장지역

해설 화재예방강화지구

1) 지정권자 : 시·도지사
2) 화재예방강화지구 지정 요청 : 소방청장
3) 화재예방강화지구
   ⑴ 시장지역
   ⑵ 공장·창고가 밀집한 지역
   ⑶ 목조건물이 밀집한 지역
   ⑷ 노후·불량건축물이 밀집한 지역
   ⑸ 위험물의 저장 및 처리시설이 밀집한 지역
   ⑹ 석유화학제품을 생산하는 공장이 있는 지역
   ⑺ 산업입지 및 개발에 관한 법률에 따른 산업단지
   ⑻ 소방시설·소방용수시설·소방출동로가 없는 지역
   ⑼ 물류단지
   ⑽ ⑴ ~ ⑼까지 준하는 지역으로서 소방관서장이 화재예방강화지구로 지정할 필요가 있다고 인정하는 지역

정답 60 ③

2023년 2회

소방기계시설의 구조 및 원리

61 ★★★

주방용 자동소화장치의 설치기준으로 틀린 것은?

① 아파트의 각 세대별 주방 및 오피스텔의 각 실별 주방에 설치한다.
② 소화약제 방출구는 환기구의 청소부분과 분리되어 있어야 한다.
③ 주방용 자동소화장치에 사용하는 차단장치는 상시 확인 및 점검 가능하도록 설치
④ 주방용 자동소화장치의 탐지부는 수신부와 분리하여 설치하되, 공기보다 무거운 가스를 사용하는 장소에는 바닥면으로부터 20[cm] 이하의 위치에 설치한다.

해설 주거용 주방자동소화장치의 탐지부

1) 공기보다 가벼운 가스(LNG)
   천장면으로부터 30[cm] 이하의 위치에 설치
2) 공기보다 무거운 가스(LPG)
   바닥면으로부터 30[cm] 이하의 위치에 설치

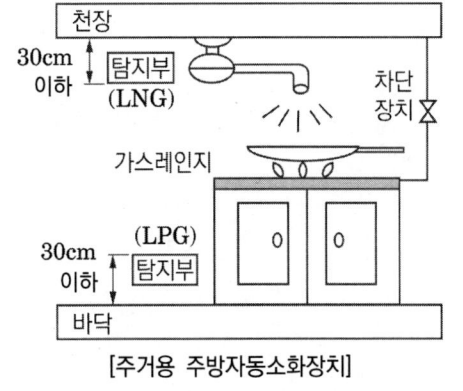

[주거용 주방자동소화장치]

62 ★★★

분말소화설비의 화재안전성능기준상 다음 ( ) 안에 알맞은 것은?

> 분말소화약제의 가압용 가스 용기에는 ( )의 압력에서 조정이 가능한 압력조정기를 설치해야 한다.

① 2.5[MPa] 이하
② 2.5[MPa] 이상
③ 25[MPa] 이하
④ 25[MPa] 이상

해설 분말소화약제의 가압용 가스 용기

분말소화약제의 가압용 가스 용기에는 2.5[MPa] 이하의 압력에서 조정이 가능한 압력조정기를 설치해야 한다.

63 ★★★

스프링클러설비 배관의 설치기준으로 틀린 것은?

① 급수배관의 구경은 수리계산에 따르는 경우 가지배관의 유속은 6[m/s], 그 밖의 배관의 유속은 10[m/s]를 초과할 수 없다.
② 교차배관에서 분기되는 지점을 기점으로 한 쪽 가지배관에 설치되는 헤드의 개수(반자 아래와 반자 속의 헤드를 하나의 가지배관 상에 병설하는 경우에는 반자 아래에 설치하는 헤드의 개수)는 8개 이하로 해야 한다.
③ 수직배수배관의 구경은 50[mm] 이상으로 해야 한다.

④ 가지배관에는 헤드의 설치지점 사이마다 1개 이상의 행거를 설치하되, 헤드 간의 거리가 4.5 [m]를 초과하는 경우에는 4.5 [m] 이내마다 1개 이상 설치해야 한다.

> 해설 **스프링클러설비의 배관 행거 설치기준**

1) 가지배관에는 헤드의 설치지점 사이마다 1개 이상의 행거를 설치하되, 헤드 간의 거리가 3.5 [m]를 초과하는 경우에는 3.5 [m] 이내마다 1개 이상 설치할 것. 이 경우 상향식헤드와 행거 사이에는 8 [cm] 이상의 간격을 두어야 함

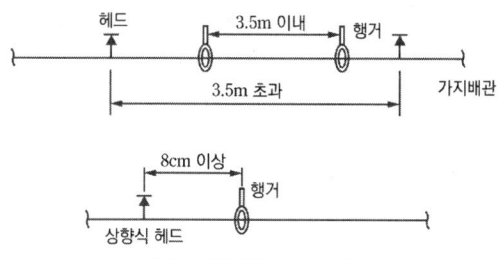

[가지배관 행거의 설치]

2) 교차배관에는 가지배관 사이 거리 4.5 [m] 초과 시 4.5 [m] 이내마다 1개 이상 설치

3) 수평주행배관에는 4.5 [m] 이내마다 1개 이상 설치

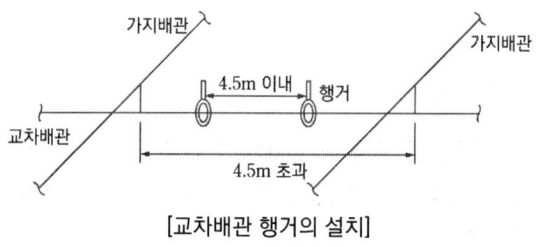

[교차배관 행거의 설치]

64 ★★★

스프링클러설비의 누수로 인한 유수검지장치의 오작동을 방지하기 위한 목적으로 설치하는 것은?

① 솔레노이드 밸브 ② 리타딩 챔버
③ 물올림 장치 ④ 성능시험배관

> 해설 **리타딩 챔버**

1) 안전밸브 역할
2) 유수검지장치의 오작동 방지
3) 배관 및 압력스위치의 손상을 보호

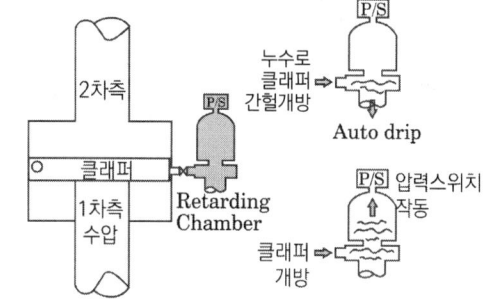

65 ★★★

미분무소화설비의 화재안전성능기준상 용어의 정의 중 다음 ( ) 안에 알맞은 것은?

> "미분무"란 물만을 사용하여 소화하는 방식으로 최소설계압력에서 헤드로부터 방출되는 물입자 중 99 [%]의 누적체적분포가 (㉠) [㎛] 이하로 분무되고 (㉡)급 화재에 적응성을 갖는 것을 말한다.
> "중압 미분무소화설비"란 사용압력이 (㉢) [MPa]을 초과하고 (㉣) [MPa] 이하인 미분무소화설비를 말한다.

① ㉠ 400, ㉡ A, B, C, ㉢ 1.2, ㉣ 3.5
② ㉠ 400, ㉡ B, C, ㉢ 1.2, ㉣ 4.5
③ ㉠ 200, ㉡ A, B, C, ㉢ 1.2, ㉣ 3.5
④ ㉠ 200, ㉡ B, C, ㉢ 2.3, ㉣ 4.5

해설 미분무 및 중압 미분무소화설비의 정의

1) 미분무
   물만을 사용하여 소화하는 방식으로 최소설계압력에서 헤드로부터 방출되는 물입자 중 99 [%]의 누적체적분포가 400 [μm] 이하로 분무되고 A, B, C급 화재에 적응성을 갖는 것을 말한다.
2) 중압 미분무소화설비
   사용압력이 1.2 [MPa]을 초과하고 3.5 [MPa] 이하인 미분무소화설비를 말한다.

[여러 개의 오리피스에서 방사되는 미분무헤드]

66 ★★

포소화설비의 자동식 기동장치의 설치기준 중 다음 ( ) 안에 알맞은 것은? (단, 화재감지기를 사용하는 경우이며, 자동화재탐지설비의 수신기가 설치된 장소에 상시 사람이 근무하고 있고, 화재 시 즉시 해당 조작부를 작동시킬 수 있는 경우는 제외한다)

> 화재감지기 회로에는 다음의 기준에 따른 발신기를 설치할 것. 특정소방대상물의 층마다 설치하되, 해당 특정소방대상물의 각 부분으로부터 수평거리가 (㉠) [m] 이하가 되도록 할 것. 다만 복도 또는 별도로 구획된 실로서 보행거리가 (㉡) [m] 이상일 경우에는 추가로 설치해야 한다.

① ㉠ 25, ㉡ 30   ② ㉠ 25, ㉡ 40
③ ㉠ 15, ㉡ 30   ④ ㉠ 15, ㉡ 40

해설 포소화설비 화재감지기 회로에 설치하는 발신기

1) 조작이 쉬운 장소에 설치하고, 스위치는 바닥으로부터 0.8 [m] 이상 1.5 [m] 이하의 높이에 설치할 것
2) 특정소방대상물의 층마다 설치하되, 해당 특정소방대상물의 각 부분으로부터 **수평거리가 25 [m]** 이하가 되도록 할 것. 다만 복도 또는 별도로 구획된 실로서 **보행거리가 40 [m] 이상**일 경우에는 추가로 설치해야 한다.
3) 발신기의 위치를 표시하는 표시등은 함의 상부에 설치하되, 그 불빛은 부착 면으로부터 15° 이상의 범위 안에서 부착지점으로부터 10 [m] 이내의 어느 곳에서도 쉽게 식별할 수 있는 적색등으로 할 것

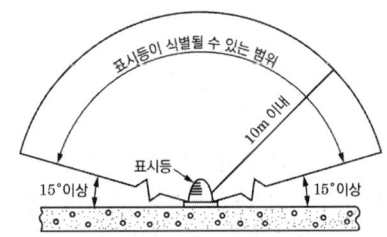

67 ★★★

소화기구 및 자동소화장치의 화재안전기술기준상 대형소화기의 정의 중 다음 ( ) 안에 알맞은 것은?

> 화재 시 사람이 운반할 수 있도록 운반대와 바퀴가 설치되어 있고 능력단위가 A급 (㉠)단위 이상, B급 (㉡)단위 이상인 소화기를 말한다.

① ㉠ 20, ㉡ 10   ② ㉠ 10, ㉡ 20
③ ㉠ 10, ㉡ 5   ④ ㉠ 5, ㉡ 10

🔷 **해설** 소화기의 능력단위

1) 소형소화기 : 능력단위가 1단위 이상이고 대형소화기의 능력단위 미만인 소화기
2) 대형소화기 : 화재 시 사람이 운반할 수 있도록 운반대와 바퀴가 설치되어 있고 능력단위가 A급 10단위 이상, B급 20단위 이상인 소화기

[소형소화기]   [대형소화기]

68 ★★★

물분무소화설비의 화재안전기술기준상 차고 또는 주차장에 설치하는 물분무소화설비의 배수설비 기준으로 틀린 것은?

① 차량이 주차하는 바닥은 배수구를 향하여 100분의 1 이상의 기울기를 유지할 것
② 차량이 주차하는 장소의 적당한 곳에 높이 10 [cm] 이상의 경계턱으로 배수구를 설치할 것
③ 배수설비는 가압송수장치의 최대송수능력의 수량을 유효하게 배수할 수 있는 크기 및 기울기로 할 것
④ 배수구에는 새어나온 기름을 모아 소화할 수 있도록 길이 40 [m] 이하마다 집수관·소화핏트 등 기름분리장치를 설치할 것

🔷 **해설** 물분무소화설비의 배수설비 설치기준

1) 차량이 주차하는 장소의 적당한 곳에 높이 10 [cm] 이상의 경계턱으로 배수구를 설치할 것
2) 배수구에는 새어 나온 기름을 모아 소화할 수 있도록 길이 40 [m] 이하마다 집수관·소화핏트 등 기름분리장치를 설치할 것
3) 차량이 주차하는 바닥은 배수구를 향하여 100분의 2 이상의 기울기를 유지할 것
4) 배수설비는 가압송수장치의 최대송수능력의 수량을 유효하게 배수할 수 있는 크기 및 기울기로 할 것

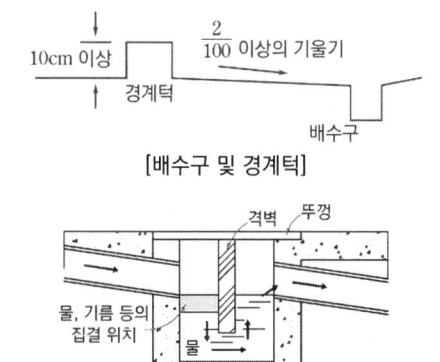

[배수구 및 경계턱]

[소화핏트]

69 ★★★

소화기구 및 자동소화장치의 화재안전기술기준상 소화기구의 소화약제별 적응성 중 C급 화재에 적응성이 없는 소화약제는?

① 팽창 진주암
② 할로겐화합물 및 불활성기체 소화약제
③ 이산화탄소 소화약제
④ 중탄산염류 소화약제

해설 소화기구의 소화약제별 적응성

소화약제 구분 / 적응대상	가스 이산화탄소 소화약제	가스 할로겐화합물 및 불활성기체 소화약제	분말 중탄산염류 소화약제	기타 팽창질석·팽창진주암
일반화재(A급)	-	○	-	○
유류화재(B급)	○	○	○	○
전기화재(C급)	○	○	○	-

※ 중탄산염류소화약제 : 제1·2·4종 분말소화약제

TIP 마른 모래, 팽창질석, 팽창진주암은 C급 화재에 적응성 없음

70 ★★

이산화탄소소화설비의 화재안전성능기준상 소화약제 저장용기의 내부 용적과 소화약제의 중량과의 비가 고압식인 것은?

① 68 [L], 45 [kg]
② 72 [L], 62 [kg]
③ 68 [L], 50 [kg]
④ 50 [L], 45 [kg]

해설 이산화탄소소화설비 저장용기의 충전비

- 고압식 : 1.5 이상 1.9 이하
- 저압식 : 1.1 이상 1.4 이하

① 68 [L], 45 [kg] ⇒ 충전비 = $\frac{68}{45}$ = 1.51 (고압식)

② 72 [L], 62 [kg] ⇒ 충전비 = $\frac{72}{62}$ = 1.16 (저압식)

③ 68 [L], 50 [kg] ⇒ 충전비 = $\frac{68}{50}$ = 1.36 (저압식)

④ 50 [L], 45 [kg] ⇒ 충전비 = $\frac{50}{45}$ = 1.11 (저압식)

보충 충전비 = $\frac{\text{소화약제 저장용기의 내부 용적}[L]}{\text{소화약제의 중량}[kg]}$

71 ★★★

포소화약제의 혼합장치에 대한 설명 중 옳은 것은?

① 라인 프로포셔너 방식이란 펌프의 토출관과 흡입관 사이의 배관 도중에 설치한 흡입기에 펌프에서 토출된 물의 일부를 보내고, 농도 조정밸브에서 조정된 포소화약제의 필요량을 포소화약제 탱크에서 펌프 흡입 측으로 보내어 이를 혼합하는 방식을 말한다.

② 프레셔사이드 프로포셔너 방식이란 펌프의 토출관에 압입기를 설치하여 포소화약제 압입용 펌프로 포소화약제를 압입시켜 혼합하는 방식을 말한다.

③ 프레셔 프로포셔너 방식이란 펌프와 발포기 중간에 설치된 벤추리관의 벤추리작용에 따라 포소화약제를 흡입·혼합하는 방식을 말한다.

④ 펌프 프로포셔너 방식이란 펌프와 발포기의 중간에 설치된 벤추리관의 벤추리작용과 펌프 가압수의 포소화약제 저장탱크에 대한 압력에 따라 포소화약제를 흡입·혼합하는 방식을 말한다.

해설 포소화설비 포혼합장치의 종류

1) **라인 프로포셔너 방식** : 벤추리관의 벤추리작용에 따라 소화약제를 흡입·혼합하는 방식

2) **프레셔 프로포셔너 방식** : 벤추리관의 벤추리작용과 포소화약제 저장탱크압력에 따라 소화약제를 흡입·혼합하는 방식

3) **펌프 프로포셔너 방식** : 흡입기에 물 일부를 보내고, 농도 조정밸브에서 조정된 포소화약제의 필요량을 소화약제 탱크에서 펌프 흡입 측으로 보내는 방식

4) **프레셔사이드 프로포셔너 방식** : 압입기 설치하여 소화약제 압입용 펌프로 소화약제를 압입시켜 혼합하는 방식

5) 압축공기포 믹싱챔버방식 : 물, 포 소화약제 및 공기를 믹싱챔버로 강제주입시켜 챔버 내에서 포수용액을 생성한 후 포를 방사하는 방식

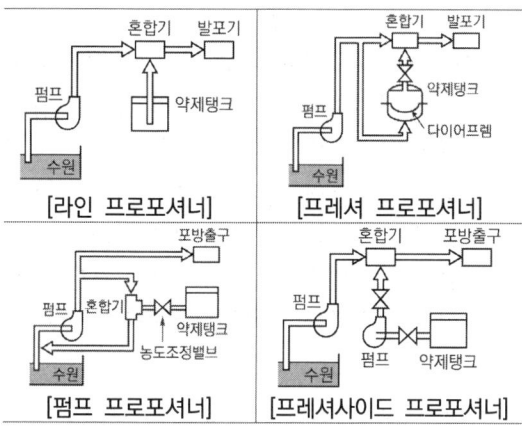

72 ★★★

상수도소화용수설비의 소화전은 특정소방대상물의 수평투영면의 각 부분으로부터 몇 [m] 이하가 되도록 설치해야 하는가?

① 200
② 140
③ 100
④ 70

해설 상수도소화용수설비 설치기준

1) 호칭지름 75 [mm] 이상의 수도배관에 호칭지름 100 [mm] 이상의 소화전을 접속할 것
2) 소화전은 소방자동차 등의 진입이 쉬운 도로변 또는 공지에 설치할 것
3) 소화전은 특정소방대상물의 수평투영면의 각 부분으로부터 140 [m] 이하가 되도록 설치할 것

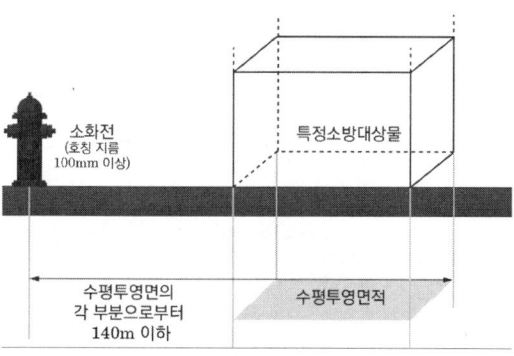

73 ★★★

연결살수설비의 화재안전기술기준에 따른 건축물에 설치하는 연결살수설비의 헤드에 대한 기준 중 다음 ( ) 안에 알맞은 것은?

천장 또는 반자의 각 부분으로부터 하나의 살수헤드까지의 수평거리가 연결살수설비 전용헤드의 경우에는 (㉠) [m] 이하, 스프링클러헤드의 경우에는 (㉡) [m] 이하로 할 것. 다만 살수헤드의 부착면과 바닥과의 높이가 (㉢) [m] 이하인 부분은 살수헤드의 살수분포에 따른 거리로 할 수 있다.

① ㉠ 3.7, ㉡ 2.3, ㉢ 2.1
② ㉠ 3.7, ㉡ 2.3, ㉢ 2.3
③ ㉠ 2.3, ㉡ 3.7, ㉢ 2.3
④ ㉠ 2.3, ㉡ 3.7, ㉢ 2.1

해설 연결살수설비의 헤드에 대한 기준

천장 또는 반자의 각 부분으로부터 하나의 살수헤드까지의 수평거리가 연결살수설비 전용헤드의 경우에는 3.7 [m] 이하, 스프링클러헤드의 경우에는 2.3 [m] 이하로 할 것. 다만 살수헤드의 부착면과 바닥과의 높이가 2.1 [m] 이하인 부분은 살수헤드의 살수분포에 따른 거리로 할 수 있다.

74 ★★★

옥내소화전설비의 화재안전성능기준상 배관의 설치기준으로 틀린 것은?

① 연결송수관설비의 배관과 겸용할 경우 방수구로 연결되는 배관의 구경은 65 [mm] 이상의 것으로 한다.
② 펌프의 흡입 측 배관은 수조가 펌프보다 낮게 설치된 경우에는 각 펌프(충압펌프를 포함한다)마다 수조로부터 별도로 설치한다.
③ 연결송수관설비의 배관과 겸용할 경우의 주배관은 구경 100 [mm] 이상으로 한다.
④ 펌프 토출 측 배관은 공기고임이 생기지 않는 구조로 하고, 여과장치를 설치한다.

해설 옥내소화전설비 배관 등

1) 연결송수관설비의 배관과 겸용할 경우의 주배관은 구경 100 [mm] 이상, 방수구로 연결되는 배관의 구경은 65 [mm] 이상의 것으로 해야 함
2) 펌프의 흡입 측 배관은 수조가 펌프보다 낮게 설치된 경우에는 각 펌프(충압펌프를 포함)마다 수조로부터 별도로 설치할 것

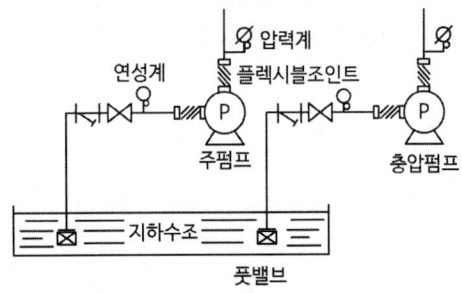

3) 펌프의 <u>흡입</u> 측 배관은 공기 고임이 생기지 않는 구조로 하고 여과장치를 설치할 것

75 ★★★

폐쇄형 스프링클러헤드의 방호구역·유수검지장치에 대한 기준으로 틀린 것은?

① 하나의 방호구역에는 1개 이상의 유수검지장치를 설치하되, 화재발생 시 접근이 쉽고 점검하기 편리한 장소에 설치할 것
② 하나의 방호구역에는 2개 층에 미치지 아니하도록 할 것. 다만 1개 층에 설치되는 스프링클러헤드의 수가 10개 이하인 경우와 복층형구조의 공동주택에는 3개 층 이내로 할 수 있다.
③ 송수구를 통하여 스프링클러헤드에 공급되는 물은 유수검지장치 등을 지나도록 할 것
④ 하나의 방호구역의 바닥면적은 3000 [m²] 초과하지 아니할 것

해설 폐쇄형 스프링클러헤드의 방호구역·유수검지 장치

스프링클러헤드에 공급되는 물은 유수검지장치를 지나도록 할 것. 다만 송수구를 통하여 공급되는 물은 그렇지 않음

76 ★

피난사다리의 형식승인 및 제품검사의 기술기준상 내림식사다리의 구조로 옳지 않은 것은?

① 사용 시 소방대상물로부터 10 [cm] 이상의 거리를 유지하기 위한 유효한 돌자를 횡봉의 위치마다 설치하여야 한다. 다만 그 돌자를 설치하지 아니하여도 사용 시 소방대상물에서 10 [cm] 이상의 거리를 유지할 수 있는 것은 그러하지 아니하다.
② 종봉의 끝 부분에는 가변식 걸고리 또는 걸림장치가 부착되어 있어야 한다.
③ 하부지지점에는 미끄러짐을 막는 장치를 설치하여야 한다.
④ 하향식피난구용 내림식사다리는 사다리를 접거나 천천히 펼쳐지게 하는 완강장치를 부착할 수 있다.

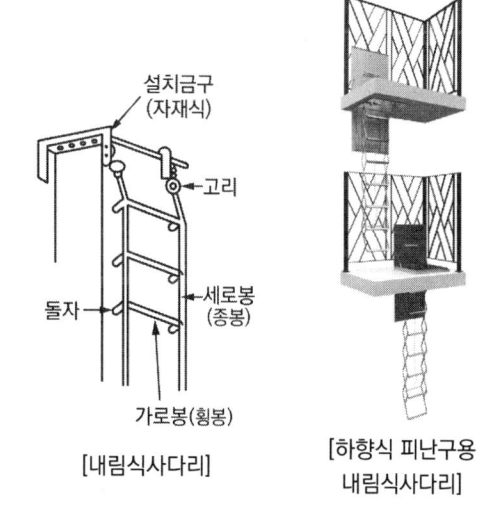

[내림식사다리]   [하향식 피난구용 내림식사다리]

해설 내림식사다리의 구조

1) 사용 시 소방대상물로부터 10 [cm] 이상의 거리를 유지하기 위한 유효한 돌자를 횡봉의 위치마다 설치해야 함. 다만 그 돌자를 설치하지 아니하여도 사용 시 소방대상물에서 10 [cm] 이상의 거리를 유지할 수 있는 것은 그렇지 않음

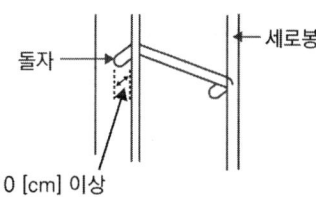

2) 종봉의 끝 부분에는 가변식 걸고리 또는 걸림장치가 부착되어 있어야 함
3) 2)의 규정에 의한 걸림장치 등은 쉽게 이탈하거나 파손되지 아니하는 구조이어야 함
4) 하향식피난구용 내림식사다리는 사다리를 접거나 천천히 펼쳐지게 하는 완강장치를 부착할 수 있음
※ 하부지지점에는 미끄러짐을 막는 장치를 설치해야 함 → 올림식사다리의 구조

77 ★

공장, 창고 등의 용도로 사용하는 단층 건축물의 바닥면적이 큰 건축물에 스모크해치를 설치하는 경우 그 효과를 높이기 위한 장치는?

① 제연덕트
② 배출기
③ 보조제연기
④ 드래프트커튼

해설 스모크해치와 드래프트커튼

스모크해치는 공장, 창고 등 단층의 바닥면적이 큰 건물의 지붕에 설치하는 배연구로서 드래프트커튼과 조합하여 연기를 일정 구간에 가두고 스모크해치를 개방하여 연기를 외부로 배출시킴

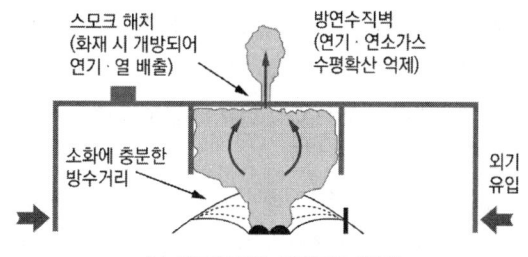

[스모크해치와 드래프트커튼]

정답 76 ③ 77 ④

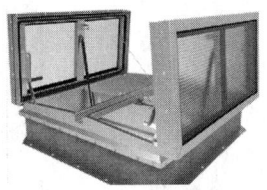

[스모크해치]

4) 계단실과 부속실을 동시에 제연하는 경우 부속실의 기압은 계단실과 같게 하거나 계단실의 기압보다 낮게 할 경우에는 부속실과 계단실의 압력 차이는 5 [Pa] 이하가 되도록 할 것

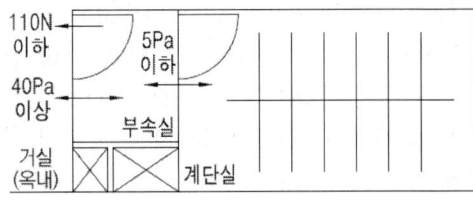

78 ★★★

특별피난계단의 계단실 및 부속실 제연설비에 대한 안전기준 내용으로 틀린 것은?

① 제연구역과 옥내와의 사이에 유지하여야 하는 최소차압은 40 [Pa] 이상으로 하여야 한다.
② 제연설비가 가동되었을 경우 출입문의 개방에 필요한 힘은 110 [N] 이상으로 하여야 한다.
③ 계단실과 부속실을 동시에 제연하는 경우 부속실의 기압은 계단실과 같게 하거나 압력 차이가 5 [Pa] 이하가 되도록 하여야 한다.
④ 계단실 및 그 부속실을 동시에 제연하는 것 또는 계단실만 제연할 때의 방연풍속은 0.5 [m/s] 이상이어야 한다.

해설 특별피난계단의 계단실 및 부속실 제연설비의 차압 등

1) 제연구역과 옥내와의 사이에 유지해야 하는 **최소차압 : 40 [Pa] 이상**(옥내에 스프링클러설비가 설치된 경우에는 12.5 [Pa] 이상)
2) 제연설비가 가동되었을 경우 **출입문의 개방에 필요한 힘 : 110 [N] 이하**
3) 출입문이 일시적으로 개방되는 경우 개방되지 않은 제연구역과 옥내와의 차압은 기준에 따른 차압의 70 [%] 이상이어야 함

79 ★★★

분말소화설비에 사용하는 소화약제 중 제3종 분말의 주성분으로 옳은 것은?

① 탄산수소칼륨
② 인산염
③ 탄산수소나트륨
④ 요소

해설 분말소화약제 주성분

- 제1종 : 중탄산나트륨(탄산수소나트륨)
- 제2종 : 중탄산칼륨(탄산수소칼륨)
- 제3종 : 제1인산 암모늄(인산염)
- 제4종 : 중탄산칼륨 + 요소

정답 78 ② 79 ②

80 ★★★

제연설비의 배출기와 배출풍도에 관한 설명 중 틀린 것은?

① 배출기와 배출 풍도의 접속 부분에 사용하는 캔버스는 내열성이 있는 것으로 할 것
② 배출기의 전동기부분과 배풍기 부분은 분리하여 설치할 것
③ 배출기의 흡입 측 풍도 안의 풍속은 15 [m/s] 이상으로 할 것
④ 배출기의 배출 측 풍도 안의 풍속은 20 [m/s] 이하로 할 것

해설 제연설비 풍도 안의 풍속 및 공기유입구 순간 풍속

1) 배출기 흡입 측 풍속 : 15 [m/s] 이하
2) 배출기 배출 측 풍속 : 20 [m/s] 이하
3) 유입풍도 안의 풍속 : 20 [m/s] 이하
4) 예상제연구역에 공기 유입 순간의 풍속 : 5 [m/s] 이하

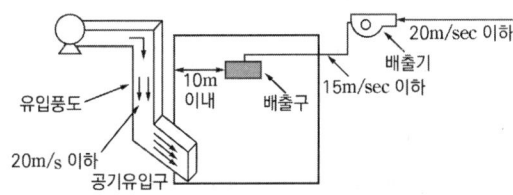

정답 80 ③

2023년 4회 소방원론

01 ★
아세틸렌 저장 실린더 또는 용기 내에 사용되는 용매로 쓰이는 것은?

① 에틸아민 ② 벤젠
③ 아세톤   ④ 톨루엔

해설 아세틸렌

1) 분해폭발을 하는 가스로 압축시키면 폭발 가능성이 높다.
2) 아세틸렌은 불안정하기 때문에, 아세톤이나 디메틸포름아미드(DMF)에 용해시킨 후, 다공성 물질(목탄·석탄)을 채운 금속용기에 충전하여 보관·운반한다.

02 ★★★
할론소화설비에서 할론 1211 약제의 분자식은?

① CBr_2ClF ② CF_2BrCl
③ CCl_2BrF ④ BrC_2ClF

해설 할론소화약제

종류	분자식	상온·상압
할론 1211	CF_2ClBr	기체
할론 1301	CF_3Br	기체
할론 1011	CH_2ClBr	액체
할론 2402	$C_2F_4Br_2$	액체

03 ★ 난이도 상
표준상태에서 MOC(Minimum Oxygen Concentration : 최소 산소 농도)가 가장 작은 물질은?

① 메테인   ② 에테인
③ 프로페인 ④ 뷰테인

해설 최소산소농도(MOC)

1) MOC(최소산소농도, 한계산소농도)
   MOC = LFL(연소하한계) × 산소몰수

2) 연소하한계

종류	메테인(메탄)	에테인(에탄)	프로페인(프로판)	뷰테인(부탄)
연소범위 [vol%]	5 ~ 15	3 ~ 12.4	2.1 ~ 9.5	1.8 ~ 8.4

3) 연소반응식

메테인(메탄)	$CH_4 + \underline{2}O_2 \rightarrow CO_2 + 2H_2O$
에테인(에탄)	$C_2H_6 + \underline{3.5}O_2 \rightarrow 2CO_2 + 3H_2O$
프로페인(프로판)	$C_3H_8 + \underline{5}O_2 \rightarrow 3CO_2 + 4H_2O$
뷰테인(부탄)	$C_4H_{10} + \underline{6.5}O_2 \rightarrow 4CO_2 + 5H_2O$

① 메테인 = 5 × 2 [mol] = 10 [%]
② 에테인 = 3 × 3.5 [mol] = 10.5 [%]
③ 프로페인 = 2.1 × 5 [mol] = 10.5 [%]
④ 뷰테인 = 1.8 × 6.5 [mol] = 11.7 [%]

∴ 메테인 < 에테인 = 프로페인 < 뷰테인

보충 MOC : 화염 전파를 위해 필요한 최소한의 산소 농도 (연료와 공기의 혼합기 중 산소의 부피[%])

정답 01 ③ 02 ② 03 ①

04 ★★★

정전기로 인한 화재를 줄이고 방지하기 위한 대책 중 틀린 것은?

① 공기 중 습도를 일정 값 이상으로 유지한다.
② 기기의 전기 절연성을 높이기 위하여 부도체로 차단공사를 한다.
③ 공기 이온화 장치를 설치하여 가동시킨다.
④ 정전기 축적을 막기 위해 접지선을 이용하여 대지로 연결 작업을 한다.

해설 정전기 방지 대책

1) 배관 내 유속을 제한한다(1 [m/s] 이하).
2) 접지 및 본딩을 한다.
3) 상대습도 70 [%] 이상을 유지한다.
4) 대전 방지제 사용한다.
5) 공기를 이온화한다.
6) 제전기(제진기)를 사용한다.

보충 정전기는 부도체의 마찰에 의해서 발생 가능하다.

05 ★★★

물의 기화열이 539.6 [cal/g]인 것은 어떤 의미인가?

① 0 [℃]의 물 1 [g]이 얼음으로 변화하는 데 539.6 [cal]의 열량이 필요하다.
② 0 [℃]의 얼음 1 [g]이 물로 변화하는 데 539.6 [cal]의 열량이 필요하다.
③ 0 [℃]의 물 1 [g]이 100 [℃]의 물로 변화하는 데 539.6 [cal]의 열량이 필요하다.
④ 100 [℃]의 물 1 [g]이 수증기로 변화하는 데 539.6 [cal]의 열량이 필요하다.

해설 물의 잠열

1) 얼음 융해잠열 : 80 [cal/g] (= 334 [kJ/kg])
2) 물의 증발잠열 : 539 [cal/g] (= 2257 [kJ/kg])
3) 0 [℃] 물 1 [g] → 100 [℃] 수증기 : 639 [cal/g]
4) 0 [℃] 얼음 1 [g] → 100 [℃] 수증기 : 719 [cal/g]

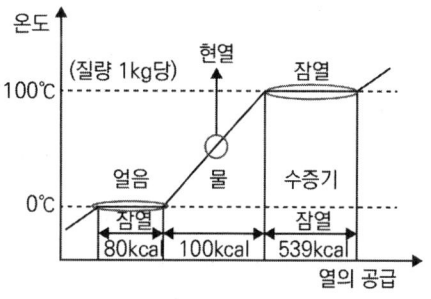

[물의 상태변화]

보충 물의 기화열 539 [cal/g]은 100 [℃]의 물 1 [g]이 100 [℃]의 수증기가 될 때 필요한 열량

06 ★ 난이도 상

화재에 의한 콘크리트 구조물의 열화현상에 대한 설명으로 틀린 것은?

① 콘크리트는 열을 받으면 열팽창률 차이에 의해, 온도 상승에 따른 수분 증발과 수산화석회의 분해로 접착면이 파괴되어 강도가 저하된다.
② 400 [℃] 이하에서 화학적 결합수가 방출된다.
③ 콘크리트는 화재 시 온도가 높아질수록 압축강도가 작아진다.
④ 400 [℃] 이상에서 석영질 골재가 폭렬이 더 잘 발생한다.

해설 콘크리트의 물리적·화학적 성질

1) 콘크리트는 열을 받으면 열팽창률 차이에 의해, 온도 상승에 따른 수분 증발과 수산화석회의 분해로 접착면이 파괴되어 강도가 저하된다.
2) 400 [℃] 이상에서 화학적 결합수가 방출된다.
3) 일반적으로 열팽창계수가 큰 규산질 골재가 폭렬이 더 잘 발생한다(규산질 늑 석영질).
4) 콘크리트는 화재 시 온도가 높아질수록 압축강도가 작아진다.
5) 콘크리트 내 수분 함유량이 많을수록 폭렬이 더 발생하게 된다.

보충 폭렬 : 콘크리트가 화재에 의해 온도가 상승하는 경우 일정 온도 이상이 되면 일부가 박리, 쪼개지며 급격히 강도가 저하되는 현상

(3) 산소농도 : 산소농도가 증가하면 연소 범위가 넓어진다.
(4) 불활성기체 : 불활성 기체가 첨가되면 연소범위가 좁아진다.

3) 연소범위의 측정
 (1) 화염의 전파방향
  화염은 상방 전파를 하므로 위쪽으로 전파하는 상방전파 > 수평전파 > 하방전파 순으로 폭발범위가 넓어져 상방전파 값을 구하는 것이 일반적이다.
 (2) 측정용기의 직경
  측정을 위한 관의 관경이 작을수록 화염이 관벽에 냉각되어 연소범위가 좁아진다.

07 ★★

폭발범위(연소범위)에 관한 설명으로 옳지 않은 것은?

① 관경 5 [cm] 이상의 용기로 연소범위를 측정하면 화염이 관 벽에 냉각되어 연소범위가 좁아진다.
② 화염이 상방으로 전파할 때 연소범위가 넓어진다.
③ 온도가 높아질수록 폭발범위는 넓어진다.
④ 가연물의 양과 유동상태 및 방출속도 등에 따라 영향을 받는다.

해설 연소범위

1) 정의
 연소가 일어나는 데 필요한 가연성 가스나 증기의 농도 범위를 말한다.
2) 영향 요소
 (1) 온도 : 온도가 높으면 기체분자의 운동이 증가하여 연소범위가 넓어진다.
 (2) 압력 : 압력 상승 시 연소범위가 넓어진다.

08 ★★★

연소의 4대 요소로 옳은 것은?

① 가연물, 열, 산소, 발열량
② 가연물, 발화온도, 산소, 반응속도
③ 가연물, 열, 산소, 순조로운 연쇄반응
④ 가연물, 산화반응, 발열량, 반응속도

해설 연소의 3요소와 4요소

구분	연소의 3요소	연소의 4요소
정의	연소가 시작할 수 있는 필수요소	연소가 지속될 수 있는 필수요소
연소 형태	불꽃 없이 빛만 내며 연소하는 심부화재	불꽃을 내며 연소하는 표면화재
소화 방법	물리적 소화	물리적 소화, 화학적 소화
요소	**가연물, 산소공급원, 점화원**	**가연물, 산소공급원, 점화원, 연쇄반응**

암기 가산점

정답 07 ① 08 ③

09 ★★★

다음 원소 중 전기 음성도가 가장 큰 것은?

① F   ② Br
③ Cl   ④ I

해설 할로겐족 원소

1) 주기율표 17족 원소 : F, Cl, Br, I
2) 전기음성도(결합력) : F > Cl > Br > I
3) 부촉매효과(소화능력) : F < Cl < Br < I

암기 ▶ FC바르셀로나 아이

10 ★★★

인화점이 낮은 것부터 높은 순서로 옳게 나열된 것은?

① 에틸알코올 < 이황화탄소 < 아세톤
② 이황화탄소 < 에틸알코올 < 아세톤
③ 에틸알코올 < 아세톤 < 이황화탄소
④ 이황화탄소 < 아세톤 < 에틸알코올

해설 인화점

물질	인화점 [℃]
다이에틸에터(디에틸에테르)	-45
가솔린(휘발유)	-43
산화프로필렌	-37
이황화탄소	-30
아세톤	-18
메틸알코올	11
에틸알코올	13
등유	39
경유	41

• 이황화탄소 < 아세톤 < 에틸알코올

암기 ▶ 인가산이아 / 메에 / 등경

11 ★★

나이트로셀룰로오스에 대한 설명으로 틀린 것은?

① 질화도가 낮을수록 위험성이 크다.
② 물을 첨가하여 습윤시켜 운반한다.
③ 화약의 원료로 쓰인다.
④ 고체이다.

해설 나이트로셀룰로오스(니트로셀룰로오스)

• 제5류 위험물로 질산에스터류에 속함
• 용도 : 다이너마이트 및 화약 원료
• 저장 : 물이 함유된 알코올로 습면시켜 저장
• 소화 : 다량 주수에 의한 냉각소화
• 위험성
  (1) 질화도가 높을수록 위험성이 큼
  (2) 건조된 것은 충격, 마찰 등에 민감하여 발화하기 쉽고 점화되면 폭발함

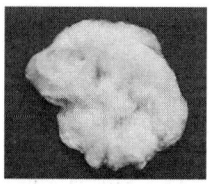

[나이트로셀룰로오스]

12 ★★★

연기에 의한 감광계수가 0.1 [m⁻¹]일 때 가시거리로 옳은 것은?

① 1 ~ 2 [m]   ② 3 [m]
③ 5 [m]   ④ 20 ~ 30 [m]

해설 감광계수

감광계수 [m⁻¹]	가시거리 [m]	내용
0.1	20 ~ 30	연기감지기 작동할 때
0.3	5	건물에 익숙한 사람이 피난에 지장을 느낄 때
0.5	3	어두움을 느낄 때
1	1 ~ 2	거의 앞이 보이지 않음
10	0.2 ~ 0.5	최성기 때 연기농도
30	-	출화실에서 연기 분출

13 ★★★

인화점이 낮아 가연성 증기로 존재하는 것을 막기 위하여 물과 함께 저장하는 물질은 무엇인가?

① 무기과산화물   ② 마그네슘
③ 이황화탄소   ④ 아세톤

해설 이황화탄소

- 일반적 성질
  (1) 인화점 -30 [℃], 착화점 100 [℃]
  (2) 물보다 무겁고 물에 녹지 않음
- 위험성
  (1) 휘발성 및 인화성이 강함
  (2) 인체에 대한 독성이 있어 흡입 시 유해함
- 저장 및 취급방법
  (1) **가연성 증기의 발생 억제를 위해 물속에 저장**
  (2) 직사광선을 피하고 용기는 밀봉하여 냉암소에 저장

14 ★★

건축물에 설치하는 방화구획의 기준에 관한 설명으로 옳지 않은 것은?

① 스프링클러소화설비가 설치된 10층 이하의 층은 바닥면적 3000 [m²] 이내마다 구획한다.
② 10층 이하의 층은 바닥면적 1000 [m²] 이내마다 구획한다.
③ 11층 이상의 층은 바닥면적 600 [m²] 이내마다 구획한다.
④ 벽 및 반자에 실내에 접하는 부분의 마감이 불연재료이고 스프링클러소화설비가 설치된 11층 이상의 층은 1500 [m²] 이내마다 구획한다.

해설 방화구획 설치기준

분류	구획단위
면적별	• 10층 이하의 층 : 바닥면적 1000 [m²] 이내마다 구획할 것 • **11층 이상의 층 : 바닥면적 200 [m²] 이내마다 구획할 것** (벽 및 반자의 실내에 접하는 부분의 마감을 불연재료로 한 경우 : 500 [m²] 이내마다) ※ 스프링클러 기타 이와 유사한 자동식 소화설비를 설치한 경우 : 위 바닥면적의 3배를 기준면적으로 함
층별	매층마다 구획할 것(다만 지하 1층에서 지상으로 직접 연결하는 경사로 부위는 제외한다)

15 ★★★

제1종 분말소화약제에 대해 적응성이 없는 장소로 옳은 것은?

① 전산실 ② 전기시설
③ 면화류 창고 ④ 경유 저장 탱크

> **해설** 분말소화약제 적응성

제1종 분말소화약제는 B, C급 화재에 적응성이 있음

① 전산실 → C급 화재 (통전 중일 경우)
② 전기시설 → C급 화재 (통전 중일 경우)
③ 면화류 창고 → A급 화재
④ 경유 저장 탱크 → B급 화재

> **보충** 제1, 2, 4종 분말소화약제의 적응성 : B, C급 화재
> 제3종 분말소화약제의 적응성 : A, B, C급 화재

16 ★★★

에터(에테르)의 공기 중 연소범위를 1.9 ~ 48 [vol%]라고 할 때 이에 대한 설명으로 틀린 것은?

① 공기 중 에터(에테르) 증기가 48 [vol%]를 넘으면 연소한다.
② 연소범위의 상한점이 48 [vol%]이다.
③ 공기 중 에터(에테르) 증기가 1.9 ~ 48 [vol%] 범위에 있을 때 연소한다.
④ 연소범위의 하한점이 1.9 [vol%]이다.

> **해설** 다이에틸에터(에터)의 연소범위

1) 연소범위
   점화원 존재 시 발화나 폭발이 일어날 수 있는 공기 중 가연성 가스의 농도 범위

2) 연소 하한계(LFL)
   그 농도 이하에서는 발화원과 접촉하여도 화염 전파가 일어나지 않는 공기 중의 증기 또는 가스의 최소 농도

3) 연소 상한계(UFL)
   그 농도 이상에서는 발화원과 접촉하여도 화염 전파가 일어나지 않는 공기 중의 증기 또는 가스의 최고 농도

⇒ 공기 중 에터(에테르) 증기가 48 [vol%]를 넘으면 연소가 일어나지 않는다.

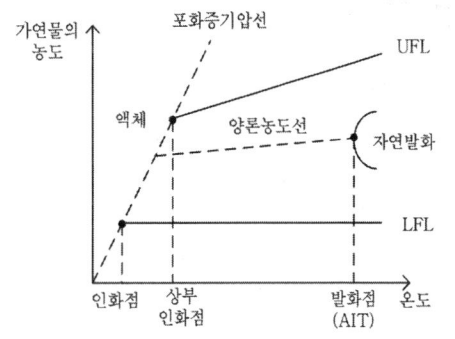

17 ★★★

건물의 주요구조부가 아닌 것은?

① 최하층 바닥 ② 지붕틀
③ 내력벽 ④ 주계단

> **해설** 건물의 주요구조부

1) 바닥(최하층 바닥 제외)
2) 보(작은 보 제외)
3) 지붕틀(차양 제외)
4) 내력벽(비내력벽 제외)
5) 주계단(옥외계단 제외)
6) 기둥(사잇기둥 제외)

> **암기** 바보지내주기

정답 15 ③ 16 ① 17 ①

18 ★★★

다음 중 소화효과가 아닌 것은?

① 활성화효과 ② 냉각소화효과
③ 질식소화효과 ④ 제거소화효과

해설 소화의 형태

소화	내용
냉각소화	열 흡수, 발화점 이하로 낮추어 소화
질식소화	산소농도 15 [%] 이하로 낮춤
제거소화	가연물을 차단, 격리
억제소화	연쇄반응을 차단, 부촉매소화

보충 물리적 소화 : 냉각, 질식, 제거
화학적 소화 : 억제소화(부촉매소화)

19 ★★★

구획실 화재에서 화재의 최성기에 돌입하기 전에 가연성 물질의 표면온도가 상승되어, 다량의 열분해 가스가 발생된다. 이때 복사열에 의해 동시에 가연성 가스가 연소되면서 구획실 내의 모든 가연물이 동시에 발화하는 현상은?

① 패닉(Panic) 현상
② 스택(Stack) 현상
③ 화이어 볼(Fire Ball) 현상
④ 플래시 오버(Flash Over) 현상

해설 실내화재 발생현상

1) 플래시 오버
   - 온도가 급격히 상승하여 화재가 순간적으로 실내 전체에 확산되는 현상
   - 발생 시기 : 성장기 ~ 최성기 직전
2) 백 드래프트
   - 훈소상태일 때 신선한 공기 유입으로 실내의 축적된 가스가 단시간 연소, 폭발하여 실외로 분출
   - 발생 시기 : 감쇄기(최성기 이후)

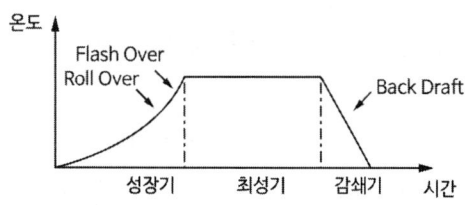

20 ★★

다음 중 인화점이 가장 낮은 물질은?

① 메틸에틸케톤
② 벤젠
③ 에탄올
④ 다이에틸에터

해설 인화점

물질	인화점 [℃]
다이에틸에터(디에틸에테르)	**-45**
가솔린(휘발유)	-43
산화프로필렌	-37
이황화탄소	-30
아세톤	-18
벤젠	**-11**
메틸에틸케톤	**-1**
메틸알코올	11
에틸알코올(에탄올)	**13**
등유	39
경유	41

2023년 4회
소방유체역학

21 ★

그림과 같이 물이 유량 Q로 저수조로 들어가고, 속도 $V=\sqrt{2gh}$ 로 저수조 바닥에 있는 면적 A_2의 구멍을 통하여 나간다. 저수조의 수면 높이가 변화하는 속도 $\dfrac{dh}{dt}$ 는?

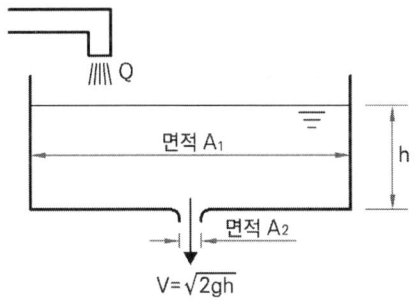

① $\dfrac{Q}{A_2}$
② $\dfrac{A_2\sqrt{2gh}}{A_1}$
③ $\dfrac{Q-A_2\sqrt{2gh}}{A_2}$
④ $\dfrac{Q-A_2\sqrt{2gh}}{A_1}$

해설 수면 높이가 변화하는 속도(연속방정식)

1) 2지점의 유량 Q_2
   $Q_2 = A_2 V_2 = A_2\sqrt{2gh}$

2) 1지점의 유량 Q_1
   유량 Q가 저수조로 들어가므로 $Q_1 = A_1 V_1 + Q$
   여기서, 수면의 높이는 시간 t에 따라 감소되므로
   $Q_1 = A_1 V_1 + Q = A_1\left(-\dfrac{dh}{dt}\right) + Q$

3) $Q_1 = Q_2$ 이므로
   $A_1 V_1 = A_2 V_2$
   $A_2\sqrt{2gh} = A_1\left(-\dfrac{dh}{dt}\right) + Q$

   $\therefore \dfrac{dh}{dt} = \dfrac{Q - A_2\sqrt{2gh}}{A_1}$

22 ★

그림과 같은 물탱크에서 원형 형상의 출구를 통해 물이 유출되고 있다. 출구의 형상을 동일한 단면적의 사각형으로 변경했을 때 유출되는 유량의 변화는? (단, 사각 및 원형 형상 출구의 손실계수는 각각 0.5 및 0.04이다)

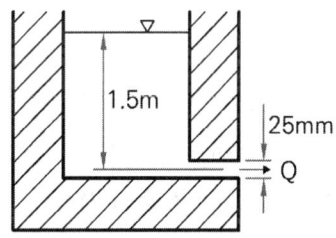

① 0.00044 [m³/s]만큼 증가한다.
② 0.00044 [m³/s]만큼 감소한다.
③ 0.00088 [m³/s]만큼 증가한다.
④ 0.00088 [m³/s]만큼 감소한다.

정답 21 ④ 22 ②

해설 손실수두를 고려한 수정 베르누이 방정식

$$\frac{P_1}{\gamma} + \frac{V_1^2}{2g} + Z_1 = \frac{P_2}{\gamma} + \frac{V_2^2}{2g} + Z_2 + \triangle h_L$$

여기서, $\triangle h_L$: 손실수두 [m]

1) 출구 형상이 원형일 때 유속 $V_2(V_{원형})$

$$\frac{P_1}{\gamma} + \frac{V_1^2}{2g} + Z_1 = \frac{P_2}{\gamma} + \frac{V_2^2}{2g} + Z_2 + K_{원형}\frac{V_2^2}{2g}$$

$$0 + 0 + 1.5 = 0 + \frac{V_2^2}{2 \times 9.8} + 0 + 0.04\frac{V_2^2}{2 \times 9.8}$$

$$\therefore V_2(V_{원형}) = 5.3169 [m/s]$$

2) 출구 형상이 사각형일 때 유속 $V_2'(V_{사각})$

$$\frac{P_1}{\gamma} + \frac{V_1^2}{2g} + Z_1 = \frac{P_2}{\gamma} + \frac{(V_2')^2}{2g} + Z_2 + K_{사각}\frac{(V_2')^2}{2g}$$

$$0 + 0 + 1.5 = 0 + \frac{(V_2')^2}{2 \times 9.8} + 0 + 0.5\frac{(V_2')^2}{2 \times 9.8}$$

$$\therefore V_2'(V_{사각}) = 4.4272 [m/s]$$

3) 유량 차이 ($Q_{사각} - Q_{원형}$)

$$Q_{사각} - Q_{원형} = AV_{사각} - AV_{원형}$$
$$= A(V_{사각} - V_{원형})$$
$$= \frac{\pi}{4}0.025^2 \times (4.4272 - 5.3169)$$
$$= -0.00044 [m^3/s]$$

(여기서, - 부호는 감소를 의미)

23 ★★★

단순화된 선형 운동량 방정식 $\Sigma \vec{F} = m(\vec{V_2} - \vec{V_1})$이 성립되기 위하여 [보기] 중 꼭 필요한 조건을 모두 고른 것은? (단, [m]은 질량유량, $\vec{V_1}$는 검사체적 입구평균속도, $\vec{V_2}$는 출구평균속도이다)

(가) 정상상태	(나) 균일유동
(다) 비정상유동	

① (가) ② (가), (나)
③ (나), (다) ④ (가), (나), (다)

해설 운동량 방정식

유체의 운동량 법칙은 유동하고 있는 모든 유체에 적용할 수 있으며, 운동량 방정식의 가정은 다음과 같다.
① 유동단면에서 유속은 일정하다. → (나) 균일유동
② 정상유동이다. → (가) 정상상태

24 ★★★

가스가 좁은 통로를 흐를 때 교축작용이 일어난다. 이때 밸브 입구 측과 출구 측의 엔탈피 변화로 옳은 것은? (단, h_i는 밸브 입구 엔탈피, h_e는 밸브 출구 엔탈피이다).

① $h_i > h_e$ ② $h_i < h_e$
③ $h_i + h_e = 0$ ④ $h_i = h_e$

해설 교축과정

1) 교축과정 : 가스가 밸브나 오리피스 등 좁은 통로를 흐를 때 마찰이나 난류 등으로 인해서 압력이 급격히 강하되는 현상을 말한다.
2) 교축과정에서 엔탈피는 일정($h_1 = h_2$)하고 엔트로피는 증가($\triangle s > 0$), 압력은 감소($P_1 > P_2$)된다.

25 ★★★

전양정이 60 [m], 유량이 6 [m³/min], 효율이 60 [%]인 펌프를 작동시키는 데 필요한 동력 [kW]는?

① 44   ② 60
③ 98   ④ 117

해설 펌프의 축동력

$$축동력\ P = \frac{\gamma QH}{\eta}$$

$$P = \frac{\gamma[kN/m^3] \times Q[m^3/s] \times H[m]}{\eta}$$

$$= \frac{9.8 \times \frac{6}{60} \times 60}{0.6} = 98[kW]$$

26 ★★★

물의 체적탄성계수가 2.5 [GPa]일 때 물의 체적을 1 [%] 감소시키기 위해서 얼마의 압력[MPa]을 가하여야 하는가?

① 20　　　　② 25
③ 30　　　　④ 35

해설 체적탄성계수

$$체적탄성계수\ K = -\frac{\Delta P}{\Delta V/V_1}$$

$$K = -\frac{\Delta P}{\Delta V/V_1}$$

$$2500[MPa] = -\frac{\Delta P}{\left(\frac{-1}{100}\right)}$$

∴ $\Delta P = 25[MPa]$

※ $\frac{\Delta V}{V_1}$가 $\frac{-1}{100}$ 인 이유

체적이 감소하기 때문에 (−)부호임

보충 1 [GPa] = 1000 [MPa]
G[기가] : 10^9, M[메가] : 10^6, k[킬로] : 10^3

27 ★

지름이 10 [cm]인 원통에 물이 담겨져 있다. 수직인 중심축에 대하여 300 [rpm]의 속도로 원통을 회전시킬 때 수면의 최고점과 최저점의 수직 높이 차는 약 몇 [cm]인가?

① 0.126　　　② 4.2
③ 8.4　　　　④ 12.6

해설 등속회전 운동을 받는 유체

$$액면\ 상승\ 높이\ h = \frac{r^2 w^2}{2g}$$

만약 $r \Rightarrow r_0$ 이면, $h \Rightarrow h_0$ 이므로 $h_0 = \frac{r_0^2 w^2}{2g}$

$$h_0 = \frac{r_0^2 w^2}{2g} = \frac{r_0^2 \left(\frac{2\pi N}{60}\right)^2}{2g} = \frac{0.05^2 \times \left(\frac{2\pi \times 300}{60}\right)^2}{2 \times 9.8}$$

$$= 0.1258[m] ≒ 12.6[cm]$$

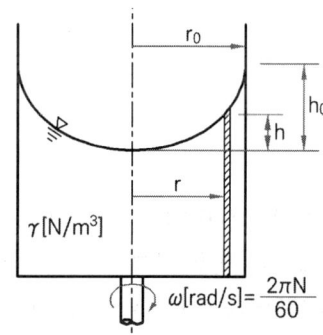

h : 임의의 반경 r에서의 액면 상승 높이 [m]
$w\left(=\frac{2\pi N}{60}\right)$: 각속도 [m/s]
N : 회전수 [rpm]
g : 중력가속도 [m/s^2]

정답 26 ② 27 ④

28 ★★★

양정 220 [m], 유량 0.025 [m³/s], 회전수 2900 [rpm]인 4단 원심 펌프의 비교회전도(비속도)[m³/min·m·rpm]는 얼마인가?

① 176 ② 167
③ 45   ④ 23

해설 비속도(비교회전도)

$$\text{비속도 } N_s = N\frac{\sqrt{Q}}{\left(\frac{H}{n}\right)^{\frac{3}{4}}}$$

$$N_s = N\frac{\sqrt{Q}}{\left(\frac{H}{n}\right)^{\frac{3}{4}}} = 2900\frac{\sqrt{0.025 \times 60}}{\left(\frac{220}{4}\right)^{\frac{3}{4}}}$$

$$= 175.86\ [m^3/min \cdot m \cdot rpm]$$

N_s : 비속도(비교회전도) [m³/min·m·rpm]
N : 회전수 [rpm], Q : 유량 [m³/min]
H : 양정 [m], n : 단수

29 ★★★

관 마찰계수가 0.025인 원관의 손실수두와 부차적 손실계수가 10인 밸브의 손실수두가 서로 같을 때 이 밸브의 등가길이는 관지름의 몇 배인가?

① 200 ② 40
③ 20   ④ 400

해설 손실수두를 이용한 등가길이 계산

$$\text{관의 손실수두 } h_L = f\frac{L_e}{D}\frac{V^2}{2g}$$

$$\text{부차적 손실수두 } h_L = K\frac{V^2}{2g}$$

여기서, 손실수두가 서로 같으므로

$$f\frac{L_e}{D}\frac{V^2}{2g} = K\frac{V^2}{2g}$$

$$f\frac{L_e}{D} = K$$

$$0.025\frac{L_e}{D} = 10$$

$$L_e = \frac{10}{0.025}D$$

$$\therefore L_e = 400D$$

30 ★★

지름 2 [cm]의 금속 공은 선풍기를 켠 상태에서 냉각하고, 지름 4 [cm]의 금속 공은 선풍기를 끄고 냉각할 때 동일 시간당 발생하는 대류 열전달량의 비(2 [cm] 공 : 4 [cm] 공)는? (단, 두 경우 온도 차는 같고, 선풍기를 켜면 대류 열전달계수가 10배가 된다고 가정한다)

① 1 : 0.3375 ② 1 : 0.4
③ 1 : 5   ④ 1 : 10

해설 대류 열전달

$$\text{대류열량 } Q = hA\triangle T$$

1) 구의 표면적 $A = 4\pi r^2$
2) 온도 차가 같으므로 $\triangle T = \triangle T_1 = \triangle T_2$
3) 대류 열전달
   (1) 지름 2 [cm] 금속 공의 대류열량 Q_1
   (선풍기를 켠 상태로 냉각 → $h_1 = 10 \times h_2$)
   $$Q_1 = h_1 A_1 \triangle T = h_1(4\pi r_1^2)\triangle T$$
   $$= (10 \times h_2) \times (4 \times \pi \times 1^2) \times \triangle T = 40\pi h_2 \triangle T$$
   (2) 지름 4 [cm] 금속 공의 대류열량 Q_2
   (선풍기를 끄고 냉각)
   $$Q_2 = h_2 A_2 \triangle T = h_2(4\pi r_2^2)\triangle T$$
   $$= h_2 \times (4 \times \pi \times 2^2) \times \triangle T = 16\pi h_2 \triangle T$$
4) 열전달량 비율 $Q_1 : Q_2 = 40 : 16 = 1 : 0.4$

31 ★★★

다음 비열에 대한 설명 중 틀린 것은?

① 정적비열은 체적이 일정하게 유지되는 동안 온도에 대한 내부에너지 변화율이다.
② 정압비열을 정적비열로 나눈 것이 비열비이다.
③ 비열비는 일반적으로 1보다 크나 1보다 작은 물질도 있다.
④ 정압비열은 압력이 일정하게 유지될 때 온도에 대한 엔탈피 변화율이다.

해설 비열비

1) 정적비열 $C_V = \left(\dfrac{\partial U}{\partial T}\right)_V$

2) 정압비열 $C_P = \left(\dfrac{\partial q}{\partial T}\right)_P$

3) 비열비 $k = \dfrac{C_P}{C_V} > 1$ (k는 항상 1보다 크다)

k : 비열비
C_p : 정압비열
C_v : 정적비열

32 ★★★

지름이 5 [cm]인 원형 관 내에 어떤 이상기체가 흐르고 있다. 다음 보기 중 이 기체의 흐름이 층류이면서 가장 빠른 속도는? (단, 이 기체의 절대압력은 200 [kPa], 온도는 27 [℃], 기체상수는 2080 [J/kg·K], 점성계수는 2×10^{-5} [N·s/m²], 층류에서 하임계 레이놀즈 값은 2200으로 한다)

① 0.3 [m/s] ② 2.8 [m/s]
③ 8.3 [m/s] ④ 15.5 [m/s]

해설 층류이면서 가장 빠른 속도

레이놀즈 수 $Re = \dfrac{\rho VD}{\mu}$

ρ : 밀도 [kg/m³], V : 유속 [m/s]
D : 직경 [m], μ : 점성계수 [N·s/m²]

1) 밀도 $\rho = \dfrac{P}{RT} = \dfrac{200 \times 10^3}{2080 \times (273 + 27)}$
$= 0.3205 \, [kg/m^3]$

2) 유속 $V = \dfrac{Re \times \mu}{D \times \rho} = \dfrac{2200 \times (2 \times 10^{-5})}{0.05 \times 0.3205}$
$= 2.8 \, [m/s]$

3) 층류는 $Re < 2200$이므로 유속 2.8 [m/s] 이하이어야 한다. 따라서 가장 빠른 속도 ②번이 정답이다.

33 ★★★

질량 2 [kg]의 이상 기체로 구성된 밀폐계가 600 [kJ]의 열을 받아 350 [kJ]의 일을 하였다. 이 기체의 온도는 몇 [℃] 상승하였는가? (단, 이 기체의 정적비열은 5 [kJ/kg·K], 정압비열은 6 [kJ/kg·K]이다)

① 95.0 ② 20.8
③ 79.2 ④ 25.0

해설 밀폐계의 열량

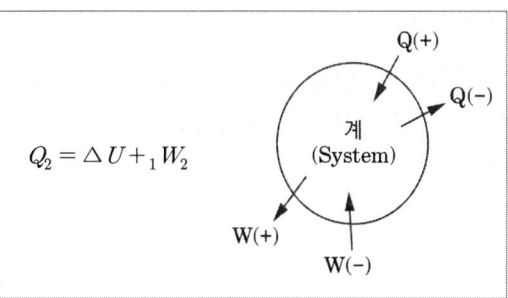

$Q_2 = \Delta U + {}_1W_2$

$_1Q_2 = \triangle U +_1 W_2$

$_1Q_2 = mC_V \triangle T +_1 W_2$

$600[kJ] = 2[kg] \times 5[kJ/kg \cdot K] \times \triangle T[K] + 350[kJ]$

$\therefore \triangle T = 25[K]$

$_1Q_2$: 열량 [kJ]
$\triangle U$: 내부에너지 [kJ], m : 질량 [kg]
C_V : 정적비열 [kJ/kg·K], $\triangle T$: 온도차 [K]

해설 동점성계수

$$동점성계수\ \nu = \frac{\mu}{\rho}$$

$\nu = \dfrac{\mu}{\rho} = \dfrac{0.08[kg/m \cdot s]}{800[kg/m^3]} = \dfrac{1}{10000}[m^2/s]$

$= \dfrac{1}{10000}[m^2/s] \times \dfrac{10^4[cm^2]}{1[m^2]}$

$= 1[cm^2/s]$

34 ★★★

소방펌프의 회전수를 2배로 증가시키면 소방펌프 동력은 몇 배로 증가하는가? (단, 기타 조건은 동일)

① 2
② 4
③ 6
④ 8

해설 펌프의 상사법칙(동력)

$P_2 = P_1 \left(\dfrac{N_2}{N_1}\right)^3 = P_1 \left(\dfrac{2N_1}{N_1}\right)^3 = P_1(2)^3 = 8P_1$

$\therefore P_2 = 8P_1$

35 ★★★

점성계수가 0.08 [kg/m·s]이고 밀도가 800 [kg/m³]인 유체의 동점성계수는 몇 [cm²/s]인가?

① 0.08
② 1.0
③ 0.0001
④ 8.0

36 ★   난이도 상

관 A에는 비중 S_1 = 1.5인 유체가 있으며, 마노미터 유체는 비중 S_2 = 13.6인 수은이고, 마노미터에서의 수은의 높이 차 h_2는 20 [cm]이다. 이후 관 A의 압력을 종전보다 40 [kPa] 증가했을 때, 마노미터에서 수은의 새로운 높이 차 (h_2')는 약 몇 [cm]인가?

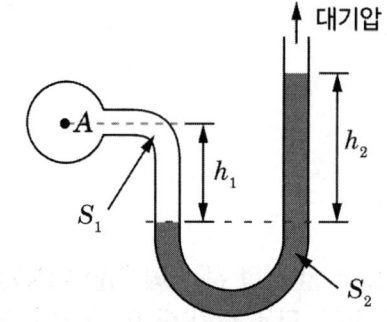

① 28.4
② 35.9
③ 46.2
④ 51.8

해설 변화된 높이 차 계산

1) A점 압력 증가 전

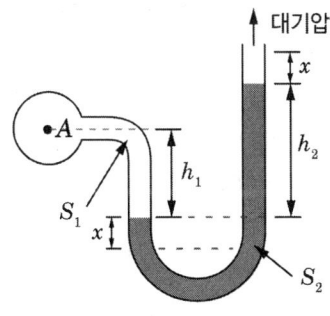

$$P_A + \gamma_1 h_1 = \gamma_2 h_2$$

2) A점 압력 증가 후

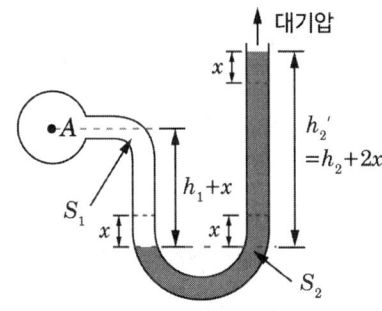

$P_A + 40000[Pa] + \gamma_1(h_1 + x) = \gamma_2(h_2 + 2x)$

$40000[Pa] + \gamma_1 x = \gamma_2 2x$

$40000[Pa] + S_1\gamma_w x = S_2\gamma_w 2x$

$40000[Pa] + 1.5 \times 9800 \times x = 13.6 \times 9800 \times 2x$

$x = 0.159m = 15.9cm$

3) 새로운 높이 차 $h_2'[cm]$

$h_2'[cm] = h_2 + 2x = 20 + (2 \times 15.9) = 51.8[cm]$

37 ★★★

그림과 같이 안지름 10 [cm], 바깥지름 18 [cm]인 매끈한 동심 2중관(Annular Pipe)에 물이 가득 차 흐르고 있다. 동심관에 흐르는 물의 평균 유속이 1 [m/s]라 하면 길이 100 [m]에 대하여 손실수두는 약 몇 [m]인가? (단, 동점성계수 v = 10^{-6} [m²/s], 관 마찰계수 f = 0.0188이다)

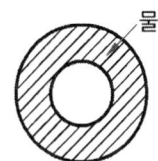

① 1.2 ② 2.4
③ 5.2 ④ 4.8

해설 동심 2중관(annular pipe) 손실수두 계산

$$손실수두\ h = f\frac{L}{D_h}\frac{V^2}{2g}\ (여기서,\ D_h : 수력직경)$$

1) 수력직경 D_h

① 수력반경 $R_h = \frac{1}{4}(D-d)$

② 수력직경 $D_h = 4R_h = 4 \times \frac{1}{4}(D-d) = D-d$
$= 0.18 - 0.1 = 0.08[m]$

2) 손실수두 h

$h = f\frac{L}{D_h}\frac{V^2}{2g} = 0.0188 \frac{100}{0.08} \frac{1^2}{2 \times 9.8} ≒ 1.2[m]$

정답 37 ①

38 ★★

체적 0.05 [m³]인 구 안에 가득 찬 유체가 있다. 이 구를 그림과 같이 물속에 넣고 수직 방향으로 100 [N]의 힘을 가해서 들어 주면 구가 물속에 절반만 잠긴다. 구 안에 있는 유체의 비중량[N/m³]은? (단, 구의 두께와 무게는 모두 무시할 정도로 작다고 가정한다)

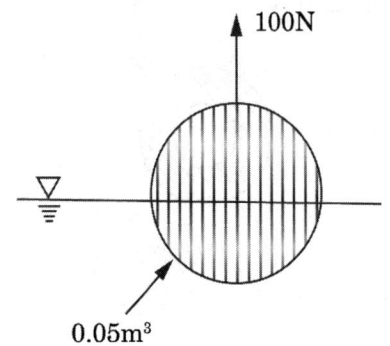

① 6900
② 7250
③ 7580
④ 7850

▣ 해설 물체가 떠 있을 때 부력 F_B

$$\text{부력 } F_B = W$$

1) 부력 $F_B = \gamma_{유체} V_{잠긴체적}$
2) 무게 $W = \gamma_{물체} V_{전체} - 100[N]$
3) 부력 $F_B = W$

$\gamma_{유체} V_{잠긴체적} = \gamma_{물체} V_{전체} - 100[N]$

$9800 \times \dfrac{0.05}{2} = \gamma_{물체} \times 0.05 - 100$

∴ $\gamma_{물체} = 6900 [N/m^3]$

39 ★★★

고속주행 시 타이어의 온도가 20 [℃]에서 80 [℃]로 상승하였다. 타이어의 체적이 변화하지 않고, 타이어 내의 공기를 이상 기체를 하였을 때 압력 상승은 약 몇 [kPa]인가? (단, 온도 20 [℃]에서의 게이지압력은 0.183 [MPa], 대기압은 101.3 [kPa]이다)

① 37
② 58
③ 286
④ 345

▣ 해설 타이어 내 공기의 압력 상승

$$\text{보일-샤를의 법칙 } \dfrac{P_1 V_1}{T_1} = \dfrac{P_2 V_2}{T_2}$$

여기서, 체적이 변화하지 않으므로 $V_1 = V_2$

따라서 $\dfrac{P_1}{T_1} = \dfrac{P_2}{T_2}$

여기서 P_1과 P_2는 절대압력이므로

P_1 = 대기압 + 게이지압
   = $101.3 [kPa] + 183 [kPa] = 284.3 [kPa]$

$\dfrac{284.3 [kPa]}{(273+20)[K]} = \dfrac{P_2}{(273+80)[K]}$

∴ $P_2 = 342.5 [kPa]$

그러므로

압력 상승 $(P_2 - P_1) = 342.5 - 284.3$
$= 58.2 [kPa]$

P : 절대압력 [kPa]
T : 절대온도 [K] (273 + [℃])

❶보충 절대압력 = 대기압 + 게이지압

40 ★★★

노즐의 계기압력 400 [kPa]로 방사되는 옥내소화전에서 저수조의 수량이 10 [m³]이라면 저수조의 물이 전부 소비되는데 걸리는 시간은 약 몇 분인가? (단, 노즐의 직경은 10 [mm]이다)

① 75
② 95
③ 150
④ 180

해설 저수조의 물이 소비되는 데 걸리는 시간

$$시간\ t[\min] = \frac{저수조의\ 수량\ V_t[L]}{방사량\ Q[L/\min]}$$

1) 방사량 Q

$$Q[L/\min] = 2.086 \times D[mm]^2 \times \sqrt{P[MPa]}$$
$$= 131.93[L/\min]$$

2) 물을 소비하는 데 걸리는 시간 [min]

$$시간\ t[\min] = \frac{저수조의\ 수량\ V_t[L]}{방사량\ Q[L/\min]}$$
$$= \frac{10\,000[L]}{131.93[L/\min]} = 75.79[\min]$$

정답 40 ①

2023년 4회
소방관계법규

41 ★★

위험물안전관리법령상 자동화재탐지설비를 설치해야 하는 사항으로 틀린 것을 고르시오.

① 연면적이 500 [m^2] 이상인 제조소 및 일반취급소
② 지정수량의 100배 이상을 저장 또는 취급하는 옥내저장소(고인화점 위험물만을 저장 또는 취급하는 것은 제외한다)
③ 옥내주유취급소
④ 특수인화물, 제1석유류 및 알코올류를 저장 또는 취급하는 옥외탱크저장소의 탱크 용량이 3000만 리터 이상인 것

해설 경보설비 설치기준

1) 제조소등별 설치해야 하는 경보설비

특정소방대상물	소방시설
• 연면적 500 [m^2] 이상 • 옥내에서 지정수량 100배 이상 취급	• 자동화재탐지설비
• 지정수량 10배 이상 저장 또는 취급(이동탱크저장소 제외)	• 자동화재탐지설비 • 비상경보설비 • 비상방송설비 • 확성장치 중 1종 이상

2) 자동신호장치 갖춘 스프링클러설비 또는 물분무등소화설비 설치한 제조소등은 자동화재탐지설비 설치한 것으로 봄
3) 자동화재탐지설비·자동화재속보설비·비상경보설비(비상벨장치 또는 경종 포함)·확성장치(휴대용 확성기 포함) 및 비상방송설비로 구분

42 ★ 난이도 상

위험물안전관리법령상 시·도지사가 한국소방산업기술원에 위탁하는 사항이 아닌 것은?

① 용량이 100만 리터 이상인 액체위험물을 저장하는 탱크
② 암반탱크
③ 저장용량이 10만 리터인 옥외탱크저장소 또는 암반탱크저장소의 설치 또는 변경에 따른 완공검사
④ 지정수량의 1천 배 이상의 위험물을 취급하는 제조소 또는 일반취급소의 설치 또는 변경에 따른 완공검사

해설 기술원에 위탁하는 업무

(1) 탱크안전성능검사
  ① 용량 1000000 [L] 이상인 액체위험물 저장탱크
  ② 암반탱크
  ③ 지하탱크저장소 위험물탱크 중 행정안전부령으로 정하는 액체위험물탱크
(2) 완공검사
  ① 지정수량 1000배 이상의 위험물을 취급하는 제조소 또는 일반취급소의 설치·변경에 따른 완공검사
  ② 옥외탱크저장소(저장용량 500000 [L]) 또는 암반탱크저장소의 설치·변경에 따른 완공검사
(3) 운반용기 검사

43 ★★★

다음 소방시설 중 소방시설공사업법령상 하자보수 보증기간이 틀리게 연결된 것을 고르시오.

① 유도등 – 2년
② 무선통신보조설비 – 3년
③ 자동화재탐지설비 – 3년
④ 자동소화장치 – 3년

해설 소방시설 하자보수 보증기간

④ 간이스프링클러설비

소방시설	기간
• **피**난기구 · 유도등 · 유도표지 • **비**상경보설비 • **비**상조명등 • **비**상방송설비 • **무**선통신보조설비	2년
• 자동소화장치 • 옥내 · 외소화전설비 • 스프링클러 · 간이스프링클러설비 • 물분무등소화설비 • 자동화재탐지설비 • 상수도소화용수설비 • 소화활동설비(무선통신보조설비 제외)	3년

★암기 이년 피비무

44 ★★ 난이도 상

소방시설공사업법령상 소방시설공사업을 등록하려는 자는 금융회사 또는 소방산업공제조합이 자본금 기준금액의 100분의 20 이상에 해당하는 금액의 담보를 제공받거나 현금의 예치 또는 출자를 받은 사실을 증명하여 발행하는 확인서를 제출해야 한다. 이때 누가 지정하는 금융회사인지 고르시오.

① 시 · 도지사
② 소방청장
③ 소방대장
④ 소방본부장

해설 소방시설공사업 등록

※ 소방시설공사업의 등록을 하려는 자는 소방청장이 지정하는 금융회사 또는「소방산업의 진흥에 관한 법률」제23조에 따른 소방산업공제조합이 자본금 기준금액의 100분의 20 이상에 해당하는 금액의 담보를 제공받거나 현금의 예치 또는 출자를 받은 사실을 증명하여 발행하는 확인서를 특별시장 · 광역시장 · 특별자치시장 · 도지사 또는 특별자치도지사(이하 "시 · 도지사"라 한다)에게 제출하여야 한다.

45 ★ 난이도 상

소방시설설치 및 관리에 관한 법령상 소방시설관리업의 등록기준이 미달하게 된 경우, 2차 위반했을 때 행정처분기준으로 알맞은 것을 고르시오.

① 경고
② 영업정지 3개월
③ 영업정지 6개월
④ 등록취소

해설 소방시설관리업 행정처분기준

위반사항	행정처분기준		
	1차 위반	2차 위반	3차 이상 위반
1) 거짓이나 그 밖의 부정한 방법으로 등록을 한 경우	등록취소		
2) 점검을 하지 않거나 거짓으로 한 경우			
가) 점검을 하지 않은 경우	영업정지 1개월	영업정지 3개월	등록취소
나) 거짓으로 점검한 경우	경고 (시정명령)	영업정지 3개월	등록취소
3) 등록기준에 미달하게 된 경우.	경고 (시정명령)	영업정지 3개월	등록취소
4) 등록의 결격사유에 해당하게 된 경우	등록취소		
5) 등록증 또는 등록수첩을 빌려준 경우	등록취소		
6) 점검능력 평가를 받지 않고 자체점검을 한 경우	영업정지 1개월	영업정지 3개월	등록취소

46 ★★★

소방용품의 형식승인 받지 아니하고 제조·수입 또는 거짓이나 그 밖의 부정한 방법으로 형식승인을 받은 자의 벌칙으로 맞는 것은?

① 3년 이하의 징역 또는 3000만 원 이하의 벌금
② 2년 이하의 징역 또는 1500만 원 이하의 벌금
③ 1년 이하의 징역 또는 1000만 원 이하의 벌금
④ 1년 이하의 징역 또는 500만 원 이하의 벌금

해설 3년 3000만 원의 벌칙
1. 조치명령 위반사항에 대한 명령을 정당한 사유 없이 위반
2. 관리업 등록을 하지 않고 영업을 한 자
3. 소방용품 형식승인 받지 아니하고 제조·수입 또는 거짓이나 그 밖의 부정한 방법으로 형식승인을 받은 자
4. 제품검사를 받지 아니한 자 또는 거짓이나 그 밖의 부정한 방법으로 제품검사를 받은 자
5. 소방용품을 판매·진열하거나 소방시설공사에 사용한 자
6. 거짓이나 그 밖의 부정한 방법으로 성능인증 또는 제품검사를 받은 자
7. 제품검사를 받지 아니하거나 합격표시를 하지 아니한 소방용품을 판매·진열하거나 소방시설공사에 사용한 자
8. 구매자에게 명령을 받은 사실을 알리지 아니하거나 필요한 조치를 하지 아니한 자
9. 거짓이나 그 밖의 부정한 방법으로 전문기관으로 지정을 받은 자

47 ★★★

화재의 예방 및 안전관리에 관한 법령상 화재예방강화지구에 해당하지 않는 것은?

① 공장·창고가 밀집한 지역
② 노후·불량건축물이 밀집한 지역
③ 고층건축물이 밀집한 지역
④ 시장지역

해설 화재예방강화지구

1) 지정권자 : 시·도지사
2) 화재예방강화지구 지정 요청 : 소방청장
3) 화재예방강화지구
   (1) 시장지역
   (2) 공장·창고가 밀집한 지역
   (3) 목조건물이 밀집한 지역
   (4) 노후·불량건축물이 밀집한 지역
   (5) 위험물의 저장 및 처리시설이 밀집한 지역
   (6) 석유화학제품을 생산하는 공장이 있는 지역
   (7) 산업입지 및 개발에 관한 법률에 따른 산업단지
   (8) 소방시설·소방용수시설·소방출동로가 없는 지역
   (9) 물류단지
   (10) (1) ~ (9)까지 준하는 지역으로서 소방관서장이 화재예방강화지구로 지정할 필요가 있다고 인정하는 지역

48 ★★★

소방기본법에서 사용하는 용어의 정의로 틀린 것을 고르시오.

① 소방대상물이란 건축물, 차량, 선박항구에 매어둔 선박만 해당한다), 선박 건조 구조물, 산림, 그 밖의 인공 구조물 또는 물건을 말한다.
② 관계지역이란 소방대상물이 있는 장소 및 그 이웃 지역으로서 화재의 예방·경계·진압, 구조·구급 등의 활동에 필요한 지역을 말한다.
③ 관계인이란 소방대상물의 소유자·관리자 또는 참여자를 말한다.
④ 소방대장이란 소방본부장 또는 소방서장 등 화재, 재난·재해, 그 밖의 위급한 상황이 발생한 현장에서 소방대를 지휘하는 사람을 말한다.

해설 소방용어 정의

1) 소방대상물
   (1) 건축물
   (2) 차량
   (3) 선박(항구에 매어 둔 것)
   (4) 산림, 그 밖의 인공구조물 또는 물건
2) 관계지역
   소방대상물이 있는 장소 및 그 이웃 지역으로 화재의 예방·경계·진압, 구조·구급 등의 활동에 필요한 지역
3) 관계인
   소방대상물의 소유자·관리자·점유자
4) 소방대
   화재 진압 및 화재, 재난·재해, 그 밖의 위급한 상황에서 구조·구급 활동
   (1) 소방공무원
   (2) 의무소방원
   (3) 의용소방대원
   암기 공무용
5) 소방본부장
   특별시·광역시·특별자치시·도 또는 특별자치도(이하 "시·도"라 한다)에서 화재의 예방·경계·진압·조사 및 구조·구급 등의 업무를 담당하는 부서의 장
6) 소방대장
   소방본부장 또는 소방서장 등 화재, 재난·재해, 그 밖의 위급한 상황이 발생한 현장에서 소방대를 지휘하는 사람

49 ★★★

소방기본법령상 소방신호의 종류로 틀린 것을 고르시오.

① 경보신호   ② 발화신호
③ 해제신호   ④ 훈련신호

정답 48 ③ 49 ①

📖 해설 소방신호

1) 종류
   (1) <u>경계신호</u> : 화재예방상 필요하다고 인정되거나 화재위험경보 시 발령
   (2) 발화신호 : 화재가 발생한 때 발령
   (3) 해제신호 : 소화활동이 필요 없다고 인정되는 때 발령
   (4) 훈련신호 : 훈련상 필요하다고 인정되는 때 발령

2) 방법

종별	타종신호	사이렌신호
경계신호	1타, 연2타 반복	5초 간격 30초씩 3회
발화신호	난타	5초 간격 5초씩 3회
해제신호	상당한 간격 1타씩 반복	1분간 1회
훈련신호	연 3타 반복	10초 간격 1분씩 3회

50 ★★★

소방기본법령상 국고보조 대상사업에 해당하지 않는 것을 고르시오.

① 소방전용통신설비
② 소방관서용 청사의 건축
③ 소방헬리콥터 및 소방정
④ 사무용 집기

📖 해설 소방장비 등에 대한 국고보조

1) 국고보조
   (1) 국가는 시·도 소방장비구입 등의 경비를 일부 보조함
   (2) 국가보조 대상사업의 범위와 기준 보조율 : 대통령령인 「보조금관리에 관한 법률 시행령」
   (3) 소방활동장비 및 설비의 종류와 규격 : 행정안전부령
2) 국고보조 대상사업의 범위
   (1) 소방활동장비와 설비의 구입 및 설치
      ① <u>소방자동차</u>
      ② <u>소방헬리콥터 및 소방정</u>
      ③ <u>소방전용통신설비 및 전산설비</u>
      ④ 그 밖에 방화복 등 소방활동에 필요한 소방장비
   (2) 소방관서용 청사의 건축

51 ★ 난이도 상

소방시설설치 및 관리에 관한 법령상 간이스프링클러설비의 설치기준으로 틀린 것을 고르시오.

① 조산원 및 산후조리원으로서 연면적 600 [m²] 미만인 시설
② 종합병원 및 요양병원으로 사용되는 바닥면적의 합계가 600 [m²] 미만인 시설
③ 정신의료기관 또는 의료재활시설로 사용되는 바닥면적의 합계가 300 [m²] 이상 600 [m²] 미만인 시설
④ 정신의료기관 또는 의료재활시설로 사용되는 바닥면적의 합계가 300 [m²] 이상이고 창살이 설치된 시설

해설 스프링클러설비 설치대상

설치대상	기준
• 문화 및 집회시설(동·식물원 제외) • 종교시설 • 운동시설(물놀이형 시설 및 바닥이 불연재료이고 관람석이 없는 운동시설은 제외)	• 수용인원 100 명 이상 • 영화상영관 바닥면적 : 지하층·무창층 500 [m²](그 외 1000 [m²]) 이상 • 무대부 : 지하층·무창층, 4층 이상 300 [m²] (그 외 500 [m²]) 이상
• 판매시설, 운수시설 • 창고시설(물류터미널)	• 수용인원 500명 이상 • 바닥면적 합계 5000 [m²] 이상
6층 이상인 특정소방대상물	전 층
• 의료시설(정신의료기관, 종합병원, 병원, 치과병원, 한방병원, 요양병원) • 노유자시설 • 숙박 가능한 수련시설 • 숙박시설 • 산후조리원, 조산원	바닥면적 합계 600 [m²] 이상인 것은 모든 층
지하가(터널 제외)	연면적 1000 [m²] 이상
기숙사(교육연구시설·수련시설 내에 있는 학생 수용을 위한 것, 복합건축물	연면적 5000 [m²] 이상인 모든 층
특수가연물 저장·취급 시설	지정수량 1000배 이상
랙식 창고의 높이가 10 [m]를 초과	바닥면적 또는 랙이 설치된 부분의 합계가 1500 [m²] 이상인 경우 모든 층
전기저장시설, 교정 및 군사시설 중 보호감호소, 교도소, 구치소 및 그 지소, 보호관찰소, 갱생보호시설, 치료감호시설, 소년원 및 소년분류심사원의 수용거실, 보호시설(외국인보호소의 경우에는 보호대상자의 생활공간으로 한정), 유치장	-

52 ★★

소방시설설치 및 관리에 관한 법령상 운수시설에 해당하지 않는 것을 고르시오.

① 여객자동차터미널
② 공항시설
③ 철도 및 도시철도시설
④ 하역장

해설 운수시설

여객자동차터미널, 철도 및 도시철도 시설(정비창 포함), 공항시설(항공관제탑 포함), 항만시설 및 종합여객시설

※ 하역장 : 창고시설

53 ★ 난이도 상

위험물안전관리법령상 위험물을 취급하는 건축물에는 환기설비를 설치해야 하는데, 이때 급기구가 설치된 실의 바닥면적이 100 [m²]이라면 급기구의 면적은 얼마 이상인지 고르시오.

① 150 [cm²]   ② 300 [cm²]
③ 450 [cm²]   ④ 600 [cm²]

해설 급기구의 면적

① 급기구가 설치된 실의 바닥면적 : 150 [m²]마다 1개 이상
② 급기구 크기 : 800 [cm²] 이상
③ 바닥면적 150 [m²] 미만인 경우

바닥면적	급기구 크기
60 [m²] 미만	150 [cm²] 이상
60 [m²] 이상 90 [m²] 미만	300 [cm²] 이상
90 [m²] 이상 120 [m²] 미만	450 [cm²] 이상
120 [m²] 이상 150 [m²] 미만	600 [cm²] 이상

정답 52 ④ 53 ③

54 ★★

위험물안전관리법령상 위험물의 지정수량이 500 [kg]인 것끼리 연결된 것을 고르시오.

① 황화인 - 마그네슘 - 철분
② 인화성 고체 - 적린 - 황
③ 황화인 - 철분 - 금속분
④ 마그네슘 - 철분 - 금속분

해설 제2류 위험물 지정수량

위험물	지정수량
황화인	
적린	100 [kg]
황	
마그네슘	
철분	500 [kg]
금속분	
인화성 고체	1000 [kg]

암기 황화적황 마철금 인고

55 ★★

소방시설공사업법령상 소방시설공사업을 등록한 자는 소방시설공사의 착공 전까지 소방본부장 또는 소방서장에게 신고를 해야 한다. 착공신고 대상으로 알맞지 않는 것을 고르시오.

① 옥내소화전설비(호스릴옥내소화전설비를 포함한다)의 신설
② 자동화재탐지설비의 신설
③ 무선통신보조설비(소방용 외의 용도와 겸용되는 무선통신보조설비를 정보통신공사업자가 공사하는 경우)의 신설
④ 연결송수관설비의 신설

해설 착공신고 대상

특정소방대상물에 다음의 설비를 신설(제조소등 또는 다중이용업소 제외)

① 옥내소화전설비(호스릴옥내소화전설비를 포함), 옥외소화전설비, 스프링클러설비·간이스프링클러설비(캐비닛형 간이스프링클러설비를 포함) 및 화재조기진압용 스프링클러설비, 물분무소화설비·포소화설비·이산화탄소소화설비·할론소화설비·할로겐화합물 및 불활성기체 소화설비·미분무소화설비·강화액소화설비 및 분말소화설비, 연결송수관설비, 연결살수설비, 제연설비, 소화용수설비, 연소방지설비
② 자동화재탐지, 비상경보, 비상방송, 비상콘센트, 무선통신보조설비

56 ★★★

소방시설공사업법령상 소방공사감리를 실시함에 있어 용도와 구조에서 특별히 안전성과 보안성이 요구되는 소방대상물로서 소방시설물에 대한 감리를 감리업자가 아닌 자가 감리할 수 있는 장소는?

① 정보기관의 청사
② 교도소 등 교정 관련 시설
③ 국방 관계시설 설치장소
④ 원자력안전법상 관계시설이 설치되는 장소

해설 감리업자

1) 감리업자 업무
 (1) <u>소방시설등 설치계획표 적법성 검토</u>
 (2) 소방시설등 설계도서 적합성 검토
 (3) <u>소방시설등 설계 변경 사항 적합성 검토</u>
 (4) 소방용품 위치·규격 및 사용 자재 적합성 검토
 (5) 공사업자가 한 소방시설 시공이 설계도서와 화재안전기준에 맞는지 지도·감독
 (6) <u>완공된 소방시설등의 성능시험</u>

정답 54 ④ 55 ③ 56 ④

(7) 공사업자가 작성한 시공 상세도면 적합성 검토
(8) 피난시설 및 방화시설 적법성 검토
(9) 실내장식물의 불연화와 방염 물품의 적법성 검토

2) 감리업자가 아닌 자가 감리할 수 있는 보안성 등이 요구되는 소방대상물 시공장소 : 「원자력안전법」에 따른 관계시설이 설치되는 장소

3) 감리업자는 업무를 수행할 때에는 대통령령으로 정하는 감리의 종류 및 대상에 따라 공사기간 동안 소방시설공사 현장에 소속 감리원을 배치하고 업무수행 내용을 감리일지에 기록하는 등 대통령령으로 정하는 감리의 방법에 따라야 한다.

57 ★★★

위험물안전관리법령에 따라 위험물안전관리자를 해임하거나 퇴직한 때에는 해임하거나 퇴직한 날부터 며칠 이내에 다시 안전관리자를 선임하여야 하는가?

① 30일
② 35일
③ 40일
④ 55일

해설 위험물안전관리자

- 안전관리자 선임 : 관계인
- 안전관리자 해임, 퇴직 시 : 해임, 퇴직한 날부터 30일 이내 재선임
- 선임 신고기간 : 소방본부장·소방서장에게 선임 날부터 14일 이내 신고
- 직무대행기간 : 30일 이내

58 ★★★

소방시설설치 및 관리에 관한 법령상 특정소방대상물 중 오피스텔은 어느 시설에 해당하는가?

① 숙박시설
② 일반업무시설
③ 공동주택
④ 근린생활시설

해설 업무시설

(1) 공공업무시설 : 국가 또는 지방자치단체의 청사, 외국공관의 건축물
(2) 일반업무시설 : 금융업소, 사무소, 신문사, 오피스텔
(3) 주민자치센터(동사무소), 경찰서, 지구대, 파출소, 소방서, 119안전센터, 우체국, 보건소, 공공도서관, 국민건강보험공단
(4) 마을회관, 마을공동작업소, 마을공동구판장
(5) 변전소, 양수장, 정수장, 대피소, 공중화장실

59 ★★★

소방기본법령상 소방용수시설별 설치기준 중 틀린 것은?

① 급수탑 개폐밸브는 지상에서 1.5 [m] 이상 1.7 [m] 이하의 위치에 설치하도록 할 것
② 소화전은 상수도와 연결하여 지하식 또는 지상식의 구조로 하고, 소방용호스와 연결하는 소화전의 연결금속구의 구경은 100 [mm]로 할 것
③ 저수조 흡수관의 투입구가 사각형의 경우에는 한 변의 길이가 60 [cm] 이상, 원형의 경우에는 지름이 60 [cm] 이상일 것
④ 저수조는 지면으로부터의 낙차가 4.5 [m] 이하일 것

해설 소방용수시설 설치기준

1) 소화전
   - 상수도와 연결, 지하식·지상식 구조
   - 연결금속구 구경 : 65 [mm]
2) 급수탑
   - 급수배관 구경 : 100 [mm] 이상
   - 개폐밸브 : 지상 1.5 [m] 이상 1.7 [m] 이하
3) 저수조
   - 지면으로부터의 낙차 : 4.5 [m] 이하
   - 흡수부분 수심 : 0.5 [m] 이상일 것
   - 흡수관 투입구 : 사각형 한 변 60 [cm]
     원형 지름 60 [cm] 이상

60 ★★★

소방시설설치 및 관리에 관한 법령상 제조 또는 가공 공정에서 방염처리를 한 물품 중 방염대상물품이 아닌 것은?

① 창문에 설치하는 커튼류(블라인드를 포함한다)
② 벽지류(두께가 2 [mm] 미만인 종이벽지 포함)
③ 암막·무대막에 따른 영화상영관에 설치하는 스크린
④ 노래연습장업의 영업장에 설치하는 섬유류 또는 합성수지류 등을 원료로 하여 제작된 소파·의자

해설 방염대상물품

1) 제조·가공 공정에서 방염처리한 물품
   (1) 창문에 설치하는 커튼류(블라인드 포함)
   (2) 카펫
   (3) 벽지류(두께 2 [mm] 미만인 종이벽지 제외)
   (4) 전시용 합판·목재 또는 섬유판, 무대용 합판·목재 또는 섬유판(합판·목재류의 경우 불가피하게 설치 현장에서 방염처리한 것을 포함한다)
   (5) 암막·무대막(영화상영관 스크린, 가상체험체육시설의 스크린 포함)
   (6) 섬유류, 합성수지류 등을 원료로 하여 제작된 소파·의자(단란주점영업, 유흥주점, 노래연습장업의 영업장에 설치하는 것만 해당)
2) 건축물 내부의 천장이나 벽에 부착하거나 설치하는 것, 다만 가구류(옷장·찬장·식탁·식탁용 의자·사무용 책상·사무용 의자·계산대 등)와 너비 10 [cm] 이하 반자돌림대 등과 내부 마감재료는 제외
   (1) 종이류(두께 2 [mm] 이상)·합성수지류·섬유류를 주원료로 한 물품
   (2) 합판, 목재
   (3) 공간 구획하는 간이 칸막이(접이식 등 이동 가능한 벽체나 천장 또는 반자가 실내에 접하는 부분까지 구획하지 않는 벽체를 말한다)
   (4) 흡음(吸音)을 위하여 설치하는 흡음재(흡음용 커튼을 포함한다)
   (5) 방음(防音)을 위하여 설치하는 방음재(방음용 커튼을 포함한다)

   보충 시·도지사 : 설치현장 방염처리 합판·목재

소방기계시설의 구조 및 원리

61 ★★★

연결살수설비의 화재안전기술기준상 송수구의 설치기준으로 틀린 것은?

① 송수구로부터 주배관에 이르는 연결배관에는 개폐밸브를 설치하지 않을 것
② 지면으로부터 높이가 0.5 [m] 이상 1 [m] 이하의 위치에 설치할 것
③ 송수구는 구경 65 [mm]의 쌍구형으로 설치할 것
④ 개방형 헤드를 사용하는 송수구의 호스접결구는 송수구역 3개마다 1개 설치할 것

[연결살수설비 송수구 쌍구형]

해설 연결살수설비 송수구 설치기준

1) 소방차가 쉽게 접근할 수 있고 노출된 장소에 설치할 것
2) 가연성 가스의 저장·취급시설에 설치하는 연결살수설비의 송수구는 그 방호대상물로부터 20 [m] 이상의 거리를 두거나 방호대상물에 면하는 부분이 높이 1.5 [m] 이상 폭 2.5 [m] 이상의 철근콘크리트 벽으로 가려진 장소에 설치해야 함
3) 송수구는 구경 65 [mm]의 쌍구형으로 설치할 것(단, 하나의 송수구역에 부착하는 살수헤드의 수가 10개 이하인 것은 단구형인 것으로 가능)
4) **개방형 헤드를 사용하는 송수구의 호스접결구는 각 송수구역마다 설치할 것**
5) 송수구는 지면으로부터 높이가 0.5 [m] 이상 1 [m] 이하의 위치에 설치할 것
6) 송수구로부터 주배관에 이르는 연결배관에는 개폐밸브를 설치하지 않을 것
7) 송수구의 부근에는 "연결살수설비 송수구"라고 표시한 표지와 송수구역 일람표를 설치할 것
8) 송수구에는 이물질을 막기 위한 마개를 씌울 것

62 ★★★

소화수조 및 저수조의 화재안전성능기준상 가압송수장치 설치기준 중 다음 ( ) 안에 알맞은 것은?

> 소화수조가 옥상 또는 옥탑의 부분에 설치된 경우에는 지상에 설치된 채수구에서의 압력이 ( ) [MPa] 이상이 되도록 해야 한다.

① 0.1
② 0.15
③ 0.17
④ 0.25

해설 소화수조가 옥상 또는 옥탑에 설치하는 경우

소화수조가 옥상 또는 옥탑의 부분에 설치된 경우에는 지상에 설치된 채수구에서의 압력이 0.15 [MPa] 이상이 되도록 할 것

정답 61 ④ 62 ②

63 ★★

특별피난계단의 계단실 및 부속실 제연설비의 화재안전성능기준상 제연설비의 시험 등에 대한 기준으로 틀린 것은?

① 제연구역의 모든 출입문 등의 크기와 열리는 방향이 설계 시와 동일한지 여부를 확인한다.
② 제연구역의 출입문 및 복도와 거실(옥내가 복도와 거실로 되어 있는 경우에 한한다)사이의 출입문마다 제연설비가 작동하고 있는 상태에서 그 폐쇄력을 측정한다.
③ 층별로 화재감지기(수동기동장치를 포함)를 동작시켜 제연설비가 작동하는지 여부를 확인한다.
④ 기준에 따라 제연설비가 작동하는 경우 제연구역의 출입문이 모두 닫혀 있는 상태에서 제연설비를 가동시킨 후 출입문의 개방에 필요한 힘을 측정하여 규정에 따른 개방력에 적합한지 여부를 확인한다.

해설 부속실 제연설비의 시험·측정 및 조정 (TAB)

제연설비는 설계목적에 적합한지 검토하고 제연설비의 성능과 관련된 건물의 모든 부분(건축설비를 포함한다)이 완성되는 시점에 맞추어 시험·측정 및 조정(이하 "시험 등"이라 한다)을 해야 한다.

1) 제연구역의 모든 출입문 등의 크기와 열리는 방향이 설계 시와 동일한지 여부를 확인할 것
2) 제연구역의 출입문 및 복도와 거실(옥내가 복도와 거실로 되어 있는 경우에 한한다) 사이의 출입문마다 **제연설비가 작동하고 있지 아니한 상태에서 그 폐쇄력을 측정할 것**
3) 층별로 화재감지기(수동기동장치를 포함한다)를 동작시켜 제연설비가 작동하는지 여부를 확인할 것
4) 3)의 기준에 따라 제연설비가 작동하는 경우 다음의 기준에 따른 시험 등을 실시할 것

(1) 부속실과 면하는 옥내 및 계단실의 출입문을 동시에 개방할 경우, 규정에 따른 방연풍속에 적합한지 여부를 확인하고, 적합하지 아니한 경우에는 급기구의 개구율과 송풍기의 풍량조절댐퍼 등을 조정하여 적합하게 할 것
(2) (1)에 따른 시험 등의 과정에서 출입문을 개방하지 않은 제연구역의 실제 차압이 기준에 적합한지 여부를 출입문 등에 차압측정공을 설치하고 이를 통하여 차압측정기구로 실측하여 확인·조정할 것
(3) 제연구역의 출입문이 모두 닫혀 있는 상태에서 제연설비를 가동시킨 후 출입문의 개방에 필요한 힘을 측정하여 규정에 따른 개방력에 적합한지 여부를 확인하고, 적합하지 아니한 경우에는 급기구의 개구율 조정 및 플랩댐퍼(설치하는 경우에 한한다)와 풍량조절용댐퍼 등의 조정에 따라 적합하도록 조치할 것
(4) (1)에 따른 시험 등의 과정에서 부속실의 개방된 출입문이 자동으로 완전히 닫히는지 여부를 확인하고, 닫힌 상태를 유지할 수 있도록 조정할 것

64 ★★★

소화기구 및 자동소화장치의 화재안전성능기준에 따른 수동으로 조작하는 대형소화기 B급의 능력단위 기준은 몇 단위 이상인가?

① 10
② 15
③ 20
④ 25

해설 소화기 능력단위

1) 소형소화기 : 능력단위가 1단위 이상이고 대형소화기의 능력단위 미만인 소화기
2) 대형소화기 : 화재 시 사람이 운반할 수 있도록 운반대와 바퀴가 설치되어 있고 능력단위가 A급 10단위 이상, B급 20단위 이상인 소화기

정답 63 ② 64 ③

[소형소화기]

[대형소화기]

65 ★★★

분말소화설비의 화재안전성능기준상 소화약제의 종별과 호스릴방식의 분말소화설비의 하나의 노즐마다 1분당 방출하는 소화약제의 최소량으로 틀린 것은?

① 제2종 분말 : 27 [kg]
② 제4종 분말 : 20 [kg]
③ 제3종 분말 : 27 [kg]
④ 제1종 분말 : 45 [kg]

해설 호스릴방식의 분말소화설비

소화약제의 종별	1종	2·3종	4종
1분당 방출하는 소화약제의 양	45 [kg]	27 [kg]	**18 [kg]**

66 ★★★

인명구조기구의 화재안전성능기준상 특정소방대상물의 용도 및 장소별로 설치해야 할 인명구조기구 설치기준 중 ( )에 들어갈 내용은?

> 물분무등소화설비 중 (㉠)소화설비를 설치하는 특정소방대상물에는 (㉠)소화설비가 설치된 장소의 출입구 외부 인근에 (㉡)개 이상의 (㉢)을/를 비치할 것

① ㉠ 할론, ㉡ 1, ㉢ 방열복
② ㉠ 이산화탄소, ㉡ 2, ㉢ 방화복
③ ㉠ 할론, ㉡ 2, ㉢ 공기호흡기
④ ㉠ 이산화탄소, ㉡ 1, ㉢ 공기호흡기

해설 용도 및 장소별 인명구조기구

특정소방대상물	인명구조기구	설치 수량
지하층을 포함하는 층수가 7층 이상인 관광호텔 및 5층 이상인 병원	• 방열복 또는 방화복 • 공기호흡기 • 인공소생기	각 2개 이상 비치할 것 (단, 병원의 경우 인공소생기 설치 제외 가능)
• 문화 및 집회시설 중 수용인원 100명 이상의 영화상영관 • 판매시설 중 대규모 점포 • 운수시설 중 지하역사 • 지하가 중 지하상가	공기호흡기	층마다 2개 이상 비치할 것
물분무등소화설비 중 이산화탄소소화설비를 설치해야 하는 특정소방대상물	공기호흡기	CO_2 소화설비가 설치된 장소의 **출입구 외부 인근에 1개 이상 비치할** 것

[방열복]
[방화복]
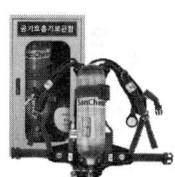[공기호흡기]
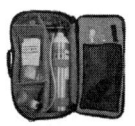[인공소생기]

67 ★★★

포소화설비의 화재안전기술기준상 특정소방대상물에 따라 적용하는 포소화설비의 설치기준 중 특수가연물을 저장·취급하는 공장 또는 창고에 적응성을 갖는 포소화설비가 아닌 것은?

① 포헤드설비
② 고정포방출설비
③ 압축공기포소화설비
④ 호스릴포소화설비

해설 특수가연물 저장·취급하는 장소에 적응성이 있는 포소화설비

- 포워터스프링클러설비
- 포헤드설비
- 고정포방출설비
- 압축공기포소화설비

68 ★★

물분무소화설비의 화재안전기술기준상 물분무소화설비의 가압송수장치로 압력수조의 필요한 압력을 산출할 때 필요한 것이 아닌 것은?

① 낙차의 환산수두압
② 소방용 호스의 마찰손실수두압
③ 배관의 마찰손실수두압
④ 물분무헤드의 설계압력

해설 물분무설비 압력수조 필요압력

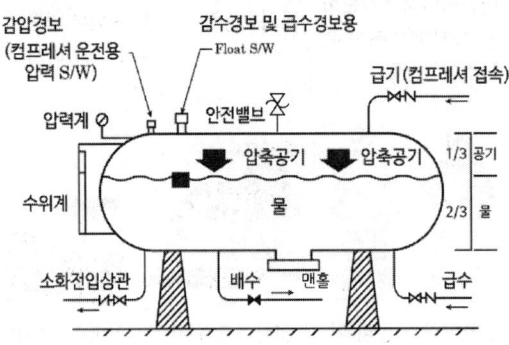

필요압력 $P = P_1 + P_2 + P_3$

P_1 : 물분무헤드의 설계압력 [MPa]
P_2 : 배관의 마찰손실수두압 [MPa]
P_3 : 낙차의 환산수두압 [MPa]

물분무소화설비에는 호스가 사용되지 않으므로 '② 소방용 호스의 마찰손실수두압'은 압력수조의 필요한 압력을 산출할 때 필요하지 않다.

69 ★★★

스프링클러설비의 화재안전기술기준상 스프링클러설비의 배관에 대한 내용으로 틀린 것은?

① 수직배수배관의 구경은 65 [mm] 이상으로 해야 한다.
② 급수배관 중 가지배관의 배열은 토너먼트 방식이 아니어야 한다.
③ 교차배관의 청소구는 교차배관 끝에 개폐밸브를 설치한다.
④ 습식 스프링클러설비 또는 부압식 스프링클러설비 외의 설비에는 헤드를 향하여 상향으로 가지배관의 기울기를 $\dfrac{1}{250}$ 이상으로 한다.

해설 스프링클러 배관 설치기준

1) 수직배수배관 : 50 [mm] 이상
2) 가지배관의 배열은 토너먼트 배관방식이 아닐 것
3) 교차배관은 가지배관과 수평으로 설치하거나 또는 가지배관 밑에 설치하고, 최소구경이 40 [mm] 이상이 되도록 할 것
4) 청소구는 교차배관 끝에 40 [mm] 이상 크기의 개폐밸브를 설치하고, 호스접결이 가능한 나사식 또는 고정배수 배관식으로 할 것
5) 습식 스프링클러설비 또는 부압식 스프링클러설비 외의 설비에는 헤드를 향하여 상향으로 수평주행배관의 기울기를 500분의 1 이상, 가지배관의 기울기를 250분의 1 이상으로 할 것

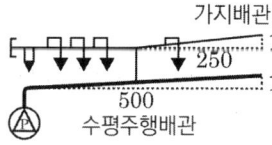

70 ★★★

할로겐화합물 및 불활성기체소화설비의 화재안전기술기준에 따른 할로겐화합물 및 불활성기체소화설비의 수동식 기동장치의 설치기준에 대한 설명으로 틀린 것은?

① 50 [N] 이상의 힘을 가하여 기동할 수 있는 구조로 할 것
② 전기를 사용하는 기동장치에는 전원표시등을 설치할 것
③ 기동장치의 방출용 스위치는 음향경보장치와 연동하여 조작될 수 있는 것으로 할 것
④ 해당 방호구역의 출입구 부근 등 조작을 하는 자가 쉽게 피난할 수 있는 장소에 설치할 것

해설 할로겐화합물 및 불활성기체소화설비 수동식 기동장치

수동식 기동장치 부근에는 소화약제의 방출을 지연시킬 수 있는 방출지연스위치를 설치해야 함
1) 방호구역마다 설치할 것
2) 해당 방호구역의 출입구 부분 등 조작을 하는 자가 쉽게 피난할 수 있는 장소에 설치할 것
3) 기동장치의 조작부는 바닥으로부터 높이 0.8 [m] 이상 1.5 [m] 이하 위치에 설치하고, 보호판 등에 따른 보호장치를 설치할 것
4) 기동장치 인근의 보기 쉬운 곳에 "할로겐화합물 및 불활성기체소화설비 수동식 기동장치"라는 표지를 할 것
5) 전기를 사용하는 기동장치에는 전원표시등을 설치할 것
6) 기동장치의 방출용 스위치는 음향경보장치와 연동하여 조작될 수 있는 것으로 할 것
7) 50 [N] 이하의 힘을 가하여 기동할 수 있는 구조로 할 것
8) 기동장치에는 보호장치를 설치해야 하며, 보호장치를 개방하는 경우 기동장치에 설치된 부저 또는 벨 등에 의하여 경고음을 발할 것
〈시행 2024.8.1.〉
9) 기동장치를 옥외에 설치하는 경우 빗물 또는 외부 충격의 영향을 받지 아니하도록 설치할 것
〈시행 2024.8.1.〉

71 ★★★

스프링클러설비를 설치해야 할 특정소방대상물에 있어서 스프링클러헤드를 설치하지 않을 수 있는 장소가 아닌 장소는?

① 목욕실   ② 통신기기실
③ 발전실   ④ 사무실

해설 스프링클러헤드의 설치제외 장소

1) 천장 및 반자의 재료에 따른 기준으로서 다음 어느 하나에 해당하는 경우

천장 및 반자의 재료	천장과 반자 사이의 거리
양쪽 모두 불연재료 + 벽이 불연재료 (그 사이에 가연물이 존재 ×)	2 [m] 이상
양쪽 모두 불연재료	2 [m] 미만
천장·반자 중 한쪽이 불연재료	1 [m] 미만
양쪽 모두 불연재료 외의 것	0.5 [m] 미만

2) 계단실·경사로·승강기의 승강로·비상용승강기의 승강장·파이프덕트 및 덕트피트·**목욕실**·수영장(관람석부분 제외)·화장실·직접 외기에 개방되어 있는 복도
3) **통신기기실**·전자기기실·기타 이와 유사한 장소
4) **발전실**·변전실·변압기·기타 이와 유사한 전기설비가 설치되어 있는 장소

5) 병원의 수술실·응급처치실·기타 이와 유사한 장소
6) 펌프실·물탱크실 엘리베이터 권상기실 그 밖의 이와 비슷한 장소
7) 현관 또는 로비 등으로서 바닥으로부터 높이가 20 [m] 이상인 장소
8) 영하의 냉장창고의 냉장실 또는 냉동창고의 냉동실
9) 고온의 노가 설치된 장소 또는 물과 격렬하게 반응하는 물품의 저장 또는 취급장소
10) 실내 테니스장·게이트볼장·정구장 또는 이와 비슷한 장소로서 실내 바닥·벽·천장이 불연재료 또는 준불연재료로 구성되어 있고 가연물이 존재하지 않는 장소로서 관람석이 없는 운동시설(지하층은 제외)
11) 공동주택 중 아파트의 대피공간 [공동주택의 화재안전기술기준(NFTC 608)에 명시되어 있음]

72 ★

피난기구의 화재안전성능기준상 피난기구 설치기준 중 ( )에 들어갈 내용은?

> (㉠)층 이상의 층에 피난사다리(하향식 피난구용 내림식사다리는 제외한다)를 설치하는 경우에는 (㉡) 고정사다리를 설치하고, 당해 고정사다리에는 쉽게 피난할 수 있는 구조의 (㉢)를 설치할 것

① ㉠ 6, ㉡ 금속성, ㉢ 피난구
② ㉠ 6, ㉡ 수납식, ㉢ 노대
③ ㉠ 4, ㉡ 금속성, ㉢ 노대
④ ㉠ 4, ㉡ 접이식, ㉢ 피난구

해설 4층 이상의 층에 피난사다리를 설치하는 경우

4층 이상의 층에 피난사다리(하향식 피난구용 내림식사다리는 제외한다)를 설치하는 경우에는 **금속성 고정사다리**를 설치하고, 당해 고정사다리에는 쉽게 피난할 수 있는 구조의 **노대**를 설치할 것

73 ★★★

포소화설비의 화재안전성능기준상 팽창비의 정의로 옳은 것은?

① 팽창비 = $\dfrac{\text{최종 발생한 포 체적}}{\text{포 발생 전의 포 수용액의 체적}}$

② 팽창비 = $\dfrac{\text{최종 발생한 포 체적}}{\text{포 발생 전의 포 원액의 체적}}$

③ 팽창비 = $\dfrac{\text{최종 발생한 포 체적}}{\text{포 발생 전의 포 수용액의 질량}}$

④ 팽창비 = $\dfrac{\text{최종 발생한 포 체적}}{\text{포 발생 전의 포 원액의 질량}}$

해설 포소화설비 – 팽창비

- "팽창비"란 최종 발생한 포 체적을 포 발생 전의 포 수용액의 체적으로 나눈 값을 말한다.

⇒ 팽창비 = $\dfrac{\text{최종 발생한 포 체적}}{\text{포 발생 전의 포 수용액의 체적}}$

74 ★★★

위험물안전관리에 관한 세부기준상 부상지붕구조의 탱크에 상부포주입법을 이용하는 포방출구는 무엇인가?

① Ⅰ
② Ⅱ
③ 특형방출구
④ Ⅳ

해설 포방출구의 종류

탱크구조		포방출구
고정지붕구조 (콘루프 탱크)	상부포주입법	Ⅰ, Ⅱ형
	저부포주입법	Ⅲ, Ⅳ형
부상지붕구조 **(플로팅루프 탱크)**	**상부포주입법**	**특형**

정답 72 ③ 73 ① 74 ③

75 ★★★

지하구의 화재안전성능기준상 지하구에 설치하는 연소방지설비 송수구의 설치기준으로 틀린 것은?

① 송수구로부터 주배관에 이르는 연결배관에는 개폐밸브를 설치하지 않을 것
② 지면으로부터 높이가 0.5 [m] 이상 1 [m] 이하의 위치에 설치할 것
③ 구경 65 [mm]의 쌍구형으로 할 것
④ 송수구로부터 3 [m] 이내에 살수구역 안내표지를 설치할 것

해설 지하구의 연소방지설비 송수구

1) 소방차가 쉽게 접근할 수 있는 노출된 장소에 설치하되, 눈에 띄기 쉬운 보도 또는 차도에 설치할 것
2) 송수구는 구경 65 [mm]의 쌍구형으로 할 것
3) **송수구로부터 1 [m] 이내에 살수구역 안내표지를 설치할 것**
4) 지면으로부터 높이가 0.5 [m] 이상 1 [m] 이하의 위치에 설치할 것
5) 송수구의 가까운 부분에 자동배수밸브(또는 직경 5 [mm]의 배수공)를 설치할 것. 이 경우 자동배수밸브는 배관 안의 물이 잘 빠질 수 있는 위치에 설치하되, 배수로 인하여 다른 물건 또는 장소에 피해를 주지 않아야 한다.
6) 송수구로부터 주배관에 이르는 연결배관에는 개폐밸브를 설치하지 않을 것
7) 송수구에는 이물질을 막기 위한 마개를 씌울 것

76 ★★

할론소화설비의 화재안전기술기준상 배관의 설치기준 중 ( )에 들어갈 내용은?

> 강관을 사용하는 경우의 배관은 ( ) 이상의 것 또는 이와 동등 이상의 강도를 가진 것으로서 아연도금 등에 따라 방식 처리된 것을 사용할 것

① 압력배관용탄소강관 중 스케줄 80
② 압력배관용탄소강관 중 스케줄 40
③ 배관용탄소강관 중 스케줄 80
④ 배관용탄소강관 중 스케줄 40

해설 할론소화설비의 배관 설치기준

1) 배관은 전용으로 할 것
2) 강관을 사용하는 경우의 배관은 **압력배관용탄소강관 중 스케줄 40 이상**의 것 또는 이와 동등 이상의 강도를 가진 것으로서 아연도금 등에 따라 방식 처리된 것을 사용할 것
3) 동관을 사용하는 경우에는 이음이 없는 동 및 동합금관의 것으로서 고압식은 16.5 [MPa] 이상, 저압식은 3.75 [MPa] 이상의 압력에 견딜 수 있는 것을 사용할 것
4) 배관 부속 및 밸브류는 강관 또는 동관과 동등 이상의 강도 및 내식성이 있는 것으로 할 것

정답 75 ④ 76 ②

77 ★★

연결송수관설비의 화재안전성능기준상 배관을 습식설비로 설치해야 하는 특정소방대상물은 무엇인가?

① 지면으로부터의 높이가 21 [m] 이상 또는 지상 5층 이상인 특정소방대상물
② 지면으로부터의 높이가 21 [m] 이상 또는 지상 6층 이상인 특정소방대상물
③ 지면으로부터의 높이가 31 [m] 이상 또는 지상 8층 이상인 특정소방대상물
④ 지면으로부터의 높이가 31 [m] 이상 또는 지상 11층 이상인 특정소방대상물

해설 연결송수관설비의 배관 설치기준

1) 주배관의 구경은 100 [mm] 이상의 전용배관으로 할 것. 다만 주배관의 구경이 100 [mm] 이상인 옥내소화전설비의 배관과는 겸용할 수 있다.
2) 지면으로부터의 높이가 31 [m] 이상인 특정소방대상물 또는 지상 11층 이상인 특정소방대상물에 있어서는 습식설비로 할 것

78 ★★★

물분무소화설비의 화재안전기술기준에 따라 바닥면적이 60 [m²]인 주차장에 물분무소화설비를 설치하고자 한다. 수원의 최소 저수량으로 맞는 것은?

① 8 [m³]   ② 24 [m³]
③ 16 [m³]   ④ 28 [m³]

해설 물분무소화설비 수원 저수량

소방대상물	토출량	비고
특수가연물을 저장·취급하는 특정소방대상물	10 [L/min·m²]	최소 바닥면적 50 [m²]
절연유봉입 변압기·**컨**베이어벨트	10 [L/min·m²]	-
케이블트레이·**케**이블덕트	12 [L/min·m²]	-
차고·**주**차장	20 [L/min·m²]	최소 바닥면적 50 [m²]

• 저수량 = 면적 × 토출량 × 방수시간 (20 [min])
= 60 [m²] × 20 [L/min·m²] × 20 [min]
= 24000 [L] = 24 [m³]

암기 특절컨 10, 케이트 12, 차주 20

79 ★★★

소화기구 및 자동소화장치의 화재안전기술기준상 특정소방대상물에 따른 소화기구의 능력단위 외에 부속용도별로 추가해야 할 소화기구 및 자동소화장치의 설치기준 중 다음 ( )에 들어갈 내용은?

건조실·세탁소·대량화기취급소
1. 해당 용도의 바닥면적 (㉠) [m²]마다 능력단위 (㉡)단위 이상의 소화기로 할 것
2. 자동확산소화기는 해당 용도의 바닥면적을 기준으로 (㉢) [m²] 이하는 1개, (㉢) [m²] 초과는 2개 이상을 설치하되 방호대상에 유효하게 분사될 수 있는 위치에 배치될 수 있는 수량으로 설치할 것

① ㉠ 20, ㉡ 2, ㉢ 10
② ㉠ 25, ㉡ 2, ㉢ 30
③ ㉠ 25, ㉡ 1, ㉢ 10
④ ㉠ 20, ㉡ 1, ㉢ 20

해설 부속용도별 추가해야 할 소화기구 및 자동소화장치

용도별	소화기구의 능력단위
1. 다음 각목의 시설(다만 스프링클러설비·간이스프링클러설비·물분무등소화설비 또는 상업용 주방자동소화장치가 설치된 경우에는 자동확산소화기를 설치하지 않을 수 있다) 가) 보일러실·**건조실·세탁소·대량화기취급소** 나) 음식점·다중이용업소·호텔·기숙사·노유자시설·의료시설·업무시설·공장·장례식장·교육연구시설·교정 및 군사시설의 주방 다) 관리자의 출입이 곤란한 변전실·송전실·변압기실 및 배전반실	1. 해당 용도의 바닥면적 **25 [m²]마다 능력단위 1단위 이상의 소화기** [주방에 설치하는 소화기 중 1개 이상은 주방화재용 소화기(K급) 설치] 2. **자동확산소화기는 바닥면적 10 [m²] 이하는 1개, 10 [m²] 초과는 2개 이상 설치** [방호대상에 유효하게 분사될 수 있는 위치에 배치될 수 있는 수량으로 설치]
2. 발전실·변전실·송전실·변압기실·배전반실·통신기기실·전산기기실 기타 이와 유사한 시설이 있는 장소(관리자의 출입이 곤란한 장소 제외)	해당 용도의 바닥면적 50 [m²]마다 적응성이 있는 소화기 1개 이상
3. 마그네슘 합금 칩을 저장 또는 취급하는 장소 〈시행 2024.7.25.〉	금속화재용 소화기(D급) 1개 이상을 금속재료로부터 보행거리 20 [m] 이내로 설치할 것

80 ★★★

제연설비의 화재안전성능기준에 따라 제연구역을 구획하려 한다. 거실의 바닥면적이 400 [m²], 통로의 바닥면적이 300 [m²]라고 할 때 제연구역의 최소 개수로 옳은 것은?

① 1개 ② 2개
③ 3개 ④ 4개

해설 제연설비의 제연구역 구획 기준

1) 하나의 제연구역 면적 : 1000 [m²] 이내
2) 거실과 통로(복도 포함)는 각각 제연구획할 것
3) 통로 상의 제연구역은 보행중심선의 길이가 60 [m]를 초과하지 않을 것
4) 하나의 제연구역은 직경 60 [m] 원 내에 들어갈 수 있을 것
5) 하나의 제연구역은 2 이상 층에 미치지 않도록 할 것

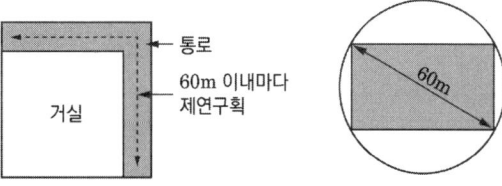

여기서,
① 거실과 통로는 각각 제연구획하고,
② 거실의 바닥면적(400 [m²])이 1000 [m²] 이내이고, 통로의 바닥면적(300 [m²])이 1000 [m²] 이내이므로 ∴ 제연구역의 최소 개수 = 2

정답 80 ②

격차를 뛰어넘어 압도적인 격차를 만들다

※ 소방기본법 내용 중 '문화재'라는 용어는 타법 개정(2024.5.7.)에 따라 '문화유산' 및 '국가유산'으로 변경·통일하였습니다. 학습에 참고바랍니다.

세부구성

| 1회 | 소방원론
        소방유체역학
        소방관계법규
        소방기계시설의 구조 및 원리
| 2회 | 소방원론
        소방유체역학
        소방관계법규
        소방기계시설의 구조 및 원리
| 4회 | 소방원론
        소방유체역학
        소방관계법규
        소방기계시설의 구조 및 원리

2022년 1회 소방원론

01 ★★★

정전기화재 사고의 예방대책으로 틀린 것은?

① 제전기를 설치한다.
② 공기를 되도록 건조하게 유지시킨다.
③ 접지를 한다.
④ 공기를 이온화한다.

해설 정전기 방지 대책

1) 배관 내 유속을 제한한다(1 [m/s] 이하).
2) 접지 및 본딩을 한다.
3) **상대습도 70 [%] 이상을 유지한다.**
4) 대전 방지제 사용한다.
5) 공기를 이온화한다.
6) 제전기(제진기)를 사용한다.

02 ★★★

위험물안전관리법령상 위험물의 유별 성질에 관한 연결 중 틀린 것은?

① 제2류 위험물 : 가연성 고체
② 제4류 위험물 : 인화성 액체
③ 제5류 위험물 : 자기반응성 물질
④ 제6류 위험물 : 산화성 고체

해설 위험물의 분류

구분	개요
제1류	**산**화성 고체
제2류	**가**연성 고체
제3류	**자**연발화성 및 금수성 물질
제4류	**인**화성 액체
제5류	**자**기반응성 물질
제6류	**산**화성 액체

암기 산가자 인자산

03 ★★

전기시설물에 적응성이 없는 소화방식은?

① 이산화탄소에 의한 소화
② 할론 1301에 의한 소화
③ 마른 모래에 의한 소화
④ 물분무에 의한 소화

해설 전기화재에 적응성이 있는 소화방식

1) <u>이산화탄소에 의한 소화</u>
2) <u>할론소화약제에 의한 소화</u>
3) 할로겐화합물 및 불활성기체소화약제에 의한 소화
4) 분말소화약제에 의한 소화
5) <u>물분무·미분무에 의한 소화</u>
6) 고체에어로졸화합물에 의한 소화

보충 마른 모래, 팽창질석, 팽창진주암은 전기화재에 적응성이 없다.

정답 01 ② 02 ④ 03 ③

04 ★★★

연소의 3요소에 해당되지 않는 것은?

① 촉매
② 산소
③ 가연물
④ 점화원

해설 연소의 3요소, 4요소

연소의 3요소	연소의 4요소
• **가연물** • **산소공급원** • **점화원**	• 가연물 • 산소공급원 • 점화원 • 연쇄반응

암기 연소의 3요소 : 가산점

05 ★★★

열전달에 대한 설명으로 틀린 것은?

① 전도에 의한 열전달은 물질 표면을 보온하여 완전히 막을 수 있다.
② 대류는 밀도 차이에 의해 열이 전달된다.
③ 진공 속에서도 복사에 의한 열전달이 가능하다.
④ 화재 시의 열전달은 전도, 대류, 복사가 모두 관여된다.

해설 열전달

① 전도에 의한 열전달은 물질 표면을 <u>보온하여도</u> 완전히 <u>막을 수 없다</u>.

분류	개념
전도	고온체와 저온체의 직접적인 접촉에 의해 열 이동 (온도 차에 의해 열 전달)
대류	유체의 흐름에 의해 열 이동 (밀도 차에 의해 열 전달)
복사	열전달 매질 없이 전자파 형태로 열 이동 (진공 속에서도 복사에 의한 열전달 가능)

암기 전대복

06 ★★★

기체 상태의 Halon 1301은 공기보다 약 몇 배 무거운가? (단, 공기의 평균분자량은 28.84 이다)

① 4.05배
② 5.17배
③ 6.12배
④ 7.01배

해설 증기비중

$$증기비중 = \frac{기체의 분자량}{공기의 평균 분자량}$$

증기비중 $= \dfrac{149(할론 1301 분자량)}{28.84} ≒ 5.17$배

※ 참고 〈공기에 대한 가스의 무게비〉

증기비중	공기에 대한 무게
증기비중 > 1	공기보다 무거움
증기비중 < 1	공기보다 가벼움

보충 할론 1301(CF_3Br)의 분자량 : 149
원자량(C : 12, F : 19, Br : 80)

07 ★★★

다음 중 인화점이 가장 낮은 것은?

① 경유
② 메틸알코올
③ 이황화탄소
④ 등유

정답 04 ① 05 ① 06 ② 07 ③

해설 인화점

물질	인화점 [℃]
다이에틸에터(디에틸에테르)	-45
가솔린(휘발유)	-43
산화프로필렌	-37
이황화탄소	**-30**
아세톤	-18
메틸알코올	11
에틸알코올	13
등유	39
경유	41

☆암기 인가산이아 / 메에 / 등경

해설 가연물이 연소가 잘 되기 위한 구비조건

1) 활성화에너지가 작을 것 (-)
2) 열전도율이 작을 것 (-)
3) 산소와 접촉하는 표면적이 넓을 것 (+)
4) 발열량이 클 것 (+)
5) 산소와 친화력이 클 것 (+)
6) 연쇄반응을 일으킬 것 (+)

TIP 활성화에너지, 열전도율 (-)

08 ★★★

물의 비열과 증발잠열을 이용한 소화효과는?

① 희석효과
② 억제효과
③ 냉각효과
④ 질식효과

해설 물의 소화효과

효과	설명
냉각효과	증발(기화) 잠열에 의한 열 흡수
질식효과	기화 시 체적이 약 1650배(1600 ~ 1700배) 증가하여 주변 산소농도 낮춤
유화효과	에멀젼 형성, 가연성혼합기 생성 억제
희석효과	분해가스나 증기의 농도 낮춤

09 ★★★

가연물이 되기 위한 조건이 아닌 것은?

① 산화되기 쉬울 것
② 산소와의 친화력이 클 것
③ 활성화에너지가 클 것
④ 열전도도가 작을 것

10 ★★★

분말소화약제 중 A, B, C급의 화재에 모두 사용할 수 있는 것은?

① 제1종 분말소화약제
② 제2종 분말소화약제
③ 제3종 분말소화약제
④ 제4종 분말소화약제

해설 분말소화약제

종별	소화약제	약제색	적응화재
1종	탄산수소나트륨 ($NaHCO_3$)	**백**색	BC급
2종	탄산수소칼륨 ($KHCO_3$)	**담자**색 (담회색)	BC급
3종	제1인산암모늄 ($NH_4H_2PO_4$)	**담홍**색	ABC급
4종	탄산수소칼륨 + 요소 ($KHCO_3+(NH_2)_2CO$)	**회**(백)색	BC급

☆암기 백담사 홍어회

11 ★★★

피난대책의 일반적인 원칙으로 틀린 것은?

① 피난경로는 간단명료하게 한다.
② 피난설비는 고정식 설비보다 이동식 설비를 위주로 설치한다.
③ 피난수단은 원시적 방법에 의한 것을 원칙으로 한다.
④ 2방향 피난통로를 확보한다.

> **해설** 피난대책 일반 원칙

피난 대책은 Fail - Safe와 Fool - Proof 원칙에 따른다.

1) Fail - Safe
    (1) 하나의 수단이 고장으로 실패하여도 다른 수단을 이용할 수 있도록 할 것
    (2) 양방향 피난경로를 상시 확보해 둘 것
    (3) 부분화, 다중화할 것
2) Fool - Proof
    (1) 피난수단은 조작이 간편한 원시적 방법으로 할 것
    (2) 비상시 판단능력 저하를 대비하여 누구나 알 수 있도록 간단한 그림이나 색채를 이용하여 표시할 것
    (3) <u>피난설비는 고정식 설비로 설치할 것</u>
    (4) 피난경로는 간단명료하게 할 것

12 ★★★

건물화재에서 플래시 오버(Flash Over)에 관한 설명으로 옳은 것은?

① 가연물이 착화되는 초기단계에서 발생한다.
② 화재 시 발생한 가연성 가스가 축적되다가 일순간에 화염이 실 전체로 확대되는 현상을 말한다.
③ 소화활동이 끝난 단계에서 발생한다.
④ 화재 시 모두 연소하여 자연 진화된 상태를 말한다.

> **해설** 실내화재 발생현상

1) 플래시 오버
    (1) <u>온도가 급격히 상승하여 화재가 순간적으로 실내 전체에 확산되는 현상</u>
    (2) 발생 시기 : 성장기 ~ 최성기 직전
2) 백 드래프트
    (1) 훈소상태 때 신선한 공기 유입으로 실내의 축적된 가스가 단시간 연소, 폭발하여 실외로 분출
    (2) 발생시기 : 감쇠기(최성기 이후)

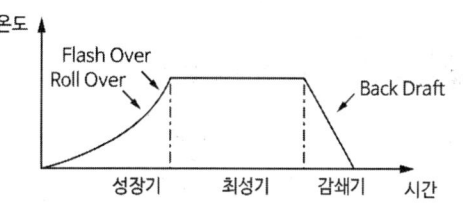

13 ★★★

상태의 변화 없이 물질의 온도를 변화시키기 위해서 가해진 열을 무엇이라 하는가?

① 현열
② 잠열
③ 기화열
④ 융해열

정답 11 ② 12 ② 13 ①

해설 열 종류

종류	설명
현열	상태 변화 없이 물질의 온도 변화에 사용되는 열
잠열	온도 변화 없이 물질의 상태 변화에 사용되는 열 ① 기화열 : 액체에서 기체로 변화시키기 위해 공급해야 하는 열량 ② 융해열 : 고체에서 액체로 변화시키기 위해 공급해야 하는 열량

※ 참고 – 물분자의 극성 공유결합과 수소결합

물 분자(H_2O)는 산소(O) 원자 1개와 수소(H) 원자 2개가 공유결합을 이루고 있다. 이때 산소 원자와 수소 원자는 전자를 1개씩 내어서 전자쌍을 만들고 이를 공유하지만, 전자쌍은 전기음성도가 더 큰 산소 원자 쪽에 가깝게 위치하여 산소 원자는 부분적인 음전하(−)를 띠고, 수소 원자는 부분적인 양전하(+)를 띠게 된다(극성 공유결합). 따라서 극성을 띤 물 분자끼리는 전기적 인력에 의한 수소 결합을 하게 되며 강한 응집력을 갖게 된다.

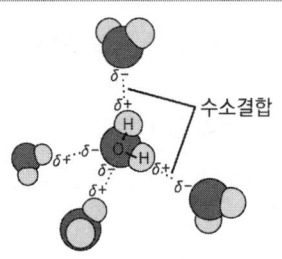

[물분자의 수소결합]

14 ★★★

물이 다른 액상의 소화약제에 비해 비점이 높은 이유로 옳은 것은?

① 물은 배위결합을 하고 있다.
② 물은 이온결합을 하고 있다.
③ 물은 극성 공유결합을 하고 있다.
④ 물은 비극성 공유결합을 하고 있다.

해설 물의 물리·화학적 성질

구분	내용
물리적 성질	1) 상온에서 물은 무겁고 안정된 액체 2) 비열 : 1 [kcal/kg·℃] (= 4.18 [kJ/kg·K]) 3) 잠열 　① 융해잠열 　　80 [kcal/kg] (= 334 [kJ/kg]) 　② 증발잠열 　　539.6 [kcal/kg] (= 2257 [kJ/kg]) 4) 비열, 잠열이 크므로 냉각소화효과가 큼 5) 표면장력이 큼 6) 증발 시 체적 약 1650배(1600 ~ 1700배) 증가
화학적 성질	물 분자(H_2O)는 산소(O) 원자 1개와 수소(H) 원자 2개가 **극성 공유결합**을 이루고, 물분자 사이에 **수소결합**을 이루고 있음

15 ★★★

햇빛에 장시간 노출된 기름 걸레가 자연발화한 경우 그 원인으로 옳은 것은?

① 산소의 결핍　　② 산화열 축적
③ 단열압축　　　④ 정전기 발생

해설 자연발화의 원인

분류	개념	종류
산화열	가연물이 산소와 결합하여 발생	불포화 섬유지, 석탄, 기름걸레
분해열	물질이 분해하며 열축적 의해 발화	셀룰로이드, 아세틸렌
흡착열	흡착 시 발생하는 열	활성탄, 목탄
중합열	중합반응에 의한 열 (분해열과 반대)	액화 시안화수소
발효열	미생물에 의해 발효되면서 발생	먼지, 퇴비

16 ★★★

건축물 내부 화재 시 연기의 평균 수평이동 속도는 약 몇 [m/s]인가?

① 0.01 ~ 0.05 ② 0.5 ~ 1
③ 10 ~ 15 ④ 20 ~ 30

📚 **해설** 연기의 유동속도

이동방향	이동속도 [m/s]
수평 방향	0.5 ~ 1.0
수직 방향	2 ~ 3
계단실 내의 수직 이동속도	3 ~ 5

🔖 **암기** 평점오일 직이삼

17 ★★★

가연성 기체의 일반적인 연소범위에 관한 설명으로서 옳지 못한 것은?

① 연소범위에는 상한과 하한이 있다.
② 연소범위의 값은 공기와 혼합된 가연성 기체의 체적 농도로 표시된다.
③ 연소범위의 값은 압력과 무관하다.
④ 연소범위는 가연성 기체의 종류에 따라 다른 값을 갖는다.

📚 **해설** 연소범위

1) 연소범위에는 상한계(UFL)와 하한계(LFL)가 존재한다.
2) 연소범위의 상한계(UFL)가 높을수록, 하한계(LFL)가 낮을수록 위험성이 크다.
3) 연소범위가 넓을수록 위험성이 크다.
4) 연소범위의 값은 혼합가스의 체적농도이다.
5) 온도와 농도가 높을수록 연소범위는 넓어진다 (단, CO, H는 좁아진다).
6) <u>압력 상승 시 연소 범위는 넓어진다.</u>
7) 불활성기체를 첨가할수록 연소범위는 좁아진다.
8) 가연성 기체의 종류에 따라 다른 값 가진다.

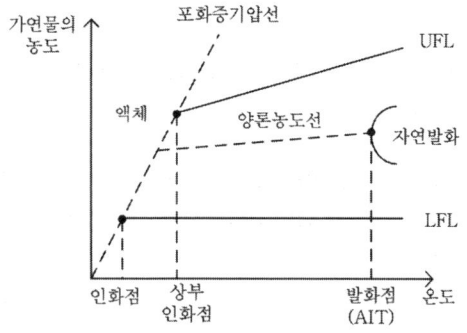

💡 **보충** 연소범위는 주위온도와 관계없다.

18 ★★★

물과 접촉하면 발열하면서 수소 기체를 발생하는 것은?

① 과산화수소 ② 나트륨
③ 황린 ④ 아세톤

📚 **해설** 금수성 물질

물과 접촉하여 발화, 가연성 가스 발생

구분	현상
무기과산화물	산소(O_2) 발생
금속분 마그네슘(Mg) **나트륨(Na)** 칼륨(K) 리튬(Li)	**수소(H_2)**
탄화칼슘 (칼슘카바이드)	아세틸렌(C_2H_2) 발생

정답 16 ② 17 ③ 18 ②

19 ★★★

감광계수에 따른 가시거리 및 상황에 대한 설명으로 틀린 것은?

① 감광계수 0.1 [m^{-1}]는 연기감지기가 작동할 정도의 연기농도이고, 가시거리는 20 ~ 30 [m]이다.
② 감광계수 0.5 [m^{-1}]는 거의 앞이 보이지 않을 정도의 농도이고, 가시거리는 1 ~ 2 [m]이다.
③ 감광계수 10 [m^{-1}]는 화재최성기 때의 연기농도를 나타낸다.
④ 감광계수 30 [m^{-1}]는 출화실에서 연기가 분출할 때의 농도이다.

해설 감광계수

감광계수[m^{-1}]	가시거리[m]	내용
0.1	20 ~ 30	연기감지기 작동할 때
0.3	5	건물에 익숙한 사람이 피난에 지장을 느낄 때
0.5	3	어두움을 느낄 때
1	1 ~ 2	거의 앞이 보이지 않음
10	0.2 ~ 0.5	최성기 때 연기농도
30	-	출화실에서 연기 분출

보충 감광계수 : 빛이 감소되는 계수, 연기농도를 나타내는 척도

TIP 감광계수와 가시거리는 반비례한다.

20 ★ 난이도 상

25 [℃]에서 증기압이 100 [mmHg]이고 증기밀도(비중)가 2인 인화성액체의 증기 – 공기밀도는 약 얼마인가? (단, 전압은 760 [mmHg]로 한다)

① 1.13   ② 2.13
③ 3.13   ④ 4.13

해설 증기 – 공기밀도

$$증기 - 공기밀도 = \frac{P_2 d}{P_1} + \frac{P_1 - P_2}{P_1}$$

$$증기 - 공기밀도 = \frac{P_2 d}{P_1} + \frac{P_1 - P_2}{P_1}$$
$$= \frac{100 \times 2}{760} + \frac{760 - 100}{760}$$
$$≒ 1.13$$

P_1 : 대기압 [mmHg]
P_2 : 주변온도에서의 증기압 [mmHg]
d : 증기밀도

정답 19 ② 20 ①

소방유체역학

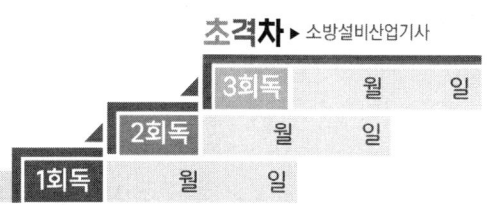

21 ★★

단면적이 변하는 수평 원관 내부를 밀도가 1000 [kg/m³]인 유체가 흐르고 있다. 안지름이 300 [mm]인 곳과 100 [mm]인 곳의 압력차가 14.7 [kPa]일 때 유량은 약 몇 [m³/s]인가? (단, 유량계수 C_v = 0.7이고 손실은 무시한다)

① 0.03
② 0.3
③ 3
④ 30

해설 베르누이 방정식 응용

베르누이 방정식 $\dfrac{P_1}{\gamma}+\dfrac{V_1^2}{2g}+Z_1=\dfrac{P_2}{\gamma}+\dfrac{V_2^2}{2g}+Z_2$

여기서, P_1, P_2 : 압력 [kPa]
γ : 비중량 [kN/m³]
V_1, V_2 : 유속 [m/s]
g : 중력가속도 [m/s²]
Z_1, Z_2 : 위치수두 [m]

1) $\dfrac{P_1}{\gamma}+\dfrac{V_1^2}{2g}+Z_1=\dfrac{P_2}{\gamma}+\dfrac{V_2^2}{2g}+Z_2$

여기서, $Z_1 = Z_2$ 이므로

$\dfrac{P_1-P_2}{\gamma}=\dfrac{V_2^2-V_1^2}{2g}$

2) $Q_1 = Q_2$
$A_1 V_1 = A_2 V_2$
$\dfrac{\pi}{4}0.3^2 V_1 = \dfrac{\pi}{4}0.1^2 V_2$
$9 V_1 = V_2$

3) $\dfrac{P_1-P_2}{\gamma}=\dfrac{V_2^2-V_1^2}{2g}$

여기서 $P_1 - P_2 = 14.7 \,[kPa]$, $V_2 = 9V_1$ 이므로

$\dfrac{14.7}{9.8}=\dfrac{(9V_1)^2-V_1^2}{2\times 9.8}$

$\dfrac{14.7}{9.8}=\dfrac{81V_1^2-V_1^2}{2\times 9.8}$

∴ $V_1 = 0.606 \,[m/s]$

4) 유량 $Q = C_v A_1 V_1$
$= 0.7 \times \dfrac{\pi}{4} 0.3^2 [m^2] \times 0.606 [m/s]$
$= 0.030 [m^3/s]$

22 ★★★

부력에 대한 다음 설명 중 틀린 것은?

① 유체 내에 잠긴 물체는 물체가 배제하는 유체의 무게가 동일한 수직부력을 받는다.
② 떠 있는 물체는 물체의 무게와 동일한 무게의 유체를 배제한다.
③ 유체 내에 잠긴 물체의 부력은 유체의 비중량 × 물체의 체적과 같다.
④ 떠 있는 물체의 부력은 물체의 비중량 × 배제된 체적으로 계산할 수 있다.

해설 부력

부력이란 정지유체 중에서 잠겨있거나 떠 있는 물체가 유체로부터 받는 수직상방향의 힘을 말한다.
유체 내에 잠겨있는 물체에 작용하는 부력은 그 물체에 의해 배제된 유체 무게와 같다.

1) 물체가 떠 있는 경우
$F_B = W$
$F_B = \gamma_{물체} \times V_{물체전체체적} = \gamma_{유체} \times V_{잠긴체적}$

⇒ 떠 있는 물체의 부력은 물체의 비중량 × 물체의 체적으로 계산할 수 있다.

정답 21 ① 22 ④

2) 물체가 잠긴 경우

$$F_B = \gamma_{유체} \times V_{물체전체체적}$$
$$= W_{공기중} - W_{물속}$$

F_B : 부력
W : 물체의 무게
$W_{공기중}$: 공기 중에서 물체의 무게
$W_{물속}$: 물속에서 물체의 무게

23 ★★★

그림과 같은 수조에 0.3 [m] × 1.0 [m] 크기의 사각 수문을 통하여 유출되는 유량은 몇 [m³/s]인가? (단, 마찰손실은 무시하고 수조의 크기는 매우 크다고 가정한다)

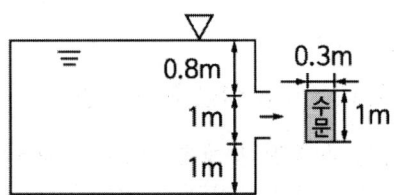

① 1.3
② 1.5
③ 1.7
④ 1.9

해설 수문을 유출하는 유량

토리첼리 공식 $V = \sqrt{2gh}$

1) 유속 $V = \sqrt{2 \times 9.8 \times (0.8 + 0.5)}$
   $= 5.05 [m/s]$
2) 단면적 $A = 0.3 \times 1 = 0.3 [m^2]$
3) 유량 $Q = AV = 0.3 \times 5.05 = 1.515 [m^3/s]$

보충 h는 수조의 액면으로부터 '수문 중심'까지 거리임을 유의한다.

24 ★★★

표면적이 2 [m²]이고 표면 온도가 60 [℃]인 고체 표면을 20 [℃]의 공기로 대류 열전달에 의해서 냉각한다. 평균 대류 열전달계수가 30 [W/m² · K]라고 할 때 고체 표면의 열손실은 몇 [W]인가?

① 600
② 1200
③ 2400
④ 3600

해설 대류 열전달

대류열량 $\dot{Q}[W] = hA \triangle T = hA(T_2 - T_1)$
여기서, h : 대류열전달계수 [W/m² · K]
A : 면적 [m²]
$\triangle T$: 온도차 [K]

1) 온도차 $\triangle T$
   $\triangle T = (333 - 293)[K] = 40[K]$
2) 대류 열손실
   $\dot{Q} = hA \triangle T$
   $= 30[W/m^2 \cdot K] \times 2[m^2] \times 40[K]$
   $= 2400[W]$

25 ★★★

원형관 층류 유동일 때 관 마찰계수는?

① 언제나 레이놀즈의 함수이다.
② 마하수와 코시수의 함수이다.
③ 상대조도와 오일러수의 함수이다.
④ 레이놀즈 수와 상대조도의 함수이다.

해설 층류 유동 시 관 마찰계수 f

층류 유동 시 관 마찰계수 : 레이놀즈 수만의 함수
$\left(f = \dfrac{64}{Re} \right)$

26 ★★★

그림에서 두 피스톤의 지름이 각각 30 [cm]와 5 [cm]이다. 큰 피스톤이 1 [cm] 아래로 움직이면 작은 피스톤은 위로 몇 [cm] 움직이는가?

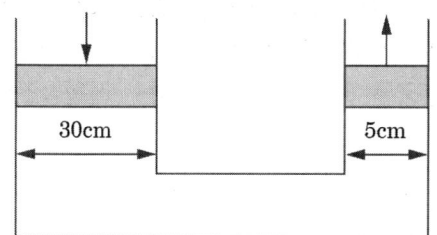

① 1 [cm]　② 5 [cm]
③ 30 [cm]　④ 36 [cm]

해설 파스칼의 원리

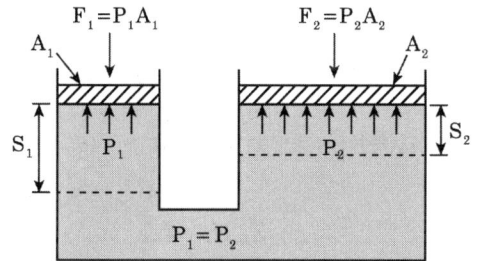

1) 각 피스톤의 이동거리를 S_1, S_2라고 하면, 각 실린더에서 유체의 이동량은 같아야 하므로 이동한 체적은 동일함

2) $A_1 S_1 = A_2 S_2$

$$S_2 = \frac{A_1}{A_2} S_1 = \frac{\frac{\pi}{4} d_1^2}{\frac{\pi}{4} d_2^2} S_1 = \frac{d_1^2}{d_2^2} S_1$$

$$= \frac{30^2}{5^2} \times 1 = 36 \, [cm]$$

S_1, S_2 : 피스톤이 움직인 거리 [cm]
A_1, A_2 : 피스톤의 면적 [cm²]

27 ★★★

아래 그림과 같은 반지름이 1 [m]이고, 폭이 3 [m]인 곡면의 수문 AB가 받는 수평분력은 약 몇 [N]인가?

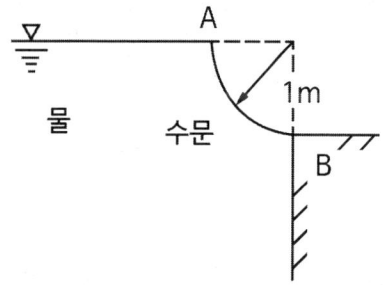

① 7350　② 14700
③ 23900　④ 29400

해설 수평분력

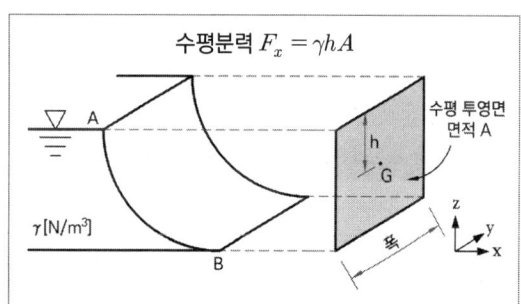

$F_x = \gamma h A$

$= 9800 [N/m^3] \times \frac{1}{2} [m] \times (3 \times 1) [m^2]$

$= 14700 \, [N]$

F_x : 수평분력 [N]
γ : 비중량 [N/m³]
h : 투영면의 도심점까지 높이 [m]
A : 투영면적 [m²]

정답 26 ④　27 ②

28 ★

공기 10 [kg]과 수증기 1 [kg]이 혼합되어 10 [m³]의 용기 안에 들어 있다. 이 혼합 기체의 온도가 60 [℃]라면, 이 혼합 기체의 압력은 약 몇 [kPa]인가? (단, 수증기 및 공기의 기체상수는 각각 0.462 및 0.287 [kJ/kg·K]이고 수증기는 모두 기체 상태이다)

① 95.6 ② 111
③ 126 ④ 145

해설 혼합기체의 압력(이상기체상태방정식)

돌턴의 분압법칙에 의해 혼합기체의 전체 압력 P와 각 기체의 분압 P_1, P_2 사이에는 다음과 같은 관계식이 성립함

$$\text{돌턴의 분압법칙 } P = P_1 + P_2$$

1) 공기의 압력 P_1

이상기체상태방정식 $P_1 V = W_1 \overline{R_1} T$에서

$$P_1 = \frac{W_1 \overline{R_1} T}{V}$$

$$= \frac{10[kg] \times 0.287[kJ/kg \cdot K] \times (273+60)[K]}{10[m^3]}$$

$$= 95.57[kPa]$$

2) 수증기 압력 P_2

$$P_2 = \frac{W_2 \overline{R_2} T}{V}$$

$$= \frac{1[kg] \times 0.462[kJ/kg \cdot K] \times (273+60)[K]}{10[m^3]}$$

$$= 15.38[kPa]$$

3) 혼합기체의 압력 P

$$P = P_1 + P_2 = (95.57 + 15.38)[kPa]$$

$$= 111[kPa]$$

P : 절대압력 [kPa]
V : 부피 [m³], W : 기체의 질량 [kg]
$\overline{R}$: 특정기체상수 [kJ/kg·K]
T : 절대온도 [K] (273 + [℃])

29 ★★★

하나의 잘 설계된 원심 펌프의 임펠러 직경이 10 [cm]이다. 똑같은 모양의 펌프를 임펠러 직경이 20 [cm]로 만들었을 때, 유량계수를 같게 하고 10 [cm]에서와 같은 회전수에서 운전하면 새로운 펌프의 설계점 성능 특성 중 수두 또는 양정은 몇 배가 되는가? (단, 레이놀즈수의 영향은 무시한다)

① 동일 ② 2배
③ 4배   ④ 8배

해설 펌프 상사법칙(축동력)

① 유량 $Q_2 = \left(\frac{N_2}{N_1}\right)^1 \times \left(\frac{D_2}{D_1}\right)^3 \times Q_1$

② 양정 $H_2 = \left(\frac{N_2}{N_1}\right)^2 \times \left(\frac{D_2}{D_1}\right)^2 \times H_1$

③ 동력 $L_2 = \left(\frac{N_2}{N_1}\right)^3 \times \left(\frac{D_2}{D_1}\right)^5 \times L_1$

여기서, Q_1, Q_2 : 유량
H_1, H_2 : 양정, L_1, L_2 : 동력
N_1, N_2 : 임펠러의 회전수
D_1, D_2 : 임펠러의 직경

$$H_2 = \left(\frac{D_2}{D_1}\right)^2 \times H_1 = \left(\frac{20}{10}\right)^2 \times H_1$$

$$\therefore H_2 = 4 \times H_1$$

30 ★★★

파이프 속을 흐르는 유체의 압력을 측정하기 위한 계기가 아닌 것은?

① 부르돈 압력계 ② 마노미터
③ 위어   ④ 피에조미터

해설 유체의 측정

구분	측정기기
유량	벤추리미터, 오리피스, 로터미터, **위어**, 노즐
압력 (정압)	**피에조미터**, 정압관, **부르돈(관) 압력계, 마노미터**
유속 (동압)	피토관, 피토정압관, 시차액주계, 열선풍속계

31 ★★★

수조에서 지름 80 [mm]인 배관으로 20 [℃] 물이 0.95 [m³/min]의 유량으로 유입될 때, 5 [m]의 부차적 손실이 발생하였다. 이때의 부차적 손실계수는? (단, 중력가속도 g = 9.8 [m/s²]이다)

① 9.0 ② 9.4
③ 9.9 ④ 10.2

해설 부차적 손실계수

부차적 손실수두 $h_L = K\dfrac{V^2}{2g}$

여기서, h_L : 부차적 손실수두 [m]
K : 손실계수
V : 유속 [m/s]
g : 중력가속도 [m/s²]

1) 유속 V

$$V = \dfrac{Q}{A} = \dfrac{\dfrac{0.95}{60}[m^3/s]}{\dfrac{\pi}{4}0.08^2[m^2]} = 3.15 [m/s]$$

2) 부차적 손실계수 K

$h_L = K\dfrac{V^2}{2g}$

$5 = K \times \dfrac{3.15^2}{2 \times 9.8}$

$\therefore K = 9.88$

32 ★★

그림과 같이 수평면으로부터 30° 기울어진 3 [m] × 6 [m]의 직사각형 수문이 수면으로부터 4 [m] 아래에 위치하고 있다. 수문에 작용하는 힘은 약 몇 [kN]인가? (단, 유체는 물이다)

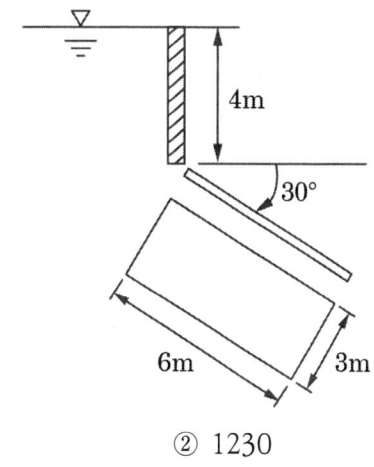

① 970 ② 1230
③ 1530 ④ 1770

해설 수문에 작용하는 힘

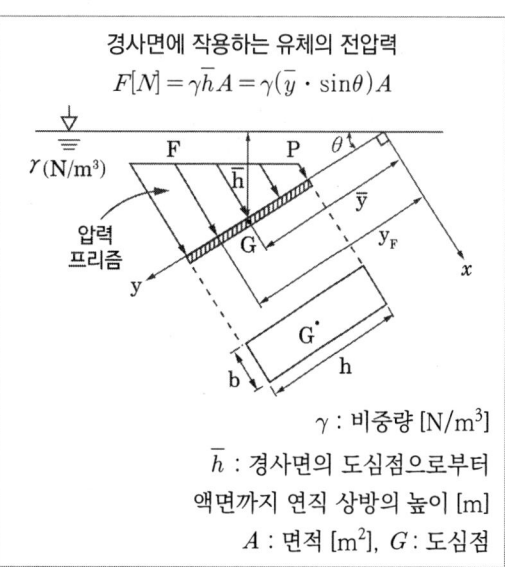

경사면에 작용하는 유체의 전압력
$F[N] = \gamma \bar{h} A = \gamma(\bar{y} \cdot \sin\theta) A$

γ : 비중량 [N/m³]
$\bar{h}$: 경사면의 도심점으로부터 액면까지 연직 상방의 높이 [m]
A : 면적 [m²], G : 도심점

$F = \gamma \bar{h} A$

1) $\bar{h} = 4 + 3\sin30 = 5.5 [m]$

2) $F = \gamma \bar{h} A$
 $= 9.8[kN/m^3] \times 5.5[m] \times (6 \times 3)[m^2]$
 $= 970.2 [kN]$

정답 31 ③ 32 ①

33 ★★★

펌프의 양정 가운데 실양정(Actual Head)을 가장 적합하게 설명한 것은?

① 펌프의 중심선으로부터 흡입 액면까지의 수직 높이
② 흡입 액면에서 송출 액면까지의 수직 높이
③ 펌프의 중심선으로부터 송출 액면까지의 수직 높이
④ 흡입 액면에서 송출 액면까지의 마찰 손실 수두

해설 실양정

실양정이란 흡입 액면에서 송출 액면까지의 수직 높이이다.

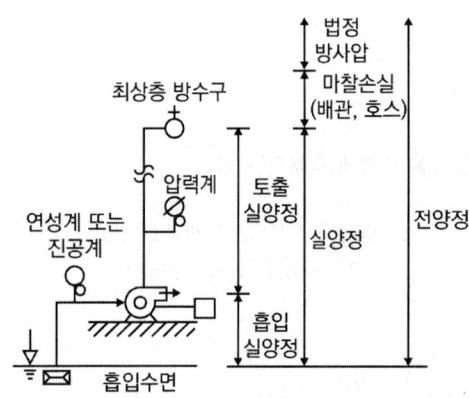

34 ★

그림과 같이 직각으로 구부러진 고정 날개에 밀도 ρ인 물분류가 충돌하여 수직 방향으로 분출되고 있다. 분류의 속도는 V, 유량은 Q일 때 고정 날개가 받는 충격력의 크기는?

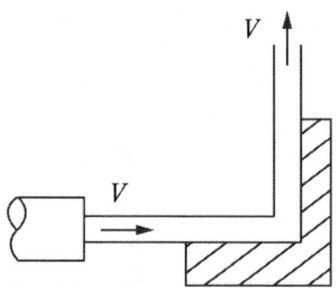

① $\frac{1}{\sqrt{2}}\rho QV$
② $\sqrt{2}\rho QV$
③ $2\rho QV$
④ $2\sqrt{2}\rho QV$

해설 고정날개에 작용하는 힘

힘의 x성분 $F_x = \rho QV(1-\cos\theta)$
힘의 y성분 $F_y = \rho QV\sin\theta$

1) 힘의 x성분 $F_x = \rho QV(1-\cos\theta)$
$= \rho QV(1-\cos 90) = \rho QV$

2) 힘의 y성분 $F_y = \rho QV\sin\theta$
$= \rho QV\sin 90 = \rho QV$

3) 힘의 합력 $= \sqrt{(\rho QV)^2+(\rho QV)^2} = \sqrt{2}\rho QV$

ρ : 밀도 (물의 밀도 1000 $[kg/m^3,\ N\cdot s^2/m^4]$)
Q : 유량$[m^3/s]$, V : 유속 $[m/s]$

정답 33 ② 34 ②

35 ★★★

그림에서 각 높이는 $h_1 = 60$ [cm], $h_2 = 30$ [cm], $h_3 = 120$ [cm]이고, 각각의 비중은 $S_1 = 1$, $S_2 = 0.65$, $S_3 = 0.8$일 때 $P_B - P_A$의 압력차를 물의 수두로 표시하면 몇 [m]인가?

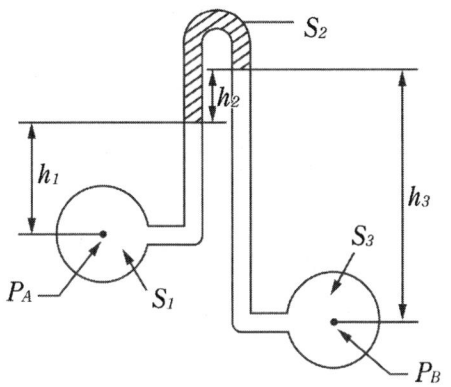

① 0.555 ② 0.750
③ 0.165 ④ 1.65

해설 역 U자관 액주계 압력차

1) $P_B - P_A$의 압력차

$P_A - \gamma_1 h_1 - \gamma_2 h_2 = P_B - \gamma_3 h_3$

$P_B - P_A = \gamma_3 h_3 - \gamma_1 h_1 - \gamma_2 h_2$
$= S_3 \gamma_w h_3 - S_1 \gamma_w h_1 - S_2 \gamma_w h_2$
$= \gamma_w (S_3 h_3 - S_1 h_1 - S_2 h_2)$
$= 9.8(0.8 \times 1.2 - 1 \times 0.6 - 0.65 \times 0.3)$
$= 1.617 [kPa]$

2) 단위환산([kPa] → [m])

$1.617 [kPa] \times \dfrac{10.332 [m]}{101.325 [kPa]} = 0.165 [m]$

보충 $\gamma = S \times \gamma_w$, $\rho = S \times \rho_w$

36 ★★★

직경이 150 [mm]인 옥내소화전 배관으로 소화용수가 유량 3 [m³/min]로 흐를 때 소화배관의 길이 30 [m]에서 발생하는 관마찰 손실수두는 약 몇 [m]인가? (단, 관 마찰계수는 0.01이다)

① 0.51 ② 0.82
③ 3.1 ④ 30.1

해설 손실수두(달시 바이스바하 식)

손실수두 $H_L [m] = f \times \dfrac{L}{D} \times \dfrac{V^2}{2g}$

여기서, f : 관 마찰계수
L : 배관의 길이 [m]
D : 관경 [m]
V : 유속 [m/s]
g : 중력가속도 [m/s²]

1) 유속 V

$V = \dfrac{Q}{A} = \dfrac{\dfrac{3}{60}[m^3/s]}{\dfrac{\pi}{4} \times 0.15^2 [m^2]} = 2.83 [m/s]$

2) 손실수두 H_L

$H_L = f \dfrac{L}{D} \dfrac{V^2}{2g}$
$= 0.01 \times \dfrac{30}{0.15} \times \dfrac{2.83^2}{2 \times 9.8} = 0.817 [m]$

37 ★★★

표준대기압하에서 온도가 20 [℃]인 공기의 밀도 [kg/m³]는? (단, 공기의 기체상수는 287 [J/kg·K]이다)

① 0.012 ② 1.2
③ 17.6 ④ 1000

해설 기체의 밀도(이상기체상태방정식)

이상기체상태방정식 $PV = nRT = \frac{W}{M}RT = W\overline{R}T$

$PV = W\overline{R}T \rightarrow \frac{W}{V} = \frac{P}{\overline{R}T}$

밀도 $\rho = \frac{P}{\overline{R}T} = \frac{101325\,[Pa]}{287\,[J/kg \cdot K] \times (273+20)\,[K]}$

$= 1.2\,[kg/m^3]$

P : 절대압력 [kPa]
V : 부피 [m³]
W : 기체의 질량 [kg]
$\overline{R}$: 특정기체상수 [kJ/kg·K]
T : 절대온도 [K] (273 + [℃])

38 ★★★

부차적 손실계수가 4인 밸브를 관 마찰계수가 0.035이고, 관지름이 3 [cm]인 관으로 환산한다면 관의 상당길이는 약 몇 [m]인가?

① 2.57 ② 3.05
③ 3.43 ④ 3.95

해설 배관의 상당(등가)길이

등가길이 $L_e = \frac{KD}{f} = \frac{4 \times 0.03\,[m]}{0.035}$

$= 3.428\,[m]$

보충 상당길이(등가길이) : 관 부속물에 유체가 흐를 때 발생되는 마찰 손실과 같은 크기의 마찰 손실을 가지는 동일 구경의 직관의 길이

39 ★★★

다음 그림과 같은 탱크에 물이 들어 있다. A - B면(5 [m] × 3 [m])에 작용하는 힘은 약 몇 [kN]인가?

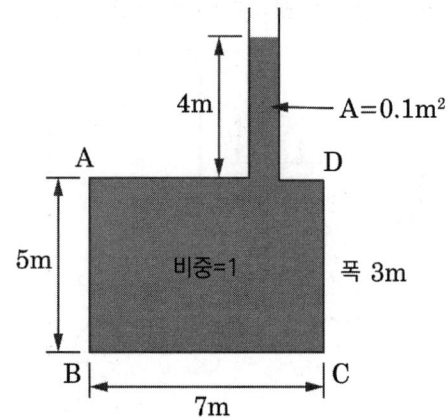

① 0.95 ② 10.5
③ 95.5 ④ 955

해설 유체가 탱크 옆면에 작용하는 힘

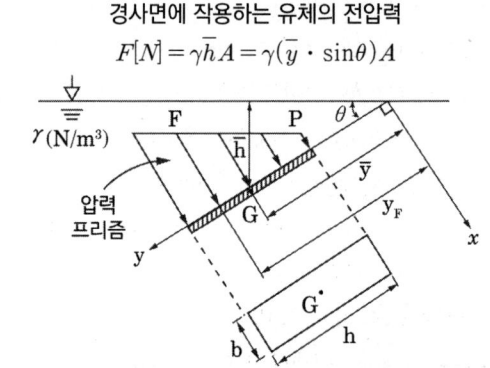

경사면에 작용하는 유체의 전압력
$F[N] = \gamma \overline{h} A = \gamma(\overline{y} \cdot \sin\theta) A$

γ : 비중량 [N/m³]
$\overline{h}$: 경사면의 도심점으로부터 액면까지 연직 상방의 높이 [m]
A : 면적 [m²], G : 도심점
※ 여기서, 탱크 옆면에 작용하는 힘은 경사각이 90°인 경사면에 작용하는 유체의 전압력으로 본다.
(만약 경사각이 90°라면 $\gamma \overline{h} A = \gamma \overline{y} A$)

$$F = \gamma \bar{h} A$$
$$= 9.8[kN/m^3] \times \left(4 + \frac{5}{2}\right)[m] \times (5 \times 3)[m^2]$$
$$= 955.5[kN]$$

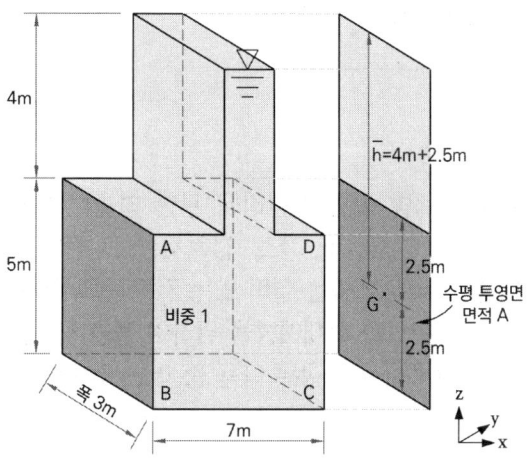

40 ★★★

효율이 75 [%]인 원심 펌프가 양정 20 [m], 유량 0.1 [m³/s]의 물을 송출하기 위한 축동력은 약 몇 [kW]인가?

① 16 ② 20
③ 26 ④ 40

해설 축동력 계산

> 축동력 $P[kW] = \dfrac{\gamma[kN/m^3] \times Q[m^3/s] \times H[m]}{\eta}$
> 여기서, γ : 물의 비중량 [9.8 kN/m³]
> Q : 유량 [m³/s]
> H : 전양정 [m], η : 효율

$$P = \frac{\gamma Q H}{\eta}$$
$$= \frac{9.8[kN/m^3] \times 0.1[m^3/s] \times 20[m]}{0.75} = 26.13[kW]$$

정답 40 ③

2022년 1회 소방관계법규

41 ★★★
소방기본법령상 소방신호의 종류가 아닌 것은?

① 발화신호
② 해제신호
③ 훈련신호
④ 소화신호

해설 소방신호

1) 종류
  (1) 경계신호 : 화재예방상 필요하다고 인정되거나 화재위험경보 시 발령
  (2) 발화신호 : 화재가 발생한 때 발령
  (3) 해제신호 : 소화활동이 필요 없다고 인정되는 때 발령
  (4) 훈련신호 : 훈련상 필요하다고 인정되는 때 발령

2) 방법

종별	타종신호	사이렌신호
경계신호	1타, 연2타 반복	5초 간격 30초씩 3회
발화신호	난타	5초 간격 5초씩 3회
해제신호	상당한 간격 1타씩 반복	1분간 1회
훈련신호	연 3타 반복	10초 간격 1분씩 3회

42 ★★
화재의 예방 및 안전관리에 관한 법률상 보일러, 난로, 건조설비, 가스·전기시설, 그 밖의 화재 발생 우려가 있는 설비 또는 기구 등의 위치·구조 및 관리와 화재예방을 위하여 불을 사용할 때 지켜야 하는 사항은 다음 중 어느 것으로 정하는가?

① 대통령령
② 총리령
③ 행정안전부령
④ 소방청훈령

해설 불을 사용하는 설비관리기준

• 제정 : 대통령령
1) 불꽃을 사용하는 용접·용단기구
2) 보일러
3) 난로
4) 건조설비 설치 시
5) 음식조리를 위해 설치하는 설비

43 ★★
소방기본법령상 시·도지사가 이웃하는 다른 시·도지사와 소방업무에 관하여 상호응원 협정을 체결하고자 하는 때에 포함되어야 할 사항이 아닌 것은?

① 소방신호방법의 통일
② 화재조사활동에 관한 사항
③ 응원출동 대상지역 및 규모
④ 출동대원 수당·식사 및 피복의 수선소요경비의 부담에 관한 사항

해설 소방업무 상호응원협정

1) 상호응원협정 체결 : 시·도지사
2) 소방활동에 관한 사항
   • 화재 경계·진압활동
   • 구조·구급업무 지원
   • 화재조사활동
3) 응원출동대상지역 및 규모
4) 소요경비 부담에 관한 사항
   • 출동대원 수당·식사 및 피복 수선
   • 소방장비 및 기구 정비와 연료 보급
5) 응원출동 요청방법
6) 응원출동훈련 및 평가

3) 관계인
   소방대상물의 소유자·관리자·점유자
4) 소방대
   화재 진압 및 화재, 재난·재해, 그 밖의 위급한 상황에서 구조·구급 활동
   (1) 소방공무원
   (2) 의무소방원
   (3) 의용소방대원

   암기 공무용

44 ★★★

소방기본법에 규정된 내용에 관한 설명으로 옳은 것은?

① 소방대상물에는 항해 중인 선박도 포함된다.
② 관계인이란 소방대상물의 관리자와 점유자를 제외한 실제 소유자를 말한다.
③ 소방대의 임무는 구조와 구급활동을 제외한 화재현장에서의 화재진압활동이다.
④ 의용소방대원과 의무소방원도 소방대의 구성원이다.

해설 소방용어 정의

1) 소방대상물
   (1) 건축물
   (2) 차량
   (3) 선박(항구에 매어 둔 것)
   (4) 산림, 그 밖의 인공구조물 또는 물건
2) 관계지역
   소방대상물이 있는 장소 및 그 이웃 지역으로 화재의 예방·경계·진압, 구조·구급 등의 활동에 필요한 지역

45 ★★★

소방기본법령상 상업지역에 소방용수시설 설치 시 소방대상물과의 수평거리 기준은 몇 [m] 이하인가?

① 100   ② 120
③ 140   ④ 160

해설 소방용수시설 수평거리

• 주거지역·상업지역·공업지역 : 100 [m] 이하
• 그 외의 지역 : 140 [m] 이하

46 ★★★

소방시설공사업법령상 소방공사감리를 실시함에 있어 용도와 구조에서 특별히 안전성과 보안성이 요구되는 소방대상물로서 소방시설물에 대한 감리를 감리업자가 아닌 자가 감리할 수 있는 장소는?

① 정보기관의 청사
② 교도소 등 교정 관련 시설
③ 국방 관계시설 설치장소
④ 원자력안전법에 따른 관계시설이 설치되는 장소

정답 44 ④ 45 ① 46 ④

해설 감리업자

1) 감리업자 업무
   (1) 소방시설등 설치계획표 적법성 검토
   (2) 소방시설등 설계도서 적합성 검토
   (3) 소방시설등 설계 변경 사항 적합성 검토
   (4) 소방용품 위치·규격 및 사용 자재 적합성 검토
   (5) 공사업자가 한 소방시설 시공이 설계도서와 화재안전기술기준에 맞는지 지도·감독
   (6) 완공된 소방시설등의 성능시험
   (7) 공사업자가 작성한 시공 상세도면 적합성 검토
   (8) 피난시설 및 방화시설 적법성 검토
   (9) 실내장식물의 불연화와 방염 물품의 적법성 검토

2) 감리업자가 아닌 자가 감리할 수 있는 보안성 등이 요구되는 소방대상물 시공 장소 : 「원자력안전법」에 따른 관계시설이 설치되는 장소

소방시설	기간
• 자동소화장치 • 옥내·외소화전설비 • 스프링클러·간이스프링클러설비 • 물분무등소화설비 • 자동화재탐지설비 • 상수도소화용수설비 • 소화활동설비(무선통신보조설비 제외)	3년

★암기 이년 피비무

47 ★★★

다음 소방시설 중 소방시설공사업법령상 하자보수 보증기간이 3년이 아닌 것은?

① 비상방송설비
② 옥내소화전설비
③ 자동화재탐지설비
④ 물분무등소화설비

해설 소방시설 하자보수 보증기간

소방시설	기간
• **피**난기구·유도등·유도표지 • **비**상경보설비 • **비**상조명등 • **비**상방송설비 • **무**선통신보조설비	2년

48 ★

위험물안전관리법령상 제3류 위험물에 해당되지 않는 것은?

① Ca
② K
③ Na
④ Al

해설 제3류 위험물

• 3류 : 황린, 칼륨, 나트륨, 알칼리토금속, 트리에틸알루미늄, 탄화알루미늄
• 자연발화성 물질 및 금수성 물질
• 물과 접촉하면 가연성 가스 발생(황린 제외)
• 팽창진주암, 팽창질석 등에 의한 질식소화

보충 알루미늄(Al) : 제2류 위험물

정답 47 ① 48 ④

49 ★★★

소방시설 설치 및 관리에 관한 법률상 자동화재탐지설비를 설치하여야 하는 특정소방대상물의 기준으로 틀린 것은?

① 지하구
② 지하가 중 터널로서 길이 700 [m] 이상인 것
③ 노유자 생활시설
④ 복합건축물로서 연면적 600 [m²] 이상인 것

해설 자동화재탐지설비 설치대상

설치대상	기준
• 교육연구시설(교육시설 내에 있는 기숙사 및 합숙소를 포함한다), 수련시설(기숙사·합숙소 포함, 숙박시설 제외) • 동·식물 관련 시설, 교정 및 군사시설 • 자원순환 관련 시설 • 교정 및 군사시설 • 묘지 관련 시설	연면적 2000 [m²] 이상인 경우에는 모든 층
목욕장, 문화 및 집회시설, 종교시설, 판매시설, 운동시설, 운수시설, 업무시설, 창고시설, 공장, 지하가(터널 제외), 위험물 저장 및 처리시설, 항공기 및 자동차 관련 시설, 교정 및 군사시설 중 국방·군사시설, 방송통신시설, 발전시설, 관광 휴게시설	연면적 1000 [m²] 이상인 경우에는 모든 층
• 근린생활시설(목욕장 제외) • 의료시설(정신의료기관, 요양병원 제외) • 위락시설, 장례시설 및 복합건축물	연면적 600 [m²] 이상인 경우에는 모든 층
정신의료기관, 의료재활시설	• 바닥면적합계 300 [m²] 이상 • 바닥면적 합계 300 [m²] 미만, 창살 설치
지하가 중 터널	길이 1000 [m] 이상

설치대상	기준
공장 및 창고시설	500배 이상 특수가연물
요양병원, 지하구, 전통시장, 조산원, 산후조리원	-
전기저장시설, 노유자생활시설	-
공동주택 중 아파트등·기숙사, 숙박시설, 6층 이상인 건축물	-
노유자시설	연면적 400 [m²] 이상인 경우에는 모든 층
숙박시설이 있는 수련시설	수용인원 100명 이상인 경우에는 모든 층

50 ★★★

소방시설 설치 및 관리에 관한 법령상 소방시설 등에 대한 자체점검 중 종합점검 대상기준으로 틀린 것은?

① 제연설비가 설치된 터널
② 노래연습장으로서 연면적이 2000 [m²] 이상인 것
③ 물분무등소화설비가 설치된 연면적이 5000 [m²]인 위험물 제조소
④ 소방대가 근무하지 않는 국공립학교 중 연면적이 1000 [m²] 이상인 것으로서 자동화재탐지설비가 설치된 것

해설 종합점검 대상

가. 최초점검 대상물
나. 스프링클러설비가 설치된 특정소방대상물
다. 물분무등소화설비[호스릴 방식의 물분무등소화설비만을 설치한 경우는 제외]가 설치된 연면적 5000 [m²] 이상인 특정소방대상물(위험물 제조소등은 제외)
라. 다중이용업의 영업장이 설치된 특정소방대상물로서 연면적이 2000 [m²] 이상인 것(단란주점과 유흥주점, 영화상영관, 비디오물감상실업,

복합영상물제공업, 노래연습장, 산후조리원, 고시원, 안마시술소)
마. 제연설비가 설치된 터널
바. 공공기관 중 연면적(터널·지하구의 경우 그 길이와 평균폭을 곱하여 계산된 값)이 1000 [m²] 이상인 것으로서 옥내소화전설비 또는 자동화재탐지설비가 설치된 것(소방대가 근무하는 공공기관은 제외)

51 ★★★

화재의 예방 및 안전관리에 관한 법령상 특수가연물의 저장 및 취급기준 중 다음 ( ) 안에 알맞은 것은? (단, 석탄·목탄류의 경우는 제외한다)

> 살수설비를 설치하거나, 방사능력 범위에 해당 특수가연물이 포함되도록 대형수동식 소화기를 설치하는 경우에는 쌓는 높이를 (㉠) [m] 이하, 쌓는 부분의 바닥면적을 (㉡) [m²] 이하로 할 수 있다.

① ㉠ 15, ㉡ 200 ② ㉠ 15, ㉡ 300
③ ㉠ 10, ㉡ 50   ④ ㉠ 10, ㉡ 200

해설 특수가연물 저장기준

(1) 품명별로 구분하여 쌓을 것
(2) 일반적인 경우
  ① 쌓는 높이 : 10 [m] 이하
  ② 쌓는 부분 바닥 : 50 [m²] 이하(석탄·목탄류 : 200 [m²] 이하)
(3) 살수설비, 대형수동식소화기 설치하는 경우
  ① 쌓는 높이 : 15 [m] 이하
  ② 쌓는 부분의 바닥면적 : 200 [m²] 이하(석탄·목탄류 : 300 [m²] 이하)

52 ★

제4류 위험물을 취급하는 위험물제조소에 설치하는 게시판의 주의사항으로 옳은 것은?

① 화기엄금   ② 물기주의
③ 화기주의   ④ 충격주의

해설 위험물제조소 게시판 설치기준

위험물	주의사항
• 제1류(알칼리금속의 과산화물) • 제3류(금수성물질)	물기엄금
• 제2류(인화성고체 제외)	화기주의
• 제2류(인화성고체) • 제3류(자연발화성 물질) • **제4류** • 제5류	**화기엄금**
• 제6류	표시 없음

53 ★

위험물의 종류에 따른 저장방법 설명 중 틀린 것은?

① 칼륨 - 경유 속에 저장
② 아세트알데하이드 - 구리 용기에 저장
③ 이황화탄소 - 물속에 저장
④ 황린 - 물속에 저장

해설 위험물의 저장

위험물	저장장소
황린, 이**황**화탄소(CS_2)	**물**속
나이트로셀룰로오스	**알**코올 속
칼**륨**(K), 나트**륨**(Na) 리**튬**(Li)	석**유**류(등유) 속

암기 황물 니알 ㅠㅠ

보충 아세트알데하이드 : 구리, 마그네슘, 은, 수은 저장 금지

54 ★★

소방시설 설치 및 관리에 관한 법령상 방염성능기준 이상의 실내장식물 등을 설치하여야 하는 특정소방대상물이 아닌 것은?

① 다중이용업의 영업장
② 의료시설 중 정신의료기관
③ 방송통신시설 중 방송국 및 촬영소
④ 건축물 옥내에 있는 운동시설 중 수영장

해설 방염성능기준 이상 실내장식물 설치방염

1) 방염성능기준 : 대통령령
2) 방염성능기준 이상의 실내장식물 등을 설치해야 하는 특정소방대상물
   (1) 근린생활시설 중 의원, 조산원, 산후조리원, 체력단련장, 공연장 및 종교집회장
   (2) 건축물의 옥내에 있는 시설
      ① 문화 및 집회시설
      ② 종교시설
      ③ 운동시설(수영장 제외)
   (3) 의료시설
   (4) 교육연구시설 중 합숙소
   (5) 노유자시설
   (6) 숙박이 가능한 수련시설
   (7) 숙박시설
   (8) 방송통신시설 중 방송국 및 촬영소
   (9) 다중이용업소
   (10) 층수가 11층 이상인 것(아파트 제외)

55 ★★★

소방시설 설치 및 관리에 관한 법령상 건축허가 등의 동의대상물의 범위 기준으로 옳은 것은?

① 지하층 또는 무창층이 있는 건축물로서 바닥면적이 100 [m²] 이상인 층이 있는 것
② 승강기 등 기계장치에 의한 주차시설로서 자동차 10대 이상을 주차할 수 있는 시설
③ 차고·주차장으로 사용되는 층 중 바닥면적이 200 [m²] 이상인 층이 있는 시설
④ 지하층 또는 무창층이 있는 건축물로서 공연장의 경우에는 50 [m²] 이상인 층이 있는 것

해설 건축허가 동의대상물 범위

구분	기준
학교시설	연면적 100 [m²] 이상
노유자(老幼者)시설 및 수련시설	연면적 200 [m²] 이상
지하층·무창층이 있는 건축물	바닥면적 150 [m²](공연장 100 [m²]) 이상
정신의료기관, 장애인 의료시설	연면적 300 [m²] 이상
일반용도의 특정소방대상물	연면적 400 [m²] 이상
차고, 주차장 또는 주차용도로 사용되는 시설	바닥면적 200 [m²] 이상
	기계식 주차시설 자동차 20대 이상
• 정신질환자 관련 시설(공동생활가정을 제외한 재활훈련시설과 종합시설 중 24시간 주거를 제공하지 않는 시설은 제외한다) • 노숙인 관련 시설 중 노숙인자활시설·노숙인재활시설·노숙인요양시설 • 결핵환자나 한센인이 24시간 생활하는 노유자시설	단독주택, 공동주택에 설치되는 시설 제외

정답 54 ④ 55 ③

구분	기준
• 6층 이상 건축물 • 항공기격납고, 관망탑, 항공관제탑, 방송용송수신탑 • 요양병원(의료재활시설 제외) • 위험물 저장 및 처리시설, 지하구, 전기저장시설, 풍력발전소 • 조산원, 산후조리원, 의원(입원실 있는 것) • 공장 또는 창고시설로서 지정수량의 750배 이상의 특수가연물을 저장·취급하는 것 • 가스시설로서 지상에 노출된 탱크의 저장용량의 합계가 100톤 이상인 것	-

① 보일러·버너 또는 이와 비슷한 것으로서 위험물을 소비하는 장치로 이루어진 일반취급소
② 위험물을 용기에 옮겨 담거나 차량에 고정된 탱크에 주입하는 일반취급소

56 ★★★

위험물법상 관계인이 예방규정을 정하여야 하는 위험물 제조소등에 해당하지 않는 것은?

① 이송취급소
② 암반탱크저장소
③ 지정수량의 100배 이상의 취급제조소
④ 지정수량의 100배 이상의 옥외저장소

해설 관계인이 예방규정을 정해야 하는 제조소

• 취급제조소 : 지정수량 10배 이상
• 옥외저장소 : 지정수량 100배 이상
• 옥내저장소 : 지정수량 150배 이상
• 옥외탱크저장소 : 지정수량 200배 이상
• 암반탱크저장소
• 이송취급소
• 지정수량 10배 이상의 위험물을 취급하는 일반취급소, 다만 제4류 위험물(특수인화물 제외)만을 지정수량의 50배 이하로 취급하는 일반취급소(제1석유류, 알코올류의 취급량이 지정수량의 10배 이하인 경우에 한함)로서 다음 어느 하나에 해당하는 것은 제외

57 ★★★

소방시설 설치 및 관리에 관한 법령상 시·도지사가 실시하는 방염성능검사 대상으로 옳은 것은?

① 설치 현장에서 방염처리를 하는 합판·목재
② 제조 또는 가공 공정에서 방염처리를 한 카펫
③ 제조 또는 가공 공정에서 방염처리를 한 창문에 설치하는 블라인드
④ 설치 현장에서 방염처리를 하는 암막·무대막

해설 방염대상물품

1) 제조·가공 공정에서 방염처리한 물품(합판·목재류 설치현장에서 방염처리한 것 포함)
   (1) 창문에 설치하는 커튼류(블라인드 포함)
   (2) 카펫
   (3) 벽지류(두께 2 [mm] 미만인 종이벽지 제외)
   (4) 전시용 합판·목재 또는 섬유판, 무대용 합판·목재 또는 섬유판(합판·목재류의 경우 불가피하게 설치 현장에서 방염처리한 것을 포함한다)
   (5) 암막·무대막(영화상영관 스크린, 가상체험체육시설의 스크린 포함)
   (6) 섬유류, 합성수지류 등을 원료로 하여 제작된 소파·의자(단란주점영업, 유흥주점, 노래연습장업의 영업장에 설치하는 것만 해당)
2) 건축물 내부의 천장이나 벽에 부착하거나 설치하는 것, 다만 가구류(옷장·찬장·식탁·식탁용 의자·사무용 책상·사무용 의자·계산대 등)와 너비 10 [cm] 이하 반자돌림대등과 내부 마감재료는 제외

(1) 종이류(두께 2 [mm] 이상)·합성수지류·섬유류를 주원료로 한 물품
(2) 합판, 목재
(3) 공간 구획하는 간이 칸막이
(4) 흡음·방음을 위하여 설치하는 흡음재, 방음재

58 ★★

소방시설 설치 및 관리에 관한 법령상 무창층 여부 판단 시 개구부 요건에 대한 기준으로 맞는 것은?

① 도로 또는 차량이 진입할 수 없는 빈터를 향할 것
② 내부 또는 외부에서 쉽게 파괴 또는 개방할 수 없을 것
③ 크기는 지름 50 [cm] 이상의 원이 통과할 수 있는 크기일 것
④ 해당 층의 바닥면으로부터 개구부 밑부분까지의 높이가 1.5 [m] 이내일 것

해설 무창층, 개구부

1) 무창층 : 개구부 면적 합계가 해당 층 바닥면적의 1/30 이하가 되는 층
2) 개구부 기준
- 크기 : 지름 50 [cm] 이상 원이 통과
- 높이 : 1.2 [m] 이내
- 도로, 차량 진입 가능한 빈터 향할 것
- 창살이나 장애물 설치되지 않을 것
- 내·외부에서 쉽게 부수거나 열 수 있을 것

59 ★★★

소방시설 설치 및 관리에 관한 법령상 특정소방대상물 중 숙박시설에 해당하지 않는 것은?

① 모텔
② 오피스텔
③ 가족호텔
④ 한국전통호텔

해설 숙박시설

- 일반형 숙박시설 : 호텔, 여관, 모텔
- 생활형 숙박시설 : 관광호텔, 한국전통호텔
- 고시원(근린생활시설에 해당되지 않는 것)

보충 오피스텔 : 업무시설

60 ★★★

화재의 예방 및 안전관리에 관한 법령상 특수가연물의 저장 및 취급기준을 2회 위반한 경우 과태료 부과기준은? [법 개정으로 인한 문제 변경]

① 200만 원
② 100만 원
③ 150만 원
④ 50만 원

해설 과태료 부과기준(200만 원 이하)

1. 불을 사용할 때 지켜야 하는 사항 및 특수가연물의 저장 및 취급 기준을 위반한 경우
2. 소방설비등의 설치 명령을 정당한 사유 없이 따르지 아니한 경우
3. 기간 내에 선임신고를 하지 아니하거나 소방안전관리자의 성명 등을 게시하지 아니한 경우
4. 기간 내에 선임신고를 하지 아니한 자
5. 기간 내에 소방훈련 및 교육 결과를 제출하지 아니한 경우

정답 58 ③ 59 ② 60 ①

2022년 1회
소방기계시설의 구조 및 원리

61 ★★★

특별피난계단의 계단실 및 부속실 제연설비에 대한 설명으로 틀린 것은?

① 급기구는 급기되는 기류 흐름이 출입문으로 인하여 차단되거나 방해받지 아니하도록 옥내와 면하는 출입문으로부터 가능한 가까운 위치에 설치해야 한다.
② 제연설비가 가동되었을 때, 출입구의 개방에 필요한 힘은 110 [N] 이하로 하여야 한다.
③ 보충량은 부속실의 수가 20개 이하는 1개 층 이상, 20개를 초과하는 경우에는 2개 층 이상의 보충량으로 한다.
④ 급기구는 급기용 수직풍도와 직접 면하는 벽체 또는 천장에 고정해야 한다.

해설 특별피난계단의 계단실 및 부속실 제연설비의 설치기준

1) 급기구는 급기용 수직풍도와 직접 면하는 벽체 또는 천장에 고정하되, 급기되는 기류 흐름이 출입문으로 인하여 차단되거나 방해받지 않도록 옥내와 면하는 <u>출입문으로부터 가능한 먼 위치에 설치</u>할 것
2) 제연설비가 가동되었을 경우 <u>출입문의 개방에 필요한 힘은 110 [N] 이하</u>로 해야 한다.
3) 보충량은 부속실(또는 승강장)의 수가 <u>20개 이하는 1개 층 이상, 20개를 초과하는 경우에는 2개 층 이상의 보충량</u>으로 한다.

62 ★★★

소화기의 설치기준 중 다음 ( ) 안에 알맞은 것은? (단, 가연성 물질이 없는 작업장 및 지하구의 경우는 제외한다)

> 특정소방대상물의 각 부분으로부터 1개의 소화기까지의 보행거리가 소형소화기의 경우에는 (㉠) [m] 이내, 대형소화기의 경우에는 (㉡) [m] 이내가 되도록 배치할 것. 다만 가연성물질이 없는 작업장의 경우에는 작업장의 실정에 맞게 보행거리를 완화하여 배치할 수 있다.

① ㉠ 20 ㉡ 10
② ㉠ 10 ㉡ 20
③ ㉠ 20 ㉡ 30
④ ㉠ 30 ㉡ 20

해설 소화기의 보행거리 설치기준

1) 소형소화기 : 보행거리 <u>20 [m]</u> 이내
2) 대형소화기 : 보행거리 <u>30 [m]</u> 이내

[소형소화기]   [대형소화기]

정답 61 ① 62 ③

63 ★★★

연소할 우려가 있는 개구부의 스프링클러헤드 설치기준 중 다음 ( ) 안에 알맞은 것은?

> 연소할 우려가 있는 개구부에는 그 상하좌우에 (㉠) [m] 간격으로 스프링클러헤드를 설치하되, 스프링클러헤드와 개구부의 내측 면으로부터 직선거리는 (㉡) [cm] 이하가 되도록 할 것

① ㉠ 1.5 ㉡ 15
② ㉠ 2.5 ㉡ 15
③ ㉠ 1.5 ㉡ 20
④ ㉠ 30   ㉡ 20

해설 스프링클러 헤드 설치기준

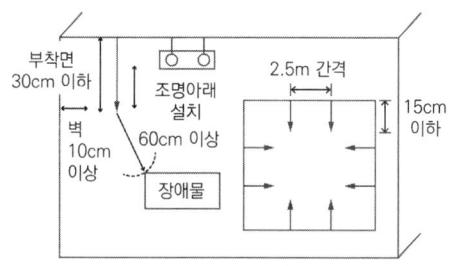

1) 헤드로부터 보유 공간 : 반경 60 [cm] 이상
2) 벽과 헤드 간 공간은 10 [cm] 이상
3) 헤드와 그 부착 면과의 거리는 30 [cm] 이하
4) 배관·행거 및 조명기구 등 살수를 방해하는 것이 있는 경우 그로부터 아래에 설치하여 살수에 장애가 없도록 할 것
5) 스프링클러헤드의 반사판은 그 부착 면과 평행하게 설치
6) 연소할 우려가 있는 개구부
   (1) 그 상하좌우에 <u>2.5 [m]</u> 간격으로 헤드 설치
   (2) 헤드와 개구부의 내측 면으로부터 직선거리는 <u>15 [cm]</u> 이하

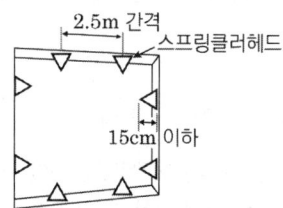

[연소할 우려가 있는 개구부]

7) 측벽형 스프링클러헤드
   (1) 폭이 4.5 [m] 미만인 실 : 긴 변의 한쪽 벽에 일렬로 3.6 [m] 이내마다 설치
   (2) 폭이 4.5 [m] 이상 9 [m] 이하인 실 : 긴 변의 양쪽에 각각 일렬로 설치하되 마주보는 스프링클러헤드가 나란히꼴이 되도록 3.6 [m] 이내마다 설치

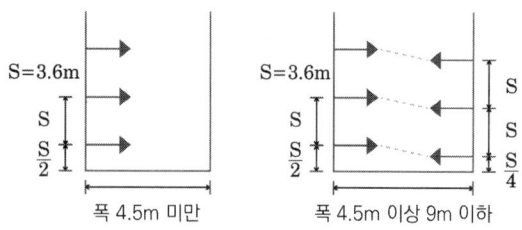

[측벽형 헤드 설치기준]

64 ★★

호스릴이산화탄소소화설비의 설치기준으로 틀린 것은?

① 소화약제 저장용기는 호스릴을 설치하는 장소마다 설치할 것
② 노즐은 20 [℃]에서 하나의 노즐마다 40 [kg/min] 이상의 소화약제를 방출할 수 있는 것으로 할 것
③ 방호대상물의 각 부분으로부터 하나의 호스 접결구까지 수평거리가 15 [m] 이하가 되도록 할 것
④ 소화약제 저장용기의 개방밸브는 호스의 설치장소에서 수동으로 개폐할 수 있는 것으로 할 것

정답 63 ② 64 ②

해설 호스릴CO₂소화설비 설치기준

1) 방호대상물의 각 부분으로부터 하나의 호스접결구까지의 수평거리가 15 [m] 이하가 되도록 할 것
2) 호스릴이산화탄소소화설비의 노즐은 20 [℃]에서 하나의 노즐마다 60 [kg/min] 이상의 소화약제를 방출할 수 있는 것으로 할 것
3) 소화약제 저장용기는 호스릴을 설치하는 장소마다 설치할 것
4) 소화약제 저장용기의 개방밸브는 호스릴의 설치 장소에서 수동으로 개폐할 수 있는 것으로 할 것
5) 소화약제 저장용기의 가장 가까운 곳의 보기 쉬운 곳에 적색의 표시등을 설치하고, 호스릴이산화탄소소화설비가 있다는 뜻을 표시한 표지를 할 것

4) 프레셔사이드 프로포셔너 방식 : 압입기 설치하여 소화약제 압입용 펌프로 소화약제를 압입시켜 혼합하는 방식
5) 압축공기포 믹싱챔버방식 : 물, 포 소화약제 및 공기를 믹싱챔버로 강제주입시켜 챔버 내에서 포수용액을 생성한 후 포를 방사하는 방식

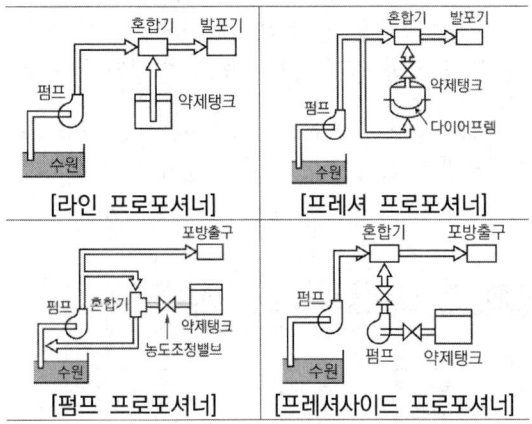

65 ★★★

공기포 소화약제의 혼합방식 중 펌프와 발포기의 중간에 설치된 벤추리관의 벤추리작용에 따라 포 소화약제를 흡입·혼합하는 방식은?

① 라인 프로포셔너 방식
② 프레셔 프로포셔너 방식
③ 펌프 프로포셔너 방식
④ 프레셔사이드 프로포셔너 방식

해설 포소화설비 포혼합장치 종류

1) 라인 프로포셔너 방식 : 벤추리관의 벤추리작용에 따라 소화약제를 흡입·혼합하는 방식
2) 프레셔 프로포셔너 방식 : 벤추리관의 벤추리작용과 포소화약제 저장탱크압력에 따라 소화약제를 흡입·혼합하는 방식
3) 펌프 프로포셔너 방식 : 흡입기에 물 일부를 보내고, 농도 조정밸브에서 조정된 포소화약제의 필요량을 소화약제 탱크에서 펌프 흡입 측으로 보내는 방식

66 ★★★

옥내소화전설비의 배관에 관한 규정으로 옳지 않은 것은?

① 옥내소화전 방수구와 연결되는 가지배관의 구경은 40 [mm] 이상으로 한다.
② 주배관 중 수직배관의 구경은 50 [mm] 이상으로 한다.
③ 연결송수관설비의 배관과 겸용할 경우의 방수구로 연결되는 배관의 구경은 65 [mm] 이상으로 한다.
④ 연결송수관설비의 배관과 겸용할 경우의 급수 주배관의 구경은 80 [mm] 이상으로 한다.

해설 옥내소화전설비의 배관

1) 연결송수관설비의 배관과 겸용할 경우의 주배관은 구경 100 [mm] 이상, 방수구로 연결되는 배관의 구경은 65 [mm] 이상의 것으로 해야 한다.

2) 펌프의 토출 측 주배관의 구경은 유속이 4 [m/s] 이하가 될 수 있는 크기 이상으로 해야 하고, 옥내소화전방수구와 연결되는 가지배관의 구경은 40 [mm] 이상으로 해야 하며, 주배관 중 수직배관의 구경은 50 [mm] 이상으로 해야 한다.

> ※ **연결송수관설비의 배관**
> 연결송수관설비의 주배관은 구경 100 [mm] 이상의 전용배관으로 할 것. 다만 주배관의 구경이 100 [mm] 이상인 옥내소화전설비의 배관과는 겸용할 수 있다.
> ⇨ 연결송수관설비는 **옥내소화전설비의 배관**만 겸용 가능함 [시행 2024.7.1.]

67 ★★★

소화용수설비의 소요수량이 40 [m³] 이상 100 [m³] 미만일 경우에 채수구는 몇 개를 설치하여야 하는가?

① 4개　　② 3개
③ 2개　　④ 1개

해설 소화수조 및 저수조 채수구 설치기준

채수구는 다음 표에 따라 소방용호스 또는 소방용 흡수관에 사용하는 구경 65 [mm] 이상의 나사식 결합금속구를 설치할 것

[소요수량에 따른 채수구의 수]

소요수량	20 [m³] 이상 40 [m³] 미만	40 [m³] 이상 100 [m³] 미만	100 [m³] 이상
채수구의 수(개)	1개	2개	3개

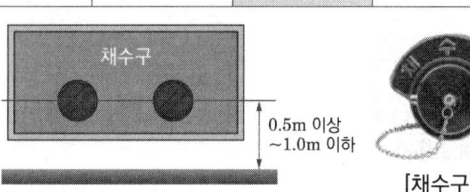

[채수구의 설치높이]　[채수구]

68 ★★★

옥외소화전이 하나의 소방대상물을 포용하기 위하여 4개소에 설치되어 있다. 규정에 적합한 수원의 유효수량은 몇 [m³] 이상이어야 하는가?

① 5　　② 8
③ 10　　④ 14

해설 옥외소화전 수원

옥외소화전 수원량 = N × 7 [m³]
　　　　　　　　= 2 × 7 [m³] = 14 [m³]
　　　　　　　N : 옥외소화전의 설치개수
　　　(옥외소화전이 2개 이상 설치된 경우에는 2개)

> ※ **옥외소화전설비의 수원**
> 옥외소화전설비의 수원은 그 저수량이 옥외소화전의 설치개수(옥외소화전이 2개 이상 설치된 경우에는 2개)에 7 [m³]를 곱한 양 이상이 되도록 해야 한다.

69 ★★★

전역방출방식인 할론소화설비에서 할론 1301 소화약제를 분사하는 분사헤드의 방출압력은 얼마 이상으로 하는가?

① 0.1 [MPa]　　② 0.2 [MPa]
③ 0.9 [MPa]　　④ 1.0 [MPa]

해설 할론 전역방출방식 방출압력

1) 할론 2402 : 0.1 [MPa] 이상
2) 할론 1211 : 0.2 [MPa] 이상
3) 할론 1301 : 0.9 [MPa] 이상

정답　67 ③　68 ④　69 ③

70 ★★★

제연설비의 배출풍도가 400 [mm] × 200 [mm]로 설치되어 있다. 이 풍도의 강판 두께는 몇 [mm] 이상으로 하는가?

① 0.5
② 0.6
③ 0.8
④ 1.0

해설 풍도 크기와 강판 두께

풍도는 아연도금강판 또는 이와 동등 이상의 내식성·내열성이 있는 것으로 하며, 「건축법」 시행령 제2조에 따른 불연재료(석면재료를 제외한다)인 단열재로 풍도외부에 유효한 단열처리를 하고, **강판의 두께는 풍도의 크기에 따라 다음 표에 따른 기준 이상으로 할 것**. 다만 방화구획이 되는 전용실에 급기송풍기와 연결되는 풍도는 단열이 필요 없다.

풍도단면의 긴 변 또는 직경의 크기	450 [mm] 이하	750 [mm] 이하	1500 [mm] 이하	2250 [mm] 이하	2250 [mm] 초과
두께 [mm]	**0.5**	0.6	0.8	1.0	1.2

71 ★★★

위험물 시설에 대한 포소화설비 포헤드는 소방대상물의 천장 또는 반자에 설치하되 그 설치기준으로서 가장 적합한 것은?

① 반경 25 [m] 원의 면적에 1개 설치한다.
② 반경 30 [m] 원의 면적에 1개 설치한다.
③ 바닥면적 8 [m²]마다 1개 이상을 설치한다.
④ 바닥면적 9 [m²]마다 1개 이상을 설치한다.

해설 포소화설비 포헤드 설치기준

구분	설치기준
포워터스프링클러헤드	바닥면적 8 [m²]마다 1개 이상
포헤드	**바닥면적 9 [m²]마다 1개 이상**

72 ★★

지표면에서 최상층 방수구의 높이가 70 [m] 이상의 소방대상물에 설치하는 연결송수관설비의 가압송수장치의 최소토출량은?

① 1000 [L/min]
② 2400 [L/min]
③ 3200 [L/min]
④ 4000 [L/min]

해설 연결송수관설비 가압송수장치의 토출량

펌프의 토출량은 <u>2400 [L/min] 이상</u>이 되는 것으로 할 것. 다만 해당 층에 설치된 방수구가 3개를 초과(방수구가 5개 이상인 경우 5개)하는 것에 있어서는 1개마다 800 [L/min]를 가산한 양이 되는 것으로 할 것

73 ★★★

다음 설명의 (   ) 안에 알맞은 숫자는?

> 옥외소화전이 10개 이하 설치된 때에는 옥외소화전마다 (   ) [m] 이내의 장소에 1개 이상의 소화전함을 설치해야 한다.

① 5
② 10
③ 15
④ 20

해설 옥외소화전함 설치기준

옥외소화전	옥외소화전함의 개수
10개 이하	옥외소화전마다 5 [m] 이내의 장소에 1개 이상의 소화전함을 설치
11개 이상 30개 이하	11개 이상의 소화전함을 각각 분산하여 설치
31개 이상	옥외소화전 3개마다 1개 이상의 소화전함을 설치

74 ★

다음 설명 중 A, B, C에 들어갈 설비에 해당하지 않는 것은?

> 대형소화기를 설치해야 할 특정소방대상물 또는 그 부분에 (A)·(B)·(C) 또는 옥외소화전설비를 설치한 경우에는 해당 설비의 유효범위 안의 부분에 대하여는 대형소화기를 설치하지 않을 수 있다.

① 제연설비
② 옥내소화전설비
③ 물분무등소화설비
④ 스프링클러설비

해설 대형소화기 감소 기준

해당 설비를 설치한 경우	면제기준
① **옥내소화전설비** ② 옥외소화전설비 ③ **스프링클러설비** ④ **물분무등소화설비**	대형소화기 면제 (해당 설비의 유효범위 안의 부분에 대하여)

75 ★★★

18층의 사무소 건축물로 연면적이 60000 [m²]인 경우 소화용수의 저수량으로 몇 [m³]가 가장 타당한가? (단, 지상 1층 및 2층의 바닥면적 합계가 15000 [m²] 미만인 경우이며, 창고시설이 아니다)

① 80
② 100
③ 120
④ 140

해설 소화수조 또는 저수조의 저수량

$$저수량 = \frac{연면적}{기준면적}(소수점 이하 절상) \times 20 \,[m^3]$$

[소화용수설비의 저수량 기준면적]

구분	기준면적
1층 및 2층의 바닥면적 합계가 15000 [m²] 이상인 특정소방대상물	7500 [m²]
그 밖의 특정소방대상물	12500 [m²]

1) 1층 및 2층의 바닥면적 합계가 15000 [m²] 미만이므로 기준면적은 12500 [m²]
2) 저수량 = $\frac{60000}{12500}$(소수점 이하 절상)$\times 20 \,[m^3]$
   = $5 \times 20 = 100 \,[m^3]$

76 ★

차고에 단백포를 사용하여 포헤드방식의 포소화설비를 하고자 한다. 이때 포소화약제의 1분당 방사량은 바닥면적 1 [m²]당 몇 [L] 이상인가?

① 단백포 원액 3.7 [L]
② 단백포 수용액 3.7 [L]
③ 단백포 원액 6.5 [L]
④ 단백포 수용액 6.5 [L]

해설 포헤드 설비의 포소화약제량

소방대상물	포소화약제의 종류	1분당 바닥면적 1 [m²]에 대한 방사량 [Q_A]
차고·주차장 및 항공기 격납고	단백포 소화약제	6.5 [L] 이상
	합성계면활성제포 소화약제	8.0 [L] 이상
	수성막포 소화약제	3.7 [L] 이상

포소화약제량 $Q = A \times Q_A \times T \times S$

→ 즉, 1분당 바닥면적 1 [m²]에 대한 방사량[Q_A]는 **포수용액** 기준임

정답 74 ① 75 ② 76 ④

77 ★★★

스프링클러 헤드를 무대부 천장에 설치할 때 천장 각 부분으로부터 하나의 스프링클러헤드까지의 수평거리는 몇 [m] 이하인가?

① 3.0
② 2.3
③ 2.1
④ 1.7

해설 스프링클러 헤드 수평거리

소방대상물	수평거리
• **특수가**연물을 저장 또는 취급하는 장소 • **무**대부	1.7 [m] 이하
기타구조로 된 경우 (내화구조가 아닌 경우)	2.1 [m] 이하
라지드롭형 스프링클러헤드를 설치하는 **창**고 (단, ① 특수가연물을 저장 또는 취급하는 창고 : 1.7 [m] 이하, ② 내화구조로 된 경우 : 2.3 [m] 이하)	2.1 [m] 이하
내화구조로 된 경우	2.3 [m] 이하
아파트등의 세대 내	2.6 [m] 이하

암기 특수 무 기 창 내 놔(아)

78 ★★★

포소화설비용 펌프의 성능 및 성능시험에 대한 설명 중 틀린 것은?

① 성능시험배관은 펌프의 토출 측 개폐밸브 이전에서 분기한다.
② 유량측정장치는 펌프의 정격 토출량의 150 [%] 이상 측정할 수 있는 성능이 있어야 한다.
③ 포 소화펌프의 성능은 체절운전 시 정격토출압력의 140 [%]를 초과하지 않아야 한다.
④ 정격 토출량의 150 [%]로 운전 시 정격토출압력의 65 [%] 이상이 되어야 한다.

해설 펌프의 성능시험배관

1) 펌프의 성능은 체절운전 시 정격토출압력의 140 [%]를 초과하지 않고, 정격토출량의 150 [%]로 운전 시 정격토출압력의 65 [%] 이상이 되어야 하며, 펌프의 성능을 시험할 수 있는 성능시험배관을 설치할 것. 다만 충압펌프의 경우에는 그렇지 않다.
2) 성능시험배관은 펌프의 토출 측에 설치된 개폐밸브 이전에서 분기하여 직선으로 설치하고, 유량측정장치를 기준으로 전단 직관부에는 개폐밸브를 후단 직관부에는 유량조절밸브를 설치할 것. 이 경우 개폐밸브와 유량측정장치 사이의 직관부 거리 및 유량측정장치와 유량조절밸브 사이의 직관부 거리는 해당 유량측정장치 제조사의 설치사양에 따르고, 성능시험배관의 호칭지름은 유량측정장치의 호칭지름에 따른다.
3) 유량측정장치는 펌프의 정격토출량의 175 [%] 이상 측정할 수 있는 성능이 있을 것

79 ★★★

삽을 상비한 마른모래 50리터 이상의 것 1포의 능력단위는 얼마인가?

① 0.1
② 0.2
③ 0.5
④ 1.0

해설 간이소화용구 능력단위(소화약제 외의 것)

간이소화용구		능력단위
마른모래	삽을 상비한 50 [L] 이상의 것 1포	**0.5 단위**
팽창질석, 팽창진주암	삽을 상비한 80 [L] 이상의 것 1포	

80 ★★★

66000 [V] 이하의 고압의 전기기기가 있는 장소에 물분무헤드를 설치할 경우, 전기기기와 물분무헤드 사이에 얼마 이상의 거리를 두고 설치하여야 하는가?

① 0.7 [m]
② 1.1 [m]
③ 1.8 [m]
④ 2.6 [m]

해설 고압의 전기기기와 물분무헤드 사이의 거리

고압의 전기기기가 있는 장소는 전기의 절연을 위하여 전기기기와 물분무헤드 사이에 다음 표에 따른 거리를 두어야 한다.

전압 [kV]	거리 [cm]
66 이하	70 이상
66 초과 77 이하	80 이상
77 초과 110 이하	110 이상
110 초과 154 이하	150 이상
154 초과 181 이하	180 이상
181 초과 220 이하	210 이상
220 초과 275 이하	260 이상

TIP 전압의 "이하 값"과 근사한 거리 이상

정답 80 ①

2022년 2회

소방원론

제한 시간 :　　　목표 점수 :
1회 출제 ★ | 2회 출제 ★★ | 3회 이상 출제 ★★★

01 ★★★

소화방법 중 질식소화에 해당하지 않는 것은?

① 이산화탄소소화기로 소화
② 포소화기로 소화
③ 마른모래로 소화
④ Halon - 1301소화기로 소화

해설 소화방법

소화원리	소화방법
냉각소화	• 스프링클러설비 • 옥내 · 외소화전설비
질식소화	• 이산화탄소소화설비 • 포소화설비 • 분말소화설비 • 물분무소화설비 • 불활성기체소화설비 • 마른모래 · 팽창질석 · 팽창진주암
억제소화	• 할로겐화합물소화설비 • 할론소화설비

02 ★★★

동일 장소에서 취급이 가능한 위험물들끼리 옳게 짝지어진 것은?

① 과염소산칼륨과 톨루엔
② 과염소산과 황린
③ 마그네슘과 유기과산화물
④ 가솔린과 과산화수소

해설 위험물의 혼재 가능 기준

• 제1류 + 제6류
• 제2류 + 제4류 · 5류
• 제3류 + 제4류
• 제4류 + 제5류

보충 마그네슘 : 2류, 유기과산화물 : 5류

1↓	6		혼재 가능
2↓	5↑	4	혼재 가능
3→	4↑		혼재 가능

암기 1 2 3 4 5 6 적은 후 4 추가

정답 01 ④　02 ③

03 ★★★

화재 시 고층건물 내의 연기 유통인 굴뚝효과와 관계가 없는 것은?

① 건물 내외의 온도 차
② 건물의 높이
③ 층의 면적
④ 화재실의 온도

해설 굴뚝효과(연돌효과)

1) 건축물 내·외부 공기의 온도에 따른 공기의 밀도 차 때문에 발생되는 공기의 흐름 현상
2) 건물 내부온도 > 외부온도 → 공기는 위쪽으로 이동
3) 영향요인
   ① 실내외 온도 차(화재실의 온도가 높을수록 실내외 온도 차는 커짐)
   ② 외벽 기밀성
   ③ 층간 공기누설
   ④ 건물의 높이(고층 건물에서 잘 나타남)

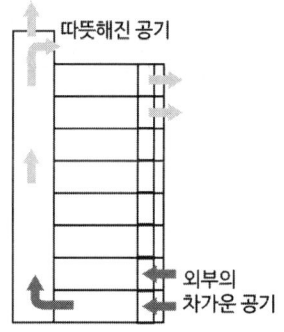

보충 '층의 면적'은 굴뚝효과와 관계없다.

04 ★★★

270 [℃]에서 다음의 열분해 반응식과 관계가 있는 분말소화약제는?

$$2NaHCO_3 \rightarrow Na_2CO_3 + CO_2 + H_2O$$

① 제1종 분말
② 제2종 분말
③ 제3종 분말
④ 제4종 분말

해설 분말소화약제 화학반응식

종별	소화약제	화학 반응식
1종	탄산수소나트륨 ($NaHCO_3$)	$2NaHCO_3 \rightarrow Na_2CO_3 + CO_2 + H_2O$
2종	탄산수소칼륨 ($KHCO_3$)	$2KHCO_3 \rightarrow K_2CO_3 + CO_2 + H_2O$
3종	제1인산암모늄 ($NH_4H_2PO_4$)	$NH_4H_2PO_4 \rightarrow NH_3 + HPO_3 + H_2O$
4종	탄산수소칼륨 + 요소 ($KHCO_3 + (NH_2)_2CO$)	$2KHCO_3 + (NH_2)_2CO \rightarrow K_2CO_3 + 2NH_3 + 2CO_2$

05 ★ 난이도 상

공기 1 [kg] 중에는 산소가 약 몇 [mol]이 들어 있는가? (단, 산소, 질소 1 [mol]의 분자량은 각각 32 [g], 28 [g]이고, 공기 중 산소의 농도는 23 [wt%]이다)

① 5.65
② 6.53
③ 7.19
④ 7.91

해설 분자수(몰수)

1) 산소질량 = 공기질량 [g] × 산소농도 [wt%]
   = 1000 [g] × 0.23 = 230 [g]
2) 산소몰수 = $\dfrac{산소질량[g]}{산소분자량[g/mol]}$
   = $\dfrac{230[g]}{32[g/mol]}$ ≒ 7.19 [g]

정답 03 ③ 04 ① 05 ③

06 ★★★

화재를 발생시키는 열원 중 화학적인 열원인 것은?

① 마찰
② 단열
③ 압축
④ 분해

해설 열에너지원의 종류

구분	종류
기계열	**압축열, 마찰열, 마찰스파크, 충격열**
전기열	유도열, 유전열, 저항열, 아크열, 정전기열, 낙뢰에 의한 열
화학열	연소열, 용해열, 분해열, 생성열, 자연발화열

암기 기압마충

07 ★★★

이산화탄소소화약제를 방출하였을 때 방호구역 내에서 산소농도가 18 [vol%]가 되기 위한 이산화탄소의 농도는 약 몇 [vol%]인가?

① 3
② 7
③ 6
④ 14

해설 이산화탄소 농도

$$CO_2 \text{ 농도 [vol\%]} = \frac{21 - O_2[vol\%]}{21} \times 100$$

여기서,
CO_2 농도 : CO_2 방출 후 실내의 CO_2 농도 [vol%]
O_2 : CO_2 방출 후 실내의 산소 농도 [vol%]

$$CO_2 \text{ 농도} = \frac{21 - O_2}{21} \times 100$$
$$= \frac{21 - 18}{21} \times 100 ≒ 14.29 \text{ [vol\%]}$$

08 ★★★

화재하중에 주된 영향을 주는 것은?

① 가연물의 온도
② 가연물의 색상
③ 가연물의 양
④ 가연물의 융점

해설 화재하중

1) 화재하중이란 <u>화재실의 단위면적당 등가가연물(목재)의 양</u>으로 건물화재 시 발열량 및 화재위험성 척도가 된다.
2) 화재구획실 내에 존재하는 가연물은 각각 단위중량당 발열량[kcal/kg]이 다르기 때문에 목재의 발열량으로 환산하여 화재하중을 산정한다. (예) 종이 : 4000 [kcal/kg], 고무 : 9000 [kcal/kg])
3) 화재 시 주수시간을 결정하는 주요인이다.
4) 화재하중 $q = \dfrac{\Sigma GH_i}{HA} = \dfrac{\Sigma Q}{4500A}$ [kg/m²]

G : 가연물의 양 [kg]
H_i : 단위중량당 발열량 [kcal/kg]
H : 목재의 단위중량당 발열량 [4500 kcal/kg]
A : 화재실의 바닥면적 [m²]
ΣQ : 화재실 내 가연물의 전발열량 [kcal]

TIP 화재가혹도 = 화재강도 × 화재하중

09 ★★★

프로페인(프로판) 가스의 공기 중 폭발범위는 약 몇 [vol%]인가?

① 2.1 ~ 9.5
② 15 ~ 25.5
③ 20.5 ~ 32.1
④ 33.1 ~ 63.5

해설 주요 물질 연소범위

가스	하한계 [vol%]	상한계 [vol%]
이황화탄소	1.2	44
아세틸렌	2.5	81
수소	4	75
일산화탄소	12.5	74
에틸렌	2.7	36
암모니아	15	28
메테인(메탄)	5	15
에테인(에탄)	3	12.4
프로페인(프로판)	2.1	9.5
뷰테인(부탄)	1.8	8.4

암기 (이황)일이사사, (아)이고팔아파, (수)사치료, (일산)이리와 칠사, (에틸)이찌삼육, (메)오싫오, (프)이하나구오, (뷰)십팔팔사

10 ★★★

출화의 시기를 나타낸 것 중 옥외출화에 해당하는 것은?

① 목재사용 가옥에서는 벽, 추녀 밑의 판자나 목재에 발염착화한 때
② 불연 벽체나 칸막이 및 불연 천장인 경우 실내에서는 그 뒤판에 발염착화한 때
③ 보통 가옥 구조 시에는 천장판의 발염착화한 때
④ 천장 속, 벽 속 등에서 발염착화한 때

해설 옥내출화와 옥외출화

분류	내용
옥내출화	• 실내 천장 속, 벽 내부에서 발염착화 • 준불연성, 난연성으로 피복된 내부의 목재에 착화
옥외출화	• 건축물 외부의 가연물질에 발염착화 • 창, 출입구 등의 개구부 등에 착화 • **목재사용 가옥 벽, 추녀 밑 판자나 목재에 발염착화**

11 ★★★

건축물의 방화계획에서 공간적 대응에 해당하지 않는 것은?

① 방화구획
② 특별피난계단
③ 옥내소화전설비
④ 직통계단

해설 건축물의 방재계획

구분		내용
공간적 대응	대항성	방화구획, 방연구획, 내화재료 등을 사용하여 초기 소화에 대응하는 화재 사상 저항능력
	회피성	불연화, 난연화 등의 내장재 제한과 소방훈련 및 불조심 등 화재 확대 가능성을 줄여 위험성을 낮추는 것
	도피성	화재 시 피난자가 위험에 빠지지 않도록 구조적으로 배려하는 것
설비적 대응		**공간적 대응을 보완하는 것**으로 제연설비, 방화문, 방화셔터, 자동화재탐지설비, 자동소화설비, **옥내소화전설비**, 스프링클러설비, 유도등, 비상전원, 피난기구 등

12 ★★★

폭발에 대한 설명으로 틀린 것은?

① 보일러 폭발은 화학적 폭발이라 할 수 없다.
② 분무 폭발은 기상 폭발에 속하지 않는다.
③ 수증기 폭발은 기상 폭발에 속하지 않는다.
④ 화약류 폭발은 화학적 폭발이라 할 수 있다.

정답 10 ① 11 ③ 12 ②

해설 폭발의 형태

구분	응상폭발	기상폭발
정의	고·액체의 폭발	기체의 폭발
특징	물리적 폭발	화학적 폭발
종류	**수증기폭발**, 증기폭발, 전선폭발, 상전이폭발, 압력방출에 의한 폭발, **보일러폭발**, 블레비(BLEVE)	유증기폭발, 가스폭발, 산화폭발, **분무폭발**, 분진폭발, 분해폭발, 중합폭발, **화약류폭발**, 증기운폭발(UVCE)

13 ★★★

소방시설의 분류에서 다음 중 소화설비에 해당하지 않는 것은?

① 스프링클러설비
② 물분무소화설비
③ 옥내소화전설비
④ 연결송수관설비

해설 소화활동설비

1) <u>연결송수관설비</u>
2) 연결살수설비
3) 연소방지설비
4) 무선통신보조설비
5) 제연설비
6) 비상콘센트설비

💡암기 3연무 제비콘

14 ★★★

동식물유류에서 "아이오딘값이 크다"라는 의미로 옳은 것은?

① 불포화도가 높다.
② 불건성유이다.
③ 자연발화성이 낮다.
④ 산소와 결합이 어렵다.

해설 아이오딘값(요오드가, Iodine Value)

1) 유지 100 [g]에 흡수되는 아이오딘의 [g] 수
2) 불포화 지방 함유량
3) 아이오딘값(요오드가)이 클수록 불포화도가 높고 산소와 결합하기 쉬우며 자연발화 위험성이 크다.
4) 위험성 : 건성유 > 반건성유 > 불건성유

15 ★★★

유류화재 시 분말소화약제와 병용이 가능하여 빠른 소화효과와 재착화방지 효과를 기대할 수 있는 소화약제로 옳은 것은?

① 단백포소화약제
② 수성막포소화약제
③ 알콜형 포소화약제
④ 합성계면활성제포소화약제

해설 포소화약제 종류

종류	특징
단백포	• 부식성이 큼 • 내열성이 우수함 • 유동성, 내유성이 좋지 않음 • 변질의 우려가 있어 장기 저장 불가 • 포안정제로 염화제1철염 첨가
수성막포 (AFFF)	• 안전성이 좋음 • **분말소화약제와 겸용하여 사용 가능** • 점성이 작아 기름 표면에 피막을 형성하여 유류 증발을 억제함(유류화재 시 소화성능이 가장 우수함)

정답 13 ④ 14 ① 15 ②

종류	특징
불화단백포	• 소화성능 가장 우수 • 단백포 + 수성막포 • 표면하주입방식
합성 계면활성제포	• 저팽창포, 고팽창포 모두 사용 가능 • 유동성이 좋음
내알코올포 (알코올형포)	• 수용성 유류화재에 적응성이 있음 • 가연성 액체에 사용함

16 ★★★

이산화탄소소화약제의 주된 소화효과는?

① 제거소화　　② 억제소화
③ 질식소화　　④ 냉각소화

해설 소화약제별 주된 소화효과

소화약제	소화효과
물(H_2O)	냉각효과
이산화탄소(CO_2)	질식소화
포	
할론	억제소화(부촉매소화)

17 ★★★

방폭구조 중 전기불꽃이 발생하는 부분을 기름 속에 잠기게 함으로써 기름면 위 또는 용기 외부에 존재하는 가연성 증기에 착화할 우려가 없도록 한 구조는?

① 내압 방폭구조
② 안전증 방폭구조
③ 유입 방폭구조
④ 본질안전 방폭구조

해설 방폭구조

방폭구조	특징	구조
본질안전 방폭구조	**정상·이상 상태**에서 점화원이 위험성 분위기에 폭발을 발생시킬 수 없는 구조	
내압 방폭구조	용기 내부로 폭발성가스가 침입해도 외부 위험성 분위기에는 영향이 없도록 **최대안전틈새 이내로 격리**시키는 구조	
압력 방폭구조	용기 내에 **불활성가스를 압입**시켜 외부의 폭발성 가스로부터 점화원을 격리하는 구조	
유입 방폭구조	점화원이 될 우려가 있는 부분에 **오일을 주입**하여 폭발성가스로부터 점화원을 격리하는 구조	
안전증 방폭구조	**정상상태**에서 전기기기의 고장이 발생하지 않도록 안전도를 높이는 방식	

18 ★★★

자연발화에 대한 설명으로 틀린 것은?

① 외부로부터 열의 공급을 받지 않고 온도가 상승하는 현상이다.
② 물질의 온도가 발화점 이상이면 자연발화한다.
③ 다공질이고 열전도가 작은 물질일수록 자연발화가 일어나기 어렵다.
④ 건성유가 묻어 있는 기름걸레가 적층되어 있으면 자연발화가 일어나기 쉽다.

정답　16 ③　17 ③　18 ③

> **해설** 자연발화

1) 외부로부터 열의 공급을 받지 않고 온도가 상승하는 현상이다.
2) 물질의 온도가 발화점 이상이면 자연발화 한다.
3) **다공질이고 열전도율 작을수록 자연발화가 일어나기 쉽다.**
4) 건성유가 묻어 있는 기름걸레가 적층되어 있으면 자연발화가 일어나기 쉽다.

19 ★★★

물의 증발잠열은 약 몇 [kcal/kg]인가?

① 439   ② 539
③ 639   ④ 739

> **해설** 물의 잠열

1) 얼음의 융해잠열 : 80 [cal/g] (= 334 [kJ/kg])
2) **물의 증발잠열 : 539 [cal/g]** (= 2257 [kJ/kg])

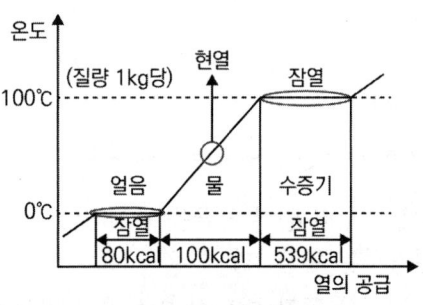

[물의 상태변화]

> **보충** 물의 증발잠열 539 [cal/g]은 100 [℃]의 물 1 [g]이 100 [℃]의 수증기가 될 때 필요한 열량

20 ★★

가연성물질 종류에 따른 연소생성가스의 연결이 틀린 것은?

① 탄화수소류 - 이산화탄소
② 셀룰로이드 - 질소산화물
③ PVC - 암모니아
④ 레이온 - 아크롤레인

> **해설** 연소생성가스

물질	연소생성가스
탄화수소	이산화탄소
셀룰로이드	질소산화물
PVC	염화수소, 이산화탄소, 일산화탄소, 부식성가스
레이온	아크롤레인
목재	수증기, 일산화탄소, 이산화탄소, 초산

21 ★★★

직경이 40 [mm]인 비눗방울의 내부 초과압력이 150 [Pa]일 때 표면장력은 몇 [N/m]인가?

① 0.75
② 1.5
③ 2.0
④ 2.5

해설 표면장력 계산

표면장력 $\sigma\,[N/m] = \dfrac{\Delta P d}{4}$

(단, 비눗방울의 경우 $\sigma = \dfrac{\Delta P d}{8}$)

여기서, ΔP : 내부 초과압력 [Pa]
(물방울 내부와 외부의 압력차)
d : 지름 [m]

$\sigma = \dfrac{150\,[Pa] \times 0.04\,[m]}{8} = 0.75\,[N/m]$

해설 열량 계산(정압하에서)

열역학 제1법칙의 미분형 제 2식
$\delta Q = dH - V dp$

δQ : 열량 [kJ]
dH : 엔탈피 변화량 [kJ]
V : 체적 [m^3]
p : 압력 [Pa]

$\delta Q = dH - V dp = dH\,(\because p\text{가 일정하므로 } V dp = 0)$
$\quad = m C_P \Delta T = m C_P (T_2 - T_1)$

여기서 T_2는 $\dfrac{V_1}{T_1} = \dfrac{V_2}{T_2}$ 에 의해

$\dfrac{2}{20+273} = \dfrac{5}{T_2}$

$\therefore T_2 = 732.5\,[K]$

따라서
$\delta Q = m C_P (T_2 - T_1)$
$\quad = 1 \times 2.06 \times (732.5 - 293)$
$\quad = 905.37\,[kJ]$

22 ★

체적 2 [m^3], 온도 20 [℃]의 이상기체 1 [kg]를 정압하에서 체적을 5 [m^3]으로 팽창시켰다. 가한 열량은 약 몇 [kJ]인가? (단, 기체의 정압비열은 2.06 [kJ/kg·K], 기체상수는 0.488 [kJ/kg·K]로 한다)

① 954   ② 906
③ 889   ④ 863

23 ★★★

유체의 밀도를 ρ, 비중량을 γ, 중력 가속도를 g라 할 때 이들 사이의 관계는?

① $\gamma = \rho \times g$
② $\rho = \gamma \times g$
③ $\rho = \dfrac{\gamma}{g}$
④ $\gamma = \dfrac{\rho}{2g}$

정답 21 ① 22 ② 23 ①

> **해설** 비중량 표현

$$비중량\ \gamma = \frac{W}{V} = \frac{mg}{V} = \rho g$$

여기서, V : 체적 [m³]
W : 중량 [N], m : 질량 [kg]
g : 중력가속도 [m/s²]
ρ : 밀도 [kg/m³]

$\gamma[N/m^3] = \rho[kg/m^3] \times g[m/s^2]$

24 ★★★

비원형인 관 내의 수두손실을 계산할 때, 원형관의 직경으로 환산하기 위해 비원형관의 수력직경을 $D_h = \frac{4A}{dP}$ (A : 단면적의 크기, P : 접수길이)로 정의하여 사용한다. 가로, 세로의 길이가 각각 W와 H인 직사각형 덕트의 수력직경은?

① $\frac{WH}{W+H}$ ② $\frac{2WH}{W+H}$

③ $\frac{W+H}{WH}$ ④ $\frac{W+H}{2WH}$

> **해설** 수력직경

$$수력반경\ R_h = \frac{유동단면적\ A}{접수길이\ P}$$

$$수력직경\ D_h = 4R_h = \frac{4A}{P}$$

수력직경 $D_h = \frac{4A}{P} = \frac{4WH}{2(W+H)} = \frac{2WH}{W+H}$

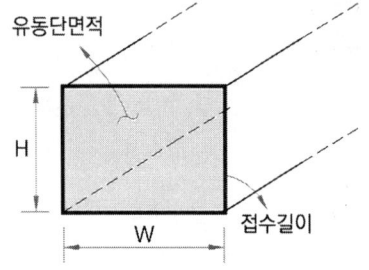

25 ★★

노즐에서 10 [m/s]로서 수직방향으로 물을 분사할 때 최대 상승높이는 약 몇 [m]인가? (단, 저항은 무시한다)

① 5.10 ② 6.34
③ 3.22 ④ 2.65

> **해설** 물의 상승높이

$$속도수두\ H = \frac{V^2}{2g}$$

여기서, H : 속도수두(최대 상승높이) [m]
g : 중력가속도 [m/s²]
V : 유속 [m/s]

최대 상승높이 $H = \frac{V^2}{2g} = \frac{(10[m/s])^2}{2 \times 9.8[m/s^2]} = 5.1[m]$

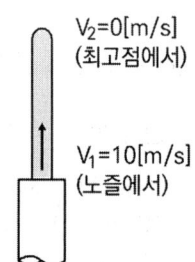

※ 물의 최대 상승높이가 속도수두 $\left(\frac{V_1^2}{2g}\right)$ 인 이유

$$\frac{P_1}{\gamma} + \frac{V_1^2}{2g} + Z_1 = \frac{P_2}{\gamma} + \frac{V_2^2}{2g} + Z_2$$

여기서, $P_1 = P_2 = 0$[대기압], $V_2 = 0$이므로

$$\cancel{\frac{P_1}{\gamma}} + \frac{V_1^2}{2g} + Z_1 = \cancel{\frac{P_2}{\gamma}} + \cancel{\frac{V_2^2}{2g}} + Z_2$$

$$\frac{V_1^2}{2g} + Z_1 = Z_2$$

$$\therefore Z_2 - Z_1 = \frac{V_1^2}{2g}$$

따라서 최대 상승높이 $H(= Z_2 - Z_1) = \frac{V_1^2}{2g}$

정답 24 ② 25 ①

26 ★★★

그림과 같이 수조에 비중이 1.03인 액체가 담겨 있다. 이 수조의 바닥면적이 4 [m²]일 때의 수조바닥 전체에 작용하는 힘은 약 몇 [kN]인가? (단, 대기압은 무시한다)

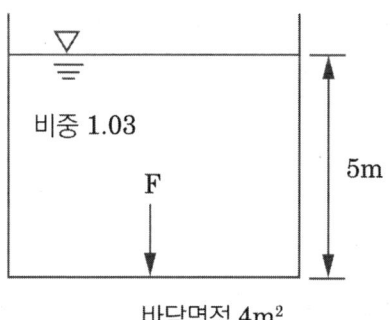

① 98   ② 51
③ 156 ④ 202

해설 수조바닥에 작용하는 힘

> 수평면에 작용하는 유체의 전압력 $F[N] = \gamma h A$
> 여기서, γ : 비중량 [N/m³]
> h : 수평면으로부터 액면까지 수직거리 [m]
> A : 면적 [m²]

$F = \gamma h A = S\gamma_w h A$
$= 1.03 \times 9.8 [kN/m^3] \times 5[m] \times 4[m^2]$
$= 201.88 [kN]$

γ_w : 물의 비중량 [N/m³]
S : 비중

보충 $\gamma = S \times \gamma_w$, $\rho = S \times \rho_w$

27 ★★★

펌프에서 공동현상이 발생할 때 나타나는 현상이 아닌 것은?

① 소음과 진동 발생
② 양정곡선 저하
③ 효율곡선 증가
④ 펌프 깃의 침식

해설 공동현상(Cavitation)

1) 개념 : 펌프 흡입 측 배관의 손실이 증가하여 소화수의 정압이 증기압 이하로 낮아져서 기포가 발생하는 현상이다.

2) 방지대책
   (1) 펌프의 위치를 수원보다 낮게 한다.
   (2) 흡입배관의 구경을 크게 한다.
   (3) 펌프의 회전수를 낮춘다.
   (4) 양흡입펌프를 사용한다.
   (5) 2대 이상의 펌프를 사용한다.
   (6) 펌프의 흡입 측을 가압한다.
   (7) 입형펌프를 사용하고, 회전차를 수중에 완전히 잠기게 한다.
   (8) 흡입관의 길이를 줄이거나 밸브, 플랜지 등을 조정하여 흡입 손실수두를 줄인다.

3) 발생현상
   (1) 소음과 진동 발생
   (2) 양정곡선 저하
   (3) **효율곡선 감소**
   (4) 펌프 깃의 침식

정답 26 ④ 27 ③

28 ★★★

어떤 펌프가 1850 [rpm]로 회전하여 전양정 100 [m]에 0.19 [m³/s]의 유량을 방출한다. 이것과 상사하고 지름이 2배인 펌프가 1690 [rpm]으로 운전할 때 유량[m³/s]은?

① 2.33 ② 0.84
③ 3.49 ④ 1.39

해설 상사법칙

① 유량 $Q_2 = \left(\dfrac{N_2}{N_1}\right)^1 \times \left(\dfrac{D_2}{D_1}\right)^3 \times Q_1$

② 양정 $H_2 = \left(\dfrac{N_2}{N_1}\right)^2 \times \left(\dfrac{D_2}{D_1}\right)^2 \times H_1$

③ 동력 $L_2 = \left(\dfrac{N_2}{N_1}\right)^3 \times \left(\dfrac{D_2}{D_1}\right)^5 \times L_1$

여기서, Q_1, Q_2 : 유량
H_1, H_2 : 양정, L_1, L_2 : 동력
N_1, N_2 : 임펠러의 회전수
D_1, D_2 : 임펠러의 직경

$Q_2 = \left(\dfrac{N_2}{N_1}\right) \times \left(\dfrac{D_2}{D_1}\right)^3 \times Q_1$
$= \left(\dfrac{1690}{1850}\right) \times \left(\dfrac{2}{1}\right)^3 \times 0.19 = 1.39\,[m^3/s]$

29 ★★★

이상기체에 대한 다음의 설명 중 틀린 것은?

① 엔탈피는 온도만의 함수이다.
② 정압비열은 온도와 압력의 함수로 볼 수 있다.
③ 내부 에너지는 온도만의 함수이다.
④ 엔트로피는 온도와 압력의 함수로 볼 수 있다.

해설 정압비열

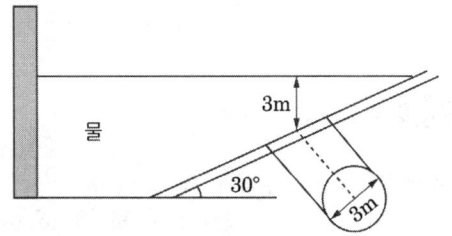

$C_P [kJ/kg \cdot K]$: 압력이 일정한 상태에서 1 [kg]의 기체를 온도 1 [K]만큼 높이는 데 필요한 열량
⇒ 정압비열은 압력이 일정할 때의 비열이므로 압력의 함수로 볼 수 없다.

30 ★★★

그림과 같이 수족관에 직경 3 [m]의 투시경이 설치되어 있다. 이 투시경에 작용하는 힘 [kN]은?

① 207.8 ② 123.9
③ 87.1   ④ 52.4

해설 투시경에 작용하는 힘

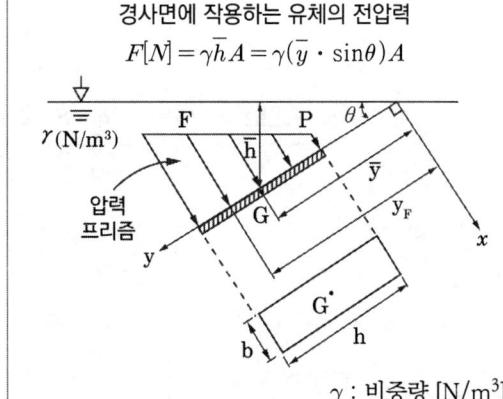

γ : 비중량 [N/m³]
$\bar{h}$: 경사면의 도심점으로부터 액면까지 연직 상방의 높이 [m]
A : 면적 [m²], G : 도심점

정답 28 ④ 29 ② 30 ①

$$F = \gamma \bar{h} A = \gamma \times \bar{h} \times \frac{\pi}{4} d^2$$
$$= 9.8 [kN/m^3] \times 3[m] \times \left(\frac{\pi}{4} \times 3^2\right)[m^2]$$
$$= 207.8 [kN]$$

해설 푸리에 열전도 법칙

$$전도열량 \ \dot{Q}[W] = \frac{kA\triangle T}{l} = \frac{kA(T_2 - T_1)}{l}$$

여기서, k : 열전도율 [W/m·K]
A : 면적 [m²]
$\triangle T$: 온도차 [K]
l : 두께 [m]

1) 전도열량은 **온도차**에 **비례**($\dot{Q} \propto \triangle T$)
2) 전도열량은 **면적**에 **비례**($\dot{Q} \propto A$)
3) 전도열량은 **벽 두께**에 **반비례**($\dot{Q} \propto \frac{1}{l}$)

31 ★★★

피스톤 A₂의 반지름이 A₁의 반지름의 2배이며, A₁과 A₂사에 작용하는 압력을 각각 P₁, P₂라 하면, 두 피스톤이 같은 높이에서 평형을 이룰 때 P₁과 P₂ 사이의 관계는?

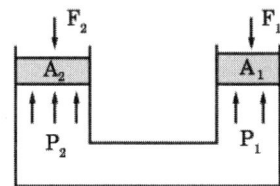

① P₁ = 2P₂ ② P₂ = 4P₁
③ P₁ = P₂   ④ P₂ = 2P₁

해설 파스칼의 원리

- 밀폐된 용기 내 유체에 압력을 가하면 이 압력은 모든 방향에서 같은 크기로 전달된다.
$P_1 = P_2$

P_1, P_2 : 압력

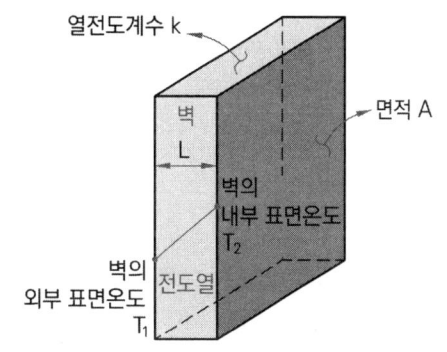

TIP 두께만 반비례

33 ★★★

베르누이의 정리 $(\frac{P}{\gamma} + \frac{V^2}{2g} + Z = Const.)$가 적용되는 조건이 될 수 없는 것은?

① 압축성의 흐름이다.
② 정상 상태의 흐름이다.
③ 마찰이 없는 흐름이다.
④ 베르누이 정리가 적용되는 임의의 두 점은 같은 유선상에 있다.

해설 베르누이 방정식의 조건

1) 유체입자는 유선을 따라 흐름
2) 정상류
3) 비점성 유체(유체입자는 마찰이 없다)
4) 비압축성 유체

32 ★★★

평면 벽을 통해 전도되는 열전달량에 대한 설명으로 옳은 것은?

① 면적과 온도차에 비례한다.
② 면적과 온도차에 반비례한다.
③ 면적에 비례하여 온도차에 반비례한다.
④ 면적에 반비례하며 온도차에 비례한다.

정답 31 ③ 32 ① 33 ①

34 ★★★

물이 들어 있는 탱크에 수면으로부터 20 [m] 깊이에 지름 50 [mm]의 오리피스가 있다. 이 오리피스에서 흘러나오는 유량은 약 몇 [m³/min]인가? (단, 탱크의 수면 높이는 일정하고 모든 손실은 무시한다)

① 1.3
② 2.3
③ 3.3
④ 4.3

해설 오리피스에서 흘러나오는 유량

> 토리첼리 공식 $V = \sqrt{2gh}$

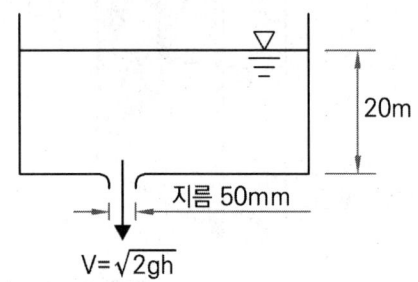

1) 유속 $V = \sqrt{2gh}$
   $= \sqrt{2 \times 9.8 \times 20} = 19.8 \, [m/s]$

2) 유량 $Q = AV$
   $= \left(\dfrac{\pi}{4} \times 0.05^2\right) \times 19.8 = 0.038 \, [m^3/s]$
   $= 2.3 \, [m^3/min]$

35 ★★★

그림과 같이 평형상태를 유지하고 있을 때 오른쪽 관에 있는 유체의 비중[S]은? (단, 물의 밀도는 1000 [kg/m³]이다)

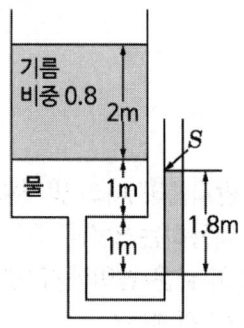

① 0.9
② 1.8
③ 2.0
④ 2.2

해설 유체의 비중

$P_1 = P_2$

$\gamma_w h_w + \gamma_{기름} h_{기름} = \gamma_{유체} h_{유체}$

$(\gamma_w \times 2) + (\gamma_{기름} \times 2) = (\gamma_{유체} \times 1.8)$

$(\gamma_w \times 2) + (S_{기름} \cdot \gamma_w \times 2) = (S \cdot \gamma_w \times 1.8)$

$(9800 \times 2) + (0.8 \times 9800 \times 2) = (S \times 9800 \times 1.8)$

$\therefore S = 2$

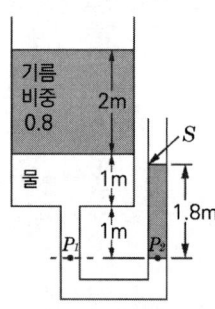

γ : 비중량[N/m³], h : 유체 높이[m]

보충 $\gamma = S \times \gamma_w$, $\rho = S \times \rho_w$

36 ★★★

레이놀즈수가 106이고 상대조도가 0.0008인 원관의 마찰계수 f는 0.019이다. 이 원관에 부차 손실계수가 6.46인 글로브 밸브를 설치하였을 때, 이 밸브의 등가길이(또는 상당길이)는 관의 지름의 몇 배인가?

① 6.46배
② 34배
③ 340배
④ 8075배

해설 등가길이와 관지름 비

$$L_e = \frac{KD}{f} = \frac{6.46 \times D}{0.019} = 340 \times D$$

보충 상당길이(등가길이) : 관 부속물에 유체가 흐를 때 발생되는 마찰 손실과 같은 크기의 마찰 손실을 가지는 동일 구경의 직관의 길이

37 ★★★

동일한 사양의 소방펌프를 1대로 운전하다가 2대로 병렬 연결하여 동시에 운전할 경우 나타나는 유체특성 현상 중 옳게 설명된 것은? (단, 펌프형식은 원심펌프이고, 배관 마찰손실 및 낙차 등은 고려하지 않는다)

① 체절 운전 시에 최고양정은 1대 운전 시의 최고 양정보다 높다.
② 동일한 양정에서 유량은 1대 용량의 2배로 송출된다.
③ 동일한 유량에서 양정은 1대 운전 시의 양정보다 항상 2배로 높게 나타난다.
④ 유량과 양정이 모두 2배로 크게 나타난다.

해설 펌프 2대의 직/병렬 운전

구분	직렬 운전	병렬 운전
개념도	(P)─(P)	(P) (P)
$H-Q$ 곡선	양정H 2대운전 1대운전 유량Q	양정H 2대운전 1대운전 유량Q
특징	① 유량 : Q ② 양정 : $2H$	① **유량** : $2Q$ ② **양정** : H

38 ★★

50 [kg]의 액화 할론(1301)이 21 [℃]에서 대기 중으로 방출을 할 경우에 부피는 몇 [m³]가 되는가?

① 7.51
② 8.12
③ 0.16
④ 8.98

해설 할론소화약제 부피 계산

이상기체상태방정식 $PV = nRT = \frac{W}{M}RT$

1) 할론1301(CF_3Br) 분자량 M
   $12 + 3 \times 19 + 80 = 149 [kg/kmol]$

2) $V = \frac{WRT}{PM}$

$$= \frac{50[kg] \times 0.082 \left[\frac{atm \cdot m^3}{kmol \cdot K}\right] \times (21+273)[K]}{1[atm] \times 149[kg/kmol]}$$

$= 8.09 [m^3]$

P : 절대압력 [atm]
V : 부피 [m³]
M : 분자량 [kg/kmol]
W : 기체의 질량 [kg]
R : 기체상수 (0.082 [atm·m³/kmol·K])
T : 절대온도 [K] (273 + [℃])

보충 원자량(C : 12, F : 19, Br : 80)

정답 36 ③ 37 ② 38 ②

39 ★★★

멀리 떨어진 화염으로부터 직접 열기를 느끼게 되는 열전달 원리는?

① 복사
② 대류
③ 전도
④ 비등

📚 **해설** 열전달

분류	개념
전도	고온체와 저온체의 직접적인 접촉에 의해 열 이동
대류	유체의 흐름에 의해 열 이동
복사	매질 없이 전자파 형태로 열 이동

💡 **TIP** 전대복

40 ★★★

안지름이 30 [cm], 길이가 800 [m]인 관로를 통하여 0.3 [m³/s]의 물을 50 [m] 높이까지 양수하는 데 있어 펌프에 필요한 동력은 몇 [kW]인가? (단, 관 마찰계수는 0.03이고, 펌프의 효율은 85 [%]이다)

① 402   ② 409
③ 415   ④ 427

📚 **해설** 펌프에 필요한 동력

$$동력\ P[kW] = \frac{\gamma[kN/m^3] \times Q[m^3/s] \times H[m]}{\eta} \times K$$

여기서, γ : 물의 비중량 [9.8 kN/m³]
Q : 유량 [m³/s], H : 전양정 [m]
η : 효율, K : 전달계수

1) 전양정 H = 실양정 + 마찰손실수두
   ($\because$ 문제에 방사압과 관련된 조건이 없으므로)

$$H = 50 + f\frac{L}{D}\frac{V^2}{2g}$$

$$= 50 + f\frac{L}{D}\frac{\left(\frac{Q}{A}\right)^2}{2g}$$

$$= 50 + 0.03 \times \frac{800}{0.3} \times \frac{\left(\frac{0.3}{\frac{\pi}{4} \times 0.3^2}\right)^2}{2 \times 9.8}$$

$$= 123.52\ [m]$$

2) $P = \frac{\gamma QH}{\eta} \times K$

$$= \frac{9.8 \times 0.3 \times 123.52}{0.85} = 427\ [kW]$$

📌 **보충** 전양정 H = 실양정 + 마찰손실 + 방사압
(단, 문제 조건에 나와 있지 않은 것은 무시한다.)

41 ★★★

소방시설 설치 및 관리에 관한 법령상 건축허가 등을 할 때 미리 소방본부장 또는 소방서장의 동의를 받아야 하는 건축물 등의 범위 기준이 아닌 것은?

① 건축등을 하려는 학교시설 : 연면적 200 [m²] 이상
② 노유자 시설 : 연면적 200 [m²] 이상
③ 정신의료기관(입원실이 없는 정신건강의학과 의원은 제외) : 연면적 300 [m²] 이상
④ 장애인 의료재활시설 : 연면적 300 [m²] 이상

해설 건축허가 동의대상물 범위

구분	기준
학교시설	연면적 100 [m²] 이상
노유자(老幼者)시설 및 수련시설	연면적 200 [m²] 이상
지하층·무창층이 있는 건축물	바닥면적 150 [m²](공연장 100 [m²]) 이상
정신의료기관, 장애인 의료시설	연면적 300 [m²] 이상
일반용도의 특정소방대상물	연면적 400 [m²] 이상
차고, 주차장 또는 주차용도로 사용되는 시설	바닥면적 200 [m²] 이상
	기계식 주차시설 자동차 20대 이상
• 노인 관련 시설 중 노인주거복지시설, 노인의료복지시설, 재가노인복지시설, 학대피해노인 전용쉼터	단독주택, 공동주택에 설치되는 시설 제외

구분	기준
• 아동복지시설(아동상담소, 아동전용시설 및 지역아동센터는 제외한다) • 장애인 거주시설 • 결핵환자나 한센인이 24시간 생활하는 노유자시설	
• 6층 이상 건축물 • 항공기격납고, 관망탑, 항공관제탑, 방송용 송수신탑 • 요양병원(의료재활시설제외) • 위험물 저장 및 처리시설, 지하구, 전기저장시설, 풍력발전소 • 조산원, 산후조리원, 의원(입원실 있는 것) • 공장 또는 창고시설로서 지정수량의 750배 이상의 특수가연물을 저장·취급하는 것 • 가스시설로서 지상에 노출된 탱크의 저장용량의 합계가 100톤 이상인 것	-

42 ★★★

화재의 예방 및 안전관리에 관한 법령상 일반음식점에서 조리를 위하여 불을 사용하는 설비를 설치할 경우 화재예방을 위하여 지켜야 할 사항 중 틀린 것은?

① 주방설비에 부속된 배기덕트는 0.5 [mm] 이상의 아연도금강판 또는 이와 동등 이상의 내식성 불연재료로 설치할 것
② 주방시설에는 기름을 제거할 수 있는 필터 등을 설치할 것
③ 열을 발생하는 조리기구는 반자 또는 선반으로부터 0.5 [m] 이상 떨어지게 할 것
④ 열을 발생하는 조리기구로부터 0.15 [m] 이내의 거리에 있는 가연성 주요구조부는 석면판 또는 단열성이 있는 불연재로 덮어씌울 것

해설 음식조리를 위하여 설치하는 설비

- 주방설비에 부속된 배출덕트는 0.5 [mm] 이상 아연도금강판 또는 동등 이상의 내식성 불연재료로 설치
- 동·식물 기름 제거 가능한 필터 설치
- <u>열 발생 조리기구는 반자 또는 선반으로부터 0.6 [m] 이상 떨어지게 할 것</u>
- 열 발생 조리기구로부터 0.15 [m] 이내 거리의 가연성 주요구조부는 석면판 또는 단열성 있는 불연재료로 덮어씌울 것

43 ★★★

소방시설공사업법령상 상주 공사감리의 대상 기준 중 다음 괄호 안에 알맞은 것은?

- 연면적 (㉠) [m^2] 이상의 특정소방대상물 (아파트는 제외)에 대한 소방시설의 공사
- 지하층을 포함한 층수가 (㉡)층 이상으로서 (㉢) 세대 이상인 아파트에 대한 소방시설의 공사

① ㉠ 30000, ㉡ 16, ㉢ 500
② ㉠ 30000, ㉡ 11, ㉢ 300
③ ㉠ 50000, ㉡ 16, ㉢ 500
④ ㉠ 50000, ㉡ 11, ㉢ 300

해설 공사감리 대상

종류	대상	방법
상주 감리	• 연 3만 [m^2] 이상 (아파트 제외) • 16층(지하층 포함) 이상으로 500세대 이상 아파트	• 정한기간에 현장 상주 • 감리업무 수행, 감리일지 작성 • 1일 이상 일탈 시 발주확인·업무대행
일반 감리	• 상주감리 이외 공사 현장	• 배치기간에 현장 업무, 주 1회 이상 • 감리업무 수행, 감리일지 작성 • 14일 이내 수행 불가 시 대행자 지정 • 대행자 주 2회 이상 배치, 업무내용통보

정답 42 ③ 43 ①

44 ★★★

화재의 예방 및 안전관리에 관한 법령상 화재예방강화지구로 지정할 수 있는 대상지역이 아닌 것은? (단, 소방청장·소방본부장 또는 소방서장이 화재예방강화지구로 지정할 필요가 있다고 별도로 지정한 지역은 제외한다)

① 시장지역
② 석조건물이 있는 지역
③ 위험물의 저장 및 처리시설이 밀집한 지역
④ 석유화학제품을 생산하는 공장이 있는 지역

해설 화재예방강화지구 지정

1) 지정권자 : 시·도지사
2) 화재예방강화지구 지정 요청 : 소방청장
3) 화재예방강화지구
  (1) 시장지역
  (2) 공장·창고가 밀집한 지역
  (3) 목조건물이 밀집한 지역
  (4) 노후·불량건축물이 밀집한 지역
  (5) 위험물의 저장 및 처리시설이 밀집한 지역
  (6) 석유화학제품을 생산하는 공장이 있는 지역
  (7) 산업입지 및 개발에 관한 법률에 따른 산업단지
  (8) 소방시설·소방용수시설·소방출동로가 없는 지역
  (9) 물류단지
  ⑩ (1) ~ (9)까지 준하는 지역으로서 소방관서장이 화재예방강화지구로 지정할 필요가 있다고 인정하는 지역

45 ★ 난이도 상

소방시설관리업자가 점검을 하지 않은 경우 1차 행정처분기준은?

① 등록취소
② 경고(시정명령)
③ 영업정지 1월
④ 영업정지 6월

해설 소방시설관리업에 대한 행정처분기준

위반사항	행정처분기준		
	1차	2차	3차
거짓, 그 밖의 부정한 방법으로 등록한 경우	등록취소		
점검을 하지 않거나 점검능력 평가를 받지 않고 자체점검을 한 경우	영업정지 1개월	영업정지 3개월	등록취소
점검을 거짓으로 한 경우	경고 (시정명령)	영업정지 3개월	등록취소
등록기준에 미달된 경우	경고 (시정명령)	영업정지 3개월	등록취소

46 ★★★

소방시설공사업법상 특정소방대상물의 관계인 또는 발주자로부터 소방시설공사 등을 도급받은 소방시설업자가 제3자에게 소방시설공사 시공을 하도급할 수 없다. 이를 위반하는 경우의 벌칙기준은? (단, 대통령령으로 도급하는 소방시설공사의 일부를 한 번만 제3자에게 하도급할 수 있는 경우는 제외한다)

① 100만 원 이하의 벌금
② 300만 원 이하의 벌금
③ 1년 이하의 징역 또는 1000만 원 이하의 벌금
④ 3년 이하의 징역 또는 1500만 원 이하의 벌금

정답 44 ② 45 ③ 46 ③

해설 소방시설공사업법 벌칙

[3년 3000만 원]
1. 소방시설업 등록하지 아니하고 영업을 한 자
2. 부정한 청탁을 받고 재물 또는 재산상의 이익을 취득하거나 부정한 청탁을 하면서 재물 또는 재산상의 이익을 제공한 자

[1년 1000만 원]
1. 영업정지 처분을 받고 그 기간에 영업한 자
2. 법과 NFTC를 위반한 설계·시공자
3. 적법하지 않게 감리를 하거나 거짓으로 감리한 자
4. 공사 감리자를 지정하지 아니한 관계인
5. 공사업자가 감리업자의 시정보완 요구를 무시하고 그 공사를 계속할 경우 감리업자는 그 사실을 소방본부장 또는 소방서장에게 보고하여야 한다. 이 사실을 거짓으로 보고한 감리업자
6. 공사감리 결과보고서의 제출을 거짓으로 한 감리업자
7. 무등록 소방시설업자에게 소방공사 도급한 관계인 또는 발주자
8. 도급받은 소방시설의 설계, 시공, 감리를 하도급한 자
9. 하도급받은 소방시설공사를 다시 하도급한 하수급인
10. 소방기술자가 법 또는 명령을 따르지 않고 업무를 수행한 자

47 ★

화재의 예방 및 안전관리에 관한 법률에 따라 2급 소방안전관리대상물의 소방안전관리자로 선임될 수 있는 자격 기준으로 알맞은 것은?

① 전기기능사 자격을 가진 자
② 소방서에서 3년 이상 소방업무에 종사한 경력이 있는 자
③ 경찰공무원으로 2년 이상 근무한 경력이 있는 자
④ 의용소방대원으로 2년 이상 근무한 경력이 있는 자

해설 2급 소방안전관리대상물 소방안전관리자

(1) 위험물기능장·위험물산업기사·위험물기능사 자격자
(2) 소방공무원으로 3년 이상 근무 경력
(3) 「기업활동 규제완화에 관한 특별조치법」에 따라 소방안전관리자로 선임된 사람
(4) 소방청장 실시 2급 소방안전관리 시험 합격자

48 ★★★

옥외에 연결송수구 및 옥내에 방수구가 부설된 옥내소화전설비·스프링클러설비·간이스프링클러설비 또는 연결살수설비를 화재안전기술기준에 적합하게 설치한 경우 그 설비의 유효범위 안의 부분에서 설치가 면제되는 것은?

① 연소방지설비
② 상수도소화용수설비
③ 물분무등소화설비
④ 연결송수관설비

해설 소방시설 설치 면제기준

설치 면제	설치면제 기준
스프링클러설비	• 자동소화장치 또는 물분무등소화설비 설치(전기저장시설 제외) • 전기저장시설에 소방청장이 고시하는 소화설비 설치한 경우
물분무등소화설비	차고·주차장에 스프링클러설비 설치
비상경보설비, 단독경보형 감지기	자동화재탐지설비 설치 또는 화재알림설비 설치
연소방지설비	스프링클러설비, 물분무소화설비, 미분무소화설비
연결송수관설비	옥외 연결송수구 및 옥내 방수구가 부서된 옥내소화전설비, (간이)스프링클러설비, 연결살수설비 설치

정답 47 ② 48 ④

49 ★★★

소방시설 설치 및 관리에 관한 법령상 수용인원 산정 방법 중 다음의 청소년시설의 수용인원은 몇 명인가?

> 청소년시설의 종사자수는 5명, 숙박시설은 모두 2인용 침대이며 침대수량은 50개다.

① 55
② 75
③ 85
④ 105

해설 수용인원 산정방법

1) 숙박시설이 있는 특정소방대상물
   - 침대 있는 경우 : 종사자 수 + 침대 수
   - 침대 없는 경우

     종사자 수 + $\dfrac{바닥면적 합계}{3m^2}$

2) 수용인원 = 5 + (50 × 2) = 105명

   TIP 2인용 침대는 2인으로 산정

※ 숙박시설 이외의 특정소방대상물
- 강의실·교무실·상담실·실습실·휴게실 용도로 쓰이는 특정소방대상물 : 바닥면적 합계 / 1.9 [m^2]
- 강당·문화집회시설·운동시설·종교시설 : 바닥면적 합계 / 4.6 [m^2]
- 관람석에 고정식 의자가 있는 경우 : 의자 수
- 관람석에 긴 의자가 있는 경우 : 의자의 정면너비 / 0.45 [m]
- 그 밖의 대상물 : 바닥면적 합계 / 3 [m^2]

50 ★★★

위험물안전관리법령상 제조소등이 아닌 장소에서 지정수량 이상의 위험물을 취급할 수 있는 기준 중 다음 ( ) 안에 알맞은 것은?

> 시·도의 조례가 정하는 바에 따라 관할 소방서장의 승인을 받아 지정수량 이상의 위험물을 ( )일 이내의 기간 동안 임시로 저장 또는 취급하는 경우

① 15
② 30
③ 60
④ 90

해설 위험물 임시저장

1) 위치·구조·설비 기준 : 시·도 조례
2) 제조소등이 아닌 장소에서 지정수량 이상 위험물 취급할 수 있는 경우
   - 관할소방서장 승인 받아 지정수량 이상 위험물 90일 이내로 임시 저장·취급
   - 군부대는 지정수량 이상 위험물 군사 목적으로 임시 저장·취급

51 ★★★

소방시설 설치 및 관리에 관한 법령상 소방시설관리사의 결격사유가 아닌 것은?

① 피성년후견인
② 소방기본법령에 따른 금고 이상의 실형을 선고받고 그 집행이 면제된 날부터 2년이 지나지 아니한 사람
③ 소방시설공사업법령에 따른 금고 이상의 형의 집행유예를 선고받고 그 유예기간이 지난 후 2년이 지나지 아니한 사람
④ 거짓이나 그 밖의 부정한 방법으로 관리사 시험에 합격하여 자격이 취소된 날부터 2년이 지나지 아니한 사람

해설 소방시설관리사 결격사유

- 피성년후견인
- 금고 이상 실형을 선고받고 집행이 끝나거나 면제된 날부터 2년이 지나지 않은 자
- 금고 이상 형의 집행유예 선고받고 유예기간 중인 자
- 자격 취소된 날부터 2년이 지나지 않은 자

52 ★★

특정소방대상물의 자동화재탐지설비 설치 면제기준 중 다음 (　) 안에 알맞은 것은? (단, 자동화재탐지설비의 기능은 감지·수신·경보기능을 말한다)

> 자동화재탐지설비 기능과 성능을 가진 (　) 또는 물분무등소화설비를 화재안전기술기준에 적합하게 설치한 경우에는 그 설비의 유효범위에서 설치가 면제된다.

① 비상경보설비
② 연소방지설비
③ 연결살수설비
④ 스프링클러설비

해설 소방시설 설치 면제기준

설치 면제	설치면제 기준
물분무등소화설비	차고·주차장에 스프링클러설비 설치
비상경보설비, 단독경보형 감지기	자동화재탐지설비 또는 화재알림설비 설치
연소방지설비	스프링클러설비, 물분무소화설비, 미분무소화설비
자동화재탐지설비	자동화재탐지설비의 기능·성능 가진 화재알림설비·**스프링클러설비**, 물분무등소화설비 설치

53 ★★

감리업자가 소방공사의 감리를 완료할 때 그 감리 결과를 통보해야 하는 대상자가 아닌 것은?

① 시·도지사
② 소방시설공사의 도급인
③ 특정소방대상물의 관계인
④ 특정소방대상물의 공사를 감리한 건축사

해설 감리결과 통보

1) 기간 : 7일 이내
2) 대상자
   - 특정소방대상물의 관계인
   - 소방시설공사의 도급인
   - 특정소방대상물 공사 감리한 건축사
   - 소방본부장, 소방서장

54 ★★★

소방기본법상 명령권자가 소방본부장, 소방서장, 소방대장에게 있는 사항은?

① 소방활동을 할 때에 긴급한 경우에는 이웃한 소방본부장 또는 소방서장에게 소방업무의 응원 요청할 수 있다.
② 화재, 재난·재해, 그 밖의 위급한 상황이 발생한 현장에서 소방활동을 위하여 필요할 때에는 그 관할구역에 사는 사람 또는 그 현장에 있는 사람으로 하여금 사람을 구출하는 일 또는 불을 끄거나 불이 번지지 아니하도록 하는 일을 하게 할 수 있다.
③ 수사기관이 방화 또는 실화의 혐의가 있어서 이미 피의자를 체포하였거나 증거물을 압수하였을 때에 화재조사를 위하여 필요한 경우에는 수사에 지장을 주지 아니하는 범위에서 그 피의자 또는 압수된 증거물에 대한 조사를 할 수 있다.
④ 화재, 재난·재해, 그 밖의 위급한 상황이 발생하였을 때에는 소방대를 현장에 신속하게 출동시켜 화재진압과 인명구조·구급 등 소방에 필요한 활동을 하게 하여야 한다.

해설 소방본부장, 소방서장, 소방대장 권한

구분	권한
소방청장	• 소방박물관 설립 • 한국소방안전원 감독 • 소방력 동원 요청
소방청장, 소방본부장, 소방서장	• 소방활동
소방본부장, 소방서장	• 소방업무 응원요청 • 지리조사
소방본부장, 소방서장, 소방대장	• 소방활동 종사명령 • 강제처분 • 피난명령 • 위험시설 긴급조치
소방대장	• 소방활동구역 설정

55 ★★★

소방기본법령상 소방용수시설 및 지리조사의 기준 중 다음 ( ) 안에 알맞은 것은?

> 소방본부장 또는 소방서장은 원활한 소방 활동을 위하여 설치된 소방용수시설에 대한 조사를 (㉠)회 이상 실시하여야 하며 그 조사결과를 (㉡)년간 보관하여야 한다.

① ㉠ 월 1, ㉡ 1
② ㉠ 월 1, ㉡ 2
③ ㉠ 년 1, ㉡ 1
④ ㉠ 년 1, ㉡ 2

해설 소방용수시설 설치 및 관리

1) 소방용수시설 : 소화전, 급수탑, 저수조
2) 소방용수시설 설치·유지·관리 : 시·도지사
   ※ 「수도법」에 따라 소화전을 설치하는 일반수도사업자는 관할 소방서장과 사전협의를 거친 후 소화전을 설치하여야 하며, 설치 사실을 관할 소방서장에게 통지하고, 그 소화전을 유지·관리
3) 시·도지사는 소방자동차의 진입이 곤란한 지역 등 화재발생 시에 초기 대응이 필요한 지역으로서 "대통령령으로 정하는 지역"에 소방호스 또는 호스릴 등을 소방용수시설에 연결하여 화재를 진압하는 시설이나 장치(비상소화장치)를 설치하고 유지·관리할 수 있다(※ 대통령령으로 정하는 지역 : 화재경계지구, 시·도지사가 비상소화장치의 설치가 필요하다고 인정하는 지역).
4) 소방용수시설 및 지리조사 기준
   (1) 실시자 : 소방본부장·서장
   (2) 횟수 및 보관 : 월 1회 이상 실시
         결과 2년 보관

56 ★★

위험물안전관리법상 허가를 받지 아니하고 당해 제조소등을 설치하거나 그 위치·구조 또는 설비를 변경할 수 있으며, 신고를 하지 아니하고 위험물의 품명·수량 또는 지정수량의 배수를 변경할 수 있는 기준으로 틀린 것은?

① 주택의 난방시설을 위한 저장소 또는 취급소
② 공동주택의 중앙난방시설을 위한 저장소 또는 취급소
③ 수산용으로 필요한 건조시설을 위한 지정수량 20배 이하의 저장소
④ 농예용으로 필요한 난방시설을 위한 지정수량 20배 이하의 저장소

해설 제조소 설치 및 변경

1) 설치허가자 : 시·도지사(행정안전부령)
2) 변경신고 : 변경하고자 하는 날의 1일 전
3) 허가 제외 장소
   - 주택의 난방시설(공동주택 중앙난방시설 제외)을 위한 저장소·취급소
   - 농예용·축산용·수산용으로 필요한 난방·건조시설을 위한 지정수량 20배 이하의 저장소

57 ★★

위험물안전관리법령상 인화성액체위험물(이황화탄소를 제외)의 옥외탱크저장소의 탱크주위에 설치하여야 하는 방유제의 기준 중 틀린 것은?

① 방유제의, 용량은 방유제안에 설치된 탱크가 하나인 때에는 그 탱크 용량의 110 [%] 이상으로 할 것
② 방유제의 용량은 방유제 안에 설치된 탱크가 2기 이상인 때에는 그 탱크 중 용량이 최대인 것의 용량의 110 [%] 이상으로 할 것
③ 방유제의 높이는 1 [m] 이상 3 [m] 이하, 두께 0.2 [m] 이상, 지하매설깊이 0.5 [m] 이상으로 할 것
④ 방유제 내의 면적은 80000 [m^2] 이하로 할 것

해설 방유제

(1) 방유제 용량
   ① 탱크 1기 : 탱크용량 110 [%] 이상
   ② 탱크 2기 이상 : 최대 탱크 용량 110 [%] 이상
(2) 방유제 높이 : 0.5 [m] 이상 3 [m] 이하
(3) 방유제 두께 : 0.2 [m] 이상
(4) 지하매설깊이 : 1 [m] 이상
(5) 방유제 면적 : 80000 [m^2] 이하
(6) 방유제 내에 설치하는 옥외저장탱크 수 : 10기 이하
(7) 방유제 재질 : 철근콘크리트, 흙담

58 ★★★

화재의 예방 및 안전관리에 관한 법령상 소방본부장 또는 소방서장은 화재예방강화지구 안의 관계인에 대하여 소방상 필요한 훈련 및 교육을 실시하고자 하는 때에는 관계인에게 훈련 또는 교육 며칠 전까지 그 사실을 통보하여야 하는가?

① 5
② 7
③ 10
④ 14

해설 화재예방강화지구 관리

- 관리자 : 소방관서장
- 화재안전조사 : 연 1회 이상
- 훈련 및 교육 : 화재예방강화지구 안의 관계인에 대하여 연 1회 이상 실시
- 훈련 및 교육 통보 : 화재예방강화지구 안의 관계인에게 교육 10일 전까지 통보

59 ★★

소방시설 설치 및 관리에 관한 법령상 특정소방대상물의 관계인이 특정 소방대상물의 규모·용도 및 수용인원 등을 고려하여 갖추어야 하는 소방시설의 종류 기준 중 다음 (   ) 안에 알맞은 것은?

> 화재안전기술기준에 따라 소화기구를 설치하여야 하는 특정소방대상물은 연면적 (㉠) [m²] 이상인 것, 다만 노유자시설의 경우에는 투척용 소화용구 등을 화재안전기술기준에 따라 산정된 소화기 수량의 (㉡) 이상으로 설치할 수 있다.

① ㉠ 33, ㉡ 1/2
② ㉠ 33, ㉡ 1/5
③ ㉠ 50, ㉡ 1/2
④ ㉠ 50, ㉡ 1/5

해설 소화기구 설치대상

- 연면적 33 [m²] 이상인 것(노유자시설 : 투척용 소화용구 등을 산정된 소화기 수량 1/2 이상 설치)
- 가스시설, 발전시설 중 전기저장시설 및 문화유산
- 터널, 지하구

60 ★★★

시장 지역에서 화재로 오인할 만한 우려가 있는 불을 피우거나 연막 소독을 한 자가 소방본부장 또는 소방서장에게 신고를 하지 아니하여 소방자동차를 출동하게 한 때에 과태료 부과 금액 기준으로 옳은 것은?

① 20만 원 이하
② 50만 원 이하
③ 100만 원 이하
④ 200만 원 이하

해설 20만 원 이하의 과태료

화재로 오인할 만한 우려가 있는 불을 피우거나 연막 소독을 하기 전에 신고를 하지 않아 소방자동차를 출동하게 한 자

- 부과권자 : 소방본부장, 소방서장
- 과태료 : 20만 원 이하

2022년 2회
소방기계시설의 구조 및 원리

61 ★★★
전역방출방식 분말소화설비의 분사헤드는 소화약제 저장량을 몇 초 이내에 방출할 수 있는 것으로 하여야 하는가?

① 5　　② 10
③ 20　　④ 30

해설 분말소화설비 소화약제 저장량 방출시간
(전역·국소방출방식)

방출시간 : 30초 이내에 방출할 수 있는 것으로 할 것

62 ★★
상수도직결형 간이스프링클러설비의 배관 및 밸브 등의 설치순서로 옳은 것은?

① 수도용계량기 - 급수차단장치 - 개폐표시형 밸브 - 체크밸브 - 압력계 - 유수검지장치 - 2개의 시험밸브 순으로 설치

② 수도용계량기 - 급수차단장치 - 개폐표시형 밸브 - 압력계 - 체크밸브 - 유수검지장치 - 2개의 시험밸브 순으로 설치

③ 수도용계량기 - 개폐표시형 밸브 - 압력계 - 체크밸브 - 압력계 - 개폐표시형 밸브 순으로 설치

④ 수도용계량기 - 개폐표시형 밸브 - 압력계 - 체크밸브 - 압력계 - 개폐표시형 밸브 - 일제개방밸브 순으로 설치

해설 배관 및 밸브 설치순서

1) 상수도직결형
수도용계량기 → 급수차단장치 → 개폐표시형 밸브 → 체크밸브 → 압력계 → 유수검지장치 → 2개의 시험밸브 순으로 설치

2) 펌프 등의 가압송수장치로 이용하는 경우
수원 → 연성계 또는 진공계 → 펌프 또는 입력수조 → 압력계 → 체크밸브 → 성능시험배관 → 개폐표시형 밸브 → 유수검지장치 → 시험밸브의 순으로 설치

3) 가압수조를 가압송수장치의 경우
수원 → 가압수조 → 압력계 → 체크밸브 → 성능시험배관 → 개폐표시형 밸브 → 유수검지장치 → 2개의 시험밸브 순으로 설치

4) 캐비닛형의 가압송수장치의 경우
수원 → 연성계 또는 진공계 → 펌프 또는 압력수조 → 압력계 → 체크밸브 → 개폐표시형 밸브 → 2개의 시험밸브 순으로 설치

5) 주택전용 간이스프링클러설비(상수도에 직접 연결하는 방식) [시행 2024. 12. 1.]
수도용계량기 → 수도용 역류방지밸브 → 개폐표시형 밸브 → 세대별 개폐밸브 및 간이헤드의 순으로 설치

암기 상수도직결 - 수급개체압유2시
펌프 - 수연펌압체성개유시

정답 61 ④　62 ①

63 ★★★

습식스프링클러설비 또는 부압식 스프링클러설비 외의 설비에는 헤드를 향하여 상향으로 수평주행배관 기울기를 몇 이상으로 하여야 하는가? (단, 배관의 구조상 기울기를 줄 수 없는 경우는 제외한다)

① 1 / 100
② 1 / 200
③ 1 / 300
④ 1 / 500

해설 기울기 Summary

구분	설명
1 / 100 이상	연결살수설비 수평주행배관
2 / 100 이상	물분무소화설비 배수설비
1 / 250 이상	S/P 습식 · 부압식 외 가지배관
1 / 500 이상	**S/P 습식 · 부압식 외 수평주행배관**

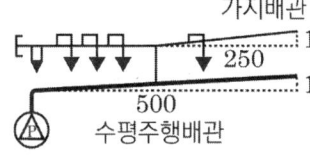

[S/P 습식 · 부압식 외의 설비]

64 ★★★

포워터스프링클러헤드는 특정소방대상물의 천장 또는 반자에 설치하되, 바닥면적 몇 [m²]마다 1개 이상을 설치하여야 하는가?

① 4
② 6
③ 8
④ 9

해설 포소화설비 포헤드 설치기준

구분	설치기준
포워터스프링클러헤드	**바닥면적 8 [m²]마다 1개 이상**
포헤드	바닥면적 9 [m²]마다 1개 이상

65 ★★★

분말소화약제의 가압용 가스용기에는 몇 [MPa] 이하의 압력에서 조정이 가능한 압력 조정기를 설치하는가?

① 2.5
② 5
③ 7.5
④ 10

해설 분말소화약제의 가압용 가스용기

분말소화약제의 가압용 가스용기에는 2.5 [MPa] 이하의 압력에서 조정이 가능한 압력조정기를 설치해야 한다.

66 ★★★

하나의 배관에 부착하는 살수헤드의 개수가 7개인 경우 연결살수설비 배관의 최소 구경은 몇 [mm]인가? (단, 연결살수설비 전용헤드를 사용하는 경우이다)

① 32
② 40
③ 50
④ 80

해설 연결살수설비의 배관의 구경

연결살수설비 전용헤드를 사용하는 경우에는 다음 표에 따른 구경 이상으로 할 것

하나의 배관에 부착하는 연결살수설비 전용헤드의 개수	1개	2개	3개	4개 또는 5개	**6개 이상 10개 이하**
배관의 구경 [mm]	32	40	50	65	**80**

정답 63 ④ 64 ③ 65 ① 66 ④

67 ★★★

제연구역 구획기준 중 제연경계의 폭과 수직거리 기준으로 옳은 것은? (단, 구조상 불가피한 경우는 제외한다)

① 폭 : 0.3 [m] 이상, 수직거리 : 0.6 [m] 이내
② 폭 : 0.6 [m] 이내, 수직거리 : 2 [m] 이상
③ 폭 : 0.6 [m] 이상, 수직거리 : 2 [m] 이내
④ 폭 : 2 [m] 이상, 수직거리 : 0.6 [m] 이내

해설 제연경계의 폭과 수직거리

1) 폭 : 0.6 [m] 이상
2) 수직거리 : 2 [m] 이내(다만 구조상 불가피한 경우는 2 [m]를 초과할 수 있다.)

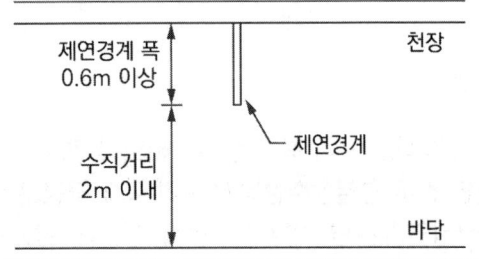

68 ★★★

물분무소화설비의 수원 저수량 기준으로 옳은 것은?

① 특수가연물을 저장하는 또는 취급하는 특정소방대상물 또는 그 부분에 있어서 그 바닥면적 1 [m²]에 대하여 20 [L/min]로 20분간 방수할 수 있는 양 이상으로 할 것
② 주차장은 그 바닥면적 1 [m²]에 대하여 10 [L/min]로 20분간 방수할 수 있는 양 이상으로 할 것
③ 케이블트레이는 투영된 바닥면적 1 [m²]에 대하여 10 [L/min]로 20분간 방수할 수 있는 양 이상으로 할 것
④ 케이블덕트는 투영된 바닥면적 1 [m²]에 대하여 12 [L/min]로 20분간 방수할 수 있는 양 이상으로 할 것

해설 물분무소화설비 수원의 저수량

소방대상물	토출량	비고
특수가연물을 저장·취급하는 특정소방대상물	10 [L/min·m²]	최소 바닥면적 50 [m²]
절연유봉입 변압기·컨베이어벨트	10 [L/min·m²]	-
케이블트레이·케이블덕트	12 [L/min·m²]	-
차고·주차장	20 [L/min·m²]	최소 바닥면적 50 [m²]

• 저수량 = 면적 × 토출량 × 방수시간(20 [min])

암기 특절컨 10, 케이트 12, 차주 20

69 ★★★

포소화설비의 화재안전기술기준에 따른 팽창비의 정의로 옳은 것은?

① 최종 발생한 포원액 체적 / 원래 포원액 체적
② 최종 발생한 포수용액 체적 / 원래 포원액 체적
③ 최종 발생한 포원액 체적 / 원래 포수용액 체적
④ 최종 발생한 포 체적 / 원래 포수용액 체적

해설 포소화설비 팽창비의 정의

"팽창비"란 최종 발생한 포 체적을 원래 포 수용액 체적으로 나눈 값을 말한다.

※ 팽창비 = $\dfrac{\text{최종 발생한 포 체적}}{\text{원래 포수용액 체적}}$

70 ★

연결송수관설비의 방수기구함 설치기준 중 다음 ( ) 안에 알맞은 것은?

> 방수기구함은 피난층과 가까운 층을 기준으로 (㉠)개 층마다 설치하되, 그 층의 방수구마다 보행거리 (㉡) [m] 이내에 설치할 것

① ㉠ 2, ㉡ 3
② ㉠ 3, ㉡ 5
③ ㉠ 3, ㉡ 2
④ ㉠ 5, ㉡ 3

해설 연결송수관설비의 방수기구함 설치기준

연결송수관설비의 방수기구함은 다음의 기준에 따라 설치해야 한다.

1) <u>방수기구함은 피난층과 가장 가까운 층을 기준으로 3개 층마다 설치하되, 그 층의 방수구마다 보행거리 5 [m] 이내에 설치할 것</u>
2) 방수기구함에는 길이 15 [m]의 호스와 방사형 관창을 다음의 기준에 따라 비치할 것
   (1) 호스는 방수구에 연결하였을 때 그 방수구가 담당하는 구역의 각 부분에 유효하게 물이 뿌려질 수 있는 개수 이상을 비치할 것. 이 경우 쌍구형 방수구는 단구형 방수구의 2배 이상의 개수를 설치해야 한다.
   (2) 방사형 관창은 단구형 방수구의 경우에는 1개, 쌍구형 방수구의 경우에는 2개 이상 비치할 것
3) 방수기구함에는 "방수기구함"이라고 표시한 축광식 표지를 할 것. 이 경우 축광식 표지는 소방청장이 고시한 「축광표지의 성능인증 및 제품검사의 기술기준」에 적합한 것으로 설치해야 한다.

71 ★★★

이산화탄소소화설비의 수동식 기동장치에 대한 설치기준으로 틀린 것은?

① 전기를 사용하는 기동장치에는 전원표시등을 설치할 것
② 전역방출방식은 방호구역마다, 국소방출방식은 방호대상물마다 설치할 것
③ 해당 방호구역의 출입구 부분 등 조작을 하는 자가 쉽게 피난할 수 있는 장소에 설치할 것
④ 기동장치의 조작부는 바닥으로부터 높이 0.5 [m] 이상 0.8 [m] 이하의 위치에 설치하고, 보호판 등에 따른 보호장치를 설치할 것

해설 이산화탄소소화설비 수동식 기동장치

수동식 기동장치 부근에는 소화약제의 방출을 지연시킬 수 있는 방출지연스위치를 설치해야 한다.

1) <u>수동식 기동장치는 전역방출방식은 방호구역마다, 국소방출방식은 방호대상물마다 설치할 것</u>
2) <u>해당 방호구역의 출입구 부근 등 조작을 하는 자가 쉽게 피난할 수 있는 장소에 설치할 것</u>
3) <u>수동식 기동장치의 조작부는 바닥으로부터 0.8 [m] 이상 1.5 [m] 이하의 위치에 설치하고, 보호판 등에 따른 보호장치를 설치할 것</u>
4) 기동장치 인근의 보기 쉬운 곳에 "이산화탄소소화설비 수동식 기동장치"라는 표지를 할 것
5) <u>전기를 사용하는 기동장치에는 전원표시등을 설치할 것</u>
6) 기동장치의 방출용 스위치는 음향경보장치와 연동하여 조작될 수 있는 것으로 할 것
7) 기동장치에는 보호장치를 설치해야 하며, 보호장치를 개방하는 경우 기동장치에 설치된 부저 또는 벨 등에 의하여 경고음을 발할 것
〈시행 2024.8.1.〉
8) 기동장치를 옥외에 설치하는 경우 빗물 또는 외부 충격의 영향을 받지 아니하도록 설치할 것
〈시행 2024.8.1.〉

72 ★★★

다음 중 불소, 염소, 브롬(브로민) 또는 요오드(아이오딘) 중 하나 이상의 원소를 포함하고 있는 유기화합물을 기본성분으로 하는 할로겐화합물소화약제가 아닌 것은?

① HCFC BLEND A
② HFC-125
③ IG-541
④ HFC-277ea

해설 할로겐화합물 및 불활성기체소화약제

1) 할로겐화합물소화약제 : 불소, 염소, 브롬(브로민) 또는 요오드(아이오딘) 중 하나 이상의 원소를 포함하고 있는 유기화합물을 기본성분으로 하는 소화약제
2) 불활성기체소화약제 : 헬륨, 네온, 아르곤 또는 질소가스 중 하나 이상의 원소를 기본성분으로 하는 소화약제

구분	할로겐화합물 소화약제	불활성기체 소화약제
종류	FC-3-1-10 HCFC BLEND A HCFC-124 HFC-125 HFC-227ea HFC-23 HFC-236fa FIC-13I1 FK-5-1-12	IG-01 IG-100 **IG-541** IG-55
효과	부촉매효과(연쇄반응 차단)	질식효과

73 ★★★

소화수조 및 저수조의 화재안전기술기준에 따라 소화용수 소요수량이 120 [m³]일 때 소화용수설비에 설치하는 채수구는 몇 개가 소요되는가?

① 2
② 3
③ 4
④ 5

해설 소화수조 및 저수조 채수구 설치기준

채수구는 다음 표에 따라 소방용호스 또는 소방용흡수관에 사용하는 구경 65 [mm] 이상의 나사식 결합금속구를 설치할 것

[소요수량에 따른 채수구의 수]

소요수량	20 [m³] 이상 40 [m³] 미만	40 [m³] 이상 100 [m³] 미만	100 [m³] 이상
채수구의 수(개)	1개	2개	3개

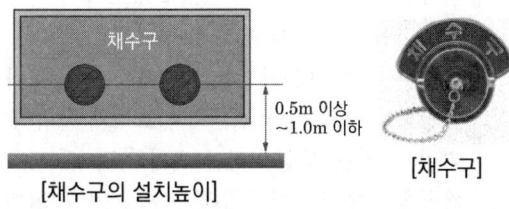

[채수구의 설치높이]   [채수구]

74 ★★★

이산화탄소 소화약제 저장용기에 대한 설명으로 옳지 않은 것은?

① 온도가 40 [℃] 이하인 장소에 설치할 것
② 방화문으로 구획된 실에 설치할 것
③ 고압식 저장용기의 충전비는 1.3 이상 1.7 이하로 할 것
④ 저압식 저장용기에는 2.3 [MPa] 이상 1.9 [MPa] 이하에서 작동하는 압력경보장치를 설치할 것

🔎 해설 이산화탄소 소화약제 저장용기 설치장소 기준과 저장용기 설치기준

1) 저장용기 설치장소 기준
   (1) 방호구역 외의 장소에 설치할 것
   (2) <u>온도가 40 [℃] 이하이고, 온도변화가 적은 곳에 설치할 것</u>
   (3) 직사광선 및 빗물이 침투할 우려가 없는 곳에 설치할 것
   (4) <u>방화문으로 구획된 실에 설치할 것</u>
   (5) 용기의 설치장소에는 해당 용기가 설치된 곳임을 표시하는 표지를 할 것
   (6) 용기 간의 간격은 점검에 지장이 없도록 3 [cm] 이상 간격을 유지할 것
   (7) 저장용기와 집합관을 연결하는 연결배관에는 체크밸브를 설치할 것

2) 저장용기 설치기준
   (1) <u>저장용기의 충전비는 고압식은 1.5 이상 1.9 이하, 저압식은 1.1 이상 1.4 이하로 할 것</u>
   (2) 저압식 저장용기에는 내압시험압력의 0.64배부터 0.8배의 압력에서 작동하는 안전밸브와 내압시험압력의 0.8배부터 내압시험압력에서 작동하는 봉판을 설치할 것
   (3) <u>저압식 저장용기에는 액면계 및 압력계와 2.3 [MPa] 이상 1.9 [MPa] 이하의 압력에서 작동하는 압력경보장치를 설치할 것</u>
   (4) 저압식 저장용기에는 용기 내부의 온도가 섭씨 영하 18 [℃] 이하에서 2.1 [MPa]의 압력을 유지할 수 있는 자동냉동장치를 설치할 것
   (5) 저장용기는 고압식은 25 [MPa] 이상, 저압식은 3.5 [MPa] 이상의 내압시험압력에 합격한 것으로 할 것

75 ★★★

옥외소화전에 관한 설명으로 옳은 것은?

① 호스는 구경 40 [mm]의 것으로 한다.
② 노즐 선단에서 방수압력 0.17 [MPa] 이상, 방수량이 130 [L/min] 이상의 가압송수장치가 필요하다.
③ 압력챔버를 사용할 경우 그 용적은 50 [L] 이하의 것으로 한다.
④ 옥외소화전이 10개 이하 설치된 때에는 옥외소화전마다 5 [m] 이내의 장소에 1개 이상의 소화전함을 설치해야 한다.

🔎 해설 옥외소화전 설치기준

① 호스는 구경 **65 [mm]**의 것으로 한다.
② 노즐 선단에서 방수압력 **0.25 [MPa] 이상**, 방수량이 **350 [L/min] 이상**의 가압송수장치가 필요하다.
③ 압력챔버를 사용할 경우 그 용적은 **100 [L] 이상**의 것으로 한다.

※ 옥외소화전함의 설치개수

옥외소화전	옥외소화전함의 개수
10개 이하	옥외소화전마다 5 [m] 이내의 장소에 1개 이상의 소화전함을 설치
11개 이상 30개 이하	11개 이상의 소화전함을 각각 분산하여 설치
31개 이상	옥외소화전 3개마다 1개 이상의 소화전함을 설치

정답 75 ④

76

소화기의 정의 중 다음 ( ) 안에 알맞은 것은?

> 대형소화기란 화재 시 사람이 운반할 수 있도록 운반대와 바퀴가 설치되어 있고 능력단위가 A급 (㉠)단위 이상, B급 (㉡)단위 이상인 소화기를 말한다.

① ㉠ 10, ㉡ 5
② ㉠ 20, ㉡ 5
③ ㉠ 10, ㉡ 20
④ ㉠ 20, ㉡ 20

해설 소화기의 능력단위

1) 소형소화기 : 능력단위가 1단위 이상이고, 대형소화기의 능력단위 미만인 소화기
2) **대형소화기** : 화재 시 사람이 운반할 수 있도록 운반대와 바퀴가 설치되어 있고, **능력단위가 A급 10단위 이상, B급 20단위 이상인 소화기**

[소형소화기]   [대형소화기]

77

제연설비에 있어서 하나의 제연구역 면적은 몇 [m²] 이내로 구획하여야 하는가?

① 400
② 600
③ 800
④ 1000

해설 제연설비의 제연구역 구획 기준

1) 하나의 제연구역 면적 : <u>1000 [m²] 이내</u>
2) 거실과 통로(복도 포함)는 각각 제연구획할 것
3) 통로상의 제연구역은 보행중심선의 길이가 60 [m]를 초과하지 않을 것
4) 하나의 제연구역은 직경 60 [m] 원 내에 들어갈 수 있을 것
5) 하나의 제연구역은 2 이상 층에 미치지 않도록 할 것

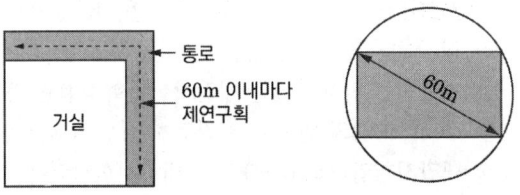

78

분말소화설비의 분말소화약제 1 [kg]당 저장용기의 내용적 기준으로 틀린 것은?

① 제1종 분말 : 0.8 [L]
② 제2종 분말 : 1.0 [L]
③ 제3종 분말 : 1.0 [L]
④ 제4종 분말 : 1.8 [L]

해설 분말소화약제 1 [kg]당 저장용기의 내용적

소화약제의 종류	제1종	제2·3종	제4종
소화약제 1 [kg]당 저장용기의 내용적	0.8 [L]	1 [L]	1.25 [L]

79 ★★★

옥내소화전설비 배관의 설치기준 중 다음 ( ) 안에 알맞은 것은?

> 연결송수관설비의 배관과 겸용할 경우의 주배관은 구경 (㉠) [mm] 이상, 방수구로 연결되는 배관의 구경은 (㉡) [mm] 이상의 것으로 하여야 한다.

① ㉠ 80, ㉡ 65
② ㉠ 80, ㉡ 50
③ ㉠ 100, ㉡ 65
④ ㉠ 125, ㉡ 80

해설 연결송수관설비의 배관과 겸용할 경우

1) 주배관 : 구경 100 [mm] 이상
2) 방수구로 연결되는 배관 : 구경 65 [mm] 이상

※ **연결송수관설비의 배관**
연결송수관설비의 주배관은 구경 100 [mm] 이상의 전용배관으로 할 것. 다만 주배관의 구경이 100 [mm] 이상인 옥내소화전설비의 배관과는 겸용할 수 있다.
⇨ 연결송수관설비는 **옥내소화전설비의 배관**만 겸용 가능함 [시행 2024.7.1.]

80 ★★★

창고에 설치하는 라지드롭형 스프링클러 헤드는 천장 또는 각 부분으로부터 하나의 스프링클러 헤드까지의 수평거리가 몇 [m] 이하이어야 하는가? (단, 창고는 내화구조가 아니고 특수가연물을 저장 또는 취급하지 않는다)

① 1.7
② 2.1
③ 2.3
④ 2.6

해설 스프링클러 헤드 수평거리

소방대상물	수평거리
• **특수**가연물을 저장 또는 취급하는 장소 • **무**대부	1.7 [m] 이하
기타구조로 된 경우 (내화구조가 아닌 경우)	2.1 [m] 이하
라지드롭형 스프링클러헤드를 설치하는 **창**고 (단, ① 특수가연물을 저장 또는 취급하는 창고 : 1.7 [m] 이하, ② 내화구조로 된 경우 : 2.3 [m] 이하)	2.1 [m] 이하
내화구조로 된 경우	2.3 [m] 이하
아파트등의 세대 내	2.6 [m] 이하

암기 특수 무 기 창 내 놔(아)

2022년 4회

소방원론

01 ★★★

가스연소의 이상 현상 중 연소속도보다 가스 분출속도가 클 때 나타나는 현상은?

① 리프팅(선화)
② 백파이어(역화)
③ 블로우오프
④ 백드래프트

해설 연소의 이상현상

구분	특징
불완전연소	• 산소의 공급이 부족하여 완전연소되지 못하고 가연물 일부가 미연소 • 일산화탄소(CO) 발생
역화 (Back Fire)	• 불꽃이 역으로 진행하여 버너 내부에서 연소 • 분출속도 < 연소속도
선화 (Lifting)	• 내압이 커져 불꽃이 염공 위에 들떠서 연소 • 분출속도 > 연소속도
블로우오프 (Blow Off)	• 공기의 유속이 빨라 불꽃이 꺼지는 현상 • 분출속도 ≫ 연소속도
황염 (Yellow Tip)	• 불완전연소의 일종으로 노란 그을음 (공기가 부족할 때 발생)

02 ★★★

제1인산암모늄이 주성분인 분말소화약제는?

① 제3종 분말소화약제
② 제4종 분말소화약제
③ 제2종 분말소화약제
④ 제1종 분말소화약제

해설 분말소화약제

종별	소화약제	약제색	적응화재
1종	탄산수소나트륨 (NaHCO$_3$)	**백**색	BC 급
2종	탄산수소칼륨 (KHCO$_3$)	**담자**색 (담회색)	BC 급
3종	제1인산암모늄 (NH$_4$H$_2$PO$_4$)	담**홍**색	ABC 급
4종	탄산수소칼륨 + 요소 (KHCO$_3$+(NH$_2$)$_2$CO)	**회**(백)색	BC 급

암기 백담사 홍어회

03 ★★★

화재 시 이산화탄소를 방출하여 산소농도를 13 [vol%]로 낮추어 소화하기 위한 공기 중 이산화탄소의 농도는 약 몇 [vol%]인가?

① 9.5
② 25.8
③ 38.1
④ 61.5

정답 01 ① 02 ① 03 ③

> **해설** 이산화탄소의 농도

$$CO_2\ 농도\ [vol\%] = \frac{21 - O_2[vol\%]}{21} \times 100$$

$$CO_2\ 농도 = \frac{21 - O_2}{21} \times 100$$
$$= \frac{21 - 13}{21} \times 100 ≒ 38.095\ [vol\%]$$

> **해설** 분진폭발을 일으키지 않는 물질

물과 반응하여 가연성 기체를 발생하지 않는 것
- 시멘트
- 석회석
- 탄산칼슘($CaCO_3$)
- 생석회(CaO) = 산화칼슘
- 소석회

★암기 분시석 탄생소

04 ★★★

다음 중 화재 발생 가능성이 가장 낮은 경우는?

① 폭발 하한계가 낮을 때
② 활성화에너지가 클 때
③ 주위 온도가 높을 때
④ 인화점이 낮을 때

> **해설** 화재의 위험성

1) 연소상한계가 높을수록, 연소하한계가 낮을수록, 연소범위가 넓을수록 화재위험성이 높음
2) 활성화에너지가 작을수록 화재위험성이 높음
3) 주위 온도가 높을수록 연소범위는 넓어짐(연소범위가 넓을수록 화재위험성 높음)
4) 인화점, 착화점이 낮을수록 화재위험성이 높음

05 ★★★

다음 중 분진 폭발의 위험성이 가장 낮은 것은?

① 시멘트가루
② 알루미늄분
③ 석탄분말
④ 밀가루

06 ★★★

화재하중에 대한 설명 중 틀린 것은?

① 화재하중이 크면 단위면적당의 발열량이 크다.
② 화재하중은 화재구획실 내의 가연물 총량을 목재 중량당 비로 환산하여 면적으로 나눈 수치이다.
③ 화재하중이 크다는 것은 화재구획의 공간이 넓다는 것이다.
④ 화재하중이 같더라도 물질의 상태에 따라 가혹도는 달라진다.

> **해설** 화재하중

1) 화재하중이란 <u>화재실의 단위면적당 등가가연물(목재)의 양</u>으로 건물화재 시 발열량 및 화재위험성 척도가 된다.
2) 화재구획실 내에 존재하는 가연물은 각각 단위중량당 발열량[kcal/kg]이 다르기 때문에 <u>목재의 발열량으로 환산하여 화재하중을 산정한다.</u> (예) 종이 : 4000 [kcal/kg], 고무 : 9000 [kcal/kg])
3) 화재 시 주수시간을 결정하는 주요인이다.
4) <u>화재하중이 같더라도</u> 가연물의 비표면적, 가연물의 배열 상태, 가연물의 발열량, 화재실의 구조(단열성), 공기(산소)의 공급 상황 등이 화재강도에 영향을 미치므로 이에 따라 <u>화재가혹도도 달라진다.</u>

정답 04 ② 05 ① 06 ③

5) 화재하중 $q = \dfrac{\Sigma GH_i}{HA} = \dfrac{\Sigma Q}{4500A}$ [kg/m²]

G : 가연물의 양 [kg]
H_i : 단위중량당 발열량 [kcal/kg]
H : 목재의 단위중량당 발열량 [4500 kcal/kg]
A : 화재실의 바닥면적 [m²]
ΣQ : 화재실 내 가연물의 전발열량 [kcal]

📌 **TIP** 화재가혹도 = 화재강도 × 화재하중

📌 **보충** 화재하중이 크다 = 가연물의 양 대비 화재구획의 공간이 좁다

07 ★

표준상태에서 44 [g]의 프로페인 1몰이 완전연소할 경우 발생한 이산화탄소의 부피는 약 몇 [L]인가?

① 22.4 ② 44.8
③ 89.6 ④ 67.2

해설 완전연소 시 발생하는 이산화탄소의 양

1) 프로페인(프로판, C_3H_8)의 완전연소반응식
- $C_3H_8 + 5O_2 \rightarrow 3CO_2 + 4H_2O$
⇨ 프로페인(C_3H_8) 1 [mol] 연소 시 CO_2는 3 [mol] 발생

2) CO_2의 부피 [L]
표준상태(0 [℃], 1기압)에서 1 [mol]의 부피는 22.4 [L]이므로
∴ CO_2의 부피 [L] = 22.4 [L/mol] × 3 [mol]
= 67.2 [L]

📌 **보충** 프로페인(프로판, C_3H_8)의 분자량 : 44 [g/mol]

📌 **보충** 원자량(C : 12, H : 1)

08 ★

0 [℃], 1기압에서 44.8 [m³]의 용적을 가진 이산화탄소를 액화하여 얻을 수 있는 액화탄산가스의 무게는 약 몇 [kg]인가?

① 88 ② 44
③ 22 ④ 11

해설 이상기체상태방정식

$$\text{이상기체상태방정식 } PV = nRT = \dfrac{W}{M}RT$$

$W = \dfrac{PVM}{RT} = \dfrac{1 \times 44.8 \times 44}{0.082 \times (273+0)} \fallingdotseq 88 \text{ [kg]}$

P : 절대압력 [atm], n : 몰수 [kmol]
T : 절대온도 [K](273 + [℃])
W : 기체의 질량 [kg]
V : 부피 [m³] (1 [m³] = 1000 [L])
R : 기체상수 (0.082 [atm·m³/kmol·K])
M : 분자량 [kg/kmol] (CO_2 분자량 : 44)

09 ★★★

다음 중 가연성 가스가 아닌 것은?

① 일산화탄소 ② 프로페인
③ 아르곤 ④ 메테인

해설 가연성 가스

구분	가연성 가스	조연성 가스
정의	자기 자신이 연소하는 가스	자기 자신은 타지 않고 연소를 도와주는 가스
종류	**일산화탄소(CO)** 수소(H_2) **메테인(메탄, CH_4)** **프로페인(프로판, C_3H_8)** 암모니아(NH_3) 뷰테인(부탄, C_4H_{10})	오존(O_3) 공기 산소(O_2) 염소(Cl) 불소(F)

※ 아르곤 : 불활성 가스

10 ★★★

질소 79.2 [vol%], 산소 20.8 [vol%]로 이루어진 공기의 평균 분자량은?

① 28.83
② 20.21
③ 36.00
④ 15.44

해설 공기의 평균 분자량

- $N_2 = 14 × 2 = 28$ [g/mol]
- $O_2 = 16 × 2 = 32$ [g/mol]
- 공기 분자량 = $(28 × 0.792) + (32 × 0.208)$
  ≒ 28.83 [g/mol]

11 ★★★

연기 농도에서 감광계수 0.1 [m^{-1}]은 어떤 현상을 의미하는가?

① 화재 최성기의 연기 농도
② 연기감지기가 작동하는 정도의 농도
③ 거의 앞이 보이지 않을 정도의 농도
④ 출화실에서 연기가 분출될 때의 연기농도

해설 감광계수

감광계수[m^{-1}]	가시거리[m]	내용
0.1	20~30	연기감지기 작동할 때
0.3	5	건물에 익숙한 사람이 피난에 지장을 느낄 때
0.5	3	어두움을 느낄 때
1	1~2	거의 앞이 보이지 않음
10	0.2~0.5	최성기 때 연기농도
30	-	출화실에서 연기 분출

12 ★★★

인화칼슘과 물이 반응할 때 생성되는 가스는?

① 아세틸렌
② 황화수소
③ 황산
④ 포스핀

해설 물과 반응 시 발생가스

물질	가스
탄화칼슘(CaC_2)	아세틸렌(C_2H_2)
탄화알루미늄(Al_4C_3)	메테인(메탄, CH_4)
인화칼슘(Ca_3P_2)	포스핀(PH_3)
인화알루미늄(AlP)	
수소화리튬(LiH)	수소(H_2)

암기 탄칼아, 탄알메, 인포

13 ★★★

소화약제인 IG-541의 성분이 아닌 것은?

① 질소
② 아르곤
③ 헬륨
④ 이산화탄소

해설 불활성기체 소화약제 중 IG-541

계열	소화약제	상품명	성분
IG	IG-541	Inergen	N_2, Ar, CO_2

14 ★★

과산화칼륨이 물과 반응하였을 때 발생하는 기체는?

① 아세틸렌
② 메테인
③ 수소
④ 산소

해설   과산화칼륨과 물과의 반응

1) 과산화칼륨 : 제1류 위험물 중 무기과산화물
2) 과산화칼륨과 물과의 반응성 : 산소 발생

$$2K_2O_2 + 2H_2O \rightarrow 4KOH + O_2\uparrow$$

> **보충** 제1류 위험물 중 무기과산화물 : 과산화나트륨, 과산화칼륨, 과산화리튬 등

15 ★★

목조건축물에서 화재가 최성기에 이르면 천장, 대들보 등이 무너지고 강한 복사열을 발생한다. 이때 나타낼 수 있는 최고 온도는 약 몇 [℃]인가?

① 600
② 300
③ 1300
④ 900

해설   건축물 화재 특징

구분	목조건축물	내화건축물
화재성상	고온 단기형	저온 장기형
최성기 온도	1000 ~ 1300 [℃]	800 ~ 1000 [℃]

16 ★★★

전열기의 표면온도가 250 [℃]에서 650 [℃]로 상승되면 복사열은 약 몇 배 정도 상승하는가?

① 17.2배
② 2.6배
③ 45.7배
④ 9.7배

해설   스테판 볼츠만의 법칙

$$\text{단위 면적당 복사열량 } Q[W/m^2] = \sigma T^4$$

복사 : 열전달 매질 없이 전자파 형태로 열이 전달. 스테판 볼츠만의 법칙에 의해 복사열은 **절대온도의 4승에 비례**한다.

> **보충** 매질 : 파동을 전달시키는 물질

$$\frac{Q_2}{Q_1} = \frac{(273+t_2)^4}{(273+t_1)^4} = \frac{(273+650)^4}{(273+250)^4} \approx 9.7배$$

σ : 스테판 볼츠만 상수 $[W/m^2 \cdot K^4]$
T : 절대온도 [K] (= 273 + t℃)

17 ★★★

유류 저장탱크의 화재에서 일어날 수 있는 현상과 거리가 먼 것은?

① 플래시 오버(Flash Over)
② 보일 오버(Boil Over)
③ 프로스 오버(Froth Over)
④ 슬롭 오버(Slop Over)

해설   유류탱크 화재 재해현상

현상	설명
보일 오버	중질유 탱크 저부의 에멀전(물)이 증발하면서 부피가 팽창하여 기름이 탱크 밖으로 화재를 동반하며 방출하는 현상
슬롭 오버	고온 기름 표면에 물 살수 시 급격한 수분 증발로 기름이 팽창되어 탱크 밖으로 분출하는 현상
프로스 오버	고온 아스팔트가 물이 존재하는 탱크에 옮겨지면서 화재를 수반하지 않고 기름을 분출하는 현상
블레비	비등액체 증기폭발, 주변 화재로 탱크 내 액체가 비등하고 압력이 상승하여 탱크가 파열되는 현상, 파이어 볼 발생 ※ 파이어 볼 : 인화성 액체가 대량 기화되어 갑자기 발화될 때 발생하는 공 모양 화염

> **보충** 플래시 오버 : 온도가 급격히 상승하여 화재가 순간적으로 실내 전체에 확산되는 현상

정답 15 ③   16 ④   17 ①

18 ★★★

화재를 발생시키는 에너지인 열원의 물리적 원인으로만 나열한 것은?

① 마찰, 충격, 단열
② 압축, 분해, 단열
③ 압축, 단열, 용해
④ 마찰, 충격, 분해

해설 점화원 형태에 의한 분류

구분	종류
기계열 (물리적)	압축열, **마찰열**, 마찰스파크, **충격열**, **단열압축**
전기열	유도열, 유전열, 저항열, 아크열, 정전기열, 낙뢰에 의한 열
화학열	연소열, 분해열, 용해열, 생성열, 자연발화열

19 ★★★

이산화탄소 20 [g]은 약 몇 [mol]인가?

① 0.23
② 0.45
③ 2.2
④ 4.4

해설 이산화탄소의 분자량을 이용한 몰수 구하기

- 이산화탄소의 분자량 : 44 [g/mol]
  → 1 [mol]당 44 [g]
- 1 [mol] : CO_2 1[mol]당 질량 [g]
  = CO_2가 20 [g]일 때 몰수 x [mol] : 20[g]
  1 [mol] : 44 [g] = x : 20 [g]
  $x = \frac{20 \times 1}{44} ≒ 0.45$ [mol]

20 ★★★

CF_3Br 소화약제의 명칭을 옳게 나타낸 것은?

① 할론 1011
② 할론 1211
③ 할론 1301
④ 할론 2402

해설 할론소화약제

종류	분자식	상온·상압
할론 1211	CF_2ClBr	기체
할론 1301	CF_3Br	
할론 1011	CH_2ClBr	액체
할론 2402	$C_2F_4Br_2$	

정답 18 ① 19 ② 20 ③

2022년 4회 소방유체역학

21 ★★★

단위 및 차원에 대한 설명으로 틀린 것은?

① 밀도의 단위로 [kg/m³]을 사용한다.
② 운동량의 차원은 MLT이다.
③ 점성계수의 차원은 ML⁻¹T⁻¹이다.
④ 압력의 단위로 [N/m²]을 사용한다.

해설 운동량

1) 물체의 질량과 속도에 비례하는 벡터량
2) 단위 : [kg·m/s]
3) MLT계 차원 : MLT⁻¹
   FLT계 차원 : FT

22 ★

그림에서 1 [m] × 3 [m]의 사각 평판이 수면과 45°기울어져 물에 잠겨 있다. 한쪽 면에 작용하는 유체력의 크기(F)와 작용점의 위치(y_f)는 각각 얼마인가?

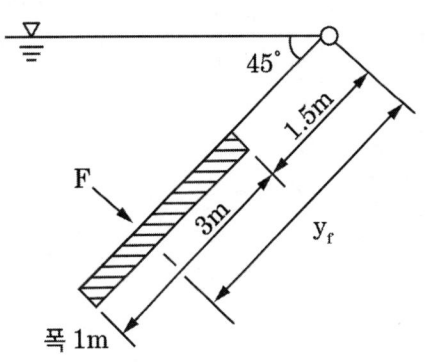

① $F = 62.4 kN$, $y_f = 3.25 m$
② $F = 132.3 kN$, $y_f = 3.25 m$
③ $F = 132.3 kN$, $y_f = 3.5 m$
④ $F = 62.4 kN$, $y_f = 3.5 m$

해설 경사면에 작용하는 전압력과 작용점의 위치

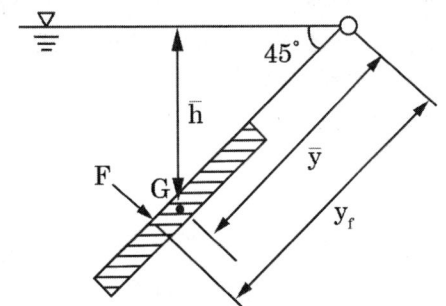

1) 유체의 전압력(= 유체력)의 크기 F

$$F = \gamma \bar{h} A = \gamma(\bar{y}\sin\theta)A$$
$$= 9.8[kN/m^3] \times (1.5[m] + \frac{3}{2}[m]) \times \sin 45°$$
$$\times (3 \times 1)[m^2]$$
$$= 62.366 ≒ 62.4[N]$$

2) 작용점의 위치 y_f

$$y_f = \bar{y} + \frac{I_G}{A \times \bar{y}}$$
$$= 3 + \frac{\frac{1 \times 3^3}{12}}{(3 \times 1) \times 3} = 3.25[m]$$

$\bar{h}$: 수면에서 평판의 도심점까지 수직거리
$\bar{y}$: 수면에서 평판의 도심점까지 직선거리
I_G : 단면2차모멘트(사각형 : $bh^3/12$)
A : 평판의 단면적

정답 21 ② 22 ①

23 ★★★

그림과 같이 평형상태를 유지하고 있을 때 오른쪽 관에 있는 유체의 비중[S]은? (단, 물의 밀도는 1000 [kg/m³]이다)

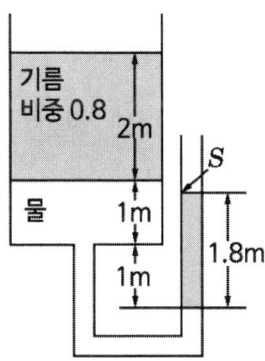

① 0.9
② 1.8
③ 2.0
④ 2.2

해설 유체의 비중

$P_1 = P_2$

$\gamma_w h_w + \gamma_{기름} h_{기름} = \gamma_{유체} h_{유체}$

$(\gamma_w \times 2) + (\gamma_{기름} \times 2) = (\gamma_{유체} \times 1.8)$

$(\gamma_w \times 2) + (S_{기름} \cdot \gamma_w \times 2) = (S \cdot \gamma_w \times 1.8)$

$(9800 \times 2) + (0.8 \times 9800 \times 2) = (S \times 9800 \times 1.8)$

∴ $S = 2$

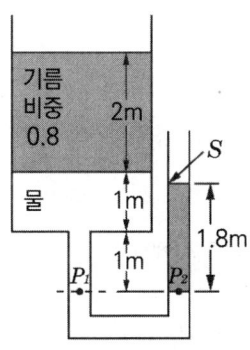

γ : 비중량 [N/m³], h : 유체 높이 [m]

보충 $\gamma = S \times \gamma_w$, $\rho = S \times \rho_w$

24 ★ 난이도 상

그림과 같은 면적 A_1인 원형관의 출구에 노즐이 볼트로 연결되어 있으며 노즐 끝의 면적은 A_2이고, 노즐 끝(2 지점)에서 물의 속도는 V, 물의 밀도는 ρ이다. 전체 볼트에 작용하는 힘이 F_B일 때 1 지점에서의 게이지압력을 구하는 식은?

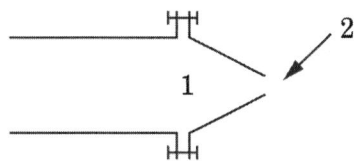

① $\dfrac{F_B}{A_1} - \rho V^2 \left(1 - \dfrac{A_2}{A_1}\right) \dfrac{A_2}{A_1}$

② $\dfrac{F_B}{A_1} - \rho V^2 \left(1 - \dfrac{A_2}{A_1}\right)$

③ $\dfrac{F_B}{A_1} - \rho V^2 \left(1 + \dfrac{A_2}{A_1}\right)$

④ $\dfrac{F_B}{A_1} + \rho V^2 \left(1 - \dfrac{A_2}{A_1}\right) \dfrac{A_2}{A_1}$

해설 플랜지볼트에 작용하는 힘 F_B

플랜지볼트에 작용하는 힘 F_x
$F_x = P_{1g} A_1 - \rho Q \Delta V$

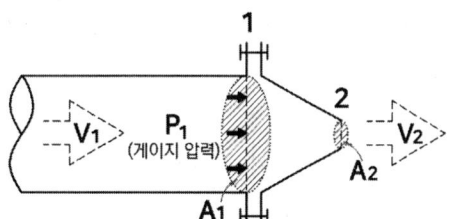

1) V_1과 V의 관계

$Q_1 = Q_2$이므로 $A_1 V_1 = A_2 V$

∴ $V_1 = \dfrac{A_2 V}{A_1}$

2) $F_B = P_1 A_1 - \rho Q \triangle V$

$F_B = P_1 A_1 - \rho(A_2 V)(V - V_1)$

$F_B = P_1 A_1 - \rho A_2 V \left(V - \dfrac{A_2 V}{A_1} \right)$

$F_B = P_1 A_1 - \rho A_2 V^2 \left(1 - \dfrac{A_2}{A_1} \right)$

여기서 P_1에 대해 이항정리하면

$P_1 A_1 = F_B + \rho A_2 V^2 (1 - \dfrac{A_2}{A_1})$

$P_1 = \dfrac{F_B + \rho A_2 V^2 (1 - \dfrac{A_2}{A_1})}{A_1}$

$= \dfrac{F_B}{A_1} + \dfrac{\rho A_2 V^2 \left(1 - \dfrac{A_2}{A_1} \right)}{A_1}$

$= \dfrac{F_B}{A_1} + \rho V^2 \left(1 - \dfrac{A_2}{A_1} \right) \dfrac{A_2}{A_1}$

Q : 유량
$\triangle V$: 유속 차 $(V_2 - V_1)$
P_1 : 1 지점(원형관)에서의 게이지압력

TIP 문제에 언급된 기호로만 P₁(게이지압)을 나타낸다.

25 ★★★

관 내에 물이 흐르고 있을 때 그림과 같이 액주계를 설치하였다. 관 내에서 물의 유속은 약 몇 [m/s]인가?

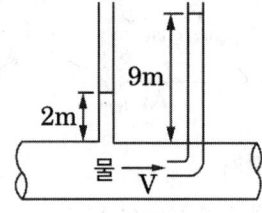

① 2.6
② 7
③ 11.7
④ 137.2

해설 피토관(토리첼리 식)

> 관 내 유속(토리첼리 식) $V = \sqrt{2g \triangle h}$

유속 $V = \sqrt{2g \triangle h}$
$= \sqrt{2 \times 9.8 \times (9-2)} = 11.71 \ m/s$

g : 중력가속도 [m/s²]
$\triangle h$: 액주계의 높이 차 [m]

26 ★★★

그림과 같이 수조에 비중이 1.03인 액체가 담겨있다. 이 수조의 바닥면적이 4 [m²]일 때의 수조바닥 전체에 작용하는 힘은 약 몇 [kN]인가? (단, 대기압은 무시한다)

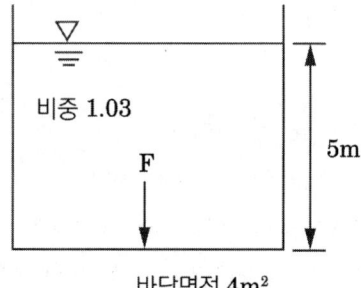

① 98
② 51
③ 156
④ 202

해설 수조바닥에 작용하는 힘

1) 비중량
$\gamma = S \gamma_w = 1.03 \times 9800 [N/m^3]$
$= 10094 [N/m^3]$

2) 수조 밑에 작용하는 힘 F
$F = \gamma h A$
$= 10094 [N/m^3] \times 5[m] \times 4[m^2]$
$= 201880 [N] = 202 [kN]$

27 ★★★

물탱크에 담긴 물의 수면의 높이가 10 [m]인데, 물탱크 바닥에 원형 구멍이 생겨서 10 [L/s]만큼 물이 유출되고 있다. 원형 구멍의 지름은 약 몇 [cm]인가? (단, 구멍의 유량보정계수는 0.6이다)

① 2.7　　② 3.1
③ 3.5　　④ 3.9

해설 구멍의 지름

1) 유속 V

$$V = \sqrt{2gh} = \sqrt{2 \times 9.8 \times 10} = 14 [m/s]$$

2) 직경 D ($Q=AV$공식)

$$Q = C \times A \times V$$
$$0.01[m^3/s] = 0.6 \times \frac{\pi}{4}(D[m])^2 \times 14[m/s]$$
$$D ≒ 0.039[m] = 3.9[cm]$$

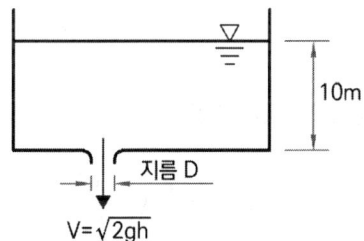

C : 유량보정계수

28 ★★★

점성계수가 0.08 [kg/m·s]이고 밀도가 800 [kg/m³]인 유체의 동점성계수는 몇 [cm²/s]인가?

① 0.08　　② 1.0
③ 0.0001　　④ 8.0

해설 동점성계수

$$동점성계수\ \nu = \frac{\mu}{\rho}$$

$$\nu = \frac{\mu}{\rho} = \frac{0.08[kg/m \cdot s]}{800[kg/m^3]} = \frac{1}{10000}[m^2/s]$$
$$= \frac{1}{10000}[m^2/s] \times \frac{10^4[cm^2]}{1[m^2]}$$
$$= 1[cm^2/s]$$

29 ★★

이상적인 카르노사이클의 과정인 단열압축과 등온압축의 엔트로피 변화에 관한 설명으로 옳은 것은?

① 등온압축의 경우 엔트로피 변화는 없고, 단열압축의 경우 엔트로피 변화는 감소한다.
② 등온압축의 경우 엔트로피 변화는 없고, 단열압축의 경우 엔트로피 변화는 증가한다.
③ 단열압축의 경우 엔트로피 변화는 없고, 등온압축의 경우 엔트로피 변화는 감소한다.
④ 단열압축의 경우 엔트로피 변화는 없고, 등온압축의 경우 엔트로피 변화는 증가한다.

해설 카르노사이클 엔트로피 변화

- 단열압축의 경우 엔트로피 변화는 없음
- 등온압축의 경우 엔트로피 변화는 감소

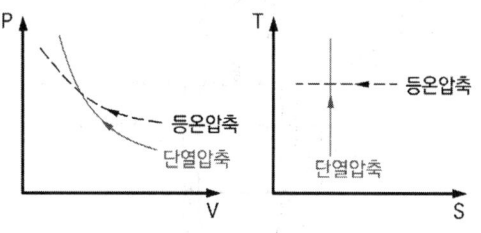

정답　27 ④　28 ②　29 ③

30 ★★★

용기 속의 물에 압력을 가하였더니 물의 체적이 0.1 [%] 감소하였다. 이때 가해진 압력은 몇 [MPa]인가? (단, 물의 체적탄성계수는 2 [GPa]이다)

① 9.8 ② 2
③ 98 ④ 4.9

해설 체적탄성계수

$$체적탄성계수\ K = -\frac{\Delta P}{\Delta V/V_1} = -\frac{\Delta P}{\frac{(V_2-V_1)}{V_1}}$$

$$2000\,MPa = -\frac{\Delta P}{\left(\frac{-0.1}{100}\right)}$$

$$\therefore \Delta P = 2\,[MPa]$$

※ $\frac{\Delta V}{V_1}$가 (-)인 이유 : 체적이 감소하기 때문

보충 1 [GPa] = 1000 [MPa]
G[기가] : 10^9, M[메가] : 10^6, k[킬로] : 10^3

31 ★★★

그림과 같이 기름이 흐르는 관에 오리피스가 설치되어 있고, 그 사이의 압력을 측정하기 위해 U자형 차압 액주계가 설치되어 있다. 이때 두 지점 간의 압력차(Px - Py)는 약 몇 [kPa]인가?

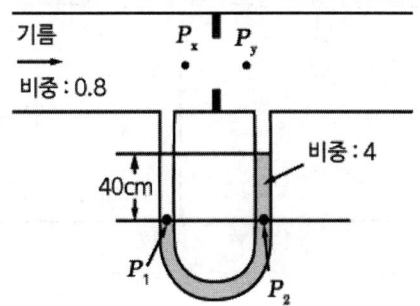

① 28.8 ② 15.7
③ 12.5 ④ 3.14

해설 마노미터 압력차 ΔP

$$\Delta P = (\gamma_{유체} - \gamma_{기름})h$$
$$= (S_{유체}\gamma_w - S_{기름}\gamma_w)h$$
$$= (4 \times 9.8 - 0.8 \times 9.8) \times 0.4$$
$$= 12.5\,[kPa]$$

γ : 비중량 [kN/m³]
h : 유체 높이 [m]

보충 물의 비중량 $\gamma_w = 9.8\,[kN/m^3]$
$\gamma = S \times \gamma_w,\ \rho = S \times \rho_w$

32 ★★★

파이프 단면적이 2.5배로 급격하게 확대되는 구간을 지난 후의 유속이 1.2 [m/s]이다. 부차적 손실 계수가 0.36이라면 급격확대로 인한 손실수두는 몇 [m]인가?

① 0.165 ② 0.0561
③ 0.0264 ④ 0.331

해설 돌연확대관 손실

$$손실\ 수두\ H_L = K \times \frac{V_1^2}{2g}$$

1) V_1 (확대 전 유속)

$Q_1 = Q_2$
$A_1 V_1$(확대 전) $= A_2 V_2$(확대 후)
$V_1 = \frac{A_2}{A_1} \times V_2 = \frac{2.5}{1} \times 1.2 = 3\,[m/s]$

2) 손실수두 $H_L = K \times \frac{V_1^2}{2g}$

$$= 0.36 \times \frac{3^2}{2 \times 9.8} = 0.165\,[m]$$

K : 부차적 손실계수
V_1 : 단면적 확대 전 유속 [m/s]
V_2 : 단면적 확대 후 유속 [m/s]

33 ★★

외부지름이 30 [cm]이고 내부지름이 20 [cm]인 길이 10 [m]의 환형(Annular)관에 물이 2 [m/s]의 평균속도로 흐르고 있다. 이때 손실수두가 1 [m]일 때 수력직경에 기초한 마찰계수는 얼마인가?

① 0.049
② 0.054
③ 0.065
④ 0.078

해설 환형관(이중 동심관) 마찰계수 계산

손실수두 $h = f \dfrac{L}{D_h} \dfrac{V^2}{2g}$ (여기서, D_h : 수력직경)

1) 수력직경 D_h

   (1) 수력반경 $R_h = \dfrac{1}{4}(D-d)$

   (2) 수력직경 $D_h = 4R_h = 4 \times \dfrac{1}{4}(D-d) = D-d$
   $= 0.3 - 0.2 = 0.1 \, [m]$

2) 마찰계수 f

$h = f \dfrac{L}{D_h} \dfrac{V^2}{2g}$

$1 = f \times \dfrac{10}{0.1} \times \dfrac{2^2}{2 \times 9.8}$

$\therefore f = 0.049$

f : 마찰계수
L : 배관의 길이 [m]
V : 유속 [m/s]

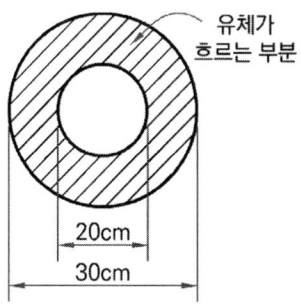
유체가 흐르는 부분
20cm
30cm

34 ★★★

다음은 유체 운동학과 관련된 설명이다. 옳은 것을 모두 고른 것은?

(ㄱ) 유적선은 유체 입자의 이동 경로를 그린 선이다.
(ㄴ) 유맥선은 유동장 내의 어느 한 점을 지나는 유체 입자들로 만들어지는 선이다.
(ㄷ) 정상유동에서는 유선, 유적선, 유맥선이 모두 일치한다.

① ㄱ, ㄴ
② ㄱ, ㄷ
③ ㄴ, ㄷ
④ ㄱ, ㄴ, ㄷ

해설 유선, 유관, 유적선, 유맥선의 정의

1) 유선 : 유동장 내에서 유체 입자가 곡선을 따라 움직인다고 할 때, 그 곡선이 갖는 접선과 유체입자의 속도벡터 방향이 일치하도록 운동 해석을 할 때의 그 가상 곡선

2) 유관 : 유선으로 이루어진 관(= 유선관)

3) 유적선 : 한 유체입자가 일정한 기간 내에 이동한 경로(궤적, 자취, 흔적)

4) 유맥선 : 공간 내의 한 점을 지나는 모든 유체입자들의 순간궤적(⑩ 담배연기)

5) 정상류 흐름에서 유선, 유적선, 유맥선이 일치함

정답 33 ① 34 ④

35 ★★

피토관을 사용하여 일정 속도로 흐르고 있는 물의 유속(V)을 측정하기 위해 그림과 같이 비중 S인 유체를 갖는 액주계를 설치하였다. S = 2일 때 액주의 높이 차이가 H = h가 되면, S = 3일 때 액주의 높이 차(H)는 얼마가 되는가?

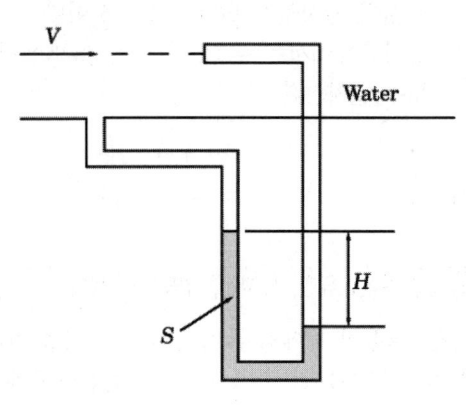

① $h/9$
② $h/\sqrt{3}$
③ $h/3$
④ $h/2$

해설 액주의 높이 차

$$\text{배관 내 물의 유속 } V = \sqrt{2gH\left(\frac{S}{S_w}-1\right)}$$

1) 비중이 2일 때 액주의 높이 차가 h이므로

$$S = 2 \text{일 때 유속 } V_1 = \sqrt{2gh\left(\frac{2}{1}-1\right)} = \sqrt{2gh}$$

2) 비중이 3일 때 액주의 높이 차가 H라면

$$S = 3 \text{일 때 유속 } V_2 = \sqrt{2gH\left(\frac{3}{1}-1\right)} = \sqrt{4gH}$$

물이 일정 속도로 흐르고 있으므로

$V_1 = V_2$

$\sqrt{2gh} = \sqrt{4gH}$

∴ 액주의 높이 차 $H = \dfrac{2gh}{4g} = \dfrac{1}{2}h = \dfrac{h}{2}$

V : 유속 [m/s]
H : 임의의 비중 S에 대한 액주의 높이 차 [m]

36 ★★★

표준대기압하에서 게이지 압력 190 [kPa]을 절대압력으로 환산하면 몇 [kPa]이 되겠는가?

① 88.7
② 291.3
③ 120
④ 190

해설 절대압력

절대압 = 대기압 + 계기압
= 101.325 [kPa] + 190 [kPa]
= 291.325 [kPa]

보충 절대압력 : 완전진공을 기준으로 측정한 압력
(1) 절대압력 = 대기압 + 게이지압력
(2) 절대압력 = 대기압 − 진공압

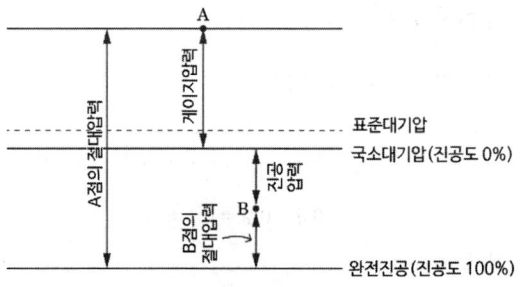

[절대압력과 게이지압력]

37 ★★

압력이 일정한 상태에서 기체상수 R [kJ/kg·K], 정적비열 C_V [kJ/kg·K]인 m [kg]의 이상기체의 온도를 10 [℃] 높이는 데 필요한 열량은 몇 [kJ]인가?

① $10\,m\,C_V$
② $373\,m\,C_V$
③ $10\,m(C_V+R)$
④ $373\,m(C_V+R)$

해설 정압비열과 정적비열 관계

1) 정압비열(C_P[kJ/kg·K])
   압력이 일정한 상태에서 1 [kg]의 기체를 온도 1 [K]만큼 높이는 데 필요한 열량

2) 기체의 온도를 높이는 데 필요한 열량 Q[kJ]

$Q = m\,C_P\,\triangle T$
$\quad = m\,[kg] \times (C_V + R)[kJ/kg \cdot K] \times 10[K]$
$\quad = 10m(C_V + R)$

R : 기체상수 [kJ/kg·K]
C_P : 정압비열 [kJ/kg·K]
C_V : 정적비열 [kJ/kg·K]
m : 질량 [kg]
$\triangle T$: 온도차 [K]

보충 기체상수 $R = C_P - C_V$

38 ★★★

캐비테이션 방지법이 아닌 것은?

① 양흡입 펌프를 사용한다.
② 흡입관 내면의 마찰저항을 될 수 있으면 적게 한다.
③ 회전속도를 낮추어 흡입속도를 줄인다.
④ 펌프 흡입관의 직경을 펌프 구경보다 될 수 있으면 작게 한다.

해설 공동현상(Cavitation)

1) 개념
   펌프 흡입 측 배관의 손실이 증가하여 소화수의 정압이 증기압 이하로 낮아져서 기포가 발생하는 현상이다.

2) 방지대책
   (1) 펌프의 위치를 수원보다 낮게 한다.
   (2) 흡입배관의 구경을 크게 한다.
   (3) 펌프의 회전수를 낮춘다.
   (4) 양흡입펌프를 사용한다.
   (5) 2대 이상의 펌프를 사용한다.
   (6) 펌프의 흡입 측을 가압한다.
   (7) 입형펌프를 사용하고, 회전차를 수중에 완전히 잠기게 한다.
   (8) 흡입관의 길이를 줄이거나 밸브, 플랜지 등을 조정하여 흡입 손실수두를 줄인다.

39 ★★★

정용적형 베인펌프의 회전속도가 1500 [rpm]이고 압력상승이 6.86 [MPa], 송출량이 53 [L/min]일 때 소비된 축동력은 7.4 [kW]이다. 이 펌프의 전효율은 약 몇 [%]인가?

① 94.6 ② 79.8
③ 80.3 ④ 81.9

해설 펌프의 축동력과 전효율

$$\text{축동력 } P[kW] = \frac{\gamma[kN/m^3] \times Q[m^3/s] \times H[m]}{\eta}$$

1) 압력 6.86 [MPa] ⇒ 전양정[m]으로 환산

$$6.86[MPa] \times \frac{10.332[mAq]}{0.101325[MPa]} = 699.507[mAq]$$

2) 펌프의 전효율 η

축동력 $P = \dfrac{\gamma QH}{\eta}$

$$7.4[kW] = \frac{9.8[kN/m^3] \times \frac{0.053}{60}[m^3/s] \times 699.507[m]}{\eta}$$

$$\eta = \frac{9.8[kN/m^3] \times \frac{0.053}{60}[m^3/s] \times 699.507[m]}{7.4[kW]}$$

$\eta = 0.81829$

∴ $\eta = 81.83[\%]$

γ : 물의 비중량 [9.8 kN/m³]
Q : 유량 [m³/s]
H : 전양정 [m]
η : 효율

40 ★

그림과 같은 탱크에 비중 0.8인 액체와 비중 1인 물이 들어 있다. 이 액체와 물에 의해 6 [m] × 5 [m] 형태의 벽면 AB에 작용하는 힘은 약 몇 [kN]인가?

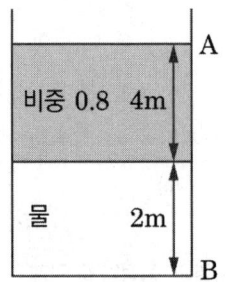

① 618 ② 314
③ 725 ④ 411

해설 벽면에 작용하는 힘

1) 비중 0.8인 액체에 의해 벽면이 받는 힘 F_1

$F_1 = \gamma_1 \overline{h_1} A_1$

$= 0.8 \times 9.8[kN/m^3] \times \dfrac{4}{2}[m] \times (4 \times 5)[m^2]$

$= 313.6[kN]$

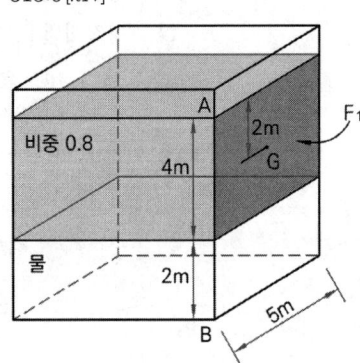

2) 물(비중 1)인 액체에 의해 벽면이 받는 힘 F_2

① 비중 0.8인 유체의 높이 4 [m]를 물(비중 1)의 높이로 변환

$\gamma_1 h_1 = \gamma_w h_w$

$(0.8 \times 9.8) \times 4 = 9.8 \times h_w$

∴ $h_w = 3.2[m]$

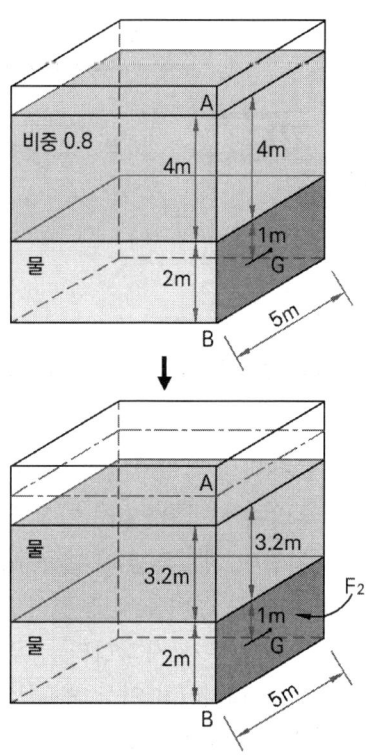

② $F_2 = \gamma_w \overline{h}_2 A_2$

$= 9.8[kN/m^3] \times \left(3.2 + \dfrac{2}{2}\right)[m] \times (2 \times 5)[m^2]$

$= 411.6[kN]$

3) 벽면에 작용하는 힘 F

$F = F_1 + F_2 = 313.6[kN] + 411.6[kN] = 725.2[kN]$

$\overline{h}$: 유체의 표면으로부터 평판의 도심점까지 거리 [m]

A : 평판의 면적 [m²]

보충 수직으로 잠겨 있는 평판은 각도가 90°인 경사평판으로 해석할 수 있다.

소방관계법규

2022년 4회

41 ★★★

화재의 예방 및 안전관리에 관한 법령상 특수가연물의 저장 및 취급기준 중 석탄·목탄류를 저장하는 경우 쌓는 부분의 바닥면적은 몇 [m²] 이하인가? (단, 살수설비를 설치하거나, 방사능력 범위에 해당 특수가연물이 포함되도록 대형수동식소화기를 설치하는 경우이다)

① 200
② 250
③ 300
④ 350

해설 특수가연물 저장기준

(1) 품명별로 구분하여 쌓을 것
(2) 일반적인 경우
  ① 쌓는 높이 : 10 [m] 이하
  ② 쌓는 부분 바닥 : 50 [m²] 이하(석탄·목탄류 : 200 [m²] 이하)
(3) 살수설비, 대형수동식소화기 설치하는 경우
  ① 쌓는 높이 : 15 [m] 이하
  ② 쌓는 부분의 바닥면적 : 200 [m²] 이하(석탄·목탄류 : 300 [m²] 이하)

42 ★★★

소방기본법령상 저수조의 설치기준으로 틀린 것은?

① 지면으로부터의 낙차가 4.5 [m] 이상일 것
② 흡수부분의 수심이 0.5 [m] 이상일 것
③ 흡수에 지장이 없도록 토사 및 쓰레기 등을 제거할 수 있는 설비를 갖출 것
④ 흡수관의 투입구가 사각형의 경우에는 한 변의 길이가 60 [cm] 이상, 원형의 경우에는 지름이 60 [cm] 이상일 것

해설 소방용수시설 설치기준

1) 소화전
  • 상수도와 연결, 지하식·지상식 구조
  • 연결금속구 구경 : 65 [mm]
2) 급수탑
  • 급수배관구경 : 100 [mm] 이상
  • 개폐밸브 : 지상 1.5 [m] 이상 1.7 [m] 이하
3) 저수조
  • 지면으로부터의 낙차 : 4.5 [m] 이하
  • 흡수부분 수심 : 0.5 [m] 이상일 것
  • 흡수관 투입구 : 사각형 한 변 60 [cm]
                  원형 지름 60 [cm] 이상

정답 41 ③ 42 ①

43 ★★

위험물안전관리법령에 따른 위험물제조소의 옥외에 있는 위험물취급탱크 용량이 100 [m³] 및 180 [m³]인 2개의 취급탱크 주위에 하나의 방유제를 설치하는 경우 방유제의 최소 용량은 몇 [m³]이어야 하는가?

① 100
② 140
③ 180
④ 280

해설 위험물제조소 방유제 용량

1) 위험물제조소 방유제 용량
   - 탱크 1기 : 탱크 용량 50 [%] 이상
   - 탱크 2기 이상 : 최대 탱크 용량 50 [%] + 나머지 10 [%] 이상
2) 방유제 용량 = (180 × 0.5) + (100 × 0.1)
             = 100 [m³]

44 ★ (난이도 상)

다음 위험물안전관리법령의 자체소방대 기준에 대한 설명으로 틀린 것은?

> 다량의 위험물을 저장·취급하는 제조소등으로서 <u>대통령령이 정하는 제조소등</u>이 있는 동일한 사업소에서 <u>대통령령이 정하는 수량 이상의 위험물</u>을 저장 또는 취급하는 경우 당해 사업소 관계인은 대통령령이 정하는 바에 따라 당해 사업소에 자체 소방대를 설치하여야 한다.

① "대통령령이 정하는 제조소등"은 제4류 위험물을 취급하는 제조소를 포함한다.
② "대통령령이 정하는 제조소등"은 제4류 위험물을 취급하는 일반취급소를 포함한다.
③ "대통령령이 정하는 수량 이상의 위험물"은 제4류 위험물의 최대수량의 합이 지정수량의 3천 배 이상인 것을 포함한다.
④ "대통령령이 정하는 제조소등"은 보일러로 위험물을 소비하는 일반취급소를 포함한다.

해설 자체소방대 설치 사업소

사업소	지정수량
제4류 위험물 취급 제조소·일반취급소	3000배 이상
제4류 위험물 저장 옥외탱크저장소	500000배 이상

45 ★★

소방시설업 등록사항의 변경신고사항이 아닌 것은?

① 상호
② 대표자
③ 보유설비
④ 기술인력

해설 등록사항 변경신고

1) 변경신고 : 30일 이내(시·도지사)
2) 제출서류
   (1) 명칭·상호·영업소소재지 변경 : 소방시설관리업등록증 및 등록수첩
   (2) 대표자 변경 : 소방시설관리업등록증 및 등록수첩
   (3) 기술인력 변경
      ① 소방시설관리업등록수첩
      ② 변경된 기술인력 기술자격증(경력수첩 포함)
      ③ 소방기술인력대장

정답 43 ① 44 ④ 45 ③

46 ★★★

위험물안전관리법상 업무상 과실로 제조소등에서 위험물을 유출·방출 또는 확산시켜 사람의 생명·신체 또는 재산에 대하여 위험을 발생시킨 자에 대한 벌칙기준은?

① 5년 이하의 금고 또는 2000만 원 이하의 벌금
② 5년 이하의 금고 또는 7000만 원 이하의 벌금
③ 7년 이하의 금고 또는 2000만 원 이하의 벌금
④ 7년 이하의 금고 또는 7000만 원 이하의 벌금

해설 위험물법 벌칙

- 5년 이하 징역 또는 1억 원 이하 벌금
  제조소등의 설치허가를 받지 아니하고 제조소등을 설치한 자
- 7년 이하 금고 또는 7천만 원 이하 벌금
  업무상 과실로 위험물 유출·방출시켜 생명·신체·재산에 위험을 발생시킨 자
- 10년 이하 금고 또는 1억 원 이하 벌금
  업무상 과실로 위험물 유출·방출시켜 사람을 사상에 이르게 한 자

47 ★★★

화재의 예방 및 안전관리에 관한 법령상 일반음식점에서 음식조리를 위해 불을 사용하는 설비를 설치하는 경우 지켜야 하는 사항으로 틀린 것은?

① 주방시설에는 동물 또는 식물의 기름을 제거할 수 있는 필터 등을 설치할 것
② 열을 발생하는 조리기구는 반자 또는 선반으로부터 0.6 [m] 이상 떨어지게 할 것
③ 주방설비에 부속된 배출덕트는 0.2 [mm] 이상의 아연도금강판으로 설치할 것
④ 열을 발생하는 조리기구로부터 0.15 [m] 이내의 거리에 있는 가연성 주요구조부는 석면판 또는 단열성이 있는 불연재료로 덮어씌울 것

해설 음식조리를 위하여 설치하는 설비

- 주방설비에 부속된 배출덕트는 0.5 [mm] 이상 아연도금강판 또는 동등 이상의 내식성 불연재료로 설치
- 동·식물 기름 제거 가능한 필터 설치
- 열 발생 조리기구는 반자 또는 선반으로부터 0.6 [m] 이상 떨어지게 할 것
- 열 발생 조리기구로부터 0.15 [m] 이내 거리의 가연성 주요구조부는 석면판 또는 단열성 있는 불연재료로 덮어씌울 것

48 ★★★

소방용수시설의 설치기준 중 주거지역·상업지역 및 공업지역에 설치하는 경우 소방대상물과의 수평거리는 최대 몇 [m] 이하인가?

① 50
② 100
③ 150
④ 200

> **해설** 소방용수시설 수평거리

- 주거지역·상업지역·공업지역 : 100 [m] 이하
- 그 외의 지역 : 140 [m] 이하

49 ★★★

위험물안전관리법령상 관계인이 예방규정을 정하여야 하는 위험물을 취급하는 제조소의 지정수량 기준으로 옳은 것은?

① 지정수량의 10배 이상
② 지정수량의 100배 이상
③ 지정수량의 150배 이상
④ 지정수량의 200배 이상

> **해설** 관계인이 예방규정을 정해야 하는 제조소

- 취급제조소 : 지정수량 10배 이상
- 옥외저장소 : 지정수량 100배 이상
- 옥내저장소 : 지정수량 150배 이상
- 옥외탱크저장소 : 지정수량 200배 이상
- 암반탱크저장소
- 이송취급소
- 지정수량 10배 이상의 위험물을 취급하는 일반취급소, 다만 제4류 위험물(특수인화물 제외)만을 지정수량의 50배 이하로 취급하는 일반취급소(제1석유류. 알코올류의 취급량이 지정수량의 10배 이하인 경우에 한함)로서 다음 어느 하나에 해당하는 것은 제외
  ① 보일러·버너 또는 이와 비슷한 것으로서 위험물을 소비하는 장치로 이루어진 일반취급소
  ② 위험물을 용기에 옮겨 담거나 차량에 고정된 탱크에 주입하는 일반취급소

50 ★★★

소방시설공사업법령상 소방시설공사의 하자보수 보증기간이 3년이 아닌 것은?

① 자동소화장치
② 무선통신보조설비
③ 자동화재탐지설비
④ 간이스프링클러설비

> **해설** 소방시설 하자보수 보증기간

소방시설	기간
• **피**난기구·유도등·유도표지 • **비**상경보설비 • **비**상조명등 • **비**상방송설비 • **무**선통신보조설비	2년
• 자동소화장치 • 옥내·외소화전설비 • 스프링클러·간이스프링클러설비 • 물분무등소화설비 • 자동화재탐지설비 • 상수도소화용수설비 • 소화활동설비(무선통신보조설비 제외)	3년

암기 이년 피비무

51 ★★

시장지역에서 화재로 오인할 만한 우려가 있는 불을 피우거나 연막소독을 하려는 자가 신고를 하지 아니하여 소방자동차를 출동하게 한 자에 대한 과태료 부과·징수권자는?

① 국무총리
② 시·도지사
③ 행정안전부 장관
④ 소방본부장 또는 소방서장

정답 49 ① 50 ② 51 ④

> **해설** 20만 원 이하의 과태료

화재로 오인할 만한 우려가 있는 불을 피우거나 연막 소독을 하기 전에 신고를 하지 않아 소방자동차를 출동하게 한 자
- 부과권자 : 소방본부장, 소방서장
- 과태료 : 20만 원 이하

52 ★★★

소방체험관의 설립·운영권자는?

① 국무총리
② 소방청장
③ 시·도지사
④ 소방본부장 및 소방서장

> **해설** 소방박물관, 소방체험관

소방박물관	소방체험관
소방청장	시·도지사
행정안전부령	시·도 조례
① 국내·외의 소방의 역사 ② 소방공무원의 복장 및 소방장비 등의 변천 및 발전에 관한 자료를 수집·보관 및 전시	① 재난·안전사고 유형에 따른 예방, 대처, 대응 등에 관한 체험교육 ② 체험교육 프로그램의 개발 및 국민 안전의식 향상을 위한 홍보·전시 ③ 체험교육 인력의 양성 및 유관기관·단체 등과 협력 ④ 시·도지사가 인정하는 사업
① 소방박물관장 1인 (소방공무원 중 소방청장이 임명), 부관장 1인 ② 운영위원회 : 7인 이내	-

53 ★★★

다음 중 품질이 우수하다고 인정되는 소방용품에 대하여 우수품질인증을 할 수 있는 자는?

① 산업통상자원부장관
② 시·도지사
③ 소방청장
④ 소방본부장 또는 소방서장

> **해설** 우수품질 제품 인증

1) 소방청장은 형식승인의 대상이 되는 소방용품 중 품질이 우수하다고 인정하는 소방용품에 대하여 인증(이하 "우수품질인증"이라 한다)을 할 수 있다.
2) 우수품질인증을 받으려는 자는 행정안전부령으로 정하는 바에 따라 소방청장에게 신청하여야 한다.
3) 우수품질인증을 받은 소방용품에는 우수품질인증 표시를 할 수 있다.
4) 우수품질인증의 유효기간은 5년의 범위에서 행정안전부령으로 정한다.
5) 소방청장은 다음 각 호의 어느 하나에 해당하는 경우에는 우수품질인증을 취소할 수 있다. 다만 제1호에 해당하는 경우에는 우수품질인증을 취소하여야 한다.
   ① 거짓이나 그 밖의 부정한 방법으로 우수품질인증을 받은 경우
   ② 우수품질인증을 받은 제품이 「발명진흥법」에 따른 산업재산권 등 타인의 권리를 침해하였다고 판단되는 경우
6) 1)부터 5)까지에서 규정한 사항 외에 우수품질인증을 위한 기술기준, 제품의 품질관리 평가, 우수품질인증의 갱신, 수수료, 인증표시 등 우수품질인증에 필요한 사항은 행정안전부령으로 정한다.

54 ★★★

화재의 예방 및 안전관리에 관한 법령상 화재예방강화지구의 지정대상이 아닌 것은? (단, 소방청장 소방본부장 또는 소방서장이 화재예방강화지구로 지정할 필요가 있다고 인정하는 지역은 제외한다)

① 시장지역
② 농촌지역
③ 목조건물이 밀집한 지역
④ 공장 창고가 밀집한 지역

해설 화재예방강화지구 지정

1) 지정권자 : 시·도지사
2) 화재예방강화지구 지정 요청 : 소방청장
3) 화재예방강화지구
   (1) 시장지역
   (2) 공장·창고가 밀집한 지역
   (3) 목조건물이 밀집한 지역
   (4) 노후·불량건축물이 밀집한 지역
   (5) 위험물의 저장 및 처리시설이 밀집한 지역
   (6) 석유화학제품을 생산하는 공장이 있는 지역
   (7) 산업입지 및 개발에 관한 법률에 따른 산업단지
   (8) 소방시설·소방용수시설·소방출동로가 없는 지역
   (9) 물류단지
   (10) (1) ~ (9)까지 준하는 지역으로서 소방관서장이 화재예방강화지구로 지정할 필요가 있다고 인정하는 지역

55 ★★★

행정안전부령으로 정하는 연소 우려가 있는 구조에 대한 기준 중 다음 (   ) 안에 알맞은 것은?

> 건축물대장의 건축물 현황도에 표시된 대지경계선 안에 2 이상의 건축물이 있는 경우로서 각각의 건축물이 다른 건축물의 외벽으로부터 수평거리가 1층의 경우에는 (㉠) [m] 이하, 2층 이상의 경우에는 (㉡) [m] 이하이고 개구부가 다른 건축물을 향하여 설치된 구조를 말한다.

① ㉠ 3, ㉡ 5
② ㉠ 5, ㉡ 8
③ ㉠ 6, ㉡ 8
④ ㉠ 6, ㉡ 10

해설 연소우려가 있는 구조

- 대지경계선 안 2 이상의 건축물
- 다른 건축물 외벽으로부터 수평거리가 1층 6 [m] 이하, 2층 이상 10 [m] 이하
- 개구부가 다른 건축물 향하여 설치

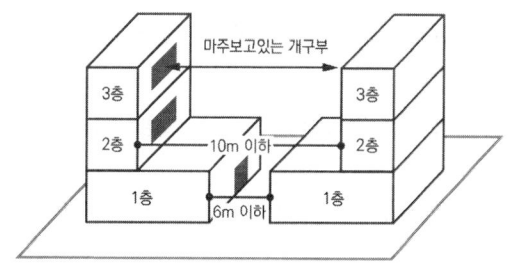

56 ★★★

소방시설 설치 및 관리에 관한 법령상 특정소방대상물 중 오피스텔이 해당하는 것은?

① 숙박시설
② 업무시설
③ 공동주택
④ 근린생활시설

정답 54 ② 55 ④ 56 ②

해설 업무시설

(1) 공공업무시설 : 국가 또는 지방자치단체의 청사, 외국공관의 건축물
(2) 일반업무시설 : 금융업소, 사무소, 신문사, 오피스텔
(3) 주민자치센터(동사무소), 경찰서, 지구대, 파출소, 소방서, 119안전센터, 우체국, 보건소, 공공도서관, 국민건강보험공단
(4) 마을회관, 마을공동작업소, 마을공동구판장
(5) 변전소, 양수장, 정수장, 대피소, 공중화장실

57 ★ (난이도 상)

소화난이도등급 Ⅲ인 지하탱크저장소에 설치하여야 하는 소화설비의 설치기준으로 옳은 것은?

① 능력단위 수치가 3 이상의 소형 수동식소화기 등 1개 이상
② 능력단위 수치가 3 이상의 소형 수동식소화기 등 2개 이상
③ 능력단위 수치가 2 이상의 소형 수동식소화기 등 1개 이상
④ 능력단위 수치가 2 이상의 소형 수동식소화기 등 2개 이상

해설 소화난이도등급 Ⅲ 지하탱크저장소

소화설비	설치기준	
소형 수동식 소화기 등	능력단위 수치 3 이상	2개 이상

58 ★★

소방기본법에 따른 소방력의 기준에 따라 관할구역의 소방력을 확충하기 위하여 필요한 계획을 수립하여 시행하여야 하는 자는?

① 소방서장
② 소방본부장
③ 시·도지사
④ 행정안전부장관

해설 소방력

1) 소방청장 → 시·도지사에게 요청
2) 동원요청 인정사항
   (1) 시·도 소방력으로 소방활동이 어려운 화재
   (2) 재난·재해
   (3) 그 밖에 구조구급 필요사항
   (4) 국가적 차원의 소방활동 필요
3) 동원요청 방법 : 소방청장은 시·도지사에게 동원 요청 사실과 다음의 요청사항을 팩스 또는 전화 등의 방법으로 통지(단, 긴급을 요하는 경우 시·도 소방본부 또는 소방서의 종합실장에게 직접 요청)
   (1) 동원을 요청하는 인력 및 장비
   (2) 소방력 이송 수단 및 집결장소
   (3) 소방활동을 수행하게 될 재난의 규모, 원인 등 소방활동에 필요한 정보
4) 요청을 받은 시·도지사는 정당한 사유 없이 요청을 거절하여서는 아니 됨
5) 소방청장은 필요한 경우 직접 소방대를 편성하여 소방에 필요한 활동을 하게 할 수 있음
6) 동원된 소방력은 지역 관할하는 소방본부장·서장의 지휘에 따라야 함. 다만 소방청장이 직접 소방대를 편성하여 소방활동을 하는 경우에는 소방청장의 지휘에 따라야 함
7) 소방활동을 수행하는 과정에서 발생하는 경비부담, 보상주체, 보상기준, 소방력 운용에 관한 사항 : 대통령령
   (1) 동원된 소방력의 소방활동 수행과정에서 발생하는 경비 : 시·도지사
   (2) 동원된 민간 소방인력이 소방활동 수행 중 사망하거나 부상 입은 경우의 보상 : 시·도지사

정답 57 ② 58 ③

59 ★★★

소방기본법령상 소방안전교육사의 배치대상별 배치기준으로 틀린 것은?

① 소방청 : 2명 이상 배치
② 소방서 : 1명 이상 배치
③ 소방본부 : 2명 이상 배치
④ 한국소방안전원(본회) : 1명 이상 배치

해설 소방안전교육사 배치대상별 배치기준

배치대상	배치기준(이상)
소방청	2명
소방본부	2명
소방서	1명
한국소방안전원	본회 : 2명 시·도지부 : 1명
한국소방산업기술원	2명

60 ★★★

소방기본법령상 소방본부 종합상황실의 실장이 서면·팩스 또는 컴퓨터통신 등으로 소방청 종합상황실에 보고하여야 하는 화재의 기준이 아닌 것은?

① 이재민이 100인 이상 발생한 화재
② 재산피해액이 50억 원 이상 발생한 화재
③ 사망자가 3인 이상 발생하거나 사상자가 5인 이상 발생한 화재
④ 층수가 5층 이상이거나 병상이 30개 이상인 종합병원에서 발생한 화재

해설 종합상황실 실장 보고 화재

종합상황실의 실장은 다음에 해당하는 상황이 발생하는 때에는 그 사실을 지체 없이 서면·팩스 또는 컴퓨터통신 등으로 소방서의 종합상황실의 경우는 소방본부의 종합상황실에, 소방본부의 종합상황실의 경우는 소방청의 종합상황실에 각각 보고해야 한다.

1. 다음에 해당하는 화재
 가. 사망자가 5인 이상 발생한 화재
 나. 사상자가 10인 이상 발생한 화재
 다. 이재민이 100인 이상 발생한 화재
 라. 재산피해액이 50억 원 이상 발생한 화재
 마. 관공서·학교·정부미도정공장·문화유산·지하철 또는 지하구의 화재
 바. 관광호텔, 층수가 11층 이상인 건축물, 지하상가, 시장, 백화점
 사. 지정수량의 3천 배 이상의 위험물의 제조소·저장소·취급소
 아. 층수가 5층 이상이거나 객실이 30실 이상인 숙박시설, 층수가 5층 이상이거나 병상이 30개 이상인 종합병원·정신병원·한방병원·요양소
 자. 연면적 15000 [m²] 이상인 공장 또는 화재경계지구에서 발생한 화재
 차. 철도차량, 항구에 매어둔 총 톤수가 1천 톤 이상인 선박, 항공기, 발전소 또는 변전소에서 발생한 화재
 카. 가스 및 화약류의 폭발에 의한 화재
 타. 다중이용업소의 화재
2. 통제단장의 현장지휘가 필요한 재난상황
3. 언론에 보도된 재난상황
4. 그 밖에 소방청장이 정하는 재난상황

정답 59 ④ 60 ③

2022년 4회
소방기계시설의 구조 및 원리

61 ★★★

화재조기진압용 스프링클러설비의 화재안전기술기준상 화재조기진압용 스프링클러설비 설치장소의 구조 기준으로 틀린 것은?

① 천장은 평평하여야 하며, 철재나 목재트러스 구조인 경우 철재나 목재의 돌출부분이 102 [mm]를 초과하지 않을 것
② 해당 층의 높이가 10 [m] 이하일 것. 다만 3층 이상일 경우에는 해당 층의 바닥을 내화구조로 하고 다른 부분과 방화구획할 것
③ 천장의 기울기가 1000분의 168을 초과하지 않아야 하고, 이를 초과하는 경우에는 반자를 지면과 수평으로 설치할 것
④ 창고 내의 선반의 형태는 하부로 물이 침투되는 구조로 할 것

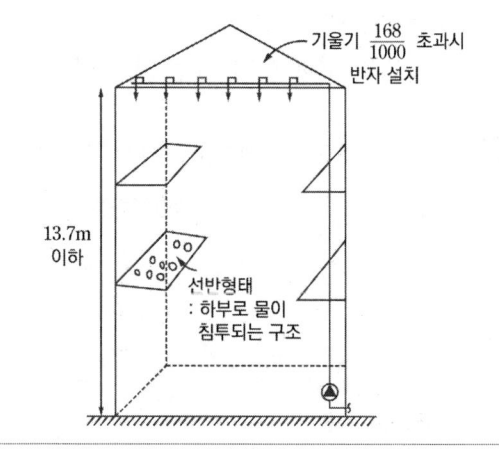

해설 화재조기진압용 S/P 설치장소의 구조 기준

1) 해당 층의 높이가 13.7 [m] 이하일 것
   다만 2층 이상일 경우 해당 층의 바닥을 내화구조로 하고 다른 부분과 방화구획할 것
2) 천장의 기울기 168/1000을 초과하지 않아야 하고, 초과 시 반자를 지면과 수평으로 설치할 것
3) 천장은 평평하여야 하며, 철재나 목재트러스 구조인 경우 철재나 목재 돌출부분이 102 [mm]를 초과하지 않을 것
4) 보로 사용되는 목재·콘크리트 및 철재 사이 간격은 0.9 [m] 이상 2.3 [m] 이하일 것
5) 창고 내 선반 형태는 하부로 물이 침투되는 구조로 할 것

62 ★★★

어떤 공장을 신축하면서 외부에 옥외소화전설비의 화재안전기술기준에 따라 옥외소화전을 15개 설치한다. 옥외소화전함은 최소 몇 개를 설치해야 하는가?

① 11개
② 15개
③ 8개
④ 10개

해설 옥외소화전함의 설치개수

옥외소화전	옥외소화전함의 개수
10개 이하	옥외소화전마다 5 [m] 이내의 장소에 1개 이상 설치
11개 이상 30개 이하	11개 이상의 소화전함을 각각 분산하여 설치
31개 이상	옥외소화전 3개마다 1개 이상 설치

정답 61 ② 62 ①

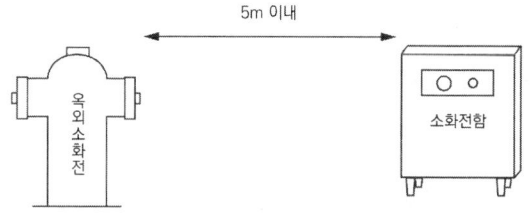

63 ★★★

특별피난계단의 계단실 및 부속실 제연설비의 화재안전기술기준상 수직풍도에 따른 배출기준 중 각층의 옥내와 면하는 수직풍도의 관통부에 설치하여야 하는 배출댐퍼 설치기준으로 틀린 것은?

① 화재 층에 설치된 화재감지기의 동작에 따라 당해 층의 댐퍼가 개방될 것
② 풍도의 배출댐퍼는 이·탈착구조가 되지 않도록 설치할 것
③ 개폐여부를 당해 장치 및 제어반에서 확인할 수 있는 감지기능을 내장하고 있을 것
④ 배출댐퍼는 두께 1.5 [mm] 이상의 강판 또는 이와 동등 이상의 성능이 있는 것으로 설치하여야 하며, 비내식성 재료의 경우에는 부식방지 조치를 할 것

해설 수직풍도의 관통부 배출댐퍼의 설치기준

각층의 옥내와 면하는 수직풍도의 관통부에는 다음 각목의 기준에 적합한 댐퍼(이하 "배출댐퍼"라 한다)를 설치해야 한다.

1) 배출댐퍼는 두께 1.5 [mm] 이상의 강판 또는 이와 동등 이상의 성능이 있는 것으로 설치해야 하며 비 내식성 재료의 경우에는 부식방지 조치를 할 것
2) 평상시 닫힌 구조로 기밀상태를 유지할 것
3) 개폐 여부를 당해 장치 및 제어반에서 확인할 수 있는 감지 기능을 내장하고 있을 것
4) 구동부의 작동상태와 닫혀 있을 때의 기밀상태를 수시로 점검할 수 있는 구조일 것
5) 풍도의 내부마감 상태에 대한 점검 및 댐퍼의 정비가 가능한 이·탈착구조로 할 것
6) 화재 층에 설치된 화재감지기의 동작에 따라 당해 층의 댐퍼가 개방될 것
7) 개방 시의 실제 개구부(개구율을 감안한 것을 말한다)의 크기는 기준에 따른 수직풍도의 최소 내부단면적 이상으로 할 것
8) 댐퍼는 풍도 내의 공기흐름에 지장을 주지 않도록 수직풍도의 내부로 돌출하지 않게 설치할 것

64 ★★★

소화수조 및 저수조의 화재안전기술기준에 따라 소화용수설비를 설치하여야 할 특정소방대상물에 유수를 사용할 수 있는 경우에는 유수의 양이 1분당 몇 [m³] 이상이면 소화수조를 설치하지 않아도 되는가?

① 0.8
② 1
③ 1.5
④ 2

해설 소화용수설비 설치제외

소화용수설비를 설치해야 할 특정소방대상물에 있어서 유수의 양이 0.8 [m³/min] 이상인 유수를 사용할 수 있는 경우에는 소화수조를 설치하지 않을 수 있다.

65 ★★★

물분무소화설비의 화재안전기술기준에 따른 물분무소화설비의 수원의 저수량 기준에 대한 설명으로 다음 ( ) 안에 알맞은 것은?

- 차고 또는 주차장은 그 바닥면적(최대방수구역의 바닥면적을 기준으로 하며, 50 [m²] 이하인 경우에는 50 [m²]) 1 [m²]에 대하여 (㉠) [L/min]로 20분간 방수할 수 있는 양 이상으로 할 것
- 절연유 봉입 변압기는 바닥부분을 제외한 표면적을 합한 면적 1 [m²]에 대하여 (㉡) [L/min]로 20분간 방수할 수 있는 양 이상으로 할 것
- 케이블트레이, 케이블덕트 등은 투영된 바닥면적 1 [m²]에 대하여 (㉢) [L/min]로 20분간 방수할 수 있는 양 이상으로 할 것

① ㉠ 20, ㉡ 10, ㉢ 12
② ㉠ 20, ㉡ 20, ㉢ 12
③ ㉠ 10, ㉡ 20, ㉢ 5
④ ㉠ 10, ㉡ 10, ㉢ 5

해설 물분무소화설비의 수원

소방대상물	토출량	비고
특수가연물을 저장·취급	10 [L/min·m²]	최소 바닥면적 50 [m²]
절연유봉입 변압기	10 [L/min·m²]	-
컨베이어벨트	10 [L/min·m²]	-
케이블트레이· 케이블덕트	12 [L/min·m²]	-
차고·주차장	20 [L/min·m²]	최소 바닥면적 50 [m²]

☆암기 특절컨 10, 케이트 12, 차주 20

66 ★★★

포소화설비의 화재안전기술기준상 포헤드의 설치기준 중 다음 괄호 안에 알맞은 것은?

압축공기포소화설비의 분사헤드는 천장 또는 반자에 설치하되 방호대상물에 따라 측벽에 설치할 수 있으며 유류탱크 주위에는 바닥면적 (㉠) [m²]마다 1개 이상, 특수가연물저장소에는 바닥면적 (㉡) [m²]마다 1개 이상으로 당해 방호대상물의 화재를 유효하게 소화할 수 있도록 할 것

① ㉠ 8, ㉡ 9
② ㉠ 9, ㉡ 8
③ ㉠ 9.3, ㉡ 13.9
④ ㉠ 13.9, ㉡ 9.3

해설 압축공기포소화설비의 분사헤드

유류탱크주위	바닥면적 13.9 [m²]마다 1개 이상
특수가연물저장소	바닥면적 9.3 [m²]마다 1개 이상

67 ★★★

포소화설비의 화재안전기술기준상 펌프 관련 기준으로 적합하지 않은 것은?

① 성능시험배관의 유량측정장치는 펌프의 정격토출량의 150 [%] 이상 측정할 수 있는 성능이 있어야 한다.
② 펌프의 성능시험배관은 펌프의 토출 측에 설치된 개폐밸브 이전에서 분기하여 설치한다.
③ 펌프의 성능은 정격토출량의 150 [%]로 운전 시 정격토출압력의 65 [%] 이상이 되어야 한다.
④ 펌프의 성능은 체절운전 시 정격토출압력의 140 [%]를 초과하지 않아야 한다.

해설 포소화설비 펌프 관련 기준(수계 공통)

1) 펌프의 성능은 체절운전 시 정격토출압력의 140 [%]를 초과하지 않고, 정격토출량의 150 [%]로 운전 시 정격토출압력의 65 [%] 이상이 되어야 하며, 펌프의 성능을 시험할 수 있는 성능시험배관을 설치할 것. 다만 충압펌프의 경우에는 그렇지 않다.

2) 성능시험배관은 펌프의 토출 측에 설치된 개폐밸브 이전에서 분기하여 직선으로 설치하고, 유량측정장치를 기준으로 전단 직관부에는 개폐밸브를 후단 직관부에는 유량조절밸브를 설치할 것. 이 경우 개폐밸브와 유량측정장치 사이의 직관부 거리 및 유량측정장치와 유량조절밸브 사이의 직관부 거리는 해당 유량측정장치 제조사의 설치사양에 따르고, 성능시험배관의 호칭지름은 유량측정장치의 호칭지름에 따른다.

3) 유량측정장치는 펌프의 정격토출량의 175 [%] 이상 측정할 수 있는 성능이 있을 것

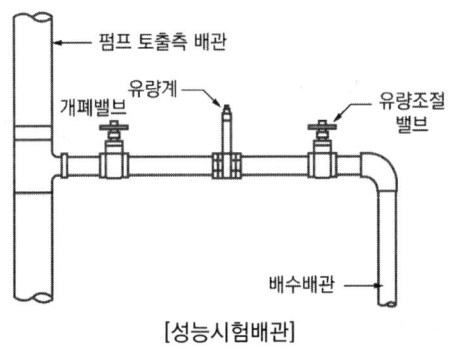

[성능시험배관]

68 ★★★

스프링클러설비의 가압송수장치의 정격토출압력은 하나의 헤드선단에 얼마의 방수압력이 될 수 있는 크기이어야 하는가? (단, 가압송수장치는 전동기에 따른 펌프를 이용한다)

① 0.01 [MPa] 이상 0.05 [MPa] 이하
② 0.1 [MPa] 이상 1.2 [MPa] 이하
③ 1.5 [MPa] 이상 2.0 [MPa] 이하
④ 2.5 [MPa] 이상 3.3 [MPa] 이하

해설 스프링클러헤드 방수압력

헤드 방수압력 : 0.1 [MPa] 이상 1.2 [MPa] 이하

69 ★★

미분무소화설비의 화재안전기술기준에 따라 저수조 등에 충수할 경우 사용되는 필터 또는 스트레이너의 메쉬는 헤드 오리피스 지름의 최대 몇 [%] 이하가 되어야 하는가?

① 70   ② 80
③ 60   ④ 90

해설 미분무소화설비의 수원

1) 미분무소화설비에 사용되는 소화용수는 「먹는물관리법」제5조에 적합하고, 저수조 등에 충수할 경우 필터 또는 스트레이너를 통해야 하며, 사용되는 물에는 입자·용해고체 또는 염분이 없어야 한다.

2) 배관의 연결부(용접부 제외) 또는 주배관의 유입 측에는 필터 또는 스트레이너를 설치해야 하고, 사용되는 스트레이너에는 청소구가 있어야 하며, 검사·유지관리 및 보수 시에 배치 위치를 변경하지 않아야 한다. 다만 노즐이 막힐 우려가 없는 경우에는 설치하지 않을 수 있다.

3) 사용되는 필터 또는 스트레이너의 메쉬는 헤드 오리피스 지름의 80 [%] 이하가 되어야 한다.

정답 68 ② 69 ②

70 ★★★

스프링클러설비의 화재안전기술기준상 건식 스프링클러설비에서 헤드를 향하여 상향으로 수평주행배관의 기울기가 최소 몇 이상이 되어야 하는가?

① 1/500
② 1/1000
③ 0
④ 1/250

해설 기울기 Summary

구분	설명
1/100 이상	연결살수설비 수평주행배관
2/100 이상	물분무소화설비 배수설비
1/250 이상	S/P 습식·부압식 외 가지배관
1/500 이상	S/P 습식·부압식 외 수평주행배관

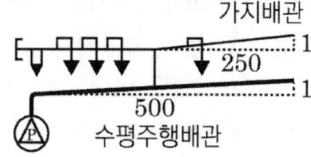

[S/P 습식·부압식 외의 설비]

71 ★★★

제연설비 화재안전기술기준에 따라 예상제연구역 바닥면적 400 [m²] 이상 거실의 공기 유입구 설치기준으로 옳은 것은? (단, 제연경계에 따른 구획을 제외한다)

① 천장에 설치하되 배출구와 10 [m] 거리를 둔다.
② 바닥으로부터 1.5 [m] 이하의 높이에 설치한다.
③ 주변 3 [m] 이내에는 가연성 내용물이 없도록 한다.
④ 천장과 바닥에 관계없이 배출구와 5 [m] 이상의 직선거리만 확보한다.

해설 예상제연구역의 공기유입구 설치기준

1) 바닥면적 400 [m²] 미만의 거실
   공기유입구와 배출구 간의 직선거리는 5 [m] 이상 또는 구획된 실의 장변의 2분의 1 이상으로 할 것
2) 바닥면적이 400 [m²] 이상의 거실
   바닥으로부터 1.5 [m] 이하의 높이에 설치하고 그 주변은 공기의 유입에 장애가 없도록 할 것

72 ★★★

소화기구 및 자동소화장치의 화재안전성능기준상 간이소화용구로서 마른모래를 사용하려 할 때 다음 ( )에 알맞은 내용은?

- 마른모래 1포의 기준은 삽을 상비한 (㉠) [L] 이상의 것이다.
- 능력단위 2단위로 설치하기 위해 마른모래는 (㉡)포를 설치해야 한다.

① ㉠ 160, ㉡ 2
② ㉠ 50, ㉡ 2
③ ㉠ 160, ㉡ 4
④ ㉠ 50, ㉡ 4

해설 간이소화용구의 능력단위

간이소화용구		능력단위
마른모래	삽을 상비한 **50 [L]** 이상의 것 1포	0.5 단위

포의 수 = $\dfrac{2[단위]}{0.5[단위/포]}$ = 4 [포]

73 ★

피난사다리의 형식승인 및 제품검사의 기술기준상 피난사다리의 횡봉에 대한 기준 중 ( )에 알맞은 것은?

> 횡봉의 간격은 (㉠) [cm] 이상 (㉡) [cm] 이하이어야 하고, 횡봉은 지름 (㉢) [mm] 이상 (㉣) [mm] 이하의 원형인 단면이거나 또는 이와 비슷한 손으로 잡을 수 있는 형태의 단면이 있는 것이어야 한다.

① ㉠ 25, ㉡ 35, ㉢ 20, ㉣ 30
② ㉠ 20, ㉡ 40, ㉢ 20, ㉣ 40
③ ㉠ 20, ㉡ 30, ㉢ 14, ㉣ 40
④ ㉠ 25, ㉡ 35, ㉢ 14, ㉣ 35

해설 피난사다리의 구조

1) 피난사다리는 2개 이상의 종봉 및 횡봉으로 구성되어야 한다. 다만 고정식사다리인 경우에는 종봉의 수를 1개로 할 수 있다.
2) 피난사다리(종봉이 1개인 고정식사다리는 제외)의 종봉의 간격은 최외각 종봉 사이의 안치수가 30 [cm] 이상이어야 한다.
3) 피난사다리의 횡봉은 지름 14 [mm] 이상 35 [mm] 이하의 원형인 단면이거나 또는 이와 비슷한 손으로 잡을 수 있는 형태의 단면이 있는 것이어야 한다.
4) 피난사다리의 횡봉은 종봉에 동일한 간격으로 부착한 것이어야 하며, 그 간격은 25 [cm] 이상 35 [cm] 이하이어야 한다.
5) 피난사다리 횡봉의 디딤면은 미끄러지지 아니하는 구조이어야 한다.

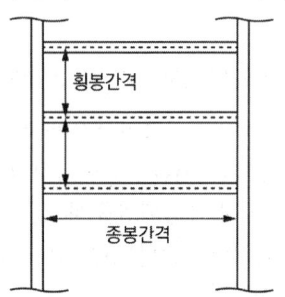

74 ★★★

포소화설비의 화재안전기술기준상 포소화설비의 배관에 대한 설명으로 틀린 것은?

① 포헤드설비의 가지배관의 배열은 토너먼트방식으로 한다.
② 송액관은 적당한 기울기를 유지하도록 하고 그 낮은 부분에 배액밸브를 설치한다.
③ 송액관은 전용으로 한다.
④ 포워터스프링클러설비의 교차배관에서 분기되는 지점을 기점으로 한쪽 가지배관에 설치되는 헤드의 수는 8개 이하로 한다.

해설 포소화설비 배관

1) 포워터스프링클러설비 또는 포헤드설비의 가지배관 배열은 토너먼트방식 아닐 것(압축공기포 제외)
2) 송액관은 전용으로 할 것
3) 송액관은 포 방출 종료 후 배관 안에 액을 배출하기 위해 적당한 기울기 유지하고 그 낮은 부분에 배액밸브 설치해야 함
4) 교차배관에서 분기하는 지점을 기점으로 한쪽 가지배관에 설치하는 헤드의 수 : 8개 이하
5) 포소화설비 성능에 지장이 없는 경우 다른 설비와 겸용이 가능

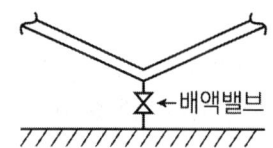

정답 73 ④ 74 ①

75 ★★★

공동주택의 화재안전기술기준에 따라 층수가 16층인 아파트 건축물에 각 세대마다 12개의 폐쇄형 스프링클러헤드를 설치하였다. 이때 수원은 몇 [m³] 이상 확보되어야 하는가? (단, 아파트의 각 동이 주차장으로 서로 연결된 구조가 아니다)

① 48
② 480
③ 16
④ 160

해설 공동주택에 폐쇄형 스프링클러헤드를 사용하는 경우 수원의 양

폐쇄형 스프링클러헤드를 사용하는 아파트등은 기준개수 10개에 1.6 [m³]를 곱한 양 이상의 수원이 확보되도록 할 것(다만 아파트등의 각 동이 주차장으로 서로 연결된 구조인 경우 해당 주차장 부분의 기준개수는 30개로 할 것)

- 수원의 양 = N(기준개수) × 1.6 [m³]
  = 10 개 × 1.6 [m³]
  = 16 [m³]

76 ★

간이스프링클러설비의 화재안전기술기준에 따른 간이헤드의 설치기준 중 A, B에 들어갈 내용은?

> 간이헤드의 작동온도는 실내의 최대 주위천장온도가 (A) [℃] 이상 66 [℃] 이하인 경우에는 공칭작동온도가 (B) [℃]에서 109 [℃]의 것을 사용할 것

① A : 39, B : 79
② A : 39, B : 59
③ A : 19, B : 59
④ A : 19, B : 79

해설 간이헤드

1) 폐쇄형 간이헤드를 사용할 것
2) 간이헤드의 작동온도는 실내의 최대 주위 천장온도가 0 [℃] 이상 38 [℃] 이하인 경우 공칭작동온도가 57 [℃]에서 77 [℃]의 것을 사용하고, 39 [℃] 이상 66 [℃] 이하인 경우에는 공칭작동온도가 79 [℃]에서 109 [℃]의 것을 사용할 것
3) 간이헤드를 설치하는 천장·반자·천장과 반자 사이·덕트·선반 등의 각 부분으로부터 간이헤드까지의 수평거리는 2.3 [m] 이하가 되도록 해야 한다.

77 ★★

다음 화재조기진압용 스프링클러설비의 화재안전기술기준상 수원의 기준 중 ( )에 들어갈 내용은?

> 화재조기진압용 스프링클러설비의 수원은 수리학적으로 가장 먼 가지배관 (㉠)개에 각각 (㉡)개의 스프링클러헤드가 동시에 개방되었을 때 헤드선단의 압력이 규정에 따른 값 이상으로 (㉢)분간 방사할 수 있는 양으로 계산한다.

① ㉠ 4, ㉡ 4, ㉢ 60
② ㉠ 3, ㉡ 3, ㉢ 90
③ ㉠ 3, ㉡ 4, ㉢ 60
④ ㉠ 4, ㉡ 3, ㉢ 90

해설 화재조기진압용 S/P 설비의 수원

화재조기진압용 스프링클러설비의 수원은 수리학적으로 가장 먼 가지배관 3개에 각각 4개의 스프링클러헤드가 동시에 개방되었을 때 헤드선단의 압력이 규정에 따른 값 이상으로 60분간 방수할 수 있는 양 이상으로 계산한다.

78 ★★★

물분무소화설비의 화재안전기술기준에 따른 가압송수장치의 설치기준 중 틀린 것은? (단, 전동기 또는 내연기관에 따른 펌프를 이용하는 가압송수장치이다)

① 기동용 수압개폐장치(압력챔버)를 사용할 경우 그 용적은 100 [L] 이상으로 한다.
② 수원의 수위가 펌프보다 낮은 위치에 있는 가압송수장치에는 물올림장치를 설치한다.
③ 기동용 수압개폐장치를 기동장치로 사용할 경우에 설치하는 충압펌프의 토출압력은 가압송수장치의 정격 토출압력과 같게 한다.
④ 가압송수장치가 기동된 경우에는 자동으로 정지되도록 한다.

해설 물분무소화설비 가압송수장치

1) 기동용 수압개폐장치 중 압력챔버를 사용할 경우 그 용적은 100 [L] 이상의 것으로 할 것
2) 수원의 수위가 펌프보다 낮은 위치에 있는 가압송수장치에는 다음의 기준에 따른 물올림장치를 설치할 것
3) 기동용 수압개폐장치를 기동장치로 사용할 경우에는 다음의 기준에 따른 충압펌프를 설치할 것
   (1) 펌프의 토출압력은 그 설비의 최고위 살수장치의 자연압보다 적어도 0.2 [MPa]이 더 크도록 하거나 가압송수장치의 정격토출압력과 같게 할 것
   (2) 펌프의 정격토출량은 정상적인 누설량보다 적어서는 안 되며, 물분무소화설비가 자동적으로 작동할 수 있도록 충분한 토출량을 유지할 것
4) 가압송수장치가 기동이 된 경우에는 자동으로 정지되지 않도록 할 것. 다만 충압펌프의 경우에는 그렇지 않다.

79 ★★★

소화기구 및 자동소화장치의 화재안전기술기준에 따라 부속용도로 사용하고 있는 통신기기실의 경우 바닥면적 몇 [m²]마다 수동식 소화기 1개 이상을 추가로 비치하여야 하는가?

① 30   ② 50
③ 60   ④ 40

해설 부속용도별 추가해야 할 소화기구 및 자동소화장치

용도별	소화기구의 능력단위
1. 다음 각목의 시설(다만 스프링클러설비·간이스프링클러설비·물분무등소화설비 또는 상업용 주방자동소화장치가 설치된 경우에는 자동확산소화기를 설치하지 않을 수 있다) 가) 보일러실·건조실·세탁소·대량화기취급소 나) 음식점·다중이용업소·호텔·기숙사·노유자시설·의료시설·업무시설·공장·장례식장·교육연구시설·교정 및 군사시설의 주방 다) 관리자의 출입이 곤란한 변전실·송전실·변압기실 및 배전반실	1. 소화기 해당 용도의 바닥면적 25 [m²]마다 능력단위 1단위 이상의 소화기[주방에 설치하는 소화기 중 1개 이상은 주방화재용 소화기(K급)로 설치] 2. 자동확산소화기 해당 용도의 바닥면적 10 [m²] 이하는 1개, 10 [m²] 초과는 2개 이상을 설치 [방호대상에 유효하게 분사될 수 있는 위치에 배치될 수 있는 수량으로 설치할 것]
2. 발전실·변전실·송전실·변압기실·배전반실·**통신기기실**·전산기기실 기타 이와 유사한 시설이 있는 장소(관리자의 출입이 곤란한 장소 제외)	**해당 용도의 바닥면적 50 [m²]**마다 적응성이 있는 소화기 1개 이상

80 ★★★

이산화탄소소화설비의 화재안전기술기준에 따른 소화약제의 저장용기 설치기준으로 틀린 것은?

① 용기 간의 간격은 점검에 지장이 없도록 2 [cm] 이상의 간격을 유지할 것
② 방화문으로 구획된 실에 설치할 것
③ 방호구역 외의 장소에 설치할 것
④ 온도가 40 [℃] 이하이고, 온도변화가 적은 곳에 설치할 것

해설 이산화탄소소화설비 저장용기 설치장소

1) 방호구역 외의 장소에 설치할 것
2) 온도가 40 [℃] 이하이고, 온도변화가 적은 곳에 설치할 것
3) 직사광선 및 빗물이 침투할 우려가 없는 곳에 설치할 것
4) 방화문으로 구획된 실에 설치할 것
5) 용기의 설치장소에는 해당 용기가 설치된 곳임을 표시하는 표지를 할 것
6) 용기 간의 간격은 점검에 지장이 없도록 3 [cm] 이상 간격을 유지할 것
7) 저장용기와 집합관을 연결하는 연결배관에는 체크밸브를 설치할 것

정답 80 ①

모아바 www.moa-ba.com
모아소방전기학원 www.moate.co.kr

격차를 뛰어넘어 압도적인 격차를 만들다

※ 소방기본법 내용 중 '문화재'라는 용어는 타법 개정(2024.5.7.)에 따라 '문화유산' 및 '국가유산'으로 변경·통일하였습니다. 학습에 참고바랍니다.

▶ 세부구성

| 1회 | 소방원론
         소방유체역학
         소방관계법규
         소방기계시설의 구조 및 원리
| 2회 | 소방원론
         소방유체역학
         소방관계법규
         소방기계시설의 구조 및 원리
| 4회 | 소방원론
         소방유체역학
         소방관계법규
         소방기계시설의 구조 및 원리

2021년 1회
소방원론

01 ★★★
자연 발화가 잘 일어나기 위한 조건이 아닌 것은?

① 주위의 온도가 높다.
② 열전도율이 낮다.
③ 표면적이 넓다.
④ 발열량이 작다.

해설 자연발화 조건

1) 표면적이 클 것 (+)
2) 발열량이 클 것 (+)
3) 산소와 접촉하는 표면적이 넓을 것 (+)
4) 열전도율이 작을 것 (-)

TIP 열전도율만 (-)

02 ★★★
다음 중 물과 반응하여 수소가 발생하지 않는 것은?

① Na
② K
③ S
④ Li

해설 금수성 물질

물과 접촉하여 발화, 가연성 가스 발생

구분	현상
무기과산화물	산소(O_2) 발생
금속분 마그네슘(Mg) **나트륨(Na)** **칼륨(K)** **리튬(Li)**	수소(H_2) 발생
탄화칼슘 (칼슘카바이드)	아세틸렌(C_2H_2) 발생

03 ★★★
다음 중 폭발을 일으킬 위험이 가장 낮은 물질은?

① 수소가스
② 마그네슘분
③ 밀가루
④ 시멘트가루

해설 분진폭발 일으키지 않는 물질

물과 반응하여 가연성기체 발생하지 않는 것

- 시멘트
- 석회석
- 탄산칼슘($CaCO_3$)
- 생석회(CaO) = 산화칼슘
- 소석회

암기 분시석 탄생소

정답 01 ④ 02 ③ 03 ④

04 ★   난이도 상

철근콘크리트조의 기둥에서 내화구조의 기준으로 옳은 것은?

① 작은 지름 15 [cm] 이상으로서 철골을 두께 4 [cm] 이상의 철망 몰탈로 덮은 것
② 작은 지름 20 [cm] 이상으로서 철골을 두께 7 [cm] 이상의 콘크리트 블록으로 덮은 것
③ 작은 지름 25 [cm] 이상으로서 철골을 두께 5 [cm] 이상의 콘크리트로 덮은 것
④ 작은 지름 30 [cm] 이상으로서 철골을 두께 3 [cm] 이상의 석재로 덮은 것

해설 내화구조 기둥 기준

기둥의 경우에는 그 <u>작은 지름이 25 [cm] 이상인 것으로서</u> 다음 어느 하나에 해당하는 것. 다만 고강도 콘크리트를 사용하는 경우에는 고강도 콘크리트 내화성능 관리기준에 적합해야 한다.
1) 철근콘크리트조 또는 철골철근콘크리트조
2) 철골을 두께 6 [cm](경량골재를 사용하는 경우에는 5 [cm]) 이상의 철망모르타르 또는 두께 7[cm] 이상의 콘크리트블록·벽돌 또는 석재로 덮은 것
3) <u>철골을 두께 5 [cm] 이상의 콘크리트로 덮은 것</u>

05 ★★★

인화점(Flash Point)을 가장 옳게 설명한 것은?

① 가연성 액체가 증기를 계속 발생하여 연소가 지속될 수 있는 최저온도
② 가연성 증기 발생 시 연소범위의 하한계에 이르는 최저 온도
③ 고체와 액체가 평형을 유지하며 공존할 수 있는 온도
④ 가연성 액체의 포화증기압이 대기압과 같아지는 온도

해설 인화점

1) 점화원을 가했을 때 연소가 시작되는 최저온도
2) 인화점이 낮을수록 위험도가 큼
3) 인화점 < 연소점 < 발화점

암기 이연발

06 ★   난이도 상

일반적으로 목조건축물의 화재 시 발화에서 최성기까지의 소요시간은 어느 정도인가? (단, 풍속이 거의 없을 경우를 가정한다)

① 1분 미만   ② 4 ~ 14분
③ 30 ~ 60분 ④ 90분 이상

해설 목조건축물 화재

• 최성기까지 소요시간 : <u>4 ~ 14분</u>
• 최성기 최고온도 : 1000 ~ 1300 [℃]

정답 04 ③   05 ②   06 ②

07 ★★★

다음 중 전기화재에 해당하는 것은?

① A급 화재   ② B급 화재
③ C급 화재   ④ D급 화재

> **해설** 화재의 분류

등급	화재	표시색	가연물
A급	일반화재	백색	나무, 섬유, 종이, 고무, 플라스틱류
B급	유류화재	황색	인화성 액체, 가연성 액체, 석유 그리스, 타르, 오일, 유성도료, 솔벤트, 래커, 알코올 및 인화성 가스 등
C급	전기화재	청색	전류가 흐르고 있는 전기기기, 배선 등
D급	금속화재	무색	마그네슘 합금 등 가연성 금속
K급	주방화재	-	주방에서 동식물유를 취급하는 조리기구

☆암기 일유전 금주

08 ★★★

Halon 1301에서 숫자 '0'은 무슨 원소가 없다는 것을 뜻하는가?

① 탄소   ② 브롬(브로민)
③ 불소   ④ 염소

> **해설** 할론소화약제의 명명법

종류	C 개수	F 개수	Cl 개수	Br 개수
할론 1211	1	2	1	1
할론 1301	1	3	0	1
할론 2402	2	4	0	2

※ 할론소화약제의 분자식

종류	분자식	상온·상압
할론 1211	CF_2ClBr	기체
할론 1301	CF_3Br	기체
할론 1011	CH_2ClBr	액체
할론 2402	$C_2F_4Br_2$	액체

09 ★★★

전기시설물에 적응성이 없는 소화방식은?

① 이산화탄소에 의한 소화
② 할론 1301에 의한 소화
③ 마른 모래에 의한 소화
④ 물분무에 의한 소화

> **해설** 전기화재에 적응성이 있는 소화방식

1) 이산화탄소에 의한 소화
2) 할론소화약제에 의한 소화
3) 할로겐화합물 및 불활성기체소화약제에 의한 소화
4) 분말소화약제에 의한 소화
5) 물분무·미분무에 의한 소화
6) 고체에어로졸화합물에 의한 소화

> **보충** 마른 모래, 팽찰질석, 팽창진주암은 전기화재에 적응성이 없다.

정답 07 ③ 08 ④ 09 ③

10 ★★★

액화천연가스(LNG)의 주성분은?

① CH_4 ② H_2
③ C_3H_8 ④ C_2H_2

해설 액화석유가스(LPG)와 액화천연가스(LNG)

가스	주성분	증기비중
액화석유가스 (LPG)	프로페인(프로판, C_3H_8) 뷰테인(부탄, C_4H_{10})	1.51
액화천연가스 (LNG)	메테인(메탄, CH_4)	0.55

TIP 증기비중 > 1 : 공기보다 무겁다.
증기비중 < 1 : 공기보다 가볍다.

11 ★★★

피난계획의 일반원칙 중에 대한 설명 Fail Safe 로 옳은 것은?

① 한 가지 피난기구가 고장이 나도 다른 수단을 이용할 수 있도록 고려하는 것
② 피난설비를 반드시 이동식으로 하는 것
③ 본능적 상태에서도 쉽게 식별이 가능하도록 그림이나 색채를 이용하는 것
④ 피난수단을 조작이 간편한 원시적인 방법으로 설계하는 것

해설 피난대책 일반 원칙

피난 대책은 Fail - Safe와 Fool - Proof 원칙에 따른다.

1) Fail - Safe
   (1) 하나의 수단이 고장으로 실패하여도 다른 수단을 이용할 수 있도록 할 것
   (2) 양방향 피난경로를 상시 확보해 둘 것
   (3) 부분화, 다중화할 것

2) Fool - Proof
   (1) 피난수단은 조작이 간편한 원시적 방법으로 할 것
   (2) 비상시 판단능력 저하를 대비하여 누구나 알 수 있도록 간단한 그림이나 색채를 이용하여 표시할 것
   (3) 피난설비는 고정식 설비로 설치할 것
   (4) 피난경로는 간단명료하게 할 것

12 ★★★

부피비로 메테인 80 [%], 에테인 15 [%], 프로페인 4 [%], 뷰테인 1 [%]인 혼합기체가 있다. 이 기체의 공기 중에서의 폭발하한계는 약 몇 [vol%]인가? (단, 공기 중 단일 가스의 폭발하한계는 메테인 5 [vol%], 에테인 2 [vol%], 프로페인 2 [vol%], 뷰테인 1.8 [vol%]이다)

① 2.2 ② 3.8
③ 4.9 ④ 6.2

해설 르 샤틀리에의 법칙

$$\text{르 샤틀리에 법칙} \quad \frac{100}{L} = \frac{V_1}{L_1} + \frac{V_2}{L_2} + \cdots + \frac{V_n}{L_n}$$

$$\frac{100}{L} = \frac{80}{5} + \frac{15}{2} + \frac{4}{2} + \frac{1}{1.8}$$

$$L = \frac{100}{\frac{80}{5} + \frac{15}{2} + \frac{4}{2} + \frac{1}{1.8}}$$

$$\therefore L = 3.84 [\%]$$

L : 혼합가스 폭발하한계 [vol%]
$L_1 \sim L_n$: 가연성가스 폭발하한계 [vol%]
$V_1 \sim V_n$: 가연성가스 용량 [vol%]

13 ★★★

다음 중 바닥부분의 내화구조 기준으로 틀린 것은?

① 철근콘크리트조로서 두께가 5 [cm] 이상인 것
② 철골철근콘크리트조로서 두께가 10 [cm] 이상인 것
③ 철재로 보강된 콘크리트 블록조·벽돌조 또는 석조로서 철재에 덮은 콘크리트블록 등의 두께가 5 [cm] 이상인 것
④ 철재의 양면을 두께 5 [cm] 이상의 철망모르타르 또는 콘크리트로 덮은 것

해설 내화구조 바닥 기준

[두께 : 이상]

구조	두께
철근콘크리트조 또는 철골철근콘크리트조	10 [cm]
철재로 보강된 콘크리트블록조·벽돌조·석조로서 철재에 덮은 콘크리트블록 등	5 [cm]
철재의 양면을 철망모르타르 또는 콘크리트로 덮은 것	5 [cm]

14 ★★★

중질유가 탱크에서 조용히 연소하다 열유층에 의해 가열된 하부의 물이 폭발적으로 끓어 올라와 상부의 뜨거운 기름과 함께 분출하는 현상을 무엇이라 하는가?

① 플래시 오버
② 보일 오버
③ 백 드래프트
④ 롤 오버

해설 화재 시 발생현상

현상	설명
플래시 오버	온도가 급격히 상승하여 화재가 순간적으로 실내 전체에 확산
보일 오버	중질유 탱크저부 에멀전(물)이 증발하면서 부피가 팽창하여 유류 분출
백 드래프트	훈소 상태일 때 신선한 공기 유입으로 실내 축적가스가 단시간 연소, 폭발하여 실외로 분출
롤 오버 (플레임 오버)	열분해된 미연소 연료가 천장 하부에 축적되면서 층을 이루고, 이것이 연소하한에 도달했을 때 점화되면서 화염 선단이 천장 밑을 굴러가는 것처럼 보이며 연소하는 상태

15 ★★★

할론소화약제에 대한 설명으로 옳은 것은?

① 연소 연쇄반응을 촉진시킨다.
② 소화 후 잔사가 남지 않는 장점이 있다.
③ Halon 104는 소화효과도 우수하고 독성도 없다.
④ Halon 1301, Halon 1211은 에테인의 유도체이다.

해설 할론소화약제

1) 연소 연쇄반응을 차단하여 부촉매 소화한다.
2) 소화 후 잔사가 남지 않는다.
3) Halon 104가 화재 환경에 노출될 경우, 맹독성 가스인 포스겐이 발생한다.
4) Halon 1301, Halon 1211은 메테인의 유도체이다.
5) 할로겐족 원소(F, Cl, Br, I 등)를 사용하는 소화약제이다.
6) 전기의 부도체로 전기화재에 효과적이다.
7) 통신기기실, 미술관, 전산실 등에 적응성이 있다.

정답 13 ① 14 ② 15 ②

16 ★★★

다음 중 가연성 물질이 아닌 것은?

① 수소 ② 산소
③ 메테인 ④ 암모니아

해설 가연성 가스와 조연성 가스

구분	가연성 가스	조연성 가스
정의	자기 자신이 연소하는 가스	자기 자신은 타지 않고 연소를 도와주는 가스
종류	일산화탄소(CO) 수소(H_2) 메테인(메탄, CH_4) 프로페인(프로판, C_3H_8) 암모니아(NH_3) 뷰테인(부탄, C_4H_{10})	오존(O_3) 공기 **산소(O_2)** 염소(Cl) 불소(F)

암기 조 오공산 염불

17 ★★★

다음 중 착화온도가 가장 높은 물질은?

① 황린 ② 아세트알데하이드
③ 메테인 ④ 이황화탄소

해설 발화점 = 착화점 = 착화온도

물질	발화점 [℃]
메테인(메탄)	**537**
벤젠	498
톨루엔	480
아세톤	465
에틸알코올	423
휘발유(가솔린)	280
적린, 황화인(황화린)	260
등유	220
경유	210

물질	발화점 [℃]
아세트알데하이드	175
이황화탄소	90
황린	34

암기 발벤톨 / 아에 / 휘적 / 등경 / 이황

18 ★★★

가연성 기체 또는 액체의 연소범위에 대한 설명 중 틀린 것은?

① 연소 하한과 연소 상한의 범위를 나타낸다.
② 연소 하한이 낮을수록 발화위험이 높다.
③ 연소범위가 넓을수록 발화위험이 낮다.
④ 연소범위는 주위온도와 관계가 있다.

해설 연소범위

1) 연소범위에는 상한계(UFL)와 하한계(LFL)가 존재한다.
2) 연소범위의 상한계(UFL)가 높을수록, 하한계(LFL)가 낮을수록 위험성이 크다.
3) 연소범위가 넓을수록 위험성이 크다.
4) 연소범위의 값은 혼합가스의 체적농도이다.
5) 온도와 농도가 높을수록 연소범위는 넓어진다 (단, CO, H는 좁아진다).
6) 압력 상승 시 연소 범위는 넓어진다.
7) 불활성기체를 첨가할수록 연소범위는 좁아진다.
8) 가연성 기체의 종류에 따라 다른 값을 가진다.

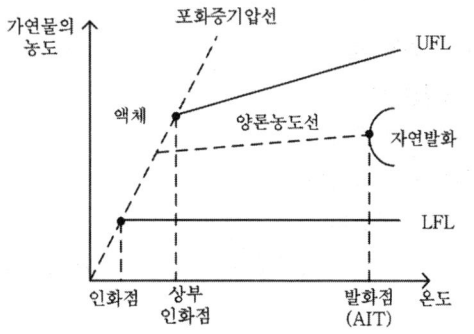

보충 연소범위는 주위온도와 관계없다.

정답 16 ② 17 ③ 18 ③

19 ★★★

연소의 3요소에 해당하지 않는 것은?

① 점화원
② 연쇄반응
③ 가연물질
④ 산소공급원

해설 연소의 3요소, 4요소

연소의 3요소	연소의 4요소
• **가연물** • **산소공급원** • **점화원**	• 가연물 • 산소공급원 • 점화원 • **연쇄반응**

암기 연소의 3요소 : 가산점

20 ★★★

소방시설의 분류에서 다음 중 소화설비에 해당하지 않는 것은?

① 스프링클러설비
② 수동식소화기
③ 옥내소화전설비
④ 연결송수관설비

해설 소화설비

1) 소화기구
   • <u>소화기</u>
   • 간이소화용구
   • 자동확산소화기
2) 자동소화장치
3) <u>옥내소화전설비</u>
4) <u>스프링클러설비</u>
5) 간이스프링클러설비
6) 물분무등소화설비
7) 옥외소화전설비

보충 연결송수관설비 : 소화활동설비

정답 19 ② 20 ④

소방유체역학

21 ★★★

그림과 같이 크기가 다른 관이 접속된 수평배관 내에 화살표의 방향으로 정상류의 물이 흐르고 있고 두 개의 압력계 A, B가 각각 설치되어 있다. 압력계 A, B에서 지시하는 압력을 각각 P_A, P_B라고 할 때 P_A와 P_B의 관계로 옳은 것은? (단, A와 B지점 간의 배관 내 마찰손실은 없다고 가정한다)

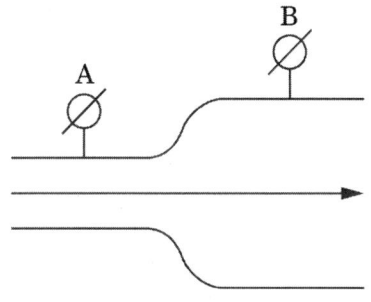

① $P_A > P_B$
② $P_A < P_B$
③ $P_A = P_B$
④ 이 조건만으로는 판단할 수 없다.

해설 배관 내의 압력(베르누이 방정식)

베르누이 방정식
$\dfrac{P_A}{\gamma} + \dfrac{V_A^2}{2g} + Z_A = \dfrac{P_B}{\gamma} + \dfrac{V_B^2}{2g} + Z_B$
여기서, P_1, P_2 : 압력 [N/m²]
γ : 비중량 [N/m³]
V_1, V_2 : 유속 [m/s]
g : 중력가속도 [m/s²]
Z_1, Z_2 : 위치수두 [m]

1) 배관 내 모든 위치에서 속도수두, 압력수두, 위치수두의 합은 일정하다.

2) 조건상 수평 배관이므로 A지점과 B지점의 위치수두는 서로 같다($Z_A = Z_B$). 그러나 B지점의 관경이 A지점보다 크므로 B지점의 유속이 A지점보다 작다. 따라서 B지점의 압력수두가 A지점보다 크다.

$$\dfrac{P_A}{\gamma} + \dfrac{V_A^2}{2g} + Z_A = \dfrac{P_B}{\gamma} + \dfrac{V_B^2}{2g} + Z_B$$

압력 유속
증가 감소

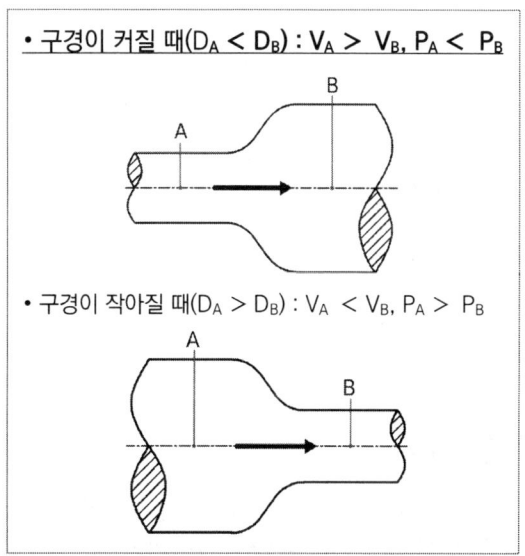

- 구경이 커질 때($D_A < D_B$) : $V_A > V_B$, $P_A < P_B$
- 구경이 작아질 때($D_A > D_B$) : $V_A < V_B$, $P_A > P_B$

정답 21 ②

22 ★★★

레이놀즈수에 대한 설명으로 옳은 것은?

① 정상류와 비정상류를 구별하여 주는 척도가 된다.
② 실제유체와 이상유체를 구별하여 주는 척도가 된다.
③ 층류와 난류를 구별하여 주는 척도가 된다.
④ 등류와 비등류를 구별하여 주는 척도가 된다.

해설 레이놀즈수

레이놀즈수 $Re = \dfrac{\rho VD}{\mu} = \dfrac{VD}{\nu}$

여기서, ρ : 밀도 [kg/m³]
V : 유속 [m/s], D : 직경 [m]
μ : 점성계수 [N·s/m²]
ν : 동점성계수 [m²/s]

1) 유체가 흐를 때 유동의 특성을 구분하는 척도가 되는 값으로 무차원수
2) 물리적인 의미 : $Re = \dfrac{관성력}{점성력}$

23 ★★★

392 [N/s]의 물이 지름 20 [cm]의 속에 흐르고 있을 때 평균속도는 약 [m/s]인가?

① 0.127   ② 1.27
③ 2.27   ④ 12.7

해설 물의 평균속도(중량유량)

중량유량 $G[N/s] = \gamma AV = \gamma Q$
여기서, γ : 비중량 [N/m³]
A : 배관 단면적 [m²]
V : 유속 [m/s]
Q : 체적유량 [m³/s]

$V = \dfrac{G}{\gamma A}$

$= \dfrac{392[N/s]}{9800[N/m^3] \times \left(\dfrac{\pi}{4} \times 0.2^2\right)[m^2]} = 1.27 [m/s]$

24 ★★★

그림에서 h_1 = 120 [mm], h_2 = 180 [mm], h_3 = 100 [mm]일 때 A에서의 압력과 B에서의 압력의 차이 ($P_A - P_B$)를 구하면? (단, A, B 속의 액체는 물이고, 차압액주계에서의 중간 액체는 수은 비중 13.6이다)

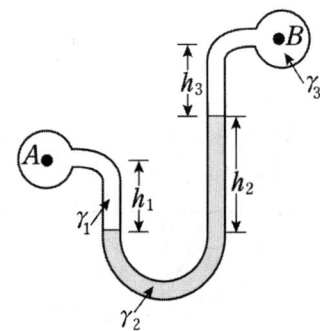

① 20.4 [kPa]   ② 23.8 [kPa]
③ 26.4 [kPa]   ④ 29.8 [kPa]

해설 U자형 시차액주계

$P_A - P_B = \gamma_2 h_2 + \gamma_3 h_3 - \gamma_1 h_1$
$= S_2 \gamma_2 h_2 + \gamma_w h_3 - \gamma_w h_1$
$= (13.6 \times 9.8 [kN/m^3] \times 0.18 [m])$
$\quad + (9.8 [kN/m^3] \times 0.1 [m])$
$\quad - (9.8 [kN/m^3] \times 0.12 [m])$
$= 23.8 [kPa]$

보충 $\gamma = S \times \gamma_w$, $\rho = S \times \rho_w$

25 ★★★

100 [cm] × 100 [cm]이고, 300 [℃]로 가열된 평판에 25 [℃]의 공기를 불어준다고 할 때 열전달량은 약 몇 [kW]인가? (단, 대류열전달계수는 30 [W/(m²·K)]이다)

① 2.98
② 5.34
③ 8.25
④ 10.91

해설 대류열 전달

대류열량 $\dot{Q}[W] = hA\Delta T = hA(T_2 - T_1)$
여기서, h : 대류열전달계수 [W/m²·K]
A : 면적 [m²]
ΔT : 온도차 [K]

$\dot{Q} = hA\Delta T$
$= 30[W/m^2 \cdot K] \times (1 \times 1)[m^2] \times (300-25)[K]$
$= 8250[W] = 8.25[kW]$

해설 부차적 손실수두

돌연 확대관 손실수두 $h_L = \dfrac{(V_1 - V_2)^2}{2g} = K\dfrac{V_1^2}{2g}$

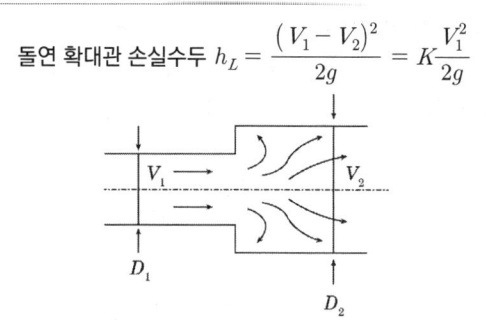

돌연 축소관 손실수두 $h_L = \dfrac{(V_0 - V_2)^2}{2g} = K\dfrac{V_2^2}{2g}$

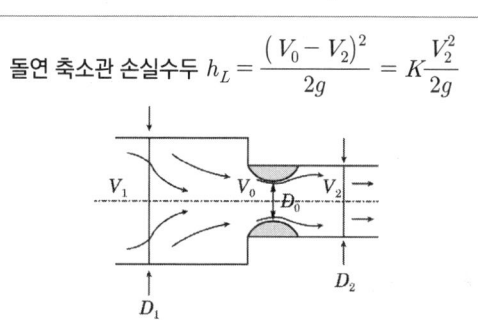

• 돌연확대관 손실계수 K ($A_1 \ll A_2$일 경우)

$K = \left(1 - \dfrac{A_1}{A_2}\right)^2 \fallingdotseq \left(1 - \dfrac{A_1}{\infty}\right)^2 \fallingdotseq (1-0)^2 = 1$

여기서, h_L : 부차적 손실수두 [m]
K : 손실계수 $\left[K = \left(1 - \dfrac{A_1}{A_2}\right)^2\right]$
V : 유속 [m/s]
g : 중력가속도 [m/s²]

26 ★★

급확대관 혹은 급축소관에서의 손실수두에 관한 설명 중 옳지 않은 것은?

① 입출구 속도차의 제곱에 비례한다.
② 중력가속도에 반비례한다.
③ 급축소관은 입출구 속도차의 제곱에 반비례한다.
④ 급확대관에서 굵은 관 직경이 가는 관 직경에 비해 매우 클 경우 손실계수는 약 1이다.

정답 25 ③ 26 ③

27 ★★★

유속이 0.99 [m/s]이고, 비중이 0.85인 기름이 흐르고 있는 곳에 피토관을 세웠을 때, 피토관에서 기름의 상승 높이 H는 약 몇 [mm]인가?

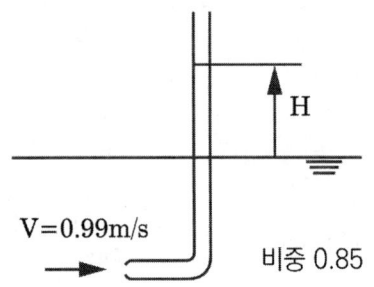

① 50
② 5
③ 42
④ 4.2

해설 피토관 상승 높이

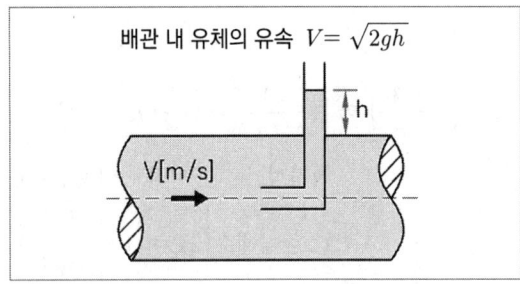

$V = \sqrt{2gh}$

$0.99 = \sqrt{2 \times 9.8 \times h}$

∴ $h = 0.05\,[m] = 50\,[mm]$

28 ★★★

관로의 손실에 관한 내용 중 등가길이의 의미로 옳은 것은?

① 부차적 손실과 같은 크기의 마찰 손실이 발생할 수 있는 직관의 길이
② 배관 요소 중 곡관에 해당하는 총길이
③ 손실계수에 손실수두를 곱한 값
④ 배관시스템의 밸브, 벤드, 티 등 추가적 부품의 총길이

해설 등가길이

부차적 손실과 같은 크기의 마찰손실이 발생할 수 있는 직관의 길이 $L_e = \dfrac{KD}{f}$

29 ★★★

한 변의 길이가 10 [cm]인 정육면체의 금속 무게를 공기 중에서 달았더니 77 [N]이었고, 어떤 액체 중에서 달아보니 70 [N]이었다. 이 액체의 비중량은 몇 [N/m³]인가?

① 7700
② 7300
③ 7000
④ 6300

해설 유체 속에 잠긴 경우 부력

유체 속에 잠긴 경우 부력
$F_B = W_{공기중} - W_{유체중} = \gamma_{유체} V_{전체체적}$

1) 체적 $V_{전체체적} = 0.1 \times 0.1 \times 0.1 = 0.001\,[m^3]$
2) 부력 $F_B = W_{공기중} - W_{유체중} = 77 - 70 = 7\,[N]$
3) 비중량 $\gamma = \dfrac{F_B}{V} = \dfrac{7}{0.001} = 7000\,[N/m^3]$

(∵ $F_B = \gamma_{유체} V_{전체체적}$)

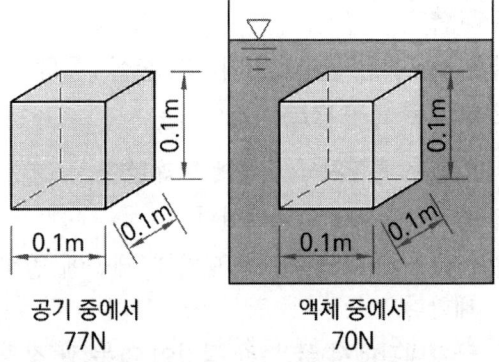

공기 중에서 77N   액체 중에서 70N

※ 부력 F_B
물체가 밀어낸 부피만큼의 액체 무게이다.
따라서 $F_B = \gamma_{유체} V_{잠긴체적}$이며
물체가 유체 속에 잠긴 경우,
$F_B = \gamma_{유체} V_{전체체적}$이 된다.

30 ★★★

초기 상태의 절대온도와 체적이 각각 T_1, V_1인 이상기체 1 [kg]을 압력 P인 정압 상태로 가열하여 온도를 4 T_1까지 상승시킨다. 이때 이상기체가 한 일은 얼마인가?

① PV_1　　② $2PV_1$
③ $3PV_1$　　④ $4PV_1$

해설 이상기체가 한 일

> 샤를의 법칙 $\dfrac{V_1}{T_1} = \dfrac{V_2}{T_2}$
> V_1, V_2 : 부피 [m³]
> T_1, T_2 : 절대온도 [K] (273 + [℃])

1) 변화 후 체적 V_2

$$V_2 = \frac{T_2}{T_1}V_1 = \frac{4T_1}{T_1}V_1 = 4V_1$$

$$\therefore V_2 = 4V_1$$

2) 이상기체가 한 일 W

$$W = P(V_2 - V_1) = P(4V_1 - V_1) = 3PV_1$$

31 ★★★

그림과 같이 평형상태를 유지하고 있을 때 오른쪽 관에 있는 유체의 비중[S]은? (단, 물의 밀도는 1000 [kg/m³]이다)

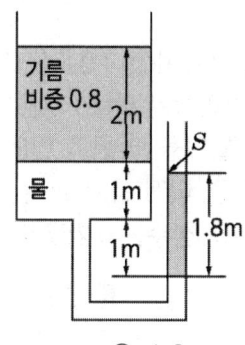

① 0.9　　② 1.8
③ 2.0　　④ 2.2

해설 유체의 비중

$P_1 = P_2$
$\gamma_w h_w + \gamma_{기름} h_{기름} = \gamma_{유체} h_{유체}$
$(\gamma_w \times 2) + (\gamma_{기름} \times 2) = (\gamma_{유체} \times 1.8)$
$(\gamma_w \times 2) + (S_{기름} \cdot \gamma_w \times 2) = (S \cdot \gamma_w \times 1.8)$
$(9800 \times 2) + (0.8 \times 9800 \times 2) = (S \times 9800 \times 1.8)$
$\therefore S = 2$

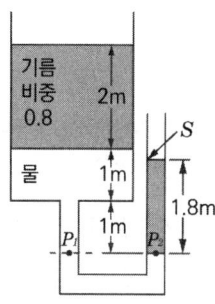

γ : 비중량[N/m³], h : 유체 높이[m]

보충 $\gamma = S \times \gamma_w$, $\rho = S \times \rho_w$

32 ★★★

그림과 같은 관에 비압축성 유체가 흐를 때 A단면의 평균속도가 V_1이라면 B단면에서의 평균속도 V_2는? (단, A 단면의 지름은 d_1이고 B단면의 지름은 d_2이다)

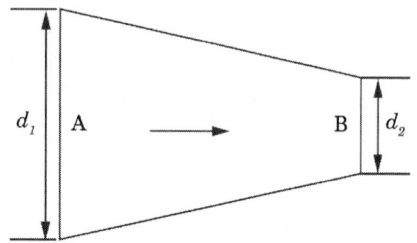

① $V_2 = \left(\dfrac{d_1}{d_2}\right)V_1$　　② $V_2 = \left(\dfrac{d_1}{d_2}\right)^2 V_1$

③ $V_2 = \left(\dfrac{d_2}{d_1}\right)V_1$　　④ $V_2 = \left(\dfrac{d_2}{d_1}\right)^2 V_1$

정답 30 ③　31 ③　32 ②

📖 **해설** 평균속도

$Q = A_1 V_1 = A_2 V_2 \rightarrow \frac{\pi}{4} d_1^2 V_1 = \frac{\pi}{4} d_2^2 V_2$

$\therefore V_2 = \left(\frac{d_1}{d_2}\right)^2 \times V_1$

33 ★★★

동일한 성능의 두 펌프를 직렬 또는 병렬로 연결하는 경우의 주된 목적은?

① 직렬 : 유량 증가, 병렬 : 양정 증가
② 직렬 : 유량 증가, 병렬 : 유량 증가
③ 직렬 : 양정 증가, 병렬 : 유량 증가
④ 직렬 : 양정 증가, 병렬 : 양정 증가

📖 **해설** 펌프 2대의 직/병렬 운전

구분	직렬 운전	병렬 운전
개념도	(P)—(P)	(P) / (P)
$H-Q$ 곡선	2대운전 / 1대운전	2대운전 / 1대운전
특징	① 유량 : Q ② 양정 : $2H$	① 유량 : $2Q$ ② 양정 : H

34 ★★★

수평 원관 내 완전발달 유동에서 유동을 일으키는 힘(ㄱ)과 방해하는 힘(ㄴ)은 각각 무엇인가?

① ㄱ : 압력차에 의한 힘, ㄴ : 점성력
② ㄱ : 중력 힘, ㄴ : 점성력
③ ㄱ : 중력 힘, ㄴ : 압력차에 의한 힘
④ ㄱ : 압력차에 의한 힘, ㄴ : 중력 힘

📖 **해설** 압력차에 의한 힘, 점성력 비교

• 압력차에 의한 힘 : 완전발달 유동에서 유동을 **일으키는 힘**
• 점성력 : 완전발달 유동에서 유동을 **방해하는 힘**

※ 완전발달유동
① 입구영역을 지나 경계층의 형성으로 관 속의 속도분포가 완전하게 형성된 흐름
② 완전발달된 흐름은 파이프 내 정상흐름에서 길이 방향으로 속도분포가 변하지 않음

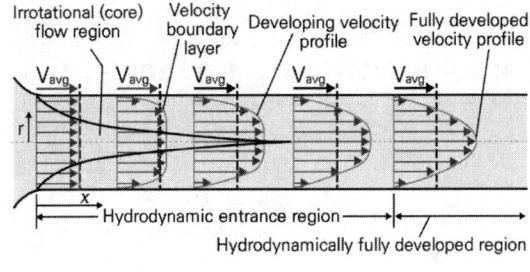

35 ★★★

초기에 비어 있는 체적이 0.1 [m³]인 견고한 용기 안에 공기(이상기체)를 서서히 주입한다. 공기 1 [kg]을 넣었을 때 용기 안의 온도가 300 [K]가 되었다면 이때 용기 안의 압력[kPa]은? (단, 공기의 기체상수는 0.287 [kJ/kg·K]이다)

① 287   ② 300
③ 448   ④ 861

해설 용기 안의 압력(이상기체상태 방정식)

이상기체상태방정식 $PV = nRT = \dfrac{W}{M}RT = W\overline{R}T$

$PV = W\overline{R}T$
$P \times 0.1 = 1 \times 0.287 \times 300$
$\therefore P = 861 \,[kPa]$

P : 절대압력 [kPa]
V : 부피 [m³]
W : 기체의 질량 [kg]
$\overline{R}$: 특정기체상수 [kJ/kg·K]
T : 절대온도 [K] (273 + [℃])

36 ★★★

물이 소방노즐을 통해 대기로 방출될 때 유속이 24 [m/s]가 되도록 하기 위해서는 노즐입구의 압력은 몇 [kPa]가 되어야 하는가? (단, 압력은 계기 압력으로 표시되며 마찰손실 및 노즐입구에서의 속도는 무시한다)

① 153
② 203
③ 288
④ 312

해설 노즐 입구의 압력

유출 유속 $V[m/s] = \sqrt{2gh}$

$V = \sqrt{2gh} = \sqrt{2g\dfrac{P}{\gamma}}$

$24[m/s] = \sqrt{2 \times 9.8[m/s^2] \times \dfrac{P[kN/m^2]}{9.8[kN/m^3]}}$

$\therefore P = 288\,[kPa]$

37 ★★

다음과 같은 유동형태를 갖는 파이프 입구 영역의 유동에서 부차적 손실계수가 가장 큰 것은?

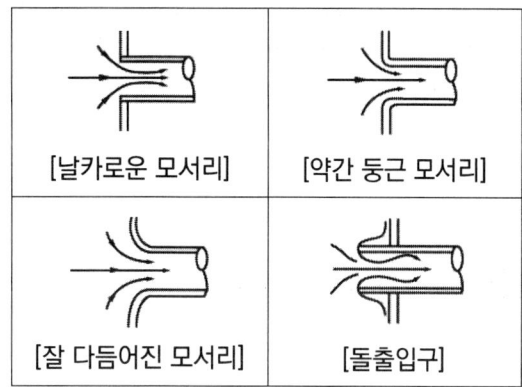

| [날카로운 모서리] | [약간 둥근 모서리] |
| [잘 다듬어진 모서리] | [돌출입구] |

① 날카로운 모서리
② 약간 둥근 모서리
③ 잘 다듬어진 모서리
④ 돌출 입구

해설 파이프 입구 형태에 따른 부차적 손실계수

파이프 입구의 형태	부차적 손실계수
[잘 다듬어진 모서리]	0.04
[약간 둥근 모서리]	0.2
[날카로운 모서리]	0.5
[돌출입구]	0.8

정답 36 ③ 37 ④

38 ★

Carnot 사이클이 800 [K]의 고온 열원과 500 [K]의 저온 열원 사이에서 작동한다. 이 사이클에 공급하는 열량이 사이클당 800 [kJ]이라 할 때, 한 사이클당 외부에 하는 일은 약 몇 [kJ]인가?

① 200　② 300
③ 400　④ 500

해설 카르노사이클의 열효율과 외부에 하는 일

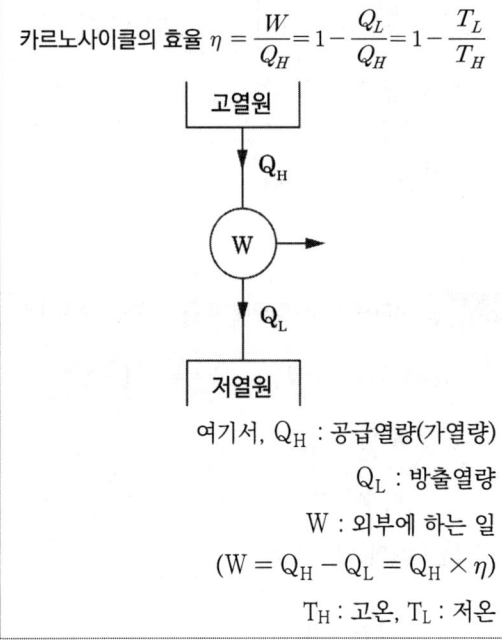

카르노사이클의 효율 $\eta = \dfrac{W}{Q_H} = 1 - \dfrac{Q_L}{Q_H} = 1 - \dfrac{T_L}{T_H}$

여기서, Q_H : 공급열량(가열량)
Q_L : 방출열량
W : 외부에 하는 일
($W = Q_H - Q_L = Q_H \times \eta$)
T_H : 고온, T_L : 저온

$W = Q_H \times \eta$
$= Q_H \left(1 - \dfrac{T_L}{T_H}\right)$
$= 800 \times \left(1 - \dfrac{500}{800}\right)$
$= 300 [kJ]$

39 ★★★

그림과 같이 수조에 비중이 1.03인 액체가 담겨 있다. 이 수조의 바닥면적이 4 [m²]일 때의 수조 바닥 전체에 작용하는 힘은 약 몇 [kN]인가? (단, 대기압은 무시한다)

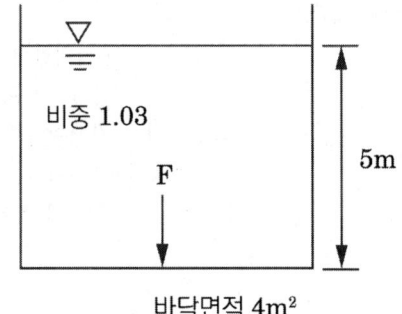

바닥면적 4m²

① 98　② 51
③ 156　④ 202

해설 수조바닥에 작용하는 힘

수평면에 작용하는 유체의 전압력 $F[kN] = \gamma h A$
여기서, γ : 비중량 [kN/m³]
h : 수평면으로부터 액면까지 수직거리 [m]
A : 면적 [m²]

$F = \gamma h A = S \gamma_w h A$
$= 1.03 \times 9.8 [kN/m^3] \times 5[m] \times 4[m^2]$
$= 201.88 [kN]$

γ_w : 물의 비중량 [kN/m³]
S : 비중

보충 $\gamma = S \times \gamma_w$, $\rho = S \times \rho_w$

40 ★★★

프루드(Froude)수의 물리적인 의미는?

① 관성력/탄성력
② 관성력/중력
③ 압축력/관성력
④ 관성력/점성력

해설 프루드수

유체 흐름의 중력에 대한 관성력의 비

$$Fr = \frac{v}{\sqrt{gL}} = \frac{관성력}{중력}$$

※ 참고 – 무차원수
1) 차원, 즉 단위가 없는 수
2) 어떠한 2가지 특성을 비교하여 그 정도를 숫자로 표시

무차원수	물리적 의미
레이놀즈수	$\dfrac{관성력}{점성력}$
프루드수	$\dfrac{관성력}{중력}$
웨버수	$\dfrac{관성력}{표면장력}$
오일러수	$\dfrac{압축력}{관성력}$
마하수	$\dfrac{관성력}{탄성력}$

암기 레관점, 프관중, 웨관표, 오압관, 마관탄

정답 40 ②

소방관계법규

41 ★★★

간이스프링클러설비를 설치하여야 할 특정소방대상물에 해당되는 것은?

① 근린생활시설로서 사용하는 바닥면적 합계가 500 [m²] 이상인 것은 전 층
② 근린생활시설로서 사용하는 바닥면적 합계가 1000 [m²] 이상인 것은 전 층
③ 교육연구시설 내에 있는 합숙소로서 연면적 50 [m²] 이상인 것
④ 교육연구시설 내에 있는 합숙소로서 연면적 100 [m²] 미만인 것

해설 간이스프링클러설비 설치대상

설치대상	기준
근린생활시설	• 바닥면적 합계 1000 [m²] 이상인 것은 모든 층 • 의원, 치과의원, 한의원으로서 입원실이 있는 것 • 조산원 및 산후조리원 연면적 600 [m²] 미만 시설
교육시설 내 합숙소	연면적 100 [m²] 이상인 경우에는 모든 층
의료시설(종합병원, 병원, 치과병원, 요양병원)	바닥면적 합계 600 [m²] 미만
• 정신의료기관, 의료재활시설 • 노유자시설	• 바닥면적 합계 300 [m²] 이상 600 [m²] 미만 • 바닥면적 합계 300 [m²] 미만, 창살 설치
복합건축물	연면적 1000 [m²] 이상 전 층
연립주택 및 다세대주택	-
숙박시설	바닥면적 합계 300 [m²] 이상 600 [m²] 미만

42 ★★

소방시설공사업자가 소속 소방기술자를 소방시설공사 현장에 배치하지 않았을 경우 얼마의 과태료에 처하는가?

① 100만 원 이하
② 200만 원 이하
③ 300만 원 이하
④ 400만 원 이하

해설 200만 원 이하 과태료

1. 등록·휴폐업·지위승계·착공·감리지정 신고하지 않거나 거짓신고
2. 관계인에게 지위승계·행정처분·휴폐업 사실을 거짓 알림
3. 소방감리 배치통보 및 변경통보 않거나 거짓통보
4. 하도급 등의 통지를 하지 않은 경우
5. 소방공무원 감독 명령을 위반하여 미보고, 자료 미제출, 거짓보고·제출
6. 하자보수기간에 관계서류 보관하지 않은 공사업자
7. 소방기술자 공사현장에 배치하지 않은 공사업자
8. 완공검사 받지 않은 공사업자
9. 감리 변경 시 감리 관계 서류를 인수·인계하지 않은 경우
10. 방염성능기준 미만으로 방염한 경우
11. 방염처리능력 평가 관련 서류를 거짓으로 제출한 경우
12. 도급(하도급)계약 체결 시 의무를 이행하지 않은 경우
13. 시공능력평가 서류를 거짓으로 제출한 경우
14. 사업수행능력평가 서류를 위조·변조하여 거짓·부정한 방법으로 입찰에 참여한 자

15. 공사대금의 지급보증, 담보의 제공 또는 보험료 등의 지급을 정당한 사유 없이 이행하지 아니한 자
16. 3일 이내 하자보수 안 하거나 보수 계획 거짓 통보

해설 자체소방대 설치 사업소

사업소	지정수량
제4류 위험물 취급 제조소·일반취급소	3000배 이상
제4류 위험물 저장 옥외탱크저장소	500000배 이상

43 ★★

2급 소방안전관리대상물의 소방안전관리자로 선임될 수 있는 자격 기준으로 알맞은 것은?

① 전기기능사 자격을 가진 자
② 소방서에서 3년 이상 소방업무에 종사한 경력이 있는 자
③ 경찰공무원으로 2년 이상 근무한 경력이 있는 자
④ 의용소방대원으로 2년 이상 근무한 경력이 있는 자

해설 2급 소방안전관리대상물 소방안전관리자

1) 위험물기능장·위험물산업기사·위험물기능사 자격자
2) 소방공무원으로 3년 이상 근무 경력
3) 「기업활동 규제완화에 관한 특별조치법」에 따라 소방안전관리자로 선임된 사람
4) 소방청장 실시 2급 소방안전관리 시험 합격자

44 ★

자체소방대를 설치하여야 하는 사업소는 몇 류 위험물을 취급하는 제조소인가?

① 제1류   ② 제2류
③ 제3류   ④ 제4류

45 ★ 난이도 상

옥외에 연결송수구 및 옥내에 방수구가 부설된 옥내소화전설비·스프링클러설비·간이스프링클러설비 또는 연결살수설비를 화재안전기술기준에 적합하게 설치한 경우 그 설비의 유효범위 안의 부분에서 설치가 면제되는 것은?

① 연소방지설비
② 상수도소화용수설비
③ 물분무등소화설비
④ 연결송수관설비

해설 소방시설 설치 면제기준

설치 면제	설치면제 기준
스프링클러설비	• 자동소화장치 또는 물분무등소화설비 설치(전기저장시설 제외) • 전기저장시설에 소방청장이 고시하는 소화설비 설치한 경우
물분무등소화설비	차고·주차장에 스프링클러설비 설치
비상경보설비, 단독경보형 감지기	자동화재탐지설비 설치 또는 화재알림설비 설치
연소방지설비	스프링클러설비, 물분무설비, 미분무설비 설치
연결송수관설비	옥외 연결송수구 및 옥내 방수구가 부서된 옥내소화전설비, (간이)스프링클러설비, 연결살수설비 설치

정답 43 ② 44 ④ 45 ④

46 ★★★

위험물 제조소등의 관계인은 제조소등의 용도를 폐지한 때에는 제조소등의 용도를 폐지한 날부터 며칠 이내에 시·도지사에게 신고하여야 하는가?

① 7일
② 10일
③ 14일
④ 30일

해설 제조소 지위승계 및 폐지

- 신고 : 시·도지사
- 지위승계 : 30일 이내
- 폐지 : <u>14일 이내</u>

47 ★★★

소방시설기준 적용의 특례에서 특정소방대상물의 관계인이 소방시설을 갖추어야 함에도 불구하고 관련 소방시설을 설치하지 아니할 수 있는 특정소방대물을 설명한 것 중 옳지 않은 것은?

① 피난위험도가 낮은 특정소방대상물
② 화재안전기술기준을 적용하기가 어려운 특정소방대상물
③ 화재안전기술기준을 달리 적용하여야 하는 특수한 용도 또는 구조물 가진 특정소방대상물
④ 위험물안전관리법 제19조의 규정에 따른 자체소방대가 설치된 특정소방대상물

해설 소방시설기준 적용 특례 소방시설 설치 면제

구분	특정소방대상물	소방시설
화재 위험도가 낮은 특정소방대상물	석재, 불연성금속, 불연성 건축 재료 등의 가공공장, 기계조립공장, 불연성물품 저장창고	옥외소화전설비, 연결살수설비
화재안전기술기준 적용 어려운 특정소방대상물	펄프공장의 작업장, 음료수 공장의 세정·충전 작업장 등	스프링클러설비, 상수도소화용수설비, 연결살수설비
	정수장, 수영장, 목욕장, 농예·축산·어류양식용시설 등	자동화재탐지, 상수도소화용수, 연결살수설비
화재안전기술기준을 달리 적용하여야 하는 특수한 용도·구조의 특정소방대상물	• 원자력발전소 • 중·저준위방사성 폐기물의 저장시설	연결송수관설비, 연결살수설비
위험물안전관리법에 따라 자체소방대 설치된 특정소방대상물	자체소방대가 설치된 위험물 제조소등에 부속된 사무실	옥내소화전설비, 소화용수설비, 연결살수설비 및 연결송수관설비

48 ★★★

화재예방강화지구의 지정대상지역에 해당되지 않는 곳은?

① 공장·창고가 밀집한 지역
② 석유화학제품을 생산하는 공장이 있는 지역
③ 시장지역
④ 소방용수시설 또는 소방출동로가 있는 지역

해설 화재예방강화지구 지정

1) 지정권자 : 시·도지사
2) 화재예방강화지구 지정 요청 : 소방청장
3) 화재예방강화지구
   (1) 시장지역
   (2) 공장·창고가 밀집한 지역
   (3) 목조건물이 밀집한 지역

(4) 노후·불량건축물이 밀집한 지역
(5) 위험물의 저장 및 처리시설이 밀집한 지역
(6) 석유화학제품을 생산하는 공장이 있는 지역
(7) 산업입지 및 개발에 관한 법률에 따른 산업단지
(8) 소방시설·소방용수시설·소방출동로가 없는 지역
(9) 물류단지
(10) (1) ~ (9)까지 준하는 지역으로서 소방관서장이 화재예방강화지구로 지정할 필요가 있다고 인정하는 지역

50 ★★

화재, 재난·재해 그 밖의 위급한 사항이 발생한 경우 소방대가 현장에 도착할 때까지 관계인의 소방활동에 포함되지 않는 것은?

① 불을 끄거나 불이 번지지 아니하도록 필요한 조치
② 소방활동에 필요한 보호장구 지급 등 안전을 위한 조치
③ 경보를 울리는 방법으로 사람을 구출하는 조치
④ 대피를 유도하는 방법으로 사람을 구출하는 조치

해설 소방활동

1) 정의
   (1) 화재, 재난·재해, 그 밖의 위급한 상황이 발생하였을 때 화재진압과 인명구조·구급 등 소방에 필요한 활동
   (2) 누구든지 정당한 사유 없이 제1항에 따라 출동한 소방대의 소방활동을 방해하여서는 아니 됨
2) 관계인의 소방활동
   (1) 소방대가 현장에 도착할 때까지 경보울림
   (2) 대피를 유도하는 방법으로 사람을 구출하는 조치
   (3) 불을 끄거나 불이 번지지 않도록 필요한 조치
3) 화재 등의 통지
   (1) 화재 현장, 구조·구급이 필요한 사고 현장을 발견한 사람은 소방본부, 소방서, 관계 행정기관에 지체 없이 알려야 함
   (2) 화재로 오인할 만한 우려가 있는 불을 피우거나 연막 소독을 하려는 자는 소방본부장, 소방서장에게 신고해야 함

49 ★★★

성능위주설계를 할 수 있는 자의 기술인력에 대한 기준으로 옳은 것은?

① 소방기술사 1명 이상
② 소방기술사 2명 이상
③ 소방기술사 3명 이상
④ 소방기술사 4명 이상

해설 성능위주설계 자격·기술인력

1) 자격
   • 전문 소방시설설계업 등록한 자
   • 전문 소방시설설계업 등록기준 기술인력 갖춘 자로 소방청장이 정하여 고시하는 연구기관·단체
2) 기술인력 : 소방기술사 2명 이상

정답 49 ② 50 ②

51 ★

위험물 제조소등별로 설치하여야 하는 경보설비의 종류에 포함되지 않는 것은?

① 자동화재탐지설비
② 비상경보설비
③ 비상벨설비
④ 확성장치

해설 경보설비 설치기준

1) 제조소등별 설치해야 하는 경보설비

특정소방대상물	소방시설
• 연면적 500 [m²] 이상 • 옥내에서 지정수량 100배 이상 취급 • 일반취급소로 사용되는 부분 외의 부분이 있는 건축물에 설치된 일반취급소	자동화재탐지설비
• 지정수량 10배 이상 저장 또는 취급(**이동탱크 저장소 제외**)	• 자동화재탐지설비 • 비상경보설비 • 비상방송설비 • 확성장치 중 1종 이상

2) 자동신호장치 갖춘 스프링클러설비 또는 물분무등소화설비 설치한 제조소등은 자동화재탐지설비 설치한 것으로 봄
3) 자동화재탐지설비·비상경보설비(비상벨장치 또는 경종 포함)·확성장치(휴대용확성기 포함) 및 비상방송설비로 구분

52 ★

위험물안전관리법령상 제4류 위험물에 속하는 것으로 나열된 것은?

① 특수인화물, 질산염류, 황린
② 알코올, 황화인, 나이트로화합물
③ 동식물유류, 알코올류, 특수인화물
④ 알킬알루미늄, 질산, 과산화수소

해설 제4류 위험물(인화성 액체)

품명		지정수량	대표물질
특수인화물		50 [L]	다이에틸에테르
제1 석유류	비수용성	200 [L]	휘발유
	수용성	400 [L]	아세톤
알코올류		400 [L]	변성알코올
제2 석유류	비수용성	1000 [L]	등유, 경유
	수용성	2000 [L]	아세트산
제3 석유류	비수용성	2000 [L]	중유
	수용성	4000 [L]	글리세린
제4석유류		6000 [L]	실린더유
동식물유류		10000 [L]	아마인유

53 ★★

화재에 관한 위험경보와 관련하여 기상법 관련 규정에 따른 이상기상의 예보 또는 특보가 있는 때에 화재에 관한 경보를 발하고 그에 따른 조치를 할 수 있는 자는?

① 소방서장
② 기상청장
③ 시·도지사
④ 국무총리

해설 화재 위험경보

1) 소방관서장은 「기상법」에 따른 이상기상의 예보·특보·태풍예보에 따라 화재의 발생 위험이 높다고 분석·판단되는 경우에는 행정안전부령으로 정하는 바에 따라 화재에 관한 위험경보를 발령하고 그에 따른 필요한 조치를 할 수 있음
2) 소방관서장은 기상청에서 한파·건조·폭염·강풍 등에 대한 예보 또는 특보가 있는 경우 화재 위험경보를 발령하고, 그 발령 사실을 언론 등을 통해 일반인에게 알릴 것
3) 화재 위험경보 발령 절차 및 조치사항 등에 필요한 사항 : 소방청장

정답 51 ③ 52 ③ 53 ①

54 ★★★

신축 건축물 중 연면적이 몇 [m²] 이상인 특정대상물은 성능위주설계를 하여야 하는가? (단, 주택으로 쓰이는 층수가 5개 층 이상인 주택인 아파트를 제외한다)

① 10만 [m²]
② 20만 [m²]
③ 100만 [m²]
④ 500만 [m²]

해설 성능위주설계 특정소방대상물

1) 연면적 200000 [m²] 이상 특정소방대상물, 다만 아파트등(공동주택 중 주택으로 쓰이는 층수가 5층 이상인 주택) 제외
2) 50층 이상(지하층 제외)이거나 지상으로부터 높이가 200 [m] 이상인 아파트등
3) 30층 이상(지하층 포함)이거나 지상으로부터 높이가 120 [m] 이상인 특정소방대상물(아파트등은 제외)
4) 연면적 30000 [m²] 이상 특정소방대상물
   - 철도 및 도시철도 시설
   - 공항시설
5) 하나의 건축물에 영화상영관 10개 이상
6) 지하연계 복합건축물
7) 연면적 10만 [m²] 이상이거나 지하 2층 이하이고 지하층의 바닥면적의 합이 3만 [m²] 이상인 창고시설
8) 터널 중 수저(水底)터널 또는 길이가 5000 [m] 이상인 것

55 ★★★

소방기본법의 목적으로 거리가 먼 것은?

① 화재의 예방·경계·진압
② 국민의 생명·신체의 재산보호
③ 소방기술관리 및 진흥
④ 공공의 안녕질서 유지와 복리증진

해설 소방기본법 목적

- 화재 예방·경계·진압
- 화재, 재난·재해, 위급 상황에서 구조·구급 활동
- 국민의 생명·신체 및 재산 보호함으로써 공공의 안녕 및 질서 유지와 복리증진

56 ★★★

화재발생 사실을 통보하는 기계·기구 또는 설비인 경보설비가 아닌 것은?

① 무선통신보조설비
② 비상방송설비
③ 단독경보형 감지기
④ 자동화재속보설비

해설 경보설비

1) 단독경보형 감지기
2) 비상경보설비
   - 비상벨설비
   - 자동식 사이렌설비
3) 시각경보기
4) 자동화재탐지설비
5) 비상방송설비
6) 자동화재속보설비
7) 통합감시시설
8) 누전경보기
9) 가스누설경보기
10) 화재알림설비

보충 무선통신보조설비 : 소화활동설비

정답 54 ② 55 ③ 56 ①

57 ★★

소방용품에 속하지 않는 것은?

① 화학반응식거품소화약제
② 방염액·방염도료 및 방염성물질
③ 자동소화설비의 기기 중 유수검지장치
④ 가스누설경보기

📖 해설 소방용품

1) 소화설비 구성 제품·기기
   - 소화기구(소화약제 외의 것 제외)
   - 자동소화장치
   - 소화전, 관창, 소방호스, 스프링클러헤드, 기동용 수압개폐장치, 유수제어밸브 및 가스관선택밸브
2) 경보설비 구성 제품·기기
   - 누전경보기 및 가스누설경보기
   - 발신기, 수신기, 중계기, 감지기, 경종
3) 피난구조설비 구성 제품·기기
   - 피난사다리, 구조대, 완강기(간이완강기 및 지지대 포함)
   - 공기호흡기(충전기 포함)
   - 피난구유도등, 통로유도등, 객석유도등 및 예비전원 내장된 비상조명등
4) 소화용 제품·기기
   - 소화약제(소화설비용만 해당)
     ㉠ 상업용 주방자동소화장치, 캐비닛형 주방자동소화장치
     ㉡ 포, 이산화탄소, 할론, 할로겐화합물 및 불활성기체, 분말, 강화액, 고체에어로졸 소화설비
   - 방염제(방염액·방염도료·방염성물질)

58 ★★

피난층에 대한 설명으로 알맞은 것은?

① 지상 1층
② 2층 이하로 쉽게 피난할 수 있는 층
③ 지상으로 통하는 계단이 있는 층
④ 곧바로 지상으로 통하는 출입구가 있는 층

📖 해설 무창층과 피난층

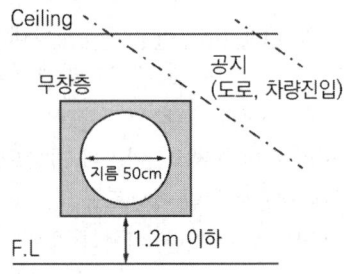

(1) 무창층 : 지상층 중 다음 요건을 모두 갖춘 개구부의 면적의 합계가 해당 층의 바닥면적 30분의 1 이하가 되는 층
(2) 피난층 : 곧바로 지상으로 갈 수 있는 출입구가 있는 층

59 ★★

특정소방대상물 중 노유자 시설에 속하지 않는 것은?

① 유치원   ② 정신보건시설
③ 경로당   ④ 노인의료복지시설

📖 해설 노유자시설

구분	종류
노인 관련 시설	노인주거복지시설, 노인의료복지시설, 노인여가복지시설, 재가노인복지시설, 노인보호전문기관, 노인일자리지원기관, 학대피해노인 전용쉼터

정답 57 ① 58 ④ 59 ②

구분	종류
아동 관련 시설	아동복지시설, 어린이집, 유치원
장애인 관련 시설	장애인 거주시설, 장애인 지역사회재활시설, 장애인 직업재활시설
정신질환자 관련 시설	정신재활시설(생산품 판매시설 제외), 정신요양시설
노숙인 관련 시설	노숙인 복지시설, 노숙인종합지원센터
사회복지시설	결핵환자 또는 한센인 요양시설

60 ★★★

소방서의 종합상황실의 실장이 소방본부의 종합상황실에 지체 없이 보고하여야 하는 상황에 해당하지 않는 것은?

① 사망자가 5인 이상 발생한 화재
② 사상자가 10인 이상 발생한 화재
③ 이재민이 50인 이상 발생한 화재
④ 재산피해액이 50억 원 이상 발생한 화재

해설 종합상황실 실장 보고 화재

종합상황실의 실장은 다음에 해당하는 상황이 발생하는 때에는 그 사실을 지체 없이 서면·팩스 또는 컴퓨터통신 등으로 소방서의 종합상황실의 경우는 소방본부의 종합상황실에, 소방본부의 종합상황실의 경우는 소방청의 종합상황실에 각각 보고해야 한다.

1. 다음에 해당하는 화재
   가. 사망자가 5인 이상 발생한 화재
   나. 사상자가 10인 이상 발생한 화재
   다. <u>이재민이 100인 이상 발생한 화재</u>
   라. 재산피해액이 50억 원 이상 발생한 화재
   마. 관공서·학교·정부미도정공장·문화유산·지하철 또는 지하구의 화재
   바. 관광호텔, 층수가 11층 이상인 건축물, 지하상가, 시장, 백화점
   사. 지정수량의 3천 배 이상의 위험물의 제조소·저장소·취급소
   아. 층수가 5층 이상이거나 객실이 30실 이상인 숙박시설, 층수가 5층 이상이거나 병상이 30개 이상인 종합병원·정신병원·한방병원·요양소
   자. 연면적 15000 [m^2] 이상인 공장 또는 화재경계지구에서 발생한 화재
   차. 철도차량, 항구에 매어둔 총 톤수가 1천 톤 이상인 선박, 항공기, 발전소 또는 변전소에서 발생한 화재
   카. 가스 및 화약류의 폭발에 의한 화재
   타. 다중이용업소의 화재
2. 통제단장의 현장지휘가 필요한 재난상황
3. 언론에 보도된 재난상황
4. 그 밖에 소방청장이 정하는 재난상황

정답 60 ③

2021년 1회 소방기계시설의 구조 및 원리

61 ★★★

전역방출방식 분말소화설비의 분사헤드는 소화약제 저장량을 몇 초 이내에 방출할 수 있는 것으로 하여야 하는가?

① 5 ② 10
③ 20 ④ 30

해설 분말소화설비 소화약제 저장량 방출시간

(전역·국소방출방식)
방출시간 : 30초 이내에 방출할 수 있는 것으로 할 것

62 ★★

차고 또는 주차장에 설치하는 포소화설비의 수동식 기동장치는 방사구역마다 몇 개 이상을 설치해야 하는가?

① 1개 이상 ② 2개 이상
③ 3개 이상 ④ 4개 이상

해설 포소화설비의 수동식 기동장치 설치개수

1) 차고 또는 주차장에 설치하는 포소화설비 :
   방사구역마다 1개 이상 설치
2) 항공기격납고에 설치하는 포소화설비 :
   각 방사구역마다 2개 이상을 설치
   (그중 1개는 각 방사구역으로부터 가장 가까운 곳 또는 조작에 편리한 장소에 설치하고, 1개는 화재감지기의 수신기를 설치한 감시실 등에 설치할 것)

63 ★★★

물분무소화설비를 설치한 차고, 주차장의 배수설비 중 배수구에서 새어나온 기름을 모아 소화할 수 있도록 길이 몇 [m] 이하마다 집수관·소화핏트 등 기름분리장치를 설치하여야 하는가?

① 10 ② 40
③ 50 ④ 100

해설 물분무소화설비의 배수설비 설치기준

1) 차량이 주차하는 장소의 적당한 곳에 높이 10 [cm] 이상의 경계턱으로 배수구를 설치할 것
2) 배수구에는 새어 나온 기름을 모아 소화할 수 있도록 길이 40 [m] 이하마다 집수관·소화핏트 등 기름분리장치를 설치할 것
3) 차량이 주차하는 바닥은 배수구를 향하여 100분의 2 이상의 기울기를 유지할 것
4) 배수설비는 가압송수장치의 최대송수능력의 수량을 유효하게 배수할 수 있는 크기 및 기울기로 할 것

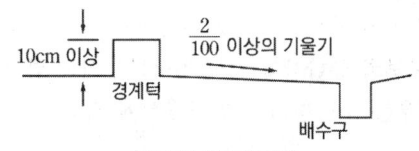
[배수구 및 경계턱]

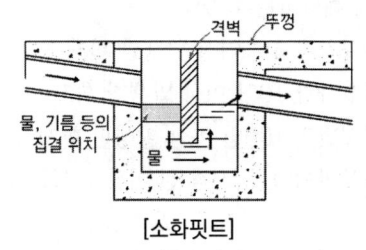
[소화핏트]

정답 61 ④ 62 ① 63 ②

64 ★★★

소화기구 및 자동소화장치의 화재안전성능기준에 따른 수동으로 조작하는 대형소화기 B급의 능력단위 기준은?

① 10단위 이상
② 15단위 이상
③ 20단위 이상
④ 25단위 이상

해설 소화기의 능력단위

1) 소형소화기 : 능력단위가 1단위 이상이고, 대형소화기의 능력단위 미만인 소화기
2) **대형소화기** : 화재 시 사람이 운반할 수 있도록 운반대와 바퀴가 설치되어 있고, 능력단위가 A급 10단위 이상, B급 20단위 이상인 소화기

[소형소화기]   [대형소화기]

65 ★★★

피난기구의 화재안전기술기준에 따라 숙박시설·노유자시설 및 의료시설로 사용되는 층에 있어서는 그 층의 바닥면적이 몇 [m²]마다 피난기구를 1개 이상 설치해야 하는가?

① 300
② 500
③ 800
④ 1000

해설 피난기구 설치개수

1) 층마다 설치
2) 층별 용도에 따른 피난기구의 설치개수

용도	피난기구 설치개수
숙박시설·노유자시설·의료시설	**바닥면적 500 [m²]마다 1개 이상**
위락시설·문화 및 집회시설·운동시설·판매시설 또는 복합용도의 층	바닥면적 800 [m²]마다 1개 이상
그 밖의 용도의 층	바닥면적 1000 [m²]마다 1개 이상

66 ★★★

특정소방대상물의 용도 및 장소별로 설치하여야 할 인명구조기구 종류의 기준 중 다음 (   ) 안에 알맞은 것은?

특정소방대상물	인명구조기구의 종류
물분무등소화설비 중 ( )를 설치해야 하는 특정소방대상물	공기호흡기

① 이산화탄소소화설비
② 분말소화설비
③ 할론소화설비
④ 할로겐화합물 및 불활성기체소화설비

정답 64 ③ 65 ② 66 ①

해설 용도 및 장소별로 설치해야 할 인명구조기구

특정소방대상물	인명구조기구	설치 수량
지하층을 포함하는 층수가 7층 이상인 관광호텔 및 5층 이상인 병원	• 방열복 또는 방화복 • 공기호흡기 • 인공소생기	각 2개 이상 비치할 것 (다만, 병원의 경우 인공소생기를 설치하지 않을 수 있다)
• 문화 및 집회시설 중 수용인원 100명 이상의 영화상영관 • 판매시설 중 대규모 점포 • 운수시설 중 지하역사 • 지하가 중 지하상가	공기호흡기	층마다 2개 이상 비치할 것
물분무등소화설비 중 **이산화탄소소화설비를** 설치해야 하는 특정소방대상물 (호스릴이산화탄소소화설비는 제외한다)	**공기호흡기**	이산화탄소소화설비가 설치된 장소의 출입구 외부 인근에 1개 이상 비치할 것

[방열복] [방화복] [공기호흡기] [인공소생기]

67 ★★★

다음은 포의 팽창비를 설명한 것이다. (A) 및 (B)에 들어갈 용어로 옳은 것은?

> 팽창비란 최종 발생한 포 (A)을 원래 포 수용액 (B)으로 나눈 값을 말한다.

① (A) 체적, (B) 중량
② (A) 체적, (B) 질량
③ (A) 체적, (B) 체적
④ (A) 중량, (B) 중량

해설 포소화설비 팽창비의 정의

"팽창비"란 최종 발생한 포 체적을 원래 포 수용액 체적으로 나눈 값을 말한다.

※ 팽창비 = $\dfrac{\text{최종 발생한 포 체적}}{\text{원래 포수용액 체적}}$

68 ★★★

국소방출방식의 할론소화설비의 분사헤드 설치기준 중 다음 ( ) 안에 알맞은 것은?

> 분사헤드의 방출압력은 할론 2402를 방출하는 것은 (㉠) [MPa] 이상, 할론 2402를 방출하는 분사헤드는 해당 소화약제가 (㉡)으로 분무되는 것으로 해야 하며, 기준저장량의 소화약제를 (㉢)초 이내에 방출할 수 있는 것으로 할 것

① ㉠ 0.1, ㉡ 무상, ㉢ 10
② ㉠ 0.2, ㉡ 적상, ㉢ 10
③ ㉠ 0.1, ㉡ 무상, ㉢ 30
④ ㉠ 0.2, ㉡ 적상, ㉢ 30

해설 할론 2402 소화약제

국소방출방식의 할론소화설비의 분사헤드는 다음의 기준에 따라 설치해야 한다.

1) 소화약제의 방출에 따라 가연물이 비산하지 않는 장소에 설치할 것
2) 할론 2402를 방출하는 분사헤드는 해당 소화약제가 **무상으로 분무**되는 것으로 할 것
3) 분사헤드의 방출압력은 **할론 2402를 방출하는 것은 0.1 [MPa] 이상**, 할론 1211을 방출하는 것은 0.2 [MPa] 이상, 할론 1301을 방출하는 것은 0.9 [MPa] 이상으로 할 것
4) 기준에 따른 기준저장량의 소화약제를 **10초 이내**에 방출할 수 있는 것으로 할 것

69 ★★

미분무소화설비 용어의 정의 중 다음 ( ) 안에 알맞은 것은?

> 저압 미분무 소화설비란 (㉠) 사용압력이 (㉡) [MPa] 이하인 미분무소화설비를 말한다.

① ㉠ 최고, ㉡ 1.2
② ㉠ 최저, ㉡ 1.2
③ ㉠ 최고, ㉡ 0.7
④ ㉠ 최저, ㉡ 0.7

해설 미분무소화설비 분류

1) 저압 미분무소화설비 : <u>최고사용압력이 1.2 [MPa] 이하</u>인 미분무소화설비를 말한다.
2) 중압 미분무소화설비 : 사용압력이 1.2 [MPa]을 초과하고 3.5 [MPa] 이하인 미분무소화설비를 말한다.
3) 고압 미분무소화설비 : 최저사용압력이 3.5 [MPa]을 초과하는 미분무소화설비를 말한다.

70 ★★★

소화용수설비에 설치하는 채수구의 설치기준 중 다음 ( ) 안에 알맞은 것은?

> 채수구는 지면으로부터의 높이가 (㉠) [m] 이상 (㉡) [m] 이하의 위치에 설치하고 "채수구"라고 표시한 표지를 할 것

① ㉠ 0.5, ㉡ 1.0
② ㉠ 0.5, ㉡ 1.5
③ ㉠ 0.8, ㉡ 1.0
④ ㉠ 0.8, ㉡ 1.5

해설 채수구 설치 높이

채수구는 지면으로부터의 높이가 <u>0.5 [m] 이상 1 [m] 이하</u>의 위치에 설치하고 "채수구"라고 표시한 표지를 할 것

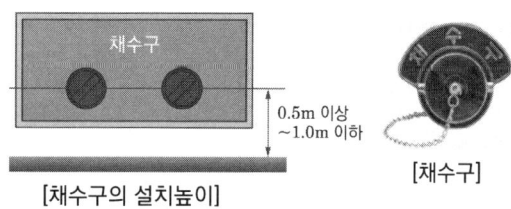

[채수구의 설치높이] [채수구]

71 ★★★

스프링클러설비 헤드의 설치기준 중 다음 ( ) 안에 알맞은 것은?

> 살수가 방해되지 않도록 스프링클러헤드로부터 반경 (㉠) [cm] 이상의 공간을 보유할 것. 다만 벽과 스프링클러헤드 간의 공간은 (㉡) [cm] 이상으로 한다.

① ㉠ 10, ㉡ 60
② ㉠ 30, ㉡ 10
③ ㉠ 60, ㉡ 10
④ ㉠ 90, ㉡ 60

해설 스프링클러 헤드 설치기준

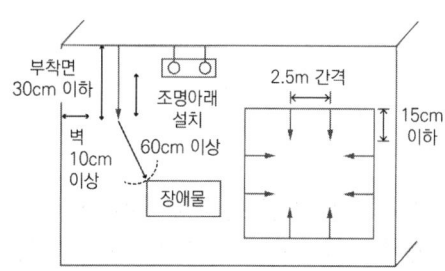

1) 헤드로부터 보유 공간 : <u>반경 60 [cm] 이상</u>
2) 벽과 헤드 간 공간은 <u>10 [cm] 이상</u>
3) 헤드와 그 부착면과의 거리는 30 [cm] 이하
4) 배관·행거 및 조명기구 등 살수를 방해하는 것이 있는 경우 그로부터 아래에 설치하여 살수에 장애가 없도록 할 것
5) 스프링클러헤드의 반사판은 그 부착면과 평행하게 설치
6) 연소할 우려가 있는 개구부
   (1) 그 상하좌우에 2.5 [m] 간격으로 헤드 설치
   (2) 헤드와 개구부의 내측 면으로부터 직선거리는 15 [cm] 이하

정답 69 ① 70 ① 71 ③

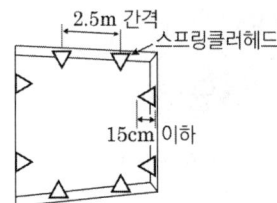
[연소할 우려가 있는 개구부]

7) 측벽형 스프링클러헤드
  (1) 폭이 4.5 [m] 미만인 실 : 긴 변의 한쪽 벽에 일렬로 3.6 [m] 이내마다 설치
  (2) 폭이 4.5 [m] 이상 9 [m] 이하인 실 : 긴 변의 양쪽에 각각 일렬로 설치하되 마주보는 스프링클러헤드가 나란히꼴이 되도록 3.6 [m] 이내마다 설치

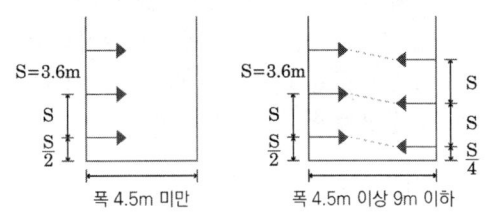
[측벽형헤드 설치기준]

72 ★★

다음과 같은 소방대상물의 부분에 완강기를 설치할 경우 부착 금속구의 부착위치로서 가장 적합한 위치는?

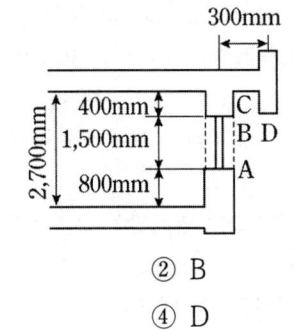

① A   ② B
③ C   ④ D

해설 완강기 부착 금속구 부착위치

D는 완강기 설치 시 조속기 또는 밧줄이 벽면에 닿지 않아 가장 안전하게 피난할 수 있는 위치

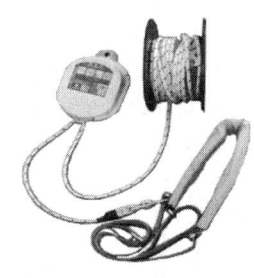
[완강기]

73 ★★★

소화수조의 소요수량이 20 [m³] 이상 40 [m³] 미만인 경우 설치하여야 하는 채수구의 개수로 옳은 것은?

① 1개   ② 2개
③ 3개   ④ 4개

해설 소화수조 및 저수조 채수구 설치기준

채수구는 다음 표에 따라 소방용호스 또는 소방용흡수관에 사용하는 구경 65 [mm] 이상의 나사식 결합금속구를 설치할 것

[소요수량에 따른 채수구의 수]

소요수량	20 [m³] 이상 40 [m³] 미만	40 [m³] 이상 100 [m³] 미만	100 [m³] 이상
채수구의 수(개)	1개	2개	3개

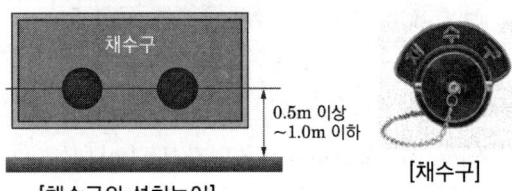
[채수구의 설치높이]   [채수구]

74 ★★★

물분무소화설비 수원의 저수량 설치기준으로 옳지 않은 것은?

① 특수가연물을 저장 또는 취급하는 특정소방대상물 또는 그 부분에 있어서 그 바닥면적 1 [m²]에 대하여 10 [L/min]으로 20분간 방수할 수 있는 양 이상으로 할 것
② 차고 또는 주차장은 그 바닥면적 1 [m²]에 대하여 20 [L/min]으로 20분간 방수할 수 있는 양 이상으로 할 것
③ 케이블 덕트는 투영된 바닥면적 1 [m²]에 대하여 12 [L/min]으로 20분간 방수할 수 있는 양 이상으로 할 것
④ 컨베이어 벨트 등 벨트부분 바닥면적 1 [m²]에 대하여 20 [L/min]으로 20분간 방수할 수 있는 양 이상으로 할 것

해설 물분무소화설비 수원의 저수량

소방대상물	토출량	비고
특수가연물을 저장·취급하는 특정소방대상물	10 [L/min·m²]	최소 바닥면적 50 [m²]
절연유봉입 변압기·**컨**베이어벨트	10 [L/min·m²]	-
케이블트레이·**케이블덕트**	12 [L/min·m²]	-
차고·**주**차장	20 [L/min·m²]	최소 바닥면적 50 [m²]

• 저수량 = 면적 × 토출량 × 방수시간(20 [min])

암기 특절컨 10, 케이트 12, 차주 20

75 ★★★

옥외소화전설비 설치 시 고가수조의 자연낙차를 이용한 가압송수장치의 설치기준 중 고가수조의 최소 자연낙차수두 산출 공식으로 옳은 것은? (단, H : 필요한 낙차 [m], h_1 : 소방용 호스 마찰손실 수두 [m], h_2 : 배관의 마찰손실 수두 [m]이다)

① $H = h_1 + h_2 + 25$
② $H = h_1 + h_2 + 17$
③ $H = h_1 + h_2 + 12$
④ $H = h_1 + h_2 + 10$

해설 옥외소화전 고가수조 가압송수장치

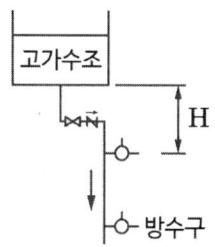

필요 낙차 $H = h_1 + h_2 + 25$
h_1 : 소방호스 마찰손실수두 [m]
h_2 : 배관 마찰손실수두 [m]
25 : 최소 방사압 (0.25 [MPa])

76 ★★★

인명구조기구의 종류가 아닌 것은?

① 방열복   ② 구조대
③ 공기호흡기 ④ 인공소생기

해설 인명구조기구의 정의

1) **방열복** : 고온의 복사열에 가까이 접근하여 소방활동을 수행할 수 있는 내열피복
2) **방화복** : 화재진압 등의 소방활동을 수행할 수 있는 피복

정답 74 ④ 75 ① 76 ②

3) 공기호흡기 : 소화활동 시에 화재로 인하여 발생하는 각종 유독가스 중에서 일정시간 사용할 수 있도록 제조된 압축공기식 개인호흡장비
4) 인공소생기 : 호흡 부전 상태인 사람에게 인공호흡을 시켜 환자를 보호하거나 구급하는 기구

퓨지블링크형 헤드	유리벌브형 헤드
 나사부분 / 감열체(감열부) / 프레임 / 반사판(디플렉터)	

[방열복] [방화복] [공기호흡기] [인공소생기]

💡 TIP 구조대 : 피난기구

77 ★★★

스프링클러헤드의 방수구에서 유출되는 물을 세분시키는 작용을 하는 것은?

① 클래퍼
② 워터모터공
③ 리타팅 챔버
④ 디플렉터

해설 스프링클러헤드의 구조

1) 반사판(디플렉터) : 헤드의 방수구에서 유출되는 물을 세분시키는 작용을 하는 것
2) 프레임 : 헤드의 나사부분과 반사판을 연결하는 이음쇠 부분
3) 감열체 : 정상상태에서는 방수구를 막고 있으나 열에 의하여 일정한 온도에 도달하면 스스로 파괴·융해되어 헤드로부터 이탈됨으로써 방수구가 열려 헤드가 작동되도록 하는 부분
   (1) 퓨지블링크(Fusible Link) : 감열체 중 이융성금속으로 융착되거나 이융성물질에 의하여 조립된 것
   (2) 유리벌브 : 감열체 중 유리구 안에 액체 등을 넣어 봉한 것

78 ★★★

이산화탄소소화설비의 시설 중 소화 후 연소 및 소화잔류가스를 인명 안전상 배출 및 희석시키는 배출설비의 설치대상이 아닌 것은?

① 지하층
② 피난층
③ 무창층
④ 밀폐된 거실

해설 이산화탄소소화설비 배출설비 설치대상

지하층, **무**창층 및 **밀**폐된 **거**실 등에 이산화탄소소화설비를 설치한 경우에는 방출된 소화약제를 배출하기 위한 배출설비를 갖추어야 한다.

🔑 암기 지, 무, 밀거

79 ★★★

할론소화설비에서 국소방출방식의 경우 할론소화약제의 양을 산출하는 식은 다음과 같다. 여기서 A는 무엇을 의미하는가? (단, 가연물이 비산할 우려가 있는 경우로 가정한다)

$$Q = \left(X - Y\frac{a}{A}\right)$$

① 방호공간의 벽면적의 합계
② 창문이나 문의 틈새면적의 합계
③ 개구부 면적의 합계
④ 방호대상물 주위에 설치된 벽의 면적의 합계

해설 할론소화설비 국소방출방식 약제량
(방호공간 1 [m³]당의 약제량)

$$Q = \left(X - Y\frac{a}{A}\right)$$

- Q : 방호공간 1 [m³]에 대한 소화약제의 양 [kg/m³]
- a : 방호대상물 주위에 설치된 벽 면적의 합계 [m²]
- A : **방호공간의 벽 면적**(벽이 없는 경우에는 벽이 있는 것으로 가정한 당해 부분의 면적)**의 합계** [m²]
- X 및 Y : 다음 표의 수치

소화약제의 종류	X의 수치	Y의 수치
할론 2402	5.2	3.9
할론 1211	4.4	3.3
할론 1301	4	3

80 ★★★

제연구역의 선정방식 중 계단실 및 그 부속실을 동시에 제연하는 것의 방연풍속은 몇 [m/s] 이상이어야 하는가?

① 0.5
② 0.7
③ 1
④ 1.5

해설 제연구역에 따른 방연풍속

제연구역		방연풍속
계단실 및 그 부속실을 동시에 제연하는 것 또는 계단실만 단독으로 제연하는 것		**0.5 [m/s] 이상**
부속실만 단독으로 제연하는 것	부속실 또는 승강장이 면하는 옥내가 거실인 경우	0.7 [m/s] 이상
	부속실이 면하는 옥내가 복도로서 그 구조가 방화구조(내화시간이 30분 이상인 구조를 포함한다)인 것	0.5 [m/s] 이상

보충 방연풍속 : 옥내로부터 제연구역 내로 연기의 유입을 유효하게 방지할 수 있는 풍속

정답 79 ① 80 ①

2021년 2회 소방원론

01 ★★★

A급 화재에 해당하는 가연물이 아닌 것은?

① 유류
② 종이
③ 섬유
④ 목재

해설 화재의 분류

등급	화재	표시색	가연물
A급	일반화재	백색	나무, 섬유, 종이, 고무, 플라스틱류
B급	유류화재	황색	인화성 액체, 가연성 액체, 석유 그리스, 타르, 오일, 유성도료, 솔벤트, 래커, 알코올 및 인화성 가스 등
C급	전기화재	청색	전류가 흐르고 있는 전기기기, 배선 등
D급	금속화재	무색	마그네슘 합금 등 가연성 금속
K급	주방화재	-	주방에서 동식물유를 취급하는 조리기구

★암기 일유전 금주

해설 소화약제 관련 용어

1) NOAEL [심장에 독성이 미치지 않는 최대농도]
  - No Observed Adverse Effect Level
  - 심장 독성 시험에서 심장에 영향을 미치지 않는 농도

2) LOAEL [심장에 독성이 미치는 최저농도]
  - Lowest Observed Adverse Effect Level
  - 심장 독성 시험에서 심장에 영향을 미칠 수 있는 최소 농도

3) ODP [오존층 파괴 지수]
  - Ozone Depletion Potential
  - 어떤 물질의 오존 파괴능력을 상대적으로 나타내는 지표

$$ODP = \frac{\text{물질}\,1[kg]\text{에 의해 파괴되는 오존량}}{CFC-11\,1[kg]\text{에 의해 파괴되는 오존량}}$$

4) GWP [지구 온난화 지수]
  - Global Warming Potential
  - 어떤 물질이 기여하는 온난화 정도를 상대적으로 나타내는 지표

$$GWP = \frac{\text{물질}\,1[kg]\text{이 영향을 주는 지구온난화 정도}}{CO_2\,1[kg]\text{이 영향을 주는 지구온난화 정도}}$$

02 ★

할로겐화합물소화약제의 특성을 나타내는 용어 중 지구 온난화 지수의 약어는?

① ODP
② NOAEL
③ GWP
④ LOAEL

03 ★★★

급격히 산소가 공급이 된 경우 실내 축적가스가 연소하여 화재가 폭풍을 동반하여 실외로 분출하는 현상은?

① 슬롭 오버
② 백 드래프트
③ 플래시 오버
④ 보일 오버

정답 01 ① 02 ③ 03 ②

해설 | 화재 시 발생현상

현상	설명
슬롭 오버	기름 표면에 물 살수 시 급격한 수분 증발로 기름이 팽창되어 탱크 밖 분출
백 드래프트	훈소 상태일 때 신선한 공기 유입으로 실내 축적가스가 단시간 연소, 폭발하여 실외로 분출
플래시 오버	온도가 급격히 상승하여 화재가 순간적으로 실내 전체에 확산
보일 오버	중질유 탱크저부 에멀젼(물)이 증발하면서 부피가 팽창하여 유류 분출

※ 참고 – 화학식
1) 분자식
   한 분자를 이루는 원자의 종류와 수를 나타낸 식(예 1원자 분자인 네온의 분자식은 Ne, 2원자 분자 산소의 분자식은 O_2, 3원자 분자 물의 분자식은 H_2O로 나타낸다)
2) 실험식
   성분원소의 종류와 그들의 상대적인 비를 나타낸 화학식(예 벤젠(C_6H_6)과 아세틸렌(C_2H_2)은 분자식은 다르지만 실험식은 CH로 동일하게 쓸 수 있다)
3) 시성식
   분자의 특성을 알 수 있도록 작용기를 써서 나타낸 식(예 에탄올을 C_2H_6O로 나타내지 않고 특정 작용기인 알코올기 −OH를 중심으로 C_2H_5OH로 나타낸다)

▶ 보충 ◀ 작용기 : 화합물의 성질을 결정하는 중요한 부분으로 원자 몇 개가 결합한 원자단

04 ★ (난이도 상)

어떤 유기화합물을 분석을 한 결과, 실험식이 CH_2O이었으며, 분자량을 측정하였더니 60이었다. 이 물질의 시성식은? (단, C, H, O의 원자량은 각각 12, 1, 16이다)

① CH_3OH ② CH_3COOH
③ CH_3COOCH ④ CH_3COCH

해설 | 아세트산 화학식

실험식 CH_2O의 분자량 $= 12 + (1 \times 2) + 16 = 30$
문제 조건 상 유기화합물의 분자량이 60이므로 30의 2배이다.
따라서 CH_2O의 각 원자 개수를 2배씩 증가시키면, $C_2H_4O_2$(분자식)이 된다.
C가 2개, H가 4개, O가 2개인 시성식을 선지 중에서 찾으면 ② CH_3COOH 이다.
1) 분자식 : $C_2H_4O_2$
2) 실험식 : CH_2O
3) 시성식 : CH_3COOH

05 ★★★

상온 상압에서 액체 상태인 할론소화약제는?

① 할론 1211
② 없음
③ 할론 2402
④ 할론 1301

해설 | 할론소화약제

종류	분자식	상온·상압
할론 1211	CF_2ClBr	기체
할론 1301	CF_3Br	
할론 1011	CH_2ClBr	액체
할론 2402	$C_2F_4Br_2$	

정답 04 ② 05 ③

06 ★★★

피난계획의 일반원칙 중 Fool Proof에 대한 설명으로 옳은 것은?

① 한 가지가 고장이 나도 다른 수단을 이용할 수 있도록 하는 방식
② 피난수단을 조작이 간편한 원시적 방법으로 하는 원칙
③ 두 방향의 피난동선을 항상 확보하는 원칙
④ 피난수단을 이동식 시설로 하는 원칙

해설 피난대책 일반 원칙

피난 대책은 Fail - Safe와 Fool - Proof 원칙에 따른다.

1) Fail - Safe
 (1) 하나의 수단이 고장으로 실패하여도 다른 수단을 이용할 수 있도록 할 것
 (2) 양방향 피난경로를 상시 확보해 둘 것
 (3) 부분화, 다중화할 것
2) Fool - Proof
 (1) **피난수단은 조작이 간편한 원시적 방법으로 할 것**
 (2) 비상시 판단능력 저하를 대비하여 누구나 알 수 있도록 간단한 그림이나 색채를 이용하여 표시할 것
 (3) 피난설비는 고정식 설비로 설치할 것
 (4) 피난경로는 간단명료하게 할 것

07 ★★★

화재 시 가연물의 온도를 일정 온도 이하로 낮추어 소화하는 방법은?

① 질식소화
② 희석소화
③ 냉각소화
④ 제거소화

해설 소화의 형태

소화	내용
냉각소화	열 흡수, 발화점 이하로 낮추어 소화
질식소화	산소농도 15 [%] 이하로 낮춤
제거소화	가연물을 차단, 격리
억제소화	연쇄반응을 차단, 부촉매소화

보충 물리적 소화 : 냉각, 질식, 제거
화학적 소화 : 억제소화(부촉매소화)

08 ★★★

연소 시 생성되는 열의 대표적인 전달방식이 아닌 것은?

① 확산
② 복사
③ 전도
④ 대류

해설 열전달

분류	개념
전도	고온체와 저온체의 직접적인 접촉에 의해 열 이동
대류	유체의 흐름에 의해 열 이동
복사	매질 없이 전자파 형태로 열 이동

암기 전대복

09 ★★★

소화약제를 사용하는 물에 대한 설명으로 틀린 것은?

① 증발잠열이 큰 장점을 이용하여 화재진압에 사용한다.
② 비극성 이온결합 물질로 비점이 높기 때문에 소화약제로 많이 사용된다.
③ 100 [℃]의 액체 물이 100 [℃]의 수증기로 변하면 체적이 약 1600배 증가한다.
④ 냉각소화효과를 기대할 수 있다.

정답 06 ② 07 ③ 08 ① 09 ②

해설 물의 물리·화학적 성질

구분	내용
물리적 성질	1) 상온에서 물은 무겁고 안정된 액체 2) 비열 : 1 [kcal/kg·℃] (= 4.18 [kJ/kg·K]) 3) 잠열 　① 융해잠열 　　80 [kcal/kg] (= 334 [kJ/kg]) 　② 증발잠열 　　539.6 [kcal/kg] (= 2257 [kJ/kg]) 4) **비열, 잠열이 크므로 냉각소화효과가 큼** 5) 표면장력이 큼 6) **증발 시 체적 약 1650배(1600 ~ 1700배) 증가**
화학적 성질	물 분자(H_2O)는 산소(O) 원자 1개와 수소(H) 원자 2개가 **극성 공유결합**을 이루고, 물분자 사이에 **수소결합**을 이루고 있음

※ 참고 – 물분자의 극성 공유결합과 수소결합

물 분자(H_2O)는 산소(O) 원자 1개와 수소(H) 원자 2개가 공유결합을 이루고 있다. 이때 산소 원자와 수소 원자는 전자를 1개씩 내어서 전자쌍을 만들고 이를 공유하지만, 전자쌍은 전기음성도가 더 큰 산소 원자 쪽에 가깝게 위치하여 산소 원자는 부분적인 음전하(-)를 띠고, 수소 원자는 부분적인 양전하(+)를 띠게 된다(극성 공유결합). 따라서 극성을 띤 물 분자끼리는 전기적 인력에 의한 수소 결합을 하게 되며 강한 응집력을 갖게 된다.

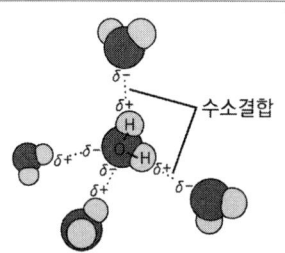

[물분자의 수소결합]

10 ★★★

가연성 물질로 가장 거리가 먼 것은?

① 암모니아　② 마그네슘
③ 아르곤　　④ 일산화탄소

해설 가연물이 될 수 없는 물질(불연성)

구분	물질
산소와 결합해있는 물질	물(H_2O), 산소(O_2) 이산화탄소(CO_2) 산화알루미늄(Al_2O_3) 오산화인(P_2O_5)
불활성 기체 (0족)	**헬륨**(He), **네온**(Ne), **아르곤**(Ar), **크립톤**(Kr), **크세논**(Xe), **라돈**(Rn)
흡열반응 물질	질소(N_2)

★암기 헬네아 크세라

11 ★★★

나이트로셀룰로오스의 용도, 성상 및 위험성과 저장 취급에 대한 설명 중 틀린 것은?

① 무연화약의 원료로 사용된다.
② 질화도가 낮을수록 위험성이 크다.
③ 운반 시 물, 알코올을 첨가하여 습윤시킨다.
④ 햇빛에서 황갈색으로 변하고 물에 녹지 않지만 아세톤, 나이트로벤젠에 녹는다.

해설 나이트로셀룰로오스(니트로셀룰로오스)

1) 제5류 위험물 중 질산에스터류에 속함
2) 용도 : 다이너마이트 및 화약 원료
3) 저장 : 알코올 속에 저장
4) 소화 : 다량 주수에 의한 냉각소화
5) 특성
　⑴ **질화도가 높을수록 위험성이 큼**
　⑵ 햇빛에서 황갈색으로 변하고 아세톤, 초산에스터, 나이트로벤젠에 녹음

※ **무연화약**
기존의 흑색화약이 연소시 잔여물이 너무 많이 나오는 것을 개량하기 위해 만들어진 화약 연기가 없는 화약이다(실제로 완전히 연기가 없지는 않다). 구성은 나이트로셀룰로오스, 나이트로글리세린, 나이트로구아니딘 세 가지가 대세를 차지하고 있다.

정답 10 ③　11 ②

12 ★★★

이산화탄소소화설비의 주된 소화효과는 무엇인가?

① 질식소화   ② 부촉매소화
③ 제거소화   ④ 희석소화

해설 소화약제별 주된 소화효과

소화약제	소화효과
물(H_2O)	냉각효과
이산화탄소(CO_2)	질식소화
포	
할론	억제소화(부촉매소화)

13 ★★★

A, B, C급 화재에 사용할 수 있기 때문에 일명 ABC 분말소화약제로 불리는 소화약제의 주성분은?

① 탄산수소나트륨   ② 탄산수소칼륨
③ 황산알루미늄   ④ 제1인산암모늄

해설 분말소화약제

종별	소화약제	약제색	적응화재
1종	탄산수소나트륨 ($NaHCO_3$)	백색	BC급
2종	탄산수소칼륨 ($KHCO_3$)	담자색 (담회색)	BC급
3종	제1인산암모늄 ($NH_4H_2PO_4$)	담홍색	ABC급
4종	탄산수소칼륨 + 요소 ($KHCO_3$+$(NH_2)_2CO$)	회(백)색	BC급

암기 백담사 홍어회

14 ★★★

위험물질의 자연발화를 방지하는 방법이 아닌 것은?

① 습도를 높일 것
② 열의 축적을 방지할 것
③ 저장실의 온도를 저온으로 유지할 것
④ 촉매 역할을 하는 물질과 접촉을 피할 것

해설 자연발화 방지대책

1) 가연성 물질 제거
2) 통풍이나 환기를 통한 열 축적 방지
3) 저장실의 온도를 낮출 것
4) **습도 높은 곳 피할 것**(수분 : 촉매작용)
5) 열전도성 좋게 할 것

15 ★★★

인화성 액체가 연소할 때 질식소화를 위해서는 공기 중의 산소농도를 일반적으로 약 몇 [vol%] 이하로 낮춰야 하는가?

① 21   ② 15
③ 23   ④ 19

해설 소화의 형태

소화	내용
냉각소화	열 흡수, 발화점 이하로 낮추어 소화
질식소화	산소농도 15 [%] 이하로 낮춤
제거소화	가연물을 차단, 격리
억제소화	연쇄반응을 차단, 부촉매소화

보충 물리적 소화 : 냉각, 질식, 제거
화학적 소화 : 억제소화(부촉매소화)

정답 12 ① 13 ④ 14 ① 15 ②

16 ★★★

칼륨 화재 시 주수소화가 적응성이 없는 이유는?

① 아세틸렌이 생성되기 때문
② 산소가 생성되기 때문
③ 메테인(메탄) 가스가 생성되기 때문
④ 수소가 생성되기 때문

해설 금수성 물질

물과 접촉하여 발화, 가연성 가스 발생

구분	현상
무기과산화물	산소(O_2) 발생
금속분 마그네슘(Mg) 나트륨(Na) **칼륨(K)** 리튬(Li)	**수소(H_2) 발생**
탄화칼슘 (칼슘카바이드)	아세틸렌(C_2H_2) 발생

17 ★★★

제2종 분말소화약제의 주성분은?

① 제1인산암모늄
② 탄산수소칼륨
③ 탄산수소암모늄 + 요소
④ 탄산수소나트륨

해설 분말소화약제

종별	소화약제	약제색	적응화재
1종	탄산수소나트륨 ($NaHCO_3$)	**백**색	BC급
2종	탄산수소칼륨 ($KHCO_3$)	**담자**색 (담회색)	
3종	제1인산암모늄 ($NH_4H_2PO_4$)	담**홍**색	ABC급
4종	탄산수소칼륨 + 요소 ($KHCO_3+(NH_2)_2CO$)	**회**(백)색	BC급

암기 백담사 홍어회

18 ★★★

연소의 3요소에 해당되지 않는 것은?

① 촉매
② 산소
③ 가연물
④ 점화원

해설 연소의 3요소, 4요소

연소의 3요소	연소의 4요소
• **가연물** • **산소공급원** • **점화원**	• 가연물 • 산소공급원 • 점화원 • 연쇄반응

암기 연소의 3요소 : 가산점

19 ★★★

건축물의 방화계획에서 공간적 대응에 해당하지 않는 것은?

① 방화구획
② 특별피난계단
③ 옥내소화전설비
④ 직통계단

정답 16 ④ 17 ② 18 ① 19 ③

해설 건축물의 방재계획

구분		내용
공간적 대응	대항성	방화구획, 방연구획, 내화재료 등을 사용하여 초기 소화에 대응하는 화재 사상 저항능력
	회피성	불연화, 난연화 등의 내장재 제한과 소방훈련 및 불조심 등 화재 확대 가능성을 줄여 위험성을 낮추는 것
	도피성	화재 시 피난자가 위험에 빠지지 않도록 구조적으로 배려하는 것
설비적 대응		**공간적 대응을 보완하는 것**으로 제연설비, 방화문, 방화셔터, 자동화재탐지설비, 자동소화설비, **옥내소화전설비**, 스프링클러설비, 유도등, 비상전원, 피난기구 등

[풀이 2]
1) 표준상태에서 기체 1 [kmol] 부피 : 22.4 [m^3]
2) 44.8 [m^3] ÷ 22.4 [m^3] = 2 [kmol]
3) 44 [kg/kmol] × 2 [kmol] = 88 [kg]

20 ★★

표준상태에서 44.8 [m^3]의 용적을 가진 이산화탄소가스를 모두 액화하면 몇 [kg]인가? (이산화탄소의 분자량은 44)

① 22
② 11
③ 88
④ 44

해설 부피와 질량

[풀이 1]

$$PV = nRT = \frac{W}{M}RT$$ 이상기체상태방정식

$$W = \frac{PVM}{RT} = \frac{1 \times 44.8 \times 44}{0.082 \times (273+0)} \fallingdotseq 88 \, [kg]$$

P : 절대압력 [atm]
n : 몰수 [kmol]
T : 절대온도 [K](273 + [℃])
W : 기체의 질량 [kg]
V : 부피 [m^3] (1m^3 = 1000L)
R : 기체상수 (0.082 [atm · m^3/kmol · K])
M : 분자량 [kg/kmol] (CO$_2$ 분자량 : 44)

21 ★★★

배관 내 유체의 유량 또는 유속 측정법이 아닌 것은?

① 마노미터에 의한 방법
② 오리피스에 의한 방법
③ 벤추리관에 의한 방법
④ 피토관에 의한 방법

해설 유체의 측정

구분	측정기기
유량	**벤추리미터**, **오리피스**, 로터미터, 위어, 노즐
압력 (정압)	피에조미터, 정압관, 부르돈(관)압력계, **마노미터**
유속 (동압)	**피토관**, 피토정압관, 시차액주계, 열선풍속계

22 ★★★

어떤 펌프가 1850 [rpm]로 회전하여 전양정 100 [m]에 0.19 [m³]의 유량을 방출한다. 이것과 상사하고 지름이 2배인 펌프가 1690 [rpm]으로 운전할 때 유량[m³]은?

① 2.33   ② 0.84
③ 3.49   ④ 1.39

해설 상사법칙

① 유량 $Q_2 = \left(\dfrac{N_2}{N_1}\right)^1 \times \left(\dfrac{D_2}{D_1}\right)^3 \times Q_1$

② 양정 $H_2 = \left(\dfrac{N_2}{N_1}\right)^2 \times \left(\dfrac{D_2}{D_1}\right)^2 \times H_1$

③ 동력 $L_2 = \left(\dfrac{N_2}{N_1}\right)^3 \times \left(\dfrac{D_2}{D_1}\right)^5 \times L_1$

여기서, Q_1, Q_2 : 유량
H_1, H_2 : 양정, L_1, L_2 : 동력
N_1, N_2 : 임펠러의 회전수
D_1, D_2 : 임펠러의 직경

$Q_2 = \left(\dfrac{N_2}{N_1}\right) \times \left(\dfrac{D_2}{D_1}\right)^3 \times Q_1$

$= \left(\dfrac{1690}{1850}\right) \times \left(\dfrac{2}{1}\right)^3 \times 0.19 = 1.39\,[m^3]$

정답 21 ① 22 ④

23 ★

어느 이상기체 10 [kg]에 온도를 200 [℃]만큼 상승시키는 데 필요한 열량 값이 압력이 일정한 경우와 체적이 일정한 경우 간에 375 [kJ]의 차이가 있다면 이 이상기체의 기체상수는 몇 [J/kg·K]인가?

① 187.5 ② 194.2
③ 201.3 ④ 130.8

해설 비열을 이용한 기체상수 계산

1) 체적이 일정한 경우 열량 (Q_V)
   $Q_V = mC_V \triangle T = 10 \times C_V \times 200 = 2000 C_V [kJ]$

2) 압력이 일정한 경우 열량 (Q_P)
   $Q_P = mC_P \triangle T = 10 \times C_P \times 200 = 2000 C_P [kJ]$

3) 기체상수 $\overline{R}$
   $Q_P - Q_V = 375 [kJ]$
   $2000 C_P - 2000 C_V = 375 [kJ]$
   $C_P - C_V = 0.1875 [kJ/kg \cdot K] = 187.5 [J/kg \cdot K]$
   $\therefore \overline{R} = 187.5 [J/kg \cdot K]$ (∵ $\overline{R} = C_P - C_V$)

24 ★★★

간격 10 [mm]인 평행 평판 사이에 점성계수가 1.514 [Pa·s]인 액체의 기름이 채워져 있다. 아래 평판은 고정하고, 위 평판을 2 [m/s] 속도로 움직일 때, 위 평판과 기름 사이의 일어나는 전단응력[N/m²]은?

① 302.8 ② 244.6
③ 186.4 ④ 168.6

해설 뉴턴의 점성법칙

전단응력 $\tau [N/m^2] = \mu \dfrac{du}{dy}$
여기서, μ : 점성계수 [kg/m·s, N·s/m²]
$\dfrac{du}{dy}$: 속도구배 [s^{-1}]

$\tau = \mu \dfrac{du}{dy}$

$= 1.514 [Pa \cdot s] \times \dfrac{2 [m/s]}{0.01 [m]} = 302.8 [N/m^2]$

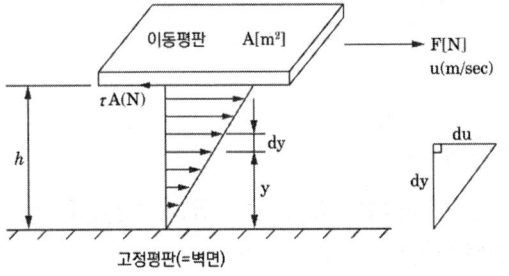

25 ★★★

지름 19 [mm]인 옥외소화전 노즐로 방수량을 측정하기 위하여 노즐 출구에서의 방수압을 측정한 결과 압력계가 608 [kPa]로 측정되었다. 이때 방수량[m³/min]은?

① 0.742 ② 0.593
③ 0.435 ④ 0.891

해설 옥외소화전 방수량

[풀이 1]

체적유량 $Q[m^3/s] = AV$
여기서, A : 배관의 단면적[m²]
V : 유속 [m/s]

방수량 $Q = A \times V = \dfrac{\pi}{4} D^2 \times \sqrt{2gh}$

$= \dfrac{\pi}{4} D^2 \times \sqrt{2g \dfrac{P}{\gamma}}$

$= \dfrac{\pi}{4} 0.019^2 \times \sqrt{2 \times 9.8 \times \dfrac{608}{9.8}}$

$= 9.887 \times 10^{-3} [m^3/s]$

$= 0.593 [m^3/min]$

D : 구경 [m]
P : 압력 [Pa]

정답 23 ① 24 ① 25 ②

[풀이 2]

> 방수량 $Q[L/min] = 2.086 \times D^2 \times \sqrt{P}$
> 여기서, D : 노즐 직경 [mm]
> P : 방수압 [MPa]

방수량 $Q = 2.086 D^2 \sqrt{P}$
$= 2.086 \times 19^2 \times \sqrt{0.608}$
$= 587.183 [L/min]$
$\fallingdotseq 0.587 [m^3/min]$

※ [풀이 1]과 [풀이 2]의 결과 값에 오차가 있는 이유
방수량 공식 $Q = 2.086 D^2 \sqrt{P}$은 $Q = CAV$에 의해 유도된 공식이다. 여기서 2.086은 노즐계수(C) 0.99를 포함한 값이다.
따라서 $\frac{0.587[m^3/min]}{0.99} \fallingdotseq 0.593[m^3/min]$이 된다.
필기 CBT 시험은 결과 값과 가장 가까운 답을 4개의 선지 중 찾는 것이므로 위 오차는 답을 찾는데 문제가 없다. 정석적인 풀이는 [풀이 1]이나, CBT 시험에서는 주어진 조건을 쉽게 대입하여 풀 수 있는 [풀이 2] 방식을 권장한다.

26 ★★★

레이놀즈수가 1200인 물이 흐르는 관에서 마찰계수는 약 얼마인가?

① 0.53
② 0.053
③ 53.3
④ 5.33

해설 층류일 때 관 마찰계수

레이놀즈수 < 1200일 때, 층류 유동이므로

∴ 관 마찰계수 $f = \frac{64}{Re} = \frac{64}{1200} = 0.053$

27 ★★★

동점성계수를 이루는 기본차원은? (단, M은 질량, L은 길이, T는 시간)

① M L
② $L^2 T^{-1}$
③ M L T
④ M T

해설 동점성계수 차원

> 동점성계수 $\nu [m^2/s] = \frac{\mu}{\rho}$
> 여기서, μ : 점성계수 [kg/m·s]
> ρ : 밀도 [kg/m³]

1) 동점성계수 : 점성계수를 유체의 밀도로 나눈 것
2) 동점성계수의 차원

물리량 \ 차원	FLT계	MLT계
동점성계수	$L^2 T^{-1}$	$L^2 T^{-1}$

28 ★★★

부피 1 [m³]인 어느 용기 속 액상기체의 대기압력이 200 [kPa]이었다. 이 용기 내부의 온도가 일정한 상태에서 부피가 3 [m³]으로 되었을 때 압력은 대기압력으로 몇 [kPa]인가? (단, 대기압은 100 [kPa])

① 100
② 133
③ 66.7
④ 0

해설 보일의 법칙

> 보일의 법칙 $P_1 V_1 = P_2 V_2$
> P_1, P_2 : 절대압력 [kPa]
> V_1, V_2 : 부피 [m³]

$P_1 V_1 = P_2 V_2$
$200 \times 1 = P_2 \times 3$
∴ $P_2 = 66.7 [kPa]$

정답 26 ② 27 ② 28 ③

29 ★

축동력이 80 [kW]인 원심펌프의 회전수가 1750 [rpm]이라면 축 토크[J]는?

① 873.2
② 218.1
③ 2740.9
④ 436.5

해설 축 토크

축동력 $P[kW] = \dfrac{F \times S}{t} = F \times V = T\omega$

여기서, F : 힘 [N], S : 거리 [m]
V : 속도 [m/s], T : 축 토크 [J]
ω : 각속도 $\left(= \dfrac{2\pi N}{60}\right)$ [rad/s]
N : 회전수 [rpm]

$P[kW] = T\omega$

$T = \dfrac{P}{\omega} = \dfrac{P}{\dfrac{2\pi N}{60}} = \dfrac{80000 [W]}{\dfrac{2\pi \times 1750}{60} [rad/s]} = 436.54 [J]$

보충 토크 : 물체가 어떤 축을 중심으로 회전할 수 있게 하는 힘

암기 [W] = [J/s] = [N·m/s]

30 ★★★

반경 5 [m], 길이 4 [m]인 4분 실린더 AB가 수면으로부터 3 [m] 아래에 수평으로 놓여 있다. 4분 실린더 AB에 작용하는 수압에 대한 수평분력의 크기[kN]는?

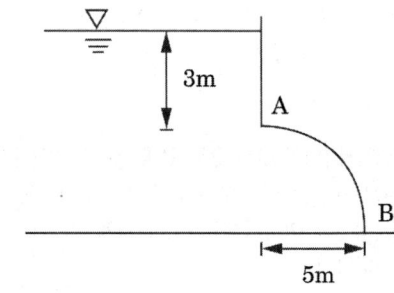

① 580
② 825
③ 1078
④ 1146

해설 수평분력 계산

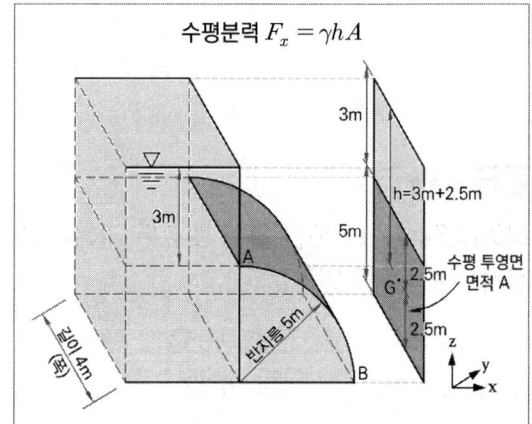

$F_x = \gamma h A$

$= 9.8 [kN/m^3] \times (3 + \dfrac{5}{2})[m] \times (5 \times 4)[m^2]$

$= 1078 [kN]$

F_x : 수평분력 [kN]
γ : 비중량 [kN/m³]
h : 투영면의 도심점까지 높이 [m]
A : 투영면적 [m²]

31 ★★★

개방된 물통에 깊이 2 [m]의 물이 들어 있고 이 물 위에 깊이 2 [m]의 기름이 떠 있다. 기름의 비중이 0.5일 때, 물통 밑바닥에서의 압력[kPa]은? (단, 유체 상부면에 작용하는 대기압은 무시한다)

① 42.4　　② 29.4
③ 22.6　　④ 18.8

해설 물통 밑바닥에서의 압력

압력 $P[Pa] = \gamma h = S\gamma_w h$
여기서, γ : 비중량 [N/m³]
h : 높이 [m], S : 비중
γ_w : 물의 비중량 [N/m³]

$P = \gamma_w h_w + \gamma_{기름} h_{기름}$
　$= \gamma_w h_w + S_{기름}\gamma_w h_{기름}$
　$= 9.8 \times 2 + 0.5 \times 9.8 \times 2$
　$= 29.4 [kPa]$

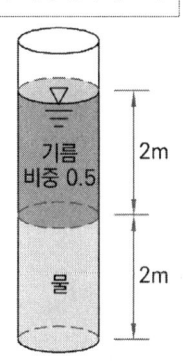

보충 $\gamma = S \times \gamma_w$, $\rho = S \times \rho_w$

32 ★★★

소화배관의 유속이 5 [m/s]으로 흐르는 장소에 피토관을 설치하였을 경우 그 수주의 높이(m)는? (단, 유량계수는 무시한다)

① 5.58　　② 1.28
③ 3.45　　④ 4.22

해설 피토관의 유속(토리첼리 식)

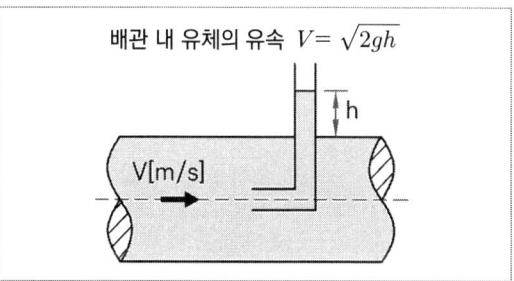

배관 내 유체의 유속 $V = \sqrt{2gh}$

$V = \sqrt{2gh}$
$5[m/s] = \sqrt{2 \times 9.8 \times h}$
∴ $h = 1.27[m]$

33 ★★★

모세관 현상과 관련하여 액체가 상승하는 높이에 대한 설명으로 틀린 것은?

① 상승높이는 관 지름에 반비례한다.
② 상승높이는 유체의 비중량에 반비례한다.
③ 상승높이는 표면장력에 비례한다.
④ 상승높이는 유체의 밀도에 비례한다.

해설 모세관 현상

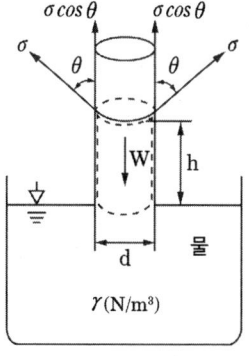

모세관 상승높이 $h[m] = \dfrac{4\sigma \cos\theta}{\gamma d}$
σ : 표면장력 [N/m], θ : 각도 [°]
γ : 비중량(γ_w = 9800 [N/m³])
d : 관의 내경 [m]

정답 31 ② 32 ② 33 ④

$$h\,[m] = \frac{4\sigma\cos\theta}{\gamma d} = \frac{4\sigma\cos\theta}{\rho g d} \quad (\because \gamma = \rho g \text{이므로})$$

따라서
상승높이(h)는 유체의 밀도(ρ)에 반비례한다.
$(h \propto \frac{1}{\rho})$

34 ★★★

유체의 흐름이 난류라고 할 때 다음 설명 중 틀린 것은?

① 레이놀즈수가 2000 이하일 때 난류가 발생한다.
② 무작위적이고 불규칙적인 흐름으로 인해 난류유동에서는 전단응력이 시간 평균의 기울기에 비례하지 않는다.
③ 평균유속이 최대유속의 0.8배이다.
④ 상대조도가 관계하는 영역이다.

해설 난류의 특징

① 레이놀즈수가 **4000보다 클 때** 난류가 발생한다.

구분	층류	난류
Re 범위	Re < 2100	**Re > 4000**

Re : 레이놀즈수

35 ★★★

소화배관의 부차적 손실에 대한 설명으로 옳은 것은?

① 레이놀즈수의 제곱에 비례한다.
② 위치수두에 비례한다.
③ 압력수두 및 위치수두에 비례한다.
④ 속도수두에 비례한다.

해설 부차적 손실

부차적 손실수두 $h_L = K\dfrac{V^2}{2g}$

여기서, h_L : 부차적 손실수두 [m]
K : 손실계수
V : 유속 [m/s]
g : 중력가속도 [m/s²]

• 부차적 손실은 속도수두에 비례 ($h_L \propto \dfrac{V^2}{2g}$)

36 ★★★

다음 중 두 개의 탱크나 관 내에서의 압력차를 측정하는 데 사용되는 기구는?

① 벤추리미터 ② 시차 액주계
③ 열전대   ④ 마노미터

해설 측정기기

구분	측정기기
유량	벤추리미터, 오리피스, 로터미터, 위어, 노즐
압력 (정압)	피에조미터, 정압관, 부르돈(관)압력계, **마노미터**
유속 (동압)	피토관, 피토정압관, 시차액주계, 열선풍속계

정답 34 ① 35 ④ 36 ④

37 ★★★

온도 300 [K], 절대압력 0.1 [MPa]인 용기가 단면적이 0.1 [m²]인 관을 0.1 [m/s]로 흐를 때 공기의 질량유량은? (단, 공기의 기체상수는 0.287 [kJ/kg·K])

① 0.00116
② 1.16
③ 0.0116
④ 0.116

해설 공기의 질량유량

$$\text{질량유량 } M[kg/s] = \rho A V = \rho Q$$
여기서, ρ : 밀도 [kg/m³]
A : 배관 단면적 [m²]
V : 유속 [m/s]
Q : 체적유량 [m³/s]

1) 밀도 ρ

$$PV = W\overline{R}T \rightarrow \frac{W}{V} = \frac{P}{RT}$$

밀도 $\rho = \dfrac{P}{RT}$

$= \dfrac{100[kPa]}{0.287[kJ/kg \cdot K] \times 300[K]}$

$= 1.161[kg/m^3]$

2) 질량유량 M

$M = \rho A V$

$= 1.161[kg/m^3] \times 0.1[m^2] \times 0.1[m/s]$

$= 0.0116[kg/s]$

38 ★★★

복사 열전달에 대한 설명으로 옳은 것은?

① 방출되는 복사열은 복사되는 면적에 반비례한다.
② 방출되는 복사열은 방사율이 작을수록 커진다.
③ 방출되는 복사열은 절대온도의 4승에 비례한다.
④ 완전흑체의 경우 방사율은 '0'이다.

해설 스테판 볼츠만의 법칙

$$\text{단위 면적당 복사열량 } \dot{Q}''[W/m^2] = \varepsilon \times \sigma \times T^4$$

⇒ 복사열은 절대온도의 4승에 비례

ε : 방사율(흑체일 때 $\varepsilon = 1$)
σ : 스테판 볼츠만 계수 $[W/m^2 \cdot K^4]$
T : 절대온도 [K]

보충 흑체(Black body) : 입사하는 모든 복사선을 완전히 흡수하는 이상적인 물체

39 ★

수원 노즐 입구에서의 방사압력이 P_1 [Pa], 면적이 A_1 [m²]이고 출구에서의 면적은 A_2이다. 물이 노즐을 통해 V_2 [m/s]의 속도로 대기 중으로 방출될 때 노즐을 고정시키는 데 필요한 힘 [N]은 얼마인가? (단, 물의 밀도는 ρ [kg/m³])

① $F = P_1 A_1 - \rho A_1 V_2 (V_2 - V_1)$
② $F = P_1 A_1 - \rho A_1 V_1 (V_2 - V_1)$
③ $F = P_1 A_1 - \rho A_2 V_1 (V_2 - V_1)$
④ $F = P_1 A_2 - \rho A_2 V_2 (V_2 - V_1)$

해설 노즐의 반발력

$$\text{노즐의 반발력(= 플랜지볼트에 작용하는 힘)}$$
$$F = P_1 A_1 - \rho Q \Delta V$$

$F = P_1 A_1 - \rho Q (V_2 - V_1)$

여기서, $Q = A_1 V_1 (= A_2 V_2)$이므로

$F = P_1 A_1 - \rho A_1 V_1 (V_2 - V_1)$

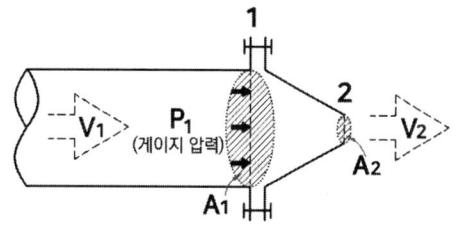

TIP 문제에 언급된 기호로만 F(필요한 힘)을 나타낸다.

정답 37 ③ 38 ③ 39 ②

40 ★★★

100 [mm] 관로를 통하여 물을 정확히 10분 동안 탱크에 공급하였다. 탱크의 늘어난 무게가 95.3 [kN]일 때, 이 관로를 흐르는 물의 유량 [m³/s]은?

① 0.162
② 0.0162
③ 1.62
④ 0.00162

해설 중량유량을 이용한 체적유량 계산

> 중량유량 $G[N/s] = \gamma A V = \gamma Q$
> 여기서, γ : 비중량 [N/m³]
> A : 배관 단면적 [m²]
> V : 유속 [m/s]
> Q : 체적유량 [m³/s]

1) 중량유량 $G[N/s]$

$$G = \frac{95300[N]}{10[\min]}$$
$$= \frac{95300[N]}{10[\min]} \times \frac{1[\min]}{60[s]} = 158.833[N/s]$$

2) 체적유량 $Q[m^3/s]$

$G = \gamma Q$

$158.833[N/s] = 9800[N/m^3] \times Q[m^3/s]$

∴ $Q = 0.0162[m^3/s]$

2021년 2회

소방관계법규

41 ★★★

소방시설 설치 및 관리에 관한 법령상 건축허가 등의 동의대상물의 범위 기준으로 옳은 것은?

① 지하층 또는 무창층이 있는 건축물로서 바닥면적이 100 [m²] 이상인 층이 있는 것
② 승강기 등 기계장치에 의한 주차시설로서 자동차 10대 이상을 주차할 수 있는 시설
③ 차고·주차장으로 사용되는 층 중 바닥면적이 200 [m²] 이상인 층이 있는 시설
④ 지하층 또는 무창층이 있는 건축물로서 공연장의 경우에는 50 [m²] 이상인 층이 있는 것

해설 건축허가 동의대상물 범위

구분	기준
학교시설	연면적 100 [m²] 이상
노유자(老幼者) 시설 및 수련시설	연면적 200 [m²] 이상
지하층·무창층이 있는 건축물	바닥면적 150 [m²](공연장 100 [m²]) 이상
정신의료기관, 장애인 의료시설	연면적 300 [m²] 이상
일반용도의 특정소방대상물	연면적 400 [m²] 이상
차고, 주차장 또는 주차용도로 사용되는 시설	바닥면적 200 [m²] 이상
	기계식 주차시설 자동차 20대 이상
• 노인 관련 시설 중 노인주거복지시설, 노인의료복지시설, 재가노인복지시설, 학대피해노인 전용쉼터	단독주택, 공동주택에 설치되는 시설 제외
• 아동복지시설 (아동상담소, 아동전용시설 및 지역아동센터는 제외한다) • 장애인 거주시설 • 정신질환자 관련 시설(공동생활가정을 제외한 재활훈련시설과 종합시설 중 24시간 주거를 제공하지 않는 시설은 제외한다) • 노숙인 관련 시설 중 노숙인자활시설·노숙인재활시설·노숙인요양시설 • 결핵환자나 한센인이 24시간 생활하는 노유자시설 • 노숙인 관련 시설 중 노숙인자활시설·노숙인재활시설·노숙인요양시설 • 결핵환자나 한센인이 24시간 생활하는 노유자시설	
• 6층 이상 건축물 • 항공기격납고, 관망탑, 항공관제탑, 방송용 송수신탑 • 요양병원(의료재활시설제외) • 위험물 저장 및 처리시설, 지하구, 전기저장시설, 풍력발전소 • 조산원, 산후조리원, 의원(입원실 있는 것) • 공장 또는 창고시설로서 지정수량의 750배 이상의 특수가연물을 저장·취급하는 것 • 가스시설로서 지상에 노출된 탱크의 저장용량의 합계가 100톤 이상인 것	-

정답 41 ③

42 ★★★

소방기본법령상 소방활동장비의 장비 구입 및 설치 시 국고보조 대상이 아닌 것은?

① 소방자동차
② 사무용 집기
③ 소방헬리콥터 및 소방정
④ 전산설비

해설 국고보조 대상사업 범위

1) 국고보조
   (1) 국가는 시·도 소방장비구입 등의 경비를 일부 보조함
   (2) 국가보조 대상사업의 범위와 기준 보조율: 대통령령인「보조금관리에 관한 법률 시행령」
   (3) 소방활동장비 및 설비의 종류와 규격: 행정안전부령
2) 국고보조 대상사업의 범위
   (1) 소방활동장비와 설비의 구입 및 설치
      ① 소방자동차
      ② 소방헬리콥터 및 소방정
      ③ 소방전용통신설비 및 전산설비
      ④ 그 밖에 방화복 등 소방활동에 필요한 소방장비
   (2) 소방관서용 청사의 건축

43 ★★★

위험물법령상 제조소등의 설치허가를 받고자 하는 자는 그 설치장소를 관할하는 누구의 허가를 받아야 하는가?

① 소방청장
② 시·도지사
③ 행정자치부장관
④ 안전관리자

해설 제조소 설치 및 변경

1) 설치허가자: 시·도지사(행정안전부령)
2) 변경신고: 변경하고자 하는 날의 1일 전
3) 허가 제외 장소
   • 주택의 난방시설(공동주택 중앙난방시설 제외)을 위한 저장소·취급소
   • 농예용·축산용·수산용으로 필요한 난방·건조시설을 위한 지정수량 20배 이하의 저장소

44 ★★

소방시설 설치 및 관리에 관한 법령상 소방용품으로 틀린 것은?

① 방염제
② 가스누설경보기
③ 자동소화장치
④ 시각경보기

해설 소방용품

1) 소화설비 구성 제품·기기
   • 소화기구(소화약제 외의 것 제외)
   • 자동소화장치
   • 소화전, 관창, 소방호스, 스프링클러헤드, 기동용 수압개폐장치, 유수제어밸브 및 가스관선택밸브
2) 경보설비 구성 제품·기기
   • 누전경보기 및 가스누설경보기
   • 발신기, 수신기, 중계기, 감지기, 경종
3) 피난구조설비 구성 제품·기기
   • 피난사다리, 구조대, 완강기(간이완강기 및 지지대 포함)
   • 공기호흡기(충전기 포함)
   • 피난구유도등, 통로유도등, 객석유도등 및 예비전원 내장된 비상조명등

정답 42 ② 43 ② 44 ④

4) 소화용 제품·기기
  • 소화약제(소화설비용만 해당)
    ㉠ 상업용 주방자동소화장치, 캐비닛형 주방자동소화장치
    ㉡ 포, 이산화탄소, 할론, 할로겐화합물 및 불활성기체, 분말, 강화액, 고체에어로졸 소화설비
  • 방염제(방염액·방염도료·방염성물질)

45 ★ 난이도 상

공사업법상 소방시설업자의 지위 승계를 신고하려는 자는 그 지위를 승계한 날부터 30일 이내에 관련 서류를 협회에 제출하여야 한다. 양도·양수의 경우 제출서류에 포함되지 않아도 되는 것은?

① 양도·양수 계약서 사본, 분할계획서 사본 또는 분할합병계약서 사본
② 소방시설업 지위승계신고서
③ 양도인 또는 합병 전 법인의 소방시설업 등록증 및 등록수첩
④ 상속인임을 증명하는 서류

해설 지위승계 신고(양도·양수의 경우)

• 소방시설업 지위승계신고서
• 양도인 또는 합병 전 법인의 소방시설업 등록증 및 등록수첩
• 양도·양수 계약서 사본, 분할계획서 사본 또는 분할합병계약서 사본
• 신고인 성명, 주민등록번호 및 주소지 등의 인적사항이 적힌 서류
• 기술인력증빙서류
• 양도·양수 공고문 사본

46 ★★★

소방시설공사업법령상 소방공사감리를 실시함에 있어 용도와 구조에서 특별히 안전성과 보안성이 요구되는 소방대상물로서 소방시설물에 대한 감리를 감리업자가 아닌 자가 감리할 수 있는 장소는?

① 정보기관의 청사
② 교도소 등 교정 관련 시설
③ 국방 관계시설 설치장소
④ 원자력안전법상 관계시설이 설치되는 장소

해설 감리업자

1) 감리업자 업무
  (1) 소방시설등 설치계획표 적법성 검토
  (2) 소방시설등 설계도서 적합성 검토
  (3) 소방시설등 설계 변경 사항 적합성 검토
  (4) 소방용품 위치·규격 및 사용 자재 적합성 검토
  (5) 공사업자가 한 소방시설 시공이 설계도서와 화재안전기술기준에 맞는지 지도·감독
  (6) 완공된 소방시설등의 성능시험
  (7) 공사업자가 작성한 시공 상세도면 적합성 검토
  (8) 피난시설 및 방화시설 적법성 검토
  (9) 실내장식물의 불연화와 방염 물품의 적법성 검토

2) 감리업자가 아닌 자가 감리할 수 있는 보안성 등이 요구되는 소방대상물 시공 장소 : 「원자력안전법」에 따른 관계시설이 설치되는 장소

정답 45 ④ 46 ④

47 ★★★

소방시설 설치 및 관리에 관한 법령상 종합점검 대상의 기준으로 틀린 것은?

① 제연설비가 설치된 터널
② 스프링클러설비 설치된 특정소방대상물
③ 공공기관 중 연면적이 1000 [m²] 이상인 것으로서 옥내소화전설비 또는 자동화재탐지설비가 설치된 것(단, 소방대가 근무하는 공공기관은 제외한다)
④ 호스릴 방식의 물분무등소화설비만 설치된 연면적 5000 [m²] 이상인 특정소방대상물 (단, 위험물 제조소등은 제외한다)

해설 종합점검 대상

가. 최초점검 대상물
나. 스프링클러설비가 설치된 특정소방대상물
다. 물분무등소화설비[호스릴 방식의 물분무등소화설비만을 설치한 경우는 제외]가 설치된 연면적 5000 [m²] 이상인 특정소방대상물(위험물 제조소등은 제외)
라. 다중이용업의 영업장이 설치된 특정소방대상물로서 연면적이 2000 [m²] 이상인 것(단란주점과 유흥주점, 영화상영관, 비디오물감상실업, 복합영상물제공업, 노래연습장, 산후조리원, 고시원, 안마시술소)
마. 제연설비가 설치된 터널
바. 공공기관 중 연면적(터널·지하구의 경우 그 길이와 평균폭을 곱하여 계산된 값)이 1000 [m²] 이상인 것으로서 옥내소화전설비 또는 자동화재탐지설비가 설치된 것(소방대가 근무하는 공공기관은 제외)

48 ★

위험물안전관리법령상 위험물 중 제1석유류에 속하는 것은?

① 아세톤
② 등유
③ 중유
④ 경유

해설 제4류 위험물(인화성 액체)

품명		지정수량	대표물질
특수인화물		50 [L]	다이에틸에테르
제1 석유류	비수용성	200 [L]	휘발유
	수용성	400 [L]	아세톤
알코올류		400 [L]	변성알코올
제2 석유류	비수용성	1000 [L]	등유, 경유
	수용성	2000 [L]	아세트산
제3 석유류	비수용성	2000 [L]	중유
	수용성	4000 [L]	글리세린
제4석유류		6000 [L]	실린더유
동식물유류		10000 [L]	아마인유

보충 제1석유류 : 인화점 21 [℃] 미만

정답 47 ④ 48 ①

49 ★★★

소방시설 설치 및 관리에 관한 법령상 소방시설관리사의 결격사유가 아닌 것은?

① 피성년후견인
② 소방기본법령에 따른 금고 이상의 실형을 선고받고 그 집행이 면제된 날부터 2년이 지나지 아니한 사람
③ 소방시설공사업법령에 따른 금고 이상의 형의 집행유예를 선고받고 그 유예기간이 지난 후 2년이 지나지 아니한 사람
④ 거짓이나 그 밖의 부정한 방법으로 관리사 시험에 합격하여 자격이 취소된 날부터 2년이 지나지 아니한 사람

해설 소방시설관리사 결격사유

- 피성년후견인
- 금고 이상 실형을 선고받고 집행이 끝나거나 면제된 날부터 2년이 지나지 않은 자
- <u>금고 이상 형의 집행유예 선고받고 유예기간 중인 자</u>
- 자격 취소된 날부터 2년이 지나지 않은 자

50 ★★★

위험물안전관리법령상 다음의 규정을 위반하여 위험물의 운송에 관한 기준을 따르지 아니한 자에 대한 과태료 기준은? [법 개정으로 인한 문제 변경]

> 위험물운송자는 이동탱크저장소에 의하여 위험물을 운송하는 때에는 행정안전부령으로 정하는 기준을 준수하는 등 당해 위험물의 안전확보를 위하여 세심한 주의를 기울여야 한다.

① 50만 원 이하
② 100만 원 이하
③ 300만 원 이하
④ 500만 원 이하

해설 500만 원 이하 과태료(위험물법)

1. 지정수량 이상의 위험물을 임시로 저장 또는 취급하는 경우 승인을 받지 아니한 자
2. 위험물의 저장 또는 취급에 관한 세부기준을 위반한 자
3. 품명 등의 변경신고를 기간 이내에 하지 아니하거나 허위로 한 자
4. 지위승계신고를 기간 이내에 하지 아니하거나 허위로 한 자
5. 제조소등의 폐지신고, 안전관리자의 선임신고를 기간 이내에 하지 않고 허위로 한 자
6. 사용 중지신고 또는 재개신고를 기간 이내에 하지 아니하거나 거짓으로 한 자
7. 안전관리자의 선임신고를 기간 이내에 하지 아니하거나 허위로 한 자
8. 등록사항의 변경신고를 기간 이내에 하지 아니하거나 허위로 한 자
9. 점검결과를 기록·보존하지 아니한 자
10. 기간 이내에 점검결과를 제출하지 아니한 자
11. 위험물의 운반에 관한 세부기준을 위반한 자
12. 위험물 운송에 관한 기준을 따르지 아니한 자

정답 49 ③ 50 ④

51 ★

위험물법상 지정수량이 가장 작은 위험물은?

① 브로민산염류
② 황
③ 과염소산
④ 알칼리토금속

📚 **해설** 위험물 지정수량

품명	지정수량
알칼리토금속	20 [kg]
황	100 [kg]
브로민산염류	300 [kg]
과염소산	

52 ★ 난이도 상

소방시설 설치 및 관리에 관한 법령상 건설현장에 설치하여야 하는 임시소방시설의 종류에 포함되지 않는 것은?

① 자동화재탐지설비
② 간이소화장치
③ 간이피난유도선
④ 비상경보장치

📚 **해설** 임시소방시설의 종류와 설치기준

종류	기준
소화기	화재위험작업현장에 설치
간이소화장치	다음 어느 하나에 해당하는 작업현장 ① 연면적 3000 [m²] 이상 ② 지하층·무창층·4층 이상의 층(이 경우 해당 층의 바닥면적이 600 [m²] 이상인 경우만 해당)
비상경보장치	다음 어느 하나에 해당하는 작업현장 ① 연면적 400 [m²] 이상 ② 지하층·무창층(이 경우 해당 층의 바닥면적이 150 [m²] 이상인 경우만 해당)
간이피난유도선	바닥면적이 150 [m²] 이상인 지하층·무창층의 작업현장에 설치
가스누설경보기	바닥면적이 150 [m²] 이상인 지하층·무창층의 작업현장에 설치
비상조명등	바닥면적이 150 [m²] 이상인 지하층·무창층의 작업현장에 설치
방화포	용접·용단 작업이 진행되는 작업장에 설치

53 ★★★

피난시설, 방화구획 또는 방화시설을 폐쇄·훼손·변경 등의 행위를 3차 이상 위반한 경우에 대한 과태료 부과기준으로 옳은 것은? [법 개정으로 인한 문제 변경]

① 200만 원
② 300만 원
③ 500만 원
④ 1000만 원

📚 **해설** 과태료

1. 피난시설, 방화구획 또는 방화시설을 폐쇄·훼손·변경하는 등의 행위를 한 경우
2. 점검기록표를 기록하지 아니하거나 특정소방대상물의 출입자가 쉽게 볼 수 있는 장소에 게시하지 아니한 관계인
   - 1차 : 100만 원
   - 2차 : 200만 원
   - <u>3차 : 300만 원</u>

정답 51 ④ 52 ① 53 ②

54 ★★★

위험물법상 관계인이 예방규정을 정하여야 하는 위험물 제조소등에 해당하지 않는 것은?

① 이송취급소
② 암반탱크저장소
③ 지정수량의 100배 이상의 취급제조소
④ 지정수량의 100배 이상의 옥외저장소

해설 관계인이 예방규정을 정해야 하는 제조소

(1) 지정수량 10배 이상의 위험물을 취급하는 제조소
(2) 지정수량 100배 이상의 위험물을 저장하는 옥외저장소
(3) 지정수량 150배 이상의 위험물을 저장하는 옥내저장소
(4) 지정수량 200배 이상의 위험물을 저장하는 옥외탱크저장소
(5) 암반탱크저장소
(6) 이송취급소
(7) 지정수량 10배 이상의 위험물을 취급하는 일반취급소, 다만 제4류 위험물(특수인화물 제외)만을 지정수량의 50배 이하로 취급하는 일반취급소(제1석유류. 알코올류의 취급량이 지정수량의 10배 이하인 경우에 한함)로서 다음 어느 하나에 해당하는 것은 제외
　① 보일러·버너 또는 이와 비슷한 것으로서 위험물을 소비하는 장치로 이루어진 일반취급소
　② 위험물을 용기에 옮겨 담거나 차량에 고정된 탱크에 주입하는 일반취급소

55 ★★★

소방용수시설 급수탑 개폐밸브의 설치기준으로 옳은 것은? [법 개정으로 인한 문제 변경]

① 지상에서 1.0 [m] 이상 1.5 [m] 이하
② 지상에서 1.5 [m] 이상 1.7 [m] 이하
③ 지상에서 1.2 [m] 이상 1.8 [m] 이하
④ 지상에서 1.5 [m] 이상 2.0 [m] 이하

해설 소방용수시설 설치기준

1) 소화전
　• 상수도와 연결, 지하식·지상식 구조
　• 연결금속구 구경 : 65 [mm]
2) 급수탑
　• 급수배관 구경 : 100 [mm] 이상
　• 개폐밸브 : 지상 1.5 [m] 이상 1.7 [m] 이하
3) 저수조
　• 지면으로부터의 낙차 : 4.5 [m] 이하
　• 흡수부분 수심 : 0.5 [m] 이상일 것
　• 흡수관 투입구 : 사각형 한 변 60 [cm]
　　　　　　　　 원형 지름 60 [cm] 이상

56 ★★★

화재의 예방 및 안전관리에 관한 법령상 화재가 발생하는 경우 인명 또는 재산의 피해가 클 경우로 예상되는 때 소방대상물의 개수·이전·제거, 사용금지 등의 필요한 조치를 명할 수 있는 자는?

① 시·도지사
② 의용소방대장
③ 기초자치단체장
④ 소방본부장 또는 소방서장

정답 54 ③ 55 ② 56 ④

해설 화재안전조사 결과에 따른 조치명령

1) 명령권자 : 소방관서장
2) 관계인에게 그 소방대상물의 개수·이전·제거, 사용의 금지 또는 제한, 사용폐쇄, 공사의 정지 또는 중지, 그 밖에 필요한 조치
   (1) 소방대상물의 위치·구조·설비 또는 관리에 보완 필요시
   (2) 화재 발생 시 인명 또는 재산 피해가 클 것으로 예상될 때
3) 관계인에게 조치를 명령 또는 관계 행정기관의 장에게 필요한 조치 요청
   (1) 법령을 위반하여 건축 또는 설비
   (2) 소방시설등, 피난시설·방화구획, 방화시설 등이 법령에 적합하게 설치·관리되지 않은 경우

57 ★★★

소방기본법 제1장 총칙에서 정하는 목적의 내용으로 거리가 먼 것은?

① 사회의 정의 실현
② 국민의 생명·신체 및 재산보호
③ 공공의 안전질서 유지와 복리증진
④ 위급한 상황에서의 구조·구급활동

해설 소방기본법 목적

- 화재 예방·경계·진압
- 화재, 재난·재해, 위급 상황에서 구조·구급 활동
- 국민의 생명·신체 및 재산 보호함으로써 공공의 안녕 및 질서 유지와 복리증진

58 ★★★

소방기본법령에 따른 소방대원에게 실시할 교육·훈련 횟수 및 기간의 기준 중 다음 (   ) 안에 알맞은 것은?

횟수	기간
(㉠)년마다 1회	(㉡)주 이상

① ㉠ 1, ㉡ 2
② ㉠ 2, ㉡ 4
③ ㉠ 2, ㉡ 2
④ ㉠ 1, ㉡ 4

해설 소방대원에게 실시할 교육·훈련

소방업무를 전문적이고 효과적으로 수행하기 위하여 소방대원에게 필요한 교육·훈련을 실시하여야 함

횟수	기간
2년마다 1회	2주 이상

(1) 횟수 : 2년마다 1회
(2) 기간 : 2주 이상
(3) 교육·훈련 실시자 : 소방청장·본부장·서장
(4) 교육·훈련의 종류 및 대상자

종류	대상자
화재진압훈련	소방공무원(화재진압 업무), 의무소방원, 의용소방대원
인명구조훈련	소방공무원(구조 업무), 의무소방원, 의용소방대원
응급처치훈련	소방공무원(구급 업무), 의무소방원, 의용소방대원
인명대피훈련	소방공무원(모든 업무), 의무소방원, 의용소방대원
현장지휘훈련	소방공무원 : 지방소방정, 지방소방령, 지방소방경, 지방소방위

59 ★★★

소방시설 설치 및 관리에 관한 법령상 시·도지사가 실시하는 방염성능검사 대상으로 옳은 것은?

① 설치 현장에서 방염처리를 하는 합판·목재
② 제조 또는 가공 공정에서 방염처리를 한 카펫
③ 제조 또는 가공 공정에서 방염처리를 한 창문에 설치하는 블라인드
④ 설치 현장에서 방염처리를 하는 암막·무대막

해설 방염대상물품

1) 제조·가공 공정에서 방염처리한 물품(합판·목재류 설치현장에서 방염처리한 것 포함)
    (1) 창문에 설치하는 커튼류(블라인드 포함)
    (2) 카펫
    (3) 벽지류(두께 2 [mm] 미만인 종이벽지 제외)
    (4) 전시용 합판·목재 또는 섬유판, 무대용 합판·목재 또는 섬유판(합판·목재류의 경우 불가피하게 설치 현장에서 방염처리한 것을 포함)
    (5) 암막·무대막(영화상영관 스크린, 가상체험체육시설의 스크린 포함)
    (6) 섬유류, 합성수지류 등을 원료로 하여 제작된 소파·의자(단란주점영업, 유흥주점, 노래연습장업의 영업장에 설치하는 것만 해당)

2) 건축물 내부의 천장이나 벽에 부착하거나 설치하는 것. 다만 가구류(옷장·찬장·식탁·식탁용 의자·사무용 책상·사무용 의자·계산대 등)와 너비 10 [cm] 이하 반자돌림대등과 내부 마감재료는 제외
    (1) 종이류(두께 2 [mm] 이상)·합성수지류·섬유류를 주원료로 한 물품
    (2) 합판, 목재
    (3) 공간 구획하는 간이 칸막이
    (4) 흡음·방음을 위하여 설치하는 흡음재, 방음재

60 ★★

소방시설 설치 및 관리에 관한 법령상 비상경보장치를 설치하여야 할 특정소방대상물의 기준 중 옳은 것은?

① 지하가 중 터널로서 길이가 700 [m] 이상인 것
② 사람이 거주하고 있는 연면적 1000 [m^2] 이상인 건축물
③ 지하층의 바닥면적이 150 [m^2] 이상으로 공연장인 건축물
④ 50명의 근로자가 작업하는 옥내작업장

해설 비상경보설비 설치대상

설치대상	기준
일반(지하구, 축사, 동·식물 관련 시설 제외)	연면적 400 [m^2] 이상 모든 층
지하층 또는 무창층	바닥면적 150 [m^2](공연장 100 [m^2]) 이상 모든 층
지하가 중 터널	500 [m]
50명 이상 근로자가 작업하는 옥내 작업장	-

정답 59 ① 60 ④

2021년 2회 소방기계시설의 구조 및 원리

61 ★★★

제1종 분말(탄산수소나트륨을 주성분으로 한 분말)의 경우 소화약제 1 [kg]당 저장용기의 내용적은 몇 [L]인가?

① 0.8 [L] ② 1 [L]
③ 1.25 [L] ④ 1.8 [L]

해설 분말소화약제 1 [kg]당 저장용기의 내용적

소화약제의 종류	제1종	제2·3종	제4종
소화약제 1 [kg]당 저장용기의 내용적	0.8 [L]	1 [L]	1.25 [L]

62 ★

스프링클러소화설비에 설치하는 음향장치 및 기동장치에 대한 설명으로 틀린 것은?

① 유수검지장치 및 일제개방밸브 등의 담당구역의 각 부분으로부터 하나의 음향장치까지의 수평거리는 25 [m] 이하가 되도록 할 것
② 음향장치는 정격전압의 80 [%] 전압에서 음향을 발할 수 있는 것으로 할 것
③ 화재감지회로는 교차회로방식으로 할 것
④ 발신기의 위치를 표시하는 표시등은 함의 상부에 설치하되, 그 불빛은 부착면으로부터 15° 이상의 범위 안에서 부착지점으로부터 30 [m] 이내의 어느 곳에서도 쉽게 식별할 수 있는 적색등으로 할 것

해설 발신기의 위치를 표시하는 표시등

발신기의 위치를 표시하는 표시등은 함의 상부에 설치하되, 그 불빛은 부착 면으로부터 15° 이상의 범위 안에서 부착지점으로부터 10 [m] 이내의 어느 곳에서도 쉽게 식별할 수 있는 적색등으로 할 것

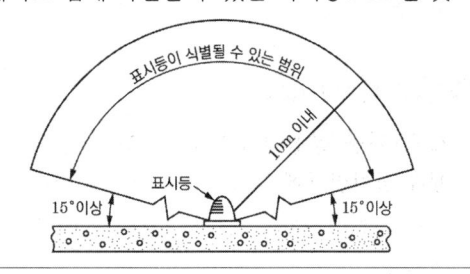

63 ★★★

소화기구 및 자동소화장치의 화재안전기술기준상 소화기구의 설치기준 중 다음 괄호 안에 알맞은 것은?

> 능력단위가 2단위 이상이 되도록 소화기를 설치해야 할 특정소방대상물 또는 그 부분에 있어서는 간이소화용구의 능력 단위가 전체 능력단위의 ( )을 초과하지 않게 할 것

① 1/2 ② 1/3
③ 1/4 ④ 1/5

해설 소화기구 설치기준

능력단위가 2단위 이상이 되도록 소화기를 설치해야 할 특정소방대상물 또는 그 부분에 있어서는 간이소화용구의 능력단위가 전체 능력단위의 **2분의 1**을 초과하지 않게 할 것. 다만 노유자시설의 경우에는 그렇지 않다.

64 ★★★

폐쇄형 스프링클러헤드를 사용하는 설비에서 하나의 방호구역의 바닥면적의 기준은 몇 [m²] 이하인가? (단, 격자형 배관방식을 채택하지 않는다)

① 1500
② 2000
③ 2500
④ 3000

해설 폐쇄형 헤드를 사용하는 설비의 방호구역 기준

하나의 방호구역의 바닥면적 : <u>3000 [m²] 이하</u>

65 ★★★

상수도소화용수설비의 화재안전성능기준에서 소화전은 특정소방대상물 수평투영면의 각 부분으로부터 몇 이하가 되도록 설치해야 하는가?

① 120 [m]
② 130 [m]
③ 140 [m]
④ 150 [m]

해설 상수도소화용수설비 설치기준

1) 호칭지름 75 [mm] 이상의 수도배관에 호칭지름 100 [mm] 이상의 소화전을 접속할 것
2) 소화전은 소방자동차 등의 진입이 쉬운 도로변 또는 공지에 설치할 것
3) 소화전은 특정소방대상물의 <u>수평투영면의 각 부분으로부터 140 [m] 이하</u>가 되도록 설치할 것

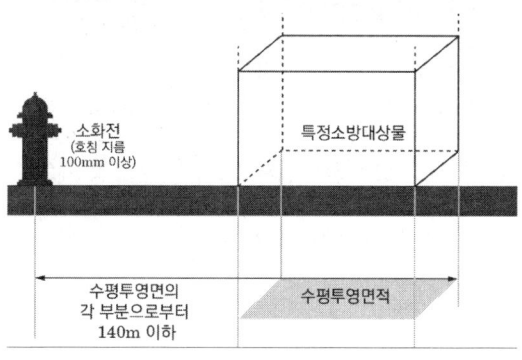

66 ★★★

소화수조 및 저수조의 화재안전기술기준에 따라 소화용수 소요수량이 120 [m³]일 때 소화용수설비에 설치하는 채수구는 몇 개가 소요되는가?

① 2
② 3
③ 4
④ 5

해설 소화수조 및 저수조 채수구 설치기준

채수구는 다음 표에 따라 소방용호스 또는 소방용흡수관에 사용하는 구경 65 [mm] 이상의 나사식 결합금속구를 설치할 것

[소요수량에 따른 채수구의 수]

소요수량	20 [m³] 이상 40 [m³] 미만	40 [m³] 이상 100 [m³] 미만	100 [m³] 이상
채수구의 수(개)	1개	2개	3개

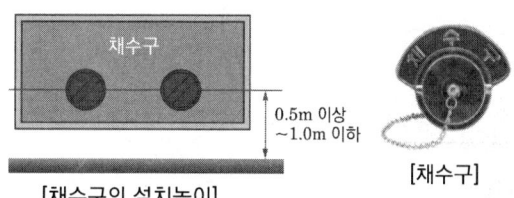

[채수구의 설치높이]   [채수구]

67 ★★★

특별피난계단의 계단실 및 부속실 제연설비에서 사용하는 유입공기의 배출방식으로 적합하지 않는 것은?

① 배출구에 따른 배출
② 제연설비에 따른 배출
③ 수직풍도에 따른 배출
④ 수평풍도에 따른 배출

정답 64 ④ 65 ③ 66 ② 67 ④

해설 | 유입공기 배출방식

1) 수직풍도에 따른 배출
2) 제연설비에 따른 배출
3) 배출구에 따른 배출

☆암기 수제비(배)

68 ★★★

피난기구의 설치기준에 관한 설명으로 틀린 것은?

① 피난기구는 계단, 피난구 등으로부터 적당한 거리에 있는 안전한 구조로 소화활동상 유효한 개구부에 고정하여 설치할 것
② 미끄럼대는 안전한 강하속도를 유지하도록 하고, 전락 방지를 위한 안전조치를 할 것
③ 4층 이상의 층에 피난사다리를 설치하는 경우에는 금속성 고정사다리를 설치할 것
④ 피난기구를 설치하는 개구부는 서로 동일 직선상의 위치에 있을 것

해설 | 피난기구 설치기준

피난기구를 설치하는 개구부는 서로 **동일직선상이 아닌 위치**에 있을 것

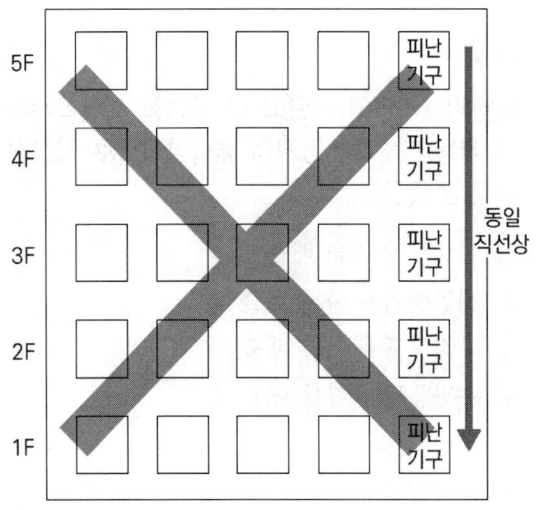

69 ★

옥내소화전설비가 설치된 특정소방대상물에 소형소화기 감소 기준으로 옳은 것은?

① 간이스프링클러설비를 설치한 경우에는 소형소화기의 3분의 2를 감소할 수 있다.
② 층수가 11층인 아파트는 소형소화기의 3분의 2를 감소할 수 있다.
③ 대형소화기를 둔 경우에는 소형소화기의 2분의 1을 감소할 수 있다.
④ 근린생활시설에는 소형소화기를 설치할 수 없다.

해설 | 소형소화기 감소 기준

① **스프링클러설비**를 설치한 경우에는 소형소화기의 3분의 2를 감소할 수 있다.
② 층수가 11층인 아파트는 소형소화기의 3분의 2를 **감소할 수 없다.** → 층수가 11층 이상인 부분은 소형소화기의 설치를 감소할 수 없다.
④ 근린생활시설에는 소형소화기의 **설치를 감소할 수 없다.**

소형소화기를 설치해야 할 특정소방대상물 또는 그 부분에 해당 설비(또는 소화기)를 설치한 경우	감소 기준
• 옥내소화전설비 • 옥외소화전설비 • **스프링클러설비** • 물분무등소화설비	소형소화기의 3분의 2 감소
대형소화기를 설치한 경우	**소형소화기의 2분의 1 감소**

※ 소형소화기의 설치 감소 제외 대상
층수가 11층 이상인 부분, 근린생활시설, 위락시설, 문화 및 집회시설, 운동시설, 판매시설, 운수시설, 숙박시설, 노유자시설, 의료시설, 업무시설(무인변전소를 제외한다), 방송통신시설, 교육연구시설, 항공기 및 자동차관련시설, 관광 휴게시설은 그렇지 않다.

정답 68 ④ 69 ③

70 ★★★

연결살수설비의 화재안전기술기준에 따라 하나의 배관에 부착되는 살수헤드의 개수가 7개인 경우 연결살수설비의 배관의 최소 구경은 몇 [mm]인가?

① 40
② 50
③ 65
④ 80

해설 연결살수설비의 배관의 구경

연결살수설비 전용헤드를 사용하는 경우에는 다음 표에 따른 구경 이상으로 할 것

하나의 배관에 부착하는 연결살수설비 전용헤드의 개수	1개	2개	3개	4개 또는 5개	**6개 이상 10개 이하**
배관의 구경 [mm]	32	40	50	65	**80**

71 ★★★

미분무소화설비의 화재안전성능기준에 따른 다음 용어에 대한 설명 중 ( ) 안에 알맞은 것은?

> 미분무란 물만을 사용하여 소화하는 방식으로 최소설계압력에서 헤드로부터 방출되는 물입자 중 (㉠) [%]의 누적체적분포가 (㉡) [μm] 이하로 분무되고 A, B, C급 화재에 적응성을 갖는 것을 말한다.

① ㉠ 30, ㉡ 120
② ㉠ 50, ㉡ 120
③ ㉠ 60, ㉡ 200
④ ㉠ 99, ㉡ 400

해설 미분무소화설비 - 미분무의 정의

물만을 사용하여 소화하는 방식으로 최소설계압력에서 헤드로부터 방출되는 물입자 중 99 [%]의 누적체적분포가 400 [μm] 이하로 분무되고 A, B, C급 화재에 적응성을 갖는 것

[여러 개의 오리피스에서 방사되는 미분무헤드]

72 ★★

할로겐화합물 및 불활성기체소화설비의 배관 설치기준으로 틀린 것은?

① 배관은 전용으로 할 것
② 배관부속 및 밸브류는 강관 또는 동관과 동등 이상의 강도 및 내식성이 있는 것으로 할 것
③ 배관의 구경은 해당 방호구역에 할로겐화합물 소화약제는 10초 이내에, 불활성기체 소화약제는 A·C급 화재 2분, B급 화재 1분 이내에 방출되도록 하여야 한다.
④ 강관을 사용하는 경우, 압력배관용 탄소강관 또는 이와 동등 이상의 강도를 가진 것으로서 구리 등에 따라 방식처리된 것을 사용할 것

해설 할로겐화합물 및 불활성기체소화설비 배관

1) 배관은 전용으로 할 것
2) 배관·배관부속 및 밸브류는 저장용기의 방출 내압을 견딜 수 있어야 함
  (1) 강관을 사용하는 경우의 배관은 압력배관용 탄소강관 또는 이와 동등 이상의 강도를 가진 것으로서 <u>아연도금</u> 등에 따라 방식처리된 것을 사용할 것
  (2) 동관을 사용하는 경우의 배관은 이음이 없는 동 및 동합금관의 것을 사용할 것
3) 배관부속 및 밸브류는 강관 또는 동관과 동등 이상의 강도 및 내식성이 있는 것으로 할 것

정답 70 ④ 71 ④ 72 ④

4) 배관과 배관, 배관과 배관 부속 및 밸브류의 접속은 나사접합, 용접접합, 압축접합 또는 플랜지접합 등의 방법을 사용해야 한다.
5) 배관의 구경은 해당 방호구역에 할로겐화합물소화약제는 10초 이내에, 불활성기체소화약제는 A·C급 화재 2분, B급 화재 1분 이내에 방호구역 각 부분에 최소설계농도의 95 [%] 이상에 해당하는 약제량이 방출되도록 해야 한다.

73 ★ 〔난이도 상〕

승강식피난기 및 하향식 피난구용 내림식사다리의 설치기준 중 다음 ( ) 안에 알맞은 것은?

> 대피실의 면적은 2세대 이상일 경우에는 (㉠) [m²] 이상으로 하고, 「건축법」 시행령 제46조 제4항 각 호의 규정에 적합하여야 하며 하강구 (개구부) 규격은 직경 (㉡) [cm] 이상일 것. 다만 외기와 개방된 장소에는 그렇지 않다.

① ㉠ 2 ㉡ 50
② ㉠ 3 ㉡ 50
③ ㉠ 2 ㉡ 60
④ ㉠ 3 ㉡ 60

해설 승강식피난기 및 하향식 피난구용 내림식사다리 설치기준

대피실의 면적은 2 [m²](2세대 이상일 경우에는 3 [m²]) 이상으로 하고, 「건축법」 시행령 제46조 제4항 각 호의 규정에 적합하여야 하며 하강구(개구부) 규격은 **직경 60 [cm] 이상**일 것. 다만 외기와 개방된 장소에는 그렇지 않다.

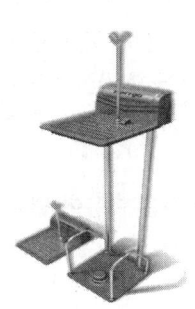

[승강식피난기]   [하향식 피난구용 내림식사다리]

74 ★★★

차고 또는 주차장에 설치하는 분말소화설비의 소화약제로 옳은 것은?

① 제1종 분말
② 제2종 분말
③ 제3종 분말
④ 제4종 분말

해설 분말소화약제 적응성

차고 또는 주차장에 설치하는 분말소화설비의 소화약제는 **제3종 분말**(제1인산암모늄)로 해야 한다.

75 ★★★

분말소화약제 가압식 저장용기는 최고사용압력의 몇 배 이하의 압력에서 작동하는 안전밸브를 설치해야 하는가?

① 0.8배
② 1.2배
③ 1.8배
④ 2.0배

해설 분말소화약제의 저장용기 설치기준

1) 저장용기 내용적

소화약제의 종류	제1종	제2·3종	제4종
소화약제 1 [kg]당 저장용기의 내용적	0.8 [L]	1 [L]	1.25 [L]

2) 저장용기에는 **가압식은 최고사용압력의 1.8배 이하**, 축압식은 용기의 내압시험압력의 0.8배 이하의 압력에서 작동하는 안전밸브를 설치할 것
3) 저장용기에는 저장용기의 내부압력이 설정압력으로 되었을 때 주밸브를 개방하는 정압작동장치를 설치할 것
4) 저장용기의 충전비는 0.8 이상
5) 저장용기 및 배관에는 잔류 소화약제를 처리할 수 있는 청소장치를 설치할 것
6) 축압식 저장용기에는 사용압력 범위를 표시한 지시압력계를 설치할 것

76 ★★★

할로겐화합물 및 불활성기체 소화약제의 저장용기 설치기준으로 틀린 것은?

① 저장용기의 약제량 손실이 10 [%]를 초과하거나 압력손실이 10 [%]를 초과할 경우에는 재충전하거나 저장용기를 교체할 것
② 직사광선 및 빗물이 침투할 우려가 없는 곳에 설치할 것
③ 온도가 55 [℃] 이하이고 온도 변화가 작은 곳에 설치할 것
④ 방호구역 외에 설치한 경우에는 방화문으로 구획된 실에 설치할 것

해설 할로겐화합물 및 불활성기체 소화약제의 저장용기 설치장소 기준과 저장용기 설치기준

1) 저장용기 설치장소 기준
   (1) 방호구역 외의 장소에 설치할 것. 다만 방호구역 내에 설치할 경우에는 피난 및 조작이 용이하도록 피난구 부근에 설치해야 한다.
   (2) 온도가 55 [℃] 이하이고, 온도 변화가 작은 곳에 설치할 것
   (3) 직사광선 및 빗물이 침투할 우려가 없는 곳에 설치할 것
   (4) 저장용기를 방호구역 외에 설치한 경우에는 방화문으로 구획된 실에 설치할 것
   (5) 용기의 설치장소에는 해당 용기가 설치된 곳임을 표시하는 표지를 할 것
   (6) 용기 간의 간격은 점검에 지장이 없도록 3 [cm] 이상의 간격을 유지할 것
   (7) 저장용기와 집합관을 연결하는 연결배관에는 체크밸브를 설치할 것. 다만 저장용기가 하나의 방호구역만을 담당하는 경우에는 그렇지 않다.

2) 저장용기 설치기준
   (1) 저장용기는 약제명·저장용기의 자체중량과 총중량·충전일시·충전압력 및 약제의 체적을 표시할 것
   (2) 동일 집합관에 접속되는 저장용기는 동일한 내용적을 가진 것으로 충전량 및 충전압력이 같도록 할 것
   (3) 저장용기에 충전량 및 충전압력을 확인할 수 있는 장치를 하는 경우에는 해당 소화약제에 적합한 구조로 할 것
   (4) 저장용기의 약제량 손실이 5 [%]를 초과하거나 압력손실이 10 [%]를 초과할 경우에는 재충전하거나 저장용기를 교체할 것. 다만 불활성기체 소화약제 저장용기의 경우에는 압력손실이 5 [%]를 초과할 경우 재충전하거나 저장용기를 교체해야 한다.

77 ★★★

포소화설비의 화재안전기술기준상 포소화설비의 자동식 기동장치에 폐쇄형 스프링클러헤드를 사용하는 경우에 대한 설치기준 중 다음 ( ) 안에 알맞은 것은? (단, 자동화재탐지설비의 수신기가 설치된 장소에 상시 사람이 근무하고 있고, 화재 시 즉시 해당 조작부를 작동시킬 수 있는 경우는 제외한다)

- 표시온도가 (㉠) [℃] 미만인 것을 사용하고 1개의 스프링클러헤드의 경계 면적은 (㉡) [m²] 이하로 할 것
- 부착면의 높이는 바닥면으로부터 (㉢) [m] 이하로 하고 화재를 유효하게 감지할 수 있도록 할 것

① ㉠ 60, ㉡ 10, ㉢ 7
② ㉠ 60, ㉡ 20, ㉢ 7
③ ㉠ 79, ㉡ 10, ㉢ 5
④ ㉠ 79, ㉡ 20, ㉢ 5

해설 포소화설비 자동식 기동장치
- 폐쇄형 S/P헤드

1) 표시온도 : 79 [℃] 미만
2) 1개의 스프링클러헤드의 경계면적 : 20 [m²] 이하
3) 부착면의 높이 : 바닥으로부터 5 [m] 이하
4) 하나의 감지장치 경계구역은 하나의 층이 되도록 할 것

78 ★★★

옥내소화전설비의 압력수조를 이용한 가압송수장치에 있어서 압력수조에 설치하는 것이 아닌 것은?

① 급기관
② 압력계
③ 오버플로우관
④ 자동식 공기압축기

해설 옥내소화전설비 압력수조 부대설비

수위계 · 배수관 · 급수관 · 급기관 · 맨홀 · 압력계 · 안전장치 및 압력저하방지 위한 자동식 공기압축기 설치

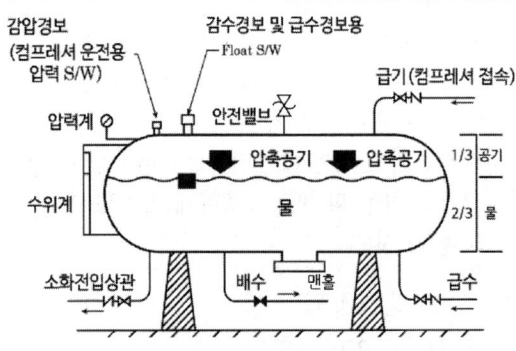

@TIP 오버플로우관 : 고가수조 구성설비

☆암기 수 배 급 급 맨 압 안 자동

79 ★★★

다음 중 불소, 염소, 브롬(브로민) 또는 요오드(아이오딘) 중 하나 이상의 원소를 포함하고 있는 유기화합물을 기본성분으로 하는 할로겐화합물소화약제가 아닌 것은?

① HCFC BLEND A
② HFC-125
③ IG-541
④ HFC-277ea

해설 할로겐화합물 및 불활성기체소화약제

1) 할로겐화합물소화약제 : 불소, 염소, 브롬(브로민) 또는 요오드(아이오딘) 중 하나 이상의 원소를 포함하고 있는 유기화합물을 기본성분으로 하는 소화약제
2) 불활성기체소화약제 : 헬륨, 네온, 아르곤 또는 질소가스 중 하나 이상의 원소를 기본성분으로 하는 소화약제

구분	할로겐화합물 소화약제	불활성기체 소화약제
종류	FC-3-1-10 HCFC BLEND A HCFC-124 HFC-125 HFC-227ea HFC-23 HFC-236fa FIC-13I1 FK-5-1-12	IG-01 IG-100 **IG-541** IG-55
효과	부촉매효과(연쇄반응 차단)	질식효과

80 ★★★

최대 방수구역의 바닥면적이 60 [m²]인 주차장에 물분무소화설비를 설치하려고 하는 경우 수원의 최소 저수량은 몇 [m³]인가?

① 12
② 16
③ 20
④ 24

해설 물분무소화설비 수원의 저수량

소방대상물	토출량	비고
특수가연물을 저장·취급하는 특정소방대상물	10 [L/min·m²]	최소 바닥면적 50 [m²]
절연유봉입 변압기·**컨**베이어벨트	10 [L/min·m²]	–
케이블레이·**케이블덕트**	12 [L/min·m²]	–
차고·**주**차장	20 [L/min·m²]	최소 바닥면적 50 [m²]

- 저수량 = 면적 × 토출량 × 방수시간(20 [min])
  = 60 [m²] × 20 [L/min·m²] × 20 [min]
  = 24000 [L] = 24 [m³]

암기 특절컨 10, 케이트 12, 차주 20

정답 80 ④

2021년 4회

소방원론

01 ★ (난이도 상)

철근콘크리트조의 기둥에서 내화구조의 기준으로 옳은 것은?

① 작은 지름 15 [cm] 이상으로서 철골을 두께 4 [cm] 이상의 철망 몰탈로 덮은 것
② 작은 지름 20 [cm] 이상으로서 철골을 두께 7 [cm] 이상의 콘크리트 블록으로 덮은 것
③ 작은 지름 25 [cm] 이상으로서 철골을 두께 5 [cm] 이상의 콘크리트로 덮은 것
④ 작은 지름 30 [cm] 이상으로서 철골을 두께 3 [cm] 이상의 석재로 덮은 것

해설 내화구조 기둥 기준

기둥의 경우에는 그 <u>작은 지름이 25 [cm] 이상인 것으로서</u> 다음 어느 하나에 해당하는 것. 다만 고강도 콘크리트를 사용하는 경우에는 고강도 콘크리트 내화성능 관리기준에 적합해야 한다.
1) 철근콘크리트조 또는 철골철근콘크리트조
2) 철골을 두께 6 [cm](경량골재를 사용하는 경우에는 5 [cm]) 이상의 철망모르타르 또는 두께 7[cm] 이상의 콘크리트블록·벽돌 또는 석재로 덮은 것
3) <u>철골을 두께 5 [cm] 이상의 콘크리트로 덮은 것</u>

02 ★★★

연기의 물리·화학적인 설명으로 틀린 것은?

① 화재 시 발생하는 연소생성물을 의미한다.
② 연기의 색상은 연소 물질에 따라 다양하다.
③ 연기는 기체로만 이루어진다.
④ 연기의 감광계수가 크면 피난 장애를 일으킨다.

해설 연기의 물리·화학적 성질

1) 연기란 화재 시 발생하는 0.01 ~ 10[μm] 입자 크기의 연소 생성물이다.
2) 연기의 색상은 연소 물질에 따라 다양하다.
3) <u>연기는 고체·액체 상태 미립자의 모임이다.</u>
4) 유독가스를 다량 함유한다.
5) 산소농도를 낮추어 산소결핍을 초래한다.
6) 고열이고 이동확산이 빠르다.
7) 화재 초기 발연량이 성장기 발연량보다 크다.
8) <u>연기의 감광계수가 크면 빛이 감소하고 가시거리가 짧아져 피난 장애를 일으킨다.</u>
9) <u>감광계수와 가시거리는 반비례한다.</u>

보충 감광계수 : 빛이 감소되는 계수, 연기농도를 나타내는 척도

정답 01 ③ 02 ③

03 ★★★

산소와 질소의 혼합물인 공기의 평균 분자량은? (단, 공기는 산소 21 [vol%], 질소 79 [vol%]로 구성되어 있다고 가정한다)

① 30.84
② 29.84
③ 28.84
④ 27.84

해설 공기 분자량

1) N_2 = 14 [g] × 2 = 28 [g/mol]
2) O_2 = 16 [g] × 2 = 32 [g/mol]

따라서
공기 분자량 = (28 × 0.79) + (32 × 0.21)
= 28.84 [g/mol]

보충 원자량(H : 1, C : 12, N : 14, O : 16)

04 ★★★

제1석유류는 어떤 위험물에 속하는가?

① 산화성 액체
② 인화성 액체
③ 자기반응성 물질
④ 금수성 물질

해설 위험물의 분류

구분	개요
제1류	**산**화성 고체
제2류	**가**연성 고체
제3류	**자**연발화성 및 금수성 물질
제4류	**인**화성 액체
제5류	**자**기반응성 물질
제6류	**산**화성 액체

암기 산가자 인자산

05 ★★★

스테판 – 볼츠만(Stefan – Boltzmann)의 법칙에서 복사체의 단위표면적에서 단위시간당 방출되는 복사에너지는 절대온도의 얼마에 비례하는가?

① 제곱근
② 제곱
③ 3제곱
④ 4제곱

해설 스테판 볼츠만의 법칙

$$단위 면적당 복사열량 \ \dot{Q}'' \ [W/m^2] = \varepsilon \times \sigma \times T^4$$

⇒ 복사열은 절대온도의 4승에 비례

ε : 방사율(흑체일 때 $\varepsilon = 1$)
σ : 스테판 볼츠만 계수 $[W/m^2 \cdot K^4]$
T : 절대온도 [K]

06 ★★★

가연물질의 조건으로 옳지 않은 것은?

① 산화하기 쉽고, 산소와 결합 시 발열량이 커야 한다.
② 연소반응을 일으키는 활성화에너지가 커야 한다.
③ 열의 축적이 용이하여야 한다.
④ 연쇄반응을 일으키기 쉬워야 한다.

해설 가연물이 연소가 잘 되기 위한 구비조건

1) 활성화에너지가 작을 것 (-)
2) 열전도율이 작을 것 (-)
3) 산소와 접촉하는 표면적이 넓을 것 (+)
4) 발열량이 클 것 (+)
5) 산소와 친화력이 클 것 (+)
6) 연쇄반응을 일으킬 것 (+)

TIP 활성화에너지, 열전도율 (-)

정답 03 ③ 04 ② 05 ④ 06 ②

07 ★★★

할론 1301에서 숫자 "0"은 무슨 원소가 없다는 것을 뜻하는가?

① 탄소
② 브롬(브로민)
③ 불소
④ 염소

해설 할론소화약제의 명명법

종류	C 개수	F 개수	Cl 개수	Br 개수
할론 1211	1	2	1	1
할론 1301	1	3	0	1
할론 2402	2	4	0	2

※ 할론소화약제의 분자식

종류	분자식	상온·상압
할론 1211	CF_2ClBr	기체
할론 1301	CF_3Br	
할론 1011	CH_2ClBr	액체
할론 2402	$C_2F_4Br_2$	

08 ★★★

가연물질이 완전연소하면 어떤 물질이 발생하는가?

① 산소
② 물, 일산화탄소
③ 일산화탄소, 이산화탄소
④ 이산화탄소, 물

해설 완전연소와 불완전연소 생성물

구분	완전연소	불완전연소
정의	산소 공급이 충분한 상태에서의 연소	산소 공급이 불충분한 상태에서의 연소
생성물	**이산화탄소(CO_2), 수증기(H_2O)**	일산화탄소(CO), 그을음

09 ★★★

건축물의 방화계획에서 공간적 대응에 해당하지 않는 것은?

① 특별피난계단
② 제연설비
③ 직통계단
④ 방화구획

해설 건축물의 방재계획

구분		내용
공간적 대응	대항성	방화구획, 방연구획, 내화재료 등을 사용하여 초기 소화에 대응하는 화재 사상 저항능력
	회피성	불연화, 난연화 등의 내장재 제한과 소방훈련 및 불조심 등 화재 확대 가능성을 줄여 위험성을 낮추는 것
	도피성	화재 시 피난자가 위험에 빠지지 않도록 구조적으로 배려하는 것
설비적 대응		**공간적 대응을 보완하는 것**으로 **제연설비**, 방화문, 방화셔터, 자동화재탐지설비, 자동소화설비, 옥내소화전설비, 스프링클러설비, 유도등, 비상전원, 피난기구 등

10 ★★

불꽃이 붙은 후 점화원을 뗀 때부터 불꽃을 올리지 아니하고 연소하는 상태가 그칠 때까지의 경과시간은?

① 방진시간
② 방염시간
③ 잔신시간
④ 잔염시간

해설 잔신시간, 잔염시간

잔신시간	잔염시간
버너의 불꽃을 제거한 때부터 **불꽃을 올리지 않고** 연소하는 상태가 끝날 때까지 경과시간	버너의 불꽃을 제거한 때부터 불꽃을 올리며 연소하는 상태가 끝날 때까지 경과시간
30초 이내	20초 이내

11 ★★★

다음 중 착화온도가 가장 낮은 것은?

① 아세톤
② 휘발유
③ 이황화탄소
④ 벤젠

해설 발화점 = 착화점 = 착화온도

물질	발화점 [℃]
메테인(메탄)	537
벤젠	498
톨루엔	480
아세톤	465
에틸알코올	423
휘발유(가솔린)	280
적린, 황화인(황화린)	260
등유	220
경유	210
아세트알데하이드	175
이황화탄소	**90**
황린	34

암기 발벤톨 / 아에 / 휘적 / 등경 / 이황

12 ★★★

칼륨의 화재에 주수하였을 때 물과 칼륨의 반응으로 인하여 생성되는 가스는?

① 산소
② 수소
③ 일산화탄소
④ 이산화탄소

해설 금수성 물질

물과 접촉하여 발화, 가연성 가스 발생

구분	현상
무기과산화물	산소(O_2) 발생
금속분 마그네슘(Mg) 나트륨(Na) **칼륨(K)** 리튬(Li)	**수소(H_2) 발생**
탄화칼슘 (칼슘카바이드)	아세틸렌(C_2H_2) 발생

13 ★★★

분말소화설비에 사용하는 소화약제 중 제3종 분말의 주성분으로 옳은 것은?

① 제1인산염
② 탄산수소칼륨
③ 탄산수소나트륨
④ 요소

해설 분말소화약제 주성분

- 제1종 : 탄산수소나트륨(중탄산나트륨)
- 제2종 : 탄산수소칼륨(중탄산칼륨)
- 제3종 : 제1인산암모늄(제1인산염, 인산염류)
- 제4종 : 탄산수소칼륨 + 요소

14 ★★★

인화점에 대한 설명 중 틀린 것은?

① 인화점은 공기 중에서 액체를 가열하는 경우 액체표면에서 증기가 발생하여 점화원에서 착화하는 최저온도를 말한다.
② 인화점 이하의 온도에서는 성냥불을 접근시켜도 착화하지 않는다.
③ 인화점 이상 가열하면 증기가 발생되어 성냥불이 접근하면 착화한다.
④ 인화점은 보통 연소점 이상, 발화점 이하의 온도이다.

해설 인화점

1) 점화원을 가했을 때 연소가 시작되는 최저온도
2) 인화점이 낮을수록 위험도가 큼
3) 인화점 < 연소점 < 발화점

암기 이연발

15 ★★★

물리적 소화방법이 아닌 것은?

① 연쇄반응의 억제에 의한 방법
② 냉각에 의한 방법
③ 공기와의 접촉 차단에 의한 방법
④ 가연물 제거에 의한 방법

해설 소화의 형태

소화	내용
냉각소화	열 흡수, 발화점 이하로 낮추어 소화
질식소화	산소농도 15 [%] 이하로 낮춤
제거소화	가연물을 차단, 격리
억제소화	연쇄반응을 차단, 부촉매소화

암기 물리적 소화 : 냉각, 질식, 제거
화학적 소화 : 억제소화(부촉매소화)

16 ★★★

소화제의 적응대상에 따라 분류한 화재종류 중 C급 화재에 해당되는 것은?

① 금속분화재   ② 유류화재
③ 일반화재   ④ 전기화재

해설 화재의 분류

등급	화재	표시색	가연물
A급	일반화재	백색	나무, 섬유, 종이, 고무, 플라스틱류
B급	유류화재	황색	인화성 액체, 가연성 액체, 석유 그리스, 타르, 오일, 유성도료, 솔벤트, 래커, 알코올 및 인화성 가스 등
C급	전기화재	청색	전류가 흐르고 있는 전기기기, 배선 등
D급	금속화재	무색	마그네슘 합금 등 가연성 금속
K급	주방화재	-	주방에서 동식물유를 취급하는 조리기구

암기 일유전 금주

17 ★★★

부피비가 메테인 80 [%], 에테인 15 [%], 프로페인 4 [%], 뷰테인 1 [%]인 혼합기체가 있다. 이 기체의 공기 중 폭발 하한계는 약 몇 [vol%]인가? (단, 공기 중 단일 가스의 폭발 하한계는 메테인 5 [vol%], 에테인 2 [vol%], 프로페인 2 [vol%], 뷰테인 1.8 [vol%]이다)

① 2.2   ② 3.8
③ 4.9   ④ 6.2

해설 르 샤틀리에 법칙

$$\text{르 샤틀리에 법칙} \quad \frac{100}{L} = \frac{V_1}{L_1} + \frac{V_2}{L_2} + \cdots + \frac{V_n}{L_n}$$

$$\frac{100}{L} = \frac{80}{5} + \frac{15}{2} + \frac{4}{2} + \frac{1}{1.8}$$

$$L = \frac{100}{\frac{80}{5} + \frac{15}{2} + \frac{4}{2} + \frac{1}{1.8}}$$

$$\therefore L = 3.84[\%]$$

L : 혼합가스 폭발하한계 [vol%]
$L_1 \sim L_n$: 가연성가스 폭발하한계 [vol%]
$V_1 \sim V_n$: 가연성가스 용량 [vol%]

18 ★★★

다음 중 황린의 완전 연소 시에 주로 발생되는 물질은?

① P_2O
② PO_2
③ P_2O_3
④ P_2O_5

해설 황린의 연소 반응식

황린은 연소 시 오산화인(P_2O_5)의 흰 연기를 낸다.

$P_4 + 5O_2 \rightarrow 2P_2O_5$

보충 황린은 제3류 위험물이며, 자연발화성이 있어 물속에 저장한다.

19 ★★★

탄화칼슘이 물과 반응할 때 생성되는 가연성가스는?

① 메테인
② 에테인
③ 아세틸렌
④ 프로필렌

해설 물과 반응 시 발생가스

물질	가스
탄화칼슘(CaC_2)	**아세틸렌**(C_2H_2)
탄화알루미늄(Al_4C_3)	**메테인**(메탄, CH_4)
인화칼슘(Ca_3P_2)	**포스핀**(PH_3)
인화알루미늄(AlP)	
수소화리튬(LiH)	수소(H_2)

암기 탄칼아, 탄알메, 인포

20 ★★★

다음 중 가연성가스가 아닌 것은?

① 수소
② 염소
③ 암모니아
④ 메테인

해설 가연성 가스와 조연성 가스

구분	가연성 가스	조연성 가스
정의	자기 자신이 연소하는 가스	자기 자신은 타지 않고 연소를 도와주는 가스
종류	일산화탄소(CO) 수소(H_2) 메테인(메탄, CH_4) 프로페인(프로판, C_3H_8) 암모니아(NH_3) 뷰테인(부탄, C_4H_{10})	**오존**(O_3) **공기** **산소**(O_2) **염소(Cl)** **불소**(F)

암기 조 오공산 염불

2021년 4회 소방유체역학

21 ★★★

직경이 15 [cm]인 배관에 5 [m³/min]로 물이 정상류로 흐르고 있을 때 물의 평균유속은 약 몇 [m/s]인가?

① 4.7　② 5.7
③ 6.7　④ 7.7

해설 유속 계산

체적유량 $Q[m^3/s] = AV$
여기서, A : 배관의 단면적 [m²]
V : 유속 [m/s]

$$V = \frac{Q[m^3/s]}{A[m/s]} = \frac{\frac{5}{60}}{\frac{\pi}{4} \times 0.15^2} = 4.72 \, [m/s]$$

22 ★★★

공기가 채워진 어떤 구형(球形) 기구의 반지름이 5 [m]이고, 내부 압력이 100 [kPa], 온도는 20 [℃]일 때 기구 내에 채워진 공기의 몰수는 약 몇 [kmol]인가? (단, 공기의 분자량은 29 [kg/kmol]이고, 기체상수는 287 [J/kg·K]이다)

① 20.1　② 21.5
③ 22.3　④ 23.6

해설 이상기체 상태방정식을 이용한 몰수 계산

이상기체상태방정식 $PV = nRT = \frac{W}{M}RT = W\overline{R}T$

1) 공기의 질량 W

$PV = W\overline{R}T$

$$W = \frac{PV}{\overline{R}T} = \frac{100 \times (\frac{4}{3}\pi \times 5^3)}{0.287 \times (20+273)}$$
$$= 622.66 \, [kg]$$

2) 공기의 몰수 n

$$n = \frac{W}{M} = \frac{622.66 \, [kg]}{29 \, [kg/kmol]} = 21.47 \, [kmol]$$

P : 절대압력 [kPa]
V : 부피 [m³]
n : 몰수 [kmol]
M : 분자량 [kg/kmol]
W : 기체의 질량 [kg]
$\overline{R}$: 특정기체상수 [kJ/kg·K]
T : 절대온도 [K] (273 + [℃])

보충 구의 부피 : $\frac{4}{3}\pi r^3$

23 ★★★

일률(시간당 에너지)의 차원을 기본 차원인 M(질량), L(길이), T(시간)로 올바르게 표시한 것은?

① L^2T^{-2}　② $MT^{-2}L^{-1}$
③ ML^2T^{-2}　④ ML^2T^{-3}

해설 일률의 차원

동력(일률) $W = J/s$
$= N \cdot m/s$
$= (kg \cdot m/s^2) \cdot m/s$
$= kg \cdot m^2/s^3$

∴ 차원 $= ML^2T^{-3}$

정답 21 ① 22 ② 23 ④

24 ★★★

물을 개방된 용기에 넣고 대기압하에서 계속 열을 가하여도 액체의 물이 남아 있는 한 물의 온도가 100 [℃] 이상 온도가 올라가지 않는 것과 가장 관계가 있는 것은?

① 공급된 열이 모두 물의 내부 에너지로 저장되기 때문이다.
② 공급되는 열, 물의 온도 및 주위 온도와의 사이에서 열이 평형상태에 있기 때문이다.
③ 물이 100 [℃]에서 비등하기 때문이다.
④ 공급되는 열량이 100 [℃]에서 한계에 도달하였기 때문이다.

해설 물의 끓는점

물의 끓는점(비등점)은 100 [℃]로 이때부터 열은 온도 상승이 아닌 기화(상태변화)에 사용된다.

25 ★★★

지름 2 [cm]인 소방노즐에서 물이 50 [m/s]로 화재가 난 자동차에 분사된다. 이때 자동차가 10 [m/s]로 움직이고 있다면 분사되는 물이 자동차에 가하는 힘은 약 몇 [N]인가?

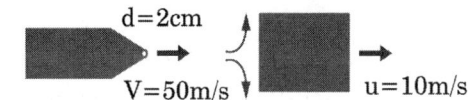

① 784   ② 78.4
③ 502   ④ 50.2

해설 자동차가 받는 힘(이동평판에 작용하는 힘)

이동평판에 작용하는 힘
$F = \rho Q \Delta V = \rho A \Delta V^2 = \rho \left(\dfrac{\pi}{4} D^2\right)(V_2 - V_1)^2$ 여기서, ρ : 밀도 [kg/m³] Q : 체적유량 [m³/s] A : 노즐의 단면적 [m²] D : 노즐의 지름 [m] ΔV : 유속 차 [m/s]

$F = \rho A \Delta V^2$
$= 1000 \times \dfrac{\pi}{4} 0.02^2 \times (50 - 10)^2$
$= 502.65 \, [N]$

26 ★   난이도 상

한 변이 8 [cm]인 정육면체를 비중이 1.26인 글리세린에 담그니 절반의 부피가 잠겼다. 이때 정육면체를 수직방향으로 눌러 완전히 잠기게 하는 데 필요한 힘은 약 몇 [N]인가?

① 2.56   ② 3.16
③ 6.53   ④ 12.5

해설 글리세린에 작용하는 부력

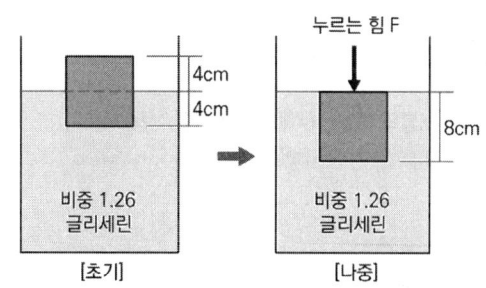

잠기지 않은 정육면체 절반의 체적을 완전히 잠기게 하기 위해서는
완전히 잠겼을 때 부력 = 물체의 무게 + 누르는 힘
이어야 한다.
따라서
누르는 힘 = 완전히 잠겼을 때 부력 − 물체의 무게
여기서
물체의 무게 W는 '물체가 글리세린에 절반의 부피만큼 잠겼을 때의 부력 F_B'과 같다. ($F_B = W$)

누르는 힘 $= \gamma_{글리세린} \times V_{전체} - \gamma_{글리세린} \times V_{잠긴}$
$= \gamma_{글리세린} \times (V_{전체} - V_{정육면체 절반})$
$= (S_{글리세린} \times \gamma_w) \times (V_{전체} - V_{정육면체 절반})$
$= (S_{글리세린} \times \gamma_w) \times V_{정육면체 절반}$
$= 1.26 \times 9800 \times (0.08 \times 0.08 \times 0.04)$
$= 3.16 \, [N]$

보충 $\gamma = S \times \gamma_w$, $\rho = S \times \rho_w$

정답 24 ③ 25 ③ 26 ②

27 ★

수평 노즐 입구에서의 계기압력이 P_1 [Pa], 면적이 A_1 [m²]이고 출구에서의 면적은 A_2 [m²]이다. 물이 노즐을 통해 V_2 [m/s]의 속도로 대기 중으로 방출될 때 노즐을 고정시키는 데 필요한 힘의 크기는 몇 [N]인가? (단, 물의 밀도는 ρ [g/m³]이다)

① $P_1 A_1 + \rho A_2 V_2^2 \left(1 + \dfrac{A_2}{A_1}\right)$

② $P_1 A_1 + \rho A_2 V_2^2 \left(1 - \dfrac{A_2}{A_1}\right)$

③ $P_1 A_1 - \rho A_2 V_2^2 \left(1 - \dfrac{A_2}{A_1}\right)$

④ $P_1 A_1 - \rho A_2 V_2^2 \left(1 + \dfrac{A_2}{A_1}\right)$

해설 노즐의 반발력

노즐의 반발력(= 플랜지볼트에 작용하는 힘)
$$F = P_1 A_1 - \rho Q \Delta V$$

1) $Q = A_1 V_1 = A_2 V_2$

$V_1 = \dfrac{Q}{A_1} = \dfrac{A_2 V_2}{A_1}$

2) 반발력 $F = P_1 A_1 - \rho Q (V_2 - V_1)$

$= P_1 A_1 - \rho A_2 V_2 (V_2 - V_1)$

$= P_1 A_1 - \rho A_2 V_2^2 \left(1 - \dfrac{V_1}{V_2}\right)$

$= P_1 A_1 - \rho A_2 V_2^2 \left(1 - \dfrac{A_2}{A_1}\right)$

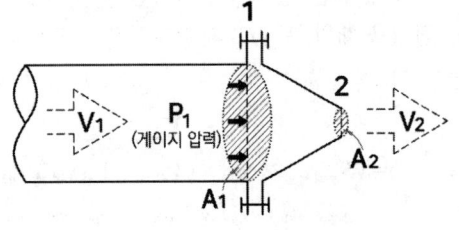

TIP 문제에 언급된 기호로만 F(필요한 힘)을 나타낸다.

28 ★★★

압력이 100 [kPa](abs)이고 온도가 55 [℃]인 공기의 밀도[kg/m³]는 얼마인가? (단, 공기의 기체상수는 287 [J/kg·K]이다)

① 1.06 ② 2.14
③ 12.0 ④ 24.2

해설 공기의 밀도

이상기체상태방정식 $PV = nRT = \dfrac{W}{M}RT = W\overline{R}T$

$PV = W\overline{R}T \rightarrow \dfrac{W}{V} = \dfrac{P}{\overline{R}T}$

밀도 $\rho = \dfrac{P}{\overline{R}T} = \dfrac{100[kPa]}{0.287[kJ/kg \cdot K] \times (273+55)[K]}$

$= 1.06 [kg/m^3]$

P : 절대압력 [kPa]
V : 부피 [m³]
W : 기체의 질량 [kg]
$\overline{R}$: 특정기체상수 [kJ/kg·K]
T : 절대온도 [K] (273 + [℃])

29 ★★★

직각으로 굽힌 유리관의 한쪽을 수면 바로 밑에 넣고 다른 쪽은 연직으로 수면 위로 세워 수평방향으로 40 [cm/s]의 속도로 관을 움직이면 물은 관속에서 수면보다 몇 [mm] 상승하는가?

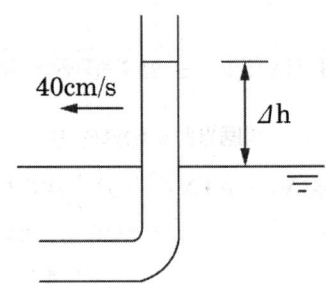

① 8.59 ② 8.47
③ 8.31 ④ 8.16

해설 수면의 높이(토리첼리 식)

> 배관 내 유체의 유속 $V = \sqrt{2gh}$

관을 좌측 수평으로 40 [cm/s]의 속도로 움직이는 것은 관이 정지한 상태에서 관 내 유체가 우측 수평으로 40 [cm/s]로 운동하는 것과 같다.

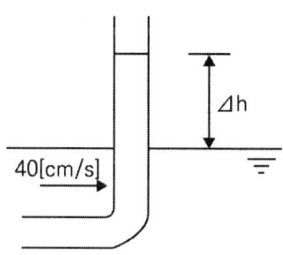

$V = \sqrt{2gh}$
$0.4 = \sqrt{2 \times 9.8 \times h}$
$h = 8.16 \times 10^{-3} [m] = 8.16 [mm]$

30 ★

정상류(Steady Flow)가 되기 위한 조건들에 해당되지 않는 것은? (단, ρ : 밀도, P : 압력, V : 속도, T : 온도, t : 시간, S : 임의 방향의 좌표)

① $\dfrac{d\rho}{dt} = 0$ ② $\dfrac{dP}{dt} = 0$

③ $\dfrac{dV}{dS} = 0$ ④ $\dfrac{dT}{dt} = 0$

해설 정상류

> $\dfrac{\partial P}{\partial t} = 0, \dfrac{\partial V}{\partial t} = 0, \dfrac{\partial \rho}{\partial t} = 0, \dfrac{\partial T}{\partial t} = 0$

정상류란 유동장 내의 임의의 한 점에 있어서 흐름의 특성이 시간에 관계없이 항상 일정한 흐름을 말한다.
여기서, 흐름의 특성(=변수) : 압력(P), 속도(V), 밀도(ρ), 온도(T)

① $\dfrac{d\rho}{dt} = 0$: 시간에 따른 밀도의 변화가 없다.

② $\dfrac{dP}{dt} = 0$: 시간에 따른 압력의 변화가 없다.

④ $\dfrac{dT}{dt} = 0$: 시간에 따른 온도의 변화가 없다.

31 ★★★

물체의 체적을 2 [%] 축소시키는 데 필요한 압력 [MPa]은? (단, 물의 압축률 값은 4.8×10^{-10} [m²/N]이다)

① 32.1 ② 41.7
③ 45.4 ④ 52.5

해설 압축률

> 압축률 $\beta = -\dfrac{\Delta V / V_1}{\Delta P} = -\dfrac{\dfrac{(V_2 - V_1)}{V_1}}{\Delta P}$

$\beta = -\dfrac{\dfrac{(V_2 - V_1)}{V_1}}{\Delta P}$

$4.8 \times 10^{-10} [Pa] = -\dfrac{\left(-\dfrac{2}{100}\right)}{\Delta P}$

$\Delta P = 41.7 \times 10^6 [Pa] = 41.7 [MPa]$

※ $\dfrac{\Delta V}{V_1}$가 (-)인 이유 : 체적이 감소하기 때문

보충 1 [MPa] = 10^6 [Pa]
G [기가] : 10^9, M [메가] : 10^6, k [킬로] : 10^3

정답 30 ③ 31 ②

32 ★★★

액면으로부터 40 [m]인 지점의 계기압력이 515.8 [kPa]일 때 이 액체의 비중량은 몇 [kN/m³]인가?

① 11.8 ② 12.9
③ 14.2 ④ 16.4

📖 해설 액체의 비중량

> 압력 $P[Pa] = \gamma h = S\gamma_w h$
> 여기서, γ : 비중량 [N/m³]
> h : 높이 [m], S : 비중
> γ_w : 물의 비중량 [N/m³]

$P = \gamma h$

$\gamma = \dfrac{P[kPa]}{h[m]} = \dfrac{515.8[kN/m^2]}{40[m]} = 12.895 [kN/m^3]$

33 ★★

체적이 0.5 [m³]인 용기에 1 [MPa], 25 [℃]의 공기가 들어 있다. 탱크의 밸브를 열고 2 [kg]의 공기를 빼고 온도를 0℃로 낮추면 탱크 내의 압력은 약 몇 [kPa]로 되겠는가?

① 503 ② 603
③ 703 ④ 803

📖 해설 탱크 내 압력 계산

> 이상기체상태방정식 $PV = nRT = \dfrac{W}{M}RT = W\overline{R}T$

1) 초기 공기 질량 W

$W = \dfrac{PVM}{RT}$

$W = \dfrac{1000[kPa] \times 0.5[m^3] \times 29[kg/kmol]}{8.314[kPa \cdot m^3/kmol \cdot K] \times (273+25)[K]}$

$= 5.85 [kg]$

2) 공기 유출 후 압력 P

$P = \dfrac{WRT}{MV} = \dfrac{(5.85-2) \times 8.314 \times (273+0)}{29 \times 0.5}$

$= 602.65 [kPa]$

> P : 절대압력 [kPa]
> V : 부피 [m³]
> M : 분자량 [kg/kmol]
> W : 기체의 질량 [kg]
> R : 기체상수 (8.314 [kPa·m³/kmol·K])
> T : 절대온도 [K] (273 + [℃])

💡 보충 공기의 평균 분자량 : 29 [kg/kmol]

34 ★★★

펌프 양수량 0.6 [m³/min], 관로의 전손실수두 5.5 [m]인 펌프가 펌프 중심으로부터 2.5 [m] 아래에 있는 물을 펌프 중심으로부터 23 [m] 위의 송출액면에 양수할 때 펌프에 공급해야 할 동력은 몇 [kW]인가?

① 1.513 ② 1.974
③ 2.548 ④ 3.038

📖 해설 펌프 수동력

> 수동력 $P[kW] = \gamma[kN/m^3] \times Q[m^3/s] \times H[m]$
> 여기서, γ : 물의 비중량 [9.8 kN/m³]
> Q : 유량 [m³/s], H : 전양정 [m]

1) 전양정 H = 실양정(높이) + 손실수두
$= (2.5 + 23) + 5.5 = 31 [m]$
(∵ 문제에 방사압과 관련된 조건이 없으므로)

2) 수동력 $P = \gamma Q H$

$= 9.8 \times \dfrac{0.6}{60} \times 31 = 3.038 [kW]$

💡 보충 전양정 H = 실양정 + 마찰손실 + 방사압
(단, 문제 조건에 나와있지 않은 것은 무시한다)

정답 32 ② 33 ② 34 ④

35 ★★★

크기가 50 [cm] × 100 [cm]인 250 [℃]로 가열된 평판 위로 25 [℃]의 공기를 불어준다고 할 때 대류, 열전달량은 몇 [kW]인가? (단, 대류 열전달계수는 30 [W/m²·℃]이다)

① 3.375
② 5.879
③ 7.131
④ 9.332

해설 대류열 전달

대류열량 $\dot{Q}[W] = hA\Delta T = hA(T_2 - T_1)$
여기서, h : 대류열전달계수 [W/m²·℃]
A : 면적 [m²]
ΔT : 온도차 [℃]

$\dot{Q}[W] = hA\Delta T$
$= 30 \times (0.5 \times 1) \times (250 - 25)$
$= 3375[W] = 3.375[kW]$

36 ★★★

모세관 현상에 의한 액주 높이 상승을 나타내는 식으로 옳은 것은? (단, β : 접촉각, d : 관경, σ : 표면장력, γ : 비중량)

① $h = \dfrac{\sigma\cos\beta}{4\gamma d}$
② $h = \dfrac{\sigma\cos\beta}{\gamma d}$
③ $h = \dfrac{\sigma\cos\beta}{\gamma d}$
④ $h = \dfrac{4\sigma\cos\beta}{\gamma d}$

해설 모세관 현상

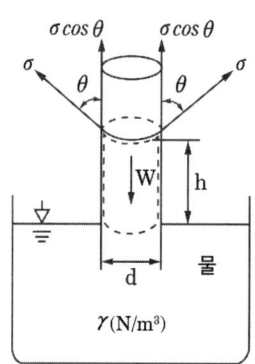

모세관 상승높이 $h[m] = \dfrac{4\sigma\cos\theta}{\gamma d}$
σ : 표면장력 [N/m], θ : 각도 [°]
γ : 비중량(γ_w = 9800 N/m³)
d : 관의 내경 [m]

1) 액체분자들 사이의 응집력과 고체면에 대한 부착력의 차이의 의하여 관 내 액체표면과 자유표면 사이의 높이 차이
2) 액체와 고체가 접촉하면 상호 부착하려는 성질을 갖는데, 이 부착력과 액체의 응집력의 크기 차이에 의해 일어나는 현상

보충 자유표면 : 액체가 기체에 접하고 있는 표면

37 ★★★

펌프의 공동현상이 발생하는 원인으로 틀린 것은?

① 펌프가 물탱크보다 부적당하게 높게 설치되어 있을 때
② 펌프 흡입수두가 지나치게 클 때
③ 펌프 회전수가 지나치게 높을 때
④ 관 내를 흐르는 물의 정압이 그 물의 온도에 해당하는 증기압보다 높을 때

해설 공동현상(Cavitation)

1) 개념 : 펌프 흡입 측 배관의 손실이 증가하여 소화수의 정압이 증기압 이하로 낮아져서 기포가 발생하는 현상이다.
2) 방지대책
  (1) 펌프의 위치를 수원보다 낮게 한다.
  (2) 흡입배관의 구경을 크게 한다.
  (3) 펌프의 회전수를 낮춘다.
  (4) 양흡입펌프를 사용한다.
  (5) 2대 이상의 펌프를 사용한다.
  (6) 펌프의 흡입 측을 가압한다.
  (7) 입형펌프를 사용하고, 회전차를 수중에 완전히 잠기게 한다.
  (8) 흡입관의 길이를 줄이거나 밸브, 플랜지 등을 조정하여 흡입 손실수두를 줄인다.

정답 35 ① 36 ④ 37 ④

2) 발생원인
   (1) 펌프의 설치 위치가 수원보다 높을 때
   (2) 관 내의 수온이 높을 때
   (3) 펌프의 흡입 양정이 클 때
   (4) 관 내의 물의 정압이 그때의 증기압보다 낮을 때

38 ★★★

그림에서 두 피스톤의 지름이 각각 30 [cm]와 5 [cm]이다. 큰 피스톤이 1 [cm] 아래로 움직이면 작은 피스톤은 위로 몇 [cm] 움직이는가?

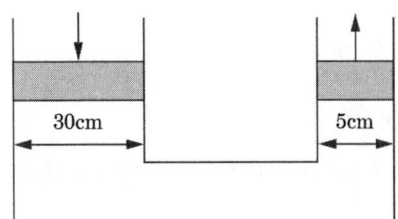

① 1 [cm] ② 5 [cm]
③ 30 [cm] ④ 36 [cm]

해설 파스칼의 원리

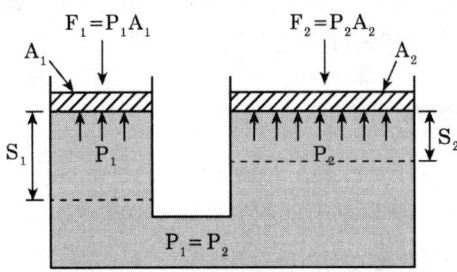

1) 각 피스톤의 이동거리를 S_1, S_2라고 하면, 각 실린더에서 유체의 이동량은 같아야 하므로 이동한 체적은 동일함

2) $A_1 S_1 = A_2 S_2$

$$S_2 = \frac{A_1}{A_2} S_1 = \frac{\frac{\pi}{4} d_1^2}{\frac{\pi}{4} d_2^2} S_1 = \frac{d_1^2}{d_2^2} S_1$$

$$= \frac{30^2}{5^2} \times 1 = 36 \ [cm]$$

S_1, S_2 : 피스톤이 움직인 거리 [cm]
A_1, A_2 : 피스톤의 면적 [cm²]

39 ★★★

펌프의 비속도(n_s)를 구하는 식으로 맞는 것은?
(단, Q : 유량, n : 회전수, H : 전양정이다)

① $n_s = \dfrac{n\sqrt{Q}}{H^{\frac{4}{3}}}$

② $n_s = \dfrac{n\sqrt{H}}{Q^{\frac{4}{3}}}$

③ $n_s = \dfrac{Q\sqrt{n}}{H^{\frac{3}{4}}}$

④ $n_s = \dfrac{n\sqrt{Q}}{H^{\frac{3}{4}}}$

해설 비속도(비교회전도)

비속도 $N_s = \dfrac{N\sqrt{Q}}{\left(\dfrac{H}{n}\right)^{\frac{3}{4}}}$

여기서,
N_s : 비속도(비교회전도) [m³/ min·m·rpm]
N : 회전수 [rpm]
Q : 유량 [m³/min]
H : 양정 [m]
n : 단수

40 ★★★

계기압력(Gauge Pressure)이 50 [kPa]인 파이프 속의 압력은 진공압력(Vacuum Pressure)이 30 [kPa]인 용기 속의 압력보다 얼마나 높은가?

① 0 [kPa] (동일하다)
② 20 [kPa]
③ 80 [kPa]
④ 130 [kPa]

해설 | 절대압력

1) 계기압력(게이지압력)
   대기압을 기준으로 그 이상의 압력
2) 진공압력
   대기압을 기준으로 그 이하의 압력
3) 압력 차 $\triangle P$
   $\triangle P$ = 50 - (-30) = 80 [kPa]

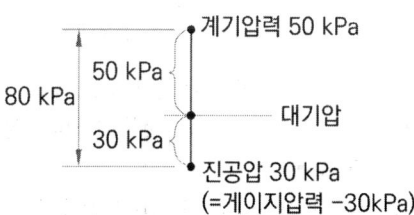

암기 절대게(절대압력 = 대기압 + 게이지압력)

정답 40 ③

41 ★

자체소방대를 설치하여야 하는 사업소는 몇 류 위험물을 취급하는 제조소인가?

① 제1류
② 제2류
③ 제3류
④ 제4류

해설 자체소방대 설치 사업소

사업소	지정수량
제4류 위험물 취급 제조소·일반취급소	3000배 이상
제4류 위험물 저장 옥외탱크저장소	500000배 이상

42 ★ (난이도 상)

위험물 제조소등별로 설치하여야 하는 경보설비의 종류에 포함되지 않는 것은?

① 자동화재탐지설비
② 비상경보설비
③ 비상벨설비
④ 확성장치

해설 경보설비 설치기준

1) 제조소등별 설치해야 하는 경보설비

특정소방대상물	소방시설
• 연면적 500 [m²] 이상 • 옥내에서 지정수량 100배 이상 취급 • 일반취급소로 사용되는 부분 외의 부분이 있는 건축물에 설치된 일반취급소	• 자동화재탐지설비
• 지정수량 10배 이상 저장 또는 취급(**이동탱크저장소 제외**)	• 자동화재탐지설비 • 비상경보설비 • 비상방송설비 • 확성장치 중 1종 이상

2) 자동신호장치 갖춘 스프링클러설비 또는 물분무등소화설비 설치한 제조소등은 자동화재탐지설비 설치한 것으로 봄
3) 자동화재탐지설비·비상경보설비(비상벨장치 또는 경종 포함)·확성장치(휴대용확성기 포함) 및 비상방송설비로 구분

43 ★★★

전문 소방시설설계업의 기술인력·등록기준에서 주된 기술인력과 보조기술인력의 최소 인원수로 옳은 것은?

① 주된 기술인력 : 1명, 보조기술인력 : 1명
② 주된 기술인력 : 2명, 보조기술인력 : 2명
③ 주된 기술인력 : 1명, 보조기술인력 : 3명
④ 주된 기술인력 : 2명, 보조기술인력 : 3명

정답 41 ④ 42 ③ 43 ①

해설 소방시설설계업 등록기준, 영업범위

소방시설설계업		기술인력(이상)	영업범위
전문		• 주 인력 : 소방기술사 1인 • 보조인력 : 1명	모든 특정 소방대상물
일반	기계분야	• 주 인력 : 소방기술사 또는 소방기사[기계] 1명 • 보조인력 : 1명	• 아파트 소방 기계 분야(제연 제외) • 연 3만 [m²](공장 1만 [m²]) 미만 (제연 제외) • 위험물제조소등
	전기분야	• 주 인력 : 소방기술사 또는 소방기사[전기] 1명 • 보조인력 : 1명	• 아파트 소방 전기 분야 • 연 3만 [m²](공장 1만 [m²]) 미만 • 위험물제조소등

44 ★★★

소방시설 설치 및 관리에 관한 법령상 소방시설 등에 대한 자체점검 중 종합점검 대상기준으로 틀린 것은?

① 제연설비가 설치된 터널
② 노래연습장으로서 연면적이 2000[m²] 이상인 것
③ 물분무등소화설비가 설치된 연면적이 5000 [m²]인 위험물 제조소
④ 소방대가 근무하지 않는 국공립학교 중 연면적이 1000 [m²] 이상인 것으로서 자동화재탐지설비가 설치된 것

해설 종합점검 대상

가. 최초점검 대상물
나. 스프링클러설비가 설치된 특정소방대상물
다. 물분무등소화설비[호스릴 방식의 물분무등소화설비만을 설치한 경우는 제외]가 설치된 연면적 5000 [m²] 이상인 특정소방대상물(위험물 제조소등은 제외)
라. 다중이용업의 영업장이 설치된 특정소방대상물로서 연면적이 2000 [m²] 이상인 것(단란주점과 유흥주점, 영화상영관, 비디오물감상실업, 복합영상물제공업, 노래연습장, 산후조리원, 고시원, 안마시술소)
마. 제연설비가 설치된 터널
바. 공공기관 중 연면적(터널·지하구의 경우 그 길이와 평균폭을 곱하여 계산된 값)이 1000 [m²] 이상인 것으로서 옥내소화전설비 또는 자동화재탐지설비가 설치된 것(소방대가 근무하는 공공기관은 제외)

45 ★★★

화재의 예방 및 안전관리에 관한 법령상 천재지변 및 그 밖에 대통령령으로 정하는 사유로 화재안전조사를 받기 곤란하여 화재안전조사의 연기를 신청하려는 자는 화재안전조사 시작 최대 며칠 전까지 연기신청서 및 증명서류를 제출해야 하는가?

① 3 ② 5
③ 7 ④ 10

해설 화재안전조사 연기

연기의 사유 및 기간 등을 적어 제출 : 화재안전조사 시작 3일 전까지

※ 연기의 사유

(1) 재난이 발생한 경우
(2) 관계인의 질병, 사고, 장기출장의 경우
(3) 권한 있는 기관에 자체점검기록부, 교육·훈련일지 등 화재안전조사에 필요한 장부·서류 등이 압수되거나 영치되어 있는 경우
(4) 소방대상물의 증축·용도변경 또는 대수선 등의 공사로 화재안전조사를 실시하기 어려운 경우

정답 44 ③ 45 ①

46 ★★★

위험물안전관리법령상 정기점검의 대상인 제조소등의 기준으로 틀린 것은?

① 이송취급소
② 위험물을 취급하는 탱크로서 지하에 매설된 탱크가 있는 일반취급소
③ 지정수량의 100배 이상의 위험물을 저장하는 옥외저장소
④ 지정수량의 150배 이상의 위험물을 저장하는 옥외탱크저장소

해설 정기점검 대상 제조소

(1) 지정수량 10배 이상의 위험물을 취급하는 제조소
(2) 지정수량 100배 이상의 위험물을 저장하는 옥외저장소
(3) 지정수량 150배 이상의 위험물을 저장하는 옥내저장소
(4) <u>지정수량 200배 이상의 위험물을 저장하는 옥외탱크저장소</u>
(5) 암반탱크저장소
(6) 이송취급소
(7) 지정수량 10배 이상의 위험물을 취급하는 일반취급소(제4류 위험물만 지정수량 50배 이하로 취급하는 일반취급소)
(8) 지하탱크저장소
(9) 이동탱크저장소
(10) 위험물 취급 탱크로서 지하에 매설된 탱크가 있는 제조소·주유취급소·일반취급소

47 ★★

제4류 위험물을 취급하는 위험물제조소에 설치하는 게시판의 주의사항으로 옳은 것은?

① 화기엄금 ② 물기주의
③ 화기주의 ④ 충격주의

해설 위험물제조소 게시판 설치기준

위험물	주의사항
• 제1류(알칼리금속의 과산화물) • 제3류(금수성물질)	물기엄금
• 제2류(인화성고체 제외)	화기주의
• 제2류(인화성고체) • 제3류(자연발화성 물질) • **제4류** • 제5류	화기엄금
• 제6류	표시 없음

48 ★★

화재의 예방 및 안전관리에 관한 법령상 다음 중 1급 소방안전관리대상물이 아닌 것은?

① 연면적 15000 [m^2] 이상인 공장
② 층수가 11층 이상인 업무시설
③ 지하구
④ 가연성 가스를 1000톤 이상 저장·취급하는 시설

해설 소방안전관리대상물

구분	기준
특급	• 50층 이상(지하층 제외), 높이 200 [m] 이상 아파트 • 30층 이상(지하층 포함), 높이 120 [m] 이상 특정소방대상물(아파트 제외) • 연면적 100000 [m^2] 이상 특정소방대상물(아파트 제외)
1급	• 30층 이상(지하층 제외), 높이 120 [m] 이상 아파트 • 11층 이상 특정소방대상물(아파트 제외) • 연면적 15000 [m^2] 이상 특정소방대상물(아파트 및 연립주택 제외) • 가연성 가스 1000톤 이상 저장·취급시설

정답 46 ④ 47 ① 48 ③

구분	기준
2급	• 지하구, 공동주택(옥내, SP설치), 보물·국보로 지정된 목조건축물 • 가연성 가스 100톤 이상 1000톤 미만 저장·취급 시설 • 옥내소화전, 스프링클러, 간이, 물분무등소화설비 설치대상(호스릴 방식 물분무등소화설비만을 설치한 경우 제외)
3급	• 간이스프링클러설비 또는 자동화재탐지설비를 설치하여야 하는 특정소방대상물
비고	동·식물원, 철강 등 불연성 물품 저장·취급 창고, 위험물 제조소등, 지하구는 특급 및 1급 소방안전관리대상물에서 제외

구분	정의
화재안전 성능기준	화재를 예방하고 화재발생 시 피해를 최소화하기 위하여 소방대상물의 재료, 공간 및 설비등에 요구되는 안전성능
화재안전 기술기준	성능기준 : 화재안전 확보를 위하여 재료, 공간 및 설비등에 요구되는 안전성능 (소방청장 고시) 기술기준 : 성능기준을 충족하는 상세한 규격, 특정한 수치 및 시험방법 등에 관한 기준(소방청장 승인)

49 ★★★

소방시설 설치 및 관리에 관한 법령상 용어의 정의 중 ( ) 안에 알맞은 것은?

특정소방대상물이란 소방시설을 설치하여야 하는 소방대상물로서 ( )으로 정하는 것을 말한다.

① 대통령령
② 국토교통부령
③ 행정안전부령
④ 고용노동부령

해설 소방시설법 용어

구분	정의
소방시설	소화설비, 경보설비, 피난구조설비, 소화용수설비, 소화활동설비(대통령령)
소방시설등	소방시설과 비상구, 그 밖에 소방 관련 시설(방화문, 자동방화셔터)(대통령령)
특정소방 대상물	건축물 등의 규모·용도 및 수용인원 등을 고려하여 소방시설을 설치하여야 하는 소방대상물(대통령령)
소방용품	소방시설등을 구성하거나 소방용으로 사용되는 제품 또는 기기(대통령령)

50 ★★★

소방기본법 제1장 총칙에서 정하는 목적의 내용으로 거리가 먼 것은?

① 구조, 구급 활동 등을 통하여 공공의 안녕 및 질서 유지
② 풍수해의 예방, 경계, 진압에 관한 계획, 예산 지원 활동
③ 구조, 구급 활동 등을 통하여 국민의 생명, 신체, 재산 보호
④ 화재, 재난, 재해 그 밖의 위급한 상황에서의 구조, 구급 활동

해설 소방기본법의 목적

1) 화재 예방·경계·진압
2) 화재, 재난·재해, 그 밖의 위급한 상황에서의 구조·구급 활동
3) 국민의 생명·신체 및 재산을 보호함으로써 공공의 안녕 및 질서 유지와 복리증진

정답 49 ① 50 ②

51 ★★★

소방기본법령상 소방본부 종합상황실의 실장이 서면·팩스 또는 컴퓨터통신 등으로 소방청 종합상황실에 보고하여야 하는 화재의 기준이 아닌 것은?

① 이재민이 100인 이상 발생한 화재
② 사망자가 3인 이상 발생하거나 사상자가 5인 이상 발생한 화재
③ 재산피해액이 50억 원 이상 발생한 화재
④ 층수가 5층 이상이거나 병상이 30개 이상인 요양소에서 발생한 화재

📖 해설 종합상황실 실장 보고 화재

종합상황실의 실장은 다음에 해당하는 상황이 발생하는 때에는 그 사실을 지체 없이 서면·팩스 또는 컴퓨터통신 등으로 소방서의 종합상황실의 경우는 소방본부의 종합상황실에, 소방본부의 종합상황실의 경우는 소방청의 종합상황실에 각각 보고해야 한다.

1. 다음에 해당하는 화재
   가. <u>사망자가 5인 이상 발생한 화재</u>
   나. <u>사상자가 10인 이상 발생한 화재</u>
   다. 이재민이 100인 이상 발생한 화재
   라. 재산피해액이 50억 원 이상 발생한 화재
   마. 관공서·학교·정부미도정공장·문화유산·지하철 또는 지하구의 화재
   바. 관광호텔, 층수가 11층 이상인 건축물, 지하상가, 시장, 백화점
   사. 지정수량의 3천 배 이상의 위험물의 제조소·저장소·취급소
   아. 층수가 5층 이상이거나 객실이 30실 이상인 숙박시설, 층수가 5층 이상이거나 병상이 30개 이상인 종합병원·정신병원·한방병원·요양소
   자. 연면적 15000 [m²] 이상인 공장 또는 화재경계지구에서 발생한 화재
   차. 철도차량, 항구에 매어둔 총 톤수가 1천 톤 이상인 선박, 항공기, 발전소 또는 변전소에서 발생한 화재
   카. 가스 및 화약류의 폭발에 의한 화재
   타. 다중이용업소의 화재
2. 통제단장의 현장지휘가 필요한 재난상황
3. 언론에 보도된 재난상황
4. 그 밖에 소방청장이 정하는 재난상황

52 ★★

소방시설 설치 및 관리에 관한 법령상 소방시설 등에 대한 자체점검 중 작동점검의 실시 횟수로 옳은 것은?

① 분기에 1회 이상
② 6개월에 2회 이상
③ 연 1회 이상
④ 연 2회 이상

📖 해설 소방시설 자체점검 실시 횟수

점검구분	점검 횟수 및 점검 시기 등
작동점검	작동점검 : 연 1회 이상 실시 가. 종합점검 대상 : 종합점검을 받은 달부터 6개월이 되는 달에 실시 나. 그 외 : 특정소방대상물의 사용승인일이 속하는 달의 말일까지 실시(다만 건축물관리대장 또는 건물 등기사항증명서 등에 기입된 날이 다른 경우에는 건축물관리대장에 기재되어 있는 날을 기준으로 점검)
종합점검	1. 점검 횟수 　가. 연 1회 이상(특급 소방안전관리대상물은 반기에 1회 이상) 실시 　나. 우수대상물 : 3년 범위 내 정한 기간 면제(면제기간 중 화재 발생 시 제외) 2. 점검 시기 　가. 최초 점검 : 소방시설이 새로 설치되는 경우 건축물을 사용할 수 있게 된 날부터 60일 이내 실시

정답 51 ② 52 ③

종합점검	나. 가.를 제외한 특정소방대상물 : 건축물의 사용승인일이 속하는 달에 연 1회 이상(특급은 반기에 1회 이상) 실시 학교 : 해당 건축물의 사용승인일이 1 ~ 6월 사이에 있는 경우 6월 30일까지 실시 다. 건축물 사용승인일 이후 다음 항목에 따라 종합점검 대상에 해당하게 된 경우에는 그 다음 해부터 실시 물분무등소화설비[호스릴 방식의 물분무등소화설비만을 설치한 경우는 제외]가 설치된 연면적 5000 [m^2] 이상인 특정소방대상물(제조소등은 제외) 라. 하나의 대지경계선 안에 2개 이상의 점검 대상 건축물 등이 있는 경우에는 그 건축물 중 사용승인일이 가장 빠른 연도의 건축물의 사용승인일을 기준으로 점검할 수 있음

53 ★★

소방시설 설치 및 관리에 관한 법령상 분말형태의 소화약제를 사용하는 소화기의 내용연수로 옳은 것은? (단, 소방용품의 성능을 확인받아 그 사용기한을 연장하는 경우는 제외한다)

① 3년　　② 5년
③ 7년　　④ 10년

해설 내용연수 설정 대상 소방용품

특정소방대상물의 관계인은 내용연수가 경과한 소방용품을 교체하여야 함

※ 내용연수를 설정하여야 하는 소방용품의 종류 및 그 내용연수 연한에 필요한 사항 : 대통령령
① 내용연수 설정하여야 하는 소방용품 : 분말형태의 소화약제를 사용하는 소화기
② 소방용품의 내용연수 : 10년

54 ★★★

소방시설공사업자가 소속 소방기술자를 소방시설공사 현장에 배치하지 않았을 경우 얼마의 과태료에 처하는가?

① 100만 원 이하　　② 200만 원 이하
③ 300만 원 이하　　④ 400만 원 이하

해설 200만 원 이하 과태료

1. 등록·휴폐업·지위승계·착공·감리지정 신고하지 않거나 거짓신고
2. 관계인에게 지위승계·행정처분·휴폐업 사실을 거짓 알림
3. 소방감리 배치통보 및 변경통보 않거나 거짓통보
4. 하도급 등의 통지를 하지 않은 경우
5. 소방공무원 감독 명령을 위반하여 미보고, 자료 미제출, 거짓보고·제출
6. 하자보수기간에 관계서류 보관하지 않은 공사업자
7. 소방기술자 공사현장에 배치하지 않은 공사업자
8. 완공검사 받지 않은 공사업자
9. 감리 변경 시 감리 관계 서류를 인수·인계하지 않은 경우
10. 방염성능기준 미만으로 방염한 경우
11. 방염처리능력 평가 관련 서류를 거짓으로 제출한 경우
12. 도급(하도급)계약 체결 시 의무를 이행하지 않은 경우
13. 시공능력평가 서류를 거짓으로 제출한 경우
14. 사업수행능력평가 서류를 위조·변조하여 거짓·부정한 방법으로 입찰에 참여한 자
15. 공사대금의 지급보증, 담보의 제공 또는 보험료 등의 지급을 정당한 사유 없이 이행하지 아니한 자
16. 3일 이내 하자보수 안 하거나 보수 계획 거짓 통보

55 ★★

위험물안전관리법령상 정기검사를 받아야 하는 특정옥외탱크저장소의 관계인은 특정옥외탱크저장소의 설치허가에 따른 완공검사합격확인증을 발급받은 날부터 몇 년 이내에 정밀정기검사를 받아야 하는가?

① 12
② 11
③ 10
④ 9

해설 특정·준특정옥외탱크저장소 정밀정기검사
- 완공검사합격확인증 발급 날 : 12년 이내
- 최근 정기검사 받은 날 : 11년 이내

56 ★★★

소방기본법령상 소방활동장비와 설비의 구입 및 설치 시 국조보조의 대상이 아닌 것은?

① 소방자동차
② 사무용 집기
③ 소방헬리콥터 및 소방정
④ 전산설비

해설 소방장비 등에 대한 국고보조

1) 국고보조
   (1) 국가는 시·도 소방장비구입 등의 경비를 일부 보조함
   (2) 국가보조 대상사업의 범위와 기준 보조율 : 대통령령인 「보조금관리에 관한 법률 시행령」
   (3) 소방활동장비 및 설비의 종류와 규격 : 행정안전부령
2) 국고보조 대상사업의 범위
   (1) 소방활동장비와 설비의 구입 및 설치
      ① 소방자동차
      ② 소방헬리콥터 및 소방정
      ③ 소방전용통신설비 및 전산설비
      ④ 그 밖에 방화복 등 소방활동에 필요한 소방장비
   (2) 소방관서용 청사의 건축

57 ★★★

화재의 예방 및 안전관리에 관한 법령상 특정소방대상물의 관계인은 소방안전관리자를 기준일로부터 30일 이내에 선임하여야 한다. 다음 중 기준일로 틀린 것은?

① 신축으로 해당 특정소방대상물의 소방안전관리자를 신규로 선임하여야 하는 경우 : 해당 특정소방대상물의 사용승인일
② 특정소방대상물을 양수하여 관계인의 권리를 취득한 경우 : 해당 권리를 취득한 날
③ 증축으로 인하여 특정소방대상물이 소방안전 관리대상물로 된 경우 : 증축공사의 개시일
④ 소방안전관리자를 해임한 경우 : 소방안전관리자를 해임한 날

해설 소방안전관리자 선임신고

1) 선임권자 : 관계인
2) 선임 : 30일 이내
3) 선임 신고 : 14일 이내 소방본부장, 소방서장에게 신고하고, 소방안전관리대상물의 출입자가 쉽게 알 수 있도록 소방안전관리자의 성명과 그 밖에 행정안전부령으로 정하는 사항을 게시하여야 함
4) 선임신고 기준일
   (1) 신축·증축·개축·재축·대수선·용도변경으로 특정소방대상물 소방안전관리자 신규 선임해야 하는 경우 : 해당 특정소방대상물의 사용승인일

정답 55 ① 56 ② 57 ③

(2) 증축·용도변경으로 특정소방대상물이 소방안전관리대상물로 된 경우 : 증축공사사용승인일, 용도변경 사실을 건축물관리대장에 기재한 날
(3) 특정소방대상물 양수, 경매, 환가, 매각 등에 의해 관계인의 권리 취득한 경우 : 해당 권리를 취득한 날, 관할 소방서장으로부터 소방안전관리자 선임 안내 받은 날
(4) 관리의 권원이 분리된 경우 : 관리의 권원이 분리되거나 소방본부장 또는 소방서장이 관리의 권원을 조정한 날
(5) 소방안전관리자 해임, 퇴직한 경우 : 소방안전관리자 해임, 퇴직한 날
(6) 소방안전관리업무를 대행하는 자를 감독할 수 있는 사람을 소방안전관리자로 선임한 경우로서 그 업무대행 계약이 해지 또는 종료된 경우 : 소방안전관리업무 대행이 끝난 날
(7) 소방안전관리자 자격이 정지 또는 취소된 경우 : 소방안전관리자 자격이 정지 또는 취소된 날

58 ★★

다음 중 위험물안전관리법령상 제6류 위험물은?

① 황
② 칼륨
③ 황린
④ 질산

해설 제6류 위험물(산화성 액체)

품명	지정수량
과염소산	300 [kg]
과산화수소	
질산	

보충 황 : 2류, 칼륨 : 3류, 황린 : 3류

59 ★★★

화재의 예방 및 안전관리에 관한 법령상 특수가연물에 해당되지 않는 것은?

① 면화류
② 사류
③ 볏짚류
④ 메틸알코올

해설 특수가연물

품명		수량
면화류		200 [kg] 이상
나무껍질 및 대팻밥		400 [kg] 이상
넝마 및 종이부스러기		1000 [kg] 이상
사류, 볏짚류		1000 [kg] 이상
가연성 고체류		3000 [kg] 이상
석탄·목탄류		10000 [kg] 이상
가연성 액체류		2 [m^3] 이상
목재가공품 및 나무부스러기		10 [m^3] 이상
고무류·플라스틱류	발포시킨 것	20 [m^3] 이상
	그 밖의 것	3000 [kg] 이상

암기 면이 나대싸 넘사벽 천 가고삼 가액이 석목만 고발이

60 ★★★

화재의 예방 및 안전관리에 관한 법령상 소방청장, 소방본부장 또는 소방서장이 화재안전조사를 하려면 관계인에게 조사대상, 조사기간 및 조사사유 등을 서면으로 통지하고 며칠 이상 공개해야 하는가? (단, 긴급하게 조사할 필요가 있는 경우와 사전에 통지하면 조사목적을 달성할 수 없다고 인정되는 경우는 제외한다)

① 7
② 10
③ 12
④ 14

해설 화재안전조사 방법 및 절차

1) 화재안전조사 절차
   관계인에게 조사대상, 조사기간, 조사사유 등 서면 통지 : 7일 이상 공개(인터넷 홈페이지나 전산시스템)
2) 화재안전조사 결과에 따른 조치명령
   (1) 소방대상물의 개수·이전·제거
   (2) 사용의 금지 또는 제한, 사용폐쇄
   (3) 공사의 정지 또는 중지
3) 화재안전조사 연기
   연기의 사유 및 기간 등을 적어 제출 : 3일 전

2021년 4회
▶ 소방기계시설의 구조 및 원리

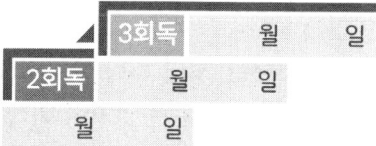

제한 시간 :   목표 점수 :
1회 출제 ★ | 2회 출제 ★★ | 3회 이상 출제 ★★★

61 ★★

이산화탄소소화설비 배관의 설치기준으로 적절치 않은 것은?

① 압력배관용 탄소강관(KS D 3562)으로 스케줄 80 이상의 것
② 고압식은 이음이 없는 동 및 동합금관으로 16.5 [MPa] 이상의 압력에 견딜 수 있는 것
③ 저압식은 이음이 없는 동 및 동합금관으로 3.75 [MPa] 이상의 압력에 견딜 수 있는 것
④ 동관의 배관부속은 사용하는 동관과 동등 이상의 강도와 내식성이 있는 것

해설 이산화탄소소화설비 배관

구분		설치조건
강관 (압력배관용 탄소강관)	고압식	스케줄 80 이상 (20 [mm] 이하 : 스케줄 40 이상인 것)
	저압식	스케줄 40 이상
동관 (이음이 없는 동 및 동합금관)	고압식	16.5 [MPa] 이상의 압력에 견딜 수 있는 것
	저압식	3.75 [MPa] 이상의 압력에 견딜 수 있는 것
배관부속	**고압식 1차 측**	최소사용설계압력 : **9.5 [MPa]**
	고압식 2차 측과 저압식	최소사용설계압력 : **4.5 [MPa]**

62 ★★★

피난기구에 관한 정의이다. 틀린 것은?

① 피난사다리 : 화재 시 긴급대피를 위해 사용하는 사다리
② 간이완강기 : 사용자의 몸무게에 따라 자동적으로 내려 올 수 있는 기구 중 사용자가 교대하여 연속적으로 사용할 수 있는 것
③ 구조대 : 포지 등을 사용하여 자루 형태로 만든 것으로서, 화재 시 사용자가 그 내부에 들어가서 내려옴으로써 대피할 수 있는 것
④ 피난용트랩 : 화재 층과 직상 층을 연결하는 계단형태의 피난기구

해설 간이완강기

사용자의 몸무게에 따라 자동적으로 내려올 수 있는 기구 중 사용자가 <u>연속적으로 사용할 수 없는 것</u>

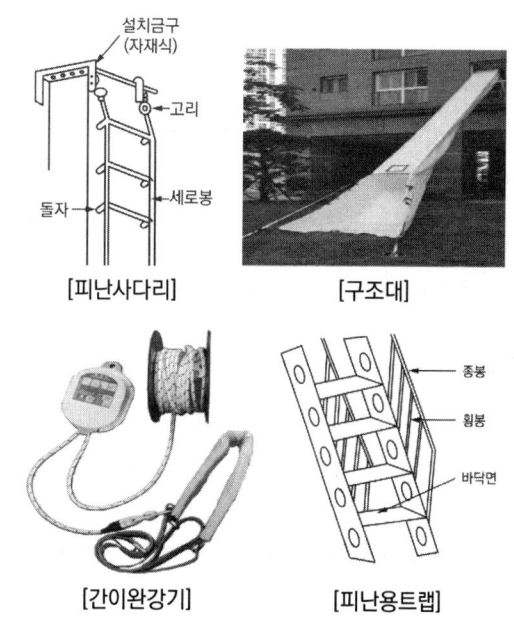

정답 61 ① 62 ②

63 ★★★

연결살수설비 전용헤드의 경우 천장 또는 반자의 각 부분으로부터 하나의 살수헤드까지의 수평거리의 최대기준은 몇 [m] 이하인가?

① 2.1 [m] ② 2.3 [m]
③ 3.2 [m] ④ 3.7 [m]

해설 연결살수설비 설치기준

1) 연결살수설비의 헤드는 연결살수설비 전용헤드 또는 스프링클러헤드로 설치해야 한다.
2) 건축물에 설치하는 연결살수설비의 헤드는 다음의 기준에 따라 설치해야 한다.
   (1) 천장 또는 반자의 실내에 면하는 부분에 설치할 것
   (2) 천장 또는 반자의 각 부분으로부터 하나의 살수헤드까지의 수평거리가 연결살수설비 전용헤드의 경우에는 3.7 [m] 이하, 스프링클러헤드의 경우는 2.3 [m] 이하로 할 것. 다만 살수헤드의 부착면과 바닥과의 높이가 2.1 [m] 이하인 부분은 살수헤드의 살수분포에 따른 거리로 할 수 있다.

64 ★★★

제연설비에서 배출기 배출 측 풍속은 몇 [m/s] 이하로 하여야 하는가?

① 5 [m/s]   ② 15 [m/s]
③ 20 [m/s] ④ 25 [m/s]

해설 제연설비 풍속 기준

1) 배출기의 흡입 측 풍도 안의 풍속 : 15 [m/s] 이하
2) 배출기의 배출 측 풍도 안의 풍속 : 20 [m/s] 이하
3) 유입풍도 안의 풍속 : 20 [m/s] 이하
4) 예상제연구역에 공기가 유입되는 순간의 풍속 : 5 [m/s] 이하

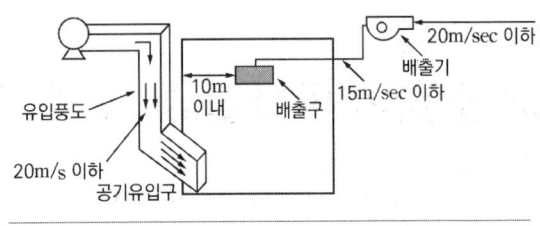

65 ★★★

포소화설비중 고정포 방출구 방식에 있어서 포소화약제 저장탱크 용량 산정에 포함되지 않아도 되는 항목은?

① 보조 소화전 방출량
② 10 [%] 여유 방출량
③ 고정포방출구 방출량
④ 가장 먼 탱크까지의 송액관 충전량

해설 포 소화약제의 저장량 – 고정포방출구 방식

고정포방출구 방식은 다음의 양을 합한 양 이상으로 할 것
1) 고정포방출구에서 방출하기 위하여 필요한 양
2) 보조 소화전에서 방출하기 위하여 필요한 양
3) 가장 먼 탱크까지의 송액관(내경 75 [mm] 이하의 송액관을 제외)에 충전하기 위하여 필요한 양

66 ★★★

다음 중 피난기구의 화재안전기술기준에서 정의한 피난기구에 속하지 않는 것은?

① 구조대
② 피난사다리
③ 공기안전매트
④ 방열복 및 공기호흡기

정답 63 ④ 64 ③ 65 ② 66 ④

해설 피난기구의 종류

1) **구조대** : 포지 등을 사용하여 자루 형태로 만든 것으로서 화재 시 사용자가 그 내부에 들어가서 내려옴으로써 대피할 수 있는 것
2) **피난사다리** : 화재 시 긴급대피를 위해 사용하는 사다리
3) **공기안전매트** : 화재 발생 시 사람이 건축물 내에서 외부로 긴급히 뛰어내릴 때 충격을 흡수하여 안전하게 지상에 도달할 수 있도록 포지에 공기 등을 주입하는 구조로 되어 있는 것

[구조대] [피난사다리]

[공기안전매트]

TIP 방열복 및 공기호흡기 : 인명구조기구

해설 옥내소화전 노즐선단에서의 방수압력

0.17 [MPa 이상] 0.7 [MPa] 이하

※ **옥내소화전설비의 방수압력 및 방수량**
특정소방대상물의 어느 층에 있어서도 해당 층의 옥내소화전(2개 이상 설치된 경우에는 2개의 옥내소화전)을 동시에 사용할 경우 각 소화전의 **노즐선단에서의 방수압력이 0.17 [MPa]**(호스릴옥내소화전설비를 포함한다) **이상**이고, 방수량이 130 [L/min](호스릴옥내소화전설비를 포함한다) 이상이 되는 성능의 것으로 할 것. 다만 하나의 옥내소화전을 사용하는 **노즐선단에서의 방수압력이 0.7 [MPa]을 초과할 경우에는 호스접결구의 인입 측에 감압장치를 설치**해야 한다.

68 ★★★

할론소화설비의 화재안전기술기준에서 할론 1301 축압식 저장용기의 충전비로서 맞는 것은?

① 0.51 이상 0.67 미만
② 0.67 이상 2.75 이하
③ 0.7 이상 1.4 이하
④ 0.9 이상 1.6 이하

해설 할론 1301 저장용기의 충전비

충전비 : 0.9 이상 1.6 이하

67 ★★★

전동기에 따른 펌프를 이용하는 가압송수장치의 설치는 소방대상물의 어느 층에 있어서도 당해 층의 옥내소화전을 동시에 사용할 경우 각 소화전의 노즐선단에서의 방수압력의 최소기준은 몇 [MPa] 이상인가?

① 0.17 [MPa] 이상
② 0.2 [MPa] 이상
③ 0.27 [MPa] 이상
④ 0.7 [MPa] 이상

69 ★★★

정격토출량이 300 [L/min]인 옥내소화전설비 펌프의 성능시험배관 유량계의 유량측정범위로 가장 적합한 것은?

① 200 [L/min] ~ 300 [L/min]
② 200 [L/min] ~ 400 [L/min]
③ 200 [L/min] ~ 500 [L/min]
④ 200 [L/min] ~ 600 [L/min]

정답 67 ① 68 ④ 69 ④

> **해설** 성능시험배관의 유량측정장치

유량측정장치는 펌프의 정격토출량의 175 [%] 이상까지 측정할 수 있는 성능이 있을 것

따라서 최소 "정격토출량의 175 [%]"는 측정할 수 있어야 함

정격토출량의 175 [%] = 300 [L/min] × 1.75
　　　　　　　　　　 = 525 [L/min]

따라서 525 [L/min]을 측정할 수 있는 범위인 "④ 200 ~ 600 [L/min]"이 정답

70 ★★★

연결송수관설비의 송수관 설치 및 송수구 부근에 설치하는 자동배수밸브 또는 체크밸브의 설치에 따른 설치기준에 대한 내용으로 틀린 것은?

① 배수밸브 또는 체크밸브의 설치 시 습식의 경우에는 송수구, 자동배수밸브, 체크밸브의 순으로 할 것
② 송수구는 구경 65 [mm]의 쌍구형으로 할 것
③ 송수구는 지면으로부터의 높이가 0.8 [m] 이상 1.5 [m] 이하의 위치에 설치할 것
④ 배수밸브 또는 체크밸브의 설치 시 건식의 경우에는 송수구, 자동배수밸브, 체크밸브, 자동배수밸브의 순으로 설치할 것

> **해설** 연결송수관설비 송수구 설치기준

1) 소방차가 쉽게 접근할 수 있고 잘 보이는 장소에 설치할 것
2) <u>지면으로부터 높이가 0.5 [m] 이상 1 [m] 이하의 위치에 설치할 것</u>
3) 송수구는 화재층으로부터 지면으로 떨어지는 유리창 등이 송수 및 그 밖의 소화작업에 지장을 주지 않는 장소에 설치할 것
4) 송수구로부터 연결송수관설비의 주배관에 이르는 연결배관에 개폐밸브를 설치한 때에는 그 개폐상태를 쉽게 확인 및 조작할 수 있는 옥외 또는 기계실 등의 장소에 설치할 것
5) <u>구경 65 [mm]의 쌍구형으로 할 것</u>
6) 송수구에는 그 가까운 곳의 보기 쉬운 곳에 송수압력범위를 표시한 표지를 할 것
7) 송수구는 연결송수관의 수직배관마다 1개 이상을 설치할 것
8) 송수구의 부근에는 자동배수밸브 및 체크밸브를 다음의 기준에 따라 설치할 것
　(1) **습식** : 송수구 · **자**동배수밸브 · **체**크밸브의 순으로 설치할 것
　(2) **건식** : 송수구 · **자**동배수밸브 · **체**크밸브 · **자**동배수밸브의 순으로 설치할 것
9) 송수구에는 가까운 곳의 보기 쉬운 곳에 "연결송수관설비송수구"라고 표시한 표지를 설치할 것
10) 송수구에는 이물질을 막기 위한 마개를 씌울 것

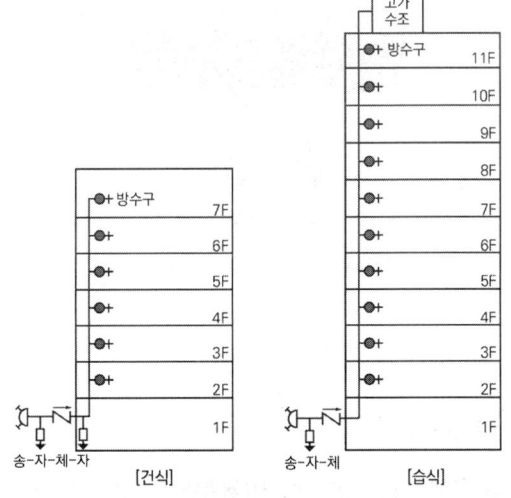

암기 습식 - 송자체, 건식 - 송자체자

71 ★★★

5층 시장건물의 슈퍼마켓에 설치되는 스프링클러설비전용 수원의 수량 산출 계산방법으로서 옳은 것은?

① 10개 × 1.6 [m³] = 16 [m³]
② 20개 × 1.8 [m³] = 36 [m³]
③ 30개 × 1.6 [m³] = 48 [m³]
④ 40개 × 2.6 [m³] = 78 [m³]

해설 폐쇄형 스프링클러설비 수원의 저수량

1) 설치장소별 기준개수

스프링클러설비 설치장소		기준개수
지하층을 제외한 층수가 10층 이하인 특정소방대상물	공장 — 특수가연물을 저장·취급하는 것	30
	공장 — 그 밖의 것	20
	근린생활시설·판매시설·운수시설·복합건축물 — 판매시설 또는 복합건축물(판매시설이 설치된 복합건축물)	30
	그 밖의 것	20
	그 밖의 것 — 헤드의 부착높이가 8 [m] 이상	20
	그 밖의 것 — 헤드의 부착높이가 8 [m] 미만	10
지하층을 제외한 층수가 11층 이상인 특정소방대상물(아파트 제외)·지하가 또는 지하역사		30

[비고] 하나의 소방대상물이 2 이상의 "스프링클러헤드의 기준개수"란에 해당하는 때에는 기준개수가 많은 것을 기준으로 한다. 다만 각 기준개수에 해당하는 수원을 별도로 설치하는 경우에는 그렇지 않다.

2) 수원 = N(기준개수) × 1.6 [m³]
   = 30 × 1.6 [m³] = 48 [m³]

72 ★★★

바닥면적이 200 [m²]인 판매시설에 설치하여야 할 소화기구의 최소 능력단위는 얼마인가? (단, 건축물의 주요구조부는 내화구조이고, 실내는 불연재료로 마감되어 있다. 다른 조건은 무시한다)

① 1단위
② 2단위
③ 3단위
④ 4단위

해설 특정소방대상물별 소화기구의 능력단위

특정소방대상물	소화기구의 능력단위
1. 위락시설	해당 용도의 바닥면적 30 [m²]마다 능력단위 1단위 이상
2. 공연장·집회장·관람장·문화재·장례식장 및 의료시설	해당 용도의 바닥면적 50 [m²]마다 능력단위 1단위 이상
3. 근린생활시설·**판매시설**·운수시설·숙박시설·노유자시설·전시장·공동주택·업무시설·방송통신시설·공장·창고시설·항공기 및 자동차 관련 시설 및 관광휴게시설	**해당 용도 바닥면적 100 [m²]마다 능력단위 1단위 이상**
4. 그 밖의 것	해당 용도 바닥면적 200 [m²]마다 능력단위 1단위 이상

※ 주요구조부가 **내화구조**이고 벽 및 반자의 실내에 면하는 부분이 **불연·준불연·난연재료**로 된 특정소방대상물은 위 표의 **바닥면적의 2배**를 기준면적으로 적용

- 능력단위 = $\dfrac{\text{바닥면적}[m^2]}{\text{소화기구의 능력단위}[m^2/\text{단위}]}$

  = $\dfrac{200[m^2]}{100 \times 2[m^2/\text{단위}]} = 1[\text{단위}]$

73 ★★★

호스릴방식의 분말소화설비에 있어서 하나의 노즐당 필요한 소화약제별 기준량으로 틀린 것은?

① 제1종 분말 : 40 [kg] 이상
② 제2종 분말 : 27 [kg] 이상
③ 제3종 분말 : 27 [kg] 이상
④ 제4종 분말 : 18 [kg] 이상

해설 호스릴방식의 분말소화설비 설치기준

소화약제의 종별	제1종	제2·3종	제4종
1분당 방출하는 소화약제의 양	**45 [kg/min]**	27 [kg/min]	18 [kg/min]

74 ★★★

다음 중 스프링클러설비의 헤드의 종류가 폐쇄형 헤드가 아닌 것은?

① 습식 방식
② 건식 방식
③ 준비작동식 방식
④ 일제살수식 방식

해설 스프링클러설비 헤드의 종류
- **폐쇄형** : 습식, 건식, 준비작동식, 부압식
- **개방형** : 일제살수식

75 ★★★

제연설비를 설치하기 위해서는 하나의 제연구역의 면적은 몇 [m²] 이내로 하여야 하는가?

① 1000
② 1500
③ 2000
④ 2500

해설 제연설비의 제연구역 구획 기준

1) 하나의 제연구역 면적 : <u>1000 [m²] 이내</u>
2) 거실과 통로(복도 포함)는 각각 제연구획할 것
3) 통로상의 제연구역은 보행중심선의 길이가 60 [m]를 초과하지 않을 것
4) 하나의 제연구역은 직경 60 [m] 원 내에 들어갈 수 있을 것
5) 하나의 제연구역은 2 이상 층에 미치지 않도록 할 것

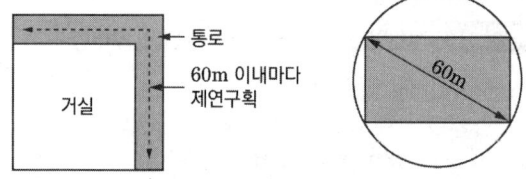

76 ★★★

주차장 물분무소화설비의 수원량 기준으로 다음 중 옳은 것은?

① 10 [L/min·m²] × 20 [분] × 최대 방수구역의 바닥면적(50 [m²] 이하인 경우 50 [m²])
② 12 [L/min·m²] × 20 [분] × 최대 방수구역의 바닥면적(50 [m²] 이하인 경우 50 [m²])
③ 15 [L/min·m²] × 20 [분] × 최대 방수구역의 바닥면적(50 [m²] 이하인 경우 50 [m²])
④ 20 [L/min·m²] × 20 [분] × 최대 방수구역의 바닥면적(50 [m²] 이하인 경우 50 [m²])

해설 물분무소화설비 수원의 저수량

소방대상물	토출량	비고
특수가연물을 저장·취급하는 특정소방대상물	10 [L/min·m²]	최소 바닥면적 50 [m²]

정답 73 ① 74 ④ 75 ① 76 ④

소방대상물	토출량	비고
절연유봉입 변압기·**컨**베이어벨트	10 [L/min·m²]	-
케이블트레이·**케이**블덕트	12 [L/min·m²]	-
차고·**주**차장	20 [L/min·m²]	최소 바닥면적 50 [m²]

• 저수량 = 면적 × 토출량 × 방수시간(20 [min])

🔑 암기 특절컨 10, 케이트 12, 차주 20

77 ★★★

분말소화설비의 화재안전기술기준에서 분말소화약제의 저장용기를 가압식으로 설치할 때 안전밸브의 작동압력은?

① 최고사용압력의 0.8배 이하
② 최고사용압력의 1.8배 이하
③ 내압시험압력의 0.8배 이하
④ 내압시험압력의 1.8배 이하

📖 해설 분말소화약제 저장용기 설치기준

1) 저장용기 내용적

소화약제의 종류	제1종	제2·3종	제4종
소화약제 1 [kg]당 저장용기의 내용적	0.8 [L]	1 [L]	1.25 [L]

2) 저장용기에는 <u>가압식</u>은 <u>최고사용압력의 1.8배 이하</u>, 축압식은 용기의 내압시험압력의 0.8배 이하의 압력에서 작동하는 안전밸브를 설치할 것
3) 저장용기에는 저장용기의 내부압력이 설정압력으로 되었을 때 주밸브를 개방하는 정압작동장치를 설치할 것
4) 저장용기의 충전비는 0.8 이상으로 할 것
5) 저장용기 및 배관에는 잔류 소화약제를 처리할 수 있는 청소장치를 설치할 것
6) 축압식 저장용기에는 사용압력 범위를 표시한 지시압력계를 설치할 것

78 ★★★

상수도 소화전의 호칭지름 100 [mm] 이상을 연결할 수 있는 상수도 배관의 호칭지름은 몇 [mm] 이상이어야 하는가?

① 50
② 75
③ 80
④ 100

📖 해설 상수도소화용수설비 설치기준

1) <u>호칭지름 75 [mm] 이상</u>의 수도배관에 호칭지름 100 [mm] 이상의 소화전을 접속할 것
2) 소화전은 소방자동차 등의 진입이 쉬운 도로변 또는 공지에 설치할 것
3) 소화전은 특정소방대상물의 수평투영면의 각 부분으로부터 140 [m] 이하가 되도록 설치할 것

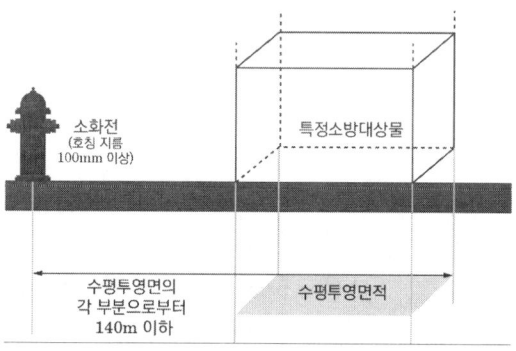

정답 77 ② 78 ②

79 ★★

옥내소화전설비에 대한 설명으로 틀린 것은?

① 옥내소화전설비의 전용 수원의 최대 확보량은 50층 이상일 경우에 39 [m³] 이상이 되어야 한다.
② 옥내소화전설비의 전용 가압송수장치의 최대 토출량은 최소한 분당 260리터 이상은 되어야 한다.
③ 기동용수압개폐장치 중 압력챔버를 사용할 경우 그 용적이 100리터 이상이 되어야 한다.
④ 옥내소화전설비에 비상전원을 설치해야 할 특정소방대상물은 층수가 7층 이상으로서 연면적이 1500 [m²] 이상이 되어야 한다.

해설 옥내소화전 설비

1) 수원의 양

층수	수원의 양
29층 이하	N(최대 **2**개) × 130 [L/min] × **20** [min] (= N × 2.6 [m³])
30층 이상 49층 이하	N(최대 **5**개) × 130 [L/min] × **40** [min] (= N × 5.2 [m³])
50층 이상	N(최대 **5**개) × 130 [L/min] × **60** [min] (= N × 7.8 [m³])

따라서

(1) 50층 이상일 경우, 수원의 최대 확보량 :
  5 × 7.8 [m³] = __39 [m³]__
(2) 옥내소화전설비(29층 이하)의 가압송수장치의 최대 토출량 :
  2 × 130 [L/min] = __260 [L/min]__
  (※ 옥내소화전설비에서 층수에 대한 조건이 없을 경우, 29층 이하로 가정하여 최대 토출량에 대한 답을 도출한다.)

2) 기동용수압개폐장치 중 압력챔버를 사용할 경우 그 용적은 __100 [L] 이상__의 것으로 할 것

3) 비상전원 설치대상
  다음의 어느 하나에 해당하는 특정소방대상물의 옥내소화전설비에는 비상전원을 설치해야 한다.
  (다만 2 이상의 변전소에서 전력을 동시에 공급받을 수 있거나 하나의 변전소로부터 전력의 공급이 중단되는 때에는 자동으로 다른 변전소로부터 전원을 공급받을 수 있도록 상용전원을 설치한 경우와 가압수조방식에는 비상전원을 설치하지 않을 수 있다.)
  (1) 층수가 __7층 이상__으로서 __연면적 2000 [m²] 이상__인 것
  (2) (1)에 해당하지 않는 특정소방대상물로서 지하층의 바닥면적 합계가 3000 [m²] 이상인 것

80 ★★★

물분무소화설비의 물분무헤드 설치 제외 조건 중 기계장치 등 운전 시에 표면의 온도가 몇 [℃] 이상일 때 물분무헤드의 설치 제외가 가능한가?

① 250 ② 260
③ 270 ④ 280

해설 물분무헤드 설치 제외

1) 물에 심하게 반응하는 물질 또는 물과 반응하여 위험한 물질을 생성하는 물질을 저장 또는 취급하는 장소
2) 고온의 물질 및 증류범위가 넓어 끓어 넘치는 위험이 있는 물질을 저장 또는 취급하는 장소
3) 운전 시에 표면의 온도가 __260 [℃] 이상__으로 되는 등 직접 분무를 하는 경우 그 부분에 손상을 입힐 우려가 있는 기계장치 등이 있는 장소

정답 79 ④ 80 ②

모아바 www.moa-ba.com
모아소방전기학원 www.moate.co.kr

격차를 뛰어넘어 **압도적인 격차**를 만들다

※ 소방기본법 내용 중 '문화재'라는 용어는 타법 개정(2024.5.7.)에 따라 '문화유산' 및 '국가유산'으로 변경·통일하였습니다. 학습에 참고바랍니다.

▶ 세부구성

|1,2회| 소방원론
　　　　소방유체역학
　　　　소방관계법규
　　　　소방기계시설의 구조 및 원리

|3회| 소방원론
　　　소방유체역학
　　　소방관계법규
　　　소방기계시설의 구조 및 원리

|4회| 소방원론
　　　소방유체역학
　　　소방관계법규
　　　소방기계시설의 구조 및 원리

2020년 1, 2회
소방원론

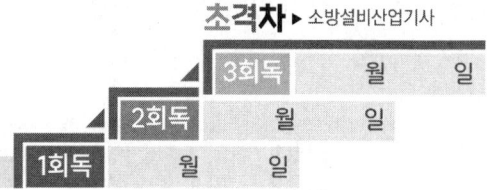

01 ★

화재안전기술기준상 이산화탄소소화약제 저압식 저장용기의 설치기준에 대한 설명으로 틀린 것은?

① 충전비는 1.1 이상 1.4 이하로 한다.
② 3.5 [MPa] 이상의 내압시험압력에 합격한 것이어야 한다.
③ 용기 내부의 온도가 -18 [℃] 이하에서 2.1 [MPa]의 압력을 유지할 수 있는 자동냉동장치를 설치해야 한다.
④ 내압시험압력의 0.64 ~ 0.8배의 압력에서 작동하는 봉판을 설치해야 한다.

해설 CO₂ 소화설비 저압식 저장용기 설치기준

1) 안전밸브 설치 : 내압시험압력의 0.64배부터 0.8배의 압력에서 작동
2) **봉판 설치 : 내압시험압력의 0.8배부터 내압시험압력에서 작동**
3) 액면계 및 압력계 설치
4) 압력경보장치 설치 : 2.3 [MPa] 이상 1.9 [MPa] 이하의 압력에서 작동
5) 자동냉동장치 설치 : 용기 내부의 온도가 섭씨 영하 18 [℃] 이하에서 2.1 [MPa]의 압력을 유지
6) 내압시험압력 : 3.5 [MPa] 이상의 내압시험압력에 합격한 것으로 할 것

02 ★★★

화재로 인하여 산소가 부족한 건물 내에 산소가 새로 유입된 때에는 고열가스의 폭발 또는 급속한 연소가 발생하는데 이 현상을 무엇이라고 하는가?

① 파이어 볼 ② 보일 오버
③ 백 드래프트 ④ 백 파이어

해설 화재 시 발생현상

현상	설명
파이어 볼	인화성액체가 대량 기화되어 갑자기 발화될 때 발생하는 공 모양 화염
보일 오버	중질유 탱크저부 에멀젼(물)이 증발하면서 부피가 팽창하여 유류 분출
백 드래프트	신선한 공기 유입으로 실내 축적가스가 단시간 연소, 폭발하여 실외로 분출
백 파이어	가스가 노즐에서 나가는 속도가 연소 속도보다 느려 버너 내부에서 연소

03 ★★★

0 [℃]의 얼음 1 [g]을 100 [℃]의 수증기로 만드는 데 필요한 열량은 약 몇 [cal]인가? (단, 물의 융융열은 80 [cal/g], 증발잠열은 539 [cal/g]이다)

① 518 ② 539
③ 619 ④ 719

해설 물의 잠열

1) 얼음의 융해잠열 : 80 [cal/g] (= 334 [kJ/kg])
2) 물의 증발잠열 : 539 [cal/g] (= 2257 [kJ/kg])
3) 0 [℃] 물 1 [g] → 100 [℃] 수증기 : 639 [cal/g]
4) 0 [℃] 얼음 1 [g] → 100 [℃] 수증기 : 719 [cal/g]

0℃ 얼음 → 0℃ 물 → 100℃ 물 → 100℃ 수증기
$Q_1 \quad\quad Q_2 \quad\quad Q_3$

① 잠열량 Q_1 (0 [℃] 얼음 → 0 [℃] 물)
$$Q_1 = mr_{융해} = 1[g] \times 80[cal/g] = 80[cal]$$
② 현열량 Q_2 (0 [℃] 물 → 100 [℃] 물)
$$Q_2 = mC_물 \Delta T$$
$$= 1[g] \times 1[cal/g \cdot ℃] \times (100-0)[℃]$$
$$= 100[cal]$$
③ 잠열량 Q_3 (100 [℃] 물 → 100 [℃] 수증기)
$$Q_3 = mr_{증발} = 1[g] \times 539[cal/g] = 539[cal]$$
④ 총 필요한 열량 Q
$$Q = Q_1 + Q_2 + Q_3 = 80 + 100 + 539 = 719[cal]$$

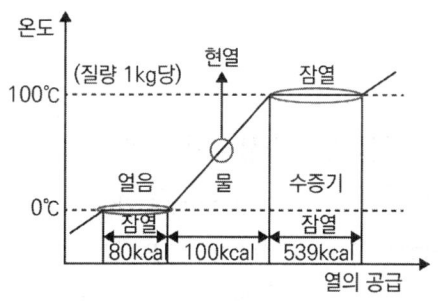

[물의 상태변화]

보충 물의 증발잠열 539 [cal/g]은 100 [℃]의 물 1 [g]이 100 [℃]의 수증기가 될 때 필요한 열량

해설 대기의 구성성분

- 산소(O_2) : 21 [%]
- 질소(N_2) : 78 [%]
- 아르곤(Ar) : 0.93 [%]
- 이산화탄소(CO_2) : 0.04 [%]
- 기타 : 0.03 [%]

05 ★★★

연소 또는 소화약제에 관한 설명으로 틀린 것은?

① 기체의 정압비열은 정적비열보다 크다.
② 프로페인(프로판)가스가 완전연소하면 일산화탄소와 물이 발생한다.
③ 이산화탄소소화약제는 액화할 수 있다.
④ 물의 증발잠열은 아세톤, 벤젠보다 크다.

해설 완전연소와 불완전연소 생성물

구분	완전연소	불완전연소
정의	산소 공급이 충분한 상태에서의 연소	산소 공급이 불충분한 상태에서의 연소
생성물	이산화탄소(CO_2), 수증기(H_2O)	일산화탄소(CO), 그을음

04 ★★★

공기 중의 산소는 약 몇 [vol%]인가?

① 15 ② 21
③ 28 ④ 32

06 ★★★

다음 중 전기화재에 해당하는 것은?

① A급 화재 ② B급 화재
③ C급 화재 ④ K급 화재

정답 04 ② 05 ② 06 ③

해설 화재의 분류

등급	화재	표시색	가연물
A급	일반화재	백색	나무, 섬유, 종이, 고무, 플라스틱류
B급	유류화재	황색	인화성 액체, 가연성 액체, 석유 그리스, 타르, 오일, 유성도료, 솔벤트, 래커, 알코올 및 인화성 가스 등
C급	전기화재	청색	전류가 흐르고 있는 전기기기, 배선 등
D급	금속화재	무색	마그네슘 합금 등 가연성 금속
K급	주방화재	-	주방에서 동식물유를 취급하는 조리기구

암기 일유전 금주

07 ★★★

물을 이용한 대표적인 소화효과로만 나열된 것은?

① 냉각효과, 부촉매효과
② 냉각효과, 질식효과
③ 질식효과, 부촉매효과
④ 제거효과, 냉각효과, 부촉매효과

해설 물의 소화효과

효과	설명
냉각효과	증발(기화) 잠열 에 의한 열 흡수
질식효과	기화 시 체적이 약 1650배(1600~1700배) 증가하여 주변 산소농도 낮춤
유화효과	에멀전 형성, 가연성혼합기 생성 억제
희석효과	분해가스나 증기의 농도 낮춤

보충 부촉매효과 : 분말, 할로겐화합물

08 ★★★

포소화약제의 포가 갖추어야 할 조건으로 적합하지 않은 것은?

① 화재면과의 부착성이 좋을 것
② 응집성과 안정성이 우수할 것
③ 환원시간(Drainage Time)이 짧을 것
④ 약제는 독성이 없고 변질되지 말 것

해설 포소화약제 조건

1) 포의 안정성이 좋을 것 (+)
2) 유류와의 접착성이 좋을 것 (+)
3) 포의 유동성과 내열성이 좋을 것 (+)
4) 유류의 표면에 잘 분산될 것 (+)
5) 환원시간이 길 것 (+)
6) 독성이 적을 것 (-)

TIP 독성만 (-)

09 ★★★

다음 중 인화점이 가장 낮은 것은?

① 경유
② 메틸알코올
③ 이황화탄소
④ 등유

해설 인화점

물질	인화점 [℃]
다이에틸에터(디에틸에테르)	-45
가솔린(휘발유)	-43
산화프로필렌	-37
이황화탄소	**-30**
아세톤	-18
메틸알코올	11
에틸알코올	13
등유	39
경유	41

암기 인가산이아 / 메에 / 등경

정답 07 ② 08 ③ 09 ③

10 ★★★

자연발화를 일으키는 원인이 아닌 것은?

① 산화열 ② 분해열
③ 흡착열 ④ 기화열

해설 자연발화의 원인

분류	개념	종류
산화열	가연물이 산소와 결합하여 발생	불포화 섬유지, 석탄, 기름걸레
분해열	물질이 분해하며 열축적에 의해 발화	셀룰로이드, 아세틸렌
흡착열	흡착 시 발생하는 열	활성탄, 목탄
중합열	중합반응에 의한 열 (분해열과 반대)	액화 시안화수소
발효열	미생물에 의해 발효되면서 발생	먼지, 퇴비

11 ★★★

열전달에 대한 설명으로 틀린 것은?

① 전도에 의한 열전달은 물질 표면을 보온하여 완전히 막을 수 있다.
② 대류는 밀도 차이에 의해 열이 전달된다.
③ 진공 속에서도 복사에 의한 열전달이 가능하다.
④ 화재 시의 열전달은 전도, 대류, 복사가 모두 관여된다.

해설 열전달

① 전도에 의한 열전달은 물질 표면을 보온하여도 완전히 막을 수 없다.

분류	개념
전도	고온체와 저온체의 직접적인 접촉에 의해 열 이동 (온도 차에 의해 열 전달)
대류	유체의 흐름에 의해 열 이동 (밀도 차에 의해 열 전달)
복사	열전달 매질 없이 전자파 형태로 열 이동 (진공 속에서도 복사에 의한 열전달 가능)

암기 전대복

12 ★★★

불연성 물질로만 이루어진 것은?

① 황린, 나트륨
② 적린, 황
③ 이황화탄소, 나이트로글리세린
④ 과산화나트륨, 질산

해설 불연성 물질

제1류 위험물	제6류 위험물
염소산염류, 과염소산염류, **알칼리금속의 과산화물**, 브로민산염류, 과망가니즈산염류, 무기과산화물	**질산**, 과염소산, 과산화수소

13 ★★★

피난대책의 일반적 원칙이 아닌 것은?

① 피난수단은 원시적인 방법으로 하는 것이 바람직하다.
② 피난대책은 비상시 본능 상태에서도 혼돈이 없도록 한다.
③ 피난경로는 가능한 한 길어야 한다.
④ 피난시설은 가급적 고정식 시설이 바람직하다.

해설 피난대책 일반 원칙

피난 대책은 Fail - Safe와 Fool - Proof 원칙에 따른다.
1) Fail - Safe
  (1) 하나의 수단이 고장으로 실패하여도 다른 수단을 이용할 수 있도록 할 것
  (2) 양방향 피난경로를 상시 확보해 둘 것
  (3) 부분화, 다중화할 것
2) Fool - Proof
  (1) 피난수단은 조작이 간편한 원시적 방법으로 할 것
  (2) 비상시 판단능력 저하를 대비하여 누구나 알 수 있도록 간단한 그림이나 색채를 이용하여 표시할 것
  (3) 피난설비는 고정식 설비로 설치할 것
  (4) **피난경로는 간단명료하게 할 것**

14 ★★★

기체 상태의 Halon 1301은 공기보다 약 몇 배 무거운가? (단, 공기의 평균 분자량은 28.84이다)

① 4.05배　② 5.17배
③ 6.12배　④ 7.01배

해설 증기비중

$$\text{증기비중} = \frac{\text{기체의 분자량}}{\text{공기의 평균 분자량}}$$

$$\text{증기비중} = \frac{149(\text{할론 1301 분자량})}{28.84} ≒ 5.17배$$

보충 할론 1301(CF_3Br)
원자량(C : 12, F : 19, Br : 80)

15 ★★★

건물화재에서의 사망원인 중 가장 큰 비중을 차지하는 것은?

① 연소가스에 의한 질식
② 화상
③ 열충격
④ 기계적 상해

해설 건물화재 사망원인

연소가스에 의한 질식사가 가장 큰 비중 차지

16 ★★★

공기 중 산소의 농도를 낮추어 화재를 진압하는 소화방법에 해당하는 것은?

① 부촉매소화　② 냉각소화
③ 제거소화　　④ 질식소화

해설 소화의 형태

소화	내용
냉각소화	열 흡수, 발화점 이하로 낮추어 소화
질식소화	산소농도 15 [%] 이하로 낮춤
제거소화	가연물을 차단, 격리
억제소화	연쇄반응을 차단, 부촉매소화

17 ★★

다음 중 독성이 가장 강한 가스는?

① C_3H_9
② O_2
③ CO_2
④ $COCl_2$

해설 유해가스

연소가스	특징
일산화탄소 (CO)	• 불완전연소 시 발생 • 유독성 • 흡입 시 헤모글로빈과 결합하여 산소 운반 저해
이산화탄소 (CO_2)	• 완전연소 시 발생 • 연소가스 중 가장 많은 양 발생 • 다량 흡입 시 호흡속도 증가
암모니아 (NH_3)	• 인체에 자극성이 큰 가연성 가스 • 질소함유물, 수지류, 나무 등이 연소 시 발생
포스겐 ($COCl_2$)	• PVC, 수지류, 염소가 함유된 가연물 연소 시 발생 • 맹독성(0.1 ppm)
황화수소(H_2S)	• 달걀 썩는 냄새 • 독성, 부식성, 가연성 가스
시안화수소 (HCN)	• 질소함유물 등이 불완전연소 시 발생 • 청산가스
아크롤레인 (CH_2CHCHO)	• 맹독성(0.1 [ppm]) • 석유제품, 유지 등이 연소 시 생성

18 ★★

물과 반응하여 가연성 가스를 발생시키는 물질이 아닌 것은?

① 탄화알루미늄
② 칼륨
③ 과산화수소
④ 트라이에틸알루미늄(트리에틸알루미늄)

해설 제3류 위험물(자연발화성 물질 및 금수성 물질)

1) 제3류 위험물
   칼륨(K), 나트륨(Na), **알킬알루미늄(트라이에틸알루미늄)**, 알킬리튬, 황린, 알칼리금속(Li), 알칼리토금속(Ca), 유기금속화합물(1·2족 제외), 금속의 수소화물, 금속의 인화물(인화칼슘, 인화알루미늄), 칼슘·알루미늄의 탄화물(탄화칼슘, **탄화알루미늄**)

2) 특성
   • 물과 접촉하면 가연성 가스 발생(황린 제외)
   • 팽창진주암, 팽창질석 등에 의한 질식소화
   ⑴ 자연발화성 물질 및 금수성 물질
   ⑵ 물과 접촉하면 가연성 가스 발생(황린 제외)
   ⑶ 황린은 연소 시 오산화인(P_2O_5) 발생
   ⑷ 보호액 속에 저장

물질	저장 장소(보호액)
황린(P_4)	물속
칼륨(K), 나트륨(Na), 리튬(Li)	석유류(파라핀, 등유, 경유) 속

   ⑸ 소화
   ① 팽창진주암, 팽창질석 등에 의한 질식소화
   ② 황린은 물로 인한 냉각소화

   보충 과산화수소(제6류 위험물) : 다량의 물로 희석소화

정답 17 ④ 18 ③

19 ★★★

전기화재의 원인으로 볼 수 없는 것은?

① 중합반응에 의한 발화
② 과전류에 의한 발화
③ 누전에 의한 발화
④ 단락에 의한 발화

해설 전기화재 원인

1) 과전류(과부하)
2) 단락(합선)
3) 누전
4) 낙뢰
5) 전기불꽃
6) 정전기로 인한 스파크 발생

보충
- 단락 : 전기 회로의 두 점 사이의 절연이 잘 안되어서 두 점 사이가 접속되는 일
- 누전 : 절연이 불완전하거나 시설이 손상되어 전기가 전깃줄 밖으로 새어 흐름

TIP 중합반응 : 자연발화의 원인

20 ★★★

위험물별 성질의 연결로 틀린 것은?

① 제2류 위험물 - 가연성 고체
② 제3류 위험물 - 자연발화성 물질 및 금수성 물질
③ 제4류 위험물 - 산화성 고체
④ 제5류 위험물 - 자기반응성 물질

해설 위험물의 분류

구분	개요
제1류	**산**화성 고체
제2류	**가**연성 고체
제3류	**자**연발화성 및 금수성 물질
제4류	**인**화성 액체
제5류	**자**기반응성 물질
제6류	**산**화성 액체

암기 산가자 인자산

정답 19 ① 20 ③

소방유체역학

2020년 1, 2회

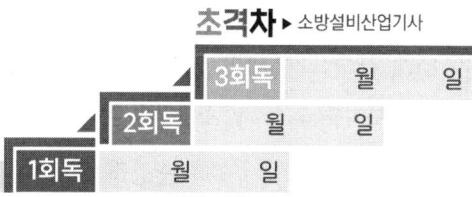

21 ★★★

표준대기압하에서 온도가 20 [℃]인 공기의 밀도 [kg/m³]는? (단, 공기의 기체상수는 287 [J/kg·K]이다)

① 0.012
② 1.2
③ 17.6
④ 1000

해설 기체의 밀도

이상기체상태방정식 $PV = nRT = \dfrac{W}{M}RT = W\overline{R}T$

$PV = W\overline{R}T \rightarrow \dfrac{W}{V} = \dfrac{P}{\overline{R}T}$

밀도 $\rho = \dfrac{P}{\overline{R}T}$

$= \dfrac{101325\,[Pa]}{287\,[J/kg \cdot K] \times (273+20)\,[K]}$

$= 1.2\,[kg/m^3]$

P : 절대압력 [Pa]
V : 부피 [m³]
n : 몰수 [kmol]
M : 분자량 [kg/kmol]
W : 기체의 질량 [kg]
$\overline{R}$: 특정기체상수 [J/kg·K]
T : 절대온도 [K] (273 + [℃])

보충 표준대기압 1 [atm] = 101325 [Pa]

22 ★★

안지름 25 [cm]인 원판으로 1500 [m] 떨어진 곳(수평거리)에 하루에 10000 [m³]의 물을 보내는 경우 압력강하 [kPa]는 얼마인가? (단, 마찰계수는 0.035이다)

① 58.4
② 584
③ 84.8
④ 848

해설 원관에서의 압력강하(달시 웨버식)

손실수두 $H_L[m] = f \times \dfrac{L}{D} \times \dfrac{V^2}{2g}$

여기서, f : 관 마찰계수
L : 배관의 길이 [m]
D : 관경 [m]
V : 유속 [m/s]
g : 중력가속도 [m/s²]

1) 유속 V ($Q = AV$ 공식)

$V = \dfrac{4Q}{\pi D^2} = \dfrac{4 \times \dfrac{10000\,[m^3]}{86400\,[s]}}{\pi \times (0.25\,[m])^2} = 2.358\,[m/s]$

2) 마찰손실(달시 웨버식)

$H[m] = \dfrac{\Delta P}{\gamma} = f \times \dfrac{L}{D} \times \dfrac{V^2}{2g}$

$\Delta P = \gamma \times f \times \dfrac{L}{D} \times \dfrac{V^2}{2g}$

$\Delta P = 9.8 \times 0.035 \times \dfrac{1500}{0.25} \times \dfrac{23.58^2}{2 \times 9.8}$

$= 583.82\,[kPa]$

보충 하루 = 24 [hr]

$= 1440\,[min] \left(\because 24\,[hr] \times \dfrac{60\,[min]}{1\,[hr]} \right)$

$= 86400\,[s] \left(\because 1440\,[min] \times \dfrac{60\,[s]}{1\,[min]} \right)$

정답 21 ② 22 ②

23 ★★★

관 내에 흐르는 유체의 흐름을 구분하는 데 사용되는 레이놀즈 수의 물리적인 의미는?

① 관성력/중력 ② 관성력/탄성력
③ 관성력/압축력 ④ 관성력/점성력

해설 레이놀즈수

레이놀즈수 $Re = \dfrac{\rho VD}{\mu} = \dfrac{VD}{\nu}$

여기서, ρ : 밀도 [kg/m³]
V : 유속 [m/s], D : 직경 [m]
μ : 점성계수 [N·s/m²]
ν : 동점성계수 [m²/s]

1) 유체가 흐를 때 유동의 특성을 구분하는 척도가 되는 값으로 무차원수
2) 물리적인 의미 : $Re = \dfrac{관성력}{점성력}$

24 ★★

다음 중 점성계수가 큰 순서대로 바르게 나열한 것은?

① 공기 > 물 > 글리세린
② 글리세린 > 공기 > 물
③ 물 > 글리세린 > 공기
④ 글리세린 > 물 > 공기

해설 점성계수가 큰 순서

글리세린 > 물 > 공기

암기 그물공

25 ★★★

10 [kg]의 액화 이산화탄소가 15 [℃]의 대기 (표준대기압) 중으로 방출되었을 때 이산화탄소의 부피 [m³]는? (단, 일반기체상수는 8.314 [kJ/kmol·K]이다)

① 5.4 ② 6.2
③ 7.3 ④ 8.2

해설 이산화탄소 부피(이상기체상태 방정식)

이상기체상태방정식 $PV = nRT = \dfrac{W}{M}RT = W\overline{R}T$

$PV = WRT \rightarrow V = \dfrac{WRT}{PM}$

$V = \dfrac{10 \times 8.314 \times (273+15)}{101.325 \times 44}$

$= 5.37 \, [m^3]$

P : 절대압력 [kPa]
V : 부피 [m³]
M : 분자량 [kg/kmol]
W : 기체의 질량 [kg]
R : 기체상수 (8.314 [kPa·m³/kmol·K])
T : 절대온도 [K] (273 + [℃])

보충 이산화탄소(CO_2) 분자량 : 44 [kg/kmol]

26 ★★★

점성계수 μ의 차원으로 옳은 것은? (단, M은 질량, L은 길이, T는 시간이다)

① $ML^{-1}T^{-1}$
② MLT
③ $M^{-2}L^{-1}T$
④ MLT^2

정답 23 ④ 24 ④ 25 ① 26 ①

해설 동점성계수와 점성계수 차원

구분	절대단위	차원
점성계수	kg/m·s	$ML^{-1}T^{-1}$
동점성계수	m^2/s	L^2T^{-1}

27 ★★★

어떤 펌프가 1000 [rpm]으로 회전하여 전양정 10 [m]에 0.5 [m^3/min]의 유량을 방출한다. 이때 펌프가 2000 [rpm]으로 운전된다면 유량 [m^3/min]은 얼마인가?

① 1.2
② 1
③ 0.7
④ 0.5

해설 펌프의 유량(상사법칙)

① 유량 $Q_2 = \left(\dfrac{N_2}{N_1}\right)^1 \times \left(\dfrac{D_2}{D_1}\right)^3 \times Q_1$

② 양정 $H_2 = \left(\dfrac{N_2}{N_1}\right)^2 \times \left(\dfrac{D_2}{D_1}\right)^2 \times H_1$

③ 동력 $L_2 = \left(\dfrac{N_2}{N_1}\right)^3 \times \left(\dfrac{D_2}{D_1}\right)^5 \times L_1$

여기서, Q_1, Q_2 : 유량
H_1, H_2 : 양정, L_1, L_2 : 동력
N_1, N_2 : 임펠러의 회전수
D_1, D_2 : 임펠러의 직경

$Q_2 = \left(\dfrac{N_2}{N_1}\right) \times Q_1$

$Q_2 = \left(\dfrac{2000}{1000}\right) \times 0.5 = 1\,[m^3/min]$

28 ★★★

열역학 제2법칙에 관한 설명으로 틀린 것은?

① 열효율 100 [%]인 열기관은 제작이 불가능하다.
② 열은 스스로 저온체에서 고온체로 이동할 수 없다.
③ 제2종 영구기관은 동작물질의 종류에 따라 존재할 수 있다.
④ 한 열원에서 발생하는 열량을 일로 바꾸기 위해서는 반드시 다른 열원의 도움이 필요하다.

해설 열역학 제2법칙

열역학 법칙	내용
제0법칙	• 열평형의 법칙 • 온도는 높은 곳에서 낮은 곳으로 흐름 • 온도계의 원리
제1법칙	• 에너지보존의 법칙(엔탈피의 법칙) • 가역법칙 • **열량은 일량으로, 일량은 열량으로 변환 가능**
제2법칙	• 손실의 법칙(엔트로피의 법칙) → **열효율 100 [%]인 열기관은 제작 불가** • 에너지의 방향성과 비가역설을 설명 • **열은 저온에서 고온으로 흐르지 않음** • 열을 완전히 일로 바꿀 수 있는 열기관은 만들 수 없음 → **실제로 일이 열로 변화(W → Q)는 쉽게 일어나는 자연현상이나, 열이 일로 변화(Q → W)는 제한이 있음** • **제2종 영구기관은 존재할 수 없음**
제3법칙	• 물체의 온도를 절대영도까지 내릴 수 없음

보충 • 제1종 영구기관 : 입력보다 출력이 더 큰 기관으로 열효율이 100 [%] 이상인 기관(열역학 제1법칙에 위배)
• 제2종 영구기관 : 입력과 출력이 같은 기관으로 열효율이 100 [%]인 기관(열역학 제2법칙에 위배)

29 ★★★

밑면은 한 변의 길이가 2 [m]인 정사각형이고 높이가 4 [m]인 직육면체 탱크에 비중이 0.8인 유체를 가득 채웠다. 유체에 의해 탱크의 한쪽 측면에 작용하는 힘 [kN]은?

① 125.4
② 169.2
③ 178.4
④ 186.2

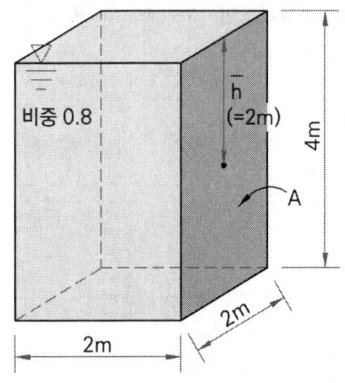

γ : 유체의 비중량 [kN/m³]
γ_w : 물의 비중량 [kN/m³]
S : 유체의 비중
$\bar{h}$: 평판의 도심점으로부터 액면까지 연직 상방의 거리 [m]
A : 평판의 단면적 [m²]

TIP 수직으로 잠겨 있는 평판은 각도가 90°인 경사평판으로 해석할 수 있다.

보충 $\gamma = S \times \gamma_w$, $\rho = S \times \rho_w$

해설 한쪽 측면에 작용하는 힘(전압력)

경사면에 작용하는 유체의 전압력
$$F[N] = \gamma \bar{h} A = \gamma(\bar{y} \cdot \sin\theta)A$$

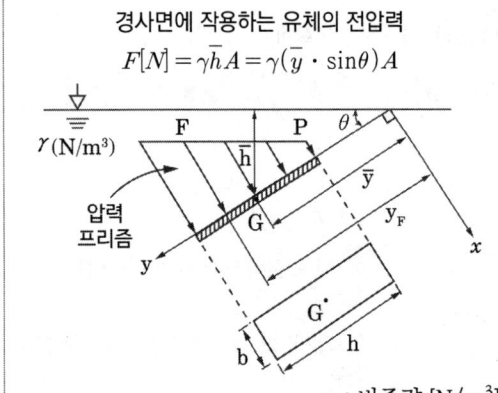

γ : 비중량 [N/m³]
$\bar{h}$: 경사면의 도심점으로부터 액면까지 연직 상방의 높이 [m]
A : 면적 [m²], G : 도심점
※ 여기서, 탱크 측면에 작용하는 힘은 경사각이 90°인 경사면에 작용하는 유체의 전압력으로 본다.
(만약 경사각이 90°라면 $\gamma \bar{h} A = \gamma \bar{y} A$)

$F = \gamma \bar{h} A = (S \times \gamma_w) \times \bar{h} \times A$

$= (0.8 \times 9.8) \times \dfrac{4}{2} \times (4 \times 2)$

$\fallingdotseq 125.4 \, [kN]$

정답 29 ①

30 ★

단면적이 0.1 [m²]에서 0.5 [m²]로 급격히 확대되는 관로에 0.5 [m³/s]의 물이 흐를 때 급격확대에 의한 부차적 손실수두[m]는?

① 0.61
② 0.78
③ 0.82
④ 0.98

해설 돌연확대관 손실수두

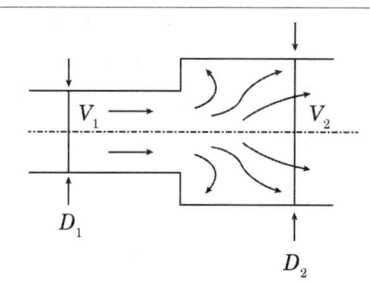

돌연확대관 손실수두 $H_L = \dfrac{(V_1 - V_2)^2}{2g} = K \times \dfrac{V_1^2}{2g}$

여기서, K : 손실계수
V : 유속 [m/s]
g : 중력가속도 [m/s²]

1) 유속 V_1, V_2 ($Q = AV$ 공식)

(1) 유속 $V_1 = \dfrac{Q}{A_1} = \dfrac{0.5}{0.1} = 5 [m/s]$

(2) 유속 $V_2 = \dfrac{Q}{A_2} = \dfrac{0.5}{0.5} = 1 [m/s]$

2) 돌연확대관 손실수두 H

$H = \dfrac{(V_1 - V_2)^2}{2g} = \dfrac{(5-1)^2}{2 \times 9.8}$
$= 0.816 [m]$

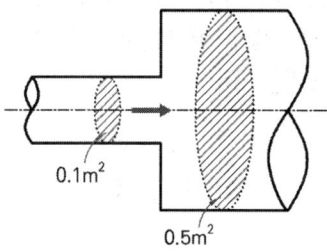

31 ★★★

어떤 수평관에서 물의 속도는 28 [m/s]이고, 압력은 160 [kPa]이다. (ㄱ) 속도수두와 (ㄴ) 압력수두는 각각 얼마인가?

① (ㄱ) 40 [m], (ㄴ) 14.3 [m]
② (ㄱ) 50 [m], (ㄴ) 14.3 [m]
③ (ㄱ) 40 [m], (ㄴ) 16.3 [m]
④ (ㄱ) 50 [m], (ㄴ) 16.3 [m]

해설 속도수두와 압력수두

1) 속도수두

$H_v = \dfrac{V^2}{2g} = \dfrac{28^2}{2 \times 9.8} = 40 [m]$

2) 압력수두

$H_p = \dfrac{P}{\gamma} = \dfrac{160}{9.8} = 16.3 [m]$

32 ★★★

대기압이 100 [kPa]인 지역에서 이론적으로 펌프로 물을 끌어올릴 수 있는 최대 높이[m]는?

① 8.8
② 10.2
③ 12.6
④ 14.1

해설 압력단위환산

$100 [kPa] \times \dfrac{10.332 [m]}{101.325 [kPa]} = 10.2 [m]$

암기 표준대기압 1 [atm] = 760 [mmHg]
= 10.332 [mAq]
= 101.325 [kPa]
= 1.01325 [bar]
10332 [kgf/m²]

정답 30 ③ 31 ③ 32 ②

33 ★★★

유체의 흐름에 있어서 유선에 대한 설명으로 옳은 것은?

① 유동단면의 중심을 연결한 선이다.
② 유체의 흐름에 있어서 위치벡터에 수직한 방향을 갖는 연속적인 선이다.
③ 모든 점에서 유체 흐름의 속도벡터의 방향을 갖는 연속적인 선이다.
④ 정상류에서만 존재하고 난류에서는 존재하지 않는다.

해설 유체의 흐름(유선)

임의의 유동장 내에서 유체입자가 곡선을 따라 움직인다고 할 때 그 곡선이 갖는 접선과 유체입자가 갖는 속도벡터의 방향을 일치하도록 운동해석을 할 때 그 곡선을 유선이라 한다.

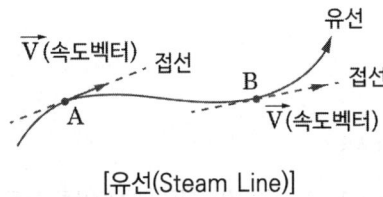

[유선(Steam Line)]

34 ★★★

비중이 0.85인 가연성 액체가 직경 20 [m], 높이 15 [m]인 탱크에 저장되어 있을 때 탱크 최저부에서의 액체에 의한 압력[kPa]은?

① 147
② 12.7
③ 125
④ 14.7

해설 액체에 의한 압력

압력 $P[Pa] = \gamma h = S\gamma_w h$
여기서, γ : 비중량 [N/m³]
h : 높이 [m], S : 비중
γ_w : 물의 비중량 [N/m³]

$P = \gamma h = S\gamma_w h$
$= 0.85 \times 9.8[kN/m^3] \times 15[m] = 124.95[kPa]$

보충 $\gamma = S \times \gamma_w$, $\rho = S \times \rho_w$

35 ★★★

표준대기압 상태에서 소방펌프차가 양수시작 후 펌프 입구의 진공계가 10 [cmHg]를 표시하였다면 펌프에서 수면까지의 높이[m]는? (단, 수은의 비중은 13.6이며, 모든 마찰손실 및 펌프 입구에서의 속도수두는 무시한다)

① 0.36
② 1.36
③ 2.36
④ 3.36

해설 압력단위 환산

$10[cmHg] \times \dfrac{10.332[mAq]}{76[cmHg]} = 1.36[m]$

암기 표준대기압 1 [atm] = 760 [mmHg]
= 10.332 [mAq]
= 101.325 [kPa]
= 1.01325 [bar]
10332 [kg$_f$/m²]

36 ★★★

전양정 80 [m], 토출량 500 [L/min]인 물을 사용하는 소화펌프가 있다. 펌프효율 65 [%], 전달계수(K) 1.1인 경우 필요한 전동기의 최소 동력은 약 몇 [kW]인가?

① 9 [kW]
② 11 [kW]
③ 13 [kW]
④ 15 [kW]

정답 33 ③ 34 ③ 35 ② 36 ②

해설 펌프의 동력

동력 $P[kW] = \dfrac{\gamma[kN/m^3] \times Q[m^3/s] \times H[m]}{\eta} \times K$

여기서, γ : 물의 비중량 [9.8 kN/m³]
Q : 유량 [m³/s], H : 전양정 [m]
η : 효율, K : 전달계수

$P = \dfrac{\gamma QH}{\eta} \times K = \dfrac{9.8 \times \frac{0.5}{60} \times 80}{0.65} \times 1.1 = 11\,[kW]$

37 ★★

완전 흑체로 가정한 흑연의 표면 온도가 450 [℃]이다. 단위 면적당 방출되는 복사에너지의 열유속 [kW/m²]은? (단, 흑체의 Stefan-Boltzmann 상수 $\sigma = 5.67 \times 10^{-8}$ [W/m²·K⁴]이다)

① 2.33　　② 15.5
③ 21.4　　④ 232.5

해설 스테판 볼츠만 법칙(복사열 전달)

단위 면적당 복사열량 $\dot{Q}''[W/m^2] = \varepsilon \times \sigma \times T^4$

$\dot{Q}'' = \varepsilon \times \sigma \times T^4$
　　$= 1 \times (5.67 \times 10^{-8}) \times (273 + 450)^4$
　　$= 15493\,[W/m^2] = 15.5\,[kW/m^2]$

ε : 방사율(흑체일 때 $\varepsilon = 1$)
σ : 스테판 볼츠만 계수 $[W/m^2 \cdot K^4]$
T : 절대온도 [K]

38 ★★★

그림과 같은 단순 피토관에서 물의 유속[m/s]은?

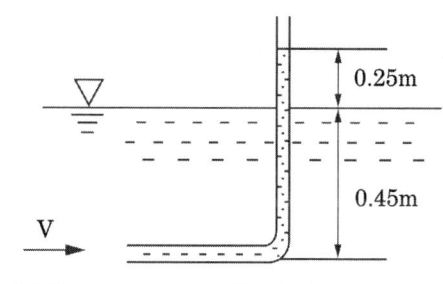

① 1.71　　② 1.98
③ 2.21　　④ 3.28

해설 피토관

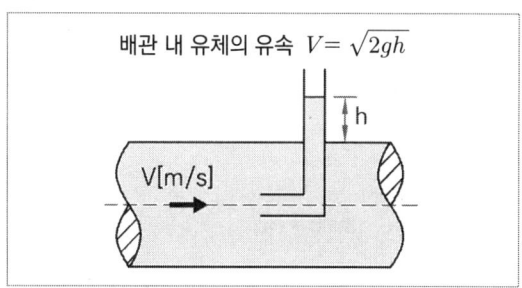

배관 내 유체의 유속 $V = \sqrt{2gh}$

유속 $V = \sqrt{2gh} = \sqrt{2 \times 9.8 \times 0.25} = 2.21\,[m]$

정답 37 ②　38 ③

39 ★★★

온도 20 [℃], 절대압력 400 [kPa], 기체 15 [m³]을 등온압축하여 체적이 2 [m³]로 되었다면 압축 후의 절대압력 [kPa]은?

① 2000
② 2500
③ 3000
④ 4000

해설 등온압축 후 절대압력

> 보일의 법칙 $P_1 V_1 = P_2 V_2$
> P_1, P_2 : 절대압력 [kPa]
> V_1, V_2 : 부피 [m³]

$P_1 V_1 = P_2 V_2$

$400 \times 15 = P_2 \times 2$

$P_2 = \dfrac{400 \times 15}{2} = 3000\ [kPa]$

보충 보일의 법칙에서 압력(P)는 반드시 절대압력을 대입한다.

40 ★★★

4 [kg/s]의 물 제트가 평판에 수직으로 부딪힐 때 평판을 고정시키기 위하여 60 [N]의 힘이 필요하다면 제트의 분출속도 [m/s]는?

① 3
② 7
③ 15
④ 30

해설 물 제트의 분출속도

> 고정평판에 작용하는 힘
> $F[N] = \rho Q V = \rho A V^2 = \dot{M} V$
> 여기서, ρ : 밀도 [kg/m³]
> Q : 체적유량 [m³/s]
> V : 노즐에서의 유속 [m/s]
> A : 노즐의 단면적 [m²]
> $\dot{M}$: 질량유량($= \rho Q$) [kg/s]

$F = \dot{M} V$

$60\,[N] = 4\,[kg/s] \times V\,[m/s]$

$\therefore V = 15\,[m/s]$

소방관계법규

41 ★★★

소방기본법령상 소방활동에 필요한 소화전·급수탑·저수조를 설치하고 유지·관리하여야 하는 사람은? (단, 수도법에 따라 설치되는 소화전은 제외한다)

① 소방서장
② 시·도지사
③ 소방본부장
④ 소방파출소장

해설 소방용수시설 설치 및 관리

1) 소방용수시설 : 소화전, 급수탑, 저수조
2) 소방용수시설 설치·유지·관리 : 시·도지사
   ※ 「수도법」에 따라 소화전을 설치하는 일반수도사업자는 관할 소방서장과 사전협의를 거친 후 소화전을 설치하여야 하며, 설치 사실을 관할 소방서장에게 통지하고, 그 소화전을 유지·관리
3) 시·도지사는 소방자동차의 진입이 곤란한 지역 등 화재발생 시에 초기 대응이 필요한 지역으로서 대통령령으로 정하는 지역"에 소방호스 또는 호스릴 등을 소방용수시설에 연결하여 화재를 진압하는 시설이나 장치(비상소화장치)를 설치하고 유지·관리할 수 있다(※ 대통령령으로 정하는 지역 : 화재경계지구, 시·도지사가 비상소화장치의 설치가 필요하다고 인정하는 지역).
4) 소방용수시설 및 지리조사 기준
   (1) 실시자 : 소방본부장·서장
   (2) 횟수 및 보관 : 월 1회 이상 실시
                     결과 2년 보관

42 ★★★

다음 소방시설 중 소방시설공사업법령상 하자보수 보증기간이 3년이 아닌 것은?

① 비상방송설비
② 옥내소화전설비
③ 자동화재탐지설비
④ 물분무등소화설비

해설 소방시설 하자보수 보증기간

소방시설	기간
• **피**난기구·유도등·유도표지 • **비**상경보설비 • **비**상조명등 • **비**상방송설비 • **무**선통신보조설비	2년
• 자동소화장치 • 옥내·외소화전설비 • 스프링클러·간이스프링클러설비 • 물분무등소화설비 • 자동화재탐지설비 • 상수도소화용수설비 • 소화활동설비(무선통신보조설비 제외)	3년

암기 이년 피비무

정답 41 ② 42 ①

43 ★

다음 중 위험물안전관리법령상 제6류 위험물은?

① 황
② 칼륨
③ 황린
④ 질산

해설 제6류 위험물(산화성 액체)

품명	지정수량
과염소산	
과산화수소	300 [kg]
질산	

보충 황 : 2류, 칼륨 : 3류, 황린 : 3류

44 ★★

화재의 예방 및 안전관리에 관한 법령상 2급 소방안전관리대상물의 소방안전관리자로 선임될 수 없는 사람은?

① 위험물기능사 자격을 가진 사람
② 소방공무원으로 3년 이상 근무한 경력이 있는 사람
③ 의용소방대원으로 3년 이상 근무한 경력이 있는 사람
④ 2급 소방안전관리대상물의 소방안전관리에 관한 시험에 합격한 사람

해설 2급 소방안전관리대상물 소방안전관리자

(1) 위험물기능장·위험물산업기사·위험물기능사 자격자
(2) 소방공무원으로 3년 이상 근무 경력
(3) 「기업활동 규제완화에 관한 특별조치법」에 따라 소방안전관리자로 선임된 사람
(4) 소방청장 실시 2급 소방안전관리 시험 합격자

45 ★★★

화재의 예방 및 안전관리에 관한 법령상 소방안전관리대상물의 관계인이 소방안전관리자를 선임할 경우에는 선임한 날부터 며칠 이내에 소방본부장 또는 소방서장에게 신고하여야 하는가?

① 7
② 14
③ 21
④ 30

해설 소방안전관리자 선임신고

1) 선임권자 : 관계인
2) 선임 : 30일 이내
3) 선임 신고 : 14일 이내 소방본부장, 소방서장에게 신고하고, 소방안전관리대상물의 출입자가 쉽게 알 수 있도록 소방안전관리자의 성명과 그 밖에 행정안전부령으로 정하는 사항을 게시하여야 함
4) 선임신고 기준일
  (1) 신축·증축·개축·재축·대수선·용도변경으로 특정소방대상물 소방안전관리자 신규 선임해야 하는 경우 : 해당 특정소방대상물의 사용승인일
  (2) 증축·용도변경으로 특정소방대상물이 소방안전관리대상물로 된 경우 : 증축공사사용승인일, 용도변경 사실을 건축물관리대장에 기재한 날
  (3) 특정소방대상물 양수, 경매, 환가, 매각 등에 의해 관계인의 권리 취득한 경우 : 해당 권리를 취득한 날, 관할 소방서장으로부터 소방안전관리자 선임 안내 받은 날
  (4) 관리의 권원이 분리된 경우 : 관리의 권원이 분리되거나 소방본부장 또는 소방서장이 관리의 권원을 조정한 날
  (5) 소방안전관리자 해임, 퇴직한 경우 : 소방안전관리자 해임, 퇴직한 날
  (6) 소방안전관리업무를 대행하는 자를 감독할 수 있는 사람을 소방안전관리자로 선임한 경우로서 그 업무대행 계약이 해지 또는 종료된 경우 : 소방안전관리업무 대행이 끝난 날

정답 43 ④ 44 ③ 45 ②

(7) 소방안전관리자 자격이 정지 또는 취소된 경우 : 소방안전관리자 자격이 정지 또는 취소된 날

46 ★★★

소방시설공사업법령상 소방공사감리를 실시함에 있어 용도와 구조에서 특별히 안전성과 보안성이 요구되는 소방대상물로서 소방시설물에 대한 감리를 감리업자가 아닌 자가 감리할 수 있는 장소는?

① 정보기관의 청사
② 교도소 등 교정 관련 시설
③ 국방 관계시설 설치장소
④ 원자력안전법상 관계시설이 설치되는 장소

해설 감리업자

1) 감리업자 업무
   (1) 소방시설등 설치계획표 적법성 검토
   (2) 소방시설등 설계도서 적합성 검토
   (3) 소방시설등 설계 변경 사항 적합성 검토
   (4) 소방용품 위치·규격 및 사용 자재 적합성 검토
   (5) 공사업자가 한 소방시설 시공이 설계도서와 화재안전기술기준에 맞는지 지도·감독
   (6) 완공된 소방시설등의 성능시험
   (7) 공사업자가 작성한 시공 상세도면 적합성 검토
   (8) 피난시설 및 방화시설 적법성 검토
   (9) 실내장식물의 불연화와 방염 물품의 적법성 검토
2) 감리업자가 아닌 자가 감리할 수 있는 보안성 등이 요구되는 소방대상물 시공 장소 : 「원자력안전법」에 따른 관계시설이 설치되는 장소

47 ★★

위험물안전관리법령상 위험물의 안전관리와 관련된 업무를 시행하는 자로서 소방청장이 실시하는 안전교육대상자가 아닌 사람은?

① 제조소등의 관계인
② 안전관리자로 선임된 자
③ 위험물운송차로 종사하는 자
④ 탱크시험자의 기술인력으로 종사하는 자

해설 안전교육대상자

1) 안전원에 위탁
   (1) 위험물 운반자, 위험물 운송자의 요건을 갖추려는 사람
   (2) 위험물 취급자격자의 자격을 갖추려는 사람
   (3) 안전관리자로 선임된 자 및 위험물 운송자, 운반자에 대한 안전교육
2) 기술원에 위탁
   (1) 탱크시험자의 기술인력으로 종사하는 자

48 ★★★

소방시설공사업법상 소방시설업의 등록을 하지 아니하고 영업을 한 사람에 대한 벌칙은?

① 500만 원 이하의 벌금
② 1년 이하의 징역 또는 2천만 원 이하의 벌금
③ 3년 이하의 징역 또는 3천만 원 이하의 벌금
④ 5년 이하의 징역 또는 5천만 원 이하의 벌금

해설 소방시설공사업법 벌칙

[3년 3000만 원]
1. 소방시설업 등록하지 아니하고 영업을 한 자
2. 부정한 청탁을 받고 재물 또는 재산상의 이익을 취득하거나 부정한 청탁을 하면서 재물 또는 재산상의 이익을 제공한 자

정답 46 ④ 47 ① 48 ③

[1년 1000만 원]
1. 영업정지 처분을 받고 그 기간에 영업한 자
2. 법과 NFTC를 위반한 설계·시공자
3. 적법하지 않게 감리를 하거나 거짓으로 감리한 자
4. 공사 감리자를 지정하지 아니한 관계인
5. 공사업자가 감리업자의 시정보완 요구를 무시하고 그 공사를 계속할 경우 감리업자는 그 사실을 소방본부장 또는 소방서장에게 보고하여야 한다. 이 사실을 거짓으로 보고한 감리업자
6. 공사감리 결과보고서의 제출을 거짓으로 한 감리업자
7. 무등록 소방시설업자에게 소방공사 도급한 관계인 또는 발주자
8. 도급받은 소방시설의 설계, 시공, 감리를 하도급한 자
9. 하도급받은 소방시설공사를 다시 하도급한 하수급인
10. 소방기술자가 법 또는 명령을 따르지 않고 업무를 수행한 자

해설 연소우려가 있는 구조

- 대지경계선 안 2 이상의 건축물
- 다른 건축물 외벽으로부터 수평거리가 1층 6 [m] 이하, 2층 이상 10 [m] 이하
- 개구부가 다른 건축물 향하여 설치

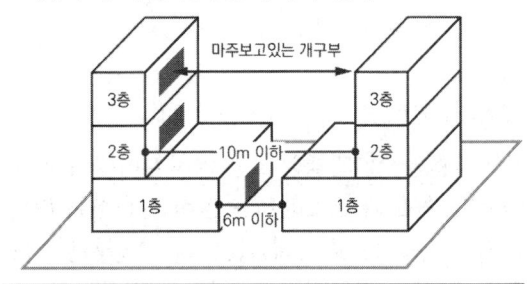

49 ★★★

소방시설 설치 및 관리에 관한 법령상 건축물대장의 건축물 현황도에 표시된 대지경계선 안에 둘 이상의 건축물이 있는 경우, 연소 우려가 있는 건축물의 구조에 대한 기준으로 맞는 것은?

① 건축물이 다른 건축물의 외벽으로부터 수평거리가 1층의 경우에는 6 [m] 이하인 경우
② 건축물이 다른 건축물의 외벽으로부터 수평거리가 2층의 경우에는 6 [m] 이하인 경우
③ 건축물이 다른 건축물의 외벽으로부터 수평거리가 1층의 경우에는 20 [m] 이상의 경우
④ 건축물이 다른 건축물의 외벽으로부터 수평거리가 2층의 경우에는 20 [m] 이상인 경우

50 ★★★

소방시설 설치 및 관리에 관한 법령상 무창층 여부 판단 시 개구부 요건에 대한 기준으로 맞는 것은?

① 도로 또는 차량이 진입할 수 없는 빈터를 향할 것
② 내부 또는 외부에서 쉽게 파괴 또는 개방할 수 없을 것
③ 크기는 지름 50 [cm] 이상의 원이 통과할 수 있는 크기일 것
④ 해당 층의 바닥면으로부터 개구부 밑부분까지의 높이가 1.5 [m] 이내일 것

해설 무창층, 개구부

1) 무창층 : 개구부 면적 합계가 해당 층 바닥면적의 1/30 이하가 되는 층
2) 개구부 기준
   - 크기 : 지름 50 [cm] 이상의 원이 통과
   - 개구부 밑 부분까지의 높이 : 1.2 [m] 이내
   - 도로 또는 차량이 진입 가능한 빈터를 향할 것
   - 화재 시 쉽게 피난할 수 있도록 창살이나 장애물이 설치되지 아니할 것
   - 내부, 외부에서 쉽게 부수거나 열 수 있을 것

정답 49 ① 50 ③

51 ★★★

소방시설 설치 및 관리에 관한 법령상 소방시설관리업 등록의 결격사유에 해당하지 않는 사람은?

① 피성년후견인
② 소방시설 관리업의 등록이 취소된 날로부터 2년이 지난 자
③ 금고 이상의 형의 집행유예를 선고받고 그 유예기간 중에 있는 자
④ 금고 이상의 실형을 선고받고 그 집행이 면제된 날부터 2년이 지나지 아니한 자

해설 소방시설업 등록 결격사유

(1) 피성년후견인
(2) 금고 이상의 실형을 선고받고 집행이 끝나거나 면제된 날부터 2년이 지나지 않은 사람
(3) 금고 이상의 형의 집행유예를 선고받고 그 유예기간 중에 있는 사람
(4) 등록하려는 소방시설업 등록이 취소된 날부터 2년이 지나지 않은 자
(5) 법인 대표가 위 규정에 해당하는 경우 그 법인
(6) 법인 임원이 위 규정에 해당하는 경우 그 법인

52 ★★★

다음 보기 중 소방시설 설치 및 관리에 관한 법령상 소방용품의 형식승인을 반드시 취소하여야만 하는 경우를 모두 고른 것은?

㉠ 형식승인을 위한 시험시설의 시설기준에 미달되는 경우
㉡ 거짓이나 그 밖의 부정한 방법으로 형식승인을 받은 경우
㉢ 제품검사 시 소방용품 형식승인 및 제품검사 기술기준에 미달되는 경우

① ㉡   ② ㉢
③ ㉡, ㉢   ④ ㉠, ㉡, ㉢

해설 형식승인 취소

1) 6개월 이내 기간 제품검사 중지
 • 시험시설 시설기준 미달
 • 제품검사 기술기준 미달
2) 형식승인 취소
 • 거짓이나 부정한 방법으로 제품검사 또는 형식승인 받은 경우
 • 변경승인 받지 않거나 거짓 또는 부정한 방법으로 변경승인 받은 경우

53 ★★★

소방기본법령상 소방대원에게 실시할 교육·훈련의 횟수 및 기간으로 옳은 것은?

① 1년마다 1회, 2주 이상
② 2년마다 1회, 2주 이상
③ 3년마다 1회, 2주 이상
④ 3년마다 1회, 4주 이상

해설 소방대원에게 실시할 교육·훈련

소방업무를 전문적이고 효과적으로 수행하기 위하여 소방대원에게 필요한 교육·훈련을 실시하여야 함

횟수	기간
2년마다 1회	2주 이상

(1) 횟수 : 2년마다 1회
(2) 기간 : 2주 이상
(3) 교육·훈련 실시자 : 소방청장·본부장·서장

정답 51 ② 52 ① 53 ②

(4) 교육·훈련의 종류 및 대상자

종류	대상자
화재진압훈련	소방공무원(화재진압 업무), 의무소방원, 의용소방대원
인명구조훈련	소방공무원(구조 업무), 의무소방원, 의용소방대원
응급처치훈련	소방공무원(구급 업무), 의무소방원, 의용소방대원
인명대피훈련	소방공무원(모든 업무), 의무소방원, 의용소방대원
현장지휘훈련	소방공무원 : 지방소방정, 지방소방령, 지방소방경, 지방소방위

물로 인한 심신장애 상태에서 위반 시 형법의 감경 미적용)
(4) 출동한 소방대의 소방장비를 파손하거나 그 효용을 해하여 화재진압·인명구조·구급활동 방해하는 행위
(5) 소방자동차의 출동을 방해한 사람
(6) 사람을 구출하는 일 또는 불을 끄거나 불이 번지지 않도록 하는 일을 방해한 사람
(7) 정당한 사유 없이 소방용수시설·비상소화장치를 사용하거나 소방용수시설·비상소화장치의 효용을 해치거나 그 정당한 사용을 방해한 사람

54 ★★★

소방기본법령상 벌칙이 5년 이하의 징역 또는 5천만 원 이하의 벌금에 해당하지 않는 것은?

① 정당한 사유 없이 소방용수시설의 효용을 해치거나 그 정당한 사용을 방해하는 자
② 소방자동차가 화재진압 및 구조·구급 활동을 위하여 출동할 때 그 출동을 방해한 자
③ 출동한 소방대의 소방장비를 파손하거나 그 효용을 해하여 화재진압·인명구조 또는 구급활동을 방해한 자
④ 사람을 구출하거나 불이 번지는 것을 막기 위하여 불이 번질 우려가 있는 소방대상물 사용제한의 강제처분을 방해한 자

해설 5년 이하 징역 또는 5000만 원 이하 벌금
(1) 위력을 사용하여 출동한 소방대의 화재진압·인명구조·구급활동을 방해하는 행위
(2) 소방대가 화재진압·인명구조·구급활동을 위하여 현장에 출동하거나 현장에 출입하는 것을 고의로 방해하는 행위
(3) 출동한 소방대원에게 폭행·협박을 행사하여 화재진압·인명구조·구급활동 방해(음주 또는 약

55 ★★★

소방기본법령상 소방용수시설인 저수조의 설치 기준으로 맞는 것은?

① 흡수부분의 수심이 0.5 [m] 이하일 것
② 지면으로부터의 낙차가 4.5 [m] 이하일 것
③ 흡수관의 투입구가 사각형의 경우에는 한 변의 길이가 60 [cm] 이하일 것
④ 저수조에 물을 공급하는 방법은 상수도에 연결하여 수동으로 급수되는 구조일 것

해설 소방용수시설 설치기준
1) 소화전
 • 상수도와 연결, 지하식·지상식 구조
 • 연결금속구 구경 : 65 [mm]
2) 급수탑
 • 급수배관 구경 : 100 [mm] 이상
 • 개폐밸브 : 지상 1.5 [m] 이상 1.7 [m] 이하
3) 저수조
 • 지면으로부터의 낙차 : 4.5 [m] 이하
 • 흡수부분 수심 : 0.5 [m] 이상일 것
 • 흡수관 투입구 : 사각형 한 변 60 [cm], 원형 지름 60 [cm] 이상

정답 54 ④ 55 ②

56 ★★★

위험물안전관리법상 제조소등을 설치하고자 하는 자는 누구의 허가를 받아 설치할 수 있는가?

① 소방서장 ② 소방청장
③ 시·도지사 ④ 안전관리자

해설 제조소 설치 및 변경

1) 설치허가자 : 시·도지사(행정안전부령)
2) 변경신고 : 변경하고자 하는 날의 1일 전
3) 허가 제외 장소
   - 주택의 난방시설(공동주택 중앙난방시설 제외)을 위한 저장소·취급소
   - 농예용·축산용·수산용으로 필요한 난방·건조시설을 위한 지정수량 20배 이하의 저장소

57 ★★★

위험물안전관리법상 업무상 과실로 제조소등에서 위험물을 유출·방출 또는 확산시켜 사람의 생명·신체 또는 재산에 대하여 위험을 발생시킨 자에 대한 벌칙으로 옳은 것은?

① 5년 이하의 금고 또는 5천만 원 이하의 벌금
② 5년 이하의 금고 또는 7천만 원 이하의 벌금
③ 7년 이하의 금고 또는 5천만 원 이하의 벌금
④ 7년 이하의 금고 또는 7천만 원 이하의 벌금

해설 위험물법 벌칙

- 5년 이하 징역 또는 1억 원 이하 벌금
  제조소등의 설치허가를 받지 아니하고 제조소등을 설치한 자
- 7년 이하 금고 또는 7000만 원 이하 벌금
  업무상 과실로 위험물 유출·방출시켜 생명·신체·재산에 위험을 발생시킨 자
- 10년 이하 금고 또는 1억 원 이하 벌금
  업무상 과실로 위험물 유출·방출시켜 사람을 사상에 이르게 한 자

58 ★★★

소방시설 설치 및 관리에 관한 법령상 특정소방대상물 중 숙박시설에 해당하지 않는 것은?

① 모텔 ② 오피스텔
③ 가족호텔 ④ 한국전통호텔

해설 숙박시설

- 일반형 숙박시설 : 호텔, 여관, 모텔
- 생활형 숙박시설 : 관광호텔, 한국전통호텔
- 고시원(근린생활시설에 해당되지 않는 것)

보충 오피스텔 : 업무시설

59 ★★★

소방시설 설치 및 관리에 관한 법령상 건축물의 신축·증축·용도변경 등의 허가 권한이 있는 행정기관은 건축허가를 할 때 미리 그 건축물 등의 시공지 또는 소재지를 관할하는 소방본부장이나 소방서장의 동의를 받아야 한다. 다음 중 건축허가 등의 동의대상물의 범위가 아닌 것은?

① 항공기격납고
② 지하층 또는 무창층이 있는 건축물로서 바닥면적이 150 [m²] 이상인 층이 있는 것
③ 승강기 등 기계장치에 의한 주차시설로서 자동차 10대 이상을 주차할 수 있는 시설
④ 차고·주차장으로 사용되는 바닥면적이 200 [m²] 이상인 층이 있는 건축물이나 주차시설

정답 56 ③ 57 ④ 58 ② 59 ③

해설 건축허가 동의대상물 범위

구분	기준
학교시설	연면적 100 [m²] 이상
노유자(老幼者) 시설 및 수련시설	연면적 200 [m²] 이상
지하층·무창층이 있는 건축물	바닥면적 150 [m²](공연장 100 [m²]) 이상
정신의료기관, 장애인 의료시설	연면적 300 [m²] 이상
일반용도의 특정소방대상물	연면적 400 [m²] 이상
차고, 주차장 또는 주차용도로 사용되는 시설	바닥면적 200 [m²] 이상 / 기계식 주차시설 자동차 20대 이상
• 노인 관련 시설 중 노인주거복지시설, 노인의료복지시설, 재가노인복지시설, 학대피해노인 전용쉼터 • 아동복지시설(아동상담소, 아동전용시설 및 지역아동센터는 제외한다) • 장애인 거주시설 • 정신질환자 관련 시설(공동생활가정을 제외한 재활훈련시설과 종합시설 중 24시간 주거를 제공하지 않는 시설은 제외한다) • 노숙인 관련 시설 중 노숙인자활시설·노숙인재활시설·노숙인요양시설 • 결핵환자나 한센인이 24시간 생활하는 노유자시설	단독주택, 공동주택에 설치되는 시설 제외
• 6층 이상 건축물 • 항공기격납고, 관망탑, 항공관제탑, 방송용 송수신탑 • 요양병원(의료재활시설제외) • 위험물 저장 및 처리시설, 지하구, 전기저장시설, 풍력발전소 • 조산원, 산후조리원, 의원(입원실 있는 것) • 공장 또는 창고시설로서 지정수량의 750배 이상의 특수가연물을 저장·취급하는 것 • 가스시설로서 지상에 노출된 탱크의 저장용량의 합계가 100톤 이상인 것	-

60 ★★★

소방기본법령상 소방활동구역에 출입할 수 있는 자는?

① 한국소방안전원에 종사하는 자
② 수사업무에 종사하지 않는 검찰청 소속 공무원
③ 의사·간호사 그 밖의 구조·구급업무에 종사하는 사람
④ 소방활동구역 밖에 있는 소방대상물의 소유자·관리자 또는 점유자

해설 소방활동구역 출입자

1) 설정
   (1) 설정권자 : 소방대장
   (2) 소방활동구역을 정하여 소방활동에 필요한 사람으로서 대통령령으로 정하는 사람 외에는 그 구역에 출입하는 것을 제한

2) 출입자
   (1) 소방활동구역 안에 있는 소방대상물의 소유자·관리자·점유자
   (2) 전기·가스·수도·통신·교통의 업무 종사자로서 소방활동을 위해 필요한 사람
   (3) <u>의사·간호사 그 밖의 구조·구급업무 종사자</u>
   (4) 취재인력 등 보도업무 종사자
   (5) 수사업무 종사자
   (6) 그 밖에 소방대장이 소방활동을 위해 출입을 허가한 사람

3) 경찰공무원은 소방대가 소방활동구역에 있지 않거나, 소방대장의 요청이 있을 때에는 출입제한 조치를 할 수 있음

정답 60 ③

소방기계시설의 구조 및 원리

61 ★★★

상수도소화용수설비의 화재안전성능기준에 따라 상수도소화용수설비의 소화전은 특정소방대상물의 수평투영면의 각 부분으로부터 최대 몇 [m] 이하가 되도록 설치하여야 하는가?

① 100
② 120
③ 140
④ 160

해설 상수도소화용수설비 설치기준

1) 호칭지름 75 [mm] 이상의 수도배관에 호칭지름 100 [mm] 이상의 소화전을 접속할 것
2) 소화전은 소방자동차 등의 진입이 쉬운 도로변 또는 공지에 설치할 것
3) 소화전은 특정소방대상물의 수평투영면의 각 부분으로부터 140 [m] 이하가 되도록 설치할 것

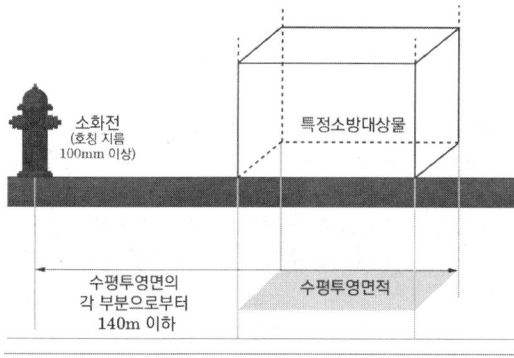

62 ★★★

소화수조 및 저수조의 화재안전기술기준에 따라 소화용수 소요수량이 120 [m³]일 때 소화용수설비에 설치하는 채수구는 몇 개가 소요되는가?

① 2
② 3
③ 4
④ 5

해설 소화수조 및 저수조 채수구 설치기준

채수구는 다음 표에 따라 소방호스 또는 소방용 흡수관에 사용하는 구경 65 [mm] 이상의 나사식 결합금속구를 설치할 것

[소요수량에 따른 채수구의 수]

소요수량	20 [m³] 이상 40 [m³] 미만	40 [m³] 이상 100 [m³] 미만	100 [m³] 이상
채수구의 수(개)	1개	2개	3개

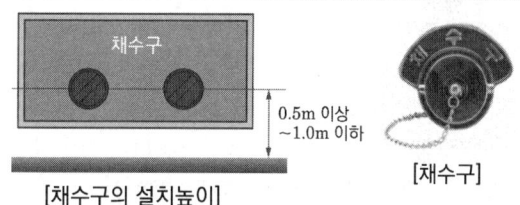

[채수구의 설치높이] [채수구]

정답 61 ③ 62 ②

63 ★★★

포소화설비의 화재안전기술기준에 따른 포소화설비 설치기준에 대한 설명으로 틀린 것은?

① 포워터스프링클러헤드는 바닥면적 8 [m²]마다 1개 이상 설치해야 한다.
② 포헤드를 정방형으로 배치하든 장방형으로 배치하든 간에 그 유효반경은 2.1 [m]로 한다.
③ 포헤드는 특정소방대상물의 천장 또는 반자에 설치하되, 바닥면적 7 [m²]마다 1개 이상으로 한다.
④ 전역방출방식의 고발포용 고정포방출구는 바닥면적 500 [m²] 이내마다 1개 이상을 설치해야 한다.

해설 포소화설비 설치기준

1) 포헤드
   (1) 포헤드 설치기준

구분	설치기준
포워터스프링클러헤드	**바닥면적 8 [m²]마다 1개 이상**
포헤드	바닥면적 9 [m²]마다 1개 이상

   (2) 포헤드 상호 간에는 다음의 기준에 따른 거리를 두도록 할 것
   ① **정방형**으로 배치한 경우 다음의 식에 따라 산정한 수치 이하가 되도록 할 것
   $S = 2 \times r \times \cos 45°$
   S : 포헤드 상호 간의 거리 [m]
   r : 유효반경 (2.1 [m])
   ② **장방형**으로 배치한 경우에는 그 대각선의 길이가 다음의 식에 따라 산정한 수치 이하가 되도록 할 것
   $pt = 2 \times r$
   pt : 대각선의 길이 [m]
   r : 유효반경 (2.1 [m])

2) 전역방출방식의 고발포용 고정포방출구 설치기준
   (1) 개구부에 자동폐쇄장치를 설치할 것
   (2) 해당 방호구역의 관포체적 1 [m³]에 대한 1분당 방출량은 특정소방대상물 및 포의 팽창비에 따라 다름
   (3) **고정포방출구는 바닥면적 500 [m²]마다 1개 이상으로 할 것**
   (4) 고정포방출구는 방호대상물의 최고부분보다 높은 위치에 설치할 것

64 ★★★

소화기구 및 자동소화장치의 화재안전기술기준에 따라 부속용도별 추가하여야 할 소화기구 중 음식점의 주방에 추가하여야 할 소화기구의 능력단위는? (단, 지하가의 음식점을 포함한다)

① 해당용도 바닥면적 10 [m²]마다 1단위 이상
② 해당용도 바닥면적 15 [m²]마다 1단위 이상
③ 해당용도 바닥면적 20 [m²]마다 1단위 이상
④ 해당용도 바닥면적 25 [m²]마다 1단위 이상

해설 부속용도별 추가해야 할 소화기구 및 자동소화장치

용도별	소화기구의 능력단위
1. 다음 각목의 시설(다만 스프링클러설비·간이스프링클러설비·물분무등소화설비 또는 상업용 주방자동소화장치가 설치된 경우에는 자동확산소화기를 설치하지 않을 수 있다) 가) 보일러실·건조실·세탁소·대량화기취급소 나) **음식점**·다중이용업소·호텔·기숙사·노유자시설·의료시설·업무시설·공장·장례식장·교육연구시설·교정 및 군사시설**의 주방** 다) 관리자의 출입이 곤란한 변전실·송전실·변압기실 및 배전반실	1. 소화기 **해당 용도의 바닥면적 25 [m²]마다 능력단위 1단위 이상의 소화기** [주방에 설치하는 소화기 중 1개 이상은 주방화재용 소화기(K급)로 설치] 2. 자동확산소화기 해당 용도의 바닥면적 10 [m²] 이하는 1개, 10 [m²] 초과는 2개 이상을 설치 [방호대상에 유효하게 분사될 수 있는 위치에 배치될 수 있는 수량으로 설치할 것]

정답 63 ③ 64 ④

용도별	소화기구의 능력단위
2. 발전실·변전실·송전실·변압기실·배전반실·통신기기실·전산기기실 기타 이와 유사한 시설이 있는 장소(관리자의 출입이 곤란한 장소 제외)	해당 용도의 바닥면적 50 [m²]마다 적응성이 있는 소화기 1개 이상
3. 마그네슘 합금 칩을 저장 또는 취급하는 장소 〈시행 2024.7.25.〉	금속화재용 소화기 (D급) 1개 이상을 금속재료로부터 보행거리 20 [m] 이내로 설치할 것

해설 연결살수설비의 배관의 구경

연결살수설비 전용헤드를 사용하는 경우에는 다음 표에 따른 구경 이상으로 할 것

하나의 배관에 부착하는 연결살수설비 전용헤드의 개수	1개	2개	3개	**4개 또는 5개**	6개 이상 10개 이하
배관의 구경 [mm]	32	40	50	**65**	80

65 ★★★

분말소화설비의 화재안전기술기준에 따라 전역방출방식 분말소화설비의 분사헤드는 소화약제 저장량을 최대 몇 초 이내에 방출할 수 있는 것으로 하여야 하는가?

① 10   ② 20
③ 30   ④ 40

해설 분말소화설비 소화약제 저장량 방출시간

(전역·국소방출방식)
방출시간 : 30초 이내에 방출할 수 있는 것으로 할 것

66 ★★★

연결살수설비의 화재안전기술기준에 따라 연결살수설비 전용헤드를 사용하는 배관의 설치에서 하나의 배관에 부착하는 살수헤드가 4개일 때 배관의 구경은 몇 [mm] 이상으로 하는가?

① 50   ② 65
③ 80   ④ 100

67 ★★★

연결살수설비의 화재안전기술기준상 연결살수설비의 가지배관은 교차배관 또는 주배관에서 분기되는 지점을 기점으로 한쪽 가지배관에서 설치되는 헤드의 개수를 최대 몇 개 이하로 해야 하는가?

① 8   ② 10
③ 12   ④ 15

해설 연결살수설비 가지배관에 설치되는 헤드의 개수

교차배관에서 분기되는 지점을 기점으로 한쪽 가지배관에 설치되는 헤드 개수 : 8개 이하

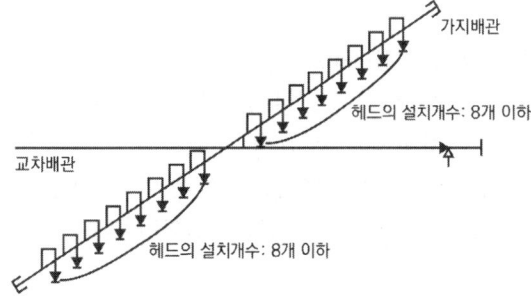

[가지배관에 설치하는 헤드 수]

보충 연결살수설비 송수구역 살수헤드 수 10개 이하

68 ★★★

스프링클러설비의 화재안전기술기준에 따라 설치장소의 최고 주위온도가 70 [℃]인 장소에 폐쇄형 스프링클러헤드를 설치하는 경우 표시온도가 몇 [℃]인 것을 설치해야 하는가?

① 79 [℃] 미만
② 162 [℃] 이상
③ 79 [℃] 이상 121 [℃] 미만
④ 121 [℃] 이상 162 [℃] 미만

해설 폐쇄형 스프링클러헤드 표시온도

설치장소 최고주위온도	표시온도
39 [℃] 미만	79 [℃] 미만
39 [℃] 이상 64 [℃] 미만	79 [℃] 이상 121 [℃] 미만
64 [℃] 이상 106 [℃] 미만	121 [℃] 이상 162 [℃] 미만
106 [℃] 이상	162 [℃] 이상

암기 39삼구야 79친구하자
64육사가게 12시비걸지마
106백육번버스타고 16일루가자

69 ★★★

옥외소화전설비의 화재안전기술기준에 따라 옥외소화전설비의 수원은 그 저수량이 옥외소화전의 설치개수에 몇 [m³]를 곱한 양 이상이 되도록 하여야 하는가? (단, 옥외소화전이 2개 이상 설치된 경우에는 2개로 고려한다)

① 3   ② 5
③ 7   ④ 9

해설 옥외소화전 수원

옥외소화전 수원량 = N × 7 [m³]

N : 옥외소화전의 설치개수
(옥외소화전이 2개 이상 설치된 경우에는 2개)

※ **옥외소화전설비의 수원**
옥외소화전설비의 수원은 그 저수량이 옥외소화전의 설치개수(옥외소화전이 2개 이상 설치된 경우에는 2개)에 7 [m³]를 곱한 양 이상이 되도록 해야 한다.

70 ★

피난사다리의 형식승인 및 제품검사의 기술기준에 따른 피난사다리에 대한 설명으로 틀린 것은?

① 수납식사다리는 평소에 실내에 두다가 필요시 꺼내어 사용하는 사다리를 말한다.
② 올림식사다리는 소방대상물 등에 기대어 세워서 사용하는 사다리를 말한다.
③ 고정식사다리는 항시 사용 가능한 상태로 소방대상물에 고정되어 사용되는 사다리를 말한다.
④ 내림식사다리는 평상시에는 접어둔 상태로 누었다가 사용하는 때에 소방대상물 등에 걸어 내려 사용하는 사다리를 말한다.

해설 피난사다리

1) 고정식사다리
  (1) 정의 : 항시 사용 가능한 상태로 소방대상물에 고정되어 사용되는 사다리
  (2) 종류
    ① 수납식 : 횡봉이 종봉 내에 수납되어 사용하는 때에 횡봉을 꺼내어 사용할 수 있는 구조
    ② 접는식 : 사다리를 접을 수 있는 구조
    ③ 신축식 : 사다리 하부를 신축할 수 있는 구조
2) 올림식사다리
  소방대상물 등에 기대어 세워서 사용하는 사다리

정답 68 ④ 69 ③ 70 ①

3) 내림식사다리

평상시에는 접이둔 상태로 두었다가 사용하는 때에 소방대상물 등에 걸어 내려 사용하는 사다리 (하향식 피난구용 내림식사다리를 포함)

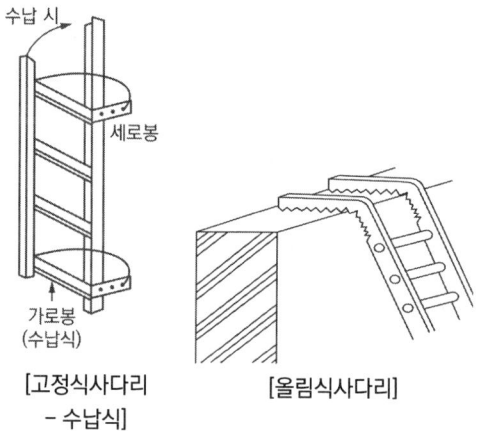

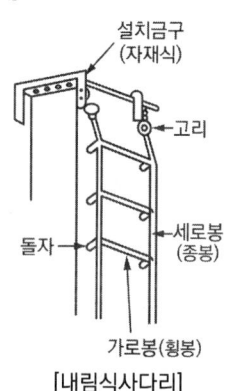

🔖 암기 ▶ 피난사다리 - 피고올래(내)
고정식사다리 - 고수접신

71 ★★★

소방시설 설치 및 관리에 관한 법률상 자동소화장치를 모두 고른 것은?

> ㉠ 분말자동소화장치
> ㉡ 액체자동소화장치
> ㉢ 고체에어로졸자동소화장치
> ㉣ 공업용 주방자동소화장치
> ㉤ 캐비닛형 자동소화장치

① ㉠, ㉡
② ㉡, ㉢, ㉣
③ ㉠, ㉢, ㉤
④ ㉠, ㉡, ㉢, ㉣, ㉤

📖 해설 자동소화장치 종류

1) 주거용 주방자동소화장치
2) 상업용 주방자동소화장치
3) 캐비닛형 자동소화장치
4) 가스자동소화장치
5) 고체에어로졸자동소화장치
6) 분말자동소화장치

🔖 암기 ▶ 주상께 가고픈

72 ★★★

분말소화설비의 화재안전기술기준에 따라 분말소화설비의 소화약제 중 차고 또는 주차장에 설치해야 하는 것은?

① 제1종 분말
② 제2종 분말
③ 제3종 분말
④ 제4종 분말

📖 해설 분말소화약제 적응성

차고 또는 주차장에 설치하는 분말소화설비의 소화약제는 제3종 분말(제1인산암모늄)로 해야 한다.

73 ★★★

스프링클러설비의 화재안전기술기준에 따라 극장에 설치된 무대부에 스프링클러설비를 설치할 때, 스프링클러헤드를 설치하는 천장 및 반자 등의 각 부분으로부터 하나의 스프링클러헤드까지의 수평거리는 최대 몇 [m] 이하인가?

① 1.0
② 1.7
③ 2.0
④ 2.7

해설 스프링클러 헤드 수평거리

소방대상물	수평거리
• **특**수가연물을 저장 또는 취급하는 장소 • **무**대부	1.7 [m] 이하
기타구조로 된 경우 (내화구조가 아닌 경우)	2.1 [m] 이하
라지드롭형 스프링클러헤드를 설치하는 **창**고 (단, ① 특수가연물을 저장 또는 취급하는 창고 : 1.7 [m] 이하, ② 내화구조로 된 경우 : 2.3 [m] 이하)	2.1 [m] 이하
내화구조로 된 경우	2.3 [m] 이하
아파트등의 세대 내	2.6 [m] 이하

암기 특수 무 기 창 내 뇌(아)

74 ★★★

이산화탄소소화설비의 화재안전기술기준에 따른 이산화탄소소화설비의 수동식 기동장치 설치기준으로 틀린 것은?

① 기동장치에는 보호장치를 설치해야 하며, 보호장치를 개방하는 경우 기동장치에 설치된 부저 또는 벨 등에 의하여 경고음을 발할 수 있어야 한다.
② 기동장치의 조작부는 바닥으로부터 0.8 [m] 이상 1.5 [m] 이하의 위치에 설치한다.
③ 전역방출방식은 방호구역마다, 국소방출방식은 방호대상물마다 설치한다.
④ 기동장치의 복구스위치는 음향경보장치와 연동하여 조작될 수 있는 것이어야 한다.

해설 이산화탄소소화설비 수동식 기동장치

수동식 기동장치 부근에는 소화약제의 방출을 지연시킬 수 있는 방출지연스위치를 설치해야 한다.
1) 수동식 기동장치는 전역방출방식은 방호구역마다, 국소방출방식은 방호대상물마다 설치할 것
2) 해당 방호구역의 출입구 부근 등 조작을 하는 자가 쉽게 피난할 수 있는 장소에 설치할 것
3) 수동식 기동장치의 조작부는 바닥으로부터 0.8 [m] 이상 1.5 [m] 이하의 위치에 설치하고, 보호판 등에 따른 보호장치를 설치할 것
4) 기동장치 인근의 보기 쉬운 곳에 "이산화탄소소화설비 수동식 기동장치"라는 표지를 할 것
5) 전기를 사용하는 기동장치에는 전원표시등을 설치할 것
6) 기동장치의 방출용 스위치는 음향경보장치와 연동하여 조작될 수 있는 것으로 할 것
7) 기동장치에는 보호장치를 설치해야 하며, 보호장치를 개방하는 경우 기동장치에 설치된 부저 또는 벨 등에 의하여 경고음을 발할 것
⟨시행 2024.8.1.⟩
8) 기동장치를 옥외에 설치하는 경우 빗물 또는 외부 충격의 영향을 받지 아니하도록 설치할 것
⟨시행 2024.8.1.⟩

정답 73 ② 74 ④

75 ★★

포소화설비의 화재안전기술기준에 따라 차고 또는 주차장에 설치하는 포소화설비의 수동식 기동장치는 방사구역마다 최소한 몇 개 이상을 설치해야 하는가?

① 1 ② 2
③ 3 ④ 4

해설 포소화설비의 수동식 기동장치 설치개수

1) 차고 또는 주차장에 설치하는 포소화설비 : 방사구역마다 1개 이상 설치
2) 항공기격납고에 설치하는 포소화설비 : 각 방사구역마다 2개 이상을 설치
   (그중 1개는 각 방사구역으로부터 가장 가까운 곳 또는 조작에 편리한 장소에 설치하고, 1개는 화재감지기의 수신기를 설치한 감시실 등에 설치할 것)

76 ★★★

소화활동 시에 화재로 인하여 발생하는 각종 유독가스 중에서 일정시간 사용할 수 있도록 제조된 압축공기식 개인호흡장비는?

① 산소발생기 ② 공기호흡기
③ 방열마스크 ④ 인공소생기

해설 인명구조기구의 정의

1) 방열복 : 고온의 복사열에 가까이 접근하여 소방활동을 수행할 수 있는 내열피복
2) 방화복 : 화재진압 등의 소방활동을 수행할 수 있는 피복
3) 공기호흡기 : 소화활동 시에 화재로 인하여 발생하는 각종 유독가스 중에서 일정시간 사용할 수 있도록 제조된 압축공기식 개인호흡장비
4) 인공소생기 : 호흡 부전 상태인 사람에게 인공호흡을 시켜 환자를 보호하거나 구급하는 기구

[방열복]

[방화복]

[공기호흡기] [인공소생기]

TIP 구조대 : 피난기구

77 ★★★

미분무소화설비의 화재안전성능기준에 따른 다음 용어에 대한 설명 중 ( ) 안에 알맞은 것은?

> 미분무란 물만을 사용하여 소화하는 방식으로 최소설계압력에서 헤드로부터 방출되는 물입자 중 (㉠) [%]의 누적체적분포가 (㉡) [μm] 이하로 분무되고 A, B, C급 화재에 적응성을 갖는 것을 말한다.

① ㉠ 30, ㉡ 120
② ㉠ 50, ㉡ 120
③ ㉠ 60, ㉡ 200
④ ㉠ 99, ㉡ 400

해설 미분무소화설비 - 미분무의 정의

물만을 사용하여 소화하는 방식으로 최소설계압력에서 헤드로부터 방출되는 물입자 중 99 [%]의 누적체적분포가 400 [μm] 이하로 분무되고 A, B, C급 화재에 적응성을 갖는 것

[여러 개의 오리피스에서 방사되는 미분무헤드]

78

물분무소화설비의 수원을 옥내소화전설비, 스프링클러설비, 옥외소화전설비, 포소화전설비의 수원과 겸용하여 사용하고 있다. 이 중 옥내소화전설비와 옥외소화전설비가 고정식으로 설치되어 있고, 그 소화설비가 설치된 부분이 방화벽과 방화문으로 구획되어 있는 경우 필요한 수원의 저수량은?

① 스프링클러설비에 필요한 저수량 이상
② 모든 소화설비에 필요한 저수량 중 최소의 것 이상
③ 각 고정식 소화설비에 필요한 저수량 중 최대의 것 이상
④ 각 고정식 소화설비에 필요한 저수량 중 최소의 것 이상

해설 물분무소화설비의 수원을 겸용하는 경우

물분무소화설비의 수원을 옥내소화전설비·스프링클러설비·간이스프링클러설비·화재조기진압용 스프링클러설비·포소화설비 및 옥외소화전설비의 **수원을 겸용하여 설치하는 경우의 저수량**은 각 소화설비에 필요한 저수량을 합한 양 이상이 되도록 해야 한다. 다만 이들 소화설비 중 고정식 소화설비(펌프·배관과 소화수 또는 소화약제를 최종 방출하는 방출구가 고정된 설비를 말한다. 이하 같다)가 둘 이상 설치되어 있고, 그 소화설비가 설치된 부분이 방화벽과 방화문으로 구획되어 있는 경우에는 각 고정식 소화설비에 필요한 저수량 중 최대의 것 이상으로 할 수 있다.

79

할론소화설비의 화재안전기술기준에 따른 할론소화약제의 저장용기 설치장소에 대한 설명으로 틀린 것은?

① 가능한 한 방호구역 외의 장소에 설치해야 한다.
② 온도가 40 [℃] 이하이고, 온도변화가 적은 곳에 설치해야 한다.
③ 용기 간에 이물질이 들어가지 않도록 용기 간의 간격을 1 [cm] 이하로 유지해야 한다.
④ 저장용기가 여러 개의 방호구역을 담당하는 경우 저장용기와 집합관을 연결하는 연결배관에는 체크밸브를 설치해야 한다.

해설 할론소화설비 저장용기의 설치장소 기준

1) 방호구역 외의 장소에 설치할 것. 다만 방호구역 내에 설치할 경우에는 피난 및 조작이 용이하도록 피난구 부근에 설치해야 한다.
2) 온도가 40 [℃] 이하이고, 온도변화가 적은 곳에 설치할 것
3) 직사광선 및 빗물이 침투할 우려가 없는 곳에 설치할 것
4) 방화문으로 구획된 실에 설치할 것
5) 용기의 설치장소에는 해당 용기가 설치된 곳임을 표시하는 표지를 할 것
6) 용기 간의 간격은 점검에 지장이 없도록 3 [cm] 이상 간격을 유지할 것
7) 저장용기와 집합관을 연결하는 연결배관에는 체크밸브를 설치할 것. 다만 저장용기가 하나의 방호구역만을 담당하는 경우에는 그렇지 않다.

정답 78 ③ 79 ③

80 ★★★

스프링클러설비의 화재안전기술기준에 따라 스프링클러설비 가압송수장치의 정격토출압력 기준으로 맞는 것은?

① 하나의 헤드 선단의 방수압력이 0.2 [MPa] 이상, 1.0 [MPa] 이하가 되어야 한다.
② 하나의 헤드 선단의 방수압력이 0.2 [MPa] 이상, 1.2 [MPa] 이하가 되어야 한다.
③ 하나의 헤드 선단의 방수압력이 0.1 [MPa] 이상, 1.0 [MPa] 이하가 되어야 한다.
④ 하나의 헤드 선단의 방수압력이 0.1 [MPa] 이상, 1.2 [MPa] 이하가 되어야 한다.

해설 스프링클러 헤드 방수압력

하나의 헤드 선단에 <u>0.1 [MPa] 이상 1.2 [MPa] 이하</u>의 방수압력이 될 수 있게 하는 크기일 것

정답 80 ④

2020년 3회

소방원론

제한 시간 :   목표 점수 :
1회 출제 ★ | 2회 출제 ★★ | 3회 이상 출제 ★★★

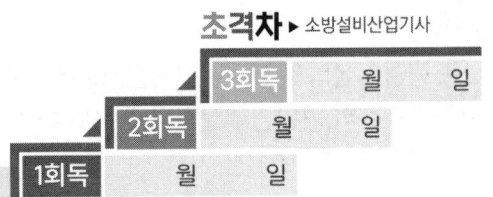

01 ★★★

어떤 기체의 확산 속도가 이산화탄소의 2배였다면 그 기체의 분자량은 얼마로 예상할 수 있는가?

① 11
② 22
③ 44
④ 88

해설 그레이엄의 확산속도 법칙

그레이엄의 확산 속도 법칙 $\dfrac{V_1}{V_2} = \sqrt{\dfrac{\rho_2}{\rho_1}} = \sqrt{\dfrac{m_2}{m_1}}$

$$\dfrac{V_{기체}}{V_{이산화탄소}} = \sqrt{\dfrac{m_{이산화탄소}}{m_{기체}}}$$

$$\dfrac{2 \times V_{이산화탄소}}{V_{이산화탄소}} = \sqrt{\dfrac{m_{이산화탄소}}{m_{기체}}}$$

$$2 = \sqrt{\dfrac{44}{m_{기체}}}$$

$$\therefore m_{기체} = 11$$

V_1, V_2 : 기체 1, 2 확산속도 [m/s]
ρ_1, ρ_2 : 기체 1, 2 밀도 [kg/m³]
m_1, m_2 : 기체 1, 2 분자량 [kg/kmol]

02 ★   난이도 상

소화약제로 사용되는 물에 대한 설명 중 틀린 것은?

① 극성 분자이다.
② 수소결합을 하고 있다.
③ 아세톤, 벤젠보다 증발 잠열이 크다.
④ 아세톤, 구리보다 비열이 작다.

해설 물의 물리·화학적 성질

구분	내용
물리적 성질	1) 상온에서 물은 무겁고 안정된 액체 2) 비열 : 1 [kcal/kg·℃] (= 4.18 [kJ/kg·K]) 3) 잠열 　① 융해잠열 　　80 [kcal/kg] (= 334 [kJ/kg]) 　② 증발잠열 　　539.6 [kcal/kg] (= 2257 [kJ/kg]) 4) 비열, 잠열이 크므로 냉각소화효과가 큼 5) 표면장력이 큼 6) 증발 시 체적 약 1650배(1600 ~ 1700배) 증가
화학적 성질	물 분자(H_2O)는 산소(O) 원자 1개와 수소(H) 원자 2개가 **극성 공유결합**을 이루고, 물분자 사이에 **수소결합**을 이루고 있음

※ 참고 – 물분자의 극성 공유결합과 수소결합

물 분자(H_2O)는 산소(O) 원자 1개와 수소(H) 원자 2개가 공유결합을 이루고 있다. 이때 산소 원자와 수소 원자는 전자를 1개씩 내어서 전자쌍을 만들고 이를 공유하지만, 전자쌍은 전기음성도가 더 큰 산소 원자 쪽에 가깝게 위치하여 산소 원자는 부분적인 음전하(-)를 띠고, 수소 원자는 부분적인 양전하(+)를 띠게 된다(극성 공유결합). 따라서 극성을 띤 물 분자끼리는 전기적 인력에 의한 수소 결합을 하게 되며 강한 응집력을 갖게 된다.

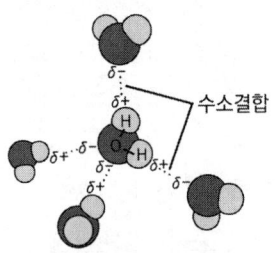

[물분자의 수소결합]

보충 아세톤의 비열 : 0.51 [kcal/kg·℃]
　　　벤젠의 비열 : 0.39 [kcal/kg·℃]
　　　구리의 비열 : 0.09 [kcal/kg·℃]

정답 01 ①　02 ④

03 ★★★

건축물 내부 화재 시 연기의 평균 수평이동 속도는 약 몇 [m/s]인가?

① 0.01 ~ 0.05 ② 0.5 ~ 1
③ 10 ~ 15   ④ 20 ~ 30

해설 연기의 유동속도

이동방향	이동속도 [m/s]
수**평** 방향	0.5 ~ 1.0
수**직** 방향	2 ~ 3
계단실 내의 수직 이동속도	3 ~ 5

☆암기 평점오일 직이삼

04 ★★★

기계적 열에너지에 의한 점화원에 해당되는 것은?

① 충격, 기화, 산화
② 촉매, 열방사선, 중합
③ 충격, 마찰, 압축
④ 응축, 증발, 촉매

해설 열에너지원의 종류

구분	종류
기계열	**압축열, 마찰열, 마찰스파크, 충격열**
전기열	유도열, 유전열, 저항열, 아크열, 정전기열, 낙뢰에 의한 열
화학열	연소열, 용해열, 분해열, 생성열, 자연발화열

☆암기 기압마충

05 ★★★

A급 화재에 해당하는 가연물이 아닌 것은?

① 섬유   ② 목재
③ 종이   ④ 유류

해설 화재의 분류

등급	화재	표시색	가연물
A급	일반화재	백색	나무, 섬유, 종이, 고무, 플라스틱류
B급	유류화재	황색	인화성 액체, 가연성 액체, 석유 그리스, 타르, 오일, 유성도료, 솔벤트, 래커, 알코올 및 인화성 가스 등
C급	전기화재	청색	전류가 흐르고 있는 전기기기, 배선 등
D급	금속화재	무색	마그네슘 합금 등 가연성 금속
K급	주방화재	–	주방에서 동식물유를 취급하는 조리기구

☆암기 일유전 금주

06 ★★★

가연성 기체의 일반적인 연소범위에 관한 설명으로서 옳지 못한 것은?

① 연소범위에는 상한과 하한이 있다.
② 연소범위의 값은 공기와 혼합된 가연성 기체의 체적 농도로 표시된다.
③ 연소범위의 값은 압력과 무관하다.
④ 연소범위는 가연성 기체의 종류에 따라 다른 값을 갖는다.

해설 연소범위

1) 연소범위에는 상한계(UFL)와 하한계(LFL)가 존재한다.
2) 연소범위의 상한계(UFL)가 높을수록, 하한계(LFL)가 낮을수록 위험성이 크다.

정답 03 ② 04 ③ 05 ④ 06 ③

3) 연소범위가 넓을수록 위험성이 크다.
4) 연소범위의 값은 혼합가스의 체적농도이다.
5) 온도와 농도가 높을수록 연소범위는 넓어진다 (단, CO, H는 좁아진다).
6) **압력 상승 시 연소 범위는 넓어진다.**
7) 불활성기체를 첨가할수록 연소범위는 좁아진다.
8) 가연성 기체의 종류에 따라 다른 값 가진다.

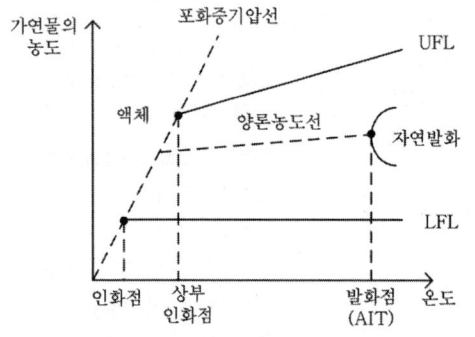

보충 연소범위는 주위온도와 관계없다.

07 ★★★

물과 접촉하면 발열하면서 수소기체를 발생하는 것은?

① 과산화수소 ② 나트륨
③ 황린 ④ 아세톤

해설 금수성 물질

물과 접촉하여 발화, 가연성 가스 발생

구분	현상
무기과산화물	산소(O_2) 발생
금속분 마그네슘(Mg) **나트륨(Na)** 칼륨(K) 리튬(Li)	수소(H_2) 발생
탄화칼슘 (칼슘카바이드)	아세틸렌(C_2H_2) 발생

08 ★★★

할론 1301의 화학식에 포함되지 않는 원소는?

① C ② Cl
③ F ④ Br

해설 할론소화약제의 명명법

종류	C 개수	F 개수	Cl 개수	Br 개수
할론 1211	1	2	1	1
할론 1301	1	3	0	1
할론 2402	2	4	0	2

※ 할론소화약제의 분자식

종류	분자식	상온·상압
할론 1211	CF_2ClBr	기체
할론 1301	CF_3Br	기체
할론 1011	CH_2ClBr	액체
할론 2402	$C_2F_4Br_2$	액체

09 ★★

위험물안전관리법령상 제3류 위험물에 해당되지 않는 것은?

① Ca ② K
③ Na ④ Al

해설 제2류 위험물 및 제3류 위험물

구분	종류
제2류 위험물	• 황화인, 적린, 황 • 철분, 마그네슘, 금속분(**Al**, Zn 등), 인화성 고체
제3류 위험물	• 황린, 칼륨(K), 나트륨(Na), 알칼리금속(Li 등) 및 알칼리토금속(Ca 등) • 유기금속화합물, 금속의 수소화물(수소화리튬, 수소화나트륨, 수소화칼슘) • 금속의 인화물(인화칼슘) • 칼슘 또는 알루미늄의 탄화물(탄화칼슘, 탄화알루미늄)

- 제3류 위험물의 특징 및 소화
  (1) 자연발화성 물질 및 금수성 물질
  (2) 물과 접촉하면 발열·발화함
  (3) 건조사, 팽창진주암, 팽창질석 등에 의한 질식소화(주수소화 절대엄금)

  보충 알루미늄(Al) : 제2류 위험물

해설 제4류 위험물 인화점

구분	인화점
제1석유류	21 [℃] 미만
제2석유류	21 [℃] 이상 70 [℃] 미만
제3석유류	70 [℃] 이상 200 [℃] 미만
제4석유류	200 [℃] 이상 250 [℃] 미만

10 ★★★

표준상태에서 44.8 [m³]의 용적을 가진 이산화탄소가스를 모두 액화하면 몇 [kg]인가? (단, 이산화탄소의 분자량은 44이다)

① 88
② 44
③ 22
④ 11

해설 이상기체상태방정식

이상기체상태방정식 $PV = nRT = \dfrac{W}{M}RT$

$W = \dfrac{PVM}{RT} = \dfrac{1 \times 44.8 \times 44}{0.082 \times (273+0)} \fallingdotseq 88 \, [kg]$

P : 절대압력 [atm]
n : 몰수 [kmol]
T : 절대온도 [K](273 + [℃])
W : 기체의 질량 [kg]
V : 부피 [m³]
R : 기체상수 (0.082 [atm·m³/kmol·K])
M : 분자량 [kg/kmol] (CO_2 분자량 : 44)

11 ★★★

위험물안전관리법령상 제1석유류, 제2석유류, 제3석유류, 제4석유류를 구분하는 기준은?

① 인화점
② 발화점
③ 비점
④ 녹는점

12 ★★★

물과 반응하여 가연성인 아세틸렌가스를 발생하는 것은?

① 나트륨
② 아세톤
③ 마그네슘
④ 탄화칼슘

해설 물과 반응 시 발생가스

물질	가스
탄화칼슘(CaC_2)	아세틸렌(C_2H_2)
탄화알루미늄(Al_4C_3)	메테인(메탄, CH_4)
인화칼슘(Ca_3P_2)	포스핀(PH_3)
인화알루미늄(AlP)	
수소화리튬(LiH)	수소(H_2)

암기 탄칼아, 탄알메, 인포

13 ★★★

다음의 위험물 중 위험물안전관리법령상 지정수량이 나머지 셋과 다른 것은?

① 알킬알루미늄
② 황화인
③ 유기과산화물
④ 질산에스터류

정답 10 ① 11 ① 12 ④ 13 ②

> **해설** 위험물 지정수량

구분	위험물	지정수량
2류	황화인	100 [kg]
3류	알킬알루미늄	10 [kg]
5류	유기과산화물	
	질산에스터류 (질산에스테르류)	

> **해설** 건물의 주요구조부
> - 바닥(최하층 바닥 제외)
> - 보(작은 보 제외)
> - 지붕틀(차양 제외)
> - 내력벽(비내력벽 제외)
> - 주계단(옥외계단 제외)
> - 기둥(사잇기둥 제외)
>
> ✿암기 바보지내주기

14 ★★★
가연물이 되기 위한 조건이 아닌 것은?

① 산화되기 쉬울 것
② 산소와의 친화력이 클 것
③ 활성화에너지가 클 것
④ 열전도도가 작을 것

> **해설** 가연물이 연소가 잘 되기 위한 구비조건
> 1) 활성화에너지가 작을 것 (-)
> 2) 열전도율이 작을 것 (-)
> 3) 산소와 접촉하는 표면적이 넓을 것 (+)
> 4) 발열량이 클 것 (+)
> 5) 산소와 친화력이 클 것 (+)
> 6) 연쇄반응을 일으킬 것 (+)
>
> TIP 활성화에너지, 열전도율 (-)

15 ★★★
건축법상 건축물의 주요 구조부에 해당되지 않는 것은?

① 지붕틀
② 내력벽
③ 주계단
④ 최하층 바닥

16 ★★★
연소의 3요소에 해당하지 않는 것은?

① 점화원
② 연쇄반응
③ 가연물질
④ 산소공급원

> **해설** 연소의 3요소, 4요소

연소의 3요소	연소의 4요소
• **가연물** • **산소공급원** • **점화원**	• 가연물 • 산소공급원 • 점화원 • **연쇄반응**

> ✿암기 연소의 3요소 : 가산점

17 ★★★
이산화탄소 소화기가 갖는 주된 소화효과는?

① 유화소화
② 질식소화
③ 제거소화
④ 부촉매소화

> **해설** 소화약제별 주된 소화효과

소화약제	소화효과
물(H_2O)	냉각효과
이산화탄소(CO_2)	질식소화
포	
할론	억제소화(부촉매소화)

정답 14 ③ 15 ④ 16 ② 17 ②

18 ★★★

질소(N_2)의 증기비중은 약 얼마인가? (단, 공기 분자량은 29이다)

① 0.8
② 0.97
③ 1.5
④ 1.8

해설 증기비중

$$증기비중 = \frac{기체의 분자량}{공기의 평균 분자량}$$

증기비중 $= \dfrac{28(N_2 \text{ 분자량})}{29} ≒ 0.97$

보충 원자량(H : 1, C : 12, N : 14, O : 16)

19 ★★★

다음 중 가연성 물질이 아닌 것은?

① 프로페인(프로판)
② 산소
③ 에테인(에탄)
④ 암모니아

해설 가연성 가스와 조연성 가스

구분	가연성 가스	조연성 가스
정의	자기 자신이 연소하는 가스	자기 자신은 타지 않고 연소를 도와주는 가스
종류	일산화탄소(CO) 수소(H_2) 메테인(메탄, CH_4) 프로페인(프로판, C_3H_8) 암모니아(NH_3) 뷰테인(부탄, C_4H_{10})	**오존**(O_3) **공기** **산소**(O_2) **염소**(Cl) **불소**(F)

암기 조 오공산 염불

20 ★★★

칼륨 화재 시 주수소화가 적응성이 없는 이유는?

① 수소가 발생되기 때문
② 아세틸렌이 발생되기 때문
③ 산소가 발생되기 때문
④ 메테인(메탄) 가스가 발생하기 때문

해설 금수성 물질

물과 접촉하여 발화, 가연성 가스 발생

구분	현상
무기과산화물	산소(O_2) 발생
금속분 마그네슘(Mg) 나트륨(Na) **칼륨(K)** 리튬(Li)	**수소(H_2) 발생**
탄화칼슘(칼슘카바이드)	아세틸렌(C_2H_2) 발생

정답 18 ② 19 ② 20 ①

2020년 3회 소방유체역학

21 ★★★

정상상태의 원형 관의 유동에서 주 손실에 의한 압력강하(△P)는 어떻게 나타내는가? (단, V는 평균속도, D는 관 직경, L은 관 길이, f는 마찰계수, ρ는 유체의 밀도, γ는 비중량이다)

① $\rho f \dfrac{L}{D} \dfrac{V^2}{2}$ ② $\rho f \dfrac{D}{L} \dfrac{V^2}{2}$

③ $\gamma f \dfrac{L}{D} \dfrac{V^2}{2}$ ④ $\gamma f \dfrac{D}{L} \dfrac{V^2}{2}$

해설 압력강하(달시 바이스바하 식)

> 손실수두 $H_L[m] = f \times \dfrac{L}{D} \times \dfrac{V^2}{2g}$
>
> 여기서, f : 관 마찰계수
> L : 배관의 길이 [m]
> D : 관경 [m]
> V : 유속 [m/s]
> g : 중력가속도 [m/s²]

$\triangle H_L = \dfrac{\Delta P}{\gamma} = f \times \dfrac{L}{D} \times \dfrac{V^2}{2g}$

$\dfrac{\Delta P}{\rho g} = f \times \dfrac{L}{D} \times \dfrac{V^2}{2g}$

∴ $\Delta P = \rho f \dfrac{L}{D} \dfrac{V^2}{2}$

22 ★★★

직경이 D인 소방 호스 끝에 직경이 D/2인 노즐이 연결되어 있다. 노즐에서 유출되는 유체의 평균속도는 호스에서의 평균속도에 얼마인가?

① 1/4   ② 1/2
③ 2배   ④ 4배

해설 노즐에서 유속(Q = AV공식)

> 체적유량 $Q[m^3/s] = AV$
> 여기서, A : 배관의 단면적 [m²]
> V : 유속 [m/s]

$Q_{호스} = Q_{노즐}$

$A_{호스} V_{호스} = A_{노즐} V_{노즐}$

$\dfrac{\pi}{4} D_{호스}^2 \times V_{호스} = \dfrac{\pi}{4} (D_{노즐})^2 \times V_{노즐}$

$D_{호스}^2 \times V_{호스} = \left(\dfrac{D_{호스}}{2}\right)^2 \times V_{노즐}$

∴ $V_{노즐} = 4 \times V_{호스}$

정답 21 ①   22 ④

23 ★★

부력에 대한 설명으로 틀린 것은?

① 부력의 중심인 부심은 유체에 잠긴 물체 체적의 중심이다.
② 부력의 크기는 물체에 의해 배제된 유체의 무게와 같다.
③ 부력이 작용하므로 모든 물체는 항상 유체 속에 잠기지 않고 유체표면에 뜨게 된다.
④ 정지 유체에 잠겨있거나 떠 있는 물체가 유체에 의하여 수직 상방향으로 받는 힘을 부력이라고 한다.

해설 부력

1) 부력이 작용하는 점은 부력중심이라고 하며 '배제된 체적의 도심'이다. 부력은 부력중심을 지나 상향으로 작용한다(배제된 체적 = 잠긴 체적).
2) 유체 내에 잠겨있는 물체에 작용하는 부력은 그 물체에 의해 배제된 유체 무게와 같다.
3) 부력이란 정지유체 중에서 잠겨있거나 떠 있는 물체가 유체로부터 받는 수직상방향의 힘을 말한다.
4) 유체 내에 잠겨 있는 물체는
   (1) 물체의 밀도가 유체의 밀도와 같을 때, 유체 내의 어느 위치에서나 정지한 상태로 유지됨
   (2) 물체의 밀도가 유체의 밀도보다 클 경우, 바닥에 가라앉음
   (3) 물체의 밀도가 유체의 밀도보다 작을 경우, 유체의 표면으로 떠오르게 됨

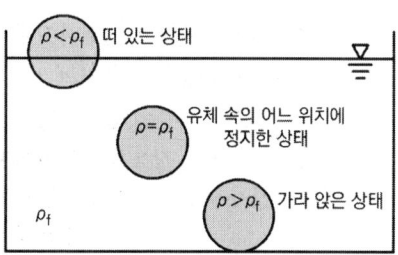

ρ_f : 유체의 밀도
ρ : 물체의 밀도

24 ★★

압력 300 [kPa], 체적 1.66 [m³]인 상태의 가스를 정압하에서 열을 방출시켜 체적을 1/2로 만들었다. 이때 기체에 해준 일[kJ]은 얼마인가?

① 129　　② 249
③ 399　　④ 981

해설 밀폐계가 한 일

밀폐계의 일량 $_1W_2 = \int_1^2 PdV = P(V_2 - V_1)$

$_1W_2 = 300 \times (1.66 - 1.66 \times \frac{1}{2}) = 249\ [kJ]$

보충 일반적으로 압축일은 개방계의 일량(펌프, 터빈, 압축기)이지만, 실린더 내에서의 압축과 같이 비유동계의 압축일은 '밀폐계의 일량'이다.

25 ★★★

송풍기의 풍량 15 [m³/s], 전압 540 [Pa], 전압효율이 55 [%]일 때 필요한 축동력은 몇 [kW]인가?

① 2.23　　② 4.46
③ 8.1　　④ 14.7

해설 송풍기 축동력

송풍기 축동력 $P[kW] = \dfrac{P_t[mmAq] \times Q[m^3/s]}{102\eta}$

여기서, P_t : 전압 [mmAq]
Q : 풍량 [m³/s], η : 효율

송풍기 축동력 $P[kW] = \dfrac{P_t[kPa] \times Q[m^3/s]}{\eta}$

여기서, P_t : 전압 [kPa]
Q : 풍량 [m³/s], η : 효율

정답 23 ③　24 ②　25 ④

[풀이1]
1) 압력 단위변환

$$P = 540[Pa] \times \frac{10332[mmAq]}{101325[Pa]} = 55.06[mmAq]$$

2) 축동력 $P = \dfrac{P_t[mmAq] \times Q[m^3/s]}{102\eta}$

$$= \frac{55.06[mmAq] \times 15[m^3/s]}{102 \times 0.55}$$

$$= 14.7[kW]$$

[풀이2]

축동력 $P = \dfrac{P_t[kPa] \times Q[m^3/s]}{\eta}$

$$= \frac{0.54[kPa] \times 15[m^3/s]}{0.55}$$

$$= 14.7[kW]$$

26 ★   난이도 상

그림과 같이 30°로 경사진 0.5 [m] × 3 [m] 크기의 수문평판 AB가 있다. A 지점에서 힌지로 연결되어 있을 때 이 수문을 열기 위하여 B점에서 수문에 직각방향으로 가해야 할 최소 힘은 약 몇 [N]인가? (단, 힌지 A에서의 마찰은 무시한다)

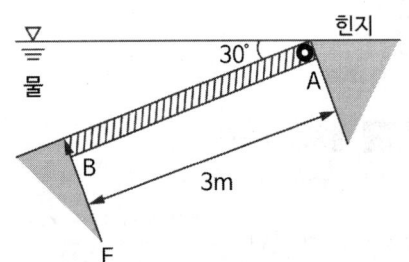

① 7350 ② 7355
③ 14700 ④ 14710

해설 수문의 개방력

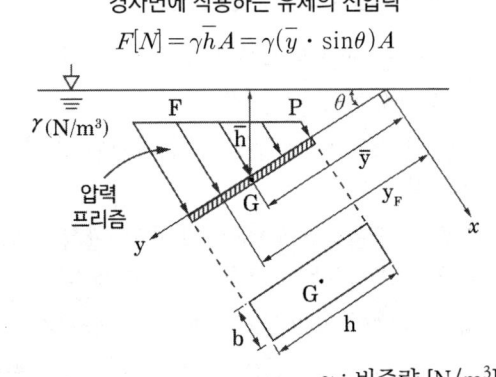

γ : 비중량 [N/m³]
$\bar{h}$: 경사면의 도심점으로부터 액면까지 연직 상방의 높이 [m]
A : 면적 [m²], G : 도심점

1) 유체의 전압력 F_1

$$F_1 = \gamma \bar{h} A$$
$$= 9800[N/m^3] \times (1.5[m] \times \sin 30)$$
$$\times (0.5 \times 3)[m^2]$$
$$= 11025[N]$$

2) 작용점의 위치 y_F

$$y_F = \bar{y} + \frac{I_G}{A \times \bar{y}}$$

$$= 1.5 + \frac{\frac{0.5 \times 3^3}{12}}{(0.5 \times 3) \times 1.5} = 2[m]$$

3) 수문의 개방력

$$F_2 = \frac{F_1 \times L_1}{L_2} = \frac{11025[N] \times 2[m]}{3[m]}$$

$$= 7350[N]$$

$\bar{h}$: 수면에서 수문의 도심점까지 수직거리
$\bar{y}$: 수면에서 수문의 도심점까지 직선거리
I_G : 단면2차모멘트(사각형 : $bh^3/12$)
L_1 : 힌지에서 작용점의 위치까지 거리
L_2 : 힌지에서 힘을 가할 지점까지 거리
A : 수문의 단면적

정답 26 ①

27 ★★★

배연설비의 배관을 흐르는 공기의 유속을 피토 정압관으로 측정할 때 정압단과 정체압단에 연결된 U자관의 수은 기둥 높이차가 0.03 [m] 이었다. 이때 공기의 속도는 약 몇 [m/s]인가? (단, 공기의 비중은 0.00122, 수은의 비중 13.6 이다)

① 81 ② 86
③ 91 ④ 96

해설 공기의 유속

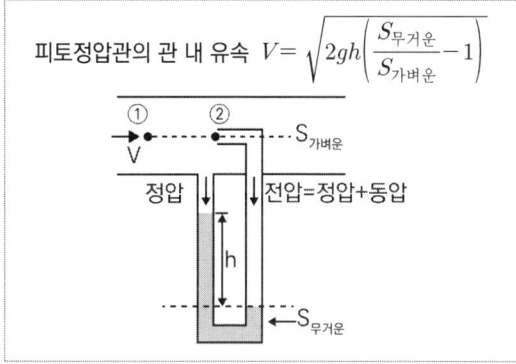

피토정압관의 관 내 유속 $V = \sqrt{2gh\left(\dfrac{S_{무거운}}{S_{가벼운}} - 1\right)}$

유속 $V = \sqrt{2gh\left(\dfrac{S_{수은}}{S_{공기}} - 1\right)}$

$= \sqrt{2 \times 9.8 \times 0.03 \times \left(\dfrac{13.6}{0.00122} - 1\right)}$

$= 80.9578 = 81 [m/s]$

28 ★★★

U자관 액주계가 오리피스 유량계에 설치되어 있다. 액주계 내부에는 비중 13.6인 수은으로 채워져 있으며, 유량계에는 비중 1.6인 유체가 유동하고 있다. 액주계에서 수은의 높이 차이가 200 [mm]이라면 오리피스 전후의 압력차 [kPa]는 얼마인가?

① 13.5 ② 23.5
③ 33.5 ④ 43.5

해설 마노미터 압력차

마노미터 압력차 $\Delta P = (\gamma_{무거운} - \gamma_{가벼운})h$

$\Delta P = (\gamma_{무거운} - \gamma_{가벼운})h$
$= (S_{무거운}\gamma_w - S_{가벼운}\gamma_w)h$
$= (13.6 \times 9.8 [kN/m^3] - 1.6 \times 9.8 [kN/m^3]) \times 0.2 [m]$
$= 23.52 [kPa]$

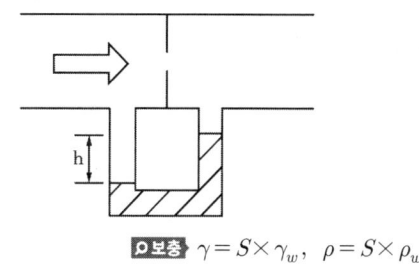

보충 $\gamma = S \times \gamma_w$, $\rho = S \times \rho_w$

29 ★★★

유체에 관한 설명으로 틀린 것은?

① 실제유체는 유동할 때 마찰로 인한 손실이 생긴다.
② 이상유체는 높은 압력에서 밀도가 변화하는 유체이다.
③ 유체에 압력을 가하면 체적이 줄어드는 유체는 압축성 유체이다.
④ 전단력을 받았을 때 저항하지 못하고 연속적으로 변형하는 물질을 유체라 한다.

해설 유체의 특성

이상유체는 점성이 없으며, 비압축성 유체이다. 따라서 압력변화에 따라 유체의 체적, 밀도, 비중량이 변하지 않는다.

30 ★★★

기준면에서 7.5 [m] 높은 곳에서 유속이 6.5 [m/s]인 물이 흐르고 있을 때 압력이 55 [kPa] 이었다. 전수두[m]는 얼마인가?

① 15.3
② 17.4
③ 19.1
④ 23.5

해설 전수두

$$전수두\ H[m] = \frac{P}{\gamma} + \frac{V^2}{2g} + Z$$

$$H[m] = \frac{P}{\gamma} + \frac{V^2}{2g} + Z$$

$$= \frac{55}{9.8} + \frac{6.5^2}{2 \times 9.8} + 7.5 = 15.27\,[m]$$

31 ★★

다음 중 기체상수가 가장 큰 것은?

① 수소
② 산소
③ 공기
④ 질소

해설 특정기체상수 $\overline{R}$

$$특정기체상수\ \overline{R} = \frac{R(일반기체상수)}{M(분자량)}$$

기체의 분자량이 작을수록 특정기체상수의 값은 커진다.

구분	기체상수 $\overline{R}$ [kJ/kg·K]
산소	0.2598
공기	0.2870
질소	0.2968
수소	**4.1245**

32 ★★★

펌프의 이상현상 중 펌프의 유효흡입수두(NPSH)와 가장 관련이 있는 것은?

① 수온상승 현상
② 수격 현상
③ 공동 현상
④ 서징 현상

해설 공동현상(Cavitation)

1) 개념 : 펌프 흡입 측 배관의 손실이 증가하여 소화수의 정압이 증기압 이하로 낮아져서 기포가 발생하는 현상이다.
2) $NPSH_{av} < NPSH_{re}$: 공동현상 발생
   $NPSH_{av}$: 유효흡입수두
   $NPSH_{re}$: 필요흡입수두

33 ★★★

열역학 제1법칙(에너지 보존의 법칙)에 대한 설명으로 옳은 것은?

① 공급열량은 총에너지 변화에 외부에 한 일량과의 합계이다.
② 열효율이 100 [%]인 열기관은 없다.
③ 순수물질이 상압(1기압), 0 [K]에서 결정상태이면 엔트로피는 '0'이다.
④ 일에너지는 열에너지로 쉽게 변환될 수 있으나, 열에너지는 일에너지로 변환되기 어렵다.

정답 30 ① 31 ① 32 ③ 33 ①

해설 열역학 1법칙

열역학 법칙	내용
제0법칙	• 열평형의 법칙 • 온도는 높은 곳에서 낮은 곳으로 흐름 • 온도계의 원리
제1법칙	• 에너지보존의 법칙(엔탈피의 법칙) • 가역법칙 • 열량은 일량으로, 일량은 열량으로 변환 가능 → 공급열량은 총에너지 변화에 외부에 한 일량과의 합계이다.
제2법칙	• 손실의 법칙(엔트로피의 법칙) → 열효율 100 [%]인 열기관은 제작 불가 • 에너지의 방향성과 비가역설을 설명 • 열은 저온에서 고온으로 흐르지 않음 • 열을 완전히 일로 바꿀 수 있는 열기관은 만들 수 없음 → 실제로 일이 열로 변화(W → Q)는 쉽게 일어나는 자연현상이나, 열이 일로 변화(Q → W)는 제한이 있음 • 제2종 영구기관은 존재할 수 없음
제3법칙	• 물체의 온도를 절대영도까지 내릴 수 없음 • 온도가 절대영도에 근접하면 엔트로피는 0에 근접함

34 ★★★

원심 펌프의 임펠러 직경이 20 [cm]이다. 이 펌프와 상사한 동일한 모양의 펌프를 임펠러 직경 60 [cm]로 만들었을 때 같은 회전수에서 운전하면 새로운 펌프의 설계점 성능 특성 중 유량은 몇 배가 되는가? (단, 레이놀즈수의 영향은 무시한다)

① 1배　　② 3배
③ 9배　　④ 27배

해설 상사법칙 유량

① 유량 $Q_2 = \left(\dfrac{N_2}{N_1}\right)^1 \times \left(\dfrac{D_2}{D_1}\right)^3 \times Q_1$

② 양정 $H_2 = \left(\dfrac{N_2}{N_1}\right)^2 \times \left(\dfrac{D_2}{D_1}\right)^2 \times H_1$

③ 동력 $L_2 = \left(\dfrac{N_2}{N_1}\right)^3 \times \left(\dfrac{D_2}{D_1}\right)^5 \times L_1$

여기서, Q_1, Q_2 : 유량
H_1, H_2 : 양정, L_1, L_2 : 동력
N_1, N_2 : 임펠러의 회전수
D_1, D_2 : 임펠러의 직경

$Q_2 = \left(\dfrac{N_2}{N_1}\right) \times \left(\dfrac{D_2}{D_1}\right)^3 \times Q_1$

$= \left(\dfrac{1}{1}\right) \times \left(\dfrac{60}{20}\right)^3 \times Q_1$

∴ $Q_2 = 27 \times Q_1$

Q : 유량, N : 회전수
D : 임펠러 직경

35 ★★★

점성계수의 MLT계 차원으로 옳은 것은?

① $[ML^{-1}T^{-1}]$　　② $[ML^2T^{-1}]$
③ $[L^2T^{-2}]$　　④ $[ML^{-2}T^{-2}]$

해설 동점성계수와 점성계수 차원

구분	절대단위	차원
점성계수	kg/m·s	$ML^{-1}T^{-1}$
동점성계수	m²/s	L^2T^{-1}

36 ★

그림과 같은 곡관에 물이 흐르고 있을 때 계기 압력으로 P_1이 98 [kPa]이고, P_2가 29.42 [kPa]이면 이 곡관을 고정시키는 데 필요한 힘 [N]은? (단, 높이차 및 모든 손실은 무시한다)

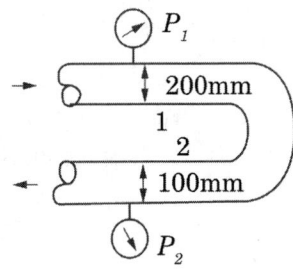

① 4141 ② 4314
③ 4565 ④ 4746

해설 유체가 곡관에 작용하는 힘

x방향에 대하여 운동량 방정식을 적용하면
$\sum F_x = \rho Q(V_{x2} - V_{x1})$에서
$P_1 A_1 \cos\theta_1 - P_2 A_2 \cos\theta_2 - F_x$
$\qquad = \rho Q(V_2 \cos\theta_2 - V_1 \cos\theta_1)$
$\therefore F_x = P_1 A_1 \cos\theta_1 - P_2 A_2 \cos\theta_2$
$\qquad + \rho Q(V_1 \cos\theta_1 - V_2 \cos\theta_2)$

1) 유속 V_1, V_2 및 유량 Q 계산

 (1) $Q_1 = Q_2$
   $A_1 V_1 = A_2 V_2$
   $\frac{\pi}{4} 0.2^2 V_1 = \frac{\pi}{4} 0.1^2 V_2$
   $\therefore V_2 = 4 V_1$

 (2) $\frac{P_1}{\gamma} + \frac{V_1^2}{2g} + Z_1 = \frac{P_2}{\gamma} + \frac{V_2^2}{2g} + Z_2$ (단, $Z_1 = Z_2$)
   $\frac{98}{9.8} + \frac{V_1^2}{2 \times 9.8} = \frac{29.42}{9.8} + \frac{(4V_1)^2}{2g}$
   $\therefore V_1 = 3.024 [m/s]$
   $\therefore V_2 = 4V_1 = 4 \times 3.024 = 12.096 [m/s]$
   $\therefore Q = AV = \frac{\pi}{4} 0.2^2 \times 3.024 = 0.095 [m^3/s]$

2) 유체가 곡관에 작용하는 힘 F_x
$F_x = P_1 A_1 \cos\theta_1 - P_2 A_2 \cos\theta_2$
$\qquad + \rho Q(V_1 \cos\theta_1 - V_2 \cos\theta_2)$
여기서 $\cos\theta_1 = \cos 0°$, $\cos\theta_2 = \cos 180°$이므로
$F_x = P_1 A_1 + P_2 A_2 + \rho Q(V_1 + V_2)$
$\quad = (98000 \times \frac{\pi}{4} 0.2^2 + 29420 \times \frac{\pi}{4} 0.1^2)$
$\qquad + 1000 \times 0.095 \times (3.024 + 12.096)$
$\quad = 4746.22 [N]$

37 ★★★

지름이 150 [mm]인 원관에 비중이 0.85, 동점성계수가 1.33×10^{-4} [m^2/s] 기름이 0.01 [m^3/s]의 유량으로 흐르고 있다. 이때 관 마찰계수는? (단, 임계 레이놀즈수는 2100이다)

① 0.10 ② 0.14
③ 0.18 ④ 0.22

해설 관 마찰계수

레이놀즈수 $Re = \frac{\rho V D}{\mu} = \frac{VD}{\nu}$
여기서, ρ : 밀도 [kg/m^3]
V : 유속 [m/s], D : 직경 [m]
μ : 점성계수 [$N \cdot s/m^2$]
ν : 동점성계수 [m^2/s]

1) 유속
$V = \frac{Q}{A} = \frac{0.01}{\frac{\pi}{4} \times 0.15^2} = 0.57 [m/s]$

2) 레이놀즈수
$Re = \frac{VD}{\nu} = \frac{0.57 \times 0.15}{1.33 \times 10^{-4}} = 638.12$

$Re < 2100$이므로 층류 유동

3) 관 마찰계수
층류 유동 시 관 마찰계수 f는
$f = \frac{64}{Re} = \frac{64}{638.12} = 0.1$

38 ★★★

단면적이 10 [m²]이고 두께가 2.5 [cm]인 단열재를 통과하는 열전달량이 3 [kW]이다. 내부(고온)면의 온도가 415 [℃]이고 단열재의 열전도가 0.2 [W/m·K]일 때 외부(저온)면의 온도[℃]는?

① 353.7
② 377.5
③ 396.2
④ 402.4

해설 푸리에 열전도 법칙

$$\text{전도열량}\ \dot{Q}[W] = \frac{kA\Delta T}{l} = \frac{kA(T_2 - T_1)}{l}$$

여기서, k : 열전도율 [W/m·K]
A : 면적 [m²]
ΔT : 온도차 [K]
l : 두께 [m]

$$\dot{Q} = \frac{kA \times (T_2 - T_1)}{l}$$

$$3000 = \frac{0.2 \times 10 \times (415 - T_1)}{0.025}$$

∴ $T_1 = 377.5$ [℃]

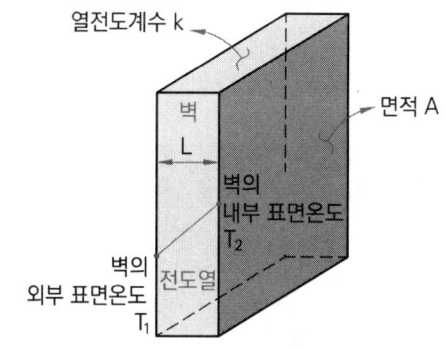

TIP 켈빈온도의 온도차와 섭씨온도의 온도차는 같다.

39 ★★★

뉴튼의 점성법칙과 직접적으로 관계없는 것은?

① 압력
② 전단응력
③ 속도구배
④ 점성계수

해설 전단응력(뉴턴의 점성법칙)

$$\text{전단응력}\ \tau[N/m^2] = \mu \frac{du}{dy}$$

여기서, μ : 점성계수 [kg/m·s, N·s/m²]
$\frac{du}{dy}$: 속도구배 [s^{-1}]

② 전단응력 $\tau[N/m^2]$
③ 속도구배 $\frac{du}{dy}$ [s^{-1}]
④ 점성계수 μ [N·s/m²]

는 뉴턴의 점성법칙과 직접적인 관계가 있다.

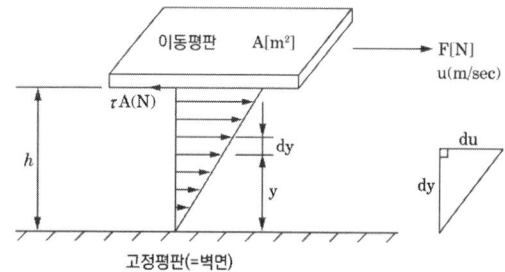

정답 38 ② 39 ①

40 ★★★

관지름 d, 관 마찰계수 f, 부차손실계수 K인 관의 상당길이 L_e는?

① $\dfrac{f}{Kd}$ ② $\dfrac{Kd}{f}$

③ $\dfrac{K}{df}$ ④ $\dfrac{df}{K}$

해설 배관의 상당(등가)길이

등가길이 $L_e = \dfrac{KD}{f}$

보충 상당길이(등가길이) : 관 부속물에 유체가 흐를 때 발생되는 마찰 손실과 같은 크기의 마찰 손실을 가지는 동일 구경의 직관의 길이

정답 40 ②

소방관계법규

2020년 3회

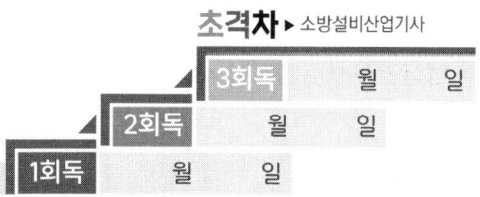

41 ★★★

소방시설공사업법령상 상주 공사감리의 대상기준 중 다음 괄호 안에 알맞은 것은?

- 연면적 (㉠) [m²] 이상의 특정소방대상물(아파트는 제외)에 대한 소방시설의 공사
- 지하층을 포함한 층수가 (㉡)층 이상으로서 (㉢)세대 이상인 아파트에 대한 소방시설의 공사

① ㉠ 30000, ㉡ 16, ㉢ 500
② ㉠ 30000, ㉡ 11, ㉢ 300
③ ㉠ 50000, ㉡ 16, ㉢ 500
④ ㉠ 50000, ㉡ 11, ㉢ 300

해설 상주공사감리 대상

종류	대상	방법
상주 감리	• 연 3만 [m²] 이상 (아파트 제외) • 16층(지하층 포함) 이상으로 500세대 이상 아파트	• 정한기간에 현장 상주 • 감리업무 수행, 감리일지 작성 • 1일 이상 일탈 시 발주확인·업무대행
일반 감리	• 상주감리 이외 공사 현장	• 배치기간에 현장 업무, 주 1회 이상 • 감리업무 수행, 감리일지 작성 • 14일 이내 수행 불가 시 대행자 지정 • 대행자 주 2회 이상 배치, 업무내용통보

42 ★★★

소방시설 설치 및 관리에 관한 법령상 시·도지사는 관리업자에게 영업정지를 명하는 경우로서 그 영업정지가 국민에게 심한 불편을 주거나 그 밖에 공익을 해칠 우려가 있을 때에는 영업정지처분을 갈음하여 최대 얼마 이하의 과징금을 부과할 수 있는가?

① 1000만 원   ② 2000만 원
③ 3000만 원   ④ 5000만 원

해설 소방시설관리업의 등록취소와 영업정지

1) 명령권자 : 시·도지사(행정안전부령)
2) 등록 취소 및 6개월 이내의 기간 영업 정지((1), (4), (5) : 등록취소)
   (1) 거짓이나 그 밖의 부정한 방법으로 등록한 경우
   (2) 점검을 하지 않거나 거짓으로 한 경우
   (3) 등록기준에 미달하게 된 경우
   (4) 등록 결격사유에 해당하게 된 경우
   (5) 다른 자에게 등록증이나 등록수첩 빌려준 경우
   (6) 점검능력 평가를 받지 아니하고 자체점검을 한 경우
3) 영업정지 과징금
   <u>시·도지사는 영업정지가 국민에게 심한 불편을 주거나 그 밖에 공익을 해칠 우려가 있을 때에는 영업정지처분을 갈음하여 3000만 원 이하의 과징금 부과할 수 있다.</u>

정답 41 ① 42 ③

43 ★

위험물안전관리법령상 제3류 위험물이 아닌 것은?

① 칼륨
② 황린
③ 나트륨
④ 마그네슘

해설 제3류 위험물(자연발화성물질 및 금수성물질)

품명	지정수량
칼륨	10 [kg]
나트륨	
알킬알루미늄	
알킬리튬	
황린	20 [kg]
알칼리금속 및 알칼리토금속	50 [kg]
유기금속화합물	
금속의 수소화물	300 [kg]
금속의 인화물	
칼슘 또는 알루미늄 탄화물	

① 물과 접촉하여 발화, 가연성 가스 발생
② 소화 : 마른 모래, 팽창질석, 팽창진주암에 의한 질식소화

보충 마그네슘 : 제2류 위험물

44 ★★★

소방기본법령상 소방신호의 종류가 아닌 것은?

① 발화신호
② 해제신호
③ 훈련신호
④ 소화신호

해설 소방신호

1) 종류
   (1) 경계신호 : 화재예방상 필요하다고 인정되거나 화재위험경보 시 발령
   (2) 발화신호 : 화재가 발생한 때 발령
   (3) 해제신호 : 소화활동이 필요 없다고 인정되는 때 발령
   (4) 훈련신호 : 훈련상 필요하다고 인정되는 때 발령

2) 방법

종별	타종신호	사이렌신호
경계신호	1타, 연2타 반복	5초 간격 30초씩 3회
발화신호	난타	5초 간격 5초씩 3회
해제신호	상당한 간격 1타씩 반복	1분간 1회
훈련신호	연 3타 반복	10초 간격 1분씩 3회

45 ★★★

소방기본법령상 동원된 소방력의 운용과 관련하여 필요한 사항을 정하는 자는? (단, 동원된 소방력의 소방활동 수행 과정에서 발생하는 경비 및 동원된 민간 소방인력이 소방활동을 수행하다가 사망하거나 부상을 입은 경우와 관련된 사항은 제외한다)

① 대통령
② 소방청장
③ 시·도지사
④ 행정안전부장관

해설 | 소방력

1) 소방력 : 소방기관이 소방업무 수행 시 필요한 인력과 장비
2) 소방력 확충에 필요한 계획 수립 및 시행 : 시·도지사
3) 소방력 기준 : 행정안전부령

※ 소방청장은 해당 시·도의 소방력만으로는 소방활동을 효율적으로 수행하기 어려운 화재, 재난·재해, 그 밖의 구조·구급이 필요한 상황이 발생하거나 특별히 국가적 차원에서 소방활동을 수행할 필요가 인정될 때에는 각 시·도지사에게 행정안전부령으로 정하는 바에 따라 소방력을 동원할 것을 요청할 수 있음

설치대상	기준
• 노유자시설 • 숙박 가능한 수련시설 • 의료재활시설, 정신병원	바닥면적 500 [m²] 이상인 층이 있는 것
• 종합병원, 병원, 치과, 한방병원, 요양병원 • 근린생활시설 중 의원, 치과의원, 한의원 • 전통시장 • 노유자생활시설 • 보물·국보 지정 목조건축물 • 조산원, 산후조리원,	-

46 ★★

소방시설 설치 및 관리에 관한 법령상 자동화재속보설비를 설치하여야 하는 특정소방대상물의 기준으로 틀린 것은? (단, 24시간 화재를 감시할 수 있는 사람이 근무하는 경우는 제외한다)

① 근린생활시설 중 의원
② 문화유산보호법에 따라 보물 또는 국보로 지정된 목조건축물
③ 노유자 생활시설에 해당하지 않는 노유자시설로서 바닥면적이 300 [m²] 이상인 층이 있는 것
④ 수련시설(숙박시설이 있는 건축물만 해당)로서 바닥면적이 500 [m²] 이상인 층이 있는 것

해설 | 자동화재속보설비 설치대상

방재실 등 화재 수신기가 설치된 장소에 24시간 화재를 감시할 수 있는 사람이 근무하고 있는 경우 자동화재속보설비를 설치하지 않을 수 있다.

47 ★★★

소방시설 설치 및 관리에 관한 법령상 소방시설관리사의 결격사유가 아닌 것은?

① 피성년후견인
② 소방기본법령에 따른 금고 이상의 실형을 선고받고 그 집행이 면제된 날부터 2년이 지나지 아니한 사람
③ 소방시설공사업법령에 따른 금고 이상의 형의 집행유예를 선고받고 그 유예기간이 지난 후 2년이 지나지 아니한 사람
④ 거짓이나 그 밖의 부정한 방법으로 관리사 시험에 합격하여 자격이 취소된 날부터 2년이 지나지 아니한 사람

해설 | 소방시설관리사 결격사유

• 피성년후견인
• 금고 이상 실형을 선고받고 집행이 끝나거나 면제된 날부터 2년이 지나지 않은 자
• 금고 이상 형의 집행유예 선고받고 유예기간 중인 자
• 자격 취소된 날부터 2년이 지나지 않은 자

정답 46 ③ 47 ③

48 ★★★

소방시설 설치 및 관리에 관한 법령상 건축허가 등을 할 때 미리 소방본부장 또는 소방서장의 동의를 받아야 하는 건축물의 범위에 해당하는 것은?

① 노유자시설로 연면적이 200 [m²]인 건축물
② 연면적이 300 [m²]인 업무시설로 사용되는 건축물
③ 승강기 등 기계장치에 의한 주차시설로서 자동차 10대를 주차할 수 있는 시설
④ 차고·주차장으로 사용되는 층 중 바닥면적이 150 [m²]인 층이 있는 건축물

해설 건축허가 동의대상물 범위

구분	기준
학교시설	연면적 100 [m²] 이상
노유자(老幼者)시설 및 수련시설	연면적 200 [m²] 이상
지하층·무창층이 있는 건축물	바닥면적 150 [m²](공연장 100 [m²]) 이상
정신의료기관, 장애인 의료시설	연면적 300 [m²] 이상
일반용도의 특정소방대상물	연면적 400 [m²] 이상
차고, 주차장 또는 주차용도로 사용되는 시설	바닥면적 200 [m²] 이상 기계식 주차시설 자동차 20대 이상
• 노인 관련 시설 중 노인주거복지시설, 노인의료복지시설, 재가노인복지시설, 학대피해노인 전용쉼터 • 아동복지시설(아동상담소, 아동전용시설 및 지역아동센터는 제외한다) • 장애인 거주시설 • 정신질환자 관련 시설(공동생활가정을 제외한 재활훈련시설과 종합시설 중 24시간 주거를 제공하지 않는 시설은 제외한다)	단독주택, 공동주택에 설치되는 시설 제외
• 노숙인 관련 시설 중 노숙인자활시설·노숙인재활시설·노숙인요양시설 • 결핵환자나 한센인이 24시간 생활하는 노유자시설	

49 ★

소방시설 설치 및 관리에 관한 법령상 특정소방대상물에 설치되어 소방본부장 또는 소방서장의 건축허가 등의 동의대상에서 제외되게 하는 소방시설이 아닌 것은? (단, 설치되는 소방시설은 화재안전기술기준에 적합하다)

① 소화기구   ② 누전경보기
③ 비상조명등   ④ 피난기구

해설 건축허가 동의대상물 제외

• 소화기구, 자동소화장치
• 누전경보기
• 피난구조설비(비상조명등 제외)
• 단독경보형 감지기
• 가스누설경보기

50 ★

위험물안전관리법령상 제조소등에 전기설비(전기배선, 조명기구 등은 제외)가 설치된 장소의 면적이 300 [m²]일 경우, 소형수동식소화기는 최소 몇 개 설치하여야 하는가?

① 1개   ② 2개
③ 3개   ④ 4개

> **해설** 전기설비 소화설비

- 해당 장소 면적 100 [m²]나 소형수동식소화기 1개 이상 설치
- 소화기 개수 = $\frac{300}{100}$ = 3개

51 ★★★

소방시설 설치 및 관리에 관한 법령상 소방청장 또는 시·도지사가 청문을 하여야 하는 처분이 아닌 것은?

① 소방시설관리사 자격의 정지
② 소방안전관리자 자격의 취소
③ 소방시설관리업의 등록취소
④ 소방용품의 형식승인 취소

> **해설** 청문(시설법)

1) 청문실시자 : 소방청장, 시·도지사
2) 청문 실시하는 경우
   - 관리사 자격 취소·정지
   - 관리업 등록취소·영업정지
   - 소방용품 형식승인 취소, 제품검사 중지
   - 성능인증·우수품질인증 취소
   - 전문기관 지정취소·업무정지

52 ★★

소방시설 설치 및 관리에 관한 법령상 특정소방대상물 중 교육연구시설에 포함되지 않는 것은?

① 도서관
② 초등학교
③ 직업훈련소
④ 자동차운전학원

> **해설** 교육연구시설

- 학교(초등·중·고등학교, 특수학교)
- 교육원(연수원)
- 직업훈련소
- 학원
- 연구소
- 도서관

> **보충** 자동차운전학원 : 항공기 및 자동차 관련 시설

53 ★★★

소방기본법령상 소방서 종합상황실의 실장이 서면·팩스 또는 컴퓨터통신 등으로 소방본부의 종합상황실에 지체 없이 보고하여야 하는 화재의 기준으로 틀린 것은?

① 이재민이 50인 이상 발생한 화재
② 재산피해액이 50억 원 이상 발생한 화재
③ 층수가 11층 이상인 건축물에서 발생한 화재
④ 사망자가 5인 이상 발생하거나 사상자가 10인 이상 발생한 화재

> **해설** 종합상황실 실장 보고 화재

종합상황실의 실장은 다음에 해당하는 상황이 발생하는 때에는 그 사실을 지체 없이 서면·팩스 또는 컴퓨터통신 등으로 소방서의 종합상황실의 경우는 소방본부의 종합상황실에, 소방본부의 종합상황실의 경우는 소방청의 종합상황실에 각각 보고해야 한다.

1. 다음에 해당하는 화재
   가. 사망자가 5인 이상 발생한 화재
   나. 사상자가 10인 이상 발생한 화재
   다. 이재민이 100인 이상 발생한 화재
   라. 재산피해액이 50억 원 이상 발생한 화재
   마. 관공서·학교·정부미도정공장·문화유산·지하철 또는 지하구의 화재

정답 51 ② 52 ④ 53 ①

바. 관광호텔, 층수가 11층 이상인 건축물, 지하상가, 시장, 백화점
사. 지정수량의 3천 배 이상의 위험물의 제조소·저장소·취급소
아. 층수가 5층 이상이거나 객실이 30실 이상인 숙박시설, 층수가 5층 이상이거나 병상이 30개 이상인 종합병원·정신병원·한방병원·요양소
자. 연면적 15000 [m²] 이상인 공장 또는 화재경계지구에서 발생한 화재
차. 철도차량, 항구에 매어둔 총 톤수가 1천 톤 이상인 선박, 항공기, 발전소 또는 변전소에서 발생한 화재
카. 가스 및 화약류의 폭발에 의한 화재
타. 다중이용업소의 화재
2. 통제단장의 현장지휘가 필요한 재난상황
3. 언론에 보도된 재난상황
4. 그 밖에 소방청장이 정하는 재난상황

4) 가연성가스 제조·저장·취급 시설 중 지상에 노출된 가연성가스탱크의 저장용량 합계 1000톤 이상

55 ★★★

소방시설 설치 및 관리에 관한 법령상 특정소방대상물 중 숙박시설의 종류가 아닌 것은?

① 학교 기숙사
② 일반형 숙박시설
③ 생활형 숙박시설
④ 근린생활시설에 해당하지 않는 고시원

해설 숙박시설

- 일반형 숙박시설 : 호텔, 여관, 모텔
- 생활형 숙박시설 : 관광호텔, 한국전통호텔
- 고시원(근린생활시설에 해당되지 않는 것)

54 ★★★

소방시설공사업법령상 소방본부장이나 소방서장이 소방시설공사가 공사감리결과 보고서대로 완공되었는지를 현장에서 확인할 수 있는 특정소방대상물이 아닌 것은?

① 판매시설
② 문화 및 집회시설
③ 11층 이상인 아파트
④ 수련시설 및 노유자시설

해설 완공검사 현장 확인 특정소방대상물

1) 문화 및 집회시설, 종교시설, 판매시설, 노유자시설, 수련시설, 운동시설, 숙박시설, 창고시설, 지하상가 및 다중이용업소
2) 설비가 설치되는 특정소방대상물
   - 스프링클러설비등
   - 물분무등소화설비(호스릴 방식 제외)
3) 연면적 10000 [m²] 이상, 11층 이상의 특정소방대상물(아파트 제외)

56 ★

위험물안전관리법령상 점포에서 위험물을 용기에 담아 판매하기 위하여 지정수량의 40배 이하의 위험물을 취급하는 장소의 취급소 구분으로 옳은 것은? (단, 위험물을 제조 외의 목적으로 취급하기 위한 장소이다)

① 이송취급소　② 일반취급소
③ 주유취급소　④ 판매취급소

해설 위험물 취급소 구분

- 주유취급소 : 자동차·항공기·선박 등의 연료탱크에 직접 주유
- 판매취급소 : 지정수량 40배 이하
- 이송취급소 : 위험물 이송
- 일반취급소 : 주유취급소, 판매취급소, 이송취급소 외의 장소

57 ★★★

소방기본법령상 소방대상물에 해당하지 않는 것은?

① 차량
② 건축물
③ 운항 중인 선박
④ 선박 건조 구조물

해설 소방용어 정의

1) 소방대상물
   (1) 건축물
   (2) 차량
   (3) <u>선박(항구에 매어 둔 것)</u>
   (4) 산림, 그 밖의 인공구조물 또는 물건
2) 관계지역
   소방대상물이 있는 장소 및 그 이웃 지역으로 화재의 예방·경계·진압, 구조·구급 등의 활동에 필요한 지역
3) 관계인
   소방대상물의 소유자·관리자·점유자
4) 소방대
   화재 진압 및 화재, 재난·재해, 그 밖의 위급한 상황에서 구조·구급 활동
   (1) 소방공무원
   (2) 의무소방원
   (3) 의용소방대원

암기 공무용

58 ★★★

화재의 예방 및 안전관리에 관한 법령상 화재예방강화지구로 지정할 수 있는 대상지역이 아닌 것은? (단, 소방청장·소방본부장 또는 소방서장이 화재예방강화지구로 지정할 필요가 있다고 별도로 지정한 지역은 제외한다)

① 시장지역
② 석조건물이 있는 지역
③ 위험물의 저장 및 처리시설이 밀집한 지역
④ 석유화학제품을 생산하는 공장이 있는 지역

해설 화재예방강화지구 지정

1) 지정권자 : 시·도지사
2) 화재예방강화지구 지정 요청 : 소방청장
3) 화재예방강화지구
   (1) 시장지역
   (2) 공장·창고가 밀집한 지역
   (3) 목조건물이 밀집한 지역
   (4) 노후·불량건축물이 밀집한 지역
   (5) 위험물의 저장 및 처리시설이 밀집한 지역
   (6) 석유화학제품을 생산하는 공장이 있는 지역
   (7) 산업입지 및 개발에 관한 법률에 따른 산업단지
   (8) 소방시설·소방용수시설·소방출동로가 없는 지역
   (9) 물류단지
   (10) (1) ~ (9)까지 준하는 지역으로서 소방관서장이 화재예방강화지구로 지정할 필요가 있다고 인정하는 지역

정답 57 ③ 58 ②

59 ★★★

소방기본법령상 국가가 시·도의 소방업무에 필요한 경비의 일부를 보조하는 국고보조대상이 아닌 것은?

① 소방자동차 구입
② 소방용수시설 설치
③ 소방전용통신설비 설치
④ 소방관서용 청사의 건축

해설 소방장비 등에 대한 국고보조

1) 국고보조
   (1) 국가는 시·도 소방장비구입 등의 경비를 일부 보조함
   (2) 국가보조 대상사업의 범위와 기준 보조율 : 대통령령인 「보조금관리에 관한 법률 시행령」
   (3) 소방활동장비 및 설비의 종류와 규격 : 행정안전부령
2) 국고보조 대상사업의 범위
   (1) 소방활동장비와 설비의 구입 및 설치
      ① 소방자동차
      ② 소방헬리콥터 및 소방정
      ③ 소방전용통신설비 및 전산설비
      ④ 그 밖에 방화복 등 소방활동에 필요한 소방장비
   (2) 소방관서용 청사의 건축

60 ★★

위험물안전관리법령상 산화성 고체이며 제1류 위험물에 해당하는 것은?

① 칼륨
② 황화인
③ 염소산염류
④ 유기과산화물

해설 제1류 위험물(산화성고체)

품명	지정수량
아염소산염류	50 [kg]
염소산염류	
과염소산염류	
무기과산화물	
브로민산염류	300 [kg]
질산염류	
아이오드산염류	
과망가니즈산염류	1000 [kg]
다이크로뮴산염류	

보충 황화인 : 2류, 칼륨 : 3류, 유기과산화물 : 5류

암기 아염과무 브질아 과다

정답 59 ② 60 ③

소방기계시설의 구조 및 원리

2020년 3회

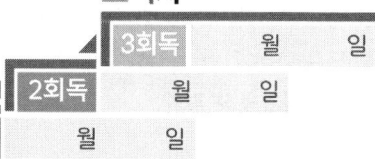

61 ★★★

이산화탄소소화설비의 화재안전기술기준상 전역방출식 이산화탄소소화설비 분사헤드의 방출압력은 최소 몇 [MPa] 이상이 되어야 하는가? (단, 저압식은 제외한다)

① 1.2   ② 2.1
③ 3.6   ④ 4.2

해설 이산화탄소소화설비 분사헤드 방출압력

- 고압식 : 2.1 [MPa] 이상
- 저압식 : 1.05 [MPa] 이상

3) 고정포방출구는 바닥면적 500 [m²]마다 1개 이상으로 할 것
4) 고정포방출구는 방호대상물의 최고부분보다 높은 위치에 설치할 것

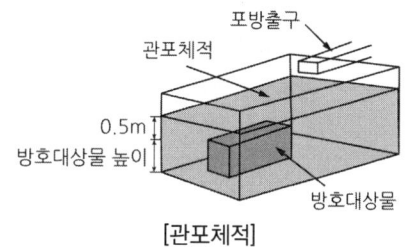

[관포체적]

보충 관포체적 : 해당 바닥 면으로부터 방호대상물의 높이보다 0.5 [m] 높은 위치까지의 체적

62 ★★★

포소화설비의 화재안전기술기준상 전역방출방식의 고발포용고정포방출구 설치기준 중 다음 괄호 안에 알맞은 것은?

> 고정포방출구는 바닥면적 (　) [m²]마다 1개 이상으로 하여 방호대상물의 화재를 유효하게 소화할 수 있도록 할 것

① 300   ② 400
③ 500   ④ 600

해설 전역방출방식 고발포용고정포방출구

1) 개구부에 자동폐쇄장치 설치할 것
2) 해당 방호구역의 관포체적 1 [m³]에 대한 1분당 방출량은 특정소방대상물 및 포의 팽창비에 따라 다름

63 ★★★

소방대상물에 제연 샤프트를 설치하여 건물 내·외부의 온도차와 화재 시 발생되는 열기에 의한 밀도 차이를 이용하여 실내에서 발생한 화재열, 연기 등을 지붕 외부의 루프모니터 등을 통해 옥외로 배출·환기시키는 제연방식은?

① 자연제연방식
② 루프해치방식
③ 스모크 타워 제연방식
④ 제3종 기계제연방식

해설 스모크타워 제연방식

고층건축물에 주로 사용하는 제연방식으로서 굴뚝 효과를 이용하여 루프모니터(창살 또는 유리창이 달린 지붕 위의 원형구조물)를 설치하여 제연하는 방식

정답 61 ② 62 ③ 63 ③

1) 고층 건축물에 적합함
2) 배연 샤프트의 굴뚝효과(연돌효과)를 이용
3) 모든 층의 일반 거실화재에 이용할 수 있음
4) 자연배기방식 일종

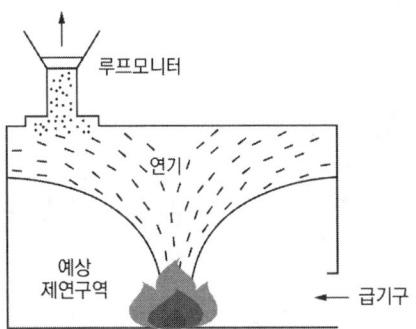

[스모크타워제연방식]

64 ★★★

소화수조 및 저수조의 화재안전기술기준상 소화용수설비 소화수조의 소요수량이 120 [m³]일 때 채수구는 몇 개를 설치하여야 하는가?

① 1
② 2
③ 3
④ 4

해설 소화수조 및 저수조 채수구 설치기준

채수구는 다음 표에 따라 소방용호스 또는 소방용흡수관에 사용하는 구경 65 [mm] 이상의 나사식 결합금속구를 설치할 것

[소요수량에 따른 채수구의 수]

소요수량	20 [m³] 이상 40 [m³] 미만	40 [m³] 이상 100 [m³] 미만	100 [m³] 이상
채수구의 수(개)	1개	2개	3개

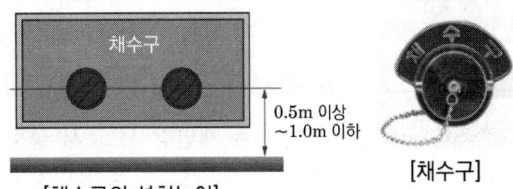

[채수구의 설치높이]

65 ★★★

물분무소화설비의 화재안전기술기준상 물분무헤드를 설치하지 않을 수 있는 장소 기준 중 다음 괄호 안에 알맞은 것은?

운전 시에 표면의 온도가 ( ) [℃] 이상으로 되는 등 직접 분무를 하는 경우 그 부분에 손상을 입힐 우려가 있는 기계장치 등이 있는 장소

① 250
② 260
③ 270
④ 280

해설 물분무헤드 설치 제외

1) 물에 심하게 반응하는 물질 또는 물과 반응하여 위험한 물질을 생성하는 물질을 저장 또는 취급하는 장소
2) 고온의 물질 및 증류범위가 넓어 끓어 넘치는 위험이 있는 물질을 저장 또는 취급하는 장소
3) 운전 시에 표면의 온도가 260 [℃] 이상으로 되는 등 직접 분무를 하는 경우 그 부분에 손상을 입힐 우려가 있는 기계장치 등이 있는 장소

66 ★★★

옥내소화전설비의 화재안전기술기준상 배관의 설치기준 중 다음 괄호 안에 알맞은 것은?

연결송수관설비의 배관과 겸용할 경우의 주배관은 구경 (㉠) [mm] 이상, 방수구로 연결되는 배관의 구경은 (㉡) [mm] 이상의 것으로 하여야 한다.

① ㉠ 65, ㉡ 80
② ㉠ 65, ㉡ 100
③ ㉠ 100, ㉡ 65
④ ㉠ 100, ㉡ 80

해설 연결송수관설비의 배관과 겸용할 경우

1) 주배관 : 구경 100 [mm] 이상
2) 방수구로 연결되는 배관 : 구경 65 [mm] 이상

> ※ **연결송수관설비의 배관**
> 연결송수관설비의 주배관은 구경 100 [mm] 이상의 전용배관으로 할 것. 다만 주배관의 구경이 100 [mm] 이상인 옥내소화전설비의 배관과는 겸용할 수 있다.
> ⇨ 연결송수관설비는 **옥내소화전설비의 배관만 겸용 가능함** [시행 2024.7.1.]

67 ★★★

분말소화설비의 화재안전기술기준상 분말소화약제의 저장용기를 가압식으로 설치할 때 안전밸브의 작동압력 기준은?

① 최고사용압력의 0.8배 이하
② 최고사용압력의 1.8배 이하
③ 내압시험압력의 0.8배 이하
④ 내압시험압력의 1.8배 이하

해설 분말소화약제의 저장용기 설치기준

1) 저장용기 내용적

소화약제의 종류	제1종	제2·3종	제4종
소화약제 1 [kg]당 저장용기의 내용적	0.8 [L]	1 [L]	1.25 [L]

2) 저장용기에는 **가압식은 최고사용압력의 1.8배 이하**, 축압식은 용기의 내압시험압력의 0.8배 이하의 압력에서 작동하는 안전밸브를 설치할 것
3) 저장용기에는 저장용기의 내부압력이 설정압력으로 되었을 때 주밸브를 개방하는 정압작동장치를 설치할 것
4) 저장용기의 충전비는 0.8 이상
5) 저장용기 및 배관에는 잔류 소화약제를 처리할 수 있는 청소장치를 설치할 것
6) 축압식 저장용기에는 사용압력 범위를 표시한 지시압력계를 설치할 것

68 ★★★

분말소화설비의 화재안전기술기준상 호스릴방식의 분말소화설비의 설치기준으로 틀린 것은?

① 소화약제의 저장용기는 호스릴을 설치하는 장소마다 설치할 것
② 방호대상물의 각 부분으로부터 하나의 호스접결구까지의 수평거리가 15 [m] 이하가 되도록 할 것
③ 소화약제의 저장용기의 개방밸브는 호스릴의 설치장소에서 수동으로 개폐할 수 있는 것으로 할 것
④ 제1종 분말소화약제를 사용하는 호스릴방식의 분말소화설비의 노즐은 하나의 노즐마다 1분당 27 [kg]을 방출할 수 있는 것으로 할 것

해설 호스릴방식의 분말소화설비 설치기준

1) 방호대상물의 각 부분으로부터 하나의 호스접결구까지의 수평거리가 15 [m] 이하가 되도록 할 것
2) 소화약제 저장용기의 개방밸브는 호스릴의 설치장소에서 수동으로 개폐할 수 있는 것으로 할 것
3) 소화약제 저장용기는 호스릴을 설치하는 장소마다 설치할 것
4) 하나의 노즐마다 1분당 방출하는 소화약제의 양

소화약제 종별	제1종	제2·3종	제4종
1분당 방출하는 소화약제의 양	**45 [kg/min]**	27 [kg/min]	18 [kg/min]

5) 소화약제 저장용기의 가장 가까운 곳의 보기 쉬운 곳에 적색의 표시등을 설치하고, 호스릴방식의 분말소화설비가 있다는 뜻을 표시한 표지를 할 것

정답 67 ② 68 ④

69 ★

피난기구의 화재안전기술기준상 피난기구의 설치기준 중 피난사다리 설치 시 금속성 고정사다리를 설치하여야 하는 층의 기준으로 옳은 것은? (단, 하향식 피난구용 내림식사다리는 제외한다)

① 4층 이상
② 5층 이상
③ 7층 이상
④ 11층 이상

해설 피난사다리 설치기준

<u>4층 이상</u>의 층에 피난사다리(하향식 피난구용 내림식사다리는 제외)를 설치하는 경우에는 <u>금속성 고정사다리</u>를 설치하고, 당해 고정사다리에는 쉽게 피난할 수 있는 구조의 <u>노대</u>를 설치할 것

70 ★★★

소화기구 및 자동소화장치의 화재안전기술기준상 소화기구의 설치기준 중 다음 괄호 안에 알맞은 것은?

> 능력단위가 2단위 이상이 되도록 소화기를 설치해야 할 특정소방대상물 또는 그 부분에 있어서는 간이소화용구의 능력 단위가 전체 능력단위의 ( )을 초과하지 않게 할 것

① 1/2
② 1/3
③ 1/4
④ 1/5

해설 소화기구 설치기준

능력단위가 2단위 이상이 되도록 소화기를 설치해야 할 특정소방대상물 또는 그 부분에 있어서는 간이소화용구의 능력단위가 전체 능력단위의 <u>2분의 1</u>을 초과하지 않게 할 것. 다만 노유자시설의 경우에는 그렇지 않다.

71 ★★★

소화수조 및 저수조의 화재안전기술기준상 소화수조, 저수조의 채수구 또는 흡수관투입구는 소방차가 최대 몇 [m] 이내의 지점까지 접근할 수 있는 위치에 설치하여야 하는가?

① 2
② 4
③ 6
④ 8

해설 채수구 또는 흡수관투입구의 위치

소화수조 및 저수조의 채수구 또는 흡수관투입구는 <u>소방차가 2 [m] 이내</u> 지점까지 접근할 수 있는 위치에 설치해야 한다.

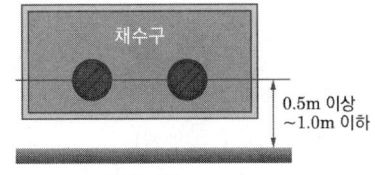
[채수구]

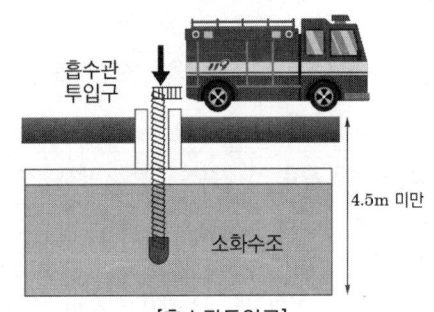
[흡수관투입구]

72 ★★★

스프링클러설비의 화재안전기술기준상 스프링클러헤드를 설치하지 않을 수 있는 장소 기준으로 틀린 것은?

① 계단실·경사로·목욕실·화장실·기타 이와 유사한 장소
② 통신기기실·전자기기실·기타 이와 유사한 장소
③ 천장과 반자 양쪽이 불연재료로 되어 있는 경우로서 천장과 반자 사이의 거리가 2 [m] 미만인 부분
④ 천장 및 반자가 불연재료 외의 것으로 되어 있고 천장과 반자 사이의 거리가 1.5 [m] 미만인 부분

해설 ─ 스프링클러헤드의 설치제외 장소

1) 천장 및 반자의 재료에 따른 기준으로서 다음 어느 하나에 해당하는 경우

천장 및 반자의 재료	천장과 반자 사이의 거리
양쪽 모두 불연재료 + 벽이 불연재료 (그 사이에 가연물이 존재 ×)	2 [m] 이상
양쪽 모두 불연재료	**2 [m] 미만**
천장·반자 중 한쪽이 불연재료	1 [m] 미만
양쪽 모두 불연재료 외의 것	**0.5 [m] 미만**

2) 계단실·경사로·승강기의 승강로·비상용승강기의 승강장·파이프덕트 및 덕트피트·목욕실·수영장(관람석 부분 제외)·화장실·직접 외기에 개방되어 있는 복도
3) 통신기기실·전자기기실·기타 이와 유사한 장소
4) 발전실·변전실·변압기·기타 이와 유사한 전기설비가 설치되어 있는 장소
5) 병원의 수술실·응급처치실·기타 이와 유사한 장소
6) 펌프실·물탱크실 엘리베이터 권상기실 그 밖의 이와 비슷한 장소
7) 현관 또는 로비 등으로서 바닥으로부터 높이가 20 [m] 이상인 장소
8) 영하의 냉장창고의 냉장실 또는 냉동창고의 냉동실
9) 고온의 노기 설치된 장소 또는 물과 격렬하게 반응하는 물품의 저장 또는 취급장소
10) 실내 테니스장·게이트볼장·정구장 또는 이와 비슷한 장소로서 실내 바닥·벽·천장이 불연재료 또는 준불연재료로 구성되어 있고 가연물이 존재하지 않는 장소로서 관람석이 없는 운동시설(지하층은 제외)
11) 공동주택 중 아파트의 대피공간 [공동주택의 화재안전기술기준(NFTC 608)에 명시되어 있음]

73 ★★★

스프링클러설비의 화재안전성능기준상 가압송수장치에서 폐쇄형 스프링클러헤드까지 배관 내에 항상 물이 가압되어 있다가 화재로 인한 열로 폐쇄형 스프링클러헤드가 개방되면 배관 내에 유수가 발생하여 습식유수검지장치가 작동하게 되는 스프링클러설비는?

① 건식스프링클러설비
② 습식스프링클러설비
③ 부압식스프링클러설비
④ 준비작동식스프링클러설비

해설 ─ 스프링클러설비 종류

S/P 구분	밸브 1차 측	밸브 2차 측	헤드의 종류	밸브의 종류
습식	가압수	가압수	폐쇄형	습식 유수검지장치
건식		압축공기		건식 유수검지장치
준비작동식		대기압		준비작동식 유수검지장치
부압식		부압수		준비작동식 유수검지장치
일제살수식		대기압	개방형	일제개방밸브

정답 72 ④ 73 ②

74 ★★

특별피난계단의 계단실 및 부속실 제연설비의 화재안전기술기준상 제연설비에 사용되는 플랩댐퍼의 정의로 옳은 것은?

① 급기가압 공간의 제연량을 자동으로 조절하는 장치를 말한다.
② 제연덕트 내에 설치되어 화재 시 자동으로, 폐쇄 또는 개방되는 장치를 말한다.
③ 제연구역과 화재구역 사이의 연결을 자동으로 차단 할 수 있는 댐퍼를 말한다.
④ 부속실의 설정압력범위를 초과하는 경우 압력을 배출하여 설정압 범위를 유지하게 하는 과압방지장치를 말한다.

해설 플랩댐퍼

제연구역의 압력이 설정압력범위를 초과하는 경우 제연구역의 압력을 배출하여 설정압력 범위를 유지하게 하는 과압방지장치

[플랩댐퍼]

[플랩댐퍼 설치사진]

75 ★★★

물분무소화설비의 화재안전기술기준상 66 [kV] 이하인 고압의 전기기기가 있는 장소에 물분무헤드를 설치 시 전기기기와 물분무헤드 사이의 이격거리는 최소 몇 [cm]인가?

① 70
② 80
③ 90
④ 100

해설 고압의 전기기기와 물분무헤드 사이의 거리

고압의 전기기기가 있는 장소는 전기의 절연을 위하여 전기기기와 물분무헤드 사이에 다음 표에 따른 거리를 두어야 한다.

전압 [kV]	거리 [cm]
66 이하	70 이상
66 초과 77 이하	80 이상
77 초과 110 이하	110 이상
110 초과 154 이하	150 이상
154 초과 181 이하	180 이상
181 초과 220 이하	210 이상
220 초과 275 이하	260 이상

TIP 전압의 "이하 값"과 근사한 거리 이상

정답 74 ④ 75 ①

76 ★★★

이산화탄소소화설비의 화재안전기술기준상 이산화탄소소화설비의 가스압력식 기동장치에 대한 기준 중 틀린 것은?

① 기동용 가스용기에는 충전 여부를 확인할 수 있는 압력게이지를 설치할 것
② 기동용 가스용기 및 해당 용기에 사용하는 밸브는 25 [MPa] 이상의 압력에 견딜 수 있는 것으로 할 것
③ 기동용 가스용기에는 내압시험압력의 0.64배부터 내압시험압력 이하에서 작동하는 안전장치를 설치할 것
④ 기동용 가스용기의 용적은 5 [L] 이상으로 하고, 해당 용기에 저장하는 질소 등의 비활성기체는 6.0 [MPa] 이상(21 [℃] 기준)의 압력으로 충전할 것

해설 자동식 기동장치 - 가스압력식 기동장치

가스압력식 기동장치는 다음의 기준에 따를 것

1) 기동용 가스용기 및 해당 용기에 사용하는 밸브는 25 [MPa] 이상의 압력에 견딜 수 있는 것으로 할 것
2) <u>기동용 가스용기에는 내압시험압력의 0.8배부터 내압시험압력 이하에서 작동하는 안전장치를 설치할 것</u>
3) 기동용 가스용기의 체적은 5 [L] 이상으로 하고, 해당 용기에 저장하는 질소 등의 비활성기체는 6.0 [MPa] 이상(21 [℃] 기준)의 압력으로 충전할 것
4) 질소 등의 비활성기체 기동용가스용기에는 충전 여부를 확인할 수 있는 압력게이지를 설치할 것

77 ★★★

소화기구 및 자동소화장치의 화재안전기술기준상 노유자시설에 대한 소화기구의 능력단위 기준으로 옳은 것은? (단, 건축물의 주요 구조부, 벽 및 반자의 실내에 면하는 부분에 대한 조건은 무시한다)

① 해당 용도의 바닥면적 30 [m²]마다 능력단위 1단위 이상
② 해당 용도의 바닥면적 50 [m²]마다 능력단위 1단위 이상
③ 해당 용도의 바닥면적 100 [m²]마다 능력단위 1단위 이상
④ 해당 용도의 바닥면적 200 [m²]마다 능력단위 1단위 이상

해설 특정소방대상물별 소화기구의 능력단위

특정소방대상물	소화기구의 능력단위
1. 위락시설	해당 용도의 바닥면적 30 [m²] 마다 능력단위 1단위 이상
2. 공연장·집회장·관람장·문화재·장례식장 및 의료시설	해당 용도의 바닥면적 50 [m²] 마다 능력단위 1단위 이상
3. 근린생활시설·판매시설·운수시설·숙박시설·**노유자시설**·전시장·공동주택·업무시설·방송통신시설·공장·창고시설·항공기 및 자동차 관련 시설 및 관광휴게시설	**해당 용도 바닥면적 100 [m²] 마다 능력단위 1단위 이상**
4. 그 밖의 것	해당 용도 바닥면적 200 [m²] 마다 능력단위 1단위 이상

※ 주요구조부가 내화구조이고 벽 및 반자의 실내에 면하는 부분이 불연·준불연·난연재료로 된 특정소방대상물은 위 표의 바닥면적의 2배를 기준면적으로 적용

78 ★★★

피난기구의 화재안전성능기준상 피난기구의 종류가 아닌 것은?

① 미끄럼대 ② 간이완강기
③ 인공소생기 ④ 피난용트랩

해설 피난기구 종류

1) 미끄럼대 : 사용자가 미끄럼식으로 신속하게 지상 또는 피난층으로 이동할 수 있는 피난기구
2) 간이완강기 : 사용자의 몸무게에 따라 자동적으로 내려올 수 있는 기구 중 사용자가 연속적으로 사용할 수 없는 것
3) 피난용트랩 : 화재 층과 직상 층을 연결하는 계단형태의 피난기구

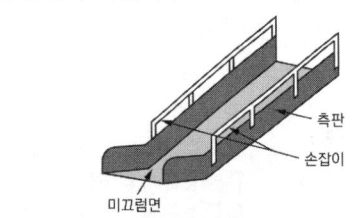
[미끄럼대]

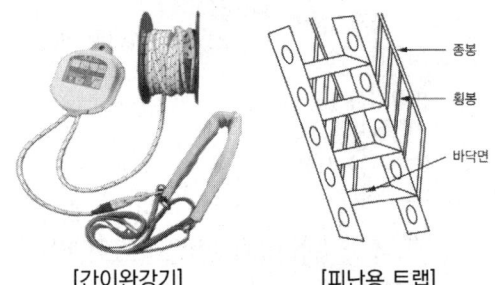
[간이완강기] [피난용 트랩]

TIP 인공소생기 : 인명구조기구

79 ★★★

분말소화설비의 화재안전성능기준상 분말소화약제 저장용기의 내부압력이 설정압력으로 되었을 때 주밸브를 개방하기 위해 설치하는 장치는?

① 자동폐쇄장치 ② 전자개방장치
③ 자동청소장치 ④ 정압작동장치

해설 분말소화설비 정압작동장치

저장용기에는 저장용기의 내부압력이 설정압력으로 되었을 때 주밸브를 개방하는 정압작동장치를 설치할 것

80 ★★★

옥외소화전설비의 화재안전기술기준상 옥외소화전설비의 배관 등에 관한 기준 중 호스의 구경은 몇 [mm]로 하여야 하는가?

① 35 ② 45
③ 55 ④ 65

해설 옥외소화전의 배관 설치기준

1) 호스접결구는 지면으로부터의 높이가 0.5 [m] 이상 1 [m] 이하의 위치에 설치하고 특정소방대상물의 각 부분으로부터 하나의 호스접결구까지의 수평거리가 40 [m] 이하가 되도록 설치해야 한다.
2) 호스는 구경 65 [mm]의 것으로 해야 한다.

※ **옥외소화전 노즐선단에서의 방수압력과 방수량**
특정소방대상물에 설치된 옥외소화전(2개 이상 설치된 경우에는 2개의 옥외소화전)을 동시에 사용할 경우 각 옥외소화전의 노즐선단에서의 방수압력이 0.25 [MPa] 이상이고, 방수량이 350 [L/min] 이상이 되는 성능의 것으로 할 것. 다만 하나의 옥외소화전을 사용하는 노즐선단에서의 방수압력이 0.7 [MPa]을 초과할 경우에는 호스접결구의 인입 측에 감압장치를 설치해야 한다.

소방원론

2020년 4회

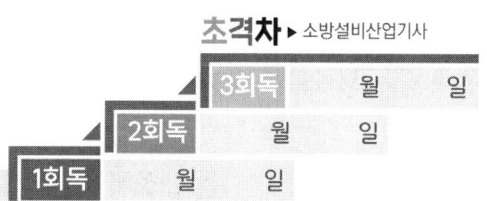

01 ★★★

화재 시 인체의 피 속에 필요한 산소의 공급에 가장 장애를 주는 물질은?

① CO
② CO_2
③ HCN
④ HCl

해설 유해가스

연소가스	특징
일산화탄소 (CO)	• 불완전연소 시 발생 • 유독성 • 흡입 시 헤모글로빈과 결합하여 산소 운반 저해
이산화탄소 (CO_2)	• 완전연소 시 발생 • 연소가스 중 가장 많은 양 발생 • 다량 흡입 시 호흡속도 증가
암모니아 (NH_3)	• 인체에 자극성이 큰 가연성 가스 • 질소함유물, 수지류, 나무 등이 연소 시 발생
포스겐 ($COCl_2$)	• PVC, 수지류, 염소가 함유된 가연물 연소 시 발생 • 맹독성(0.1 ppm)
황화수소(H_2S)	• 달걀 썩는 냄새 • 독성, 부식성, 가연성 가스
시안화수소 (HCN)	• 질소함유물 등이 불완전연소 시 발생 • 청산가스
아크롤레인 (CH_2CHCHO)	• 맹독성(0.1 [ppm]) • 석유제품, 유지 등이 연소 시 생성

02 ★★★

겨울철에 화재가 많이 발생하는 이유로 옳은 것은?

① 온도가 낮기 때문에 발화하기 쉽다.
② 습도가 높기 때문에 발화의 위험이 높다.
③ 화기의 취급 빈도가 많고 습도가 낮기 때문이다.
④ 기온이 낮고 습도가 높으며 강한 바람이 지속적으로 높기 때문이다.

해설 겨울철 화재 원인

• 습도가 낮기 때문에 발화 위험이 높음
• 화기의 취급 빈도 증가

03 ★★★

열의 전달방법이 아닌 것은?

① 전도
② 흡수
③ 대류
④ 복사

해설 열전달

분류	개념
전도	고온체와 저온체의 직접적인 접촉에 의해 열 이동
대류	유체의 흐름에 의해 열 이동
복사	매질 없이 전자파 형태로 열 이동

암기 전대복

정답 01 ① 02 ③ 03 ②

04 ★

건축물의 재료로서 내화성능을 가지고 있는 것은?

① 목재　　　② 유성페인트
③ 벽지　　　④ 석고보드

해설 내화성능 재료

- 석고보드
- 석고 시멘트판
- 평형 시멘트판
- 미네랄울 보온판
- 내화성능 시험한 결과 15분의 차염성능 및 이면 온도가 120 [K] 이상 상승하지 않는 재료

05 ★★★

가연물질이 재로 덮인 숯불모양으로 불꽃 없이 착화하는 것을 나타내고 있는 것은?

① 발염착화　　　② 무염착화
③ 맹화　　　　　④ 진화

해설 건축물 화재

화재	설명
발염착화	무염상태의 가연물이 250 [℃] 부근에 이르게 되면 불꽃을 내면서 착화
무염착화	가연물이 연소하면서 재로 덮인 숯불모양으로 불꽃 없이 착화
맹화	세차게 타는 불
진화	소화

06 ★★

밀폐 용기 속의 액화 이산화탄소를 가열하여 액체와 기체의 밀도가 서로 같아지게 될 때의 온도를 무엇이라 하는가?

① 임계점　　　② 표준비점
③ 삼중점 온도　④ 평형온도

해설 임계점

열역학에서 액체와 기체의 상평형이 정의될 수 있는 한계 온도

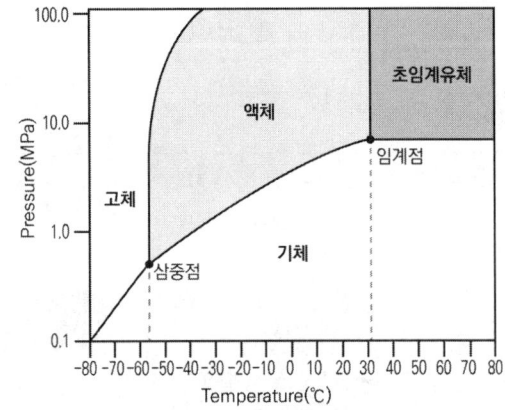

[이산화탄소의 상태도]

※ 이산화탄소의 물성

분자량	44 [g/mol]	임계온도	31.35 [℃]
증기비중	1.529	임계압력	7.38 [MPa]
증발열	137 [cal/g]	융해열	45.2 [cal/g]
삼중점	-56.7 [℃]	비점	-78 [℃]

07 ★★★

체적비로 메테인이 80 [%], 에테인이 15 [%], 프로페인이 4 [%], 뷰테인이 1 [%]인 혼합기체가 있다. 이 기체의 공기 중에서의 폭발하한계는 약 몇 [%]인가? (단, 공기 중 단일가스의 폭발하한계는 CH_4 : 5 [%], C_2H_6 : 2 [%], C_3H_8 : 2 [%], C_4H_{10} : 1.8 [%]이다)

① 2.8
② 3.8
③ 4.8
④ 5.8

해설 르 샤틀리에 법칙

$$\text{르 샤틀리에 법칙 } \frac{100}{L} = \frac{V_1}{L_1} + \frac{V_2}{L_2} + \cdots + \frac{V_n}{L_n}$$

$$\frac{100}{L} = \frac{80}{5} + \frac{15}{2} + \frac{4}{2} + \frac{1}{1.8}$$

$$L = \frac{100}{\frac{80}{5} + \frac{15}{2} + \frac{4}{2} + \frac{1}{1.8}}$$

∴ $L = 3.84 [\%]$

L : 혼합가스 폭발하한계 [vol%]
$L_1 \sim L_n$: 가연성가스 폭발하한계 [vol%]
$V_1 \sim V_n$: 가연성가스 용량 [vol%]

08 ★★★

셀룰로이드 화재 시 이용되는 소화방법은?

① 탄산가스를 방사한다.
② 사염화탄소를 방사한다.
③ 포를 방사한다.
④ 대량주수를 한다.

해설 나이트로셀룰로오스(니트로셀룰로오스)

1) 제5류 위험물 중 질산에스터류에 속함
2) 용도 : 다이너마이트 및 화약 원료
3) 저장 : 알코올 속에 저장
4) 소화 : 다량 주수에 의한 냉각소화
5) 특성
   (1) 질화도가 높을수록 위험성이 큼
   (2) 햇빛에서 황갈색으로 변하고 아세톤, 초산에스터, 나이트로벤젠에 녹음

09 ★★★

불꽃의 색깔에 의한 온도의 측정에서 낮은 온도에서부터 높은 온도의 순서대로 옳게 나열한 것은?

① 암적색, 백적색, 황적색, 휘백색
② 암적색, 휘백색, 적색, 황적색
③ 암적색, 황적색, 백적색, 휘백색
④ 암적색, 휘적색, 황적색, 적색

해설 연소 시 불꽃의 색과 온도

색	온도 [℃]
암적색	700 ~ 750
적색	850
휘적색	900 ~ 950
황적색	1100
백색	1200 ~ 1300
휘백색	1500

암기 암적적 휘황백 휘백

정답 07 ② 08 ④ 09 ③

10 ★★★

60분 방화문과 30분 방화문의 연기 및 불꽃 차단 성능은 각각 최소 몇 분 이상이어야 하는가?

① 60분 방화문 : 90분, 30분 방화문 : 40분
② 60분 방화문 : 60분, 30분 방화문 : 30분
③ 60분 방화문 : 45분, 30분 방화문 : 20분
④ 60분 방화문 : 30분, 30분 방화문 : 10분

해설 방화문

구분	기준
60분+ 방화문	연기 및 불꽃 차단시간 60분 이상, 열 차단 시간 30분 이상
60분 방화문	연기 및 불꽃 차단시간 **60분 이상**
30분 방화문	연기 및 불꽃 차단시간 **30분 이상** 60분 미만

11 ★★

불꽃이 붙은 후 점화원을 뗀 때부터 불꽃을 올리지 아니하고 연소하는 상태가 그칠 때까지의 경과시간은?

① 방진시간   ② 방염시간
③ 잔신시간   ④ 잔염시간

해설 잔신시간, 잔염시간

잔신시간	잔염시간
버너의 불꽃을 제거한 때부터 **불꽃을 올리지 않고** 연소하는 상태가 끝날 때까지 경과시간	버너의 불꽃을 제거한 때부터 불꽃을 올리며 연소하는 상태가 끝날 때까지 경과시간
30초 이내	20초 이내

12 ★★★

다음 중 열의 전달 형태를 나타내는 법칙이 아닌 것은?

① 푸리에의 법칙
② 스테판 - 볼츠만의 법칙
③ 뉴턴의 냉각법칙
④ 그레이엄의 법칙

해설 열 전달형태를 나타내는 법칙

1) 푸리에의 법칙 : 열류속도는 온도 구배와 비례, 열전도의 기본 법칙
2) 스테판 - 볼츠만의 법칙 : 복사 에너지가 절대 온도의 네제곱에 비례
3) 뉴턴의 냉각법칙 : 복사에 의한 냉각속도가 물체와 주위와의 온도차에 비례

보충 그레이엄의 법칙 : 일정한 온도와 압력상태에서 기체의 분출속도는 그 기체분자량의 제곱근에 반비례

13 ★★

피난에 관한 설명으로 틀린 것은?

① 피난층은 직접 지상으로 통하는 출입구가 있는 층이다.
② 피난층은 하나의 건축물에 반드시 1개만 존재한다.
③ 직통계단은 건축물의 어떤 층에서 피난층 또는 지상까지 이르는 경로가 계단과 계단참만을 통하여 오르내릴 수 있는 계단을 말한다.
④ 피난을 위한 피난계단 또는 특별피난계단은 돌음계단으로 하여서는 아니 된다.

정답 10 ② 11 ③ 12 ④ 13 ②

해설 피난설비

1) 피난층
   (1) 지상으로 직접 통하는 출입구가 있는 층이나 피난안전구역이 있는 층
   (2) 대지상황에 따라 2개 이상
2) 직통계단 : 모든 층에서 피난층 또는 지상으로 직접 연결되는 계단
3) 피난계단
   (1) 지상으로 직접 통하는 계단
   (2) 직통계단 가능, 돌음계단 불가능
4) 특별피난계단
   (1) 부속실을 거쳐서 계단실과 연결
   (2) 직통계단 가능, 돌음계단 불가능

※ 돌음계단
계단의 폭이 일정하지 않고, 이동축이 직각 방향이 아니거나 계단참이 없어 계단으로만 이루어진 구조 등으로 볼 수 있음
따라서 돌음계단은 이용상 불편한 것으로 돌발적인 상황에서 피난의 기능을 수행하여야 하는 계단에는 부적합함

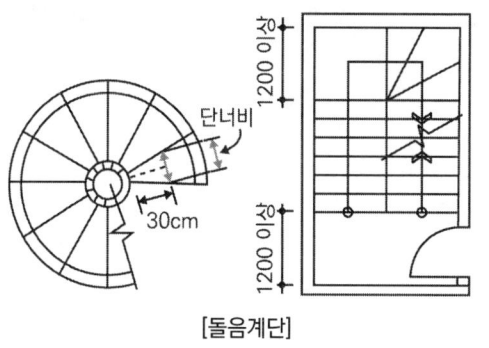

[돌음계단]

14 ★★★

건축물의 방화계획에서 공간적 대응에 해당하지 않는 것은?

① 특별피난계단   ② 제연설비
③ 직통계단   ④ 방화구획

해설 건축물의 방재계획

구분		내용
공간적 대응	대항성	방화구획, 방연구획, 내화재료 등을 사용하여 초기 소화에 대응하는 화재 사상 저항능력
	회피성	불연화, 난연화 등의 내장재 제한과 소방훈련 및 불조심 등 화재 확대 가능성을 줄여 위험성을 낮추는 것
	도피성	화재 시 피난자가 위험에 빠지지 않도록 구조적으로 배려하는 것
설비적 대응		**공간적 대응을 보완하는 것**으로 **제연설비**, 방화문, 방화셔터, 자동화재탐지설비, 자동소화설비, 옥내소화전설비, 스프링클러설비, 유도등, 비상전원, 피난기구 등

15 ★★★

가연물질이 완전연소하면 어떤 물질이 발생하는가?

① 산소
② 물, 일산화탄소
③ 일산화탄소, 이산화탄소
④ 이산화탄소, 물

해설 완전연소와 불완전연소 생성물

구분	완전연소	불완전연소
정의	산소 공급이 충분한 상태에서의 연소	산소 공급이 불충분한 상태에서의 연소
생성물	**이산화탄소(CO_2), 수증기(H_2O)**	일산화탄소(CO), 그을음

정답 14 ② 15 ④

16 ★★★

건축물의 굴뚝효과(Stack Effect)에 관한 설명 중 옳지 않은 것은?

① 평상시 건물 내의 기류분포를 지배하는 중요한 요소이며, 화재 시 연기의 이동에 큰 영향을 미친다.
② 실내 온도가 실외온도보다 높은 경우, 저층부에서는 외부에서 실내 방향으로 공기의 흐름이 생긴다.
③ 고층건물에서는 잘 나타나지 않고 주로 저층건물에서 나타나는 효과이다.
④ 온도에 따른 공기의 밀도차 때문에 발생되는 공기의 흐름 현상이다.

해설 굴뚝효과(연돌효과)

1) 건축물 내·외부 공기의 온도에 따른 공기의 밀도차 때문에 발생되는 공기의 흐름 현상
2) 건물 내부온도 > 외부온도 → 공기는 위쪽으로 이동
3) 영향요인
   ① 실내외 온도 차(화재실의 온도가 높을수록 실내외 온도 차는 커짐)
   ② 외벽 기밀성
   ③ 층간 공기누설
   ④ <u>건물의 높이(고층 건물에서 잘 나타남)</u>

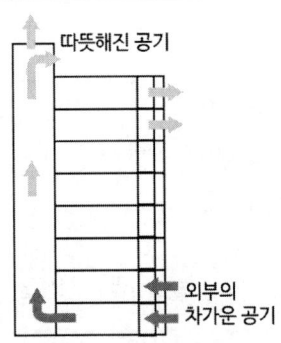

보충 '층의 면적'은 굴뚝효과와 관계없다.

17 ★★★

특수가연물에 해당되지 않는 것은?

① 면화류
② 사류
③ 볏짚류
④ 메틸알코올

해설 특수가연물

품명		수량
면화류		200 [kg] 이상
나무껍질 및 대팻밥		400 [kg] 이상
넝마 및 종이부스러기		1000 [kg] 이상
사류, 볏짚류		1000 [kg] 이상
가연성 고체류		3000 [kg] 이상
석탄·목탄류		10000 [kg] 이상
가연성 액체류		2 [m³] 이상
목재가공품 및 나무부스러기		10 [m³] 이상
고무류·플라스틱류	발포시킨 것	20 [m³] 이상
	그 밖의 것	3000 [kg] 이상

암기 면이 나대싸 넘사벽 천 가고삼 가액이 석목만 고발이

보충 메틸알코올 : 제4류 위험물 중 알코올류

정답 16 ③ 17 ④

18 ★★★

가연물질의 조건으로 옳지 않은 것은?

① 산화하기 쉽고, 산소와 결합 시 발열량이 커야 한다.
② 연소반응을 일으키는 활성화에너지가 커야 한다.
③ 열의 축적이 용이하여야 한다.
④ 연쇄반응을 일으키기 쉬워야 한다.

해설 가연물이 연소가 잘 되기 위한 구비조건

1) 활성화에너지가 작을 것 (-)
2) 열전도율이 작을 것 (-)
3) 산소와 접촉하는 표면적이 넓을 것 (+)
4) 발열량이 클 것 (+)
5) 산소와 친화력이 클 것 (+)
6) 연쇄반응을 일으킬 것 (+)

TIP 활성화에너지, 열전도율 (-)

19 ★ 난이도 상

50 [BTU]의 열량은 몇 [cal]에 해당하는가?

① 12600
② 15000
③ 22600
④ 25000

해설 BTU

1) 영국의 열량 단위
2) 1파운드의 물을 대기압하에서 1 [℉] 올리는 데 필요한 열량
3) 1 [BTU] = 252 [cal]
   50 [BTU] = 50 × 252 [cal] = 12600 [cal]

20 ★★★

프로페인(프로판) 가스의 특성에 대한 설명으로 옳은 것은?

① 누출된 프로페인(프로판) 가스는 공기보다 가벼워 천장에 모인다.
② 가스비중은 약 0.5이다.
③ 연소범위는 약 2.2 ~ 9.5 [vol%]이다.
④ 프로페인(프로판) 가스는 LNG의 주성분이다.

해설 프로페인(프로판) 가스(C_3H_8)

1) 가연성 가스이며 LPG의 주성분
2) 연소범위 : 약 2.1 ~ 9.5 [vol%]
3) 증기비중(가스비중) : 1.51
4) 공기보다 무거움

※ 액화석유가스(LPG)와 액화천연가스(LNG)

가스	주성분	증기비중
액화석유가스 (LPG)	프로페인(프로판, C_3H_8) 뷰테인(부탄, C_4H_{10})	1.51
액화천연가스 (LNG)	메테인(메탄, CH_4)	0.55

TIP 증기비중 > 1 : 공기보다 무겁다.
증기비중 < 1 : 공기보다 가볍다.

정답 18 ② 19 ① 20 ③

2020년 4회
소방유체역학

21 ★★★

비중이 0.89이며 중량이 35 [N]인 유체의 체적은 약 몇 [m³]인가?

① 0.13 × 10⁻³ ② 2.43 × 10⁻³
③ 3.03 × 10⁻³ ④ 4.01 × 10⁻³

해설 유체의 비중량

$$\gamma = \frac{W}{V} = \frac{mg}{V} = \rho g$$

여기서, V : 체적 [m³]
W : 중량 [N], m : 질량 [kg]
g : 중력가속도 [m/s²]
ρ : 밀도 [kg/m³]

$$V = \frac{W}{\gamma} = \frac{W}{S\gamma_w}$$

$$= \frac{35[N]}{0.89 \times 9800[N/m^3]} = 4.01 \times 10^{-3}[m^3]$$

보충 $\gamma = S \times \gamma_w$, $\rho = S \times \rho_w$

22 ★★★

간격이 5 [mm]인 두 개의 평행평판 사이에 비중 0.8, 동점성계수 1.25 × 10⁻⁴ [m²/s]인 유체가 채워져 있다. 한쪽 평판은 4 [m/s]로 움직이고 다른 쪽은 고정되어 있을 때 판에 발생하는 평균전단응력은 몇 [Pa]인가?

① 40 ② 60
③ 80 ④ 160

해설 뉴턴의 점성법칙

$$전단응력\ \tau[N/m^2] = \mu \frac{du}{dy}$$

여기서, μ : 점성계수 [kg/m·s, N·s/m²]
$\frac{du}{dy}$: 속도구배 [s^{-1}]

1) 점성계수 μ

$$동점성계수\ \nu[m^2/s] = \frac{\mu}{\rho}$$

여기서, μ : 점성계수 [kg/m·s, N·s/m²]
ρ : 밀도 [kg/m³]

$$\nu = \frac{\mu}{\rho}$$

$$\mu = \nu\rho = \nu(S\rho_w)$$

$$= 1.25 \times 10^{-4} \times (0.8 \times 1000) = 0.1 [kg/m \cdot s]$$

2) 전단응력 τ

$$\tau = \mu \frac{du}{dy} = 0.1 \times \frac{4}{0.005} = 80[N/m^2]$$

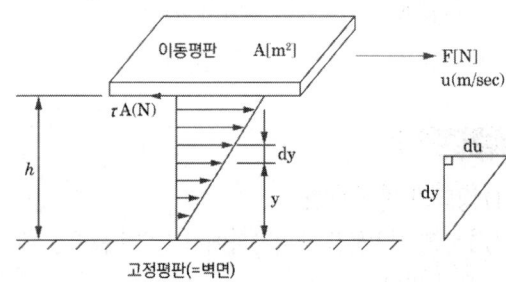

보충 $\gamma = S \times \gamma_w$, $\rho = S \times \rho_w$

정답 21 ④ 22 ③

23 ★

다음 유동들의 배열순서는 무엇을 기준으로 한 것인가?

> 모세혈관 내 유동 < 냉장고의 냉매 공급 관 내 유동 < 송유관 내 유동 < 쿠로시오 해류

① 특성 길이
② 특성 온도
③ 특성 압력
④ 특성 밀도

해설 특성 길이(Characteristic Length)

특성 길이는 어떤 물리 현상에서 기준이 되는 하나의 길이로, 송유관처럼 배관 안을 흐르는 유동에서는 배관의 직경, 비행기 주변 유동에서는 날개의 길이 등이 해당된다.

24 ★★

어느 일정 길이의 배관 속을 매분 200 [L]의 물이 흐르고 있을 때의 마찰손실 압력이 20 [kPa]이었다면 동일 관에 물 흐름이 매분 300 [L]로 증가할 경우 마찰손실 압력은 약 몇 [kPa]인가? (단, 마찰손실 계산은 하젠 - 윌리엄스 공식을 따른다고 한다)

① 32.35
② 37.35
③ 42.34
④ 47.35

해설 하젠 - 윌리엄스 공식

배관 1m당 마찰손실

$$\triangle P[MPa] = 6.053 \times 10^4 \times \frac{Q[L/\min]^{1.85}}{C^{1.85} \times D[mm]^{4.87}}$$

$\triangle P \propto Q^{1.85}$ 이므로

$\triangle P_1 : \triangle P_2 = Q_1^{1.85} : Q_2^{1.85}$

$\triangle P_2 = \triangle P_1 \times \frac{Q_2^{1.85}}{Q_1^{1.85}} = 20 \times (\frac{300}{200})^{1.85}$

$= 42.34 [kPa]$

25 ★★★

액체 속에 경사지게 잠겨있는 평판의 윗면에 작용하는 힘의 작용점에 대한 설명 중 맞는 것은?

① 경사진 평판의 도심에 있다.
② 경사진 평판의 도심보다 아래에 있다.
③ 경사진 평판의 도심보다 위에 있다.
④ 경사진 평판의 도심과는 관계가 없다.

해설 전압력의 작용점

압력중심, 즉 전압력이 작용하는 위치(y_f)는 경사진 평판의 도심(G)보다 아래에 있다.

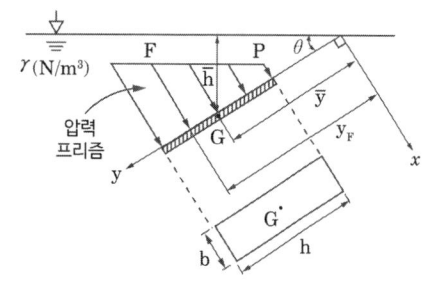

26 ★

압력이 100 [kPa], 체적이 3 [m³]인 0 [℃]의 공기가 이상적으로 단열압축되어 그 체적이 1 [m³]으로 감소되었다 이 과정에서 엔탈피 변화량은 약 몇 [kJ]인가? (단, 공기의 비열비는 1.4, 기체상수는 0.287 [kJ/kg·K]이다)

① 550
② 560
③ 570
④ 580

해설 엔탈피 변화량

> 엔탈피 변화량 $\triangle H[kJ] = m C_P \triangle T$
> 여기서, m : 기체의 질량 [kg]
> C_P : 정압비열 [kJ/kg·K]
> $\triangle T$: 온도차 [K]

1) 질량 m

이상기체상태방정식 $PV = m\overline{R}T$
P : 절대압력 [kPa]
V : 부피 [m³]
m : 기체의 질량 [kg]
$\overline{R}$: 특정기체상수 [kJ/kg·K]
T : 절대온도 [K] (273 + [℃])

$PV = m\overline{R}T \rightarrow m = \dfrac{PV}{\overline{R}T}$

$m = \dfrac{PV}{\overline{R}T} = \dfrac{100 \times 3}{0.287 \times (0+273)} = 3.829\,[kg]$

2) 정압비열 C_P

정압비열 $C_P = \dfrac{k\overline{R}}{k-1}$
여기서, k : 비열비
$\overline{R}$: 특정기체상수 [kJ/kg·K]

$C_P = \dfrac{k\overline{R}}{k-1} = \dfrac{1.4 \times 0.287}{0.4} = 1\,[kJ/kg\cdot K]$

3) 나중 온도 T_2

단열 지수 관계 $\dfrac{T_2}{T_1} = \left(\dfrac{V_1}{V_2}\right)^{k-1} = \left(\dfrac{P_2}{P_1}\right)^{\frac{k-1}{k}}$
여기서, T : 절대온도 [K]
V : 체적 [m³]
P : 압력 [kPa]
k : 비열비

$\dfrac{T_2}{T_1} = \left(\dfrac{V_1}{V_2}\right)^{k-1}$

$T_2 = T_1 \times \left(\dfrac{V_1}{V_2}\right)^{k-1} = 273 \times \left(\dfrac{3}{1}\right)^{1.4-1} = 424\,[K]$

3) 엔탈피 변화량 $\triangle H$

$\triangle H = mC_P\triangle T = mC_P(T_2 - T_1)$
$= 3.829 \times 1 \times (424-273) = 578.2\,[kJ]$

k : 비열비

27 ★★★

그림과 같은 U자관 차압마노미터가 있다. 비중 $S_1 = 0.9$, $S_2 = 13.6$, $S_3 = 1.2$이고, $H_1 = 10$ [cm], $H_2 = 30$ [cm], $H_3 = 20$ [cm]일 때 $P_A - P_B$는 얼마인가?

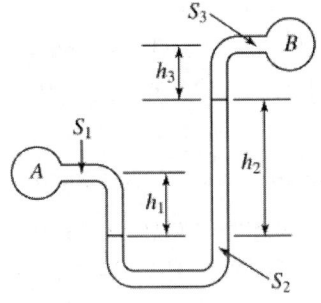

① 28.8 [kPa]　② 41.5 [kPa]
③ 28.8 [Pa]　　④ 41.5 [Pa]

해설 차압액주계

$P_A + \gamma_1 h_1 = P_B + \gamma_2 h_2 + \gamma_3 h_3$
$P_A + S_1\gamma_w h_1 = P_B + S_2\gamma_w h_2 + S_3\gamma_w h_3$
$P_A - P_B = S_2\gamma_w h_2 + S_3\gamma_w h_3 - S_1\gamma_w h_1$
$\quad = 13.6 \times 9.8\,[kN/m^3] \times 0.3\,[m]$
$\quad\ \ + 1.2 \times 9.8\,[kN/m^3] \times 0.2\,[m]$
$\quad\ \ - 0.9 \times 9.8\,[kN/m^3] \times 0.1\,[m]$
$\quad = 41.454\,[kPa]$

보충 $\gamma = S \times \gamma_w$, $\rho = S \times \rho_w$

28 ★★★

관 속의 부속품을 통한 유체 흐름에서 관의 등가길이(상당길이)를 표현하는 식은? (단, 부차 손실계수 K, 관 지름 d, 관 마찰계수 f)

① Kfd　　　② $\dfrac{fd}{K}$

③ $\dfrac{Kd}{f}$　　　④ $\dfrac{Kf}{d}$

해설 · 등가길이

등가길이 $L_e = \dfrac{Kd}{f}$

보충 상당길이(등가길이) : 관 부속물에 유체가 흐를 때 발생되는 마찰 손실과 같은 크기의 마찰 손실을 가지는 동일 구경의 직관의 길이

29 ★★★

지름 250 [mm] 관 속을 평균속도 1.2 [m/s]로 유체가 흐르고 있다. 이 유동이 층류라면 관 속에서의 최대 속도는 몇 [m/s]가 되겠는가?

① 1.2   ② 0.6
③ 2.4   ④ 3.0

해설 · 최대유속, 평균유속

흐름	평균유속 V_{av}	최대유속 $V_{\max}$
층류	$\dfrac{1}{2}V_{\max}\,(0.5\,V_{\max})$	$V_{\max}$
난류	$\dfrac{4}{5}V_{\max}\,(0.8\,V_{\max})$	$V_{\max}$

$V_{\max} = 2 \times V_{av} = 2 \times 1.2 = 2.4\,[m/s]$

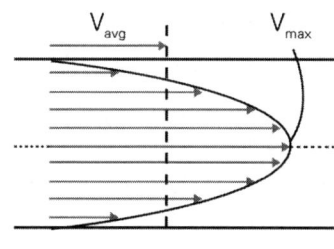

30 ★

높이 40 [m]의 저수조에서 15 [m]의 저수조로 직경 45 [cm], 길이 600 [m]의 주철관을 통해 물이 흐르고 있다. 유량은 0.25 [m³/s]이며, 관로 중의 터빈에서 29.4 [kW]의 동력을 얻는다면 관로의 손실수두는 약 몇 [m]인가? (단, 터빈의 효율은 100 [%]이다)

① 12   ② 13
③ 14   ④ 15

해설 · 터빈의 출력과 전양정

> 터빈 출력 $P[kW] = \gamma Q H \times \eta$
> 여기서, γ : 물의 비중량 [9.8 kN/m³]
> Q : 유량 [m³/s]
> H : 전양정 [m], η : 효율
> (유체에너지를 기계에너지로 변환 시 손실이 발생되므로 출력은 η을 곱함)

1) 전양정 H
   H = 낙차 − 손실수두(h_L)
   $= (40 - 15) - h_L = 25 - h_L$

2) 출력 P
   $P[kW] = \gamma Q H \times \eta$
   여기서, 터빈의 효율은 100 [%]이므로 $\eta = 1$이다.
   따라서
   $29.4\,[kW]$
   $\quad = 9.8\,[kN/m^3] \times 0.25\,[m^3/s] \times (25 - h_L)\,[m]$
   $\therefore h_L = 13\,[m]$

보충 터빈 : 유체(물·가스·증기)가 가지는 에너지를 기계적 에너지로 변환시키는 기계 즉, 유체의 운동에 의해 동력을 생산하는 장치

정답 29 ③   30 ②

31 ★★

클라지우스 부등식이 기술하는 열역학 법칙은?

① 제0법칙   ② 제1법칙
③ 제2법칙   ④ 제3법칙

해설 클라지우스 부등식

가역 사이클	$\oint \dfrac{\delta Q}{T} = 0$	엔트로피(S)의 변화가 없음
비가역 사이클	$\oint \dfrac{\delta Q}{T} < 0$	엔트로피(S)가 증가

즉, 비가역단열 변화에서는 $dS > 0$이므로 엔트로피가 증가한다. 실제로 자연계에서 일어나는 모든 상태는 비가역을 동반하므로 엔트로피는 항상 증가한다. → 열역학 제2법칙(엔트로피의 법칙)

32 ★

그림과 같이 수평면에서 60° 경사진 직경 10 [cm]의 원관에서 물이 출구속도 7 [m/s]로 분출될 때 물의 최고높이(H)에서 물기둥의 직경은 약 몇 [cm]인가? (단, 유동단면에서의 물의 속도는 균일하고 공기저항은 무시한다)

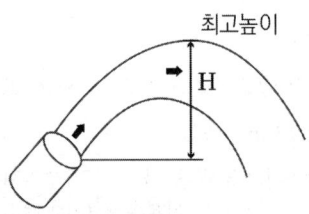

① 12.1   ② 14.1
③ 16.2   ④ 18.2

해설 물기둥의 직경

1) 고점 H에서의 속도 V_2

   고점 H에서는 속도의 x성분만 존재(y축 속도 = 0)하므로

   $V_2 = $ 물의 출구속도 $\times \cos\theta$

   $= 7 \times \cos 60 = 3.5 [m/s]$

2) 물기둥의 직경

   체적유량 $Q[m^3/s] = AV$
   여기서, A : 물기둥의 단면적[m^2]
   V : 유속 [m/s]

   출구유량 $Q_1 = $ 고점유량 Q_2

   $A_1 V_1 = A_2 V_2$

   $\dfrac{\pi}{4} 10^2 \times 7 = \dfrac{\pi}{4} D_2^2 \times 3.5$

   $\therefore D_2 = 14.1 [cm]$

33 ★★★

유체의 부력을 설명한 것으로 옳은 것은?

① 물체에 의해 배제된 액체의 밀도와 같다.
② 물체에 의해 배제된 액체의 비체적과 같다.
③ 물체에 의해 배제된 액체의 비중량과 같다.
④ 물체에 의해 배제된 액체의 무게와 같다.

해설 부력(아르키메데스)의 원리

1) 유체 내에 잠겨있는 균일한 밀도의 물체에 작용하는 부력은 그 물체에 의해 배제된 유체 무게와 같다.
2) 부력이란 정지유체 중에서 잠겨있거나 떠 있는 물체가 유체로부터 받는 수직상방향의 힘을 말한다.

정답 31 ③ 32 ② 33 ④

34 ★★★

이상기체에 대한 다음의 설명 중 틀린 것은?

① 엔탈피는 온도만의 함수이다.
② 정압비열은 온도와 압력의 함수로 볼 수 있다.
③ 내부 에너지는 온도만의 함수이다.
④ 엔트로피는 온도와 압력의 함수로 볼 수 있다

해설 정압비열

$$정압비열 \ C_P = \left(\frac{dh}{dT}\right)_P$$

$C_P[kJ/kg \cdot K]$: 압력이 일정한 상태에서 1 [kg]의 기체를 온도 1 K만큼 높이는 데 필요한 열량
⇒ 정압비열은 압력이 일정할 때의 비열이므로 압력의 함수로 볼 수 없다.

35 ★★

판의 절대온도 T가 시간 t에 따라 $T = C\sqrt{t}$로 주어진다. 여기서 C는 상수이다. 이 판의 흑체방사도는 시간에 따라 어떻게 변하는가? (단, σ는 Stefan – Boltzmann 상수이다)

① σC^4
② $\sigma C^4 t$
③ $\sigma C^4 t^2$
④ $\sigma C^4 t^4$

해설 복사에너지 (흑체방사도)

단위 면적당 복사열량 $\dot{Q}''[W/m^2] = \varepsilon \times \sigma \times T^4$
여기서, ε : 방사율(흑체일 때 $\varepsilon = 1$)
σ : 스테판 볼츠만 계수$[W/m^2 \cdot K^4]$
T : 절대온도 [K]

흑체방사도 $E_b = \sigma T^4 = \sigma(C\sqrt{t})^4 = \sigma C^4 t^2$

보충 흑체방사도 : 모든 파장에 대한 복사에너지의 합

36 ★★★

지름 75 [mm]인 원 관 속을 평균속도 2 [m/s]로 물이 흐르고 있을 때 질량 유량은 약 몇 [kg/s]인가?

① 10.2
② 9.6
③ 9.2
④ 8.8

해설 질량유량

질량유량 $M[kg/s] = \rho A V = \rho Q$
여기서, ρ : 밀도 [kg/m³]
A : 배관 단면적 [m²]
V : 유속 [m/s]
Q : 체적유량 [m³/s]

$M = \rho A V = 1000 \times \left(\frac{\pi}{4} \times 0.075^2\right) \times 2 = 8.84 \ [kg/s]$

37 ★★★

어떤 펌프가 1000 [rpm]으로 회전하여 전양정 10 [m]에 0.5 [m³/min]의 유량을 방출한다. 이 펌프가 2000 [rpm]으로 운전된다면 유량은 몇 [m³/min]이 되겠는가?

① 0.75
② 1.0
③ 0.5
④ 1.25

해설 상사법칙

① 유량 $Q_2 = \left(\frac{N_2}{N_1}\right)^1 \times \left(\frac{D_2}{D_1}\right)^3 \times Q_1$

② 양정 $H_2 = \left(\frac{N_2}{N_1}\right)^2 \times \left(\frac{D_2}{D_1}\right)^2 \times H_1$

③ 동력 $L_2 = \left(\frac{N_2}{N_1}\right)^3 \times \left(\frac{D_2}{D_1}\right)^5 \times L_1$

여기서, Q_1, Q_2 : 유량
H_1, H_2 : 양정, L_1, L_2 : 동력
N_1, N_2 : 임펠러의 회전수
D_1, D_2 : 임펠러의 직경

정답 34 ② 35 ③ 36 ④ 37 ②

$$Q_2 = \left(\frac{N_2}{N_1}\right) \times Q_1 = \frac{2000}{1000} \times 0.5 = 1[m^3/\min]$$

38 ★★ 난이도 상

그림과 같이 속도 V인 자유제트가 곡면에 부딪혀 θ의 각도로 유동방향이 바뀐다. 유체가 곡면에 가하는 힘의 x, y성분의 크기, F_x와 F_y는 θ가 증가함에 따라 각각 어떻게 되겠는가? (단, 유동단면적은 일정하고 $0° < \theta < 90°$이다)

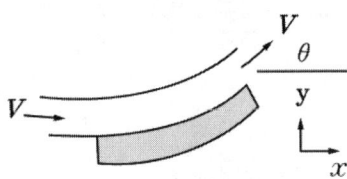

① F_x : 감소한다. F_y : 감소한다.
② F_x : 감소한다. F_y : 증가한다.
③ F_x : 증가한다. F_y : 감소한다.
④ F_x : 증가한다. F_y : 증가한다.

해설 곡면에 가하는 힘

| 힘의 x성분 크기 $F_x = \rho QV(1-\cos\theta)$ |
| 힘의 y성분 크기 $F_y = \rho QV\sin\theta$ |

θ(날개각)가 커질수록 F_x, F_y 모두 증가

ρ : 밀도 (물의 밀도 $1000\,[kg/m^3,\ N \cdot s^2/m^4]$)
Q : 유량$[m^3/s]$, V : 유속 $[m/s]$

39 ★★★

유효낙차가 65 [m]이고 유량이 20 [m³/s]인 수력발전소에서 수차의 이론 출력은 약 몇 [kW]인가?

① 12740 ② 1300
③ 12.74 ④ 1.3

해설 수차의 이론 출력 계산

| 수차의 이론 출력 $P[kW] = \gamma \times Q \times H$ |
| 여기서, γ : 물의 비중량 [9.8 kN/m³] |
| Q : 유량 [m³/s], H : 전양정 [m] |

$P = \gamma QH = 9.8 \times 20 \times 65 = 12740[kW]$

40 ★★★

펌프에서 공동 현상이 발생할 때 나타나는 현상이 아닌 것은?

① 소음과 진동 발생
② 양정곡선 저하
③ 효율곡선 증가
④ 펌프 깃의 침식

해설 공동현상(Cavitation)

1) 개념 : 펌프 흡입 측 배관 손실이 증가하여 정압이 증기압 이하로 낮아져 기포가 발생하는 현상이다.
2) 방지대책
  ⑴ 펌프의 위치를 수원보다 낮게 한다.
  ⑵ 흡입배관의 구경을 크게 한다.
  ⑶ 펌프의 회전수를 낮춘다.
  ⑷ 양흡입펌프를 사용한다.
  ⑸ 2대 이상의 펌프를 사용한다.
  ⑹ 펌프의 흡입 측을 가압한다.
  ⑺ 입형펌프를 사용하고, 회전차를 수중에 완전히 잠기게 한다.
  ⑻ 흡입관의 길이를 줄이거나 밸브, 플랜지 등을 조정하여 흡입 손실수두를 줄인다.
3) 발생현상
  ⑴ 소음과 진동 발생
  ⑵ 양정곡선 저하
  ⑶ **효율곡선 감소**
  ⑷ 펌프 깃의 침식

정답 38 ④ 39 ① 40 ③

소방관계법규

41 ★★★

다음 중 피난구조설비에 해당하는 것은?

① 비상벨 설비
② 단독경보형 감지기
③ 유도등 및 유도표지
④ 비상콘센트설비

해설 피난구조설비

1) 피난기구
   - 피난사다리
   - 구조대
   - 완강기, 간이완강기
2) 인명구조기구
   - 방열복, 방화복
   - 공기호흡기
   - 인공소생기
3) 유도등
   - 피난유도선
   - 피난구유도등
   - 통로유도등
   - 객석유도등
   - 유도표지
4) 비상조명등 및 휴대용 비상조명등

42 ★

다음 위험물 중 자기반응성 물질인 것은?

① 황린
② 염소산염류
③ 특수인화물
④ 질산에스테르류

해설 제5류 위험물(자기반응성물질)

위험물	위험물	지정수량
유기과산화물	나이트로화합물	
질산에스터류	나이트로소화합물	
하이드록실아민	아조화합물	제1종 : 10 [kg]
하이드록실아민염류	다이아조화합물	제2종 : 100 [kg]
-	하이드라진유도체	

43 ★★★

시·도지사는 화재가 발생할 우려가 높은 지역을 화재예방강화지구로 지정한다. 다음 중 화재예방강화지구로 지정할 수 있는 대상이 아닌 것은?

① 시장지역
② 콘크리트 건물이 밀집한 지역
③ 공장, 창고가 밀집한 지역
④ 위험물 저장 및 처리시설이 밀집한 지역

정답 41 ③ 42 ④ 43 ②

해설 화재예방강화지구 지정

1) 지정권자 : 시·도지사
2) 화재예방강화지구 지정 요청 : 소방청장
3) 화재예방강화지구
   ⑴ 시장지역
   ⑵ 공장·창고가 밀집한 지역
   ⑶ 목조건물이 밀집한 지역
   ⑷ 노후·불량건축물이 밀집한 지역
   ⑸ 위험물의 저장 및 처리시설이 밀집한 지역
   ⑹ 석유화학제품을 생산하는 공장이 있는 지역
   ⑺ 산업입지 및 개발에 관한 법률에 따른 산업단지
   ⑻ 소방시설·소방용수시설·소방출동로가 없는 지역
   ⑼ 물류단지
   ⑽ ⑴~⑼까지 준하는 지역으로서 소방관서장이 화재예방강화지구로 지정할 필요가 있다고 인정하는 지역

4) 선임신고 기준일
   ⑴ 신축·증축·개축·재축·대수선·용도변경으로 특정소방대상물 소방안전관리자 신규 선임해야 하는 경우 : 해당 특정소방대상물의 사용승인일
   ⑵ 증축·용도변경으로 특정소방대상물이 소방안전관리대상물로 된 경우 : 증축공사사용승인일, 용도변경 사실을 건축물관리대장에 기재한 날
   ⑶ 특정소방대상물 양수, 경매, 환가, 매각 등에 의해 관계인의 권리 취득한 경우 : 해당 권리를 취득한 날, 관할 소방서장으로부터 소방안전관리자 선임 안내 받은 날
   ⑷ 관리의 권원이 분리된 경우 : 관리의 권원이 분리되거나 소방본부장 또는 소방서장이 관리의 권원을 조정한 날
   ⑸ 소방안전관리자 해임, 퇴직한 경우 : 소방안전관리자 해임, 퇴직한 날
   ⑹ 소방안전관리업무를 대행하는 자를 감독할 수 있는 사람을 소방안전관리자로 선임한 경우로서 그 업무대행 계약이 해지 또는 종료된 경우 : 소방안전관리업무 대행이 끝난 날
   ⑺ 소방안전관리자 자격이 정지 또는 취소된 경우 : 소방안전관리자 자격이 정지 또는 취소된 날

44 ★★★

특정소방대상물에 대한 소방안전관리자를 선임할 때에는 누구에게 신고하여야 하는가?

① 소방본부장 또는 소방서장
② 시·도지사
③ 관계인
④ 시장 또는 군수

해설 소방안전관리자 선임신고

1) 선임권자 : 관계인
2) 선임 : 30일 이내
3) <u>선임 신고 : 14일 이내 소방본부장, 소방서장에게 신고하고, 소방안전관리대상물의 출입자가 쉽게 알 수 있도록 소방안전관리자의 성명과 그 밖에 행정안전부령으로 정하는 사항을 게시하여야 함</u>

45 ★★

위험물제조소등의 완공검사필증을 잃어버려 재발급을 받은 자가 잃어버린 완공검사필증을 발견한 경우에는 이를 며칠 이내에 완공검사필증을 재발급한 시·도지사에게 제출해야 하는가?

① 즉시
② 10일
③ 15일
④ 30일

정답 44 ① 45 ②

> **해설** 제조소등에 대한 완공검사
- 완공검사 신청 : 시·도지사
- 완공검사필증 재교부 신청 : 시·도지사
- 잃어버린 완공검사필증 발견하는 경우 <u>10일 이내</u> 시·도지사에게 제출

46 ★★★

다음 중 물분무등소화설비가 아닌 것은?

① 스프링클러설비
② 포소화설비
③ 분말소화설비
④ 할로겐화합물 및 불활성기체소화설비

> **해설** 물분무등소화설비
- 물분무소화설비
- 미분무소화설비
- <u>포소화설비</u>
- 이산화탄소소화설비
- 할론소화설비
- <u>할로겐화합물 및 불활성기체소화설비</u>
- <u>분말소화설비</u>
- 강화액소화설비
- 고체에어로졸소화설비

47 ★★

소화활동설비에서 제연설비를 설치하여야 하는 특정소방대상물의 기준으로 틀린 것은?

① 문화 및 집회시설, 운동시설로서 무대부의 바닥면적이 200 [m²] 이상인 것
② 근린생활시설·위락시설·판매시설·숙박시설로서 지하층 또는 무창층의 바닥면적 합계가 1000 [m²] 이상인 것
③ 지하가(터널을 제외한다)로서 연면적 1000 [m²] 이상인 것
④ 지하가 중 터널로서 길이가 500 [m] 이상인 것

> **해설** 제연설비 설치대상

설치대상	기준
문화 및 집회시설, 종교시설, 운동시설	• 무대부 바닥면적 200 [m²] 이상인 경우에는 해당 무대부 • 영화상영관 수용인원 100명 이상인 경우에는 해당 영화상영관
지하층·무창층에 설치된 근린생활시설, 판매시설, 숙박시설, 의료시설, 위락시설, 노유자시설, 창고시설(물류터미널로 한정), 운수시설	바닥면적 합계 1000 [m²] 이상인 경우 해당 부분
지하가(터널 제외)	연면적 1000 [m²] 이상
공항시설 대기실, 휴게시설, 시외버스정류장, 철도 및 도시철도 시설, 항만시설 대기실	지하층·무창층 바닥면적 1000 [m²] 이상인 경우에는 모든 층
특정소방대상물(갓복도형 아파트등 제외)에 부설된 특별피난계단, 비상용 승강기의 승강장, 피난용 승강기의 승강장	

정답 46 ① 47 ④

48 ★★★

전문 소방시설설계업의 기술인력·등록기준에서 주된 기술인력과 보조기술인력의 최소 인원수로 옳은 것은?

① 주된 기술인력 : 1명, 보조기술인력 : 1명
② 주된 기술인력 : 2명, 보조기술인력 : 2명
③ 주된 기술인력 : 1명, 보조기술인력 : 3명
④ 주된 기술인력 : 2명, 보조기술인력 : 3명

해설 소방시설설계업 등록기준, 영업범위

소방시설설계업		기술인력(이상)	영업범위
전문		• 주 인력 : 소방기술사 1인 • 보조인력 : 1명	모든 특정소방대상물
일반	기계분야	• 주 인력 : 소방기술사 또는 소방기사[기계] 1명 • 보조인력 : 1명	• 아파트 소방 기계 분야(제연 제외) • 연 3만 [m²](공장 1만 [m²]) 미만 (제연 제외) • 위험물제조소등
	전기분야	• 주 인력 : 소방기술사 또는 소방기사[전기] 1명 • 보조인력 : 1명	• 아파트 소방 전기 분야 • 연 3만 [m²](공장 1만 [m²]) 미만 • 위험물제조소등

49 ★

위험물제조소의 게시판에 반드시 기재할 사항이 아닌 것은?

① 위험물의 저장 최대수량
② 위험물의 유별·품명
③ 위험물에 대한 대처방법
④ 안전관리자의 성명 또는 직명

해설 위험물제조소 게시판 기재사항
• 위험물의 유별·품명
• 위험물의 저장최대수량·취급최대수량
• 지정수량의 배수
• 안전관리자의 성명 또는 직명

50 ★★★

소방시설업자는 등록사항의 변경이 있을 때에는 변경일로부터 며칠 이내에 서류를 시·도지사에게 제출하여야 하는가?

① 7일 이내   ② 14일 이내
③ 30일 이내   ④ 60일 이내

해설 등록사항 변경신고

1) 변경신고 : 30일 이내 시·도지사에게 신고
2) 제출서류 변경신고 사항 및 제출 서류
   (1) 명칭·상호·영업소소재지 변경 : 소방시설관리업등록증 및 등록수첩
   (2) 대표자 변경 : 소방시설관리업등록증 및 등록수첩
   (3) 기술인력 변경
      ① 소방시설관리업등록수첩
      ② 변경된 기술인력 기술자격증(경력수첩 포함)
      ③ 소방기술인력대장

정답 48 ① 49 ③ 50 ③

51 ★★★

소방기본법의 목적에 속하지 않는 것은?

① 사회의 정의 실현
② 국민의 생명·신체 및 재산보호
③ 공공의 안전질서 유지와 복리증진
④ 위급한 상황에서의 구조·구급활동

> **해설** 소방기본법 목적
> - 화재 예방·경계·진압
> - 화재, 재난·재해, 위급 상황에서 구조·구급 활동
> - 국민의 생명·신체 및 재산 보호함으로써 공공의 안녕 및 질서 유지와 복리증진

52 ★★★

방염대상물품에 대하여 소방시설업을 하고자 하는 자는 누구에게 등록해야 하는가?

① 행정안전부장관
② 시·도지사
③ 대통령
④ 소방본부장 또는 소방서장

> **해설** 소방시설업 등록
> 1) 소방시설업 등록 : 시·도지사(자본금, 기술인력 등) → 소방시설협회에 제출(업무의 위탁)
>   ※ 이때 소방시설업 등록에 필요한 사항 : 행정안전부령
> 2) 등록신청 서류 : 소방시설업 등록신청서 + 다음 각 호의 첨부서류
>   (1) 신청인의 성명, 주민등록번호 및 주소지 등의 인적사항이 적힌 서류
>   (2) 기술인력 증빙서류
>   ① 국가기술자격증
>   ② 소방기술 인정 자격수첩 또는 소방기술자 경력수첩
>   (3) 소방청장 지정 금융회사 또는 소방산업공제조합 출자·예치·담보 금액 확인서(소방시설공사업만 해당)
>   (4) 최근 90일 이내 작성한 자산평가액 또는 기업진단 보고서(소방시설공사업만 해당)
> 3) 등록신청 서류 보완
>   (1) 기간 : 10일 이내
>   (2) 해당 경우
>   ① 첨부서류가 첨부되지 않은 경우
>   ② 신청서 및 첨부서류에 기재 내용이 기재되어 있지 않거나 명확하지 않은 경우

53 ★★

위험물제조소에서 취급하는 건축물 그 밖의 시설의 주위에는 그 취급하는 위험물의 최대수량이 지정수량의 10배 이하인 경우에 보유하여야 할 공지의 너비는 얼마 이상이어야 하는가?

① 3 [m] 이상
② 5 [m] 이상
③ 8 [m] 이상
④ 10 [m] 이상

> **해설** 제조소 보유공지
>
> | 취급하는 위험물 최대수량 | 공지 너비 |
> | --- | --- |
> | 지정수량 10배 이하 | 3 [m] 이상 |
> | 지정수량 10배 초과 | 5 [m] 이상 |

정답 51 ① 52 ② 53 ①

54 ★★★

소방시설업의 등록 결격사유에 해당하지 않는 것은?

① 피성년후견인
② 소방시설업의 등록이 취소된 날로부터 3년이 지난 사람
③ 위험물안전관리법에 따른 금고 이상의 형의 집행유예선고를 받고 그 유예기간 중에 있는 사람
④ 위험물안전관리법에 따른 금고 이상의 실형의 선고를 받고 그 집행이 끝나거나 집행이 면제된 날로부터 2년이 지나지 아니한 사람

해설 소방시설업 등록 결격사유

- 피성년후견인
- 금고 이상 실형을 선고받고 집행이 끝나거나 면제된 날부터 2년이 지나지 않은 자
- 금고 이상 형의 집행유예 선고받고 유예기간 중인 자
- 소방시설업 등록이 취소된 날부터 2년이 지나지 않은 자

55 ★ (난이도 상)

소방시설관리업자가 점검을 하지 않은 경우 1차 행정처분기준은?

① 등록취소
② 경고(시정명령)
③ 영업정지 1월
④ 영업정지 6월

해설 소방시설관리업에 대한 행정처분기준

위반사항	행정처분기준		
	1차	2차	3차
거짓, 그 밖의 부정한 방법으로 등록한 경우	등록취소	-	-
점검을 하지 않거나 점검능력 평가를 받지 않고 자체점검을 한 경우	영업정지 1개월	영업정지 3개월	등록취소
점검을 거짓으로 한 경우	경고 (시정명령)	영업정지 3개월	등록취소
등록기준에 미달된 경우	경고 (시정명령)	영업정지 3개월	등록취소

56 ★★★

소방용수시설·소화기구 및 설비등의 설치명령을 위반한 자에 대한 과태료는?

① 100만 원 이하
② 200만 원 이하
③ 300만 원 이하
④ 500만 원 이하

해설 과태료 부과기준(200만 원 이하)

1. 불을 사용할 때 지켜야 하는 사항 및 특수가연물의 저장 및 취급 기준을 위반한 경우
2. 소방설비등의 설치 명령을 정당한 사유 없이 따르지 아니한 경우
3. 기간 내에 선임신고를 하지 아니하거나 소방안전관리자의 성명 등을 게시하지 아니한 경우
4. 기간 내에 선임신고를 하지 아니한 자
5. 기간 내에 소방훈련 및 교육 결과를 제출하지 아니한 경우

정답 54 ② 55 ③ 56 ②

57 ★★★

화재의 예방 및 안전관리에 관한 법령상 소방본부장 또는 소방서장은 소방상 필요한 훈련 및 교육을 실시하고자 하는 때에는 화재예방강화지구 안의 관계인에게 훈련 또는 교육 며칠 전까지 그 사실을 통보하여야 하는가? [법 개정으로 인한 문제 변경]

① 5
② 7
③ 10
④ 14

해설 화재예방강화지구 관리

- 관리자 : 소방관서장
- 화재안전조사 : 연 1회 이상
- 훈련 및 교육 : 화재예방강화지구 안의 관계인에 대하여 연 1회 이상 실시
- 훈련 및 교육 통보 : 화재예방강화지구 안의 관계인에게 교육 10일 전까지 통보

58 ★★★

형식승인을 얻지 아니한 소방용품을 판매할 목적으로 진열했을 때의 벌칙으로 맞는 것은?

① 3년 이하의 징역 또는 3000만 원 이하의 벌금
② 2년 이하의 징역 또는 1500만 원 이하의 벌금
③ 1년 이하의 징역 또는 1000만 원 이하의 벌금
④ 1년 이하의 징역 또는 500만 원 이하의 벌금

해설 3년 이하 징역 또는 3000만 원 이하 벌금

1. 조치명령 위빈사항에 대한 명령을 정당한 사유 없이 위반한 자
2. 관리업 등록을 하지 않고 영업을 한 자
3. 소방용품 형식승인 받지 아니하고 제조·수입 또는 거짓이나 그 밖의 부정한 방법으로 형식승인을 받은 자
4. 제품검사를 받지 아니한 자 또는 거짓이나 그 밖의 부정한 방법으로 제품검사를 받은 자
5. 소방용품을 판매·진열하거나 소방시설공사에 사용한 자
6. 거짓이나 그 밖의 부정한 방법으로 성능인증 또는 제품검사를 받은 자
7. 제품검사를 받지 아니하거나 합격표시를 하지 아니한 소방용품을 판매·진열하거나 소방시설공사에 사용한 자
8. 구매자에게 명령을 받은 사실을 알리지 아니하거나 필요한 조치를 하지 아니한 자
9. 거짓이나 그 밖의 부정한 방법으로 전문기관으로 지정을 받은 자

59 ★★★

다음 중 소방용품 가운데 품질이 우수하다고 인정되는 소방용품에 대하여 우수품질인증을 할 수 있는 자는?

① 행정안전부장관
② 시·도지사
③ 소방청장
④ 소방본부장 또는 소방서장

해설 우수품질 제품 인증

1) 소방청장은 형식승인의 대상이 되는 소방용품 중 품질이 우수하다고 인정하는 소방용품에 대하여 인증(이하 "우수품질인증"이라 한다)을 할 수 있다.

2) 우수품질인증을 받으려는 자는 행정안전부령으로 정하는 바에 따라 소방청장에게 신청하여야 한다.
3) 우수품질인증을 받은 소방용품에는 우수품질인증 표시를 할 수 있다.
4) 우수품질인증의 유효기간은 5년의 범위에서 행정안전부령으로 정한다.
5) 소방청장은 다음 각 호의 어느 하나에 해당하는 경우에는 우수품질인증을 취소할 수 있다. 다만 제1호에 해당하는 경우에는 우수품질인증을 취소하여야 한다.
   ① 거짓이나 그 밖의 부정한 방법으로 우수품질인증을 받은 경우
   ② 우수품질인증을 받은 제품이 「발명진흥법」에 따른 산업재산권 등 타인의 권리를 침해하였다고 판단되는 경우
6) 1)부터 5)까지에서 규정한 사항 외에 우수품질인증을 위한 기술기준, 제품의 품질관리 평가, 우수품질인증의 갱신, 수수료, 인증표시 등 우수품질인증에 필요한 사항은 행정안전부령으로 정한다.

(3) 소방활동장비 및 설비의 종류와 규격 : 행정안전부령
2) 국고보조 대상사업의 범위
   (1) 소방활동장비와 설비의 구입 및 설치
      ① 소방자동차
      ② 소방헬리콥터 및 소방정
      ③ 소방전용통신설비 및 전산설비
      ④ 그 밖에 방화복 등 소방활동에 필요한 소방장비
   (2) 소방관서용 청사의 건축

60 ★★★

다음 중 소방기본법 시행령에서 규정하는 국고보조대상이 아닌 것은?

① 소화설비
② 소방자동차
③ 소방전용전산설비
④ 소방전용통신설비

해설 소방장비 등에 대한 국고보조

1) 국고보조
   (1) 국가는 시·도 소방장비구입 등의 경비를 일부 보조함
   (2) 국가보조 대상사업의 범위와 기준 보조율 : 대통령령인 「보조금관리에 관한 법률 시행령」

2020년 4회
소방기계시설의 구조 및 원리

61 ★★★

소방대상물에 배연 샤프트를 설치하여 건물 내·외부의 온도차와 화재 시 발생되는 열기에 의한 밀도차이를 이용하여 실내에서 발생한 화재 열, 연기 등을 지붕 외부의 루프모니터 등을 통해 옥외로 배출·환기시키는 제연방식은?

① 자연제연방식
② 루프해치방식
③ 스모크 타워 제연방식
④ 제3종 기계제연방식

해설 스모크타워 제연방식

고층건축물에 주로 사용하는 제연방식으로서 굴뚝효과를 이용하여 루프모니터(창살 또는 유리창이 달린 지붕 위의 원형구조물)를 설치하여 제연하는 방식
1) 고층 건축물에 적합함
2) 배연 샤프트의 굴뚝효과(연돌효과)를 이용
3) 모든 층의 일반 거실화재에 이용할 수 있음
4) 자연배기방식 일종

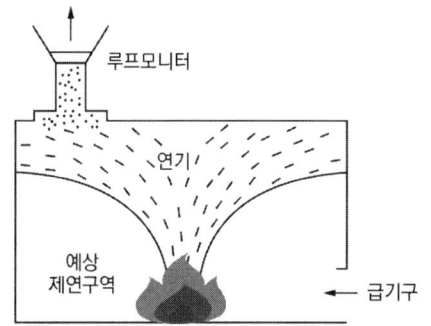

[스모크타워제연방식]

62 ★★★

배출 풍도 단면의 긴 변 또는 직경의 크기가 450 [mm] 초과 750 [mm] 이하일 경우의 강판 두께는 최소 몇 [mm] 이상이어야 하는가?

① 0.5
② 0.6
③ 0.8
④ 1.0

해설 풍도 크기와 강판 두께

풍도는 아연도금강판 또는 이와 동등 이상의 내식성·내열성이 있는 것으로 하며, 「건축법 시행령」제2조에 따른 불연재료(석면재료를 제외한다)인 단열재로 풍도외부에 유효한 단열처리를 하고, 강판의 두께는 풍도의 크기에 따라 다음 표에 따른 기준 이상으로 할 것. 다만 방화구획이 되는 전용실에 급기송풍기와 연결되는 풍도는 단열이 필요 없다.

풍도단면의 긴 변 또는 직경의 크기	450 [mm] 이하	750 [mm] 이하	1500 [mm] 이하	2250 [mm] 이하	2250 [mm] 초과
두께 [mm]	0.5	0.6	0.8	1.0	1.2

정답 61 ③ 62 ②

63 ★★★

연결송수관설비에 관한 설명이다. 틀린 것은?

① 아파트 용도의 11층 이상에 설치하는 방수구는 단구형으로 할 수 있다.
② 배관은 지면으로부터 높이가 31 [m] 이상인 소방대상물에는 습식설비로 설치한다.
③ 주배관의 관경은 100 [mm] 이상의 전용배관으로 할 것. 다만 주배관의 구경이 100 [mm] 이상인 옥내소화전설비의 배관과는 겸용할 수 있다.
④ 지표면에서 최상층 방수구의 높이가 70 [m] 이상의 소방대상물의 펌프 양정은 최상층에 설치된 노즐선단의 압력이 0.25 [MPa] 이상의 압력이 되어야 한다.

해설 연결송수관설비의 설치기준

1) 11층 이상의 부분에 설치하는 방수구는 쌍구형으로 할 것. 다만 다음의 어느 하나에 해당하는 층에는 단구형으로 설치할 수 있다.
   (1) 아파트의 용도로 사용되는 층
   (2) 스프링클러설비가 유효하게 설치되어 있고 방수구가 2개소 이상 설치된 층
2) 지면으로부터의 높이가 31 [m] 이상인 특정소방대상물 또는 지상 11층 이상인 특정소방대상물에 있어서는 습식설비로 할 것
3) 주배관의 구경은 100 [mm] 이상의 것으로 할 것. 다만 주배관의 구경이 100 [mm] 이상인 옥내소화전설비의 배관과는 겸용할 수 있다.
   ⇨ 연결송수관설비는 옥내소화전설비의 배관만 겸용 가능함 [시행 2024.7.1.]
4) 지표면에서 최상층 방수구의 높이가 70 [m] 이상의 소방대상물의 펌프 양정은 최상층에 설치된 노즐선단의 압력이 0.35 [MPa] 이상의 압력이 되도록 할 것

64 ★★★

상수도소화용수설비의 설치기준에 맞게 다음 괄호 안에 들어갈 보기로 맞는 것은?

> 호칭지름 (㉠) [mm] 이상의 수도배관에 호칭지름 (㉡) [mm] 이상의 소화전을 접속할 것

① ㉠ 80, ㉡ 65
② ㉠ 75, ㉡ 100
③ ㉠ 65, ㉡ 100
④ ㉠ 50, ㉡ 65

해설 상수도소화용수설비 설치기준

1) 호칭지름 75 [mm] 이상의 수도배관에 호칭지름 100 [mm] 이상의 소화전을 접속할 것
2) 소화전은 소방자동차 등의 진입이 쉬운 도로변 또는 공지에 설치할 것
3) 소화전은 특정소방대상물의 수평투영면의 각 부분으로부터 140 [m] 이하가 되도록 설치할 것

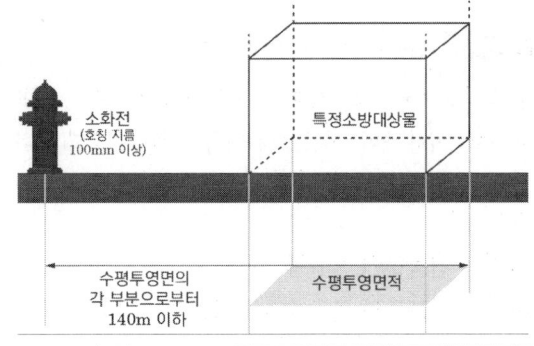

65 ★★★

하나의 배관에 부착하는 살수헤드의 개수가 7개인 경우 연결살수설비 배관의 최소 구경은 몇 [mm]인가? (단, 연결살수설비 전용헤드를 사용하는 경우이다)

① 32 ② 40
③ 50 ④ 80

해설 연결살수설비의 배관의 구경

연결살수설비 전용헤드를 사용하는 경우에는 다음 표에 따른 구경 이상으로 할 것

하나의 배관에 부착하는 연결살수설비 전용헤드의 개수	1개	2개	3개	4개 또는 5개	6개 이상 10개 이하
배관의 구경 [mm]	32	40	50	65	80

66 ★★★

폐쇄형 스프링클러설비의 하나의 방호구역은 바닥면적 몇 [m²]를 초과할 수 없는가?

① 1000 ② 2000
③ 2500 ④ 3000

해설 폐쇄형 헤드를 사용하는 설비의 방호구역 기준

하나의 방호구역의 바닥면적 : 3000 [m²] 이하

67 ★★★

국소방출방식의 이산화탄소설비의 분사헤드는 당해 설비의 소화약제의 저장량을 얼마 이내에 방출할 수 있는 것으로 설치하여야 하는가?

① 15초 이내 ② 30초 이내
③ 1분 이내   ④ 2분 이내

해설 이산화탄소소화설비(국소방출방식)

배관의 구경은 이산화탄소 소화약제의 소요량이 다음의 기준에 따른 시간 내에 방출될 수 있는 것으로 해야 한다.

1) 전역방출방식
   (1) 표면화재 1분
   (2) 심부화재 7분(이 경우 설계농도가 2분 이내에 30 [%]에 도달해야 함)
2) 국소방출방식 : 30초

68 ★★★

전동기 또는 내연기관에 따른 펌프를 이용하는 가압송수장치의 설치기준에 있어 당해 소방대상물에 설치된 옥외소화전을 동시에 사용하는 경우 각 옥외소화전의 노즐선단에서의 방수압력과 방수량은 각각 얼마 이상이어야 하는가?

① 0.25 [MPa] 이상, 350 [L/min] 이상
② 0.17 [MPa] 이상, 350 [L/min] 이상
③ 0.25 [MPa] 이상, 100 [L/min] 이상
④ 0.17 [MPa] 이상, 100 [L/min] 이상

해설 옥외소화전 노즐선단에서의 방수압력과 방수량

1) 노즐선단에서의 방수압력 : 0.25 [MPa] 이상 0.7 [MPa] 이하
2) 방수량 : 350 [L/min] 이상

정답 65 ④ 66 ④ 67 ② 68 ①

※ 옥외소화전 노즐선단에서의 방수압력과 방수량

특정소방대상물에 설치된 옥외소화전(2개 이상 설치된 경우에는 2개의 옥외소화전)을 동시에 사용할 경우 각 옥외소화전의 **노즐선단에서의 방수압력**이 **0.25 [MPa] 이상**이고, **방수량**이 **350 [L/min] 이상**이 되는 성능의 것으로 할 것. 다만 하나의 옥외소화전을 사용하는 노즐선단에서의 방수압력이 0.7 [MPa]을 초과할 경우에는 호스접결구의 인입 측에 감압장치를 설치해야 한다.

69 ★★

팽창비가 50인 포소화설비에서 혼합비율 3 [%], 원액저장량이 210 [L]일 때 포를 방출한 후의 포의 체적은 얼마가 되겠는가?

① 200 [m³]
② 250 [m³]
③ 300 [m³]
④ 350 [m³]

해설 포소화설비 포의 체적

$$팽창비 = \frac{최종 발생한 포 체적}{원래 포수용액 체적}$$

$100[\%] : 3[\%] = 포수용액의 체적[L] : 210[L]$

$$포수용액의 체적[L] = \frac{210[L] \times 100[\%]}{3[\%]}$$

∴ 포수용액의 체적 = 7000[L]

최종 발생한 포 체적 = 팽창비 × 포수용액 체적
= 50 × 7000[L]
= 350000[L] = 350[m³]

70 ★★★

삽을 상비한 마른모래 50리터 이상의 것 1포의 능력단위는 얼마인가?

① 0.1
② 0.2
③ 0.5
④ 1.0

해설 간이소화용구 능력단위(소화약제 외의 것)

간이소화용구		능력단위
마른모래	삽을 상비한 50 [L] 이상의 것 1포	0.5 단위
팽창질석, 팽창진주암	삽을 상비한 80 [L] 이상의 것 1포	

71 ★★★

옥외소화전설비의 용어 정의 중 틀린 것은?

① "고가수조"라 함은 구조물 또는 지형지물 등에 설치하여 자연낙차의 압력으로 급수하는 수조를 말한다.
② "연성계"라 함은 대기압 이상의 압력을 측정할 수 있는 계측기를 말한다.
③ "진공계"라 함은 대기압 이하의 압력을 측정하는 계측기를 말한다.
④ "개폐표시형 밸브"라 함은 밸브의 개폐여부를 외부에서 식별이 가능한 밸브를 말한다.

해설 연성계

대기압 이상의 압력과 대기압 이하의 압력을 측정할 수 있는 계측기

72 ★★★

소화기구 및 자동소화장치의 화재안전기술기준상 노유자시설에 대한 소화기구의 능력단위 기준으로 옳은 것은? (단, 건축물의 주요구조부, 벽 및 반자의 실내에 면하는 부분에 대한 조건은 무시한다)

① 해당 용도의 바닥면적 30 [m²]마다 능력단위 1단위 이상
② 해당 용도의 바닥면적 50 [m²]마다 능력단위 1단위 이상
③ 해당 용도의 바닥면적 100 [m²]마다 능력단위 1단위 이상
④ 해당 용도의 바닥면적 200 [m²]마다 능력단위 1단위 이상

해설 특정소방대상물별 소화기구의 능력단위

특정소방대상물	소화기구의 능력단위
1. 위락시설	해당 용도의 바닥면적 30 [m²]마다 능력단위 1단위 이상
2. 공연장·집회장·관람장·문화재·장례식장 및 의료시설	해당 용도의 바닥면적 50 [m²]마다 능력단위 1단위 이상
3. 근린생활시설·판매시설·운수시설·숙박시설·**노유자시설**·전시장·공동주택·업무시설·방송통신시설·공장·창고시설·항공기 및 자동차 관련 시설 및 관광휴게시설	**해당 용도 바닥면적 100 [m²]마다 능력단위 1단위 이상**
4. 그 밖의 것	해당 용도 바닥면적 200 [m²]마다 능력단위 1단위 이상

※ 주요구조부가 내화구조이고 벽 및 반자의 실내에 면하는 부분이 불연·준불연·난연재료로 된 특정소방대상물은 위 표의 바닥면적의 2배를 기준면적으로 적용

73 ★

위험물 저장탱크에 고정포방출구 포소화설비를 설치하고 탱크주위에 보조 소화전을 2개소 설치하였다. 보조 소화전에서 방출하기 위하여 필요한 소화약제의 양은? (단, 소화약제는 6 [%] 단백포이다)

① 240 [L] 이상   ② 480 [L] 이상
③ 720 [L] 이상   ④ 960 [L] 이상

해설 포소화설비의 보조 소화전 약제량

$Q = N \times S \times 8000 [L]$
$= 2 \times 0.06 \times 8000 [L]$
$= 960 [L]$

Q : 포 소화약제의 양 [L]
N : 호스 접결구 개수 (3개 이상인 경우는 3개)
S : 포소화약제의 사용농도 [%]

※ 보조 소화전에서 방출하기 위하여 필요한 양
$Q = N \times S \times 8000 [L]$ 에서 'N'은 호스 접결구 개수이므로 문제 조건상 호스 접결구의 수가 주어져야 한다. 그러나 위 문제와 같이 호스 접결구의 수가 아닌 보조 소화전의 개소만 주어졌을 경우, **보조 소화전의 개소를 호스 접결구의 수로 간주하고 풀이**한다.

정답 72 ③ 73 ④

74 ★★★

자동차 차고에 설치하는 물분무소화설비의 배수설비에 대해서 옳은 것은?

① 차량이 주차하는 장소의 바닥은 배수구를 향하여 100분의 1 이상의 기울기를 유지해야 한다.
② 차량의 주차하는 장소의 적당한 곳에 높이 5 [cm] 이상의 경계턱으로 배수구를 설치해야 한다.
③ 배수설비는 가압송수장치의 최대송수능력의 수량을 유효하게 배수할 수 있는 크기 및 기울기로 한다.
④ 배수구에는 길이 50 [m]마다 집수관을 설치해야 한다.

해설 물분무소화설비의 배수설비 설치기준

1) 차량이 주차하는 장소의 적당한 곳에 높이 10 [cm] 이상의 경계턱으로 배수구를 설치할 것
2) 배수구에는 새어 나온 기름을 모아 소화할 수 있도록 길이 40 [m] 이하마다 집수관·소화핏트 등 기름분리장치를 설치할 것
3) 차량이 주차하는 바닥은 배수구를 향하여 100분의 2 이상의 기울기를 유지할 것
4) 배수설비는 가압송수장치의 최대송수능력의 수량을 유효하게 배수할 수 있는 크기 및 기울기로 할 것

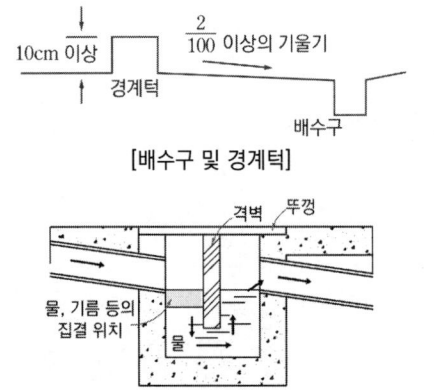

75 ★★★

할론소화설비의 화재안전기술기준상 배관의 설치기준 중 ( )에 들어갈 내용은?

> 강관을 사용하는 경우의 배관은 ( ) 이상의 것 또는 이와 동등 이상의 강도를 가진 것으로서 아연도금 등에 따라 방식 처리된 것을 사용할 것

① 압력배관용탄소강관 중 스케줄 80
② 압력배관용탄소강관 중 스케줄 40
③ 배관용탄소강관 중 스케줄 80
④ 배관용탄소강관 중 스케줄 40

해설 할론소화설비의 배관 설치기준

1) 배관은 전용으로 할 것
2) 강관을 사용하는 경우의 배관은 <u>압력배관용탄소강관 중 스케줄 40 이상</u>의 것 또는 이와 동등 이상의 강도를 가진 것으로서 아연도금 등에 따라 방식 처리된 것을 사용할 것
3) 동관을 사용하는 경우에는 이음이 없는 동 및 동합금관의 것으로서 고압식은 16.5 [MPa] 이상, 저압식은 3.75 [MPa] 이상의 압력에 견딜 수 있는 것을 사용할 것
4) 배관 부속 및 밸브류는 강관 또는 동관과 동등 이상의 강도 및 내식성이 있는 것으로 할 것

76 ★★★

분말소화설비에 사용하는 소화약제 중 제3종 분말의 주성분으로 옳은 것은?

① 인산염
② 탄산수소칼륨
③ 탄산수소나트륨
④ 요소

정답 74 ③ 75 ② 76 ①

해설 분말소화약제 주성분

- 제1종 : 탄산수소나트륨(중탄산나트륨)
- 제2종 : 탄산수소칼륨(중탄산칼륨)
- 제3종 : 제1인산암모늄(제1인산염, 인산염류)
- 제4종 : 탄산수소칼륨 + 요소

77 ★★★

할로겐화합물 및 불활성기체소화설비의 화재안전기술기준에 따른 할로겐화합물 및 불활성기체소화설비의 수동식 기동장치의 설치기준에 대한 설명으로 틀린 것은?

① 50 [N] 이상의 힘을 가하여 기동할 수 있는 구조로 할 것
② 전기를 사용하는 기동장치에는 전원표시등을 설치할 것
③ 기동장치의 방출용 스위치는 음향경보장치와 연동하여 조작될 수 있는 것으로 할 것
④ 해당 방호구역의 출입구 부근 등 조작을 하는 자가 쉽게 피난할 수 있는 장소에 설치할 것

해설 할로겐 및 불활성기체소화설비 수동식 기동장치

수동식 기동장치의 부근에는 소화약제의 방출을 지연시킬 수 있는 방출지연스위치를 설치해야 한다.
1) 방호구역마다 설치할 것
2) 해당 방호구역의 출입구 부근 등 조작을 하는 자가 쉽게 피난할 수 있는 장소에 설치할 것
3) 기동장치의 조작부는 바닥으로부터 0.8 [m] 이상 1.5 [m] 이하의 위치에 설치하고, 보호판 등에 따른 보호장치를 설치할 것
4) 기동장치 인근의 보기 쉬운 곳에 "할로겐화합물 및 불활성기체소화설비 수동식 기동장치"라는 표지를 할 것
5) 전기를 사용하는 기동장치에는 전원표시등을 설치할 것

6) 기동장치의 방출용스위치는 음향경보장치와 연동하여 조작될 수 있는 것으로 할 것
7) 50 [N] 이하의 힘을 가하여 기동할 수 있는 구조로 할 것
8) 기동장치에는 보호장치를 설치해야 하며, 보호장치를 개방하는 경우 기동장치에 설치된 부저 또는 벨 등에 의하여 경고음을 발할 것
〈시행 2024.8.1.〉
9) 기동장치를 옥외에 설치하는 경우 빗물 또는 외부 충격의 영향을 받지 아니하도록 설치할 것
〈시행 2024.8.1.〉

78 ★★

상수도직결형 간이스프링클러설비의 배관 및 밸브 등의 설치순서로 옳은 것은?

① 수도용계량기 - 급수차단장치 - 개폐표시형 밸브 - 체크밸브 - 압력계 - 유수검지장치 - 2개의 시험밸브 순으로 설치
② 수도용계량기 - 급수차단장치 - 개폐표시형 밸브 - 압력계 - 체크밸브 - 유수검지장치 - 2개의 시험밸브 순으로 설치
③ 수도용계량기 - 개폐표시형 밸브 - 압력계 - 체크밸브 - 압력계 - 개폐표시형 밸브 순으로 설치
④ 수도용계량기 - 개폐표시형 밸브 - 압력계 - 체크밸브 - 압력계 - 개폐표시형 밸브 - 일제개방밸브 순으로 설치

해설 배관 및 밸브 설치순서

1) 상수도직결형
 수도용계량기 → 급수차단장치 → 개폐표시형 밸브 → 체크밸브 → 압력계 → 유수검지장치 → 2개의 시험밸브 순으로 설치
2) 펌프 등의 가압송수장치로 이용하는 경우
 수원 → 연성계 또는 진공계 → 펌프 또는 압력수조 → 압력계 → 체크밸브 → 성능시험배관 → 개폐표시형 밸브 → 유수검지장치 → 시험밸브의 순으로 설치

정답 77 ① 78 ①

3) 가압수조를 가압송수장치의 경우
   수원 → 가압수조 → 압력계 → 체크밸브 → 성능시험배관 → 개폐표시형 밸브 → 유수검지장치 → 2개의 시험밸브 순으로 설치

4) 캐비닛형의 가압송수장치의 경우
   수원 → 연성계 또는 진공계 → 펌프 또는 압력수조 → 압력계 → 체크밸브 → 개폐표시형 밸브 → 2개의 시험밸브 순으로 설치

5) 주택전용 간이스프링클러설비(상수도에 직접 연결하는 방식) [시행 2024.12.1.]
   수도용계량기 → 수도용 역류방지밸브 → 개폐표시형 밸브 → 세대별 개폐밸브 및 간이헤드의 순으로 설치

   ✿암기 상수도직결 - 수급개체압유2시
        펌프 - 수연펌압체성개유시

79 ★★

특별피난계단의 계단실 및 부속실 제연설비의 화재안전기술기준상 제연설비의 시험 등에 대한 기준으로 틀린 것은?

① 제연구역의 모든 출입문 등의 크기와 열리는 방향이 설계 시와 동일한지 여부를 확인한다.
② 제연구역의 출입문 및 복도와 거실(옥내가 복도와 거실로 되어 있는 경우에 한한다)사이의 출입문마다 제연설비가 작동하고 있는 상태에서 그 폐쇄력을 측정한다.
③ 층별로 화재감지기(수동기동장치를 포함한다)를 동작시켜 제연설비가 작동하는지 여부를 확인한다.
④ 기준에 따라 제연설비가 작동하는 경우 제연구역의 출입문이 모두 닫혀 있는 상태에서 제연설비를 가동시킨 후 출입문의 개방에 필요한 힘을 측정하여 규정에 따른 개방력에 적합한지 여부를 확인한다.

해설 부속실 제연설비의 시험·측정 및 조정 (TAB)

제연설비는 설계목적에 적합한지 검토하고 제연설비의 성능과 관련된 건물의 모든 부분(건축설비를 포함한다)이 완성되는 시점에 맞추어 시험·측정 및 조정(이하 "시험 등"이라 한다)을 해야 한다.

1) 제연구역의 모든 출입문 등의 크기와 열리는 방향이 설계 시와 동일한지 여부를 확인할 것
2) 제연구역의 출입문 및 복도와 거실(옥내가 복도와 거실로 되어 있는 경우에 한한다) 사이의 출입문마다 제연설비가 작동하고 있지 아니한 상태에서 그 폐쇄력을 측정할 것
3) 층별로 화재감지기(수동기동장치를 포함한다)를 동작시켜 제연설비가 작동하는지 여부를 확인할 것
4) 3)의 기준에 따라 제연설비가 작동하는 경우 다음의 기준에 따른 시험 등을 실시할 것
   ⑴ 부속실과 면하는 옥내 및 계단실의 출입문을 동시에 개방할 경우, 규정에 따른 방연풍속에 적합한지 여부를 확인하고, 적합하지 아니한 경우에는 급기구의 개구율과 송풍기의 풍량조절댐퍼 등을 조정하여 적합하게 할 것
   ⑵ ⑴에 따른 시험 등의 과정에서 출입문을 개방하지 않은 제연구역의 실제 차압이 기준에 적합한지 여부를 출입문 등에 차압측정공을 설치하고 이를 통하여 차압측정기구로 실측하여 확인·조정할 것
   ⑶ 제연구역의 출입문이 모두 닫혀 있는 상태에서 제연설비를 가동시킨 후 출입문의 개방에 필요한 힘을 측정하여 규정에 따른 개방력에 적합한지 여부를 확인하고, 적합하지 아니한 경우에는 급기구의 개구율 조정 및 플랩댐퍼(설치하는 경우에 한한다)와 풍량조절용댐퍼 등의 조정에 따라 적합하도록 조치할 것
   ⑷ ⑴에 따른 시험 등의 과정에서 부속실의 개방된 출입문이 자동으로 완전히 닫히는지 여부를 확인하고, 닫힌 상태를 유지할 수 있도록 조정할 것

정답 79 ②

80 ★★★

옥내소화전설비에서 연결송수관설비의 배관을 겸용할 경우 방수구로 연결되는 배관의 구경은 몇 [mm] 이상으로 설치하여야 하는가?

① 50 [mm] 이상
② 65 [mm] 이상
③ 100 [mm] 이상
④ 150 [mm] 이상

해설 연결송수관설비의 배관과 겸용할 경우

1) 주배관 : 구경 100 [mm] 이상
2) 방수구로 연결되는 배관 : 구경 **65 [mm] 이상**

> ※ **연결송수관설비의 배관**
> 연결송수관설비의 주배관은 구경 100 [mm] 이상의 전용배관으로 할 것. 다만 주배관의 구경이 100 [mm] 이상인 옥내소화전설비의 배관과는 겸용할 수 있다.
> ⇨ 연결송수관설비는 **옥내소화전설비의 배관**만 겸용 가능함 [시행 2024.7.1.]

정답 80 ②

격차를 뛰어넘어 **압도적인 격차**를 만들다

※ 소방기본법 내용 중 '문화재'라는 용어는 타법 개정(2024.5.7.)에 따라 '문화유산' 및 '국가유산'으로 변경·통일하였습니다. 학습에 참고바랍니다.

▶ 세부구성

| 1회 | 소방원론
           소방유체역학
           소방관계법규
           소방기계시설의 구조 및 원리
| 2회 | 소방원론
           소방유체역학
           소방관계법규
           소방기계시설의 구조 및 원리
| 4회 | 소방원론
           소방유체역학
           소방관계법규
           소방기계시설의 구조 및 원리

2019년 1회

소방원론

01 ★★★

위험물안전관리법령에서 정한 제5류 위험물의 대표적인 성질에 해당하는 것은?

① 산화성
② 자연발화성
③ 자기반응성
④ 가연성

해설 위험물의 분류

구분	개요
제1류	**산**화성 고체
제2류	**가**연성 고체
제3류	**자**연발화성 및 금수성 물질
제4류	**인**화성 액체
제5류	**자**기반응성 물질
제6류	**산**화성 액체

암기 산가자 인자산

02 ★★★

등유 또는 경유 화재에 해당하는 것은?

① A급 화재
② B급 화재
③ C급 화재
④ D급 화재

해설 화재의 분류

등급	화재	표시색	가연물
A급	일반화재	백색	나무, 섬유, 종이, 고무, 플라스틱류
B급	유류화재	황색	인화성 액체, 가연성 액체, 석유 그리스, 타르, 오일, 유성도료, 솔벤트, 래커, 알코올 및 인화성 가스 등
C급	전기화재	청색	전류가 흐르고 있는 전기기기, 배선 등
D급	금속화재	무색	마그네슘 합금 등 가연성 금속
K급	주방화재	–	주방에서 동식물유를 취급하는 조리기구

암기 일유전 금주

03 ★★

소화기의 소화약제에 관한 공통적 성질에 대한 설명으로 틀린 것은?

① 산알칼리소화약제는 양질의 유기산을 사용한다.
② 소화약제는 현저한 독성 또는 부식성이 없어야 한다.
③ 분말상의 소화약제는 고체화 및 변질 등 이상이 없어야 한다.
④ 액상의 소화약제는 결정의 석출, 용액의 분리, 부유물 또는 침전물 등 기타 이상이 없어야 한다.

정답 01 ③ 02 ② 03 ①

> **해설** 소화기 소화약제

1) 산알칼리소화약제는 양질의 무기산 사용
2) 독성, 부식성 없어야 함
3) 분말소화약제는 고체화, 변질 없어야 함
4) 액상소화약제는 결정 석출, 용액 분리, 부유물 및 침전물 등이 없어야 함

04 ★★

질산에 대한 설명으로 틀린 것은?

① 산화제이다.
② 부식성이 있다.
③ 불연성 물질이다.
④ 산화되기 쉬운 물질이다.

> **해설** 제6류 위험물(산화성 액체) – 질산 특성

• 제6류 위험물 : **질산**, 과염소산, 과산화수소
1) 일반적 성질
   (1) **산화성 액체**이며 **무기화합물**
   (2) **불연성**이지만 분자 내에 산소를 많이 함유하고 있어 다른 물질의 연소를 돕는 조연성 물질
   (3) **비중이 1보다 큼**
   (4) 물에 잘 녹음 (수용성)
   (5) **부식성이 강하고** 증기는 유독함
2) 저장 및 취급방법
   (1) 직사광선에 의해 분해되므로 갈색병에 넣어 냉암소에 저장
   (2) 금속분 및 가연성 물질과 이격시켜 저장
3) 소화
   다량의 주수에 의한 냉각 및 희석소화

   TIP 1, 2, 5, 6류 위험물은 비중이 1보다 큼

05 ★★★

15 [℃]의 물 1 [g]을 1 [℃] 상승시키는 데 필요한 열량은 몇 cal인가?

① 1
② 15
③ 1000
④ 15000

> **해설** 열량

※ 비열 [cal/g·℃]
어떤 물질 1 [g]의 온도를 1 [℃] 높이는 데 필요한 열량(에너지)

현열 $Q = mC\Delta T$
$= 1 [g] \times 1 [cal/g·℃] \times 1 [℃]$
$= 1 [cal]$

m : 질량 [g]
C : 비열 [cal/g·℃]
ΔT : 온도차 [℃]

보충 물의 비열 : 1 [cal/g·℃]

06 ★★★

다음 중 부촉매 소화효과로서 가장 적절한 것은?

① CO_2
② $C_2F_4Br_2$
③ 질소
④ 아르곤

> **해설** 부촉매 소화(억제 소화)

1) 화학적 소화
2) 연쇄반응을 차단하여 소화
3) 활성기의 생성을 억제하는 소화 방법
4) **할론소화약제, 할로겐화합물소화약제는 부촉매 소화효과가 있음**

① CO_2 ⇒ 질식 소화효과
② $C_2F_4Br_2$ ⇒ 부촉매 소화효과
③ 질소 ⇒ 질식 소화효과
④ 아르곤 ⇒ 질식 소화효과

보충 $C_2F_4Br_2$: 할론 2402

정답 04 ④ 05 ① 06 ②

07 ★★★

제2종 분말소화약제의 주성분은?

① 탄산수소칼륨
② 탄산수소나트륨
③ 제1인산암모늄
④ 탄산수소칼륨 + 요소

해설 분말소화약제

종별	소화약제	약제색	적응화재
1종	탄산수소나트륨 (NaHCO$_3$)	백색	BC급
2종	탄산수소칼륨 (KHCO$_3$)	담자색 (담회색)	BC급
3종	제1인산암모늄 (NH$_4$H$_2$PO$_4$)	담홍색	ABC급
4종	탄산수소칼륨 + 요소 (KHCO$_3$+(NH$_2$)$_2$CO)	회(백)색	BC급

암기 백담사 홍어회

08 ★★★

스테판 – 볼츠만(Stefan – Boltzmann)의 법칙에서 복사체의 단위표면적에서 단위시간당 방출되는 복사에너지는 절대온도의 얼마에 비례하는가?

① 제곱근   ② 제곱
③ 3제곱   ④ 4제곱

해설 스테판 볼츠만의 법칙

단위 면적당 복사열량 $\dot{Q}''\,[W/m^2] = \varepsilon \times \sigma \times T^4$

⇒ 복사열은 <u>절대온도의 4승에 비례</u>

ε : 방사율(흑체일 때 $\varepsilon=1$)
σ : 스테판 볼츠만 계수$[W/m^2 \cdot K^4]$
T : 절대온도 [K]

09 ★★★

연소 시 분해연소의 전형적인 특성을 보여줄 수 있는 것은?

① 나프탈렌   ② 목재
③ 목탄   ④ 휘발유

해설 연소의 형태

구분	내용	종류
분해 연소	열분해로 생성된 가연성 가스가 연소	목재, 석탄, 종이, 플라스틱
표면 연소	불꽃이 없고 표면에서 연소	숯, 코크스, 목탄, 금속분
증발 연소	열분해 없이 증발하여 연소	황(유황), 가솔린, 나프탈렌, 양초
자기 연소	물질 자체에 산소를 함유하고 있어 별도 산소 없이 연소	나이트로셀룰로오스 (니트로셀룰로오스), 나이트로글리세린 (니트로글리세린), 유기과산화물
확산 연소	확산 화염에 의한 연소	메테인(메탄), 암모니아, 수소
예혼합 연소	미리 공기와 혼합된 연료가 연소	LNG, LPG, 가연성 가스

10 ★★★

플래시 오버(Flash – Over) 현상과 관련이 없는 것은?

① 화재의 확산
② 다량의 연기 방출
③ 파이어 볼의 발생
④ 실내온도의 급격한 상승

해설 실내화재 발생현상

1) 플래시 오버
   (1) 온도가 급격히 상승하여 화재가 순간적으로 실내 전체에 확산되는 현상

(2) 발생 시기 : 성장기 ~ 최성기 직전
2) 백 드래프트
   (1) 신선한 공기 유입으로 실내의 축적된 가스가 단시간 연소, 폭발하여 실외로 분출
   (2) 발생 시기 : 감쇄기(최성기 이후)

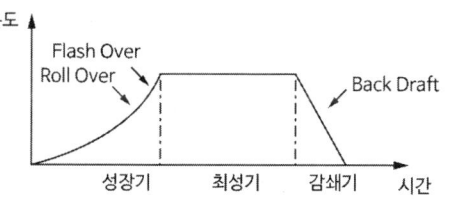

보충 블레비(BLEVE) : 파이어 볼 발생

11 ★★★

포소화약제가 유류화재를 소화시킬 수 있는 능력과 관계가 없는 것은?

① 수분의 증발잠열을 이용한다.
② 유류표면으로부터 기름의 증발을 억제 또는 차단한다.
③ 포의 연쇄반응 차단효과를 이용한다.
④ 포가 유류 표면을 덮어 기름과 공기와의 접촉을 차단한다.

해설 유류화재 소화방법

1) 수분의 증발잠열을 이용한다. ⇒ 냉각소화효과
2) 유류표면으로부터 기름의 증발을 억제 또는 차단한다.
3) 포가 유류 표면을 덮어 기름과 공기와의 접촉을 차단한다. ⇒ <u>질식소화소화</u>

12 ★★★

나이트로셀룰로오스의 용도, 성상 및 위험성과 저장·취급에 대한 설명 중 틀린 것은?

① 질화도가 낮을수록 위험성이 크다.
② 운반 시 물, 알코올을 첨가하여 습윤시킨다.
③ 무연화약의 원료로 사용된다.
④ 햇빛에서 황갈색으로 변하고 물에 녹지 않지만 아세톤, 초산에스터, 나이트로벤젠에 녹는다.

해설 나이트로셀룰로오스(니트로셀룰로오스)

1) 제5류 위험물 중 질산에스터류에 속함
2) 용도 : 다이너마이트 및 화약 원료
3) 저장 : 알코올 속에 저장
4) 소화 : 다량 주수에 의한 냉각소화
5) 특성
   (1) <u>질화도가 높을수록 위험성이 큼</u>
   (2) <u>햇빛에서 황갈색으로 변하고 아세톤, 초산에스터, 나이트로벤젠에 녹음</u>

13 ★★★

화재 시 고층건물내의 연기 유통인 굴뚝효과와 관계가 없는 것은?

① 건물 내외의 온도차
② 건물의 높이
③ 층의 면적
④ 화재실의 온도

해설 굴뚝효과(연돌효과)

1) 건축물 내·외부 공기의 온도에 따른 공기의 밀도차 때문에 발생되는 공기의 흐름 현상
2) 건물 내부온도 > 외부온도 → 공기는 위쪽으로 이동

정답 11 ③ 12 ① 13 ③

3) 영향요인
  ① 실내외 온도 차(화재실의 온도가 높을수록 실내외 온도 차는 커짐)
  ② 외벽 기밀성
  ③ 층간 공기누설
  ④ 건물의 높이(고층 건물에서 잘 나타남)

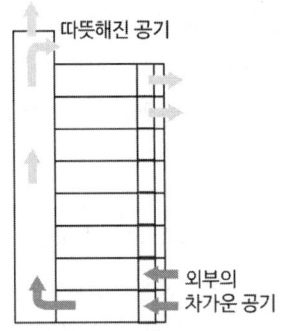

👉 보충 '층의 면적'은 굴뚝효과와 관계없다.

14 ★★★

270 [℃]에서 다음의 열분해 반응식과 관계가 있는 분말소화약제는?

$$2NaHCO_3 \rightarrow Na_2CO_3 + CO_2 + H_2O$$

① 제1종 분말   ② 제2종 분말
③ 제3종 분말   ④ 제4종 분말

해설 분말소화약제 화학반응식

종별	소화약제	화학 반응식
1종	탄산수소나트륨 (NaHCO₃)	$2NaHCO_3 \rightarrow Na_2CO_3 + CO_2 + H_2O$
2종	탄산수소칼륨 (KHCO₃)	$2KHCO_3 \rightarrow K_2CO_3 + CO_2 + H_2O$
3종	제1인산암모늄 (NH₄H₂PO₄)	$NH_4H_2PO_4 \rightarrow NH_3 + HPO_3 + H_2O$
4종	탄산수소칼륨 + 요소 (KHCO₃ + (NH₂)₂CO)	$2KHCO_3 + (NH_2)_2CO \rightarrow K_2CO_3 + 2NH_3 + 2CO_2$

15 ★★★

인화점에 대한 설명 중 틀린 것은?

① 인화점은 공기 중에서 액체를 가열하는 경우 액체 표면에서 증기가 발생하여 점화원에서 착화하는 최저온도를 말한다.
② 인화점 이하의 온도에서는 성냥불을 접근시켜도 착화하지 않는다.
③ 인화점 이상 가열하면 증기가 발생되어 성냥불이 접근하면 착화한다.
④ 인화점은 보통 연소점 이상, 발화점 이하의 온도이다.

해설 인화점

1) 점화원을 가했을 때 연소가 시작되는 최저온도
2) 인화점이 낮을수록 위험도가 큼
3) 인화점 < 연소점 < 발화점

암기 이연발

16 ★

건축물의 방재센터에 대한 설명으로 틀린 것은?

① 피난층에 두는 것이 가장 바람직하다.
② 화재 및 안전관리의 중추적 기능을 수행한다.
③ 방재센터는 직통계단 위치와 관계없이 안전한 곳에 설치한다.
④ 소방차의 접근이 용이한 곳에 두는 것이 바람직하다

해설 방재센터

1) 방재센터는 화재를 사전에 예방하고 초기에 진압하기 위해 모든 소방시설을 제어하고 비상방송 등을 통해 인명을 대피시키는 총체적 지휘본부로서 화재 및 안전관리의 중추적 기능을 수행함

2) 소방차의 접근, 외부 소방대의 연락이 용이한 곳에 두어 소방대의 출입이 쉬워야 함
3) 피난층에 두는 것이 가장 바람직함
4) **비상엘리베이터, 직통계단으로 이동하기 용이한 곳에 설치**
5) 지상으로 직접 통하는 출입구가 1개소 이상 있을 것
6) 다른 실과 독립된 방화구획의 구조일 것

해설 물의 소화효과

효과	설명
냉각효과	증발(기화) 잠열에 의한 열 흡수
질식효과	기화 시 체적이 약 1650배(1600~1700배) 증가하여 주변 산소농도 낮춤
유화효과	에멀젼 형성, 가연성혼합기 생성 억제
희석효과	분해가스나 증기의 농도 낮춤

보충 부촉매효과 : 분말, 할론, 할로겐화합물 소화약제

17 ★★★
목재가 열분해할 때 발생하는 가스가 아닌 것은?

① 수증기
② 염화수소
③ 일산화탄소
④ 이산화탄소

해설 연소생성가스

물질	연소생성가스
탄화수소	이산화탄소
셀룰로이드	질소산화물
PVC	염화수소, 이산화탄소, 일산화탄소, 부식성가스
레이온	아크롤레인
목재	**수증기, 일산화탄소, 이산화탄소**, 초산

19 ★★★
소화제의 적응대상에 따라 분류한 화재종류 중 C급 화재에 해당되는 것은?

① 금속분화재
② 유류화재
③ 일반화재
④ 전기화재

해설 화재의 분류

등급	화재	표시색	가연물
A급	일반화재	백색	나무, 섬유, 종이, 고무, 플라스틱류
B급	유류화재	황색	인화성 액체, 가연성 액체, 석유 그리스, 타르, 오일, 유성도료, 솔벤트, 래커, 알코올 및 인화성 가스 등
C급	전기화재	청색	전류가 흐르고 있는 전기기기, 배선 등
D급	금속화재	무색	마그네슘 합금 등 가연성 금속
K급	주방화재	-	주방에서 동식물유를 취급하는 조리기구

암기 일유전 금주

18 ★★★
물의 소화작용과 가장 거리가 먼 것은?

① 증발잠열의 이용
② 질식 효과
③ 에멀젼 효과
④ 부촉매 효과

정답 17 ② 18 ④ 19 ④

20 ★★★

가연물이 연소할 때 연쇄반응을 차단하기 위해서는 공기 중의 산소량을 일반적으로 약 몇 [%] 이하로 억제해야 하는가?

① 15
② 17
③ 19
④ 21

해설 소화의 형태

소화	내용
냉각소화	열 흡수, 발화점 이하로 낮추어 소화
질식소화	산소농도 15 [%] 이하로 낮춤
제거소화	가연물을 차단, 격리
억제소화	연쇄반응을 차단, 부촉매소화

보충 물리적 소화 : 냉각, 질식, 제거
화학적 소화 : 억제소화(부촉매소화)

정답 20 ①

소방유체역학

21 ★★★

Newton 유체와 관련한 유체의 점성법칙과 직접적으로 관계가 없는 것은?

① 점성 계수
② 전단 응력
③ 속도 구배
④ 중력 가속도

해설 전단응력(뉴턴의 점성법칙)

전단응력 $\tau [N/m^2] = \mu \dfrac{du}{dy}$

여기서, μ : 점성계수 [kg/m·s, N·s/m²]

$\dfrac{du}{dy}$: 속도구배 [s^{-1}]

① 점성계수 μ [N·s/m²]
② 전단응력 $\tau [N/m^2]$
③ 속도구배 $\dfrac{du}{dy}$ [s^{-1}]

전단응력 $\tau [N/m^2] = \mu \dfrac{du}{dy}$ 이므로 ①, ②, ③은 뉴턴의 점성법칙과 직접적인 관계가 있다.

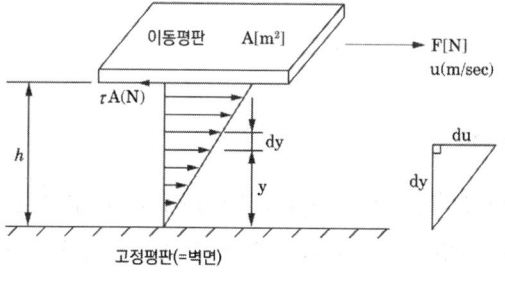

22 ★★★

물 소화펌프의 토출량이 0.7 [m³/min], 양정 60 [m], 펌프효율 72 [%]일 경우 전동기 용량은 약 몇 [kW]인가? (단, 펌프의 전달계수는 1.1이다)

① 10.5
② 12.5
③ 14.5
④ 15.5

해설 펌프의 전동기 동력

동력 $P[kW] = \dfrac{\gamma [kN/m^3] \times Q[m^3/s] \times H[m]}{\eta} \times K$

여기서, γ : 물의 비중량 [9.8 kN/m³]
Q : 유량 [m³/s], H : 전양정 [m]
η : 효율, K : 전달계수

동력 $P = \dfrac{\gamma QH}{\eta} \times K$

$= \dfrac{9.8 \times \dfrac{0.7}{60} \times 60}{0.72} \times 1.1$

$= 10.48 \, [kW]$

정답 21 ④ 22 ①

23 ★★★

그림과 같은 원형관에 유체가 흐르고 있다. 원형관 내의 유속분포를 측정하여 실험식을 구하였더니 $V = V_{max} \dfrac{(r_0^2 - r^2)}{r_0^2}$ 이었다. 관 속을 흐르는 유체의 평균속도는 얼마인가?

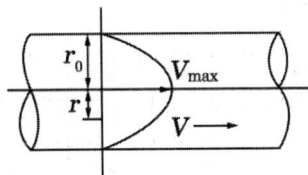

① $\dfrac{V_{max}}{8}$ ② $\dfrac{V_{max}}{4}$

③ $\dfrac{V_{max}}{2}$ ④ V_{max}

해설 최대유속, 평균유속

흐름	평균유속 V_{av}	최대유속 V_{max}
층류	$\dfrac{1}{2}V_{max}\,(0.5\,V_{max})$	V_{max}
난류	$\dfrac{4}{5}V_{max}\,(0.8\,V_{max})$	V_{max}

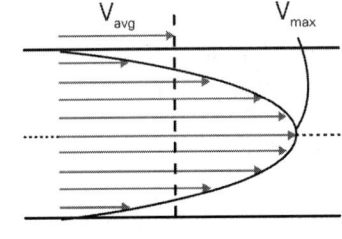

24 ★★★

20 [℃], 101 [kPa]에서 산소(O₂) 25 [g]의 부피는 약 몇 [L]인가? (단, 일반기체상수는 8314 [J/kmol·K]이다)

① 21.8 ② 20.8
③ 19.8 ④ 18.8

해설 이상기체 상태방정식

이상기체상태방정식 $PV = nRT = \dfrac{W}{M}RT = W\overline{R}T$

$PV = W\overline{R}T \rightarrow V = \dfrac{WRT}{PM}$

$V = \dfrac{WRT}{PM}$

$= \dfrac{0.025[kg] \times 8.314[kJ/kmol \cdot K] \times (273+20)[K]}{101[kPa] \times 32[kg/kmol]}$

$V = 0.018[m^3] = 18.8[L]$

∴ $V = 18.8[L]$

P : 절대압력 [kPa]
V : 부피 [m³]
M : 분자량 [kg/kmol]
W : 기체의 질량 [kg]
R : 기체상수 (8.314 [kPa·m³/kmol·K])
T : 절대온도 [K] (273 + [℃])

TIP 1 [m³] = 1000 [L]

25 ★★★

비열이 0.475 [kJ/kg·K]인 철 10 [kg]을 20 [℃]에서 80 [℃]로 올리는 데 필요한 열량은 약 몇 kJ인가?

① 222 ② 232
③ 285 ④ 315

해설 필요한 현열량

> 현열량 $Q = mC\Delta T$
> 여기서, m : 질량 [kg]
> C : 비열 [kJ/kg·K]
> ΔT : 온도차 [K]

$Q = mC\Delta T$
$= 10 \times 0.475 \times (80-20) = 285 [kJ]$

TIP 켈빈온도의 온도차와 섭씨온도의 온도차는 같다.

26 ★★★

회전수 1800 [rpm], 유량 4 [m³/min], 양정 50 [m]인 원심펌프의 비속도[m³/min·m·rpm]는 약 얼마인가?

① 46　　② 72
③ 126　④ 191

해설 비속도(비교회전도)

> 비속도 $N_s = \dfrac{N\sqrt{Q}}{\left(\dfrac{H}{n}\right)^{\frac{3}{4}}}$
>
> 여기서,
> N_s : 비속도(비교회전도) [m³/min·m·rpm]
> N : 회전수 [rpm]
> Q : 유량 [m³/min]
> H : 양정 [m]
> n : 단수

$N_s = \dfrac{N\sqrt{Q}}{\left(\dfrac{H}{n}\right)^{\frac{3}{4}}} = \dfrac{1800\sqrt{4}}{(50)^{\frac{3}{4}}}$

$= 191.46 [m^3/min \cdot m \cdot rpm]$

27 ★★

그림과 같이 수조의 밑 부분에 구멍을 뚫고 물을 유량 Q로 방출시키고 있다. 손실을 무시할 때 수위가 처음 높이의 1/2로 되었을 때 방출되는 유량은 어떻게 되는가?

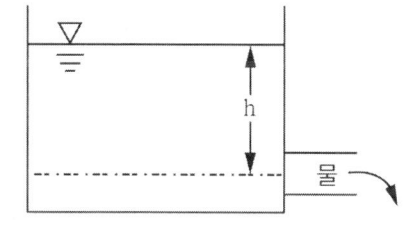

① $\dfrac{1}{\sqrt{2}}Q$　　② $\dfrac{1}{2}Q$

③ $\dfrac{1}{\sqrt{3}}Q$　　④ $\dfrac{1}{3}Q$

해설 수조의 방출 유량

유량 $Q = AV = A\sqrt{2gh}$

따라서 $Q \propto \sqrt{h}$ 이므로

(1) 수위가 h일 때 방출 유량 : Q

(2) 나중 수위가 $\dfrac{h}{2}$로 되었을 때 방출 유량 : Q_2

로 하면

$Q : \sqrt{h} = Q_2 : \sqrt{h_2}$

$Q : \sqrt{h} = Q_2 : \sqrt{\dfrac{h}{2}}$

$Q_2 = \sqrt{\dfrac{1}{2}}Q_1 = \dfrac{1}{\sqrt{2}}Q_1$

∴ $Q_2 = \dfrac{1}{\sqrt{2}}Q$

정답 26 ④　27 ①

28 ★★★

이상기체를 등온 과정으로 서서히 가열한다. 이 과정을 "PVⁿ = constant"와 같은 폴리트로픽(Polytropic) 과정으로 나타내고자 할 때, 지수 n의 값은?

① n = 0　　② n = 1
③ n = k(비열비)　　④ n = ∞

해설 폴리트로픽 지수 n

폴리트로픽 지수	n = 0	n = 1	n = k	n = ∞
변화	등압	등온	단열	정적

k : 비열비

29 ★★★

안지름이 250 [mm], 길이가 218 [m]인 주철관을 통하여 물이 유속 3.6 [m/s]로 흐를 때 손실수두는 약 몇 [m]인가? (단, 관 마찰계수는 0.05이다)

① 20.1　　② 23.0
③ 25.8　　④ 28.8

해설 손실수두(달시 바이스바하 식)

$$H_L[m] = f \times \frac{L}{D} \times \frac{V^2}{2g}$$

여기서, f : 관 마찰계수
L : 배관의 길이 [m]
D : 관경 [m]
V : 유속 [m/s]
g : 중력가속도 [m/s²]

$$H_L = f \frac{L}{D} \frac{V^2}{2g}$$
$$= 0.05 \times \frac{218}{0.25} \times \frac{3.6^2}{2 \times 9.8} = 28.8 \,[m]$$

30 ★★★

그림과 같은 U자관 차압 액주계에서 A와 B에 있는 유체는 물이고 그 중간에 유체는 수은(비중 13.6)이다. 또한, 그림에서 h₁ = 20 [cm], h₂ = 30 [cm], h₃ = 15 [cm]일 때 A의 압력(P_A)와 B의 압력(P_B)의 차이(P_A − P_B)는 약 몇 [kPa]인가?

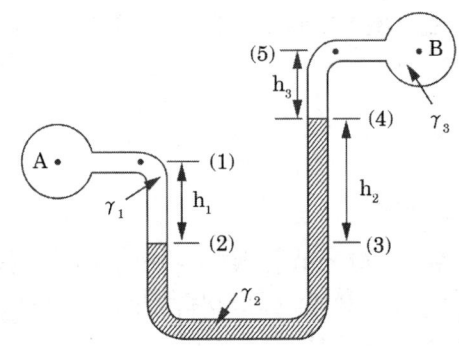

① 35.4　　② 39.5
③ 44.7　　④ 49.8

해설 시차 액주계 압력 차

$P_{(2)} = P_{(3)}$
$P_{(2)} = \gamma_1 h_1 + P_A$
$P_{(3)} = \gamma_3 h_3 + \gamma_2 h_2 + P_B$

따라서
$\gamma_1 h_1 + P_A = \gamma_3 h_3 + \gamma_2 h_2 + P_B$
$P_A - P_B = \gamma_3 h_3 + \gamma_2 h_2 - \gamma_1 h_1$
$\quad = \gamma_w h_3 + S_2 \gamma_w h_2 - \gamma_w h_1$
$\quad = (9.8 [kN/m^3] \times 0.15 [m])$
$\quad\quad + (13.6 \times 9.8 [kN/m^3] \times 0.3 [m])$
$\quad\quad - (9.8 [kN/m^3] \times 0.2 [m])$
$\quad = 39.5 \,[kPa]$

보충 $\gamma = S \times \gamma_w$, $\rho = S \times \rho_w$

31 ★★★

관 내 유동 중 지름이 급격히 커지면서 발생하는 부차적 손실계수는 0.38이다. 지름이 작은 부분에서의 속도가 0.8 [m/s]라고 할 때 부차적 손실수두는 약 몇 [m]인가?

① 0.0045
② 0.0092
③ 0.0124
④ 0.0825

해설 부차적 손실수두

부차적 손실수두 $h_L = K \dfrac{V^2}{2g}$

여기서, h_L : 부차적 손실수두 [m]
K : 손실계수
V : 유속 [m/s]
g : 중력가속도 [m/s²]

손실수두 $h_L = K \times \dfrac{V^2}{2g}$ [m]

$= 0.38 \times \dfrac{0.8^2}{2 \times 9.8} = 0.0124$

32 ★★★

배연설비의 배관을 흐르는 공기의 유속을 피토정압관으로 측정할 때 정압단과 정체압단에 연결된 U자관의 수은 기둥 높이차가 0.03 [m]이었다. 이때 공기의 속도는 약 몇 [m/s]인가? (단, 공기의 비중은 0.00122, 수은의 비중 13.6이다)

① 81
② 86
③ 91
④ 96

해설 공기의 유속

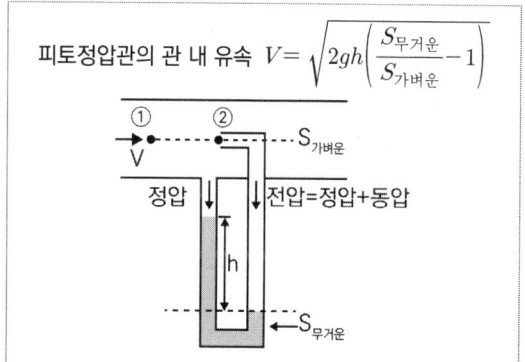

피토정압관의 관 내 유속 $V = \sqrt{2gh\left(\dfrac{S_{무거운}}{S_{가벼운}} - 1\right)}$

유속 $V = \sqrt{2gh\left(\dfrac{S_{수은}}{S_{공기}} - 1\right)}$

$= \sqrt{2 \times 9.8 \times 0.03 \times \left(\dfrac{13.6}{0.00122} - 1\right)}$

$= 80.9578 \fallingdotseq 81 [m/s]$

33 ★★★

비중이 0.89이며 중량이 35 [N]인 유체의 체적은 약 몇 [m³]인가?

① 0.13 × 10⁻³
② 2.43 × 10⁻³
③ 3.03 × 10⁻³
④ 4.01 × 10⁻³

해설 유체의 비중량

비중량 $\gamma = \dfrac{W}{V} = \dfrac{mg}{V} = \rho g$

여기서, V : 체적 [m³]
W : 중량 [N], m : 질량 [kg]
g : 중력가속도 [m/s²]
ρ : 밀도 [kg/m³]

$V = \dfrac{W}{\gamma} = \dfrac{W}{S\gamma_w}$

$= \dfrac{35[N]}{0.89 \times 9800[N/m^3]} = 4.01 \times 10^{-3} [m^3]$

보충 $\gamma = S \times \gamma_w$, $\rho = S \times \rho_w$

정답 31 ③ 32 ① 33 ④

34 ★★

할론 1301이 밀도 1.4 [g/cm³], 속도 15 [m/s]로 지름 50 [mm] 배관을 통해 정상류로 흐르고 있다. 이때 할론 1301의 질량 유량은 약 몇 [kg/s]인가?

① 20.4 ② 30.6
③ 41.2 ④ 52.5

해설 질량유량

질량유량 $M[kg/s] = \rho A V = \rho Q$
여기서, ρ : 밀도 [kg/m³]
A : 배관 단면적 [m²]
V : 유속 [m/s]
Q : 체적유량 [m³/s]

1) 밀도 단위 변환 ($g/cm^3 \rightarrow kg/m^3$)

$$1.4[g/cm^3] \times \frac{1[kg]}{1000[g]} \times \frac{10^6[cm^3]}{1[m^3]}$$
$$= 1400 [kg/m^3]$$

2) 질량유량 M

$$M = \rho A V$$
$$= 1400 \times \left(\frac{\pi}{4} \times 0.05^2\right) \times 15$$
$$= 41.2 [kg/s]$$

35 ★★★

다음 중 멀리 떨어진 화염으로부터 관찰자가 직접 열기를 느꼈다고 할 때 가장 크게 영향을 미친 열전달 원리는? (단, 화염과 관찰자 사이에 공기흐름은 거의 없다고 가정한다)

① 복사 ② 대류
③ 전도 ④ 비등

해설 열전달

1) 전도
   물체 내에서 또는 물체 간의 직접적인 접촉을 통하여 열이 전달되는 것
2) 대류
   기체나 액체와 같이 유동성이 있는 유체 내에서 일어나는 열전달 방법. 대류는 온도차에 의해서 생겨난 유체의 흐름에 의해서 열이 전달되는 것
3) 복사
   중간에 매개체 없이 전자파 형태로 열이 전달되는 것

36 ★★★

기체를 액체로 변화시킬 때의 조건으로 가장 적합한 것은?

① 온도를 낮추고 압력을 높인다.
② 온도를 높이고 압력을 낮춘다.
③ 온도와 압력을 모두 낮춘다.
④ 온도와 압력을 모두 높인다.

해설 액화 조건

온도를 낮추고 압력을 높인다.

TIP 저온, 고압일수록 액화가 쉬워진다.

37 ★★★

그림과 같이 피스톤의 지름이 각각 25 [cm]와 5 [cm]이다. 작은 피스톤을 화살표 방향으로 20 [cm]만큼 움직일 경우 큰 피스톤이 움직이는 거리는 약 몇 [mm]인가? (단, 누설은 없고, 비압축성이라고 가정한다)

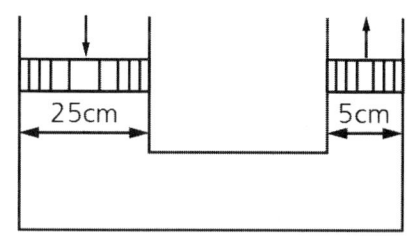

① 2　　　　　　② 4
③ 8　　　　　　④ 10

해설 피스톤이 움직인 거리(파스칼의 원리)

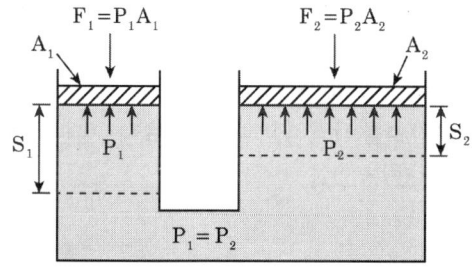

1) 각 피스톤의 이동거리를 S_1, S_2라고 하면, 각 실린더에서 유체의 이동량은 같아야 하므로 이동한 체적은 동일함

2) $A_1 S_1 = A_2 S_2$

$$S_2 = \frac{A_1}{A_2} S_1 = \frac{\frac{\pi}{4} d_1^2}{\frac{\pi}{4} d_2^2} S_1 = \frac{d_1^2}{d_2^2} S_1$$

$$= \frac{5^2}{25^2} \times 20 = 0.8 \,[cm] = 8 \,[mm]$$

S_1, S_2 : 피스톤이 움직인 거리 [cm]
A_1, A_2 : 피스톤의 면적 [cm²]

38 ★

그림과 같이 폭(b)이 1 [m]이고 깊이(h_0) 1 [m]로 물이 들어 있는 수조가 트럭 위에 실려 있다. 이 트럭이 7 [m/s²]의 가속도로 달릴 때 물의 최대 높이(h_2)와 최소 높이(h_1)는 각각 몇 [m]인가?

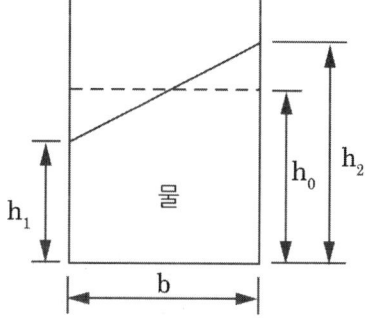

① h_1 = 0.643 [m], h_2 = 1.413 [m]
② h_1 = 0.643 [m], h_2 = 1.357 [m]
③ h_1 = 0.676 [m], h_2 = 1.413 [m]
④ h_1 = 0.676 [m], h_2 = 1.357 [m]

해설 수평등가속도 운동을 받는 유체

> 수평등가속도 운동을 받는 유체에서 액면의 기울기
> $$\tan\theta = \frac{a_x}{g}$$
> 여기서, y : 액면의 기울기로 이루어진 삼각형의 높이 [m]
> a_x : 가속도 [m/s²]
> g : 중력가속도 [9.8 m/s²]

$$\tan\theta = \frac{y}{b} = \frac{a_x}{g}$$

$$y = \frac{b \times a_x}{g} = \frac{1 \times 7}{9.8} = 0.714 \,[m]$$

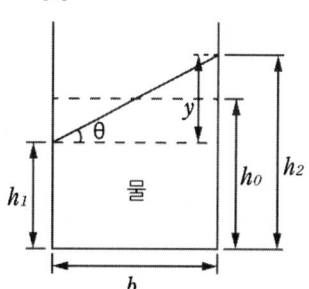

정답 37 ③　38 ②

최소높이 $h_1 = h_0 - \dfrac{0.714}{2}$

$\qquad = 1 - \dfrac{0.714}{2} = 0.643 \,[m]$

최대높이 $h_2 = h_0 + \dfrac{0.714}{2}$

$\qquad = 1 + \dfrac{0.714}{2} = 1.357 \,[m]$

39 ★★★

평균유속 2 [m/s]로 50 [L/s] 유량의 물을 흐르게 하는 데 필요한 관의 안지름은 약 몇 [mm]인가?

① 158
② 168
③ 178
④ 188

해설 관의 지름

체적유량 $Q[m^3/s] = AV$
여기서, A : 배관의 단면적 $[m^2]$
V : 유속 $[m/s]$

$Q = AV$

$\dfrac{50}{1000}[m^3/s] = \left(\dfrac{\pi}{4} \times D^2\right)[m^2] \times 2[m/s]$

$\therefore D = 0.178[m] = 178[mm]$

40 ★★★

배관 내 유체의 흐름속도가 급격히 변화될 때 속도에너지가 압력에너지로 변화되면서 배관 및 관 부속물에 심한 압력파로 때리는 현상을 무엇이라고 하는가?

① 수격 현상
② 서징 현상
③ 공동 현상
④ 무구속 현상

해설 펌프의 이상현상

1) 맥동현상(Surging)
   압력계가 흔들리고 송출유량이 주기적으로 변하는 현상
2) 공동현상(Cavitation)
   관 내 유체의 정압이 포화수증기압보다 낮아져 유체에 기포가 발생하는 현상
3) <u>수격현상(Water Hammering)</u>
   <u>유체가 흐를 때 급격한 속도 변화로 내부압력에 급변화가 생기는 현상</u>

2019년 1회
소방관계법규

41 ★

다음 위험물 중 위험물안전관리법령에서 정하고 있는 지정수량이 가장 적은 것은? [법 개정으로 인한 문제 수정]

① 브로민산염류 ② 황
③ 알칼리토금속 ④ 과염소산

해설 위험물 지정수량

품명	지정수량
알칼리토금속	20 [kg]
황	100 [kg]
브로민산염류	300 [kg]
과염소산	

42 ★★★

소방시설 설치 및 관리에 관한 법령상 자체점검 결과의 조치를 하지 아니한 관계인 또는 관계인에게 중대위반사항을 알리지 아니한 관리업자에 대한 벌칙 기준은?

① 100만 원 이하의 벌금
② 200만 원 이하의 벌금
③ 300만 원 이하의 벌금
④ 500만 원 이하의 벌금

해설 300만 원 이하의 벌금

1. 업무를 수행하면서 알게 된 비밀을 이 법에서 정한 목적 외의 용도로 사용하거나 다른 사람 또는 기관에 제공하거나 누설한 자
2. 방염성능검사에 합격하지 아니한 물품에 합격표시를 하거나 합격표시를 위조하거나 변조하여 사용한 자
3. 방염성능검사 시 거짓 시료 제출
4. 자체점검 결과의 조치를 하지 아니한 관계인 또는 관계인에게 중대위반사항을 알리지 아니한 관리업자 등

43 ★★★

위험물안전관리법령상 인화성액체위험물(이황화탄소를 제외)의 옥외탱크저장소의 탱크 주위에 설치하여야 하는 방유제의 기준 중 틀린 것은?

① 방유제의 용량은 방유제안에 설치된 탱크가 하나인 때에는 그 탱크 용량의 110 [%] 이상으로 할 것
② 방유제의 용량은 방유제안에 설치된 탱크가 2기 이상인 때에는 그 탱크 중 용량이 최대인 것의 용량의 110 [%] 이상으로 할 것
③ 방유제의 높이 1 [m] 이상 3 [m] 이하, 두께 0.2 [m] 이상, 지하매설깊이 0.5 [m] 이상으로 할 것
④ 방유제 내의 면적은 80000 [m^2] 이하로 할 것

정답 41 ③ 42 ③ 43 ③

📖 **해설** 방유제

(1) 방유제 용량
   ① 탱크 1기 : 탱크용량 110 [%] 이상
   ② 탱크 2기 이상 : 최대 탱크 용량 110 [%] 이상
(2) 방유제 높이 : 0.5 [m] 이상 3 [m] 이하
(3) 방유제 두께 : 0.2 [m] 이상
(4) 지하매설길이 : 1 [m] 이상
(5) 방유제 면적 : 80000 [m²] 이하
(6) 방유제 내에 설치하는 옥외저장탱크 수 : 10기 이하
(7) 방유제 재질 : 철근콘크리트, 흙담

7. 점검인력의 배치기준 등 자체점검 시 준수사항을 위반한 관리업자 등
8. 선임신고, 변경신고, 지위승계 신고를 거짓으로 한 경우
9. 관리업자 등이 점검한 결과를 축소. 삭제 등 거짓으로 보고한 경우(이행계획을 기간 내에 완료하지 않거나 거짓으로 보고한 관계인)
10. 관리업자가 지위승계, 행정처분 또는 휴업·폐업의 사실을 관계인에게 알리지 않거나 거짓으로 알린 경우
11. 관리업자가 기술인력의 참여 없이 자체점검을 실시한 경우
12. 관리업자가 점검능력평가 서류를 거짓으로 제출한 경우
13. 감독 업무 시 보고 또는 자료제출을 하지 않거나 거짓으로 보고 또는 자료제출을 한 관계인 또는 정당한 사유 없이 관계 공무원의 출입 또는 조사·검사를 거부·방해 또는 기피한 관계인

44 ★★★

소방시설 설치 및 관리에 관한 법령상 특정소방대상물의 피난시설, 방화 구획 또는 방화시설의 폐쇄·훼손·변경 등의 행위를 한 자에 대한 과태료 기준으로 옳은 것은?

① 200만 원 이하의 과태료
② 300만 원 이하의 과태료
③ 500만 원 이하의 과태료
④ 600만 원 이하의 과태료

📖 **해설** 300만 원 이하 과태료

1. 소방시설을 설치하지 않은 경우
2. 피난시설, 방화구획 또는 방화시설을 폐쇄·훼손·변경하는 등의 행위를 한 경우
3. 점검기록표를 기록하지 아니하거나 특정소방대상물의 출입자가 쉽게 볼 수 있는 장소에 게시하지 아니한 관계인
4. 임시소방시설을 설치·관리하지 않은 경우
5. 점검능력평가를 받지 아니하고 점검을 한 관리업자
6. 관계인에게 점검 결과를 제출하지 아니한 관리업자 등

45 ★★★

소방신호의 종류가 아닌 것은?

① 진화신호   ② 발화신호
③ 경계신호   ④ 해제신호

📖 **해설** 소방신호

1) 종류
   (1) 경계신호 : 화재예방상 필요하다고 인정되거나 화재위험경보 시 발령
   (2) 발화신호 : 화재가 발생한 때 발령
   (3) 해제신호 : 소화활동이 필요 없다고 인정되는 때 발령
   (4) 훈련신호 : 훈련상 필요하다고 인정되는 때 발령

정답 44 ② 45 ①

2) 방법

종별	타종신호	사이렌신호
경계신호	1타, 연2타 반복	5초 간격 30초씩 3회
발화신호	난타	5초 간격 5초씩 3회
해제신호	상당한 간격 1타씩 반복	1분간 1회
훈련신호	연 3타 반복	10초 간격 1분씩 3회

46 ★★★

자동화재탐지설비를 설치하여야 하는 특정소방대상물의 기준으로 틀린 것은?

① 지하구
② 지하가 중 터널로서 길이 700 [m] 이상인 것
③ 노유자 생활시설
④ 복합건축물로서 연면적 600 [m²] 이상인 것

해설 자동화재탐지설비 설치대상

설치대상	기준
• 교육연구시설(교육시설 내에 있는 기숙사 및 합숙소를 포함한다), 수련시설(기숙사·합숙소 포함, 숙박시설 제외) • 동·식물 관련 시설, 교정 및 군사시설 • 자원순환 관련 시설 • 교정 및 군사시설 • 묘지 관련 시설	연면적 2000 [m²] 이상인 경우에는 모든 층
목욕장, 문화 및 집회시설, 종교시설, 판매시설, 운동시설, 운수시설, 업무시설, 창고시설, 공장, 지하가(터널 제외), 위험물 저장 및 처리시설, 항공기 및 자동차 관련 시설, 교정 및 군사시설 중 국방·군사시설, 방송통신시설, 발전시설, 관광 휴게시설	연면적 1000 [m²] 이상인 경우에는 모든 층
• 근린생활시설(목욕장 제외) • 의료시설(정신의료기관, 요양병원 제외) • 위락시설, 장례시설 및 복합건축물	연면적 600 [m²] 이상인 경우에는 모든 층
정신의료기관, 의료재활시설	• 바닥면적합계 300 [m²] 이상 • 바닥면적 합계 300 [m²] 미만, 창살 설치
지하가 중 터널	길이 1000 [m] 이상
공장 및 창고시설	500배 이상 특수가연물
요양병원, 지하구, 전통시장, 조산원, 산후조리원	-
전기저장시설, 노유자생활시설	-
공동주택 중 아파트등·기숙사, 숙박시설, 6층 이상인 건축물	-
노유자시설	연면적 400 [m²] 이상인 경우에는 모든 층
숙박시설이 있는 수련시설	수용인원 100명 이상인 경우에는 모든 층

정답 46 ②

47 ★★★

소방기본법령상 소방용수시설별 설치기준 중 틀린 것은?

① 급수탑 개폐밸브는 지상에서 1.5 [m] 이상 1.7 [m] 이하의 위치에 설치하도록 할 것
② 소화전은 상수도와 연결하여 지하식 또는 지상식의 구조로 하고, 소방용 호스와 연결하는 소화전의 연결금속구의 구경은 100 [mm]로 할 것
③ 저수조 흡수관의 투입구가 사각형의 경우에는 한 변의 길이가 60 [cm] 이상, 원형의 경우에는 지름이 60 [cm] 이상일 것
④ 저수조는 지면으로부터의 낙차가 4.5 [m] 이하일 것

해설 소방용수시설 설치기준

1) 소화전
   - 상수도와 연결, 지하식·지상식 구조
   - 연결금속구 구경 : 65 [mm]
2) 급수탑
   - 급수배관 구경 : 100 [mm] 이상
   - 개폐밸브 : 지상 1.5 [m] 이상 1.7 [m] 이하
3) 저수조
   - 지면으로부터의 낙차 : 4.5 [m] 이하
   - 흡수부분 수심 : 0.5 [m] 이상일 것
   - 흡수관 투입구 : 사각형 한 변 60 [cm]
     원형 지름 60 [cm] 이상

48 ★★★

대통령령이 정하는 특정소방대상물에는 관계인이 소방안전관리자를 선임하지 않은 경우의 벌금 규정은?

① 100만 원 이하   ② 200만 원 이하
③ 300만 원 이하   ④ 1천만 원 이하

해설 300만 원 이하 벌금

1. 화재안전조사를 정당한 사유 없이 거부·방해 또는 기피한 자
2. 화재 발생 위험이 크거나 소화 활동에 지장을 줄 수 있다고 인정되는 행위나 물건에 따른 명령을 정당한 사유 없이 따르지 아니하거나 방해한 자
   1) 다음에 해당하는 행위의 금지 또는 제한
      ① 모닥불, 흡연 등 화기의 취급
      ② 풍등 등 소형열기구 날리기
      ③ 용접·용단 등 불꽃을 발생시키는 행위
      ④ 그 밖에 대통령령으로 정하는 화재 발생 위험이 있는 행위
   2) 목재, 플라스틱 등 가연성이 큰 물건의 제거, 이격, 적재 금지 등
   3) 소방차량의 통행이나 소화 활동에 지장을 줄 수 있는 물건의 이동
3. 소방안전관리자, 총괄소방안전관리자 또는 소방안전관리보조자를 선임하지 아니한 자
4. 소방시설·피난시설·방화시설 및 방화구획 등이 법령에 위반된 것을 발견하였음에도 필요한 조치를 할 것을 요구하지 아니한 소방안전관리자
5. 소방안전관리자에게 불이익한 처우를 한 관계인
6. 화재예방안전진단, 위탁받은 업무를 위반하여 업무를 수행하면서 알게 된 비밀을 정한 목적 외의 용도로 사용하거나 다른 사람, 기관에 제공, 누설한 자

정답 47 ② 48 ③

49 ★★★

소방기본법상 소방활동구역의 설정권자로 옳은 것은?

① 소방본부장
② 소방서장
③ 소방대장
④ 시·도지사

해설 소방본부장, 소방서장, 소방대장 권한

구분	권한
소방청장	• 소방박물관 설립 • 한국소방안전원 감독 • 소방력 동원 요청
소방청장, 소방본부장, 소방서장	• 소방활동
소방본부장, 소방서장	• 소방업무 응원요청 • 지리조사
소방본부장, 소방서장, 소방대장	• 소방활동 종사명령 • 강제처분 • 피난명령 • 위험시설 긴급조치
소방대장	• 소방활동구역 설정

50 ★★★

건축허가 등을 함에 있어서 미리 소방본부장 또는 소방서장의 동의를 받아야 하는 건축물 등의 범위로 차고·주차장으로 사용되는 층 중 바닥면적이 몇 [m²] 이상인 층이 있는 시설에 시설하여야 하는가?

① 50
② 100
③ 200
④ 400

해설 건축허가 동의대상물 범위

구분	기준
학교시설	연면적 100 [m²] 이상
노유자(老幼者)시설 및 수련시설	연면적 200 [m²] 이상
지하층·무창층이 있는 건축물	바닥면적 150 [m²](공연장 100 [m²]) 이상
정신의료기관, 장애인 의료시설	연면적 300 [m²] 이상
일반용도의 특정소방대상물	연면적 400 [m²] 이상
차고, 주차장 또는 주차용도로 사용되는 시설	바닥면적 200 [m²] 이상
	기계식 주차시설 자동차 20대 이상
• 노인 관련 시설 중 노인주거복지시설, 노인의료복지시설, 재가노인복지시설, 학대피해노인 전용쉼터 • 아동복지시설(아동상담소, 아동전용시설 및 지역아동센터는 제외한다) • 장애인 거주시설 • 정신질환자 관련 시설(공동생활가정을 제외한 재활훈련시설과 종합시설 중 24시간 주거를 제공하지 않는 시설은 제외한다) • 노숙인 관련 시설 중 노숙인자활시설·노숙인재활시설·노숙인요양시설 • 결핵환자나 한센인이 24시간 생활하는 노유자시설	단독주택, 공동주택에 설치되는 시설 제외

정답 49 ③ 50 ③

51 ★★

위험물안전관리법상 제1류 위험물의 성질은?

① 산화성 액체
② 가연성 고체
③ 금수성 물질
④ 산화성 고체

해설 위험물의 분류

구분	개요
제1류	**산**화성 고체
제2류	**가**연성 고체
제3류	**자**연발화성·금수성 물질
제4류	**인**화성 액체
제5류	**자**기반응성 물질
제6류	**산**화성 액체

암기 산가자 인자산

52 ★

소방시설공사업법상 소방시설업자가 등록을 한 후 정당한 사유 없이 1년이 지날 때까지 영업을 개시하지 아니하거나 계속하여 1년 이상 휴업한 때의 1차 행정처분은?

① 1개월 이내
② 2개월 이내
③ 3개월 이내
④ 경고(시정명령)

해설 행정처분

- 정당한 사유 없이 1년이 지나도 영업하지 않고 1년 이상 휴업한 경우
  1차 : 경고(시정명령)
  2차 : 등록취소

53 ★★

소방시설 설치 및 관리에 관한 법령상 특정소방대상물의 관계인이 특정소방대상물의 규모·용도 및 수용인원 등을 고려하여 갖추어야 하는 소방시설의 종류 기준 중 ㉠, ㉡에 알맞은 것은?

화재안전기술기준에 따라 소화기구를 설치하여야 하는 특정소방대상물은 연면적 (㉠) [m^2] 이상인 것, 다만 노유자시설의 경우에는 투척용 소화용구 등을 화재안전기술기준에 따라 산정된 소화기 수량의 (㉡) 이상으로 설치할 수 있다.

① ㉠ 33, ㉡ 1/2
② ㉠ 33, ㉡ 1/3
③ ㉠ 50, ㉡ 1/2
④ ㉠ 50, ㉡ 1/3

해설 소화기구 설치대상

(1) 연면적 33 [m^2] 이상(노유자시설 : 투척용 소화용구 등을 산정된 소화기 수량의 1/2 이상 설치)
(2) 가스시설, 발전시설 중 전기저장시설 및 문화유산
(3) 터널, 지하구

54 ★ 난이도 상

자체소방대를 설치하여야 하는 제조소등으로 옳은 것은?

① 지정수량 3000배의 아세톤을 취급하는 일반취급소
② 지정수량 3500배의 칼륨을 취급하는 제조소
③ 지정수량 4000배의 등유를 이동저장탱크에 주입하는 일반취급소
④ 지정수량 4500배의 기계유를 유압장치로 취급하는 일반취급소

정답 51 ④ 52 ④ 53 ① 54 ①

해설 자체소방대 설치 사업소

사업소	지정수량
제4류 위험물 취급 제조소·일반취급소	3000배 이상
제4류 위험물 저장 옥외탱크저장소	500000배 이상

55 ★★

화재의 예방 및 안전관리에 관한 법령상 소방안전관리대상물의 소방 계획서에 포함되어야 하는 사항이 아닌 것은?

① 예방규정을 정하는 제조소등의 위험물 저장·취급에 관한 사항
② 소방시설·피난시설 및 방화시설의 점검·정비계획
③ 소방안전관리대상물의 근무자 및 거주자의 자위소방대 조직과 대원의 임무에 관한 사항
④ 방화구획, 제연구획, 건축물의 내부 마감재료(불연재료·준불연재료 또는 난연재료로 사용된 것) 및 방염물품의 사용현황과 그 밖의 방화구조 및 설비의 유지·관리계획

해설 소방계획서 포함사항

(1) 소방안전관리대상물 위치·구조·연면적·용도·수용인원 등 일반 현황
(2) 소방안전관리대상물에 설치한 소방·방화·전기·가스·위험물 시설 현황
(3) 화재 예방을 위한 자체점검계획 및 대응대책
(4) 소방시설·피난시설·방화시설 점검·정비계획
(5) 피난층·피난시설 위치, 피난경로 설정, 장애인·노약자 피난계획 등 피난계획
(6) 방화구획, 제연구획, 건축물 내부 마감재료·방염물품 사용현황, 방화구조 및 설비유지·관리계획
(7) 관리의 권원이 분리된 특정소방대상물의 소방안전관리에 관한 사항

(8) 소방훈련·교육에 관한 계획
(9) 특정소방대상물의 근무자 및 거주자의 자위소방대 조직과 대원의 임무(화재안전취약자의 피난 보조 임무를 포함)에 관한 사항
(10) 화기 취급 작업에 대한 사전 안전조치 및 감독 등 공사 중 소방안전관리에 관한 사항
(11) 소화에 관한 사항과 연소 방지에 관한 사항
(12) <u>위험물의 저장·취급에 관한 사항(예방규정을 정하는 제조소등은 제외)</u>
(13) 소방안전관리에 대한 업무수행에 관한 기록 및 유지에 관한 사항(월 1회 이상 작성, 2년간 보관)
(14) 화재 발생 시 화재경보, 초기소화 및 피난유도 등 초기대응에 관한 사항
(15) 그 밖에 소방본부장 또는 소방서장이 소방안전관리대상물의 위치·구조·설비 또는 관리 상황 등을 고려하여 소방안전관리에 필요하여 요청하는 사항

56 ★★★

화재의 예방 및 안전관리에 관한 법령상 특수가연물의 저장 기준 중 ㉠, ㉡, ㉢에 알맞은 것은? (단, 석탄·목탄류를 발전용으로 저장하는 경우는 제외한다)

쌓는 높이는 10 [m] 이하가 되도록 하고, 쌓는 부분의 바닥면적은 (㉠) [m²] 이하가 되도록 할 것, 다만 살수설비를 설치하거나, 방사능력 범위에 해당 특수가연물이 포함되도록 대형수동식소화기를 설치하는 경우에는 쌓는 높이를 (㉡) [m] 이하, 쌓는 부분의 바닥면적을 (㉢) [m²] 이하로 할 수 있다.

① ㉠ 200, ㉡ 20, ㉢ 400
② ㉠ 200, ㉡ 15, ㉢ 300
③ ㉠ 50, ㉡ 20, ㉢ 100
④ ㉠ 50, ㉡ 15, ㉢ 200

정답 55 ① 56 ④

> **해설** 특수가연물 저장·취급기준

(1) 품명별로 구분하여 쌓을 것
(2) 일반적인 경우
　① 쌓는 높이 : 10 [m] 이하
　② 쌓는 부분 바닥 : 50 [m²] 이하(석탄·목탄류 : 200 [m²] 이하)
(3) 살수설비, 대형수동식소화기 설치하는 경우
　① 쌓는 높이 : 15 [m] 이하
　② 쌓는 부분의 바닥면적 : 200 [m²] 이하(석탄·목탄류 : 300 [m²] 이하)

57 ★★

소방시설업 등록사항의 변경신고사항이 아닌 것은? [법 개정으로 인해 문제 변경]

① 상호　　　　② 대표자
③ 보유설비　　④ 기술인력

> **해설** 등록사항 변경신고

1) 변경신고 : 30일 이내 시·도지사에게 신고
2) 제출서류 변경신고 사항 및 제출 서류
　(1) 명칭·상호·영업소소재지 변경 : 소방시설관리업등록증 및 등록수첩
　(2) 대표자 변경 : 소방시설관리업등록증 및 등록수첩
　(3) 기술인력 변경
　　① 소방시설관리업등록수첩
　　② 변경된 기술인력 기술자격증(경력수첩 포함)
　　③ 소방기술인력대장

58 ★★★

화재안전조사 결과에 따른 조치명령으로 인하여 손실을 입은 자에 대한 손실보상에 관한 설명으로 틀린 것은?

① 손실보상에 관하여는 시·도지사와 손실을 입은 자가 협의하여야 한다.
② 보상금액에 관한 협의가 성립되지 아니한 경우에는 시·도지사는 그 보상금액을 지급하거나 공탁하고 이를 상대방에게 알려야 한다.
③ 시·도지사가 손실을 보상하는 경우에는 공시지가로 보상하여야 한다.
④ 보상금의 지급 또는 공탁의 통지에 불복이 있는 자는 지급 또는 공탁의 통지를 받은 날부터 30일 이내에 관할토지수용위원회에 재결을 신청할 수 있다.

> **해설** 손실보상

1) 손실보상 의무자 : 소방청장, 시·도지사
2) 화재안전조사 결과에 따른 조치명령으로 인해 손실을 입은 자가 있는 경우 대통령령으로 정하는 바에 따라 보상
3) 손실보상
　(1) 소방청장, 시·도지사가 손실을 보상하는 경우 : 시가로 보상
　(2) 손실 보상에 관하여 소방청장, 시·도지사와 손실을 입은 자가 협의
　(3) 보상금액에 관한 협의가 성립되지 않은 경우 소방청장, 시·도지사는 그 보상금액을 지급하거나 공탁하고 상대방에게 통지
　(4) 보상금의 지급 또는 공탁의 통지에 불복하는 자는 지급 또는 공탁의 통지를 받은 날부터 30일 이내에 중앙토지수용위원회 또는 관할 지방 토지수용위원회에 재결 신청
4) 손실보상청구서 첨부서류
　(1) 소방대상물의 관계인임을 증명할 수 있는 서류(건축물대장 제외)
　(2) 손실을 증명할 수 있는 사진 그 밖의 증빙자료

> **보충** 손실보상합의서 : 협의 이후 작성

정답 57 ③　58 ③

59 ★★★

소방시설 설치 및 관리에 관한 법령상 소방시설 등에 대한 자체점검 중 종합점검 대상기준으로 틀린 것은?

① 제연설비가 설치된 터널
② 노래연습장으로서 연면적이 2000 [m^2] 이상인 것
③ 물분무등소화설비가 설치된 연면적이 5000 [m^2]인 위험물 제조소
④ 소방대가 근무하지 않는 국공립학교 중 연면적이 1000 [m^2] 이상인 것으로서 자동화재탐지설비가 설치된 것

해설 종합점검 대상

가. 최초점검 대상물
나. 스프링클러설비가 설치된 특정소방대상물
다. 물분무등소화설비[호스릴 방식의 물분무등소화설비만을 설치한 경우는 제외]가 설치된 연면적 5000 [m^2] 이상인 특정소방대상물(위험물 제조소등은 제외)
라. 다중이용업의 영업장이 설치된 특정소방대상물로서 연면적이 2000 [m^2] 이상인 것(단란주점과 유흥주점, 영화상영관, 비디오물감상실업, 복합영상물제공업, 노래연습장, 산후조리원, 고시원, 안마시술소)
마. 제연설비가 설치된 터널
바. 공공기관 중 연면적(터널·지하구의 경우 그 길이와 평균폭을 곱하여 계산된 값)이 1000 [m^2] 이상인 것으로서 옥내소화전설비 또는 자동화재탐지설비가 설치된 것(소방대가 근무하는 공공기관은 제외)

60 ★★★

소방활동구역의 출입자로서 대통령령이 정하는 자에 속하지 않는 사람은?

① 의사·간호사 그 밖의 구조 구급업무에 종사하는 자
② 소방활동구역 밖에 있는 소방대상물의 소유자·관리자 또는 점유자
③ 취재인력 등 보도업무에 종사하는 자
④ 수사업무에 종사하는 자

해설 소방활동구역 출입자

- 소방활동구역 안에 있는 소방대상물의 소유자·관리자 또는 점유자
- 전기·가스·수도·통신·교통 업무 종사자로 소방활동 위하여 필요한 사람
- 의사·간호사, 구조·구급업무 종사자
- 취재인력 등 보도업무 종사자
- 수사업무 종사자
- 소방대장이 소방활동 위해 출입을 허가한 자

정답 59 ③ 60 ②

2019년 1회
소방기계시설의 구조 및 원리

61 ★★★

스프링클러설비에서 건식 설비와 비교한 습식 설비의 특징에 관한 설명으로 옳지 않은 것은?

① 구조가 상대적으로 간단하고 설비비가 적게 든다.
② 동결의 우려가 있는 곳에는 사용하기가 적절하지 않다.
③ 헤드 개방 시 즉시 방수된다.
④ 오동작이 발생할 때 물에 의해 야기되는 피해가 적다.

해설 습식스프링클러설비의 특징

1) 장점
 (1) 다른 스프링클러설비보다 구조가 상대적으로 간단하고 설비비가 적게 든다.
 (2) 헤드 개방 시 즉시 방수된다.
 (3) 다른 방식에 비해 유지 관리가 용이하다.
2) 단점
 (1) 동결의 우려가 있는 곳에는 사용이 제한된다.
 (2) 헤드 오동작 발생 시 물에 의해 야기되는 피해가 크다.
 (3) 층고가 높을 경우 헤드 개방이 지연되어 초기 화재에 즉시 대처하기 어렵다.

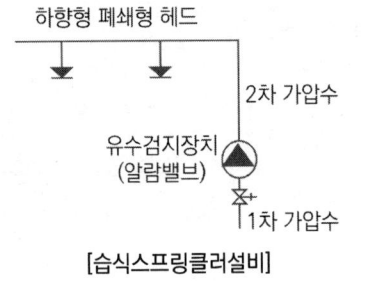

[습식스프링클러설비]

62 ★ 난이도 상

지상 5층인 사무실 용도의 소방대상물에 연결송수관설비를 설치할 경우 최소로 설치할 수 있는 방수구의 총 수는? (단, 방수구는 각 층별 1개의 설치로 충분하고, 소방차 접근이 가능한 피난층은 1개 층(1층)이다)

① 2개 ② 3개
③ 4개 ④ 5개

해설 연결송수관설비 방수구 설치 제외

연결송수관설비의 방수구는 그 특정소방대상물의 층마다 설치할 것. 다만 다음의 어느 하나에 해당하는 층에는 설치하지 않을 수 있다.
1) 아파트의 1층 및 2층
2) 소방차 접근이 가능하고 소방대원이 소방차부터 쉽게 도달할 수 있는 피난층
3) 송수구가 부설된 옥내소화전을 설치한 특정소방대상물(집회장·관람장·백화점·도매시장·소매시장·판매시설·공장·창고시설 또는 지하가를 제외한다)로서 다음의 어느 하나에 해당하는 층
 (1) 지하층을 제외한 층수가 4층 이하이고 연면적 6000 [m²] 미만인 특정소방대상물의 지상층
 (2) 지하층의 층수가 2 이하인 특정소방대상물의 지하층

따라서 지상 5층의 사무실 용도의 소방대상물에 방수구는 각 층별 1개의 설치, 피난층은 1개 층이므로
⇒ 방수구 설치개수
 = 전체 방수구 개수 - 피난층의 방수구 개수
 = 5 - 1 = 4개

정답 61 ④ 62 ③

63 ★★★

다음 중 완강기의 주요 구성요소가 아닌 것은?

① 앵커볼트
② 속도조절기
③ 연결금속구
④ 로프

해설 완강기의 주요 구성요소

1) 속도조절기
2) 속도조절기의 연결부
3) 로프
4) 연결금속구
5) 벨트

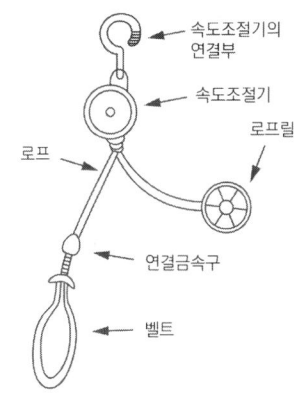

※ 완강기 – 용어의 정의
1) 속도조절기 : 완강기의 강하속도를 일정범위로 조절하는 장치
2) 속도조절기의 연결부 : 지지대와 속도조절기를 연결하는 부분
3) 지지대 : 화재 시 피난용으로 사용되는 완강기와 간이완강기를 소방대상물에 고정 설치해줄 수 있는 기구
4) 연결금속구 : 로프와 벨트의 연결부위에 사용하는 금속구 및 완강기 또는 간이완강기를 지지대에 연결할 때 사용하는 금속구 등

64 ★★★

상수도소화용수설비에서 소화전의 호칭지름 100 [mm] 이상을 연결할 수 있는 상수도 배관의 호칭지름은 몇 [mm] 이상이어야 하는가?

① 50
② 75
③ 80
④ 100

해설 상수도소화용수설비 설치기준

1) 호칭지름 75 [mm] 이상의 수도배관에 호칭지름 100 [mm] 이상의 소화전을 접속할 것
2) 소화전은 소방자동차 등의 진입이 쉬운 도로변 또는 공지에 설치할 것
3) 소화전은 특정소방대상물의 수평투영면의 각 부분으로부터 140 [m] 이하가 되도록 설치할 것

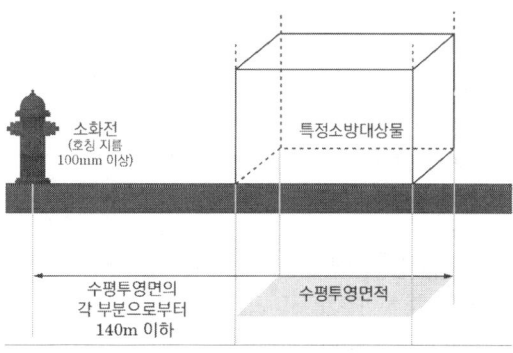

정답 63 ① 64 ②

65 ★★★

인명구조기구를 설치해야 하는 특정소방대상물 중 공기호흡기만을 설치 가능한 대상물에 포함되지 않는 것은?

① 수용인원 100명 이상인 영화상영관
② 운수시설 중 지하역사
③ 판매시설 중 대규모점포
④ 호스릴 이산화탄소소화설비를 설치해야 하는 특정소방대상물

해설 용도 및 장소별로 설치해야 할 인명구조기구

특정소방대상물	인명구조기구	설치 수량
지하층을 포함하는 층수가 7층 이상인 관광호텔 및 5층 이상인 병원	• 방열복 또는 방화복 • 공기호흡기 • 인공소생기	각 2개 이상 비치할 것 (다만, 병원의 경우 인공소생기를 설치하지 않을 수 있다)
• **문화 및 집회시설 중 수용인원 100명 이상의 영화상영관** • **판매시설 중 대규모점포** • **운수시설 중 지하역사** • 지하가 중 지하상가	공기호흡기	층마다 2개 이상 비치할 것
물분무등소화설비 중 **이산화탄소소화설비**를 설치해야 하는 특정소방대상물 (**호스릴이산화탄소소화설비는 제외한다**)	공기호흡기	이산화탄소 소화설비가 설치된 장소의 출입구 외부 인근에 1개 이상 비치할 것

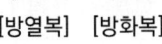
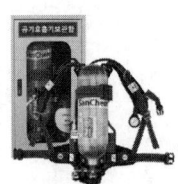
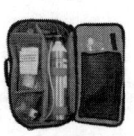

[방열복] [방화복] [공기호흡기] [인공소생기]

66 ★★★

소화능력단위에 의한 분류에서 소형소화기를 올바르게 설명한 것은?

① 능력단위가 1단위 이상이면서 대형소화기의 능력단위 미만인 소화기이다.
② 능력단위가 3단위 이상이면서 대형소화기의 능력단위 미만인 소화기이다.
③ 능력단위가 5단위 이상이면서 대형소화기의 능력단위 미만인 소화기이다.
④ 능력단위가 10단위 이상이면서 대형소화기의 능력단위 미만인 소화기이다.

해설 소화기의 능력단위

1) **소형소화기** : 능력단위가 1단위 이상이고, 대형소화기의 능력단위 미만인 소화기
2) 대형소화기 : 화재 시 사람이 운반할 수 있도록 운반대와 바퀴가 설치되어 있고, 능력단위가 A급 10단위 이상, B급 20단위 이상인 소화기

[소형소화기]　　　[대형소화기]

67 ★★★

이산화탄소 소화약제 저장용기에 대한 설명으로 옳지 않은 것은?

① 온도가 40 [℃] 이하인 장소에 설치할 것
② 방화문으로 구획된 실에 설치할 것
③ 고압식 저장용기의 충전비는 1.3 이상 1.7 이하로 할 것
④ 저압식 저장용기에는 2.3 [MPa] 이상 1.9 [MPa] 이하에서 작동하는 압력경보장치를 설치할 것

해설 이산화탄소 소화약제의 저장용기 설치장소 기준과 저장용기 설치기준

1) 저장용기 설치장소 기준
   (1) 방호구역 외의 장소에 설치할 것
   (2) <u>온도가 40 [℃] 이하이고, 온도변화가 적은 곳에 설치할 것</u>
   (3) 직사광선 및 빗물이 침투할 우려가 없는 곳에 설치할 것
   (4) <u>방화문으로 구획된 실에 설치할 것</u>
   (5) 용기의 설치장소에는 해당 용기가 설치된 곳임을 표시하는 표지를 할 것
   (6) 용기 간의 간격은 점검에 지장이 없도록 3 [cm] 이상 간격을 유지할 것
   (7) 저장용기와 집합관을 연결하는 연결배관에는 체크밸브를 설치할 것

2) 저장용기 설치기준
   (1) 충전비
      • 저압식 : 1.1 이상 1.4 이하
      • <u>고압식 : 1.5 이상 1.9 이하</u>
   (2) 저압식 저장용기에는 내압시험압력의 0.64배부터 0.8배의 압력에서 작동하는 안전밸브와 내압시험압력의 0.8배부터 내압시험압력에서 작동하는 봉판을 설치할 것
   (3) <u>저압식 저장용기에는 액면계 및 압력계와 2.3 [MPa] 이상 1.9 [MPa] 이하의 압력에서 작동하는 압력경보장치를 설치할 것</u>

(4) 저압식 저장용기에는 용기 내부의 온도가 섭씨 영하 18[℃] 이하에서 2.1 [MPa]의 압력을 유지할 수 있는 자동냉동장치를 설치할 것
(5) 저장용기는 고압식은 25 [MPa] 이상, 저압식은 3.5 [MPa] 이상의 내압시험압력에 합격한 것으로 할 것

68 ★★★

노유자시설의 3층에 적응성을 가진 피난기구가 아닌 것은?

① 미끄럼대
② 피난교
③ 구조대
④ 간이완강기

해설 설치장소별 피난기구의 적응성

구분	1층, 2층, 3층	4층 이상 10층 이하
노유자 시설	• **미끄럼대** • **구조대** • 다수인피난장비 • 승강식피난기 • **피난교**	• 구조대[1] • 다수인피난장비 • 승강식피난기 • 피난교

1) 구조대의 적응성 : 장애인 관련 시설로서 주된 사용자 중 스스로 피난이 불가한 자가 있는 경우 추가로 설치하는 경우에 한함

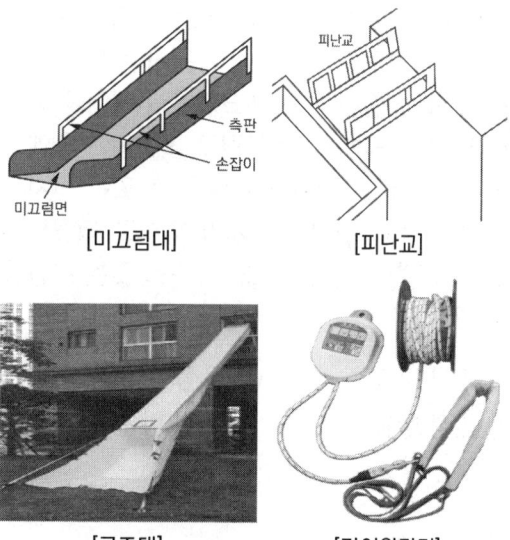

[미끄럼대]　[피난교]
[구조대]　[간이완강기]

정답 67 ③ 68 ④

69 ★★★

이산화탄소소화설비 중 호스릴 방식으로 설치되는 호스접결구는 방호대상물의 각 부분으로부터 수평거리 몇 [m] 이하이어야 하는가?

① 15 [m] 이하
② 20 [m] 이하
③ 25 [m] 이하
④ 40 [m] 이하

해설 호스릴CO₂소화설비 설치기준

1) 방호대상물의 각 부분으로부터 하나의 호스접결구까지의 수평거리가 15 [m] 이하가 되도록 할 것
2) 호스릴이산화탄소소화설비의 노즐은 20 [℃]에서 하나의 노즐마다 60 [kg/min] 이상의 소화약제를 방출할 수 있는 것으로 할 것
3) 소화약제 저장용기는 호스릴을 설치하는 장소마다 설치할 것
4) 소화약제 저장용기의 개방밸브는 호스릴의 설치장소에서 수동으로 개폐할 수 있는 것으로 할 것
5) 소화약제 저장용기의 가장 가까운 곳의 보기 쉬운 곳에 적색의 표시등을 설치하고, 호스릴이산화탄소소화설비가 있다는 뜻을 표시한 표지를 할 것

해설 포방출구

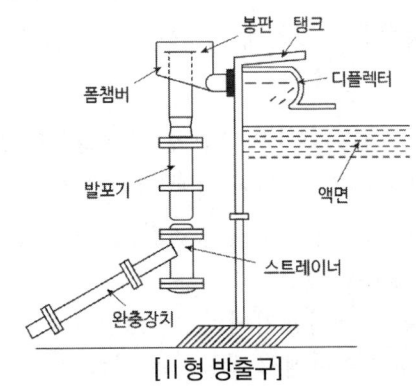

[Ⅱ형 방출구]

1) Cone Roof Tank에 설치하는 방식으로 상부포주입법을 이용
2) 방출된 포가 탱크 옆판의 내면을 따라 흘러내려 가면서 액면에 전개되도록 반사판이 있는 포방출구

※ 포방출구의 종류

탱크구조		포방출구
고정지붕구조 (콘루프 탱크)	상부포주입법	Ⅰ, Ⅱ형
	저부포주입법	Ⅲ, Ⅳ형
부상지붕구조 (플로팅루프 탱크)	상부포주입법	특형

70 ★★

포소화설비에서 고정지붕구조 또는 부상덮개부착 고정지붕구조의 탱크에 사용하는 포 방출구 형식으로 방출된 포가 탱크옆판의 내면을 따라 흘러내려 가면서 액면 아래로 몰입되거나 액면을 뒤섞지 않고 액면상을 덮을 수 있는 반사판 및 탱크 내의 위험물 증기가 외부로 역류되는 것을 저지할 수 있는 구조·기구를 갖는 포방출구는?

① Ⅰ형 방출구
② Ⅱ형 방출구
③ Ⅲ형 방출구
④ 특형 방출구

71 ★★★

습식스프링클러설비 및 부압식스프링클러설비 외의 스프링클러설비에는 특정한 제외조건 이외에는 상향식스프링클러헤드를 설치해야 하는데, 다음 중 특정한 제외조건에 해당하지 않는 경우는?

① 스프링클러헤드의 설치장소가 동파의 우려가 없는 곳인 경우
② 플러쉬형 스프링클러헤드를 사용하는 경우
③ 드라이펜던트 스프링클러헤드를 사용하는 경우
④ 개방형 스프링클러헤드를 사용하는 경우

해설 습식·부압식 S/P 외의 설비에 상향식 헤드를 설치하지 않을 수 있는 경우

습식스프링클러설비 및 부압식스프링클러설비 외의 설비에는 상향식스프링클러헤드를 설치할 것. 다만 다음의 어느 하나에 해당하는 경우에는 그렇지 않다.
1) 드라이펜던트스프링클러헤드를 사용하는 경우
2) 스프링클러헤드의 설치장소가 동파의 우려가 없는 곳인 경우
3) 개방형 스프링클러헤드를 사용하는 경우

72 ★★★

전역방출방식의 분말소화설비에서 분말이 방출되기 전, 다음에 해당하는 개구부 또는 통기구 중 폐쇄하지 않아도 되는 것은?

① 천장에 설치된 통기구
② 바닥으로부터 해당 층의 높이의 1/2 높이 위치에 설치된 통기구
③ 바닥으로부터 해당 층의 높이의 1/3 높이 위치에 설치된 개구부
④ 천장으로부터 아래로 1.2 [m] 떨어진 벽체에 설치된 통기구

해설 가스계 전역방출방식의 경우 자동폐쇄장치

개구부가 있거나 천장으로부터 1 [m] 이상의 아래 부분 또는 바닥으로부터 해당 층의 높이의 3분의 2 이내의 부분에 통기구가 있어 소화약제의 유출에 따라 소화효과를 감소시킬 우려가 있는 것은 소화약제가 방출되기 전에 해당 개구부 및 통기구를 폐쇄할 수 있도록 할 것

73 ★★★

다음 소방시설 중 내진설계가 요구되는 소방시설이 아닌 것은?

① 옥내소화전설비
② 옥외소화전설비
③ 물분무소화설비
④ 스프링클러설비

해설 내진설계를 요구하는 소방시설

1) 옥내소화전설비
2) 스프링클러설비
3) 물분무등소화설비

74 ★★★

제연설비 설치장소의 제연구역 구획기준으로 틀린 것은?

① 하나의 제연구역의 면적은 1000 [m²] 이내로 할 것
② 거실과 통로는 각각 제연구획할 것
③ 통로상의 제연구역은 보행중심선의 길이가 60 [m]를 초과하지 않을 것
④ 하나의 제연구역은 지름 40 [m] 원 내에 들어갈 수 있을 것

해설 제연설비의 제연구역 구획 기준

1) 하나의 제연구역 면적 : 1000 [m²] 이내
2) 거실과 통로(복도 포함)는 각각 제연구획할 것
3) 통로상의 제연구역은 보행중심선의 길이가 60 [m]를 초과하지 않을 것
4) 하나의 제연구역은 직경 60 [m] 원 내에 들어갈 수 있을 것
5) 하나의 제연구역은 2 이상 층에 미치지 않도록 할 것

정답 72 ① 73 ② 74 ④

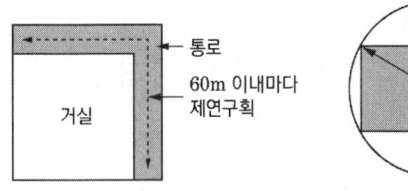

75 ★★★

바닥면적이 500 [m²]인 의료시설에 필요한 소화기구의 소화능력 단위는 몇 단위 이상인가? (단, 소화능력단위 기준은 바닥면적만 고려한다)

① 2.5
② 5
③ 10
④ 16.7

📖 **해설** 특정소방대상물별 소화기구의 능력단위

특정소방대상물	소화기구의 능력단위
1. 위락시설	해당 용도의 바닥면적 30 [m²] 마다 능력단위 1단위 이상
2. 공연장·집회장·관람장·문화재·장례식장 및 **의료시설**	**해당 용도의 바닥면적 50 [m²] 마다 능력단위 1단위 이상**
3. 근린생활시설·판매시설·운수시설·숙박시설·노유자시설·전시장·공동주택·업무시설·방송통신시설·공장·창고시설·항공기 및 자동차 관련 시설 및 관광휴게시설	해당 용도 바닥면적 100 [m²] 마다 능력단위 1단위 이상
4. 그 밖의 것	해당 용도 바닥면적 200 [m²] 마다 능력단위 1단위 이상

※ 주요구조부가 내화구조이고 벽 및 반자의 실내에 면하는 부분이 불연·준불연·난연재료로 된 특정소방대상물은 위 표의 바닥면적의 2배를 기준면적으로 적용

• 능력단위 = $\dfrac{\text{바닥면적}[m^2]}{\text{소화기구의 능력단위}[m^2/\text{단위}]}$

= $\dfrac{500[m^2]}{50[m^2/\text{단위}]}$ = 10[단위]

76 ★

상수도소화용수설비를 설치하여야 하는 특정소방대상물의 연면적 기준으로 옳은 것은? (단, 특정소방대상물 중 숙박시설로 한정한다)

① 연면적 1000 [m²] 이상인 경우
② 연면적 1500 [m²] 이상인 경우
③ 연면적 3000 [m²] 이상인 경우
④ 연면적 5000 [m²] 이상인 경우

📖 **해설** 상수도소화용수설비 설치대상

1) <u>연면적 5000 [m²] 이상인 것</u>. 다만 위험물 저장 및 처리 시설 중 가스시설, 지하가 중 터널 또는 지하구의 경우에는 제외한다.
2) 가스시설로서 지상에 노출된 탱크의 저장용량 합계가 100톤 이상인 것
3) 자원순환 관련 시설 중 폐기물재활용시설 및 폐기물 처분시설

77 ★★★

지상 5층 건물의 2층 슈퍼마켓에 스프링클러설비가 설치되어 있다. 이때 설치된 폐쇄형 헤드의 수는 총 40개라고 할 때 최소 저수량 산출 시 스프링클러 헤드의 기준 개수로 옳은 것은? (단, 다른 층의 폐쇄형 헤드의 수는 모두 40개 미만이라고 가정한다)

① 10개
② 20개
③ 30개
④ 40개

해설 | 폐쇄형 스프링클러설비 수원의 저수량

1) 설치장소별 기준개수

스프링클러설비 설치장소			기준개수
지하층을 제외한 **층수가 10층 이하**인 특정소방대상물	공장	특수가연물을 저장·취급하는 것	30
		그 밖의 것	20
	근린생활시설 ·**판매시설** ·운수시설 ·복합건축물	**판매시설** 또는 복합건축물 (판매시설이 설치된 복합건축물)	**30**
		그 밖의 것	20
	그 밖의 것	헤드의 부착높이가 8 [m] 이상	20
		헤드의 부착높이가 8 [m] 미만	10
지하층을 제외한 층수가 11층 이상인 특정소방대상물(아파트 제외)· 지하가 또는 지하역사			30

[비고] 하나의 소방대상물이 2 이상의 "스프링클러헤드의 기준개수"란에 해당하는 때에는 **기준개수가 많은 것을 기준으로** 한다. 다만 각 기준개수에 해당하는 수원을 별도로 설치하는 경우에는 그렇지 않다.

78 ★★★

다음은 옥외소화전설비에서 소화전함의 설치기준에 관한 설명이다. 괄호 안에 들어갈 말로 옳은 것은?

- 옥외소화전이 10개 이하 설치된 때에는 옥외소화전마다 (ⓐ) [m] 이내의 장소에 1개 이상의 소화전함을 설치해야 한다.
- 옥외소화전이 11개 이상 30개 이하 설치된 때에는 (ⓑ)개 이상의 소화전함을 각각 분산하여 설치해야 한다.
- 옥외소화전이 31개 이상 설치된 때에는 옥외소화전 3개마다 1개 이상의 소화전함을 설치해야 한다.

① ⓐ 5, ⓑ 11
② ⓐ 7, ⓑ 11
③ ⓐ 5, ⓑ 15
④ ⓐ 7, ⓑ 15

해설 | 옥외소화전함 설치기준

옥외소화전	옥외소화전함의 개수
10개 이하	옥외소화전마다 **5** [m] 이내의 장소에 1개 이상의 소화전함을 설치
11개 이상 30개 이하	**11개 이상**의 소화전함을 각각 분산하여 설치
31개 이상	옥외소화전 3개마다 1개 이상의 소화전함을 설치

정답 78 ①

79 ★★★

소방시설 설치 및 관리에 관한 법령에 따라 구분된 소방설비 중 "물분무등소화설비"에 속하지 않는 것은?

① 포소화설비
② 이산화탄소소화설비
③ 스프링클러설비
④ 강화액소화설비

해설 물분무등소화설비가 아닌 설비

1) 물분무소화설비
2) 미분무소화설비
3) <u>포소화설비</u>
4) <u>이산화탄소소화설비</u>
5) 할론소화설비
6) 할로겐화합물 및 불활성기체소화설비
7) 분말소화설비
8) <u>강화액소화설비</u>
9) 고체에어로졸소화설비

TIP 자주 나오는 물분무등소화설비가 아닌 설비 : 스프링클러설비, 옥내소화전설비, 옥외소화전설비

80 ★★★

포소화설비의 수동식 기동장치의 조작부 설치 위치는?

① 바닥으로부터 0.5 [m] 이상, 1.2 [m] 이하
② 바닥으로부터 0.8 [m] 이상, 1.2 [m] 이하
③ 바닥으로부터 0.8 [m] 이상, 1.5 [m] 이하
④ 바닥으로부터 0.5 [m] 이상, 1.5 [m] 이하

해설 수동식 기동장치의 조작부 설치 높이

기동장치의 조작부는 화재 시 쉽게 접근할 수 있는 곳에 설치하되, <u>바닥으로부터 0.8 [m] 이상 1.5 [m] 이하</u>의 위치에 설치하고, 유효한 보호장치를 설치할 것

소방원론

2019년 2회

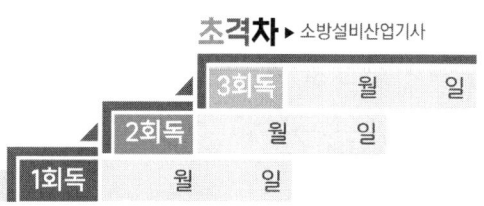

01 ★★★

건물 내 피난동선의 조건에 대한 설명으로 옳은 것은?

① 피난동선은 그 말단이 길수록 좋다.
② 모든 피난동선은 건물 중심부 한곳으로 향해야 한다.
③ 피난동선의 한쪽은 막다른 통로와 연결되어 화재 시 연소가 되지 않도록 하여야 한다.
④ 2개 이상의 방향으로 피난할 수 있으며 그 말단은 화재로부터 안전한 장소이어야 한다.

해설 피난동선(피난경로) 고려사항

1) 피난동선은 가급적 단순하고 짧아야 한다. (Fool Proof)
2) 2개 이상의 방향으로 피난할 수 있어야 한다. (Fail Safe)
3) 피난동선은 상호 반대방향으로 다수의 출구와 연결되어야 한다.
4) <u>통로의 말단은 안전한 장소이어야 한다.</u>
5) 피난동선은 병목 현상이 발생하지 않도록 수평동선과 수직동선으로 구분하여 동선계획을 수립한다.

02 ★★★

부피비가 메테인 80 [%], 에테인 15 [%], 프로페인 4 [%], 뷰테인 1 [%]인 혼합기체가 있다. 이 기체의 공기 중 폭발 하한계는 약 몇 [vol%]인가? (단, 공기 중 단일 가스의 폭발 하한계는 메테인 5 [vol%], 에테인 2 [vol%], 프로페인 2 [vol%], 뷰테인 1.8 [vol%]이다)

① 2.2
② 3.8
③ 4.9
④ 6.2

해설 르 샤틀리에 법칙

$$\text{르 샤틀리에 법칙} \quad \frac{100}{L} = \frac{V_1}{L_1} + \frac{V_2}{L_2} + \cdots + \frac{V_n}{L_n}$$

$$\frac{100}{L} = \frac{80}{5} + \frac{15}{2} + \frac{4}{2} + \frac{1}{1.8}$$

$$L = \frac{100}{\frac{80}{5} + \frac{15}{2} + \frac{4}{2} + \frac{1}{1.8}}$$

$$\therefore L = 3.84 [\%]$$

L : 혼합가스 폭발하한계 [vol%]
$L_1 \sim L_n$: 가연성가스 폭발하한계 [vol%]
$V_1 \sim V_n$: 가연성가스 용량 [vol%]

정답 01 ④ 02 ②

03 ★★★

촛불(양초)의 연소형태로 옳은 것은?

① 증발연소 ② 액적연소
③ 표면연소 ④ 자기연소

📖 **해설** 연소의 형태

구분	내용	종류
분해연소	열분해로 생성된 가연성 가스가 연소	목재, 석탄, 종이, 플라스틱
표면연소	불꽃이 없고 표면에서 연소	숯, 코크스, 목탄, 금속분
증발연소	열분해 없이 증발하여 연소	황(유황), 가솔린, 나프탈렌, 양초
자기연소	물질 자체에 산소를 함유하고 있어 별도 산소 없이 연소	나이트로셀룰로오스(니트로셀룰로오스), 나이트로글리세린(니트로글리세린), 유기과산화물
확산연소	확산 화염에 의한 연소	메테인(메탄), 암모니아, 수소
예혼합연소	미리 공기와 혼합된 연료가 연소	LNG, LPG, 가연성가스

04 ★★★

화재 발생 시 물을 사용하여 소화하면 더 위험해지는 것은?

① 적린 ② 질산암모늄
③ 나트륨 ④ 황린

📖 **해설** 금수성 물질

물과 접촉하여 발화, 가연성 가스 발생

구분	현상
무기과산화물	산소(O_2) 발생
금속분 마그네슘(Mg) **나트륨(Na)** 칼륨(K) 리튬(Li)	수소(H_2) 발생
탄화칼슘(칼슘카바이드)	아세틸렌(C_2H_2) 발생

05 ★★★

다음 중 연소 시 발생하는 가스로 독성이 가장 강한 것은?

① 수소 ② 질소
③ 이산화탄소 ④ 일산화탄소

📖 **해설** 유해가스

연소가스	특징
일산화탄소 (CO)	• 불완전연소 시 발생 • 유독성 • 흡입 시 헤모글로빈과 결합하여 산소 운반 저해
이산화탄소 (CO_2)	• 완전연소 시 발생 • 연소가스 중 가장 많은 양 발생 • 다량 흡입 시 호흡속도 증가
암모니아 (NH_3)	• 인체에 자극성이 큰 가연성 가스 • 질소함유물, 수지류, 나무 등이 연소 시 발생
포스겐 ($COCl_2$)	• PVC, 수지류, 염소가 함유된 가연물 연소 시 발생 • 맹독성(0.1 [ppm])
황화수소(H_2S)	• 달걀 썩는 냄새 • 독성, 부식성, 가연성 가스
시안화수소 (HCN)	• 질소함유물 등이 불완전연소 시 발생 • 청산가스
아크롤레인 (CH_2CHCHO)	• 맹독성(0.1 [ppm]) • 석유제품, 유지 등이 연소 시 생성

정답 03 ① 04 ③ 05 ④

06 ★★★

식용유 화재 시 가연물과 결합하여 비누화 반응을 일으키는 소화약제는?

① 물
② Halon 1301
③ 제1종 분말소화약제
④ 이산화탄소소화약제

해설 비누화 반응

<u>탄산수소나트륨(제1종 분말소화약제)</u>은 **식용유 화재(K급 화재) 시 비누화 반응**을 일으키는 소화약제이다.

※ 비누화(Saponification) 반응
동·식물성 기름인 유지(油脂)와 알칼리가 반응하여 비누와 글리세린으로 변하는 반응으로, 주방화재 시 조리용 기름이나 지방질 기름에 분말이 방출되면 기름과 분말약제가 반응하여 비누 상태의 물질이 생성되는 현상이다. 비누 거품으로 인하여 가연성 액체류의 표면을 뒤덮어 산소를 차단하고 재발화가 되지 않도록 한다.

07 ★★★

0 [℃] 얼음 1 [g]이 100 [℃]의 수증기가 되려면 몇 cal의 열량이 필요한가? (단, 0 [℃] 얼음의 융해열은 80 [cal/g]이고 100 [℃] 물의 증발잠열은 539 [cal/g]이다)

① 539 ② 719
③ 939 ④ 1119

해설 물의 잠열

1) 얼음의 융해잠열 : 80 [cal/g] (= 334 [kJ/kg])
2) 물의 증발잠열 : 539 [cal/g] (= 2257 [kJ/kg])
3) 0 [℃] 물 1 [g] → 100 [℃] 수증기 : 639 [cal/g]
4) <u>0 [℃] 얼음 1 [g] → 100 [℃] 수증기 : 719 [cal/g]</u>

$0℃\ 얼음 \rightarrow 0℃\ 물 \rightarrow 100℃\ 물 \rightarrow 100℃\ 수증기$
$\quad\quad Q_1 \quad\quad Q_2 \quad\quad Q_3$

① 잠열량 Q_1 (0 [℃] 얼음 → 0 [℃] 물)
$Q_1 = mr_{융해} = 1[g] \times 80[cal/g] = 80[cal]$

② 현열량 Q_2 (0 [℃] 물 → 100 [℃] 물)
$Q_2 = mC_물 \Delta T$
$= 1[g] \times 1[cal/g \cdot ℃] \times (100-0)[℃]$
$= 100[cal]$

③ 잠열량 Q_3 (100 [℃] 물 → 100 [℃] 수증기)
$Q_3 = mr_{증발} = 1[g] \times 539[cal/g] = 539[cal]$

④ 총 필요한 열량 Q
$Q = Q_1 + Q_2 + Q_3 = 80 + 100 + 539 = 719[cal]$

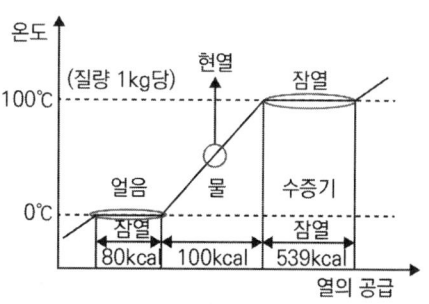

[물의 상태변화]

보충 물의 증발잠열 539 [cal/g]은 100 [℃]의 물 1 [g]이 100 [℃]의 수증기가 될 때 필요한 열량

08 ★★★

제3종 분말소화약제의 주성분은?

① 요소
② 탄산수소나트륨
③ 제1인산암모늄
④ 탄산수소칼륨

해설 분말소화약제

종별	소화약제	약제색	적응화재
1종	탄산수소나트륨 (NaHCO₃)	**백**색	BC급
2종	탄산수소칼륨 (KHCO₃)	**담자**색 (담회색)	BC급
3종	제1인산암모늄 (NH₄H₂PO₄)	**담홍**색	ABC급
4종	탄산수소칼륨 + 요소 (KHCO₃+(NH₂)₂CO)	**회**(백)색	BC급

☆암기 ▶ 백담사 홍어회

09 ★★★

다른 곳에서 화원, 전기스파크 등의 착화원을 부여하지 않고 가연성 물질을 공기 또는 산소 중에서 가열함으로서 발화 또는 폭발을 일으키는 최저온도를 나타내는 용어는?

① 인화점
② 발열점
③ 연소점
④ 발화점

해설 발화점

1) <u>가연물에 불꽃을 접하지 아니하였을 때 연소가 가능한 최저온도</u>
2) 공기 중에서 스스로 타기 시작하는 온도
3) 인화점 < 연소점 < 발화점

☆암기 ▶ 이연발

10 ★

벤젠 화재 시 이산화탄소소화약제를 사용하여 소화하는 경우 한계 산소량은 약 몇 [vol%]인가?

① 14
② 19
③ 24
④ 28

해설 한계산소농도 [vol%]

가연성혼합기에 불활성 가스(CO_2, N_2 등)를 첨가해 산소농도를 계속 감소시키면 연소는 정지하게 되는데 이를 불활성화(Inerting)라 한다.
여기서 연소가 정지되는 때의 산소 농도는 같은 가연물이더라도 불활성 가스의 종류에 따라 달라진다. 한계산소농도는 불활성 가스가 CO_2인 경우, 14 ~ 15 [vol%], N_2인 경우, 10 ~ 12 [vol%]이다. 그러나 기타 특정한 가연성 가스 및 위험물의 경우는 더 낮은 산소농도에서 연소가 정지하게 된다.

11 ★★★

건물화재에서 플래시 오버(Flash Over)에 관한 설명으로 옳은 것은?

① 가연물이 착화되는 초기단계에서 발생한다.
② 화재 시 발생한 가연성 가스가 축적되다가 일순간에 화염이 실 전체로 확대되는 현상을 말한다.
③ 소화활동이 끝난 단계에서 발생한다.
④ 화재 시 모두 연소하여 자연 진화된 상태를 말한다.

해설 실내화재 발생현상

1) 플래시 오버
   (1) <u>온도가 급격히 상승하여 화재가 순간적으로 실내 전체에 확산되는 현상</u>
   (2) 발생 시기 : 성장기 ~ 최성기 직전

정답 09 ④ 10 ① 11 ②

2) 백 드래프트
  (1) 신선한 공기 유입으로 실내의 축적된 가스가 단시간 연소, 폭발하여 실외로 분출
  (2) 발생 시기 : 감쇄기(최성기 이후)

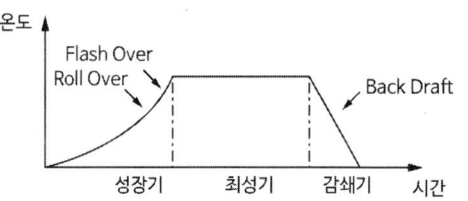

12 ★★★

분무연소에 대한 설명으로 틀린 것은?

① 휘발성이 낮은 액체연료의 연소가 여기에 해당된다.
② 점도가 높은 중질유의 연소에 많이 이용된다.
③ 액체연료를 수 [μm] ~ 수백 [μm] 크기의 액적으로 미립화시켜 연소시킨다.
④ 미세한 액적으로 분무시키는 이유는 표면적을 작게 하여 공기와의 혼합을 좋게 하기 위함이다.

해설 분무연소(액적연소)

1) 휘발성이 낮은 액체연료를 안개 형태로 분사하여 연소시키는 형태이다.
2) 점도가 높은 중질유의 연소에 많이 이용된다.
3) 액체연료를 수 [μm] ~ 수백 [μm] 크기의 액적으로 미립화시켜 연소시킨다.
4) 미세한 액적으로 분무시키는 이유는 표면적을 <u>크게</u> 하여 공기와의 혼합을 좋게 하기 위함이다.

13 ★★★

이산화탄소소화약제가 공기 중에 34 [vol%] 공급되면 산소의 농도는 약 몇 [vol%]가 되는가?

① 12   ② 14
③ 16   ④ 18

해설 이산화탄소(CO_2) 농도

$$CO_2 \text{ 농도 [vol\%]} = \frac{21 - O_2[vol\%]}{21} \times 100$$

여기서,
CO_2 농도 : CO_2 방출 후 실내의 CO_2 농도 [vol%]
O_2 : CO_2 방출 후 실내의 산소 농도 [vol%]

$CO_2 \text{ 농도} = \frac{21 - O_2}{21} \times 100$

$34 \text{ [vol\%]} = \frac{21 - O_2}{21} \times 100$

$\therefore O_2 = 13.86 \text{ [}vol\%\text{]}$

14 ★★

다음 중 증기밀도가 가장 큰 것은?

① 공기   ② 메테인(메탄)
③ 뷰테인(부탄) ④ 에틸렌

해설 증기밀도

$$\text{증기밀도} = \frac{\text{분자량}}{22.4(\text{공기 부피})} \text{ [g/L]}$$

① 공기 : $\frac{29(\text{공기 분자량})}{22.4} ≒ 1.29 \text{ [g/L]}$

② 메테인(메탄, CH_4) : $\frac{16}{22.4} ≒ 0.71 \text{[g/L]}$

③ 뷰테인(부탄, C_4H_{10}) : $\frac{58}{22.4} ≒ 2.59 \text{ [g/L]}$

④ 에틸렌(C_2H_4) : $\frac{28}{22.4} ≒ 1.25 \text{ [g/L]}$

증기밀도 : <u>뷰테인</u> > 공기 > 에틸렌 > 메테인

보충 원자량(H : 1, C : 12, N : 14, O : 16)

정답 12 ④ 13 ② 14 ③

15 ★★★

탄화칼슘이 물과 반응할 때 생성되는 가연성가스는?

① 메테인(메탄)   ② 에테인(에탄)
③ 아세틸렌   ④ 프로필렌

해설 물과 반응 시 발생가스

물질	가스
탄화칼슘(CaC_2)	아세틸렌(C_2H_2)
탄화알루미늄(Al_4C_3)	메테인(메탄, CH_4)
인화칼슘(Ca_3P_2)	포스핀(PH_3)
인화알루미늄(AlP)	
수소화리튬(LiH)	수소(H_2)

암기 탄칼아, 탄알메, 인포

16 ★★★

다음 중 황린의 완전 연소 시에 주로 발생되는 물질은?

① P_2O ② PO_2
③ P_2O_3 ④ P_2O_5

해설 황린의 연소 반응식

$P_4 + 5O_2 \rightarrow 2P_2O_5$(오산화인)

17 ★★★

다음 중 인화점이 가장 낮은 물질은?

① 등유   ② 아세톤
③ 경유   ④ 아세트산

해설 인화점

물질	인화점 [℃]
다이에틸에터(디에틸에테르)	-45
가솔린(휘발유)	-43
산화프로필렌	-37
이황화탄소	-30
아세톤	**-18**
메틸알코올	11
에틸알코올	13
등유	39
아세트산	40
경유	41

암기 인가산이아 / 메에 / 등경

보충 아세트산 : 제4류 위험물 - 제2석유류 수용성 액체

18 ★★★

화재를 소화시키는 소화작용이 아닌 것은?

① 냉각작용   ② 질식작용
③ 부촉매작용   ④ 활성화작용

해설 소화의 형태

소화	내용
냉각소화	열 흡수, 발화점 이하로 낮추어 소화
질식소화	산소농도 15 [%] 이하로 낮춤
제거소화	가연물을 차단, 격리
억제소화	연쇄반응을 차단, 부촉매소화

정답 15 ③ 16 ④ 17 ② 18 ④

19 ★

소방안전관리대상물의 소방계획서에 포함되어야 하는 사항이 아닌 것은?

① 소방시설·피난시설 및 방화시설의 점검·정비계획
② 위험물안전관리법에 따라 예방규정을 정하는 제조소등의 위험물 저장·취급에 관한 사항
③ 특정소방대상물의 근무자 및 거주자의 자위소방대 조직과 대원의 임무에 관한 사항
④ 방화구획, 제연구획, 건축물의 내부마감재료(불연재료·준불연재료 또는 난연재료로 사용된 것) 및 방염물품의 사용현황과 그 밖의 방화구조 및 설비의 유지·관리계획

해설 소방계획서 포함사항

1) 소방안전관리대상물 위치·구조·연면적·용도·수용인원 등 일반 현황
2) 소방안전관리대상물에 설치한 소방·방화·전기·가스·위험물 시설 현황
3) 화재 예방을 위한 자체점검계획 및 대응대책
4) 소방시설·피난시설·방화시설 점검·정비계획
5) 피난층·피난시설 위치, 피난경로 설정, 장애인·노약자 피난계획 등 피난계획
6) 방화구획, 제연구획, 건축물 내부 마감재료·방염물품 사용현황, 방화구조 및 설비유지·관리계획
7) 관리의 권원이 분리된 특정소방대상물의 소방안전관리에 관한 사항
8) 소방훈련·교육에 관한 계획
9) 특정소방대상물의 근무자 및 거주자의 자위소방대 조직과 대원의 임무(화재안전취약자의 피난 보조 임무를 포함)에 관한 사항
10) 화기 취급 작업에 대한 사전 안전조치 및 감독 등 공사 중 소방안전관리에 관한 사항
11) 소화에 관한 사항과 연소 방지에 관한 사항
12) <u>위험물의 저장·취급에 관한 사항(예방규정을 정하는 제조소등은 제외)</u>
13) 소방안전관리에 대한 업무수행에 관한 기록 및 유지에 관한 사항(월 1회 이상 작성. 2년간 보관)
14) 화재 발생 시 화재경보, 초기소화 및 피난유도 등 초기대응에 관한 사항
15) 그 밖에 소방본부장 또는 소방서장이 소방안전관리대상물의 위치·구조·설비 또는 관리 상황 등을 고려하여 소방안전관리에 필요하여 요청하는 사항

20 ★★★

소화약제에 대한 설명 중 옳은 것은?

① 물이 냉각효과가 가장 큰 이유는 비열과 증발잠열이 크기 때문이다.
② 이산화탄소 순도가 95.0 [%] 이상인 것을 소화약제로 사용해야 한다.
③ 할론 2402는 상온에서 기체로 존재하므로 저장 시에는 액화시켜 저장한다.
④ 이산화탄소는 전기적으로 비전도성이며 공기보다 3배 정도 무거운 기체이다.

해설 소화약제

② 이산화탄소소화기에 충전하는 이산화탄소의 순도는 <u>99.5 [%] 이상</u>이어야 한다.
③ 할론 2402는 상온에서 <u>액체</u>로 존재하므로 저장 시에는 액화시켜 저장한다.
④ 이산화탄소는 전기적으로 비전도성이며 공기보다 <u>1.53</u>배 정도 무거운 기체이다.

※ 물의 소화효과

효과	설명
냉각효과	증발(기화) 잠열 에 의한 열 흡수
질식효과	기화 시 체적이 약 1650배(1600~1700배) 증가하여 주변 산소농도 낮춤
유화효과	에멀젼 형성, 가연성혼합기 생성 억제
희석효과	분해가스나 증기의 농도 낮춤

정답 19 ② 20 ①

2019년 2회 소방유체역학

21 ★★★

압력은 0.1 [MPa]이고 비체적은 0.8 [m³/kg]인 기체를 다음과 같은 폴리트로픽 과정을 거쳐 압력을 0.2 [MPa]로 압축하였을 때의 비체적은 약 몇 [m³/kg]인가? (단, 이 기체의 n은 1.4이다)

$$Pv^n = \text{constant} \ (P \text{는 압력}, v \text{는 비체적})$$

① 0.42
② 0.49
③ 0.84
④ 0.98

해설 폴리트로픽 과정

폴리트로픽 과정 $Pv^n = C$ ($C = constant$)
여기서, P : 압력 [kPa]
v : 비체적 [m³/kg]
n : 폴리트로픽 지수

$P_1 v_1^{1.4} = P_2 v_2^{1.4}$

$0.1 \times 0.8^{1.4} = 0.2 \times v^{1.4}$

$\therefore v = 0.487 \ [m^3/kg]$

22 ★★★

성능이 같은 3대의 펌프를 병렬로 연결하였을 경우 양정과 유량은 얼마인가? (단, 펌프 1대에서 유량은 Q, 양정은 H라고 한다)

① 유량은 9Q, 양정은 H
② 유량은 9Q, 양정은 3H
③ 유량은 3Q, 양정은 3H
④ 유량은 3Q, 양정은 H

해설 펌프의 3대의 직/병렬 운전

구분	직렬 운전	병렬 운전
개념도	(P)—(P)	(P)/(P)
H−Q 곡선	양정H, 2대운전, 1대운전, 유량Q	양정H, 2대운전, 1대운전, 유량Q
특징	① 유량 : Q ② 양정 : $2H$	① 유량 : $2Q$ ② 양정 : H

※ 펌프 3대의 병렬 운전 시
① 유량 : $3Q$
② 양정 : H

정답 21 ② 22 ④

23 ★★★

평면 벽을 통해 전도되는 열전달량에 대한 설명으로 옳은 것은?

① 면적과 온도차에 비례한다.
② 면적과 온도차에 반비례한다.
③ 면적에 비례하여 온도차에 반비례한다.
④ 면적에 반비례하며 온도차에 비례한다.

해설 푸리에 열전도 법칙

전도열량 $\dot{Q}[W] = \dfrac{kA\Delta T}{l} = \dfrac{kA(T_2 - T_1)}{l}$

여기서, k : 열전도율 [W/m·K]
A : 면적 [m²]
ΔT : 온도차 [K]
l : 두께 [m]

1) 전도열량은 **온도차**에 **비례** ($\dot{Q} \propto \Delta T$)
2) 전도열량은 **면적**에 **비례** ($\dot{Q} \propto A$)
3) 전도열량은 **벽 두께**에 **반비례** ($\dot{Q} \propto \dfrac{1}{l}$)

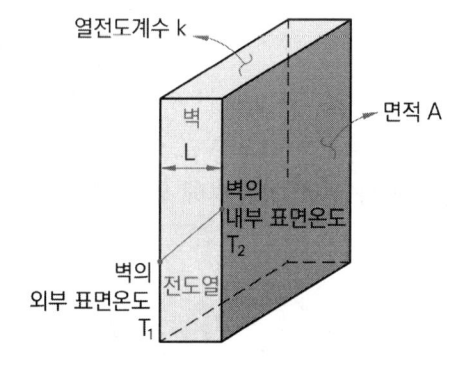

TIP 두께만 반비례

24 ★

유체가 평판 위를 u(m/s) = 500y − 6y²의 속도분포로 흐르고 있다. 이때 y(m)는 벽면으로부터 측정된 수직거리일 때 벽면에서의 전단응력은 약 몇 [N/m²]인가? (단, 점성계수는 1.4 × 10⁻³ [Pa·s]이다)

① 14 ② 7
③ 1.4 ④ 0.7

해설 전단응력

전단응력 $\tau[N/m^2] = \mu \dfrac{du}{dy}$

여기서, μ : 점성계수 [kg/m·s, N·s/m²]
$\dfrac{du}{dy}$: 속도구배 [s^{-1}]

1) 속도구배 $\dfrac{du}{dy}$

$\dfrac{du}{dy} = \dfrac{d(500y - 6y^2)}{dy}$
$= [500 - 12y]_{y=0} = 500 [s^{-1}]$
(벽면에서의 전단응력이므로 $y = 0$)

2) 전단응력 τ

$\tau = \mu \dfrac{du}{dy} [N/m^2]$
$= 1.4 \times 10^{-3} [N \cdot s/m^2] \times 500 [s^{-1}]$
$= 0.7 [N/m^2]$

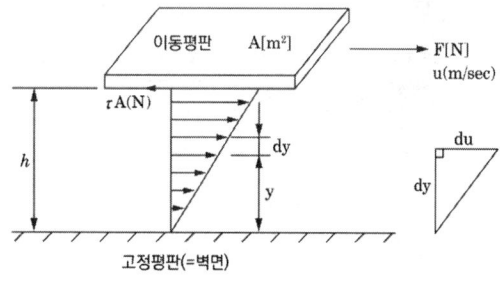

정답 23 ① 24 ④

25 ★★★

어떤 기술자가 펌프에서 일어나는 수격현상을 방지하기 위한 방안으로 다음과 같은 방법을 제시하였는데 이 중 옳은 방지법을 모두 고른 것은?

> ㉠ 공기실을 설치한다.
> ㉡ 플라이휠을 설치한다.
> ㉢ 역류가 많이 일어나는 밸브를 사용한다.

① ㉠, ㉡
② ㉠, ㉢
③ ㉡, ㉢
④ ㉠, ㉡, ㉢

해설 수격작용(Water Hammering)

1) 정의 : 펌프 토출 측에서 속도변화에 의해 충격파가 전달되는 현상
2) 방지대책
   (1) 구경을 크게 하여 배관 내 유속 낮춤
   (2) 밸브를 서서히 개폐한다.
   (3) <u>펌프에 플라이 휠(Fly Wheel)을 설치</u>
   (4) <u>조압수조(또는 공기실)을 설치</u>
   (5) 수격방지기를 설치
   (6) 밸브를 가능한 펌프 송출구 가까이 설치

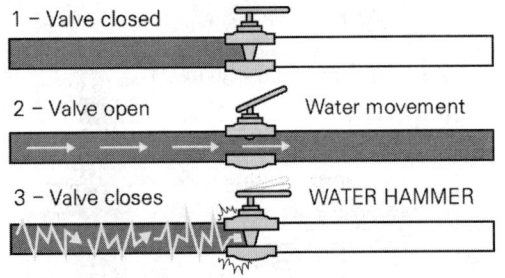

26 ★★★

다음 용어의 정의들 중 잘못된 것은?

① 뉴턴의 점성법칙을 만족하는 유체를 뉴턴의 유체라고 한다.
② 시간에 따라 유동형태가 변화하지 않는 유체를 비정상유체라고 한다.
③ 큰 압력변화에 대하여 체적변화가 없는 유체를 비압축성유체라고 한다.
④ 입자의 상대운동에 저해하려는 성질을 점성이라고 하고 이러한 성질을 가진 유체를 점성유체라고 한다.

해설 정상유체와 비정상유체

1) 정상유체 : 유동장 내의 임의의 한 점에 있어서 흐름의 특성이 시간에 관계없이 항상 일정한 흐름
2) 비정상유체 : 유동장 내의 임의의 한 점에 있어서 흐름의 특성이 시간에 따라 변화하는 흐름

27 ★

그림과 같이 입구와 출구가 β의 각을 이루고 있는 고정된 판에 질량유량 $\dot{m}$의 분류가 V의 속도로 충돌하고 있다. 분류에 의해 판이 받는 힘의 크기는?

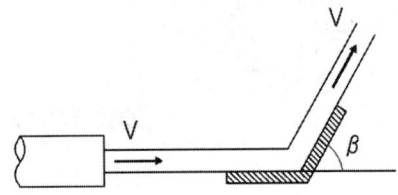

① $\dot{m}V(1-\sin\beta)$
② $\dot{m}V(1-\cos\beta)$
③ $\dot{m}V\sqrt{2(1-\sin\beta)}$
④ $\dot{m}V\sqrt{2(1-\cos\beta)}$

해설 곡면에 가하는 힘

$$F_x = \rho QV(1-\cos\theta) = \dot{m}V(1-\cos\theta)$$

$$F_y = \rho QV\sin\theta = \dot{m}V\sin\theta$$

ρ : 밀도 (물의 밀도 1000 $[kg/m^3,\ N\cdot s^2/m^4]$)
Q : 유량$[m^3/s]$, V : 유속 $[m/s]$
$\dot{m}$: 질량유량 [kg/s]

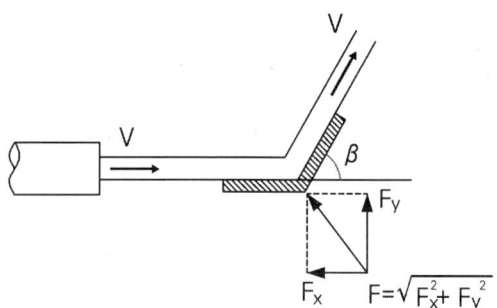

$$F = \sqrt{(\dot{m}V(1-\cos\beta))^2 + (\dot{m}V\sin\beta)^2}$$
$$= \sqrt{\dot{m}^2V^2(1-2\cos\beta+(\cos\beta)^2) + \dot{m}^2V^2(\sin\beta)^2}$$
$$= \sqrt{\dot{m}^2V^2(1-2\cos\beta+(\cos\beta)^2+(\sin\beta)^2)}$$
$$= \sqrt{\dot{m}^2V^2(2-2\cos\beta)}$$
$$= \dot{m}V\sqrt{2(1-\cos\beta)}$$

28 ★★★

비중량이 9806 [N/m³]인 유체를 전양정 95 [m]에 70 [m³/min]의 유량으로 송수하려고 한다. 이때 소요되는 펌프의 수동력은 약 몇 [kW]인가?

① 1054　② 1063
③ 1071　④ 1087

해설 펌프 수동력

수동력 $P[kW] = \gamma[kN/m^3] \times Q[m^3/s] \times H[m]$
여기서, γ : 비중량 $[kN/m^3]$
Q : 유량 $[m^3/s]$, H : 전양정 $[m]$

$P[kW] = \gamma QH$
$= 9.806[kN/m^3] \times \dfrac{70}{60}[m^3/s] \times 95[m]$
$= 1086.8[kW]$

29 ★★★

배관에서 소화약제 압송 시 발생하는 손실은 주손실과 부차적 손실로 구분할 수 있다. 다음 중 부차적 손실을 야기하는 요소는?

① 마찰계수
② 상대조도
③ 배관의 길이
④ 배관의 급격한 확대

해설 배관의 마찰손실

1) 주 손실
　배관 내 유체가 흐를 때 직관에서 발생하는 손실
2) 부차적 손실
　(1) 배관의 급격한 확대 및 축소에 의한 손실
　(2) 배관의 급격한 방향 전환에 따른 손실
　(3) 입구와 출구 부분에 대한 손실
　(4) 각종 Fitting류 및 Valve류 등에 의한 손실

30 ★★★

액면으로부터 40 [m]인 지점의 계기압력이 515.8 [kPa]일 때 이 액체의 비중량은 몇 [kN/m³]인가?

① 11.8　② 12.9
③ 14.2　④ 16.4

정답 28 ④　29 ④　30 ②

해설 액체의 비중량

압력 $P[Pa] = \gamma h = S\gamma_w h$

여기서, γ : 비중량 [N/m³]
  h : 높이 [m], S : 비중
  γ_w : 물의 비중량 [N/m³]

$\gamma = \dfrac{P}{h} = \dfrac{515.8[kN/m^2]}{40[m]} = 12.895[kN/m^3]$

31 ★★★

피토관으로 파이프 중심선에서 흐르는 물의 유속을 측정할 때 피토관의 액주높이가 5.2 [m], 정압튜브의 액주높이가 4.2 [m]를 나타낸다면 유속[m/s]은? (단, 속도계수(C_v)는 0.97이다)

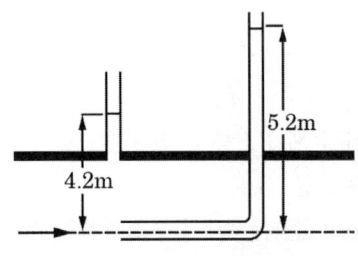

① 4.3 ② 3.5
③ 2.8 ④ 1.9

해설 피토관의 유속(토리첼리 식)

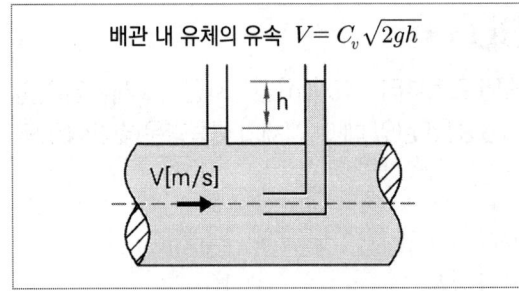

유속 $V = C_v\sqrt{2gh}$
  $= 0.97\sqrt{2 \times 9.8 \times (5.2-4.2)}$
  $= 4.29\,[m/s]$

32 ★

압력 0.1 [MPa], 온도 250 [℃] 상태인 물의 엔탈피가 2974.33 [kJ/kg]이고 비체적은 2.40604 [m³/kg]이다. 이 상태에서 물의 내부 에너지 [kJ/kg]는?

① 2733.7 ② 2974.1
③ 3214.9 ④ 3582.7

해설 물의 단위 질량당 내부에너지

비내부에너지 $u[kJ/kg] = h - pv$
  여기서, h : 비엔탈피 [kJ/kg]
    p : 압력 [kPa]
    v : 비체적 [m³/kg]

$u = h[kJ/kg] - p[kPa] \times v[m^3/kg]$
  $= 2974.33[kJ/kg]$
    $- (0.1 \times 10^3)[kPa] \times 2.40604[m^3/kg]$
  $= 2733.7[kJ/kg]$

33 ★★★

비중이 1.03인 바닷물에 전체부피의 90 [%]가 잠겨 있는 빙산이 있다. 이 빙산의 비중은 얼마인가?

① 0.856 ② 0.956
③ 0.927 ④ 0.882

해설 빙상의 비중(부력)

W(물체의 무게) $= F_B$ (부력)

$\gamma_{물체} \times V_{전체체적} = \gamma_{유체} \times V_{잠긴체적}$
$S_{물체}\gamma_w \times V_{전체체적} = S_{유체}\gamma_w \times V_{잠긴체적}$
$S_{물체} \times V_{전체체적} = S_{유체} \times V_{잠긴체적}$
$S_{물체} \times 100\% = 1.03 \times 90[\%]$
$\therefore S_{물체} = 0.927$

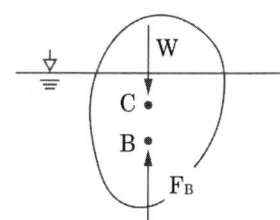

여기서,
C : 무게 중심점
B : 부력 중심점

보충 $\gamma = S \times \gamma_w$, $\rho = S \times \rho_w$

34 ★★★

지름 1 [m]인 곧은 수평원관에서 층류로 흐를 수 있는 유체의 최대 평균 속도는 몇 [m/s]인가? (단, 임계 레이놀즈(Reynolds)수는 2000이고, 유체의 동점성계수는 4×10^{-4} [m²/s]이다)

① 0.4 ② 0.8
③ 40 ④ 80

해설 레이놀즈수

레이놀즈수 $Re = \dfrac{\rho V D}{\mu} = \dfrac{VD}{\nu}$

여기서, ρ : 밀도 [kg/m³]
V : 유속 [m/s], D : 직경 [m]
μ : 점성계수 [N·s/m²]
ν : 동점성계수 [m²/s]

$Re = \dfrac{VD}{\nu}$

$2000 = \dfrac{V \times 1}{4 \times 10^{-4}}$

∴ $V = 0.8 \, [m/s]$

35 ★★★

안지름 65 [mm]의 관 내를 유량 0.24 [m³/min]로 물이 흘러간다면 평균 유속은 약 몇 [m/s]인가?

① 1.2 ② 2.4
③ 3.6 ④ 4.8

해설 물의 유속($Q = AV$ 공식)

체적유량 $Q[m^3/s] = AV$
여기서, A : 배관의 단면적 [m²]
V : 유속 [m/s]

$Q = AV$

$\dfrac{0.24}{60} = \dfrac{\pi}{4} \times 0.065^2 \times V$

∴ $V = 1.2 \, m/s$

36 ★★★

원통형 탱크(지름 3 [m])에 물이 3 [m] 깊이로 채워져 있다. 물의 비중을 1이라 할 때, 물에 의해 탱크 밑면에 받는 힘은 약 몇 [kN]인가?

① 62.9 ② 102
③ 165 ④ 208

해설 탱크 밑면에 받는 힘(전압력)

수평면에 작용하는 유체의 전압력 $F[N] = \gamma h A$
여기서, γ : 비중량 [N/m³]
h : 수평면으로부터 액면까지 수직거리 [m]
A : 면적 [m²]

$F = \gamma h A$

$= 9.8 [kN/m^3] \times 3[m] \times \dfrac{\pi}{4} \times 3^2 [m^2]$

$= 207.82 \, [kN]$

정답 34 ② 35 ① 36 ④

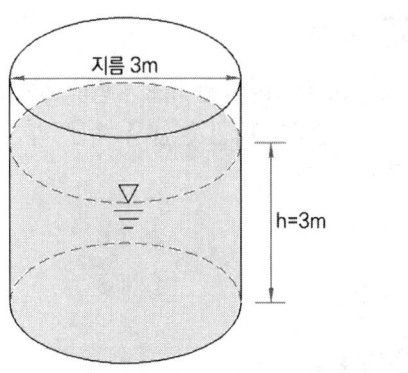

38 ★★★

그림과 같이 단면 A에서 정압이 500 [kPa]이고 10 [m/s]로 난류의 물이 흐르고 있을 때 단면 B에서의 유속[m/s]은?

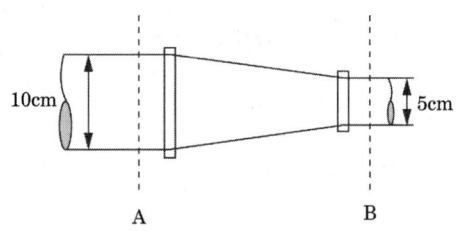

① 20 ② 40
③ 60 ④ 80

37 ★★★

저장용기로부터 20 [℃]의 물을 길이 300 [m], 지름 900 [mm]인 콘크리트 수평 원관을 통하여 공급하고 있다. 유량이 1 [m³/s]일 때 원관에서의 압력강하는 약 몇 [kPa]인가? (단, 관 마찰계수는 약 0.023이다)

① 3.57 ② 9.47
③ 14.3 ④ 18.8

해설 연속방정식 체적유량

체적유량 $Q[m^3/s] = AV$
여기서, A : 배관의 단면적[m²]
V : 유속 [m/s]

$Q = A_1 V_1 = A_2 V_2$

$V_2 = \dfrac{A_1 V_1}{A_2} = \dfrac{D_1^2 V_1}{D_2^2} = \dfrac{10^2 \times 10}{5^2} = 40$

해설 원관에서의 압력강하

손실수두 $H_L[m] = f \times \dfrac{L}{D} \times \dfrac{V^2}{2g}$
여기서, f : 관 마찰계수
L : 배관의 길이 [m]
D : 관경 [m]
V : 유속 [m/s]
g : 중력가속도 [m/s²]

1) 유속 ($Q = AV$공식)

$V = \dfrac{4Q}{\pi D^2} = \dfrac{4 \times 1}{\pi \times 0.9^2} = 1.57 \, [m/s]$

2) 마찰손실(달시 웨버식)

$H[m] = \dfrac{\Delta P}{\gamma} = f \times \dfrac{L}{D} \times \dfrac{V^2}{2g}$

$\Delta P = \gamma \times f \times \dfrac{L}{D} \times \dfrac{V^2}{2g}$

$\Delta P = 9.8 \times 0.023 \times \dfrac{300}{0.9} \times \dfrac{1.57^2}{2 \times 9.8}$

$= 9.45 \, [kPa]$

39 ★★★

진공 밀폐된 20 [m³]의 방호구역에 이산화탄소 약제를 방출하여 30 [℃], 101 [kPa] 상태가 되었다. 이때 방출된 이산화탄소량은 약 몇 [kg]인가? (단, 일반 기체상수는 8.314 [kJ/kmol·K] 이다)

① 33.6
② 35.3
③ 37.1
④ 39.2

해설 이상기체상태 방정식

이상기체상태방정식 $PV = nRT = \dfrac{W}{M}RT = W\overline{R}T$

$PV = \dfrac{W}{M}RT$

$101 \times 20 = \dfrac{W}{44} \times 8.314 \times (273+30)$

∴ $W = 35.28 [kg]$

P : 절대압력 [kPa]
V : 부피 [m³]
M : 분자량 [kg/kmol]
W : 기체의 질량 [kg]
R : 기체상수 (8.314 [kPa·m³/kmol·K])
T : 절대온도 [K] (273 + [℃])

40 ★★★

다음 그림에서 A, B점의 압력차[kPa]는? (단, A는 비중 1의 물, B는 비중 0.899의 벤젠이다)

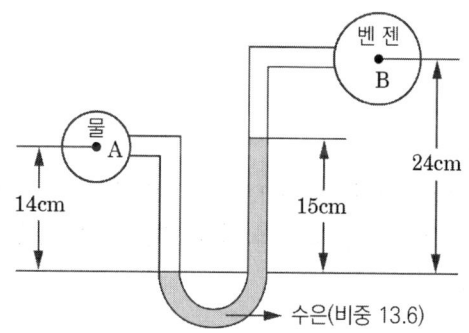

① 278.7
② 191.4
③ 23.07
④ 19.4

해설 시차 액주계 압력차

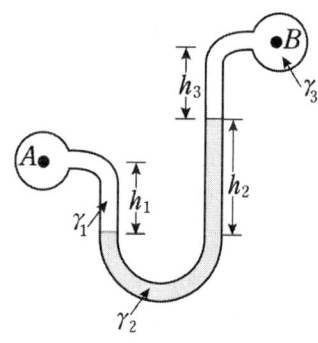

$P_A + \gamma_1 h_1 = P_B + \gamma_3 h_3 + \gamma_2 h_2$

$P_A - P_B = \gamma_3 h_3 + \gamma_2 h_2 - \gamma_1 h_1$

$\quad = S_3 \gamma_w h_3 + S_2 \gamma_w h_2 - \gamma_w h_1$

$\quad = (0.899 \times 9.8 [kN/m^3] \times 0.09 [m])$

$\quad\quad + (13.6 \times 9.8 [kN/m^3] \times 0.15 [m])$

$\quad\quad - (9.8 [kN/m^3] \times 0.14 [m])$

$\quad = 19.4 [kPa]$

보충 $\gamma = S \times \gamma_w$, $\rho = S \times \rho_w$

정답 39 ② 40 ④

2019년 2회 소방관계법규

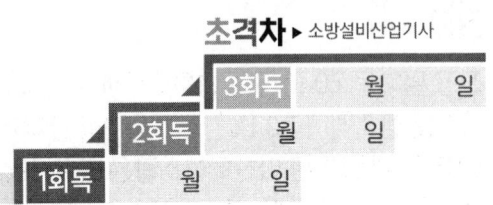

41 ★★
위험물안전관리법상 지정수량 미만인 위험물의 저장 또는 취급에 관한 기술상의 기준은 무엇으로 정하는가?

① 대통령령
② 국무총리령
③ 시·도의 조례
④ 행정안전부령

해설 지정수량 미만 위험물 저장·취급

1) 위험물의 저장·취급
   (1) 지정수량 미만인 위험물의 저장·취급에 관한 기술상의 기준 : 시·도의 조례
   (2) 지정수량 이상의 위험물을 저장소가 아닌 장소에서 저장하거나 제조소등이 아닌 장소에서 취급해서는 안 된다.
   (3) 임시 저장·취급 장소의 위치·구조·설비의 기준 : 시·도의 조례
2) 위험물을 임시 저장·취급하는 경우
   (1) 시·도 조례가 정하는 바에 따라 관할소방서장의 승인을 받아 지정수량 이상의 위험물을 90일 이내 기간 동안 임시 저장·취급
   (2) 군부대가 지정수량 이상의 위험물을 군사목적으로 임시 저장·취급

42 ★★★
소방시설 중 경보설비에 속하지 않는 것은?

① 통합감시시설
② 자동화재탐지설비
③ 자동화재속보설비
④ 무선통신보조설비

해설 경보설비

1) 단독경보형 감지기
2) 비상경보설비
   • 비상벨설비
   • 자동식 사이렌설비
3) 시각경보기
4) 자동화재탐지설비
5) 비상방송설비
6) 자동화재속보설비
7) 통합감시시설
8) 누전경보기
9) 가스누설경보기
10) 화재알림설비

보충 무선통신보조설비 : 소화활동설비

43 ★★★
화재를 진압하고 화재, 재난·재해, 그 밖의 위급한 상황에서 구조·구급 활동 등을 하기 위하여 소방공무원, 의무소방원, 의용소방대원으로 구성된 조직체는?

① 구조구급대
② 소방대
③ 의무소방대
④ 의용소방대

해설 소방대 구성원
• 소방공무원
• 의무소방원
• 의용소방대원

암기 공무용

정답 41 ③ 42 ④ 43 ②

44 ★★

소방시설공사업법상 지방소방기술심의 위원회의 심의사항은?

① 화재안전기술기준에 관한 사항
② 소방시설의 성능위주설계에 관한 사항
③ 소방시설의 하자가 있는지의 판단에 관한 사항
④ 소방시설의 설계 및 공사감리의 방법에 관한 사항

> **해설** 소방기술심의위원회 심의사항

1) 소방기술심의위원회
   (1) 소방청 : 중앙소방기술심의위원회
   (2) 시·도 : 지방소방기술심의 위원회
2) 중앙소방기술심의위원회 심의사항
   (1) 화재안전기술기준에 관한 사항
   (2) 소방시설의 구조 및 원리 등에서 공법이 특수한 설계 및 시공에 관한 사항
   (3) 소방시설의 설계 및 공사감리의 방법에 관한 사항
   (4) 소방시설공사의 하자를 판단하는 기준에 관한 사항
   (5) 신기술·신공법 등 검토·평가에 고도의 기술이 필요한 경우로서 중앙위원회에 심의를 요청한 사항
   (6) 그 밖에 소방기술 등에 관하여 대통령령으로 정하는 사항

45 ★★

소방시설 설치 및 관리에 관한 법령상 방염성능기준으로 틀린 것은?

① 버너의 불꽃을 제거한 때부터 불꽃을 올리며 연소하는 상태가 그칠 때까지 시간은 20초 이내
② 버너의 불꽃을 제거한 때부터 불꽃을 올리지 아니하고 연소하는 상태가 그칠 때까지 시간은 30초 이내
③ 탄화한 면적은 50 [cm^2] 이내, 탄화한 길이는 20 [cm] 이내
④ 불꽃에 의하여 완전히 녹을 때까지 불꽃의 접촉횟수는 2회 이상

> **해설** 방염성능기준

- 버너 불꽃 제거한 때부터 불꽃 올리며 연소 상태 그칠 때까지 시간 20초 이내
- 버너 불꽃 제거한 때부터 불꽃 올리지 않고 연소 상태 그칠 때까지 시간 30초 이내
- 탄화 면적 : 50 [cm^2], 탄화 길이 : 20 [cm] 이내
- <u>불꽃에 의해 완전히 녹을 때까지 불꽃 접촉 횟수 3회 이상</u>

46 ★★★

피난시설 및 방화시설에서 해서는 안 될 사항으로 틀린 것은?

① 피난시설, 방화구획 및 방화시설을 폐쇄하거나 훼손하는 등의 행위
② 피난시설, 방화구획 및 방화시설을 유지·관리하는 행위
③ 피난시설, 방화구획 및 방화시설의 주위에 물건을 쌓는 행위
④ 피난시설, 방화구획 및 방화시설의 용도에 장애를 주는 행위

정답 44 ③ 45 ④ 46 ②

> **해설** 피난시설·방화구획 및 방화시설 관리

1) 명령권자 : 소방본부장, 소방서장
2) 금지행위
   (1) 피난시설, 방화구획, 방화시설 폐쇄·훼손 행위
   (2) 피난시설, 방화구획, 방화시설 주위에 물건을 쌓아 두거나 장애물을 설치하는 행위
   (3) 피난시설, 방화구획, 방화시설 용도에 장애를 주거나 소방활동에 지장을 주는 행위
   (4) 피난시설, 방화구획, 방화시설 변경 행위

47 ★★★

화재의 예방 및 안전관리에 관한 법령상 화재의 예방조치 명령으로 틀린 것은?

① 불장난, 모닥불, 흡연, 화기 취급 및 풍등 등 소형 열기구 날리기의 금지 또는 제한
② 타고남은 불 또는 화기의 우려가 있는 재의 처리
③ 함부로 버려두거나 그냥 둔 위험물, 그 밖에 불에 탈 수 있는 물건을 옮기거나 치우게 하는 등의 조치
④ 불이 번지는 것을 막기 위하여 불이 번질 우려가 있는 소방대상물의 사용 제한

> **해설** 화재 예방조치

1. 누구든지 화재예방강화지구 및 이에 준하는 대통령령으로 정하는 장소에서는 다음에 해당하는 행위를 하여서는 아니 된다. 다만 행정안전부령으로 정하는 바에 따라 안전조치를 한 경우에는 그러하지 아니한다.
   (1) 모닥불, 흡연 등 화기의 취급
   (2) 풍등 등 소형열기구 날리기
   (3) 용접·용단 등 불꽃을 발생시키는 행위
   (4) 그 밖에 대통령령으로 정하는 화재 발생 위험이 있는 행위

2. 소방관서장은 화재 발생 위험이 크거나 소화 활동에 지장을 줄 수 있다고 인정되는 행위나 물건에 대하여 행위 당사자나 그 물건의 소유자, 관리자 또는 점유자에게 다음의 명령을 할 수 있다. 다만 다음에 해당하는 물건의 소유자, 관리자 또는 점유자를 알 수 없는 경우 소속 공무원으로 하여금 그 물건을 옮기거나 보관하는 등 필요한 조치를 하게 할 수 있다.
   (1) 다음 어느 하나에 해당하는 행위의 금지 또는 제한
   (2) 목재, 플라스틱 등 가연성이 큰 물건의 제거, 이격, 적재 금지 등
   (3) 소방차량의 통행이나 소화 활동에 지장을 줄 수 있는 물건의 이동

3. 2. 단서에 따라 옮긴 물건 등에 대한 보관기간 및 보관기간 경과 후 처리 등에 필요한 사항은 대통령령으로 정한다.

4. 보일러, 난로, 건조설비, 가스·전기시설, 그 밖에 화재 발생 우려가 있는 대통령령으로 정하는 설비 또는 기구 등의 위치·구조 및 관리와 화재 예방을 위하여 불을 사용할 때 지켜야 하는 사항은 대통령령으로 정한다.

5. 화재가 발생하는 경우 불길이 빠르게 번지는 고무류·플라스틱류·석탄 및 목탄 등 대통령령으로 정하는 특수가연물(特殊可燃物)의 저장 및 취급 기준은 대통령령으로 정한다.

48 ★★★

제조 또는 가공 공정에서 방염처리를 하는 방염대상물품으로 틀린 것은? (단, 합판·목재류의 경우에는 설치 현장에서 방염처리를 한 것을 포함한다)

① 카펫
② 창문에 설치하는 커튼류
③ 두께가 2 [mm] 미만인 종이벽지
④ 전시용 합판 또는 섬유판

해설 방염대상물품

1) 제조·가공 공정에서 방염처리한 물품(합판·목재류 설치현장에서 방염처리한 것 포함)
   (1) 창문에 설치하는 커튼류(블라인드 포함)
   (2) 카펫
   (3) 벽지류(두께 2 [mm] 미만인 종이벽지 제외)
   (4) 전시용 합판·목재 또는 섬유판, 무대용 합판·목재 또는 섬유판(합판·목재류의 경우 불가피하게 설치 현장에서 방염처리한 것을 포함한다)
   (5) 암막·무대막(영화상영관 스크린, 가상체험체육시설의 스크린 포함)
   (6) 섬유류, 합성수지류 등을 원료로 하여 제작된 소파·의자(단란주점영업, 유흥주점, 노래연습장업의 영업장에 설치하는 것만 해당)

2) 건축물 내부의 천장이나 벽에 부착하거나 설치하는 것, 다만 가구류(옷장·찬장·식탁·식탁용 의자·사무용 책상·사무용 의자·계산대 등)와 너비 10 [cm] 이하 반자돌림대등과 내부 마감재료는 제외
   (1) 종이류(두께 2 [mm] 이상)·합성수지류·섬유류를 주원료로 한 물품
   (2) 합판, 목재
   (3) 공간 구획하는 간이 칸막이
   (4) 흡음·방음을 위하여 설치하는 흡음재, 방음재

품명		지정수량	대표물질
제1석유류	비수용성	200 [L]	휘발유
	수용성	400 [L]	아세톤
알코올류		400 [L]	변성알코올
제2석유류	비수용성	1000 [L]	등유, 경유
	수용성	2000 [L]	아세트산
제3석유류	비수용성	2000 [L]	중유
	수용성	4000 [L]	글리세린
제4석유류		6000 [L]	실린더유
동식물유류		10000 [L]	아마인유

49 ★ (난이도 상)

제4류 위험물에 속하지 않는 것은?

① 아염소산염류   ② 특수인화물
③ 알코올류   ④ 동식물유류

해설 제4류 위험물(인화성 액체)

품명	지정수량	대표물질
특수인화물	50 [L]	다이에틸에테르

50 ★★★

소방용수시설 저수조의 설치기준으로 틀린 것은?

① 지면으로부터의 낙차가 4.5 [m] 이하일 것
② 흡수부분의 수심이 0.3 [m] 이상일 것
③ 흡수관의 투입구가 사각형의 경우에는 한 변의 길이가 60 [cm] 이상일 것
④ 흡수관의 투입구가 원형의 경우에는 지름이 60 [cm] 이상일 것

해설 소방용수시설 설치기준

1) 소화전
   - 상수도와 연결, 지하식·지상식 구조
   - 연결금속구 구경 : 65 [mm]
2) 급수탑
   - 급수배관 구경 : 100 [mm] 이상
   - 개폐밸브 : 지상 1.5 [m] 이상 1.7 [m] 이하
3) 저수조
   - 지면으로부터의 낙차 : 4.5 [m] 이하
   - 흡수부분 수심 : 0.5 [m] 이상일 것
   - 흡수관 투입구 : 사각형 한 변 60 [cm], 원형 지름 60 [cm] 이상

정답 49 ① 50 ②

51 ★★

다음 ( ) 안에 들어갈 말로 옳은 것은?

> 위험물의 제조소등을 설치하고자 할 때 설치장소를 관할하는 ( )의 허가를 받아야 한다.

① 행정안전부장관 ② 소방청장
③ 경찰청장 ④ 시·도지사

해설 제조소 설치 및 변경

1) 설치허가자 : 시·도지사(행정안전부령)
2) 변경신고 : 변경하고자 하는 날의 1일 전
3) 허가 제외 장소
   - 주택의 난방시설(공동주택 중앙난방시설 제외)을 위한 저장소·취급소
   - 농예용·축산용·수산용으로 필요한 난방·건조시설을 위한 지정수량 20배 이하의 저장소

52 ★★★

소방안전관리자를 선임하지 아니한 경우의 벌칙기준은?

① 100만 원 이하 과태료
② 200만 원 이하 벌금
③ 200만 원 이하 과태료
④ 300만 원 이하 벌금

해설 300만 원 이하 벌금

1. 화재안전조사를 정당한 사유 없이 거부·방해 또는 기피한 자
2. 화재 발생 위험이 크거나 소화 활동에 지장을 줄 수 있다고 인정되는 행위나 물건에 따른 명령을 정당한 사유 없이 따르지 아니하거나 방해한 자
   1) 다음에 해당하는 행위의 금지 또는 제한
      ① 모닥불, 흡연 등 화기의 취급
      ② 풍등 등 소형열기구 날리기
      ③ 용접·용단 등 불꽃을 발생시키는 행위
      ④ 그 밖에 대통령령으로 정하는 화재 발생 위험이 있는 행위
   2) 목재, 플라스틱 등 가연성이 큰 물건의 제거, 이격, 적재 금지 등
   3) 소방차량의 통행이나 소화 활동에 지장을 줄 수 있는 물건의 이동
3. 소방안전관리자, 총괄소방안전관리자 또는 소방안전관리보조자를 선임하지 아니한 자
4. 소방시설·피난시설·방화시설 및 방화구획 등이 법령에 위반된 것을 발견하였음에도 필요한 조치를 할 것을 요구하지 아니한 소방안전관리자
5. 소방안전관리자에게 불이익한 처우를 한 관계인
6. 화재예방안전진단, 위탁받은 업무를 위반하여 업무를 수행하면서 알게 된 비밀을 정한 목적 외의 용도로 사용하거나 다른 사람, 기관에 제공, 누설한 자

53 ★★★

화재예방상 필요하다고 인정되거나 화재위험경보 시 발령하는 소방신호는?

① 경계신호 ② 발화신호
③ 해제신호 ④ 훈련신호

해설 소방신호

1) 종류
   (1) 경계신호 : 화재예방상 필요하다고 인정되거나 화재위험경보 시 발령
   (2) 발화신호 : 화재가 발생한 때 발령
   (3) 해제신호 : 소화활동이 필요 없다고 인정되는 때 발령
   (4) 훈련신호 : 훈련상 필요하다고 인정되는 때 발령

정답 51 ④ 52 ④ 53 ①

2) 방법

종별	타종신호	사이렌신호
경계신호	1타, 연2타 반복	5초 간격 30초씩 3회
발화신호	난타	5초 간격 5초씩 3회
해제신호	상당한 간격 1타씩 반복	1분간 1회
훈련신호	연 3타 반복	10초 간격 1분씩 3회

하고 유지·관리할 수 있다(※ 대통령령으로 정하는 지역 : 화재경계지구, 시·도지사가 비상소화장치의 설치가 필요하다고 인정하는 지역).

4) 소방용수시설 및 지리조사 기준
   (1) 실시자 : 소방본부장·서장
   (2) 횟수 및 보관 : 월 1회 이상 실시
   　　　　　　　　결과 2년 보관

54 ★★★

소방기본법령상 소방용수시설 및 지리조사의 기준 중 ㉠, ㉡에 알맞은 것은?

> 소방본부장 또는 소방서장은 원활한 소방활동을 위하여 설치된 소방용수시설에 대한 조사를 (㉠)회 이상 실시하여야 하며 그 조사결과를 (㉡)년간 보관하여야 한다.

① ㉠ 월 1, ㉡ 1　　② ㉠ 월 1, ㉡ 2
③ ㉠ 연 1, ㉡ 1　　④ ㉠ 연 1, ㉡ 2

해설　소방용수시설 설치 및 관리

1) 소방용수시설 : 소화전, 급수탑, 저수조
2) 소방용수시설 설치·유지·관리 : 시·도지사
   ※ 「수도법」에 따라 소화전을 설치하는 일반수도사업자는 관할 소방서장과 사전협의를 거친 후 소화전을 설치하여야 하며, 설치 사실을 관할 소방서장에게 통지하고, 그 소화전을 유지·관리
3) 시·도지사는 소방자동차의 진입이 곤란한 지역 등 화재발생 시에 초기 대응이 필요한 지역으로서 "대통령령으로 정하는 지역"에 소방호스 또는 호스릴 등을 소방용수시설에 연결하여 화재를 진압하는 시설이나 장치(비상소화장치)를 설치

55 ★★★

소방시설공사업법상 특정소방대상물의 관계인 또는 발주자로부터 소방시설공사 등을 도급받은 소방시설업자가 제3자에게 소방시설공사 시공을 하도급할 수 없다. 이를 위반하는 경우의 벌칙기준은? (단, 대통령령으로 도급하는 소방시설공사의 일부를 한 번만 제3자에게 하도급할 수 있는 경우는 제외한다)

① 100만 원 이하의 벌금
② 300만 원 이하의 벌금
③ 1년 이하의 징역 또는 1000만 원 이하의 벌금
④ 3년 이하의 징역 또는 1500만 원 이하의 벌금

해설　소방시설공사업법 벌칙

[3년 3000만 원]
1. 소방시설업 등록하지 아니하고 영업을 한 자
2. 부정한 청탁을 받고 재물 또는 재산상의 이익을 취득하거나 부정한 청탁을 하면서 재물 또는 재산상의 이익을 제공한 자

[1년 1000만 원]
1. 영업정지 처분을 받고 그 기간에 영업한 자
2. 법과 NFTC를 위반한 설계·시공자
3. 적법하지 않게 감리를 하거나 거짓으로 감리한 자
4. 공사 감리자를 지정하지 아니한 관계인

정답　54 ②　55 ③

5. 공사업자가 감리업자의 시정보완 요구를 무시하고 그 공사를 계속할 경우 감리업자는 그 사실을 소방본부장 또는 소방서장에게 보고하여야 한다. 이 사실을 거짓으로 보고한 감리업자
6. 공사감리 결과보고서의 제출을 거짓으로 한 감리업자
7. 무등록 소방시설업자에게 소방공사 도급한 관계인 또는 발주자
8. 도급받은 소방시설의 설계, 시공, 감리를 하도급한 자
9. 하도급받은 소방시설공사를 다시 하도급한 하수급인
10. 소방기술자가 법 또는 명령을 따르지 않고 업무를 수행한 자

- 피난구유도등, 통로유도등, 객석유도등 및 예비전원 내장된 비상조명등
4) 소화용 제품·기기
  - 소화약제(소화설비용만 해당)
    ㉠ 상업용 주방자동소화장치, 캐비닛형 주방자동소화장치
    ㉡ 포, 이산화탄소, 할론, 할로겐화합물 및 불활성기체, 분말, 강화액, 고체에어로졸 소화설비
  - 방염제(방염액·방염도료·방염성물질)

56 ★★

소방시설 설치 및 관리에 관한 법령상 소방용품으로 틀린 것은?

① 시각경보기   ② 자동소화장치
③ 가스누설경보기 ④ 방염제

해설 소방용품

1) 소화설비 구성 제품·기기
  - 소화기구(소화약제 외의 것 제외)
  - 자동소화장치
  - 소화전, 관창, 소방호스, 스프링클러헤드, 기동용 수압개폐장치, 유수제어밸브 및 가스관선택밸브
2) 경보설비 구성 제품·기기
  - 누전경보기 및 가스누설경보기
  - 발신기, 수신기, 중계기, 감지기, 경종
3) 피난구조설비 구성 제품·기기
  - 피난사다리, 구조대, 완강기(간이완강기 및 지지대 포함)
  - 공기호흡기(충전기 포함)

57 ★

위험물 제조소에 환기설비를 설치할 경우 바닥면적이 100 [m^2]이면 급기구의 면적은 몇 [cm^2] 이상이어야 하는가?

① 150   ② 300
③ 450   ④ 600

해설 위험물제조소 환기설비 설치기준

1) 환기 : 자연배기방식
2) 급기구
  - 바닥면적 : 150 [m^2]마다 1개 이상
  - 크기 : 800 [cm^2] 이상
  - 바닥면적 150 [m^2] 미만인 경우

바닥면적	크기(이상)
60 [m^2] 미만	150 [cm^2]
60 [m^2] 이상 90 [m^2] 미만	300 [cm^2]
90 [m^2] 이상 120 [m^2] 미만	450 [cm^2]
120 [m^2] 이상 150 [m^2] 미만	600 [cm^2]

58 ★★★

소방시설 설치 및 관리에 관한 법령상 종합점검을 실시하여야 하는 특정소방대상물의 기준 중 틀린 것은?

① 스프링클러설비가 설치된 11층 이상인 아파트
② 물분무등소화설비(호스릴 방식의 물분무등소화설비만을 설치한 경우는 제외)가 설치된 연면적 5000 [m^2] 이상인 특정소방대상물(위험물 제조소등은 제외)
③ 공공기관 중 연면적이 1000 [m^2] 이상인 것으로서 옥내소화전설비 또는 자동화재탐지설비가 설치된 것(소방대가 근무하는 공공기관은 제외)
④ 노래연습장업이 설치된 특정소방대상물로서 연면적이 1500 [m^2] 이상인 것

해설 종합점검 대상

가. 최초점검 대상물
나. 스프링클러설비가 설치된 특정소방대상물
다. 물분무등소화설비[호스릴 방식의 물분무등소화설비만을 설치한 경우는 제외]가 설치된 연면적 5000 [m^2] 이상인 특정소방대상물(위험물 제조소등은 제외)
라. <u>다중이용업의 영업장이 설치된 특정소방대상물로서 연면적이 2000 [m^2] 이상인 것(단란주점과 유흥주점, 영화상영관, 비디오물감상실업, 복합영상물제공업, 노래연습장, 산후조리원, 고시원, 안마시술소)</u>
마. 제연설비가 설치된 터널
바. 공공기관 중 연면적(터널·지하구의 경우 그 길이와 평균폭을 곱하여 계산된 값)이 1000 [m^2] 이상인 것으로서 옥내소화전설비 또는 자동화재탐지설비가 설치된 것(소방대가 근무하는 공공기관은 제외)

59 ★★★

화재안전조사를 실시할 수 있는 경우로 틀린 것은?

① 화재가 자주 발생하였거나 발생할 우려가 뚜렷한 곳에 대한 점검이 필요한 경우
② 재난예측정도, 기상예보 등을 분석한 결과 소방대상물에 화재, 재난·재해의 발생 위험이 높다고 판단되는 경우
③ 화재, 재난·재해 등이 발생할 경우 인명 또는 재산 피해의 우려가 없다고 판단되는 경우
④ 관계인이 실시하는 소방시설등에 대한 자체점검 등이 불성실하거나 불완전하다고 인정되는 경우

해설 화재안전조사 대상

1) 조사권자 : 소방관서장
2) 개인의 주거에 대한 화재안전조사는 관계인의 승낙이 있거나 화재발생의 우려가 뚜렷하여 긴급한 필요가 있는 때로 한정
3) 화재안전조사 실시할 수 있는 경우
   (1) 관계인이 실시하는 자체점검 등이 불성실하거나 불완전하다고 인정되는 경우
   (2) 화재예방강화지구 등 법령에서 화재안전조사를 하도록 규정되어 있는 경우
   (3) 화재예방안전진단이 불성실하거나 불완전하다고 인정되는 경우
   (4) 국가적 행사 등 주요 행사가 개최되는 장소 및 그 주변의 관계 지역에 대하여 소방안전관리 실태를 점검할 필요가 있는 경우
   (5) 화재가 자주 발생하였거나 발생할 우려가 뚜렷한 곳에 대한 점검이 필요한 경우
   (6) 재난예측정보, 기상예보 등을 분석한 결과 소방대상물에 화재의 발생 위험이 높다고 판단되는 경우

정답 58 ④ 59 ③

(7) 그 밖의 긴급한 상황이 발생한 경우 인명 또는 재산 피해의 우려가 현저하다고 판단되는 경우
  ① 화재안전조사의 항목 : 대통령령
  ② 소방관서장은 화재안전조사를 실시하는 경우 다른 목적을 위해 조사권을 남용하지 않은 것

60 ★★

공사업자가 소방시설공사를 마친 때에는 누구에게 완공검사를 받는가?

① 소방본부장 또는 소방서장
② 군수
③ 시·도지사
④ 소방청장

해설 완공검사

소방시설공사 완공하면 소방본부장, 소방서장에게 완공검사를 받아야 한다.

소방기계시설의 구조 및 원리

2019년 2회

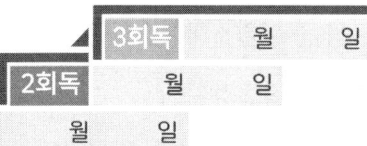

61 ★★★

옥외소화전에 관한 설명으로 옳은 것은?

① 호스는 구경 40 [mm]의 것으로 한다.
② 노즐 선단에서 방수압력 0.17 [MPa] 이상, 방수량이 130 [L/min] 이상의 가압송수장치가 필요하다.
③ 압력챔버를 사용할 경우 그 용적은 50 [L] 이하의 것으로 한다.
④ 옥외소화전이 10개 이하 설치된 때에는 옥외소화전마다 5 [m] 이내의 장소에 1개 이상의 소화전함을 설치해야 한다.

해설 옥외소화전 설치기준

① 호스는 구경 65 [mm]의 것으로 한다.
② 노즐 선단에서 방수압력 0.25 [MPa] 이상, 방수량이 350 [L/min] 이상의 가압송수장치가 필요하다.
③ 압력챔버를 사용할 경우 그 용적은 100 [L] 이상의 것으로 한다.

※ 옥외소화전함의 설치개수

옥외소화전	옥외소화전함의 개수
10개 이하	옥외소화전마다 5 [m] 이내의 장소에 1개 이상의 소화전함을 설치
11개 이상 30개 이하	11개 이상의 소화전함을 각각 분산하여 설치
31개 이상	옥외소화전 3개마다 1개 이상의 소화전함을 설치

62 ★★★

물분무소화설비를 설치하는 차고 또는 주차장의 배수설비 중 배수구에서 새어나온 기름을 모아 소화할 수 있도록 최대 몇 [m]마다 집수관·소화핏트 등 기름분리장치를 설치하여야 하는가?

① 10 ② 40
③ 50 ④ 100

해설 물분무소화설비의 배수설비 설치기준

1) 차량이 주차하는 장소의 적당한 곳에 높이 10 [cm] 이상의 경계턱으로 배수구를 설치할 것
2) 배수구에는 새어 나온 기름을 모아 소화할 수 있도록 길이 40 [m] 이하마다 집수관·소화핏트 등 기름분리장치를 설치할 것
3) 차량이 주차하는 바닥은 배수구를 향하여 100분의 2 이상의 기울기를 유지할 것
4) 배수설비는 가압송수장치의 최대송수능력의 수량을 유효하게 배수할 수 있는 크기 및 기울기로 할 것

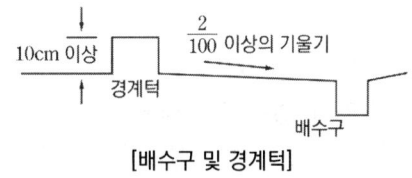

[배수구 및 경계턱]

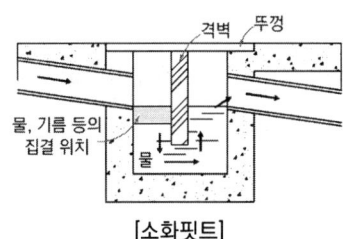

[소화핏트]

정답 61 ④ 62 ②

63 ★★

다음 중 분말소화설비의 구성품이 아닌 것은?

① 정압작동장치
② 압력조정기
③ 가압용 가스용기
④ 기화기

해설 분말소화설비 구성품

가압용 가스용기, 정압작동장치, 압력조정기

💡TIP 기화기 : 연료를 미립화, 무화시키는 장치

64 ★★★

할론소화설비 중 가압용 가스용기의 충전가스로 옳은 것은?

① NO_2　　② O_2
③ N_2　　　④ H_2

해설 할론소화설비 저장용기 가압가스

가압·축압가스용 : 질소(N_2)

65 ★★★

연소할 우려가 있는 개구부에는 상하좌우 몇 [m] 간격으로 스프링클러헤드를 설치하여야 하는가?

① 1.5 [m]　　② 2.0 [m]
③ 2.5 [m]　　④ 3.0 [m]

해설 스프링클러 헤드 설치기준

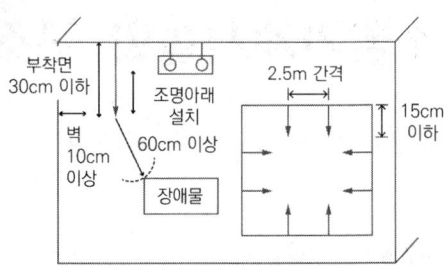

1) 헤드로부터 보유 공간 : 반경 60 [cm] 이상
2) 벽과 헤드 간 공간은 10 [cm] 이상
3) 헤드와 그 부착면과의 거리는 30 [cm] 이하
4) 배관·행거 및 조명기구 등 살수를 방해하는 것이 있는 경우 그로부터 아래에 설치하여 살수에 장애가 없도록 할 것
5) 스프링클러헤드의 반사판은 그 부착면과 평행하게 설치
6) 연소할 우려가 있는 개구부
   (1) 그 상하좌우에 2.5 [m] 간격으로 헤드 설치
   (2) 헤드와 개구부의 내측 면으로부터 직선거리는 15 [cm] 이하

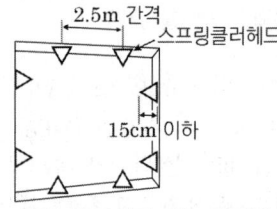

[연소할 우려가 있는 개구부]

7) 측벽형 스프링클러헤드
   (1) 폭이 4.5 [m] 미만인 실 : 긴 변의 한쪽 벽에 일렬로 3.6 [m] 이내마다 설치
   (2) 폭이 4.5 [m] 이상 9 [m] 이하인 실 : 긴 변의 양쪽에 각각 일렬로 설치하되 마주보는 스프링클러헤드가 나란히꼴이 되도록 3.6 [m] 이내마다 설치

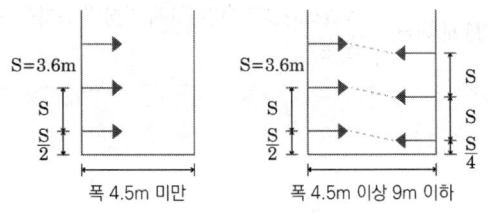

[측벽형헤드 설치기준]

66 ★★★

고정식 할론 공급장치에 배관 및 분사헤드를 고정 설치하여 밀폐 방호구역 내에 할론을 방출하는 설비 방식은?

① 전역방출방식
② 국소방출방식
③ 이동식 방출방식
④ 반이동식 방출방식

해설 약제 방출방식

1) **전역방출방식** : 소화약제 공급장치에 배관 및 분사헤드 등을 설치하여 밀폐 방호구역 전체에 소화약제를 방출하는 방식
2) **국소방출방식** : 소화약제 공급장치에 배관 및 분사헤드를 등을 설치하여 직접 화점에 소화약제를 방출하는 방식
3) **호스릴방식** : 소화수 또는 소화약제 저장용기 등에 연결된 호스릴을 이용하여 사람이 직접 화점에 소화수 또는 소화약제를 방출하는 방식

67 ★★★

호스릴이산화탄소소화설비의 설치기준으로 틀린 것은?

① 소화약제 저장용기는 호스릴을 설치하는 장소마다 설치할 것
② 노즐은 20[℃]에서 하나의 노즐마다 40 [kg/min] 이상의 소화약제를 방출할 수 있는 것으로 할 것
③ 방호대상물의 각 부분으로부터 하나의 호스 접결구까지의 수평거리가 15 [m] 이하가 되도록 할 것
④ 소화약제 저장용기의 개방밸브는 호스의 설치장소에서 수동으로 개폐할 수 있는 것으로 할 것

해설 호스릴CO_2소화설비 설치기준

1) 방호대상물의 각 부분으로부터 하나의 호스접결구까지의 수평거리가 15 [m] 이하가 되도록 할 것
2) 호스릴이산화탄소소화설비의 노즐은 20 [℃]에서 하나의 노즐마다 60 [kg/min] 이상의 소화약제를 방출할 수 있는 것으로 할 것
3) 소화약제 저장용기는 호스릴을 설치하는 장소마다 설치할 것
4) 소화약제 저장용기의 개방밸브는 호스릴의 설치장소에서 수동으로 개폐할 수 있는 것으로 할 것
5) 소화약제 저장용기의 가장 가까운 곳의 보기 쉬운 곳에 적색의 표시등을 설치하고, 호스릴이산화탄소소화설비가 있다는 뜻을 표시한 표지를 할 것

68 ★★

미분무소화설비의 화재안전성능기준에서 나타내고 있는 가압송수장치 방식으로 가장 거리가 먼 것은?

① 고가수조방식
② 펌프방식
③ 압력수조방식
④ 가압수조방식

해설 미분무소화설비 가압송수장치

1) 펌프방식
2) 압력수조방식
3) 가압수조방식

정답 66 ① 67 ② 68 ①

69 ★★★

다음 중 분말소화약제 1 [kg]당 저장용기의 내용적이 가장 작은 것은?

① 제1종 분말
② 제2종 분말
③ 제3종 분말
④ 제4종 분말

해설 분말소화약제 1 [kg]당 저장용기의 내용적

소화약제의 종류	제1종	제2·3종	제4종
소화약제 1 [kg]당 저장용기의 내용적	0.8 [L]	1 [L]	1.25 [L]

70 ★★★

일제살수식 스프링클러설비에 대한 설명으로 옳은 것은?

① 정상상태에서 방수구를 막고 있는 감열체가 일정온도에서 자동적으로 파괴·용해 또는 이탈됨으로써 방수구가 개방되는 방식이다.
② 가압된 물이 분사될 때 헤드의 축심을 중심으로 한 반원상에 균일하게 분산시키는 방식이다.
③ 물과 오리피스가 분리되어 동파를 방지할 수 있는 특징을 가진 방식이다.
④ 화재 발생 시 자동감지장치의 작동으로 일제개방밸브가 개방되면 스프링클러헤드까지 소화용수가 송수되는 방식이다.

해설 일제살수식 스프링클러설비

S/P 구분	밸브 1차 측	밸브 2차 측	헤드의 종류	밸브의 종류
습식	가압수	가압수	폐쇄형	습식 유수검지장치
건식		압축공기		건식 유수검지장치
준비작동식		대기압		준비작동식 유수검지장치
부압식		부압수		준비작동식 유수검지장치
일제살수식		대기압	개방형	일제개방밸브

※ 일제살수식 스프링클러설비
가압송수장치에서 일제개방밸브 1차 측까지 배관 내에 항상 물이 가압되어 있고 2차 측에서 개방형 스프링클러헤드까지 대기압으로 있다가 화재 시 자동감지장치 또는 수동식 기동장치의 작동으로 일제개방밸브가 개방되면 스프링클러헤드까지 소화수가 송수되는 방식의 스프링클러설비

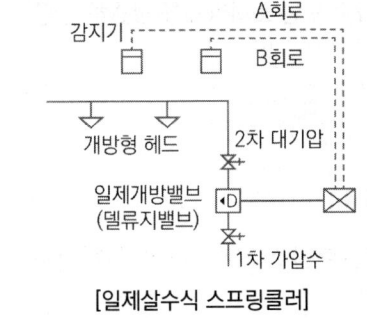

[일제살수식 스프링클러]

71 ★★

완강기의 속도조절기에 관한 설명으로 틀린 것은?

① 견고하고 내구성이 있어야 한다.
② 강하 시 발생하는 열에 의해 기능에 이상이 생기지 아니하여야 한다.
③ 모래 등 이물질이 들어가지 않고 견고한 커버로 덮어져야 한다.
④ 평상시에는 분해, 청소 등을 하기 쉽게 만들어져 있어야 한다.

해설 완강기의 속도조절기(조속기)

1) 견고하고 내구성이 있어야 한다.
2) 평상시에 분해, 청소 등을 하지 아니하여도 작동할 수 있어야 한다.
3) 강하 시 발생하는 열에 의하여 기능에 이상이 생기지 아니하여야 한다.
4) 속도조절기는 사용 중에 분해·손상·변형되지 아니하여야 하며, 속도조절기의 이탈이 생기지 아니하도록 덮개를 하여야 한다.
5) 강하 시 로프가 손상되지 아니하여야 한다.
6) 속도조절기의 풀리(Pulley) 등으로부터 로프가 노출되지 아니하는 구조이어야 한다.

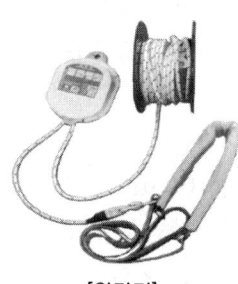

[완강기]

72 ★★★

완강기의 부품구성으로서 옳은 것은?

① 체인, 후크, 벨트, 연결금구
② 후크, 체인, 벨트, 조속기
③ 로프, 벨트, 후크, 조속기
④ 로프, 릴, 후크, 벨트

해설 완강기의 주요 구성요소

1) 속도조절기
2) 속도조절기의 연결부
3) 로프
4) 연결금속구
5) 벨트

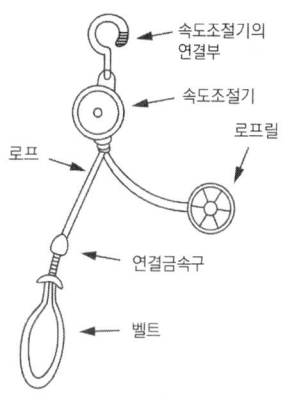

※ 완강기 - 용어의 정의
1) 속도조절기 : 완강기의 강하속도를 일정범위로 조절하는 장치
2) 속도조절기의 연결부 : 지지대와 속도조절기를 연결하는 부분
3) 지지대 : 화재 시 피난용으로 사용되는 완강기와 간이완강기를 소방대상물에 고정 설치해 줄 수 있는 기구
4) 연결금속구 : 로프와 벨트의 연결부위에 사용하는 금속구 및 완강기 또는 간이완강기를 지지대에 연결할 때 사용하는 금속구 등

정답 71 ④ 72 ③

73 ★★★

습식 스프링클러설비 또는 부압식 스프링클러설비 외의 설비에는 헤드를 향하여 상향으로 수평주행배관 기울기를 최소 몇 이상으로 하여야 하는가? (단, 배관의 구조상 기울기를 줄 수 없는 경우는 제외한다)

① 1 / 100
② 1 / 200
③ 1 / 300
④ 1 / 500

해설 기울기 Summary

구분	설명
1 / 100 이상	연결살수설비 수평주행배관
2 / 100 이상	물분무소화설비 배수설비
1 / 250 이상	S/P 습식·부압식 외 가지배관
1 / 500 이상	S/P 습식·부압식 외 수평주행배관

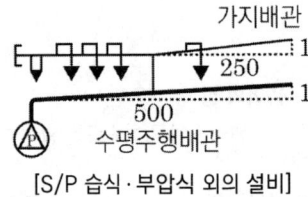
[S/P 습식·부압식 외의 설비]

74 ★★★

소화기의 정의 중 다음 ( ) 안에 알맞은 것은?

> 대형소화기란 화재 시 사람이 운반할 수 있도록 운반대와 바퀴가 설치되어 있고 능력단위가 A급 (㉠)단위 이상, B급 (㉡)단위 이상인 소화기를 말한다.

① ㉠ 10, ㉡ 5
② ㉠ 20, ㉡ 5
③ ㉠ 10, ㉡ 20
④ ㉠ 20, ㉡ 20

해설 소화기의 능력단위

1) 소형소화기 : 능력단위가 1단위 이상이고, 대형소화기의 능력단위 미만인 소화기
2) 대형소화기 : 화재 시 사람이 운반할 수 있도록 운반대와 바퀴가 설치되어 있고, 능력단위가 A급 10단위 이상, B급 20단위 이상인 소화기

[소형소화기]   [대형소화기]

75 ★★★

상수도소화용수설비 설치 시 소화전 설치기준으로 옳은 것은?

① 특정소방대상물의 수평투영 반경의 각 부분으로부터 140 [m] 이하가 되도록 설치
② 특정소방대상물의 수평투영면의 각 부분으로부터 140 [m] 이하가 되도록 설치
③ 특정소방대상물의 수평투영 반경의 각 부분으로부터 100 [m] 이하가 되도록 설치
④ 특정소방대상물의 수평투영면의 각 부분으로부터 100 [m] 이하가 되도록 설치

해설 상수도소화용수설비 설치기준

1) 호칭지름 75 [mm] 이상의 수도배관에 호칭지름 100 [mm] 이상의 소화전을 접속할 것
2) 소화전은 소방자동차 등의 진입이 쉬운 도로변 또는 공지에 설치할 것
3) 소화전은 특정소방대상물의 수평투영면의 각 부분으로부터 140 [m] 이하가 되도록 설치할 것

정답 73 ④ 74 ③ 75 ②

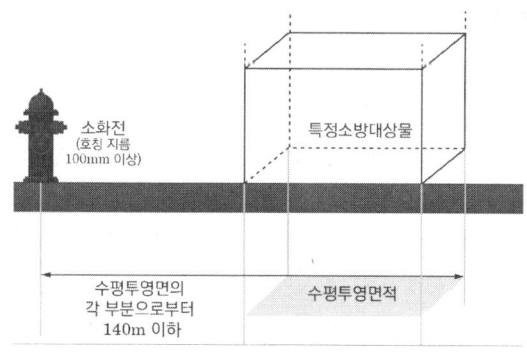

76 ★★★

상수도소화용수설비 설치 시 호칭지름 75 [mm] 이상의 수도배관에는 호칭지름 몇 [mm] 이상의 소화전을 접속하여야 하는가?

① 50 [mm]
② 75 [mm]
③ 80 [mm]
④ 100 [mm]

해설   상수도소화용수설비 설치기준

1) 호칭지름 75 [mm] 이상의 수도배관에 호칭지름 100 [mm] 이상의 소화전을 접속할 것
2) 소화전은 소방자동차 등의 진입이 쉬운 도로변 또는 공지에 설치할 것
3) 소화전은 특정소방대상물의 수평투영면의 각 부분으로부터 140 [m] 이하가 되도록 설치할 것

77 ★★★

대형소화기를 설치하는 경우 특정소방대상물의 각 부분으로부터 1개의 소화기까지의 보행거리는 몇 [m] 이내로 배치하여야 하는가?

① 10
② 20
③ 30
④ 40

해설   소화기의 보행거리 설치기준

1) 소형소화기 : 보행거리 20 [m] 이내
2) 대형소화기 : 보행거리 30 [m] 이내

[소형소화기]   [대형소화기]

78 ★★★

포헤드를 정방형으로 배치한 경우 포헤드 상호 간 거리(S) 산정식으로 옳은 것은? (단, R은 유효반경이다)

① $S = 2R \times \sin 30°$
② $S = 2R \times \cos 30°$
③ $S = 2R$
④ $S = 2R \times \cos 45°$

해설   포헤드 상호 간의 거리(정방형)

정방형으로 배치한 경우에는 다음의 식에 따라 산정한 수치 이하가 되도록 할 것
$S = 2R \times \cos 45°$

R : 유효반경(2.1 [m])
S : 포헤드 상호 간의 거리

79 ★★★

계단실 및 그 부속실을 동시에 제연구역으로 선정 시 방연풍속은 최소 얼마 이상이어야 하는가?

① 0.3 [m/s]　② 0.5 [m/s]
③ 0.7 [m/s]　④ 1.0 [m/s]

해설 제연구역에 따른 방연풍속

제연구역		방연풍속
계단실 및 그 부속실을 동시에 제연하는 것 또는 계단실만 단독으로 제연하는 것		**0.5 [m/s] 이상**
부속실만 단독으로 제연하는 것	부속실 또는 승강장이 면하는 옥내가 거실인 경우	0.7 [m/s] 이상
	부속실이 면하는 옥내가 복도로서 그 구조가 방화구조(내화시간이 30분 이상인 구조를 포함한다)인 것	0.5 [m/s] 이상

보충 방연풍속 : 옥내로부터 제연구역 내로 연기의 유입을 유효하게 방지할 수 있는 풍속

80 ★★★

연결살수설비의 설치기준에 대한 설명으로 옳은 것은?

① 송수구는 반드시 65 [mm]의 쌍구형으로만 한다.
② 연결살수설비 전용헤드를 사용하는 경우 천장으로부터 하나의 살수헤드까지 수평거리는 3.2 [m] 이하로 한다.
③ 개방형 헤드를 사용하는 연결살수설비의 수평주행배관은 헤드를 향해 상향으로 1/100 이상의 기울기로 설치한다.
④ 천장·반자 중 한쪽이 불연재료로 되어 있고 천장과 반자 사이의 거리가 0.5 [m] 미만인 부분은 연결살수설비 헤드를 설치하지 않아도 된다.

해설 연결살수설비 설치기준

1) 송수구는 구경 65 [mm]의 쌍구형으로 설치할 것. 다만 하나의 송수구역에 부착하는 살수헤드의 수가 10개 이하인 것은 단구형인 것으로 할 수 있다.
2) 건축물에 설치하는 연결살수설비의 헤드는 다음의 기준에 따라 설치해야 한다.
   (1) 천장 또는 반자의 실내에 면하는 부분에 설치할 것
   (2) 천장 또는 반자의 각 부분으로부터 하나의 살수헤드까지의 수평거리가 연결살수설비 전용헤드의 경우에는 3.7 [m] 이하, 스프링클러헤드의 경우는 2.3 [m] 이하로 할 것. 다만 살수헤드의 부착면과 바닥과의 높이가 2.1 [m] 이하인 부분은 살수헤드의 살수분포에 따른 거리로 할 수 있다.
3) 개방형 헤드를 사용하는 연결살수설비의 수평주행배관은 헤드를 향하여 상향으로 100분의 1 이상의 기울기로 설치하고 주배관 중 낮은 부분에는 자동배수밸브를 기준에 따라 설치해야 한다.
4) 연결살수설비의 헤드 설치 제외

천장 및 반자의 재료	천장과 반자 사이의 거리
양쪽 모두 불연재료 + 벽이 불연재료 (그 사이에 가연물이 존재 ×)	2 [m] 이상
양쪽 모두 불연재료	2 [m] 미만
천장·반자 중 한쪽이 불연재료	**1 [m] 미만**
양쪽 모두 불연재료 외의 것	0.5 [m] 미만

2019년 4회
소방원론

01 ★★★
화재 발생 시 물을 소화약제로 사용할 수 있는 것은?

① 칼슘카바이드
② 무기과산화물류
③ 마그네슘 분말
④ 염소산염류

해설 금수성 물질

물과 접촉하여 발화, 가연성 가스 발생

구분	현상
무기과산화물	산소(O_2) 발생
금속분 **마그네슘(Mg)** 나트륨(Na) 칼륨(K) 리튬(Li)	수소(H_2) 발생
탄화칼슘(칼슘카바이드)	아세틸렌(C_2H_2) 발생

보충 염소산염류(제1류 위험물) : 주수소화

02 ★★★
다음 중 가스계 소화약제가 아닌 것은?

① 포소화약제
② 할로겐화합물 및 불활성기체소화약제
③ 이산화탄소소화약제
④ 할론소화약제

해설 가스계 소화약제

- 이산화탄소소화약제
- 할론소화약제
- 할로겐화합물 및 불활성기체소화약제

보충 포소화약제 : 수계 소화약제

03 ★★★
건축물 화재 시 플래시 오버(Flash Over)에 영향을 주는 요소가 아닌 것은?

① 내장재료
② 개구율
③ 화원의 크기
④ 건물의 층수

해설 플래시 오버에 영향을 미치는 요인

1) **개구율**
   개구율이 기준 이하로 작으면 산소 공급이 부족하므로 열분해 속도가 저하되어 플래시 오버가 지연되고, 개구율이 과도하게 크면 유입 공기의 냉각효과로 플래시 오버가 늦어짐

2) 가연물의 양·종류
   가연물의 높이가 높을수록, 가연물의 열방출률이 클수록 플래시 오버 도달 시간이 짧아짐

3) **화원의 크기**
   화원의 크기가 클수록 열분해 속도가 빨라지고, 플래시 오버 도달 시간이 짧아짐

4) 산소의 농도
   산소농도가 10 [%] 이상이면 플래시 오버 발생 가능함

5) **내장재료**
   내장재료의 열전도율이 크고 두께가 두꺼울수록 플래시 오버 도달 시간이 느려짐

정답 01 ④ 02 ① 03 ④

6) 화재 발생 시 주위 온도
   열전달은 온도 차로 인해 에너지가 전달되므로 화재 발생 시 주위 온도는 화재의 성장에 영향을 줌
7) 구획실의 기하학적 구조
   구획실의 크기, 형상, 면적, 체적 등은 해당 층에 가연물과 플래시 오버와의 관계에 영향을 미침
   보충 건물의 층수와 플래시 오버는 관계없음

04 ★★★

연기의 물리·화학적인 설명으로 틀린 것은?

① 화재 시 발생하는 연소생성물을 의미한다.
② 연기의 색상은 연소물질에 따라 다양하다.
③ 연기의 기체로만 이루어진다.
④ 연기의 감광계수가 크면 피난 장애를 일으킨다.

해설 연기의 물리·화학적 성질

1) 연기란 화재 시 발생하는 0.01 ~ 10[μm] 입자 크기의 연소 생성물이다.
2) 연기의 색상은 연소 물질에 따라 다양하다.
3) <u>연기는 고체·액체 상태 미립자의 모임이다.</u>
4) 유독가스를 다량 함유한다.
5) 산소농도를 낮추어 산소결핍을 초래한다.
6) 고열이고 이동확산이 빠르다.
7) 화재 초기 발연량이 성장기 발연량보다 크다.
8) 연기의 감광계수가 크면 빛이 감소하고 가시거리가 짧아져 피난 장애를 일으킨다.
9) 감광계수와 가시거리는 반비례한다.
   보충 감광계수 : 빛이 감소되는 계수, 연기농도를 나타내는 척도

05 ★★★

물의 물리·화학적 성질에 대한 설명으로 틀린 것은?

① 수소결합성 물질로서 비점이 높고 비열이 크다.
② 100[℃]의 액체 물이 100[℃]의 수증기로 변하면 체적이 약 1600배 증가한다.
③ 유류화재에 물을 무상으로 주수하면 질식효과 이회에 유탁액이 생성되어 유화효과가 나타난다.
④ 비극성 공유 결합성 물질로 비점이 높다.

해설 물의 물리·화학적 성질

구분	내용

물리적 성질	1) 상온에서 물은 무겁고 안정된 액체
	2) 비열 : 1 [kcal/kg·℃] (= 4.18 [kJ/kg·K])
	3) 잠열
	  ① 융해잠열
	    80 [kcal/kg] (= 334 [kJ/kg])
	  ② 증발잠열
	    539.6 [kcal/kg] (= 2257 [kJ/kg])
	4) 비열, 잠열이 크므로 냉각소화효과가 큼
	5) 표면장력이 큼
	6) 증발 시 체적 약 1650배(1600 ~ 1700배) 증가

화학적 성질	물 분자(H_2O)는 산소(O) 원자 1개와 수소(H) 원자 2개가 **극성 공유결합**을 이루고, 물분자 사이에 **수소결합**을 이루고 있음

※ 참고 – 물분자의 극성 공유결합과 수소결합

물 분자(H_2O)는 산소(O) 원자 1개와 수소(H) 원자 2개가 공유결합을 이루고 있다. 이때 산소 원자와 수소 원자는 전자를 1개씩 내어서 전자쌍을 만들고 이를 공유하지만, 전자쌍은 전기음성도가 더 큰 산소 원자 쪽에 가깝게 위치하여 산소 원자는 부분적인 음전하(-)를 띠고, 수소 원자는 부분적인 양전하(+)를 띠게 된다(극성 공유결합). 따라서 극성을 띤 물 분자끼리는 전기적 인력에 의한 수소 결합을 하게 되며 강한 응집력을 갖게 된다.

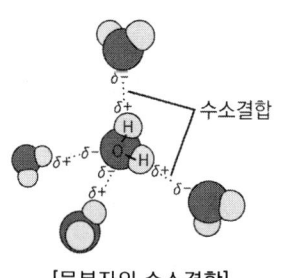

[물분자의 수소결합]

> **해설** 제4류 위험물 인화점

구분	인화점
제1석유류	21 [℃] 미만
제2석유류	21 [℃] 이상 70 [℃] 미만
제3석유류	70 [℃] 이상 200 [℃] 미만
제4석유류	200 [℃] 이상 250 [℃] 미만

06 ★★★

자연발화의 조건으로 틀린 것은?

① 열전도율이 낮을 것
② 발열량이 클 것
③ 주의의 온도가 높을 것
④ 표면적이 작을 것

> **해설** 자연발화 조건

1) 발열량이 클 것 (+)
2) <u>산소와 접촉하는 표면적이 넓을 것</u> (+)
3) 주위 온도 높을 것 (+)
4) <u>열전도율이 작을 것</u> (-)
5) 일정 수분은 촉매제 역할

> **TIP** 열전도율만 (-)

07 ★★★

제4류 위험물 중 제1석유류, 제2석유류, 제3석유류, 제4석유류를 각 품명별로 구분하는 분류의 기준은?

① 발화점
② 인화점
③ 비중
④ 연소범위

08 ★★★

질식소화방법에 대한 예를 설명한 것으로 옳은 것은?

① 열을 흡수할 수 있는 매체를 화염 속에 투입한다.
② 열용량이 큰 고체 물질을 이용하여 소화한다.
③ 중질유 화재 시 물을 무상으로 분무한다.
④ 가연성 기체의 분출화재 시 주 밸브를 닫아서 연료공급을 차단한다.

> **해설** 물 소화약제

1) 비열, 증발잠열(기화잠열)이 큼
2) 가격이 저렴하고 쉽게 구할 수 있음
3) <u>무상주수 시 중질유 화재에 적응성 있음(에멀젼 형성으로 유화효과)</u>
4) 물이 수증기로 기화 시 체적이 약 1650배(1600~1700배) 증가하여 주변 산소농도 낮춤
5) 수용성 액체의 화재 시 물을 주입시켜서 가연성 물질의 농도를 낮춤

> **보충** 질식소화 : 불연성 피막인 Emulsion을 형성하여 산소 차단

정답 06 ④ 07 ② 08 ③

09 ★★★

증기비중을 구하는 식은 다음과 같다. ( ) 안에 들어갈 알맞은 값은?

$$증기비중 = \frac{분자량}{(\quad)}$$

① 15　　② 21
③ 22.4　　④ 29

해설 증기비중

$$증기비중 = \frac{분자량}{29(공기 분자량)}$$

• 공기에 대한 가스의 무게비

증기비중	공기에 대한 무게
증기비중 > 1	공기보다 무거움
증기비중 < 1	공기보다 가벼움

10 ★★★

알루미늄 분말 화재 시 적응성 있는 소화약제는?

① 물　　② 마른모래
③ 포말　　④ 강화액

해설 위험물 소화방법

종류	소화방법
제1류	물에 의한 냉각소화(무기과산화물 : 마른모래 등에 의한 질식소화)
제2류	물에 의한 냉각소화(황화인, 철분, 마그네슘, **금속분은 마른모래 등에 의한 질식소화**)
제3류	마른모래, 팽창질석, 팽창진주암에 의한 질식소화
제4류	포, 분말, CO_2, 할론소화약제에 의한 질식소화
제5류	화재초기 대량의 물로 냉각소화
제6류	마른모래 등에 의한 질식소화(과산화수소 : 다량의 물로 희석소화)

보충 알루미늄 분말 : 제2류 위험물(금속분)

11 ★★★

화씨온도 122 [°F]는 섭씨온도로 몇 [℃]인가?

① 40　　② 50
③ 60　　④ 70

해설 섭씨온도

섭씨 온도	$℃ = \frac{5}{9}(°F - 32)$	랭킨 온도	$R = °F + 460$
화씨 온도	$°F = \frac{9}{5}℃ + 32$	캘빈 온도	$K = ℃ + 273$

※ 122 [°F] ⇒ [℃]

$$\frac{5}{9}([°F]-32) = \frac{5}{9}(122-32) = 50 \ [℃]$$

12 ★★

제1류 위험물로서 그 성질이 산화성 고체인 것은?

① 셀룰로이드류　　② 금속분류
③ 아염소산염류　　④ 과염소산

해설 제1류 위험물(산화성 고체)

1) 제1류 위험물 : 염소산염류, **아염소산염류**, 과염소산염류, 알칼리 금속의 과산화물, 브로민산염류, 과망가니즈산염류, 무기과산화물
2) 불연성, 산소를 함유한 강산화제
3) 가열, 충격, 마찰 등에 의해 폭발
4) 대부분 물에 잘 녹는다(습기주의).
5) 다량의 물을 사용하여 냉각소화
   (무기과산화물 : 건조사로 피복소화)

13 ★★★

폭발에 대한 설명으로 틀린 것은?

① 보일러 폭발은 화학적 폭발이라 할 수 없다.
② 분무 폭발은 기상 폭발에 속하지 않는다.
③ 수증기 폭발은 기상 폭발에 속하지 않는다.
④ 화약류 폭발은 화학적 폭발이라 할 수 있다.

해설 폭발의 형태

구분	응상폭발	기상폭발
정의	고·액체의 폭발	기체의 폭발
특징	물리적 폭발	화학적 폭발
종류	**수증기폭발**, 증기폭발, 전선폭발, 상전이폭발, 압력방출에 의한 폭발, **보일러폭발**, 블레비(BLEVE)	유증기폭발, 가스폭발, 산화폭발, **분무폭발**, 분진폭발, 분해폭발, 중합폭발, **화약류폭발**, 증기운폭발(UVCE)

14 ★ (난이도 상)

부피비로 질소가 65 [%], 수소가 15 [%] 이산화탄소가 20 [%]로 혼합된 전압이 760 [mmHg] 기체가 있다. 이때 질소의 분압은 약 몇 [mmHg]인가? (단, 모두 이상기체로 간주한다)

① 152 ② 252
③ 394 ④ 494

해설 혼합기체의 압력

돌턴의 분압법칙에 의해 혼합기체의 전체 압력 P와 각 기체의 분압 P_1, P_2 사이에는 다음과 같은 관계식이 성립함

$$\text{돌턴의 분압법칙 } P = P_1 + P_2$$

이때 일정온도, 일정압력에서 여러가지 기체를 혼합하여 하나의 혼합기체를 만들 때 혼합기체가 차지하는 체적은 혼합 전에 각 기체가 차지했던 체적의 합과 같고, 혼합기체의 압력은 각 기체의 분압을 합한 것과 같다.

따라서

질소의 분압 = 혼합 기체의 전압 × 질소의 부피비
= 760 [mmHg] × 0.65
= 494 [mmHg]

15 ★★★

할로겐화합물소화약제로부터 기대할 수 있는 소화작용으로 틀린 것은?

① 부촉매작용 ② 냉각작용
③ 유화작용   ④ 질식작용

해설 할로겐화합물소화약제의 소화작용

• 부촉매작용
• 질식작용
• 냉각작용

보충 유화작용 : 물분무소화

16 ★★★

건축물에 화재가 발생할 때 연소확대를 방지하기 위한 계획에 해당되는 않는 것은?

① 수직계획 ② 입면계획
③ 수평계획 ④ 용도계획

해설 방화구획

1) **층(수직)** 또는 **면적(수평)별 구획**
2) 피난용 승강기의 승강로 구획
3) **용도별 구획**
4) 방화댐퍼 설치

정답 13 ② 14 ④ 15 ③ 16 ②

17 ★★★

산소와 질소의 혼합물인 공기의 평균 분자량은? (단, 공기는 산소 21 [vol%], 질소 79 [vol%]로 구성되어 있다고 가정한다)

① 30.84
② 29.84
③ 28.84
④ 27.84

해설 공기 분자량

1) N_2 = 14 [g] × 2 = 28 [g/mol]
2) O_2 = 16 [g] × 2 = 32 [g/mol]

따라서
공기 분자량 = (28 × 0.79) + (32 × 0.21)
= 28.84 [g/mol]

보충 원자량(H : 1, C : 12, N : 14, O : 16)

18 ★ (난이도 상)

고가의 압력탱크가 필요하지 않아서 대용량의 포소화설비에 채용되는 것으로 펌프의 토출관에 압입기를 설치하여 포소화약제 압입용 펌프로 포소화약제를 압입시켜 혼합하는 방식은?

① 프레셔 프로포셔너 방식
   (Pressure Proportioner Type)
② 프레셔사이드 프로포셔너 방식
   (Pressure Side Proportioner Type)
③ 펌프 프로포셔너 방식
   (Pump Proportioner Type)
④ 라인 프로포셔너 방식
   (Line Proportioner Type)

해설 포소화설비 포혼합장치 종류

1) 라인 프로포셔너 방식 : 벤추리관의 벤추리작용에 따라 소화약제를 흡입·혼합하는 방식
2) 프레셔 프로포셔너 방식 : 벤추리관의 벤추리작용과 포소화약제 저장탱크압력에 따라 소화약제를 흡입·혼합하는 방식
3) 펌프 프로포셔너 방식 : 흡입기에 물 일부를 보내고, 농도 조정밸브에서 조정된 포소화약제의 필요량을 소화약제 탱크에서 펌프 흡입 측으로 보내는 방식
4) 프레셔사이드 프로포셔너 방식 : 압입기 설치하여 소화약제 압입용 펌프로 소화약제를 압입시켜 혼합하는 방식
5) 압축공기포 믹싱챔버방식 : 물, 포 소화약제 및 공기를 믹싱챔버로 강제주입시켜 챔버 내에서 포수용액을 생성한 후 포를 방사하는 방식

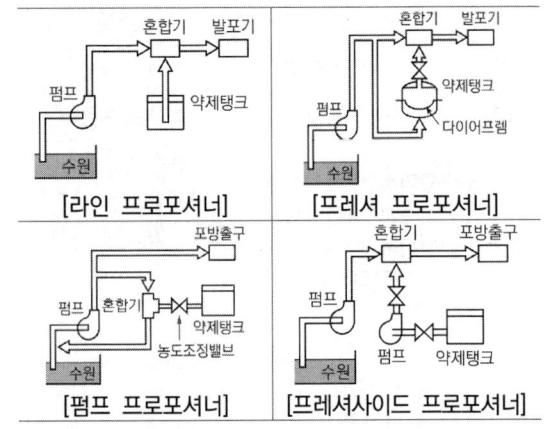

[라인 프로포셔너] [프레셔 프로포셔너]
[펌프 프로포셔너] [프레셔사이드 프로포셔너]

19 ★★★

전기화재가 발생되는 발화 요인으로 틀린 것은?

① 역률
② 합선
③ 누전
④ 과전류

정답 17 ③ 18 ② 19 ①

📖 **해설** 전기화재 원인

1) 과전류(과부하)
2) 단락(합선)
3) 누전
4) 낙뢰
5) 전기불꽃
6) 정전기로 인한 스파크 발생

보충
- 단락 : 전기 회로의 두 점 사이의 절연이 잘 안되어서 두 점 사이가 접속되는 일
- 누전 : 절연이 불완전하거나 시설이 손상되어 전기가 전깃줄 밖으로 새어 흐름

TIP 역률 : 유효전력을 피상전력으로 나눈 값으로 역률이 1, 즉 100 [%]라는 것은 무효전력이 아예 존재하지 않다는 것임을 의미함

20 ★★★

제1석유류는 어떤 위험물에 속하는가?

① 산화성 액체
② 인화성 액체
③ 자기반응성 물질
④ 금수성 물질

📖 **해설** 위험물의 분류

구분	개요
제1류	**산**화성 고체
제2류	**가**연성 고체
제3류	**자**연발화성 및 금수성 물질
제4류	**인**화성 액체
제5류	**자**기반응성 물질
제6류	**산**화성 액체

암기 산가자 인자산

정답 20 ②

소방유체역학

21 ★★★

다음 중 이상유체(Ideal Fluid)에 대한 설명으로 가장 적합한 것은?

① 점성이 없는 유체
② 압축성이 없는 유체
③ 점성과 압축성이 없는 유체
④ 뉴턴의 점성법칙을 만족하는 유체

해설 이상유체

점성과 압축성이 없는 유체

22 ★★★

저장용기에 압력이 800 [kPa]이고, 온도가 80 [℃]인 이산화탄소가 들어 있다. 이산화탄소의 비중량 [N/m³]은? (단, 일반기체상수는 8314 [J/kmol·K]이다)

① 113.4 ② 117.6
③ 121.3 ④ 125.4

해설 이상기체상태 방정식

비중량 $\gamma = \rho g$
여기서, γ : 비중량 [N/m³]
ρ : 밀도 [kg/m³]
g : 중력가속도 [m/s²]

1) 밀도 ρ

$$PV = \frac{W}{M}RT \rightarrow \frac{W}{V} = \frac{PM}{RT}$$

$$\rho = \frac{PM}{RT} = \frac{800[kPa] \times 44[kg/kmol]}{8.314[kJ/kmol \cdot K] \times (273+80)[K]}$$

$$= 11.99[kg/m^3]$$

2) 비중량 γ

$$\gamma = \rho g = 11.99 \times 9.8 = 117.6[N/m^3]$$

P : 절대압력 [kPa]
V : 부피 [m³]
M : 분자량 [kg/kmol]
W : 기체의 질량 [kg]
R : 기체상수 (8.314 [kPa·m³/kmol·K])
T : 절대온도 [K] (273 + [℃])

23 ★★★

배연설비의 배관을 흐르는 공기의 유속을 피토 정압관으로 측정할 때 정압단과 정체압단에 연결된 U자관의 수은 기둥 높이차가 0.03 [m]이었다. 이때 공기의 속도는 약 몇 [m/s]인가? (단, 공기의 비중은 0.00122, 수은의 비중 13.6이다)

① 81 ② 86
③ 91 ④ 96

해설 공기의 유속

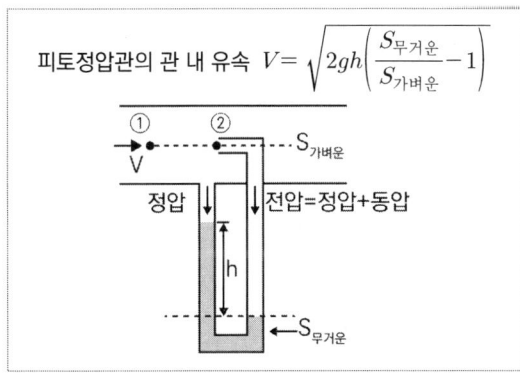

피토정압관의 관 내 유속 $V = \sqrt{2gh\left(\dfrac{S_{무거운}}{S_{가벼운}} - 1\right)}$

유속 $V = \sqrt{2gh\left(\dfrac{S_{수은}}{S_{공기}} - 1\right)}$

$= \sqrt{2 \times 9.8 \times 0.03 \times \left(\dfrac{13.6}{0.00122} - 1\right)}$

$= 80.9578 ≒ 81 [m/s]$

해설 펌프의 2대의 직/병렬 운전

구분	직렬 운전	병렬 운전
개념도	P—P	P / P
$H-Q$ 곡선	양정 H, 2대운전, 1대운전, 유량 Q	양정 H, 2대운전, 1대운전, 유량 Q
특징	① **유량**: Q ② **양정**: $2H$	① 유량: $2Q$ ② 양정: H

24 ★★★

옥내소화전용 소방펌프 2대를 직렬로 연결하였다. 마찰손실을 무시할 때 기대할 수 있는 효과는?

① 펌프의 양정은 증가하나 유량은 감소한다.
② 펌프의 유량은 증대하나 양정은 감소한다.
③ 펌프의 양정은 증가하나 유량과는 무관하다.
④ 펌프의 유량은 증대하나 양정과는 무관하다.

25 ★★★

15 [℃]의 물 24 [kg]과 80 [℃]의 물 85 [kg]을 혼합한 경우, 최종 물의 온도 [℃]는?

① 32.8 ② 42.5
③ 65.7 ④ 75.5

해설 최종 물의 온도

$m_1 C(T_{최종} - T_1) = m_2 C(T_2 - T_{최종})$

$m_1 \cancel{C}(T_{최종} - T_1) = m_2 \cancel{C}(T_2 - T_{최종})$

$m_1(T_{최종} - T_1) = m_2(T_2 - T_{최종})$

$24(T_{최종} - 15) = 85(80 - T_{최종})$

$\therefore T_{최종} = 65.68 [℃]$

정답 24 ③ 25 ③

26 ★★★

안지름 50 [mm]인 관에 동점성계수 2×10^{-3} [cm²/s]인 유체가 흐르고 있다. 층류로 흐를 수 있는 최대량은 약 얼마인가? (단, 임계레이놀즈수는 2100으로 한다)

① 16.5 [cm³/s]   ② 33 [cm³/s]
③ 49.5 [cm³/s]   ④ 66 [cm³/s]

해설 층류로 흐를 수 있는 최대유량

레이놀즈수 $Re = \dfrac{\rho VD}{\mu} = \dfrac{VD}{\nu}$

여기서, ρ : 밀도 [kg/m³]
V : 유속 [m/s], D : 직경 [m]
μ : 점성계수 [N·s/m²]
ν : 동점성계수 [m²/s]

1) 유속 $V = \dfrac{Re \cdot \nu}{D}$

$= \dfrac{2100 \times 2 \times 10^{-3} [cm^2/s]}{5 [cm]}$

$= 0.84 [cm/s]$

2) 유량 $Q = AV = \dfrac{\pi}{4} D^2 \times V$

$= \left(\dfrac{\pi}{4} \times 5^2\right)[cm^2] \times 0.84 [cm/s]$

$= 16.5 [cm^3/s]$

27 ★★★

물의 체적을 2 [%] 축소시키는 데 필요한 압력 [MPa]은? (단, 물의 체적탄성계수는 2.08 [GPa]이다)

① 32.1   ② 41.6
③ 45.4   ④ 52.5

해설 체적탄성계수

체적탄성계수 $K = -\dfrac{\Delta P}{\Delta V / V_1} = -\dfrac{\Delta P}{\dfrac{(V_2 - V_1)}{V_1}}$

$K = -\dfrac{\Delta P}{\Delta V / V}$

$\Delta P = -K \times \dfrac{\Delta V}{V}$

$= -2.08 \times 10^9 \times (-0.02)$

$= 41.6 \times 10^6 [Pa]$

$= 41.6 [MPa]$

※ $\dfrac{\Delta V}{V_1}$ 가 (-)인 이유 : 체적이 감소하기 때문

보충 1 [MPa] = 10^6 [Pa]
G[기가] : 10^9, M[메가] : 10^6, k[킬로] : 10^3

28 ★★★

가로 80 [cm], 세로 50 [cm]이고 300 [℃]로 가열된 평판에 수직한 방향으로 25 [℃]의 공기를 불어주고 있다. 대류 열전달계수가 25 [W/m²·K]일 때 공기를 불어넣는 면에서의 열전달률[kW]은?

① 2.04   ② 2.75
③ 5.16   ④ 7.33

해설 대류 열전달

대류열량 $\dot{Q}[W] = hA\Delta T = hA(T_2 - T_1)$

여기서, h : 대류열전달계수 [W/m²·K]
A : 면적 [m²]
ΔT : 온도차 [K]

대류열 $\dot{Q} = hA\Delta T = hA(T_2 - T_1)$

$= 25 \times (0.8 \times 0.5) \times (300 - 25)$

$= 2750 [W] = 2.75 [kW]$

29 ★

그림과 같이 속도 V인 유체가 정지하고 있는 곡면 깃에 부딪혀 그림의 각도로 유동 방향이 바뀐다. 유체가 곡면에 가하는 힘의 x, y 성분의 크기를 |F_x|와 |F_y|라 할 때 |F_y| / |F_x|는? (단, 유동 단면적은 일정하고, 0° < θ < 90°이다)

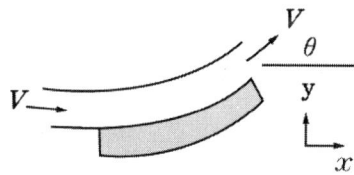

① $\dfrac{1-\cos\theta}{\sin\theta}$

② $\dfrac{\sin\theta}{1-\cos\theta}$

③ $\dfrac{1-\sin\theta}{\cos\theta}$

④ $\dfrac{\cos\theta}{1-\sin\theta}$

해설 곡면에 가하는 힘

힘의 x성분 크기 $F_x = \rho QV(1-\cos\theta)$

힘의 y성분 크기 $F_y = \rho QV\sin\theta$

$\dfrac{|F_y|}{|F_x|} = \dfrac{\rho QV\sin\theta}{\rho QV(1-\cos\theta)}$

$= \dfrac{\sin\theta}{(1-\cos\theta)}$

ρ : 밀도 (물의 밀도 1000 $[kg/m^3, N\cdot s^2/m^4]$)

Q : 유량 $[m^3/s]$, V : 유속 $[m/s]$

30 ★

지름이 400 [mm]인 베어링이 400 [rpm]으로 회전하고 있을 때 마찰에 의한 손실동력은 약 몇 [kW]인가? (단, 베어링과 축 사이에는 점성계수가 0.049 [N·s/m²]인 기름이 차 있다)

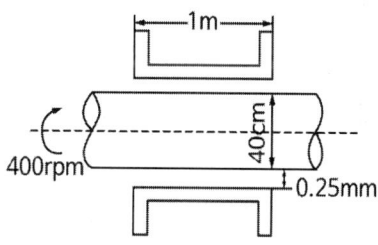

① 15.1 ② 15.6
③ 16.3 ④ 17.3

해설 베어링 손실동력

동력 $P[kW] = \dfrac{F \times S}{t} = F \times V$

여기서, F : 힘 [N], S : 거리 [m]
t : 시간 [sec], V : 속도 [m/s]

1) 유속 $V = \dfrac{\pi DN}{60}$

$= \dfrac{\pi \times 0.4 \times 400}{60} = 8.38 [m/s]$

2) 면적 $A = \pi DL = \pi \times 0.4 \times 1 = 1.256 [m^2]$
   (∵ 마찰이 작용하는 면의 면적)

3) 전단응력 $\tau = \mu \dfrac{du}{dy}$

$= 0.049 \times \dfrac{8.38}{0.00025} = 1642.48 [N/m^2]$

4) 전단력 $F = \tau A = 1642.48 \times 1.256 = 2062.55 [N]$

5) 손실동력 $P = FV$

$= 2062.55 [N] \times 8.38 [m/s]$

$= 17287.6 [W] = 17.28 [kW]$

N : 회전수 [rpm], D : 축의 지름 [m]
L : 베어링의 폭 [m]

정답 29 ② 30 ④

31 ★★★

안지름이 5 [mm]인 원형 직선 관 내에 0.2×10^{-3} [m³/min]의 물이 흐르고 있다. 유량을 두 배로 하기 위해서는 직선 관 양단의 압력차가 몇 배가 되어야 하는가? (단, 물의 동점성계수는 10^{-6} [m²/s]이다)

① 1.14배 ② 1.41배
③ 2배   ④ 4배

해설 양단의 압력차

하겐 포아젤 공식
압력손실 $\triangle P[Pa] = \dfrac{128\mu LQ}{\pi D^4}$

여기서, μ : 점성계수 [N·s/m²]
L : 길이 [m]
Q : 유량 [m³/s]
D : 직경 [m]

$Re = \dfrac{DV}{\nu} = \dfrac{D\dfrac{Q}{A}}{\nu}$

$= \dfrac{0.005 \times \dfrac{\left(\dfrac{0.2 \times 10^{-3}}{60}\right)}{\dfrac{\pi}{4}0.005^2}}{10^{-6}} = 848.8$ (층류)

층류이므로 하겐 포아젤 식을 사용할 수 있으며, $\triangle P \propto Q$ 이다.
따라서 Q가 $2Q$가 되면 $\triangle P$는 $2\triangle P$가 된다.

32 ★★★

다음 계측기 중 측정하고자 하는 것이 다른 것은?

① Bourdon 압력계
② U자관 마노미터
③ 피에조미터
④ 열선풍속계

해설 유체의 측정

구분	측정기기
유량	벤추리미터, 오리피스, 로터미터, 위어, 노즐
압력 (정압)	**피에조미터**, 정압관, **부르돈(관)압력계**, **마노미터**
유속 (동압)	피토관, 피토정압관, 시차액주계, **열선풍속계**

33 ★

그림과 같이 스프링상수(Spring Constant)가 10 [N/cm]인 4개의 스프링으로 평판 A를 벽 B에 그림과 같이 설치되어 있다. 이 평판에 유량 0.01 [m³/s], 속도 10 [m/s]인 물 제트가 평판 A의 중앙에 직각으로 충돌할 때, 물 제트에 의해 평판과 벽 사이의 단축되는 거리는 약 몇 [cm]인가?

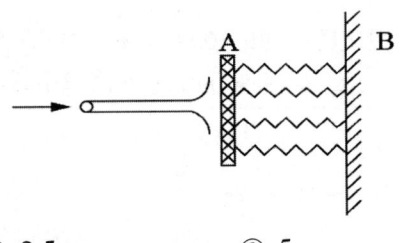

① 2.5   ② 5
③ 10   ④ 40

정답 31 ③ 32 ④ 33 ①

해설 평판과 벽 사이 단축거리

운동량방정식 $F = \rho QV = 4kx$

거리 $x = \dfrac{\rho QV}{4k}$

$= \dfrac{1000 \times 0.01 \times 10}{4 \times \left(10 \times \dfrac{100}{1}\right)}$

$= 0.025 \, [\text{m}]$

∴ 평판과 벽 사이 단축되는 거리

$= 0.025 \, [\text{m}] = 2.5 \, [\text{cm}]$

ρ : 밀도 [kg/m³] Q : 유량 [m³/s]
V : 유속 [m/s] k : 스프링 상수
x : 거리 [m]

35 ★★★

유효낙차가 65 [m]이고 유량이 20 [m³/s]인 수력발전소에서 수차의 이론 출력[kW]은?

① 12740 ② 1300
③ 12.74 ④ 1.3

해설 수차의 이론 출력 계산

수차의 이론출력 $P[kW] = \gamma \times Q \times H$
여기서, γ : 물의 비중량 [9.8 kN/m³]
Q : 유량 [m³/s], H : 전양정 [m]

$P = \gamma QH = 9.8 \times 20 \times 65 = 12740 \, [kW]$

34 ★★

이상기체의 등엔트로피 과정에 대한 설명 중 틀린 것은?

① 폴리트로픽 과정의 일종이다.
② 가역단열과정에서 나타난다.
③ 온도가 증가하면 압력이 증가한다.
④ 온도가 증가하면 비체적이 증가한다.

해설 등엔트로피 과정(가역단열 과정)

1) 기체가 압축 또는 팽창되는 과정에서 엔트로피의 변화가 없어서 주변과의 열 교환이 없는 상태이다.
2) 단열이므로 온도가 증가하면 압력이 증가하고, **비체적이 감소**한다.

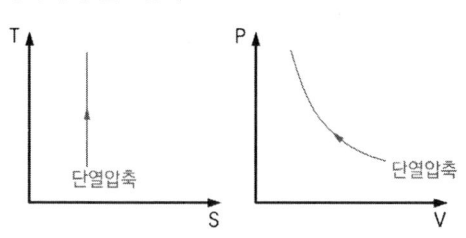

[등엔트로피 과정 중 온도 증가]

36 ★★★

내경이 D인 배관에 비압축성 유체인 물이 V의 속도로 흐르다가 갑자기 내경이 3D가 되는 확대관으로 흘렀다. 확대된 배관에서 물의 속도는 어떻게 되는가?

① 변화 없다.
② 1/3로 줄어든다.
③ 1/6로 줄어든다.
④ 1/9로 줄어든다.

해설 확대관에서 물의 속도(Q = AV)

체적유량 $Q[\text{m}^3/s] = AV$
여기서, A : 배관의 단면적 [m²]
V : 유속 [m/s]

$A_1 V_1 = A_2 V_2$

$1^2 \times 1 = 3^2 \times V_2$

∴ $V_2 = \dfrac{1}{9}$

정답 34 ④ 35 ① 36 ④

37 ★★★

그림과 같이 반지름이 1 [m], 폭(y방향) 2 [m]인 곡면 AB에 작용하는 물에 의한 힘의 수직성분(z방향) Fz와 수평성분(x방향) Fx와의 비(Fz/Fx)는 얼마인가?

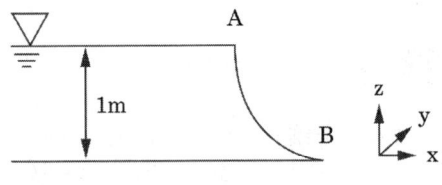

① $\pi/2$
② $2/\pi$
③ 2π
④ $1/2\pi$

해설 수평분력과 수직분력

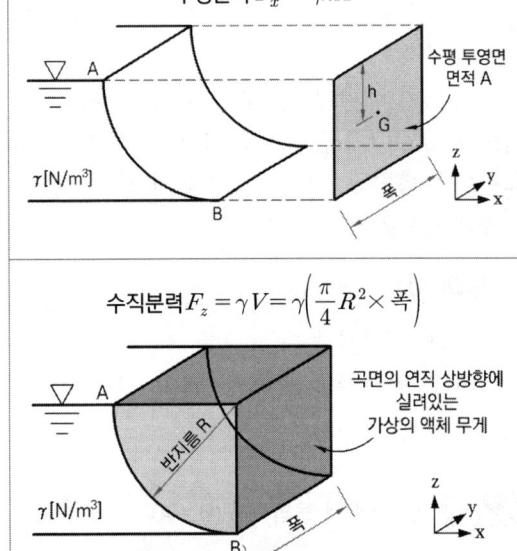

1) 수평분력 F_x

$$F_x = \gamma h A = \gamma \times \frac{R}{2} \times (R \times 폭)$$

$$= \gamma \times \frac{1}{2} \times (1 \times 2) = \gamma$$

2) 수직분력 F_z

$$F_z = \gamma V = \gamma \left(\frac{\pi}{4} R^2 \times 폭\right)$$

$$= \gamma \left(\frac{\pi}{4} \times 1^2 \times 2\right) = \gamma \frac{\pi}{2}$$

3) F_z와 F_x와의 비 $\left(\dfrac{F_z}{F_x}\right)$

$$\frac{F_z}{F_x} = \frac{\left(\gamma \dfrac{\pi}{2}\right)}{\gamma} = \frac{\pi}{2}$$

F_x : 수평분력
F_z : 수직분력
γ : 비중량
h : 투영면의 도심점까지 높이
A : 투영면적
R : 곡면의 반지름
V : 곡면 연직상방향의 체적

38 ★★★

관로의 손실에 관한 내용 중 등가길이의 의미로 옳은 것은?

① 부차적 손실과 같은 크기의 마찰 손실이 발생할 수 있는 직관의 길이
② 배관 요소 중 곡관에 해당하는 총길이
③ 손실계수에 손실 수두를 곱한 값
④ 배관시스템의 밸브, 벤드, 티 등 추가적 부품의 총길이

해설 등가길이

부차적 손실과 같은 크기의 마찰 손실이 발생할 수 있는 직관의 길이 $L_e = \dfrac{KD}{f}$

39 ★★★

다음 중 캐비테이션(공동현상) 방지방법으로 옳은 것은 모두 고른 것은?

> ㉠ 펌프의 설치위치를 낮추어 흡입 양정을 작게 한다.
> ㉡ 흡입관의 지름을 작게 한다.
> ㉢ 펌프의 회전수를 작게 한다.

① ㉠, ㉡　　　② ㉠, ㉢
③ ㉡, ㉢　　　④ ㉠, ㉡, ㉢

해설 공동현상(Cavitation)

1) 개념 : 펌프 흡입 측 배관의 손실이 증가하여 소화수의 정압이 증기압 이하로 낮아져서 기포가 발생하는 현상이다.
2) 방지대책
   (1) **펌프의 위치를 수원보다 낮게 한다.**
   (2) 흡입배관의 구경을 크게 한다.
   (3) **펌프의 회전수를 낮춘다.**
   (4) 양흡입펌프를 사용한다.
   (5) 2대 이상의 펌프를 사용한다.
   (6) 펌프의 흡입 측을 가압한다.
   (7) 입형펌프를 사용하고, 회전차를 수중에 완전히 잠기게 한다.
   (8) 흡입관의 길이를 줄이거나 밸브, 플랜지 등을 조정하여 흡입 손실수두를 줄인다.

40 ★★★

중력가속도가 10.6 [m/s²]인 곳에서 어떤 금속체의 중량이 100 [N]이었다. 중력가속도가 1.67 [m/s²]인 달 표면에서 이 금속체의 중량 [N]은?

① 13.1　　　② 14.2
③ 15.8　　　④ 17.2

해설 금속체의 중량(비례식 이용)

$W = mg$ 이므로 $W \propto g$

$10.6 [m/s^2] : 100 [N] = 1.67 [m/s^2] : x [N]$

$x = \dfrac{100 \times 1.67}{10.6} = 15.75 [N]$

W : 무게 [N]
m : 질량 [kg]
g : 중력가속도 [m/s²]

정답 39 ②　40 ③

2019년 4회 소방관계법규

41 ★★★

소방시설 설치 및 관리에 관한 법령상 무창층으로 판정하기 위한 개구부가 갖추어야 할 요건으로 틀린 것은?

① 크기는 반지름 30 [cm] 이상의 원이 통과할 수 있을 것
② 해당 층의 바닥면으로부터 개구부 밑 부분까지 높이가 1.2 [m] 이내일 것
③ 도로 또는 차량이 진입할 수 있는 빈터를 향할 것
④ 화재 시 건축물로부터 쉽게 피난할 수 있도록 창살이나 그 밖의 장애물이 설치되지 아니할 것

해설 무창층, 개구부

1) 무창층 : 개구부 면적 합계가 해당 층 바닥면적의 1/30 이하가 되는 층
2) 개구부 기준
   - 크기 : 지름 50 [cm] 이상 원이 통과
   - 높이 : 1.2 [m] 이내
   - 도로, 차량 진입 가능한 빈터 향할 것
   - 창살이나 장애물 설치되지 않을 것
   - 내·외부에서 쉽게 부수거나 열 수 있을 것

42 ★★★

화재안전기술기준을 달리 적용하여야 하는 특수한 용도 또는 구조를 가진 특정소방대상물인 원자력발전소, 중·저준위방사성폐기물의 저장시설에 설치하지 아니할 수 있는 소방시설은?

① 옥내소화전설비 및 소화용수설비
② 연결송수관설비 및 연결살수설비
③ 옥내소화전설비 및 자동화재탐지설비
④ 스프링클러설비 및 물분무등소화설비

해설 화재안전기술기준 달리 적용 특정소방대상물

구분	특정소방대상물	소방시설
화재위험도가 낮은 특정소방대상물	석재, 불연성금속, 불연성 건축 재료 등의 가공공장, 기계조립공장, 불연성물품 저장 창고	옥외소화전설비, 연결살수설비
화재안전 기술기준 적용 어려운 특정소방대상물	펄프공장의 작업장, 음료수 공장의 세정·충전 작업장 등	스프링클러설비, 상수도소화용수설비, 연결살수설비
	정수장, 수영장, 목욕장, 농예·축산·어류양식용시설 등	자동화재탐지, 상수도소화용수, 연결살수설비
화재안전 기술기준을 달리 적용하여야 하는 특수한 용도·구조의 특정소방대상물	• 원자력발전소 • 중·저준위방사성폐기물의 저장시설	연결송수관설비, 연결살수설비
위험물안전관리법에 따라 자체소방대 설치된 특정소방대상물	자체소방대가 설치된 위험물 제조소등에 부속된 사무실	옥내소화전설비, 소화용수설비, 연결살수설비 및 연결송수관설비

정답 41 ① 42 ②

43 ★★★

시장지역에서 화재로 오인할 만한 우려가 있는 불을 피우거나 연막 소독을 한 자가 소방본부장 또는 소방서장에게 신고를 하지 아니하여 소방자동차를 출동하게 한 때에 과태료 부과 금액 기준으로 옳은 것은?

① 20만 원 이하
② 50만 원 이하
③ 100만 원 이하
④ 200만 원 이하

해설 20만 원 이하의 과태료

화재로 오인할 만한 우려가 있는 불을 피우거나 연막 소독을 하기 전에 신고를 하지 않아 소방자동차를 출동하게 한 자
- 부과권자 : 소방본부장, 소방서장
- 과태료 : 20만 원 이하

44 ★★

제조소등의 설치허가 또는 변경허가를 받고자 하는 자는 설치허가 또는 변경허가신청서에 행정안전부령으로 정하는 서류를 첨부하여 누구에게 제출하여야 하는가?

① 소방본부장
② 소방서장
③ 소방청장
④ 시·도지사

해설 제조소 설치 및 변경

1) 설치허가자 : 시·도지사(행정안전부령)
2) 변경신고 : 변경하고자 하는 날의 1일 전
3) 허가 제외 장소
  - 주택의 난방시설(공동주택 중앙난방시설 제외)을 위한 저장소·취급소
  - 농예용·축산용·수산용으로 필요한 난방·건조시설을 위한 지정수량 20배 이하의 저장소

45 ★★★

소방기본법상 관계인의 소방활동을 위하여 정당한 사유 없이 소방대가 현장에 도착할 때까지 사람을 구출하는 조치 또는 불을 끄거나 불이 번지지 아니하도록 하는 조치를 하지 아니한 자에 대한 벌칙으로 옳은 것은?

① 100만 원 이하의 벌금
② 200만 원 이하의 벌금
③ 300만 원 이하의 벌금
④ 1000만 원 이하의 벌금

해설 100만 원 이하 벌금

(1) 정당한 사유 없이 소방대의 생활안전활동을 방해한 자
(2) 정당한 사유 없이 소방대가 현장에 도착할 때까지 사람을 구출하는 조치 또는 불을 끄거나 불이 번지지 않도록 하는 조치를 하지 않은 관계인
(3) 피난 명령을 위반한 사람
(4) 정당한 사유 없이 물 사용 및 수도 개폐장치 사용·조작을 못하게 하거나 방해한 자
(5) 위험물질의 공급을 차단하는 등 필요한 조치를 정당한 사유 없이 방해한 자

46 ★★★

화재의 예방 및 안전관리에 관한 법령상 대통령령으로 정하는 특수가연물 품명별 수량의 기준으로 옳은 것은?

① 가연성고체류 : 2 [m³] 이상
② 목재가공품 및 나무부스러기 : 5 [m³] 이상
③ 석탄·목탄류 : 3000 [kg] 이상
④ 면화류 : 200 [kg] 이상

정답 43 ① 44 ④ 45 ① 46 ④

해설 특수가연물

품명		수량
면화류		200 [kg] 이상
나무껍질 및 대팻밥		400 [kg] 이상
넝마 및 종이부스러기		1000 [kg] 이상
사류, 볏짚류		1000 [kg] 이상
가연성 고체류		3000 [kg] 이상
석탄·목탄류		10000 [kg] 이상
가연성 액체류		2 [m³] 이상
목재가공품 및 나무부스러기		10 [m³] 이상
고무류·플라스틱류	발포시킨 것	20 [m³] 이상
	그 밖의 것	3000 [kg] 이상

❂암기 면이 나대싸 넘사벽 천 가고삼 가액이 석목만 고발이

47 ★★

위험물안전관리법령상 위험물 및 지정수량에 대한 기준 중 다음 ( ) 안에 알맞은 것은?

> 금속분이라 함은 알칼리금속·알칼리토류금속·철 및 마그네슘 외의 금속의 분말을 말하고, 구리분·니켈분 및 (㉠)마이크로미터의 체를 통과하는 것이 (㉡)중량퍼센트 미만인 것은 제외한다.

① ㉠ 150, ㉡ 50
② ㉠ 53, ㉡ 50
③ ㉠ 50, ㉡ 150
④ ㉠ 50, ㉡ 53

해설 금속분

- 알칼리금속·알칼리토류금속·철·마그네슘 외 금속 분말
- 구리분·니켈분·150 [μm]의 체를 통과하는 것이 50중량퍼센트 미만인 것 제외

48 ★★

특정소방대상물의 소방시설등에 대한 자체점검 기술자격자의 범위에서 '행정안전부령으로 정하는 기술자격자'는?

① 소방안전관리자로 선임된 소방설비산업기사
② 소방안전관리자로 선임된 소방설비기사
③ 소방안전관리자로 선임된 전기기사
④ 소방안전관리자로 선임된 소방시설관리사 및 소방기술사

해설 소방시설 자체점검

1) 작동점검
   소방시설등을 인위적으로 조작하여 정상적으로 작동하는지 점검
2) 종합점검
   - 설비별 주요 구성 부품 구조기준이 화재 안전 기준 및 관련 법령에 적합한지 점검
   - 종합점검에 작동점검 사항 해당
   - 소방시설관리사 참여한 경우 소방시설관리업자, 소방안전관리자로 선임된 소방시설관리사·소방기술사 1명 이상 점검자

49 ★

소방시설 설치 및 관리에 관한 법령에서 정하는 소방시설이 아닌 것은?

① 캐비닛형 자동소화장치
② 이산화탄소소화설비
③ 가스누설경보기
④ 방열성 물질

정답 47 ① 48 ④ 49 ④

해설 소방시설

구분	소방시설
캐비닛형 자동소화장치	소화설비
이산화탄소소화설비	
가스누설경보기	경보설비

50 ★★

위험물안전관리법령에서 정하는 제3류 위험물에 해당하는 것은?

① 나트륨
② 염소산염류
③ 무기과산화물
④ 유기과산화물

해설 제3류 위험물(자연발화성물질 및 금수성물질)

품명	지정수량
칼륨	10 [kg]
나트륨	
알킬알루미늄	
알킬리튬	
황린	20 [kg]
알칼리금속 및 알칼리토금속	50 [kg]
유기금속화합물	
금속의 수소화물	300 [kg]
금속의 인화물	
칼슘 또는 알루미늄 탄화물	

보충 염소산염류, 무기과산화물 : 1류, 유기과산화물 : 5류

51 ★★★

성능위주설계를 할 수 있는 자의 기술인력에 대한 기준으로 옳은 것은?

① 소방기술사 1명 이상
② 소방기술사 2명 이상
③ 소방기술사 3명 이상
④ 소방기술사 4명 이상

해설 성능위주설계 자격·기술인력

1) 자격
 • 전문 소방시설설계업 등록한 자
 • 전문 소방시설설계업 등록기준 기술인력 갖춘 자로 소방청장이 정하여 고시하는 연구기관·단체
2) 기술인력 : 소방기술사 2명 이상

52 ★★★

소방안전관리자의 업무라고 볼 수 없는 것은?

① 소방계획서의 작성 및 시행
② 화재예방강화지구의 지정
③ 자위소방대의 구성·운영·교육
④ 피난시설, 방화구획 및 방화시설의 관리

해설 특정소방대상물 소방안전관리자와 관계인의 업무

1) 소방안전관리자의 업무
 (1) 피난계획 관련 사항과 대통령령으로 정하는 사항이 포함된 소방계획서 작성 및 시행
 (2) 자위소방대 및 초기대응체계 구성·운영·교육
 (3) 피난시설, 방화구획, 방화시설의 관리
 (4) 소방훈련 및 교육
 (5) 소방시설이나 그 밖의 소방 관련 시설의 관리
 (6) 화기 취급의 감독

정답 50 ① 51 ② 52 ②

(7) 소방안전관리에 관한 업무수행에 관한 기록·유지((3), (5), (6)항 업무)
(8) 화재 발생 시 초기대응
(9) 그 밖에 소방안전관리에 필요한 업무

2) 특정소방대상물 관계인의 업무
   (1) 피난시설, 방화구획, 방화시설의 관리
   (2) 소방시설이나 그 밖의 소방 관련 시설의 관리
   (3) 화기 취급의 감독
   (4) 화재 발생 시 초기대응
   (5) 그 밖에 소방안전관리에 필요한 업무

※ 화재예방강화지구의 지정 : 시·도지사

ⓒ 하도급대금 지급에 관한 다음의 어느 하나에 해당하는 서류
   ⓐ 공사대금 지급을 보증한 경우에는 하도급대금 지급보증서 사본
   ⓑ 보증이 필요하지 않거나, 적합하지 않다고 인정되는 경우 이를 증빙하는 서류 사본

3) 변경신고 : 변경일부터 30일 이내

53 ★★★

소방시설공사업자는 소방시설착공신고서의 중요한 사항이 변경된 경우에는 해당서류를 첨부하여 변경일로부터 며칠 이내에 소방본부장 또는 소방서장에게 신고하여야 하는가?

① 7일   ② 15일
③ 21일   ④ 30일

해설 착공신고

1) 착공신고 : 소방본부장, 소방서장
2) 첨부서류
   ① 소방시설공사 착공(변경) 신고서
   ② 소방시설공사업 등록증 사본 1부 및 등록수첩 사본 1부
   ③ 기술인력의 기술등급을 증명하는 서류 사본 1부
   ④ 소방시설공사 계약서 사본 1부
   ⑤ 설계도서(설계설명서 포함) 1부. 단, 건축허가 등의 동의요구서에 첨부된 서류 중 설계도서가 변경되지 않은 경우 설계도서 첨부 제외
   ⑥ 소방시설공사를 하도급하는 경우 다음 서류
      ㉠ 소방시설공사 등의 하도급통지서 사본

54 ★★

위험물안전관리법령상 제조소 또는 일반 취급소의 위험물취급탱크 노즐 또는 맨홀을 신설하는 경우, 노즐 또는 맨홀의 직경이 몇 [mm]를 초과하는 경우에 변경허가를 받아야 하는가?

① 250   ② 300
③ 450   ④ 600

해설 제조소등의 설치 및 변경

1) 설치허가자 : 시·도지사(행정안전부령)
2) 위험물 품명·수량·지정수량의 배수 변경신고 : 변경하고자 하는 날의 1일 전
3) 제조소·일반취급소 변경허가 받아야 하는 경우
   (1) 제조소·일반취급소 위치 이전
   (2) 배출설치 또는 불활성기체 봉입장치 신설
   (3) 위험물취급탱크 신설·교체·철거·보수
   (4) <u>위험물취급탱크 노즐 또는 맨홀 신설(노즐 또는 맨홀 직경 250 [mm] 초과하는 경우)</u>
   (5) 위험물취급탱크 탱크전용실 증설 또는 교체
4) 변경허가·변경신고 제외 장소
   (1) 주택의 난방시설(공동주택의 중앙난방시설 제외)을 위한 저장소·취급소
   (2) 농예용·축산용·수산용으로 필요한 난방시설 또는 건조시설을 위한 지정수량 20배 이하의 저장소

정답 53 ④ 54 ①

55 ★★

소방시설 설치 및 관리에 관한 법령에서 정하는 특정소방대상물의 분류로 틀린 것은?

① 카지노 영업소 – 위락시설
② 박물관 – 문화 및 집회시설
③ 물류터미널 – 운수시설
④ 변전소 – 업무시설

해설 창고시설
- 창고
- 하역장
- 물류터미널
- 집배송시설

56 ★★★

소방기본법상 소방의 역사화 안전문화를 발전시키고 국민의 안전의식을 높이기 위하여 소방체험관을 설립하여 운영할 수 있는 자는? (단, 소방체험관은 화재 현장에서의 피난 등을 체험할 수 있는 체험관을 말한다)

① 행정안전부장관　② 소방청장
③ 시·도지사　④ 소방본부장

해설 소방박물관, 소방체험관

소방박물관	소방체험관
소방청장	시·도지사
행정안전부령	시·도 조례
① 국내·외의 소방의 역사, ② 소방공무원의 복장 및 소방장비 등의 변천 및 발전에 관한 자료를 수집·보관 및 전시	① 재난·안전사고 유형에 따른 예방, 대처, 대응 등에 관한 체험교육 ② 체험교육 프로그램의 개발 및 국민 안전의식 향상을 위한 홍보·전시
① 소방박물관장 1인(소방공무원 중 소방청장이 임명), 부관장 1인 ② 운영위원회: 7인 이내	③ 체험교육 인력의 양성 및 유관기관·단체 등과 협력 ④ 시·도지사가 인정하는 사업

57 ★

특정소방대상물의 건축·대수선·용도변경 또는 설치 등을 위한 공사를 시공하는 자가 공사 현장에서 인화성 물품을 취급하는 작업 등 대통령령으로 정하는 작업을 하기 전에 설치하고 유지·관리해야 하는 임시소방시설의 종류가 아닌 것은? (단, 용접·용단 등 불꽃을 발생시키거나 화기를 취급하는 작업이다)

① 간이소화장치　② 비상경보장치
③ 자동확산소화기　④ 간이피난유도선

해설 임시소방시설의 종류와 설치기준

종류	기준
소화기	화재위험작업현장에 설치
간이소화장치	다음 어느 하나에 해당하는 작업현장 ① 연면적 3000 [m^2] 이상 ② 지하층·무창층·4층 이상의 층(이 경우 해당 층의 바닥면적이 600 [m^2] 이상인 경우만 해당)
비상경보장치	다음 어느 하나에 해당하는 작업현장 ① 연면적 400 [m^2] 이상 ② 지하층·무창층(이 경우 해당 층의 바닥면적이 150 [m^2] 이상인 경우만 해당)
간이피난유도선	바닥면적이 150 [m^2] 이상인 지하층·무창층의 작업현장에 설치

정답 55 ③　56 ③　57 ③

종류	기준
가스 누설 경보기	바닥면적이 150 [m²] 이상인 지하층·무창층의 작업현장에 설치
비상조명등	바닥면적이 150 [m²] 이상인 지하층·무창층의 작업현장에 설치
방화포	용접·용단 작업이 진행되는 작업장에 설치

58 ★★★

보일러, 난로, 건조설비, 가스·전기시설, 그 밖의 화재 발생 우려가 있는 설비 또는 기구 등의 위치·구조 및 관리와 화재예방을 위하여 불을 사용할 때 지켜야 하는 사항은 다음 중 어느 것으로 정하는가?

① 대통령령
② 총리령
③ 행정안전부령
④ 소방청훈령

해설 화재의 예방조치

1. 누구든지 화재예방강화지구 및 이에 준하는 대통령령으로 정하는 장소에서는 다음에 해당하는 행위를 하여서는 아니 된다. 다만 행정안전부령으로 정하는 바에 따라 안전조치를 한 경우에는 그러하지 아니한다.
   (1) 모닥불, 흡연 등 화기의 취급
   (2) 풍등 등 소형열기구 날리기
   (3) 용접·용단 등 불꽃을 발생시키는 행위
   (4) 그 밖에 대통령령으로 정하는 화재 발생 위험이 있는 행위
2. 소방관서장은 화재 발생 위험이 크거나 소화 활동에 지장을 줄 수 있다고 인정되는 행위나 물건에 대하여 행위 당사자나 그 물건의 소유자, 관리자 또는 점유자에게 다음의 명령을 할 수 있다. 다만 다음에 해당하는 물건의 소유자, 관리자 또는 점유자를 알 수 없는 경우 소속 공무원으로 하여금 그 물건을 옮기거나 보관하는 등 필요한 조치를 하게 할 수 있다.
   (1) 다음 어느 하나에 해당하는 행위의 금지 또는 제한
   (2) 목재, 플라스틱 등 가연성이 큰 물건의 제거, 이격, 적재 금지 등
   (3) 소방차량의 통행이나 소화 활동에 지장을 줄 수 있는 물건의 이동
3. 2. 단서에 따라 옮긴 물건 등에 대한 보관기간 및 보관기간 경과 후 처리 등에 필요한 사항은 대통령령으로 정한다.
4. 보일러, 난로, 건조설비, 가스·전기시설, 그 밖에 화재 발생 우려가 있는 대통령령으로 정하는 설비 또는 기구 등의 위치·구조 및 관리와 화재 예방을 위하여 불을 사용할 때 지켜야 하는 사항은 대통령령으로 정한다.
5. 화재가 발생하는 경우 불길이 빠르게 번지는 고무류·플라스틱류·석탄 및 목탄 등 대통령령으로 정하는 특수가연물(特殊可燃物)의 저장 및 취급 기준은 대통령령으로 정한다.

59 ★★★

다음 중 화재예방강화지구의 지정대상 지역과 가장 거리가 먼 것은?

① 공장지역
② 시장지역
③ 목조건물이 밀집한 지역
④ 소방용수시설이 없는 지역

해설 화재예방강화지구 지정

1) 지정권자 : 시·도지사
2) 화재예방강화지구 지정 요청 : 소방청장
3) 화재예방강화지구
   (1) 시장지역
   (2) 공장·창고가 밀집한 지역
   (3) 목조건물이 밀집한 지역
   (4) 노후·불량건축물이 밀집한 지역

정답 58 ① 59 ①

(5) 위험물의 저장 및 처리시설이 밀집한 지역
(6) 석유화학제품을 생산하는 공장이 있는 지역
(7) 산업입지 및 개발에 관한 법률에 따른 산업단지
(8) 소방시설·소방용수시설·소방출동로가 없는 지역
(9) 물류단지
(10) (1) ~ (9)까지 준하는 지역으로서 소방관서장이 화재예방강화지구로 지정할 필요가 있다고 인정하는 지역

구분	기준
2급	• 지하구, 공동주택(옥내, SP설치), 보물·국보로 지정된 목조건축물 • 가연성 가스 100톤 이상 1000톤 미만 저장·취급 시설 • 옥내소화전, 스프링클러, 간이, 물분무등소화설비 설치대상(호스릴 방식 물분무등소화설비만을 설치한 경우 제외)
3급	• 간이스프링클러설비 또는 자동화재탐지설비를 설치하여야 하는 특정소방대상물
비고	동·식물원, 철강 등 불연성 물품 저장·취급 창고, 위험물 제조소등, 지하구는 특급 및 1급 소방안전관리대상물에서 제외

60 ★★★

다음 중 1급 소방안전관리대상물 아닌 것은?

① 연면적 15000 [m²] 이상인 공장
② 층수가 11층 이상인 업무시설
③ 지하구
④ 가연성 가스를 1000톤 이상 저장·취급하는 시설

해설 소방안전관리대상물

구분	기준
특급	• 50층 이상(지하층 제외), 높이 200 [m] 이상 아파트 • 30층 이상(지하층 포함), 높이 120 [m] 이상 특정소방대상물(아파트 제외) • 연면적 100000 [m²] 이상 특정소방대상물(아파트 제외)
1급	• 30층 이상(지하층 제외), 높이 120 [m] 이상 아파트 • 11층 이상 특정소방대상물(아파트 제외) • 연면적 15000 [m²] 이상 특정소방대상물(아파트 및 연립주택 제외) • 가연성 가스 1000톤 이상 저장·취급 시설

정답 60 ③

2019년 4회
소방기계시설의 구조 및 원리

61 ★★★

다음은 특정소방대상물별 소화기구의 능력단위 기준에 대한 설명이다. ( ) 안에 들어갈 내용으로 알맞은 것은?

> 문화재에 소화기구를 설치할 경우 능력단위 기준에 따라 해당용도의 바닥면적( ) [m²]마다 능력단위 1단위 이상이 되어야 한다.

① 30
② 50
③ 100
④ 200

해설 특정소방대상물별 소화기구의 능력단위

특정소방대상물	소화기구의 능력단위
1. 위락시설	해당 용도의 바닥면적 30 [m²]마다 능력단위 1단위 이상
2. 공연장·집회장·관람장·**문화재**·장례식장 및 의료시설	**해당 용도의 바닥면적 50 [m²]마다 능력단위 1단위 이상**
3. 근린생활시설·판매시설·운수시설·숙박시설·노유자시설·전시장·공동주택·업무시설·방송통신시설·공장·창고시설·항공기 및 자동차 관련 시설 및 관광휴게시설	해당 용도 바닥면적 100 [m²]마다 능력단위 1단위 이상
4. 그 밖의 것	해당 용도 바닥면적 200 [m²]마다 능력단위 1단위 이상

※ 주요구조부가 내화구조이고 벽 및 반자의 실내에 면하는 부분이 불연·준불연·난연재료로 된 특정소방대상물은 위 표의 바닥면적의 2배를 기준면적으로 적용

62 ★★

일반적인 산알칼리 소화기를 약제방출 압력원에 대한 설명으로 옳은 것은?

① 산과 알칼리의 화학반응에 의해 생성된 CO_2의 압력이다.
② 소화기 내부의 질소가스 충전압력이다.
③ 소화기 내부의 이산화탄소 충전압력이다.
④ 수동펌프를 주고 이용하고 있다.

해설 산알칼리 소화기

산과 알칼리의 화학반응에 의해 발생되는 이산화탄소(CO_2)를 압력원으로 하여 약제를 방사함

63 ★★★

다음 중 입원실이 있는 3층 조산원에 대한 피난기구의 적응성으로 가장 거리가 먼 것은?

① 미끄럼대
② 승강식피난기
③ 피난용트랩
④ 공기안전매트

정답 61 ② 62 ① 63 ④

해설 의료시설 피난기구 적응성

구분	3층	4층 이상 10층 이하
의료시설 · 근린생활시설 중 입원실이 있는 의원 · 접골원 · 조산원	• **미끄럼대** • 구조대 • 다수인 피난장비 • **승강식피난기** • 피난교 • **피난용트랩**	• 구조대 • 다수인 피난장비 • 승강식피난기 • 피난교 • 피난용트랩

64 ★★★

소화설비에 대한 설명으로 틀린 것은?

① 물분무소화설비는 제4류의 위험물을 소화할 수 있는 물입자를 방사한다.
② 증류범위가 넓어 끓어 넘치는 위험이 있는 물질을 저장 또는 취급 하는 장소에는 물분무헤드를 설치하지 않을 수 있다.
③ 주차장에는 물분무소화설비를, 통신기기실에는 스프링클러설비를 설치해야 한다.
④ 폐쇄형 스프링클러헤드는 그 자체가 자동화재탐지장치의 역할을 할 수 있으나 개방형은 그렇지 못하다.

해설 물분무소화설비 및 스프링클러설비

1) 물분무소화설비는 물을 미립자 형태로 방사하는 소화설비로 제4류의 위험물을 소화할 수 있는 물입자를 방사한다(유화효과, 희석효과).
2) 증류범위가 넓어 끓어 넘치는 위험이 있는 물질을 저장 또는 취급 하는 장소에는 물분무헤드를 설치하지 않을 수 있다.
3) <u>주차장에는 물분무소화설비를 설치할 수 있으나, 통신기기실에는 스프링클러설비를 설치할 수 없다 (통신기기실 : 스프링클러헤드의 설치 제외 장소).</u>
4) 폐쇄형 스프링클러헤드는 감열체가 있어 열에 의하여 일정한 온도에 도달하면 방수구가 열려 헤드가 작동되도록 한다. 따라서 폐쇄형 스프링클러헤드는 그 자체가 자동화재탐지장치의 역할을 할 수 있으나 개방형은 감열체가 없으므로 그렇지 못하다.

65 ★★★

제연설비의 설치 시 아연도금강판으로 제작된 배출풍도 단면의 긴 변이 400 [mm]인 경우 (㉠)와 2500 [mm]인 경우(㉡), 강판의 최소 두께는 각각 몇 [mm]인가?

① ㉠ 0.4, ㉡ 1.0
② ㉠ 0.5, ㉡ 1.0
③ ㉠ 0.5, ㉡ 1.2
④ ㉠ 0.6, ㉡ 1.2

해설 풍도 크기와 강판 두께

풍도는 아연도금강판 또는 이와 동등 이상의 내식성 · 내열성이 있는 것으로 하며, 「건축법 시행령」제2조에 따른 불연재료(석면재료를 제외한다)인 단열재로 풍도외부에 유효한 단열처리를 하고, <u>강판의 두께는 풍도의 크기에 따라 다음 표에 따른 기준 이상으로 할 것</u>. 다만 방화구획이 되는 전용실에 급기송풍기와 연결되는 풍도는 단열이 필요 없다.

풍도단면의 긴 변 또는 직경의 크기	**450 [mm] 이하**	750 [mm] 이하	1500 [mm] 이하	2250 [mm] 이하	**2250 [mm] 초과**
두께 [mm]	**0.5**	0.6	0.8	1.0	**1.2**

정답 64 ③ 65 ③

66 ★★★

호스릴방식의 분말소화설비의 설치기준으로 틀린 것은?

① 소화약제의 저장용기는 호스릴 설치하는 장소마다 설치할 것
② 방호대상물의 각 부분으로부터 하나의 호스접결구까지의 수평거리가 15 [m] 이하가 되도록 할 것
③ 소화약제의 저장용기의 개방밸브는 호스릴의 설치장소에서 자동으로 개폐할 수 있는 것으로 할 것
④ 소화약제 저장용기의 가장 가까운 곳의 보기 쉬운 곳에 적색의 표시등을 설치하고, 호스릴방식의 분말소화설비가 있다는 뜻을 표시한 표지를 할 것

> **해설** 호스릴방식의 분말소화설비 설치기준

1) 방호대상물의 각 부분으로부터 하나의 호스접결구까지의 수평거리가 15 [m] 이하가 되도록 할 것
2) **소화약제 저장용기의 개방밸브는 호스릴의 설치장소에서 수동으로 개폐할 수 있는 것으로 할 것**
3) 소화약제 저장용기는 호스릴을 설치하는 장소마다 설치할 것
4) 하나의 노즐마다 1분당 방출하는 소화약제의 양

소화약제 종별	제1종	제2·3종	제4종
1분당 방출하는 소화약제의 양	**45 [kg/min]**	27 [kg/min]	18 [kg/min]

5) 소화약제 저장용기의 가장 가까운 곳의 보기 쉬운 곳에 적색의 표시등을 설치하고, 호스릴방식의 분말소화설비가 있다는 뜻을 표시한 표지를 할 것

67 ★★★

할론 1301을 전역방출방식으로 방출할 때 분사헤드의 최소 방출압력[MPa]은?

① 0.1
② 0.2
③ 0.9
④ 1.05

> **해설** 할론 전역방출방식 방출압력

1) 할론 2402 : 0.1 [MPa] 이상
2) 할론 1211 : 0.2 [MPa] 이상
3) **할론 1301 : 0.9 [MPa] 이상**

68 ★★★

폐쇄형 스프링클러헤드를 사용하는 설비에서 하나의 방호구역의 바닥면적의 기준은 몇 [m²] 이하인가? (단, 격자형 배관방식을 채택하지 않는다)

① 1500
② 2000
③ 2500
④ 3000

> **해설** 폐쇄형 헤드를 사용하는 설비의 방호구역 기준

하나의 방호구역의 바닥면적 : **3000 [m²] 이하**

정답 66 ③ 67 ③ 68 ④

69 ★★★

포소화설비에서 부상지붕구조의 탱크에 상부포 주입법을 이용한 포방출구 형태는?

① I형 방출구
② II형 방출구
③ 특형 방출구
④ 표면하주입식 방출구

해설 포방출구

탱크구조		포방출구
고정지붕구조 (콘루프 탱크)	상부포주입법	I, II 형
	저부포주입법	III, IV 형
부상지붕구조 (플로팅루프 탱크)	**상부포주입법**	**특형**

70 ★★★

분말소화설비에 사용하는 소화약제 중 제3종 분말의 주성분으로 옳은 것은?

① 인산염
② 탄산수소칼륨
③ 탄산수소나트륨
④ 요소

해설 분말소화약제 주성분

- 제1종 : 탄산수소나트륨(중탄산나트륨)
- 제2종 : 탄산수소칼륨(중탄산칼륨)
- **제3종 : 제1인산암모늄(제1인산염, 인산염류)**
- 제4종 : 탄산수소칼륨 + 요소

71 ★★

다음 시설 중 호스릴포소화설비를 설치할 수 있는 소방 대상물은?

① 완전 밀폐된 주차장
② 지상 1층으로서 지붕이 있는 부분
③ 주된 벽이 없고 기둥뿐인 고가 밑의 주차장
④ 바닥면적 합계가 1000 [m²] 미만인 항공기 격납고

해설 호스릴포소화설비 설치대상

1) 차고 또는 주차장
   다음의 어느 하나에 해당하는 차고·주차장의 부분에는 호스릴포소화설비 또는 포소화전설비를 설치할 수 있다.
   (1) 완전 개방된 옥상주차장 또는 고가 밑의 주차장으로서 주된 벽이 없고 기둥뿐이거나 주위가 위해방지용 철주 등으로 둘러싸인 부분
   (2) 지상 1층으로서 지붕이 없는 부분

2) 항공기격납고
   바닥면적의 합계가 1000 [m²] 이상이고 항공기의 격납위치가 한정되어 있는 경우에는 그 한정된 장소 외의 부분에 대하여는 **호스릴포소화설비**를 설치할 수 있다.

72 ★★★

소화용수 설비의 소요수량이 40 [m³] 이상 100 [m³] 미만인 경우에 채수구는 몇 개를 설치하여야 하는가?

① 1
② 2
③ 3
④ 4

해설 소화수조 및 저수조 채수구 설치기준

채수구는 다음 표에 따라 소방용호스 또는 소방용 흡수관에 사용하는 구경 65 [mm] 이상의 나사식 결합금속구를 설치할 것

정답 69 ③ 70 ① 71 ③ 72 ②

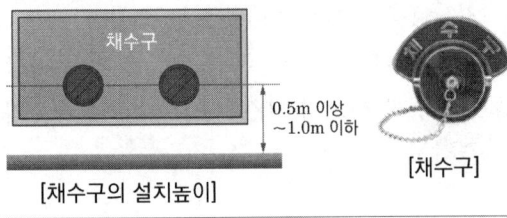

73 ★★

1개 층의 거실 면적이 400 [m²]이고 복도 면적이 300 [m²]인 소방대상물에 제연설비를 설치할 경우, 제연구역은 최소 몇 개인가?

① 1 ② 2
③ 3 ④ 4

해설 제연설비의 제연구역 구획기준

거실과 복도는 각각 제연구획해야 하므로
바닥면적 400 [m²]인 거실, 300 [m²]인 복도는 각각 제연구획해야 한다.
여기서 거실과 복도 모두 바닥면적이 각각 1000 [m²] 이내이므로
거실 1개 + 복도 1개 = 2개
따라서 제연구역의 최소수는 <u>2개</u>이다.

※ 제연설비의 제연구역 구획기준
1) **하나의 제연구역 면적 : 1000 [m²] 이내**
2) **거실과 통로(복도 포함)는 각각 제연구획할 것**
3) 통로상의 제연구역은 보행중심선의 길이가 60 [m]를 초과하지 않을 것
4) 하나의 제연구역은 직경 60 [m] 원 내에 들어갈 수 있을 것
5) 하나의 제연구역은 2 이상 층에 미치지 않도록 할 것

74 ★★★

습식스프링클러설비 외의 배관설비에는 헤드를 향하여 상향으로 경사를 유지하여야 한다. 이때 수평주행배관의 최소 기울기는?

① 1 / 500 ② 1 / 250
③ 1 / 100 ④ 2 / 100

해설 기울기 Summary

구분	설명
1 / 100 이상	연결살수설비 수평주행배관
2 / 100 이상	물분무소화설비 배수설비
1 / 250 이상	S/P 습식·부압식 외 가지배관
1 / 500 이상	S/P 습식·부압식 외 수평주행배관

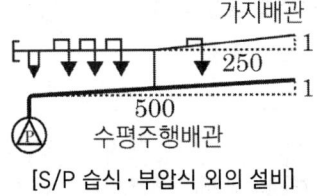

[S/P 습식·부압식 외의 설비]

75 ★★★

소화펌프의 원활한 기동을 위하여 설치하는 물 올림 장치가 필요한 경우는?

① 수원의 수위가 펌프보다 높을 경우
② 수원의 수위가 펌프보다 낮을 경우
③ 수원의 수위가 펌프와 수평일 때
④ 수원의 수위와 관계없이 설치

해설 수원이 펌프보다 낮을 때 설치하는 것

1) 풋밸브
2) 진공계 또는 연성계
3) 물올림장치

76 ★★★

특정소방대상물의 용도 및 장소별로 설치해야 할 인명구조기구의 기준으로 틀린 것은?

① 지하가 중 지하상가는 공기 호흡기를 층마다 2개 이상 비치할 것
② 문화 및 집회시설 중 수용인원 100명 이상의 영화상영관은 공기호흡기를 층마다 2개 이상 비치할 것
③ 물분무등소화설비 중 이산화탄소소화설비를 설치해야 하는 특정소방대상물은 공기호흡기를 이산화탄소소화설비가 설치된 장소의 출입구 외부 인근에 1대 이상 비치할 것
④ 지하층을 포함하는 층수가 7층 이상인 관광호텔은 방열복 또는 방화복, 공기호흡기, 인공소생기를 각 1개 이상 비치할 것

해설 용도 및 장소별로 설치해야 할 인명구조기구

④ 지하층을 포함하는 층수가 7층 이상인 관광호텔은 방열복 또는 방화복, 공기호흡기, 인공소생기를 **각 2개 이상** 비치할 것

특정소방대상물	인명구조기구	설치 수량
지하층을 포함하는 층수가 7층 이상인 관광호텔 및 5층 이상인 병원	• 방열복 또는 방화복 • 공기호흡기 • 인공소생기	각 2개 이상 비치할 것 (다만 병원의 경우 인공소생기를 설치하지 않을 수 있다)
• 문화 및 집회시설 중 수용인원 100명 이상의 영화상영관 • 판매시설 중 대규모 점포 • 운수시설 중 지하역사 • 지하가 중 지하상가	공기호흡기	층마다 2개 이상 비치할 것
물분무등소화설비 중 이산화탄소소화설비를 설치해야 하는 특정소방대상물 (호스릴이산화탄소소화설비는 제외한다)	공기호흡기	이산화탄소소화설비가 설치된 장소의 출입구 외부 인근에 1개 이상 비치할 것

[방열복]　[방화복]　[공기호흡기]　[인공소생기]

77 ★★

연결송수관설비 방수구의 설치기준에 대한 내용이다. 다음 ( ) 안에 들어갈 내용으로 알맞은 것은? (단, 집회장·관람장·백화점·도매시장·소매시장·판매시설·공장·창고시설 또는 지하가를 제외한다)

> 송수구가 부설된 옥내소화전을 설치한 특정소방대상물로서 지하층을 제외한 층수가 (㉠)층 이하이고 연면적이 (㉡) [m²] 미만인 특정소방대상물의 지상층에는 방수구를 설치하지 않을 수 있다.

① ㉠ 4, ㉡ 6000 ② ㉠ 5, ㉡ 6000
③ ㉠ 4, ㉡ 3000 ④ ㉠ 5, ㉡ 3000

해설 연결송수관설비 방수구 설치 제외

연결송수관설비의 방수구는 그 특정소방대상물의 층마다 설치할 것. 다만 다음의 어느 하나에 해당하는 층에는 설치하지 않을 수 있다.
1) 아파트의 1층 및 2층
2) 소방차의 접근이 가능하고 소방대원이 소방차로부터 각 부분에 쉽게 도달할 수 있는 피난층
3) 송수구가 부설된 옥내소화전을 설치한 특정소방대상물(집회장·관람장·백화점·도매시장·소매시장·판매시설·공장·창고시설 또는 지하가를 제외)로서 다음의 어느 하나에 해당하는 층
  (1) **지하층을 제외한 층수가 4층 이하이고 연면적이 6000 [m²] 미만**인 특정소방대상물의 지상층
  (2) 지하층의 층수가 2 이하인 특정소방대상물의 지하층

78 ★★★

최대 방수구역의 바닥면적이 60 [m²]인 주차장에 물분무소화설비를 설치하려고 하는 경우 수원의 최소 저수량은 몇 [m³]인가?

① 12   ② 16
③ 20   ④ 24

해설 물분무소화설비 수원의 저수량

소방대상물	토출량	비고
특수가연물을 저장·취급하는 특정소방대상물	10 [L/min·m²]	최소 바닥면적 50 [m²]
절연유봉입 변압기·**컨**베이어벨트	10 [L/min·m²]	–
케이블레이·**케이블**덕**트**	12 [L/min·m²]	–
차고·**주**차장	20 [L/min·m²]	최소 바닥면적 50 [m²]

- 저수량 = 면적 × 토출량 × 방수시간(20 [min])
  = 60 [m²] × 20 [L/min·m²] × 20 [min]
  = 24000 [L] = 24 [m³]

암기 특절컨 10, 케이트 12, 차주 20

79 ★★★

유량을 토출하여 펌프를 시험할 때 성능시험배관의 밸브를 막고 연속으로 운전할 경우 자동적으로 개방되는 것은 어느 밸브인가?

① 풋밸브
② 릴리프밸브
③ 시험밸브
④ 유량조절밸브

해설 릴리프밸브

가압송수장치의 체절운전 시 수온의 상승을 방지하기 위하여 체절압력 미만에서 릴리프밸브가 자동적으로 개방

80 ★★★

이산화탄소소화설비의 수동식 기동장치에 대한 설치기준으로 틀린 것은?

① 전기를 사용하는 기동장치에는 전원표시등을 설치할 것
② 전역방출방식은 방호구역마다, 국소방출방식은 방호대상물마다 설치할 것
③ 해당 방호구역의 출입구부분 등 조작을 하는 자가 쉽게 피난할 수 있는 장소에 설치할 것
④ 기동장치의 조작부는 바닥으로부터 높이 0.5 [m] 이상 0.8 [m] 이하의 위치에 설치하고, 보호판 등에 따른 보호장치를 설치할 것

해설 이산화탄소소화설비 수동식 기동장치

수동식 기동장치 부근에는 소화약제의 방출을 지연시킬 수 있는 방출지연스위치를 설치해야 한다.

1) 수동식 기동장치는 전역방출방식은 방호구역마다, 국소방출방식은 방호대상물마다 설치할 것
2) 해당 방호구역의 출입구 부근 등 조작을 하는 자가 쉽게 피난할 수 있는 장소에 설치할 것
3) 수동식 기동장치의 조작부는 바닥으로부터 0.8 [m] 이상 1.5 [m] 이하의 위치에 설치하고, 보호판 등에 따른 보호장치를 설치할 것
4) 기동장치 인근의 보기 쉬운 곳에 "이산화탄소소화설비 수동식 기동장치"라는 표지를 할 것
5) 전기를 사용하는 기동장치에는 전원표시등을 설치할 것
6) 기동장치의 방출용 스위치는 음향경보장치와 연동하여 조작될 수 있는 것으로 할 것
7) 기동장치에는 보호장치를 설치해야 하며, 보호장치를 개방하는 경우 기동장치에 설치된 부저 또는 벨 등에 의하여 경고음을 발할 것
〈시행 2024.8.1.〉
8) 기동장치를 옥외에 설치하는 경우 빗물 또는 외부 충격의 영향을 받지 아니하도록 설치할 것
〈시행 2024.8.1.〉

정답 79 ② 80 ④

격차를 뛰어넘어 **압도적인 격차**를 만들다

※ 소방기본법 내용 중 '문화재'라는 용어는 타법 개정(2024.5.7.)에 따라 '문화유산' 및 '국가유산'으로 변경·통일하였습니다. 학습에 참고바랍니다.

▶ 2018

▶ 세부구성

| 1회 | 소방원론
소방유체역학
소방관계법규
소방기계시설의 구조 및 원리
| 2회 | 소방원론
소방유체역학
소방관계법규
소방기계시설의 구조 및 원리
| 4회 | 소방원론
소방유체역학
소방관계법규
소방기계시설의 구조 및 원리

2018년 1회
소방원론

01 ★
내화구조의 지붕에 해당하지 않는 구조는?

① 철근콘크리트조
② 철골철근콘크리트조
③ 철재로 보강된 유리블록
④ 무근콘크리트조

해설 내화구조의 지붕

다음 어느 하나에 해당하는 것
1) 철근콘크리트조 또는 철골철근콘크리트조
2) 철재로 보강된 콘크리트블록조·벽돌조·석조
3) 철재로 보강된 유리블록·망입유리로 된 것

02 ★★★
조리를 하던 중 식용유 화재가 발생하면 신선한 야채를 넣어 소화할 수 있다. 이때의 소화방법에 해당하는 것은?

① 희석소화
② 냉각소화
③ 부촉매소화
④ 질식소화

해설 소화의 형태

소화	내용
냉각소화	열 흡수, 발화점 이하로 낮추어 소화
질식소화	산소농도 15 [%] 이하로 낮춤
제거소화	가연물을 차단, 격리
억제소화	연쇄반응을 차단, 부촉매소화

보충 신선한 야채가 화재로 인하여 발생한 열 흡수

03 ★★★
소화방법 중 질식소화에 해당하지 않는 것은?

① 이산화탄소소화기로 소화
② 포소화기로 소화
③ 마른모래로 소화
④ Halon - 1301소화기로 소화

해설 소화방법

소화원리	소화방법
냉각소화	• 스프링클러설비 • 옥내·외소화전설비
질식소화	• 이산화탄소소화설비 • 포소화설비 • 분말소화설비 • 물분무소화설비 • 불활성기체소화설비 • 마른모래·팽창질석·팽창진주암
억제소화	• 할로겐화합물소화설비 • 할론소화설비

정답 01 ④ 02 ② 03 ④

04 ★★★

건축물에서 방화구획의 구획 기준이 아닌 것은?

① 피난구획   ② 수평구획
③ 층간구획   ④ 용도구획

> **해설** 방화구획

1) 층(수직) 또는 면적(수평)별 구획
2) 피난용 승강기의 승강로 구획
3) 용도별 구획
4) 방화댐퍼 설치

05 ★ (난이도 상)

25 [℃]에서 증기압이 100 [mmHg]이고 증기밀도(비중)가 2인 인화성액체의 증기 – 공기밀도는 약 얼마인가? (단, 전압은 760 [mmHg]로 한다)

① 1.13   ② 2.13
③ 3.13   ④ 4.13

> **해설** 증기 – 공기밀도

$$\text{증기 – 공기밀도} = \frac{P_2 d}{P_1} + \frac{P_1 - P_2}{P_1}$$

$$\text{증기 – 공기밀도} = \frac{P_2 d}{P_1} + \frac{P_1 - P_2}{P_1}$$

$$= \frac{100 \times 2}{760} + \frac{760 - 100}{760}$$

$$\approx 1.13$$

P_1 : 대기압 [mmHg]
P_2 : 주변온도에서의 증기압 [mmHg]
d : 증기밀도

06 ★★★

미분무소화설비의 소화효과 중 틀린 것은?

① 질식   ② 부촉매
③ 냉각   ④ 유화

> **해설** 물(미분무)의 소화효과

효과	설명
냉각효과	증발(기화) 잠열에 의한 열 흡수
질식효과	기화 시 체적이 약 1650배(1600 ~ 1700배) 증가하여 주변 산소농도 낮춤
유화효과	에멀젼 형성, 가연성혼합기 생성 억제
희석효과	분해가스나 증기의 농도 낮춤

보충 부촉매효과 : 할론, 할로겐화합물, 분말

07 ★★★

가연물이 되기 위한 조건이 아닌 것은?

① 산화되기 쉬울 것
② 산소와의 친화력이 클 것
③ 활성화에너지가 클 것
④ 열전도도가 작을 것

> **해설** 가연물이 연소가 잘 되기 위한 구비조건

1) 활성화에너지가 작을 것 (-)
2) 열전도율이 작을 것 (-)
3) 산소와 접촉하는 표면적이 넓을 것 (+)
4) 발열량이 클 것 (+)
5) 산소와 친화력이 클 것 (+)
6) 연쇄반응을 일으킬 것 (+)

TIP 활성화에너지, 열전도율 (-)

정답 04 ①   05 ①   06 ②   07 ③

08 ★★★

자연발화성 물질이 아닌 것은?

① 황린
② 나트륨
③ 칼륨
④ 황

해설 제3류 위험물

구분	종류
제3류 위험물	• **황린, 칼륨(K), 나트륨(Na),** 알칼리금속(Li 등) 및 알칼리토금속(Ca 등) • 유기금속화합물, 금속의 수소화물(수소화리튬, 수소화나트륨, 수소화칼슘) • 금속의 인화물(인화칼슘) • 칼슘 또는 알루미늄의 탄화물(탄화칼슘, 탄화알루미늄)

• 제3류 위험물의 특징 및 소화
 (1) 자연발화성 물질 및 금수성 물질
 (2) 물과 접촉하면 발열·발화함(황린 제외)
 (3) 건조사, 팽창진주암, 팽창질석 등에 의한 질식소화(주수소화 절대엄금)

보충 황 : 제2류 위험물

09 ★★★

물의 비열과 증발잠열을 이용한 소화효과는?

① 희석효과
② 억제효과
③ 냉각효과
④ 질식효과

해설 물의 소화효과

효과	설명
냉각효과	증발(기화) 잠열 에 의한 열 흡수
질식효과	기화 시 체적이 약 1650배(1600 ~ 1700배) 증가하여 주변 산소농도 낮춤
유화효과	에멀젼 형성, 가연성혼합기 생성 억제
희석효과	분해가스나 증기의 농도 낮춤

10 ★★★

기름탱크에서 화재가 발생하였을 때 탱크 하부에 있는 물 또는 물 – 기름 에멀전이 뜨거운 열유층에 의해서 가열되어 유류가 탱크 밖으로 갑자기 분출하는 현상은?

① 리프트(Lift)
② 백 파이어(Back - Fire)
③ 플래시 오버(Flash Over)
④ 보일 오버(Boil Over)

해설 화재 시 발생현상

현상	설명
리프트	버너 내압이 커져 분출속도 빨라짐
보일 오버	중질유 탱크저부 에멀젼(물)이 증발하면서 부피가 팽창하여 유류 분출
플래시 오버	온도가 급격히 상승하여 화재가 순간적으로 실내 전체에 확산
백 파이어	가스가 노즐에서 나가는 속도가 연소 속도보다 느려 버너 내부에서 연소

11 ★★★

분말소화약제 중 A, B, C급의 화재에 모두 사용할 수 있는 것은?

① 제1종 분말소화약제
② 제2종 분말소화약제
③ 제3종 분말소화약제
④ 제4종 분말소화약제

해설 분말소화약제

종별	소화약제	약제색	적응화재
1종	탄산수소나트륨 (NaHCO₃)	**백**색	BC급
2종	탄산수소칼륨 (KHCO₃)	**담자**색 (담회색)	BC급
3종	제1인산암모늄 (NH₄H₂PO₄)	담**홍**색	ABC급
4종	탄산수소칼륨 + 요소 (KHCO₃+(NH₂)₂CO)	**회**(백)색	BC급

암기 백담사 홍어회

12 ★★★

전기 부도체이며 소화 후 장비의 오손 우려가 낮기 때문에 전기실이나 통신실 등의 소화설비로 적합한 것은?

① 스프링클러소화설비
② 옥내소화전설비
③ 포소화설비
④ 이산화탄소소화설비

해설 이산화탄소소화설비 적응대상

- **전기설비, 케이블실**
- 서고, 전자제품 창고, 목재가공품 창고, 박물관
- 고무류, 모피창고, 집진설비, 석탄창고, 면화류 창고
- 가연성 액체 및 가연성 가스(수소, 아세틸렌, 일산화탄소, 에테인, 뷰테인, 메테인 등)

13 ★★

메테인(메탄) 가스 1 [mol]을 완전 연소시키기 위해서 필요한 이론적 최소 산소요구량은 몇 [mol]인가?

① 1
② 2
③ 3
④ 4

해설 메테인(메탄, CH₄)의 연소반응식

- $CH_4 + 2O_2 \rightarrow CO_2 + 2H_2O$
- 최소 O_2 요구량 : 2 [mol]

  O_2 : 산소, CO_2 : 이산화탄소, H_2O : 물

14 ★★★

적린의 착화온도는 약 몇 [℃]인가?

① 34
② 157
③ 180
④ 260

해설 발화점 = 착화점 = 착화온도

물질	발화점 [℃]
메테인(메탄)	537
벤젠	498
톨루엔	480
아세톤	465
에틸알코올	423
휘발유(가솔린)	280
적린, **황**화인(황화린)	**260**
등유	220
경유	210
아세트알데하이드	175
이황화탄소	90
황린	34

암기 발벤톨 / 아에 / 휘적 / 등경 / 이황

정답 12 ④ 13 ② 14 ④

15 ★★★

플래시 오버(Flash Over)의 지연대책으로 틀린 것은?

① 두께가 얇은 가연성 내장재료를 사용한다.
② 열전도율이 큰 내장재료를 사용한다.
③ 주요구조부를 내화구조로 하고 개구부를 적게 설치한다.
④ 실내에 저장하는 가연물의 양을 줄인다.

해설 플래시 오버 지연대책

1) 주요구조부를 내화구조로 하고 <u>내장재료를 불연화</u>한다.
2) <u>두께가 두꺼운 내장재료를 사용한다</u>.
3) 열전도율이 큰 내장재료를 사용한다.
4) 단위 발열량이 작은 내장재료를 사용한다(열축적 감소).
5) 개구부를 적게 설치한다(공기공급이 부족하므로 열분해속도가 저하되어 플래시 오버에 이르는 시간이 지연됨, 개구율이 바닥면적의 1/16 이하이면 플래시 오버 발생 불가).
6) 실내에 저장하는 가연물의 양 줄인다.
7) 화원의 크기를 제한한다.

> ① 두께가 <u>두꺼운 불연성 내장재료</u>를 사용한다.
> ⇒ 내장재료의 열전도율이 크고 두께가 두꺼울수록 플래시 오버가 느려진다.

보충 개구율이 과도하게 크면 유입공기의 냉각효과로 플래시 오버가 지연된다.

16 ★★★

열에너지원 중 화학적 열에너지가 아닌 것은?

① 분해열   ② 용해열
③ 유도열   ④ 생성열

해설 열에너지원의 종류

구분	종류
기계열	**압축열**, **마찰열**, 마찰스파크, **충격열**
전기열	**유도열**, 유전열, 저항열, 아크열, 정전기열, 낙뢰에 의한 열
화학열	연소열, 용해열, 분해열, 생성열, 자연발화열

암기 기압마충

17 ★★★

20 [℃]의 물 400 [g]을 사용하여 화재를 소화하였다. 물 400 [g]이 모두 100 [℃]로 기화하였다면 물이 흡수한 열량은 몇 [kcal]인가? (단, 물의 비열은 1 [cal/g·℃]이고, 증발잠열은 539 [cal/g]이다)

① 215.6   ② 223.6
③ 247.6   ④ 255.6

해설 열량

현열량 $Q = mC\Delta T$
여기서, Q : 열량 [cal]
m : 질량 [g]
C : 비열 [cal/g·℃]
ΔT : 온도차 [℃]

잠열량 $Q = mr$
여기서, Q : 열량 [cal]
m : 질량 [g]
r : 잠열 [cal/g]

정답 15 ① 16 ③ 17 ③

$$20\,℃\ 물 \xrightarrow[\text{현열}]{} 100\,℃\ 물 \xrightarrow[\text{잠열}]{} 100\,℃\ 수증기$$

$$\begin{aligned} Q &= mC\Delta T + mr \\ &= \{400 \times 1 \times (100 - 20)\} + (400 \times 539) \\ &= 247600\ [\text{cal}] = 247.6\ [\text{kcal}] \end{aligned}$$

r : 기화(증발) 열 [cal/g]
m : 질량 [g]
C : 비열 [cal/g·℃]
ΔT : 온도차 [℃]

보충 물의 증발잠열 539 [cal/g]은 100 [℃]의 물 1 [g]이 100 [℃]의 수증기가 될 때 필요한 열량

18 ★★★

제3종 분말소화약제의 주성분으로 옳은 것은?

① 탄산수소칼륨
② 탄산수소나트륨
③ 탄수소칼륨과 요소
④ 제1인산암모늄

해설 분말소화약제

종별	소화약제	약제색	적응화재
1종	탄산수소나트륨 (NaHCO₃)	백색	BC급
2종	탄산수소칼륨 (KHCO₃)	담자색 (담회색)	BC급
3종	제1인산암모늄 (NH₄H₂PO₄)	담홍색	ABC급
4종	탄산수소칼륨 + 요소 (KHCO₃+(NH₂)₂CO)	회(백)색	BC급

암기 백담사 홍어회

19 ★

할로겐화합물 및 불활성기체소화약제 중 최대허용설계농도가 가장 낮은 것은?

① FC - 3 - 1 - 10
② FIC - 13I1
③ FK - 5 - 1 - 12
④ IG - 541

해설 할로겐화합물 및 불활성기체소화약제 최대허용설계농도

소화약제	최대허용 설계농도(%)
IG - 01, IG - 100, IG - 541, IG - 55	43
FC - 3 - 1 - 10	40
HFC - 23	30
HFC - 236fa	12.5
HFC - 125	11.5
HFC - 227ea	10.5
FK - 5 - 1 - 12	10
HCFC BLEND A	10
HCFC - 124	1.0
FIC - 13I1	0.3

※ 최대허용 설계농도
사람이 상주하는 곳에 적용하는 소화약제의 설계농도로서 인체의 안전에 영향을 미치지 않는 농도

정답 18 ④ 19 ②

20 ★★★

목조건축물의 온도와 시간에 따른 화재 특성으로 옳은 것은?

① 저온단기형
② 저온장기형
③ 고온단기형
④ 고온장기형

해설 건축물 화재 특징

구분	목조건축물	내화건축물
화재 성상	**고온 단기형**	저온 장기형
최성기 온도	1000 ~ 1300 [℃]	800 ~ 1000 [℃]

정답 20 ③

소방유체역학

21 ★★★

지름이 10 [mm]인 노즐에서 물이 방사되는 방사압(계기압력)이 392 [kPa]라면 방수량은 약 몇 [m³/min]인가?

① 0.402 ② 0.220
③ 0.132 ④ 0.012

해설 노즐에서 방사량

[풀이 1]

체적유량 $Q[m^3/s] = AV$
여기서, A : 배관의 단면적[m²]
V : 유속 [m/s]

방수량 $Q = A \times V = \dfrac{\pi}{4}D^2 \times \sqrt{2gh}$

$= \dfrac{\pi}{4}D^2 \times \sqrt{2g\dfrac{P}{\gamma}}$

$= \dfrac{\pi}{4} 0.01^2 \times \sqrt{2 \times 9.8 \times \dfrac{392}{9.8}}$

$= 2.199 \times 10^{-3} [m^3/s]$

$= 0.132 [m^3/min]$

D : 구경 [m]
P : 압력 [Pa]

[풀이 2]

방수량 $Q[L/min] = 2.086 \times D^2 \times \sqrt{P}$
여기서, D : 노즐 직경 [mm]
P : 방수압 [MPa]

방수량 $Q = 2.086 \times D^2 \times \sqrt{P}$

$= 2.086 \times 10^2 \times \sqrt{0.392}$

$= 130.6 [L/min]$

$≒ 0.131 [m^3/min]$

※ [풀이 1]과 [풀이 2]의 결과 값에 오차가 있는 이유

방수량 공식 $Q = 2.086 D^2 \sqrt{P}$은 $Q = CAV$에 의해 유도된 공식이다. 여기서 2.086은 노즐계수(C) 0.99를 포함한 값이다.

따라서 $\dfrac{0.131[m^3/min]}{0.99} ≒ 0.132[m^3/min]$이 된다.

필기 CBT 시험은 결과 값과 가장 가까운 답을 4개의 선지 중 찾는 것이므로 위 오차는 답을 찾는데 문제가 없다. 정석적인 풀이는 [풀이 1]이나, CBT 시험에서는 주어진 조건을 쉽게 대입하여 풀 수 있는 [풀이 2] 방식을 권장한다.

22 ★★★

옥내소화전 설비의 배관 유속이 3 [m/s]인 위치에 피토정압관을 설치하였을 때, 정체압과 정압의 차를 수두로 나타내면 몇 [m]가 되겠는가?

① 0.46 ② 4.6
③ 0.92 ④ 9.2

해설 피토정압관 수두(토리첼리 식)

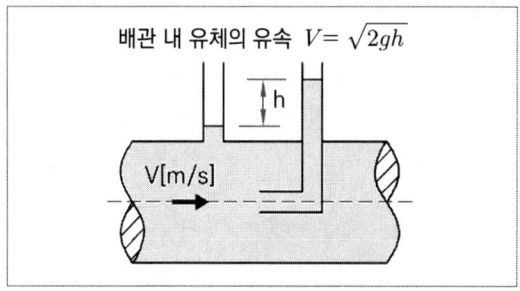

배관 내 유체의 유속 $V = \sqrt{2gh}$

$V = \sqrt{2gh}$
$3 = \sqrt{2 \times 9.8 \times h}$
$\therefore h = 0.46 [m]$

정답 21 ③ 22 ①

23 ★★★

관 속의 부속품을 통한 유체 흐름에서 관의 등가길이(상당길이)를 표현하는 식은? (단, 부차적 손실계수는 K, 관의 지름은 d, 관 마찰계수는 f이다)

① Kfd
② $\dfrac{fd}{K}$
③ $\dfrac{Kf}{d}$
④ $\dfrac{Kd}{f}$

해설 관의 등가길이(상당길이)

$$L_e = \dfrac{Kd}{f}$$

보충 상당길이(등가길이) : 관 부속물에 유체가 흐를 때 발생되는 마찰 손실과 같은 크기의 마찰 손실을 가지는 동일 구경의 직관의 길이

24 ★★★

물이 안지름 600 [mm]의 파이프를 통하여 평균 3 [m/s]의 속도로 흐를 때, 유량은 약 몇 [m³/s]인가?

① 0.34
② 0.85
③ 1.82
④ 2.88

해설 체적유량(Q = AV)

체적유량 $Q[m^3/s] = AV$
여기서, A : 배관의 단면적 [m²]
V : 유속 [m/s]

$Q = AV$
$= \left(\dfrac{\pi}{4} \times 0.6^2\right)[m^2] \times 3[m/s] = 0.848\,[m^3/s]$

25 ★★★

단면적이 10 [m²]이고 두께가 2.5 [cm]인 단열재를 통과하는 열전달량이 3 [kW]이다. 내부(고온)면의 415 [℃]이고 단열재의 열전도도가 0.2 [W/m·K]일 때 외부(저온)면의 온도는?

① 353 [℃]
② 378 [℃]
③ 196 [℃]
④ 402 [℃]

해설 푸리에 열전도 법칙

전도열량 $\dot{Q}[W] = \dfrac{kA\triangle T}{l} = \dfrac{kA(T_2 - T_1)}{l}$

여기서, k : 열전도율 [W/m·K]
A : 면적 [m²]
$\triangle T$: 온도차 [K]
l : 두께 [m]

$\dot{Q} = \dfrac{kA \times (T_2 - T_1)}{l}$

$3000 = \dfrac{0.2 \times 10 \times (415 - T_1)}{0.025}$

$\therefore T_1 = 377.5\,[℃]$

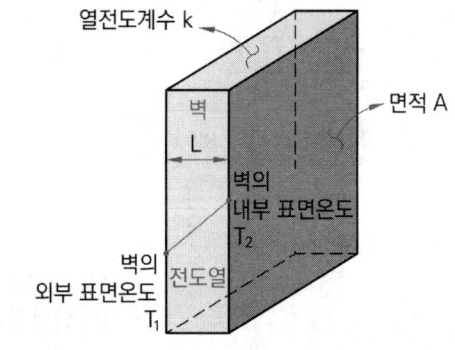

TIP 켈빈온도의 온도차와 섭씨온도의 온도차는 같다.

정답 23 ④ 24 ② 25 ②

26 ★★★

어떤 오일의 동점성계수가 2×10^{-4} [m²/s]이고 비중이 0.9라면 점성계수는 약 몇 [kg/m·s]인가?

① 1.2 ② 2.0
③ 0.18 ④ 1.8

해설 점성계수

$$\text{동점성계수 } \nu[m^2/s] = \frac{\mu}{\rho}$$

여기서, μ : 점성계수 [kg/m·s]
ρ : 밀도 [kg/m³]

$\mu = \nu \times \rho = \nu \times (S \times \rho_w)$
$= 2 \times 10^{-4} \times (0.9 \times 1000) = 0.18$

보충 $\gamma = S \times \gamma_w$, $\rho = S \times \rho_w$

27 ★★★

다음 중 동점성계수의 차원으로 올바른 것은? (단, M, L, T는 각각 질량, 길이, 시간을 나타낸다)

① $ML^{-1}T^{-1}$ ② $ML^{-1}T^{-2}$
③ L^2T^{-1} ④ MTL^{-2}

해설 동점성계수와 점성계수 차원

구분	절대단위	차원
점성계수	kg/m·s	$ML^{-1}T^{-1}$
동점성계수	m²/s	L^2T^{-1}

28 ★★★

개방된 물통에 깊이 2 [m]로 물이 들어 있고, 물 위에 깊이 2 [m]의 기름이 떠 있다. 그림의 비중이 0.5일 때, 물통 밑바닥에서의 압력은 약 몇 [Pa]인가? (단, 유체 상부면에 작용하는 대기압은 무시한다)

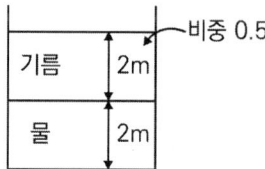

① 9810 ② 16280
③ 29400 ④ 34240

해설 물통 밑바닥에서의 압력

$P = \gamma_w h_w + \gamma_{기름} h_{기름}$
$= \gamma_w h_w + S_{기름} \gamma_w h_{기름}$
$= 9800 \times 2 + 0.5 \times 9800 \times 2$
$= 29400 [Pa]$

29 ★★★

다음 중 배관의 유량을 측정하는 계측 장치가 아닌 것은?

① 로터미터(Rotameter)
② 유동노즐(Flow Nozzle)
③ 마노미터(Manometer)
④ 오리피스(Orifice)

해설 유체의 측정

구분	측정기기
유량	벤추리미터, 오리피스, 로터미터, 위어, 노즐
압력 (정압)	피에조미터, 정압관, 부르돈(관)압력계, **마노미터**
유속 (동압)	피토관, 피토정압관, 시차액주계, 열선풍속계

정답 26 ③ 27 ③ 28 ③ 29 ③

30 ★★★

정지유체 속에 잠겨있는 경사진 평면에서 압력이 의해 작용하는 압력의 작용점에 대한 설명으로 옳은 것은?

① 도심의 아래에 있다.
② 도심의 위에 있다.
③ 도심의 위치와 같다.
④ 도심의 위치와 관계가 없다.

해설 전압력의 작용점

압력중심, 즉 전압력이 작용하는 위치(y_f)는 경사진 평판의 도심(G)보다 아래에 있다.

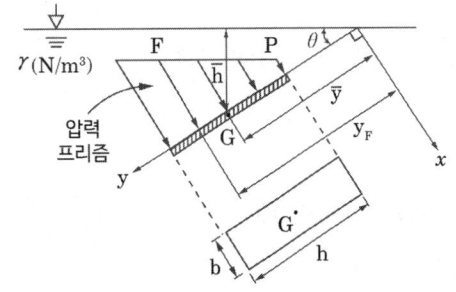

[경사면에 작용하는 유체의 전압력]

31 ★★★

관의 단면에 축소부분이 있어서 유체를 단면에서 가속시킴으로써 생기는 압력 차이를 측정하여 유량을 측정하는 장치가 있다. 다음 중 이에 해당하지 않는 것은?

① Nozzle Meter
② Orifice Meter
③ Venturi Meter
④ Rotameter

해설 유량측정장치

1) 관의 단면에 축소 부분이 있는 유량측정장치

유량 측정 장치	내용
노즐 (Nozzle Meter)	
오리피스 (Orifice Meter)	
벤추리미터 (Venturi Meter)	

2) 로터미터

투명관과 계측용 부자(플로트)로 구성된 유량계로, 이 투명관의 눈금을 읽어서 직접 유량을 측정하게 되어 있다. 유량이 클수록 위쪽으로 부자(플로트)를 올려 밀게 된다.

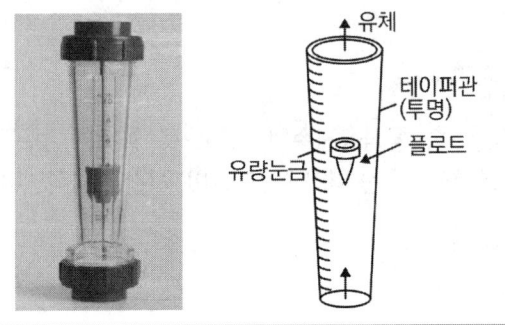

32 ★★★

길이 300 [m], 지름 10 [cm]인 관에 1.2 [m/s]의 평균 속도로 물이 흐르고 있다면 손실수두는 약 몇 [m]인가? (단, 관의 마찰계수는 0.02이다)

① 2.1
② 4.4
③ 6.7
④ 8.3

해설 손실수두(달시 바이스바하 식)

손실수두 $H_L[m] = f \times \dfrac{L}{D} \times \dfrac{V^2}{2g}$

여기서, f : 관 마찰계수
L : 배관의 길이 [m]
D : 관경 [m]
V : 유속 [m/s]
g : 중력가속도 [m/s²]

$H_L = f \dfrac{L}{D} \dfrac{V^2}{2g} = 0.02 \times \dfrac{300}{0.1} \times \dfrac{1.2^2}{2 \times 9.8} = 4.4[m]$

33 ★★★

어떤 펌프가 1400 [rpm]으로 회전할 때 12.6 [m]의 전양정을 갖는다고 한다. 이 펌프를 1450 [rpm]으로 회전할 경우 전양정은 약 몇 [m]인가? (단, 상사법칙을 만족한다고 한다)

① 10.6 ② 12.6
③ 13.5 ④ 14.8

해설 전양정(상사법칙)

① 유량 $Q_2 = \left(\dfrac{N_2}{N_1}\right)^1 \times \left(\dfrac{D_2}{D_1}\right)^3 \times Q_1$

② 양정 $H_2 = \left(\dfrac{N_2}{N_1}\right)^2 \times \left(\dfrac{D_2}{D_1}\right)^2 \times H_1$

③ 동력 $L_2 = \left(\dfrac{N_2}{N_1}\right)^3 \times \left(\dfrac{D_2}{D_1}\right)^5 \times L_1$

여기서, Q_1, Q_2 : 유량
H_1, H_2 : 양정, L_1, L_2 : 동력
N_1, N_2 : 임펠러의 회전수
D_1, D_2 : 임펠러의 직경

$H_2 = \left(\dfrac{N_2}{N_1}\right)^2 \times H_1 = \left(\dfrac{1450}{1400}\right)^2 \times 12.6 = 13.5[m]$

34 ★★★

송풍기의 전압이 10 [kPa]이고, 풍량이 3 [m³/s]인 송풍기의 동력은 몇 [kW]인가? (단, 공기의 밀도는 1.2 [m³/kg]이다)

① 30   ② 56
③ 294 ④ 353

해설 송풍기 동력 계산

송풍기 동력 $P[kW] = \dfrac{P_t[mmAq] \times Q[m^3/s]}{102\eta}$

여기서, P_t : 전압 [mmAq]
Q : 풍량 [m³/s], η : 효율

송풍기 동력 $P[kW] = \dfrac{P_t[kPa] \times Q[m^3/s]}{\eta}$

여기서, P_t : 전압 [kPa]
Q : 풍량 [m³/s], η : 효율

[풀이1]

동력 $P[kW] = \dfrac{P_t[mmAq] \times Q[m^3/s]}{102}$

$= \dfrac{\left(10 \times \dfrac{10332}{101.325}\right) \times 3}{102}$

$= 30[kW]$

[풀이2]

동력 $P[kW] = P_t[kPa] \times Q[m^3/s]$
$= 10[kPa] \times 3[m^3/s]$
$= 30[kW]$

TIP 동력을 구할 때 조건상 효율(η)이나 여유율이 주어져 있지 않다면, 제외하고 산출한다.

35 ★

마그네슘은 절대온도 293 [K]에서 열전도도가 156 [W/m·K], 밀도는 1740 [kg/m³]이고, 비열이 1017 [J/kg·K]일 때 열확산계수 [m²/s]는?

① 8.96×10^{-2} ② 1.53×10^{-1}
③ 8.81×10^{-5} ④ 8.81×10^{-4}

해설 열확산계수

열확산계수 $= \dfrac{k}{\rho C}$

$= \dfrac{156}{1740 \times 1017}$

$= 8.816 \times 10^{-5} \, [m^2/s]$

k : 열전도도 [W/m·K]
ρ : 밀도 [kg/m³]
C : 비열 [J/kg·K]

36 ★★★

흐르는 유체에서 정상유동(Steady Flow)이란 어떤 것을 지칭하는가?

① 임의의 점에서 유체속도가 시간에 따라 일정하게 변하는 흐름
② 임의의 점에서 유체속도가 시간에 따라 변하지 않는 흐름
③ 임의의 시각에서 유로 내 모든 점의 속도벡터가 일정한 흐름
④ 임의의 시각에서 유로 내 각 점의 속도벡터가 서로 다른 흐름

해설 정상유동와 비정상유동

1) 정상유동 : 유동장 내의 임의의 한 점에 있어서 흐름의 특성이 시간에 관계없이 항상 일정한 흐름
2) 비정상유동 : 유동장 내의 임의의 한 점에 있어서 흐름의 특성이 시간에 따라 변화하는 흐름

37 ★★

어떤 탱크 속에 들어 있는 산소의 밀도는 온도가 25 [℃]일 때 2.0 [kg/m³]이다. 이때 대기압이 97 [kPa]이라면, 이 산소의 압력은 계기압력으로 약 몇 [kPa]인가? (단, 산소의 기체상수는 259.8 [J/kg·K]이다)

① 58 ② 65
③ 72 ④ 88

해설 산소의 계기압

이상기체상태방정식 $PV = nRT = \dfrac{W}{M}RT = W\overline{R}T$

1) 산소의 절대압력 P

$PV = W\overline{R}T$

$P = \dfrac{W\overline{R}T}{V}$

$P = \rho \overline{R} T \;(\because \dfrac{W}{V} = \rho)$

$P = 2 \times 0.2598 \times (273 + 25)$

$= 154.8 \, [kPa]$

2) 산소의 계기압력 P_g

계기압 P_g = 절대압 - 대기압
$= 154.8 - 97 = 57.8 \, [kPa]$

P : 절대압력 [kPa]
V : 부피 [m³]
W : 기체의 질량 [kg]
$\overline{R}$: 특정기체상수 [kJ/kg·K]
T : 절대온도 [K] (273 + [℃])
ρ : 밀도 [kg/m³]

38 ★★★

대기압하에서 10 [℃]의 물 2 [kg]이 전부 증발하여 100 [℃]의 수증기로 되는 동안 흡수되는 열량(kJ)은 얼마인가? (단, 물의 비열은 4.2 [kJ/kg·K], 기화열은 2250 [kJ/kg]이다)

① 756
② 2638
③ 5256
④ 5360

해설 물 상태변화에 필요한 열량

$$\text{현열량 } Q = mC\Delta T$$

여기서, Q : 열량 [kcal]
m : 질량 [kg]
C : 비열 [kcal/kg·℃]
ΔT : 온도차 [℃]

$$\text{잠열량 } Q = mr$$

여기서, Q : 열량 [kcal]
m : 질량 [kg]
r : 잠열 [kcal/kg]

열량 $Q = mC_물 \Delta T + mr_{증발}$

$= 2 \times 4.2 \times (100-10) + 2 \times 2250$

$= 5256 \, [kJ]$

m : 질량 [kg]
$C_물$: 물의 비열 [kJ/kg·K]
ΔT : 온도 차 [K]
$r_{증발}$: 물의 증발잠열(기화열) [kJ/kg]

39 ★★★

체적이 0.031 [m³]인 액체에 61000 [kPa]의 압력을 가했을 때 체적이 0.025 [m³]이 되었다. 이때 액체의 체적탄성계수는 약 얼마인가?

① 2.38×10^8 [Pa]
② 2.62×10^8 [Pa]
③ 1.23×10^8 [Pa]
④ 3.15×10^8 [Pa]

해설 체적탄성계수

$$\text{체적탄성계수 } K = -\frac{\Delta P}{\Delta V/V_1} = -\frac{\Delta P}{\dfrac{(V_2-V_1)}{V_1}}$$

$K = -\dfrac{\Delta P}{\dfrac{(V_2-V_1)}{V_1}} = -\dfrac{61000 \times 10^3 \, [Pa]}{\dfrac{(0.025-0.031)[m^3]}{0.031[m^3]}}$

$= 3.15 \times 10^8 \, [Pa]$

※ $\dfrac{\Delta V}{V_1}$가 (-)인 이유 : 체적이 감소하기 때문

보충 1 [kPa] = 1000 [Pa]
G[기가] : 10^9, M[메가] : 10^6, k[킬로] : 10^3

정답 38 ③ 39 ④

40 ★★★

그림과 같이 수족관에 직경 3 [m]의 투시경이 설치되어 있다. 이 투시경에 작용하는 힘[kN]은?

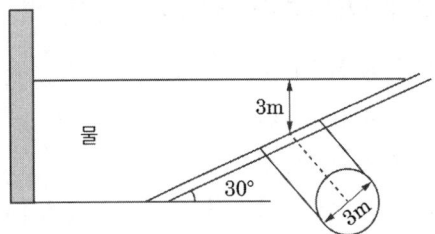

① 207.8
② 123.9
③ 87.1
④ 52.4

해설 투시경에 작용하는 힘

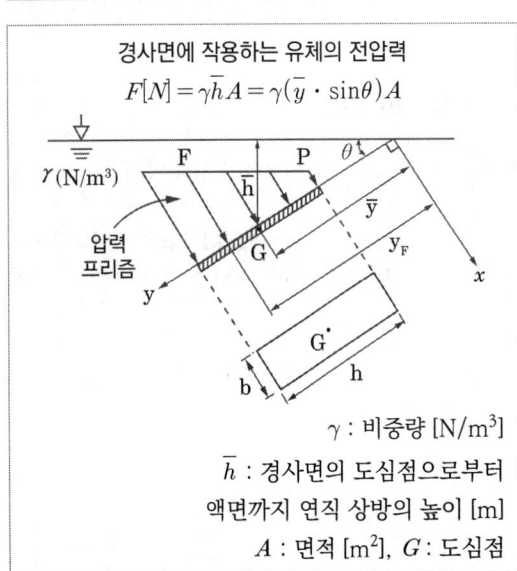

경사면에 작용하는 유체의 전압력
$$F[N] = \gamma \bar{h} A = \gamma(\bar{y} \cdot \sin\theta)A$$

γ : 비중량 [N/m³]
$\bar{h}$: 경사면의 도심점으로부터 액면까지 연직 상방의 높이 [m]
A : 면적 [m²], G : 도심점

힘 $F = \gamma \bar{h} A = \gamma \times \bar{h} \times \dfrac{\pi}{4} d^2$

$= 9.8 \times 3 \times \left(\dfrac{\pi}{4} \times 3^2\right) = 207.8\,[kN]$

41 ★★★

기상법에 따른 이상기상의 예보 또는 특보가 있을 때 화재에 관한 경보를 발령하고 그에 따른 조치를 할 수 없는 자는?

① 소방청장
② 소방본부장
③ 시·도지사
④ 소방서장

해설 화재 위험경보

1) 소방관서장은 「기상법」에 따른 이상기상의 예보·특보·태풍예보에 따라 화재의 발생 위험이 높다고 분석·판단되는 경우에는 행정안전부령으로 정하는 바에 따라 화재에 관한 위험경보를 발령하고 그에 따른 필요한 조치를 할 수 있음
2) 소방관서장은 기상청에서 한파·건조·폭염·강풍 등에 대한 예보 또는 특보가 있는 경우 화재위험경보를 발령하고, 그 발령 사실을 언론 등을 통해 일반인에게 알릴 것
3) 화재 위험경보 발령 절차 및 조치사항 등에 필요한 사항 : 소방청장.
※ 소방관서장 : 소방청장, 소방본부장, 소방서장

42 ★★★

소방시설 설치 및 관리에 관한 법령상 성능위주설계를 하여야 하는 특정소방대상물(신축하는 것만 해당)의 기준으로 옳은 것은?

① 건축물의 높이가 100 [m] 이상인 아파트등
② 연면적 100000 [m²] 이상인 특정소방대상물
③ 연면적 15000 [m²] 이상인 특정소방대상물로서 철도 및 도시철도 시설
④ 하나의 건축물에 영화상영관이 10개 이상인 특정소방대상물

해설 성능위주설계 특정소방대상물

1) 연면적 200000 [m²] 이상 특정소방대상물(아파트등 제외)
2) 50층 이상(지하층 제외)이거나 지상으로부터 높이 200 [m] 이상 아파트등
3) 30층 이상(지하층 포함)이거나 지상으로부터 높이 120 [m] 이상 특정소방대상물(아파트등 제외)
4) 연면적 30000 [m²] 이상 특정소방대상물
   • 철도 및 도시철도 시설
   • 공항시설
5) 하나의 건축물에 영화상영관 10개 이상
6) 지하 연계 복합건축물에 해당하는 특정소방대상물
7) 연면적 10만 [m²] 이상이거나 지하 2층 이하이고 지하층의 바닥면적의 합이 3만 [m²] 이상인 창고시설
8) 터널 중 수저(水底)터널 또는 길이가 5000 [m] 이상인 것

정답 41 ③ 42 ④

43 ★★★

화재의 예방 및 안전관리에 관한 법령상 특수가연물 중 품명과 지정수량의 연결이 틀린 것은?

① 사류 - 1000 [kg] 이상
② 볏짚류 - 3000 [kg] 이상
③ 석탄·목탄류 - 10000 [kg] 이상
④ 고무류 발포시킨 것 - 20 [m³] 이상

해설 특수가연물

품명		수량
면화류		200 [kg] 이상
나무껍질 및 대팻밥		400 [kg] 이상
넝마 및 종이부스러기		1000 [kg] 이상
사류, 볏짚류		1000 [kg] 이상
가연성 고체류		3000 [kg] 이상
석탄·목탄류		10000 [kg] 이상
가연성 액체류		2 [m³] 이상
목재가공품 및 나무부스러기		10 [m³] 이상
고무류·플라스틱류	발포시킨 것	20 [m³] 이상
	그 밖의 것	3000 [kg] 이상

☆암기 면이 나대싸 넘사벽 천 가고삼 가액이 석목만 고발이

44 ★★★

대통령령 또는 화재안전기술기준이 변경되어 그 기준이 강화되는 경우 기존의 특정소방대상물의 소방시설 중 대통령령으로 정하는 것으로 변경으로 강화된 기준을 적용하여야 하는 소방시설은? (단, 건축물의 신축·개축·재축·이전 및 대수선 중인 특정소방대상물은 포함한다)

① 비상경보설비
② 화재조기진압용 스프링클러설비
③ 옥내소화전설비
④ 제연설비

해설 소방시설기준 적용 특례(강화기준)

1) 대통령령또는 화재안전기술기준으로 정하는 것
   • 소화기구
   • 비상경보설비
   • 자동화재속보설비
   • 피난구조설비
   • 자동화재탐지설비
2) 공동구 설치 소방시설(지하구)
3) 노유자시설, 의료시설 설치 소방시설

45 ★★★

소방시설 설치 및 관리에 관한 법령상 스프링클러설비를 설치하여야 하는 특정소방대상물의 기준으로 틀린 것은? (단, 위험물 저장 및 처리 시설 중 가스시설 또는 지하구는 제외한다)

① 물류터미널로서 바닥면적의 합계가 2000 [m²] 이상인 경우에는 모든 층
② 숙박이 가능한 수련시설에 해당하는 용도로 사용되는 시설의 바닥면적합계가 600 [m²] 이상인 것은 모든 층
③ 종교시설(주요구조부가 목조인 것은 제외)로서 수용인원이 100명 이상인 것에 해당하는 경우에는 모든 층
④ 지하가(터널은 제외)로서 연면적은 1000 [m²] 이상인 것

해설 스프링클러설비 설치대상

설치대상	기준
• 문화 및 집회시설(동·식물원 제외) • 종교시설 • 운동시설(물놀이형 시설 및 바닥이 불연재료이고 관람석이 없는 운동시설은 제외)	• 수용인원 100 명 이상 • 영화상영관 바닥면적 : 지하층·무창층 500 [m²](그 외 1000 [m²]) 이상 • 무대부 : 지하층·무창층, 4층 이상 300 [m²] (그 외 500 [m²]) 이상
• 판매시설, 운수시설 • 창고시설(물류터미널)	• 수용인원 500명 이상 • 바닥면적 합계 5000 [m²] 이상
6층 이상인 특정소방대상물	전 층
• 의료시설(정신의료기관, 종합병원, 병원, 치과병원, 한방병원, 요양병원) • 노유자시설 • 숙박 가능한 수련시설 • 숙박시설 • 산후조리원, 조산원	바닥면적 합계 600 [m²] 이상인 것은 모든 층
지하가(터널 제외)	연면적 1000 [m²] 이상
기숙사(교육연구시설·수련시설 내에 있는 학생 수용을 위한 것), 복합건축물	연면적 5000 [m²] 이상인 모든 층
특수가연물 저장·취급 시설	지정수량 1000배 이상
랙식 창고의 높이가 10 [m]를 초과	바닥면적 또는 랙이 설치된 부분의 합계가 1500 [m²] 이상인 경우 모든 층
전기저장시설, 교정 및 군사시설 중 보호감소호, 교도소, 구치소 및 그 지소, 보호관찰소, 갱생보호시설, 치료감호시설, 소년원 및 소년분류심사원의 수용거실, 보호시설(외국인보호소의 경우에는 보호대상자의 생활공간으로 한정), 유치장	–

46 ★★★

소방시설 설치 및 관리에 관한 법령상 피난시설, 방화구획 또는 방화시설의 폐쇄·훼손·변경 등의 행위를 한 자에 대한 과태료 부과기준으로 옳은 것은?

① 500만 원 이하 ② 300만 원 이하
③ 200만 원 이하 ④ 100만 원 이하

해설 300만 원 이하 과태료

1. 소방시설을 설치하지 않은 경우
2. <u>피난시설, 방화구획 또는 방화시설을 폐쇄·훼손·변경하는 등의 행위를 한 경우</u>
3. 점검기록표를 기록하지 아니하거나 특정소방대상물의 출입자가 쉽게 볼 수 있는 장소에 게시하지 아니한 관계인
4. 임시소방시설을 설치·관리하지 않은 경우
5. 점검능력평가를 받지 아니하고 점검을 한 관리업자
6. 관계인에게 점검 결과를 제출하지 아니한 관리업자 등
7. 점검인력의 배치기준 등 자체점검 시 준수사항을 위반한 관리업자 등
8. 선임신고, 변경신고, 지위승계 신고를 거짓으로 한 경우
9. 관리업자 등이 점검한 결과를 축소·삭제 등 거짓으로 보고한 경우(이행계획을 기간 내에 완료하지 않거나 거짓으로 보고한 관계인)
10. 관리업자가 지위승계, 행정처분 또는 휴업·폐업의 사실을 관계인에게 알리지 않거나 거짓으로 알린 경우
11. 관리업자가 기술인력의 참여 없이 자체점검을 실시한 경우
12. 관리업자가 점검능력평가 서류를 거짓으로 제출한 경우
13. 감독 업무 시 보고 또는 자료제출을 하지 않거나 거짓으로 보고 또는 자료제출을 한 관계인 또는 정당한 사유 없이 관계 공무원의 출입 또는 조사·검사를 거부·방해 또는 기피한 관계인

정답 46 ②

47 ★★

소방기본법령상 시·도지사가 이웃하는 다른 시·도지사와 소방업무에 관하여 상호응원 협정을 체결하고자 하는 때에 포함되어야 할 사항이 아닌 것은?

① 소방신호방법의 통일
② 화재조사활동에 관한 사항
③ 응원출동 대상지역 및 규모
④ 출동대원 수당·식사 및 피복의 수선소요경비의 부담에 관한 사항

해설 소방업무 상호응원협정

1) 상호응원협정 체결 : 시·도지사
2) 소방활동에 관한 사항
   - 화재 경계·진압활동
   - 구조·구급업무 지원
   - <u>화재조사활동</u>
3) <u>응원출동대상지역 및 규모</u>
4) 소요경비 부담에 관한 사항
   - 출동대원 수당·식사 및 피복 수선
   - 소방장비 및 기구 정비와 연료 보급
5) 응원출동 요청방법
6) 응원출동훈련 및 평가

48 ★★★

소방시설공사업법령상 완공검사를 위한 현장 확인 대상 특정소방대상물의 범위 기준으로 틀린 것은?

① 운동시설
② 호스릴 이산화탄소소화설비가 설치된 특정소방대상물
③ 연면적 10000 [m²] 이상이거나 11층 이상인 특정소방대상물(아파트는 제외)
④ 가연성가스를 제조·저장 또는 취급하는 시설 중 지상에 노출된 가연성가스 탱크의 저장용량 합계가 1000톤 이상인 시설

해설 완공검사 현장 확인 특정소방대상물

1) 문화 및 집회시설, 종교시설, 판매시설, 노유자시설, 수련시설, 운동시설, 숙박시설, 창고시설, 지하상가 및 다중이용업소
2) 설비가 설치되는 특정소방대상물
   - 스프링클러설비등
   - 물분무등소화설비(<u>호스릴 방식 제외</u>)
3) 연면적 10000 [m²] 이상, 11층 이상의 특정소방대상물(아파트 제외)
4) 가연성가스 제조·저장·취급 시설 중 지상에 노출된 가연성가스탱크의 저장용량 합계 1000톤 이상

49 ★

위험물안전관리법령상 제조소와 사용전압이 35000 [V]를 초과하는 특고압가공전선에 있어서 안전거리는 몇 [m] 이상을 두어야 하는가? (단, 제6류 위험물을 취급하는 제조소는 제외한다)

① 3   ② 5   ③ 20   ④ 30

해설 제조소 안전거리 [거리 : 이상]

대상		거리
특고압가공전선 사용전압	7000 [V] 초과 35000 [V] 이하	3 [m]
	35000 [V] 초과	5 [m]
주거용으로 사용되는 것 (제조소 설치된 부지 내의 것 제외)		10 [m]
고압가스·액화석유가스·도시가스 저장 또는 취급하는 시설		20 [m]
학교·병원·극장·다수 수용 시설		30 [m]
지정문화재		50 [m]

정답 47 ① 48 ② 49 ②

50 ★★★

소방시설 설치 및 관리에 관한 법령상 분말형태의 소화약제를 사용하는 소화기의 내용연수로 옳은 것은?

① 10년 ② 7년
③ 3년   ④ 5년

해설 소화기 내용연수

특정소방대상물의 관계인은 내용연수가 경과한 소방용품을 교체하여야 함

※ 내용연수를 설정하여야 하는 소방용품의 종류 및 그 내용연수 연한에 필요한 사항 : 대통령령
① 내용연수 설정하여야 하는 소방용품 : 분말형태의 소화약제를 사용하는 소화기
② <u>소방용품의 내용연수 : 10년</u>

51 ★★★

위험물안전관리법령상 정기점검의 대상인 제조소등의 기준으로 틀린 것은?

① 이송취급소
② 위험물을 취급하는 탱크로서 지하에 매설된 탱크가 있는 일반취급소
③ 지정수량의 100배 이상의 위험물을 저장하는 옥외저장소
④ 지정수량의 150배 이상의 위험물을 저장하는 옥외탱크저장소

해설 정기점검 대상 제조소

(1) 지정수량 10배 이상의 위험물을 취급하는 제조소
(2) 지정수량 100배 이상의 위험물을 저장하는 옥외저장소
(3) 지정수량 150배 이상의 위험물을 저장하는 옥내저장소
(4) <u>지정수량 200배 이상의 위험물을 저장하는 옥외탱크저장소</u>
(5) 암반탱크저장소

(6) 이송취급소
(7) 지정수량 10배 이상의 위험물을 취급하는 일반취급소(제4류 위험물만 지정수량 50배 이하로 취급하는 일반취급소)
(8) 지하탱크저장소
(9) 이동탱크저장소
(10) 위험물 취급 탱크로서 지하에 매설된 탱크가 있는 제조소·주유취급소·일반취급소

52 ★★

제조소 또는 일반취급소에서 변경허가를 받아야 하는 경우가 아닌 것은?

① 배출설비를 신설하는 경우
② 불활성기체의 봉입장치를 신설하는 경우
③ 위험물의 펌프설비를 증설하는 경우
④ 위험물취급탱크의 탱크전용실을 증설하는 경우

해설 제조소등의 설치 및 변경

1) 설치허가자 : 시·도지사(행정안전부령)
2) 위험물 품명·수량·지정수량의 배수 변경신고 : 변경하고자 하는 날의 1일 전
3) 제조소·일반취급소 변경허가 받아야 하는 경우
   (1) 제조소·일반취급소 위치 이전
   (2) 배출설치 또는 불활성기체 봉입장치 신설
   (3) 위험물취급탱크 신설·교체·철거·보수
   (4) 위험물취급탱크 노즐 또는 맨홀 신설(노즐 또는 맨홀 직경 250 [mm] 초과하는 경우)
   (5) 위험물취급탱크 탱크전용실 증설 또는 교체
4) 변경허가·변경신고 제외 장소
   (1) 주택의 난방시설(공동주택의 중앙난방시설 제외)을 위한 저장소·취급소
   (2) 농예용·축산용·수산용으로 필요한 난방시설 또는 건조시설을 위한 지정수량 20배 이하의 저장소

53 ★★★

특수가연물의 저장 및 취급기준 중 다음 (   ) 안에 알맞은 것은? (단, 석탄·목탄류의 경우는 제외한다)

> 살수설비를 설치하거나, 방사능력 범위에 해당특수가연물이 포함되도록 대형수동식 소화기를 설치하는 경우에는 쌓는 높이를 (㉠) [m] 이하, 쌓는 부분의 바닥면적을 (㉡) [m²] 이하로 할 수 있다.

① ㉠ 15, ㉡ 200
② ㉠ 15, ㉡ 300
③ ㉠ 10, ㉡ 50
④ ㉠ 10, ㉡ 200

해설 특수가연물 저장기준

(1) 품명별로 구분하여 쌓을 것
(2) 일반적인 경우
　① 쌓는 높이 : 10 [m] 이하
　② 쌓는 부분 바닥 : 50 [m²] 이하(석탄·목탄류 : 200 [m²] 이하)
(3) 살수설비, 대형수동식소화기 설치하는 경우
　① 쌓는 높이 : 15 [m] 이하
　② 쌓는 부분의 바닥면적 : 200 [m²] 이하(석탄·목탄류 : 300 [m²] 이하)

54 ★★★

화재의 예방 및 안전관리에 관한 법령상 소방안전관리자를 두어야 하는 1급 소방안전관리 대상물의 기준으로 틀린 것은?

① 30층 이상(지하층은 제외한다) 이거나 지상으로부터 높이가 120 [m] 이상인 아파트
② 가연성 가스를 1000톤 이상 저장·취급하는 시설
③ 연면적 15000 [m²] 이상인 특정소방 대상물(아파트는 제외)
④ 지하구

해설 1급 소방안전관리대상물

구분	기준
특급	• 50층 이상(지하층 제외), 높이 200 [m] 이상 아파트 • 30층 이상(지하층 포함), 높이 120 [m] 이상 특정소방대상물(아파트 제외) • 연면적 100000 [m²] 이상 특정소방대상물(아파트 제외)
1급	• 30층 이상(지하층 제외), 높이 120 [m] 이상 아파트 • 11층 이상 특정소방대상물(아파트 제외) • 연면적 15000 [m²] 이상 특정소방대상물(아파트 및 연립주택 제외) • 가연성 가스 1000톤 이상 저장·취급 시설
2급	• 지하구, 공동주택(옥내, SP설치), 보물·국보로 지정된 목조건축물 • 가연성 가스 100톤 이상 1000톤 미만 저장·취급 시설 • 옥내소화전, 스프링클러, 간이, 물분무등소화설비 설치대상(호스릴 방식 물분무등소화설비만을 설치한 경우 제외)
3급	• 간이스프링클러설비 또는 자동화재탐지설비를 설치하여야 하는 특정소방대상물
비고	• 동·식물원, 철강 등 불연성 물품 저장·취급 창고, 위험물 제조소등, 지하구는 특급 및 1급 소방안전관리대상물에서 제외

55 ★★★

소방본부장 또는 소방서장은 건축허가 등의 동의요구서류를 접수한 날부터 며칠 이내에 건축허가 등의 동의 여부를 회신하여야 하는가? (단, 허가를 신청한 건축물은 특급 소방안전 관리대상물이다)

① 5일
② 7일
③ 10일
④ 30일

해설 건축허가 동의요구

- 승인자 : 소방본부장, 소방서장
- 회신 : 동의요구서류 접수한 날로부터 5일(특급소방안전관리대상물 10일) 이내
- 동의요구서 · 첨부서류 보완 : 4일 이내
- 건축허가 취소 사실 통보 : 7일 이내(관할 시공지 · 소재지 소방본부장, 소방서장)

56 ★★★

공동 소방안전관리자를 선임해야 하는 특정소방대상물의 기준이 아닌 것은?

① 판매시설 중 도매시장 및 소매시장
② 복합건축물로서 층수가 11층 이상인 것
③ 지하층을 제외한 층수가 7층 이상인 고층건축물
④ 복합건축물로 연면적 3만 [m²] 이상인 것

해설 관리의 권원이 분리된 특정소방대상물의 소방안전관리

1) 관리의 권원이 분리된 특정소방대상물의 소방안전관리 : 대통령령
2) 소방안전관리자 선임 대상
   (1) 복합건축물(지하층 제외한 층수가 11층 이상 또는 연면적 3만 [m²] 이상)
   (2) 지하가(지하 인공구조물 안에 설치된 상점 및 사무실, 그 밖에 이와 비슷한 시설이 연속하여 지하도에 접하여 설치된 것과 그 지하도를 합한 것)
   (3) 판매시설 중 도매시장, 소매시장 및 전통시장
3) 선임된 소방안전관리자 및 총괄소방안전관리자는 공동소방안전관리협의회를 구성하고, 해당 특정소방대상물에 대한 소방안전관리를 공동으로 수행하여야 한다. 이 경우 공동소방안전관리협의회의 구성 · 운영 및 공동소방안전관리의 수행 등에 필요한 사항은 대통령령으로 정한다.
4) 공동소방안전관리 협의회 업무사항 구성 및 운영
   (1) 공동소방안전관리협의회는 선임된 소방안전관리자 및 총괄소방안전관리자로 구성
   (2) 총괄소방안전관리자 등은 공동소방안전관리 업무를 협의회의 협의를 거쳐 다음 업무를 공동으로 수행
      ① 특정소방대상물 전체의 소방계획 수립 및 시행에 관한 사항
      ② 특정소방대상물 전체의 소방훈련 및 교육의 실시에 관한 사항
      ③ 공용 부분의 소방시설 및 피난 · 방화 시설의 유지 · 관리에 관한 사항
      ④ 그 밖에 공동 소방안전관리업무 수행에 필요한 사항

57 ★★★

소방시설업의 영업정지처분을 받고 그 영업 정지 기간에 영업을 한 자에 대한 벌칙기준으로 옳은 것은?

① 1년 이하의 징역 또는 1000만 원 이하의 벌금
② 2년 이하의 징역 또는 1200만 원 이하의 벌금
③ 3년 이하의 징역 또는 1500만 원 이하의 벌금
④ 5년 이하의 징역 또는 3000만 원 이하의 벌금

정답 55 ③ 56 ③ 57 ①

해설 소방시설공사업법 벌칙

[3년 3000만 원]
1. 소방시설업 등록하지 아니하고 영업을 한 자
2. 부정한 청탁을 받고 재물 또는 재산상의 이익을 취득하거나 부정한 청탁을 하면서 재물 또는 재산상의 이익을 제공한 자

[1년 1000만 원]
1. 영업정지 처분을 받고 그 기간에 영업한 자
2. 법과 NFTC를 위반한 설계·시공자
3. 적법하지 않게 감리를 하거나 거짓으로 감리한 자
4. 공사 감리자를 지정하지 아니한 관계인
5. 공사업자가 감리업자의 시정보완 요구를 무시하고 그 공사를 계속할 경우 감리업자는 그 사실을 소방본부장 또는 소방서장에게 보고하여야 한다. 이 사실을 거짓으로 보고한 감리업자
6. 공사감리 결과보고서의 제출을 거짓으로 한 감리업자
7. 무등록 소방시설업자에게 소방공사 도급한 관계인 또는 발주자
8. 도급받은 소방시설의 설계, 시공, 감리를 하도급한 자
9. 하도급받은 소방시설공사를 다시 하도급한 하수급인
10. 소방기술자가 법 또는 명령을 따르지 않고 업무를 수행한 자

58 ★★

특정소방대상물의 자동화재탐지설비 설치 면제 기준 중 다음 ( ) 안에 알맞은 것은? (단, 자동화재탐지설비의 기능은 감지·수신·경보기능을 말한다)

> 자동화재탐지설비 기능과 성능을 가진 ( ) 또는 물분무등소화설비를 화재안전기술기준에 적합하게 설치한 경우에는 그 설비의 유효범위에서 설치가 면제된다.

① 비상경보설비 ② 연소방지설비
③ 연결살수설비 ④ 스프링클러설비

해설 소방시설 설치 면제기준

설치 면제	설치면제 기준
스프링클러설비	• 적응성 있는 자동소화장치 및 물분무등소화설비 설치한 경우 (발전시설 중 전기저장시설은 제외) • 전기저장시설에 소화설비를 소방청장이 정하여 고시하는 방법에 따라 설치한 경우
물분무등소화설비	차고·주차장: 스프링클러설비 설치
비상경보설비, 단독경보형 감지기	자동화재탐지설비 또는 화재알림설비 설치
연소방지설비	스프링클러설비, 물분무, 미분무 소화설비 설치한 경우
자동화재탐지설비	자동화재탐지설비의 기능·성능 가진 화재알림설비, 스프링클러설비, 물분무등소화설비 설치

정답 58 ④

59 ★

위험물안전관리법령상 제조소 또는 일반 취급소에서 취급하는 제4류 위험물의 최대 수량 합이 지정수량의 48만 배 이상인 사업소의 자체소방대에 두는 화학소방자동차 및 인원기준으로 다음 ( ) 안에 알맞은 것은?

화학소방자동차	자체소방대원의 수
(㉠)대	(㉡)인

① ㉠ 1대, ㉡ 5인
② ㉠ 2대, ㉡ 10인
③ ㉠ 3대, ㉡ 15인
④ ㉠ 4대, ㉡ 20인

해설 화학소방자동차

사업소 구분 (지정수량)	화학소방 자동차	자체 소방대원 수
12만 배 미만	1대	5인
12만 배 이상 ~ 24만 배 미만	2대	10인
24만 배 이상 ~ 48만 배 미만	3대	15인
48만 배 이상	4대	20인

60 ★★

소방활동 종사 명령으로 소방활동에 종사한 사람이 그로 인하여 사망하거나 부상을 입은 경우 보상하여야 하는 자는?

① 국무총리
② 행정안전부장관
③ 시·도지사
④ 소방본부장

해설 소방활동 종사명령

소방활동을 위해 그 관할구역에 사는 사람 또는 그 현장에 있는 사람을 통해 사람을 구출하는 일 또는 불을 끄거나 불이 번지지 않도록 하는 일

1) 소방활동 종사명령자 : 소방본부장, 소방서장, 소방대장
2) 명령대상 : 화재·재난 시 그 관할구역에 사는 사람, 그 현장에 있는 사람
3) 명령내용 : 사람을 구출하는 일, 불을 끄거나 불이 번지지 않도록 하는 일
4) 종사 명령 시 소방본부장·서장·대장은 소방활동에 필요한 보호장구 지급하는 등 안전을 위한 조치할 것
5) 소방활동에 종사한 사람은 시·도지사로부터 소방활동비용을 지급받을 수 있음, 다만 다음 경우는 제외함
   (1) 소방대상물에 화재, 재난·재해, 그 밖의 위급상황 발생한 경우 그 관계인
   (2) 고의 또는 과실로 화재 또는 구조, 구급활동이 필요한 상황을 발생시킨 사람
   (3) 화재 또는 구조·구급 현장에서 물건을 가져간 사람

정답 59 ④ 60 ③

2018년 1회

소방기계시설의 구조 및 원리

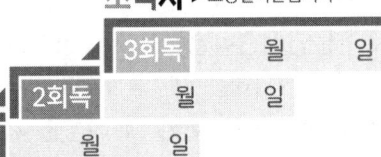

61 ★

피난사다리의 중량 기준 중 다음 ( ) 안에 알맞은 것은?

> 올림식사다리의 경우 (㉠) [kgf] 이하, 내림식사다리(하향식피난구용은 제외)의 경우 (㉡) [kgf] 이하이어야 한다.

① ㉠ 25, ㉡ 30
② ㉠ 30, ㉡ 25
③ ㉠ 20, ㉡ 35
④ ㉠ 35, ㉡ 20

해설 피난사다리의 중량

피난사다리의 중량은 올림식사다리인 경우 35 [kgf] 이하, 내림식사다리(하향식피난구용은 제외)의 경우 20 [kgf] 이하이어야 한다. 〈시행 2024.5.7.〉

피난사다리의 형식승인 및 제품검사의 기술기준 제9조(중량)

62 ★★★

고발포용 고정포방출구의 팽창비율로 옳은 것은?

① 팽창비 10 이상 20 미만
② 팽창비 20 이상 50 미만
③ 팽창비 50 이상 100 미만
④ 팽창비 80 이상 1000 미만

해설 포소화설비 팽창비

1) 저발포 : 팽창비가 20 이하인 것
2) **고발포 : 팽창비가 80 이상 1000 미만인 것**

63 ★★★

대형소화기의 종별 소화약제의 최소 충전용량으로 옳은 것은?

① 기계포 : 15 [L]
② 분말 : 20 [kg]
③ CO_2 : 40 [kg]
④ 강화액 : 50 [L]

해설 대형소화기에 충전하는 소화약제량

소화기 구분	충전량
물	80 [L] 이상
강화액	60 [L] 이상
포	20 [L] 이상
이산화탄소	50 [kg] 이상
할로겐화물	30 [kg] 이상
분말	20 [kg] 이상

암기 물강포 이할분 / 862 532

64 ★★★

소화수조의 설치기준 중 다음 ( ) 안에 알맞은 것은?

> 소화용수설비를 설치해야 할 특정소방대상물에 있어서 유수의 양이 ( ) [m³/min] 이상인 유수를 사용할 수 있는 경우에는 소화수조를 설치하지 않을 수 있다.

① 0.8
② 1.3
③ 1.6
④ 2.6

정답 61 ④ 62 ④ 63 ② 64 ①

해설 │ 소화수조를 설치하지 않을 수 있는 경우

소화용수설비를 설치해야 할 특정소방대상물에 있어서 유수의 양이 0.8 [m³/min] 이상인 유수를 사용할 수 있는 경우에는 소화수조를 설치하지 않을 수 있다.

65 ★★★

이산화탄소소화설비 가스압력식 기동장치의 기준 중 틀린 것은?

① 기동용 가스용기 및 해당 용기에 사용하는 밸브는 25 [MPa] 이상의 압력에 견딜 수 있는 것으로 할 것
② 기동용 가스용기에는 내압시험압력의 0.64배부터 내압시험압력 이하에서 작동하는 안전장치를 설치할 것
③ 기동용 가스용기의 용적은 5 [L] 이상으로 하고, 해당 용기에 저장하는 질소 등의 비활성기체는 6.0 [MPa] 이상 (21 [℃] 기준)의 압력으로 충전할 것
④ 기동용 가스용기에는 충전 여부를 확인할 수 있는 압력게이지를 설치할 것

해설 │ 자동식 기동장치 - 가스압력식 기동장치

가스압력식 기동장치는 다음의 기준에 따를 것
1) 기동용 가스용기 및 해당 용기에 사용하는 밸브는 25 [MPa] 이상의 압력에 견딜 수 있는 것으로 할 것
2) 기동용 가스용기에는 내압시험압력의 0.8배부터 내압시험압력 이하에서 작동하는 안전장치를 설치할 것
3) 기동용 가스용기의 체적은 5 [L] 이상으로 하고, 해당 용기에 저장하는 질소 등의 비활성기체는 6.0 [MPa] 이상(21 [℃] 기준)의 압력으로 충전할 것
4) 질소 등의 비활성기체 기동용가스용기에는 충전 여부를 확인할 수 있는 압력게이지를 설치할 것

66 ★★★

화재조기진압용 스프링클러설비를 설치할 장소의 구조 기준 중 틀린 것은?

① 천장의 기울기가 168/1000을 초과하지 않아야 하고, 이를 초과하는 경우에는 반자를 지면과 수평으로 설치할 것
② 천장은 평평해야 하면 철재나 목재트러스 구조인 경우. 철재나 목재의 돌출 부분이 102 [mm]를 초과하지 않을 것
③ 보로 사용되는 목재·콘크리트 및 철재 사이의 간격이 0.9 [m] 이상 2.3 [m] 이하일 것. 다만 보의 간격이 2.3 [m] 이상인 경우에는 화재조기진압용 스프링클러헤드의 동작을 원활히 하기 위하여 보로 구획된 부분의 천장 및 반자의 넓이가 28 [m²]를 초과하지 않을 것
④ 해당 층 높이가 10 [m] 이하일 것. 다만 2층 이상일 경우에는 해당 층의 바닥을 내화구조로 하고 다른 부분과 방화구획할 것

해설 │ 화재조기진압용 S/P 설치장소의 구조 기준

1) 해당 층의 높이가 13.7 [m] 이하일 것. 다만 2층 이상일 경우 해당 층의 바닥을 내화구조로 하고 다른 부분과 방화구획할 것
2) 천장의 기울기 168/1000을 초과하지 않아야 하고, 초과 시 반자를 지면과 수평으로 설치할 것
3) 천장은 평평해야 하며, 철재나 목재트러스 구조인 경우 철재나 목재 돌출부분이 102 [mm]를 초과하지 않을 것
4) 보로 사용되는 목재·콘크리트 및 철재 사이 간격은 0.9 [m] 이상 2.3 [m] 이하일 것. 다만 보의 간격이 2.3 [m] 이상인 경우에는 화재조기진압용 스프링클러헤드의 동작을 원활히 하기 위해 보로 구획된 부분의 천장 및 반자의 넓이가 28 [m²]를 초과하지 않을 것
5) 창고 내 선반 형태는 하부로 물이 침투되는 구조로 할 것

정답 65 ② 66 ④

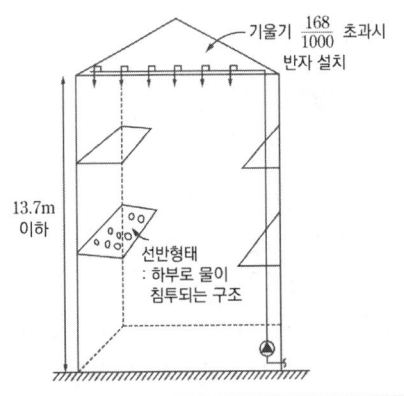

67 ★★★

물분무등소화설비 중 이산화탄소소화설비를 설치하여야 하는 특정소방대상물에 설치하여야 할 인명구조기구의 종류로 옳은 것은?

① 방열복
② 방화복
③ 인공소생기
④ 공기호흡기

📖 **해설** 용도 및 장소별로 설치해야 할 인명구조기구

특정소방대상물	인명구조기구	설치 수량
지하층을 포함하는 층수가 7층 이상인 관광호텔 및 5층 이상인 병원	• 방열복 또는 방화복 • 공기호흡기 • 인공소생기	각 2개 이상 비치할 것 (다만 병원의 경우 인공소생기를 설치하지 않을 수 있다)
• 문화 및 집회시설 중 수용인원 100명 이상의 영화상영관 • 판매시설 중 대규모 점포 • 운수시설 중 지하역사 • 지하가 중 지하상가	공기호흡기	층마다 2개 이상 비치할 것
물분무등소화설비 중 이산화탄소소화설비를 설치해야 하는 특정소방대상물 (호스릴이산화탄소소화설비는 제외한다)	공기호흡기	이산화탄소 소화설비가 설치된 장소의 출입구 외부 인근에 1개 이상 비치할 것

[방열복]

[방화복]

[공기호흡기]

[인공소생기]

68 ★★★

물분무소화설비 송수구의 설치기준 중 다음 ( ) 안에 알맞은 것은?

> 송수구는 화재 층으로부터 지면으로 떨어지는 유리창 등이 송수 및 그 밖의 소화작업에 지장을 주지 않는 장소에 설치할 것. 이 경우 가연성가스의 저장·취급시설에 설치하는 송수구는 그 방호대상물로부터 (㉠) [m] 이상의 거리를 두거나, 방호대상물에 면하는 부분이 높이 (㉡) [m] 이상 폭 (㉢) [m] 이상의 철근콘크리트 벽으로 가려진 장소에 설치해야 한다.

① ㉠ 20, ㉡ 1.0, ㉢ 1.5
② ㉠ 20, ㉡ 1.5, ㉢ 2.5
③ ㉠ 40, ㉡ 1.0, ㉢ 1.5
④ ㉠ 40, ㉡ 1.5, ㉢ 2.5

해설 물분무소화설비 송수구

송수구는 화재 층으로부터 지면으로 떨어지는 유리창 등이 송수 및 그 밖의 소화작업에 지장을 주지 않는 장소에 설치할 것. 이 경우 **가연성가스의 저장·취급시설에 설치하는 송수구는 그 방호대상물로부터 20 [m] 이상의 거리를 두거나, 방호대상물에 면하는 부분이 높이 1.5 [m] 이상 폭 2.5 [m] 이상의 철근콘크리트 벽으로 가려진 장소에 설치**해야 한다.

69 ★

가연성 가스의 저장·취급시설에 설치하는 연결살수설비의 헤드 설치기준 중 다음 ( ) 안에 알맞은 것은? (단, 지하에 설치된 가연성가스의 저장·취급시설로서 지상에 노출된 부분이 없는 경우는 제외한다)

> 가스저장탱크·가스홀더 및 가스발생기의 주위에 설치하되, 헤드 상호 간의 거리는 ( ) [m] 이하로 할 것

① 2.1 ② 2.3
③ 3.0 ④ 3.7

해설 가연성 가스의 저장·취급시설에 설치하는 연결살수설비의 헤드

1) 연결살수설비 전용의 개방형 헤드를 설치할 것
2) 가스저장탱크·가스홀더 및 가스발생기의 주위에 설치하되, <u>헤드 상호 간의 거리는 3.7 [m] 이하로 할 것</u>
3) 헤드의 살수범위는 가스저장탱크·가스홀더 및 가스발생기의 몸체의 중간 윗부분의 모든 부분이 포함되도록 해야 하고 살수된 물이 흘러내리면서 살수범위에 포함되지 않은 부분에도 모두 적셔질 수 있도록 할 것

70 ★★★

지하구의 화재안전기술기준에 따라 연소방지설비헤드의 설치기준으로 옳은 것은?

① 헤드 간의 수평거리는 연소방지설비 전용헤드의 경우에는 1.5 [m] 이하로 할 것
② 헤드 간의 수평거리는 개방형스프링클러헤드의 경우에는 2 [m] 이하로 할 것
③ 천장 또는 벽면에 설치할 것
④ 소방대원의 출입이 가능한 환기구·작업구마다 지하구의 양쪽방향으로 살수헤드를 설정하되, 한쪽 방향의 살수구역의 길이는 2 [m] 이상으로 할 것

해설 지하구 – 연소방지설비의 헤드

1) <u>천장 또는 벽면에 설치할 것</u>
2) <u>헤드 간의 수평거리는 연소방지설비 전용헤드의 경우에는 2 [m] 이하, 개방형스프링클러헤드의 경우에는 1.5 [m] 이하로 할 것</u>
3) 소방대원의 출입이 가능한 환기구·작업구마다 지하구의 양쪽방향으로 살수헤드를 설정하되, <u>한쪽 방향의 살수구역의 길이는 3 [m] 이상으로 할 것.</u> 다만 환기구 사이의 간격이 700 [m]를 초과할 경우에는 700 [m] 이내마다 살수구역을 설정하되, 지하구의 구조를 고려하여 방화벽을 설치한 경우에는 그렇지 않다.
4) 연소방지설비 전용헤드를 설치할 경우에는 「소화설비용헤드의 성능인증 및 제품검사 기술기준」에 적합한 살수헤드를 설치할 것

정답 69 ④ 70 ③

71 ★★★

연결송수관설비의 송수구 설치기준 중 건식의 경우 송수구 부근 자동배수밸브 및 체크밸브의 설치순서로 옳은 것은?

① 송수구 → 체크밸브 → 자동배수밸브 → 체크밸브
② 송수수 → 체크밸브 → 자동배수밸브 → 개폐밸브
③ 송수수 → 자동밸브 → 자동배수밸브 → 체크밸브 → 개폐밸브
④ 송수구 → 자동배수밸브 → 체크밸브 → 자동배수밸브

해설 연결송수관설비 송수구 설치기준

1) 습식 : 송수구 → 자동배수밸브 → 체크밸브
2) 건식 : 송수구 → 자동배수밸브 → 체크밸브 → 자동배수밸브

✿암기 습식 – 송자체, 건식 – 송자체자

72 ★★★

옥내소화전설비의 설치기준 중 틀린 것은?

① 성능시험배관은 펌프의 토출 측에 설치된 개폐밸브 이후에서 분기하여 직선으로 설치하고, 유량측정장치를 기준으로 전단 직관부에는 개폐밸브를 후단 직관부에는 유량조절밸브를 설치해야 한다.
② 가압송수장치의 체절운전 시 수온의 상승을 방지하기 위하여 체크밸브와 펌프 사이에서 분기한 구경 20 [mm] 이상의 배관에 체절압력 미만에서 개방되는 릴리프밸브를 설치할 것
③ 펌프의 성능은 체절운전 시 정격토출압력의 140 [%]를 초과하지 않고, 정격토출량의 150 [%]로 운전 시 정격토출압력의 65 [%] 이상이 되어야 한다.
④ 연결송수관설비의 배관과 겸용할 경우의 주배관은 구경 100 [mm] 이상, 방수구로 연결되는 배관의 규격은 65 [mm] 이상의 것으로 해야 한다.

해설 성능시험배관

성능시험배관은 펌프의 토출 측에 설치된 <u>개폐밸브 이전</u>에서 분기하여 직선으로 설치하고, 유량측정장치를 기준으로 전단 직관부에는 개폐밸브를 후단 직관부에는 유량조절밸브를 설치할 것.

※ **연결송수관설비의 배관**
연결송수관설비의 주배관은 구경 100 [mm] 이상의 전용배관으로 할 것. 다만 주배관의 구경이 100 [mm] 이상인 옥내소화전설비의 배관과는 겸용할 수 있다.
⇒ 연결송수관설비는 **옥내소화전설비의 배관**만 겸용 가능함 [시행 2024.7.1.]

73 ★★★

이산화탄소 또는 할로겐화합물을 방출하는 소화기구(자동확산소화기를 제외)의 설치기준 중 다음 (   ) 안에 알맞은 것은? (단, 배기를 위한 유효한 개구부가 있는 장소인 경우는 제외한다)

> 지하층이나 무창층 또는 밀폐된 거실로서 그 바닥면적이 (   ) [m²] 미만의 장소에는 설치할 수 없다.

① 15   ② 20
③ 30   ④ 40

해설 이산화탄소 또는 할로겐화합물을 방출하는 소화기구 설치 불가 장소

이산화탄소 또는 할로겐화합물을 방출하는 소화기구(자동확산소화기를 제외)는 <u>지하층</u>이나 <u>무창층</u> 또는 <u>밀폐된 거실로서 그 바닥면적이 20 [m²] 미만의 장소</u>에는 설치할 수 없다. 다만 배기를 위한 유효한 개구부가 있는 장소인 경우에는 그렇지 않다.

정답 71 ④ 72 ① 73 ②

74 ★★★

스프링클러설비 헤드의 설치기준 중 틀린 것은?

① 살수가 방해되지 아니하도록 스프링클러 헤드로부터 반경 60 [cm] 이상의 공간을 보유할 것
② 스프링클러헤드와 그 부착면과의 거리는 30 [cm] 이하로 할 것
③ 측벽형 스프링클러헤드를 설치하는 경우긴 변의 한쪽 벽에 일렬로 설치하고 4.5 [m] 이내마다 설치할 것
④ 상부에 설치된 헤드의 방출수에 따라 감열부에 영향을 받을 우려가 있는 헤드에는 방출수를 차단할 수 있는 유효한 차폐판을 설치할 것

해설 스프링클러 헤드 설치기준

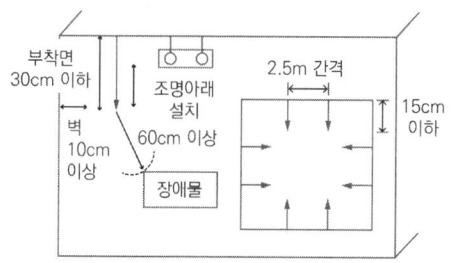

1) 헤드로부터 보유 공간 : 반경 60 [cm] 이상
2) 벽과 헤드 간 공간은 10 [cm] 이상
3) 헤드와 그 부착면과의 거리는 30 [cm] 이하
4) 배관·행거 및 조명기구 등 살수를 방해하는 것이 있는 경우 그로부터 아래에 설치하여 살수에 장애가 없도록 할 것
5) 스프링클러헤드의 반사판은 그 부착면과 평행하게 설치
6) 연소할 우려가 있는 개구부
   (1) 그 상하좌우에 2.5 [m] 간격으로 헤드 설치
   (2) 헤드와 개구부의 내측 면으로부터 직선거리는 15 [cm] 이하
7) 측벽형 스프링클러헤드
   (1) 폭이 4.5 [m] 미만인 실 : 긴 변의 한쪽 벽에 일렬로 3.6 [m] 이내마다 설치

(2) 폭이 4.5 [m] 이상 9 [m] 이하인 실 : 긴 변의 양쪽에 각각 일렬로 설치하되 마주보는 스프링클러헤드가 나란히꼴이 되도록 3.6 [m] 이내마다 설치

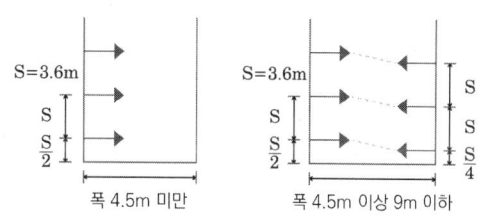

[측벽형헤드 설치기준]

8) 상부에 설치된 헤드의 방출수에 따라 감열부에 영향을 받을 우려가 있는 헤드에는 방출수를 차단할 수 있는 유효한 차폐판을 설치할 것

[차폐판]

75 ★★★

호스릴방식의 분말소화설비 노즐이 하나의 노즐마다 1분당 방출하는 소화약제의 양 기준으로 옳은 것은?

① 제1종 분말 - 45 [kg]
② 제2종 분말 - 30 [kg]
③ 제3종 분말 - 30 [kg]
④ 제4종 분말 - 20 [kg]

해설 호스릴방식의 분말소화설비 설치기준

소화약제의 종별	제1종	제2·3종	제4종
1분당 방출하는 소화약제의 양	**45 [kg/min]**	27 [kg/min]	18 [kg/min]

정답 74 ③ 75 ①

76 ★★★

전역방출방식의 분말소화설비를 설치한 특정소방대상물 또는 그 부분의 자동폐쇄장치 설치기준 중 다음 ( ) 안에 알맞은 것은?

> 개구부가 있거나 천장으로부터 1 [m] 이상의 아랫 부분 또는 바닥으로부터 해당 층의 높이의 (   ) 이내의 부분에 통기구가 있어 소화약제의 유출에 따라 소화효과를 감소시킬 우려가 있는 것은 소화약제가 방출되기 전에 해당 개구부 및 통기구를 폐쇄할 수 있도록 할 것

① 1 / 5
② 1 / 2
③ 2 / 3
④ 3 / 4

해설

가스계 전역방출방식의 경우 자동폐쇄장치
개구부가 있거나 천장으로부터 <u>1 [m] 이상</u>의 아래 부분 또는 바닥으로부터 해당 층의 높이의 <u>3분의 2</u> 이내의 부분에 통기구가 있어 소화약제의 유출에 따라 소화효과를 감소시킬 우려가 있는 것은 소화약제가 방출되기 전에 해당 개구부 및 통기구를 폐쇄할 수 있도록 할 것

77 ★★

표준형 스프링클러헤드의 감도 특성에 의한 분류 중 조기반응(Fast response)에 따른 스프링클러헤드의 반응시간지수(RTI)기준으로 옳은 것은?

① 50 $(m \cdot s)^{1/2}$ 이하
② 80 $(m \cdot s)^{1/2}$ 이하
③ 150 $(m \cdot s)^{1/2}$ 이하
④ 350 $(m \cdot s)^{1/2}$ 이하

해설 스프링클러헤드 반응시간지수(RTI)

RTI	헤드 감도
50 이하	조기반응
50 초과 80 이하	특수반응
80 초과 350 이하	표준반응

※ 반응시간지수 RTI
기류의 온도·속도 및 작동시간에 대하여 스프링클러헤드의 반응을 예상한 지수

$$RTI(m \cdot s)^{0.5} = r\sqrt{u}$$

r : 감열체의 시간상수(초)
u : 기류속도(m/s)

78 ★★★

특정소방대상물에 따라 적용하는 포소화설비 기준 중 특수가연물을 저장·취급하는 공장 또는 창고에 적응하는 포소화설비의 종류가 아닌 것은?

① 포워터스프링클러설비
② 고정포방출설비
③ 호스릴포소화설비
④ 압축공기포소화설비

해설 특수가연물을 저장·취급하는 장소에 적응성이 있는 포소화설비

- 포워터스프링클러설비
- 포헤드설비
- 고정포방출설비
- 압축공기포소화설비

☆암기 포포고압

79 ★★

미분무소화설비 수원의 설치기준 중 다음 ( ) 안에 알맞은 내용을 옳은 것은?

> 사용되는 필터 또는 스트레이너의 메쉬는 헤드 오리피스 지름의 ( ) [%] 이하가 되어야 한다.

① 40
② 65
③ 80
④ 90

해설 미분무소화설비 수원 설치기준

사용되는 필터 또는 스트레이너의 메쉬는 헤드 오리피스 지름의 80 [%] 이하가 되어야 한다.

80 ★★

호스릴방식의 할론소화설비 분사헤드의 설치기준 중 방호대상물의 각 부분으로부터 하나의 호스접결구까지의 수평거리가 몇 [m] 이하가 되도록 설치하여야 하는가?

① 10
② 15
③ 20
④ 25

해설 호스릴방식의 할론소화설비 설치기준

1) 방호대상물의 각 부분으로부터 하나의 호스접결구까지의 수평거리가 20 [m] 이하가 되도록 할 것
2) 소화약제 저장용기의 개방밸브는 호스릴의 설치장소에서 수동으로 개폐할 수 있는 것으로 할 것
3) 소화약제 저장용기는 호스릴을 설치하는 장소마다 설치할 것
4) 하나의 노즐마다 1분당 방출량

소화약제의 종별	할론 1301
1분당 방출하는 소화약제의 양	35 [kg/min]

5) 소화약제 저장용기의 가장 가까운 곳의 보기 쉬운 곳에 적색의 표시등을 설치하고, 호스릴방식의 할론소화설비가 있다는 뜻을 표시한 표지를 할 것

보충 호스릴이산화탄소소화설비, 호스릴방식의 분말소화설비의 수평거리 기준 : 15 [m] 이하

정답 79 ③ 80 ③

2018년 2회

소방원론

제한 시간: 목표 점수:

1회 출제 ★ | 2회 출제 ★★ | 3회 이상 출제 ★★★

01 ★★★

소화약제로서의 물의 단점을 개선하기 위하여 사용하는 첨가제가 아닌 것은?

① 부동액
② 침투제
③ 증점제
④ 방식제

해설 물의 소화력 증대를 위한 첨가제

종류	특징
부동액	물의 동결 방지를 위해 첨가
강화액	염류를 첨가하여 물의 소화효과와 강화액의 부촉매효과를 이용
유화제	가연물 표면에 에멀젼을 형성하여 가연성 혼합기 생성 억제, 분무주수 효과적
증점제	점도를 증가시켜 산림에 장시간 부착, CMC(산림화재용 증점제)
침투제	계면활성제를 첨가하여 물의 표면장력을 감소시켜 가연물에 대해 침투성 향상

해설 방폭구조

방폭구조	특징	구조
본질안전 방폭구조	**정상·이상 상태**에서 점화원이 위험성 분위기에 폭발을 발생시킬 수 없는 구조	
내압 방폭구조	용기 내부로 폭발성가스가 침입해도 외부 위험성 분위기에는 영향이 없도록 **최대안전틈새 이내로 격리**시키는 구조	
압력 방폭구조	용기 내에 **불활성가스를 압입**시켜 외부의 폭발성 가스로부터 점화원을 격리하는 구조	
유입 방폭구조	점화원이 될 우려가 있는 부분에 **오일을 주입**하여 폭발성가스로부터 점화원을 격리하는 구조	
안전증 방폭구조	**정상상태**에서 전기기기의 고장이 발생하지 않도록 안전도를 높이는 방식	

02 ★★★

방폭구조 중 전기불꽃이 발생하는 부분을 기름 속에 잠기게 함으로써 기름면 위 또는 용기 외부에 존재하는 가연성 증기에 착화할 우려가 없도록 한 구조는?

① 내압 방폭구조
② 안전증 방폭구조
③ 유입 방폭구조
④ 본질안전 방폭구조

03 ★★★

포소화약제에 대한 설명으로 옳은 것은?

① 수성막포는 단백포소화약제보다 유출유 화재에 소화성능이 떨어진다.
② 수용성 유류화재에는 알콜형 포소화약제가 적합하다.
③ 알콜형 포소화약제의 주성분은 제2철염이다.
④ 불화단백포는 단백포에 비하여 유동성이 떨어진다.

정답 01 ④ 02 ③ 03 ②

해설 포소화약제 종류

종류	특징
단백포	• 부식성이 큼 • 내열성이 우수함 • 유동성, 내유성이 좋지 않음 • 변질의 우려가 있어 장기 저장 불가 • 포안정제로 염화제1철염 첨가
수성막포 (AFFF)	• 안전성이 좋음 • 분말소화약제와 겸용하여 사용 가능 • 점성이 작아 기름 표면에 피막을 형성하여 유류 증발을 억제함(유류화재 시 소화성능이 가장 우수)
불화단백포	• 소화성능 가장 우수 • 단백포 + 수성막포 • 표면하주입방식
합성 계면활성제포	• 저팽창포, 고팽창포 모두 사용 가능 • 유동성이 좋음
내알코올포 (알코올형포)	• 수용성 유류화재에 적응성이 있음 • 가연성 액체에 사용함

① 수성막포는 유류화재 시 소화성능이 가장 우수하다.
③ 알콜형 포소화약제는 단백질 가수분해물이나 합성계면활성제 중에 지방산금속염이나 타계통의 합성계면활성제 또는 고분자 겔 생성물 등을 첨가한 포소화약제이다.
④ 불화단백포는 단백포에 불소 계통의 계면활성제를 소량 첨가한 것으로 표면장력이 상실되어 단백포보다 유동성이 좋다.

04 ★★★

자연발화에 대한 설명으로 틀린 것은?

① 외부로부터 열의 공급을 받지 않고 온도가 상승하는 현상이다.
② 물질의 온도가 발화점 이상이면 자연발화한다.
③ 다공질이고 열전도가 작은 물질일수록 자연발화가 일어나기 어렵다.
④ 건성유가 묻어 있는 기름걸레가 적층되어 있으면 자연발화가 일어나기 쉽다.

해설 자연발화

1) 외부로부터 열의 공급을 받지 않고 온도가 상승하는 현상이다.
2) 물질의 온도가 발화점 이상이면 자연발화한다.
3) <u>다공질이고 열전도율 작을수록 자연발화가 일어나기 쉽다.</u>
4) 건성유가 묻어 있는 기름걸레가 적층되어 있으면 자연발화가 일어나기 쉽다.

05 ★★★

가연물의 종류에 따른 화재의 분류로 틀린 것은?

① 일반화재 : A급
② 유류화재 : B급
③ 전기화재 : C급
④ 주방화재 : D급

해설 화재의 분류

등급	화재	표시색	가연물
A급	일반화재	백색	나무, 섬유, 종이, 고무, 플라스틱류
B급	유류화재	황색	인화성 액체, 가연성 액체, 석유 그리스, 타르, 오일, 유성도료, 솔벤트, 래커, 알코올 및 인화성 가스 등
C급	전기화재	청색	전류가 흐르고 있는 전기기기, 배선 등
D급	금속화재	무색	마그네슘 합금 등 가연성 금속
K급	주방화재	–	주방에서 동식물유를 취급하는 조리기구

암기 일유전 금주

정답 04 ③ 05 ④

06 ★★★

정전기 발생 방지대책 중 틀린 것은?

① 상대습도를 높인다.
② 공기를 이온화시킨다.
③ 접지시설을 한다.
④ 가능한 한 부도체를 사용한다.

해설 정전기 방지대책

1) 배관 내 유속을 제한한다(1 [m/s] 이하).
2) 접지 및 본딩을 한다.
3) 상대습도 70 [%] 이상을 유지한다.
4) 대전 방지제 사용한다.
5) 공기를 이온화한다.
6) 제전기(제진기)를 사용한다.

TIP 정전기 현상은 부도체 표면 간의 접촉에 따라 발생하므로 '가능한 한 부도체를 사용하는 것'은 정전기 방지대책이 아님

07 ★★★

할론소화약제가 아닌 것은?

① CF_3Br
② $C_2F_4Br_2$
③ CF_2ClBr
④ $KHCO_3$

해설 할론소화약제

종류	분자식	상온·상압
할론 1211	CF_2ClBr	기체
할론 1301	CF_3Br	
할론 1011	CH_2ClBr	액체
할론 2402	$C_2F_4Br_2$	

보충 탄산수소칼륨($KHCO_3$) : 제2종 분말소화약제

08 ★★★

B급 화재에 해당하지 않는 것은?

① 목탄
② 등유
③ 아세톤
④ 이황화탄소

해설 화재의 분류

등급	화재	표시색	가연물
A급	일반화재	백색	나무, 섬유, 종이, 고무, 플라스틱류
B급	유류화재	황색	인화성 액체, 가연성 액체, 석유 그리스, 타르, 오일, 유성도료, 솔벤트, 래커, 알코올 및 인화성 가스 등
C급	전기화재	청색	전류가 흐르고 있는 전기기기, 배선 등
D급	금속화재	무색	마그네슘 합금 등 가연성 금속
K급	주방화재	-	주방에서 동식물유를 취급하는 조리기구

보충 인화성 액체(제4류 위험물) : 등유, 아세톤, 이황화탄소, 휘발유 등

09 ★★★

일산화탄소에 관한 설명으로 틀린 것은?

① 일산화탄소의 증기비중은 약 0.97로 공기보다 약간 가볍다.
② 인체의 혈액 속에서 헤모글로빈(Hb)과 산소의 결합을 방해한다.
③ 질식작용은 없다.
④ 불완전연소 시 주로 발생한다.

정답 06 ④ 07 ④ 08 ① 09 ③

해설 일산화탄소(CO)

1) 불완전연소 시 수로 발생한다.
2) 증기비중은 0.97이고, 공기보다 약간 가볍다.
3) 무색, 무취의 유독성 가스이다.
4) 인체 내의 헤모글로빈(Hb)과 결합하여 산소운반을 저해시킨다. 따라서 화재 시 흡입한 일산화탄소로 인해 질식·사망하게 된다.

10 ★★★

자연발화의 발화원이 아닌 것은?

① 분해열
② 흡착열
③ 발효열
④ 기화열

해설 자연발화의 원인

분류	개념	종류
산화열	가연물이 산소와 결합하여 발생	불포화 섬유지, 석탄, 기름걸레
분해열	물질이 분해하며 열축적에 의해 발화	셀룰로이드, 아세틸렌
흡착열	흡착 시 발생하는 열	활성탄, 목탄
중합열	중합반응에 의한 열 (분해열과 반대)	액화 시안화수소
발효열	미생물에 의해 발효되면서 발생	먼지, 퇴비

11 ★★★

실내 화재 발생 시 순간적으로 실 전체로 화염이 확산되면서 온도가 급격히 상승하는 현상은?

① 제트 파이어(Jet Fire)
② 파이어 볼(Fire Ball)
③ 플래시 오버(Flash Over)
④ 리프트(Lift)

해설 화재 시 발생현상

현상	설명
리프트 (Lift)	불꽃이 버너의 염공(노즐) 위에 들떠서 연소하는 현상 버너 내압이 커져 분출속도 빨라짐 (혼합가스의 분출속도 > 연소속도)
파이어 볼 (Fire Ball)	인화성 액체가 대량 기화되어 갑자기 발화될 때 발생하는 공 모양의 화염
플래시 오버 (Flash Over)	실내 화재 발생 시 온도가 급격히 상승하여 화재가 순간적으로 실 전체에 확산되는 현상
제트 파이어 (Jet Fire)	고압의 LPG 등 누출 시 주위의 점화원에 의해 불기둥을 형성하는 분출화재

12 ★★★

안전을 위해서 물속에 저장하는 물질은?

① 나트륨
② 칼륨
③ 이황화탄소
④ 과산화나트륨

해설 위험물의 저장

위험물	저장장소
황린 이황화탄소(CS_2)	물속
나이트로셀룰로오스 (니트로셀룰로오스)	알코올 속
칼륨(K) 나트륨(Na) 리튬(Li)	석유류(등유) 속

☆암기 황물 나이알 ㅠㅠ

정답 10 ④ 11 ③ 12 ③

13 ★★★

물이 소화약제로서 널리 사용되고 있는 이유에 대한 설명으로 틀린 것은?

① 다른 약제에 비해 쉽게 구할 수 있다.
② 비열이 크다.
③ 증발잠열이 크다.
④ 점도가 크다.

해설 물 소화약제

1) 비열, 증발잠열(기화잠열)이 큼
2) 가격이 저렴하고 쉽게 구할 수 있음
3) 무상주수 시 중질유 화재에 적응성 있음(에멀젼 형성으로 유화효과)
4) 물이 수증기로 기화 시 체적이 약 1650배(1600 ~ 1700배) 증가하여 주변 산소농도 낮춤
5) 수용성 액체의 화재 시 물을 주입시켜서 가연성 물질의 농도를 낮춤

14 ★★★

화학적 점화원의 종류가 아닌 것은?

① 연소열   ② 중합열
③ 분해열   ④ 아크열

해설 열에너지원의 종류

구분	종류
기계열	**압축열**, **마찰열**, **마찰스파크**, **충격열**
전기열	유도열, 유전열, 저항열, 아크열, 정전기열, 낙뢰에 의한 열
화학열	연소열, 용해열, 분해열, 생성열, 자연발화열

암기 기압마충

15 ★★★

물의 증발잠열은 약 몇 [kcal/kg]인가?

① 439   ② 539
③ 639   ④ 739

해설 물의 잠열

1) 얼음의 융해잠열 : 80 [cal/g] (= 334 [kJ/kg])
2) **물의 증발잠열 : 539 [cal/g]** (= 2257 [kJ/kg])

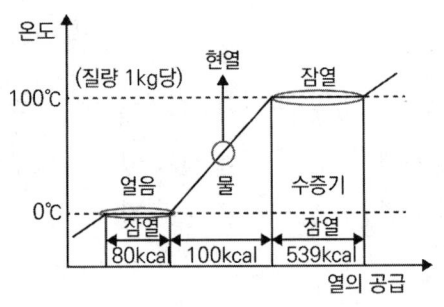

[물의 상태변화]

보충 물의 증발잠열 539 [cal/g]은 100 [℃]의 물 1 [g]이 100 [℃]의 수증기가 될 때 필요한 열량

16 ★ 난이도 상

공기 1 [kg] 중에는 산소가 약 몇 [mol]이 들어 있는가? (단, 산소, 질소 1 [mol]의 분자량은 각각 32 [g], 28 [g]이고, 공기 중 산소의 농도는 23 [wt%]이다)

① 5.65   ② 6.53
③ 7.19   ④ 7.91

해설 공기 1 [kg] 중 산소 몰수 [mol]

1) 공기 1 [kg] 중 산소의 질량 [g]
   산소의 질량 = 공기 질량 [g] × 산소 농도 [wt%]
   = 1000 [g] × 0.23 = 230 [g]

2) 공기 1 [kg] 중 산소 몰수 [mol]

$$\text{산소 몰수} = \frac{\text{산소의 질량}[g]}{\text{산소의 } mol\text{당 } g\text{수}[g/mol]}$$

$$= \frac{\text{산소의 질량}[g]}{\text{산소의 분자량}[g/mol]}$$

$$= \frac{230[g]}{32[g/mol]} ≒ 7.19 \text{ [mol]}$$

보충 원자량(H : 1, C : 12, N : 14, O : 16)
산소(O_2)의 분자량 : 32 [g/mol]

17 ★★★

기름의 표면에 거품과 얇은 막을 형성하여 유류화재 진압에 뛰어난 소화효과를 갖는 포소화약제는?

① 수성막포   ② 합성계면활성제포
③ 단백포   ④ 알콜형 포

해설 포소화약제 종류

종류	특징
단백포	• 부식성이 큼 • 내열성이 우수함 • 유동성, 내유성이 좋지 않음 • 변질의 우려가 있어 장기 저장 불가 • 포안정제로 염화제1철염 첨가
수성막포 (AFFF)	• 안전성이 좋음 • 분말소화약제와 겸용하여 사용 가능 • **점성이 작아 기름 표면에 피막을 형성하여 유류 증발을 억제함**(유류화재 시 소화성능이 가장 우수함)
불화단백포	• 소화성능 가장 우수 • 단백포 + 수성막포 • 표면하주입방식
합성 계면활성제포	• 저팽창포, 고팽창포 모두 사용 가능 • 유동성이 좋음
내알코올포 (알코올형포)	• 수용성 유류화재에 적응성이 있음 • 가연성 액체에 사용함

18 ★★★

분해폭발을 일으키지 않는 물질은?

① 아세틸렌   ② 프로페인(프로판)
③ 산화질소   ④ 산화에틸렌

해설 폭발 발생 물질

구분	물질
분해폭발	아세틸렌, 산화질소, 산화에틸렌
분진폭발	알루미늄, 석탄가루, 밀가루, 금속분류, 마그네슘
중합폭발	염화비닐, 시안화수소
산화폭발	압축가스, 액화가스

19 ★★★

오존파괴지수(ODP)가 가장 큰 것은?

① Halon 104   ② CFC 11
③ Halon 1301   ④ CFC 113

해설 오존파괴지수(ODP)

구분	오존파괴지수(ODP)
Halon 104	0.6
Halon 1211	3.0
Halon 2402	6.0
Halon 1301	10.0

정답 17 ① 18 ② 19 ③

20 ★★★

칼륨이 물과 반응하면 위험한 이유는?

① 수소가 발생하기 때문에
② 산소가 발생하기 때문에
③ 이산화탄소가 발생하기 때문에
④ 아세틸렌이 발생하기 때문에

해설 금수성 물질

물과 접촉하여 발화, 가연성 가스 발생

구분	현상
무기과산화물	산소(O_2) 발생
금속분 마그네슘(Mg) 나트륨(Na) **칼륨(K)** 리튬(Li)	**수소(H_2)** 발생
탄화칼슘 (칼슘카바이드)	아세틸렌(C_2H_2) 발생

소방유체역학

21 ★★★

물이 2 [m] 깊이로 차 있는 개방된 직육면체 모양의 물탱크 바닥에 한 변이 20 [cm]인 정사각형 판이 놓여 있다. 이 판의 윗면이 받는 힘은 약 몇 N인가? (단, 대기압은 무시한다)

① 784 ② 492
③ 259 ④ 157

해설 수평면에 작용하는 전압력

수평면에 작용하는 유체의 전압력 $F[N] = \gamma h A$
여기서, γ : 비중량 [N/m³]
h : 수평면으로부터 액면까지 수직거리 [m]
A : 면적 [m²]

$F = \gamma h A$
$= 9800[N/m^3] \times 2[m] \times (0.2 \times 0.2)[m^2] = 784\ [N]$

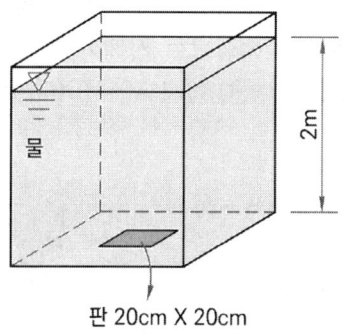

판 20cm X 20cm

22 ★★★

유량이 0.75 [m³/min]인 소화설비 배관의 안지름이 100 [mm]일 때 배관 속을 흐르는 물의 평균 유속은 약 몇 [m/s]인가?

① 0.8 ② 1.1
③ 1.4 ④ 1.6

해설 물의 유속(Q = AV 이용)

체적유량 $Q[m^3/s] = AV$
여기서, A : 배관의 단면적[m²]
V : 유속 [m/s]

$Q = AV$

$\dfrac{0.75}{60} = \left(\dfrac{\pi}{4} \times 0.1^2\right) \times V$

$\therefore V = 1.59\ [m/s]$

23 ★★★

한 변의 길이가 10 [cm]인 정육면체의 금속 무게를 공기 중에서 달았더니 77 [N]이었고, 어떤 액체 중에서 달아보니 70 [N]이었다. 이 액체의 비중량은 몇 [N/m³]인가?

① 7700 ② 7300
③ 7000 ④ 6300

해설 유체 속에 잠긴 경우 부력

$$F_B = W_{공기중} - W_{유체중} = \gamma_{유체} V_{전체체적}$$

1) 체적 $V_{전체체적} = 0.1 \times 0.1 \times 0.1 = 0.001 [m^3]$
2) 부력 $F_B = 77 - 70 = 7 [N]$
3) 비중량 $\gamma = \dfrac{F_B}{V} = \dfrac{7}{0.001} = 7000 [N/m^3]$

($\because F_B = \gamma_{유체} V_{전체체적}$)

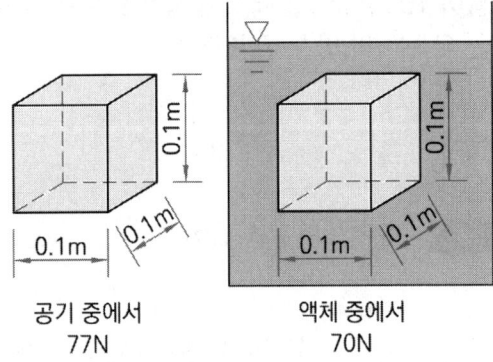

공기 중에서 77N   액체 중에서 70N

※ 부력 F_B
물체가 밀어낸 부피만큼의 액체 무게이다.
따라서 $F_B = \gamma_{유체} V_{잠긴체적}$ 이며
물체가 유체 속에 잠긴 경우,
$F_B = \gamma_{유체} V_{전체체적}$ 이 된다.

24 ★★★

관 내에서 유체가 흐를 경우 유체의 흐름이 빨라 완전 난류 유동이 되면 손실수두는?

① 대략 속도의 제곱에 비례한다.
② 대략 속도의 제곱에 반비례한다.
③ 대략 속도에 비례한다.
④ 대략 속도에 반비례한다.

해설 손실수두(달시 바이스바하 식)

$$손실수두\ H_L[m] = f \times \dfrac{L}{D} \times \dfrac{V^2}{2g}$$

여기서, f : 관 마찰계수
L : 배관의 길이 [m]
D : 관경 [m]
V : 유속 [m/s]
g : 중력가속도 [m/s²]

완전 난류 유동에 적용할 수 있는 손실수두 공식은 달시 바이스바하 공식이다.
따라서

손실수두 $H_L[m] = f \times \dfrac{L}{D} \times \dfrac{V^2}{2g}$ 이므로

$H_L \propto V^2$ 이다.

⇒ <u>손실수두</u>는 <u>속도의 제곱</u>에 <u>비례</u>한다.

보충 분자는 비례, 분모는 반비례

25 ★

그림과 같이 30°로 경사진 0.5 [m] × 3 [m] 크기의 수문평판 AB가 있다. A 지점에서 힌지로 연결되어 있을 때 이 수문을 열기 위하여 B점에서 수문에 직각방향으로 가해야 할 최소 힘은 약 몇 [N]인가? (단, 힌지 A에서의 마찰은 무시한다)

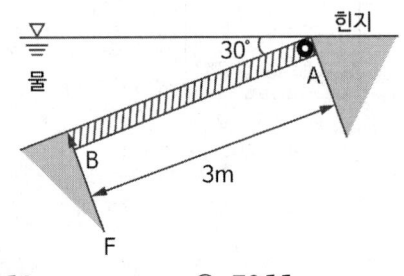

① 7350   ② 7355
③ 14700 ④ 14710

정답 24 ① 25 ①

해설 수문의 개방력

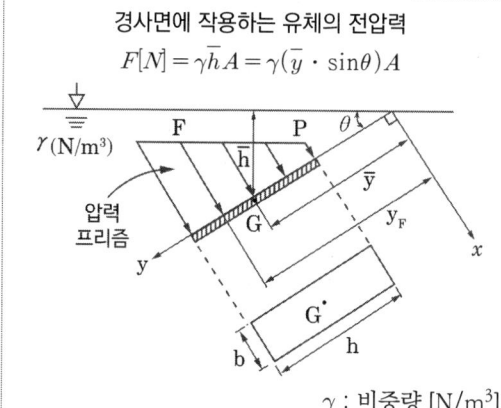

1) 유체의 전압력 F_1

$F_1 = \gamma \bar{h} A$
$= 9800[N/m^3] \times (1.5[m] \times \sin 30)$
$\quad \times (0.5 \times 3)[m^2]$
$= 11025[N]$

2) 작용점의 위치 y_F

$y_F = \bar{y} + \dfrac{I_G}{A \times \bar{y}}$

$= 1.5 + \dfrac{\frac{0.5 \times 3^3}{12}}{(0.5 \times 3) \times 1.5} = 2[m]$

3) 수문의 개방력

$F_2 = \dfrac{F_1 \times L_1}{L_2} = \dfrac{11025[N] \times 2[m]}{3[m]}$

$= 7350[N]$

$\bar{h}$: 수면에서 수문의 도심점까지 수직거리
$\bar{y}$: 수면에서 수문의 도심점까지 직선거리
I_G : 단면2차모멘트(사각형 : $bh^3/12$)
L_1 : 힌지에서 작용점의 위치까지 거리
L_2 : 힌지에서 힘을 가할 지점까지 거리
A : 수문의 단면적

26 ★★★

일률(시간당 에너지)의 차원을 기본 차원인 M(질량), L(길이), T(시간)로 올바르게 표시한 것은?

① L^2T^{-2}
② $MT^{-2}L^{-1}$
③ ML^2T^{-2}
④ ML^2T^{-3}

해설 일률의 차원

동력(일률) $W = J/s = kg \times m^2/s^3$

∴ 차원 $= ML^2T^{-3}$

27 ★★★

공동현상(Cavitation)의 방지법으로 적절하지 않은 것은?

① 단흡입펌프보다는 양흡입펌프를 사용한다.
② 펌프의 회전수를 낮추어 흡입 비속도를 적게 한다.
③ 펌프의 설치 위치를 가능한 한 높여서 흡입양정을 크게 한다.
④ 마찰저항이 작은 흡입관을 사용하여 흡입관의 손실을 줄인다.

해설 공동현상(Cavitation)

1) 개념 : 펌프의 흡입 측 배관 손실이 증가하여 소화수의 정압이 증기압 이하로 낮아져서 기포가 발생하는 현상이다.

2) 방지대책
  (1) <u>펌프의 위치를 수원보다 낮게 한다.</u>
  (2) 흡입배관의 구경을 크게 한다.
  (3) 펌프의 회전수를 낮춘다.
  (4) 양흡입펌프를 사용한다.
  (5) 2대 이상의 펌프를 사용한다.
  (6) 펌프의 흡입 측을 가압한다.

정답 26 ④ 27 ③

(7) 입형펌프를 사용하고, 회전차를 수중에 완전히 잠기게 한다.
(8) 흡입관의 길이를 줄이거나 밸브, 플랜지 등을 조정하여 흡입 손실수두를 줄인다.

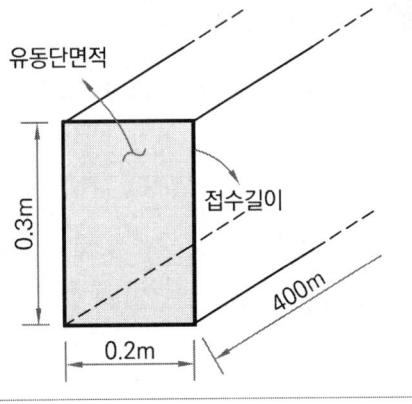

28 ★★

길이가 400 [m]이고 유동단면이 20 [cm] × 30 [cm]인 직사각형 관에 물이 가득 차서 평균 속도 3 [m/s]로 흐르고 있다. 이때 손실수두는 약 몇 [m]인가? (단, 관 마찰계수는 0.01이다)

① 2.38
② 4.76
③ 7.65
④ 9.52

해설 손실수두(달시 바이스바하 식)

$$손실수두\ H_L[m] = f \times \frac{L}{D} \times \frac{V^2}{2g}$$

f : 관 마찰계수
L : 배관의 길이 [m]
D : 관경 [m]
V : 유속 [m/s]
g : 중력가속도 [m/s²]

1) 수력직경 D_h
 (1) 면적 $A = (0.2 \times 0.3)[m^2] = 0.06[m^2]$
 (2) 접수길이 $L = 2 \times (0.2 + 0.3)[m] = 1[m]$
 ∴ 수력직경 $D_h = 4R_h = 4\frac{A}{L}$
 $= 4 \times \frac{0.06}{1} = 0.24[m]$

2) 손실수두(달시 바이스바하 식)
$$H_L = f\frac{L}{D_h}\frac{V^2}{2g} = 0.01 \times \frac{400}{0.24} \times \frac{3^2}{2 \times 9.8}$$
$= 7.65[m]$

29 ★★

어느 용기에 3 [g]의 수소(H₂)가 채워졌다. 만일 같은 압력 및 온도 조건하에서 이 용기에 수소 대신 메테인(CH₄, 분자량 16)을 채운다면 이 용기에 채운 메테인의 질량은 몇 [g]인가?

① 10 ② 24
③ 34 ④ 40

해설 메테인(메탄)의 질량

수소의 분자량 $H_2 = 2$ [g/mol]이므로

$2\,[g/mol] : 3\,[g] = 16\,[g/mol] :$ 메테인의 질량[g]

∴ 메테인의 질량 $= \frac{16 \times 3}{2} = 24\,[g]$

30 ★★

깊이 1 [m]까지 물을 넣은 물탱크의 밑에 오리피스가 있다. 수면에 대기압이 작용할 때의 초기 오리피스에서의 유속 대비 2배 유속으로 물을 유출시키려면 수면에는 몇 [kPa]의 압력을 더 가하면 되는가? (단, 손실은 무시한다)

① 9.8   ② 19.6
③ 29.4 ④ 39.2

해설 2배 유속으로 유출시키기 위해 필요한 압력

$$\text{토리첼리 공식 } V = \sqrt{2gh}$$

1) 유속 V ($Q = AV$)

$V = \sqrt{2 \times 9.8 \times 1} = 4.43 \,[m/s]$

2) 2배 유속일 때, 물탱크 밑면으로부터 수면까지 높이

$H = \dfrac{(2V)^2}{2g} = \dfrac{(2 \times 4.43)^2}{2 \times 9.8} = 4 \,[m]$

3) 추가압력 $[kPa]$

$P = (4-1)[m] \times \dfrac{101.325 \,[kPa]}{10.332 \,[m]}$

$= 29.4 \,[kPa]$

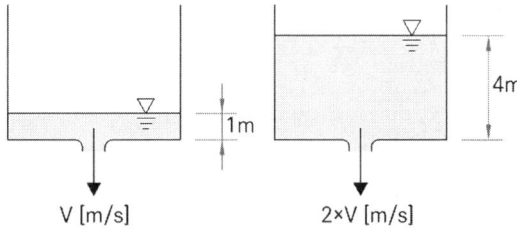

31 ★   난이도 상

이상기체 1 [kg]를 35 [℃]로부터 65 [℃]까지 정적과정에서 가열하는 데 필요한 열량이 118 [kJ]이라면 정압비열은? (단, 이 기체의 분자량은 4이고 일반기체상수는 8.314 [kJ/kmol·K] 이다)

① 2.11 [kJ/kg·K]
② 3.93 [kJ/kg·K]
③ 5.23 [kJ/kg·K]
④ 6.01 [kJ/kg·K]

해설 정압비열

$$\text{기체상수 } \overline{R}[kJ/kg \cdot K] = C_P - C_V$$

여기서, C_P : 정압비열 [kJ/kg·K]
C_V : 정적비열 [kJ/kg·K]

1) 정적비열(C_V)

정적과정에서 가열량 $Q[kJ] = W \times C_V \times \triangle T$
여기서, W : 기체의 질량 [kg]
C_V : 정적비열 [kJ/kg·K]
$\triangle T$: 온도차 [K]

$C_V = \dfrac{Q}{W \cdot \triangle T} = \dfrac{118 \,[kJ]}{1 \,[kg] \times (65-35)\,[K]}$

$= 3.933 \,[kJ/kg \cdot K]$

2) 기체상수($\overline{R}$)

기체상수 $\overline{R}[kJ/kg \cdot K] = \dfrac{R}{M}$

여기서,
R : 일반기체상수 (8.314 [kJ/kmol·K])
M : 분자량 [kg/kmol]

$\overline{R} = \dfrac{R}{M} = \dfrac{8.314 \,[kJ/kmol \cdot K]}{4 \,[kg/kmol]}$

$= 2.078 \,[kJ/kg \cdot K]$

3) 정압비열(C_P)

$C_P = \overline{R} + C_V$

$= 2.078 \,[kJ/kg \cdot K] + 3.933 \,[kJ/kg \cdot K]$

$= 6.01 \,[kJ/kg \cdot K]$

TIP 켈빈온도의 온도차와 섭씨온도의 온도차는 같다.

32 ★★★

출구 지름이 1 [cm]인 노즐이 달린 호스로 20 [L]의 생수통에 물을 채운다. 생수통을 채우는 시간이 50초가 걸린다면, 노즐 출구에서의 물의 평균 속도는 몇 [m/s]인가?

① 5.1
② 7.2
③ 11.2
④ 20.4

> 📖 **해설** 평균 속도(Q = AV 공식)
>
> 체적유량 $Q[m^3/s] = AV$
> 여기서, A : 배관의 단면적[m²]
> V : 유속 [m/s]

$Q = AV$

$\dfrac{0.02}{50} = \dfrac{\pi}{4} \times 0.01^2 \times V$

$\therefore V = 5.09 [m/s]$

Q : 체적유량 [m³/s]
A : 배관의 단면적[m²]
V : 유속 [m/s]

33 ★★★

지름이 15 [cm]인 관에 질소가 흐르는데, 피토관에 의한 마노미터는 4 [cmHg]의 차를 나타냈다. 유속은 약 몇 [m/s]인가? (단, 질소의 비중은 0.00114, 수은의 비중은 13.6, 중력가속도는 9.8 [m/s²]이다)

① 76.5　　② 85.6
③ 96.7　　④ 105.6

> 📖 **해설** 피토정압관의 관 내 유속
>
> 피토정압관의 관 내 유속 $V = \sqrt{2gh\left(\dfrac{S_{무거운}}{S_{가벼운}} - 1\right)}$

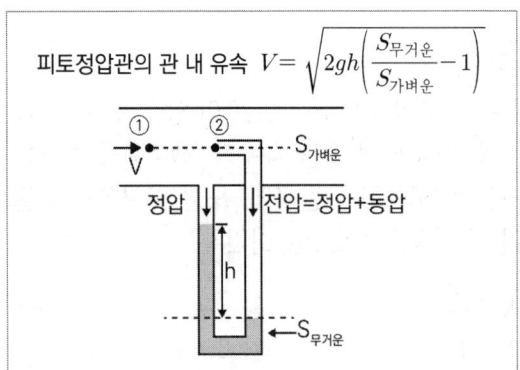

유속 $V = \sqrt{2gh\left(\dfrac{S_{수은}}{S_{질소}} - 1\right)}$

$= \sqrt{2 \times 9.8 \times 0.04 \times \left(\dfrac{13.6}{0.00114} - 1\right)}$

$= 96.7067 ≒ 96.71 [m/s]$

34 ★★★

유동손실을 유발하는 액체의 점성, 즉 점도를 측정하는 장치에 관한 설명으로 옳은 것은?

① Stomer 점도계는 하겐 - 포아젤 법칙을 기초로 한 방식이다.
② 낙구식 점도계는 Stokes의 법칙을 이용한 방식이다.
③ Saybolt 점도계는 액중에 잠긴 원판의 회전저항의 크기로 측정한다.
④ Ostwald 점도계는 Stokes의 법칙을 이용한 방식이다.

> 📖 **해설** 점도계
>
> | 구분 | 원리 | 점도계 종류 |
> |---|---|---|
> | 뉴턴의 점성법칙 | 회전원통법 | • **스**토머 점도계
• **맥**미셀 점도계 |
> | **스토크**스 법칙 | **낙**구법 | • **낙**구식 점도계 |
> | **하**겐 포아젤의 법칙 | 세관법 | • **오**스왈트 점도계
• **세**이볼트 점도계
• 앵글러 점도계
• 바베이 점도계
• 레드우드 점도계 |
>
> ① Stomer 점도계는 <u>뉴턴의 점성법칙</u>을 기초로 한 방식이다.
> ③ <u>Stormer 점도계 또는 Mac Michael 점도계</u>는 액중에 잠긴 원판의 회전저항의 크기로 측정한다.
>
> > 1) **회전 점성도계** : 축 주위에 회전하는 이중 원통 안에서의 액체의 점성 유동에 관한 쿠에트 흐름에 기초함. 바깥통을 회전시키고, 액체의 점성에 의하여 안쪽 통이 받는 힘을 측정해서 점성도를 산출함
> > 2) **낙구식 점성도계** : 액체 속에 구를 떨어뜨리고, 그 낙하속도를 측정해서 점성도를 산출함
> > 3) **모세관 점성도계** : 하겐 포아젤 법칙에 기초를 둔 것으로 어떤 압력에서 모세관 속에 액체를 흐르게 하여, 점성도를 구함
>
> ④ Ostwald 점도계는 <u>하겐 - 포아젤 법칙</u>을 이용한 방식이다.
>
> 🔑 **암기** 뉴회스맥, 스토크낙, 하오세

35 ★★★

다음 중 대류 열전달과 관계되는 사항으로 가장 거리가 먼 것은?

① 팬(Fan)을 이용해 컴퓨터 CPU의 열을 식힌다.
② 뜨거운 커피에 바람을 불어 식힌다.
③ 에어컨은 높은 곳에 라디에이터는 낮은 곳에 설치한다.
④ 판자를 화로 앞에 놓아 열을 차단한다.

해설 열전달

- ①, ②, ③ : 강제 대류에 의한 열 전달
- ④ : 비투과성 고체에 의한 복사열 전달 차단

36 ★★★

유동하는 물의 속도가 12 [m/s], 압력이 98 [kPa]이다. 이때 속도수두와 압력수두는 각각 얼마인가?

① 7.35 [m], 10 [m]
② 43.5 [m], 10.5 [m]
③ 7.35 [m], 20.3 [m]
④ 0.66 [m], 10 [m]

해설 속도수두와 압력수두

1) 속도수두

$$H_v = \frac{V^2}{2g} = \frac{(12[m/s])^2}{2 \times 9.8[m/s^2]} = 7.35 [m]$$

2) 압력수두

$$H_p = \frac{P}{\gamma} = \frac{98[kPa]}{9.8[N/m^3]} = 10[m]$$

37 ★★★

체적탄성계수가 2×10^9 [Pa]인 물의 체적을 3 [%] 감소시키려면 몇 [MPa]의 압력을 가하여야 하는가?

① 25
② 30
③ 45
④ 60

해설 체적탄성계수

$$\text{체적탄성계수 } K = -\frac{\Delta P}{\Delta V / V_1} = -\frac{\Delta P}{\frac{(V_2 - V_1)}{V_1}}$$

$$K = -\frac{\Delta P}{\frac{(V_2 - V_1)}{V_1}}$$

$$2 \times 10^3 [MPa] = -\frac{\Delta P}{\frac{-3}{100}}$$

$$\therefore \Delta P = 60 [MPa]$$

※ $\frac{\Delta V}{V_1}$ 가 (-)인 이유 : 체적이 감소하기 때문

보충 1 [MPa] = 10^6 [Pa]
G[기가] : 10^9, M[메가] : 10^6, k[킬로] : 10^3

38 ★

지름이 400 [mm]인 베어링이 400 [rpm]으로 회전하고 있을 때 마찰에 의한 손실동력은 약 몇 [kW]인가? (단, 베어링과 축 사이에는 점성계수가 0.049 [N·s/m²]인 기름이 차 있다)

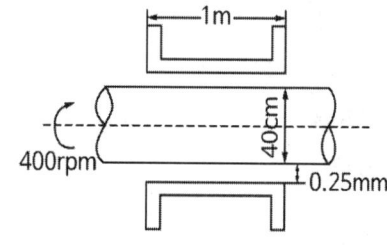

① 15.1
② 15.6
③ 16.3
④ 17.3

해설 베어링 손실동력

$$동력\ P[kW] = \frac{F \times S}{t} = F \times V$$

여기서, F : 힘 [N], S : 거리 [m]
t : 시간 [sec], V : 속도 [m/s]

1) 유속 $V = \frac{\pi D N}{60}$

$= \frac{\pi \times 0.4 \times 400}{60} = 8.38 [m/s]$

2) 면적 $A = \pi D L = \pi \times 0.4 \times 1 = 1.256 [m^2]$
   (∵ 마찰이 작용하는 면의 면적)

3) 전단응력 $\tau = \mu \frac{du}{dy}$

$= 0.049 \times \frac{8.38}{0.00025} = 1642.48 [N/m^2]$

4) 전단력 $F = \tau A = 1642.48 \times 1.256 = 2062.55 [N]$

5) 손실동력 $P = FV$

$= 2062.55 [N] \times 8.38 [m/s]$

$= 17287.6 [W] = 17.28 [kW]$

N : 회전수 [rpm]
D : 축의 지름 [m]
L : 베어링의 폭 [m]

39 ★★★

동력이 2 [kW]인 펌프를 사용하여 수면의 높이 차이가 40 [m]인 곳으로 물을 끌어 올리려고 한다. 관로 전체의 손실수두가 10 [m]라고 할 때 펌프의 유량은 약 몇 [m³/s]인가? (단, 펌프의 효율은 90 [%]이다)

① 0.00294
② 0.00367
③ 0.00408
④ 0.00453

해설 펌프의 유량(펌프 동력 공식 이용)

$$동력\ P[kW] = \frac{\gamma[kN/m^3] \times Q[m^3/s] \times H[m]}{\eta} \times K$$

여기서, γ : 물의 비중량 [9.8 kN/m³]
Q : 유량 [m³/s], H : 전양정 [m]
η : 효율, K : 전달계수

$2[kW] = \frac{9.8[kN/m^3] \times Q[m^3/s] \times (40+10)[m]}{0.9}$

∴ $Q = 0.00367 [m^3/s]$

40 ★★★

펌프는 흡입 수면으로부터 송출되는 높이까지 물을 송출시키는 기계로서 흡입 수면과 송출 수면 사이의 높이를 실양정이라고 한다. 이 실양정을 세분화할 때 펌프로부터 송출 수면까지의 높이를 무엇이라고 하는가? (단, 흡입 수면과 송출 수면은 대기에 노출된다고 가정한다)

① 유효 실양정
② 무효 실양정
③ 송출 실양정
④ 흡입 실양정

해설 펌프로부터 송출 수면까지의 높이

송출 실양정(토출 실양정)이란 펌프로부터 송출 수면까지의 높이이다.

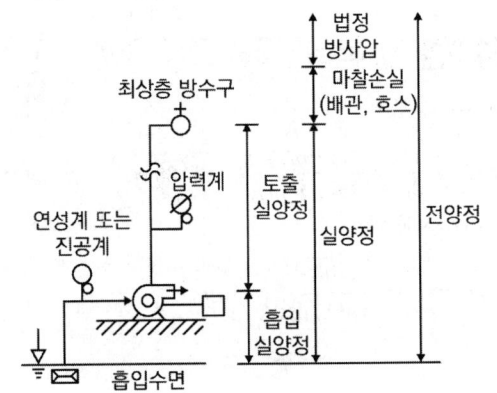

2018년 2회
소방관계법규

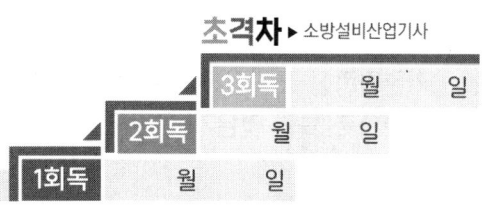

41 ★★★

소방시설 설치 및 관리에 관한 법령상 둘 이상의 특정소방대상물이 내화구조로 된 연결통로가 벽이 없는 구조로서 그 길이가 몇 [m] 이하인 경우 하나의 소방대상물로 보는가?

① 6
② 9
③ 10
④ 12

해설 하나의 소방대상물로 보는 경우

1) 내화구조로 된 연결통로로 연결된 경우
   (1) 벽이 없는 구조 : 길이 6 [m] 이하
   (2) 벽이 있는 구조 : 길이 10 [m] 이하
   - 벽 높이가 바닥에서 천장 높이의 1/2 이상 : 벽이 있는 구조
   - 벽 높이가 바닥에서 천장 높이의 1/2 미만 : 벽이 없는 구조

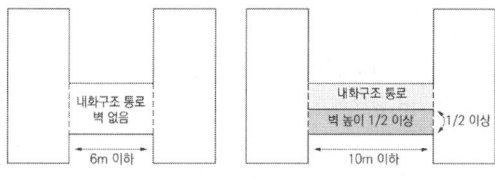

2) 내화구조가 아닌 연결통로로 연결된 경우
3) 컨베이어로 연결되거나 플랜트설비의 배관 등으로 연결되어 있는 경우
4) 지하보도, 지하상가, 지하가로 연결된 경우
5) 자동방화셔터 또는 60분+ 방화문이 설치되지 않은 피트(전기설비 또는 배관설비등이 설치되는 공간)로 연결된 경우
6) 지하구로 연결된 경우

42 ★★★

소방시설 설치 및 관리에 관한 법령상 수용인원 산정 방법 중 다음의 청소년시설의 수용인원은 몇 명인가?

> 청소년시설의 종사자수는 5명, 숙박시설은 모두 2인용 침대이며 침대수량은 50개다.

① 55
② 75
③ 85
④ 105

해설 수용인원 산정방법

1) 숙박시설이 있는 특정소방대상물
   - 침대 있는 경우 : 종사자 수 + 침대 수
   - 침대 없는 경우 : 종사자 수 + $\dfrac{바닥면적 합계}{3\,[m^2]}$

2) 수용인원 = 5 + (50 × 2) = 105명

※ 숙박시설 이외의 특정소방대상물
   - 강의실·교무실·상담실·실습실·휴게실 용도로 쓰이는 특정소방대상물 : 바닥면적 합계 / 1.9 [m^2]
   - 강당·문화집회시설·운동시설·종교시설 : 바닥면적 합계 / 4.6 [m^2]
   - 관람석에 고정식 의자가 있는 경우 : 의자 수
   - 관람석에 긴 의자가 있는 경우 : 의자의 정면너비 / 0.45 [m]
   - 그 밖의 대상물 : 바닥면적 합계 / 3 [m^2]

TIP 2인용 침대는 2인으로 산정

정답 41 ① 42 ④

43 ★★★

소방기본법령상 소방안전교육사의 배치대상별 배치기준으로 틀린 것은? [법 개정으로 인해 문제 수정]

① 소방청 : 2명 이상 배치
② 소방서 : 1명 이상 배치
③ 소방본부 : 2명 이상 배치
④ 한국소방안전원(본회) : 1명 이상 배치

해설 소방안전교육사

소방안전교육의 기획·진행·분석 및 교수업무를 수행

(1) 소방안전교육사 시험 실시 및 자격부여 : 소방청장
(2) 소방안전교육사 시험 관련 필요사항 : 대통령령
(3) 시험 주기 : 2년마다 1회 시행 원칙. 다만 소방청장이 필요하다고 인정하는 때에는 그 횟수를 증감
(4) 소방안전교육사 배치대상 및 배치기준

배치대상	배치기준(이상)
소방청	2명
소방본부	2명
소방서	1명
한국소방안전원	본회 : 2명 시·도지부 : 1명
한국소방산업기술원	2명

44 ★★

소방시설공사업법령상 감리원의 세부 배치 기준 중 일반 공사감리 대상인 경우 다음 ( ) 안에 알맞은 것은? (단, 일반 공사감리 대상인 아파트의 경우는 제외한다)

> 1명의 감리원이 담당하는 소방공사감리 현장은 (㉠)개 이하로서 감리현장 연면적의 총 합계가 (㉡) [m^2] 이하일 것

① ㉠ 5, ㉡ 50000
② ㉠ 5, ㉡ 100000
③ ㉠ 7, ㉡ 50000
④ ㉠ 7, ㉡ 100000

해설 감리원의 세부 배치 기준

상주 공사감리 대상	일반 공사감리 대상
• 기계분야 감리원 자격 취득자와 전기분야 감리원 자격 취득자 각 1명 이상 감리원으로 배치(쌍기사 1명 이상) • 소방시설용 배관(전선관을 포함)을 설치하거나 매립하는 때부터 소방시설 완공검사증명서 발급받을 때까지 소방공사감리현장에 감리원 배치	• 기계분야 감리원 자격 취득자와 전기분야 감리원 자격 취득자 각 1명 이상 감리원으로 배치(쌍기사 1명 이상) • 일반공사감리기간에 따라 감리원 배치 • 감리원은 주 1회 이상 소방공사감리현장에 배치되어 감리 • <u>감리원 1명이 담당하는 소방공사감리현장은 5개 이하로서 감리현장 연면적 총 합계가 100000 [m^2] 이하(아파트 경우 연면적 합계 관계없이 감리원 1명이 5개 이내 공사현장 감리)</u>

정답 43 ④ 44 ②

45 ★★★

소방시설 설치 및 관리에 관한 법령상 단독 경보형 감지기를 설치하여야 하는 특정소방대상물의 기준 중 옳은 것은? [법 개정으로 인한 문제 수정]

① 수용인원 1000명 미만의 수련시설
② 연면적 400 [m²] 미만의 유치원
③ 연면적 1000 [m²] 미만의 숙박시설
④ 교육연구시설 또는 수련시설 내에 있는 합숙소 또는 기숙사로서 연면적 1000 [m²] 미만인 것

해설 단독경보형 감지기 설치대상

설치대상	연면적
유치원	400 [m²] 미만
교육연구시설·수련시설 내에 있는 합숙소 또는 기숙사	2000 [m²] 미만
수련시설(숙박시설 있는 것)	수용인원 100명 미만
공동주택 중 연립주택 및 다세대주택	-

46 ★★

소방시설 설치 및 관리에 관한 법령상 특정소방대상물의 관계인이 특정 소방대상물의 규모·용도 및 수용인원 등을 고려하여 갖추어야 하는 소방시설의 종류 기준 중 다음 (   ) 안에 알맞은 것은?

화재안전기술기준에 따라 소화기구를 설치하여야 하는 특정소방대상물은 연면적 (㉠) [m²] 이상인 것, 다만 노유자시설의 경우에는 투척용 소화용구 등을 화재안전기술기준에 따라 산정된 소화기 수량의 (㉡) 이상으로 설치할 수 있다.

① ㉠ 33, ㉡ 1/2
② ㉠ 33, ㉡ 1/5
③ ㉠ 50, ㉡ 1/2
④ ㉠ 50, ㉡ 1/5

해설 소화기구 설치대상

(1) 연면적 33 [m²] 이상(노유자시설 : 투척용 소화용구 등을 산정된 소화기 수량의 1/2 이상 설치)
(2) 가스시설, 발전시설 중 전기저장시설 및 문화유산
(3) 터널, 지하구

47 ★★★

소방시설설치 및 관리에 관한 법령상 소방시설 등의 자체점검 시 점검인력 배치기준 중 종합점검에 대한 점검인력 1단위가 하루 동안 점검할 수 있는 특정소방대상물의 연면적 기준으로 옳은 것은? (단, 보조인력을 추가하는 경우는 제외한다)

① 3500 [m²]
② 7000 [m²]
③ 8000 [m²]
④ 12000 [m²]

해설 점검인력 배치기준

1) 점검한도 면적 : 점검인력 1단위가 하루에 점검할 수 있는 특정소방대상물 연면적
   (1) 종합점검 : 8000 [m²](보조인력 1명 추가 2000 [m²])
   (2) 작동점검 : 10000 [m²](보조인력 1명 추가 2500 [m²])
2) 점검한도 세대수 : 점검인력 1단위가 하루에 점검할 수 있는 아파트의 세대수
   (1) 종합점검 : 250세대(보조인력 1명 추가 60세대)
   (2) 작동점검 : 250세대(보조인력 1명 추가 60세대)

정답 45 ② 46 ① 47 ③

48 ★★★

소방기본법령상 소방용수시설 및 지리조사의 기준 중 다음 ( ) 안에 알맞은 것은?

> 소방본부장 또는 소방서장은 원활한 소방 활동을 위하여 설치된 소방용수시설에 대한 조사를 (㉠)회 이상 실시하여야 하며 그 조사 결과를 (㉡)년간 보관하여야 한다.

① ㉠ 월 1, ㉡ 1
② ㉠ 월 1, ㉡ 2
③ ㉠ 년 1, ㉡ 1
④ ㉠ 년 1, ㉡ 2

해설 소방용수시설 설치 및 관리

1) 소방용수시설 : 소화전, 급수탑, 저수조
2) 소방용수시설 설치·유지·관리 : 시·도지사
   ※「수도법」에 따라 소화전을 설치하는 일반수도사업자는 관할 소방서장과 사전협의를 거친 후 소화전을 설치하여야 하며, 설치 사실을 관할 소방서장에게 통지하고, 그 소화전을 유지·관리
3) 시·도지사는 소방자동차의 진입이 곤란한 지역 등 화재발생 시에 초기 대응이 필요한 지역으로서 "대통령령으로 정하는 지역"에 소방호스 또는 호스릴 등을 소방용수시설에 연결하여 화재를 진압하는 시설이나 장치(비상소화장치)를 설치하고 유지·관리할 수 있다(※ 대통령령으로 정하는 지역 : 화재경계지구, 시·도지사가 비상소화장치의 설치가 필요하다고 인정하는 지역).
4) 소방용수시설 및 지리조사 기준
   (1) 실시자 : **소방본부장·서장**
   (2) 횟수 및 보관 : **월 1회 이상 실시**
   결과 2년 보관

49 ★★★

소방기본법상 명령권자가 소방본부장, 소방서장, 소방대장에게 있는 사항은?

① 소방활동을 할 때에 긴급한 경우에는 이웃한 소방본부장 또는 소방서장에게 소방업무의 응원 요청할 수 있다.
② 화재, 재난·재해, 그 밖의 위급한 상황이 발생한 현장에서 소방활동을 위하여 필요할 때에는 그 관할구역에 사는 사람 또는 그 현장에 있는 사람으로 하여금 사람을 구출하는 일 또는 불을 끄거나 불이 번지지 아니하도록 하는 일을 하게 할 수 있다.
③ 수사기관이 방화 또는 실화의 혐의가 있어서 이미 피의자를 체포하였거나 증거물을 압수하였을 때에 화재조사를 위하여 필요한 경우에는 수사에 지장을 주지 아니하는 범위에서 그 피의자 또는 압수된 증거물에 대한 조사를 할 수 있다.
④ 화재, 재난·재해, 그 밖의 위급한 상황이 발생하였을 때에는 소방대를 현장에 신속하게 출동시켜 화재진압과 인명구조·구급 등 소방에 필요한 활동을 하게 하여야 한다.

해설 소방본부장, 소방서장, 소방대장 권한

구분	권한
소방청장	• 소방박물관 설립 • 한국소방안전원 감독 • 소방력 동원 요청
소방청장, 소방본부장, 소방서장	• 소방활동
소방본부장, 소방서장	• 소방업무 응원요청 • 지리조사
소방본부장, 소방서장, 소방대장	• 소방활동 종사명령 • 강제처분 • 피난명령 • 위험시설 긴급조치
소방대장	• 소방활동구역 설정

정답 48 ② 49 ②

50 ★★★

화재의 예방 및 안전관리에 관한 법령상 특수가연물의 저장 기준 중 다음 (   ) 안에 알맞은 것은? (단, 석탄·목탄류를 발전용으로 저장하는 경우는 제외한다)

> 쌓는 높이는 10 [m] 이하가 되도록 하고, 쌓는 부분의 바닥면적은 (㉠) [m²] 이하가 되도록 할 것, 다만 살수설비를 설치하거나, 방사능력 범위에 해당 특수가연물이 포함되도록 대형수동식소화기를 설치하는 경우에는 쌓는 높이를 (㉡) [m] 이하, 쌓는 부분의 바닥면적을 (㉢) [m²] 이하로 할 수 있다.

① ㉠ 20, ㉡ 50, ㉢ 100
② ㉠ 15, ㉡ 50, ㉢ 200
③ ㉠ 50, ㉡ 20, ㉢ 100
④ ㉠ 50, ㉡ 15, ㉢ 200

해설 특수가연물 저장기준

(1) 품명별로 구분하여 쌓을 것
(2) 일반적인 경우
　① 쌓는 높이 : 10 [m] 이하
　② 쌓는 부분 바닥 : 50 [m²] 이하(석탄·목탄류 : 200 [m²] 이하)
(3) 살수설비, 대형수동식소화기 설치하는 경우
　① 쌓는 높이 : 15 [m] 이하
　② 쌓는 부분의 바닥면적 : 200 [m²] 이하(석탄·목탄류 : 300 [m²] 이하)

51 ★★★

소방시설공사업법상 제3자에게 소방시설공사 시공을 하도급한 자에 대한 벌칙 기준으로 옳은 것은? (단, 대통령령으로 정하는 경우는 제외한다)

① 100만 원 이하의 벌금
② 300만 원 이하의 벌금
③ 1년 이하의 징역 또는 1000만 원 이하의 벌금
④ 3년 이하의 징역 또는 1500만 원 이하의 벌금

해설 소방공사업법 벌금

[3년 3000만 원]
1. 소방시설업 등록하지 아니하고 영업을 한 자
2. 부정한 청탁을 받고 재물 또는 재산상의 이익을 취득하거나 부정한 청탁을 하면서 재물 또는 재산상의 이익을 제공한 자

[1년 1000만 원]
1. 영업정지 처분을 받고 그 기간에 영업한 자
2. 법과 NFTC를 위반한 설계·시공자
3. 적법하지 않게 감리를 하거나 거짓으로 감리한 자
4. 공사 감리자를 지정하지 아니한 관계인
5. 공사업자가 감리업자의 시정보완 요구를 무시하고 그 공사를 계속할 경우 감리업자는 그 사실을 소방본부장 또는 소방서장에게 보고하여야 한다. 이 사실을 거짓으로 보고한 감리업자
6. 공사감리 결과보고서의 제출을 거짓으로 한 감리업자
7. 무등록 소방시설업자에게 소방공사 도급한 관계인 또는 발주자
8. <u>도급받은 소방시설의 설계, 시공, 감리를 하도급한 자</u>
9. 하도급받은 소방시설공사를 다시 하도급한 하수급인
10. 소방기술자가 법 또는 명령을 따르지 않고 업무를 수행한 자

정답 50 ④　51 ③

52 ★★★

소방기본법령상 인접하고 있는 시·도 간 소방업무의 상호응원협정을 체결하고자 하는 때에 포함되도록 하여야 하는 사항이 아닌 것은?

① 소방교육·훈련의 종류 및 대상자에 관한 사항
② 화재의 경계·진압활동에 관한 사항
③ 출동대원의 수당·식사 및 피복의 수선 소요경비의 부담에 관한 사항
④ 화재조사활동에 관한 사항

> **해설** 소방업무 상호응원협정
>
> 1) 상호응원협정 체결 : 시·도지사
> 2) 소방활동에 관한 사항
>   - 화재 경계·진압활동
>   - 구조·구급업무 지원
>   - 화재조사활동
> 3) 응원출동대상지역 및 규모
> 4) 소요경비 부담에 관한 사항
>   - 출동대원 수당·식사 및 피복 수선
>   - 소방장비 및 기구 정비와 연료 보급
> 5) 응원출동 요청방법
> 6) 응원출동훈련 및 평가

53 ★★★

위험물안전관리법상 허가를 받지 아니하고 당해 제조소등을 설치하거나 그 위치·구조 또는 설비를 변경할 수 있으며, 신고를 하지 아니하고 위험물의 품명·수량 또는 지정수량의 배수를 변경할 수 있는 기준으로 틀린 것은?

① 주택의 난방시설을 위한 저장소 또는 취급소
② 공동주택의 중앙난방시설을 위한 저장소 또는 취급소
③ 수산용으로 필요한 건조시설을 위한 지정수량 20배 이하의 저장소
④ 농예용으로 필요한 난방시설을 위한 지정수량 20배 이하의 저장소

> **해설** 제조소 설치 및 변경
>
> 1) 설치허가자 : 시·도지사(행정안전부령)
> 2) 변경신고 : 변경하고자 하는 날의 1일 전
> 3) 허가 제외 장소
>   - 주택의 난방시설(공동주택 중앙난방시설 제외)을 위한 저장소·취급소
>   - 농예용·축산용·수산용으로 필요한 난방·건조시설을 위한 지정수량 20배 이하의 저장소

54 ★★★

화재의 예방 및 안전관리에 관한 법령상 소방본부장 또는 소방서장은 화재예방강화지구 안의 관계인에 대하여 소방상 필요한 훈련 및 교육을 실시하고자 하는 때에는 관계인에게 훈련 또는 교육 며칠 전까지 그 사실을 통보하여야 하는가?

① 5
② 7
③ 10
④ 14

해설 화재예방강화지구 관리

- 관리자 : 소방관서장
- 화재안전조사 : 연 1회 이상
- 훈련 및 교육 : 화재예방강화지구 안의 관계인에 대하여 연 1회 이상 실시
- 훈련 및 교육 통보 : 화재예방강화지구 안의 관계인에게 교육 10일 전까지 통보

55 ★★

위험물안전관리법령상 제조소등이 아닌 장소에서 지정수량 이상의 위험물을 취급할 수 있는 기준 중 다음 (   ) 안에 알맞은 것은?

> 시·도의 조례가 정하는 바에 따라 관할 소방서장의 승인을 받아 지정수량 이상의 위험물을 (   )일 이내의 기간 동안 임시로 저장 또는 취급하는 경우

① 15 ② 30
③ 60 ④ 90

해설 위험물 임시저장

1) 위치·구조·설비 기준 : 시·도 조례
2) 제조소등이 아닌 장소에서 지정수량 이상 위험물 취급할 수 있는 경우
   - 관할소방서장 승인 받아 지정수량 이상 위험물 90일 이내로 임시 저장·취급
   - 군부대는 지정수량 이상 위험물 군사 목적으로 임시 저장·취급

56 ★★★

화재안전조사 결과 소방대상물의 위치·구조·설비 또는 관리의 상황이 화재나 재난·재해예방을 위하여 보완될 필요가 있거나 화재가 발생하면 인명 또는 재산의 피해가 클 것으로 예상되는 때 관계인에게 그 소방대상물의 개수·이전·제거, 사용의 금지 또는 제한, 사용폐쇄, 공사의 정지 또는 중지, 그 밖의 필요할 조치를 명할 수 있는 자가 아닌 것은?

① 소방서장   ② 소방본부장
③ 소방청장   ④ 시·도지사

해설 화재안전조사 결과에 따른 조치명령

1) 명령권자 : 소방관서장
2) 관계인에게 그 소방대상물의 개수·이전·제거, 사용의 금지 또는 제한, 사용폐쇄, 공사의 정지 또는 중지, 그 밖에 필요한 조치
   (1) 소방대상물의 위치·구조·설비 또는 관리에 보완 필요시
   (2) 화재 발생 시 인명 또는 재산 피해가 클 것으로 예상될 때
3) 관계인에게 조치를 명령 또는 관계 행정기관의 장에게 필요한 조치 요청
   (1) 법령을 위반하여 건축 또는 설비
   (2) 소방시설등, 피난시설·방화구획, 방화시설 등이 법령에 적합하게 설치·관리되지 않은 경우

57 ★★

위험물안전관리법령상 제조소 또는 일반 취급소의 위험물취급탱크 노즐 또는 맨홀을 신설 시 노즐 또는 맨홀의 직경이 몇 [mm]를 초과하는 경우에 변경허가를 받아야 하는가?

① 250   ② 300
③ 450   ④ 600

정답 55 ④ 56 ④ 57 ①

> **해설** 제조소·일반취급소 변경허가

1) 설치허가자 : 시·도지사(행정안전부령)
2) 위험물 품명·수량·지정수량의 배수 변경신고 : 변경하고자 하는 날의 1일 전
3) 제조소·일반취급소 변경허가 받아야 하는 경우
   (1) 제조소·일반취급소 위치 이전
   (2) 배출설치 또는 불활성기체 봉입장치 신설
   (3) 위험물취급탱크 신설·교체·철거·보수
   (4) <u>위험물취급탱크 노즐 또는 맨홀 신설(노즐 또는 맨홀 직경 250 [mm] 초과하는 경우)</u>
   (5) 위험물취급탱크 탱크전용실 증설 또는 교체
4) 변경허가·변경신고 제외 장소
   (1) 주택의 난방시설(공동주택의 중앙난방시설 제외)을 위한 저장소·취급소
   (2) 농예용·축산용·수산용으로 필요한 난방시설 또는 건조시설을 위한 지정수량 20배 이하의 저장소

58 ★★★

위험물안전관리법령상 인화성액체위험물(이황화탄소를 제외)의 옥외탱크저장소의 탱크주위에 설치하여야 하는 방유제의 기준 중 틀린 것은?

① 방유제의, 용량은 방유제안에 설치된 탱크가 하나인 때에는 그 탱크 용량의 110 [%] 이상으로 할 것
② 방유제의 용량은 방유제안에 설치된 탱크가 2기 이상인 때에는 그 탱크 중 용량이 최대인 것의 용량의 110 [%] 이상으로 할 것
③ 방유제의 높이는 1 [m] 이상 3 [m] 이하, 두께 0.2 [m] 이상, 지하매설깊이 0.5 [m] 이상으로 할 것
④ 방유제 내의 면적은 80000 [m²] 이하로 할 것

> **해설** 방유제

(1) 방유제 용량
   ① 탱크 1기 : 탱크용량 110 [%] 이상
   ② 탱크 2기 이상 : 최대 탱크 용량 110 [%] 이상
(2) <u>방유제 높이 : 0.5 [m] 이상 3 [m] 이하</u>
(3) <u>방유제 두께 : 0.2 [m] 이상</u>
(4) <u>지하매설길이 : 1 [m] 이상</u>
(5) 방유제 면적 : 80000 [m²] 이하
(6) 방유제 내에 설치하는 옥외저장탱크 수 : 10기 이하
(7) 방유제 재질 : 철근콘크리트, 흙담

59 ★★★

화재의 예방 및 안전관리에 관한 법령상 화재예방강화지구 안의 소방대상물에 대한 화재안전조사를 거부·방해 또는 기피한 자에 대한 벌칙기준으로 옳은 것은?

① 400만 원 이하의 벌금
② 300만 원 이하의 벌금
③ 200만 원 이하의 벌금
④ 100만 원 이하의 벌금

> **해설** 300만 원 이하의 벌금

1. <u>화재안전조사를 정당한 사유 없이 거부·방해 또는 기피한 자</u>
2. 화재 발생 위험이 크거나 소화 활동에 지장을 줄 수 있다고 인정되는 행위나 물건에 따른 명령을 정당한 사유 없이 따르지 아니하거나 방해한 자
   1) 다음에 해당하는 행위의 금지 또는 제한
      ① 모닥불, 흡연 등 화기의 취급
      ② 풍등 등 소형열기구 날리기
      ③ 용접·용단 등 불꽃을 발생시키는 행위
      ④ 그 밖에 대통령령으로 정하는 화재 발생 위험이 있는 행위

정답 58 ③ 59 ②

2) 목재, 플라스틱 등 가연성이 큰 물건의 제거, 이격, 적재 금지 등
3) 소방차량의 통행이나 소화 활동에 지장을 줄 수 있는 물건의 이동
3. 소방안전관리자, 총괄소방안전관리자 또는 소방안전관리보조자를 선임하지 아니한 자
4. 소방시설·피난시설·방화시설 및 방화구획 등이 법령에 위반된 것을 발견하였음에도 필요한 조치를 할 것을 요구하지 아니한 소방안전관리자
5. 소방안전관리자에게 불이익한 처우를 한 관계인
6. 화재예방안전진단, 위탁받은 업무를 위반하여 업무를 수행하면서 알게 된 비밀을 정한 목적 외의 용도로 사용하거나 다른 사람, 기관에 제공, 누설한 자

⑶ 의료시설
⑷ 교육연구시설 중 합숙소
⑸ 노유자시설
⑹ 숙박이 가능한 수련시설
⑺ 숙박시설
⑻ 방송통신시설 중 방송국 및 촬영소
⑼ 다중이용업소
⑽ <u>층수가 11층 이상인 것(아파트 제외)</u>

60 ★★★

소방시설 설치 및 관리에 관한 법령상 방염성능기준 이상의 실내장식물 등을 설치하여야 하는 특정소방대상물의 기준으로 틀린 것은?

① 층수가 11층 이상인 아파트
② 건축물 옥내에 있는 시설로서 종교시설
③ 의료시설 중 종합병원
④ 노유자시설

해설 방염

1) 방염성능기준 : 대통령령
2) 방염성능기준 이상의 실내장식물 등을 설치해야 하는 특정소방대상물
   ⑴ 근린생활시설 중 의원, 조산원, 산후조리원, 체력단련장, 공연장 및 종교집회장
   ⑵ 건축물의 옥내에 있는 시설
      ① 문화 및 집회시설
      ② 종교시설
      ③ 운동시설(수영장 제외)

정답 60 ①

2018년 2회
소방기계시설의 구조 및 원리

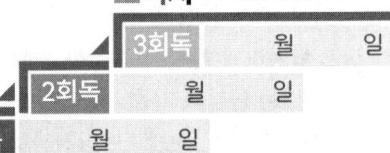

61 ★★★
스프링클러설비의 종류 중 폐쇄형 스프링클러헤드를 사용하는 방식이 아닌 것은?

① 습식
② 건식
③ 준비작동식
④ 일제살수식

해설 스프링클러설비 헤드
- 폐쇄형 : 습식, 건식, 준비작동식, 부압식
- 개방형 : 일제살수식

62 ★★★
특정소방대상물별 소화기구의 능력단위기준 중 노유자시설 소화기구의 능력단위 기준으로 옳은 것은? (단, 건축물의 주요구조부, 벽 및 반자의 실내에 면하는 부분에 대한 조건은 무시한다)

① 해당 용도의 바닥면적 200 [m²]마다 능력단위 1단위 이상
② 해당 용도의 바닥면적 100 [m²]마다 능력단위 1단위 이상
③ 해당 용도의 바닥면적 50 [m²]마다 능력단위 1단위 이상
④ 해당 용도의 바닥면적 30 [m²]마다 능력단위 1단위 이상

해설 특정소방대상물별 소화기구의 능력단위

특정소방대상물	소화기구의 능력단위
1. 위락시설	해당 용도의 바닥면적 30 [m²]마다 능력단위 1단위 이상
2. 공연장·집회장·관람장·문화재·장례식장 및 의료시설	해당 용도의 바닥면적 50 [m²]마다 능력단위 1단위 이상
3. 근린생활시설·판매시설·운수시설·숙박시설·**노유자시설**·전시장·공동주택·업무시설·방송통신시설·공장·창고시설·항공기 및 자동차 관련 시설 및 관광휴게시설	**해당 용도 바닥면적 100 [m²] 마다 능력단위 1단위 이상**
4. 그 밖의 것	해당 용도 바닥면적 200 [m²]마다 능력단위 1단위 이상

※ 주요구조부가 내화구조이고 벽 및 반자의 실내에 면하는 부분이 불연·준불연·난연재료로 된 특정소방대상물은 위 표의 바닥면적의 2배를 기준면적으로 적용

정답 61 ④ 62 ②

63 ★★

물분무소화설비 송수구의 설치기준 중 다음 ( ) 안에 알맞은 것은?

> 송수구는 화재 층으로부터 지면으로 떨어지는 유리창 등이 송수 및 그 밖의 소화작업에 지장을 주지 않는 장소에 설치할 것. 이 경우 가연성가스의 저장·취급시설에 설치하는 송수구는 그 방호대상물로부터 (㉠) [m] 이상의 거리를 두거나, 방호대상물에 면하는 부분이 높이 (㉡) [m] 이상 폭 (㉢) [m] 이상의 철근콘크리트 벽으로 가려진 장소에 설치해야 한다.

① ㉠ 20, ㉡ 1.0, ㉢ 1.5
② ㉠ 20, ㉡ 1.5, ㉢ 2.5
③ ㉠ 40, ㉡ 1.0, ㉢ 1.5
④ ㉠ 40, ㉡ 1.5, ㉢ 2.5

해설 물분무소화설비 송수구

송수구는 화재 층으로부터 지면으로 떨어지는 유리창 등이 송수 및 그 밖의 소화작업에 지장을 주지 않는 장소에 설치할 것. 이 경우 가연성가스의 저장·취급시설에 설치하는 송수구는 그 방호대상물로부터 <u>20 [m] 이상의 거리</u>를 두거나, 방호대상물에 면하는 부분이 <u>높이 1.5 [m] 이상 폭 2.5 [m] 이상</u>의 철근콘크리트 벽으로 가려진 장소에 설치해야 한다.

64 ★★

고정포방출구의 구분 중 다음에서 설명하는 것은?

> 고정지붕구조 또는 부상덮개부착고정지붕구조의 탱크에 상부포주입법을 이용하는 것으로서 방출된 포가 탱크옆판의 내면을 따라 흘러내려 가면서 액면 아래로 몰입되거나 액면을 뒤섞지 않고 액면상을 덮을 수 있는 반사판 및 탱크 내의 위험물 증기가 외부로 역류되는 것을 저지할 수 있는 구조·기구를 갖는 포방출구

① I형
② II형
③ III형
④ 특형

해설 포방출구

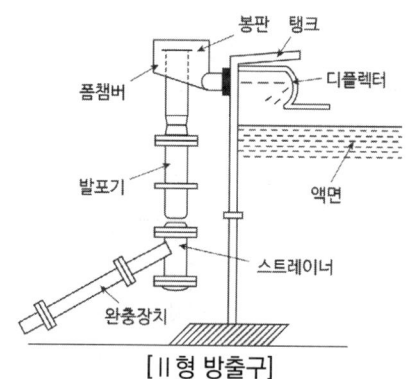

[II형 방출구]

1) Cone Roof Tank에 설치하는 방식으로 <u>상부포주입법</u>을 이용
2) 방출된 포가 탱크 옆판의 내면을 따라 흘러내려 가면서 액면에 전개되도록 <u>반사판</u>이 있는 포방출구

※ 포방출구의 종류

탱크구조		포방출구
고정지붕구조 (콘루프 탱크)	상부포주입법	I, II형
	저부포주입법	III, IV형
부상지붕구조 (플로팅루프 탱크)	상부포주입법	특형

정답 63 ① 64 ②

65 ★★★

습식스프링클러설비 또는 부압식 스프링클러설비 외의 설비에는 헤드를 향하여 상향으로 수평주행배관 기울기를 몇 이상으로 하여야 하는가? (단, 배관의 구조상 기울기를 줄 수 없는 경우는 제외한다)

① 1 / 100
② 1 / 200
③ 1 / 300
④ 1 / 500

해설 기울기 Summary

구분	설명
1 / 100 이상	연결살수설비 수평주행배관
2 / 100 이상	물분무소화설비 배수설비
1 / 250 이상	S/P 습식·부압식 외 가지배관
1 / 500 이상	S/P 습식·부압식 외 수평주행배관

[S/P 습식·부압식 외의 설비]

66 ★

피난기구 중 완강기의 구조에 대한 기준으로 틀린 것은?

① 완강기는 안전하고 쉽게 사용할 수 있어야 하며, 사용자가 타인의 도움 없이 자기의 몸무게에 의하여 자동적으로 강하할 수 있어야 한다.
② 로프의 양끝은 이탈되지 아니하도록 벨트의 연결장치 등에 연결되어야 한다.
③ 벨트는 로프에 고정되어 있거나 또는 분리식인 경우 쉽고 견고하게 로프에 연결할 수 있는 구조이어야 한다.
④ 로프·속도조절기구·벨트 및 고정 지지대 등으로 구성되어야 한다.

해설 완강기의 구조 및 주요 구성요소

1) 완강기는 안전하고 쉽게 사용할 수 있어야 하며 사용자가 타인의 도움 없이 자기의 몸무게에 의하여 자동적으로 연속하여 교대로 강하할 수 있는 기구이어야 한다.
2) 로프의 양끝은 이탈되지 아니하도록 벨트의 연결장치 등에 연결되어야 한다.
3) 벨트는 로프에 고정되어 있거나 또는 분리식인 경우 쉽고 견고하게 로프에 연결할 수 있는 구조이어야 한다.
4) **속도조절기·속도조절기의 연결부·로프·연결금속구 및 벨트로 구성되어야 한다.**

※ 완강기 - 용어의 정의
1) 속도조절기 : 완강기의 강하속도를 일정범위로 조절하는 장치
2) 속도조절기의 연결부 : 지지대와 속도조절기를 연결하는 부분
3) 지지대 : 화재 시 피난용으로 사용되는 완강기와 간이완강기를 소방대상물에 고정 설치해 줄 수 있는 기구
4) 연결금속구 : 로프와 벨트의 연결부위에 사용하는 금속구 및 완강기 또는 간이완강기를 지지대에 연결할 때 사용하는 금속구 등

정답 65 ④ 66 ④

67 ★★★

이산화탄소 소화약제 저장용기의 설치기준으로 옳은 것은?

① 저장용기의 충전비는 고압식은 1.1 이상 1.5 이하, 저압식은 0.64 이상 0.8 이하로 할 것
② 저압식 저장용기에는 액면계 및 압력계와 1.5 [MPa] 이상 1.9 [MPa] 이하의 압력에서 작동하는 압력경보장치를 설치할 것
③ 저장용기는 고압식은 25 [MPa] 이상, 저압식은 3.5 [MPa] 이상의 내압시험압력에 합격한 것으로 할 것
④ 저압식 저장용기에는 용기 내부의 온도가 섭씨 영하 21 [℃] 이하에서 1.8 [MPa]의 압력을 유지할 수 있는 자동냉동장치를 설치할 것

해설 이산화탄소 저장용기 설치기준

1) 충전비
   (1) 저압식 : 1.1 이상 1.4 이하
   (2) 고압식 : 1.5 이상 1.9 이하
2) 저압식 저장용기에는 내압시험압력의 0.64배부터 0.8배의 압력에서 작동하는 안전밸브와 내압시험압력의 0.8배부터 내압시험압력에서 작동하는 봉판을 설치할 것
3) 저압식 저장용기에는 액면계 및 압력계와 2.3 [MPa] 이상 1.9 [MPa] 이하의 압력에서 작동하는 압력경보장치를 설치할 것
4) 저압식 저장용기에는 용기 내부의 온도가 섭씨 영하 18 [℃] 이하에서 2.1 [MPa]의 압력을 유지할 수 있는 자동냉동장치를 설치할 것
5) 저장용기는 고압식은 25 [MPa] 이상, 저압식은 3.5 [MPa] 이상의 내압시험압력에 합격한 것으로 할 것

68 ★★★

분말소화약제 1 [kg]당 저장용기의 내용적이 가장 작은 것은?

① 제1종 분말
② 제2종 분말
③ 제3종 분말
④ 제4종 분말

해설 분말소화약제 1 [kg]당 저장용기의 내용적

소화약제의 종류	제1종	제2·3종	제4종
소화약제 1 [kg]당 저장용기의 내용적	0.8 [L]	1 [L]	1.25 [L]

69 ★★★

연결살수설비 배관구경의 설치기준 중 하나의 배관에 부착하는 살수헤드의 개수가 3개인 경우 배관의 최소 구경은 몇 [mm] 이상이어야 하는가?

① 40
② 50
③ 65
④ 80

해설 연결살수설비의 배관의 구경

연결살수설비 전용헤드를 사용하는 경우에는 다음 표에 따른 구경 이상으로 할 것

하나의 배관에 부착하는 연결살수설비 전용헤드의 개수	1개	2개	3개	4개 또는 5개	6개 이상 10개 이하
배관의 구경 [mm]	32	40	50	65	80

정답 67 ③ 68 ① 69 ②

70 ★★★

포헤드를 정방형으로 배치한 경우 포헤드 상호 간 거리 산정식으로 옳은 것은 (단, R은 유효반경이며 S는 포헤드 상호 간의 거리이다)

① S = 2 R × sin30°
② S = 2 R × cos30°
③ S = 2 R
④ S = 2 R × cos45°

해설 포헤드 상호 간의 거리(정방형)

정방형으로 배치한 경우에는 다음의 식에 따라 산정한 수치 이하가 되도록 할 것

S = 2 R × cos45°

R : 유효반경 (2.1 [m])
S : 포헤드 상호 간의 거리

71 ★★★

옥외소화전설비 소화전함의 설치기준 중 다음 ( ) 안에 알맞은 것은?

옥외소화전이 31개 이상 설치된 때에는 옥외소화전 ( )개 마다 1개 이상의 소화전함을 설치해야 한다.

① 3   ② 5
③ 7   ④ 11

해설 옥외소화전함 설치기준

옥외소화전	옥외소화전함의 개수
10개 이하	옥외소화전마다 5 [m] 이내의 장소에 1개 이상의 소화전함을 설치
11개 이상 30개 이하	11개 이상의 소화전함을 각각 분산하여 설치
31개 이상	옥외소화전 **3개**마다 1개 이상의 소화전함을 설치

72 ★★★

할론소화설비 자동식 기동장치의 설치기준 중 다음 ( ) 안에 알맞은 것은?

전기식 기동장치로서 ( )병 이상의 저장용기를 동시에 개방하는 설비는 2병 이상의 저장용기에 전자개방밸브를 부착할 것

① 3   ② 5
③ 7   ④ 10

해설 할론소화설비 자동식 기동장치

할론소화설비의 자동식 기동장치는 자동화재탐지설비의 감지기의 작동과 연동하는 것으로서 다음의 기준에 따라 설치해야 한다.

1) 자동식 기동장치에는 수동으로도 기동할 수 있는 구조로 할 것
2) 전기식 기동장치로서 **7병 이상**의 저장용기를 동시에 개방하는 설비는 2병 이상의 저장용기에 전자 개방밸브를 부착할 것
3) 가스압력식 기동장치는 다음의 기준에 따를 것
   (1) 기동용 가스용기 및 해당 용기에 사용하는 밸브는 25 [MPa] 이상의 압력에 견딜 수 있는 것으로 할 것
   (2) 기동용 가스용기에는 내압시험압력의 0.8배부터 내압시험압력 이하에서 작동하는 안전장치를 설치할 것
   (3) 기동용 가스용기의 체적은 5 [L] 이상으로 하고, 해당 용기에 저장하는 질소 등의 비활성기체는 6.0 [MPa] 이상(21 [℃] 기준)의 압력으로 충전할 것.
4) 기계식 기동장치는 저장용기를 쉽게 개방할 수 있는 구조로 할 것

73 ★★★

화재조기진압용 스프링클러설비를 설치할 장소의 구조 기준으로 틀린 것은?

① 해당 층의 높이가 13.7 [m] 이하일 것. 다만 2층 이상일 경우에는 해당 층의 바닥을 내화구조로 하고 다른 부분과 방화구획할 것
② 천장의 기울기가 168/1000을 초과하지 않아야 하고 이를 초과하는 경우에는 반자를 지면과 수평으로 설치할 것
③ 천장은 평평해야 하며 철재나 목재트러스 구조인 경우, 철재나 목재의 돌출부분이 102 [mm]를 초과하지 않을 것
④ 창고 내의 선반의 형태는 하부로 물이 침투되지 않는 구조로 할 것

해설 화재조기진압용 S/P 설치장소의 구조 기준

1) 해당 층의 높이가 13.7 [m] 이하일 것. 다만 2층 이상일 경우 해당 층의 바닥을 내화구조로 하고 다른 부분과 방화구획할 것
2) 천장의 기울기 168/1000을 초과하지 않아야 하고, 초과 시 반자를 지면과 수평으로 설치할 것
3) 천장은 평평해야 하며, 철재나 목재트러스 구조인 경우 철재나 목재 돌출부분이 102 [mm]를 초과하지 않을 것
4) 보로 사용되는 목재·콘크리트 및 철재 사이 간격은 0.9 [m] 이상 2.3 [m] 이하일 것
5) 창고 내 선반 형태는 하부로 물이 침투되는 구조로 할 것

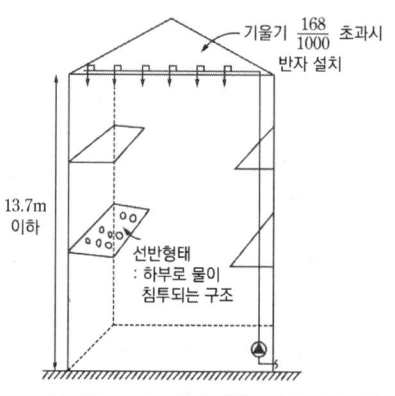

74 ★★★

소화기의 정의 중 다음 ( ) 안에 알맞은 것은?

> 대형소화기란 화재 시 사람이 운반할 수 있도록 운반대와 바퀴가 설치되어 있고 능력단위가 A급 (㉠)단위 이상, B급 (㉡)단위 이상인 소화기를 말한다.

① ㉠ 3, ㉡ 5
② ㉠ 5, ㉡ 3
③ ㉠ 10, ㉡ 20
④ ㉠ 20, ㉡ 10

해설 소화기의 능력단위

1) 소형소화기 : 능력단위가 1단위 이상이고, 대형소화기의 능력단위 미만인 소화기
2) 대형소화기 : 화재 시 사람이 운반할 수 있도록 운반대와 바퀴가 설치되어 있고, 능력단위가 A급 10단위 이상, B급 20단위 이상인 소화기

[소형소화기]   [대형소화기]

75 ★★★

호스릴방식의 분말소화설비의 설치기준 중 틀린 것은?

① 방호대상물의 각 부분으로부터 하나의 호스접결구까지의 수평거리가 15 [m] 이하가 되도록 할 것
② 소화약제의 저장용기는 호스릴을 설치하는 장소마다 설치할 것
③ 소화약제의 저장용기의 개방밸브는 호스릴의 설치장소에서 자동으로 개폐할 수 있는 것으로 할 것
④ 저장용기에는 그 가까운 곳의 보기 쉬운 곳에 적색의 표시등을 설치하고, 이동식 분말소화설비가 있다는 뜻을 표시한 표지를 할 것

해설 호스릴방식의 분말소화설비 설치기준

1) 방호대상물의 각 부분으로부터 하나의 호스접결구까지의 수평거리가 15 [m] 이하가 되도록 할 것
2) 소화약제 저장용기의 개방밸브는 호스릴의 설치장소에서 수동으로 개폐할 수 있는 것으로 할 것
3) 소화약제 저장용기는 호스릴을 설치하는 장소마다 설치할 것
4) 하나의 노즐마다 1분당 방출하는 소화약제의 양

소화약제 종별	제1종	제2·3종	제4종
1분당 방출하는 소화약제의 양	**45 [kg/min]**	27 [kg/min]	18 [kg/min]

5) 소화약제 저장용기의 가장 가까운 곳의 보기 쉬운 곳에 적색의 표시등을 설치하고, 호스릴방식의 분말소화설비가 있다는 뜻을 표시한 표지를 할 것

76 ★★★

하나의 옥내소화전을 사용하는 노즐선단에서의 방수압력이 0.7 [MPa]를 초과할 경우에 감압장치를 설치하여야 하는 곳은?

① 방수구 연결배관
② 호스접결구의 인입 측
③ 노즐선단
④ 노즐안쪽

해설 옥내소화전 감압장치

하나의 옥내소화전을 사용하는 노즐선단에서의 방수압력 0.7 [MPa] 초과 시 <u>호스접결구의 인입 측</u>에 <u>감압장치</u> 설치해야 한다.

77 ★★★

연결살수설비의 가지배관은 교차배관 또는 주배관에서 분기되는 지점을 기점으로 한쪽 가지배관에 설치되는 헤드의 개수는 최대 몇 개 이하로 하여야 하는가?

① 8개   ② 10개
③ 12개 ④ 15개

해설 연결살수설비 가지배관에 설치되는 헤드의 개수

교차배관에서 분기되는 지점을 기점으로 한쪽 가지배관에 설치되는 헤드 개수 : 8개 이하

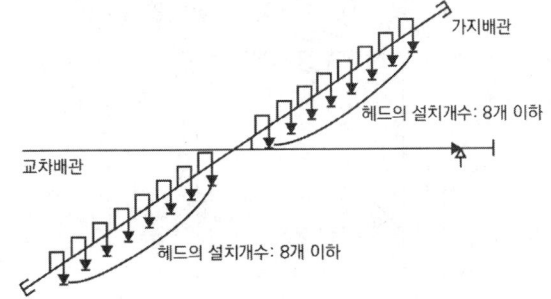

[가지배관에 설치하는 헤드 수]

보충 연결살수설비 송수구역 살수헤드 수 10개 이하

정답 75 ③ 76 ② 77 ①

78 ★★★

특정소방대상물의 용도 및 장소별로 설치하여야 할 인명구조기구의 기준으로 틀린 것은?

① 지하층을 포함하는 층수가 7층 이상인 관광호텔은 방열복 또는 방화복, 공기호흡기를 각 2개 이상 비치할 것
② 문화 및 집회시설 중 수용인원 100명 이상의 영화상영관은 공기호흡기를 층마다 2개 이상 비치할 것
③ 지하가 중 지하상가는 공기호흡기를 층마다 2개 이상 비치할 것
④ 물분무등소화설비 중 이산화탄소소화설비를 설치해야 하는 특정소방대상물은 공기호흡기를 이산화탄소소화설비가 설치된 장소의 출입구 외부 인근에 1대 이상 비치할 것

해설 용도 및 장소별로 설치해야 할 인명구조기구

④ 지하층을 포함하는 층수가 7층 이상인 관광호텔은 방열복 또는 방화복, 공기호흡기, **인공소생기**를 각 2개 이상 비치할 것

특정소방대상물	인명구조기구	설치 수량
지하층을 포함하는 층수가 7층 이상인 관광호텔 및 5층 이상인 병원	• 방열복 또는 방화복 • 공기호흡기 • 인공소생기	**각 2개 이상 비치할 것** (다만 병원의 경우 인공소생기를 설치하지 않을 수 있다.)
• **문화 및 집회시설 중 수용인원 100명 이상의 영화상영관** • 판매시설 중 대규모 점포 • 운수시설 중 지하역사 • **지하가 중 지하상가**	공기호흡기	**층마다 2개 이상 비치할 것**

특정소방대상물	인명구조기구	설치 수량
물분무등소화설비 중 이산화탄소소화설비를 설치해야 하는 특정소방대상물 (호스릴이산화탄소소화설비는 제외한다)	공기호흡기	**이산화탄소소화설비가 설치된 장소의 출입구 외부 인근에 1개 이상 비치할 것**

[방열복]　[방화복]　[공기호흡기]　[인공소생기]

79 ★★★

미분무소화설비의 화재안전성능기준에 따른 용어의 정리 중 다음 ( ) 안에 알맞은 것은?

미분무란 물만을 사용하여 소화하는 방식으로 최소설계압력에서 헤드로부터 방출되는 물입자 중 (㉠)[%]의 누적체적분포가 (㉡)[μm] 이하로 분무되고 A, B, C급 화재에 적응성을 갖는 것을 말한다.

① ㉠ 30, ㉡ 200　② ㉠ 50, ㉡ 200
③ ㉠ 60, ㉡ 400　④ ㉠ 99, ㉡ 400

해설 미분무소화설비 – 미분무의 정의

물만을 사용하여 소화하는 방식으로 최소설계압력에서 헤드로부터 방출되는 물입자 중 <u>99 [%]</u>의 누적체적분포가 <u>400 [μm]</u> 이하로 분무되고 A, B, C급 화재에 적응성을 갖는 것

[여러 개의 오리피스에서 방사되는 미분무헤드]

80 ★★★

소화수조 또는 저수조가 지표면으로부터 깊이가 4.5 [m] 이상인 지하에 있는 경우 설치하여야 하는 가압송수장치의 1분당 최소 양수량은 몇 [L]인가? (단, 소요수량은 80 [m³]이다)

① 1100
② 2200
③ 3300
④ 4400

해설 소요수량에 따른 가압송수장치의 1분당 양수량

소화수조 또는 저수조가 지표면으로부터의 깊이(수조 내부바닥까지의 길이를 말한다)가 4.5 [m] 이상인 지하에 있는 경우에는 다음 표에 따라 가압송수장치를 설치해야 한다.

[소요수량에 따른 가압송수장치의 1분당 양수량]

소요수량	20 [m³] 이상 40 [m³] 미만	40 [m³] 이상 100 [m³] 미만	100 [m³] 이상
1분당 양수량	1100 [L/min]	**2200 [L/min]**	3300 [L/min]

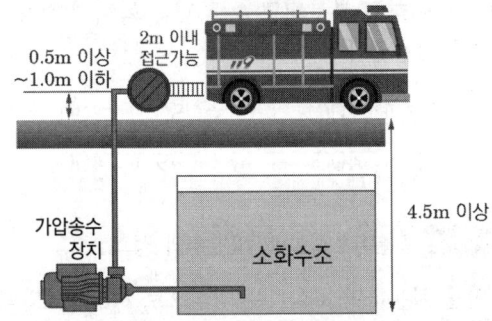

[소화수조 또는 저수조가 지표면으로부터 깊이 4.5 [m] 이상인 경우]

소방원론

01 ★★★

소화에 대한 설명 중 틀린 것은?

① 질식소화에 필요한 산소농도는 가연물과 소화약제의 종류에 따라 다르다.
② 억제소화는 자유활성기(Free Radical)에 의한 연쇄반응을 차단하는 물리적인 소화방법이다.
③ 액체 이산화탄소나 할론의 냉각소화효과는 물보다 아주 작다.
④ 화염을 금속망이나 소결금속 등의 미세한 구멍으로 통과시켜 소화하는 화염방지기(Flame Arrester)는 냉각소화를 이용한 안전장치이다.

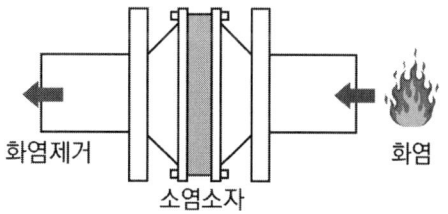

보충 물리적 소화 : 냉각, 질식, 제거
화학적 소화 : 억제소화(부촉매소화)

해설 소화의 형태

① 질식소화에 필요한 산소농도는 가연물과 소화약제의 종류에 따라 다르다. 보통 탄화수소계열 물질의 경우 질식소화에 필요한 산소농도는 약 15[vol%]이다. 그러나 기타 특정한 가연성 가스 및 위험물의 경우는 더 낮은 산소농도에서 연소가 정지하게 된다.
② 억제소화는 자유활성기(Free Radical)에 의한 연쇄반응을 차단하는 **화학적인 소화방법**이다.
③ 액체 이산화탄소나 할론의 냉각소화효과는 물보다 아주 작다.
④ 화염방지기(Flame Arrester) 본체 내부에는 금속망 또는 소결금속을 사용하여, 화염이 해당 구조의 미세한 구멍으로 통과할 때 냉각되어 그 온도가 발화점 이하로 낮아지게 함으로써 소염되도록 하는 장치이다.

02 ★★★

제1류 위험물 중 과산화나트륨의 화재에 가장 적합한 소화방법은?

① 다량의 물에 의한 소화
② 마른모래에 의한 소화
③ 포소화기에 의한 소화
④ 분무상의 주수소화

해설 위험물 소화방법

종류		소화방법
제1류	냉각	물에 의한 냉각소화 ([예외] 무기과산화물 : 마른모래 등에 의한 질식소화)
제2류	냉각	물에 의한 냉각소화 ([예외] 황화인, 철분, 마그네슘, 금속분은 마른모래 등에 의한 질식소화)
제3류	질식	마른모래, 팽창질석, 팽창진주암에 의한 질식소화
제4류	질식	포, 분말, CO_2, 할론소화약제에 의한 질식소화
제5류	냉각	화재초기 대량의 물로 냉각소화

정답 01 ② 02 ②

종류		소화방법
제6류	질식	마른모래 등에 의한 질식소화 (과산화수소 : 다량의 물로 희석소화)

> **보충** 과산화나트륨 : 제1류 위험물 중 무기과산화물
> 무기과산화물은 물과 접촉 시 산소(O_2)가 발생하므로 주수소화 금지

3) 소화
① 건조사, 팽창진주암, 팽창질석 등에 의한 질식소화(주수소화 절대엄금)
② 황린은 물로 인한 냉각소화

> **보충** 황 : 제2류 위험물
> 황린 : 제3류 위험물(금수성 물질이 아님)
> 이황화탄소 : 제4류 위험물

03 ★★

제3류 위험물로 금수성 물질에 해당하는 것은?

① 탄화칼슘
② 황
③ 황린
④ 이황화탄소

해설 제3류 위험물

위험물	지정수량	위험물	지정수량
칼륨(K)	10 [kg]	알칼리금속 (Na, K 제외), 알칼리토금속	50 [kg]
나트륨(Na)		유기금속 화합물 (1·2족 제외)	
알킬알루미늄		금속의 수소화물 (수소화리튬, 수소화나트륨, 수소화칼슘 등)	
알킬리튬		금속의 인화물 (인화칼슘 등)	300 [kg]
황린	20 [kg]	칼슘·알루미늄의 탄화물 (**탄화칼슘**, 탄화알루미늄 등)	

※ 제3류 위험물의 특성 및 소화
1) 자연발화성 물질 및 금수성 물질
2) 물과 접촉하면 발열·발화함(황린 제외)

04 ★★

가연성 물질 종류에 따른 연소생성가스의 연결이 틀린 것은?

① 탄화수소류 - 이산화탄소
② 셀룰로이드 - 질소산화물
③ PVC - 암모니아
④ 레이온 - 아크롤레인

해설 연소생성가스

물질	연소생성가스
탄화수소	이산화탄소
셀룰로이드	질소산화물
PVC	염화수소, 이산화탄소, 일산화탄소, 부식성가스
레이온	아크롤레인
목재	수증기, 일산화탄소, 이산화탄소, 초산

05 ★★★

실 상부에 배연기를 설치하여 연기를 옥외로 배출하고 급기는 자연적으로 하는 제연방식은?

① 제2종 기계제연방식
② 제3종 기계제연방식
③ 스모크타워 제연방식
④ 제1종 기계제연방식

정답 03 ① 04 ③ 05 ②

해설 제연방식 종류

1) 밀폐 제연방식
2) 자연 제연방식
3) 스모크타워 제연방식
4) 기계 제연방식
   - 제1종 기계제연방식 : 송풍기 + 배연기
   - 제2종 기계제연방식 : 송풍기
   - 제3종 기계제연방식 : 배연기

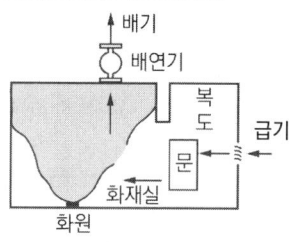

[제3종 기계제연]

06 ★★★

실내에 화재가 발생하였을 때 그 실내의 환경변화에 대한 설명 중 틀린 것은?

① 압력이 내려간다.
② 산소의 농도가 감소한다.
③ 일산화탄소가 증가한다.
④ 이산화탄소가 증가한다.

해설 밀폐된 내화건물 화재

1) 실내 압력이 상승한다. (+)
2) 산소의 농도가 감소한다. (-)
3) 일산화탄소가 증가한다. (+)
4) 이산화탄소가 증가한다. (+)

TIP 산소량만 (-)

07 ★★★

연소범위에 대한 설명으로 틀린 것은?

① 연소범위에는 상한과 하한이 있다.
② 연소범위의 값은 공기와 혼합된 가연성 기체의 체적농도로 표시된다.
③ 연소범위의 값은 압력과 무관하다.
④ 연소범위는 가연성 기체의 종류에 따라 다른 값을 갖는다.

해설 연소범위

1) 연소범위에는 상한계(UFL)와 하한계(LFL)가 존재한다.
2) 연소범위의 상한계(UFL)가 높을수록, 하한계(LFL)가 낮을수록 위험성이 크다.
3) 연소범위가 넓을수록 위험성이 크다.
4) 연소범위의 값은 혼합가스의 체적농도이다.
5) 온도와 농도가 높을수록 연소범위는 넓어진다 (단, CO, H는 좁아진다).
6) 압력 상승 시 연소 범위는 넓어진다.
7) 불활성기체를 첨가할수록 연소범위는 좁아진다.
8) 가연성 기체의 종류에 따라 다른 값 가진다.

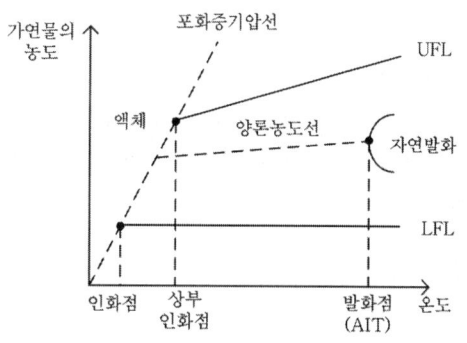

보충 연소범위는 주위온도와 관계없다.

정답 06 ① 07 ③

08 ★

실험군 쥐를 15분 동안 노출시켰을 때 실험군의 절반이 사망하는 치사 농도는?

① ODP
② GWP
③ NOAEL
④ ALC

해설 소화약제 관련 용어

1) ODP[오존층 파괴 지수]
   - Ozone Depletion Potential
   - 어떤 물질의 오존 파괴능력을 상대적으로 나타내는 지표

   $$ODP = \frac{물질 1[kg]에 의해 파괴되는 오존량}{CFC-111[kg]에 의해 파괴되는 오존량}$$

2) GWP[지구 온난화 지수]
   - Global Warming Potential
   - 어떤 물질이 기여하는 온난화 정도를 상대적으로 나타내는 지표

   $$GWP = \frac{물질 1[kg]이 영향을 주는 지구온난화 정도}{CO_2 1[kg]이 영향을 주는 지구온난화 정도}$$

3) NOAEL[심장에 독성이 미치지 않는 최대농도]
   - No Observed Adverse Effect Level
   - 심장 독성 시험에서 심장에 영향을 미치지 않는 농도

4) ALC[치사농도]
   - Approximate Lethal Concentration
   - 실험 쥐의 50[%]를 15분 이내 사망시킬 수 있는 허용농도(치사농도)

09 ★★★

출화의 시기를 나타낸 것 중 옥외출화에 해당하는 것은?

① 목재 사용 가옥에서는 벽, 추녀 밑의 판자나 목재에 발염착화한 때
② 불연 벽체나 칸막이 및 불연 천장인 경우 실내에서는 그 뒤판에 발염착화한 때
③ 보통가옥 구조 시에는 천장판의 발염착화한 때
④ 천장 속, 벽 속 등에서 발염착화한 때

해설 옥내출화와 옥외출화

분류	내용
옥내출화	• 실내 천장 속, 벽 내부에서 발염착화 • 준불연성, 난연성으로 피복된 내부의 목재에 착화
옥외출화	• 건축물 외부의 가연물질에 발염착화 • 창, 출입구 등의 개구부 등에 착화 • <u>목재사용 가옥 벽, 추녀 밑 판자나 목재에 발염착화</u>

10 ★★★

제4류 위험물을 취급하는 위험물제조소에 설치하는 게시판의 주의사항으로 옳은 것은?

① 화기엄금
② 물기주의
③ 화기주의
④ 충격주의

해설 위험물제조소 게시판 설치기준

구분		주의사항
제1류 위험물	알칼리금속의 과산화물	물기엄금
	그 밖	표시 없음
제2류 위험물	인화성 고체	화기엄금
	인화성 고체 제외	화기주의
제3류 위험물	금수성 물질	물기엄금
	자연발화성 물질	화기엄금
제4류 위험물		**화기엄금**
제5류 위험물		화기엄금
제6류 위험물		표시없음

11 ★★★

위험물의 종류에 따른 저장방법 설명 중 틀린 것은?

① 칼륨 - 경유 속에 저장
② 아세트알데하이드 - 구리 용기에 저장
③ 이황화탄소 - 물속에 저장
④ 황린 - 물속에 저장

해설 위험물의 저장

위험물	저장장소
황린, 이**황**화탄소(CS₂)	**물**속
나이트로셀룰로오스 (니트로셀룰로오스)	**알**코올 속
칼**륨**(K), 나트**륨**(Na), 리**튬**(Li)	석**유**류(등유) 속

암기 황물 나이알 ㅠㅠ
보충 아세트알데하이드 : 구리, 마그네슘, 은, 수은 저장 금지

12 ★★★

다음 중에서 전기음성도가 가장 큰 원소는?

① B
② Na
③ O
④ Cl

해설 전기음성도

원소	전기음성도
산소(O)	3.5
염소(Cl)	3
붕소(B)	2
나트륨(Na)	0.9

보충 전기음성도 : 분자 안의 한 원자가 그 원자와 결합할 수 있는 다른 원자의 전자를 끌어당기는 힘의 정도

13 ★

분말소화약제 원시료의 중량 50 [g]을 12시간 건조한 후 중량을 측정하였더니 49.95 [g]이고, 24시간 건조한 후 중량을 측정하였더니 49.90 [g]이었다. 수분함유율은 몇 [%]인가?

① 0.1
② 0.15
③ 0.2
④ 0.25

정답 11 ② 12 ③ 13 ③

해설 수분함유율

$$M = \frac{100(W_1 - W_2)}{W_1} = \frac{100(50 - 49.90)}{50} \fallingdotseq 0.2 \, [\%]$$

M : 수분 함유율 [%]
W_1 : 원시료의 무게 [g]
W_2 : 24시간 건조 후의 시료의 무게 [g]

TIP 분말소화약제는 24시간 건조 후 수분함유율이 0.2 wt% 이하이어야 한다.
[소화약제의 형식승인 및 제품검사의 기술기준 - 제7조]

14 ★★★

고비점 유류의 화재에 적응성이 있는 소화설비는?

① 옥내소화전설비
② 옥외소화전설비
③ 미분무설비
④ 연결송수관 설비

해설 고비점 유류화재에 적응성이 있는 설비

1) 물분무소화설비
2) 미분무소화설비
3) 포소화설비

15 ★★★

전기화재의 발생 원인이 아닌 것은?

① 누전   ② 합선
③ 과전류   ④ 마찰

해설 전기화재 원인

1) 과전류(과부하)
2) 단락(합선)
3) 누전
4) 낙뢰
5) 전기불꽃
6) 정전기로 인한 스파크 발생

보충
- 단락 : 전기 회로의 두 점 사이의 절연이 잘 안되어서 두 점 사이가 접속되는 일
- 누전 : 절연이 불완전하거나 시설이 손상되어 전기가 전깃줄 밖으로 새어 흐름

16 ★★★

사염화탄소를 소화약제로 사용하지 않는 이유에 대한 설명 중 옳은 것은?

① 폭발의 위험성이 있기 때문에
② 유독가스의 발생 위험이 있기 때문에
③ 전기 전도성이 있기 때문에
④ 공기보다 비중이 작기 때문에

해설 사염화탄소(CCl_4)

1) Halon 104
2) 화재 시 사염화탄소를 사용하면 유독가스인 포스겐($COCl_2$)이 발생. 따라서 소화약제로 사용 안함

17 ★★★

이산화탄소소화약제를 방출하였을 때 방호구역 내에서 산소농도가 18 [vol%]가 되기 위한 이산화탄소의 농도는 약 몇 [vol%]인가?

① 3   ② 7
③ 6   ④ 14

해설 이산화탄소 농도

$$CO_2 \text{ 농도 [vol\%]} = \frac{21 - O_2[vol\%]}{21} \times 100$$

여기서,
CO_2 농도 : CO_2 방출 후 실내의 CO_2 농도 [vol%]
O_2 : CO_2 방출 후 실내의 산소 농도 [vol%]

$$CO_2 \text{ 농도} = \frac{21 - O_2}{21} \times 100$$
$$= \frac{21 - 18}{21} \times 100 ≒ 14.29 \text{ [vol\%]}$$

18 ★★★

프로페인(프로판) 가스의 공기 중 폭발범위는 약 몇 [vol%] 인가?

① 2.1 ~ 9.5
② 15 ~ 25.5
③ 20.5 ~ 32.1
④ 33.1 ~ 63.5

해설 주요 물질 연소범위

가스	하한계 [vol%]	상한계 [vol%]
이황화탄소	1.2	44
아세틸렌	2.5	81
수소	4	75
일산화탄소	12.5	74
에틸렌	2.7	36
암모니아	15	28
메테인(메탄)	5	15
에테인(에탄)	3	12.4
프로페인(프로판)	2.1	9.5
뷰테인(부탄)	1.8	8.4

암기 (이황)일이사사, (아)이고팔아파, (수)사치료, (일산)이리와 칠사, (에틸)이찌삼육, (메)오싫오, (프)이하나구오, (뷰)십팔팔사

19 ★★★

화재하중에 주된 영향을 주는 것은?

① 가연물의 온도
② 가연물의 색상
③ 가연물의 양
④ 가연물의 융점

해설 화재하중

1) 화재하중이란 화재실의 단위면적당 등가가연물(목재)의 양으로 건물화재 시 발열량 및 화재위험성 척도가 된다.

2) 화재구획실 내에 존재하는 가연물은 각각 단위중량당 발열량[kcal/kg]이 다르기 때문에 목재의 발열량으로 환산하여 화재하중을 산정한다. (예 종이 : 4000 [kcal/kg], 고무 : 9000 [kcal/kg])

3) 화재 시 주수시간을 결정하는 주요인이다.

4) 화재하중 $q = \frac{\sum GH_i}{HA} = \frac{\sum Q}{4500A}$ [kg/m²]

G : 가연물의 양 [kg]
H_i : 단위중량당 발열량 [kcal/kg]
H : 목재의 단위중량당 발열량 [4500 kcal/kg]
A : 화재실의 바닥면적 [m²]
ΣQ : 화재실 내 가연물의 전발열량 [kcal]

TIP 화재가혹도 = 화재강도 × 화재하중

정답 18 ① 19 ③

20 ★★★

실내 화재 시 연기의 이동과 관련이 없는 것은?

① 건물 내·외부의 온도 차
② 공기의 팽창
③ 공기의 밀도 차
④ 공기의 모세관 현상

해설 연기의 이동 요인

1) 건물 내·외부 온도 차(굴뚝효과)
2) 공기의 밀도 차·압력 차
3) 온도상승으로 인한 증기 팽창
4) 공조설비 : 건축물 내부에 있는 냉·난방, 통풍, 공기조화설비의 영향

보충 모세관 현상 : 모세관을 액체 속에 넣었을 때, 관 속의 액면이 관 밖보다 높아지거나 낮아지는 현상

소방유체역학

21 ★★★

비중이 0.88인 벤젠에 안지름 1 [mm]의 유리관을 세웠더니 벤젠이 유리관을 따라 9.8 [mm]를 올라갔다. 유리와의 접촉각이 0°라 하면 벤젠의 표면장력은 몇 [N/m]인가?

① 0.021 ② 0.042
③ 0.084 ④ 0.128

해설 표면장력(모세관 현상 공식 이용)

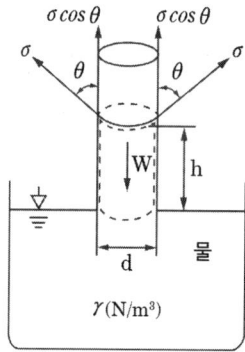

모세관 상승높이 $h[m] = \dfrac{4\sigma\cos\theta}{\gamma d}$

σ : 표면장력 [N/m], θ : 각도 [°]
γ : 비중량(γ_w = 9800 [N/m³])
d : 관의 내경 [m]

$h = \dfrac{4\sigma\cos\theta}{\gamma d} = \dfrac{4\sigma\cos\theta}{S\gamma_w d}$

따라서

$9.8 \times 10^{-3} = \dfrac{4 \times \sigma \times \cos 0}{(0.88 \times 9800) \times (1 \times 10^{-3})}$

∴ $\sigma = 0.021 [N/m]$

보충 $\gamma = S \times \gamma_w$, $\rho = S \times \rho_w$

22 ★★

유체가 평판 위를 u(m/s) = 500y − 6y²의 속도분포로 흐르고 있다. 이때 y(m)는 벽면으로부터 측정된 수직거리일 때 벽면에서의 전단응력은 약 몇 [N/m²]인가? (단, 점성계수는 1.4 × 10⁻³ [Pa·s]이다)

① 14 ② 7
③ 1.4 ④ 0.7

해설 전단응력

전단응력 $\tau[N/m^2] = \mu \dfrac{du}{dy}$
여기서, μ : 점성계수 [kg/m·s, N·s/m²]
$\dfrac{du}{dy}$: 속도구배 [s^{-1}]

1) 속도구배 $\dfrac{du}{dy}$

$\dfrac{du}{dy} = \dfrac{d(500y - 6y^2)}{dy}$
$= [500 - 12y]_{y=0} = 500 [s^{-1}]$
(벽면에서의 전단응력이므로 $y = 0$)

2) 전단응력 τ

$\tau = \mu \dfrac{du}{dy} [N/m^2]$
$= 1.4 \times 10^{-3} [N \cdot s/m^2] \times 500 [s^{-1}]$
$= 0.7 [N/m^2]$

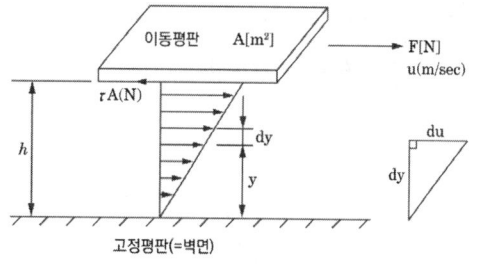

정답 21 ① 22 ④

23 ★★★

유체역학적 관점으로 말하는 이상유체에 관한 설명으로 가장 옳은 것은?

① 점성으로 인해 마찰손실이 생기는 유체
② 높은 압력을 가하면 밀도가 상승하는 유체
③ 유체에 압력을 가하면 체적이 줄어드는 유체
④ 압력을 가해도 밀도변화가 없으며 점성에 의한 마찰손실도 없는 유체

해설 이상유체

압력을 가해도 밀도변화가 없으며 점성에 의한 마찰손실도 없는 유체(비압축성, 비점성 유체)

24 ★★★

지름이 13 [mm]인 옥내소화전 노즐에서 10분간 방사된 물의 양이 1.7 [m³]이었다면 노즐의 방사압력(계기압력)은 몇 [kPa]인가?

① 17   ② 27
③ 228   ④ 456

해설 소화전 방수량

방수량 $Q[L/\min] = 2.086 \times D^2 \times \sqrt{P}$
여기서, D : 노즐 직경 [mm]
P : 방수압 [MPa]

$Q[L/\min] = 2.086 \times D^2 \times \sqrt{P}$

$\dfrac{1.7[m^3]}{10[\min]} \times \dfrac{1000[L]}{1[m^3]} = 2.086 \times 13^2 \times \sqrt{P}$

$\therefore P = 0.232\,[MPa] = 232\,[kPa]$

25 ★★★

폭이 4 [m]이고 반경이 1 [m]인 그림과 같은 1/4원형 모양으로 설치된 수문 AB가 있다. 이 수문이 받는 수직방향 분력 F_v의 크기[N]는?

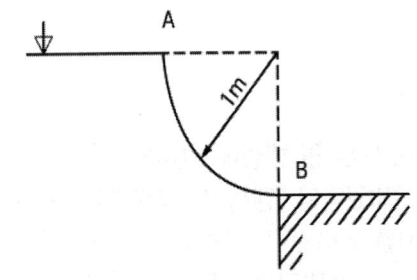

① 7613   ② 9801
③ 30787   ④ 123000

해설 수직분력

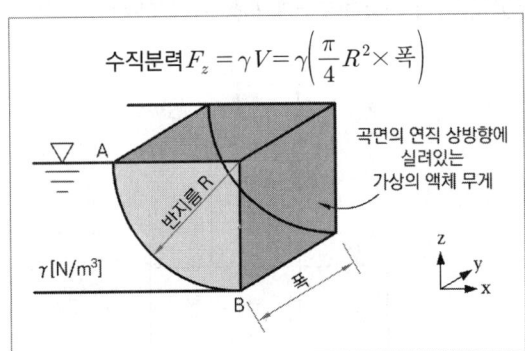

수직분력 $F_z = \gamma V = \gamma\left(\dfrac{\pi}{4}R^2 \times 폭\right)$

$F_v = \gamma V$
$= \gamma\left(\dfrac{\pi}{4}R^2 \times 폭\right)$
$= 9800 \times \left(\dfrac{\pi}{4} \times 1^2 \times 4\right) = 30787.6\,[N]$

F_v : 수직분력 [N]
γ : 비중량 [N/m³]
R : 곡면의 반지름 [m]
V : 곡면 연직상방향의 체적 [m³]

26 ★★★

배관 내에서 물의 수격작용(Water Hammering)을 방지하는 대책으로 잘못된 것은?

① 조압수조(Surge Tank)를 관로에 설치한다.
② 밸브를 펌프 송출구에서 멀게 설치한다.
③ 밸브를 서서히 조작한다.
④ 관경을 크게 하고 유속을 작게 한다.

해설 수격작용(Water Hammering)

1) 정의 : 펌프 토출 측에서 속도변화에 의해 충격파가 전달되는 현상
2) 방지대책
   (1) 구경을 크게 하여 배관 내 유속 낮춤
   (2) 밸브를 서서히 개폐한다.
   (3) 펌프에 플라이 휠(Fly Wheel)을 설치
   (4) 조압수조(Surge Tank)를 설치
   (5) 수격방지기를 설치
   (6) 밸브를 가능한 펌프 송출구 가까이 설치

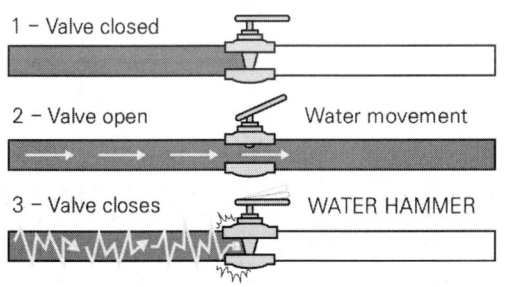

27 ★★★

지름 10 [cm]의 원형 노즐에서 물이 50 [m/s]의 속도로 분출되어 벽에 수직으로 충돌할 때 벽이 받는 힘의 크기는 약 몇 [kN]인가?

① 19.6 ② 33.9
③ 57.1 ④ 79.3

해설 벽이 받는 힘의 크기(고정평판에 작용하는 힘)

고정평판에 작용하는 힘
$$F[N] = \rho QV = \rho AV^2 = \dot{M}V$$
여기서, ρ : 밀도 [kg/m³]
Q : 체적유량 [m³/s]
V : 노즐에서의 유속 [m/s]
A : 노즐의 단면적 [m²]
$\dot{M}$: 질량유량($=\rho Q$) [kg/s]

$$F = \rho AV^2 = 1000 \times \left(\frac{\pi}{4} \times 0.1^2\right) \times 50^2$$
$$= 19635\,[N] = 19.6\,[kN]$$

28 ★★★

그림과 같이 비중이 0.8인 기름이 흐르고 있는 관에 U자관이 설치되어 있다. A점에서의 계기압력이 200 [kPa]일 때 높이 h[m]는 얼마인가? (단, U자관 내의 유체의 비중은 13.6이다)

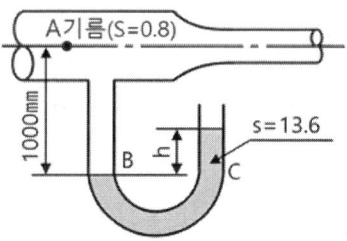

① 1.42 ② 1.56
③ 2.43 ④ 3.20

해설 U자관에서의 높이

$P_A + \gamma_{기름}h_{기름} = \gamma_{수은}h_{수은}$

$P_A + S_{기름}\gamma_w h_{기름} = S_{수은}\gamma_w h_{수은}$

$200\,[kPa] + 0.8 \times 9.8\,[kN/m^3] \times 1\,[m]$
$\qquad\qquad = 13.6 \times 9.8\,[kN/m^3] \times h_{수은}$

∴ $h_{수은} = 1.56\,[m]$

보충 $\gamma = S \times \gamma_w$, $\rho = S \times \rho_w$

정답 26 ② 27 ① 28 ②

29 ★

일반적으로 원심펌프의 특성 곡선은 3가지로 나타내는데 이에 속하지 않는 것은?

① 유량과 전양정의 관계를 나타내는 전양정 곡선
② 유량과 축동력의 관계를 나타내는 축동력 곡선
③ 유량과 펌프효율의 관계를 나타내는 효율 곡선
④ 유량과 회전수의 관계를 나타내는 회전수 곡선

해설 원심펌프의 성능특성곡선

일정한 회전수에서 **유량과 전양정, 펌프효율, 소요동력** 등의 관계를 나타내는 곡선

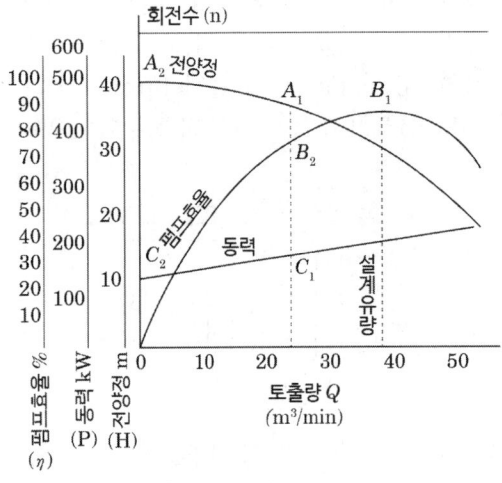

30 ★★

단면적이 0.1 [m²]에서 0.5 [m²]로 급격히 확대되는 관로에 0.5 [m³/s]의 물이 흐를 때 급확대에 의한 손실수두는 약 몇 [m]인가?

① 0.82
② 0.99
③ 1.21
④ 1.45

해설 확대관에서 손실수두

$$돌연확대관 손실 H_L = \frac{(V_1 - V_2)^2}{2g} = K \times \frac{V_1^2}{2g}$$

1) 유속 V_1, V_2 ($Q = AV$ 공식)

(1) 유속 $V_1 = \dfrac{Q}{A_1} = \dfrac{0.5[m^3/s]}{0.1[m^2]} = 5\,[m/s]$

(2) 유속 $V_2 = \dfrac{Q}{A_2} = \dfrac{0.5[m^3/s]}{0.5[m^2]} = 1\,[m/s]$

2) 돌연확대관 손실수두 H

$$H = \frac{(V_1 - V_2)^2}{2g} = \frac{(5[m/s] - 1[m/s])^2}{2 \times 9.8[m/s^2]}$$
$$= 0.816\,[m]$$

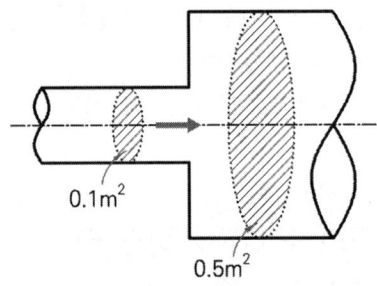

31 ★★★

분당 토출량이 1600 [L], 전양정이 100 [m]인 물 펌프의 회전수를 1000 [rpm]에서 1400 [rpm]으로 증가하면 전동기 소요동력은 약 몇 [kW]가 되어야 하는가? (단, 펌프의 효율은 65 [%]이고, 전달계수는 1.1이다)

① 441
② 82.1
③ 121
④ 142

해설 전동기 동력

$$동력\ P[kW] = \frac{\gamma[kN/m^3] \times Q[m^3/s] \times H[m]}{\eta} \times K$$

여기서, γ : 물의 비중량 [9.8 kN/m³]
Q : 유량 [m³/s], H : 전양정 [m]
η : 효율, K : 전달계수

1) 회전수가 1000 [rpm]일 때, 전동기 소요동력 P_1

$$P_1 = \frac{\gamma Q H}{\eta} \times K$$

$$= \frac{9.8 \times \frac{1.6}{60} \times 100}{0.65} \times 1.1 = 44.22\,[kW]$$

2) 회전수 1400 [rpm]으로 증가 시, 소요동력 P_2

$$P_2 = \left(\frac{N_2}{N_1}\right)^3 \times P_1$$

$$= \left(\frac{1400}{1000}\right)^3 \times 44.22 = 121\,[kW]$$

32 ★★

카르노사이클에 대한 설명 중 틀린 것은?

① 열효율은 온도만의 함수로 구성된다.
② 두 개의 등온과정과 두 개의 단열과정으로 구성된다.
③ 최고온도와 최저온도가 같을 때 비가역사이클보다는 카르노사이클의 효율이 반드시 높다.
④ 작동유체의 밀도에 따라 열효율은 변한다.

해설 카르노사이클

카르노사이클의 효율 $\eta = \frac{W}{Q_H} = 1 - \frac{Q_L}{Q_H} = 1 - \frac{T_L}{T_H}$

여기서, Q_H : 공급열량(가열량)
Q_L : 방출열량
W : 외부에 하는 일
($W = Q_H - Q_L = Q_H \times \eta$)
T_H : 고온, T_L : 저온

1) 카르노사이클은 <u>2개의 가역등온변화와 2개의 가역 단열변화</u>로 구성된 열기관에서 <u>최고열효율</u>을 갖는 사이클(실제로 운전이 불가능한 사이클)
   → <u>최고온도와 최저온도가 같을 때 비가역사이클보다는 카르노사이클의 효율이 반드시 높다.</u>
2) 같은 두 열원에서 작동되는 가역사이클인 카르노사이클로 작동되는 기관은 모두 열효율이 같다.
3) 카르노사이클의 열효율은 동작물질에 관계없이 두 열저장소의 절대온도에만 관계된다.
   → <u>작동유체의 밀도에 따라 열효율은 변하지 않는다.</u>
4) 카르노사이클이 열효율은 열량의 함수를 온도의 함수로 치환할 수 있다.
   → <u>열효율은 온도만의 함수로 구성된다.</u>

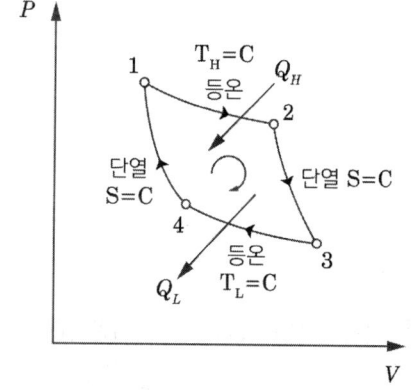

정답 32 ④

33 ★★★

노즐 내의 유체의 질량 유량을 0.06 [kg/s], 출구에서의 비체적을 7.8 [m³/kg], 출구에서의 평균 속도를 80 [m/s]라고 하면, 노즐 출구의 단면적은 약 몇 [cm²]인가?

① 88.5 ② 78.5
③ 68.5 ④ 58.5

해설 노즐 출구 단면적

질량유량 $M[kg/s] = \rho A V = \rho Q$
여기서, ρ : 밀도 [kg/m³]
A : 배관 단면적 [m²]
V : 유속 [m/s]
Q : 체적유량 [m³/s]

1) 밀도 ρ
$$\rho = \frac{1}{V_s} = \frac{1}{7.8[m^3/kg]} = 0.128[kg/m^3]$$

2) 노즐 출구의 단면적 A
$M = \rho A V$
$0.06[kg/s] = 0.128[kg/m^3] \times A[m^2] \times 80[m/s]$
$\therefore A = 5.85 \times 10^{-3}[m^2] = 58.5[cm^2]$

34 ★★★

복사 열전달에 대한 설명 중 올바른 것은?

① 방출되는 복사열은 복사되는 면적에 반비례한다.
② 방출되는 복사열은 방사율이 작을수록 커진다.
③ 방출되는 복사열은 절대온도의 4승에 비례한다.
④ 완전흑체의 경우 방사율은 0이다.

해설 스테판 – 볼츠만의 법칙

단위 면적당 복사열량 $\dot{Q}''[W/m^2] = \varepsilon \times \sigma \times T^4$

⇒ 복사열은 절대온도의 4승에 비례
ε : 방사율(흑체일 때 $\varepsilon = 1$)
σ : 스테판 볼츠만 계수 $[W/m^2 \cdot K^4]$
T : 절대온도 [K]

35 ★★★

이상기체의 폴리트로픽 변화 $PV^n = C$에서 n이 대상 기체의 비열비[k]인 경우는 어떤 변화인가? (단, P는 압력, V는 부피, C는 상수(Constant)를 나타낸다)

① 단열변화 ② 등온변화
③ 정적변화 ④ 정압변화

해설 폴리트로픽 지수 n

폴리트로픽 지수	n = 0	n = 1	n = k	n = ∞
변화	등압	등온	단열	정적

k : 비열비

36 ★★★

20 [℃]의 물이 안지름 2 [cm]인 원관 속을 흐르고 있는 경우 평균 속도는 약 몇 [m/s]인가? (단, 레이놀즈수는 2100, 동점성계수는 1.006 × 10⁻⁶ [m²/s]이다)

① 0.106 ② 1.067
③ 2.003 ④ 0.703

> **해설** 물의 속도(레이놀즈 공식 사용)
>
> 레이놀즈수 $Re = \dfrac{\rho VD}{\mu} = \dfrac{VD}{\nu}$
> 여기서, ρ : 밀도 [kg/m³]
> V : 유속 [m/s], D : 직경 [m]
> μ : 점성계수 [N·s/m²]
> ν : 동점성계수 [m²/s]

$Re = \dfrac{VD}{\nu}$

$2100 = \dfrac{V[m/s] \times 0.02[m]}{1.006 \times 10^{-6}[m^2/s]}$

$\therefore V = 0.1056 \,[m/s]$

[내부사진]

[외부사진]

37 ★★★

다음 중 금속의 탄성변형을 이용하여 기계적으로 압력을 측정할 수 있는 것은?

① 부르돈관 압력계
② 수은 기압계
③ 맥라우드 진공계
④ 마노미터 압력계

> **해설** 유체의 측정
>
> | 구분 | 측정기기 |
> |---|---|
> | 유량 | 벤추리미터, 오리피스, 로터미터, 위어, 노즐 |
> | 압력
(정압) | 피에조미터, 정압관, **부르돈(관)압력계**, 마노미터 |
> | 유속
(동압) | 피토관, 피토정압관, 시차액주계, 열선풍속계 |
>
> ※ 부르돈(관) 압력계
> 1) 압력의 차이를 측정하는 장치로 계기 내 부르돈관의 신축을 계기판에 나타내는 장치
> 2) 배관 등의 관로 또는 탱크에 구멍을 뚫어 유체의 압력과 대기압의 차를 나타낸다.
> 3) 정압(+)을 측정한다.

38 ★★★

지름 6 [cm], 길이 15 [m], 관 마찰계수 0.025인 수평 원관 속을 물이 난류로 흐를 때 관 출구와 입구의 압력차가 9810 [Pa]이면 유량은 약 몇 [m³/s]인가?

① 5.0
② 5.0 × 10⁻³
③ 0.5
④ 0.5 × 10⁻³

> **해설** 유량
>
> 손실수두 $H_L[m] = f \times \dfrac{L}{D} \times \dfrac{V^2}{2g}$
> 여기서, f : 관 마찰계수
> L : 배관의 길이 [m]
> D : 관경 [m], V : 유속 [m/s]
> g : 중력가속도 [m/s²]

1) 유속 V(달시 바이스바하 식)

$\dfrac{\Delta P}{\gamma} = f \times \dfrac{L}{D} \times \dfrac{V^2}{2g}$

$\dfrac{9810[N/m^2]}{9800[N/m^3]} = 0.025 \times \dfrac{15[m]}{0.06[m]} \times \dfrac{(V[m/s])^2}{2 \times 9.8[m/s^2]}$

$\therefore V = 1.77 \,[m/s]$

2) 유량 Q

$Q = AV$
$= \left(\dfrac{\pi}{4} \times 0.06^2\right)[m^2] \times 1.77[m/s]$
$= 0.005 \,[m^3/s] = 5 \times 10^{-3} \,[m^3/s]$

정답 37 ① 38 ②

39 ★★★

펌프 동력과 관계된 용어의 정의에서 펌프에 의해 유체에 공급되는 동력을 무엇이라고 하는가?

① 축동력　　② 수동력
③ 전체동력　④ 원동기 동력

해설 펌프의 수동력

수동력 $P[kW] = \gamma[kN/m^3] \times Q[m^3/s] \times H[m]$
여기서, γ : 비중량 [kN/m³]
Q : 유량 [m³/s], H : 전양정 [m]

※ 수동력 : 펌프에 의해 유체에 공급되는 동력

40 ★★

피스톤 내의 기체 0.5 [kg]을 압축하는 데 15 [kJ]의 열량이 가해졌다. 이때 12 [kJ]의 열이 피스톤 밖으로 빠져나갔다면 내부에너지의 변화는 약 몇 [kJ]인가?

① 27　　② 13.5
③ 3　　　④ 1.5

해설 밀폐계의 내부에너지 변화량

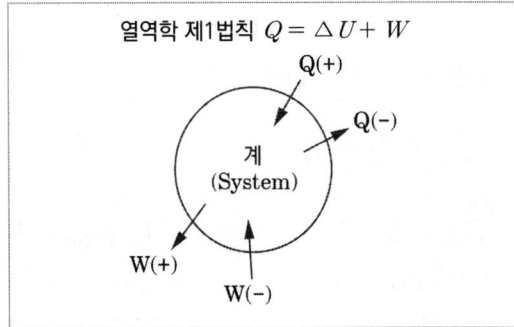

$\triangle U = Q - W = 15 - 12 = 3 [kJ]$

Q : 열량 [kJ]
W : 일량 [kJ]
$\triangle U$: 내부에너지 변화량 [kJ]

소방관계법규

41 ★

소방시설 설치 및 관리에 관한 법령에 따른 특정소방대상물의 연소방지설비 설치면제 기준 중 다음 ( ) 안에 해당하는 소방시설로 맞지 않는 것은?

> 연소방지설비를 설치하여야 하는 특정소방대상물에 ( )를 화재안전기술기준에 적합하게 설치한 경우에는 그 설비의 유효범위에서 설치가 면제된다.

① 스프링클러설비 ② 강화액소화설비
③ 물분무소화설비 ④ 미분무소화설비

해설 소방시설 설치 면제기준

설치 면제	설치면제 기준
스프링클러설비	• 적응성 있는 자동소화장치 및 물분무등소화설비 설치한 경우 (발전시설 중 전기저장시설은 제외) • 전기저장시설에 소화설비를 소방청장이 정하여 고시하는 방법에 따라 설치한 경우
물분무등소화설비	차고·주차장 : 스프링클러설비 설치
비상경보설비, 단독경보형 감지기	자동화재탐지설비 또는 화재알림설비 설치
연소방지설비	스프링클러설비, 물분무, 미분무 소화설비 설치한 경우
자동화재탐지설비	자동화재탐지설비의 기능·성능 가진 화재알림설비, 스프링클러설비, 물분무등소화설비 설치

42 ★

위험물안전관리법령에 따른 위험물의 유별 저장·취급의 공통기준 중 다음 ( ) 안에 알맞은 것은?

> ( ) 위험물은 산화제와의 접촉·혼합이나 불티·불꽃·고온체와의 접근 또는 과열을 피하는 한편, 철분·금속분·마그네슘 및 이를 함유한 것에 있어서는 물이나 산과의 접촉을 피하고 인화성 고체에 있어서는 함부로 증기를 발생시키지 아니하여야 한다.

① 제1류 ② 제2류
③ 제3류 ④ 제4류

해설 제2류 위험물 저장·취급 공통기준
• 산화제와의 접촉·혼합, 불티·불꽃·고온체와의 접근 및 과열을 피해야 함
• 철분·금속분·마그네슘은 물 접촉 금지
• 인화성 고체 증기 발생 금지

정답 41 ② 42 ②

43 ★

위험물안전관리법령에 따른 다수의 제조소등을 설치한 자가 1인의 안전관리자를 중복하여 선임할 수 있는 경우의 기준 중 다음 ( ) 안에 알맞은 것은? (단, 아래의 기준에 모두 적합한 5개 이하의 제조소등을 동일인이 설치한 경우이다)

- 각 제조소등이 동일구 내에 위치하거나 상호 (㉠) [m] 이내의 거리에 있을 것
- 각 제조소등에서 저장 또는 취급하는 위험물의 최대수량이 지정수량의 (㉡)배 미만일 것, 다만 저장소의 경우에는 그러하지 아니하다.

① ㉠ 100, ㉡ 3000
② ㉠ 300, ㉡ 3000
③ ㉠ 100, ㉡ 1000
④ ㉠ 300, ㉡ 1000

해설 1인 안전관리자 중복 선임

1) 동일구 내 있거나 상호 100 [m] 이내 저장소로 그 규모, 저장 위험물 고려하여 행정안전부령이 정하는 저장소 동일인 설치
2) 다음 기준에 모두 적합한 5개 이하 제조소등 동일인 설치
   - 각 제조소등이 동일구 내 위치하거나 상호 100 [m] 이내 거리에 있을 것
   - 위험물 최대수량이 지정수량의 3000배 미만일 것

44 ★   난이도 상

소방시설 설치 및 관리에 관한 법령에 따른 특정소방대상물 중 운동시설의 용도로 사용하는 바닥면적의 합계가 50 [m²]일 때 수용인원은? (단, 관람석이 없으며 복도, 계단 및 화장실의 바닥면적은 포함되지 않은 경우이다)

① 8명   ② 11명
③ 17명   ④ 26명

해설 수용인원 산정방법

1) 숙박시설이 있는 특정소방대상물
   - 침대 있는 경우 : 종사자 수 + 침대 수
   - 침대 없는 경우
     종사자 수 + $\dfrac{\text{바닥면적 합계}}{3\,[m^2]}$

2) 특정소방대상물
   - 강의실, 교무실, 상담실, 실습실, 휴게실
     : $\dfrac{\text{바닥면적 합계}}{1.9\,[m^2]}$
   - 강당, 문화 및 집회시설, 운동시설, 종교시설
     : $\dfrac{\text{바닥면적 합계}}{4.6\,[m^2]}$

3) 수용인원 = $\dfrac{50}{4.6}$ → 반올림하여 11명

정답 43 ① 44 ②

45 ★★★

소방시설 설치 및 관리에 관한 법령에 따른 음료수 공장의 충전을 하는 작업장 등과 같이 화재안전기술기준을 적용하기 어려운 특정소방대상물의 설치하지 아니할 수 있는 소방시설의 종류가 아닌 것은?

① 상수도소화용수설비
② 스프링클러설비
③ 연결살수설비
④ 연결송수관설비

해설 화재안전기술기준 적용 어려운 특정소방대상물

구분	특정소방대상물	소방시설
화재위험도가 낮은 특정소방대상물	석재, 불연성금속, 불연성 건축 재료 등의 가공공장, 기계조립공장, 불연성물품 저장 창고	옥외소화전설비, 연결살수설비
화재안전 기술기준 적용 어려운 특정소방대상물	펄프공장의 작업장, 음료수 공장의 세정·충전 작업장 등	스프링클러설비, 상수도소화용수설비, 연결살수설비
	정수장, 수영장, 목욕장, 농예·축산·어류 양식용시설 등	자동화재탐지설비, 상수도소화용수, 연결살수설비
화재안전 기술기준을 달리 적용하여야 하는 특수한 용도·구조의 특정소방대상물	• 원자력발전소 • 중·저준위방사성 폐기물의 저장시설	연결송수관설비, 연결살수설비
위험물안전관리법에 따라 자체소방대 설치된 특정소방대상물	자체소방대가 설치된 위험물 제조소등에 부속된 사무실	옥내소화전설비, 소화용수설비, 연결살수설비 및 연결송수관설비

46 ★

소방시설공사업법에 따른 소방기술 인정 자격수첩 또는 소방기술자 경력수첩의 기준 중 다음 ( ) 안에 알맞은 것은? (단, 소방기술자 업무에 영향을 미치지 아니하는 범위에서 근무시간 외에 소방시설업이 아닌 다른 업종에 종사하는 경우는 제외한다)

- 소방기술 인정 자격수첩 또는 소방기술자 경력수첩을 발급받는 사람이 동시에 둘 이상의 업체에 취업한 경우는 (㉠)의 기간을 정하여 그 자격을 정지시킬 수 있다.
- 소방기술 인정 자격수첩 또는 소방기술자 경력수첩을 다른 사람에게 빌려 준 경우에는 그 자격을 취소하여야 하며 빌려 준 사람은 (㉡) 이하의 벌금에 처한다.

① ㉠ 6개월 이상 1년 이하, ㉡ 200만 원
② ㉠ 6개월 이상 1년 이하, ㉡ 300만 원
③ ㉠ 6개월 이상 2년 이하, ㉡ 200만 원
④ ㉠ 6개월 이상 2년 이하, ㉡ 300만 원

해설 자격수첩·경력수첩 기준
[자격 취소 및 6개월 이상 2년 이하의 기간 자격 정지]

위반행위	기준		
	1회	2회	3회
거짓·부정한 방법으로 자격수첩, 경력수첩 발급	자격취소		
자격수첩, 경력수첩 빌려준 경우	자격취소		
동시에 둘 이상 업체 취업한 경우	자격정지 1년	자격취소	
업무수행 중 고의 또는 과실로 손해를 입히고 형의 선고 받은 경우	자격취소		
자격정지처분 기간 내에 자격증 사용	자격정지 1년	자격정지 2년	자격취소

정답 45 ④ 46 ④

[300만 원 이하 벌금]
1. 다른 자에게 자기의 성명이나 상호를 사용하여 소방시설공사 등을 수급 또는 시공하게 하거나 소방시설업의 등록증이나 등록수첩을 빌려준 자
2. 소방시설공사 현장에 감리원을 배치하지 아니한 감리업자
3. 감리업자의 보완 요구에 따르지 아니한 공사업자
4. 감리업자가 공사업자의 위반사항을 소방서장에게 보고했다는 사유로 감리업자와의 공사감리계약을 해지하거나 대가 지급을 거부하거나 지연시키거나 불이익을 준 관계인
5. 소방시설공사를 다른 업종의 공사와 분리하여 도급하지 아니한 관계인 또는 발주자
6. 자격수첩 또는 경력수첩을 빌려 준 사람
7. 동시에 둘 이상의 업체에 취업한 사람
8. 관계인의 정당한 업무를 방해하거나 업무상 알게 된 비밀을 누설한 관계 공무원

47 ★★

소방시설공사업령에 따른 완공검사를 위한 현장 확인 대상 특정소방대상물의 범위 기준 중 틀린 것은?

① 연면적 10000 [m²] 이상이거나 11층 이상인 특정소방대상물(아파트는 제외)
② 가연성 가스를 제조·저장 또는 취급하는 시설 중 지상에 노출된 가연성가스탱크 저장 용량 합계가 1000톤 이상 시설
③ 가스계(이산화탄소·할로겐화합물·청정소화약제) 소화설비(호스릴소화설비는 포함)가 설치된 것
④ 문화 및 집회시설, 종교시설, 판매시설, 노유자시설, 수련시설, 운동시설, 숙박시설, 창고시설, 지하상가

해설 완공검사 현장 확인 특정소방대상물

1) 문화 및 집회시설, 종교시설, 판매시설, 노유자시설, 수련시설, 운동시설, 숙박시설, 창고시설, 지하상가 및 다중이용업소
2) 설비가 설치되는 특정소방대상물
   • 스프링클러설비등
   • 물분무등소화설비(호스릴 방식 제외)
3) 연면적 10000 [m²] 이상, 11층 이상의 특정소방대상물(아파트 제외)
4) 가연성가스 제조·저장·취급 시설 중 지상에 노출된 가연성가스탱크의 저장용량 합계 1000톤 이상

48 ★★★

화재의 예방 및 안전관리에 관한 법령에 따른 특수가연물의 기준 중 다음 (   ) 안에 알맞은 것은?

품명	수량
나무껍질 및 대패밥	(㉠) [kg] 이상
면화류	(㉡) [kg] 이상

① ㉠ 200, ㉡ 400
② ㉠ 200, ㉡ 1000
③ ㉠ 400, ㉡ 200
④ ㉠ 400, ㉡ 1000

해설 특수가연물

품명	수량
면화류	200 [kg] 이상
나무껍질 및 대팻밥	400 [kg] 이상
넝마 및 종이부스러기	1000 [kg] 이상
사류, 볏짚류	1000 [kg] 이상
가연성 고체류	3000 [kg] 이상
석탄·목탄류	10000 [kg] 이상

품명		수량
가연성 액체류		2 [m³] 이상
목재가공품 및 나무부스러기		10 [m³] 이상
고무류·플라스틱류	발포시킨 것	20 [m³] 이상
	그 밖의 것	3000 [kg] 이상

☆암기 면이 나대싸 넘사벽 천 가고삼 가액이 석목만 고발이

구분	정의
화재안전 기술기준	성능기준 : 화재안전 확보를 위하여 재료, 공간 및 설비등에 요구되는 안전성능(소방청장 고시)
	기술기준 : 성능기준을 충족하는 상세한 규격, 특정한 수치 및 시험방법 등에 관한 기준(소방청장 승인)

49 ★★★

소방시설 설치 및 관리에 관한 법령상 용어의 정의 중 다음 (   ) 안에 알맞은 것은? [법 개정에 따른 문제변경]

> 특정소방대상물이란 소방시설을 설치하여야 하는 소방대상물로서 (   )으로 정하는 것을 말한다.

① 행정안전부령 ② 국토교통부령
③ 고용노동부령 ④ 대통령령

해설 소방용어 정의(대통령령)

구분	정의
소방시설	소화설비, 경보설비, 피난구조설비, 소화용수설비, 소화활동설비 (대통령령)
소방시설등	소방시설과 비상구, 그 밖에 소방 관련 시설(방화문, 자동방화셔터)(대통령령)
특정소방대상물	건축물 등의 규모·용도 및 수용인원 등을 고려하여 소방시설을 설치하여야 하는 소방대상물(대통령령)
소방용품	소방시설등을 구성하거나 소방용으로 사용되는 제품 또는 기기(대통령령)
화재안전 성능기준	화재를 예방하고 화재발생 시 피해를 최소화하기 위하여 소방대상물의 재료, 공간 및 설비등에 요구되는 안전성능

50 ★★★

소방시설 설치 및 관리에 관한 법령에 따른 비상방송설비를 설치하여야 하는 특정소방대상물의 기준 중 틀린 것은? (단, 위험물 저장 및 처리 시설 중 가스시설, 사람이 거주하지 않는 동물 및 식물 관련 시설, 지하가 중 터널, 축사 및 지하구는 제외한다)

① 연면적 3500 [m²] 이상인 것
② 연면적 1000 [m²] 미만의 기숙사
③ 지하층의 층수가 3층 이상인 것
④ 지하층을 제외한 층수가 11층 이상인 것

해설 비상방송설비 설치대상

- 연면적 3500 [m²] 이상인 것은 모든 층
- 층수 11층 이상인 것은 모든 층
- 지하층 층수 3층 이상인 것은 모든 층

정답 49 ④ 50 ②

51 ★★★

소방시설설치 및 관리에 관한 법령상 소방시설 등의 자체점검 시 점검인력 배치기준 중 종합점검에 대한 점검인력 1단위가 하루 동안 점검할 수 있는 특정소방대상물의 연면적 기준으로 옳은 것은? (단, 보조인력을 추가하는 경우는 제외한다)

① 3500 [m²] ② 7000 [m²]
③ 8000 [m²] ④ 12000 [m²]

해설 점검인력 배치기준

1) 점검한도 면적 : 점검인력 1단위가 하루에 점검할 수 있는 특정소방대상물 연면적
   (1) 종합점검 : 8000 [m²](보조인력 1명 추가 2000 [m²])
   (2) 작동점검 : 10000 [m²](보조인력 1명 추가 2500 [m²])
2) 점검한도 세대수 : 점검인력 1단위가 하루에 점검할 수 있는 아파트의 세대수
   (1) 종합점검 : 250세대(보조인력 1명 추가 60세대)
   (2) 작동점검 : 250세대(보조인력 1명 추가 60세대)

52 ★

위험물안전관리법에 따른 정기검사와 대상인 제조소등의 기준 중 다음 (   ) 안에 알맞은 것은?

> 정기점검의 대상이 되는 제조소등의 관계인 가운데 액체위험물을 저장 또는 취급하는 (   ) [L] 이상의 옥외탱크저장소의 관계인은 행정안전부령이 정하는 바에 따라 소방본부장 또는 소방서장으로부터 당해 제조소등이 규정에 따른 기술기준에 적합하게 유지되고 있는지의 여부에 대하여 정기적으로 검사를 받아야 한다.

① 50만   ② 100만
③ 150만   ④ 200만

해설 정기검사 대상 제조소

액체위험물을 저장·취급하는 500000 [L] 이상의 옥외탱크저장소

53 ★★★

소방기본법에 따른 출동한 소방대의 소방장비를 파손하거나 그 효용을 해하여 화재진압·인명구조 또는 구급활동을 방해하는 행위를 한 사람에 대한 벌칙기준은?

① 5년 이하의 징역 또는 5000만 원 이하의 벌금
② 5년 이하의 징역 또는 3000만 원 이하의 벌금
③ 3년 이하의 징역 또는 3000만 원 이하의 벌금
④ 3년 이하의 징역 또는 1500만 원 이하의 벌금

해설 5년 이하 징역 또는 5000만 원 이하 벌금

(1) 위력을 사용하여 출동한 소방대의 화재진압·인명구조·구급활동을 방해하는 행위
(2) 소방대가 화재진압·인명구조·구급활동을 위하여 현장에 출동하거나 현장에 출입하는 것을 고의로 방해하는 행위
(3) 출동한 소방대원에게 폭행·협박을 행사하여 화재진압·인명구조·구급활동 방해(음주 또는 약물로 인한 심신장애 상태에서 위반 시 형법의 감경 미적용)
(4) <u>출동한 소방대의 소방장비를 파손하거나 그 효용을 해하여 화재진압·인명구조·구급활동 방해하는 행위</u>
(5) 소방자동차의 출동을 방해한 사람
(6) 사람을 구출하는 일 또는 불을 끄거나 불이 번지지 않도록 하는 일을 방해한 사람
(7) 정당한 사유 없이 소방용수시설·비상소화장치를 사용하거나 소방용수시설·비상소화장치의 효용을 해치거나 그 정당한 사용을 방해한 사람

54 ★ (난이도 상)

위험물안전관리법령에 따른 소방청장, 시·도지사, 소방본부장 또는 소방서장이 한국 소방산업기술원에 위탁할 수 있는 업무의 기준 중 틀린 것은?

① 시·도지사의 탱크안전성능검사 중 암반탱크에 대한 탱크안전성능검사
② 시·도지사의 탱크안전성능검사 중 용량이 100만 [L] 이상인 액체위험물을 저장하는 탱크에 대한 탱크안전성능검사
③ 시·도지사의 완공검사에 관한 권한 중 저장용량이 30만 [L] 이상인 옥외탱크저장소 또는 암반탱크저장소의 설치 또는 변경에 따른 완공검사
④ 시·도지사의 완공검사에 관한 권한 중 지정수량 1000배 이상의 위험물을 취급하는 제조소 또는 일반취급소의 설치 또는 변경(사용 중인 제조소 또는 일반취급소의 보수 또는 부분적인 증설은 제외)에 따른 완공검사

해설 기술원 위탁 업무

(1) 탱크안전성능검사
  ① 용량 1000000 [L] 이상인 액체위험물 저장탱크
  ② 암반탱크
  ③ 지하탱크저장소 위험물탱크 중 행정안전부령으로 정하는 액체위험물탱크
(2) 완공검사
  ① 지정수량 1000배 이상의 위험물을 취급하는 제조소 또는 일반취급소의 설치·변경에 따른 완공검사
  ② <u>옥외탱크저장소(저장용량 500000 [L]) 또는 암반탱크저장소의 설치·변경에 따른 완공검사</u>
(3) 운반용기 검사

55 ★★★

소방기본법에 따른 공동주택에 소방자동차전용구역에 차를 주차하거나 전용구역에의 진입을 가로막는 등의 방해행위를 한 자에게는 몇 만 원 이하의 과태료를 부과하는가?

① 20만 원
② 100만 원
③ 200만 원
④ 300만 원

정답 54 ③ 55 ②

해설 과태료 부과기준

1) 500만 원 이하의 과태료
   (1) 화재 또는 구조·구급이 필요한 상황을 거짓으로 알린 사람
   (2) 정당한 사유 없이 화재, 재난·재해, 그 밖의 위급한 상황을 소방본부, 소방서 또는 관계 행정기관에 알리지 아니한 관계인
2) 200만 원 이하의 과태료
   (1) 소방자동차의 출동에 지장을 준 자
   (2) 소방활동구역을 출입한 사람
   (3) 한국119청소년단, 한국소방안전원 또는 이와 유사한 명칭을 사용한 자
3) 100만 원 이하의 과태료
   전용구역에 차를 주차하거나 전용구역에의 진입을 가로막는 등의 방해 행위를 한 자
4) 20만 원 이하의 과태료
   화재로 오인할 만한 우려가 있는 불을 피우거나 연막 소독을 하기 전에 신고를 하지 않아 소방자동차를 출동하게 한 자

56 ★★★

소방시설 설치 및 관리에 관한 법에 따른 소방시설관리업자가 사망한 경우 그 상속인이 소방시설관리업자의 지위를 승계한 자는 누구에게 신고하여야 하는가?

① 소방청장
② 시·도지사
③ 소방본부장
④ 소방서장

해설 관리업자 지위승계

1) 신고 : 시·도지사(행정안전부령)
2) 지위 승계
   - 관리업자 사망한 경우 그 상속인
   - 관리업자 영업 양도한 경우 그 양수인
   - 법인 관리업자 합병한 경우 합병 후 존속 또는 설립되는 법인

57 ★

위험물안전관리법령에 따른 지정수량의 10배 이상의 위험물을 저장 또는 취급하는 제조소등(이동탱크저장소를 제외)에 화재발생 시 이를 알릴 수 있는 경보설비의 종류가 아닌 것은?

① 확성장치(휴대용 확성기 포함)
② 비상방송설비
③ 자동화재속보설비
④ 자동화재탐지설비

해설 경보설비 설치기준

1) 제조소등별 설치해야 하는 경보설비

특정소방대상물	소방시설
• 연면적 500 [m2] 이상 • 옥내에서 지정수량 100배 이상 취급 • 일반취급소로 사용되는 부분 외의 부분이 있는 건축물에 설치된 일반취급소	• 자동화재탐지설비
지정수량 10배 이상 저장 또는 취급(이동탱크저장소 제외)	• 자동화재탐지설비 • 비상경보설비 • 비상방송설비 • 확성장치 중 1종 이상

2) 자동신호장치 갖춘 스프링클러설비 또는 물분무등소화설비 설치한 제조소등은 자동화재탐지설비 설치한 것으로 봄
3) 자동화재탐지설비·비상경보설비(비상벨장치 또는 경종 포함)·확성장치(휴대용 확성기 포함) 및 비상방송설비로 구분

정답 56 ② 57 ③

58 ★★

소방시설 설치 및 관리에 관한 법령에 따른 임시소방시설 중 비상경보장치를 설치하여야 하는 공사의 작업현장의 규모의 기준 중 다음 ( ) 안에 알맞은 것은?

- 연면적 (㉠) [m²] 이상
- 지하층 또는 무창층, 이 경우 해당 층의 바닥면적이 (㉡) [m²] 이상인 경우 해당

① ㉠ 400, ㉡ 150
② ㉠ 400, ㉡ 600
③ ㉠ 600, ㉡ 150
④ ㉠ 600, ㉡ 600

해설 임시소방시설을 설치해야 하는 공사

종류	기준
소화기	화재위험작업현장에 설치
간이 소화장치	다음 어느 하나에 해당하는 작업현장 ① 연면적 3000 [m²] 이상 ② 지하층·무창층·4층 이상의 층(이 경우 해당 층의 바닥면적이 600 [m²] 이상인 경우만 해당)
비상 경보장치	다음 어느 하나에 해당하는 작업현장 ① 연면적 400 [m²] 이상 ② 지하층·무창층(이 경우 해당 층의 바닥면적이 150 [m²] 이상인 경우만 해당)
간이피난 유도선	바닥면적이 150 [m²] 이상인 지하층·무창층의 작업현장에 설치
가스 누설 경보기	바닥면적이 150 [m²] 이상인 지하층·무창층의 작업현장에 설치
비상 조명등	바닥면적이 150 [m²] 이상인 지하층·무창층의 작업현장에 설치
방화포	용접·용단 작업이 진행되는 작업장에 설치

59 ★★★

소방시설 설치 및 관리에 관한 법령에 따른 건축허가 등의 동의대상물의 범위 기준 중 틀린 것은?

① 건축 등을 하려는 학교시설 : 연면적 200 [m²] 이상
② 노유자 시설 : 연면적 200 [m²] 이상
③ 정신의료기관(입원실이 없는 정신건강의학과 의원은 제외) : 연면적 300 [m²] 이상
④ 장애인 의료재활시설 : 연면적 300 [m²] 이상

해설 건축허가 동의대상물 범위

구분	기준
학교시설	연면적 100 [m²] 이상
노유자(老幼者)시설 및 수련시설	연면적 200 [m²] 이상
지하층·무창층이 있는 건축물	바닥면적 150 [m²](공연장 100 [m²]) 이상
정신의료기관, 장애인 의료시설	연면적 300 [m²] 이상
일반용도의 특정소방대상물	연면적 400 [m²] 이상
차고, 주차장 또는 주차용도로 사용되는 시설	바닥면적 200 [m²] 이상
	기계식 주차시설 자동차 20대 이상
• 노인 관련 시설 중 노인주거복지시설, 노인의료복지시설, 재가노인복지시설, 학대피해노인 전용쉼터 • 아동복지시설 (아동상담소, 아동전용시설 및 지역아동센터는 제외한다) • 장애인 거주시설 • 정신질환자 관련 시설(공동생활가정을 제외한 재활훈련시설과 종합시설 중 24시간 주거를 제공하지 않는 시설은 제외한다)	단독주택, 공동주택에 설치되는 시설 제외

정답 58 ① 59 ①

구분	기준
• 노숙인 관련 시설 중 노숙인 자활시설·노숙인재활시설·노숙인요양시설 • 결핵환자나 한센인이 24시간 생활하는 노유자시설	
• 6층 이상 건축물 • 항공기격납고, 관망탑, 항공관제탑, 방송용송수신탑 • 요양병원(의료재활시설제외) • 위험물 저장 및 처리시설, 지하구, 전기저장시설, 풍력발전소 • 조산원, 산후조리원, 의원(입원실 있는 것) • 공장 또는 창고시설로서 지정수량의 750배 이상의 특수가연물을 저장·취급하는 것 • 가스시설로서 지상에 노출된 탱크의 저장용량의 합계가 100톤 이상인 것	-

해설 소방용수표지

(1) 문자·바탕색(반사재료 사용)
   ① 안쪽 문자 : 흰색
   ② 바깥쪽 문자 : 노란색
   ③ 안쪽 바탕 : 붉은색
   ④ 바깥쪽 바탕 : 파란색
(2) 위 표지를 세우는 것이 매우 어렵거나 부적당한 경우는 그 규격 등을 다르게 할 수 있음

60 ★★★

소방기본법령상에 따른 급수탑 및 지상에 설치하는 소화전·저수조의 경우 소방용수표시 기준 중 다음 (   ) 안에 알맞은 것은?

> 문자는 (㉠), 내측 바탕은 (㉡), 외측 바탕은 (㉢)으로 하고, 반사재료를 사용하여야 한다.

① ㉠ 검은색, ㉡ 청색, ㉢ 적색
② ㉠ 검은색, ㉡ 적색, ㉢ 청색
③ ㉠ 백색, ㉡ 청색, ㉢ 적색
④ ㉠ 백색, ㉡ 적색, ㉢ 청색

정답 60 ④

2018년 4회
소방기계시설의 구조 및 원리

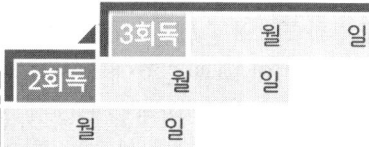

61 ★★

스프링클러설비의 수평주행배관에서 연결된 교차배관의 총 길이가 18 [m]이다. 배관에 설치되는 행거의 최소수량으로 옳은 것은?

① 1개　　② 2개
③ 3개　　④ 4개

해설 스프링클러설비의 배관 행거 설치기준

1) 가지배관에는 헤드의 설치지점 사이마다 1개 이상의 행거를 설치하되, 헤드 간의 거리가 3.5 [m]를 초과하는 경우에는 3.5 [m] 이내마다 1개 이상 설치할 것. 이 경우 상향식헤드와 행거 사이에는 8 [cm] 이상의 간격을 두어야 한다.
2) 교차배관에는 가지배관과 가지배관 사이마다 1개 이상의 행거를 설치하되, 가지배관 사이의 거리가 <u>4.5 [m]를 초과하는 경우에는 4.5 [m] 이내마다 1개 이상</u> 설치할 것
3) 수평주행배관에는 4.5 [m] 이내마다 1개 이상 설치할 것

따라서

교차배관 설치 행거 수 = $= \dfrac{18[m]}{4.5[m/개]} = 4[개]$

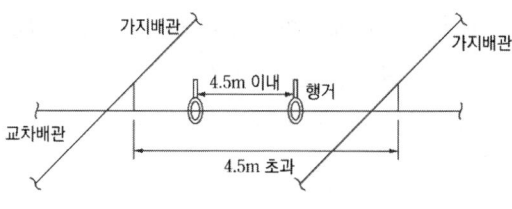

[교차배관 행거의 설치]

62 ★★★

소화기구의 소화약제별 적응성 기준 중 A급 화재에 적응성을 가지는 소화약제가 아닌 것은?

① 인산염류 소화약제
② 중탄산염류 소화약제
③ 산알칼리 소화약제
④ 고체에어로졸화합물

해설 소화약제별 적응성

소화약제 구분	분말		액체	기타
적응대상	인산염류 소화약제	중탄산염류 소화약제	산알칼리 소화약제	고체에어로졸화합물
일반화재(A급)	○	-	○	○
유류화재(B급)	○	○	○	○
전기화재(C급)	○	○	*	

주) "*"의 소화약제별 적응성은 「소방시설 설치 및 관리에 관한 법률」 제37조에 의한 형식승인 및 제품검사의 기술기준에 따라 화재 종류별 적응성에 적합한 것으로 인정되는 경우에 한한다.

- <u>중탄산염류소화약제(제1종·2종·4종 분말)</u> :
  <u>B, C급 화재에만 적응성이 있음</u>

　TIP 제1종·2종·4종 분말소화약제 : 중탄산염류
　　　 제3종 분말소화약제 : 인산염류

정답 61 ④　62 ②

63 ★★★

포소화약제의 혼합장치 중 펌프의 토출관과 흡입관 사이의 배관 도중에 설치한 흡입기에 펌프에서 토출된 물의 일부를 보내고, 농도조정밸브에서 조정된 포소화약제의 필요량을 포소화약제 탱크에서 펌프 흡입 측으로 보내어 이를 혼합하는 방식은?

① 펌프 프로포셔너 방식
② 프레셔 프로포셔너 방식
③ 라인 프로포셔너 방식
④ 프레셔 사이드 프로포셔너 방식

해설 포소화설비 포혼합장치 종류

1) 라인 프로포셔너 방식 : 벤추리관의 벤추리작용에 따라 소화약제를 흡입·혼합하는 방식
2) 프레셔 프로포셔너 방식 : 벤추리관의 벤추리작용과 포소화약제 저장탱크압력에 따라 소화약제를 흡입·혼합하는 방식
3) <u>펌프 프로포셔너 방식 : 흡입기에 물 일부를 보내고, 농도 조정밸브에서 조정된 포소화약제의 필요량을 소화약제 탱크에서 펌프 흡입 측으로 보내는 방식</u>
4) 프레셔사이드 프로포셔너 방식 : 압입기 설치하여 소화약제 압입용 펌프로 소화약제를 압입시켜 혼합하는 방식
5) 압축공기포 믹싱챔버방식 : 물, 포 소화약제 및 공기를 믹싱챔버로 강제주입시켜 챔버 내에서 포수용액을 생성한 후 포를 방사하는 방식

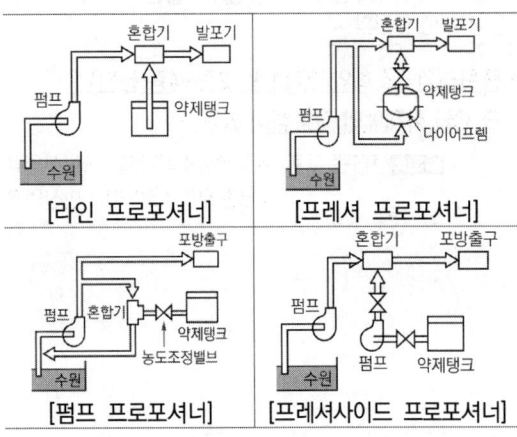

64 ★★★

물분무소화설비의 물분무헤드를 설치하지 않을 수 있는 기준 중 다음 ( ) 안에 알맞은 것은?

> 운전 시에 표면의 온도가 ( )[℃] 이상으로 되는 등 직접 분무를 하는 경우 그 부분에 손상을 입힐 우려가 있는 기계장치 등이 있는 장소

① 79
② 121
③ 162
④ 260

해설 물분무헤드 설치 제외

1) 물에 심하게 반응하는 물질 또는 물과 반응하여 위험한 물질을 생성하는 물질을 저장 또는 취급하는 장소
2) 고온의 물질 및 증류범위가 넓어 끓어 넘치는 위험이 있는 물질을 저장 또는 취급하는 장소
3) 운전 시에 표면의 온도가 <u>260 [℃] 이상</u>으로 되는 등 직접 분무를 하는 경우 그 부분에 손상을 입힐 우려가 있는 기계장치 등이 있는 장소

65 ★★★

스프링클러설비의 종류에 따른 밸브 및 헤드의 연결이 옳은 것은? (단, 설비의 종류 - 밸브 - 헤드의 순이다)

① 습식 - 스모렌스키체크밸브 - 폐쇄형 헤드
② 건식 - 건식밸브 - 개방형 헤드
③ 준비작동식 - 준비작동식밸브 - 개방형 헤드
④ 일제살수식 - 일제개방밸브 - 개방형 헤드

해설 스프링클러설비의 종류에 따른 밸브 및 헤드

S/P 구분	밸브 1차 측	밸브 2차 측	헤드의 종류	밸브의 종류
습식	가압수	가압수	폐쇄형	습식 유수검지장치
건식	가압수	압축공기	폐쇄형	건식 유수검지장치
준비작동식	가압수	대기압	폐쇄형	준비작동식 유수검지장치
부압식	가압수	부압수	폐쇄형	준비작동식 유수검지장치
일제살수식	가압수	대기압	개방형	일제개방밸브

※ 스프링클러설비의 종류 – 밸브 – 헤드
① 습식 – **습식유수검지장치** – 폐쇄형 헤드
② 건식 – 건식밸브 – **폐쇄형 헤드**
③ 준비작동식 – 준비작동식밸브 – **폐쇄형 헤드**

66 ★★

호스릴이산화탄소소화설비는 방호대상물의 각 부분으로부터 하나의 호스접결구까지의 수평거리는 최대 몇 [m] 이하가 되도록 설치하여야 하는가?

① 10
② 15
③ 20
④ 25

해설 호스릴CO_2소화설비 설치기준

1) 방호대상물의 각 부분으로부터 하나의 호스접결구까지의 <u>수평거리가 15 [m] 이하</u>가 되도록 할 것
2) 호스릴이산화탄소소화설비의 노즐은 20 [℃]에서 하나의 노즐마다 60 [kg/min] 이상의 소화약제를 방출할 수 있는 것으로 할 것
3) 소화약제 저장용기는 호스릴을 설치하는 장소마다 설치할 것
4) 소화약제 저장용기의 개방밸브는 호스릴의 설치 장소에서 수동으로 개폐할 수 있는 것으로 할 것

5) 소화약제 저장용기의 가장 가까운 곳의 보기 쉬운 곳에 적색의 표시등을 설치하고, 호스릴이산화탄소소화설비가 있다는 뜻을 표시한 표지를 할 것

67 ★★★

인명구조기구 중 공기호흡기를 층마다 2개 이상 비치하여야 할 특정소방대상물의 용도 및 장소별 설치기준 중 다음 (   ) 안에 알맞은 것은?

- 문화 및 집회시설 중 수용인원 (㉠)명 이상의 영화상영관
- 지하가 중 (㉡)

① ㉠ 50, ㉡ 터널
② ㉠ 50, ㉡ 지하상가
③ ㉠ 100, ㉡ 터널
④ ㉠ 100, ㉡ 지하상가

해설 용도 및 장소별로 설치해야 할 인명구조기구

특정소방대상물	인명구조기구	설치 수량
지하층을 포함하는 층수가 7층 이상인 관광호텔 및 5층 이상인 병원	• 방열복 또는 방화복 • 공기호흡기 • 인공소생기	각 2개 이상 비치할 것 (다만, 병원의 경우 인공소생기를 설치하지 않을 수 있다)
• 문화 및 집회시설 중 **수용인원 100명 이상**의 영화상영관 • 판매시설 중 대규모 점포 • 운수시설 중 지하역사 • 지하가 중 **지하상가**	공기호흡기	층마다 2개 이상 비치할 것
물분무등소화설비 중 이산화탄소소화설비를 설치해야 하는 특정소방대상물 (호스릴이산화탄소소화설비는 제외한다)	공기호흡기	이산화탄소소화설비가 설치된 장소의 출입구 외부 인근에 1개 이상 비치할 것

정답 66 ② 67 ④

[방열복] [방화복] [공기호흡기] [인공소생기]

2) 옥외소화전 수원량 = N × 7 [m³]

N : 옥외소화전의 설치개수
(옥외소화전이 2개 이상 설치된 경우에는 2개)

※ **옥외소화전설비의 수원**
옥외소화전설비의 수원은 그 저수량이 옥외소화전의 설치개수(옥외소화전이 2개 이상 설치된 경우에는 2개)에 7 [m³]를 곱한 양 이상이 되도록 해야 한다.

68 ★★★

옥내·외소화전설비의 수원의 기준 중 다음 (   ) 안에 알맞은 것은? (단, 30층 미만의 특정소방대상물이며, 창고시설이 아니다)

- 옥내소화전설비의 수원은 그 저수량이 옥내소화전의 설치개수가 가장 많은 층의 설치개수에 (㉠) [m³]를 곱한 양 이상
- 옥외소화전설비의 수원은 그 저수량이 옥외소화전의 설치개수에 (㉡) [m³]를 곱한 양 이상

① ㉠ 1.6, ㉡ 2.6　　② ㉠ 2.6, ㉡ 7
③ ㉠ 7, ㉡ 2.6　　　④ ㉠ 2.6, ㉡ 1.6

해설 옥내·옥외소화전 수원

1) 옥내소화전 수원량 = N × 2.6 [m³]

N : 옥내소화전의 설치개수가 가장 많은 층의 설치개수
(29층 이하 : 2개 이상 설치된 경우에는 2개)

※ **옥내소화전설비의 수원**
1) 옥내소화전설비의 수원은 그 저수량이 옥내소화전의 설치개수가 가장 많은 층의 설치개수(2개 이상 설치된 경우에는 2개)에 2.6 [m³](호스릴옥내소화전설비를 포함한다)를 곱한 양 이상이 되도록 해야 한다.
2) 옥내소화전설비의 수원은 1)에 따라 계산하여 나온 유효수량 외에 유효수량의 3분의 1 이상을 옥상(옥내소화전설비가 설치된 건축물의 주된 옥상을 말한다. 이하 같다)에 설치해야 한다.

69 ★★★

할로겐화합물 및 불활성기체소화설비를 설치한 특정소방대상물 또는 그 부분에 대한 자동폐쇄장치의 설치기준 중 다음 (   ) 안에 알맞은 것은?

개구부가 있거나 천장으로부터 (㉠) [m] 이상 아래 부분 또는 바닥으로부터 해당 층의 높이의 (㉡) 이내의 부분에 통기구가 있어 소화약제의 유출에 따라 소화효과를 감소시킬 우려가 있는 것은 소화약제가 방출되기 전에 해당 개구부 및 통기구를 폐쇄할 수 있도록 할 것

① ㉠ 1.5, ㉡ 1/3　　② ㉠ 1.5, ㉡ 2/3
③ ㉠ 1, ㉡ 1/3　　　④ ㉠ 1, ㉡ 2/3

해설 가스계 전역방출방식의 경우 자동폐쇄장치

개구부가 있거나 천장으로부터 1 [m] 이상의 아래 부분 또는 바닥으로부터 해당 층의 높이의 3분의 2 이내의 부분에 통기구가 있어 소화약제의 유출에 따라 소화효과를 감소시킬 우려가 있는 것은 소화약제가 방출되기 전에 해당 개구부 및 통기구를 폐쇄할 수 있도록 할 것

70 ★★★

포헤드의 설치기준 중 다음 ( ) 안에 알맞은 것은?

> 포워터스프링클러헤드는 특정소방대상물의 천장 또는 반자에 설치하되, 바닥면적 ( ) [m²]마다 1개 이상으로 하여 해당 방호대상물의 화재를 유효하게 소화할 수 있도록 할 것

① 4 ② 6
③ 8 ④ 9

해설 포소화설비 포헤드 바닥면적 기준

구분	설치기준
포워터스프링클러헤드	**바닥면적 8 [m²]마다 1개 이상**
포헤드	바닥면적 9 [m²]마다 1개 이상

71 ★★★

연결살수설비 배관의 설치기준 중 옳은 것은?

① 연결살수설비 전용헤드를 사용하는 경우 하나의 배관에 부착하는 살수헤드의 개수가 2개이면 배관의 구경은 50 [mm] 이상으로 설치해야 한다.
② 옥내소화전설비가 설치된 경우 폐쇄형 헤드를 사용하는 연결살수설비의 주배관은 옥내소화전설비의 주배관에 접속하여야 한다.
③ 개방형 헤드를 사용하는 연결살수설비의 수평주행배관은 헤드를 향하여 상향으로 1/50 이상의 기울기로 설치해야 한다.
④ 가지배관을 설치하는 경우에는 가지배관의 배열은 토너먼트방식으로 하여야 한다.

해설 연결살수설비 설치기준

1) 연결살수설비 전용헤드를 사용하는 경우에는 다음 표에 따른 구경 이상으로 할 것

하나의 배관에 부착하는 연결살수설비 전용헤드의 개수	1개	**2개**	3개	4개 또는 5개	6개 이상 10개 이하
배관의 구경 [mm]	32	**40**	50	65	80

⇒ 연결살수설비 전용헤드를 사용하는 경우 하나의 배관에 부착하는 살수헤드의 개수가 2개이면 배관의 구경은 40 [mm] 이상으로 설치해야 한다.

2) 폐쇄형헤드를 사용하는 연결살수설비의 주배관은 다음의 어느 하나에 해당하는 배관 또는 수조에 접속해야 한다. 이 경우 접속부분에는 체크밸브를 설치하되 점검하기 쉽게 해야 한다.
   (1) 옥내소화전설비의 주배관(옥내소화전설비가 설치된 경우에 한정한다)
   (2) 수도배관(연결살수설비가 설치된 건축물 안에 설치된 수도배관 중 구경이 가장 큰 배관을 말한다)
   (3) 옥상에 설치된 수조(다른 설비의 수조를 포함한다)

3) 개방형 헤드를 사용하는 연결살수설비의 수평주행배관은 헤드를 향하여 상향으로 1/100 이상의 기울기로 설치해야 한다.

4) 가지배관 또는 교차배관을 설치하는 경우에는 가지배관의 배열은 토너먼트(Tournament)방식이 아니어야 하며, 가지배관은 교차배관 또는 주배관에서 분기되는 지점을 기점으로 한쪽 가지배관에 설치되는 헤드의 개수는 8개 이하로 해야 한다.

정답 70 ③ 71 ②

72 ★★★

분말소화설비 가압용 가스에 이산화탄소를 사용하는 것의 이산화탄소는 소화약제 1 [kg]에 대하여 몇 [g]에 배관에 청소에 필요한 양을 가산한 양 이상으로 설치하여야 하는가?

① 10
② 15
③ 20
④ 40

> **해설** 분말소화설비 가압·축압용 가스
>
> 1) 가압용 가스 또는 축압용 가스는 질소가스 또는 이산화탄소로 할 것
> 2) 소화약제 1 [kg]당(35 [℃], 1기압으로 환산)
>
> | 구분 | 가압식 | 축압식 |
> |---|---|---|
> | 질소 | 40 [L] 이상 | 10 [L] 이상 |
> | **이산화탄소** | **20 [g] 이상 + 배관청소에 필요한 양** ||
>
> 3) 저장용기 및 배관의 청소에 필요한 양의 가스는 별도의 용기에 저장할 것

73 ★★★

폐쇄형 스프링클러헤드의 방호구역·유수검지장치에 대한 기준으로 틀린 것은?

① 하나의 방호구역에는 1개 이상의 유수검지장치를 설치하되, 화재 발생 시 접근이 쉽고 점검하기 편리한 장소에 설치할 것
② 하나의 방호구역에는 2개 층에 미치지 아니하도록 할 것. 다만 1개 층에 설치되는 스프링클러헤드의 수가 10개 이하인 경우와 복층형 구조의 공동주택에는 3개 층 이내로 할 수 있다.
③ 송수구를 통하여 스프링클러헤드에 공급되는 물은 유수검지장치 등을 지나도록 할 것
④ 하나의 방호구역의 바닥면적은 3000 [m²] 초과하지 않을 것

> **해설** 폐쇄형 스프링클러헤드의 방호구역·유수검지 장치
>
> 스프링클러헤드에 공급되는 물은 유수검지장치를 지나도록 할 것. 다만 송수구를 통하여 공급되는 물은 그렇지 않음

74 ★★★

소화수조 및 저수조의 전동기 또는 내연기관에 따른 펌프를 이용하는 가압송수장치의 설치기준 중 다음 ( ) 안에 알맞은 것은? (단, 수원의 수위가 펌프의 위치보다 높거나 수직회전축 펌프의 경우는 제외한다)

> 펌프 토출 측에는 (㉠)를 체크밸브 이전에 펌프 토출 측 플랜지에서 가까운 곳에 설치하고, 흡입 측에는 (㉡) 또는 (㉢)를 설치할 것

① ㉠ 압력계, ㉡ 연성계, ㉢ 진공계
② ㉠ 연성계, ㉡ 압력계, ㉢ 진공계
③ ㉠ 진공계, ㉡ 압력계, ㉢ 연성계
④ ㉠ 연성계, ㉡ 진공계, ㉢ 압력계

> **해설** 펌프에 설치하는 계측기
>
> 펌프 토출 측에는 (㉠ **압력계**)를 체크밸브 이전에 펌프 토출 측 플랜지에서 가까운 곳에 설치하고, 흡입 측에는 (㉡ **연성계**) 또는 (㉢ **진공계**)를 설치할 것
>
> - 압력계 : 토출 측 설치, 대기압 이상의 압력 측정
> - 진공계 : 흡입 측 설치, 대기압 이하의 압력 측정
> - 연성계 : 흡입 측 설치, 대기압 이상과 이하의 압력 측정
>
> **TIP** 펌프 흡입 측에는 진공계 또는 연성계 설치

정답 72 ③ 73 ③ 74 ①

75 ★★

연소방지설비를 설치하여야 하는 적용대상물의 기준 중 옳은 것은?

① 지하구(전력 또는 통신사업용인 것)
② 가스시설 중 지상에 노출된 탱크의 용량이 30톤 이상인 탱크시설
③ 지하층(피난층으로 주된 출입구가 도로와 접한 경우는 제외)으로서 바닥면적의 합계가 150 [m²] 이상인 것
④ 판매시설, 운수시설, 창고시설 중 물류터미널로서 해당 용도로 사용되는 부분의 바닥면적의 합계가 1000 [m²] 이상인 것

해설 연소방지설비 설치대상

연소방지설비는 <u>지하구(전력 또는 통신사업용인 것만 해당한다)</u>에 설치해야 한다.

소방시설 설치 및 관리에 관한 법률 시행령
[별표 4] 특정소방대상물의 관계인이
특정소방대상물에 설치·관리해야 하는
소방시설의 종류(제11조 관련)

76 ★★★

완강기 및 간이완강기의 최대사용하중 기준은 몇 [N] 이상이어야 하는가?

① 800   ② 1000
③ 1200   ④ 1500

해설 완강기 및 간이완강기의 최대사용하중

최대사용하중 : <u>1500 [N] 이상</u>

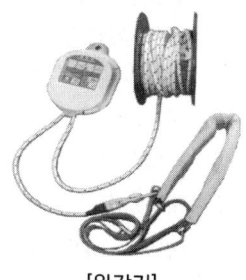

[완강기]

보충 최대사용하중 : 완강기, 간이완강기 및 지지대를 사용함에 있어서 당해 완강기, 간이완강기 및 지지대에 가할 수 있는 최대하중

77 ★   난이도 상

상수도소화용수설비를 설치하여야 하는 특정소방대상물의 기준 중 다음 ( ) 안에 알맞은 것은?

- 연면적 (㉠) [m²] 이상인 것. 다만 위험물 저장 및 처리 시설 중 가스시설, 지하가 중 터널 또는 지하구의 경우에는 제외한다.
- 가스시설로서 지상에 노출된 탱크의 저장용량의 합계가 (㉡)톤 이상인 것
- 자원순환 관련 시설 중 폐기물재활용시설 및 폐기물처분시설

① ㉠ 5000, ㉡ 100
② ㉠ 5000, ㉡ 30
③ ㉠ 1000, ㉡ 100
④ ㉠ 1000, ㉡ 30

해설 상수도소화용수설비 설치대상

1) <u>연면적 5000 [m²]</u> 이상인 것. 다만 위험물 저장 및 처리 시설 중 가스시설, 지하가 중 터널 또는 지하구의 경우에는 제외한다.
2) 가스시설로서 지상에 노출된 탱크의 저장용량의 합계가 <u>100 [톤]</u> 이상인 것
3) 자원순환 관련 시설 중 폐기물재활용시설 및 폐기물처분시설

정답 75 ① 76 ④ 77 ①

78 ★★

미분무소화설비의 미분무헤드 설치기준 중 틀린 것은?

① 하나의 헤드까지의 수평거리 산정은 설계자가 제시하여야 한다.
② 미분무 설비에 사용되는 헤드는 표준형 헤드를 설치해야 한다.
③ 폐쇄형 미분무헤드는 그 설치장소의 평상시 최고주위온도에 따라 $T_a = 0.97T_m - 27.3$ [℃]식에 따른 표시온도의 것으로 설치해야 한다.
④ 미분무헤드는 소방대상물의 천장·반자·천장과 반자 사이·덕트·선반 기타 이와 유사한 부분에 설계자의 의도에 적합하도록 설치해야 한다.

해설 미분무소화설비 헤드

1) 미분무헤드는 소방대상물의 천장·반자·천장과 반자 사이·덕트·선반 기타 이와 유사한 부분에 설계자의 의도에 적합하도록 설치해야 한다.
2) 하나의 헤드까지의 수평거리 산정은 설계자가 제시해야 한다.
3) 미분무소화설비에 사용되는 헤드는 <u>조기반응형 헤드</u>를 설치해야 한다.
4) 폐쇄형 미분무헤드는 그 설치장소의 평상시 최고주위온도에 따라 $T_a = 0.9T_m - 27.3$ [℃] 식에 따른 표시온도의 것으로 설치해야 한다.

여기에서 T_a: 최고주위온도(℃), T_m: 헤드의 표시온도(℃)

5) 미분무 헤드는 배관, 행거 등으로부터 살수가 방해되지 아니하도록 설치해야 한다.
6) 미분무 헤드는 설계도면과 동일하게 설치해야 한다.
7) 미분무 헤드는 한국소방산업기술원 또는 성능시험기관으로 지정받은 기관에서 검증받아야 한다.

79 ★★★

특정소방대상물별 소화기구의 능력단위기준 중 옳은 것은? (단, 건축물의 주요구조부가 내화구조이고, 벽 및 반자의 실내에 면하는 부분이 불연재료·준불연재료 또는 난연재료로된 특정소방대상물인 경우이다)

① 위락시설 : 해당 용도의 바닥면적 30 [m²]마다 능력단위 1단위 이상
② 공연장 : 해당 용도의 바닥면적 50 [m²]마다 능력단위 1단위 이상
③ 의료시설 : 해당 용도의 바닥면적 100 [m²]마다 능력단위 1단위 이상
④ 노유자시설 : 해당 용도의 바닥면적 100 [m²]마다 능력단위 1단위 이상

해설 특정소방대상물별 소화기구의 능력단위

특정소방대상물	소화기구의 능력단위
1. **위락시설**	**해당 용도의 바닥면적 30 [m²] 마다 능력단위 1단위 이상**
2. **공연장**·집회장·관람장·문화재·장례식장 및 **의료시설**	**해당 용도의 바닥면적 50 [m²] 마다 능력단위 1단위 이상**
3. 근린생활시설·판매시설·운수시설·숙박시설·**노유자시설**·전시장·공동주택·업무시설·방송통신시설·공장·창고시설·항공기 및 자동차 관련 시설 및 관광휴게시설	**해당 용도 바닥면적 100 [m²] 마다 능력단위 1단위 이상**
4. 그 밖의 것	해당 용도 바닥면적 200 [m²] 마다 능력단위 1단위 이상

※ 주요구조부가 **내화구조**이고 벽 및 반자의 실내에 면하는 부분이 **불연·준불연·난연재료**로 된 특정소방대상물은 위 표의 **바닥면적의 2배**를 기준면적으로 적용

① 위락시설 기준면적 = 30[m²] × 2 = 60[m²]
② 공연장 기준면적 = 50[m²] × 2 = 100[m²]
③ 의료시설 기준면적 = 50[m²] × 2 = 100[m²]
④ 노유자 시설 기준면적 = 100[m²] × 2 = 200[m²]

정답 78 ② 79 ③

80 ★★★

분말소화설비 분말소화약제의 저장용기 설치기준 중 옳은 것은?

① 저장용기의 충전비는 0.7 이상으로 할 것
② 저장용기에는 가압식은 최고사용압력의 0.8배 이하, 축압식은 용기의 내압시험압력의 1.8배 이하의 압력에서 작동하는 안전밸브를 설치할 것
③ 제3종 분말소화약제 저장용기의 내용적은 (소화약제 1 [kg]당 저장용기의 내용적) 1 [L]로 할 것
④ 저장용기에는 저장용기의 내부압력이 설정압력으로 되었을 때 주밸브를 개방하는 압력조정기를 설치할 것

해설 분말소화약제 저장용기 설치기준

1) 저장용기 내용적

소화약제의 종류	제1종	제2·3종	제4종
소화약제 1 [kg]당 저장용기의 내용적	0.8 [L]	**1 [L]**	1.25 [L]

2) 저장용기에는 <u>가압식</u>은 <u>최고사용압력의 1.8배 이하</u>, <u>축압식</u>은 <u>용기의 내압시험압력의 0.8배 이하</u>의 압력에서 작동하는 안전밸브를 설치할 것
3) 저장용기에는 <u>저장용기의 내부압력이 설정압력으로 되었을 때 주밸브를 개방</u>하는 <u>정압작동장치</u>를 설치할 것
4) 저장용기의 <u>충전비는 0.8 이상</u>으로 할 것
5) 저장용기 및 배관에는 잔류 소화약제를 처리할 수 있는 청소장치를 설치할 것
6) 축압식 저장용기에는 사용압력 범위를 표시한 지시압력계를 설치할 것

정답 80 ③

2025 초격차 소방설비산업기사 과년도 7개년 필기 기계

발행일 2024년 10월 14일 개정6판 1쇄

지은이 황모아, 이지원, 오민정

발행인 황모아

발행처 (주)모아교육그룹
주 소 서울특별시 영등포구 영신로 32길 29 세화빌딩 2층
전 화 02-2068-2393(출판, 주문)
등 록 제2015-000006호 (2015.1.16.)
이메일 moagbooks@naver.com
ISBN 979-11-6804-330-5 (13500)

이 책의 가격은 뒤표지에 있습니다.

Copyright ⓒ (주)모아교육그룹 Co., Ltd. All Rights Reserved.

이 책은 저작권법에 의해 보호를 받는 저작물이므로 저자와 출판사의 서면 허락 없이 내용의 전부 또는 일부를 이용하는 것을 금합니다.

소방설비산업기사 합격!
여러분의 합격은 모아의 보람입니다.

끊임없이 변화를 추구하는 교육기업
모아교육그룹

모아를 선택해주신 여러분께 감사드립니다.

✔ 모아는 혁신적인 교육을 통해 인간의 사고(思考)를 확장 및 변화시킬 수 있다고 믿고 있습니다.

✔ 모아는 미래를 교육으로 변화시킬 수 있다고 믿고 있습니다.

✔ 모아는 청년부터 장년, 중년, 노년까지의 성인교육에 중점을 두고 사업을 진행하고 있습니다.

초고령화, 불확실성의 시대

모아는 당신의 미래를 함께 하는 혁신적인 교육 플랫폼이 되겠습니다.